“十二五”国家重点图书

地下矿用汽车

高梦熊　赵金元　万信群　编著

北　京
冶金工业出版社
2016

内 容 提 要

本书共13章。第1章主要介绍了地下矿用汽车的特点、分类和近几年国内外地下矿用汽车现状与最新发展。第2～9章分别介绍了地下矿用汽车动力系统、传动系统（变矩器、变速箱、桥与传动轴）、行走系统（车架与车轮）、制动系统（行车、紧急和停车制动器）、转向系统、工作机构、液压系统、电气系统。第10～13章分别介绍了地下矿用汽车的新技术与安全技术、主要技术参数计算、性能检验、生产能力。

本书可供从事地下矿用汽车和地下无轨采矿车辆的研究、设计、使用、管理、维修的工程技术人员、管理人员以及高等院校相关专业的师生参考与试用。

图书在版编目(CIP)数据

地下矿用汽车/高梦熊，赵金元，万信群编著．—北京：冶金工业出版社，2016.10

“十二五”国家重点图书

ISBN 978-7-5024-7349-5

Ⅰ.①地…　Ⅱ.①高…　②赵…　③万…　Ⅲ.①矿山运输—汽车

Ⅳ.①TD56　②U469.6

中国版本图书馆CIP数据核字(2016)第251216号

出 版 人　谭学余

地　　址　北京市东城区嵩祝院北巷39号　邮编　100009　电话　(010)64027926

网　　址　www.cnmip.com.cn　电子信箱　yjcbs@cnmip.com.cn

责任编辑　杨秋奎　常国平　美术编辑　杨　帆　版式设计　孙跃红

责任校对　李　娜　责任印制　牛晓波

ISBN 978-7-5024-7349-5

冶金工业出版社出版发行；各地新华书店经销；固安华明印业有限公司印刷

2016年10月第1版，2016年10月第1次印刷

787mm×1092mm　1/16；37.75印张；917千字；591页

150.00元

冶金工业出版社　投稿电话　(010)64027932　投稿信箱　tougao@cnmip.com.cn

冶金工业出版社营销中心　电话　(010)64044283　传真　(010)64027893

冶金书店　地址　北京市东四西大街46号(100010)　电话　(010)65289081(兼传真)

冶金工业出版社天猫旗舰店　yjgycbs.tmall.com

（本书如有印装质量问题，本社营销中心负责退换）

前　言

采矿工业是国民经济的支柱产业。地下矿用汽车是地下矿山主要设备，可在开采范围很广的矿山和有斜坡道的矿山使用，可将采下的矿石从作业面运往溜井，或将矿石运送到地面上或在井下完成辅助运输任务。地下矿用汽车具有动力性能好、通过性强、机动灵活和生产效率高等特点，不但可以提高地下矿山的产量和劳动生产率，促进生产规模的扩大和采矿业迅速发展，确保地下采矿运输的安全，还是进一步降低采矿成本，提高矿山经济效益的重要手段。地下矿用汽车改变了矿山的掘进运输系统、采矿方法和回采工艺，促进地下矿山朝着无轨综合机械化开采的方向发展。随着采矿强度、深度增加以及运输距离的增加，应用地下矿用汽车进行较长距离的运输已势在必行，且显得越来越重要。

国外在20世纪60年代就已经开始进行地下矿用汽车的研究，国内研制地下矿用汽车始于70年代中期。进入90年代以来，随着我国地下金属矿山生产规模不断扩大，劳动效率不断提高，产量不断增加，对地下矿用汽车的需求量也越来越多。与此同时，随着国内基础条件研制水平的提高、汽车工业的发展以及国外先进技术的引进，我国地下矿用汽车的研制水平有了很大提高，产品已出口国外。由于地下矿用汽车的工作环境和作业要求的特殊性，其设计不同于露天汽车，在外形、结构、动力系统、自动控制、安全性和节能环保等方面均有更高的要求。

但目前国内尚无一部专门介绍地下矿用汽车设计、制造和使用的著作，更无总结国内外地下矿用汽车发展，系统介绍国外地下矿用汽车的新品种、新技术、新结构，新材料、新标准和新发展的著作，这严重响影响我国地下矿用汽车的进一步发展和质量的提高，影响国际竞争力。《地下矿用汽车》的出版就将填补这一空白。

《地下矿用汽车》共13章。第1章主要介绍了地下矿用汽车的特点、分类和近几年国内外地下矿用汽车现状与最新发展。第2~9章分别介绍了地下矿用汽车动力系统、传动系统（变矩器、变速箱、桥与传动轴）、行走系统（车架与车轮）、制动系统（行车、紧急和停车制动器）、转向系统、工作机构、液压系统、电气系统。第10~13章分别介绍了地下矿用汽车的新技术与安全技术、主要技术参数计算、性能检验、生产能力。

本书有四大特色：一是实用；二是新颖；三是全面；四是适用范围广。书中绝大部分原始资料与数据取材于国内外最新资料、标准及作者多年的地下矿用汽车设计、制造及现场使用经验，具有一定的前瞻性和参考价值。本书采用了大量的实物照片和图形，具有更强的可读性，更高的使用价值。

本书可供从事地下矿用汽车和地下无轨采矿车辆的研究、设计、使用、管理、维修的工程技术人员、工人、管理人员与大专院校相关专业的师生阅读与参考。

衷心感谢北京矿冶研究总院副院长战凯教授、长沙矿山研究院副院长陈新民教授、吉林大学博士生导师王国强教授、中钢衡重原总工程师萧其林教授的鼓励和大力支持。

衷心感谢康明斯（中国）投资有限公司区域应用主管施雄林先生、北京矿冶研究总院石峰教授在本书撰写过程中的大力支持。

由于作者水平所限，书中不妥之处，敬请广大读者和专家批评与指正。

作　者
2016年5月

目 录

1 绪论 …… 1
1.1 地下矿用汽车的作用和特点 …… 1
1.1.1 地下矿用汽车的作用 …… 1
1.1.2 地下矿用汽车的特点 …… 1
1.2 地下矿用汽车的分类与基本结构 …… 2
1.2.1 地下矿用汽车的分类 …… 2
1.2.2 地下矿用汽车的外形结构与组成 …… 3
1.3 地下矿用汽车与露天汽车 …… 4
1.3.1 地下矿用汽车与露天汽车的特点对比 …… 4
1.3.2 地下矿用汽车与露天汽车主要参数分析 …… 4
1.4 国内地下矿用汽车发展 …… 7
1.4.1 中钢集团衡阳重机有限公司 …… 9
1.4.2 北京安期生技术有限公司 …… 9
1.4.3 北京矿冶研究总院 …… 11
1.4.4 金川机械制造有限公司 …… 11
1.4.5 湖南有色重型机器有限责任公司 …… 12
1.4.6 南昌凯马有限公司 …… 13
1.4.7 烟台兴业机械股份有限公司 …… 14
1.4.8 安徽铜冠机械股份有限公司 …… 15
1.5 国外地下矿用汽车的现状与最新发展 …… 15
1.5.1 Atlas Copco 公司 …… 18
1.5.2 Sandvik 公司 …… 24
1.5.3 Caterpillar 公司 …… 27
1.5.4 GHH 公司 …… 30
1.5.5 DUX 公司 …… 32
1.5.6 MTI 公司 …… 36
1.5.7 PAUS 公司 …… 37
1.5.8 ZANAM-LEGMET 公司 …… 39
1.5.9 BELAZ 公司 …… 39
1.5.10 Powertrans 公司 …… 40
1.5.11 Youngs Machine 公司 …… 42
1.5.12 RDH 公司 …… 43
1.5.13 Bell 公司 …… 45

1.5.14 Doosan Moxy 公司 …… 46
1.5.15 Volvo 公司 …… 47
1.5.16 Norment 公司 …… 48
1.5.17 AARD 公司 …… 49
1.6 地下矿用汽车的发展趋势 …… 50
1.6.1 安全越来越受到人们重视 …… 50
1.6.2 环保要求越来越严格 …… 51
1.6.3 人机工程学原理应用越来越广 …… 52
1.6.4 大型化与小型化发展越来越明显 …… 52
1.6.5 地下矿用汽车的品种越来越多 …… 53
1.6.6 自动化程度越来越高 …… 53

2 动力系统 …… 55
2.1 地下矿用汽车用柴油机 …… 55
2.1.1 地下矿用汽车对柴油机的安全要求 …… 55
2.1.2 地下矿用汽车柴油机的常用类型 …… 57
2.1.3 地下矿用汽车柴油机性能特性 …… 57
2.1.4 空冷柴油机基本构造及工作原理 …… 62
2.1.5 水冷柴油机基本构造及系统 …… 70
2.1.6 国内外地下矿用汽车用柴油机与主要技术参数 …… 75
2.2 发动系配套系统设计 …… 81
2.2.1 进气系统设计 …… 81
2.2.2 排气系统设计 …… 94
2.2.3 燃油系统设计 …… 103
2.2.4 导风罩设计 …… 106
2.2.5 柴油机的废气排放及排放控制技术 …… 112
2.2.6 发动机安装 …… 125
2.2.7 发动机冷却系统冷却能力校核与设计计算 …… 127
2.3 柴油机的正确选择 …… 166
2.3.1 风冷与水冷柴油机的选择 …… 166
2.3.2 发动机功率类型选定 …… 167
2.3.3 柴油机功率大小的选择 …… 171
2.3.4 影响发动机输出功率因素 …… 172
2.3.5 其他附件的选择 …… 179

3 传动系统 …… 182
3.1 液力变矩器 …… 182
3.1.1 液力传动的主要优点 …… 182
3.1.2 液力变矩器的分类 …… 183

3.1.3　液力变矩器的结构 …… 183
3.1.4　液力变矩器的工作原理及其特性 …… 184
3.1.5　液力变矩器的选择 …… 188
3.2　动力换挡变速箱 …… 202
3.2.1　分类及特点 …… 202
3.2.2　变速箱功用及地下矿用汽车对变速箱要求 …… 203
3.2.3　Dana 动力换挡定轴式变速箱 …… 204
3.2.4　Allison 行星动力换挡变速箱 …… 231
3.2.5　Caterpillar 行星动力换挡变速箱 …… 238
3.3　驱动桥 …… 239
3.3.1　驱动桥的组成及作用 …… 239
3.3.2　对驱动桥的要求 …… 239
3.3.3　驱动桥术语 …… 240
3.3.4　驱动桥的技术参数 …… 242
3.3.5　驱动桥的结构 …… 251
3.3.6　驱动桥的选择 …… 264
3.3.7　驱动桥设计 …… 272
3.4　万向传动装置 …… 283
3.4.1　概述 …… 283
3.4.2　对传动轴基本要求 …… 283
3.4.3　地下矿用汽车常用传动轴 …… 283
3.4.4　万向节传动装置的设计 …… 292
3.4.5　万向节传动轴的安装与使用 …… 300

4　行走系统 …… 304
4.1　概述 …… 304
4.2　车架 …… 304
4.2.1　前车架与后车架 …… 304
4.2.2　车架横向摆动机构 …… 306
4.3　铰接式车架铰销结构 …… 312
4.3.1　铰接式车架铰销结构 …… 312
4.3.2　铰接式车架铰销强度计算 …… 314
4.4　车轮 …… 315
4.4.1　轮胎 …… 316
4.4.2　轮辋 …… 324

5　制动系统 …… 331
5.1　概述 …… 331
5.2　制动系统的要求 …… 332

5.2.1　通用要求 …… 332
5.2.2　具体要求 …… 333
5.3　国内外地下采矿车辆制动系统性能要求和试验方法 …… 334
5.3.1　国内外标准 …… 334
5.3.2　标准的具体内容 …… 336
5.3.3　制动器术语与定义 …… 340
5.3.4　制动器效率 …… 343
5.4　制动器的类型、结构和工作原理 …… 350
5.4.1　制动器的类型 …… 350
5.4.2　封闭湿式多盘制动器的类型、结构与工作原理 …… 351
5.4.3　弹簧制动器与液体冷却制动器比较 …… 355
5.4.4　封闭湿式多盘制动器的研究 …… 355
5.5　美国 Dana 公司封闭湿式多盘制动器简介 …… 357
5.5.1　Dana 公司制动器系列 …… 357
5.5.2　Dana 公司封闭湿式制动器的结构及特点 …… 357
5.5.3　Dana 公司制动器技术参数 …… 360
5.6　封闭湿式多盘制动器的设计与选择 …… 362
5.6.1　LCB 制动器的设计与选择 …… 362
5.6.2　Posi-Stop 制动器设计与选择 …… 364
5.7　停车制动器及其设计计算 …… 365
5.7.1　结构与工作原理 …… 365
5.7.2　设计与计算 …… 368

6　转向系统 …… 371
6.1　概述 …… 371
6.2　转向系统类型 …… 371
6.3　转向系统控制元件 …… 372
6.4　转向系统一般要求 …… 372
6.4.1　所有转向系统 …… 372
6.4.2　带有正常的和附加的转向操纵元件的转向系统 …… 373
6.4.3　带电气/电子传递装置的转向系统 …… 373
6.5　转向系统人机工程学要求 …… 374
6.6　性能要求 …… 375
6.6.1　正常转向 …… 375
6.6.2　动力助力应急转向系统 …… 375
6.6.3　动力应急转向系统 …… 375
6.6.4　各种转向系统 …… 375
6.7　铰接转向控制装置组成及转向油缸的布置 …… 376
6.7.1　铰接转向控制装置的组成 …… 376

6.7.2　两种铰接转向控制装置特点比较 …… 376
6.7.3　铰接转向油缸的布置 …… 377
6.7.4　紧急转向系统 …… 378
6.8　转向系统的设计 …… 379
6.8.1　转向阻力矩的计算 …… 379
6.8.2　转向力矩计算 …… 379
6.8.3　转向时间 …… 379
6.8.4　油缸力臂、油缸长度与活塞行程的计算 …… 380
6.8.5　转向器的选择 …… 381
6.8.6　转向油泵的选择 …… 382
6.9　转向试验道路 …… 382
6.9.1　转向试验场地 …… 382
6.9.2　车辆试验规范 …… 382
6.9.3　轮胎通过圆的测试程序 …… 384
6.10　转向试验 …… 384
6.10.1　各种转向系统试验 …… 384
6.10.2　正常转向系统试验 …… 384
6.10.3　应急转向系统试验 …… 384
6.10.4　附加转向操纵元件转向试验 …… 385

7　工作机构 …… 386
7.1　工作机构类型 …… 386
7.2　工作机构的要求 …… 387
7.3　举升机构的结构与设计 …… 388
7.3.1　直推式举升机构设计 …… 388
7.3.2　举升系统性能主要评价参数 …… 390
7.4　车厢 …… 392
7.4.1　车厢设计的要求 …… 392
7.4.2　车厢的类型 …… 393
7.4.3　车厢的材料与轻量化 …… 394

8　液压系统 …… 397
8.1　概述 …… 397
8.2　液压系统安全要求 …… 397
8.2.1　一般要求 …… 397
8.2.2　液压回路 …… 397
8.2.3　液压油箱 …… 398
8.2.4　充气式蓄能器 …… 398
8.3　国内外典型的液压系统 …… 398
8.3.1　国内典型的液压系统 …… 398

8.3.2　国外典型的液压系统原理 …… 398
8.4　液压系统组成 …… 399
8.4.1　工作机构液压系统 …… 399
8.4.2　转向液压系统 …… 410
8.4.3　制动液压系统 …… 421
8.4.4　冷却液压系统 …… 437
8.4.5　动力换挡变速箱与变矩器液压控制系统 …… 439
8.4.6　集中润滑系统 …… 453

9　电气系统 …… 457
9.1　电气系统的安全要求及组成与功能 …… 457
9.1.1　电气系统的安全要求 …… 457
9.1.2　电气系统的组成与功能 …… 459
9.2　地下矿用汽车的电气系统 …… 460
9.2.1　CA20 地下矿用汽车的电气系统 …… 460
9.2.2　MT2010 地下矿用汽车的电气系统 …… 468
9.2.3　国外最新地下矿用汽车电气系统 …… 472

10　新技术与安全技术 …… 474
10.1　概述 …… 474
10.2　现代地下矿用汽车新技术 …… 474
10.2.1　柴油机电子控制技术 …… 475
10.2.2　变速箱电子控制技术 …… 486
10.2.3　故障诊断和监控技术 …… 493
10.2.4　信息管理技术 …… 496
10.2.5　自动制动系统 …… 498
10.2.6　自动灭火技术 …… 498
10.2.7　自动润滑技术 …… 501
10.2.8　自动缓速器控制技术 …… 501
10.2.9　智能轮胎技术 …… 501
10.2.10　防疲劳技术 …… 504
10.2.11　主动避撞技术 …… 506
10.2.12　人机工程学技术 …… 509
10.2.13　再制造技术 …… 515
10.2.14　安全技术 …… 516
10.2.15　虚拟现实技术（virtual reality，VR） …… 526
10.2.16　自动化技术 …… 527

11　主要技术参数计算 …… 535
11.1　主要技术参数 …… 535

11.2 地下矿用汽车主要技术参数计算 …… 539
11.2.1 Dana 公司柴油机和液力变矩器共同工作匹配计算 …… 539
11.2.2 例题 …… 548
11.3 地下装载机与地下矿用汽车柴油机与变矩器匹配 …… 550
11.3.1 地下装载机与地下矿用汽车在地下矿山的作用与特点 …… 550
11.3.2 地下装载机与地下矿用汽车柴油机与变矩器系统匹配 …… 550
11.4 其他参数计算 …… 556

12 性能检验 …… 557
12.1 动力装置的性能测定 …… 557
12.1.1 目的 …… 557
12.1.2 测试仪表与精度 …… 557
12.1.3 测量程序 …… 557
12.2 最终检验 …… 559
12.2.1 检验前提 …… 559
12.2.2 柴油机系统 …… 559
12.2.3 传动系统 …… 559
12.2.4 行走系统——轮胎 …… 560
12.2.5 转向系统 …… 560
12.2.6 工作装置——料厢 …… 561
12.2.7 液压系统 …… 561
12.2.8 电气系统 …… 561
12.2.9 其他 …… 561
12.3 试验方法 …… 562
12.3.1 全身振动试验简介 …… 562
12.3.2 落物保护结构试验与翻车保护结构试验 …… 563
12.3.3 转向尺寸的测量 …… 568
12.3.4 牵引力测试 …… 570
12.3.5 能见度测试 …… 572
12.3.6 制动性能试验 …… 573
12.3.7 转向性能测试 …… 574
12.3.8 噪声测试 …… 574
12.3.9 其他测试 …… 574
12.4 最终检验报告 …… 575

13 生产能力 …… 578
13.1 生产能力的估算 …… 578
13.1.1 每小时纯运行时间 …… 578
13.1.2 有效装载量 …… 579

13.1.3　装满系数 ………………………………………………………………… 580
13.1.4　运行循环中装卸时间 …………………………………………………… 580
13.1.5　每循环往返行驶时间 …………………………………………………… 581
13.2　运输设备台数计算 ……………………………………………………… 583

附　录 ……………………………………………………………………………… 584
附录 1　单位换算表 ……………………………………………………………… 584
附录 2　干空气的热物理性质 …………………………………………………… 585

参考文献 …………………………………………………………………………… 587

1 绪　论

1.1 地下矿用汽车的作用和特点

1.1.1 地下矿用汽车的作用

地下矿床的开采包括开拓、采准、回采三个步骤。开拓是矿山的基建工程，是用井巷把地表与地下矿体接通，并建成完整的运输、通风、排水的井巷工程，包括竖井、斜井、平硐、盲井、井底车场和各种硐室，如水泵房、变电室、机修站、破碎硐室、火药库等，还有石门、阶段运输巷道、溜井等。采准是掘进形成采区外形的一些巷道及为了回采工作面的凿岩和爆破而需要的自由空间。前者如采区的运输巷道、通风和人行天井，后者如切割槽、拉底空间、放矿漏斗等。回采就是做完采准后，在采矿工作面进行落矿、装运和管理作业。

开拓、采准、回采是整个地下采矿的重要环节。其中装载工序工作量最繁重，费时最长，对采矿生产率影响很大。据统计，在掘进工作循环中，消耗于这一工序上的劳动量占循环时间的30%～40%；在井下回采出矿中，运输作业也同样占很大比重。

我们国家自20世纪70年代中期开始使用地下矿用汽车以来，已有50多个矿山使用了地下矿用汽车出矿，但绝大部分矿山还未使用地下矿用汽车。目前拥有各种地下矿用汽车几千台，并且仍以每年10%的速度增加。但是由于地下矿用汽车作业环境十分恶劣，任务繁重，机器的有效利用率还很低，所以如何有效地提高现有汽车的生产能力、缩短运输作业时间、延长地下矿用汽车的使用寿命，如何提高我国地下矿用汽车的设计、制造技术水平，研制并推广和更新更加先进、高效的地下矿用汽车，无疑对加快运输速度、提高采矿生产率、降低采矿成本、改善劳动条件、发展我国采矿工业将具有十分重要的作用。

目前，无论国外或国内，地下矿用汽车已成为地下矿强化开采的重要设备。

1.1.2 地下矿用汽车的特点

1.1.2.1 结构特点

（1）采用低排放柴油机和各种有效的净化装置，使柴油机燃烧完全，从而减少有害气体排放量。

（2）绝大部分地下矿用汽车铰接车体、液压转向、车体宽度窄、转弯半径小，机动、灵活，提高了通过能力。

（3）车体高度低，降低了重心高度，减少倾覆力矩，增加行驶稳定性，以适在狭窄低矮地下空间作业，节省巷道开拓工程量。

（4）四轮驱动，牵引力大，提高了爬坡能力。

（5）结构坚固，便于承受矿岩的冲击，可靠性高。

（6）采用湿式多盘制动器，制动灵敏、可靠，保证行驶的安全性。

（7）因巷道运输道路高低不平，为了提高其通过性能，国内外地下矿用自卸汽车都具有横向摆动机构，以便使驱动的四轮在任何情况下都能全轮着地，时刻具有足够附着力。在路面泥泞和高低不平的地下矿山路面上行驶时，更能显示出其优越的通过性能。横向摆动机构有两种结构：一种是设计专用的横向摆动架，用它将其中一个车桥与车体分离，实现车体与该车桥的横向相对摆动；另一种是使用回转支承，将前后车体连接，实现前后车桥的横向相对摆动。

（8）由于巷道高度限制，除了重型和特重型地下矿用汽车采用悬挂装置外，一般车桥与车架都是刚性连接，无悬挂装置。

1.1.2.2 优点

（1）地下矿用汽车运输机动灵活、应用范围广、生产能力大；可将采掘工作面的矿岩直接运送到各个卸载场地；能在大坡度、小弯道等不利条件下运输矿岩、材料、设备等。

（2）在合理运距条件下，生产运输环节少，显著提高劳动生产率。

（3）在矿山全套设施建成前，可用于提前出矿。

1.1.2.3 缺点

（1）地下矿用汽车虽然有废气净化装置，但柴油发动机排出的废气仍污染井下空气，目前仍不能彻底解决，因此，必须加强通风，增加了通风费用。

（2）由于地下矿山路面不好，轮胎消耗量大，备件费用增加。

（3）维修工作量大，需要技术熟练的维修工人和装备良好的维修设施。

（4）要求巷道断面尺寸较大，增加了井巷开凿费用。

1.1.2.4 适用条件

（1）地下矿用汽车既适合平地面的矿山，也适用于坡度不大于10%～25%的有斜坡道的矿山。它可将矿岩从工作面运往溜井口或运送到地面。

（2）在无轨开采地下矿山，可作为阶段运输主要运输设备，构成无轨采矿运输系统，以提高采矿强度。

（3）地下矿用汽车经济合理运距为500～4000m，载重量大时取大值。

1.2 地下矿用汽车的分类与基本结构

1.2.1 地下矿用汽车的分类

地下矿用汽车的分类方式可概括为如下几种：

（1）按卸载方式不同分类。地下矿用汽（卡）车可分为后卸式、推卸式、侧卸式和底卸式四类。后卸式汽车是用液压油缸将车厢前端顶起，使矿岩从车厢后端靠自溜而卸载。后卸式汽车的主要缺点是卸载空间较大，在井下卸载时，需在卸载处开凿卸载硐室。与推卸式汽车相比，后卸式汽车成本低、自重较轻、速度较快、运量较大、维修保养费用也较低。推卸式汽车车厢内的矿岩是被液压油缸驱动的卸载推板推出车厢后端而卸载，其卸载高度较低，但结构复杂。侧倾式地下矿用汽车是车厢向左或向右翻倾卸货。这种地下矿用汽车适用于道路狭窄、卸货方向变换困难的地方。其结构较后倾式地下矿用汽车复杂、造价高、运载量少、生产效率低、使用较少。也有单侧倾斜的地下矿用汽车，其车厢只能向某一侧翻倾。这种地下矿用汽车驶入矿场的方向和卸货的位置均受到限制，因此很少采用。底卸式地下矿用汽车只适用特殊场合，很少采用。

（2）按轮轴配置数分类。地下矿用汽车分为双轮轴式和多轮轴式。国外地下矿用自卸汽车94%为双桥结构，6%为三桥结构。目前，国产地下矿用自卸汽车均为双桥结构。

（3）按传动方式分类。地下矿用汽车分为液力机械式、机械式、全液压式和电动轮式四类。96%的地下矿用汽车为液力机械式，其余为电动轮传动式及其他形式。大约有一半使用自动变速箱，一半为手动变速。

（4）按承载能力分类。地下矿用汽车分微型、轻型、中型、重型和特重型。

（5）按动力源分类。地下矿用汽车分电动、柴油和混合动力式。

（6）按车架结构分类。地下矿用汽车分整体式和铰接式。

（7）按整机高度分类。地下矿用汽车分标准型和低矮型。

（8）按自动化程度分类。地下矿用汽车分人工操纵、远程操纵、半自主和自主操纵。

（9）按功能分类。地下矿用汽车分专用汽车和多功能汽车。

（10）按倾卸机构分类。地下矿用汽车分直推式自卸车与杠杆举升式自卸车。直推式又可细分为单缸式、双缸式、多级式等。杠杆式又可细分为杠杆前置式、杠杆后置式、杠杆中置式等。

1.2.2　地下矿用汽车的外形结构与组成

地下矿用汽车的外形结构如图1-1所示。

地下矿用汽车主要由9大系统组成：

（1）动力系统，包括柴油机及相关的辅助设备。

（2）传动系统，包括变矩器、变速箱、前后驱动桥、传动轴。

（3）行走系统，包括前后车架、横向摆动架或回转支承、轮胎、轮辋、悬架。

（4）制动系统，包括停车制动器、辅助、行车制动器及缓速器。

（5）转向系统，包括上下铰接体、转向油缸。

（6）工作机构，包括举升油缸及相关机构。

图1-1　地下矿用汽车的外形结构

1—料厢；2—电气系统；3—发动机室（包括动力系统）；4—前车架；5—司机室（包括控制系统）；6—轮胎与轮辋；7—前驱动桥；8—传动系统（包括传动轴、变矩器和变速箱等）；9—举升机构；10—后车架；11—后驱动桥

（7）液压系统，包括举升机构液压系统、转向机构液压系统、制动系统液压系统、变速控制液压系统、冷却系统、润滑系统，有的地下矿用汽车还有油门控制液压系统。

（8）电气系统，包括所有电气控制与照明。

（9）控制系统，包括柴油机、换向、换挡、转向、举升和电气控制与照明控制等。

1.3 地下矿用汽车与露天汽车

汽车是用来将成堆物料装入运输设备所使用的一类机械。它既可作为地下矿物运输的重要设备；又可作为露天矿山、水利、电力、建筑、交通和国防等建设工程的主要施工机械。前者称为地下矿用汽车，后者称为露天汽车。我国20世纪70年代初才开始开发前者，至今在全国只有近十家生产企业，年产量大约几百台。我国自20世纪50年代开始进行研制与开发后者，至今在全国有几十家生产，年产量几百万台。为了保护自然环境和合理利用矿藏资源，随着浅埋矿床的耗尽而越来越向深部开采，或因露天开采的深度很大而使地表遭受大面积的破坏时，就必须采用地下开采。可以预测今后地下开采仍将逐渐增加，作为地下开采的主体设备之一的地下矿用汽车也会随之得到较大发展。地下矿用汽车与露天汽车在我国起步较国外晚，近几年虽然发展迅速，但同国外同类汽车的优秀产品相比还有很大差距，特别是地下矿用汽车的技术水平、可靠性与国外差距更大，因此研制工作必须加速。由于目前地下矿用汽车无论从质量上或数量上都满足不了矿山的生产需要，有些矿山采用露天汽车在井下出矿，有些露天汽车生产厂家也正在准备开发地下矿用汽车。为了正确选择、使用地下矿用汽车，正确设计、制造出满足矿山要求的地下矿用汽车，因此有必要了解地下矿用汽车与露天汽车各自的特点。

1.3.1 地下矿用汽车与露天汽车的特点对比

地下矿用汽车是在露天汽车的基础上发展起来的，专门适用于地下采矿和隧道掘进作业的一种机械，因此它们有许多相似之处。例如，它们的原理与基本结构、动力传动部件基本相同，但也有更多的不同，见表1-1。

表1-1 地下矿用汽车与露天汽车特点

因 素	地下矿用汽车	露天汽车
使用环境	十分恶劣，地下作业	相对好些，露天作业
空间限制	严格限制	不限制
废气排放	对通风量有严格要求	对通风量无要求
车 速	车速较低	车速较高
驾驶室布置	横向布置或纵向布置	纵向布置
结构牢固性	更牢固的结构	牢 固
选择轮胎依据	耐磨性，防刺伤、划破性；子午线轮胎	牵引性
经济性	很 贵	一 般
维修条件	很 差	好
机动灵活性	更 好	好

1.3.2 地下矿用汽车与露天汽车主要参数分析

为了更直观地说明问题，以标称有效负载能力相近的Caterpillar的735B露天铰接汽车与AD30地下矿用汽车为例进行分析，见表1-2与图1-2。

表 1-2　地下矿用汽车与露天汽车外形尺寸及车速比较

序号	名　称	735B 露天铰接汽车	AD30 地下矿用汽车
	示意图		
1	司机室高/mm	3703	2722
2	料厢高（运输）/mm	2982	2560
3	料厢高（卸料）/mm	6809	5838
4	离地间隙/mm	534	400
5	总长/mm	10889	10160
6	总宽/mm	3823	2840
7	巷道最低高度/mm	无要求	4000
8	巷道最低宽度/mm	无要求	4000
9	载荷最高高度/mm（SAE2：1）	无要求	3264
10	最高车速/km · h^{-1}	51.1	40.8
11	功率/kW	Caterpillar® C15 ACERT®（337）	Caterpillar® C15 ACERT®（305）

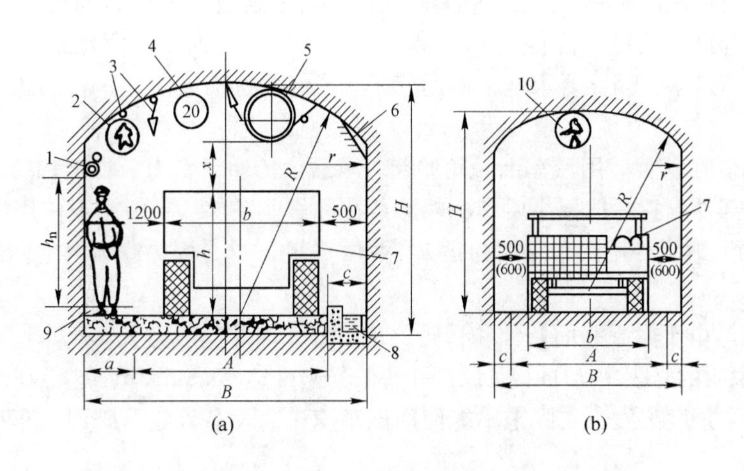

图 1-2　斜坡道采准巷道断面图

（a）无轨运输巷道断面；（b）凿岩、运搬和辅助巷道断面

1—压气管与水道；2—人行道标志；3—照明灯；4—限速标志牌（粗红边）；5—通风管道；6—电缆挂钩；7—无轨设备；8—排水沟；9—人行道；10—禁止人行标志牌（粗红边）

R—大拱半径；r—拱角半径；x—车身顶端与悬挂物最小距离，不小于 500 ~ 600mm；h_n—直壁高，不小于 1800mm

（1）外形尺寸与运行通道。根据图1-2与表1-2可知，地下矿用汽车外形尺寸矮而窄，露天汽车相对高而宽，这是因为地下矿用汽车受巷道尺寸限制和为了更安全操作。

（2）通风与空气污染。由于地下矿用汽车在地下的封闭空间作业，为了保证发动机能发出足够的功率和稀释发动机排出有害废气达到安全标准要求，矿井必须要通风。这是因为发动机在工作时要吸入大量的新鲜空气。发动机功率越大，吸入的新鲜空气就越多。如果吸入的新鲜空气量不够，那么发动机的功率就会下降。一般来讲，井下通风条件差，为了保证有足够的新鲜空气供应，就一定要增加通风设备的通风能力，但这增加了投资。因此，适当降低地下矿用汽车发动机功率可减少发动机空气吸入量，可减少通风设备费用，这也就是地下矿用汽车比同级的露天汽车匹配功率要少的原因之一。

在井下使用的地下柴油汽车是以柴油为燃料的。柴油本身是碳氢化合物，当柴油与空气混合燃烧时，会产生大量气体，其中含有有害气体，如NO_2、CO、SO_2、游离的炭烟，这些有害气体对人体有着不同程度的危害。为此，各国对井下柴油机的废气排放另有严格的规定，这规定也是决定汽车能否在井下使用的先决条件。根据这些标准，严格地说露天汽车发动机废气排放没有采取严格的净化措施，是不允许在井下使用的。

（3）双向操作性。地下矿用汽车的司机座位既有横向布置，也有纵向布置。前者不管是前进还是后退，司机都有相同的视野和舒适度。由于座位位置较低，在不平的地面上行驶时大大减少了司机位置的振动。重心低些，司机操作时会感到更安全。对于后者，为了保证司机视野，在车辆上常配有后视设备。

（4）可靠性。与露天汽车比较，地下矿用汽车应具有更坚固的结构与更高的可靠性，机动灵活。

由于井下路面很差，水、泥、凹坑使得地下矿用汽车运行时受到振动较大，由于地下矿用汽车装运的大都是矿岩，因此受的冲击负荷也大，这就要求地下矿用汽车各零件有更高的强度、刚度。再加上井下的维修条件比地面差得多，因此，还要求地下矿用汽车有更高的可靠性，更低的故障率。为此，各地下矿用汽车制造厂家要么特殊设计其关键零部件，要么从国外进口关键零部件（如柴油机、变矩器、变速箱、驱动桥、部分液压件）。井下巷道窄、弯道多，因此要求地下矿用汽车有很好的机动灵活性、转向角度要大、转弯半径要小。

（5）轮胎。在露天矿用汽车上，轮胎起着承载、传递牵引力、行走和缓冲等作用，是个非常重要的部件。它的选择主要考虑轮胎负荷和作业条件。一般露天矿用汽车采用E_1～E_3型花纹轮胎，地下矿用汽车采用的是E_4和L_3轮胎。这是因为露天的地面作业条件比井下好。

（6）车速。由于露天路面条件和视野比地下好，因此一般露天汽车车速比地下快，见表1-2。需要说明的是表中AD30地下矿用汽车车速可达40.8km/h，这是在理想的工况条件下。但从安全角度出发，实际上不能使用该车速，绝大多数地下矿用汽车行驶速度一般不超过30km/h。

（7）经济性。经济性包括三方面的内容：一是整机价格，二是燃油消耗，三是备件消耗。国产地下矿用汽车由于进口件很多，价格要比国产露天汽车贵得多。燃油消耗主要取决于发动机设计、发动机的功率、发动机的负荷与操作。一般二级燃烧室发动机同直喷发动机比较，如果缸数、汽缸容积输出功率相同，前者比后者多耗油20%，在相同的操作条件下，燃油消耗与发动机的功率成正比。总体上，前者的燃油消耗比后者少。地下矿用汽车在备件的消耗中主要是轮胎，它的消耗占整个采矿成本的20%以上。这是因为井下路面条件很差，轮胎的使用寿命很低，一般为300～500h，长的也只有1000h。再加上轮胎的价格很贵，因此单从价格与消耗来讲，地下矿用汽车远远高于露天汽车。

总之，虽然露天汽车与地下矿用汽车在原理和结构上有许多相似之处，但有更多的不同之处。若把地下矿用汽车用于露天，则经济上不合算；反之，把露天汽车用于井下，由于条件、环境不同，必然会显示出这种机械的设计弱点，工作起来不方便或不能工作，特别是露天汽车废气排放问题不解决，在井下作业是不允许的，这点应引起足够重视。

1.4 国内地下矿用汽车发展

我国随着地下矿山无轨采矿技术的发展，对地下矿用汽车的需求量也越来越多，先后从美国 Atlas Copco Wagner 公司、德国 GHH 公司、芬兰 Sandvik 公司等地下矿用汽车生产商引进了多台地下矿用汽车。国内研制地下矿用汽车始于20世纪70年代中期，但由于当时基础水平所限，研制工作没有达到预期效果。

进入20世纪80年代以来，随着国内基础条件和研制水平的提高、汽车工业的发展以及国外先进技术的引进，我国地下矿用汽车的研制水平有了提高。但目前我国地下矿用汽车的研制还处于初期阶段，无论是品种还是数量、规模，远远满足不了国内地下矿山发展的需求，因此，我国必须要加大投入力度，研制更加可靠、实用的地下矿用汽车。

中钢集团衡阳重机有限公司、北京安期生技术有限公司、北京矿冶研究总院、金川有色金属公司、长沙矿山研究院、江西凯马有限公司、烟台兴业机械股份有限公司、安徽铜冠机械股份有限公司等单位先后研制出符合我国地下矿山实际情况的 CA 系列、AJK 系列、JZC 系列、DKC 系列、JKQ 系列、UK 系列、XYUK 系列等多种系列地下矿用汽车，并在我国一些地下矿山得到了应用，发挥了重要作用。

JZC8、JZC10、DKC12 三种机型是北京矿冶研究总院自主开发的地下矿用汽车，由北京矿冶研究总院机械制造厂和石家庄新华矿冶机械厂制造。发动机采用德国道依茨公司生产的 F6L912W 和 F6L413FW 低污染风冷柴油机，采用机械液力传动，该传动具有较好的牵引性能和爬坡能力，最大爬坡能力达30%的坡度，由于采用前、后各四挡的动力换挡变速箱，减少了传动系统的冲击，使传动平稳、可靠。传动系统采用美国 Dana 公司生产的变矩器、动力换挡变速箱和驱动桥。制动器采用北京矿冶研究总院开发的国际先进的弹簧制动、液压松闸全封闭多盘湿式制动器。该制动器制动力矩大，制动系统简单、安全、可靠，集工作制动、停车制动和紧急制动于一身，不需要另加停车制动器和辅助制动系统，这为总体布置带来很大方便。另一个显著特点是该制动器是一种失效保安型，无论制动系统在任何部位失效，车辆都会立即制动，安全可靠。前车架和后车架采用中央铰接，折腰双缸转向，这种转向方式转向半径小，机动性好，适合地下矿山运输，摆动机构采用中间回转摆动机构，最大允许摆动角左右各10°，使车辆四轮始终着地，提高了车辆的牵引附着性能和低洼不平路面的通过性。由于该种车架重心低，运行、装料、卸料时整车稳定性得到了改善。卸载采用双缸后倾翻式卸载方式，工作料厢采用等强度理论设计，采用高耐磨材料，提高了使用寿命。净化系统采用机外水洗净化，使废气在水中沿隔板形成折反气流，以达到清洗和净化废气的功效，进一步降低了空气污染；司机室布置在中央侧座，符合地下工作要求，有利于双向行驶，双向均具有较好的视野，改善了司机的操作条件。这三种车型设计时进行了整机动力性能匹配和计算机仿真等分析计算，整机匹配合理，结构紧凑，操纵简单、灵活，使用性能好，具有较大的爬坡能力和牵引能力，能够满足地下矿山的运输要求。

DQ18 型地下矿用汽车原来是由长沙矿山研究院设计、南宁重型机器厂制造的，现由湖南有色重型机器有限责任公司制造。发动机采用德国道依茨公司的 F8L413FW 低污染风冷柴油机，机械液力传动，四轮驱动，动力匹配合理，具有较大的爬坡能力。制动系统采用双管路蹄式制动器，当制动系统管路漏气或损坏时，气压下降到调定值时自动制动，提高了行车的安全性。转向系统采用双转向油缸结构，转向液压系统与工作液压系统有机地结合在一起，当举升油缸动作时，转向泵自动地补充至工作液压系统中去，简化了液压系统，共享了资源。卸料采用双缸举升后倾翻卸载。司机室前置侧座，前进行驶时视野好。机外净化系统采用含铂蜂窝状催化剂的净化器与水洗箱，有效地控制了有毒、有害气体的排放。

JKQ25 型地下矿用汽车是金川机械制造有限公司和北京科技大学共同研制的车型，发动机选用德国道依茨公司的 F10L413W 低污染风冷柴油机。传动系统采用 Dana 公司生产的变矩器、变速箱和驱动桥，前后桥采用普通差速器，制动器采用多盘式制动器，外加循环。停车制动采用弹簧制动液压松闸结构，保证驻车的安全可靠性。制动操纵系统采用全液压蓄能制动系统；前后车体采用中间铰接式结构，在铰接处的前车架上设计的特殊摆动结构，可使前后车架相对摆动，提高车辆的牵引附着性能。前后车架采用刚性悬挂结构，以有效地降低整机高度。料斗进行了特殊设计，除保证料斗容积外，还保证物料倾卸干净。举升油缸采用双缸后倾翻卸载方式；净化系统采用机外净化，配备了加拿大 ECS 废气净化系统，以保证排放达标。该车型整体性能达到了设计要求，质量可靠、故障率低，在金川有色金属公司承担了替代进口设备的地下矿运输任务。

中钢集团衡阳重机有限公司生产的 CA 系列地下矿用汽车，有效载重从 5t 到 25t 共 8 个型号，采用进口或国产柴油机、传动系统、关键液压件、柴油机净化系统，在国内获得广泛应用，并出口到俄罗斯、巴基斯坦和非洲等多个国家和地区。

应特别指出，由徐工研究院参与研发的国内首创地下铰接式卡车 DAE60（见图 1-3）成功运行。地下铰接式卡车是国家“863”科研项目的子课题之一，徐工研究院凭借在电传动矿车领域的研发实力成功参与到该项目中。DAE60 最大载重量 60t，货厢堆装容积为 34m^3，最高速度可达 45km/h；采用先进的交流电传动系统，原装进口 Cummins QSK19 柴油发动机，保证最大的生产效率；极利于物料快速装卸的货厢；全液压动力转向，转弯半径小。

其核心的铰接体转向系统，确保了操作员在恶劣的作业环境中（如泥潭）依旧能自如操控设备，以及高速行进中精确、安全地操控。其自动补偿的液力系统能确保极小的转弯半径，适用于狭小的装载和卸载空间以及有急转弯的路面环境。

图 1-3　DAE60 地下铰接式汽车

DAE60 采用的交直交电传动技术属于全球首创，6 轮牵引电机独立控制，可实现$6 \times N(N=2 \sim 6)$驱动方式切换；符合人机工程的驾驶室，驾驶舒适安全；配备自动润滑系统及车辆检测系统等设备，维护简单、方便。

徐工集团以最大60t电传动铰接卡车为切入点，直接进军铰接式自卸车高端市场，一举打破铰接式自卸车长期被国外公司所垄断的局面，更表明了徐工集团进军矿山机械高端制造领域的坚定决心。

1.4.1 中钢集团衡阳重机有限公司

中钢集团衡阳重机有限公司（简称中钢衡重，英文缩写 SINOSTEEL HYMC）是中国中钢集团公司的全资子公司，是由中国中钢集团公司并购重组衡阳有色冶金机械总厂优良资产改制而成的国有法人生产制造企业。1982 年以来，中钢衡重铲运机事业部根据自身发展和市场需求，先后引进了多项国外地下无轨采矿设备先进技术，结合国内用户的具体情况，在消化引进技术的基础上加以改进、创新，研制成功了具有自主知识产权的 CY 地下铲运机系列产品、CA 系列地下矿用汽车。中钢集团衡阳重机有限公司生产的 CA 系列地下矿用汽车主要技术参数见表 1-3。

表 1-3 中钢衡重 CA 系列地下矿用汽车技术参数

型号		CA-5	CA-8	CA-10	CA-12	CA-15	CA-18	CA-20	CA-25
额定容积/m^3		2.5	4	5	6	7.5	9	10	12.5
额定载重量/t		5	8	10	12	15	18	20	25
发动机	型号	F6L912W	BF4M1012EC	BF4M1012C	F6L413FW	F8L413FW	F10L413FW	BF6M1013FC	BF6M1015C
	功率/kW	60	75	88	102	136	170	212	270
排气净化方式		氧化催化净化+消声器	氧化催化净化+消声器	氧化催化净化+消声器	氧化催化净化+消声器	氧化催化净化+消声器	氧化催化净化+消声器	氧化催化净化+消声器	氧化催化净化+消声器
传动形式		液力机械	液力机械	液力机械	液力机械	液力机械	液力机械	液力机械	液力机械
车速/$km \cdot h^{-1}$		0~25	0~24.8	0~24.8	0~24.8	0~20	0~17	0~28	0~26
外形尺寸/mm	长	6153	7116	7400	7400	7400	8990	9000	9350
	宽	1880	1820	1820	1850	2100	2300	2300	2800
	高	2000	2300	2300	2300	2500	2500	2500	2550
转弯半径/mm	外	5950	6950	6950	7000	7570	9500	9500	8550
	内	3700	4500	4500	4450	4550	6500	6500	5500
离地间隙/mm		230	250	250	250	280	300	300	400
轴距/mm		3095	3965	3965	3965	4570	5200	5200	5000
轮胎规格		12.00-24	14.00-24	14.00-24	14.00-24	14.00-24	16.00-25	16.00-25	18.00-25
爬坡能力/(°)		14	14	14	14	14	14	14	14
工作质量/t		7.2	10.3	10.5	11.5	15.5	17	19.5	23.5

1.4.2 北京安期生技术有限公司

北京安期生技术有限公司始建于 1997 年 1 月，开发了多种地下电动铲运机、内燃铲运机、铰接式地下矿用汽车等。该公司生产的 AJK 系列地下矿用汽车主要技术参数见表 1-4。

表 1-4　北京安期生技术有限公司生产的 AJK 系列地下矿用汽车主要技术参数

型　号			AJK-10	AJK-12	AJK-15	AJK-20	AJK-25
空载重/kg			10000	12000	13000	19000	23000
满载重/kg			20000	24000	28000	39000	48000
容积/m^3	平装		4.5	5.7	6.2	9.5	12
	堆装		5.5	6	7.5	11	15
工作时间/s	车厢举升		10.6	10.6	10.6	12	19
	车厢下降		14.0	14.0	14.0	10	12
	转向时间（高怠速）		6.0	6.0	6.0	5.0	6.0
柴油机	结构特点		Deutz 水冷，增压中冷		Cummins 水冷，增压中冷	Deutz 风冷，增压中冷，两级燃烧	Deutz 风冷，两级燃烧，带有高海拔功率补偿装置和废气净化装置
	型号		BF4M1013C		QSL9	F8L413FWB	F10L413FWB
	功率(kW)/转速(r/min)		104/2300		224/2100	103/2300	170/2300
	输出扭矩(N·m)/转速(r/min)		419/1500		720/1400	1369/1200	1776/1100
传动	变矩器		Dana C270	Dana C270	Dana CL5000	Dana C5000	
	变速箱		Dana R32000	Dana R32000	Dana R36000	Dana R36000	
	驱动桥		SOMA QY150L	SOMA QY150L	Kessler D81P	Kessler D81	Dana 19D 2748
制动	行车制动		LCB	LCB	SAHR	LCB	LCB
	23km/h 的制动距离	空载	5.6	5.6	26km/h 时 2.33m	5.65	6.75
		重载	7.3	7.3	26km/h 时 4.49m	8.02	9.02
	停车制动		WABCO 手动阀和蓄能缸组成弹簧制动、液压释放的制动系统		行车、停车、紧急制动于一体，弹簧制动、液压释放	弹簧制动、液压释放的制动系统	
	驻坡能力/%	空载	50	50		50	50
		重载	30	30		30	25
转向	形　式		全动力液压转向系统，铰接式，双转向油缸结构				
	转弯半径/mm	内	4820	4772	4700	5466	5247
		外	7290	7290	7500	8944	9209
	转向角/(°)		40	42	40	42(内侧)	
轮胎	型号，前/后桥		14.00-24，L3S，TL		16.00-25-32(TT)	18.00-25，L3S，TL	
运行速度/km·h^{-1}	Ⅰ挡		3.5		5.1	5.3	
	Ⅱ挡		7		10.1	11.4	
	Ⅲ挡		13		20.2	19.5	
	Ⅳ挡		23			26	
最大爬坡能力/%			25	25	满载时 15% 坡度可达 7.8km/h	28	22

1.4.3 北京矿冶研究总院

JZC-10、DKC-12、DKC-16、DKC-20、DKC-25型是北京矿冶研究总院自主研发的地下矿用汽车，其主要性能参数见表1-5。

表1-5 北京矿冶研究总院自主研发的地下矿用汽车主要性能参数

型 号	JZC-10	DKC-12	DKC-16	DKC-20	DKC-25
有效载重/t	10	12	16	20	25
斗容(平装)/m^3	4.0	5.0	8.0	10.1	12
自重/t	9.5	10.3		22	
最高车速/km·h^{-1}	21	35		30	
转向角度/(°)	±40	±40		±43	
横向摆动角/(°)	±10	±10		±8	
制动方式	SAHR	SAHR	SAHR	SAHR	SAHR
柴油机	Deutz F6L912W	Deutz F6L413FW	Cummins QSL9	Cummins QSL9	Cummins QSL9
柴油机功率(kW)/转速(r/min)	63/2300	102/2300	186/2300	224/2100	224/2100
变矩器	Yj305	Dana C273.1	Dana C5000	Dana CL5452	Dana CL5000
变速箱	R28421	R28421	R36000	R36421	R36000
驱动桥			Kessler D81	Kessler D81	Kessler D91
最大爬坡能力/%	22	25		25	
最大卸载高度/mm	3850	3820		4857	

1.4.4 金川机械制造有限公司

金川机械制造有限公司的主要产品为井下无轨设备、选矿设备、冶金非标设备。其生产的矿用汽车的技术参数见表1-6。

表1-6 金川机械制造有限公司生产的地下矿用汽车技术参数

型 号		JKQ-25	JKQ-10
额定容积/m^3		15	5.5
变速箱		R36420	R28000
变矩器		C5472	C273
驱动桥		19D2748	SOMA-C103
发动机		F10L413FWB	BF4M1013C
额定载荷/kg		25000	10000
额定功率/kW		170	104
最大牵引力/kN		231	197
车速/km·h^{-1}	Ⅰ挡	0~5.0	0~3.5
	Ⅱ挡	0~11.0	0~7
	Ⅲ挡	0~19.0	0~123
	Ⅳ挡	0~26	0~23

续表 1-6

型　号		JKQ-25	JKQ-10
最大转向角/(°)		42	40
转弯半径/mm	内	5234	4820
	外	9200	7290
卸载距离/mm			
外形尺寸/mm	长	9200	7760
	宽	2950	1780
	高	2300	2284
整机质量/kg		25500	11000

1.4.5　湖南有色重型机器有限责任公司

湖南有色重型机器有限责任公司目前生产 DQ10 和 DQ20 两种型号的地下矿用汽车，该型号地下矿用汽车技术参数见表 1-7。

表 1-7　湖南有色重型机械有限责任公司生产的 DQ10 和 DQ20 型号的地下矿用汽车技术参数

型　　号			DQ10	DQ20
整机参数	外形尺寸(长×宽×高)/mm×mm×mm		7780×1780×2300	8730×2550×2450
	斗容/m^3		5	9.5
	卸载角度/(°)		70	70
	转向角/(°)		±40	±40
	后车架摆动角度/(°)		±8	±8
	轮距/mm		1391	2020
	整机质量/t		12	19
	最大载重/t		10	20
	最大牵引力/kN		165	238
	最小转弯半径/mm	内	4520	5414
		外	7030	8605
工作时间/s	车厢举升时间		12	12
	车厢下降时间		5	10
发动机	形　式		水　冷	水　冷
	型　号		Detuz BF4M1013C	Detuz BF6M1013FC
	功率(kW)/转速(r/min)		11/2300	206/2300
	最大扭矩(N·m)/转速(r/min)		573/1400	1050/700
变矩器	型　号		HR32420（一体式）	CL5000 单级三元件带工作泵，辅助泵接口
变速箱	型　号		—	R36000
	换挡形式		机　械	电　子

续表 1-7

型号		DQ10	DQ20
行驶速度/km · h^{-1}	Ⅰ挡	4.7	5.2
	Ⅱ挡	9.5	10.7
	Ⅲ挡	15.9	18.7
	Ⅳ挡	26.3	32.5
桥	型号	久禾润 QY150MA-F	KesslerD81P489-NLB-FS
轮胎	型号	14.00-24/28	16.00-25/32PR
液压系统	举升油缸/mm	ϕ125/ϕ90	ϕ125/ϕ90
	转向油缸/mm	ϕ90/ϕ50	ϕ125/ϕ55
电气系统	电压/V	24	24
	蓄电池	12V×2	12V×2
	车灯	前2后1+工作照明+阅读灯	前2后1+工作照明+阅读灯
制动	制动器	设置于轮边全封闭湿式制动器	设置于轮边全封闭湿式制动器
	行车/驻车制动形式	弹簧制动，液压释放	弹簧制动，液压释放
排气		催化净化+水洗净化	催化净化+水洗净化

1.4.6 南昌凯马有限公司

南昌凯马有限公司生产的 UK 系列地下矿用汽车技术参数见表 1-8。

表 1-8 南昌凯马有限公司生产的 UK 系列地下矿用汽车技术参数

型号		UK-4	UK-12	UK-20
额定斗容量/m^3	堆装	3	6	10.5
	平装	2	5	8.8
额定载重量/kg		4000	12000	20000
最大爬坡能力/%		30	30	
行驶速度（前进和后退）/km · h^{-1}		0～10	6.5，13，20	5.2，11.3，19.5，28
动力	形式	柴油机	柴油机	柴油机
	型号/制造商	BF4L2011/Deutz	BF4M1013C/Deutz	F10L413FW/Deutz
	功率(kW)/转速(r/min)	53/2500	112/2500	170/2300
	尾气净化方式	氧化催化+消声器	氧化催化+消声器	氧化催化+消声器
动力传动	形式	静液压+机械	液力机械	液力机械
	变量泵型号或变矩器制造商	ACA39/Eaton	C270/Dana	C5000/Dana
	变量马达或变速箱型号/制造商	ACE54/Eaton	R32000/Dana	R36000/Dana
	驱动桥型号/制造商	ZL20F/国产	CY-2JD/E/国产	19D/Dana

续表 1-8

型　号		UK-4	UK-12	UK-20
行车制动形式		钳盘制动	湿式多盘制动	湿式多盘制动
驻车制动行驶		湿式多盘制动	蹄式制动	湿式多盘制动
转向方式		全液压动力转向	全液压动力转向	全液压动力转向
轮胎型号/mm		10.00-20	14.00-24	18.00R25
整机操作质量/kg		7000	12000	21000
转弯半径/mm	内侧	3650	4030	4100
	外侧	6060	6520	7400
外形尺寸/mm	长	7200	7447	9100
	宽	1800	1900	2210
	高	1700	2200	245

1.4.7　烟台兴业机械股份有限公司

烟台兴业机械股份有限公司拥有自营进出口权 5t、8t、12t、20t 地下矿用汽车，其 XYUK 系列地下矿用汽车主要技术参数见表 1-9。

表 1-9　烟台兴业机械股份有限公司 XYUK 系列地下矿用汽车技术参数

型　号		XYUK-5	XYUK-8	XYUK-10	XYUK-12	XYUK-15	XYUK-20	XYUK-30
额定容积/m^3		2.5	4	5	6	7.5	10	15
额定载重量/t		5	8	10	12	15	20	30
发动机	型号	BF4L914	BF4M1013EC	BF4M1013EC	BF4M1013EC	BF6M1013EC	F10L413FW	德国奔驰
	功率/kW		115	115	115	165	170	
变矩器型号		1201	C273	C273	C273	C273	C5400	Dana
变速箱型号		FT20321	R32421	R32421	R32421	R32421	R3200	Dana
制动器类型		SAHR	SAHR	SAHR	SAHR	SAHR	SAHR	
车速/$km \cdot h^{-1}$		0～18.4	0～23	0～23	0～23	0～23	0～25	0～31.1
外形尺寸/mm	长	5600	7956	7956	8000	8300	8980	10120
	宽	1400	1780	1780	1960	2200	2280	3000
	高	1850	2360	2360	2360	2400	2400	2580
转弯半径/m	内	3410	4805	4805	4715	4325	4980	4980
	外	5180	7310	7310	7400	7400	8220	8850
离地间隙/mm			265	265	265	265	330	
车厢卸载角/(°)		65	70	70	70	70	70	65
装载高度/mm		1556	1850	1995	1940	1980		2577
最大爬坡能力/(°)		15						16
轴距/mm			4270		4270			
工作质量/t		7.2	12.4	12.50	12.8	15	20	28

1.4.8 安徽铜冠机械股份有限公司

安徽铜冠机械股份有限公司生产10t、12t、15t、20t UK系列地下矿用汽车，其主要技术参数见表1-10。

表1-10 安徽铜冠机械股份有限公司UK系列地下矿用汽车技术参数

型 号		UK-10(UK-12)	UK-15	UK-20
额定容积/m^3		5(6)	7.5	9.7
额定载重量/t		10(12)	15	20
发动机	型号	BF6L914	BF6L914C	BF6M1013EC
	功率/kW	112	150	223
变矩器型号		C273	C273	C5000
变速箱型号		R32000	R32000	R36000
驱动桥型号		徐州美驰150系列	16D	KesslerD81
车速/$km \cdot h^{-1}$			0~23	0~30
外形尺寸/mm	长	7960	7420	9000
	宽	1850	2045	2210
	高	2200	2350	2440
转弯半径/mm	内	4950	3500	4900
	外	7100	6000	7500
最大爬坡能力/(°)		14	14	14
工作质量/t		9(9.5)	14.5	19.5

1.5 国外地下矿用汽车的现状与最新发展

Atlas Copco公司，1960年开发出第一台10t地下矿用汽车，1966~1972年开发出15t、20t、25t、28t地下矿用汽车，1996年又开发出50t地下矿用汽车，到了20世纪90年代已经生产出了6t、8t、11t、13t、16t、20t、25t、33t、35t、36t、44t、50t 12个品种。目前用于地下采矿和隧道开挖的运载能力为20~60t地下矿用汽车共7个型号。Atlas Copco矿用卡车的功率重量比高，在坡道上具有良好的行驶速度。电脑台车控制系统（RCS）可以记录保养信息和诊断信息，并在驾驶室的显示屏上显示这些信息。

Sandvik公司控股的法国EM公司、加拿大EJC公司和芬兰Toro公司三家子公司均是世界著名的地下无轨设备生产公司。TORO公司于1978年开始生产地下矿用汽车，1990年生产载重量40t的40D型汽车，1995年生产载重量50t的50D型汽车，1999年开发了全球最大载重量80t的Supra0012H与Supra0012R型汽车，前者用于平路运输、后者用于坡道运输。2004年开发出TOR060型汽车。现在这三家公司地下矿用汽车统一了型号，以TH命名，有15t、20t、30t、40t、50t、51t、60t、63t、80t和低矮型30t等10个系列产品。发动机采用（Detroit、Cummins、VOLVO）水冷柴油机，变矩器、变速箱采用Dana公司或Allison公司产品，驱动桥采用Dana或Kessler公司的产品，前、后车架采用中央铰接折腰转向，前车架相对后车架左右摆动8°。35t、40t和50t地下矿用汽车前、后车架中央铰接折腰转向，前、后车架相对摆动。80t地下矿用汽车采用整体式车架、多驱动桥结构形式，增加行驶和装卸料工况整车的稳定性。

德国GHH公司从1964年开始生产地下矿用汽车，现在已发展到生产15t、20t、25t、30t、35t、40t、50t、55t等10个系列产品。GHH公司地下矿用汽车系列产品，柴油机大部分采用德国道依茨低污染柴油机，前、后车架采用带中间回转支承的中央铰接连接，前、后车架可绕车辆纵轴相对摆动，左、右各摆动10°，当地面不平时，可使四轮始终着地，增加附着重力，增大牵引力，提高了车辆在低洼不平路面上的通过性能。变矩器、变速箱采用美国Dana公司产品，驱动桥采用美国Dana公司或德国Kessler公司的产品。

行车制动采用全封闭多盘湿式制动器，驻车制动采用弹簧制动、液压松闸制动器。GHH公司地下矿用汽车、驾驶室均前置，正向行驶时视野好，但倒车时视野差。

加拿大DUX公司从20世纪80年代开始制造地下无轨采矿设备，生产出了11t、15t、16t、18t、20t、25t、30t、32t、41t、45t和55t等11个品种的地下矿用汽车系列。这些地下矿用汽车发动机采用德国Deutz或美国Detroit生产的柴油机，动力性能好，具有较大的爬坡能力，适合地下矿山长距离重载上坡。传动系统采用美国Dana公司生产的变矩器、变速箱和驱动桥。制动器采用全封闭弹簧制动、液压松闸多盘湿式制动器，强制循环冷却方式冷却。车架采用新型的中央铰接结构，改善了前、后车体中间铰接部分的受力，前、后车架可绕车辆纵轴相对摆动，以使四轮在不平路面上始终着地，增加了车辆的附着重力，提高了车辆的牵引附着性能。驾驶室前部侧座布置，正向行驶时视野好，同时也采取了隔热、隔振措施，改善了司机的操作环境。

加拿大MTI公司的子公司JCI公司于1980年开始生产地下矿用汽车，有6t、14.5t、16t、23.5t、27t等5个系列。发动机采用德国道依茨风冷或Caterpillar水冷或Detroit水冷柴油机，其中Detroit柴油机采用电控系统进行控制，高效、节能、排放性能好。传动系统变矩器、变速箱、驱动桥采用Caterpillar和美国Dana公司产品，制动器采用全封闭多盘湿式制动器。车架采用前、后车架中央铰接折腰转向方式。驾驶室前部侧座布置。

德国Paus公司从20世纪80年代开始生产地下无轨设备，已经生产了10t、15t、20t、25t等4个系列的地下矿用汽车。发动机均采用德国道依茨低污染风冷或水冷柴油机，机外净化系统采用水洗或催化净化方法，极大地降低了污染，适合地下矿运输。变矩器、变速箱采用美国Dana公司产品，驱动桥采用Ford公司的产品。前、后车架采用中央铰接连接，折腰转向，摆动采用前桥摆动方式。驾驶室前置、驾驶座可回转180°进行双向操纵，双方均具有较好的操作性能和视野。

瑞典基鲁纳（Kiruna）采矿运输公司从20世纪80年代开始研制柴油机驱动和电驱动的地下矿用汽车，电动汽车以零污染、生产效率高、运营成本低、噪声低、可靠性好等优点被矿山用户关注。20世纪80年代末第一台50t的K1050E电动汽车在加拿大使用以来，又生产了35t和50t柴油机驱动和电驱动的地下矿用汽车。35t和50t地下电动汽车特点是：动力由两台大功率交流电机驱动，既可由架线供电，也可由蓄电池供电，适应性强，牵引性能好。满载爬坡能力达20%的坡度、速度可达20km/h。前、后车架采用中央铰接连接，折腰转向，四轮驱动方式，机动性好，提高了牵引附着性能。该车连续运行时间长，运行可靠性高，真正实现了零排放。另外，噪声低，发热量少，改善了司机的操纵条件和环境。35t和50t柴油地下矿用汽车，发动机采用Detroit或Caterpillar公司生产的柴油发动机，变矩器和变速箱采用美国Dana公司或Allison公司的产品，驱动桥采用美国Dana公司或Kessler公司的产品，制动器采用全封闭多盘湿式制动器。

由于地下矿用汽车技术含量高、市场空间大、应用前景好等原因，除了以上这些专业地下矿用汽车厂商外，生产露天汽车或生产铰接汽车（ADT）的制造商们也纷纷投向地下矿用汽车开发领域，或改装产品，或修改设计，使之能适用于地下矿山运输，这也促进了地下矿用汽车技术的发展。如美国 Caterpillar 公司收购了生产地下矿用汽车的澳大利亚的 Elphinstone 公司，把生产的地下矿用汽车以 Elphinstone 品牌命名，曾生产了 38t、40t、45t、52.2t 和 55t 等 5 个吨位的地下矿用汽车。这些地下矿用汽车发动机采用 Caterpillar 公司自己生产的电控柴油机，动力性能好、可靠性高、噪声低、污染小。动力传动系统中的变矩器、变速箱和驱动桥也都采用 Caterpillar 公司自己的成熟产品，变矩器带闭锁离合器；变速箱带动力换挡功能；制动器采用全封闭多盘湿式制动器，采用强制循环冷却系统冷却，安全可靠。由于发动机主要传动件均是 Caterpillar 公司自己的产品，进行了非常合理的匹配，并采用多项控制技术，传动系统具有故障诊断功能，提高了生产率和运行效率。前、后车架中央铰接连接，折腰转向，前车体采用独立悬挂系统，减少了振动和噪声，司机室具有较好的隔热、隔音功能，舒适的司机座椅，大大地改善了司机的操纵条件。

南非 Bell 公司于 1985 年生产出首台型号为 B25 铰接汽车，随后，公司不断拓展 ADT 产品系列，于 1989 年推出 ADT 主导型号产品 B40。之后经过不断开发和完善，生产出 C 系列汽车，即 B17C ~ B40C(载重量 17 ~ 36.5t)，现在已发展到 D 系列汽车。这些铰接汽车发动机采用德国 Deutz 风冷柴油机和 ADE 水冷柴油机，并采用机外净化装置。传动系统进行了较大改进，采用 ZF 的限速滑差装置替代原来的差速器，提高了牵引附着性能。变速箱改用 Allison 行星变速箱，提高了传动系统的可靠性。更换了前后桥，提高了整车承载能力，延长了使用寿命，降低了司机室高度，提高了整车的通过性。所有这些改进都是为了适应地下矿山的运输要求。

美国 Terex 公司生产 ADT 也有多年历史，生产承载量从 23 ~ 36.5t 共 4 种车型。Terex 公司为了适应地下矿山运输要求，对 ADT 车辆进行了系统地改造，如 TA25 采用 Cummins 柴油发动机，传动系统采用 ZF 公司生产的自动换挡变速箱；TU40 采用 Detroit 柴油机，三根桥全轮驱动，传动系统也采用 ZF 公司生产的自动换挡变速箱；3 个前进挡、3 个倒退挡，换挡更加平稳、可靠；同时对车体进行了许多改进，降低了驾驶室高度，改善了司机的操纵条件，降低了振动和噪声。

瑞典 Volvo 公司是世界上最大的 ADT 生产商，约占全世界 ADT 市场 50% 的份额。1970 年开始进入地下矿用汽车领域，为了适应地下矿山运输，Volvo 公司首先选择采用了低污染的柴油机，同时配置了机外净化装置，降低了排放。采用四轮驱动，提高了牵引性能和爬坡能力。降低和减小了外形尺寸，以提高地下矿山的通过性。目前已开发了 22.5t、32t 和 36t 等 3 种型号的地下矿用汽车。这 3 种地下矿用汽车传动系统采用 Volvo 公司生产的动力换挡变速箱，采用了可完全闭锁的桥间差速器，提高了整车的牵引附着性能。制动器采用多盘湿式制动器，安全、可靠。

挪威 MOXY 公司从 1974 年就开始生产 ADT(articulated dump trucks）铰接式自卸汽车，现已生产数十种型号的 ADT。该 ADT 的发动机采用瑞典的斯坎尼亚（Scania）水冷柴油机，传动系统的变速箱采用 Komatsu 公司生产的电子控制的自动换挡变速箱。Scania 发动机污染小，排放性能好，适合井下运输；采用重心较低的车架，具有良好的稳定性和通过性；独立的前悬架系统，自由摆动的后桥悬挂，始终保持四轮同时着地，具有较好的牵引附着性能，能满足地下矿山运输要求。

国外这些地下矿用汽车制造公司在新产品开发、研制及系列化生产中均采用了当代最新的汽车技术、控制技术、计算机技术等的最新成果，全部采用计算机辅助设计、计算机仿真、有限元分析和计算、可靠性分析及试验等新技术、新方法，使新设计的产品更加实用、先进。不论是动力性能、经济性能还是运输生产率和效率都有较大的提高，能很好地满足地下矿山的运输要求，这些厂家的地下矿用汽车系列产品在世界各国地下矿山或地下工程领域应用得越来越多。

进入21世纪，国外地下矿用汽车制造厂呈现出与十年前完全不同的情景。为了适应市场的变化和用户的需求，各厂家不断调整自已的产品结构，形成了新的产品系列。为了适应激烈的市场竞争，不断采用新技术、推出新产品。由于采用新结构、新技术，从而加速了地下矿用汽车的发展与生产能力的提高。

近几年国外著名用地下矿用汽车制造商 Atlas Copco、Sandvik、Caterpillar、GHH、DUX、MTI、PAUS、ZANAM-LEGMET、BELAZ、Powertrans、Youngs Machine、RHD、Bell、Doosan Moxy、Volvo、Normet 等公司对老产品不断升级改造，并不断推出新产品、新技术、新结构。了解国外地下矿用汽车的现状与发展动向，学习国外先进技术，振兴民族工业是我国地下矿用汽车行业面临的迫切而繁重的任务。

1.5.1 Atlas Copco 公司

Wagner 公司被 Atlas Copco 公司收购，它的一个很重要的变化就是从美国俄勒冈州（Oregon）波特兰市（Portland）逐渐迁到瑞典 Orebro，美国的 Wagner 公司已关闭，Wagner 公司所有的产品包括地下矿用汽车将全部转到瑞典 Orebro 生产。目前 Atlas Copco 公司的地下矿用汽车的品种见表 1-11。

表 1-11 Atlas Copco 公司地下矿用汽车品种

<table>
<tr><td colspan="2">型 号</td><td>MT2010</td><td>MT431B</td><td>MT436B</td><td>MT436LP</td><td>MT42</td><td>MT5020</td><td>MT6020</td><td>MT85</td></tr>
<tr><td colspan="2">载重/t</td><td>20.000</td><td>28.100</td><td>32.650</td><td>32.650</td><td>42.000</td><td>50.000</td><td>60.000</td><td>85.000</td></tr>
<tr><td colspan="2">容积/m³</td><td>10</td><td>16.8</td><td>13.8</td><td>14.8</td><td>19</td><td>25.5</td><td>29.7</td><td></td></tr>
<tr><td rowspan="3">发动机</td><td>型 号</td><td>Cummins QSK9-C300，Tier 3 /Stage Ⅲ</td><td>Detroit Diesel DDECIV Series 60，Tier2/Stage Ⅱ</td><td>Detroit Diesel DDEC Ⅳ Series 60，Tier2/Stage Ⅱ</td><td>Detroit Diesel DDEC Ⅳ Series 60，Tier 2/Stage Ⅱ</td><td>Cummins QSX15，Tier 3 /Stage ⅢA</td><td>Cummins QSK19-C650，Tier2/Stage2</td><td>Cummins QSK19-C760，Tier 1</td><td>Cummins QSK19 或 QSB6.7，QSK19，QSX15</td></tr>
<tr><td>功率/kW</td><td>224</td><td>298</td><td>298</td><td>298</td><td>388</td><td>485</td><td>567</td><td>752、752、535</td></tr>
<tr><td>转速/r·min⁻¹</td><td>2100</td><td>2100</td><td>2100</td><td>2100</td><td>2100</td><td>2100</td><td>2100</td><td></td></tr>
<tr><td colspan="2">变矩器型号</td><td>Dana CL-8000</td><td>Dana CL-8000</td><td>Dana CL-8000</td><td>Dana CL-8000</td><td>Dana CL-8000</td><td rowspan="2">Allison M6610AR，行星 6 挡前进/2 挡后退，自动变速箱与锁止变矩器集成</td><td rowspan="2">Allison M6610AR，行星 6 挡前进/2 挡后退，自动变速箱与锁止变矩器集成</td><td></td></tr>
<tr><td colspan="2">变速箱型号</td><td>Dana 5000</td><td>Dana 6000</td><td>Dana 6000</td><td>Dana 6000</td><td>Dana8822H，8 挡前进、2 挡后退</td><td></td></tr>
<tr><td colspan="2">驱动桥型号</td><td>Rock Tough 457</td><td>Rock Tough 508</td><td>Rock Tough 508</td><td>Rock Tough 508</td><td>Kessler 102</td><td>Kessler 106</td><td>Kessler 111</td><td></td></tr>
</table>

续表 1-11

型　号	MT2010	MT431B	MT436B	MT436LP	MT42	MT5020	MT6020	MT85
制动器	SAHR	SAHR	SAHR	SAHR	SAHR	SAHR	SAHR	
操作质量/t	20.5	28.000	30.600	30.600	34.5	42.000	43.900	
外形尺寸（长×宽×高）/mm×mm×mm	9146×2210×2444	10180×2795×2740	10184×3084×2678	10182×3353×2300	10900×3050×2705	11227×3440×2829	11220×3200×2815	1400×3400×3500
车厢侧板高/mm	2362		2431	2300	2560	3263	3150	
功率/载重/kW·t^{-1}	11.2	10.6	11.2	11.2	9.24	11.5	9.45	
机重/载重	1.025	1.00	0.937	0.937	0.82	0.84	0.732	

从表 1-11 可以看出，近几年 Atlas Copco 公司的地下矿用汽车品种有一些变化：2006 年 MT 2010 地下矿用汽车（见图 1-4）替代了 MT 2000 型地下矿用汽车。主要变化是发动机由 Cummins QSL9C300，Tier 3/Stage Ⅲ替代 Detroit Diesel 50 DDEC Ⅲ，排放更低，电气系统重新设计。新设计的内部安装 DCU（Data Collection Unit，数据搜集装置）的仪表盘。该仪表盘的特点是集成警告系统和发动机故障编码显示，当要更换空气滤清器时该仪表盘也会指示。在 MT 2010 上为了更好保护免受恶劣环境的影响，PLC 已移到司机室内。变速箱冷却器包含在散热器内，以便增强冷却能力和容易接近，从而大大提高了机器的适应性、可靠性，改进了可维修性。

在表 1-11 中的 MT436LP 低矮型地下矿用汽车（见图 1-5），整机高度只有 2300mm，是在 MT 436 B 标准型地下矿用汽车的基础上，整机高度降低了 380mm。它与新低矮型地下装载机 ST 1030LP 配合使用，主要用于南非地下铂金与黄金矿薄矿层矿石的开采。

图 1-4　MT2010 型地下矿用汽车

图 1-5　MT436LP 低矮型地下矿用汽车

Atlas Copco 公司在 2003 年开发的 MT5010 地下矿用汽车已被新的 MT5020 所替代，原来采用 Detroit MTU8V-2000 柴油机，现采用的是 Cummins 公司 2000 年新开发出来的经过 MSHA 批准的用于地下采矿柴油机的 Cummins QSK19-C650 型柴油机。该柴油机的特点是高喷射压力、先进的电子控制、单级 Holset 增压器、铰接钢活塞、新的活塞环组件、大尺寸齿轮轴、较宽的齿轮传动、冷却器后的低温、汽缸头部的涡流口和两级油滤。正因为如此，Cummins QSK19-C650 型柴油机性能好（在海拔高 2483m 作业，功率不下降，扭矩储备系数为 21%）；排放低（达到欧洲 Tier2 标准）；油耗少（1500r/min 时 201.5g/(kW·h)）；寿命长（第一次大修前使用寿命增加 30%，第一次大修后使用寿命也增加 30%）。

MT5020 采用的桥是德国新 Kessler 桥替代了 Dana 21D 或 53R 桥，同时还采用了气—

液前桥悬挂、新的轮胎尺寸和新的翻斗箱体。

MT6020 地下矿用汽车（见图 1-6）是 Atlas Copco 公司第一台全新 60t 级地下矿用汽车。它于 2007 年 1 月在 Stawell 黄金矿进行试验，证明与 MT5010 地下矿用汽车比较生产效率提高了 20%。MT6020 地下矿用汽车采用行星齿轮自动变速箱，6 挡前进、2 挡后退，并与阿里森自动锁紧单级变矩器 Allison M6610AR 集成。驱动桥采用德国 Kessler Ⅲ型刚性桥。机器总长为 11223mm、总宽为 3440mm、总高为 2829mm。该机空载在平地的速度为 37km/h，在 10% 坡度上第六挡的速度为 27. 7km/h，用第四挡爬 20% 的坡车速可达 15. 3km/h，假设 3% 的滚动阻力、满载，该车可用第六挡 31km/h 的车速爬 2% 的坡、用第二挡 6. 9km/h 的车速爬 20% 的坡。该机车厢倾翻速度也很快（只有 15s）。MT6020 地下矿用汽车参加了在美国拉斯维加斯举行的 2008 年 9 月 22 日至 24 日 MINExpo 2008 世界矿业博览会。

在 2012 年国际矿业展览会上，Atlas Copco 公司推出了世界上最新、最大的地下矿用汽车 MT85(见图 1-7)。

图 1-6 MT6020 型地下矿用汽车

图 1-7 MT85 型地下矿用汽车

MT85 型地下矿用汽车具有如下特点：可工作在与 50t、60t 级卡车相同尺寸的巷道，但也与 50t、60t 级卡车有一个本质区别，因为 MT85 卡车载重量高达 85t，因此它能带来巨大的生产力，从而减少卡车使用数量，降低每小时的吨位/公里数。无论在斜坡和坡面上都能保持较高的速度和较高的可操作性。这意味着所需的循环周期更短，从而减少了工料的运输成本。MT85 卡车使得采矿公司能够采用一条更为经济实惠的途径来运输矿石。由于它能通过斜坡取代竖井掘进来开挖较深矿体，因此更具吸引力。

虽然 Minetruck MT85 矿用卡车的容量大，其宽度和高度只有 3. 4m 和 3. 5m，更适合于 6. 0m × 6. 0m 的巷道。虽然它的长度达 14. 0m，但后轴的电动液压转向功能使得它的转弯角高达 44°，外转弯半径为 10. 3m、内转弯半径为 5. 65m，从而具有最大的机动性。该款卡车同样提供高度的模块化设计和可选件。其翻斗可在车辆侧边或后部进行倾斜，配备 2 个尾门（在顶部或底部进行铰接）、3 个发动机。动力件有三种配置，用户可根据需要选用（第一种是康明斯 QSK19 和一台较小的 QSB6. 7 发动机，总功率为 752kW，通风量为 1670m^3/min；第二种是 QSK19 发动机，总功率为 752kW，通风量为 1345m^3/min；第三种功率是康明斯发动机 QSX15，总功率为 535kW，通风量为 555m^3/min）。驱动轮可以是 4 轮或 6 轮驱动，完全能满足不同客户需求和矿山要求。

地下采矿业当前面临诸多挑战——节能、碳排放和环保。为了满足这些要求，Atlas

Copco 现推出“Green”全系列环保型地下电动卡车 EMT35、EMT50 和 4 种地下电动铲运机及新型移动式发电机，这使公司成为全球领先的低排放型地下采矿设备供应商。

2011 年 12 月 16 日，Atlas Copco 公司已同意收购 GIA 工业公司地下业务。通过此次收购，Atlas Copco 拓宽其提供的产品包括电动矿卡车、多功能车和通风系统。瑞典的 Kiuna 公司生产两种电动汽车 K635E（载重量为 35t）和 K1050E（载重量为 50t），被 Atlas Copco 公司收购后，重新设计分别命名为 EMT35 和 EMT50 电动汽车（见图 1-8），该两种电动汽车适用巷道如图 1-9 所示。

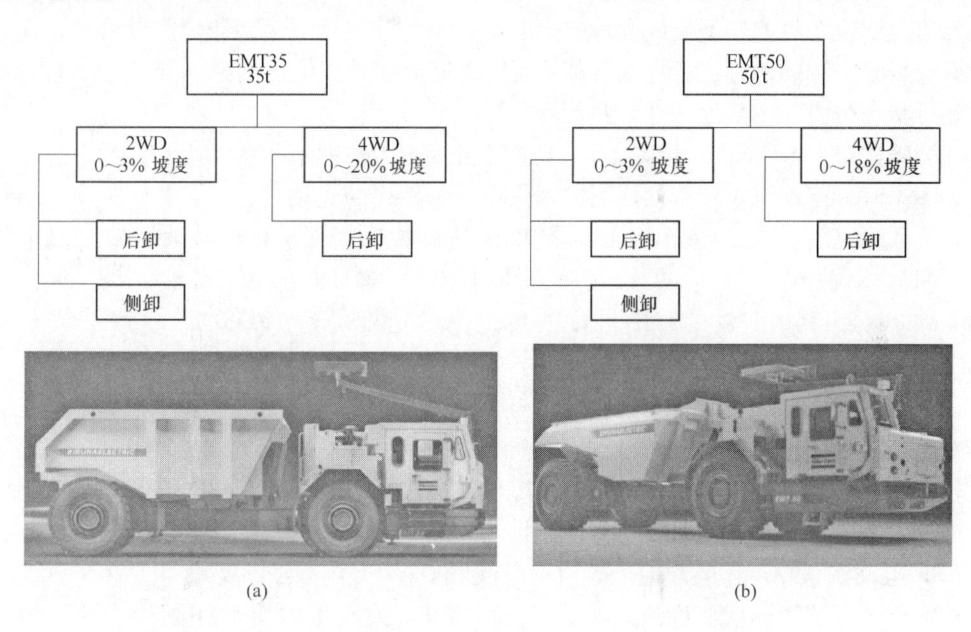

图 1-8 EMT35 和 EMT50 电动汽车
（a）EMT35；（b）EMT50

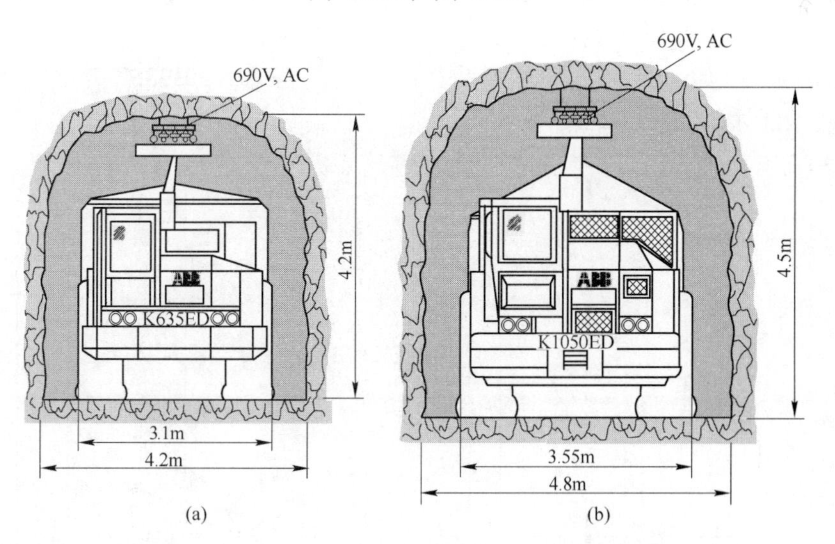

图 1-9 EMT35 和 EMT50 电动汽车适用巷道尺寸
（a）EMT35；（b）EMT50

EMT35 和 EMT50 电动汽车是一款高生产率电动地下矿用汽车，运载能力分别为 35t 和 50t，运载速度约是同级别柴油卡车的两倍，是全球生产率最高的矿用卡车。高效的电动机直接驱动车轴，将传动损耗降至最低水平。再生制动将能量传回导线网，这意味着上坡所消耗的能量约 30% 在下坡返回时得以再生。从每吨的成本来看，地下电动汽车的生产率几乎是柴油汽车的两倍，而总成本降低 50%。Atlas Copco 电动汽车是全电气传动，前、后桥各有一个驱动电机，使之成为四轮驱动汽车。驱动电机是当今世界为牵引车辆配备的最新型号的电机。变流器是 ABB 一种知名的大功率可控硅变流器。集电系统和架空线是专门为适应恶劣的井下条件设计的。电动汽车还安装有一个柴油机发电机组，使它能在没有安装架空线的地方也可完成装载、运输和卸载作业。电瓶的充电和汽车所有自动功能的运行状态是由一个微处理器来监控的。

我国曾进口三台 K635E 电动汽车，山东三山岛黄金矿两台、新城金矿一台。

Atlas Copco 电动汽车较柴油地下矿用汽车有一系列的优点：

（1）Atlas Copco 电动汽车在 15% 坡度上的行驶速度几乎是柴油地下矿用汽车的两倍；EMT35 满载在 15% 坡度的坡道上坡速度可达 18km/h，空载下坡车速可达 21.6km/h；EMT50 满载在 15% 坡度的坡道上坡速度可达 19km/h，空载下坡车速可达 21km/h。

（2）因为电动汽车尽可能地与架空线连接，由架空线提供电力，排放低。二氧化碳总的排放量取决于电是怎样生产和“混合”的能源使用。由煤和天然气生产电与由柴油生产电比较，CO_2 平均减少 50%；只利用煤时，排放减少 36%；利用再生电最干净。不同能源对 CO_2 总的排放量的影响如图 1-10 所示。

（3）电动汽车噪声比柴油地下矿用汽车低得多。

（4）为了管理相同载重量的柴油地下矿用汽车，发动机的功率需要 300～400kW，这导致通风量大增，从而导致采矿成本增加。例如：柴油为 150 cfm /hp，电动为 5.75 美元/(cfm·年)；6×50t 484kW 柴油汽车，每年通风成本 3363750 美元；3×50t 89.4kW 电动汽车，每年通风成本 310500 美元。

相同的产量，地下电动汽车较柴油汽车每年节约运营成本 3053350 美元。EMT50 与柴油汽车的通风量对比如图 1-11 所示。

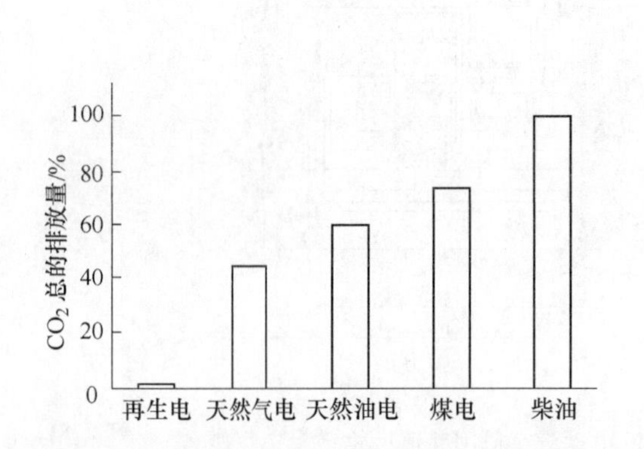

图 1-10　不同能源对 CO_2 总的排放量的影响

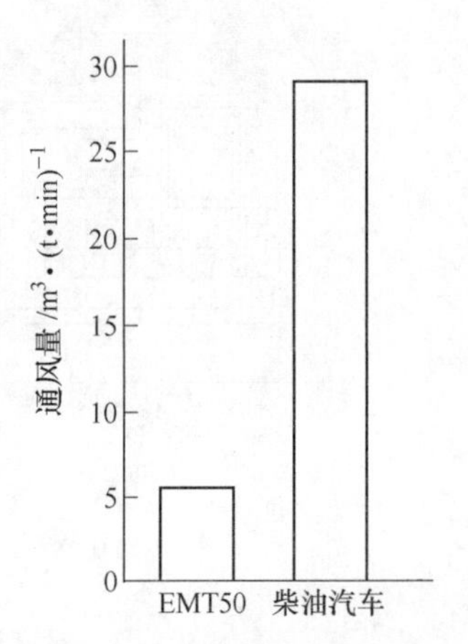

图 1-11　EMT50 与柴油汽车的通风量对比

（5）电动汽车意味着可靠性高，零配件寿命长，备件消耗少。

（6）从每吨的成本来看，地下电动汽车的生产率几乎是柴油汽车的两倍，而总成本降低50%。电动汽车的能耗减少高达70%。高效的电动机直接驱动轴，将传动损耗降至最低水平。再生制动将能量传回导线网，这意味着所消耗的约30%以上的能量将再生重新利用。电动汽车消耗能比柴油汽车低，故吨成本低，如图1-12所示。

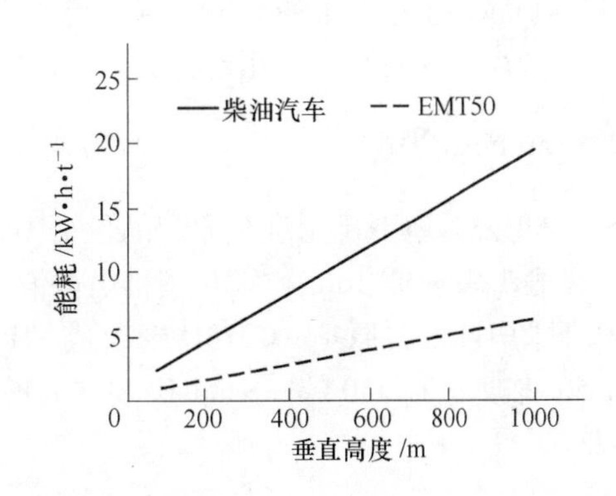

图1-12　EMT50电动汽车与柴油汽车能耗对比

图1-12中显示了利用电动汽车和柴油驱动的汽车从不同深度运输1t矿石所需的能源。柴油消耗用千瓦·时表示（1L = 10kW·h的能源）。

（7）电动汽车每根驱动桥上用一个交流电动机带动，四轮驱动。

（8）电动汽车发热低。

在装载和卸载区，电动汽车脱离了架空线，EMT35和EMT50电动汽车可允许分别采用72kW、Tier Ⅲ、Cummins QSB 4.5和107kW、904 Mercedes柴油发动机在脱离架空线操作。一旦电动汽车脱离了架空线，柴油发动机就自动启动，所有的功能会继续正常进行，不需要停车。目前Atlas Copco电动汽车的最新技术就是用柴油发动机替代体积庞大的蓄电池。Atlas Copco电动汽车已经为世界上许多国家所采用。

Atlas Copco公司在地下矿用汽车自动化运输方面做了不少工作。早些时候，它与Nonada公司SIAMTEC（The System for Integrated and Automated Mining）合作，项目就包括地下矿用汽车自动化运输这项课题。图1-13所示为遥控地下矿用汽车，图1-14所示为遥控地下矿用汽车操纵室。

图1-13　遥控地下矿用汽车

图1-14　遥控地下矿用汽车操纵室

SIAMTEC包括地下采矿遥控、通讯和自动化采矿三部分。该系统可单独使用或作为一个系统联合使用，可提供无线电通讯数据、遥控、车辆自动化或通过各种方式的无线电通讯网络。

Atlas Copco 注意到市场上需要越来越多的自主地下矿用汽车，目前，利用 RCS 系统一个操作者已经可以同时操控几台机器。

1. 5. 2　Sandvik 公司

Sandvik 公司地下矿用汽车原产品包括 Toro 和 EJC 两大系列，现统一成一种型号即 TH XXX，见表 1-12。原 Toro 和 EJC 型号已取消，EM 公司不再生产。例如，原 Toro60 现改成 TH660（见图 1-15），原 Toro0012H 现改成 TH680（见图 1-16），原 EJC522 现改成 TH320，原 Toro50 将改成 TH550 等。Sandvik 现在的地下矿用汽车品种主要有 10 种，其主要参数见表 1-12。

图 1-15　TH660 地下矿用汽车

图 1-16　TH680 地下矿用汽车

Toro 公司成功在于创新，早几年就开发了高运输能力的地下矿用汽车，如 Toro40、Toro50 的卡车，以及世界上最大载重量之一的 TH680（见图 1-16），在 MINExpo2004 世界矿业博览会上第一次展出了新 Toro60 地下矿用汽车。

Toro60 地下矿用汽车，现在称为 TH660（见图 1-15），是该公司 2004 年开发的新产品。虽然它与世界上其他公司 50 ~ 55t 级地下矿用汽车同级别，但它与这些同级别的地下矿用汽车比较起来却有许多独有的特点。它创新设计刚性车架代替原来铰接车架，三桥结构代替原来的双桥结构，所有这些结构都申请了专利。该机操作质量达 48. 5t，载重量为 60t，配 Cummins 公司最新的 QSK19-C 型柴油机，567kW/2100r/min，变速箱采用 Allison M6610RA，桥采用 Dana SOH，48T300。机器宽 3. 2m、高 3. 3m、长 10. 6m。TH660 与其竞争对手同级别的 55t 卡车尺寸差不多，但载重量却多了 5t。功率/载重之比达到 9. 45kW/t，也是最大的；在 1∶7 的斜坡上，车速可达 9. 5km/h。据说，该机传动特性好、适用性强、生产率高、操纵舒服、使用安全。该地下矿用汽车与 LH621 地下装载机配合使用，三次就可以装满，而且 LH621 地下装载机举升高度也足够。

图 1-17　TH663 型地下矿用汽车

Sandvik 公司在 2012 年国际矿业展览会上参展的两款全新型地下矿用汽车，如图 1-17 和图 1-18 所示。

表 1-12 Sandvik 地下矿用汽车参数

型 号		TH315	TH320	TH430	TH540	TH550	TH551	TH660	TH663	TH680	TH230L
载重/t		15	20	30	40	50	51	60	63	80	30
容积/m³		7.5～9.2	10.2	14	13.0～17.6	20	24～30	32～34	30～38	48	10.7～15
发动机	型号	Cummins QSB6.7	Mercedes OM 926 LA，Tier 3	Mercedes OM 926 LA，Tier 3	Volvo TAD1364VE	Volvo TAD1660VE	Volvo TAD1662VE	Cummins QSK 19-C	Volvo TAD1662VE-B	Detroit S60	Mercedes OM 926 LA
	功率/kW	164	240	293	375	405	515	567	515	317	240
	转速/r·min⁻¹	2200	2200	2200	1900	2100	1800	2100	1800	2100	2200
变矩器型号		Dana，LHMR 32000	Dana C8000	Dana C8000	Dana CL9672	Dana CL9672	Allison 6620 带电子远程换挡系统的自动变速箱	Allison 6620AR 自动变速箱	Allison 6620 带电子远程换挡系统的自动变速箱	Allison 4000 ORS	Dana CL8572
变速箱型号			Dana 6000	Dana 6000	Dana 8821	Dana 8821					Dana 6422
驱动桥型号		Kessler D81	Dana 19D2748	Kessler D91	Dana 21D3847	Dana 53R300	Kessler D106	Kessler D106	Kessler D106	驱动桥 2、非驱动桥 3	Dana 19D4354
制动器		SAHR	LCB	SAHR	SAHR	SAHR	SAHR	SAHR	SAHR	SAHR	
操作质量/t		18.373	22.317	28.830	34.700	35.900	41	48.500	43.00	58.0	25.401
外形尺寸（长×宽×高）/mm×mm×mm		7715×2252×2341	7715×9520×2420	10114×2640×2626	10484×2996×2670	10484×3134×2720	11566×3203×2909	19630×3265×2082	11580×3480×3460	10630×3265×3082	9633×3467×1962
车厢侧板高/mm			2374		2995（最大值）	3005（最大值）	3158	3374	3458	3374	1937

图 1-18　TH551 型地下矿用汽车

TH551 和 TH663 这两种地下矿用汽车有多达 63 项安全特性来保护驾驶者、维修人员和卡车本身安全。Sandvik 公司认为，这是目前所生产的最安全的地下矿用汽车。TH500 和 TH600 系列地下矿用汽车同时提供最佳的舒适性，具有更高的可靠性和可维护性。这两款车型还特别关注了较大部件，如发动机和变速箱的更换时间，大大增加了正常运行时间和每年运输总量。地下矿用汽车上众多的新特性包括：驾驶室符合人体工程学的 ROPS 和 FOPS 认证，驾驶室尺寸比之前大了 35%，为驾驶员座椅提供了四点伸缩式安全带，为培训者提供了 3 点伸缩式安全带，TH551 和 TH663 的日常维护可以在地面完成，最大程度地减少了攀爬机器时存在的危险，车上台阶等表面的防滑材料、连同地下矿用汽车顶部的安全护栏进一步增强了攀爬车辆的安全性。

TH551 和 TH663 最有特色的功能可能要数它们的车载升降系统了，此系统能够帮助操作者更快捷地更换轮胎，从而缩短了停机时间，保证了更长的正常运行时间，因为反映整体速度并非是地下矿用汽车生产率的唯一因素。

TH663 和 TH551 地下矿用汽车主要技术参数见表 1-12。TH551 和 TH663 分别于 2013 年中和 2013 年末开始销售，它们使用低排放的 Tier 4i 发动机，在降低油耗的同时提供卓越的转矩特性，这台环境友好发动机将大大降低地下采矿通风的成本，并能显著改进地下采矿的工作条件。

从表 1-12 中可以看出，Sandvik 公司地下矿用汽车配置了 Detroit 柴油机、Cummins、Mercedes，现在又采用 Volvo Penta 发动机，排放更低了，选择的余地更大了。

Sandvik 公司在 TH 430 地下矿用汽车上开始安装 Volvo Penta TAD1251VE 柴油机（T—涡轮增压；A—空对空中冷器；D—柴油发动机；12—汽缸工作容积 12L；5—开发代号；1—变型；V—移动式配套用发动机；E—控制排放发动机）。因为 Volvo Penta 提供了一个无与伦比的力量、速度、低油耗、达标排放、低停机时间、低通风费用和操作者安全的组合，不能被任何其他柴油机取代。

用在 Sandvik 地下矿用汽车上的 Volvo Penta 发动机满足严格的 Tier 4 Interim/Stage ⅢB 排放标准，使用了选择性催化还原（SCR）的技术，可将 NO_x 气体转化成无害的氮和水。Volvo Penta 的排气处理同时也降低 DPM 水平，而不需要颗粒过滤器。

通风是矿山运营的主要成本之一，因此减少 NO_x 和 DPM 水平可以大大减少通风的成本，改善井下作业条件。与使用其他发动机比较，通风费用将降低达 50%，而燃料成本将减少 10%。除了减少氮氧化物和 DPM 水平，Volvo Penta 发动机在不牺牲性能的情况下降低油耗。因此，它们每小时的运行成本是行业中最低的。

Sandvik 的工程师考虑的另一个重要因素是确保司机的最佳视野。Volvo Penta Tier 4 Interim Penta 柴油机不使用冷却 EGR，因此散热部件的尺寸显著减小。从而无需提高车辆的总高度，保证了司机的良好视野。

为了适应薄矿层开采，Sandvik Tamrock 公司又开发了低矮型地下矿用汽车 TH230L(见图 1-19）。

使自动化地下矿用汽车成功地实现商业化的，世界上仅有 Sandvik 公司，许多矿山仍处在调查和可行性研究阶段。一般来讲，水平运输的汽车采用自动化是最理想的。南非 Finsch 金刚石矿是世界上第一个卡车自动化矿山，它采用的是 Sandvik 公司的 AutoMine 系统。该系统适用于 LHD 和地下矿用汽车地下硬岩采矿的自动化装载和运输系统。该系统可以在空调控制室内安全而舒适地操纵，它可以增加车队的利用率，改进工作条件和安全，提高生产率，降低维修成本，提高运输速度和优化设备操作，2004 年以来已在世界多个矿山试验获得成功，目前正逐步推广。值得一提的是，Sandvik 公司与南非 De Beers 钻石公司合作，于 2005 年 11 月 3 日推出世界上第一个由六台 Toro 50 地下矿用汽车（见图 1-20）组成的无人驾驶运输车队投入使用，从而使地下矿用汽车自动化水平上升到一个新的高度。

图 1-19　TH230L 低矮型地下矿用汽车

图 1-20　自动化的 Toro 50 地下矿用汽车

1.5.3　Caterpillar 公司

Caterpillar 公司主要利用本公司的露天工程机械技术生产地下矿用汽车。最新生产的地下矿用汽车的主要型号有 AD30、AD45B、AD55B 和 AD60 几种，分别如图 1-21 ~ 图 1-24 所示。它们的载重量分别是 30t、45t、55t、60t。其技术参数见表 1-13。

图 1-21　Caterpillar AD30 地下矿用汽车

AD55B 型地下矿用汽车替代了早先

图 1-22　Caterpillar AD45B 地下矿用汽车

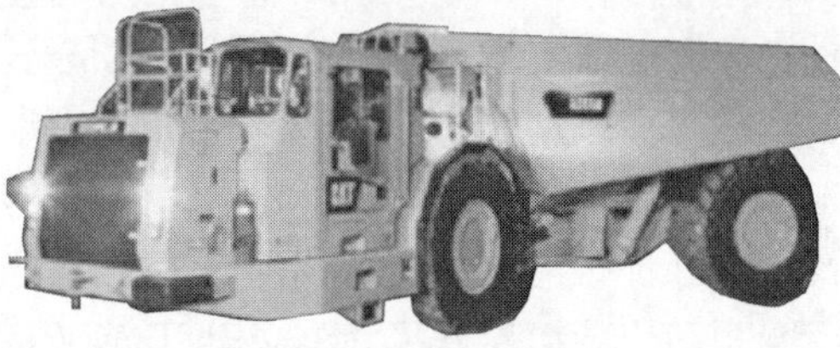

图 1-23　Caterpillar AD55B 地下矿用汽车

的 AD55 型地下矿用汽车，原采用发动机的型号为 C18 DITA ATAAC 485kW，现改用 Caterpillar 最新设计的 C27 ACERT 600kW 柴油机，扭矩增加 30%，其动力性能大大提高，排放大大降低。这种新型柴油机采用的是 ACERT（Advanced Combustion Emissions Reduction Technology）低排放技术。该技术利用创新的缸头设计、燃油输送技术、涡轮增压技术，从而保证该新型发动机能通过严格的 Tier3/StagⅢ排放法则。

图 1-24　新型 AD60 地下矿用汽车

表 1-13　Caterpillar 公司地下矿用汽车技术参数

型　号		AD30	AD45B	AD55B	AD60
载重/t		30	45	55	60
容积/m^3		11.3	25.1	26.9	33.8
发动机	型　号	Caterpillar C15 ACERT	Caterpillar C18 ACERT	Caterpillar C27 ACERT	Caterpillar C27 ACERT
	功率/kW	304 SAE J1995	438 SAE J1995	579～600 SAE J1995	579～600
	转速/$r \cdot min^{-1}$	1800	2000	2000	2000
变矩器型号		锁止变矩器	锁止变矩器	锁止变矩器	锁止变矩器
变速箱型号		4 速行星动力换挡变速箱	7 速行星动力换挡变速箱	7 速行星动力换挡变速箱	7 速行星动力换挡变速箱
驱动桥型号		刚性驱动桥	可装油气悬挂的驱动桥	可装油气悬挂的驱动桥	可装油气悬挂的驱动桥
制动器		集行车、辅助、停车和缓速器为一体	集行车、辅助、停车和缓速器为一体	集行车、辅助、停车和缓速器为一体	集行车、辅助、停车和缓速器为一体
外形尺寸(长×宽×高)/mm×mm×mm		10743×2690×2600（ROPS 顶高）	11194×3200×3181（车厢顶高）	12064×3346×3278（总高）	12222×3480×3556（车厢顶高）
车厢侧板高/mm		2385	3070	3045	3426
操作质量/t		30	40	50	51.2
功率/载重/$kW \cdot t^{-1}$		10.13	9.73	10.52～10.9	9.69～10.0
机重/载重		1.0	1.0	1.0	0.92

改进后的 AD55B 地下矿用汽车配备了发动机的管理软件，它允许汽车在较陡的斜坡上换挡及增加在斜坡上的运行速度。同时还可以通过车上的新的电子存取模块（EAM, Electronic Access Module）把在车上收集到的数据通过 Caterpillar 公司的数据连接系统传输到露天控制室，以改进跟踪操作。这些数据包括发动机油压、冷却液温度、消耗的燃油量、怠速燃油消耗总量、怠速时间、实际挡位、行驶速度、料厢的位置等。此外，还对料厢的结构进行了改进，在关键部分使用了耐磨材料，从而延长了料厢的使用寿命；采用自动缓速器、油冷制动系统、电子离合器压力控制等许多新技术；还采取了许多措施保证司机的安全与舒适，使维修容易。该机总长为 12064mm，总宽为 3346mm，总高为 3278mm。AD55B 新型地下矿用汽车在美国拉斯维加斯举行的 2008 年 9 月 22 ~ 24 日 MINExpo 2008 世界矿业博览会上展出。

AD45B 地下矿用汽车替代了早先的 AD45 型地下矿用汽车，原采用发动机的型号为 Caterpillar 3408E HEUI，功率为 380kW；现采用 Caterpillar 新型 C15 ACERT 低排放型、功率为 438kW 的柴油机。

Caterpillar 公司新开发的 AD30 地下矿用汽车具有很好的性能。它是 Caterpillar 地下矿用汽车系列中载重量最轻的，只有 30t。AD30 地下矿用汽车配备了 Caterpillar 新型 C15 ACERT 低排放型、功率为 304kW 的柴油机，替代了早先的 Caterpillar 3406E EUI ATAAC、功率为 298kW 的柴油机，使 AD30 地下矿用汽车的排放达到 Tier3 或 Stage 3 标准，而且动力输出增加、燃油消耗下降、修理间隙延长。该机型有推板式箱斗，适用卸料高度有限制的地方。另还有后卸式箱斗，适用卸料高度足够高的地方。

特别要提到的是 Caterpillar 监视系统（见图 1-25），它把发动机/动力系集成，并用电子学方法把动力系统元件组合起来，使得工作更智能化、汽车的整体性能更加优化。

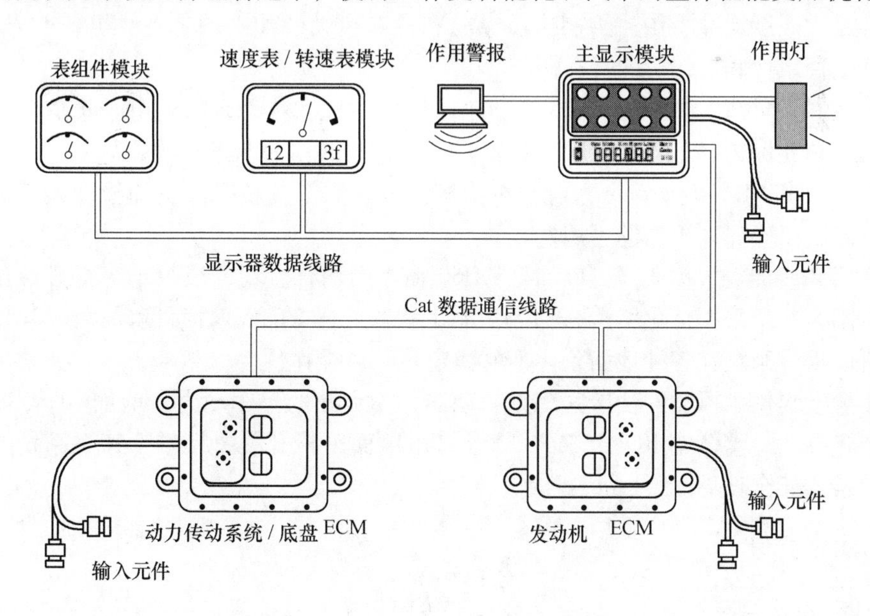

图 1-25 AD30 地下矿用汽车监视系统

在 2012 年国际矿业展览会上，Caterpillar 展示了 AD60 地下矿用汽车。60t 容量的新型 AD60 地下矿用汽车（见图 1-24）代表着 Caterpillar 制造的地下最大型机器。

新的 AD60 地下矿用汽车额定载荷为 60t，是目前 Caterpillar 范围内地下铰接式卡车最大的型号，比成熟的 AD55B 地下矿用汽车增加了 9% 的容量。新卡车采用了先进的隔热系统和冷却技术，改进的 Caterpillar C27 ACERT™发动机，增强了乘适性，增加了现在标准的监测系统，包括 Caterpillar 的重要信息管理系统 VIMS™ Guardian（Vital Information Management System，VIMS）和卡车的有效载荷管理系统，可选择适合用户应用需要的集成车型和大小。电子减速和气候控制驾驶室，提高了操作员的工作舒适度，地面维护方便，操作员和技师可以更安全地进行日常维修检查。

AD60 地下矿用汽车新特点如下：

（1）发动机和冷却。Caterpillar C27 ACERT™发动机达到了动力、牢固和经济性最佳平衡，额定功率为 579 ~ 600kW，它包括新的活塞和高温燃料喷射器、更耐用的摇臂总成、重新设计的曲轴润滑系统、高效率发动机机油冷却器和高容量的燃油冷却器。这些优化设计增加了 C27 发动机的耐久性、可靠性和冷却效率。

（2）新的 AD60 是远程安装的变速箱油冷却器，以确保 Caterpillar 的 7 速行星动力换挡变速箱最佳的工作温度，其特点是锁定变矩器，实行高效、节油操作，电子控制的减速系统，以获得最佳的安全性和生产力。新的散热器减少了发动机机油冷却器上的热负荷，使发动机冷却器能更有效地工作。

新的隔热系统能隔离从排气歧管、涡轮增压器的叶轮和排气管道排出的热，以减少发动机室的温度，为周围的组件提供较冷的环境。隔热系统更容易安装和拆卸。新的通风罩及盖可以有效地散热和协助发动机室组件被动散热。

（3）操作环境和悬挂。在操作员工作站配备了一个标准的空气乘适性座椅，操作室宽敞而又舒适，很好地保护了操作员。在 Caterpillar 舒适的 TLV2 座椅上设有电动调节的硬度，以及最大限度地减少传递给操作员纵向和横向运动的冲击的装置。更新前悬挂系统，有助于乘坐稳定性和操作员的舒适性。

（4）增值功能。AD60 设计的高级功能包括发动机和传动系统的电子集成、提供控制油门移位、超速保护和车体上升限位装置。现在，按照标准卡车有效载荷管理系统计算的有效载荷数据及 VIMS Guardian 系统，可给操作者、服务的技术人员和管理人员提供机器的健康信息，以确保高机器的可用性。

选择后卸或推板式车厢，可以满足 AD60 在不同场合应用，减少单级提升液压缸速度的循环时间。车架采用优化结构寿命的材料、焊接工艺的箱形截面设计、铰接/摆动连接装置，可以提升车辆在各种地面条件下的稳定性和可操作性。

四车轮上提供了可靠的油冷式多盘制动器、不衰减的停车动力，增加 AD60 的安全功能，其中包括一个整体式 ROPS/FOPS 驾驶室、地面关机开关、操作者存在系统、防滑地板表面及推式安全玻璃。

1.5.4　GHH 公司

GHH 公司是德国专门生产 MK 系列地下矿用汽车及其他采矿设备的公司。MK 系列地下矿用汽车包括 15 ~ 55t 载重量共 7 种型号。

该系列地下矿用汽车同其他公司地下矿用汽车比较，有如下几个特点：

（1）双向操纵。30t 以上的地下矿用汽车都配置了双向司机室。双向司机室能够方便地在矿山和隧道向前、向后长距离灵活操作，而不需要在狭窄空间转向。

（2）转向灵活。铰接转向、加上回转支承连接前、后车体结构，如图1-26所示。在苛刻的工作条件下，达到无与伦比的牵引力。这种结构提供了：

1）优秀的稳定性；

2）最小的车架应力；

3）保证地下自卸卡车在井下行走时四轮着地；

4）低的结构和优秀的视觉条件；

5）维护简单和容易接近。

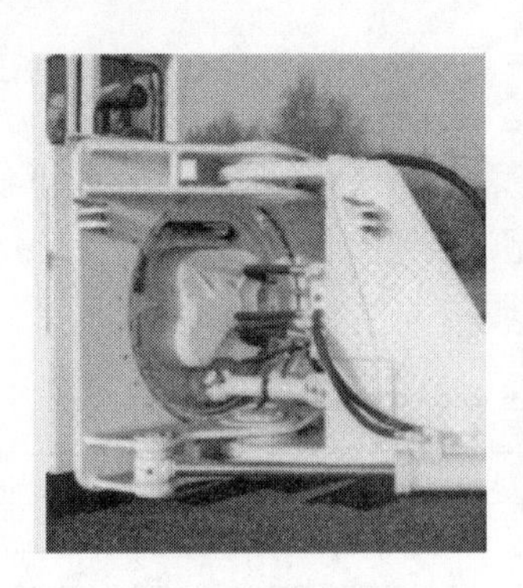

图1-26 铰接转向、加上回转支承连接前、后车体结构

（3）软悬挂。在前桥配置橡胶辊子（rubber-roll）悬挂，如图1-27所示。该汽车橡胶横向摇动悬挂无论是满载还是空载都能保证与地面的良好接触。设计该悬挂是为了使汽车在最大极限负荷的情况下能连续运行，并保证车架各零件应力释放，从而提高汽车的载重量。该悬挂是免维护的。

图1-27 软悬挂

（4）新的箱体。对于不同材料，GHH公司开发了新的地下矿用汽车厢体（见图1-28），该厢体是专门为运输黏性材料如黏土而设计的。因为这些材料粘在厢体上不仅降低了汽车的承载能力，而且降低了汽车的利用率，需要时间去清理粘在厢体上的材料。

对于特殊的运输任务，如在坑道高度很低、不允许料斗升高时可使用厢体伸缩的汽车（Telescopic Dump Truck），如图1-29所示。

图 1-28 MK-A30.1 地下矿用汽车新厢体

图 1-29 SK-A30.1 伸缩后卸式地下矿用汽车

(5) 安全。安全永远是人们关注的焦点，GHH 公司称他们的地下矿用汽车完全按照德国和国际安全标准即 EC 机械指令设计与制造。

GHH 公司现有的几种主要地下矿用汽车型号与参数见表 1-14。

表 1-14 GHH 现有的几种主要地下矿用汽车型号与参数

型 号		MK-A15.1	MK-A20	MK-A30	MK-A35.1	MK-A40.1	MK-A50/55	SK-A30
载重/t		15.0	20.0	30.0	35.0	40.0	50.0 ~ 55.0	30.0
容积/m^3		7.5	10.0	12.5 ~ 20.0	23.0	24.0	24.0 ~ 28.0	21.5
发动机	型 号	F6L413FW ~ F8L413FW	F8L413FW ~ F10L413FW	F12L413FW	TCD2015V06 COM Ⅲ	BF8M1015 COM Ⅲ	BF8M1015COM Ⅲ	Deutz TCD 7.8V06
	功率/kW	102 ~ 136	136 ~ 170	204	300	320 ~ 400	400	273
	转速/$r \cdot min^{-1}$	2300	2300	2300		2300	2300	
变速箱型号		Dana 32000	Dana 32000	Dana 5000	Dana 6000	Dana 8000	Dana 8000	Dana 6000
驱动桥型号		Kessler D81	Kessler D81	Kessler D91	Kessler D91PL408	Kessler D101	Kessler D101	Kessler D102PL341/528
制动器种类		LCB	LCB	LCB (Posi-Stop)	LCB (Posi-Stop)	LCB	LCB	LCB (Posi-Stop)
外形尺寸 (长×宽×高) /mm×mm×mm		8318×1830×2555 (司机室顶)	9154(9010)×2200×2555 (司机室顶)	9690×3200×2870 (司机室顶)	10535×3500×2897 (司机室顶)	10625×3300×3330 (司机室顶)	10625×3300×3327 (司机室顶)	10910×3470×2980 (车厢高)
车厢侧板高/mm		2074	2150	2316	2740	2835	2850	2980
操作质量/t		14.1	16.6	27.5	28.7	33.5	34.5	35.9
功率/载重/$kW \cdot t^{-1}$		6.8 ~ 9.06	6.8 ~ 8.5	6.8		8.0		
机重/载重		0.94	0.76	0.9		0.84		

1.5.5 DUX 公司

DUX 公司位于加拿大魁北克，它主要生产中小型地下采矿车辆，包括地下矿用汽车。

DUX 公司的地下矿用汽车有三种：一种是后卸式汽车，即 DT××系列，汽车车厢只能后卸，前后不能移动。它共有 8 种规格，即 DT-7、DTS-12、DT-17N、DT-20N、DT-24、DT-26N、DT-33N、DT-50，见表 1-15。该型地下矿用汽车的载重量从 7t 到 50t。另一种是所谓伸缩后卸式地下矿用汽车（见图 1-30 ~ 图 1-32），即 TD××系列地下矿用汽车。其车厢既可前后移动装载，又可后倾卸载，共有 4 种规格，即 TD-15、TD-26、TD-45 和 TD-50。其载重量 15 ~ 47.5t，见表 1-16。还有一种是推板式地下矿用汽车，它共有两种型号，即 ET-24和 ET-33，见表 1-17。载重量分别为 22t 和 30t。伸缩后卸式地下矿用汽车装载和卸载方法如图 1-33 所示。最近，DUX 公司又推出适用窄矿脉使用的最小型号 DT-5N 柴油地下矿用汽车。该车采用 Dentz 公司 97.2hP 的 D914L05 发动机，Rexroth 静液压变速箱，Kessler 公司 D41 系列驱动桥。该车运输高度为 1930mm，设备宽度 1425mm。

表 1-15 DUX DT 系列地下矿用汽车主要参数

型 号		DT-7	DTS-12	DT-17N	DT-20N	DT-24	DT-26N	DT-33N	DT-50
载重/t		7	10.9	15.42	20	22	26	33	50
容积/m^3		3.8	6	10	8.3	12.5	12	18	28
发动机	型 号	Deutz BF4L914	Cummins QSB 4.5	Cummins QSB 6.7	Cummins QSB 6.7	Cummins QSL 9	Cummins QSM11	Cummins QSM11	Detroit 60 DDEC
	功率/kW	72	114	149	164	224	298	298	429
	转速/$r \cdot min^{-1}$	2300	2300	2100	2300	2100	2100	2100	2100
变矩器型号		Dana T20000 系列，变矩器与变速箱集成	Dana T20000 系列，变矩器与变速箱集成	Dana HR32000 系列，变矩器与变速箱集成	Dana HR32000 系列，变矩器与变速箱集成	Dana CL8000	Dana CL8000	Dana CL8000	Dana CL8672
变速箱型号						Dana R36000	Dana 6000	Dana 6000	Dana 8821H
驱动桥型号		CNH D45N	Dana 176	Dana 16D2149	Dana 16D2149	Dana 19D2748	Dana 19D2748	Dana 21D	Dana 53R300
制动器种类		LCB	LCB	Posi-Stop	Posi-Stop	Posi-Stop	Posi-Stop	Posi-Stop	Posi-Stop
外形尺寸（长×宽×高）/mm×mm×mm		6250×1525×2085	7210×1830×2235	8230×2085×2415	8230×2085×(2440 ~ 3100)	9300×2285×2490	9450×2235×2440	10185×2745×2698	10800×3152×2950
车厢侧板高/mm		1780	1880	2235	2415	2390	2335	可变	3225
操作质量/t		7.8	10.5	14.5	15.4	23.5	22.7	27.2	42
功率/载重/$kW \cdot t^{-1}$		10.3	10.45	9.66	8.2	11.2	11.46	9.03	8.58
机重/载重		1.11	0.963	0.94	0.77	1.068	0.873	0.824	0.84

图 1-30 DT 系列后卸式地下矿用汽车

图 1-31 TD-15 伸缩车厢后卸式地下矿用汽车

表 1-16　DUX TD 系列伸缩后卸式地下矿用汽车主要参数

型　号		TD-15	TD-26	TD-45	TD-50
载重/t		15	25.4	41	47.8
容积/m^3		7.1	14.5	20.6	29.8
发动机	型　号	Cummins 电控 QSB 6.7	Cummins 电控 QSM 11	Detroit 60 系列，14 L DDEC	Detroit 60 系列，14 L DDEC
	功率/kW	164	298	429	429
	转速/$r \cdot min^{-1}$	2300	2100	2100	2100
变矩器型号		Dana HR32000 系列，变矩器与变速箱集成	Dana CL-8000	Dana CL-8672	Dana CL-8000
变速箱型号			Dana 6000	Dana 8821H	Dana 8821H
驱动桥型号		Dana 16D2149	Dana 19D2748	Dana 53R300	Dana 53R300
制动器种类		Posi-Stop	Posi-Stop	Posi-Stop	Posi-Stop
外形尺寸(长×宽×高)/mm×mm×mm		8280×2085×2415	10185×2820	11100×3125	11580×3500×3500
车厢侧板高/mm		2285	2340	2745	3125
操作质量/t		17.2	24	39.0	40.2
功率/载重/$kW \cdot t^{-1}$		9.53	11.73	10.46	8.97
机重/载重		1.15	0.952	0.951	0.841

表 1-17　DUX ET 系列推板式地下矿用汽车主要参数

型　号		ET-24	ET-33
载重/t		22	30
容积/m^3		9	
发动机	型　号	Detroit S60 DDEC (Detroit S50 DDEC) 或 Cummins 电控发动机 EPA Tier3/StageⅢA	Detroit S60 DDEC
	功率/kW	298 (235)	298
	转速/$r \cdot min^{-1}$	2100	2100
变矩器型号		Dana CL-8000	Dana CL-8000
变速箱型号		Dana 6000	Dana 6421
驱动桥型号		Dana 19D2748	Dana 21D
制动器种类		Posi-Stop	Posi-Stop
外形尺寸(长×宽×高)/mm×mm×mm			10110×2745×2695
车厢侧板高/mm		22515	2440
操作质量/t		24	30
功率/载重/$kW \cdot t^{-1}$		12.4 (10.78)	10.96
机重/载重		1.1	0.91

注：括号值为原设计值。

图 1-32 TD-50 伸缩车厢后卸式地下矿用汽车

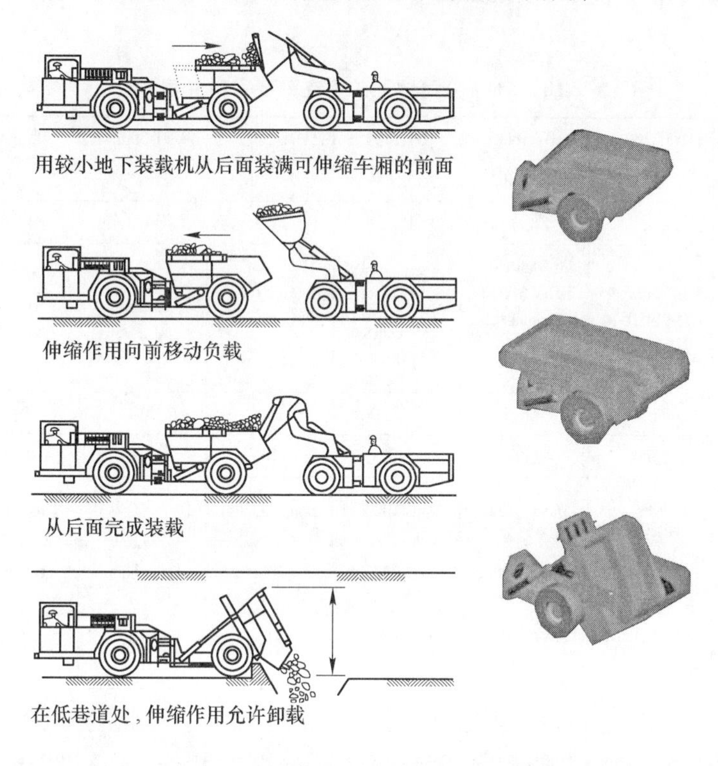

图 1-33 伸缩后卸式地下矿用汽车装载和卸载方法

推板式地下矿用汽车（Ejector Truck）（见图 1-34）的特点是汽车卸料不是靠料厢后倾卸料，而是料厢不动，靠推板把料厢的料推出。该地下矿用汽车适合卸料高度有限制的地方。推板式地下矿用汽车有两种：新的 ET-24 型地下矿用汽车（载重量为 22t）和 ET-33 型地下矿用汽车（载重量为 30t）。新的 ET-24 型地下矿用汽车与以前 ET-24 型地下矿用汽车比较，功率增加了 26.8%，功率/载重之比增加了 15%，因此新的 ET-24 型地下矿用汽车动力性能更好、爬坡能力更强。新的 ET-24 型地下矿用汽车和 ET-33 型地下矿用汽车料厢用瑞典 Hardox 400 钢板制造，装有全隔音驾驶室，

图 1-34 DUX 公司新式推板式地下 ET-33 矿用汽车

宽2.74m、高2.7m，配有Detroit 60系列12.7L排量的柴油机，功率/机重之比很高，传动系统选用DANA公司产品，自锁变矩器作为标准配置，用于下急坡的Jake制动器，其他选择包括闭路电视CCTV（Closed Circuit Television）、Loadman称重系统、Lincoln自动润滑和自动齿轮换挡，ET-24与ET-33是一种性能很好的新型地下矿用汽车。

1.5.6　MTI公司

MTI公司也是加拿大一家生产中小型地下采矿车辆，包括地下矿用汽车的公司。该公司生产的地汽车的型号和主要参数见表1-18。2014年11月4日，MTI公司被Joy Global公司收购。

表1-18　MTI公司地下矿用汽车型号和主要参数

<table>
<tr><td colspan="2">型　号</td><td>DT-704</td><td>DT-1604</td><td>DT-1804</td><td>DT-2604</td><td>DT-3002</td><td>DT-3004</td><td>CDT1604</td></tr>
<tr><td colspan="2">载重/t</td><td>6.53</td><td>14.546</td><td>15.909</td><td>23.636</td><td>27.273</td><td>27.273</td><td>14.546</td></tr>
<tr><td colspan="2">容积/m³</td><td>3.3</td><td>8.0</td><td>10.1</td><td>14.3</td><td>14.2</td><td>15.9</td><td>6.8</td></tr>
<tr><td rowspan="3">发动机</td><td>型　号</td><td>Deutz D914L05 Tier 3</td><td>Deutz BF6M1013EL (Cummnis6.7, Mercedes OM906LA)</td><td>BF6M1013EC (Cummnis6.7, Mercedes OM906LA)</td><td>Detroit60系列 (Cummins QSM11)</td><td>Detroit 60系列</td><td>Detroit 60系列</td><td>Deutz BF6M1013EL (Cummnis6.7, Mercedes OM906LA)</td></tr>
<tr><td>功率/kW</td><td>72.5</td><td>156.5</td><td>156.5</td><td>242</td><td>242</td><td>298</td><td>156.5</td></tr>
<tr><td>转速/r · min⁻¹</td><td>2300</td><td>2300</td><td>2300</td><td>2100</td><td>2100</td><td>2100</td><td>2300</td></tr>
<tr><td colspan="2">变矩器型号</td><td rowspan="2">Dana HR2000 变矩器与变速箱集成</td><td>Dana CL320</td><td>Dana CL320</td><td>Dana CL8000</td><td>Dana CL8000</td><td>Dana CL8000</td><td>Dana CL320</td></tr>
<tr><td colspan="2">变速箱型号</td><td>Dana R32000</td><td>Dana R32000</td><td>Dana 6000</td><td>Dana 6000</td><td>Dana 6000</td><td>Dana R32000</td></tr>
<tr><td colspan="2">驱动桥型号</td><td>New Holland D45</td><td>John Dreere 1400</td><td>John Dreere 1400</td><td>Dana 19D</td><td>Dana 21D</td><td>Dana 21D</td><td>John Dreere 1400</td></tr>
<tr><td colspan="2">制动器种类</td><td>LCB</td><td>LCB</td><td>LCB</td><td>Posi-Stop</td><td>Posi-Stop</td><td>Posi-Stop</td><td>LCB</td></tr>
<tr><td colspan="2">外形尺寸(长×宽×高)/mm×mm×mm</td><td>6445×1549×2328</td><td>8260×2331×2339</td><td>8394×2388×2339</td><td>9804×28074×2555</td><td>11231×3454×2457</td><td>10414×2946×2540</td><td></td></tr>
<tr><td colspan="2">车厢侧板高/mm</td><td>1698</td><td>2210</td><td>2408</td><td>2434</td><td>2048</td><td>2440</td><td></td></tr>
<tr><td colspan="2">操作质量/t</td><td>7.484</td><td>15.909</td><td>15.455</td><td>23.750</td><td>25.000</td><td>25.000</td><td>22364</td></tr>
<tr><td colspan="2">功率/载重/kW · t⁻¹</td><td>11.1</td><td>10.76</td><td>9.84</td><td>10.24</td><td>8.87</td><td>10.93</td><td></td></tr>
<tr><td colspan="2">机重/载重</td><td>1.15</td><td>1.09</td><td>1.03</td><td>1.00</td><td>0.92</td><td>0.92</td><td></td></tr>
</table>

注：DT-2604型地下矿用汽车为两轮驱动，CDT1604地下矿用汽车为集装箱汽车，其余型号为后卸式汽车。

目前，Joy Global公司生产的地下矿用汽车型号有DT-704、16TD、DT-2604、DT-3004、DT-3504，其中16TD、DT-3504为新产品。

Joy Global公司基本保留了MTI公司地下矿用汽车的型号与特点，但产品范围扩大了（从6.4t增加到31.8t），可靠性提高了，维护更容易了，操作更完全了，效率更高了。

特别要指出的是，CDT1604地下矿用汽车是一种集装箱汽车（见图1-35），它能快速地把空装箱放在地上，并拾起装满料的集装箱，当一个空集装箱开始装料时，它又把装满料的 CDT1604 地下矿用汽车集装箱运去卸料。CDT1604 地下矿用汽车与该公司侧卸式 LT650 地下装载机配合使用，效果最佳。这种配合方式可减少传统运输系统的车辆数量、减少发动机功率、降低矿山通风要求，而且 CDT1604 与 LT650 的传动系统相同，使总的操作成本下降。

图 1-35　CDT1604 集装箱式地下矿用汽车

MTI 公司还有一种低矮型 DT-3002 型地下矿用汽车（见图 1-36）。它是两轮驱动，适用于平地高速运行（速度可达 26km/h）且空间受到限制的地方；动力采用 Detroit 60 系列柴油机，Dana 公司的传动系统；具有 16.8m^3 的箱体容积，27.3t 的运输能力。

图 1-36　MTI 公司新型低矮型 DT-3002 型地下矿用汽车

特别要提到的是，MTI 公司与 HY-drive Technologies 公司商定在 LHD 和地下矿用汽车采用 HY-drive Technologies 公司专利技术——Hydrogen Generating Systems（简称 HGS），使用该技术可以：显著地节省燃料；明显提升马力和性能；大幅度减少有害气体排放，包括 CO、NO_x、PM、HC；由于较清洁的燃烧，使发动机维修保养费减少。所谓 HGS 技术，就是利用 HGS 系统产生及注入少量的氢气到发动机燃烧室，产生富集的空气混合物及能更完全、更快地燃烧的空气燃烧混合物，从而达到上述目的。目前 HGS 技术正在地下无轨采矿设备中开始应用，很有发展前景。

1.5.7　PAUS 公司

PAUS 公司是德国一家采矿与建筑车辆的制造商，其制造的 PMKM/PMKT 系列地下矿用汽车宽度窄（1.9 ~ 2.3m）、载重量大（15 ~ 25t），共有三种规格（见表 1-19）：PMKT 8.000、PMKT 10.000、PMKT 12.000。它们有如下特点：司机座椅可以回转 180°（见图 1-37）和配置了两个控制站，从而方便司机向前、向后驾驶，适用无转向空间的狭窄巷道运输。另外，这种车 PMKT 8.000 与 PMKT 10.000，由于宽度小于 2m，适用于窄路面行驶。创新液压快换车架系统可以快速、轻松更换不同的车厢，具备空调全封闭司机室、可爬40%的坡度、视频倒车系统。

表 1-19 德国 PAUS 公司 PMKT 系列地下矿用汽车的型号和主要参数

型 号		PMKT 8.000	PMKT 10.000	PMKT 12.000
载重/t(短吨)		15(13.65)	20(18.2)	25(22.75)
容积/m^3		8	10	12.5
发动机	型 号	Deutz 2012/413/1013/2013	Deutz 413/1013/2013	Deutz 2015/413/
	功率/kW	<170	<170	<261
	转速/r · min^{-1}	2300	2300	2300
变矩器型号		单级工业变矩器		
变速箱型号		动力换挡变速箱		
驱动桥型号		行星刚性桥		
制动器种类		LCB		
外形尺寸(长×宽×高)/mm×mm×mm		8100×1900×2500	8200×1950×2500	9100×2300×2500
车厢侧板高/mm		2300	2500	2650
操作质量/t		13.5	18	22
功率/载重/kW · t^{-1}		12.45(最大值)	9.34	11.47
机重/载重		0.9	0.9	0.88

PAUS 公司最新开发的 PMKT 10.000S 防爆型地下矿用汽车（见图 1-38），符合 ATEX 94/9/EC M2 指令要求，并经过俄罗斯联邦标准（GOST-R）认证中心认证出口到俄罗斯。ATEX 94/9/EC 指令为欧盟所采用的一项指令，目的是为了让用于可能产生爆炸气体环境下的产品，在一定的技术及法规的要求下能自由地在欧盟会员国之间畅通无碍。为了适应温度低于 -30℃ 的环境，PAUS 公司开发了低温组件，晚上车辆可在地面上并与预热系统连接起来加热司机室和发动机室。此外，液压和变速箱油以及发动机冷却液也被加热，使得 PMKT 10.000S 随时可以工作。带后挡

图 1-37 可回转 180°的司机座椅

图 1-38 PMKT 10.000S 防爆型地下矿用汽车

板可倾翻的后车厢斗容 12m^3、载重 20t。后挡板的打开与关闭通过铰链连接自动进行。传动系统包括带弹簧制动器的 Kessler 桥、Caterpillar 3162B、186kW 柴油机、Dana 公司 CL5000 变矩器、32000 系列变速箱。该车可满载以 22km/h 的速度爬 30% 的坡。该机配备了带加热和通风的 ROPS/FOP 司机室或司机棚，可回转的司机座椅（见图 1-37），在前进和后退方向各布置了一套操作和监视装置，司机不用转身就可以改变行车方向，还配备了灭火器及中央润滑系统。防爆是电控的。所有有关值如温度、压力、加油都是被控制的。当发动机出现故障时自动停车。起动机也是电起动的，因此不需要压缩空气。所有电气元件当然也是完全绝缘的。排气冷却是 PAUS 公司用了近 20 年的干式系统，这就避免处理被污染的水，因此系统不需要维护。在排气冷却系统中净化器是整体式的，以进一步降低排放。该冷却系统保证在任何时间机器表面温度不超过 150℃，在排气管出口处排气温度不超过 70℃，在进气与排气口火焰可阻断。如果空气经过空滤器妨碍进入发动机，那么安全系统就自动关闭进气阀，发动机就停机。

PAUS 公司最新又开发的低矮型 PMKS 推板式地下矿用汽车，车厢容积 9.5m^3、载重 23t。

1.5.8 ZANAM-LEGMET 公司

ZANAM-LEGMET 公司是波兰一家采矿工业机械与设备制造商。该公司成立于 2003 年 6 月，主要产品有地下装载机和地下矿用汽车，其中地下矿用汽车有 3 个品种（见表 1-20），WKPL 28 型地下矿用汽车（见图 1-39）载重量最大有 28t。

表 1-20 ZANAM-LEGMET 公司地下矿用汽车品种和参数

型 号		CB4 PCK	CB4 P24K	WKPL 28
载重/t		20	24	28
容积/m^3		11.1	13.5	
发动机	型 号	Deutz, Cummins	Deutz	
	功率/kW	136	172	172
	转速/r · min^{-1}			
外形尺寸(长×宽×高)/mm×mm×mm		9500×3350×1950	10100×3400×2000/2200	9700×3400×2300/2100
车厢侧板高/mm		1732	2000/2200	2300/2100
操作质量/t		19	24	23.5
功率/载重/kW · t^{-1}		6.8	7.16	0.614
机重/载重		0.95	1.0	0.839

1.5.9 BELAZ 公司

别拉斯（BELAZ）汽车厂是俄罗斯大型工厂之一，它主要生产 30 ~ 320t 越野卡车、建筑设备、地下采矿车辆和其他重型运输设备。该厂建于 1948 年，位于莫吉廖夫州。地下采矿车辆主要由 BELAZ 子公司 MoAZ 生产，主要型号有 BELAZ-7508（见图 1-40）、BELAZ-7405-9586、BELAZ-7529 和 BELAZ-75840 四种。四种型号参数见表 1-21。

图 1-39　WKPL 28 型地下矿用汽车

图 1-40　BELAZ-7508 型地下矿用汽车

表 1-21　BELAZ 公司四种型号地下矿用汽车主要参数

型　号		BELAZ-7405-9586	BELAZ-75840	BELAZ-7508	BELAZ-7529
载重/t		20	40	35	22
容积/m^3		14	21	20	14
发动机	型　号	ЯМЗ-238КМ2	Detroit60 系列	ЯМЗ-7512. 10（Eure2）	ЯМЗ-238БН,或 Deutz BF6M1013EC
发动机	功率/kW	140	391	264	190
传动形式		液力机械传动			
外形尺寸(长×宽×高)/mm×mm×mm		8610×2900×2630	10360×3130×2720	10200×3090×2630	8790×3090×2630
车厢侧板高/mm		2500	3063	2500	2500
操作质量/t		19. 5	34. 540	30	24
功率/载重/$kW\cdot t^{-1}$		7	9. 78	7. 54	8. 64
机重/载重		0. 975	0. 987	0. 857	1. 09

1. 5. 10　Powertrans 公司

Powertrans 公司是澳大利亚的一家从 2001 年开始设计与制造露天和地下采矿拖车的公司。该采矿拖车是一种创新的采矿运输系统，是替代传统大型采矿汽车的全新运输系统。该公司位于澳大利亚布里斯班（Brisbane），客户遍布整个澳大利亚和海外。

Powertrans 公司采矿运输系统动力列车的想法是基于有专利的动力拖车系统。它包括 T930 地下矿用汽车（见图 1-41）、T1244 地下开拓汽车（见图 1-42）和 T1244 地下动力拖

图 1-41　T930 地下矿用汽车

图 1-42　T1244 地下开拓汽车

车（见图1-43）。T930地下矿用汽车分动力卡车（Powertruck™）和动力拖车（Powertrailer™）。动力卡车（Powertruck™）和动力拖车（Powertrailer™）都采用12.7 L 6缸涡轮增压、中冷Detroit S60 ADR80型发动机，功率320kW，运输能力55.6~91.3t。根据矿山要求和操作条件，Powertruck™可以拖动两个拖车，其中至少一个拖车使用与卡车传动系统一样的Powertrailer™，并只需要一个操作者。卡车和拖车使用现成的动力传动系统、悬架、桥和制动组件。由于可用性，可采用非公路轻型土方轮胎规格。

图1-43　T1244地下动力拖车

Powertrans公司最新的运输系统是T1244地下矿山开拓汽车。该通用汽车在矿山开拓阶段主要用于材料搬运和基础设施建设。T1244是替代传统地下铰接汽车最经济的方案，它可提供高的运输速度、低的前期资金成本和操作成本。T1244地下矿山开拓汽车配备了Caterpillar C15净功率为373kW的发动机；30t的运输能力；L(mm)×W(mm)×H(mm)为9443×2667×3331；外内转弯半径分别为11003mm、6087mm。

T1244动力拖车采用6缸涡轮增压、中冷、373kW的Detroit柴油机，它与动力汽车组成在一起有足够动力在陡坡上行驶。在重载运输或陡坡上行驶时，可使用两个动力拖车替代一个动力拖车或牵引带平衡架（dolly）的拖车。配备的横装的冷却系统把散热器、中冷器和液压冷却组合在一起。从汽车司机室控制动力拖车与汽车的控制完全一致。T1244动力拖车有55t的运输能力，若另加一台牵引拖车则有85t的运输能力，若动力汽车牵引两台拖车则有100t的运输能力。在14%的斜坡道上，动力列车运输系统要比传统的运输汽车速度高得多，前者是15km/h，后者是8km/h。

澳大利亚这种新的运输系统的出现，对现在的大型地下矿用汽车是一种挑战，值得我们关注。

Powertrans公司又开发出一种新型双发动机（两台Cummins QSX15）、双铰接的采矿卡车——DAT60地下矿用车，如图1-44所示。

图1-44　DAT60地下矿用汽车

Powertrans公司为西澳开发和生产了新型双发动机的运输汽车，这种新的Powertrans卡车被称为DAT60或“60t双铰接卡车”。使用两台15L康明斯发动机、具有1100hp（1hp = 746W，下同）动力的DAT60是目前市场上最强的地下矿用汽车。

一切为了运输速度和增加每公里的运载量，DAT60在新南威尔士（Newcrest）

的卡迪亚（Cadia Valley Ridgeway）矿山进行了测试，装载68t、以15km/h的速度爬上14%的坡道，性能得到证明。由于地下采矿深度越来越大，因此这种性能显得更为重要。

DAT60地下矿用汽车前、后端各安装了一台发动机，卡车长度达到了13.4m（宽3.4m、高3.3m），比对手长度要多2m，这并不会影响其机动性和扫掠路径，因为DAT60是双铰接结构。每台发动机均安装有900hp的发动机压缩制动，制动效果已在卡迪亚矿通过总重108t的DAT60进行了充分的验证，Cummins QSX发动机通过6速的Allison 4000系列变速箱来驱动Kessler车桥。该车型还有一个Powertrans创新的侧卸设计。

由于发动机舱有很大的空间，DAT60的日常维护保养非常方便。每台发动机由一个迎风面积1.3m^{2}的散热器来进行冷却，驾驶室有ROPS和FOPS保护，显示系统整合了两个QSX发动机的转速表，CAN总线系统的使用大大减少了电线的数量。

1.5.11 Youngs Machine公司

Youngs Machine公司在2012年国际矿业展览会上，展出了460系列（见图1-45）、470系列（见图1-46）、960系列地下矿用汽车（见图1-47），各系列具体参数见表1-22。

图1-45　460系列地下矿用汽车

图1-46　470系列地下矿用汽车

表1-22　Youngs Machine公司自卸汽车参数

型　号		470系列		960系列		
载重/t		7	10.9	3.2	6.4	9.5
容积/m^3		3.4	5.4	1.9	3.6	5.4
发动机	型　号	Deutz或Cummins发动机		Deutz或Cummins发动机		
	功率/kW					
	转速/r·min^{-1}					
变矩器型号		John Deere		John Deere		
变速箱型号		Dana		Dana		
驱动桥型号		New Holland，John Deere，Dana		New Holland，John Deere，Dana		
外形尺寸（长×宽×高）/mm×mm×mm		5842×(1574~1879)×2108	6655×(1574~1879)×2261	4267×(1547~2184)×2007	4978×(1547~2184)×2007	6147×(1547~2184)×2235
车厢侧板高/mm		1778	1829	1442	1651	1981

注：960系列地下矿用汽车为刚性车架。

460 系列的特点是四轮驱动与铰接转向，marsh mellow type 型悬挂给操作员一个特别舒适的乘适性，另外的座位位于司机后面。460 系列地下矿用汽车提供矿山地面支持设备多项选项，从通用车辆、燃料、润滑油、运人车、维修车到剪叉式的平台。

470 系列地下矿用汽车特点是四轮驱动与铰接转向，该卡车在狭窄的地方和窄脉矿具有优良的机动灵活性。470 系列范围从非常狭窄的5.4t 卡车，直到较大的13.6t 卡车。所有这些卡车可以定制以适应用户的采矿要求。

图 1-47　960 系列地下矿用汽车

960 系列提供了一个简单和廉价的矿石搬运设备，它是专为小巷道而设计的。简单的设计使其易于维修，运行非常经济。

960 系列自动倾卸卡车载重范围为 2.7～9.07t。该系列卡车还有一个重要特点，全是刚性车架、结构简单。2.7t 卡车只有 4.27m 长，1.54m 宽，2m 高。该系列卡车采用 Deutz 发动机，Dana 变速箱、差速器或 John Deere 变速箱、差速器，Mico 制动元件，DCL 矿用 X 型净化器，Donaldson 空滤器与液压过滤器，因此性能稳定、故障率低。

1.5.12 RDH 公司

RDH 公司是生产优质地下移动采矿和隧道设备的厂商，产品包括但不限于大型钻机、地下装载机、剪式升降机、平台吊杆卡车、燃料和润滑油卡车、锚杆支护、地下矿用汽车、窄脉矿采矿设备和定制设备。其中地下矿用汽车有 6 种型号、13 种规格，见表 1-23。在 6 种型号中最新设计和最有特色的地下矿用汽车有两种：HAULMASTER 600-7LPC（见图 1-48）、HAULMASTER 800-20EB EVOLUTION 系列（见图 1-49）。前者称为输送机运输汽车；后者称为蓄电池运输汽车。

表 1-23　RDH 公司地下矿用汽车主要技术参数

型　号		HAULMASTER 600-4-6	HAULMASTER 600-7LPC	HAULMASTER 600-8-10-12	HAULMASTER 800-18-20	HAULMASTER 800-20EB EVOLUTION	HAULMASTER 800-26-30-35-40
载重/t		5.443，5.443	6.3	8，10，12	18，20	18，20	26，30，35，40
容积/m³		2.02，2.64	6.4	4，5，6.1	9.1，10.4	9.1，10.4	13，15，17.5，20
发动机	型　号	TCD914L06 TierIII	TCD914L06 TierIII	TCD914L06 TierIII	Mercedes OM 926LA，	电机:全封闭,液体冷却,免维护,无电刷	Detroit S60
	功率/kW	86.5	86.5	130	220～240	74.5～223.5，变频、高效、重负荷、液体冷却、交流牵引驱动	261～335
	转速/r·min⁻¹	2300	2300	2300	2200		2100

续表 1-23

型 号	HAULMASTER 600-4-6	HAULMASTER 600-7LPC	HAULMASTER 600-8-10-12	HAULMASTER 800-18-20	HAULMASTER 800-20EB EVOLUTION	HAULMASTER 800-26-30-35-40
变矩器型号			Dana C270	Dana C8000	Dana C270	Dana 9000
变速箱型号	Dana 20000	Dana 20000	Dana 32000	Dana 6000	Dana 32000	Dana 6000/8000
驱动桥型号	Dana 113	Dana 113	Dana 113	Dana 19D	Dana 19D	Dana 21D
制动器种类	Posi-Stop	Posi-Stop	Posi-Stop	Posi-Stop	Posi-Stop	Posi-Stop
外形尺寸(长×宽×高)/mm×mm×mm	6536×1273(车厢1372)×1524	7792×2286×1713	6675(6675,6980)×1689(1829,1829)×2000	9386×2173(2230)×2285	9035×2458×2285	10057(10329,10329,10329)×2998(3156,3156,3156)×2431(2483,2483,26630)
车厢侧板高/mm	1355，1473	1638	1880，2003，2003	2021(2121)	2021	2242，2281，2449，2666
机重/载重						
备 注	该系列汽车有两种载重量，对应也有两种尺寸		该系列汽车有三种载重量 8t、10t、12t，对应也有三种尺寸	该系列汽车有两种载重量，对应也有两种尺寸	该系列蓄电池汽车有两种载重量，对应也有两种尺寸	该系列汽车有 4 种载重量，对应也有 4 种尺寸

图 1-48 HAULMASTER 600-7LPC 碳酸钾运输汽车

图 1-49 HAULMASTER 800-20EB 蓄电池运输汽车

HAULMASTER 600-7LPC 型地下矿用汽车是专门为低矿层而设计的，装在底盘内的 600-7LPC 输送机向后门移动载荷不会像传统运输汽车那样常常遇到载荷溢出车厢侧挡板的风险。链驱动输送机确保平稳，甚至个别部件产生故障时，性能不变，仍能可靠工作。液压马达驱动，载荷安全而稳定地被输送到车厢后边。此外，液压控制允许操作者降低输送机速度，如果需要，甚至完全停止。HAULMASTER 600-7LPC 地下矿用汽车已在碳酸钾采矿中运行。与传统的地下运输卡车相比，输送机汽车有一些特定的优势。因为车厢不提升，汽车可以在薄矿层或在障碍物下（如通风或电气设备）工作，它用在低顶板的巷道里是理想的，如在碳酸钾采矿中。该汽车可运行在 1778mm 高的巷道中，也可以在不平整的地面上或斜坡上卸载。输送机系统允许该汽车卸货的时间比传统的自卸汽车短。在使用输送机汽车之前，矿山使用 LHD 运输，碳酸钾从作业面到输送机系统，效率较低。自从采用 HAULMASTER 600-7LPC 后，输送机汽车生产率大量增加，效率提高了 4 倍。

HAULMASTER 800-20EB 是一种蓄电池汽车。RDH 的 HAULMASTER RDH 800-20EB

运输汽车使用磷酸铁锂（$LiFePO_4$）电池，它有一个更高的充电和放电率，以获得更好的性能和效率。

地下移动设备历来采用柴油发动机，它需要使用通风系统。采用 HAULMASTER RDH 800-20EB 运输汽车需要 1.5 ~2h 在地下充电站充电，充电后能运行 4 ~5h。电池设备不需要柴油设备要求的地下通风设备，这不仅节约地下通风设备资本投资，也为地下作业创造更好的工作环境。

1.5.13 Bell 公司

南非 Bell Equipment 公司已发展成为一家全球领先的生产与销售广泛系列的运输与物料搬运设备涵盖采矿、建筑、木材、糖业及相关工业领域（如自卸车、轮式装载机、三轮机械）的制造商和出口商。Bell Equipment 的产品范围包括 50 多种不同型号的 ADT、轮式装载机、固定与铰链车和三轮不平地形物料处理器设备，这新产品均在当地按照世界级质量标准进行制造。它向全世界的糖果、林业、采矿和建筑行业供应机械设备。Bell 公司早在 1980 年末就生产出铰接汽车 B25、B30，用于地下采矿；随后，公司不断拓展 ADT 产品系列，于 1989 年推出 ADT 主导型号产品 B40。之后经过不断开发和完善，生产 D 系列汽车和低矮型系列铰接地下矿用汽车，即 B40D 和 B25L、B30L（见图 1-50）、B30L 1015、B33L，载重量为 23 ~30t。B40D（见图 1-51）就是专为地下采矿设计的。该机的新功能有基于 CANbus 总线的车辆控制系统，能够替代驾驶员的部分作业，如车辆处于空挡时可以自动施加停车制动。自动停车制动还与倾斜仪结合起来，只有当发动机建立起一定的扭矩时才松开停车制动器。这项功能可以防止车辆在坡道上溜车。液压系统采用变量泵，并带有负荷传感系统，工作压力 25MPa。

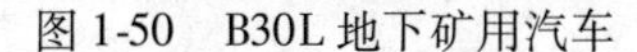
图 1-50 B30L 地下矿用汽车

图 1-51 B40D 地下矿用汽车

这些铰接汽车，发动机采用德国 Deutz 风冷柴油机和 Mercedes Banz 水冷柴油机，并采用机外净化装置。

传动系统进行了较大改进，采用 ZF 的限速滑差装置替代原来的差速器，提高了牵引附着性能，变速箱改用 Allison 行星变速箱，提高了传动系统的可靠性。更换了前后桥，提高了整车承载能力，延长了使用寿命，降低了司机室高度，提高了整车的通过性，所有这些改进都是为了适应地下矿山的运输要求。Bell 公司铰接地下矿用汽车主要技术参数见表 1-24。

表 1-24　Bell 公司铰接地下矿用汽车主要技术参数

型　号		B25L	B30L	B30L 1015	B33L	B40D
载重/t		23	27	27	30	37
容积/m^3		12	14.5	14.5	16.1	23
发动机	型　号	Mercedes Banz OM 906LA	Mercedes Banz OM 906LA	Dautz BF6M 1015		Mercedas Banz V6
	总功率/kW	205	205	230	240	315
	转速/$r \cdot min^{-1}$	2200	2200	2300	2200	1800
变矩器型号 变速箱型号		自动 Allison 行星变速箱	带锁止变矩器，与 ZF 6WG 210 变速箱集成	带锁止变矩器，与 ZF 6WG 210 变速箱集成	带锁止变矩器，与 ZF 4WG 210 变速箱集成	带锁止变矩器，自动 Allison 行星变速箱
驱动桥型号		Bell	Bell	Bell	Bell	Bell 25T
制动器种类		SAHR	SAHR	SAHR	SAHR	LCB
外形尺寸（长×宽×高）/mm×mm×mm		9090×2960×2710	9090×2960×2710	9090×2990×2710	9090×2990×2710	10488×3264×3464
车厢侧板高/mm		1925	1925	2210	2210	3413
操作质量/t		18.25	19.52	20.359	20.359	29.85
功率/载重/$kW \cdot t^{-1}$		8.91	7.59	8.51	8.0	8.51
机重/载重		0.793	0.72	0.754	0.68	0.81

1.5.14　Doosan Moxy 公司

Doosan Infracore（斗山工程公司）为了成功拓展国际建筑设备市场及顺利进军大型矿产设备领域，与欧洲当地子公司 DIEU 携手以 5500 万欧元（853 亿元），与挪威铰接式自卸车专门生产商 Moxy Engineering AS 公司正式签署了并购协议。

位于挪威西部海岸墨尔德（Molde）市的 Moxy 公司拥有 23～26t 级铰接式自卸车相关技术，不仅在美国及英国等地设有销售法人和研发中心，并有 61 个经销点遍布欧洲及北美等地区。

铰接式自卸车作为 Moxy 公司的主力产品，因车身可以左右铰接、旋转半径较小，并适于在狭窄空间作业又拥有大容量的装载能力等突出性能，在大型矿产开发和建筑工程中成为必备设备。Doosan Moxy 公司铰接地下矿用汽车主要技术参数见表 1-25。MT41 和 MT51 如图 1-52 和图 1-53 所示。

表 1-25　Doosan Moxy 公司铰接地下矿用汽车主要技术参数

型　号		MT26	MT31	MT36	MT41	MT51
载重/t		23.5	28	32.7	38	46.27
容积/m^3		15	18	21	24	29
发动机	型　号	Scania DC9	Scania DC9	Scania DC9	Scania DC9	Cummins QSX15
	总功率/kW	228	255	294	331	375
	转速/$r \cdot min^{-1}$	2200	2200	2200	2200	1600

续表 1-25

型　号	MT26	MT31	MT36	MT41	MT51
变矩器型号	带自动锁紧的液力变矩器	带自动锁紧的液力变矩器	带自动锁紧的液力变矩器	带自动锁紧的液力变矩器	
变速箱型号	ZF 6WG260 RPC	ZF 6WG260 RPC	ZF 6WG310 RPC	ZF 6WG310 RPC	Allison 4600R ORS
制动器种类	Wet Multiple Disc	Wet Multiple Disc	Wet Multiple Disc	Wet Multiple Disc	Wet Multiple Disc
外形尺寸（长×宽×高）/mm×mm×mm	9488×2750×3530	9488×3275×3530	10445×3275×3700	10445×3460×3735	10606×3475×3875
车厢侧板高/mm	2864	2946	3040	3185	3785
操作质量/t	22.00	22.925	26.700	28.45	31.3
功率/载重/kW·t^{-1}	9.7	9.11	9.00	8.71	8.1
机重/载重	0.935	0.804	0.817	0.749	0.67

图 1-52　MT41 铰接式自卸车

图 1-53　MT51 铰接式自卸车

1.5.15　Volvo 公司

瑞典 Volvo 公司是世界上最大的 ADT 生产商，约占全世界 ADT 市场 50% 的份额。1970 年开始进入地下矿用汽车领域，为了适应地下矿山运输，Volvo 公司首先选择采用了低污染的柴油机，同时配置了机外净化装置，降低了排放。采用四轮驱动，提高了牵引性能和爬坡能力。降低和减小了外形尺寸，以提高地下矿山的通过性。目前已开发了 24t、28t、32.5t 和 37t 4 种型号的地下矿用汽车。这 4 种地下矿用汽车传动系统采用 Volvo 公司生产的发动机、动力换挡变速箱，采用了可完全闭锁的桥间差速器，提高了整车的牵引附着性能。制动器采用多盘湿式制动器，安全可靠。

图 1-54　A25D 型铰接自卸车

我国山东新城金矿早些年就采用沃尔沃（Volvo）铰接自卸车 A25D 用于地下采矿（见图 1-54）。Volvo 公司铰接地下矿用汽车主要技术参数见表 1-26。

表 1-26　Volvo 公司铰接地下矿用汽车主要技术参数

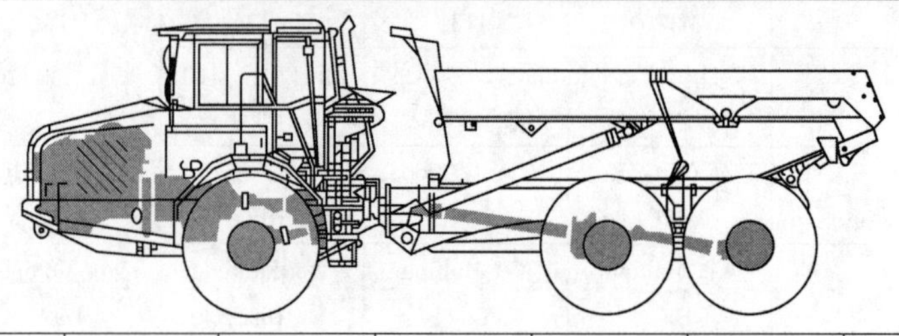

型号	发动机	变速箱	驱动桥	低输出轴式变速箱	最高车速 /km · h^{-1}	能力	第一根 Boggi 桥	第二根 Boggi 桥
A25D	D10BACE2, D10BADE2	PT1560	AH56E	IL1	53	24000kg, 15m^3	AH56F	AH56G
A30D	D10BAAE2, D10BADE2	PT1560	AH64D	IL1	53	28000kg, 17.5m^3	AH64E	AH64F
A35D	D12CABE2, D12CADE2	PT1862	AH64J	FL992	57	32500kg, 20.0m^3	AH64K, AHW64N	AH64L, AHW64O
A40D	D12CAAE2, D12CACE2	PT1862	AHW71O	FL1002	55	37000kg, 22.5m^3	AHW71P	AHW71Q

1.5.16　Norment 公司

Norment 是芬兰一家开发、生产和销售地下采矿、隧道建设备和车辆的公司。该公司产品包括混凝土喷射、混凝土运输、装药、提升与安装、井下物流运输系统、撬毛等设备与车辆。Norment 公司生产的地下矿用汽车 Variomec MF 060 D（见图 1-55）和 Variomec LF 090 D 的最大特点就是在通用底盘上加装车厢而成。通用底盘（一般采用以低污染柴油机为动力、四轮驱动、铰接车体、液压转向和制动）装备不同的工作装置，可构成不同的辅助车辆。

图 1-55　Variomec MF 060 D 地下矿用汽车

Norment 地下矿用汽车主要参数见表 1-27。

表 1-27 Norment 地下矿用汽车主要参数

型 号		Variomec MF 060 D	Variomec LF 090 D
载重/t		10	16
容积/m^3		6	9
发动机	型 号	Dautz TCD2013 Tier 3	Dautz TCD2012 Tier 3
	总功率/kW	120	155
	转速/$r \cdot min^{-1}$	2300	2300
变速箱型号		Dana 24000	Dana 32000
驱动桥型号		Dana 123	Dana 113
制动器种类		LCB	LCB
外形尺寸（长×宽×高）/mm×mm×mm		7550×2000×2300(±100)	8250×2310×2400(±100)
车厢侧板高/mm		2150	2400
操作质量/t		10	13
功率/载重/$kW \cdot t^{-1}$		12	9.69
机重/载重		1.0	0.815

1.5.17 AARD 公司

AARD 公司是南非一家制造地下钻孔、装载和支护设备的一家公司，产品包括液压凿台车、钻机、锚杆钻机、地下装载机（LHD）、地下自卸汽车、多功能车（UV）和厢式、工程多功能车（EUV）、撬毛车、防爆设备。新产品包括地下装载机和连续采煤机，其中地下自卸汽车有两种型号 AARD 30DT 和 AARD 33DT（见图 1-56），其主要特点是柴油机采用 Mercedes 发动机、传动系统采用 Allison 和 Kessler 产品，其技术参数见表 1-28。

表 1-28 AARD 公司地下自卸汽车技术参数

型 号		AARD 30DT	AARD 33DT
载重/t		30	33
容积/m^3		14.5	15.5
发动机	型 号	Mercedes OM501LA Stage ⅢA	
	功率/kW	290	
	转速/$r \cdot min^{-1}$	1800	
变矩器型号		Allison TC541	
变速箱型号（自动换挡）		Allison 4000	
驱动桥型号		Kessler D101	
缓速器		发动机压缩制动	
制动器形式		SAHR	
车速/$km \cdot h^{-1}$		0~22，后退 4.3	0~25，后退 5.3
轮胎型号		18.00R25，矿山专用	26.5R25，矿山专用

图 1-56　AARD 33DT 地下自卸汽车

上述各厂商开发的地下矿用汽车，尽管类型各异，但结构基本相似，其主要特点如下：

（1）采用绿色柴油机，绿色产品（电动地下矿用汽车、蓄电池地下矿用汽车等）节省了能源，减少有害气体排放量。

（2）除了 Youngs Machine 公司 960 系列地下矿用汽车和 Sandvik TH660 地下矿用汽车采用刚性车架外，其他地下矿用汽车广泛采用铰接车体、前桥摆动或铰接车体、中心回转支承连接前后车体的结构，保证地下自卸卡车在井下行走时四轮着地。车体宽度变窄、转弯半径小，机动灵活，提高了通过能力。

（3）车体高度低，降低了重心高度，减少倾覆力矩，增加行驶稳定性，适于在狭窄低矮地下空间作业，节省巷道开拓工程量。

（4）除了个别几种地下矿用汽车采用两轮驱动外，其余绝大部分地下矿用汽车采用四轮驱动，牵引力大，增加了爬坡能力。

（5）结构坚固，便于承受矿岩的冲击，可靠性高。

（6）采用湿式多盘制动器，大都采用 SAHR 制动器，制动灵敏、可靠，保证了行驶的安全性。

（7）按人机工程子设计驾驶室。地下矿用汽车按人机工程子设计驾驶室，抑噪，ROPS/FOPS 驾驶室，采用新鲜、加压、调温的空气循环，提供安静、安全且舒适的空调作业环境。舒适空气悬浮座椅，座椅上有宽阔可伸缩的安全带，为操作员提供安全而舒适的保护。

（8）方便维护设计。

1.6　地下矿用汽车的发展趋势

通过上述介绍可以看出，国外地下矿用汽车正朝着安全、环保、舒适、高效、大型化、小型化和自动化方向发展。

1.6.1　安全越来越受到人们重视

由于地下采矿环境十分恶劣，危险性很大，人与设备的安全和健康往往会受到严重威胁。只有经过相关权威部门安全认证的地下矿用汽车才能允许生产、销售、使用。随着社会的进步和科学技术的发展，以及人们对生命和健康、对环境越来越重视，安全问题成了机械设备头等大事。安全也因此逐渐形成了一门独立的学科，并得到了人们的认同，也引起了世界各国政府的高度重视，为此都制订了严格的安全标准。

我国对地下矿用汽车也制订了严格的安全标准，《地下矿用无轨轮胎式运矿车安全要求》(GB 21500—2008）被列为国家强制性标准，从2008年开始执行。

不仅政府部门和采矿设备制造商十分重视采矿设备和人员的安全问题，从法律层面确保人与设备的安全，而且也引起采矿公司的高度重视。

一些领先的采矿公司将健康与安全管理看作其企业营运不可分割的组成部分并已经在公司层面与矿场层面上为改善操作员、技术人员和其他人员的安全保障，以零事故为目标做出了贡献。最近这些公司加大力度统一呼声，使健康和安全主题成为首要焦点。土方设备公司面临一个共同问题，即确保土方设备的设计能使它们在各种现场条件下进行操作和维护，而不对人造成伤害。

世界上八大采矿公司（Anglo American、Barrick、BHP Billiton、FCX、Newmont、Rio Tinto、Vale 和 Xstrata）组成一个名为“土方设备安全圆桌会议”（Earth Moving Equipment Safety Round Table，EMESRT）的独特合作伙伴小组并提供资源，EMESRT 于2006年初正式成立，它鼓励制造商改善设备的人性化设计，从而使健康和安全风险最小化。该小组确立了发展愿景、目标及范围，开发了一定风险领域的设计理念。

小组确定了15个课题作为2007年和2008年的优先领域：入口和出口、高空作业、噪声、振动、火灾、粉尘、隔离、能见度或碰撞检测、机械稳定性或斜坡指示、防护、显示、控制（包括贴标签）、轮胎和轮圈、手工物料处理、工作姿势及受限空间。

2009~2010年后，又吸引了大量成员参加并与世界上著名露天与地下采矿设备制造商相结合，研究课题扩大到地下煤矿、地下金属与非金属矿、爆破孔钻机。

EMESRT 的发展目标是：(1) 加速发展和采用土方设备的先进设计，从而通过原始设备制造商和用户参与的流程使健康和安全风险减至最小。(2) 了解设计理念怎样符合或超过列于标准和规章内的预期，包括国际标准化组织（ISO）。(3) 政府、设备制造商和用户共同努力、协同作战，才能确保采矿设备和操作人员的安全。

1.6.2 环保要求越来越严格

随着人们对环境保护问题越来越重视，对人类生存空间的空气质量要求也越来越高，为此各国政府都对柴油机的排放制定了严格的法规。采矿发动机，作为采矿设备的心脏，在2015年前必须采用不同的技术达到非公路 Tier 4 Final/Euro Stage Ⅳ排放标准，如图1-57所示。

图1-57就是美国环保局 EPA 和欧盟 Euro 要求必须满足排放标准。EPA Tier4 Interim/Eure Stage ⅢB 标准2008年到2013年生效，Tier 4 Interim 或简写 Tier 4 i 或 Tier4 临时（过渡）标准。这意味着颗粒排放物（PM）必须降低90%，氮氧化物（NO_x）必须降低50%以上。到2015年必须达到 EPA Tier 4 Final/ Euro Stage Ⅳ排放标准，或简写 Tier4 f/Stage Ⅳ。颗粒排放物（PM）和氮氧化物（NO_x）排放近似于零。为了达到2015年发动机排放标准，发动机制造商现在关心的是如何在2015年前达到 Tier 4 Final/ Euro Stage Ⅳ排放标准。在保持发动机性能，减少有害物质的排放，而且还要保证产品的可维护性和耐用性的

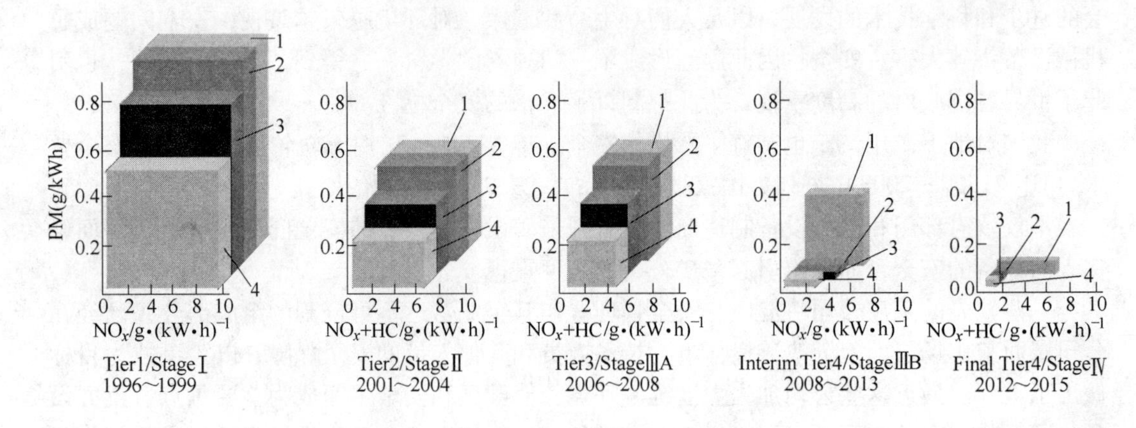

图 1-57　EPA 和 EU 非公路排放规则

1—37～56kW(50～74hp);2—57～74kW(75～99hp);3—75～129kW(100～173hp);4—130～560kW(174～750hp)

同时，必须开发新的技术。各柴油机厂在 MINExpo2012 展览会上纷纷提前推出达到 Tier 4 Final/ Euro Stage Ⅳ排放标准的柴油机新机型和各具特色的控制排放新技术，见表 1-29。这也是这次展览会的最大亮点之一。进一步降低发动机排放标准，以达到更高要求的排放标准，如 Tier Ⅴ（欧盟 2019 年 1 月 1 日开始实施），仍是地下矿用汽车的发展方向之一。

表 1-29　排放控制技术

排放控制技术	控制排气中有害成分
缸内燃烧控制	HC，PM，NO_x
高压共轨喷射	HC，NO_x，PM
柴油氧化催化（DOC）	HC，CO
可变截面涡轮增压（VGT），柴油颗粒过滤器（DPF）	PM
排气再循环（EGR），选择性催化还原（SCR）	NO_x

1.6.3　人机工程学原理应用越来越广

地下矿用汽车与一般露天车辆比较条件特殊，作业环境十分恶劣，所以意外事故经常发生，对司机的安全健康影响比较大。据国内外统计表明：人机工程学因素已成为地下矿用汽车许多意外事故的原因。它严重影响地下矿用汽车操作的效率、操作者的安全和健康，严重的导致车毁人亡。因此，许多国家把人机工程学原理列入矿山、健康与安全法规，强制贯彻执行。我国也把人机工程学原则列入地下矿用汽车安全要求的内容之一——《地下矿用无轨轮胎式运矿车安全要求》(GB 21500—2008)，作为国家强制性标准的重要内容。

正因为如此，人机工程学原理在地下矿用汽车设计、制造、使用和维修中获得广泛的应用，也是各地下矿用汽车制造厂广泛宣传的重要内容之一，以及竞争优势所在。

1.6.4　大型化与小型化发展越来越明显

1990 年瑞典基律纳公司与 ABB 司合作开发 50t 架线-蓄电池地下电动汽车，即被瑞典、加拿大、澳大利亚采用，但并没有被制造商所接受继续开发。直到 10 年后澳大利亚许多金矿企业认识到从露天通过斜坡道到地下优于打提升竖井运输矿石，Caterpillar Elphinstone 公司才开始研制大型 55t 柴油动力地下自卸汽车。2001 年 Caterpillar AD 55 型地下矿用汽车问世。它采用 C18 发动机，第一台 AD 55 销到非洲赞比亚。2003 年末，此车型已占领了全球 80% 的大型地下矿用汽车市场。2004 年在 MINExpo 会上 Sandvik 公司跳过 55t 地下矿用汽车，直接从 50t 到 60t，展出了 Toro 60，现在称为 TH660 地下矿用汽车。2005 年 1 月第一台 Toro 60 交付加拿大安大略某矿使用。Atlas Copco 公司迅速作出反应，把相同的 Cummins 发动机用在 MT 5010 上以增强承载能力，后来同用户合作开发 60t 的地下矿用汽车 MT 6020，并迅速投放市场。

为了同 60t 地下矿用汽车竞争，2007 年 Caterpillar 公司升级 AD55 成 AD55B，55t 的载重量不变，但用更大的发动机 Caterpillar C27 ACERT 576kW 缩短作业循环时间，提高其产量。虽然很多公司有生产更大载重量的地下矿用汽车能力，但目前或将来一段时间，地下矿用汽车大型化可能不会有太多的发展。今后地下矿用汽车的发展主要还是 60t 以下载重量汽车。对于用斜坡道运输矿石或其他物料来讲，提高地下矿用汽车的爬坡速度是提高生产率的一个重要途径。为了提高上坡速度、加快作业循环时间、增加生产能力，地下矿用汽车采用比较大的功率/载重量之比。一般机器的功率/载重量之比是 8.8 以上，特殊情况可达 12.3。功率/载重量之比为 8 以下主要用在比较平的路面。机器操作质量与载重量之比大都小于 1。因为这个比值越小，说明该车的材料利用率越高，设计与工艺水平也越高。由于巷道断面的大小与采矿成本息息相关，因此，地下矿用汽车的外形尺寸最小化也是今后地下矿用汽车发展的一个方向。

在 2012 年国际矿业展览会上，采矿设备大型化的趋势十分明显。Caterpillar 新展出的额定载荷为 60t 地下矿用汽车比该公司最大的 AD55B 地下矿用汽车增加了 9% 的容量。Sandvik 新展出的 51t 载重量的 TH551 地下矿用汽车和 63t 载重量的 TH663 地下矿用汽车都分别比原 TH550 地下矿用汽车和 TH660 地下矿用汽车载重量增加了 1t 和 3t。特别是 Atlas Copco 新展出的载重量 85t 的 MT85 地下矿用汽车是当今世界上最大的地下矿用汽车，它的载重量超过该公司原最大的载重量 60t 的 MT6020 地下矿用汽车几乎 42%，也超过原世界上最大的 Sandvik 公司 80t 的 TH680 地下矿用汽车 6%。

随着世界上的大厚矿体日趋减少，许多采矿公司将注意力转向薄、窄脉矿床的开采，这又促进采矿设备向小型化发展，如 Youngs Machine 公司 460 系列、470 系列和 960 系列地下矿用汽车。

1.6.5 地下矿用汽车的品种越来越多

为了满足不同用户的要求，地下矿用汽车制造厂制造了后卸式地下矿用汽车、侧卸式地下矿用汽车、集装箱式地下矿用汽车、伸缩式地下矿用汽车、低矮型地下矿用汽车、推板式地下矿用汽车、防爆型地下矿用汽车等。根据不同的作业条件，同一种型号的地下矿用汽车可以配置不同功率的发动机。根据不同用户的要求，可以配置不同厂家的不同技术的发动机。

1.6.6 自动化程度越来越高

地下矿用汽车原采用的发动机、变速箱、整机参数的监视是靠人工直接完成的。而现在发展到发动机由电子控制，变速箱根据负荷自动换挡，整机性能自动监视，故障诊断、自动润滑。有的矿山的地下矿用汽车已采用遥控技术，无人驾驶。由于自动化技术的采用，使人的操作更安全、更舒适、生产效率更高。

目前随着全世界采矿行业的迅速发展，地下矿用汽车的生产形势越来越好，各地下矿用汽车制造商之间的竞争也十分激烈。为了争取市场，各地下矿用汽车制造商纷纷根据不同环境、不同用户的要求，逐步扩大其品种和自动化范围，保证安全，全面提高产品性能，使之具有更高的生产率、更好的经济效益和更舒适的作业环境。

2 动力系统

2.1 地下矿用汽车用柴油机

2.1.1 地下矿用汽车对柴油机的安全要求

发动机是地下矿用汽车的主要动力源，是地下矿用汽车的心脏。发动机性能的好坏、安全与否直接影响地下矿用汽车的性能、使用与安全，也直接影响地下作业人员的健康与安全。发动机也是地下矿用汽车安全隐患最多的部件之一，因此，对发动机的性能、使用与安全应十分重视。在欧洲和我国地下采矿车辆安全要求的标准中都把发动机安全作为重要内容之一。

在20世纪60年代，地下采矿柴油机往往是用汽车或露天工业用柴油机改装而成。但是由于地下无轨采矿设备（包括地下矿用汽车）对柴油机的特殊要求，从20世纪70～80年代，美国、德国、日本、英国等国为地下无轨采矿设备设计了专用柴油机系列，如德国Deutz公司风冷低污染的柴油机。随着人们对环境保护的重视，对柴油机的废气排放的要求越来越严格。70～80年代地下采矿广泛采用所谓低污染柴油机，到了90年代，当时的低污染柴油机已逐渐不适应。随着科学技术的发展，出现了许多柴油机新技术、新材料和新结构，从而使柴油机的技术达到新的水平。Caterpillar、Detroit、Deutz、Cummins等世界著名柴油机制造商先后开发出许多用于地下无轨采矿设备的柴油机。目前这类柴油机在地下采矿设备中获得广泛应用。

地下采矿柴油机与露天柴油机使用的环境不同、所采用的标准不同，因而对它们提出的要求也不同。图2-1为美国测试的使用柴油动力设备的地下矿山和露天矿山及工程空气质量状况。从图2-1中可以看出，地下矿山的空气污染程度远远高于露天矿山及工程，也远远高于允许的空气中有害气体浓度的极限值。正因为如此，柴油机对露天矿山及工程与地下矿山环境空气质量的影响是不同的，地下采矿对发动机的安全要求比露天采矿更严格。

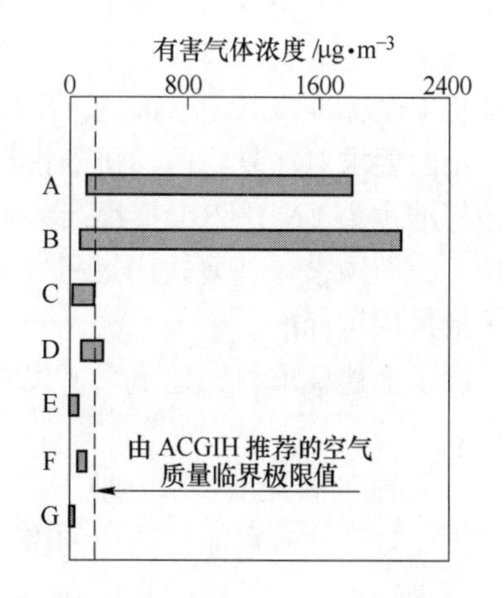

图2-1　柴油机在不同环境下作业时的空气质量

A—地下金属矿与非金属矿；B—地下煤矿；C—露天矿；D—轨道车；E—露天卡车；F—码头；G—环境空气（城市）

目前世界上大多数生产地下采矿柴油机的制造厂都认可US MSHA（美国劳动部矿山安全与健康管理局）关于地下采矿发动机有关标准规定。MSHA（U. S. Department of Labor Mine Safety and Health Administration）是美国矿山安全与健康方面的权威机构，负责制定、执行和管理有关矿山安全与健康方面的标准。

MSHA（矿业安全和健康管理）的使命是根据2006年矿业改进和新的突发事件反应法案修正来执行1997联邦矿业安全和健康法案（矿业法）的规定，并且执行遵守强制安全和健康标准以消除致命性事故，以降低非致命性事故的频率和严重性，使健康风险最低化，促进在国家矿业中改良安全和健康条件。

MSHA要求：地下采矿柴油机必须满足地下采矿的柴油机的有关规定，通过MSHA批准，并列入MSHA被批准的产品目录。对于金属与非金属矿山来讲，MSHA宣布从2001年3月20号起，开始正式实行该规定。

对金属与非金属矿地下采矿柴油机必须符合MSHA 30CFR Part 7、57（地下金属矿与非金属矿安全与健康标准）、72的规定。

因此，在MSHA批准的用于地下矿山的发动机的产品目录中有三个重要参数：功率/转速、额定通风量（ventilation rate，ft^3/min）和颗粒指数（particulate index，ft^3/min）。功率与转速说明地下采矿柴油机只能在额定通风量以上使用，才能保证它在规定的转速下发出足额的功率值。否则柴油机会因吸气不足而使功率下降。额定通风量是保证柴油机在额定转速时，发出足额的功率前提条件下，把柴油机净化后仍然高于允许空气中有害物质的浓度降低到许用浓度以下，按MSHA规定的方法计算出来的通风量。颗粒指数PI指的是柴油机在规定封闭环境，按规定的工况试验，把柴油机废气排放物中颗粒物质冲淡到$1mg/m^3$（$1000\mu g/m^3$）所需通风空气数量。矿山的管理者与采矿设备的制造者一般是按PI值来选择和购买地下采矿发动机。还可以利用PI值来粗略估算每台发动机排放物对地下金属与非金属矿作业环境空气中柴油颗粒物浓度的影响程度。

地下采矿发动机这三个重要参数在露天发动机中是没有的，这也是地下采矿发动机与露天发动机的区别之一。

从以上分析可知，为了保证地下采矿工作人员的健康和周围环境不被污染，地下采矿用设备当前绝大多数采用地下采矿用发动机，一般不能用露天发动机替代。

除了MSHA标准外，也有一些其他国家和地区如加拿大、澳大利亚、欧洲也有自己的发动机安全标准，其中欧洲的EN 1679-1：1998发动机安全标准为欧洲各国所采用，该标准提出的要求对往复式内燃机的设计师、制造厂、供货商、进口商及安装者都有关系。因此该标准也为EN 1889-1标准所采用，也为正在讨论的地下采矿车辆安全要求国际标准所采用。我们国家《往复式内燃机安全 第1部分：压燃式发动机》（GB 20651. 1—2006）就是等效采用该标准。

除了上述要求外，地下采矿发动机还应满足地下矿用汽车的特殊要求。这些特殊要求有：

（1）刚度和强度要求。地下矿用汽车工作时，所受到冲击的振动很大，为减少由于底盘变形而对柴油机可靠性造成的影响，柴油机一般采用三点支承，并有减振措施。柴油机机体等固定件应有足够的刚度和强度。因此其比质量一般较大。

（2）性能要求。为了克服作业阻力和防止驾驶员因来不及换挡而造成的发动机熄火，一般要求有1. 15 ~ 1. 45的扭矩储备系数和1. 3 ~ 1. 7的转速适应性系数。

（3）调速要求。由于地下矿用汽车经常在速度和负荷急速变化的情况下工作，发动机必须备有性能良好的全程调速器，其瞬时调速率小于12%、稳定调速率小于8%。标定转速时不灵敏度应在1.3%～3%范围内，最低转速时不灵敏度小于10%～13%。不灵敏度过大时，会引起柴油机转速不稳，严重时将导致调速器失灵，有产生飞车的危险。在转速较低时，由于弹簧的弹力减小及喷油泵拉杆移动摩擦阻力相对增加，使调速器不灵敏度显著增加。

（4）环境要求：

1）由于地下矿用汽车使用范围比较广，有时温差变化比较大，因此要求柴油机一般能在-30～40℃的气温下正常工作，特殊情况下能在50～60℃的高温环境下工作。因此对燃油和机油的冷却系统、起动系统应做特殊考虑。

2）地下矿用汽车往往需要在倾斜的地面上运行与工作，发动机能保证在前后、左右倾斜一定角度的场地上工作，故应根据需要采用双级机油泵和较深、容量较大的油底壳。曲轴应双向密封，以防倾斜作业时机油与离合器中的工作油液互渗。

3）在井下由于爆破、凿岩等原因，井下空气含尘量很大，为40～50mg/m^3，因此要求配有效率高、容量很大、阻力小的空气滤清器。同时还得配备效率好的燃油滤清器和机油滤清器。

4）由于井下通风条件差，散热能力也差，故应加大冷却系统：水散热器、中冷器、油散的冷却能力，采用大流量水泵、大直径宽叶片低速风扇，增大散热器散热面积或提高散热器的散热能力。

5）由于地下作业空间狭窄、路况差，因此要求柴油机外形尺寸要小。

6）由于有些地下矿用汽车必须在高原地区作业，柴油机必须配备高原补偿型涡轮增压器，提高增压度，加大进气量从而克服了高原环境下功率下降造成动力不足的问题；采用进气流量储备大于柴油机进气流量35%的空滤；扩大散热器散热能力；改进启动能力等措施。

（5）环保要求。由于在井下工作，通风条件不好，又在封闭空间作业，因此要求柴油机有最低的废气排放和噪声，同时应配备效果较好的废气净化装置和消音器，以保证达到地下采矿对柴油机的环保要求。

（6）可靠性要求。由于地下作业与维修条件差，因此要求柴油机可靠性要高、操纵简单、维修应方便。

（7）安全要求。要通过权威装置安全认证。

2.1.2　地下矿用汽车柴油机的常用类型

地下矿用汽车柴油机有风冷柴油机与水冷柴油机。柴油机的缸套等散热表面直接由空气冷却，即称为风冷柴油机。柴油机的缸套等散热表面由水冷却，即称为水冷柴油机。过去主要采用风冷柴油机，现在已趋向采用水冷柴油机，特别是大、中型柴油机。它们的各自特点见表2-1。

2.1.3　地下矿用汽车柴油机性能特性

当柴油机运转工况变化时，其性能指标也随之变化。所谓柴油机特性，即柴油机性能指标随调整情况和运转工况而变化的关系。表示其变化规律的曲线称为柴油机特性曲线。柴油机性能指标随运转工况的变化而变化的关系有速度特性、负荷特性、调速特性和万有特性。

表 2-1 地下矿用汽车柴油机类型及结构特点

类 型	结 构	结构特点
风冷柴油机	1—空气滤清器；2—喷油器；3—加热器；4—涡流室；5—机油冷却器；6—燃油滤清器；7—机油滤清器；8—调速器；9—油标尺；10—燃油泵；11—喷油泵；12—正时齿轮；13—机油泵；14—发电机；15—冷却风扇	（1）冷却系统简单，维修方便。 （2）特别适合沙漠和缺水地区及炎热、酷寒地区使用，不会产生发动机过热、冻结故障，不需要水箱。 （3）大缸径的风冷发动机冷却不够均匀，缸盖及有关零件负荷大，其重要部分散热困难。 （4）对风道布置要求高。 （5）尺寸大，油耗高，噪声大，排放相对水冷发动机高。 （6）价格高。 （7）车内供暖困难
水冷柴油机	1—缸头；2—燃烧系统；3—润滑油系统；4—缸体；5—曲轴；6—齿轮传动；7—湿式缸套；8—活塞组件；9—皮带传动；10—燃油喷射系统	（1）冷却系统复杂，维修相对困难；冷却性能受环境温度影响较大，夏季冷却水容易过热，冬季又容易过冷，并且在室外存放，水结冰后能冻坏汽缸缸体和散热器。 （2）发动机冷却均匀、可靠，散热好，汽缸变形小，缸盖、活塞等主要零件热负荷较低，可靠性高。 （3）能很好地适应大功率发动机的冷却要求。 （4）发动机增压后也易采取措施（增大水箱、增加泵的流量），加强散热。 （5）尺寸小，油耗低，噪声低，排放低。 （6）价格相对低。 （7）车内供暖容易

柴油机的性能特性是柴油机固有的性能，通过柴油机性能特性曲线可了解和分析柴油机的动力性、经济性、排放和热负荷状况等，从而可按各种工作机械的要求合理匹配柴油机或对其特性进行改进。它是合理使用柴油机的重要依据，它有以下作用：（1）评价柴油机性能；（2）确定柴油机工况；（3）分析影响特性的状态；（4）检测柴油机的状态。

2.1.3.1 柴油机的速度特性

柴油机喷油泵拉杆或齿条保持在某一工况位置使供油量不变时，柴油机性能随转速的变化规律称为速度特性。

柴油机外特性是喷油泵油量调节机构固定在最大位置（标定功率位置）时所得最大的特性。当调节装置在其他位置上时，所得到的速度特性称为部分特性。柴油机部分负荷速度特性一般包括25%、50%、75%和90%的标定功率。

柴油机用作采矿机械等动力时，负荷和转速变化大，速度特性是重要评估依据。速度特性中 N-n 曲线可表明柴油机在不同转速下克服外界阻力的能力。

图 2-2 与图 2-3 所示分别为 Deutz 公司 F6L912W 与 F12L413FW 柴油机速度特性曲线。

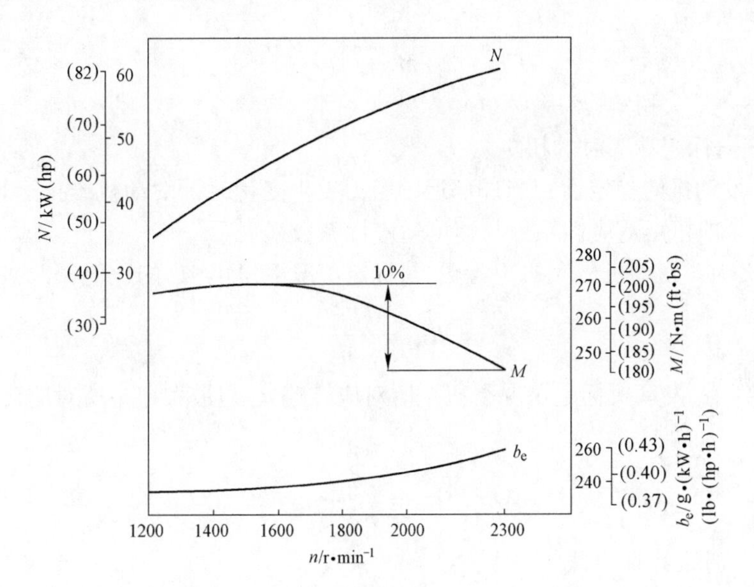

图 2-2 F6L912W 柴油机速度特性曲线

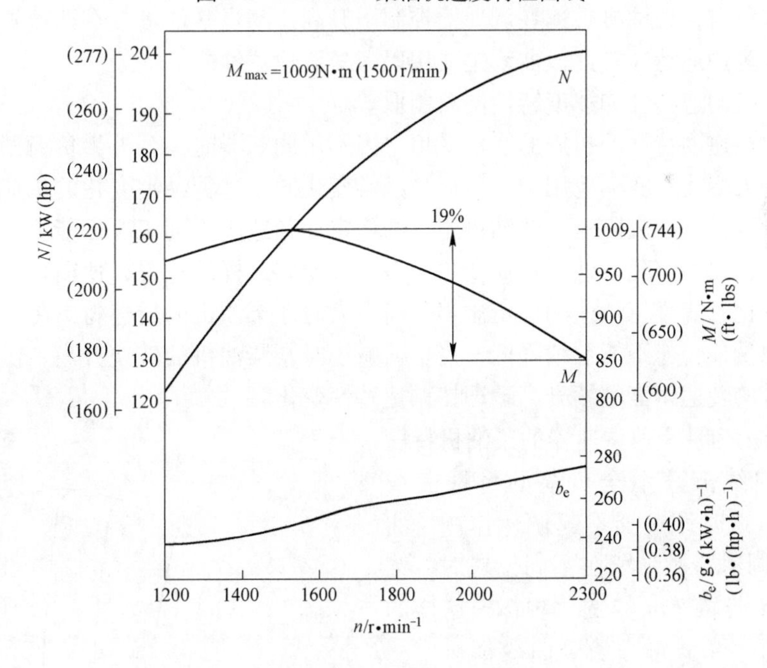

图 2-3 F12L413FW 柴油机速度特性曲线

对于液力传动柴油机来讲，为分析其与液力元件共同工作的传动特性，必须有厂家提供的上述特性曲线。

柴油机的外特性表示不同转速下所能发出的最大扭矩和最大功率，它代表柴油机所能达到的最高动力性能。一般在柴油机铭牌上标明的标定功率 N_e、标定扭矩 M_e 及相应的标

定转速 n_e 都是以外特性为依据的。因此，在速度特性中，以外特性为最重要。

为了表示柴油机短时超负荷的能力，即地下矿用汽车在不换挡的情况下，克服外界阻力所需的力的大小，用扭矩储备系数 μ 来表示：

$$\mu = \frac{M_{e\max} - M_e}{M_e} \times 100\% \tag{2-1}$$

式中　$M_{e\max}$——最大扭矩；

M_e——标定功率时的扭矩。

为了表示发动机的稳定性，当外部运动阻力发生变化时，发动机维持运转的能力，用系数 K_M 与 K_v，即扭矩适应性系数与速度适应性系数来表示。

K_M 的定义为：发动机最大扭矩 $M_{e\max}$ 与标定工况下扭矩 M_e 的比值，即：

$$K_M = \frac{M_{e\max}}{M_e} \tag{2-2}$$

K_v 的定义为：发动机标定工况下扭矩所对应转速 n_e 与最大扭矩所对应转速 $n_{M_{e\max}}$ 的比值，即：

$$K_v = \frac{n_e}{n_{M_{e\max}}} \tag{2-3}$$

2.1.3.2　调速特性曲线

柴油机调速手柄保持在某一工况位置而改变负荷时，或简单地说，测速度特性时，在标定转速时减负荷，柴油机转速在调速器控制下升高，测得其他参数在调速器作用段内的变化规律，称为调速特性。此段曲线主要用以考核调速器性能。

通常柴油机调速特性和速度特性同时制取。

由于柴油机速度特性的扭矩曲线较平坦，当不用调速器时，若外界负荷稍有变化就会造成转速的较大变化。实际应用中，负荷是经常变化的，这种经常变化的负荷会使柴油机的转速时高时低，这大大影响了柴油机工作的稳定性和适应不同工况的能力。目前柴油机都装有调速器，它能够随着外界负荷变化，自动改变调速杆的位置，使循环供油量随之变化，使负荷变化时能维持转速的稳定。当负荷增大时，柴油机的转速将下降。由于调节杆自动增大供油量，转速不能继续降低，当负荷减小时，柴油机的转速升高，供油量自动减小，使柴油机的转速不能继续升高，即按调速特性变化。

图 2-4 所示为带全速调速器的柴油机特性曲线。图中曲线 1 表示全负荷的特性曲线（即外特性），这时调速器不起调速作用。曲线 2 ~ 7 代表调速器操纵臂在不同位置时，柴油机的扭矩 M 与转速 n 的变化规律。这样的竖曲线有无穷多条。每一条竖曲线都对应一定的转速范围。如竖曲线 2 对应的转速为 n_2 ~ n_{x2} 之间，在这个转速范围内，柴油机的扭矩 M 可以从零变化到最大，而转速的变化范围都很小，使柴油机能稳定工作。为了更清楚地表明标定工况时的性能指标，有时也采用

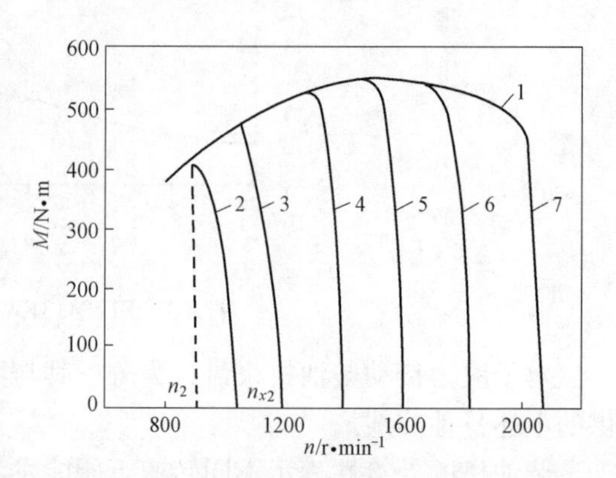

图 2-4　带全速调速器的柴油机特性曲线

柴油机的外特性及调速特性如图2-5所示。

在外特性上由调速器决定的最大功率称为发动机的额定功率 N_e。对于额定功率，发动机的转速称为额定柴油机内部的定转速 n_e。对应于额定转速的扭矩（见图2-3）称为发动机的额定扭矩 M_e。由调速器决定发动机的最高转速 n_{max}，称为发动机最高空转转速。此时输出转矩及功率几乎为零，所有功率都用来克服阻力，但由于有调速器的作用，此时的供油量也最低，一般在设计时 Deuze 柴油机 $n_{max} \approx 1.1 n_e$。

柴油机的空转最低转速称为怠速。发动机在调速器的作用下供油最少，以维持发动机运转，并保证发动机不熄火。该转速以 n_{min} 表示。如发动机的转速低于怠速工况的转速，发动机就会熄火（FL912W 柴油机的怠速一般不大于650r/min，FL413W 柴油机的怠速一般为600～700r/min）。

外特性上扭矩曲线的最高点是发动机的最大扭矩 M_{max}。

2.1.3.3 柴油机负荷特性

柴油机负荷特性是指柴油机转速保持一定，各性能参数（燃料消耗率 b、排气烟度 R、排气温度 t 等性能指标）随负荷而变化的规律，如图2-6所示。这是分析柴油机性能的常用特性，对于使用转速范围不大的柴油机，其作用更为突出。

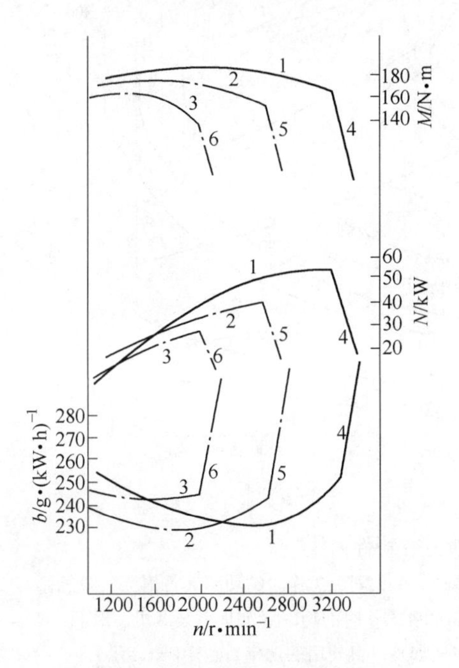

图2-5 柴油机速度特性与调速特性（带全程式调速器）

（图中曲线1～3为相应的速度特性曲线，4～6为调速手柄在不同位置的调速特性）

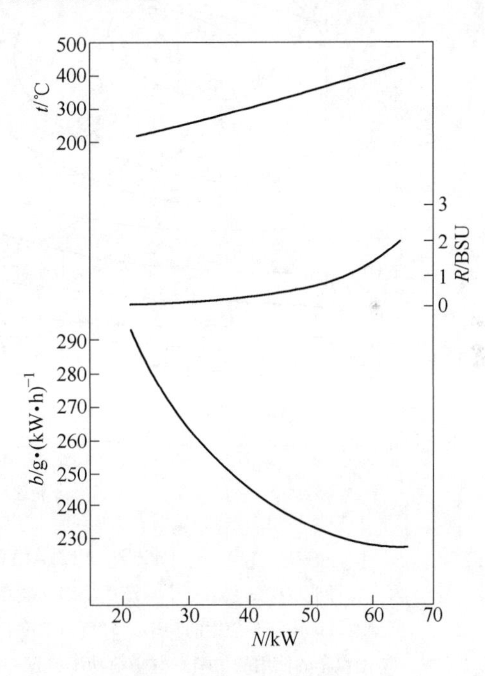

图2-6 柴油机负荷特性

2.1.3.4 万有特性

柴油机各主要性能参数相互关系的综合特性称为万有特性，可由一组负荷特性或速度特性曲线转换而得，也可用计算机控制的测试系统通过万有特性场的直接测量和数据处理而制取。常以转速为横坐标、平均有效压力为纵坐标而绘出等燃油消耗率、等排温、等烟度和等功率等曲线。

负荷特性与速度特性只能表示在某一确定转速或某一确定的供油量调节杆位置的条件下运行时，柴油机的性能指标变化规律，不能全面地表示柴油机的性能。地下矿用汽车工况范围很广，要分析各种工况下的性能，就需要很多负荷特性或速度特性，这很不方便。为了更容易、更全面地了解柴油机的性能，可以将负荷特性和速度特性等与三个或更多参数间的关系综合在一张图上，这就是柴油机的万有特性曲线，如图 2-7 所示。

在图 2-7 中，横坐标为转速 n(r/min)，纵坐标为汽缸平均有效压力 p_e(MPa)，所谓平均有效压力 p_e 就是假设汽缸内的气体是以一个平均不变的压力推动活塞从上止点等压膨胀到下止点，所做功等于发动机汽缸一个工作循环气体对活塞所做的有效功。这个平均不变的压力称为平均有效压力。它直接反映了内燃机单位汽缸工作容积输出扭矩的大小，即做功能力大小。在万有曲线的最内层等 b_e 曲线相当最经济区域(耗油最少)，曲线越向外，经济性越差。

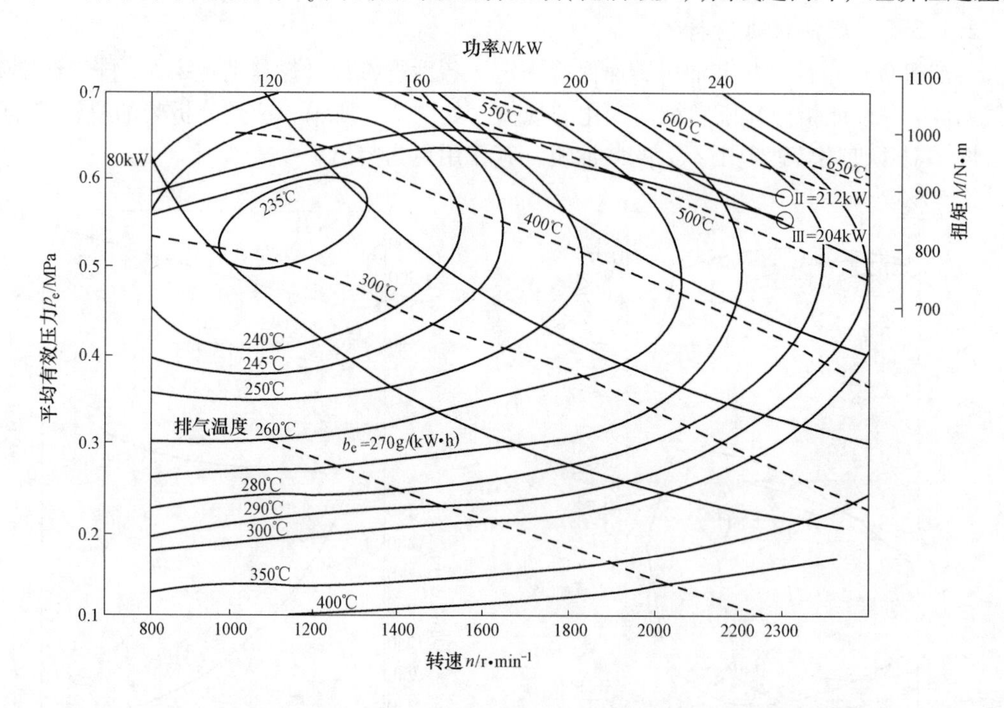

图 2-7　F12L413W 柴油机万有特性曲线

1. 万有特性曲线中的数字：Ⅰ—车用功率（图中未表示）；Ⅱ—大间隙工作时的功率（如露天装载机、部分地下矿用汽车使用的功率）轻负荷功率；Ⅲ—正常间隙工作时的功率（如地下装载机、地下矿用汽车的使用的功率）重负荷功率；Ⅳ—持续功率（如发电机使用的功率）（图中未表示）。

2. Ⅰ ~ Ⅳ曲线表示功率为某一固定功率时，转速 n 与转矩 M 之间的关系曲线。

3. 虚线表示不同的排气温度与汽缸平均压力 p_e、转速 n、油耗 b_e 之间的关系曲线。

细线表示功率 N、汽缸平均压力 p_e、油耗 b_e 与转速 n 之间的关系曲线

如果没有柴油机的外特性曲线，只要有万有特性曲线也可以与其他机械进行匹配计算。

2.1.4　空冷柴油机基本构造及工作原理

柴油机是一部由许多装置和系统组成的复杂机器。现代的柴油机结构形式很多，其具体构造也各式各样。在我国和国外中小型地下矿用汽车用得较多的是德国 Detuz 公司

F6L912W（直列排列）与 F8L413FW（V 形排列）系列空冷柴油机，它们的外视图与结构示意图分别如图 2-8 和图 2-9 所示。

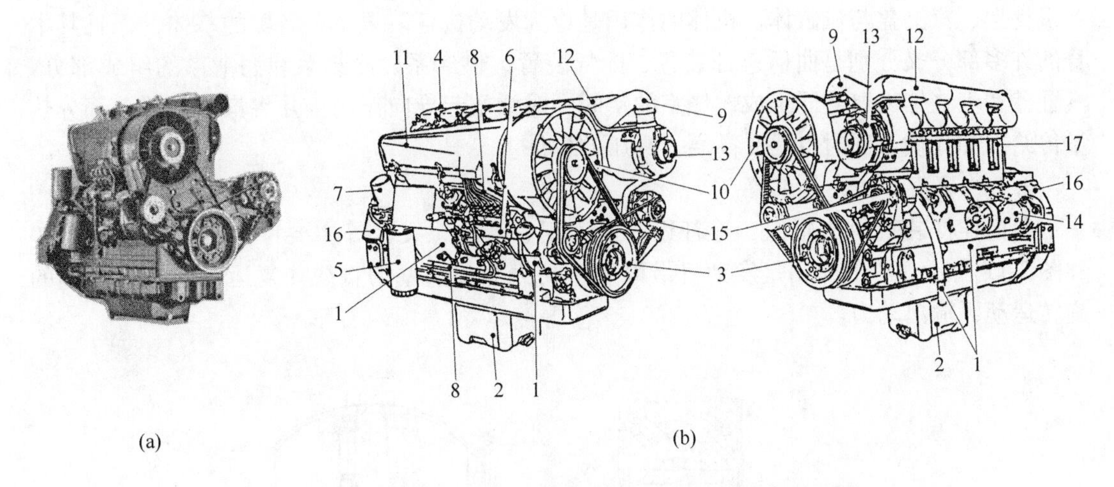

图 2-8 F6L912W 柴油机的外视图（a）与结构示意图（b）

1—机体、前盖；2—油底壳；3—曲轴、飞轮；4—汽缸盖；5—机油滤清器、机油散热器；6—喷油泵；7—柴油滤清器；8—柴油管；9—进气管；10—冷却风扇；11—导风罩；12—排气管；13—增压器；14—起动电动机；15—发电机；16—飞轮壳；17—进排气室

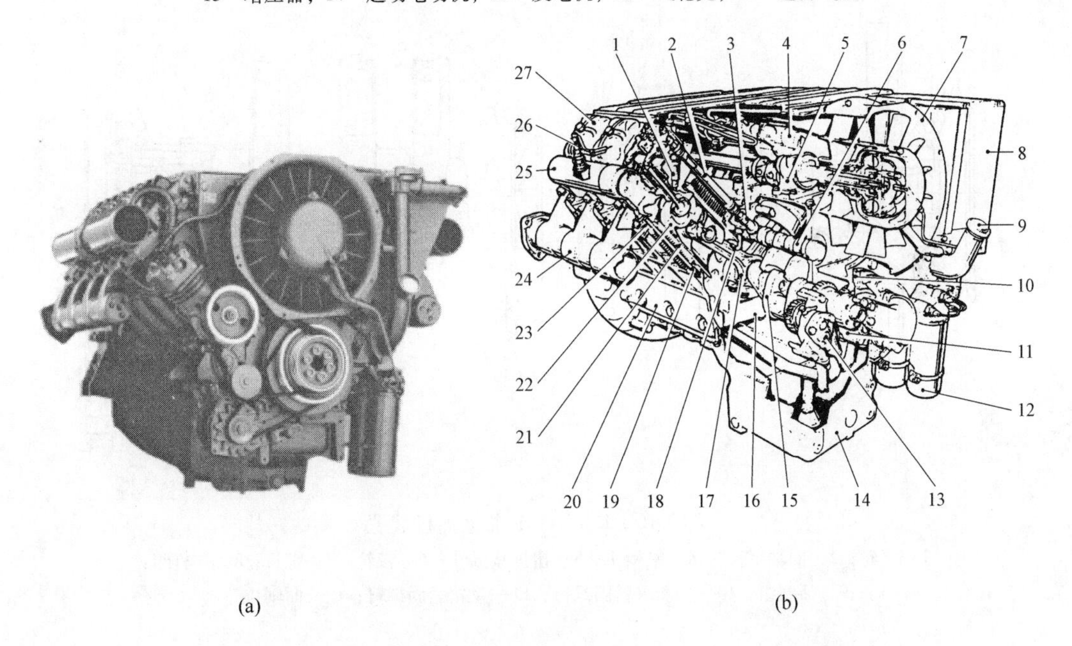

图 2-9 F8L413FW 自然吸气发动机的外视图（a）与结构示意图（b）

1—喷油器；2—推杆；3—挺柱；4—直列式高压泵（带机械离心式调速器）；5—风扇传动箱；6—凸轮轴；7—液力传动的冷却风扇（由排气节温器调节），带分流式离心机油滤清器；8—机油散热器（在机油主油路中）；9—机油注油口；10—扭转减振器；11—机油泵；12—机油滤清器（一次性使用）；13—机油回油泵（仅用于倾斜使用发动机的油底壳）；14—油底壳；15—曲轴；16—轴承盖；17—连杆，带可互换的成品轴瓦；18—活塞冷却油嘴；19—缸盖螺栓；20—曲轴箱；21—带散热片的铸铁缸体（V 形 90°夹角，单体可互换）；22—轻金属活塞；23—轻金属汽缸盖（用三个缸盖螺栓与汽缸体一起固定在曲轴箱上）；24—排气管；25—进气管；26—火焰预热塞（冷起动辅助装置）；27—气门室盖

2.1.4.1　机体与固定件

机体与固定件包括曲轴箱、主轴承盖、挺柱座、油底壳、附件托架、(曲轴箱盖)、柴油机支架、汽缸盖与汽缸体。机体的作用是作为发动机各装置、各装配的基体，而且其本身的许多部分又分别是曲柄连杆装置、配气装置、供给系、冷却系和润滑系的组成部分。汽缸盖和汽缸体内壁共同组成燃烧室的空间，对活塞起导向作用，并将汽缸中的一部分热量传给冷却介质，同时也是受高温、高压的构件。

2.1.4.2　曲柄连杆装置

曲柄连杆装置由曲轴组、连杆组、活塞组、带轮、飞轮等主要零件组成，如图 2-10 和图 2-11 所示。它的作用是发动机借以产生动力并将活塞的直线往复运动转变为曲轴的旋转运动，输出动力。

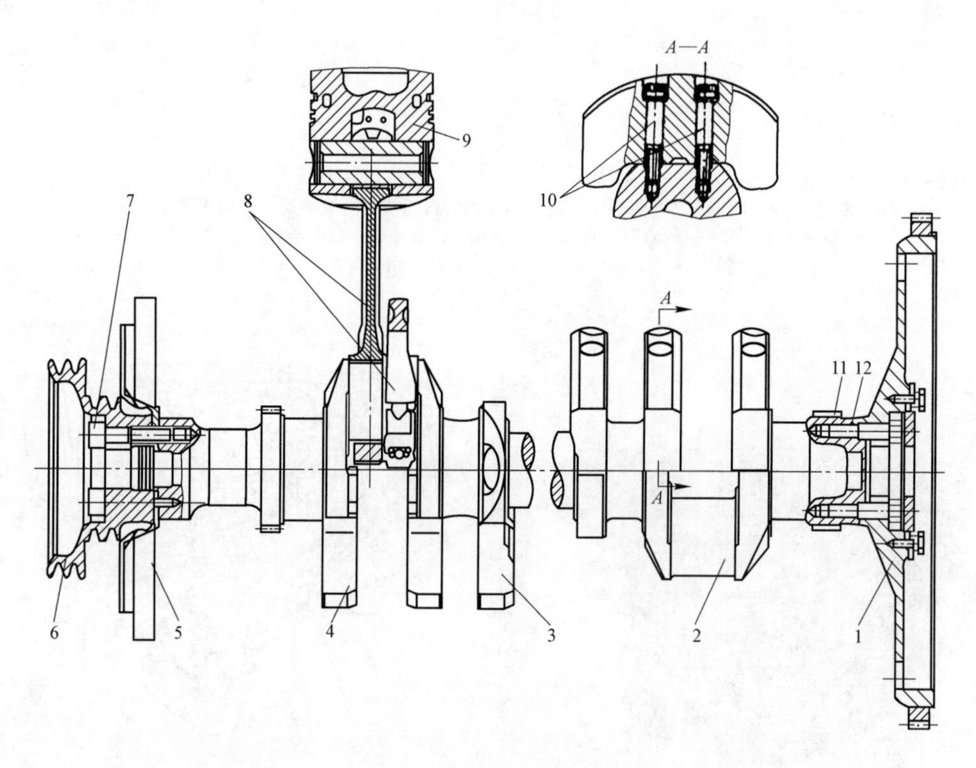

图 2-10　B/FL413F 曲柄连杆装置

1—飞轮；2—曲轴组；3，4—平衡块；5—扭振减振器；6—带轮；7—螺钉；8—连杆组；9—活塞组；10—平衡重紧固螺钉；11—飞轮紧固螺钉；12—曲轴齿轮

2.1.4.3　配气和驱动装置

配气和驱动装置主要由气门、推杆、挺杆、摇臂、凸轮轴等组成。它的主要作用是实现和控制柴油机充气更换的一种装置。它按工作循环和汽缸工作顺序按时开、闭进排气门，使空气进入燃烧后的废气排出，如图 2-12 所示。

驱动装置是将来自曲轴的一部分动力传递给维持柴油机正常工作所需的各种附件，如配气装置、喷油泵和传递给车辆所需的一些附件，如液压泵等。

FL912W 机型的驱动装置：该机型的配气装置、喷油泵、机油泵、液压泵等是通过曲

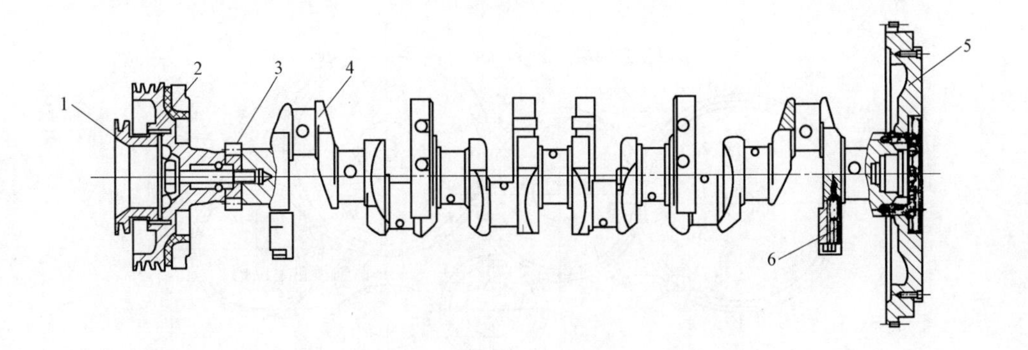

图 2-11　F6L912 曲轴总成

1—带轮；2—与带轮成一体的扭振减振器；3—曲轴齿轮；4—曲轴；5—飞轮；6—平衡重

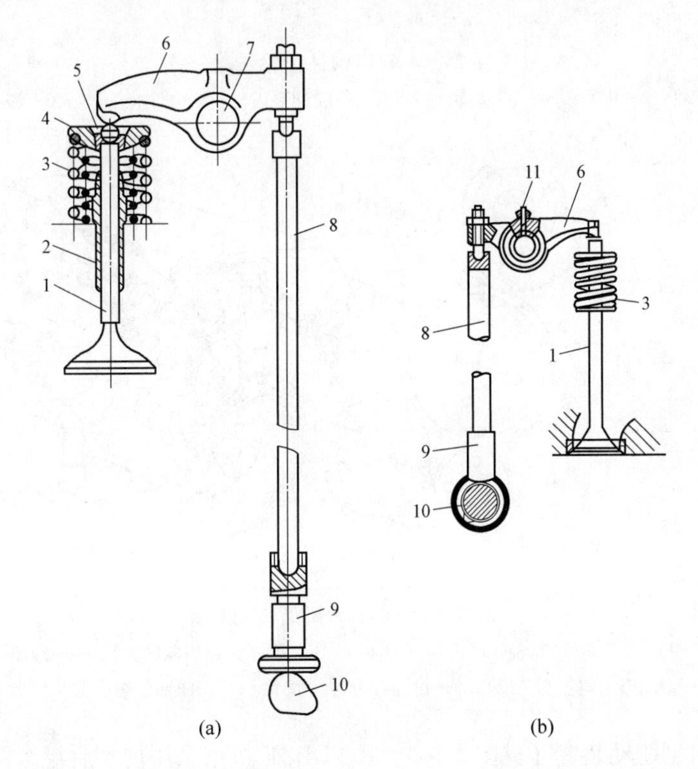

图 2-12　配气装置

（a）B/FL413F 机型配气装置；（b）FL912/913 机型配气装置

1—气门；2—气门导管；3—气门弹簧；4—气门弹簧座；5—卡块；6—摇臂；
7—摇臂轴；8—推杆；9—挺柱；10—凸轮；11—调节螺钉

轴前端斜齿轮传动实现的（见图 2-13）。曲轴齿轮 1 通过中间齿轮 2 分别与喷油泵齿轮 4 和凸轮轴齿轮 3 啮合，以驱动喷油泵和配气装置；并通过凸轮轴齿轮 3 与液压泵齿轮 6 啮合，以驱动液压泵。

配气装置和喷油泵与曲轴的传动需保持正确的传动比 $i = 1:2$ 和正时（相位）。在安装时，需将曲轴齿轮、中间齿轮、凸轮轴齿轮和喷油泵齿轮间的各正时标记对准（见图 2-14）。

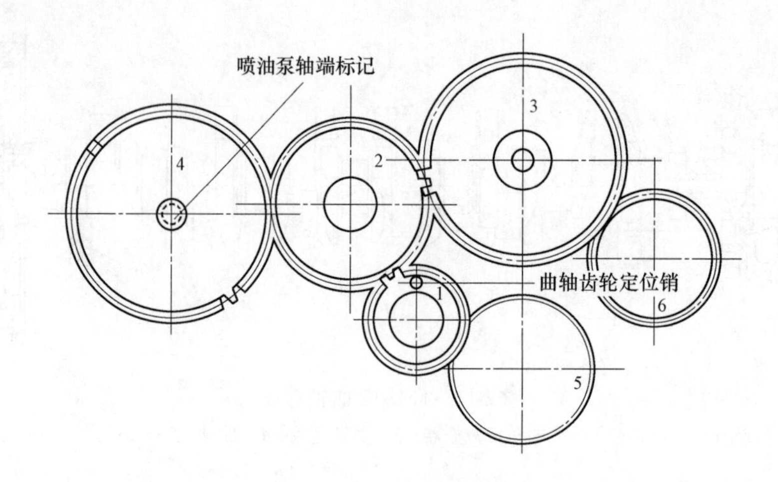

图 2-13　斜齿圆柱齿轮传动

1—曲轴齿轮；2—中间齿轮；3—凸轮轴齿轮；4—喷油泵齿轮；5—机油泵齿轮；6—液压泵齿轮

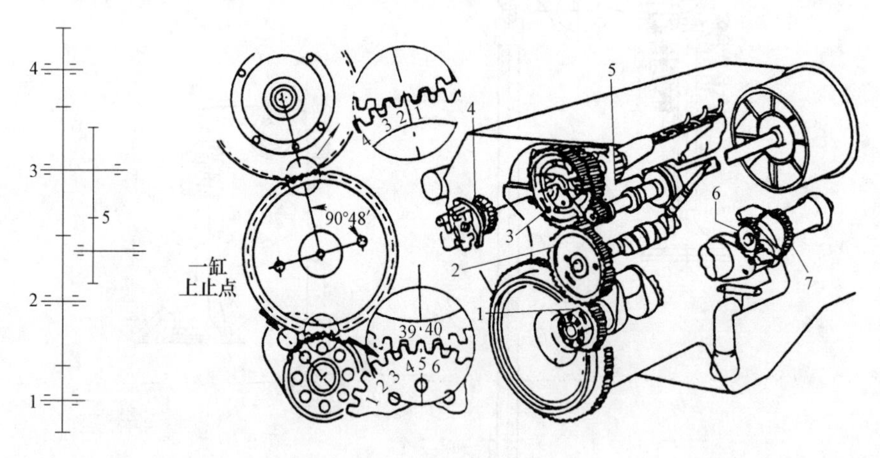

图 2-14　B/FL413F 机型传动装置

1—曲轴后端齿轮（42 齿）；2—凸轮轴正时齿轮（84 齿）；3—喷油泵-风扇双联齿轮；4—液压泵齿轮（35 齿）；5—风扇传动齿轮（17 齿）；6—机油泵齿轮（32 齿）；7—曲轴前端齿轮（42 齿）

B/FL413F 机型驱动装置（见图 2-14）：B/FL413F 机型采用前、后混合式驱动装置通过曲轴功率输出端上的曲轴后端齿轮 1 驱动凸轮轴正时齿轮 2 和喷油泵-风扇双联齿轮 3 的外侧齿轮，以带动配气装置和喷油泵；通过喷油泵-风扇双联齿轮 3 的外侧齿轮还与驱动液压泵的液压泵齿轮 4 啮合；曲轴前端齿轮 7 与机油泵齿轮 6 啮合，驱动压油泵和回油泵两组机油泵。

2.1.4.4　燃油供给系统

柴油机燃油供给系统（见图 2-15）包括输油泵 6、带调速器的喷油泵总成 7、喷油器 9、燃油粗滤器 14、燃油精滤器 13、手动输油泵 12、燃油分配开关 11、燃油箱 10 及燃油管、高压油管等。

柴油机曲轴驱动燃油喷油泵，进而再驱动输油泵。输油泵从燃油箱中吸出燃油，通过燃油滤清器进入喷油泵。调速器用来调节进入喷油泵出油阀的燃油量。喷油泵柱塞在正确的正时供给高压燃油，通过高压油管到对应的一个喷油器中。

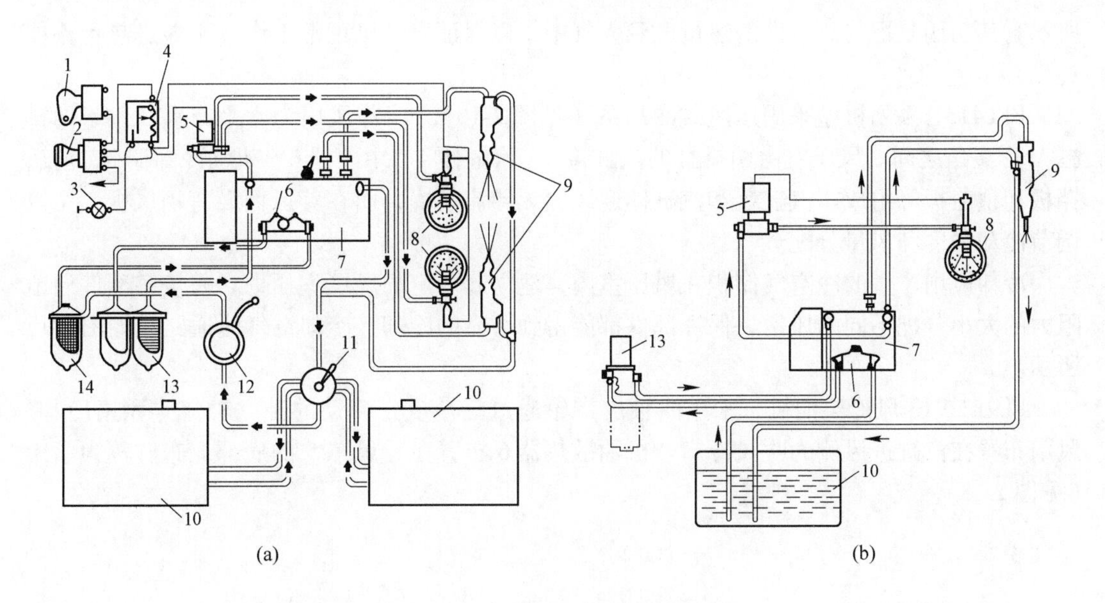

图2-15　燃油供给系统

（a）B/FL413F 系列机型；（b）FL912/FL912W/FL913 系列机型

1—总电源开关；2—加热启动开关；3—加热指示器；4—加热电阻丝；5—电磁阀；6—输油泵；7—喷油泵总成；8—火焰加热塞；9—喷油器；10—燃油箱；11—燃油分配开关；12—手动输油泵；13—燃油精滤器；14—燃油粗滤器

高压燃油顶开喷油器针阀喷出，并以良好的喷射喷入燃油室内。多余的燃油借助回油管直接流回燃油箱，柴油机燃油供给系数对柴油机的性能有着决定性的影响。

燃油供给系统的功用是：（1）按汽缸工作顺序与不同工况，将一定数量的燃油加压；在适当时刻，以与燃烧室相适应的油束喷入燃烧室内，形成雾状燃油或油膜；并与空气混合，组成可燃混合气。（2）滤去燃油内的水分与尘土。（3）储存一定容量的燃油，保证车辆行驶所需的最大行程。

2.1.4.5　冷却系统

冷却系统包括风扇、冷却器、汽缸体、汽缸盖等。它的冷却原理如图2-16与图2-17

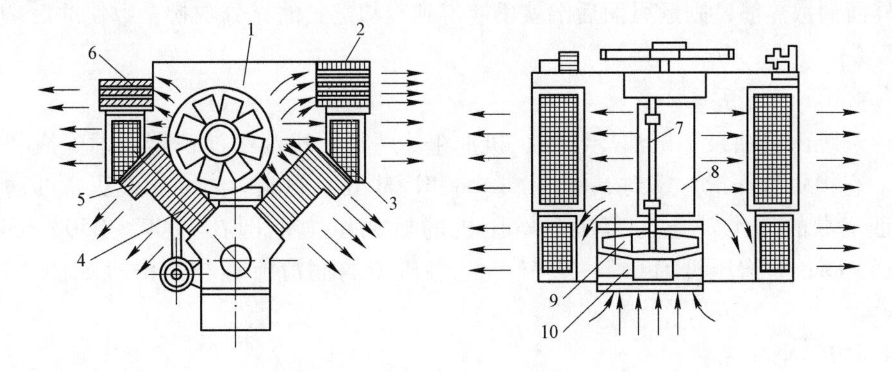

图2-16　BFL413F 机型的冷却系统

1—风压室；2—液力传动油冷却器；3—机油冷却器；4—汽缸体；5—汽缸盖；6—中冷器；7—传动轴；8—喷油泵；9—风扇动叶轮；10—风扇静叶轮

所示。其功用是把受热机件的热量散到大气中，以保证发动机正常工作（不能过热也不能过冷）。

BFL413F 系列机型采用压风式冷却系（见图 2-16）。冷却风扇为水平布置，位于两排缸 V 形夹角之间。风压室由两排缸的汽缸盖 5、汽缸体 4、中冷器 6、机油冷却器 3、前后挡板和顶盖板等组成。汽缸盖和汽缸体迎风面无导流装置，而在背风面设有挡风板，用以调节冷却强度和风量分配。

冷却风扇产生的冷空气储积在风压室内，建立起一定的风压室压力，并按各部件通道阻力的大小分配不同的风量，保证部件都能得到可靠的冷却。冷却空气流通路线如图 2-17 所示。

FL912/913 风冷柴油机，采用曲轴皮带轮通过三角皮带带动的独立轴流式风扇冷却。风扇布置在汽缸进风侧为吹风冷却。机油散热器 6 布置在导风罩 5 的底部，布置较为紧凑（见图 2-18）。

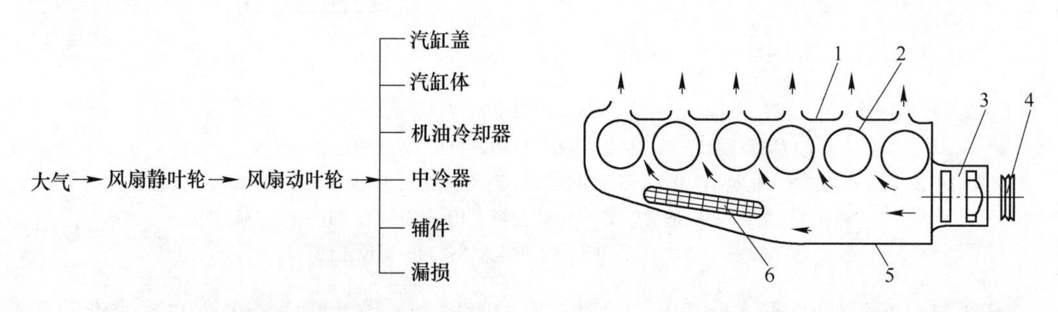

图 2-17　冷却空气流通路线

图 2-18　FL912/FL912W/FL913 系列机型的冷却系和导风罩

1—挡风板；2—缸套；3—风扇；4—风扇皮带轮；5—导风罩；6—机油散热器

为了更好地冷却缸套与缸盖，缸套与缸盖设计了许多散热筋，且为单体结构。风扇布置在较高位置，这样吸入灰尘少，减少散热的积尘。

导风罩的作用在于各缸得到适当的均匀的温度场，如果没有导风罩，冷却空气自由吹向各缸外面的散热筋，则近风面后端就不能得到冷却空气的充分吹拂，致使前后端形成较大的温度差。

2.1.4.6　润滑系统

润滑系统由机油泵、机油冷却器、机油粗滤清器、机油细滤清器、油壳底和各种阀门组成。它担负着润滑、密封、清洁、防腐和冷却五大职能。为了保证正常的润滑，必须要保证正常的润滑油压力范围。增压机的机油压力范围在 1000 ~ 2500r/min 时为 0.3 ~ 0.5MPa；非增压机为 0.2 ~ 0.4MPa。各机型的润滑流程与润滑点如图 2-19 和图 2-20所示。

2.1.4.7　电气系统

电气系统用来供给柴油机和车辆所需的电源，指示和监控它们的运行状态及交流信号、照明、空调等。电器系主要包括启动机系统、发动机系统、蓄电池、启动辅助装置和指示仪表等（详细介绍见第 9 章）。

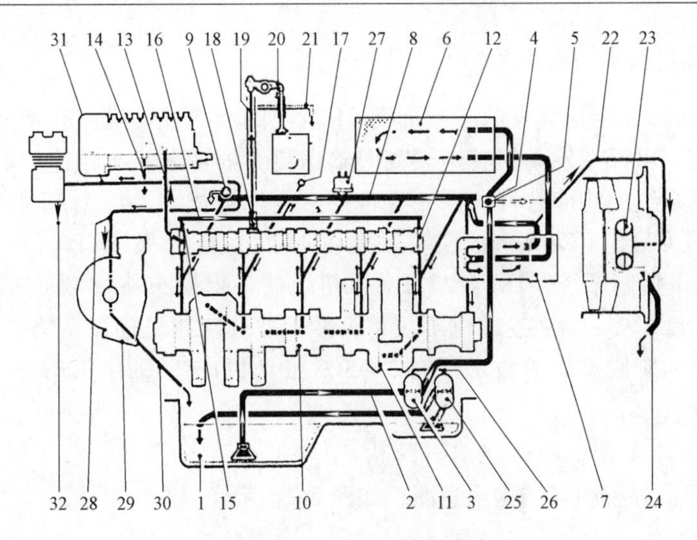

图 2-19 FL413 润滑系统

1—油底壳；2—吸油管；3—机油泵；4—旁通阀体；5—喷油器；6—机油散热器；7—机油滤清器；8—主油道；9—主油道调压阀；10—曲轴轴承；11—连杆轴承；12—凸轮轴轴承；13—通往喷油提前器和喷油泵的油管；14—从喷油泵到曲轴箱的回油管；15—横油道冷却正时齿轮和活塞；16—纵油道冷却正时齿轮和活塞；17—活塞冷却油嘴；18—挺柱带控制槽间歇润滑摇臂；19—导杆（中空，对摇杆润滑）；20—摇臂；21—从缸盖到曲轴箱的回油管；22—通向液力传动冷却风扇的油管；23—液力传动的冷却风扇，带离心式机油滤清器；24—从冷却风扇液力耦合器到曲轴箱的回油管；25—带进、出油管的回油泵，仅用于倾斜使用发动机的油底壳；26—回油泵的油管；27—油压表；28—通往涡轮增压器的油管；29—涡轮增压器；30—涡轮增压器的回油管；31—通往空压机的油管；32—空压机的回油管；

注：28，29，30，32 仅用于增压发动机。

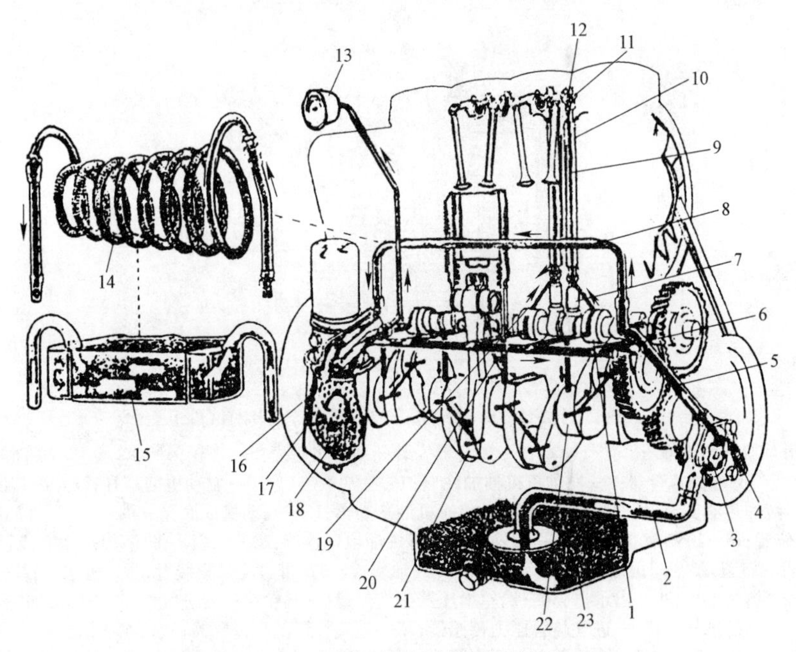

图 2-20 FL912 系列机型的润滑系统及油路

1—凸轮轴承；2—吸油管；3—机油泵；4—油压调节阀；5—压力油管；6—节流孔；7—挺柱；8—旁通管；9—推杆；10—推杆护管；11—摇臂衬套；12—调节螺钉；13—油压表；14—螺旋式机油冷却器；15—板翅式机油冷却器；16—压力表接头；17—机油滤清器；18—安全阀；19—主油道；20—冷却活塞喷嘴；21—连杆轴承；22—曲轴主轴承；23—集油池

2.1.5　水冷柴油机基本构造及系统

QSL9 是 Cummins 全新开发的一款面向 21 世纪的水冷发动机。获得专利的可变截面式涡轮增压系统，可以在发动机转速较高时输出更大的功率，在转速较低时增加发动机的进气量，改善系统的响应特性。采用先进的缸内燃烧技术、4 气门、中置喷油器、空-空中冷、先进的 CAPS（Cummins 蓄能器燃油喷射系统）及 CCR（共轨燃油系统）、QUANTUM 全电子控制系统，187 ~ 272kW，扭矩储备提高 50%，噪声下降 50%，提高了操作者的舒适度，使 QSL9 发动机不仅符合欧美非公路用机动设备第三阶段排放标准，而且拥有面向第四阶段排放的技术平台。QSL9 发动机广泛适用于工程机械、矿山设备等多种应用领域。

2.1.5.1　水冷柴油机的外视图与结构

QSL9 发动机的外视图与结构示意图，如图 2-21 所示。

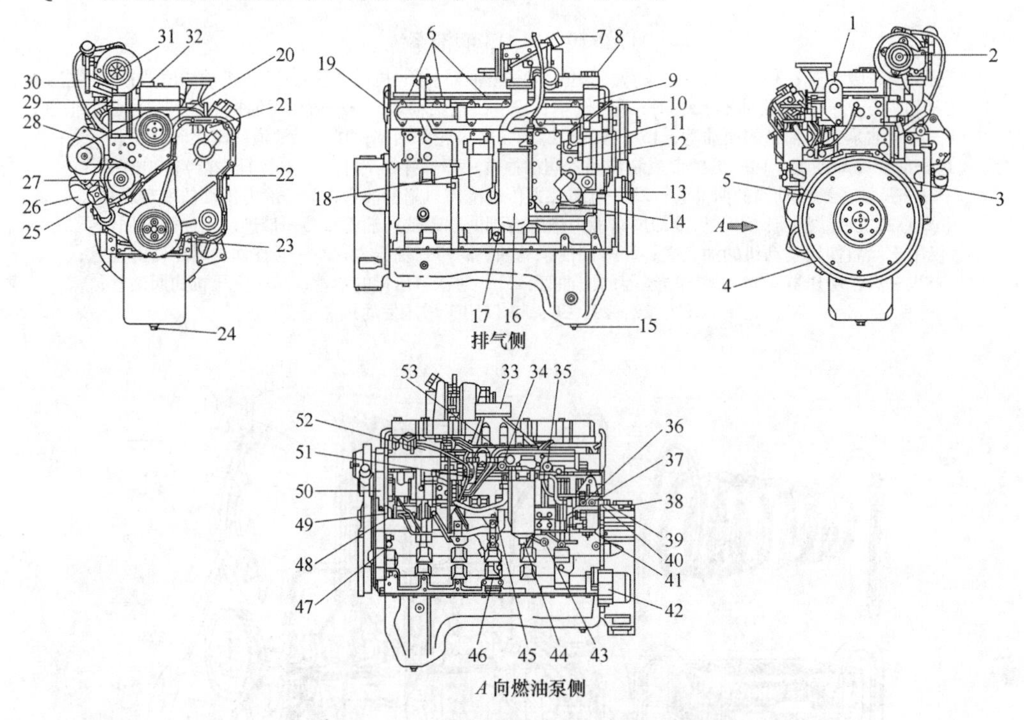

图 2-21　QSL9 发动机的外视图与结构示意图

1—发动机后吊耳；2—涡轮增压器排气出口；3—离合器安装孔；4—飞轮壳；5—飞轮；6—1/2 英寸(NPTF)冷却液螺塞；7—涡轮增压器废气旁通阀执行器；8—发动机机油加注口；9—冷却液出口；10—发动机前吊耳；11—冷却液温度传感器；12—冷却液加热器安装口；13—冷却液进口；14—机油冷却器；15—发动机油底壳放油塞；16—机油滤清器；17—标尺的位置；18—冷却液滤清器；19—喷油器回油管燃油出口连接；20—风扇皮带轮；21—上止点(TDC)标记；22—前齿轮室盖；23—减振器；24—发动机油底壳放油塞；25—皮带自动张紧装置；26—进水口；27—水泵；28—交流发电机；29—出水口；30—涡轮增压器出气口；31—涡轮增压器进气口；32—机油加注口；33—发动机进气口；34—进气歧管压力传感器；35—进气歧管温度传感器；36—输油泵之后滤清器 M10(STOR)压力；37—输油泵之前滤清器 M10(STOR)压力；38—3/4-16UNF 电磁传感器位置；39—燃油回油管接头；40—燃油进口接头；41—燃料输送泵；42—启动马达安装法兰；43—机油压力传感器；44—燃料滤清器/水分离器；45—电子控制模块(ECM)；46—标尺的位置；47—M10(STOR)机油压力口；48—发动机位置传感器(EPS)(内侧)；49—发动机转速传感器(ESS)(外侧)；50—发动机铭牌；51—高压燃油管路；52—Cummins 蓄能泵燃油系统(CAPS)喷油泵；53—空气加热器

2.1.5.2　润滑系统

润滑系统如图 2-22 ~ 图 2-24 所示。

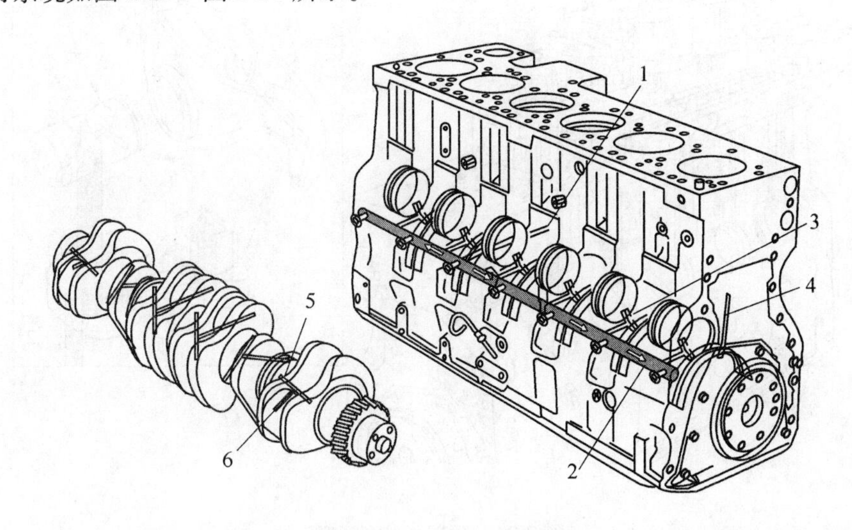

图 2-22　动力元件的润滑

1—从机油冷却器来；2—主机油油道；3—至凸轮轴；4—至活塞冷却喷嘴；
5—来自主机油油道；6—至连杆轴承

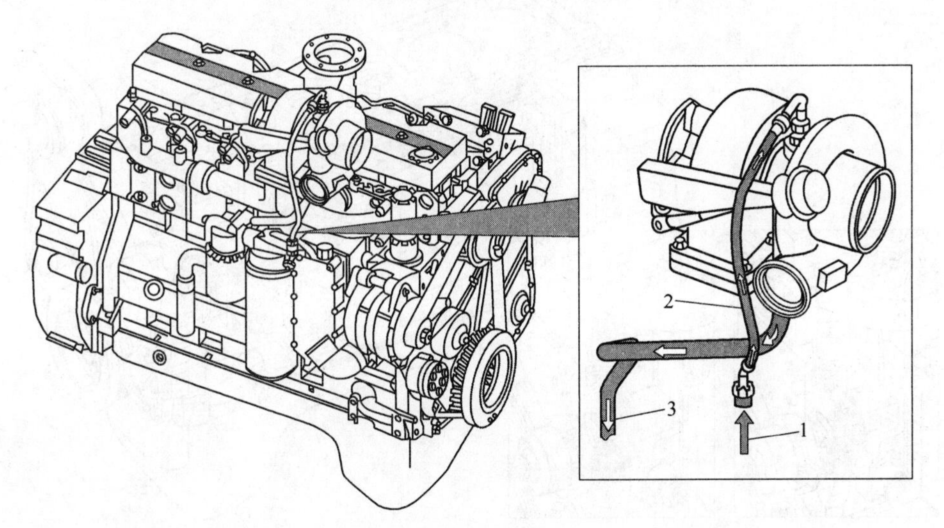

图 2-23　涡轮增压器润滑

1—来自滤清器机油；2—涡轮增压器机油供应；3—涡轮增压器机油排放

2.1.5.3　冷却系统

冷却系统如图 2-25 ~ 图 2-27 所示。

2.1.5.4　空气进气系统

空气进气系统如图 2-28 所示。

2.1.5.5　排气系统

空气排气系统如图 2-29 和图 2-30 所示。

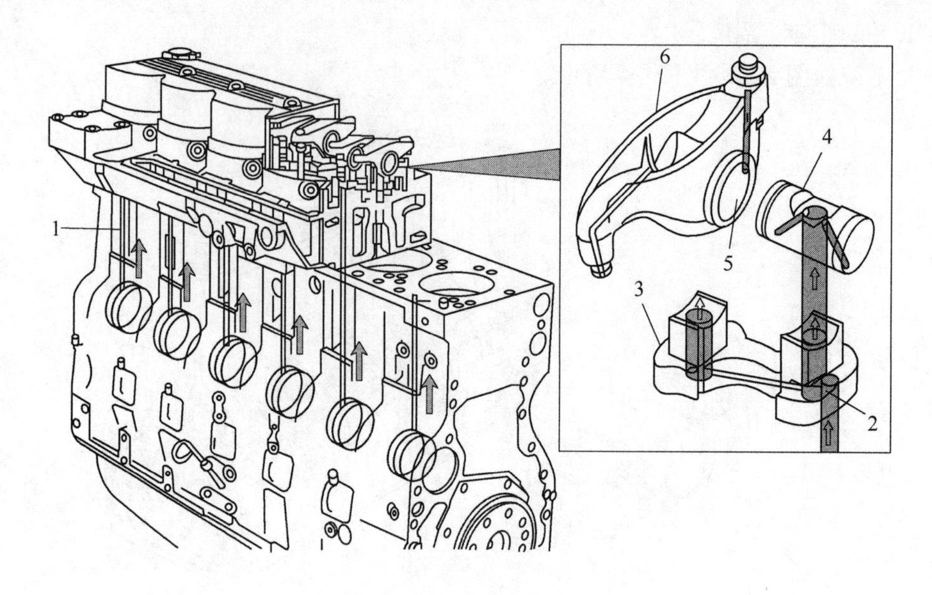

图 2-24　顶置机构的润滑

1—凸轮轴衬套；2—底座油槽；3—摇臂支架；4—摇臂轴；5—摇臂孔；6—摇臂

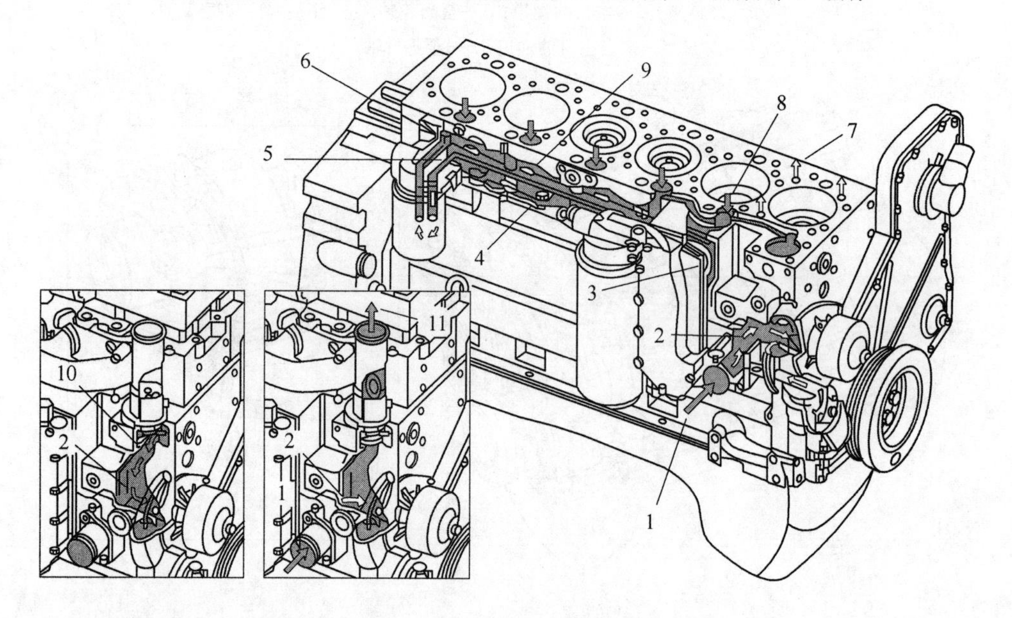

图 2-25　冷却系统流程

1—冷却液流出散热器；2—水泵吸管；3—冷却液流经机油冷却器；4—缸体下水歧管（到汽缸）；5—冷却液滤清器（选装件）进口；6—冷却液滤清器（选装件）出口；7—至缸盖冷却液流；8—流出缸盖冷却液；9—缸体上水歧管；10—节温器旁通；11—冷却液回流至散热器

2.1.5.6　压缩空气系统

压缩空气系统如图 2-31 所示。

2.1.5.7　电气设备

电气设备如图 2-32 所示。

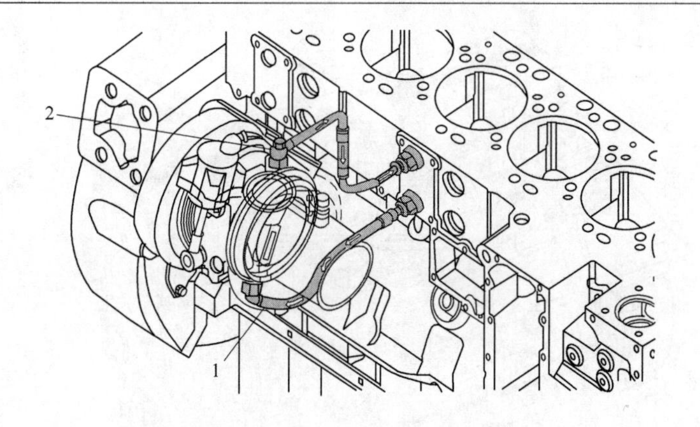

图 2-26　涡轮增压器冷却流程

1—涡轮增压器冷却液入口；2—涡轮增压器冷却液出口

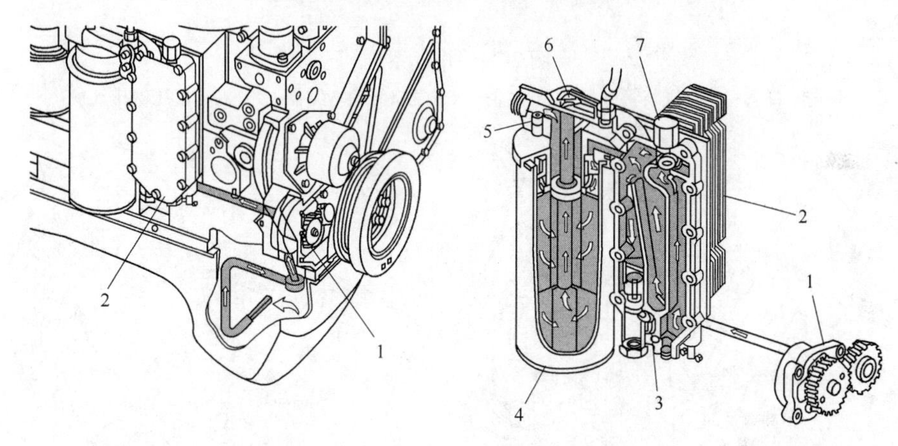

图 2-27　机油冷却器流程

1—齿轮式机油泵；2—机油冷却器；3—旁通机油流向油底壳；4—全流式机油滤清器；5—滤清器旁通阀；6—从机油滤清器到主油道；7—机油节温器

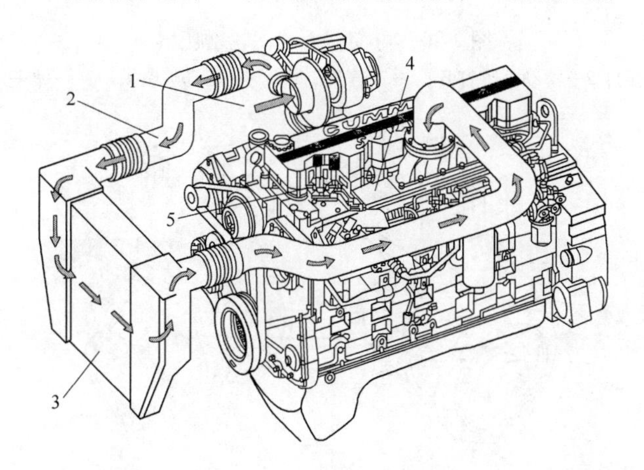

图 2-28　空-空中冷式发动机

1—至涡轮增压器进气口；2—至空-空中冷器的涡轮增压器空气；3—空-空中冷器；4—进气歧管（和缸盖一体）；5—进气门

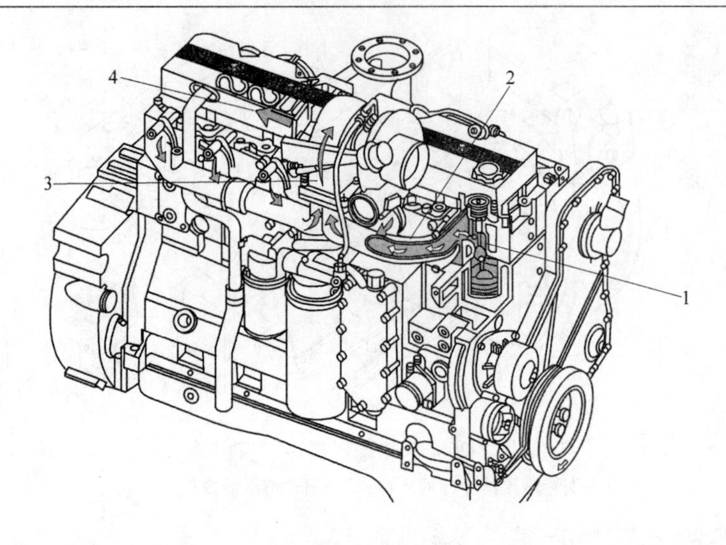

图 2-29　排气系统

1—排气门；2—排气歧管（脉冲型）；3—双进气口涡轮增压器；4—涡轮增压器排气口

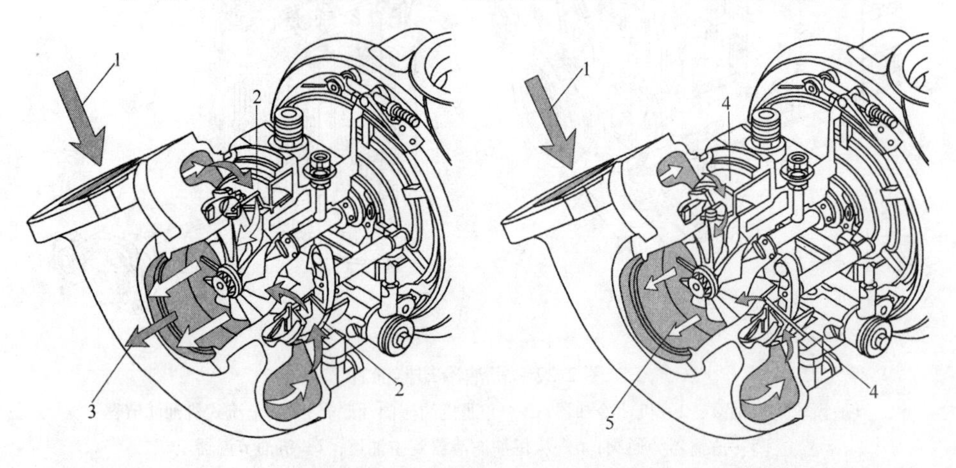

图 2-30　可变截面式涡轮增压器

1—排气门；2—滑动喷嘴打开；3—排气低速流；4—滑动喷嘴关闭；5—高速排气流

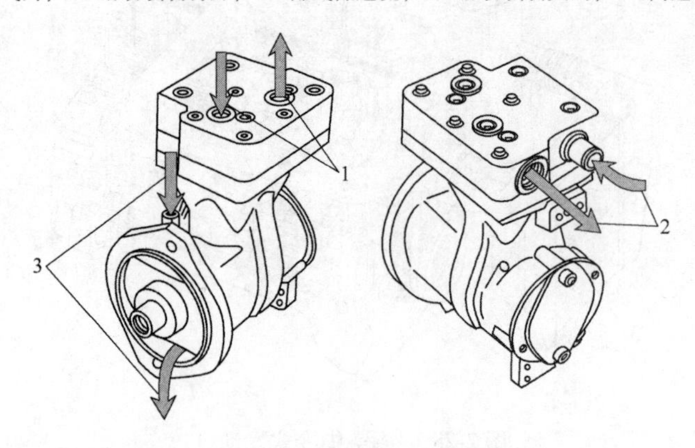

图 2-31　压缩空气系统

1—冷却液；2—空气；3—润滑油

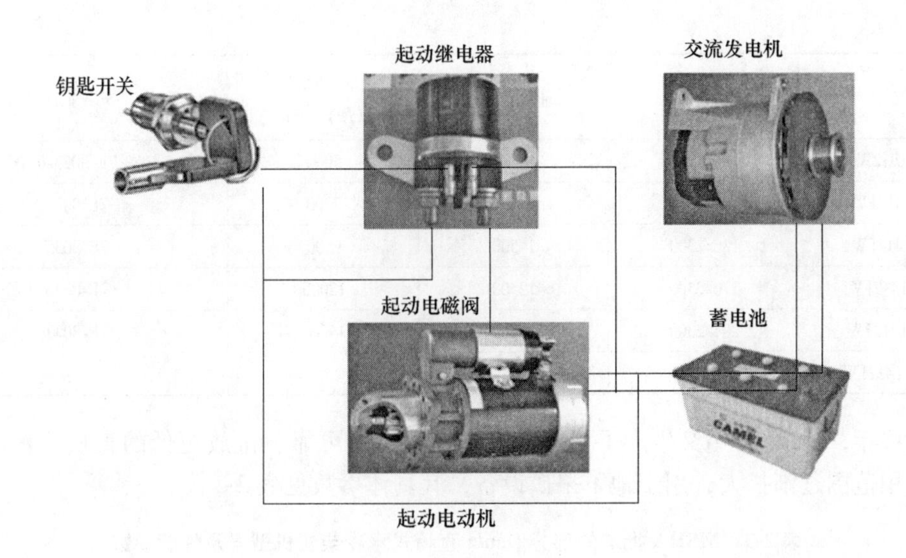

图 2-32 电气设备
（本图为电气连接示意图，不代表实际电气连接）

2.1.6 国内外地下矿用汽车用柴油机与主要技术参数

目前在世界上大约有 8 家著名发动机制造商提供地下矿山用低污染柴油机。其中德国 Deutz 公司、美国 Caterpillar 公司、Cummins 公司和 Detroit 公司生产的柴油机使用最普遍。

2.1.6.1 德国 Deutz 公司地下采矿柴油机

Deutz 公司是目前世界上最大的风冷柴油机制造商。它生产的地下矿用汽车用柴油机为风冷二级燃烧室涡流式低污染柴油机。该柴油机主要有两个系列：FL912W 和 FL413FW，见表 2-2。该产品具有外形尺寸小、质量轻、经济性好、使用可靠、适应性强、安装简单、维修保养方便、对环境污染程度相对小等优点，尤其适用于在高温、严寒、干旱等气候恶劣的地区使用。因此，前些年世界上大部分地下矿用汽车都采用 Deutz 的柴油机。用于地下采矿 Deutz 柴油机都经过 MSHA 认证和批准，其型号及性能参数见表 2-2。

表 2-2 MSHA 批准的部分 Deutz 低污染柴油机型号及性能参数

<table>
<tr><th rowspan="2">发动机型号</th><th rowspan="2">缸数</th><th colspan="4">DIN6271</th><th rowspan="2">缸径/行程 /mm</th><th rowspan="2">排量/L</th><th colspan="3">外形尺寸/mm</th><th rowspan="2">质量/kg</th></tr>
<tr><th>功率 /kW</th><th>额定转速 /r·min⁻¹</th><th>最大力矩 /N·m</th><th>最大扭矩所对应的转速 /r·min⁻¹</th><th>长</th><th>宽</th><th>高</th></tr>
<tr><td>F6L912W</td><td>6</td><td>62</td><td>2300</td><td>298</td><td>1550</td><td>125/120</td><td>5.655</td><td>985</td><td></td><td>808</td><td>410</td></tr>
<tr><td>F6L413FW</td><td>6</td><td>102</td><td>2300</td><td>539</td><td>1550</td><td rowspan="5">125/120</td><td>9.572</td><td>915</td><td rowspan="4">1038</td><td rowspan="2">860</td><td>660</td></tr>
<tr><td>F8L413FW</td><td>8</td><td>136</td><td>2300</td><td>706</td><td>1550</td><td>12.763</td><td>1080</td><td>830</td></tr>
<tr><td>F10L413FW</td><td>10</td><td>170</td><td>2300</td><td>883</td><td>1550</td><td>15.953</td><td>1283</td><td>999</td><td>990</td></tr>
<tr><td>F12L413FW</td><td rowspan="2">12</td><td>204</td><td>2300</td><td>1060</td><td>1550</td><td rowspan="2">19.144</td><td>1148</td><td>1007</td><td>1120</td></tr>
<tr><td>BF12L413FW</td><td>240</td><td>2300</td><td>1250</td><td>1550</td><td>1280</td><td>1192</td><td>1112</td><td>1200</td></tr>
</table>

续表 2-2

发动机型号	功率（kW）/额定转速（r/min）	通风量/cfm	颗粒物指数（*PI*）/cfm	MSHA 批准号
F6L912W	60/2300	4500	5000	7E-B023-0
F6L412FW	102/2300	8000	7000	7E-B034
F8L412FW	136/2300	10500	9500	7E-B035
F10L412FW	170/2300	12500	12000	7E-B036
F12L412FW	204/2300	16000	14000	7E-B037
BF12L412FW	240/2300			

近些年，Deutz 公司又生产了更先进、更经济、更可靠、排放更低的直喷式水冷柴油机，应用范围逐渐扩大，用于地下采矿设备，其具体参数见表 2-3。

表 2-3　MSHA 批准的部分 Deutz 直喷式水冷柴油机型号及性能参数

发动机型号	缸径/行程/mm	排量/L	外形尺寸/mm		
			长	宽	高
BF4M1012	108/120	4.76	1020	760	790
BF4M1012C	108/120	4.76	1020	760	790
BF6M1012	108/120	7.14	1280	760	845
BF6M1012C	108/120	7.14	1280	760	845
BF6M1012CP	108/120	7.14	1280	760	845
BF4M1012E	108/120	4.76	862	616	844
BF4M1012EC	108/120	4.76	862	616	844
BF6M1012E	108/120	7.15	1146	622	852
BF6M1012EC	108/120	7.15	1146	622	852
BF6M1012ECP1	108/120	7.15	1146	622	852
BF6M1015C	122/145	11.91	984	932	1174
BF8M1015C	122/145	15.87	1153	955	1174

发动机型号	质量/kg	功率（kW）/额定转速（r/min）	通风量/cfm	颗粒物指数（*PI*）/cfm	MSHA 批准号
BF4M1012	530	95/2300	11500	4500	7E-B059
BF4M1012C	550	115/2300	8500	7500	7E-B008
BF6M1012	676	145/2300	17500	5500	7E-B058
BF6M1012C	702	174/2300	16000	8500	7E-B057
BF6M1012CP	702	161/2100	11000	14500	7E-B007
BF4M1012E	430	93/2300	11500	4500	7E-B059-0
BF4M1012EC	432	118/2300	8500	7500	7E-B008
BF6M1012E	570	141/2300	17500	5500	7E-B058
BF6M1012EC	572	170/2300	16000	8500	7E-B057
BF6M1012ECP	572	182/2100	12000	15000	7E-B007
BF6M1015C	830	300/2100	18500	17500	7E-B002-0
BF8M1015C	1060	364/1900	24000	18000	7E-B009

Deutz公司为了分阶段达到柴油机更高的排放要求，将在各阶段采用更先进的排放控制技术，如图2-33所示。

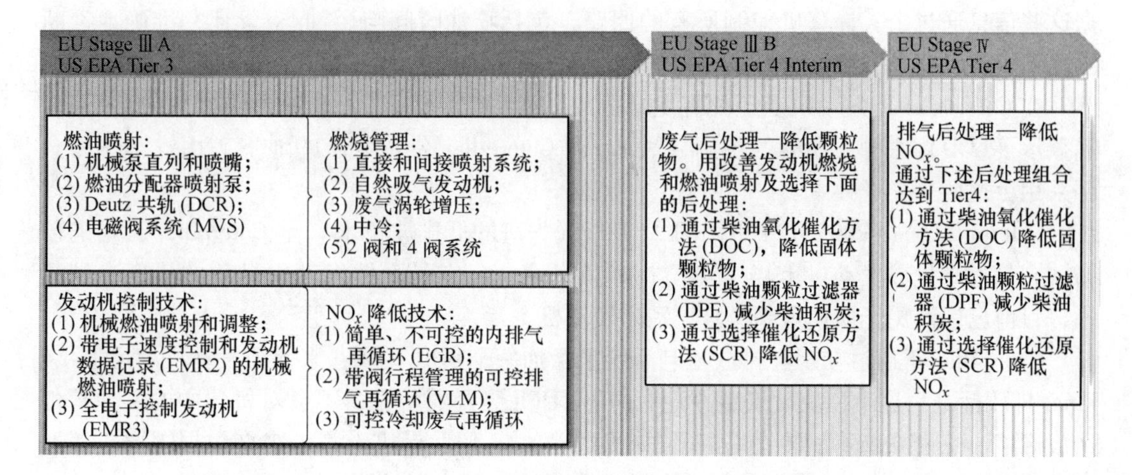

图2-33 Deutz柴油机各阶段的净化技术

2.1.6.2 美国Caterpillar公司地下采矿柴油机

Caterpillar公司是世界上最大的柴油机、工程机械、矿山机械制造公司。它以产品质量特别优秀、可靠性特别高、使用性能特别好而著称于世。它生产的水冷柴油机在地下矿用汽车中获得广泛应用。其性能参数见表2-4。

表2-4 MSHA或CANMET-MMSL批准的Caterpillar部分地下采矿发动机型号及性能参数

发动机型号	B功率(C功率)/kW	转速/r·min^{-1}	备 注	批准号
C6.6	89~209	1800~2500	TA ATAAC DITA	CSA 1204 07-ENA080004
C7	187	1800~2200	ATAAC	CSA 1211
C9	242~261	1800~2200	ATAAC	MSHA
C11	287	1800~2100	ATAAC	CSA 1207
C12	328	1800~2100	ATAAC	
C15	403	1800~2100	ATAAC	CSA 1184
C18	470~522	1800~2100	TA ATAAC TTA ATAAC	CSA 1183
C27	708	1800~2100	TTA ATAAC	CSA 1209
3176C	201	2200	EUI ATAAC	CSA 1099，1162 7E-B0012
3406E	283	2000	EUI ATAAC	CSA 1151，1152 7E-B018

注：E—电子控制；EUI—Electronic Unit Injection（电子喷射单元）；ATAAC—Air-to-Air after cooled（空对空中冷）；NA—Naturally Aspirated（自然吸气）；T—Turbocharged（涡轮增压）；TA—Turbocharged Aftercooled（涡轮增压中冷）。B功率指制动功率，即净功率。C功率指CAT定义的C类功率，见2.3.2.4节。

发动机的电子控制是近几十年才发展起来并广泛应用的先进技术。Caterpillar公司是这方面的开拓者之一。这一先进技术的核心就是电子控制组件（ECM）。它是电子控制发动机的大脑。在发动机上装有大约十几个传感器，不断向 ECM 传递各种信息。ECM 就根据这些信息通过个人计算机控制所有的回路，包括喷油时间与燃油/空气比，准确地诊断出发动机各种问题和简单分析发动机的性能。

在 Caterpillar 的发动机上还配有发动机的监视系统（EMS），该系统有先进的触摸式液晶显示（LCD）（去掉了所有的控制仪表）。在 Caterpillar 公司生产的地下矿用汽车中已全部采用了这两项先进技术。

Caterpillar 公司 2003 年才采用的 ACERT（先进的低排放技术）是 Caterpillar 公司的创新，它是近来世界发动机市场中热门技术话题之一，它是降低发动机排放的最新专利技术，目前已广泛用于所谓最新“C”系列发动机。

Caterpillar 正通过在现有排放控制系统上增加一个 SCR 模块，来保证发动机满足 Tier 4 Final 排放标准。这个模块被安装在现有 DOC/DPF 装置的后方，不会对机器中的其他部件造成影响。这套系统将加装在 Caterpillar C4.4 ~ C18 型发动机上，未来会根据需要应用在更大的范围，包括 Caterpillar C27 ~ C175 型发动机，其介绍见第 10.2.1.2 节。

2.1.6.3 美国的 Detroit 公司地下采矿柴油机

美国的 Detroit 公司 40、50、60 系列水冷直喷式柴油机，早几年已在国外开发的地下矿用汽车中被广泛利用。近几年 40 系列不再生产，50 系列用得越来越少，60 系列仍是主力，而且技术越来越先进。

60 系列柴油机的性能参数见表 2-5。

表 2-5 MSHA 批准的部分 Detroit 60 系列柴油机型号及性能参数

发动机型号	额定功率/kW	额定转速/r · min⁻¹	最大扭矩/N · m	最大扭矩时转速 /r · min⁻¹	MSHA 批准号
S60（11.11）6 缸/直列	212	2100			7E-B048
	224	2100			
	242	2100			
S60（12.71）6 缸/直列	224	2100	1424	1200	7E-B049 7E-B097
	242	2100	1600	1250	
	261	2100	1661	1200	
	280	2100	1763	1200	
	298	2100	1898	1200	
	317	2100	2000	1200	
	336	2100	2102	1200	
	354	2100	2102	1200	
S60（141）6 缸/直列	391	2100	2373	1250	7E-B087
	429	2100	2373	1250	
BV2000 C	485	2100	2375	1500	
	485*	2100	2875	1250	

注：带 * 号是没有经过 MSHA 认证，其余经过 MSHA：regulation 30 CFR part 7 认证。

Detroit 公司的 60 系列柴油机也采用了先进电子控制技术，即 DDEC。

Detroit 公司 1997 年开发的 DDEC Ⅳ(第四代电子控制)，2004 年开发的 DDEC Ⅴ(第五代电子控制)，2007 年开发的 DDEC Ⅵ(第 6 代电子控制)。DDEC 是一个监视和管理发动机操作所要求的所有参数的系统。

DDEC 的功能和使用十分简单，系统的主要部件有电子控制组件（ECM)、电子泵喷嘴（EUI）和各种系统传感器。ECM 是系统的“大脑”。系统从操作者、发动机和装在机器上的传感器接收电子输入信号，利用这些信号精确控制燃油喷射量和喷油定时。

Detroit 柴油机电子控制 DDEC 的主要优点是：综合保护，即用识别未出现前的潜在故障来确保发动机最长可使用时间；改善燃油经济性，即电子控制喷油器，将精确计量的燃油在正确的时刻喷入发动机，改善燃油经济性的 3% ~5%；降低烟度的排放，即 DDEC 能不间断地监测发动机运转特性，并按即时变动工况进行调节，达到低排放、高性能，利用 DDEC 使发动机的扭矩和功率水平可以根据用户特定要求专门控制，使设备设计得精确、响应更快、工效更优化，缩短维修时间，使修理更有效。

从以上介绍看来，Detroit 柴油机是一种很有发展前途的柴油机。柴油机由越来越先进的计算机控制这种发展值得密切注意。

2.1.6.4 美国 Cummins 公司地下采矿柴油机

表 2-6 就是 Cummins 公司部分可应用于地下采矿的发动机。

表 2-6 MSHA 批准的部分 Cummins 地下采矿发动机

批 准 号	发动机型号	海拔 305m 高发动机功率(kW)/转速(r/min)	通风率/$m^3 \cdot s^{-1}$	颗粒物指数
07-ENA060006	QSL9. 0	186. 5/2000	4. 25	5. 66
07-ENA060006	QSL9. 0	208. 9/2000	6. 14	6. 37
07-ENA060006	QSL9. 0	243. 8/2100	6. 14	6. 61
07-ENA060010	QSB6. 7	160. 4/2500	4. 0	4. 48
07-ENA060010	QSB6. 7	144/2200	4. 0	4. 48
07-ENA060010	QSB6. 7	205/2500	5. 19	4. 97
07-ENA060010	QSB6. 7	186. 5/2500	4. 48	4. 97
07-ENA050005	QSC-215C	160. 4/2200	6. 84	5. 66
07-ENA060010	QSB6. 7	179/2500	4. 48	4. 72
07-ENA070006	QSB4. 5	82. 1/2500	2. 12	3. 3
07-ENA070006	QSB4. 5	97/2500	2. 83	4. 0
07-ENA070006	QSB4. 5	119. 4/2500	3. 3	4. 0
07-ENA070006	QSB4. 5	126. 8/2500	3. 07	4. 0

Cummins 公司是拥有柴油机燃油系统、电控系统、燃烧优化系统、滤清和后处理系统、进气处理系统五大关键系统设计和制造能力的企业，这就使 Cummins 在柴油机关键系统的整合集成方面拥有独一无二的优势。这种优势能够促进 Cummins 不断优化发动机配置，并改善排放水平，满足日益严格的尾气排放法规，同时不断提升发动机的整体性能，见表 2-7。

表 2-7　Cummins 发动机废气净化技术

排 放 法 规	发动机体系结构集成		后 处 理		
	缸内净化	冷却式废气再循环	氧化催化器	颗粒物滤清器	选择性催化还原
EPA 1994	√		√		
EPA 2004		√	√	√	
Euro Ⅳ					√
Euro Ⅴ	√				√
EPA 2007		√	√	√	
EPA 2010		√	√	√	√
Tier4 Interim/Stage ⅢB		√	√	√	
Euro Ⅵ（a likely architecture）		√	√	√	√

Cummins 发动机满足 Tier 4 临时/Stage ⅢB 排放标准，采用如图 2-34 所示的发动机排放控制新技术。

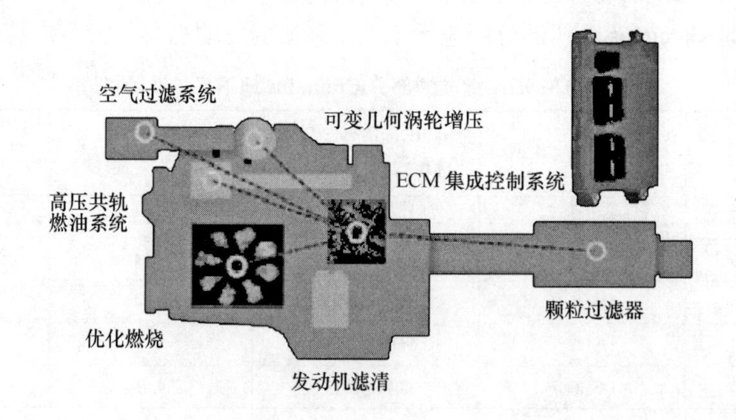

图 2-34　Cummins 发动机满足 Tier 4 临时/Stage ⅢB 排放标准采用的技术

2.1.6.5　其他公司地下采矿发动机

Perkins（帕金斯）公司共有 5 种机型发动机被 MSHA 批准可作为地下采矿发动机。

ISUZU（五十铃）公司共有 10 余种机型发动机被 MSHA 批准可作为地下采矿发动机。

Lister-Peteer(李斯特-彼得）公司共有 5 种机型发动机被 MSHA 批准可作为地下采矿发动机。

John Deere（约翰 · 迪尔）公司也生产经过 MSHA 批准共 11 种用于地下采矿的柴油发动机。

2.1.6.6　我国生产的地下柴油机

目前我国柴油机生产厂家虽然还不能独立设计、独立制造地下采矿发动机，但北京内燃机厂，1990 年由原国家建委通过中国机械进出口公司从 Deutz 公司以生产许可证的方式引进了 FL912/913 系列风冷柴油机，并确定北京内燃机总厂、石家庄建筑机械厂为生产厂家。河北华北柴油机有限责任公司（原华北柴油机厂）也是以 Deutz 生产许可证的方式生产 B/FL413FW 系列柴油机。前者还以生产许可证的方式生产 Deutz 的 BFM1015 系列水冷柴油机。随着我国柴油机技术的发展和对外进一步开放，Deutz 一汽（大连）柴油机有限公司、东风 Cummins 发动机有限公司、一拖（洛阳）柴油机有限公司也开始生产地下柴油机。

2.2 发动系配套系统设计

一般向发动机厂订购的是发动机总成，而其配套系统由地下矿用汽车制造厂选用或自己设计与制造，如果这些配套系统不能正确设计与制造，将会直接影响发动机的性能发挥，甚至损坏发动机，因此，发动系配套系统设计十分重要。本节主要采用 Deutz、Cummins、Caterpillar 和 Detroit 公司发动机配套系统设计的部分内容，其他发动机配套系统设计可咨询相关发动机制造厂。

2.2.1 进气系统设计

2.2.1.1 地下矿用汽车柴油机进气系统设计的重要性

发动机进气系统关系到发动机动力性、经济性、进气噪声、柴油机的烟度等性能。

发动机是地下采矿机械的心脏，而进气系统则是发动机的动脉，进气系统的合理性直接影响发动机的性能、寿命，从而影响整机的性能、寿命及环保性。进气系统的功能是为发动机提供清洁、干燥、充足的空气。系统中主要组件空滤器、管路及其设计安装将直接影响发动机功能的发挥、工作的稳定性和可靠性，甚至其使用寿命。

地下矿用汽车是在十分恶劣的环境下工作。周围空气有大量的（40～50mg/m^3）灰尘或矿粒等杂质。如果柴油机汽缸中吸入了不清洁的空气，其中的硬质砂尘将成为磨料，使汽缸、活塞、活塞环等发生早期严重磨损，不仅影响柴油机的性能，而且也会增加润滑油的消耗，从而大大缩短柴油机的使用寿命与经济性，严重的甚至造成柴油机损坏。

空气滤清器的作用是：（1）为发动机提供足量的空气，以保证发动机功率的正常发挥（进气阻力增加 6kPa，功率下降 3% 左右）。（2）有足够的滤清效率及过滤精度，滤除空气中的硬质灰尘颗粒，降低灰尘对发动机的磨损。（3）对进气产生一定的抑制作用，降低进气噪声。所以空气滤清器的选型是至关重要的。

经验证明：在发动机早期磨损中，有大约 3/4 是由灰尘引起的。为了防止此类情况的发生，必须按发动机制造商推荐柴油机进气系统设计和安装方法正确设计和安装柴油机进气系统，特别是井下灰尘多，应选择和安装效率高、容量大、寿命长和储尘能力大的空气滤清器。如果发动机用户订购的不是发动机生产厂家所推荐使用的滤清器，用户必须对不正确的设计和柴油机进气系统安装负责，因为当证实因空滤器的缺陷和不正确的安装而造成发动机损伤时，生产厂家是概不负责的。不特殊订货，发动机生产厂家一般不供给空气清滤器。而空气清滤器是常更换有元件，故必须对空气清滤器给予足够的重视。

2.2.1.2 空气滤清器术语与定义

（1）额定空气流量（rated air flow）：由用户或制造商规定的在标准大气状况下流过空气滤清器出气口的空气流量。

（2）滤清效率（filtration efficiency）：试验件滤除特定试验灰尘的能力，按式（2-4）或式（2-5）计算。

绝对滤清器法：

$$\eta = \left(1 - \frac{\Delta M_j}{M_f}\right) \times 100\% \tag{2-4}$$

直接称量法：

$$\eta = \frac{\Delta M_g + \Delta M_c}{M_f} \times 100\% \tag{2-5}$$

式中　η——滤清效率，%；

ΔM_g——试验件质量的增量，g；

ΔM_c——粗滤器滤出的灰量，或粗滤集灰器质量的增量，g；

ΔM_j——绝对滤清器质量的增量，g；

M_f——加灰量，g。

（3）总成原始滤清效率（assembly intial efficiency）：装有新滤芯的总成滤除特定试验灰尘的能力。

（4）滤芯原始滤清效率（element intial efficiency）：新滤芯滤除特定试验灰尘的能力。

（5）全寿命滤清效率（full life efficiency）：到达试验终止条件时测得的滤清效率。

（6）粗滤效率（precleaner effidency）：粗滤器分离出特定试验灰尘的能力，按式(2-6)计算。

$$\eta_c = \frac{\Delta M_c}{M_f} \times 100\% \tag{2-6}$$

式中　η_c——粗滤效率，%。

（7）容灰量（capacity）：到达试验终止条件时试验件滤除特定试验灰尘的总量。空气滤清器运行过程中，不断地滤出灰尘，积聚在滤芯里，滤芯堵塞，阻力逐渐上升，当灰尘达到一定值时，对发动机性能造成一定下降，因此，需要对滤芯清理或更换。这段时间，空气滤清器内储存灰尘的多少，或者经历时间的长短，或者行驶的里程间隔称为储灰能力或寿命。

（8）总成试验室寿命（assembly life laboratory）：在试验空气流量（可以是额定空气流量、也可以是供需双方商定的任何空气流量）下，按标准规定的或供需双方商定的加灰浓度，连续均匀地向总成内加入特定试验灰尘，当到达试验终止条件时，向总成内加灰尘的累计时间，按式（2-7）计算。

$$T_g = \frac{M_f}{q_{v0} N_f} \tag{2-7}$$

式中　T_g——总成试验室寿命，h；

q_{v0}——试验空气体积流量，m^3/h；

N_f——原始滤清效率试验的加灰浓度，g/m^3。

（9）试验终止条件（test terminal condition）：终止试验的一些规定，可以是下列条件之一：

1）阻力或压力降达到规定值或商定值；

2）滤清效率下降到规定值或商定值；

3）失油；

4）储灰室积灰已满。

JB/T 9747—2005 标准规定的试验终止条件为：1）1 缸和 2 缸内燃机用空气滤清器总成阻力为 3kPa；2）多缸内燃机用空气滤清器总成阻力为 6kPa；3）纸质滤芯阻力增加值为 1kPa；4）滤清效率为 99.0%。

（10）失油率（percentage of oil element）：油浴式空气滤清器试验时，在单位时间内、单位空气流量所带走的油量。失油率按式（2-8）计算：

$$S_y = \frac{M_y}{q_{v0} t_1} \tag{2-8}$$

式中 S_y——失油率，g/m³；

M_y——在试验时间内空气所带走的油量（失油量），g；

t_1——试验时间，h；

q_{v0}——试验空气体积流量，m³/h。

2.2.1.3 地下矿用汽车柴油机进气系统的设计内容

（1）每一种发动机应用的进气系统安装需包括有效的设备和正确安装方法来排除进气中的灰尘。

（2）按照发动机制造商推荐的方法检测时，系统阻力不得超过发动机参数表上对该型号发动机的限值，空气滤清器必须具有发动机参数表上规定的储尘能力。

（3）需选择合理的进气口位置和管道布置，以使在进气歧管或涡轮增压器进口处所测得的温度对发动机的燃烧过程和冷却能力没有损害。

（4）在使用或维护保养的过程中，不应破坏空气滤清器和发动机之间管道的完整性。

2.2.1.4 地下矿用汽车柴油机进气系统的设计原则

（1）必须满足有关空气滤清器国家或行业标准中的技术要求。

（2）空气滤清器的额定空气流量必须大于发动机在额定功率下的空气流量，即发动机最大进气量。同时，采用大容量的空气滤清器是必须的，这有助于减小空气滤清器的阻力、增大储尘能力和延长保养周期。

（3）远离高热零件。进气管（包括进气管道与空气滤清器）应尽量安装在发动机旁边，但应尽量远离高热零件，以便使进气不受高温的影响，保证进气管中吸入新鲜空气在较低温度下有更大密度，以提高柴油机的进气质量。

（4）便于维修。设计进气接管时还应考虑到进气管和空气滤清器的连接方式和空滤器的安装位置，在整机上应保证空滤器滤芯便于拆装、方便保养。对于装有保养指示器的还应能够方便观察保养指示器堵塞情况。

（5）工作可靠。柴油机的进气系统长期使用后仍应是可靠的密封，并能经受于柴油机的振动、压力以及温度变化而引起的机械负荷。

（6）性能好。进气系统实测真空度必须小于所选柴油机的许用进气真空度。空气滤清器的体积要小、净化效果要好、原始阻力要小、性能要稳定、储尘能力要大。

(7) 成本要低。

2.2.1.5 地下矿用汽车柴油机进气系统的设计

A 空气滤清器类型的选择

按照Cummins公司分类，空气滤清器的类型主要根据环境灰尘级别选择。环境灰尘级别根据环境尘埃含量分为轻灰尘、中灰尘和重灰尘，空气滤清器的类型相应分为轻型、中型和重型，见表2-8。

表2-8 康明斯对空气滤清器选择及使用的要求

使用环境	工作环境含尘量/mg·m^{-3}	类型	吸尘量 mg/cfm	推荐的初始阻力英寸(毫米)水柱	最大阻力英寸(毫米)水柱		结构	适用范围
					自然吸气	增压		
轻灰尘	0.36	LIGHT DUTY 轻型	3	10(254)	20(508)	25(635)	单级干式滤清器	(1)公路车辆；(2)工业和固定设备用发动机；(3)仅在轻度灰尘环境中使用
中灰尘	3.57 ~ 7.86	MEDIUM DUTY 中型	10	12(305)	20(508)	25(635)	(1)两级滤清器；(2)第一级为惯性或离心式；(3)第二级是干式纸质滤芯；(4)含安全滤芯,保护发动机的最后滤芯	(1)中度灰尘环境中作业的轻载工业设备；(2)偶尔进入重度灰尘环境的公路/非公路车辆
重灰尘	35.71 ~ 357.54	HEAVY DUTY 重型	25	15(381)	20(508)	25(635)	(1)两级滤清器；(2)第一级为惯性或离心式；(3)第二级是干式纸质滤芯；(4)含安全滤芯,保护发动机的最后滤芯	(1)重度灰尘环境中作业的建筑、采矿和农业机械；(2)工程车辆(运煤车、翻斗车、拉矿石车辆)

注：$1mmH_2O = 9.80665Pa$。

空气滤清器根据是干式还是湿式，又分干式空气滤清器及油浴-离心式空气滤清器。

干式空气滤清器特点见表2-9。它带有一个预滤装置，使空气产生旋流，通过离心作用分离出大部分尘粒，这些尘粒可以通过排尘口自动排出，它的滤尘能力不受维修条件的影响，而且可以通过检测其对空气流动的阻力来检查是否需要维修保养。干式滤清器的效率高，在整个柴油机的使用转速范围内都保证不变。

油浴-离心式空气滤清器，其特点见表2-9。

地下矿用汽车通常采用重型干式空气滤清器，普通型或中型的空气滤清器一般不能满足地下矿用汽车的作业要求。油浴式空气滤清器只用于灰尘少或中等灰量工作环境。

除了上述分类方法外，其他公司还有如下分类：

(1) Deutz公司根据尘土情况把纸芯空滤器尺寸分为8组。1 ~ 3组属正常尘土情况（平均尘土浓度4 ~ 12mg/m^3），4、5组属中等尘土情况（平均尘土浓度12 ~ 30mg/m^3），

6、7组严重尘土情况（平均尘土浓度40~50mg/m^3），第8组属极严重的尘土情况（平均尘土浓度到1000mg/m^3）。地下矿用汽车一般选用第6组严重尘土情况纸芯空气滤清器尺寸。

表2-9 干式与油浴-离心式空滤器特点比较

项目	滤芯组成	特点
油浴-离心式空气滤清器通过把含尘空气引向油池，利用惯性力使一部分灰尘被机油黏附，同时夹带着油雾的含尘空气再通过滤芯时，被进一步过滤，而被滤芯黏附的灰尘又随机油滴回到油池的空气滤清器	金属丝或纤维、毛毡等	空气进入滤芯前，先流过盛于壳体内的润滑油表面，大颗粒杂质因惯性而被液面吸附，小颗粒杂质在随气流通过滤芯时被阻挡或黏附在滤芯上。 （1）效率：最终过滤效率约98%；预滤0%。 过滤效率决定于空气流量与转速，低速时不能充分循环，高速、空转时会失油，安装缺乏灵活性，为了控制油面必须垂直安装。 （2）性能： 1）只有保养得当才能发挥最大的滤清效率； 2）环境温度对油有很大的影响； 3）过大的潮气和水会降低油的黏度，并使油面升高引起失油。 （3）保养： 1）必须天天检查油面和经常换油； 2）保养频繁，保养方式繁杂
干式空滤器使用干燥的滤纸、无纺布等过滤材料作为滤芯的空气滤清器	经树脂处理过的微孔滤纸	滤纸折叠成波浪形，具有较大的过滤面积。滤清器质量小、高度低、成本低、使用方便、性能稳定、滤清效率高。但单级寿命较短，恶劣环境下工作不可靠。在地下矿用汽车上常采用双级空气滤清器（重型干式空气滤清器），在第一级中滤清器将大的灰尘离心分离掉，并被收集到一个灰尘容纳器或者以间隙、连续两种方式从系统中排掉，在第二级中空气滤清器有一个处理过的纸质滤芯，过滤掉其余的灰尘，滤清效率最高。 （1）效率：最终过滤效率99.9%；预滤80%以上。过滤效率不受空气流量或转速的影响。 （2）安装灵活性，能够垂直、水平或倾斜安装。 （3）性能： 1）保养次数少； 2）不受环境温度的影响； 3）通过离心作用使灰尘和水旋转分离到气流外层再进入储灰室。 （4）保养： 1）只要倒空灰盘； 2）达到极限阻力才保养滤芯

（2）Donaldson公司，根据环境尘土浓度把空气滤清器分为3个系列：轻微到中等轻微尘土情况使用E系列空滤器，用于露天卡车、室内工业发动机；中等轻微到中等尘土情况使用F系列空滤器，用于工业、农业和轻型建筑发动机；严重尘土情况使用S系列空滤器，用于建筑与采矿。一般地下矿用汽车使用中等或中等到重型灰尘浓度的带安全元件与预分离器的FHG型空滤器。

B 空气滤清器尺寸的选择

a 最大空气流量q_v(m^3/min)计算

（1）通用计算。空气滤清器的尺寸主要取决于发动机所要求的最大空气量q_v。这可向设备和发动机制造商询问。空气量也可根据发动机上的技术数据来确定，也就是发动机的工作排量、旋转速度、汽缸数和容积效率，其计算公式如下：

$$q_v = \frac{V_h n \eta f}{2 \times 1000} \tag{2-9}$$

式中　V_h——汽缸工作总排量，L；

n——发动机额定转速，r/min；

η——计算容积效率，4 冲程点火发动机容积效率 $\eta=0.9$；2 冲程点火发动机其容积效率 $\eta=0.7$；涡轮增压发动机容积效率咨询制造厂，若没有制造厂，容积效率可取 $\eta=1.5\sim3.0$，在此范围内选值时，建议使用最高值以保证适当的空气流量；

f——进气脉冲系数。

汽缸数较少的发动机其进气系统中会出现气流脉动的情况。因此，在确定滤清器的尺寸时，必须要考相应的容积变量，即要考虑发动机脉冲系数。一缸机 $f=2.5$，二缸机 $f=1.7$，三缸机 $f=1.3$，四缸机 $f=1.1$，五缸机及以上 $f=1.0$，对增压发动机 $f=1.0$。

（2）对 Deutz 公司柴油机，如果没有所要求的数据，可采用下列经验值：

1）柴油发动机。四冲程柴油机所需的体积流量 q_v（m^3/min）为：

$$q_v = 0.08N_g$$

式中　N_g——柴油机额定功率，kW。

2）涡轮增压的柴油发动机。增压四冲程柴油机所需的体积流量 q_{vc}（m^3/min）为：

$$q_{vc} = 0.095N_g \tag{2-10}$$

3）若排放的废气按 EC88177 规则达欧洲Ⅰ号标准，对涡轮增压发动机必须增加空气进气量。此时空气流量 q_{vI} 为：

$$q_{vI} = 0.097N_g \tag{2-11}$$

4）带中冷器的涡轮增压器发动机，若排放的废气按 EC88177 规则达欧洲Ⅱ号标准，则：

$$q_{vII} = 0.105N_g \tag{2-12}$$

5）带中冷的涡轮增压发动机，若排放的废气按 EC88177 规则达欧洲Ⅲ号标准，则：

$$q_{vIII} = 0.115N_g \tag{2-13}$$

（3）对国产柴油机可按《内燃机　空气滤清器　第1部分：干式空气滤清器总成　技术条件》(JB/T 9755.1—2011）标准计算空气滤清器额定空气体积流量。

1）自然吸气式内燃机。自然吸气式内燃机的空气滤清器额定空气体积流量 q_{ve} 按式（2-14）或式（2-15）计算。

用于二冲程内燃机，按式（2-14）计算：

$$q_{ve} = 0.06nV_h\eta_v\varepsilon \tag{2-14}$$

用于四冲程内燃机，按式（2-15）计算：

$$q_{ve} = 0.03nV_h\eta_v\varepsilon \tag{2-15}$$

式中　q_{ve}——额定空气体积流量，m^3/h；

n——内燃机额定转速，r/min；

V_h——内燃机总排量，L；

η_v——脉冲系数，三缸和多于三缸的内燃机脉冲系数均取1；

ε——内燃机充气系数，其数值对柴油机取 $\varepsilon=0.85$。

2）增压柴油机。增压柴油机的空气滤清器额定空气体积流量 q_{ve} 按式（2-16）计算：

$$q_{ve}=N_e g_e \alpha A_o/(1000\gamma_a) \tag{2-16}$$

式中 q_{ve}——额定空气体积流量，m^3/h；

N_e——内燃机额定功率，kW；

g_e——内燃机额定功率时的燃油消耗率，约为235g/(kW·h)；

α——额定功率时的过量空气系数，增压内燃机取2.0，增压中冷内燃机取2.1；

A_o——燃烧1kg燃油所需的理论空气量，柴油取14.3kg/kg；

γ_a——空气密度，kg/m^3，标准状态下的空气密度为 $1.2005kg/m^3$。

b 空气滤清器的选择

在完成上述选型准备工作之后，可依据厂家提供的产品样本对空气滤清器初步选择。首先应保证设计流量必须在其适用流量范围内；然后再根据厂家提供的滤芯肮脏时最大允许进气阻力下和空气滤清器的流量-阻力-寿命曲线，计算所选空气滤清器在设计流量下的进气阻力及实际容灰量。

图2-35所示为空气滤清器原始流量-阻力试验结果曲线，图2-36所示为空气滤清器实验室进气流量-阻力-寿命曲线。总成试验室寿命试验终止条件见表2-10。

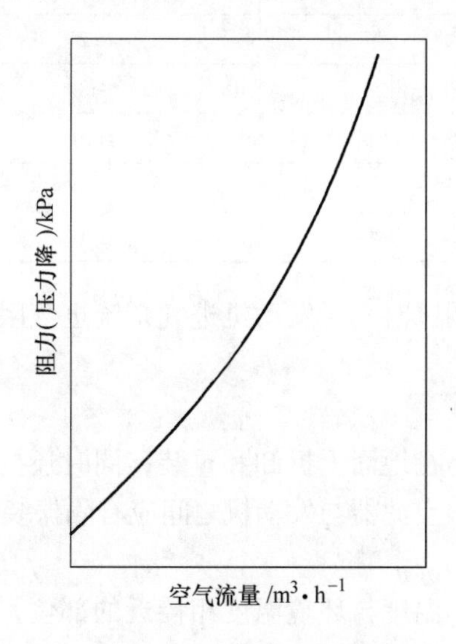

图2-35 空气滤清器原始流量-阻力试验结果曲线

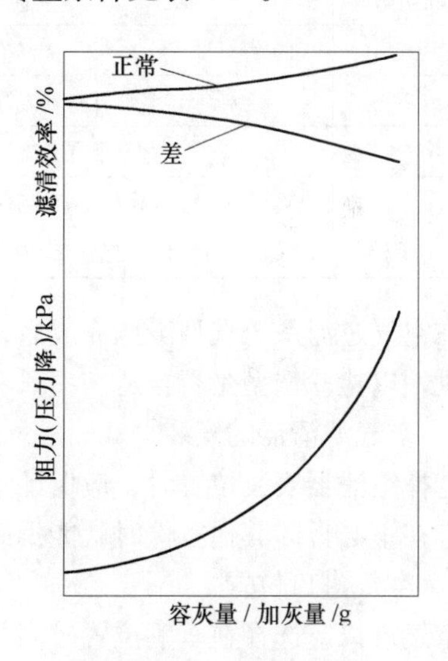

图2-36 空气滤清器实验室进气流量-阻力-寿命曲线

对于整个空气过滤系统，选型时应保证空气滤清器、空气预滤器（选装）及进气管道的进气总阻力在额定空气体积流量下，不大于滤芯洁净时的最大允许进气阻力，见表2-11；空气滤清器的容灰量必须满足发动机的要求，见表2-12。为了减轻纸质滤芯承受灰尘的负担，延长滤芯的寿命，大部分装有粗滤器。空气滤清器在含尘空气进入纸质滤芯前，加装一级“预滤”装置，使含尘空气在经过纸质滤芯过滤前，先通过预滤器，将含尘空气中的大部分且较重的灰尘去除，减少空气中的含尘量，以此减轻纸质滤芯对灰尘的过滤量，延长滤芯的保养周期和滤芯的有效工作时间。

表 2-10　总成试验室寿命试验终止条件

<table>
<tr><th rowspan="3">内燃机缸数</th><th colspan="3">试验终止条件</th></tr>
<tr><th rowspan="2">阻力/kPa</th><th colspan="2">效率/%</th></tr>
<tr><th>纸质滤芯总成</th><th>非纸质滤芯总成</th></tr>
<tr><td>1 或 2</td><td>3.0</td><td rowspan="2">99.0</td><td rowspan="2">98.0</td></tr>
<tr><td>≥3</td><td>6.0</td></tr>
</table>

表 2-11　总成原始阻力

<table>
<tr><th>内燃机缸数</th><th>总成形式</th><th>总成原始阻力/kPa</th></tr>
<tr><td rowspan="4">≥3</td><td>单级总成</td><td>≤1.20</td></tr>
<tr><td>不具有旋流管的多级总成</td><td rowspan="2">≤2.50</td></tr>
<tr><td>具有直通式旋流管的多级总成</td></tr>
<tr><td>具有切向或轴向旋流管的多级总成</td><td>≤3.20</td></tr>
</table>

表 2-12　总成试验室寿命

<table>
<tr><th>内燃机缸数</th><th>总成形式</th><th>总成试验室寿命/h</th></tr>
<tr><td>任　意</td><td>单级总成</td><td>≥2</td></tr>
<tr><td>1 或 2</td><td>不具有旋流管粗滤器的多级总成</td><td>≥8</td></tr>
<tr><td>≥3</td><td>不具有旋流管粗滤器的多级总成</td><td>≥10</td></tr>
<tr><td rowspan="2">任　意</td><td>具有直通旋流管粗滤器的多级总成</td><td>≥20</td></tr>
<tr><td>具有切向旋流管和轴向旋流管粗滤器的多级总成</td><td>≥40</td></tr>
</table>

在空气过滤系统选型工作完成后，还应在整机调试时，对发动机进气系统进气阻力进行测试，以检验选型是否合适。

c　空气滤清器的安装

选择空滤器安装位置时，应保证集尘盘能够容易在地面上拆卸和重装，同时还要使纸质滤芯在不必拆卸其他零件时就能拆卸保养或更换。空滤器与发动机之间应有隔振装置。

d　空气进口位置

空气进口应选择在车辆位置较高并且空气清洁、温度与环境温度相接近的部位，如车身的顶面或侧面。空气进口应避免吸入雨水、雪花、发动机排出的废气。直接进入的防护物，如设置一个简单的曲径以防止雨、雪等物吸入，并且进口处设置滤网罩盖。空气滤清器至发动机进气口之间的管子应减少接口数量，接口卡箍沿管壁 360°密封。

C　进气管道的设计

进气管路必须在可能遇到的最大阻力条件下不致破裂。为保证各零部件的相对移动，应采取挠性连接。为防止水分和灰尘的进入，管道的每个接头应连接牢固。滤清器上游段连接不佳，则可能吸入不合要求的空气。如果滤清器下游管路存在漏隙，则将导致灰尘直接进入柴油机，从而使柴油机出现早期磨损。另外，进气管路应保证柴油机最大加速时，进气管阻力最大（滤芯脏污）情况下具有足够的抗瘪性。对增压及增压中冷型柴油机，由于增压后的空气温度可高达150℃，进气管路应能承受150℃的温度。可利用滤芯保养指示器来指示滤芯是否需要保养。指示器可安装在传感部位或最好安装在驾驶室，以便于观察。指示器最好是连接在柴油机或增压器进口前250～300mm的直管段上。如果指示器直接连接于空滤器上，指示器应位于便于观察的部位。接口及软管必须可靠，以防止灰尘进入柴油机。

进气管道的设计应参考发动机制造商推荐。例如，下面介绍Detuz公司的推荐：

（1）自然吸气发动机。当要设计进气管道时，须以发动机进气管的直径为设计的基本参数。

理论进气管的长度应比实际的管道长一些。理论进气管的长度包括：

1）滤清器前后的管道长度。

2）对空气动力性能良好的弯管，即半径尽可能大的圆弧，每遇一个90°的弯头，管道增加1m；对空气气动力性能不好的弯管，每增加一个90°的弯管，管道长度增加2m。

3）对空气动力性能良好的45°的弯管，管道长度增加0.5m；对空气动力性能不好的弯管，每增一个45°的弯头，管道长度增加1m。

每一波纹软管，管道长度应增加一个波纹管道的长度。

当理论管道的长度超过2m时，进气管道的直径应比发动机上进气管直径相应增加一定数值，见表2-13。

表2-13　进气管直径增加的数值

理论管道长度/m	直径比进气管增加的数值/mm	理论管道长度/m	直径比进气管增加的数值/mm
2～4	10	6～10	30
4～6	20	10～15	40

（2）增压发动机。发动机工作时，内部的空气流速很高，就不能取连接处的直径作为管的测量直径。由于压比，发动机输出功率和废气额定流量之间有着密切关系，应以发动机的输出功率作为决定管道系统直径的参考值。因此增压发动机进气管道最小横截面积参考值与理论长度之间的关系可参考表2-14。

表2-14　增压发动机进气管所需的最小横截面积

理论进气管长度/m	进气管所需最小横截面积	
	增压发动机（带或不带中冷器）/$cm^2 \cdot kW^{-1}$	增压发动机（带中冷器用于EUROⅡ）/$cm^2 \cdot kW^{-1}$
约2	0.71	0.79
2～4	0.90	1.00
4～6	1.09	1.21
6～10	1.27	1.42
10～15	1.48	1.65

（3）带中冷器的增压发动机。在带中冷器的增压发动机中，在增压器后面被压缩的空气通过中冷器进入到汽缸中，中冷器的管子（从增压器到中冷器，从中冷器到发动机进气管之间的管子）直径的确定，将类似于增压发动机空气进气管。

如果最终的管子直径小于中冷器套管的直径，中冷器套管的直径将作为中冷器管子的直径。

在总的中冷器空气管道内（增压器到中冷器或中冷器到发动机）最大可能的流阻（压力损失）大约是 $\Delta p < 5000 \sim 5500\text{Pa}$。

通过中冷器和中冷器的管道不应超过下面的许用值：$\Delta p = 7000 \sim 7500\text{Pa}$。

对 ECP（增压中冷、不带水箱，加大功率）发动机来讲，$\Delta p = 10\text{kPa}$。

D　进气真空度及其测量

为了使柴油发动机燃油能完全充分地燃烧，应该给发动机提供新鲜的空气（氧）。如果空气燃烧这一侧的阻力（真空度）太高，这是由于空气缺乏，燃烧不完全（氧不足），这意味着燃油消耗比较高。

通过限制进气真空度来减少有害影响。

（1）最大许用进气真空度。表 2-15、表 2-16 列出的进气真空度总值，是用于一般发动机的数值，它适用整个进气系统（包括空气滤、未滤清的空气管道和清洁空气管道）。在发动机上测得的数值不得超过表中数值。

表 2-15　油浴式空气滤的许用真空度（适用车用、通用增压、非增压发动机）

发动机	空气滤的真空度（大约值）		管道阻力（大约值）		许用进气真空度总值	
	mbar	WC/mm	mbar	WC/mm	mbar	WC/mm
三　缸	30	300	15	150	45	450
四缸及四缸以上	35	350	15	150	50	500

注：1mbar = 100Pa；WC 表示水柱高度。

表 2-16　纸芯空气滤脏污后许用进气真空度（适用车用、通用增压、非增压发动机）

发动机	空气滤的真空度（大约值）		管道阻力（大约值）		许用进气真空度总值	
	mbar	WC/mm	mbar	WC/mm	mbar	WC/mm
三　缸	45	450	10	100	55	550
四缸及四缸以上	50	500	15	150	65	650

注：1mbar = 100Pa；WC 表示水柱高度。

表中给出的空气滤和管道单独给出的进气真空度数值仅是参考值。只要进气真空度总值不超过许用值，它们的数值可以变动。

对于车用、通用发动机，未按其用途将进气真空度加以区分。

当管子装在干式空滤器的上游时（脏空气侧），管子的阻力应增加空滤器的初始阻力，由于保养指示器提早显示结果缩短了维修间隔。当管子装在干式空滤器的下游时（干净空气侧）时，保养指示器表示了实际空滤器阻力，不是下游管子的阻力（如果管子的阻力不能达到允用值的话），在选择与布置保养指示器时必须要考虑到这点。

根据使用寿命要求，新空滤器阻力比用过的空滤器阻力值低。

为了保证纸芯空气滤在正常尘土情况下有足够长的寿命（滤清器上游的脏管道），当不装未滤清的空气管道时，装在发动机上新的空滤器在清洁空气接管上的总阻力不得超过下列值：三缸发动机小于 20mbar 或小于 200mm 水柱；四缸以上，小于 25mbar 或小于 250mm 水柱。建议尽量取低于上述的数值，这样对发动机功率和使用性能都有利。

上面所有给出的值都适用于发动机上测量。

（2）真空度的测量。真空度必须在进气口的前面或在进气弯头增压器前或在进气管前一段直管处进行测量。测量点前后处直管长度必须为进气管直径的 2.5 倍（见图 2-37）。如果办不到，测量应在弯管中性层上测量。

进气系统真空度最好用充水 U 形管测量。

1）自然吸气发动机。不带负荷，在额定转速下于发动机的进气管上（在进气管到发动机进气歧管的 A 处测量），如图 2-38 所示。

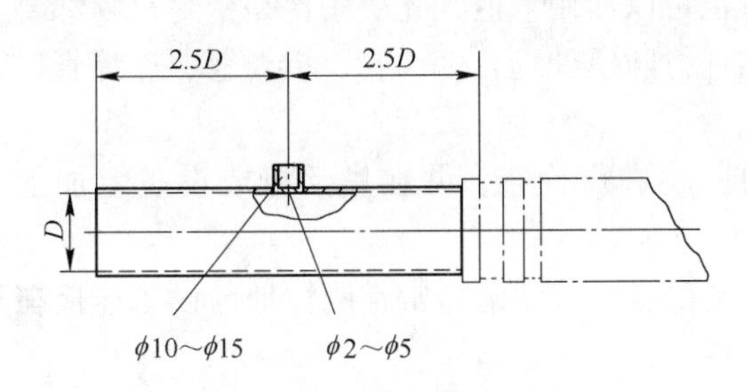

图 2-37 测量点的位置

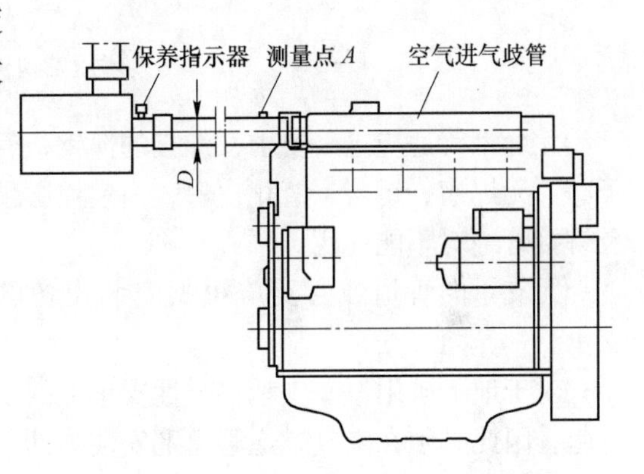

图 2-38 自然吸气发动机真空度的测量位置

如果在额定转速下测量有困难，对于非增压发动机也可在较高空转转速下测量，并按下面的公式换算。

$$p = \frac{p_{\max}}{\left(\frac{n_{\max}}{n_e}\right)^2} \tag{2-17}$$

式中 p——额定转速下进气真空度（见表 2-15 和表 2-16）；

$p_{\max}$——在最高空转转速时测得的进气真空度；

n_e——额定转速；

$n_{\max}$——最高空转转速，并在此转速下测量。

2）增压发动机。在额定转速无负荷情况下测量，在燃烧空气进气入口到发动机进气歧管前 A 点测量，如图 2-39 所示。

3）进气真空度的监测。与油浴式空滤器相反，纸质空气滤脏污程度的增加要快得多。因此，安装纸芯空气滤时一定要安装一个保养指示器，并安装在清洁空气道上。其连接方法大都由空气滤制造厂在空气滤上预先规定。

E 进气管道的布置与固定

空气滤和发动机之间的管道（清洁空气管道）必须绝对气密，而且能承受得住发动机振动和压力脉冲所引起的机械应力。同样，也可以应用增压器与中冷器/发动机空气进气歧管之间的中冷器管道。

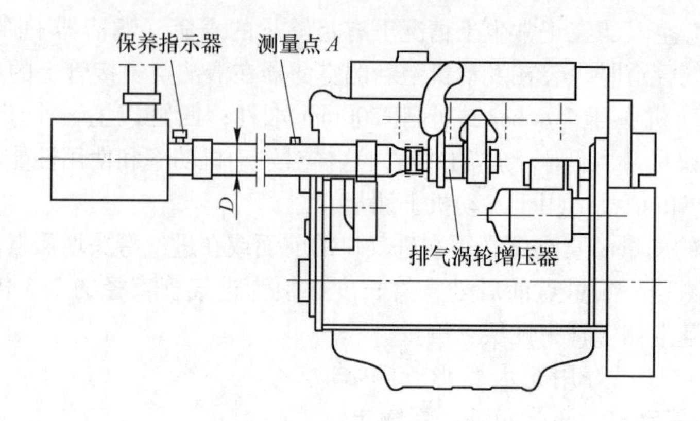

图 2-39　增压发动机进气真空度测量点

无缝钢管适应这一要求，焊接的薄钢板管也可以使用，但其先决条件是密封，内部要干净、无焊瘤、锈层、氧化皮等，内表面必须进行防锈处理，烟囱管、折叠管、点焊管以及铆接管绝对不能使用。

无支承的管道或管路应根据安装设备的振动进行检查，并在发动机或设备上加上支承。

对于地下矿用汽车支承在弹性支承上的发动机，空气滤清器常常刚性地与设备连接在一起，因此必须在空气燃烧管道上安装弹性元件。

在脏的空气管道上可以使用弹性管作为燃烧空气管。在连接时，必须观察周围的最高环境温度，同样也要注意弹性管的强度和振动的作用。

进气管系统的布置与固定如图 2-40 所示。

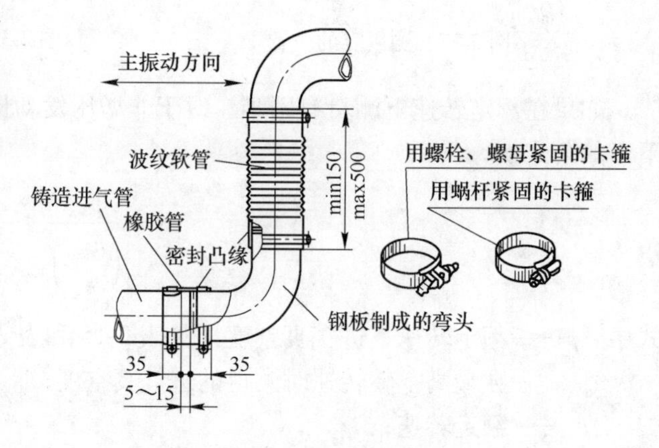

图 2-40　进气管系统的布置与固定

无论是铸造进气管、橡胶管、波纹管、钢板成形的弯头都必须符合有关要求或标准，才能使用，在一定的位置用合适的卡箍固定。

地下矿用汽车柴油机进气系统的设计十分重要，必须要按有关规定进行，否则就会影响其性能与使用寿命，重则还会损坏发动机。

2.2.1.6　系统阻力计算

一个进气系统中的阻力取决于许多变量，这些变量包括管子的形状、导管的平滑度、柔性接头的类型、管子的尺寸、进气帽的结构和弯管的类型等。精确确定系统阻力的唯一方法是通过实际的测试，只要装配好整个系统就应立即检查进气系统的阻力。

为了指导初期设计和部件选择，Cummins 公司给出以下的线解图，将提供各个进气部件的阻力查找和计算方法。这些值的总和加上空滤器制造厂家所提供的空滤器和进气帽的阻力，将得出系统阻力的一个近似值。如图 2-41 ~ 图 2-45 所示。

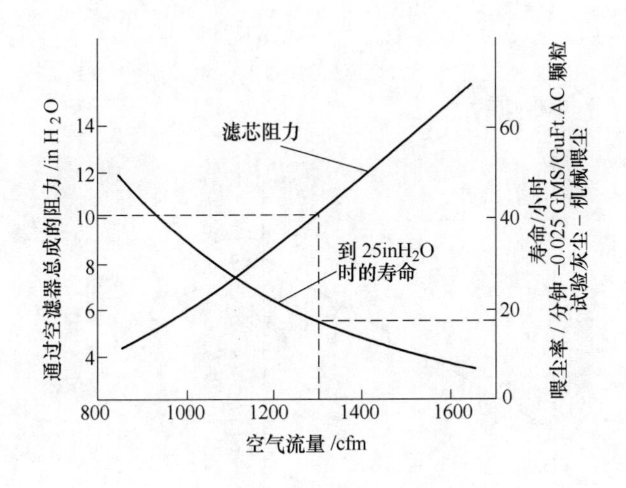

发动机参数	
空气流量	1310cfm（618L/s）
最大允许进气阻力	
干净滤芯	15 in H_2O（380mm）
脏滤芯	25 in H_2O（630mm）
最小储尘能力	25mg/cfm(53g/(L/s))
滤清器在 1310cfm 时的性能	10 in H_2O 阻力，干净滤芯至 25in H_2O 阻力时寿命为 17h
喂尘率 0.025mg/cfm	
空气流量 1310cfm	
17h 的储尘能力	
0.025 × 60min/h = 1.5g/h	
1.5g/h × 17h = 25.5g/寿命（满足最小要求）	
25.5g/寿命 × 1310cfm = 33.405g，在 25 inH_2O 阻力时的储尘能力	

图 2-41　空滤器性能曲线

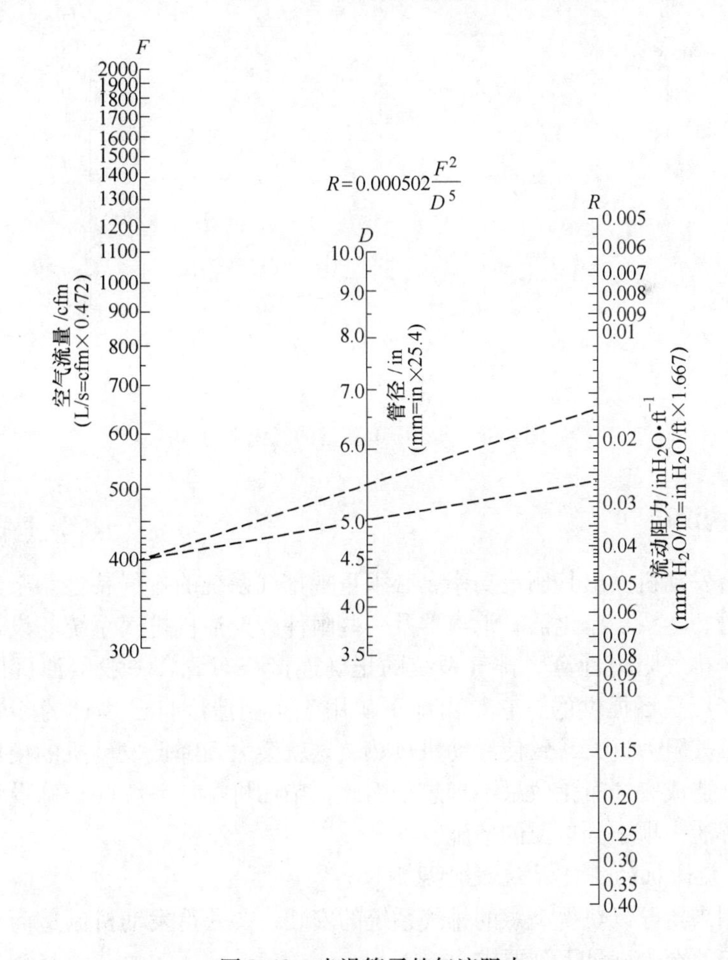

图 2-42　光滑管子的气流阻力

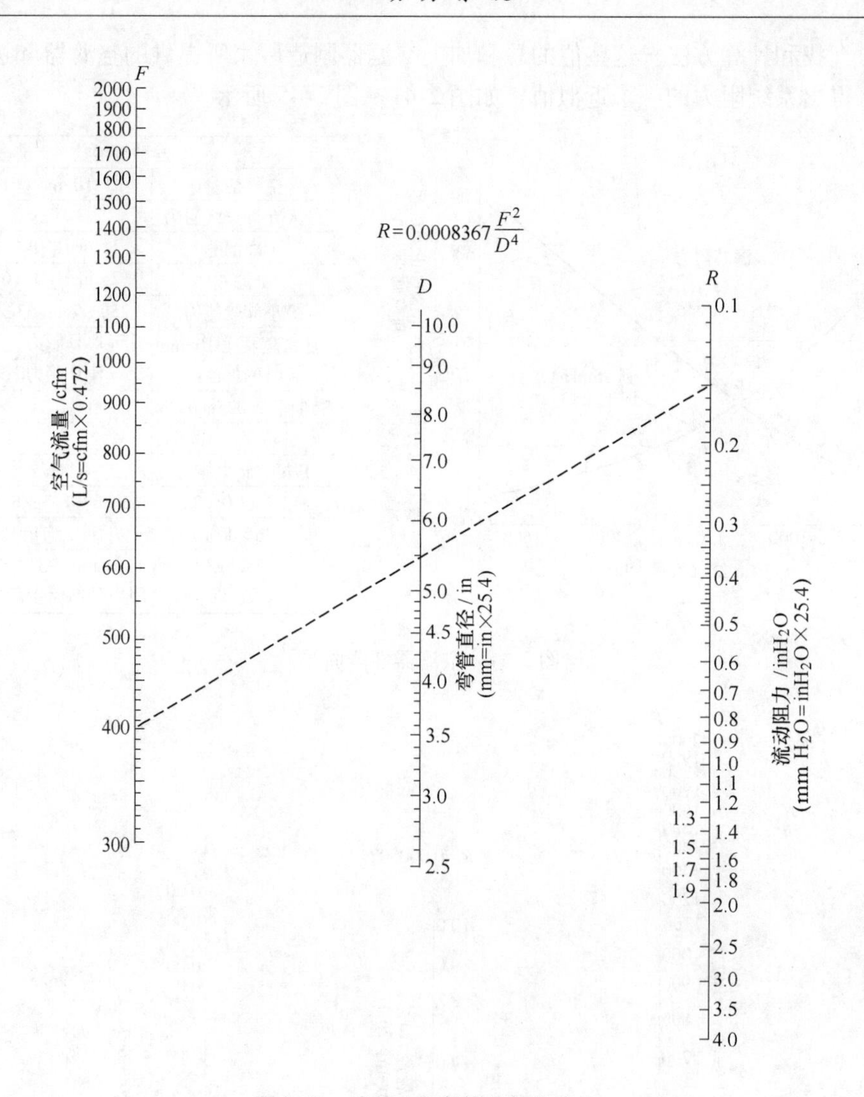

图 2-43 光滑 90°弯管的气流阻力

2.2.2 排气系统设计

为保证一台发动机发出其额定功率，必须重视排气系统的排气特性。柴油机排气系统一般包括排气管、弯头、净化器、消声器及一些附件。柴油机排气系统的设计就是包括上述部件的设计、排气阻力计算、排气系统的正确连接与布置。一般柴油机排气系统零部件，柴油机生产厂是不提供的，它是由地下矿用汽车制造厂自己设计的。如果设计不正确，要么造成排气阻力过大，致使发动机过热，这就会大大降低发动机的使用性能，甚至无法使用；要么造成废气净化效果不理想。因此，柴油机排气系统的正确设计是保证柴油机性能正常发挥的一项十分重要的措施。

2.2.2.1 柴油机的排气系统设计原则

安装推荐用来指导以获得满意的排气系统的安装，要获得发动机制造商对某一应用的认可，排气系统须至少满足下列要求：

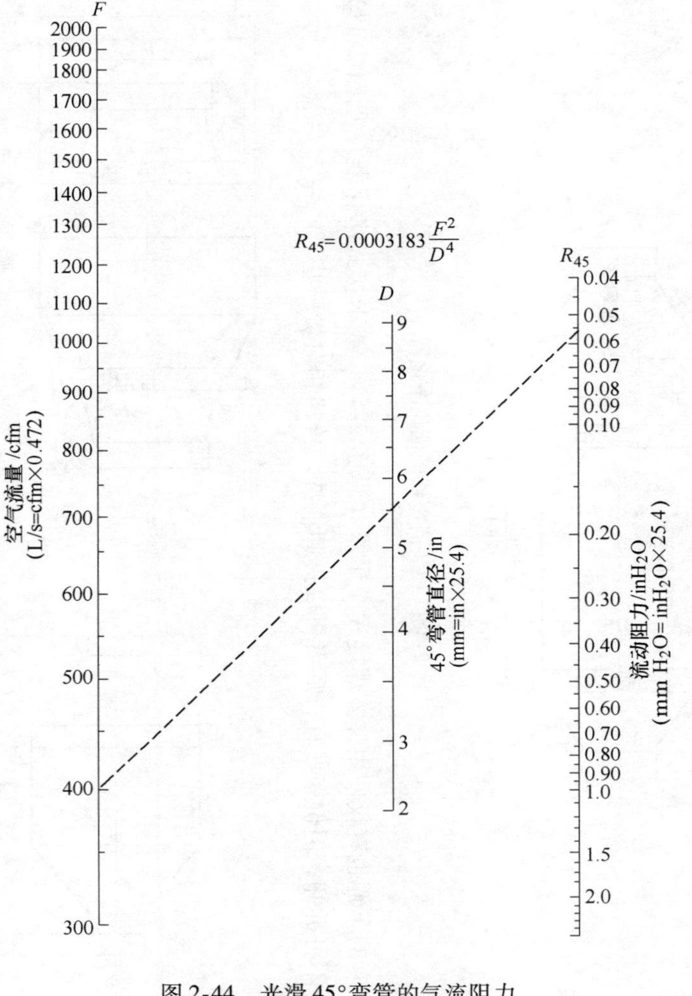

图 2-44 光滑 45°弯管的气流阻力

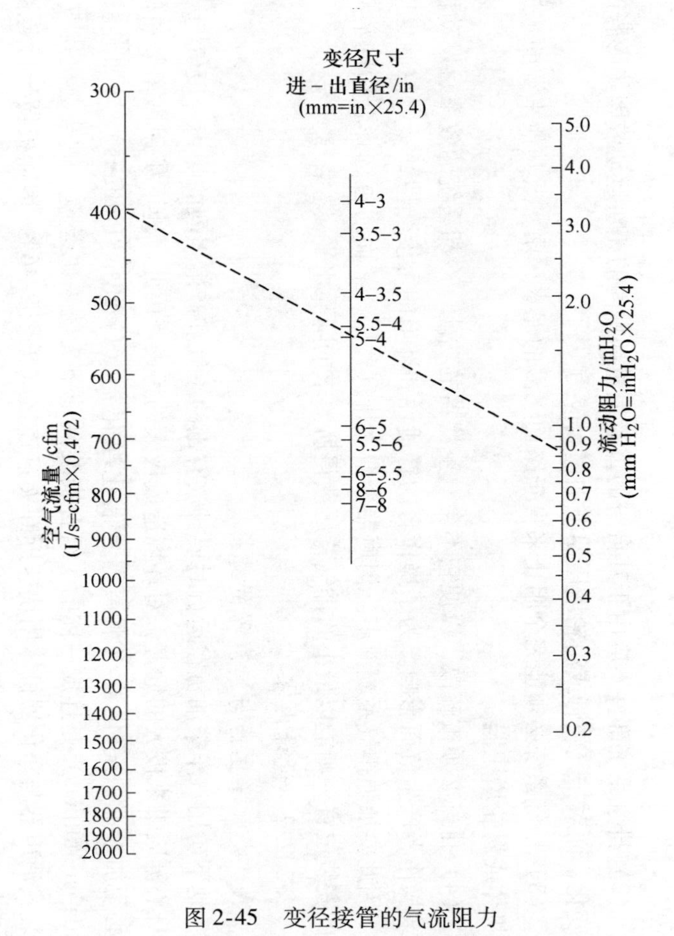

图 2-45 变径接管的气流阻力

（1）当用柴油机制造商推荐的方法检查时，排气背压不能超过相应发动机数据表中的限值。

（2）排气系统部件不应由于其自身的重量惯量部件间的相对运动或因热膨胀产生的尺寸变化，而对排气歧管或涡轮增压器施加过大应力。

（3）排气系统必须能完全阻止来自于路面飞溅的泥水、雨水或其他来源的水进入发动机机体或涡轮增压器。

（4）排气必须被疏散，以便它不会对空滤器的功能、冷却系统的效率、发动机周围环境或操作者产生负面影响。为了操作者的舒适性和环境的可接受性，噪声控制也应受到重视。因此要加强排气系统消声。消声器会增大排气背压，然而通过选择合适的消声器和正确的安装位置，则能以最小的排气背压获得所要求的降噪水平。

2.2.2.2　设计内容

A　废气净化器与消声器的选择

地下矿用汽车柴油机在运行时要排放有毒的废气和产生强烈的噪声。废气与噪声对人的身心健康带来极大的危害，对环境造成极大的污染。因此，地下矿用汽车柴油机排气系统必须加装催化净化器与消声器。催化净化器（Catalytic Purifiers）与加装式消声器（Ada-on Mufflers）是连成一体的，组合安装到地下无轨采矿运输车辆柴油机排气系统上。加装式消声器与净化器机体用快速拆卸夹箍连接（见图 2-46），因而极便于拆装检查和清洁操作。

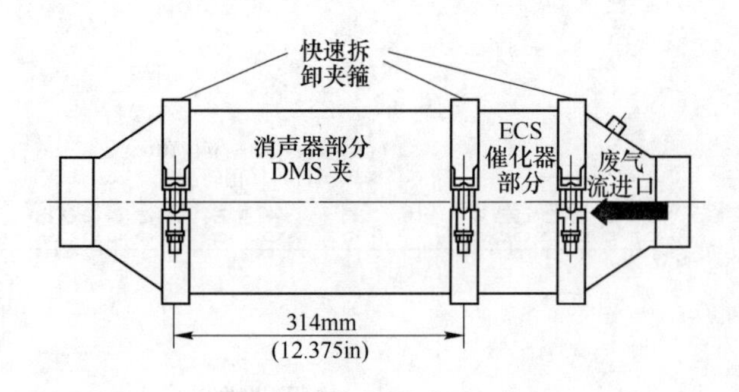

图 2-46　加装消声器的催化净化器

有的车辆也有仅使用整体焊接式净化器（见图 2-47）或卡接式净化器（见图 2-48）。前者不可拆卸，但价格便宜；后者可以拆卸清洗，价格相对贵一些。

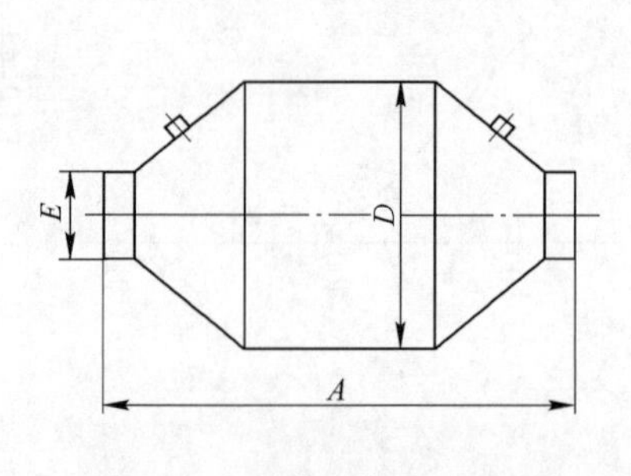

图 2-47　整体焊接式净化器

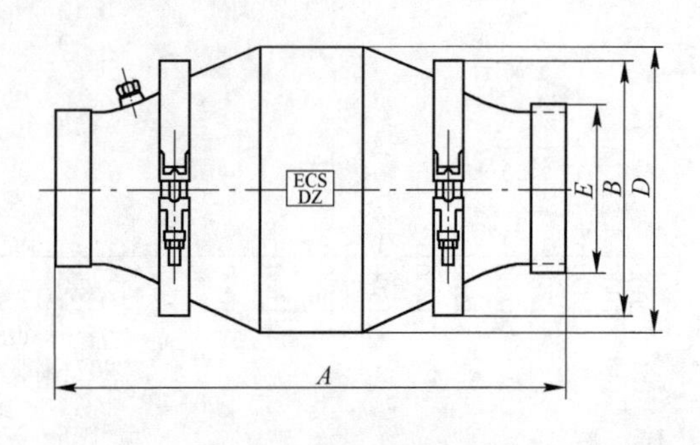

图 2-48　卡接式净化器

选择带消声器的净化器主要依据发动机类型、发动机的排气量的大小、在净化器生产厂给出的选择表来选择合适的净化器与消声器。否则，选大了是浪费；选小了，则排气通过净化器催化剂过快，而无法发挥净化作用，而且还会导致过高的排放物。

为了保证废气净化效果，一般要求废气温度设在350~550℃之间。

一般净化器可降低90%以上CO、80%左右HC、25%~35%颗粒物（PM）的排放，对NO_x影响不大，消声器可降低噪声7~15dB(A)。

发动机废气积排气可在发动机有关手册中查到或由发动机制造厂提供。如果它是按标准环境条件大气压力、相对湿度为0%、环境温度为20℃给出的，即是标准废气流量（standard cubic meter per minute，SCMM），为了计算实际的废气流量（actual cubic meter per minute，ACMM），须从发动机的特性曲线上按相应的功率和转速查出排气温度，并按式（2-18）计算实际废气流量。

$$ACMM = \frac{V_s(273 + t)}{293} \tag{2-18}$$

式中 V_s——标准废气流量，m^3/min；

t——特性曲线上的废气温度，℃。

如果要换成英制实际废气流量（actual cubic foot per minute），按式（2-19）换算。

则
$$ACFM = ACMM/0.0283 = 35.3ACMM \tag{2-19}$$

根据*ACFM*或*ACMM*可在有关净化器生产厂家产品目录中查到相关净化器（或消声器）的规格尺寸。

例如，加拿大ECS催化净化器，可根据发动机2100r/min和482℃时最大废气排量或发动机排量，选择一个合适型号的ECS净化器，见表2-17。

该净化器接在柴油机的排气管道上，可在很大程度上清除排放的刺激性、有毒有害的气体。安装一个适当规格的ECS装置与排气管连接，当排气达到有效温度时，使污染物质在有效温度下催化燃烧，产生合格的废气。加拿大所设计的ECS净化器，其催化器表面采用了大量铂，这样提高了催化剂的转换效率和使用寿命，能在较长时间内防止有毒气体对环境的污染。

表2-17 ECS净化器型号的选择

发动机排量		2100r/min和482℃时最大排量	净化器型号
L	in³	m³/min	
约2.5	约150	5.7	4 DZ（DMS）
2.5~4.1	150~250	9.1	5 DZ（DMS）
4.1~6.5	250~400	14.2	6 DZ（DMS）
6.5~9.8	400~600	21.5	7 DZ（DMS）
9.8~12.1	600~800	28.3	8 DZ（DMS）
12.1~19.7	800~1200	42.5	10 DZ（DMS）
19.7~26.2	1200~1600	59.5	12 DZ（DMS）
26.2~32.8	1600~2000	76.5	14 DZ（DMS）
32.8~50.8	2000~3100	119.0	16 DZ（DMS）

B　排气阻力的计算

a　许用排气背压

当发动机废气通过管道排出，为了降低排气有害气体浓度与噪声，大多数情况下还需加一个废气净化器和消声器，这就导致了排气系统背压阻力增加，从而导致发动机性能变坏。故每一个发动机制造商，在其技术资料中规定了排气系统的许用背压阻力。

表2-18为Deutz柴油机排气背压在发动机额定功率转速下测得的值，不得超过这个数值，这个数值适用整个排气系统（包括净化器、消声器）。

表2-18　Deutz自然吸气和增压发动机许用排气背压

发动机	整个排气系统	
	mbar	mmH_2O
三　缸	63.5	635
四缸和四缸以上	75	750

b　排气背压的确定

（1）Deutz公司排气背压的确定。图2-49与图2-50用来确定排气管总阻力。该曲线分别用于冲程280mm以内的非增压发动机（见图2-49）和用于冲程280mm以内的增压发动机（见图2-50）两种。

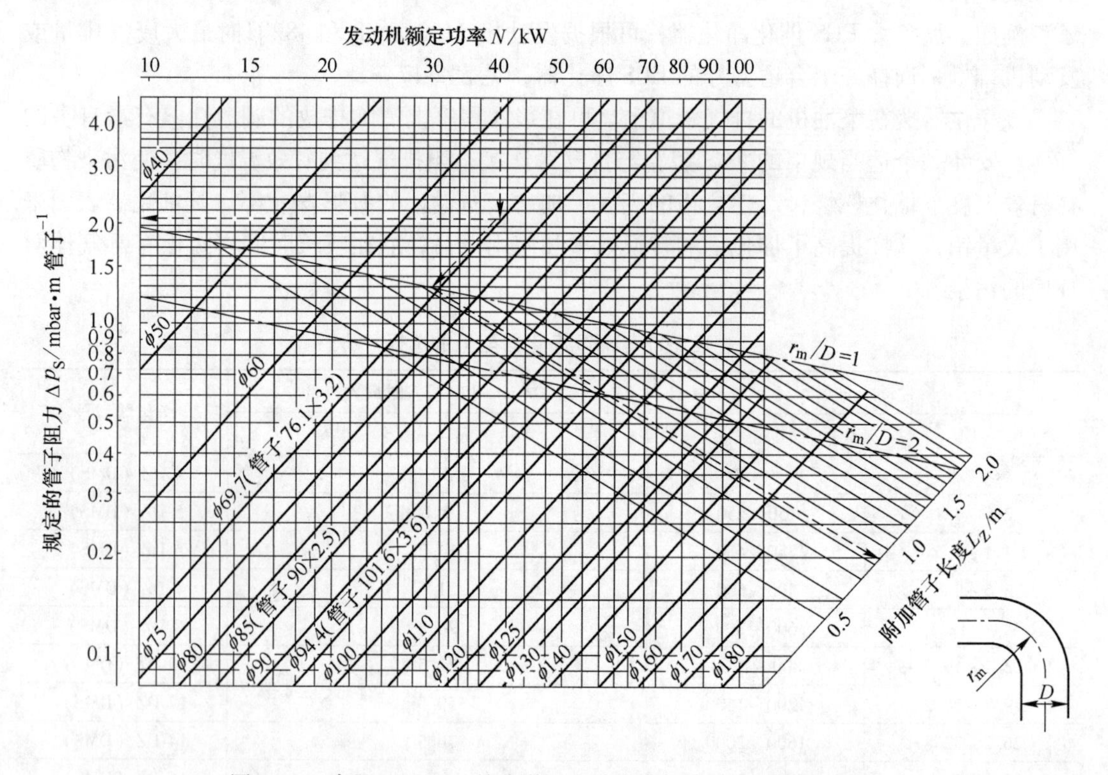

图2-49　冲程至280mm的非增压发动机排气管系统阻力确定图

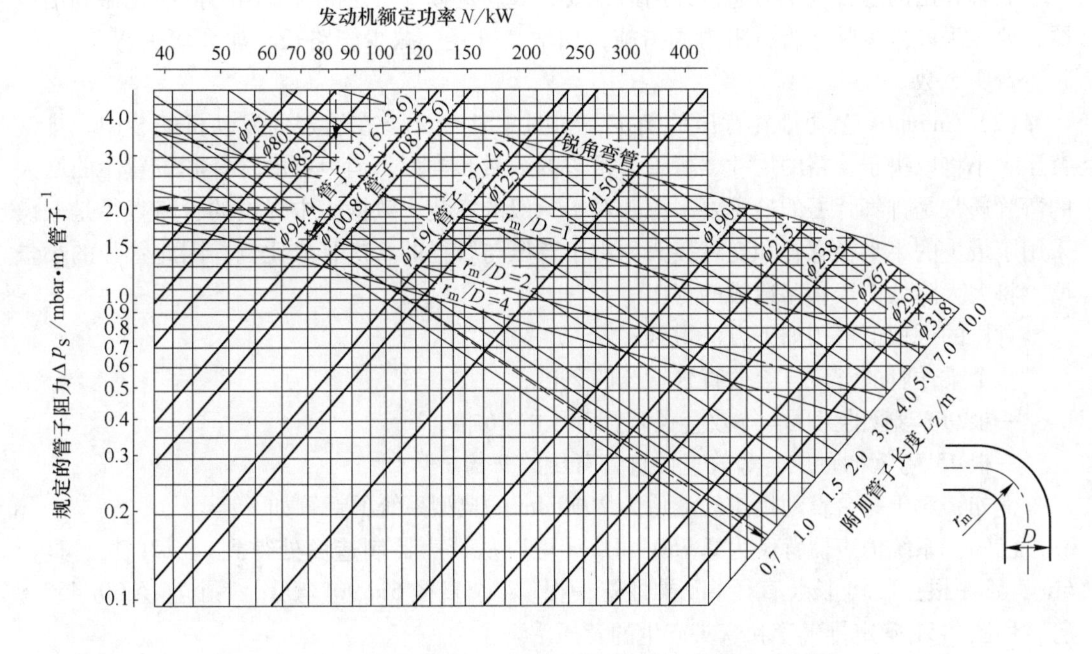

图 2-50 冲程至 280mm 的增压发动机排气管阻力确定图

举例：已知 F4M1012，40kW(2500r/min)，排气管的长度 4m、内径 69.7mm，$r_m/D=1$ 的弯头 6 个。

求管子的总阻力 Δp。

解：$\Delta p_S=2.0$mbar/m，一个弯管 $L_Z=0.8$m。总的管子长度 $L=4+6\times0.8=8.8$m。

$\Delta p=L\times\Delta p_S=8.8\times2.0=17.6$mbar。

举例：BF4M1012C，82kW/(2500r·min^{-1})，排气管的长度 5m、内径 94.4mm，$r_m/D=1$ 的弯头 4 个。

求管子的总阻力 Δp。

解：$\Delta p_S=2.0$mbar/m，一个弯管 $L_Z=0.8$m。总的管子长度 $L=5+4\times0.8=8.2$m。

$\Delta p=L\times\Delta p_S=8.2\times2.0=16.4$mbar。

对于某一发动机功率（kW）具体管径（mm），从阻力曲线上就可以查出每米管长的比阻力 Δp_S(mbar/m)。此外，从这些曲线上还可以查出对于各种管子直径的不同弯曲半径的转弯需增加的管长，即某一已知曲率比 r_m/D 的转弯对应着一相应的直线管长。在确定管道阻力时，这些增加的管长必须加到现有的直线管道的长度上去。

阻力曲线图中还有确定管道阻力的例子。当管子和管道阻力已知时，借助于这些曲线用类似的方法也能确定出所需管子的直径来。

V 形发动机排气管常用的一种结构是：把发动机的排气管合并为一根管道。确定管道阻力时，应对合并的管道的长度和管径加以考虑。

上述计算没有包括净化器或净化器与消声器的阻力，因此在计算总的排气阻力时必须加上这部分的阻力。这部分的阻力可在净化器或净化消声器中生产厂家给出的技术数据中得到。

如果算出的总排气阻力超过许用值，要么重新选择少一点的排气阻力的净化器和消声器，要么采取减少其他管道阻力的措施，如增大管径、减少管路长、加大弯头弯曲半径、减少弯头个数。

（2）Cummins 公司排气背压的确定，如图 2-51 所示。在给定的发动机安装中，排气背压大小将取决于管路的尺寸、弯管和接头的数量和类型、消声器的选择和位置。曲度大的弯管通常是排气背压的最主要来源。对于一般的安装，数据表中提供的管路直径是假设采用了最少的小半径弯管和变径接头。由于背压与管径的 5 次幂成比例，因此管径的小量增大将大大降低由于管路造成的背压。

背压的近似值可用如下方法得到：

一个柔性管的背压 = 等效直管背压的 2 倍；

一根 90°弯管的背压 = 等效直径直管背压的 16 倍；

一根 45°弯管的背压 = 等效直径直管背压的 9 倍。

例如：对于一台发动机排气流量为 2000cfm 的典型系统的计算如下：

已知：系统消声器背压为 0. 750 inHg（可以从消声器制造商处得到）。12ft 长、直径 6in 直管一根；1. 5ft 长、直径 6in 柔性管一根；4 个直径 6in 90°弯管，2 个直径 6in 45°弯管，用图 2-51 确定排气管和弯头产生的背压。

解：在左边 Q 直线上找到 2000cfm 点，在右边 d 直线上找到 6″直径的点，连上两点的直线与中间直线 Δp 相交，交点为 0. 0067in Hg，即 1ft、6in 直管的背压为 0. 0067in Hg。因此，求得：

消音器背压 =	0. 750 inHg
12ft 长、直径 6in 直管背压 = 12 × 0. 0067 =	0. 0804 inHg
1. 5ft 长、直径 6in 柔性管背压 = 1. 5 × 0. 0067 × 2 =	0. 0201 inHg
4 个直径 6in 90°弯管背压 = (16 × 6 × 4/12) × 0. 0067 =	0. 2144 inHg
2 个直径 6in 45°弯管背压 = (9 × 2 × 6/12) × 0. 0067 =	0. 0603 inHg
合计	1. 125 inHg

计算出的背压是管路平均摩擦阻力的近似值，必须通过实际测量来验证。

C　排气管路的设计与布置

（1）排气管内径与长度的确定。设计排气管道时，须以发动机上排气管的内径为原始参数，后接管道直径不能缩小，尽量采用图 2-46 ~ 图 2-48 列出相近的管径。排气总管或外接排气管只允许直径加大。

排气管路越长，排气阻力越大。因此排气管路的长度受许用排气阻力限制，同时也受安装位置与消声效果的限制。

（2）净化器与净化消声器输入与输出管直径的确定。为了计算适用范围，一种型号的净化器与净化消声器的输入与输出管直径 E 一般有好几种规格供选择，如图 2-46 ~ 图 2-48所示。一般按与之相连的管道连接端的内径选择。

（3）排气管的连接。为了保证排气管的气密性，防止有毒气体的泄漏和降低噪声，一般排气管采用搭接结构（见图 2-52）与对接结构（见图 2-53）。前者采用成型夹，后者采用平面夹。

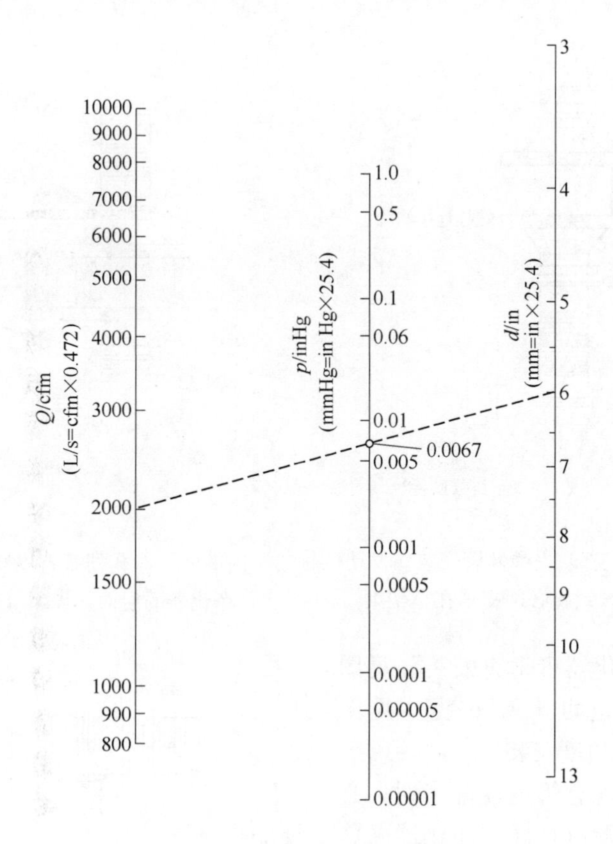

图 2-51　背压列线图

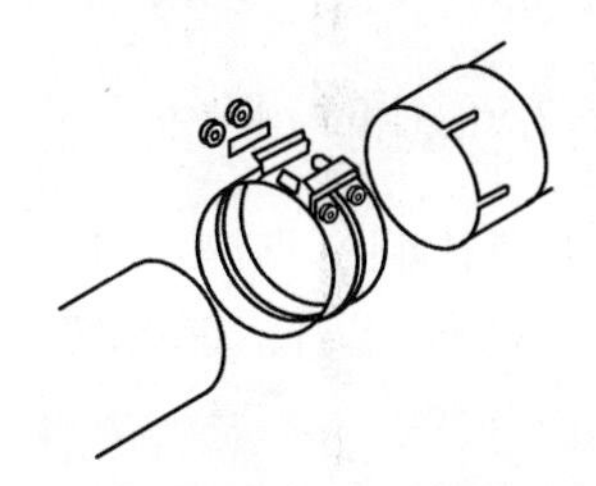

图 2-52　排气管搭接连接与成型夹示意图

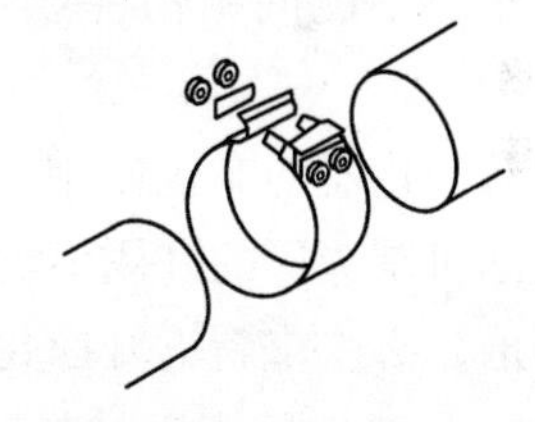

图 2-53　排气管对接连接与平面夹示意图

（4）弹性排气管安装。地下矿用汽车用发动机都采用弹性安装，因此在发动机后的排气管上必须有一个弹性元件，以便承受相对运动、热膨胀的负荷、补偿轴向变形，最常见的弹性元件是金属波纹管（见图 2-54 ~ 图 2-56）。

对较大的净化器，任何支承都应支承在净化器壳体两端上，以至不影响壳体中心的移动。

D　废气净化器的安装

排气温度是废气净化器使用效果的最重要的要求。因此净化器必须尽量靠近发动机排气歧管安装（一般 300 ~ 500mm 距离内）。如果是新型净化器，这个距离可在 1800mm 左右。排气管的长度对消声器消声效果有很大的影响。在正常使用的条件下，一般排气管的长度在 700 ~ 1200mm 就足够了。若采用重型消声器，排气管的长度对消声效果的影响可

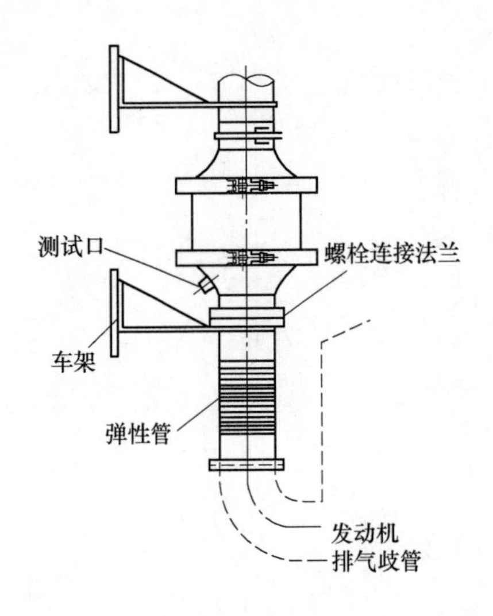

图 2-54　净化器垂直安装，当弹性管安装在发动机与净化器之间，该系统必须支承在车架上

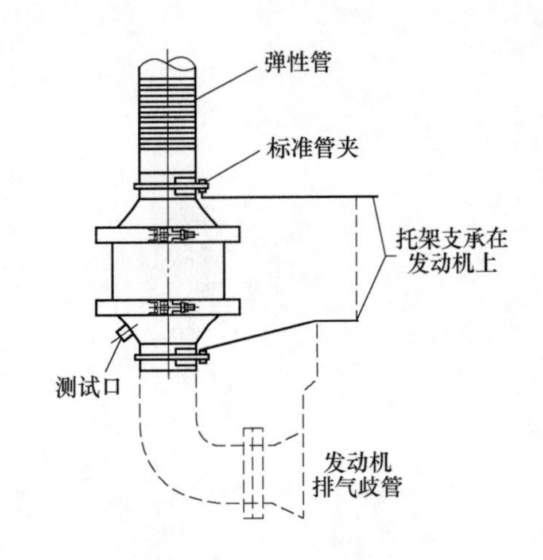

图 2-55　净化器垂直安装，当弹性管安装在净化器的后面，该系统应支承在发动机上

以不考虑。废气净化器可垂直安装（见图 2-54 和图 2-55），也可水平安装（见图 2-56），或任何一个角度安装。

当把净化器与现有管道连起来时，必须保证输入或输出管道直插到净化器壳体的底部。在起动发动机前，净化器必须定位好并被支承，不能同结构件或发动机附件相接触。

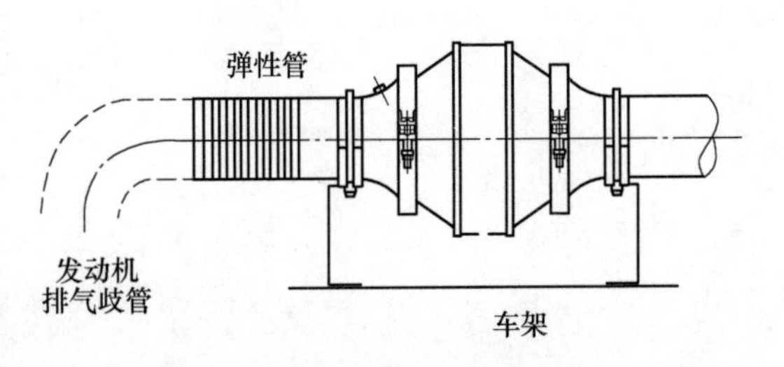

图 2-56　净化器水平安装

在已装有净化器的车辆使用前，必须在净化器壳体上背压测量点测量排气系统的背压，并同柴油机制造厂的许用值比较。如果测量的背压值小于许用值，车辆即可使用；如果大于许用值，必须重新拆开净化器进行清洗后才能使用。

E　排气系统各零件的材料特点与选用

由于柴油机排气系统各零件长期处于高温（500 ~ 700℃）、易腐蚀的环境中，因此对这些零件的要求是能耐高温、抗氧化和锈蚀，且有一定的强度。表 2-19 列出了这些零件的常用材料，供选择参考。

表 2-19　柴油机排气系统零件用材料

名　称	耐蚀性	强　度	抗氧化耐腐蚀	价　格	应　用
不锈钢	最　好	最　好	最　好	最　贵	净化器、消声器、波纹管及附件
渗铝钢		根据基底材料定	最　好	是不锈钢的 2/3	净化器、消声器、波纹管及附件
镀铝钢		好	良　好	一　般	附　件
镀锌钢		差	一　般	低	附　件
冷轧板	差	差	差	最　低	附　件

2.2.3 燃油系统设计

所有柴油机有效起动和满意的运转，均取决于对喷油泵稳定而充分的供应燃料。管道中的空气和燃料蒸汽将造成起动困难，且扰乱了燃料过程，降低了功率甚至熄火。这些影响应通过适当的安置油箱和选用适当尺寸的连接管予以消除。

一般柴油机制造厂已配置好了柴油机本体的燃油供给系统，但柴油箱及柴油机本体之外的燃油供给系统却要由地下矿用汽车制造厂来设计，因此必须注意柴油机本体之外燃油供给系统的设计。

2.2.3.1 对燃油系统的要求

（1）发动机必须装有发动机的燃油滤清器。

（2）当发动机停机时，燃油系统不允许燃油由于重力通过燃油进油管或喷油管回流进发动机。

（3）燃油泵的进油压力不得超过发动机参数表中适用的干净滤芯条件下的规定值。该值基于一个燃油箱半满状态。

（4）燃油回油管阻力不得超过发动机厂规定的值。

（5）回油在管路中不得产生压力波动。

（6）燃油箱必须有一个通气孔和一个回油连接，它们可适当地允许空气和其他气体在燃油箱没有压力的情况下从燃油中分离。该通气孔还必须避免污垢和水的进入。

（7）燃油管的材料必须是优质的，并且是在该推荐的燃油管路部分中特别指定的型式。

（8）进入发动机油温必须低于发动机规定值。

2.2.3.2 燃油箱的设计

A Deutz 燃油箱设计要求

（1）燃油箱必须有足够容量，以保证发动机足够的一个工作班时间。

（2）设置燃油箱主要油口。在油箱顶盖的中间有吸油管和回油管，其间距尽可能大，如图 2-57 所示。管口一定都要插入最低油面之下，距箱底大约 40mm，以防吸油管吸入沉淀物，防止发动机停车时空气经回油管进入吸油管道上，从而导致起动困难。任何情况下，回油管必须直接接通油箱。

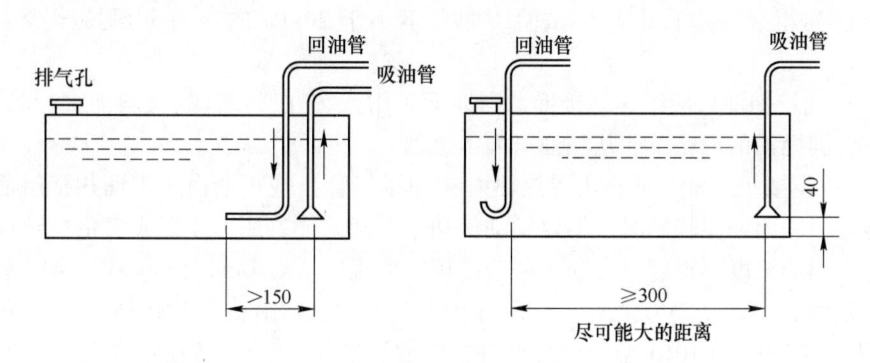

图 2-57 吸油管与回油管的布置

（3）在燃油箱顶部的通气孔上必须配置燃油滤清器（作注油口用）。加油口应当足够大，使油箱在 2 ~ 3min 被加满。盖与呼吸器应当隆起，这将防止当盖打开时，泥或污垢不会掉入油箱。对于有时在倾斜位置工作的发动机，通气口都要通气。

(4) 为了能随时观察油箱的燃油消耗情况，在油箱上适当位置安装一个油位计，即在油箱顶部下方 1/4 油箱油量处和油箱底部上方 1/4 油箱油量处安装一个油位计，或者在油箱顶部安装一个油位探尺。

(5) 放油孔要设置在油箱底部最低位置。使换油时油液和污物能顺利地从放油孔流出。在设计油箱时，从结构上应考虑清洗、换油方便，设置清洗孔，以便油箱内沉淀物的定期清理。

(6) 燃油箱的位置与管道布置如图 2-58 所示。当燃油箱位于较低位置时，吸油口与输油泵之间的最大高度差为 A（在额定速度时，总吸入阻力包括滤清器大约为 0.05MPa）。对 1012 型与 1013 型发动机来讲，$A \leqslant 1000$mm，总吸入阻力为 0.01MPa。

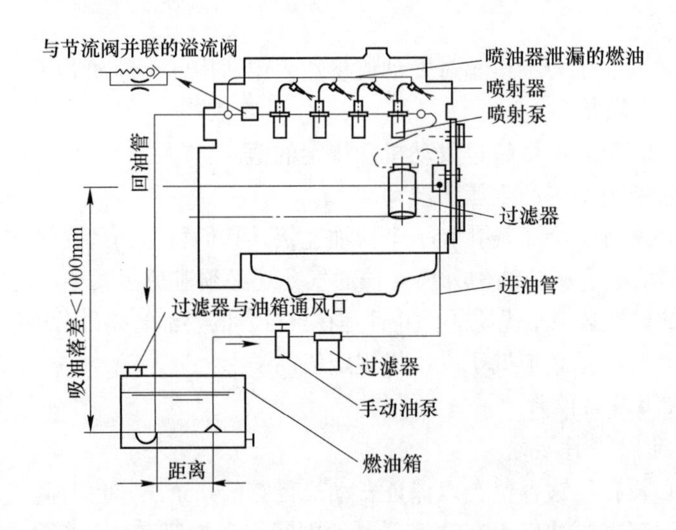

图 2-58　燃油箱的位置与管道布置

(7) 燃油箱必须有一个通气孔和一个回油连接，它们可适当地允许空气和其他气体在燃油箱没有压力情况下从燃油中分离。该通气孔还必须避免污垢和水进入。

(8) 燃油箱必须进行密封性试验，即在不小于 20kPa 的压力下保持至少 15min 无泄漏。

(9) 燃油箱加油口应很容易接近，当地下矿用汽车在所设计的倾斜面上行驶、作业、停车时，装满燃油的油箱不能从加油口溢出燃油。

(10) 一定要把燃油箱放在不受热辐射（如排气管）或不会由于表面相接触而直接被加热的地方。因为油温较高时，不仅发动机功率下降，而且还可能形成气化并导致熄火。

因此，燃油温度不得超过发动机制造商规定的温度。对 Deutz 公司 912、413 系列发动机来讲，燃油温度超过 25℃之后，每升高 10℃，发动机输出功率下降 1%，燃油的极限温度为 60℃。对 1012 与 1013 型发动机来讲，燃油温度超过 30℃（在喷油泵入口处测量），每升高 10℃，发动机的输出功率下降 1% ~ 1.5%，燃油的极限温度为 75℃。

随着现代发动机技术的发展，喷油压力大大增加，其燃油温度也会相应提高，更应注意燃油箱的位置。若仍达不到上述要求，可以在发动机回油系统上安装一个燃油冷却器。

回油管的最大阻力不大于15kPa。回油总的阻力（包括冷却器）不超过50kPa。对所有型号发动机，冷却器的散热能力为2kW。

B Cummins 燃油箱设计要求

（1）进、回口必须分开，中型发动机应相距300mm以上，如图2-59所示。

（2）对于中型（B、C系列）发动机回油口必须低于油面，而PT系统的回油口必须高于油面。

（3）进油口必须距油箱底部25mm以上，底部为水和杂质的沉淀空间，油箱在最低处要有排污阀。

（4）必须有5%的膨胀空间以防燃油膨胀后而溢流。

（5）必须有通气功能以防油箱内部压力过高，要求的通气流量见发动机技术参数表。通气孔应防尘和水。

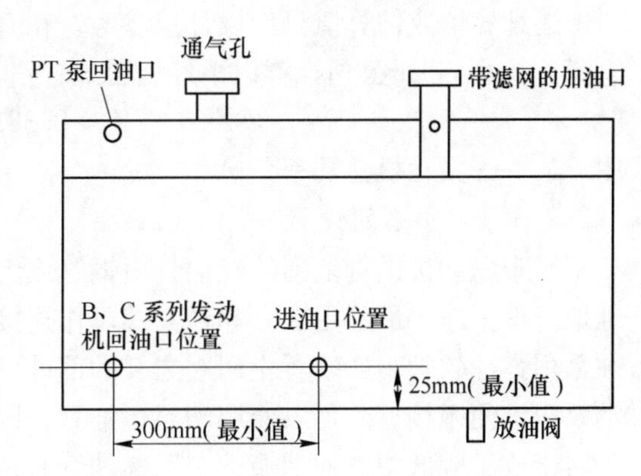

图2-59 Cummins燃油箱设计

C 燃油箱的材料

燃油箱可用带保护层的钢或铝制造，不能镀锌也不能用含锌材料，因为锌会与燃料中的硫化合成硫化锌，对喷油系统有腐蚀作用。

D 燃油箱容量的设计

燃油箱容量的计算，既要保证柴油机一个班以上不加油能连续工作，又要能使所设计的燃油箱在地下矿用汽车上有很好的布置。因此，燃油箱的容量V(L)可采用如下公式计算。

（1）Wagner公司推荐以下公式：

$$V = \frac{g_e N_e K h}{\gamma} \tag{2-20}$$

式中 g_e——燃油平均消耗率，g/(kW·h)，一般取250g/(kW·h)；

N_e——发动机的额定功率，kW；

K——负荷系数，一般取$K=0.5$，对重负荷$K=1.0$；

h——工作小时，一般取9；

γ——柴油密度，815~860g/L，一般取835g/L。

当没有上述公式有关具体值时，可采用表2-20中的燃料消耗估算。

表2-20 柴油机燃料消耗量估算值

发动机型号		F4L912W	F6L912W	F6L412FW	F8L412FW	F10L412FW	F12L412FW
发动机燃料消耗估算值 /$L \cdot h^{-1}$	高	9.45	14.364	24.57	32.886	41.202	49.14
	中	6.426	9.5	16.254	21.546	27.216	32.5
	低	3.402	4.914	10.962	12.608	16.254	19.505
功率/kW		41	61	102	126	170	204

表2-20中低值用于长运距和水平运输条件，高值用于近运距或陡坡条件。对地下矿用汽车，一般按高值计算。

考虑到油箱中油位在地下矿用汽车爬坡时的变化，吸油管进口应距油箱底有一定的距离。油箱应给油蒸气留有一定空间。一般油箱实际油量要比计算的大20% ~25%。

上述计算值或估算值只作设计量参考，在有条件的地方，油箱容积应尽可能大些。

（2）Caterpillar公司推荐以下经验公式：

$$V = 0.381N_g h \tag{2-21}$$

式中 N_g——发动机总功率，kW。

2.2.3.3 管路的设计

不属于发动机供货范围的燃油管由铜管或无氧化的钢管制成。安装时，燃油管预先要仔细地清理干净。最好用卡套和锁紧螺母作连接元件来固定管子，连接到发动机上的燃油管须采用弹性软管。如装有止回阀之类的部件，其孔径应足够大，远离发动机布置的手动燃油泵应该便于接近。可以使用塑料燃油管，因为它有很好的柔性和耐100℃高温的能力。

对于放于较低位置的油箱，布置燃油管时，须注意下列几点：

（1）对于912与413系列柴油机，从油箱到输油泵的吸油管应选用$\phi10\times1$，即内径为ϕ8mm的管子。管子长度为3 ~5m时，要求内径为ϕ10mm；对于长度大于5m的管道，管道的内径可按发动机额定功率三倍的油量计算，管内流速不超过0.8m/s。如果计算的管子内径小于ϕ10mm，则取为10mm。

（2）对于1012与1013发动机，若管子长度小于2m，从油箱到输油泵的吸油管内径应选用ϕ10mm。若此管子的长度大于2m，吸油管的内径按表2-21选取。

表2-21 吸油管的长度与内径的关系

管子长度/m	管子内径/mm	管子长度/m	管子内径/mm
小于6	12	小于15	14
小于10	12	小于25	16

当使用标准管子时，必须保证所选管子内径不小于表2-21所要求的内径。

（3）吸油管尽可能平直，没有急剧的弯曲。燃油管的尺寸，对912与413系列，燃油回油管的尺寸须使其横截面积为进油管的一半，对1012与1013型柴油机，回油管的尺寸与吸油管相一致。进入回油管的流阻（在发动机后面直接测量）不得超过50kPa。

（4）要保证所有管子与接头的密封。

2.2.3.4 可在恶劣环境下工作的滤清器系统

在极其恶劣的作业条件下，燃油的过滤也是十分重要的。因为每当发动机及单独的设备在极其恶劣的条件下（劣质的燃油、燃油含水量高、备件不足……）作业时，建议在上游采用组合初滤器作为初滤，在下游的初滤器可用带水分离器，如图2-60所示。

2.2.4 导风罩设计

风冷柴油机是由冷却风扇供给环境空气直接冷却的。水冷柴油机也是通过冷却风扇供给的环境空气直接冷却散热器、间接冷却柴油机的。因此供给所需的冷却空气是柴油机可靠运转的先决条件。风扇导风罩通常用来改善风扇效率。好的风扇导风罩使通过发动机风

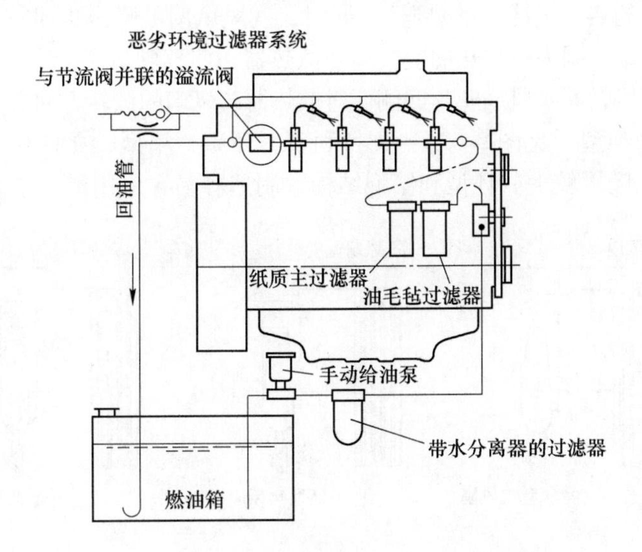

图 2-60 可在恶劣环境下工作的滤清器系统

压室的风量更多或流过散热器芯子的空气量更多、分配更均匀，同时又限制柴油机罩内空气再循环和降低进气阻力。由此可知，导风罩的正确设计对柴油机冷却系统的冷却能力有着十分重要的影响。

2.2.4.1 风扇、导风罩的类型

地下矿用汽车柴油机一般采用吸风扇与吹风扇两种。因此在使用时，必须要注意风扇的类型（见图 2-61）。一般来讲，吹风扇的效率低于吸风扇。因为吹风扇吹向散热器的空气温度稍高于吸风扇吸入散热器的空气温度（因为吸风扇用车辆外部的冷空气冷却散热器，而吹

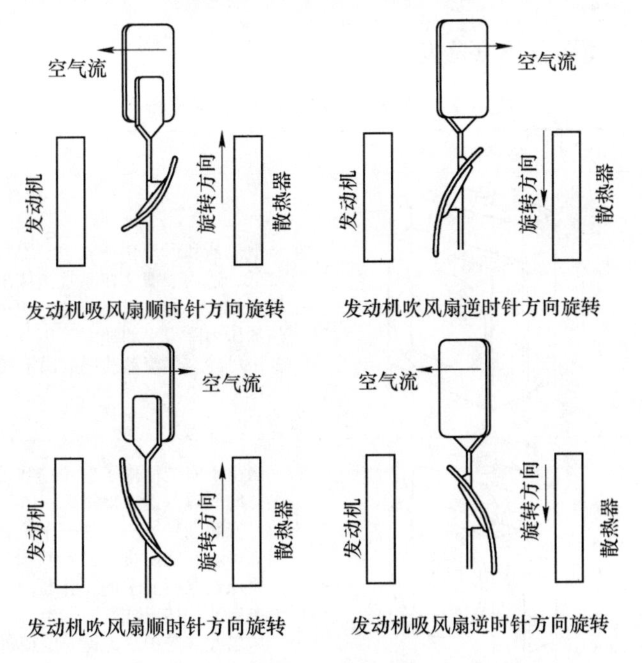

图 2-61 吸风扇与吹风扇

风风扇用发动机舱的热空气冷却散热器)。同时，吹风风扇的噪声也比较大。吸风扇在大多数情况下，也有不足，因为被加热的空气离开散热器，使驾驶员承受高温。安装时，吸风扇叶片凹侧面对发动机，而吹风扇叶片凹侧面对散热器，风扇的旋转方向必须正确。

导风罩有三种类型（见图2-62）：文特利型、环型、箱型。文特利型导风罩的效率最高，但制造困难，应用较少。环型和箱型结构、制造容易，应用最广。

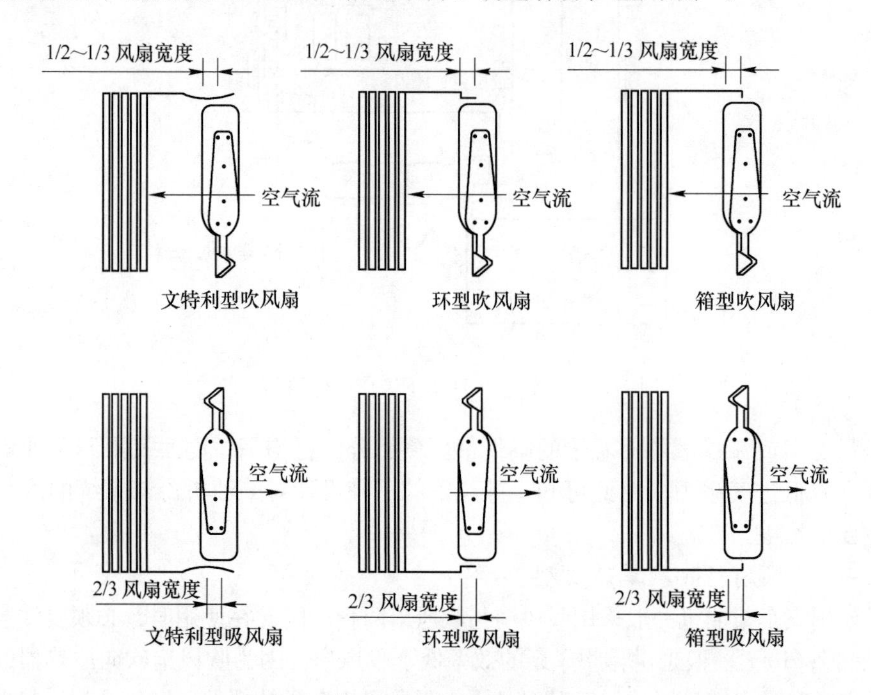

图2-62　导风罩的类型

常用导风罩结构简图及特点见表2-22。

表2-22　风扇导风罩的结构简图及特点

序号	名　称	结构简图	特　点
1	箱型导风罩		散热器和风扇中心对准，结构简单，制造容易，造价低，适用于安装在系统流体阻力（也就是风扇工作压力损失）相当低的地方。也就是通常用于安装在散热器压力降很小的地方（因为使用了管子排数少）以及中等冷空气流动速率的固定式发动机
2	环型导风罩		当由于安装使用了管子排数较多的散热器芯子和散热片的间隔可能靠得很近，使系统压力降很大的情况，通过安装在导风罩上加一个风扇环可以达到较高的风扇效率。它能防止风扇叶片顶尖空气过多泄漏，从而使风扇建立所要求的工作压力。风扇环的宽度大约等于风扇叶片伸出宽度的一半。 风扇叶端与护圈保持一定径向间隙以防止空气回流，它适用于系统压降较高的设计

续表 2-22

序号	名 称	结构简图	特 点
3	成型导风罩		流线型结构可改善散热器芯部的气流分布，减少护风罩内的涡流和紊流。第三种成型导风罩设计可以得到最佳的风扇效率，但造价较高
4	带弹性套的环型导风罩	最小风扇顶隙约 6mm 发动机安装环 弹性套	柔性护风套结构，分成前后两段，前段四边形紧固在散热器上，后段圆形与风扇中心保持同心并支承在发动机上，中间用柔性皮套连接。这样，风扇与护圈之间几乎无相对运动，可以大大缩小叶片端处的径间间隙（可缩至 5mm），提高风扇风量，并改善散热器芯部的气流均匀性。但这种方案只适用于风扇与散热器之间具有足够大距离的布置，否则难以实现。安装在风扇和导风罩之间有相当大的相对运动的地方。图示布置用得较多，导风罩弹性安装在发动机上，目的在于使用风扇间隙最小

2.2.4.2 风扇导风罩的设计原则

在设计风扇导风罩时，必须遵守下列原则：(1) 只有新鲜空气才能供冷却用，千万不能吸入热风与废气；(2) 进气道空气阻力应尽量少，也就是说要避免局部节流；(3) 制造容易，安装简单。

2.2.4.3 风扇导风罩的设计

风扇导风罩的设计包括风扇尖与导风罩之间的间隙 SP、风扇端面与散热器之间的距离 A、风扇与发动机之间的最小距离 ML、风扇在导风罩的轴向位置 δ、风扇罩的布置方式等，如图 2-63 所示。

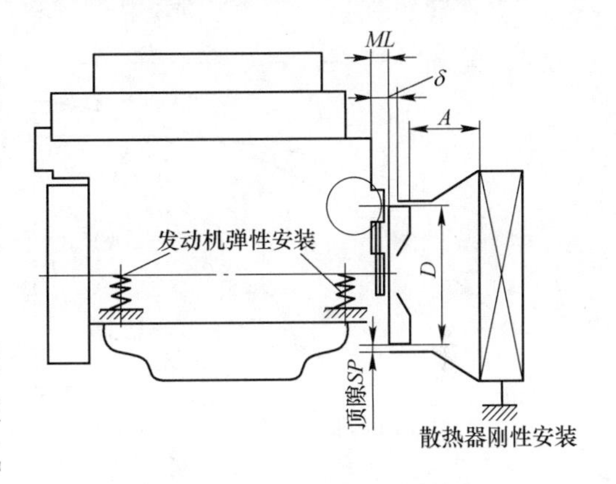

图 2-63 导风罩设计简图

A 风扇尖与导风罩之间的间隙——顶隙 SP 的确定

顶隙 SP 的大小既影响风扇的效率 η（见图 2-64），也极大地影响噪声的大小（见图

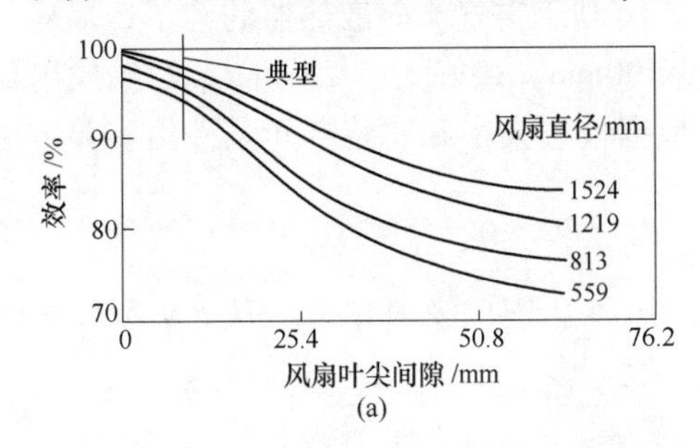

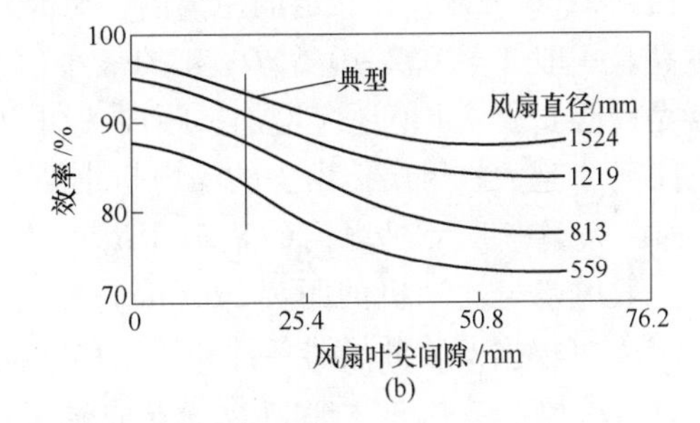

图 2-64 风扇顶隙对风扇效率的影响

(a) 文特利型导风罩；(b) 箱型或环型导风罩

2-65）。图 2-64 就表示风扇效率 η 同顶隙之间的关系。从图中可以看出，同一直径风扇、相同的 SP，文特利导风罩的风扇效率比箱式与环形的高。

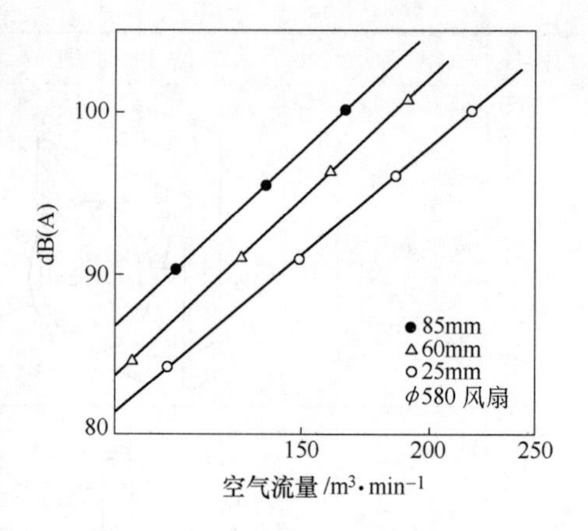

图 2-65　风扇顶隙对噪声的影响

从图 2-65 中可以看出，随着顶隙的增加，传出的噪声也越大。

同一形式的导风罩，若风扇效率相同，风扇直径大，顶隙也大。顶隙越小，风扇效率也越高。这就是说，为了提高风扇的效率，应尽量减少顶隙。但是由于制造困难，及风扇传动带的张紧要保持这样间隙是非常困难的。特别在发动机导风罩不带弹性支承，而散热器又是刚性安装的情况下（见图 2-63），顶隙不能太小。否则，发动机运转时，风扇与同心的风罩就会产生碰撞。根据经验，一般取顶隙 $SP=(0.02\sim0.03)D$(mm)，最大不大于 15mm。D 为风扇直径。

B　风扇端面与散热器之间的距离 A 的确定

风扇端面与散热器之间的距离影响风扇的效率 η（见图 2-66）。

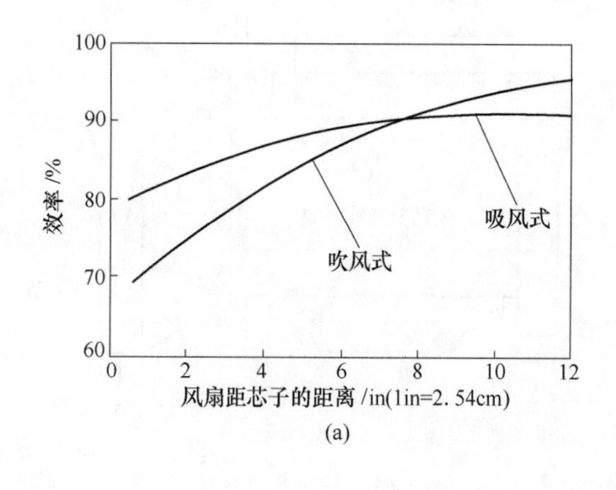

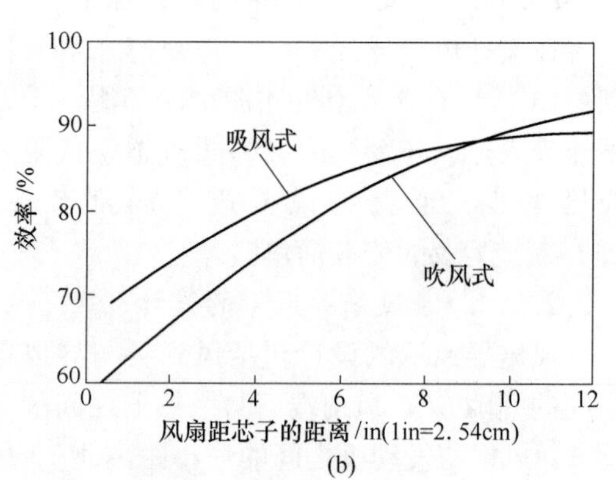

图 2-66　风扇端面与散热器距离对风扇效率的影响

（a）风扇扫过 65% 以上的芯子面积；（b）风扇扫过不足 65% 的芯子面积

由图 2-66 可知，在一定的距离内，A 越大，有利于空气流向散热器的芯子，风扇效率也越高。一般 $A=(0.2\sim0.5)D$。A 的最小值是 100mm。最好大于 150mm。如果风扇与冷却器是偏心安装，A 值还应增加。距离 A 可以根据偏心大小和安装空间条件由实验方法决定。距离 A 越大，风扇传出去的噪声越小。

C　风扇与发动机之间的距离 ML

一般风扇与发动机的距离 ML(mm) 推荐：$ML>0.2D$(吸风扇)、$ML>0.5D$(对吹风扇)。ML 可根据安装散热器条件和风扇尺寸而变化。

D　风扇在导风罩的轴向位置 δ 的确定

（1）吸风扇在导风罩上轴向位置的确定（见图 2-67 与图 2-63）。由于安装空间的限制，通常需要短的动力传动结构，也就是散热器和风扇应尽可能接近发动机。结果在排风端有相当高的阻力，如果风扇叶片不在散热器不变的风道圆柱形断面整个宽度上旋转，该阻力可能下降。一般风扇宽度的1/3应布置在导风罩风道外面。

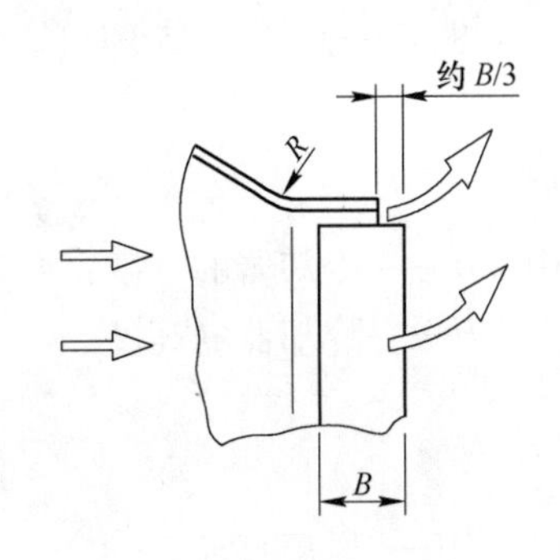

图2-67 吸风扇在导风罩的位置

（2）吹风扇在导风罩上轴向位置的确定。对吹风扇来讲，空气入口端上使散热器风道的形状像喷头一样是最理想的（见图2-68）。因为它能防止冷却空气流受阻，若不能形成喷头形状，风扇靠近发动机安装，会导致额外的阻力。叶片顶应在散热器风道整个圆柱形断面宽度上移动。如果散热器风道入口不是喷头形结构，约风扇宽度的1/2以上伸出散热器风道圆柱形断面（见图2-69）。

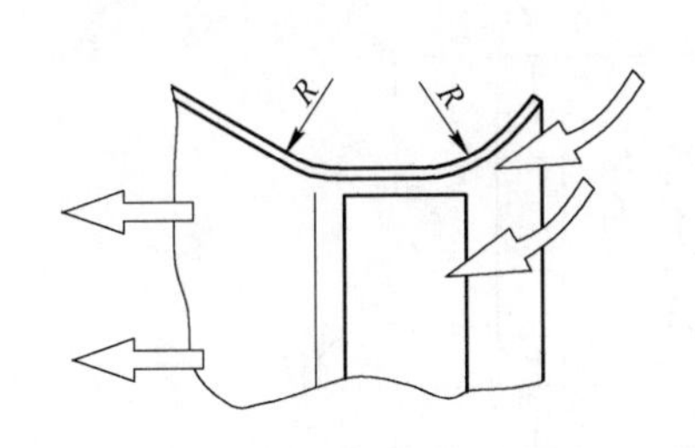

图2-68 空气入口端喷头结构

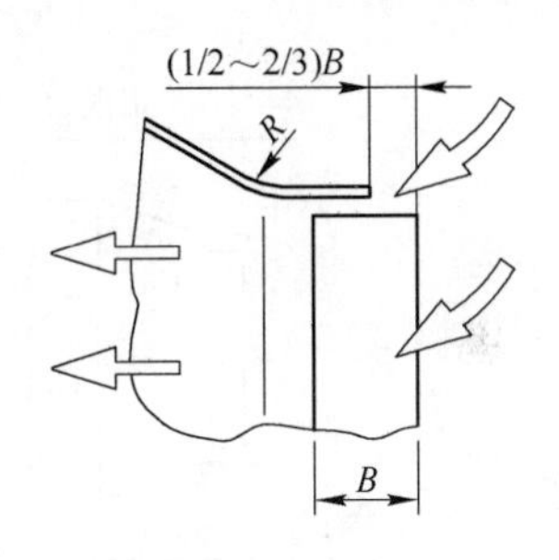

图2-69 吹风扇在导风罩的位置

此外，发动机围板上开口的尺寸应保证有足够冷的新鲜空气从周围环境吸入。发动机围板上开口的大小反映发动机室的封闭程度。发动机的大小和类型也影响风扇的效率 η，如图2-70所示。在计算发动机冷却风量时必须考虑这一点。在布置散热器和决定风扇尺寸时应考虑到：由于发动机散热器和排气系统的影响，冷却空气在发动机室内已预热，比发动机室外的冷空气温度高8～12℃以上。

（3）导风罩的结构尺寸（见图2-71）。当选择冷却系统冷却器和通过风道与风扇连接的时候，风扇分别从周围环境和发动机室通过散热器芯子吸入或排出空气。散热器的有效面积 F_K 与风扇表面积 F_D 之间的比值不能

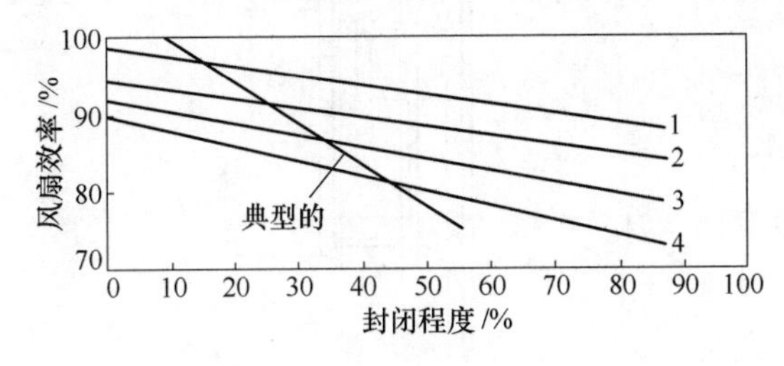

图2-70 发动机封闭程度对风扇效率的影响

1—大型V形发动机；2—直列式发动机；
3—中型V形发动机；4—小型V形发动机

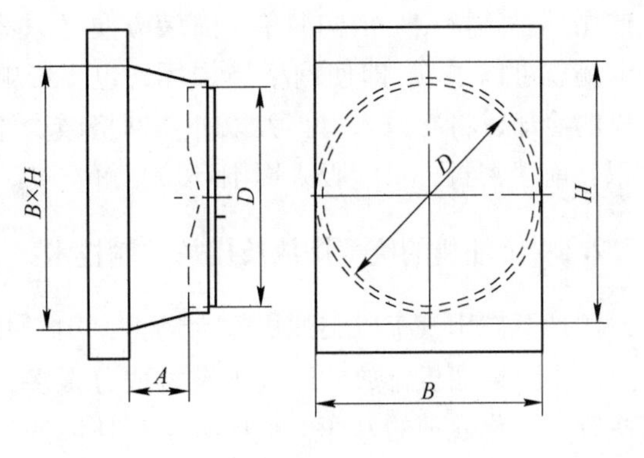

图2-71 导风罩结构示意图

大于1.8，一般大于1.5即可。当A长度大于150mm时，其比值可以大于1.5。

此处
$$F_K = BH \tag{2-22}$$
式中　B——冷却器的宽度；
　　H——冷却器的高度。
$$F_D = \frac{\pi D^2}{4} \tag{2-23}$$
式中　D——风扇直径。

导风罩一般用大约1.5mm厚的薄钢板制造。

(4) 空气进风口和排气风道的布置。散热器相对于风扇的安装必须保证没有热风循环，如图2-72所示。

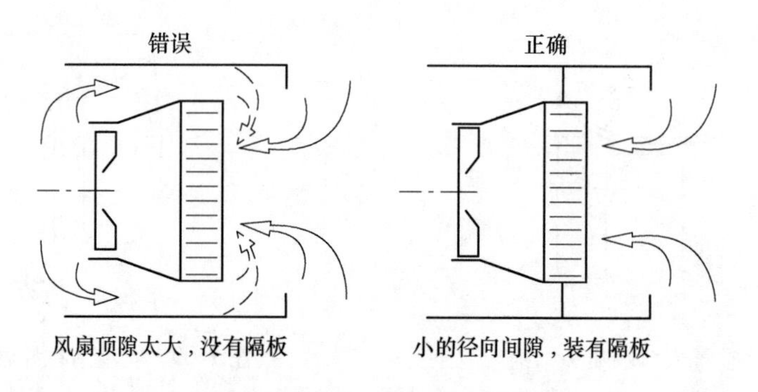

图2-72　散热器与导风罩的布置

2.2.4.4　风冷柴油机导风罩的设计

上述介绍尽管都是水冷柴油机导风罩的设计，但两者的设计原则还是相同的。所不同的是两者的结构不一样。前者多了一个散热器，后者没有。图2-73所示为风冷柴油机导风罩的结构简图。

该设计的目的是能提供可靠的密封防止热空气的循环。其特点是结构简单、安装方便（只需一个卡箍就可以了）。即使网格被损坏，也不影响柴油机的冷却，将冷风入口扩大以补偿网格减少流通面积，前端密封，只能吸入周围环境新鲜空气。

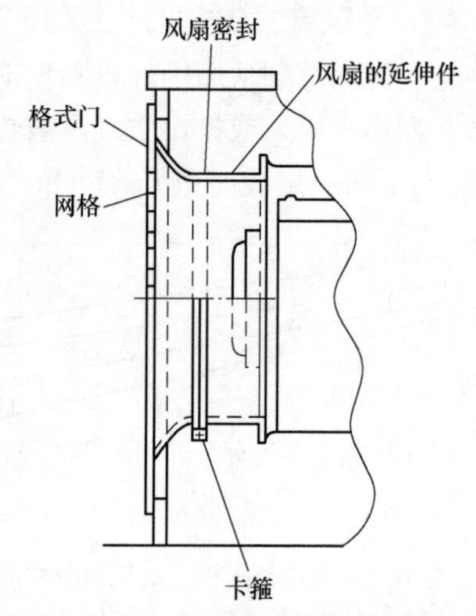

图2-73　风冷柴油机的导风罩结构简图

2.2.5　柴油机的废气排放及排放控制技术

地下矿用汽车以柴油机作为动力，用于井下作业。由于柴油机排放的废气中有害成分很多，对这些废气净化处理的好坏，直接关系到环境的污染与井下作业人员的身体健康。因此，我国及世界各国对地下柴油机的废气排放有严格的规定。这点必须引起地下矿用汽车设计、制造、使用单位的充分重视。因此，消除或降低废气中的有害成分、改善井下环境的条件是正确使用与发展地下矿用汽车的关键问题之一。

2.2.5.1 柴油机主要的有害排放物

柴油机使用的燃料为轻质柴油，它是一种含碳、氢的液态可燃物。它被喷射到汽缸中与空气混合燃烧，由于各种实际工作条件的影响，燃烧不充分，因此柴油机废气中包含了几种对人体与环境有毒、有害作用的物质。表 2-23 列出了柴油机废气中的几种基本有害物质的典型含量。新的和保养良好的柴油机中这些物质排量较少，而旧的或保养不好的柴油机排放较多。

表 2-23 柴油机废气排放物

废气成分	CO	HC	PM	NO_x	SO_2
含量	$>(5\sim1500)\times10^{-6}$	$>(20\sim400)\times10^{-6}$	$>(0.1\sim0.25)\times10^{-6}$	$>(50\sim2500)\times10^{-6}$	$>(10\sim150)\times10^{-6}$

2.2.5.2 柴油机废气排放的成分及对人体健康的影响

柴油机废气排放的成分及对人体健康的影响见表 2-24。

表 2-24 柴油机废气成分及对人体健康的影响

成　分		时间加权平均浓度值（短时间暴露时）许用浓度 $\times10^{-6}$	时间加权平均浓度值（每天 8h，每周 40h 对人体无任何影响）许用浓度/%	对人体的影响
CO_2		1.5	0.5	对人的血压与呼吸有暂时影响，过一段时间就好了
CO		0.04	50×10^{-4}	易与血中血红蛋白结合，从而使血液失去输送氧气能力，而造成人中毒。严重的可窒息死亡
NO		35×10^{-4}	25×10^{-4}	影响呼吸通常与氧气结合而成 NO_2
NO_2		5×10^{-4}	3×10^{-4}	严重刺激呼吸，在肺里与水反应生成碳酸使肺部浮肿，严重时造成人员死亡
SO_2		5×10^{-4}	2×10^{-4}	对呼吸道有强烈刺激损害作用
醛类	甲醛	2×10^{-4}		刺激眼睛与呼吸道
	丙烯醛	0.3×10^{-4}	0.1×10^{-4}	该品有强烈刺激性。吸入蒸气损害呼吸道，出现咽喉炎、胸部压迫感、支气管炎；大量吸入可致肺炎、肺水肿，还可出现休克、肾炎及心力衰竭。可致死

从表 2-24 中可以看出，当柴油机排放的废气中有害气体达到一定浓度时，将会对人体健康造成严重影响，严重的还会造成死亡。特别是地下采矿相对露天作业来讲，由于是一个封闭环境，如果通风不良，后果更为严重。

表 2-25 为美国在地下矿山和露天设备测试柴油机排放 DPM 暴露水平，从表中可以看出，地下采矿柴油机与露天柴油机使用的环境不同，暴露水平相差很大，因而对它们提出的要求也不同。地下矿山的空气污染程度远远高于露天矿山，也远远高于允许的空气中有

害气体浓度的极限值。正因为如此，露天设备与地下矿用柴油机对环境空气质量的影响是不同的，对地下矿用柴油机废气排放要求更加严格，除了满足露天非道路柴油机排放要求外，还要满足地下矿用柴油机废气排放要求。

表 2-25　典型职业 DPM 暴露水平

职业群	暴露水平/$mg \cdot m^{-3}$
地下煤矿，无后处理	0.9～2.1
地下煤矿，使用任一柴油排气滤清器	0.1～0.2
地下煤矿，金属网滤清器	1.2
地下金属矿非金属矿，无后处理	0.3～1.6
露天矿工	<0.2
城市消防工站	0.1～0.48
叉车操作者、码头工人、铁路工人	0.02～0.10
卡车司机	0.004～0.006

2.2.5.3　国内外地下用柴油机排放标准和法规简介

正因为地下用柴油机排放物对人的健康与环境有更大的危害，因此各国政府和有关部门都制定了严格的排放法规。排放法规并非只是由一系列各种污染物最高允许值组成，它还包括检测、认定和强制执行的方法。

目前，废气排放法规有两种，即《机动车废气排放标准》和《环境空气质量标准》。

所有柴油机动车排放都要符合《机动车废气排放标准》，如道路车辆与非道路车辆（工程机械车辆）。该标准规定了柴油发动机从排气管排放的最大许可排放值，单位是 g/km或 g/(kW·h)。还规定了检测方法、设备。发动机制造商必须遵照该法规从事生产。所有产品必须经过检测合格后方准进入市场。在美国只有美国联邦环保局（EPA）和加利福尼亚大气资源署（CARB），我国只有国家环境保护总局和质量监督检查检疫总局才有资格规定废气排放标准。

用于封闭空间（包括地下矿山）的《环境空气质量标准》由三部分组成：一是在封闭空间作业柴油机污染排放的最大限度（表 2-26）；二是环境空气质量标准（表 2-27）；三是燃油质量标准（表 2-28）。

表 2-26　地下矿山柴油机排气管废气排放标准

国家	没有稀释的最大浓度				资料来源
	CO/%	NO_x/%	烟度/BOSCH	PM/$mg \cdot m^{-3}$	
加拿大	0.25	0.15	3	150	Diesel emission control strategies available to the underground mining industry February 24, 1999 ESI International
德国	0.05	0.075			
南美洲	0.20	0.10			
美国	0.25	0.20			
澳大利亚	0.15	0.10			
中国	0.10	0.15			JB 8518—1997

表 2-27 地下矿的环境空气质量标准（TWA，8h）

有害气体成分	MAK(德国)	MAK(瑞士)	OSHA PEL（美国）	MSHA TLV（美国）	ACGIH TLV（美国）	中国	
						时间加权平均容许值 $/mg \cdot m^{-3}$	短时间接触容许浓度 $/mg \cdot m^{-3}$
CO	30×10^{-6}	30×10^{-6}	50×10^{-6}	50×10^{-6}	25×10^{-6}	20	30
CO_2	5000×10^{-6}	5000×10^{-6}	5000×10^{-6}	5000×10^{-6}	5000×10^{-6}	9000	18000
NO	25×10^{-6}	25×10^{-6}	25×10^{-6}	25×10^{-6}	25×10^{-6}	15	
NO_2	5×10^{-6}	3×10^{-6}	5×10^{-6}①	5×10^{-6}	3×10^{-6}	5	10
ACHD	0.5×10^{-6}		0.75×10^{-6}				
SO_2	2×10^{-6}	1.3mg/m³	5×10^{-6}	5②/2③ $\times 10^{-6}$	2×10^{-6}	5	10
PM	0.3mg/m³	0.1mg/m³		160mg/m³			

注：1. 外国标准来自 www. dieselnet. com/standards/ch；

2. MAK——Maximabe Arbeitsplatz-Konzen tration（德国的 MAK 委员会最大的工作场所浓度）；

3. OSHA——Occupational Health and Safety Administration（美国职业健康安全局）；

4. PEL——permissible exposure limit（许用暴露极限）；

5. MSHA——Mining Safety and Health Administration（美国矿山安全健康局）；

6. TLV——Threshold Limit Values（最低限度极限值）；

7. TWA——8 hour time weighted averages（8h 加权平均时间）；

8. 中国标准取自 GBZ 2.1—2007《工作场所有害因素职业接触限值　第 1 部分：化学有害因素》。

① Ceiling Value（最高限值）；② 用于金属与非金属矿；③ 用于煤矿。

表 2-28 地下矿的柴油质量要求及我国燃油质量标准

国家 \ 质量要求	最大含硫量/%	闪点/℃	备注
美国 MSHA 30 CFR 57.5065	0.05	≥38	必须采用 EPA 注册的柴油添加剂
中国 GB 252—2011 轻柴油	0.2(2013 年 6 月 30 日前)，0.035(2013 年 7 月 1 日后)	55	
中国 GB/T 19147—2004 车用柴油	0.05	55	
加拿大 CAN/CGSB-3.16.99	0.05	52	
美国 ASTM 975-02 low Sulfer	<0.05	≥38	
欧盟 EN 590—1999	350mg/kg	55	
EN 474-1：2006		55	

以前我国地下矿山柴油机废气排放标准中采用 GB 8189—1987 标准中的规定，以 ppm (10^{-6}) 为单位。但现在我国采用两项新标准即：GB 20651.1—2006《往复式内燃机　安全　第 1 部分：压燃式发动机》和 GB/T 1147.1—2007《中小功率内燃机　第 1 部分：通用技术条件》。在这两项标准中要求地下用发动机排放的气体和颗粒污染物要满足表 2-29 中的规定。

表 2-29 地下用发动机排放限值

功率 P/kW	CO/g·(kW·h)$^{-1}$	HC/g·(kW·h)$^{-1}$	NO_x/g·(kW·h)$^{-1}$	PT/g·(kW·h)$^{-1}$
$37 \leqslant P < 75$	6.5	1.3	9.2	0.85
$75 \leqslant P < 120$	5.0	1.3	9.2	0.7
$120 \leqslant P < 560$	5.0	1.3	9.2	0.54

此标准实际上是 EN 1889-1 的标准采用的欧洲 97/68/EC 标准，此标准为 1998 年颁发实施的非道路车辆第一阶段排放标准。

欧盟第一个非道路移动机械排放控制标准（指令 97/68/EC）发布于 1998 年 2 月 27 日，其第一阶段于 1999 年执行，第二阶段根据发动机的不同，分别于 2001 ~ 2002 年逐步执行。目前执行的第三阶段标准，该阶段分两步：第一步（阶段ⅢA）仅包括气态排放物。从 2005 年 12 月 31 日到 2007 年 12 月 31 日，与第二阶段限值相比，NO_x 排放量降低了 30%；第二步（ⅢB）涵盖颗粒排放物，于 2010 年 12 月 31 日至 2011 年 12 月 31 日之间执行，与第二阶段相比颗粒排放物下降 90%，预计到时发动机将全部安装颗粒滤清器。第四阶段，将开始从 2010 年执行，标准要同于美国 Tier 4。

我国于 2007 年发布的 GB 20891—2007《非道路移动机械用柴油排气污染物排放极限值及测量方法》（中国Ⅰ，Ⅱ阶段），它是修改欧盟 97/68/EC 标准，逐步实现了与国际体系接轨。第一阶段标准从 2007 年 10 月 1 日起实行。第二阶段从 2009 年 10 月 1 日起实行。第一阶段与第二阶段标准内容等同于欧盟第一阶段与第二阶段标准，只是实施时间推后了好几年。把 GB 20891—2007 与 GB 2065.1—2006 两个标准进行比较，发动机的排放限值是一样的。

为贯彻《中华人民共和国环境保护法》和《中华人民共和国大气污染防治法》，防治非道路移动机械用柴油机污染物排放对环境的污染，改善环境空气质量，2014 年，我国又发布 GB 20891—2014《非道路移动机械用柴油排气污染物排放极限值及测量方法》（中国第三、四阶段）标准。该标准规定了第三阶段非道路移动机械用柴油机排气污染物排放限值和测量方法，并提出了第四阶段的预告性要求。该标准修改采用欧盟（EU）指令 97/68/EC（截止到修订版 2004/26/EC）《关于协调各成员国采取措施防治非道路移动机械用发动机气态污染物和颗粒物排放的法律》中有关非道路移动机械用柴油机的技术内容。该标准是对《非道路移动机械用柴油机排气污染物排放限值及测量方法（中国Ⅰ、Ⅱ阶段）》(GB 20891—2007）的修改。自该标准发布之日起，即可依据本标准进行形式核准。自 2014 年 10 月 1 日起，凡进行排气污染物排放形式核准的非道路移动机械用柴油机都必须符合该标准第三阶段要求。《非道路移动机械用柴油机排气污染物排放限值及测量方法(中国Ⅰ、Ⅱ阶段)》（GB 20891—2007）自 2016 年 4 月 1 日废止。

特别要指出的是，这两个标准仅是发动机厂台架试验，对发动机厂出厂产品的要求，在现场，特别是把发动机安装在车辆上后，由于条件的限制，标准中规定的发动机排放限值目前是无法检测的。

因为不同国家采用不同的排放试验循环，而不同排放试验循环（即不同的试验负荷与速度）出来的排放结果是不同的。因此一些测量结果没有可比性，即使它们都换成一样的测量单位。故在比较测试结果时，应考虑不同国家的标准及试验循环。美国与欧洲大都采用ISO 8178C1，工况试验循环，我国也采用了与之等效的GB/T 8190.4—1999试验循环，因此存在可比性。

《环境空气质量标准》比《机动车排放标准》更重要。因此它是保证在封闭空间（包括地下矿山）工作的身体健康和安全的一项标准。它所规定的内容是工作环境周围的空气质量，通过设定，可允许暴露限定（PEL）作为空气中污染物的最高浓度，用ppm（即10^{-6}）表示，该标准在美国是由矿山安全与健康的权威机构MSHA与OSHA制定与执行的，因此，地下矿用汽车必需要采取措施（如选择低排放的发动机、机后处理及加强通风），以控制废气的排放，保证地下操作人员的健康与安全。

2.2.5.4 控制地下柴油机废气排放方法

对地下柴油机废气净化方法有机内净化、机外净化、加强井下通风和采用低硫柴油四种。机内净化，即采用低排放的柴油机。机外净化，一般采用各种后处理措施。加强井下通风，是将井下高浓度的有害气体加以稀释并带走。采用低硫柴油即提高燃油质量。

A 机内净化措施

柴油机机内净化的核心是对燃烧过程进行优化，使发动机达到混合均匀、燃烧充分、工作柔和、启动可靠、排放较少的要求。采取机内净化是治本之举，它是通过改进柴油机结构参数或者增加附加装置来改善燃烧性能，进而达到减少有害气体排放的目的。

目前世界上最新研发的机内净化技术措施有改进发动机设计（采用四阀门缸盖使喷油位置处于燃烧室中心，提高机体承压能力以便于采用废气再循环，即EGR技术等）；改善燃烧工况（优化喷油控制，改进燃烧室设计，提高喷油压力，减小喷油嘴孔径等）；改进进气系统（增加涡轮增压及空气增压中冷技术，采用可变几何形状的涡轮增压技术，它可以通过对EGR的控制来改善发动机空燃比的瞬态控制等）；改善喷油系统（提高喷油压力，改善喷油雾化情况，实现多次喷射和采用共轨技术等）。

a 对进气处理系统进行改进

发动机的内部改造使得发动机的排放大幅度降低，同时提高了发动机的性能。进气处理系统是控制空气进入燃烧室的系统。进气处理技术的目标是使更多的冷却空气进入燃烧室并充分燃烧以获得更清洁的排放及更大的功率。冷却了的燃烧室可以减少氮氧化物的排放并意味着有更多的冷却空气与燃油混合，使燃烧更加充分。在现在使用的地下采矿柴油机中，其进气处理系统广泛采用涡轮增压器与空对空中冷器，如图2-74所示。

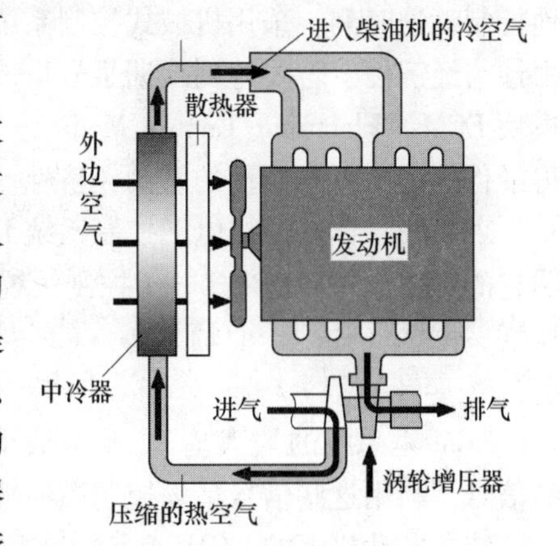

图2-74 增压空气加空对空中冷却系统

采用涡轮增压器主要是为了使发动机产生更大的动力。涡轮增压器实际上是一种空气压缩机。发动机是靠燃料在汽缸内燃烧做功产生功率的。输入的燃料量受到吸入汽缸内空气量的限制，所产生的功率也受到限制。增压器通过增加空气供给量来提高发动机燃烧效率。空气的压力和密度的增加可以燃烧更多的燃料，相应增加燃料量和调整发动机的转速，就可以增加发动机的输出功率。涡轮增压器是由涡轮室与增压器组成。涡轮室进气口与排气管相连，排气口接到排气管上，增压器进气口与空气滤清器管相连，排气口接到中冷器进气管上。增压器在不改变汽缸工作容积的情况下可以提高发动机输出功率 10% 左右。

空对空中冷器于 20 世纪 90 年代初期开始使用。它是用管子将充气通到单独安装在前面的散热器，利用装在柴油机上的风扇供给冷却空气进行冷却。因为将热量直接传递到空气中，所以热交换率更高。涡轮增压器与中冷器组合使用可使发动机的排放满足欧洲Ⅱ号标准。

正因为如此，在地下采矿发动机中广泛采用增压器与中冷器替代自然吸气的发动机。

b　废气再循环技术（EGR）

柴油发动机工作时会有大量氮氧化合物产生，因此可以通过废气再循环（exhaust gas recirculation，EGR）来降低氮氧化合物排放。废气再循环是指通过回引部分废气与新鲜空气共同参与燃烧反应，利用废气中含有的大量惰性气体，使最高燃烧温度下降，从而降低排气中的氮氧化合物含量达 50%。根据废气进入汽缸是否通过柴油机的进气系统，废气再循环系统可分为内部废气再循环系统和外部废气再循环系统。内部废气再循环系统通过改变配气正时实现。该系统结构简单、应用方便，而且可以避免再循环废气腐蚀管道，有利于提高系统耐久性。但内部废气再循环系统对氮氧化合物的抑制效果并不显著。外部废气再循环系统利用专门的管道将废气引入进气歧管，使废气与新鲜空气在进入汽缸前充分混合。外部废气再循环系统不但可以通过电控系统（ECU）精确控制 EGR 率（进入进气管的废气质量与进入汽缸的总气体质量的比值），优化柴油机性能，而且可以在外部系统中通过加装废气再循环冷却器，有效降低燃烧温度。因此目前较为常用的是外部废气再循环系统（见图 2-75）。

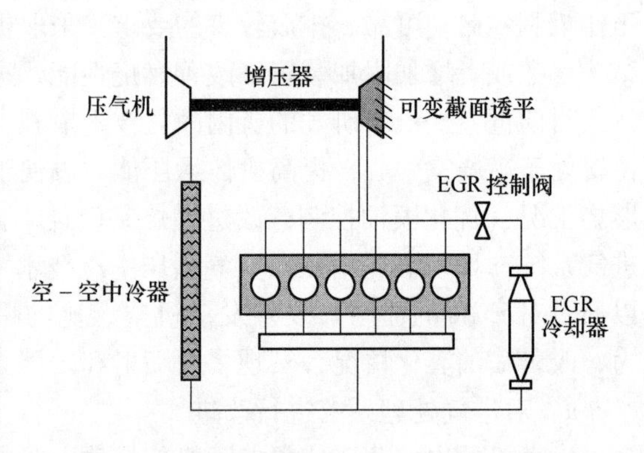

图 2-75　EGR 系统原理图

c　电控系统

在最新开发的地下矿用汽车中，广泛采用电控系统。电控系统较机械控制系统能更好地控制喷油时间。采用机械式控制系统的柴油机可以达到欧洲Ⅱ号标准，但可能会损坏动力性与经济性。若要达到欧洲Ⅲ号排放标准就必须采用电控喷射系统，通过发动机的控制模块 ECM（Electronic Control Module）的控制程序，能随时调节喷油量和喷油时刻，以获得最佳的动力系和最优的燃油经济性。

现以底特律柴油机电子控制系统 DDEC（detroit diesel electronic controls）为例，简单说明它的作用原理。DDEC 电子控制系统由三个部分组成：（1）各种传感器：温度、压力、速度、位置（油门、曲轴）等。（2）电子控制组件（ECM）。（3）执行器（EUI 电子泵喷嘴）。

ECM 是系统的“大脑”。系统从操作者、发动机和装在机器上的传感器接收电子输入的信号，利用这些信号精确控制燃油喷射量和喷油定时。

装在发动机上的 ECM 还有控制逻辑电路提供整机管理。在 ECM 内装有一只电子可消可编只读存储器（electrically erasable programmable read only memory，EEPROM）。它控制额定转速和功率、喷油定时、发动机调速、扭矩曲线、冷起动逻辑、瞬态燃油控制、故障诊断和发动机保护等。控制逻辑电路确定通到喷油器电磁线圈中脉冲电流的定时和延续时，电磁线圈控制供油特性，改善经济性。发动机一旦出现故障，电控系统就会发出警报，当ECM察觉到发生了可能导致发动机损坏的故障就会立即向驾驶员发出警告信号，同时启动发动机的保护系统，ECM能够自动控制发动机减速，直到问题得到控制，否则通过在ECM中事先设定好的程序，在严重损坏出现前及时关闭发动机。

自从1985年底特律公司开发出第一代DDECⅠ以来，经过不断的改进，到1999年已发展到第四代DDECⅣ，2004年已发展到第五代DDEC Ⅴ。2007年又开发第六代DDEC Ⅵ，它的数据处理能力、存储能力及其他的附加能力大大增加，从而使柴油机电子控制系统更加完善、更加先进、更加可靠、更加适用。

若发动机的进气系统使用废气再循环系统时，必须要有电控系统支持，以达到根据发动机状态来优化废气、新鲜空气和燃油混合的目的。采用发动机电控和燃油喷射技术，能够使发动机获得更高的燃烧效率，同时降低燃烧峰值温度，从而减少NO_x的排放。

d　共轨式喷油系统

共轨式喷油系统主要由高压供油系统、共轨油道、每缸一个喷油器、高压油泵和电控喷射单元（EUI）组成（见图2-76）。高压油泵安装在发动机的一侧，高压油从油泵进入一个储油管，这个伴油管被称为共轨油道。在共轨油道和每个装在汽缸盖上的喷油器之间有油管连，这样喷油器的开闭由电子控制单元ECU(electronically controlled unit)驱动电磁阀进行控制。具有这种始终保持的高压是共轨式系统与泵喷嘴系统的主要区别。共轨式喷油压力始终保持160MPa。

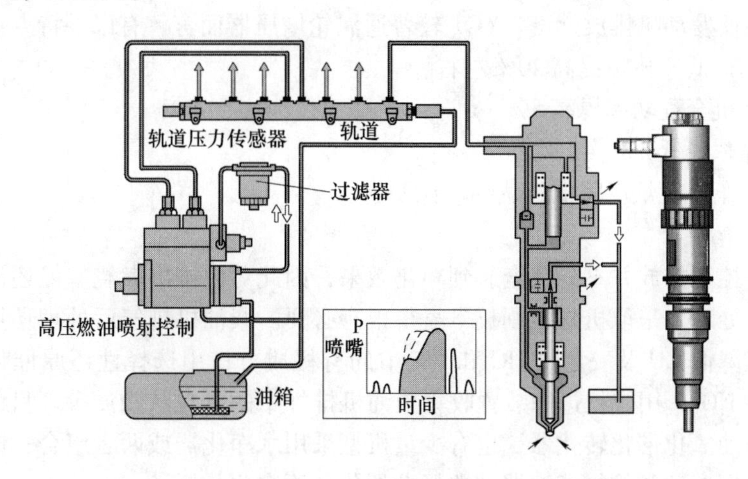

图2-76　共轨式喷油系统

由于现代高压燃油喷射系统以高压迫使燃油通过直径很小的孔，使油成为微小的液滴进入燃烧室，改进了空气与燃油的混合，而达到燃油能完全燃烧，致使排放的颗粒物及其他有害气体大大减少，燃油经济性能得到提高。

DEUTZ公司、Cummins公司等采用共轨喷油系统。

e　多气门技术

如果每个汽缸多于两个气门，就称为多气门发动机。高转速的强化柴油机需要燃烧更多的燃料，相应也需要更多的新鲜空气，传统的两气门已经很难在这么短的时间内完成换气工作。在一段时间内气门技术甚至成为阻碍发动机技术进步的瓶颈。唯一的办法只能是扩大气体出入的空间，为此，多气门技术应运而生。

多气门技术优点：

（1）扩大进排气门的总流通截面积，增大柴油机的进、排气量，降低泵气损失，使柴油机的燃烧更彻底。

（2）喷油嘴可垂直布置在汽缸轴线附近，对油气混合有利，不仅改善了喷油器的冷却和活塞的热应力，而且解决了由于两气门柴油机喷油嘴斜置造成的各喷油孔流动条件不同的问题。

（3）可实现关闭部分通道，形成与柴油机转速相适应的进气滚流强度，拓宽柴油机的高效工作转速范围。

（4）气门增多，则气门变小、变轻，从而允许气门以更快的速度开启和关闭，增大了气门开启的时间断面值。

f VGT 可变几何形状涡轮增压器

可变几何形状涡轮增压器 VGT（variable geometry turbocbarger）设计有可动元件，能改变经过涡轮的发动机燃气的流通面积。VGT 在涡轮的通道中安置一可调节排气道截面的装置，它可随发动机工况变化自动调节截面面积，在发动机低速时，通过减小涡轮流通面积使增压器保持相对高速；在发动机高速时，增大流通面积，使增压器不致超速或增压压力过高。电子控制器可自动控制 VGT 提供最佳的发动机增压。与普通的涡轮增压器相比，可变几何涡轮增压器（VGT）可增加发动机低速扭矩、扩展发动机可用速度范围、改变低速经济性、降低发动机排放烟度。VGT 较普通涡轮增压器而言，有以下特点：

（1）发动机低速扭矩提高 20% 左右。

（2）发动机全程功率提高 5% ~6%。

（3）耗油率降低 2%。

（4）使汽车排放烟度降低，达到环保要求。

B 机外净化

由于机内控制排放并不能完全起到净化效果，因此对已排出燃烧室但还没有排到大气中的废气进行处理，采取机外控制技术显得很有必要。柴油机排气后处理还可以用氧化催化转化器，以降低 CO 及一定量 HC 和 PM 中的有机成分；用选择性还原催化转换器在富氧条件下还原 NO_x；用微粒过滤装置收集柴油机排气中的颗粒状物质等。目前，国内外用得最多的是柴油氧化催化转化器，也有少量机型采用水净化器或两者组合；国外地下矿用汽车已开始采用柴油颗粒物滤清器、选择性催化还原净化装置。

a 氧化型催化转化器（diesel oxidation catalyst，DOC）

氧化型催化转化器指安装在柴油车发动机排气系统中，通过催化氧化反应，能降低排气中一氧化碳（CO）、总碳氢化合物（THC）和颗粒物（PM）中 SOF 等污染物排放量的排气后处理装置。

柴油机加装氧化型催化转化器是一种有效的机外净化排气中有害气体和 SOF 的常用措施。加装氧化型催化转化器（以铂、钯贵重金属作为催化剂）能使 HC、CO 减少 80% 左右、PM 减少 30%，其中的多环芳烃和硝基多环芳烃也有明显减少。对于 HC 转化效率较高的氧化催化器还可有效地减少排气的臭味。但是，氧化催化器的缺点是会将排气中的SOF氧化为SO_2，生成硫酸雾或固态硫酸盐颗粒，额外增加颗粒物质排放量。所以，柴油机氧化催化器一般适于含硫量较低的柴油燃料，并要保证催化剂及载体、发动机运行工况、发动机特性、废气的流速和催化转换器的大小以及废气流入转换器的进口温度等正常，净化效果才能达到最佳。

现以ECS净化器为例说明它的结构和原理（见图2-77）。

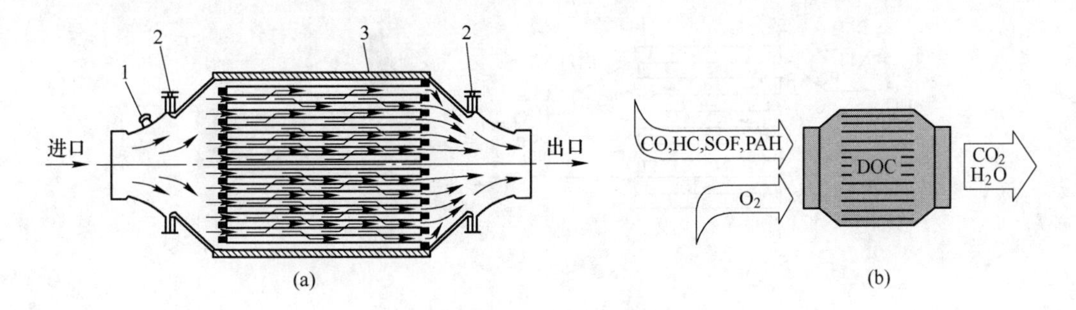

图2-77 废气净化器结构与原理

（a）结构；（b）原理

1—背压测量；2—快速拆卸夹箍；3—不锈钢外壳

ECS净化器即加拿大发动机控制系统有限公司（Engine Control Systems Ltd.）生产的发动机净化器。它是国内外地下矿用汽车用得最广、效果好的一种净化器。ECS净化器由陶瓷蜂窝结构衬底组成。衬底外层包了一层含铂材料，两端用筛网堵住。排气被迫通过每个净化室，陶瓷隔板进入相邻的净化室，大部分排气优先通过小室。排气中的颗粒在每个净化室的隔板上被拦住，并收集起来。由于每个隔板小室上碳烟的流积会产生净化室小孔的堵塞，从而增加了排气背压。这意味着碳烟要随时清洗。在有些重负荷的车辆中，排气的温度很高，还可以使烟碳自动燃烧。即便如此，在净化器的拱腰处还必须要人工清理。

排出的气体通过净化器后，固体颗粒沉积下来，废气的有害成分在催化剂铂的作用下，被氧化成无害气体排出。CO、HC等完全燃烧变成CO_2与H_2O。

上述过程将产生附加热，发动机的温度将增加到300℃，CO与CO_2的一些残留的原子将不会燃烧，而仍留在净化器里。这些残留原子多少取决于排气温度和催化净化器的设计。

当排气温度在100～150℃时，净化器将不起作用，当排气温度达到500℃时，80%～90%的CO、50%的HC将产生化合作用。当发动机空转时，因排气温度很低而不产生化学作用，催化净化器对NO_x不起作用或起很少作用。净化催化器可以使一些硫的化合物氧化，也就是可以把它变成SO_2、SO_3，这是一种很有害的气体，除非在燃油中含硫低于0.05%，这个问题才可以解决。

净化器的堵塞是由于发动机空转时间过长，喷油量过多，发动机调节失灵产生的。净化器堵塞的结果使排气的背压很高，这不仅增加功率损失、增大燃料消耗和燃烧温度，而且排放物也增加，净化效果下降。

为此必须对净化器的排气背压进行测量。测量时采用充满一半水的U形管测压计，U形管两端通大气。此时U形管两边立柱部分液面高度是一样的。当一端接净化器的入口时，一端水柱下降，另一端水柱升高，两液面的高度差（H）就是背压。对 Deutz 柴油机满负荷全速来讲，最大背压为 28in（711mm）水柱高。当超过此值时，就必须清洗净化器。一般每周（200～250h）就得检查一次背压。

b　采用颗粒过滤器（diesel paniculate fitter，DPF）及再生技术

颗粒过滤器指安装在发动机排气系统中，通过过滤来降低排气中 PM 的装置。车用颗粒过滤器有两种，其中一种就是壁式颗粒过滤器，它的工作原理如图 2-78 所示。

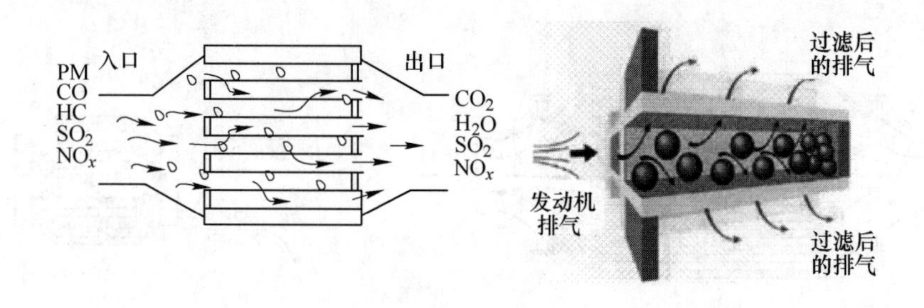

图 2-78　颗粒过滤器工作原理

颗粒过滤由颗粒过滤器和再生装置组成。颗粒过滤器通过其中有极小孔隙的过滤介质（滤芯）捕集柴油机排气中的固定碳粒和吸附可溶性有机成分的碳烟。颗粒过滤器对碳的过滤效率较高，可达到 60%～90%。如采低硫燃料时滤清器可滤掉 90% 的微粒。在过滤过程中，颗粒过滤在过滤器内会导致柴油机排气背压升高，当排气背压达到 16～20kPa 时，柴油机性能开始恶化，因此必须定期除去颗粒，使过滤器恢复到原来的工作状态，即过滤器再生。DPF 的再生方法有主动再生和被动再生。常用的主动再生方法有燃烧器喷油加热再生、电加热再生、微波加热再生和红外加热再生。被动再生采用催化再生技术，利用催化剂降低微粒的活化反应能，使微粒的自燃温度降到 350℃ 左右，使微粒可以在柴油机较大范围的运行工况达到再生。

颗粒物过滤器的各种再生方式，可以归纳为下述三种：

（1）高温燃烧法。用内在或外在方法使排气温度达到碳颗粒燃烧温度。

（2）催化转化法。通过催化剂使碳颗粒与 NO_2 发生化学反应，转化成气态物质排出。

（3）机械去除法。用机械方法清除过滤层上沉积的碳颗粒。

c　采用选择性催化还原装置

选择性催化还原装置（selective catalytic reduction，SCR）指安装在发动机排气系统中，将排气中的氮氧化物（NO_x）进行选择性催化还原，以降低 NO_x 排放量的排气后处理装置，其工作原理如图 2-79 所示。该系统需要外加能产生还原剂的物质（如能水解产生 NH 的尿素）。

选择性催化还原装置对柴油机尾气中的 NO_x 在温度为 350～550℃ 的范围内进行良好的催化转化，可使 NO_x 排放降低 20%～30%。NO_x 催化转化技术可分为催化热分解和选择性催化还原反应两种。催化热分解是利用由金属离子沸石、钒和钼构成催化剂来降低 NO_x 热分解反应的活化能，能使 NO_x 分解成无毒的 N_2，该方法简单且反应生成物无毒；选择性的还原反应是在排气中喷入饱和的 HC 和 NO_x，反应生成物为 N、CO 和 H。

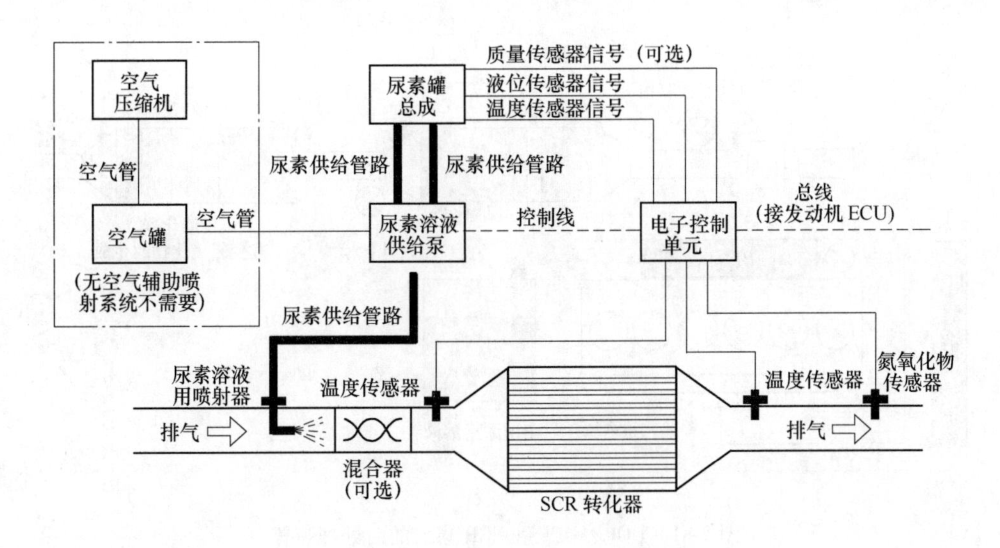

图 2-79　选择性催化还原系统工作原理

d　后处理系统集成

为了综合发挥各种净化器的作用和效率，未来后处理系统的一个重要的特点就是把各种净化器集成在一起，并由发动机电控系统控制其排放。对欧Ⅲ排放标准已有 DPF 和 DOC 集成，如图 2-80 所示。为满足欧Ⅳ以上或美国 2010 排放法规，后处理系统将会更加复杂，需要将氧化催化器（DOC）、柴油颗粒过滤器（DPF）、选择性催化还原器（SCR）等集成为一体来控制排放，如图 2-81 所示。通过将 DOC/DPF 和 SCR 组合，其被动再生和主动再生能对氧化和清洁过滤器产生更多控制，从而移除超过 90% 的颗粒物。经过后系统优化以及与发动机匹配，DOC/DPF + SCR 后处理系统将颗粒物和氮氧化物同时进行有效处理并大幅度降低，从而满足更高的排放要求。

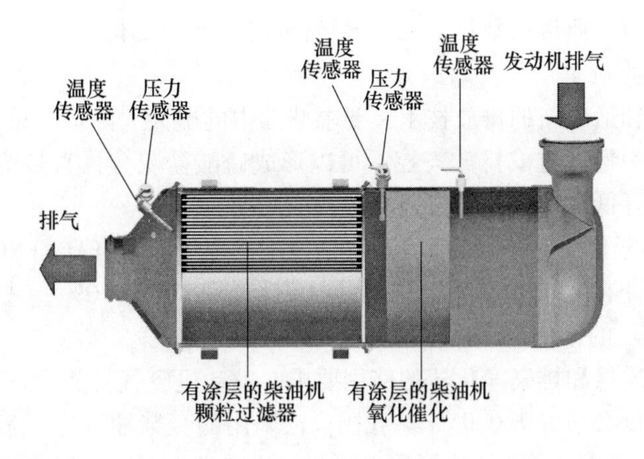

图 2-80　DPF 和 DOC 集成的后处理装置

C　加强通风

尽管采用机内净化措施，但仍然达不到人们卫生健康标准的空气质量，还必须通过加强地下通风来解决。加强地下通风是为了保证人与设备的安全（因为空气中含氧低于

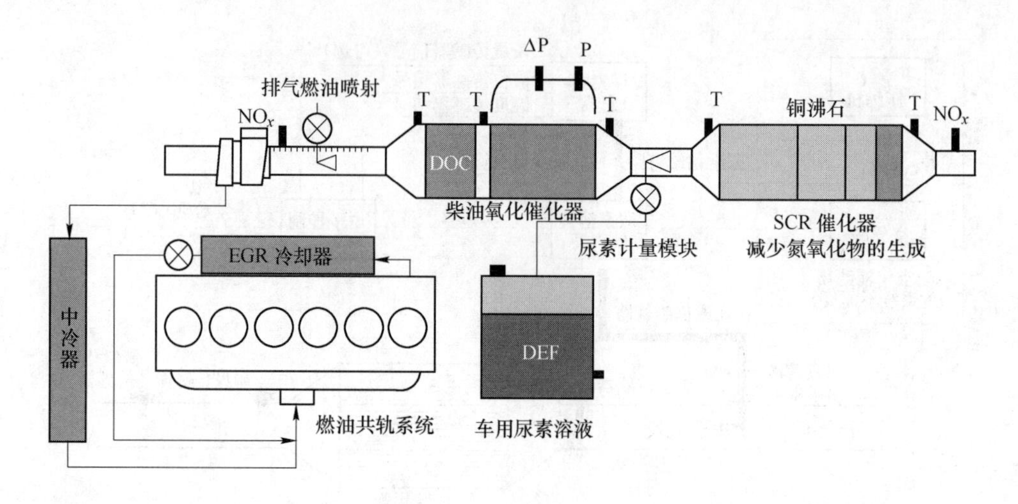

图 2-81 DOC、DPF 和 SCR 集成的后处理装置

19.5%将影响操作人员的健康，高于23.5%则不安全）。另外，由于通风不足，致使柴油机吸气不足，影响发动机的输出功率与排放，更重要的是通过通风来稀释有害气体的浓度，以达到人的健康卫生标准。

至于通风要求，在《金属非金属矿山安全规程》(GB 16423—2006) 第6.4.1条中已作了规定。矿井所需风量，按下列要求分别计算，并取其中最大值：(1) 按井下同时工作的最多人数计算，供风量应不小于每人 $4m^3/min$。(2) 按排尘风速计算，硐室型采场最低风速应不小于0.15m/s，巷道型采场和掘进巷道应不小于0.25m/s；电耙道和二次破碎巷道应不小于0.5m/s；箕斗硐室、破碎硐室等作业地点，可根据具体条件，在保证作业地点空气中有害物质的接触限值符合 GBZ 2—2007《工作场所有害因素职业接触限值 第1部分：化学有害因素》规定的前提下，分别采用计算风量的排尘风速。(3) 有柴油设备运行的矿井，按同时作业机台数每千瓦每分钟供风量 $4m^3$ 计算。

D 提高燃油的质量

为了减少排放和适应新的排放技术，要求柴油中的硫大大降低。柴油中的硫可以使尾气处理装置催化剂中毒以造成排放失控；可以形成硫酸盐灰分，直接造成不燃物质增加；可以腐蚀发动机，降低发动机的寿命，缩短换油周期。

合理提高燃油的十六烷值，能有效地降低发动机尾气 PM、CO 和 NO_x 排放。当燃料中的随从 S 从0.12%下降到0.05%时，微粒排放量将减少8% ~10%；减少燃油中的芳香烃成分，可以减少 NO_x 的排放。

还因为与燃油质量和排气净化器的使用要求、发动机废气排放质量有关，地下采矿柴油机用柴油硫的含量必须少于0.05%。我国广泛采用的轻柴油（GB 252—2011)、车用柴油（GB/T 19147—2004）可满足地下采矿要求。若地下矿用汽车柴油机采用轻柴油达不到此要求，可以用缩短换油周期办法来减少柴油中硫对排放和机件使用寿命的影响。使用代用燃料也是降低排放的一项措施。目前代用燃料主要生物柴油，而且已开始用于地下矿用汽车。

随着科技的发展，通过计算机辅助设计对柴油机燃烧系统、进排气系统、燃油供给系统和燃烧室结构的优化设计，并采用新材料和新工艺，广泛采用增压中冷和电控高压喷射控制技术并采用尾气处理技术综合控制，将是柴油机发展和进行尾气控制的发展方向。

2.2.6　发动机安装

发动机支承装置承受包括柴油机、变矩器、变速箱以及所有附件组成在内的柴油机总成的质量。发动机安装正确与否对发动机与相连零件的使用寿命有很大影响。

原则上来讲，正确地设计发动机的弹性支承比其他支承都要好一些。

柴油机通过曲柄连杆机构把活塞的往复运动转变为有效的旋转运动。与此同时，柴油机通过圆周运动产生了不均匀的气体压力，通过曲柄连杆机构加速和减速的往复运动产生了惯性力。这种惯性力会强迫发动机发生振动，此振动对车架十分有害。最佳的设计就要使由发动机本身和支座弹性体所组成的振动系统的自振频率比发动机强迫振动频率至少低40%。低的自振频率需要一个柔软的弹性支承。这种元件的缺点是在外力作用下，例如在发动机处于倾斜位置或受冲击时，容易产生较大位移。

在有些情况下，需要取消一缸机、二缸机，有时还有三缸机的弹性支承，因为这时难以满足上述条件。由于四缸发动机要产生二次惯性力，在发动机和机座之间实际上不可能形成完全的刚性连接。因此，建议对四缸发动机都采用弹性支承。

2.2.6.1　弹性支承

如果要一个弹性支承设计得比较完美，车架的刚度就要比弹性元件的刚度大得多。满足不了这一点，车架就要起附加弹簧的作用。在使用中出现各作用力的作用下，所匹配的弹性支承元件应能保持适当的弹性。

对弹性安装的发动机，为了补偿其振幅，所有通向发动机的管子也必须设计成弹性的，这一点也同样适用于进排气道的设计。与车架的刚性连接将由于自振频率的增大而削弱弹性支承的作用。

与 Deutz 发动机匹配的弹性支承系统包括在发动机供货的范围内。它所占空间不多，并能承受一定的推力。

为了补偿在弹性安装的发动机里产生的振动偏差，所有通向发动机的管子也必须设计成弹性的，这同样适用于发动机的进、排气通道。

设计良好的弹性元件，并不影响变矩器、变速箱等以法兰形式与发动机的连接，选用万向轴也能够保证动力输出。

值得注意的是，不能随便地将沉重的变速箱用法兰连接的方式自由悬挂地安装到发动机上。

只有在对飞轮壳的最大合成弯矩不超过 Deutz 规定时，才允许变速箱（或变速箱与变矩器合为一体）用法兰连接的方式自由悬挂地安装在发动机上，如图 2-82 所示。当弯矩大于规定的数值时，支承不应装在飞轮壳上，而应装在变速箱上，如图 2-83 所示。更好的办法是飞轮壳与变速箱间装一支架，在支架的中点再装上支承，如图 2-84 所示。

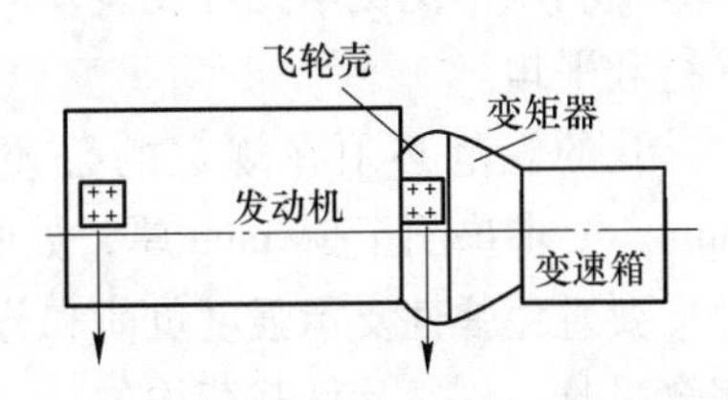

图 2-82　变速箱与变矩器悬挂安装

在布置弹性元件的时候，须使每一橡胶减振圈承受大致相同的负荷，可以采用将作用力（发动机-变速箱

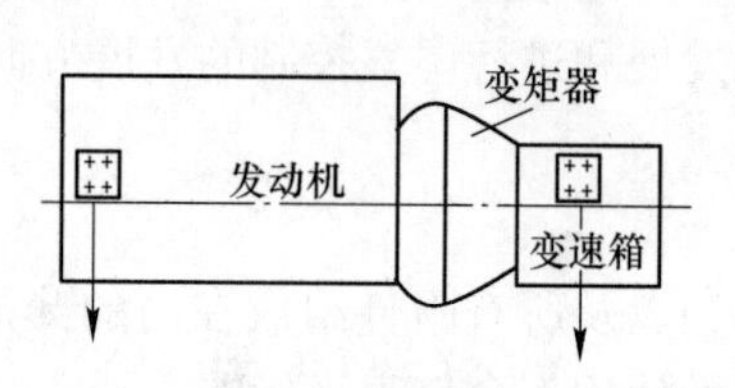

图 2-83　支承装在变速箱上

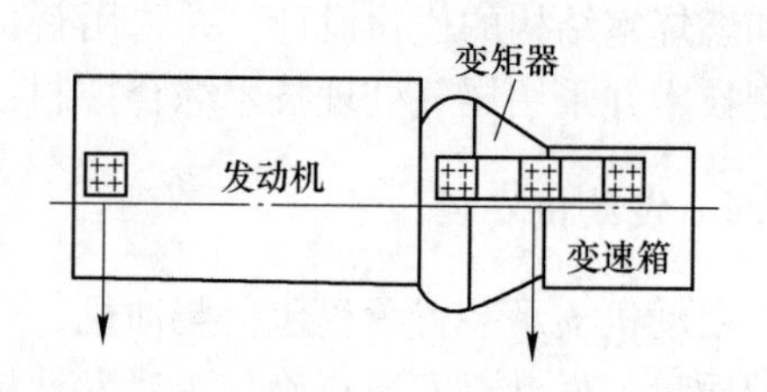

图 2-84　支承装在支架上

质量）分配到各个橡胶减振圈上的方法或者采用改变减振圈数量的方法。Deutz 公司供货的弹性支承的橡胶减振圈允许的静负荷、预负荷的规定、时效性能和平稳工作的条件咨询商业代理人。

弹性支承橡胶件可承受大约 120℃ 的温度，但容易受机油和柴油的影响。

发动机装有开式呼吸器时，须注意呼吸器排出的油雾不能直接浸润弹性支承的橡胶减振圈。必要时，要加装一根排油管或把原有的管道加长。

当弹性元件尺寸选定，变矩器、变速箱等都可以用法兰形式同发动机相连，这样附件可在悬挂位置与发动机相连，但对飞轮壳（SAE 飞轮壳）之间的反弯矩不得超过许用值，见图 2-85 和表 2-30。若弯矩大于该值，支承不应装在飞轮上，而应装在变速箱上。

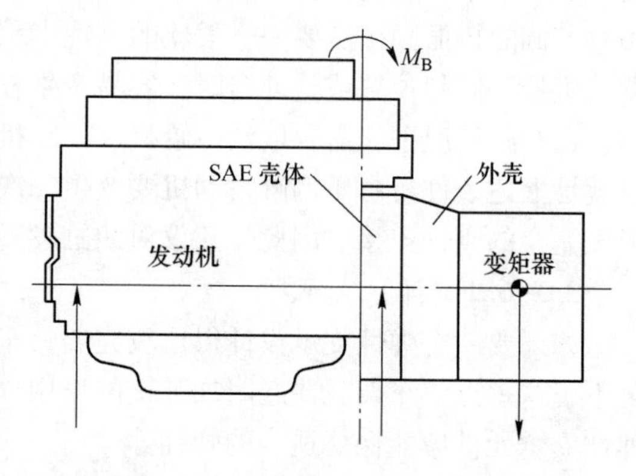

图 2-85　M_B 计算简图

表 2-30　M_B 允许值　（N · m）

发动机型号	最大允许反弯矩
BF4M1012/C/E/EC	≤ ±5000
BF6M1012/C/E/EC	
BF4M1012/C/E/EC	
BF6M1012/C/E/EC	
BF6M1012/CP/ECP	
BF4M2012/C	

发动机型号	最大允许反弯矩
BF6M21012/C	≤ ±5000
BF4M2012/C	
BF6M1012/C/CP	
F4/5/6L912/W	≤800
B/FL413FW（地下使用，带加强支承）	≤1200

当利用本例支承元件安装发动机或发动机/变矩器传动系统时，它必须保证基础平面平行和平坦。

孔的规范必须在规定的公差内，纵向 ±2mm、横向 ±1.0mm。孔要比螺柱直径大 4mm。要求垫圈至少 6mm 厚，如图 2-86 所示。

要避免弹性支承强度负荷和分布不均匀，因为变形橡胶元件将会影响噪声衰减和振动完全吸收，支承元件载荷均匀。

在布置支承元件时，需使每一个橡胶减振圈承受大致相同的负荷，可以通过将作用力

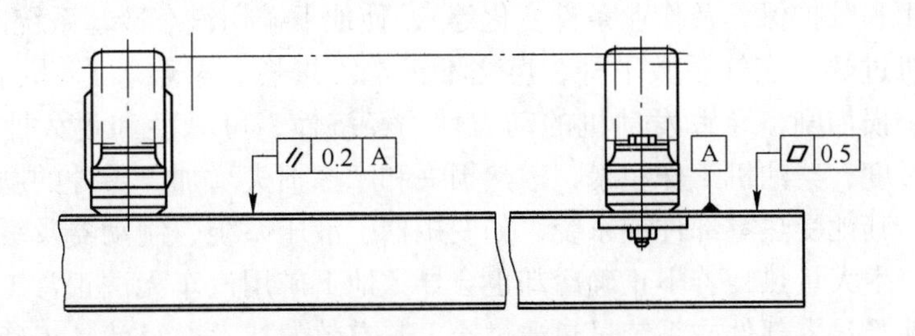

图 2-86 发动机安装基面要求

（发动机-变矩器的重量）平均分配到各个支承元件或者通过改变支承距离或支承数量的方法来达到。

当发动机和变矩器及其他重量重心是已知时，那么作用在支承的力可用图 2-87 来确定。

SMG 重心相对于变矩器重心的位置可用下式确定：

$$A = \frac{G_M(l_3 - l_1) - G_G(l_2 - l_3)}{l_3} \quad (2\text{-}24)$$

$$B = \frac{G_M l_1 + G_G l_2}{l_3} \quad (2\text{-}25)$$

$$X = \frac{l_2 - l_1}{1 + \frac{G_G}{G_M}} \quad (2\text{-}26)$$

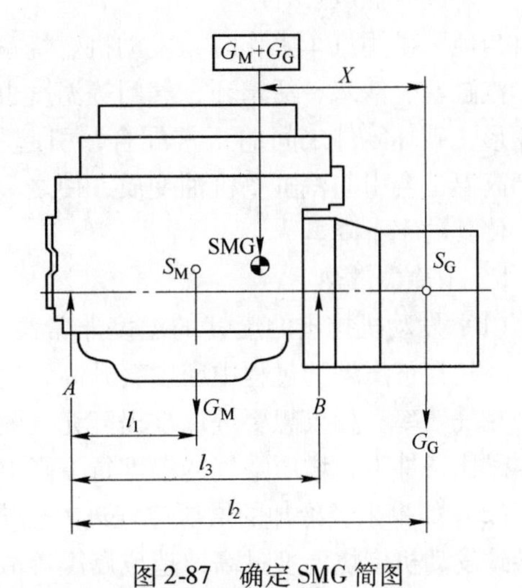

图 2-87 确定 SMG 简图

SMG—发动机加变矩器重量重心线；S_M—发动机重心线；S_G—变矩器重心线；G_M—发动机重，N；G_G—变矩器重，N；A—A 处反力，N；B—B 处反力，N；$l_1 \sim l_3$—距离，m

2.2.6.2 弹性支承结构

Deutz 可以在供货范围内提供支承元件，这些支承元件用于不同种类发动机和只要求少量的总装工作和空间。BFM1012/1013 发动机标准支承元件的静负荷和温度见表 2-31。对于其他支承或其他厂支承可咨询 Deutz 公司或其他发动机制造商。

表 2-31 Deutz 公司地下矿用汽车发动机弹性支承结构的静负荷和温度

设 计	材 料	发动机型号	每个安装托架负荷/N	最大允许温度/℃
软铸造支承	天然橡胶 肖氏 55	BFM1012/1013/C/E/EC/ECP BFM2012/2013/C/CP	2200	90

注：橡胶应能耐 -40℃的低温。

2.2.7 发动机冷却系统冷却能力校核与设计计算

2.2.7.1 冷却系统作用及冷却方式

A 冷却系统作用

地下矿用汽车冷却系统是地下矿用汽车一个十分重要的系统，由于各种原因（如设计、制造、使用和维护保养及作业条件变化等），使地下矿用汽车冷却系统冷却能力不足，常常会使发动机过热，充气系数下降，燃烧不正常（爆燃、早燃等），机油变质和烧损，零件的摩擦和磨损加剧，导致发动机的动力性、经济性、可靠性和耐久性全面恶化。但是，如果冷却过度，柴油机工作粗暴，散热损失和摩擦损失增加，零件的磨损加剧，使发动机工作变坏。其他受热零部件或系统，如变矩器、液压系统、制动器及缓速器等，在工作过程中也会产生大量热，若不正确冷却也会导致地下矿用汽车无法正常工作。因此，减少发动机及其他受热零部件或系统过热或过冷，其有效的技术途径就是正确地设计校核各种散热器，解决好受热零部件的冷却散热问题。

a　发动机散热

当地下矿用汽车工作时，发动机燃烧室内燃气温度高达2000℃左右，与之接触的汽缸盖、汽缸套、活塞、活塞环、气门等温度也随之升高，从而使其力学强度降低，甚至出现热变形，破坏零件之间的正常配合，引起零件强烈磨损，严重时还可能发生零件断裂事故。高温也会引起汽缸壁机油变质，使之失去润滑作用。高温还会引起发动机充气系数不足，使其功率下降。

b　中冷器散热

（1）发动机排出的废气的温度非常高，通过增压器的热传导会提高进气的温度。而且，空气在被压缩的过程中密度会升高，这必然也会导致空气温度的升高，从而影响发动机的充气效率。如果想要进一步提高充气效率，就要降低进气温度。有数据表明，在相同的空燃比条件下，增压空气的温度每下降10℃，发动机功率就能提高3%～5%。

（2）如果未经冷却的增压空气进入燃烧室，除了会影响发动机的充气效率外，还很容易导致发动机燃烧温度过高，造成爆震等故障，而且会增加发动机废气中的 NO_x 的含量，造成空气污染。

（3）减少发动机燃料消耗。

（4）提高对海拔高度的适应性。在高海拔地区，采用中冷可使用更高压比的压气机，这使发动机得到更大功率，提高了汽车的适应性。

总之，为了解决增压后的空气升温造成的不利影响，需要加装中冷器来降低进气温度，以满足排放法规的要求，同时提高发动机动力性能和经济性。

c　变矩器散热

地下矿用汽车一般采用液力机械传动，变矩器靠液压力转变成机械力，一般机械效率在70%左右，30%～40%的功率转变成了热，因此，虽然变矩器油温正常工作在82～92.3℃，但操作不当，油温高达110℃，甚至超过120℃，从而致使变矩器工作不正常，严重的还会造成损坏。因此，变矩器也必须配置油散热器。

d　液压系统散热

地下矿用汽车液压设备工作时，有多方面的功率损失，主要包括：泵、马达和液压缸内部的机械摩擦和黏性阻力损失；压力阀、流量阀中的节流损失；方向阀和管道中的压力损失；各种元件的内外泄漏损失等。这些损失都转化为热，使液压油和元件温度升高。另外，在严寒地区工作的液压设备，也需要在很低的气温环境下起动和工作。表2-32列出了异常温度对液压元件性能的影响，从表中可见，液压油工作温度过高或过低都会降低液压设备的性能，缩短元件寿命和增加故障，因此，液压油的工作温度必须控制在一定的范围之内。液压油是一种矿物油，它的安全工作温度见表2-33。

地下矿用汽车液压油允许的工作温度，根据地下矿用汽车本身的工作要求、环境条件来确定，一般应在50～80℃之间，见表2-34。

为了保证液压油的工作温度在一定范围内，经常使用冷却器强制散热，或使用加热器进行预热。

表2-32 异常温度对液压元件性能的影响

元件名称	低温时的影响	高温时的影响
泵、马达	起动困难，起动效率降低，吸油侧压力损失大，易产生气穴	滑动表面油膜破坏，导致磨损烧伤，产生气穴，泄漏增加，流量减少；黏度低，摩擦增加，磨损加快
液压缸	密封件弹性降低，压力损失增加	密封件早期老化，活塞热胀，容易卡死
控制阀	压力损失增加	内外泄漏增加
滤油器	压力损失增加	非金属滤芯早期老化
密封件	弹性降低	元件材质老化，泄漏增加

表2-33 液压油的安全工作温度 (℃)

温 度	最高使用温度	连续工作推荐温度	寿命最长的推荐温度
数 值	110	50～80	40

表2-34 常见地下矿用汽车液压油允许的工作温度 (℃)

温 度	最高允许温度	正常工作温度
数 值	70～90	50～80

e 制动器散热

当地下矿用汽车下长坡或频繁制动时，制动器摩擦片会产生大量的热，若没有相应的冷却系统，则制动器的温度很快会超过制动器的许用温度。此时制动器性能下降，甚至无法使用，这可能会导致严重的安全事故。因此，在封闭多盘湿式制动器中一般都设计了制动器的冷却系统。冷却系统有两种：一种自冷式，即靠桥中的润滑油冷却，这种方式冷却能力较小；另一种为强制冷却，这种方式冷却能力较强。选何种冷却方式主要根据制动强度与散热能力的平衡确定。一般强制冷却可设计单独的冷却回路，也可以与其他油路合在一起。

f 缓速器散热

由于通常制动器的热消散能力有限，有些设备使用液力缓速器，特别是运输车辆，以提供维持恒定下坡速度所需要的制动力，免去使用刹车而造成的磨损和发热。这些缓速器可以集成到自动或动力换挡变速箱上，固定在变速箱上（见图2-88）或单独安装，为了能在下陡坡时使车辆保持一个合理的速度，缓速器的功率可能比发动机的功率还大。

一般来讲，缓速器功率最大的时候发动机功率最小，所以缓速器散热量和发动机散热量不是累加关系。因为当发动机的散热较大时，不会使用缓速器，所以它的热负荷并不加到发动机的散热量上。然而通常发现缓速器可能放出的热量相当大，以至于按照最大的潜在的缓速器负荷来设计冷却系统是不现实的，这种情况下有必要靠操纵者，通过控制足够

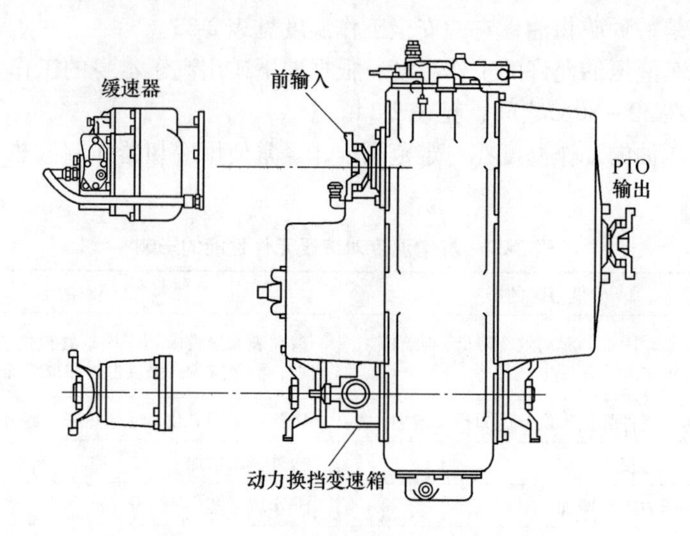

图 2-88　安装在变速箱上的缓速器

慢的下坡速度来限制缓速器的输出功率，从而使缓速器的输出功率与冷却系统的能力相匹配。因此对于使用缓速器的设备，建议安装视觉或声音的冷却系统温度报警装置。

由于我国各地气候、地质条件相差很大，地下矿用汽车冷却系统的设计条件与实际作业条件往往也不一定相同，当地下矿用汽车冷却系统的设计条件与实际作业条件相差很大时，发动机及其他受热零部件可能出现过冷或过热现象，轻者影响地下矿用汽车正常工作，重者损坏发动机和造成重大的经济损失。因此，当地下矿用汽车冷却系统的设计条件与实际作业条件相差很大时，必须要对新设计和原设计冷却系统中散热器散热能力进行校核，以确定新设计和原设计冷却系统中散热器是否适用非设计的工况条件，以防止地下矿用汽车冷却系统过热或过冷，从而保证地下矿用汽车在新的工况条件下也能正常工作，以发挥最大效率，创造更好的经济效益。

总之，冷却系统的作用是使发动机零部件保持适当的工作温度，保持其工作的可靠性和良好性能及获得满意的寿命。

B　冷却方式

发动机有水冷及风冷两种冷却方式。现代水冷发动机的冷却介质已从软水过渡到水基冷却液。风冷发动机直接以空气作冷却质。水冷发动机对水冷系统的要求是在大气状况和发动机工况变化时，能保证发动机在最适宜的温度下运转。水冷系统本身应具有良好的密封性以防止冷却液泄漏及外界气体窜入冷却系统；发动机起动后冷却液应能迅速升温至适宜值；冷却系统所属的水泵、散热器、风扇等部件具有高的效率，以降低冷却系统的功耗；水冷系统应有良好的工作可靠性及便于维修。水冷发动机制造成本低、冷却系统功耗小，所以水冷方式广泛应用于各种用途的发动机；风冷发动机比较简单、起动后暖机快且冷却系统免维护，因而风冷发动机多用于中小功率及高寒、高原、沙漠及其他缺水地区的地下矿用汽车上。

水冷发动机机因用途不同，其冷却形式有三种：蒸发式、热流式和强制循环式。地下矿用汽车大都采用闭式强制循环冷却。

2.2.7.2 冷却系统基本要求和散热器的设计原则

A 冷却系统基本要求

为了保证地下矿用汽车冷却系统良好性能，必须满足下列基本要求。

a 对水散热器的要求

（1）柴油机散热系统的散热能力能满足柴油机在各种工况下的需要，当工况和环境条件变化时，仍能保证柴油机可靠地工作和维持最佳的冷却水温度。

（2）行驶时，承受很大的载荷，机架和前机罩产生很大的弹性变形。因此，设计散热器的安装支架时，除充分考虑消除因机械变形产生的应力，散热器本身也应有足够的刚性。

（3）在高原和极寒冷的特殊环境下，应采取特殊的方式保证有效的冷却和暖机。

（4）散热系统消耗功率小，起动后能在短时间内达到正常的工作温度。

（5）冷却系统必须这样设计和安装，以使水箱上水室最高温度不超过特定发动机数据表上的给定值。

（6）每种冷却系统必须能排除进入的空气，并且空系统首次注满后，在不添加补充水的前提下，应在发动机数据表上给定的时间内除尽空气。

（7）必须提供系统总容积5%～6%的膨胀空间。

（8）系统必须能在加注冷却液时，除气并能以发动机数据表上给出的最小加注速度，在最大容许加注时间内完成加注。

（9）当发动机高怠速运转时，散热器或冷却系统不盖压力盖、水温82～88℃（Cummins发动机要求）时，水泵进口处压力必须大于大气压。

（10）必须提供发动机数据表上给定的最小抗进气量，抗进气量必须大于初次未加注水量，抗进气量不包括膨胀空间。

（11）有些发动机必须装用水滤器，该用水滤器含有供合理维修间隔，使用足量的可防止水路表面腐蚀或锈蚀的化学物质。冷却液必须不断通过一旁通水路进行过滤，以除去其中的污垢金属和矿物质。

（12）装有发动机的地下矿用汽车，通常使用散热器和风扇，以将冷却水的热量传入大气。当风扇和散热器初步选定后安装者需进行必要的计算，在确保冷却能力的前提下，力求提高效率，减少功率消耗和降低噪声。

（13）为提高冷却液在低气温条件下的抗冻性，减少冷却介质对金属表面的腐蚀，最好采用添加防冻、防锈剂的特殊冷却液。

（14）发动机与散热器间的进、出水管应尽可直接且尽量少拐弯，要特别避免小半径的弯曲。发动机与散热器间的所有管路应有足够的柔性，以允许它们之间的相对运动。

（15）拆装维修方便，使用可靠，寿命长，制造成本低。

b 对中冷器要求

必须满足柴油机制造厂对中冷器的要求：

（1）只有高质量、高耐久性的部件才可用于空-空中冷系统，因为该系统对发动机的性能和可靠性至关重要。

（2）经过中冷器至发动机进气歧管的进气温度不得超过发动机技术参数表的限值。

（3）空-空中冷系统的阻力（压力降）不得超过发动机技术参数表的限值。

（4）不能因为中冷器的安装致使发动机冷却能力低于推荐要求。

（5）当按照制造商规定的测试步骤进行测试时，进气歧管中的空气相对环境温度的温升必须满足发动机制造商参数表的要求，这是使发动机排放满足要求的必要条件。

（6）中冷器芯的设计必须适合在多尘环境的应用，建议散热片的密度不能大于 8 ~ 10 片/25.4mm，使用不带百叶窗的散热片以提高中冷器的清洗间隔和便于清洗。

（7）中冷器芯的设计必须坚固耐用，气室必须是铸件，安装固定必须允许中冷器的热胀冷缩。

（8）空-空中冷系统的管路卡箍和支撑必须满足制造商的安装推荐。

（9）空-空中冷系统必须满足制造商规定的清洁度推荐。

（10）温控冷却风扇，除根据冷却液温度控制外，还必须根据进气歧管温度控制。

（11）如果设备在极度寒冷地区使用，必须采取适当措施防止进气温度过低。

c　对变矩器散热器的要求

地下矿用汽车绝大多数采用 Dana 公司变矩器，按照 Dana 公司要求：对于使用 Dana 公司变矩器和动力换挡变速箱的传动系统，变矩器油的冷却能力一般按发动机最大功率的 40% 来计算，若变速箱不带缓冲装置，则只按发动机最大功率的 30% 来计算。

在各种条件（即在各种环境温度下作业和运行），变矩器出口油温必须保持在 80 ~ 110℃。瞬时最高不得超过 120℃。最佳运行温度在 82.2 ~ 92.3℃之间。

d　对液压油散热量要求

液压系统的效率一般按 75% 计算，所以液压系统的散热量可以按如下公式计算：

液压系统散热量(kW) = 发动机到液压泵的功率(kW) × 0.25

如果液压油不是通过发动机冷却液散热，计算方法不同。

e　对制动器散热要求

当环境温度为 27℃时，驱动桥制动器正常工作输出油的温度应不超过 90℃，断续工作输出油的温度应不超过 120℃，温升不大于 63℃。

f　对缓速器散热要求

缓速器冷却器的散热量即为缓速器功率。

一般来讲，缓速器功率最大时，发动机功率最小，所以缓速器散热量和发动机散热量不是累加关系。

B　散热器的设计原则

（1）在空间允许的情况下，应选择正面面积大、厚度薄、正方形的散热器芯。因为散热器正面面积大可以匹配直径大、转速低的风扇，从而降低风扇消耗功率和噪声。散热器越厚阻力越大，越容易被灰尘、碎片、毛絮、昆虫堵塞。风阻也比较大，冷却效果反而很差。

（2）散热器尽可能设计成正方形，这样风扇扫过的面积最大，如图 2-89 所示。

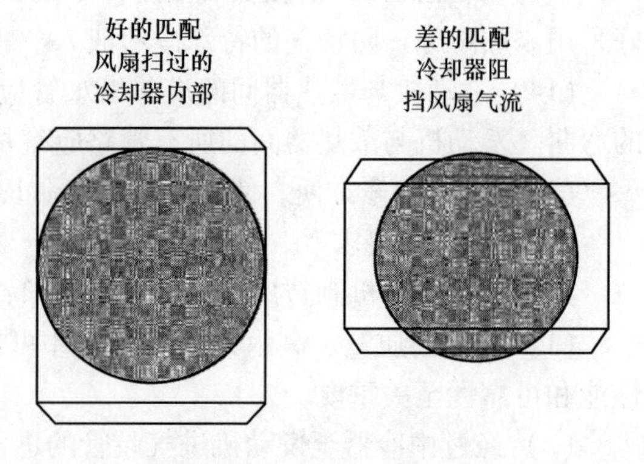

图 2-89　散热器芯与风扇匹配

（3）散热片密度每25.4mm有8~10片比较合适。对工作在灰尘比较多的环境的工程机械，建议如下：热片密度不超过每25.4mm 8片；散热片不开窗；水管直线排列，不允许交错排列。

（4）散热器周围为防止空气再循环降低冷却效果，建议在水箱周围安装隔板。

（5）散热器前后的空气流通通道的面积必须足够大，原则上不小于散热器迎风面积的1.5倍。

（6）散热器支撑必须有足够的柔性和隔振措施，允许散热器的热胀冷缩，同时防止机器和发动机的振动传到散热器。

（7）散热器必须容易清理。如果有多个散热器串联，建议散热器之间预留40~80mm的清理间隙。

（8）阻力不能超过发动机参数表的要求。

C　冷却系统组成

地下矿用汽车冷却系统主要由水散热器、中冷器、变矩器油散热器、风扇、导风罩、水泵、节温器、上水室、下水室及连接管路等组成（见图2-90），有的地下矿用汽车如配置，还包括液压油散热器、缓速器散热器、制动器散热器。

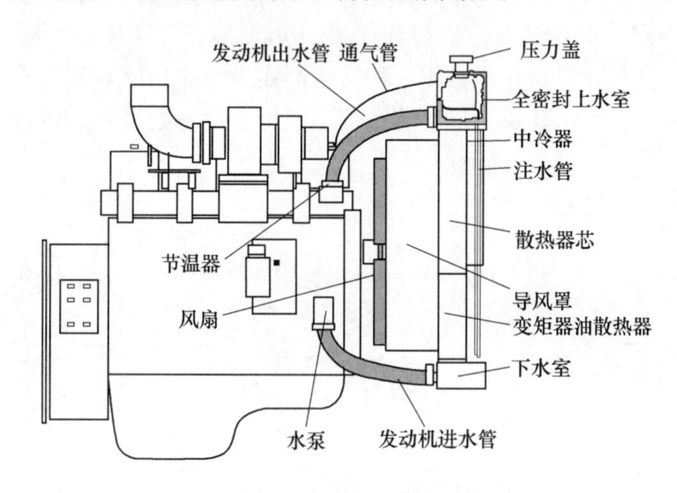

图2-90　冷却系统组成

a　散热器

散热器又称散热水箱，是闭式水冷却系统不可缺少的主要部件之一。它的作用是将冷却水从受热零件吸收的热量传给空气，然后散到大气中去，以降低冷却水的温度。

散热水箱由上水室、散热芯部、下水室、水箱盖及两边支撑架等组成。如图2-90所示。柴油机工作时，上下水室分别用来储存热、冷水，起散热作用的是芯部。从汽缸盖流出的冷却水进入上水室，再通过芯部管下流过程中，将热量传给空气，冷却后的水进入下水室，然后流入水泵进行循环。

（1）散热器芯部的形式与结构。地下矿用汽车常用散热器芯部的形式与结构有三种：管束式（见图2-91）、板翅式（见图2-92）和翅片管式（见图2-93）。

图2-91　管束式散热器芯部结构

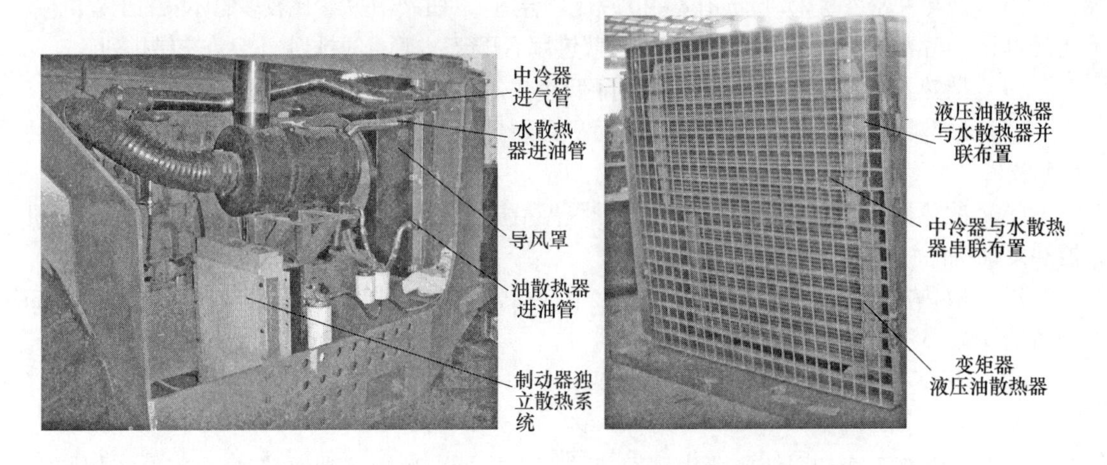

图 2-92　板翅式散热器芯部结构

翅片管式散热器芯部有三种：管翅片（见图 2-93(a)）、管片式（见图 2-93(b)）、管带式（见图 2-93(c)）。管片式是连续翅片-管束式散热器，其连接翅片是平直的光滑平片，传热管为扁平管，也有圆管的。通常称这种结构形式为管片式散热器。管带式的结构形式是连续翅片束散热器芯体，其翅片是一波状带子，传热管为扁平管，这种散热器称为管带式散热器。

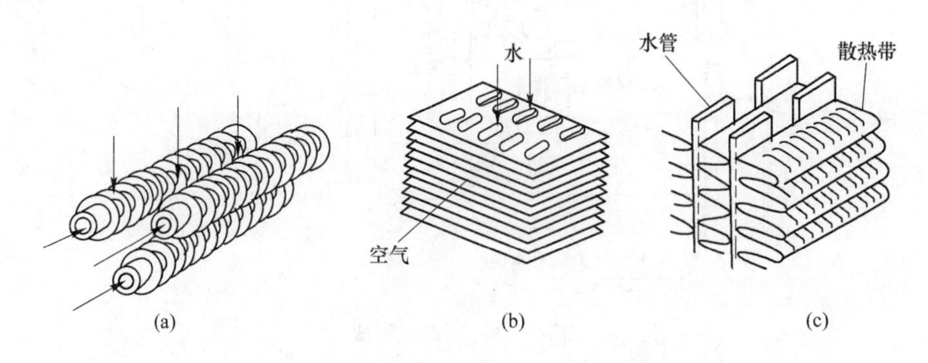

图 2-93　翅片管式散热器芯部结构
(a) 管翅片芯体；(b) 管片式芯体；(c) 管带式芯体

板翅式散热器是由许多单元体叠加而成，单元体是由翅片 3、隔板 1 和封条 2 组成（见图 2-94(a)），根据需要，把若干单元体叠合起来焊成一个整体就称为板翅散热器芯体。冷、热两流体在单元体中流动方向若反向平行流动通常称为逆流，相互垂直流动则称为叉流（见图 2-94(b)）。翅片是由 0.1 ~ 0.6mm 薄金属片经特殊工艺滚压或模压而成。在散热器中充当扩展传热面，同时还在相邻两隔板之间起加强作用。隔板是两层翅片之间的薄金属片，一般由厚度为 0.5 ~ 1.0mm 的铝合金板制造、两面热敷 0.1mm 厚的钎料层。钎焊时钎层熔化使隔板和翅片连接起来。封条位于每层道通两侧，由铝合金挤压、拉拔、滚压而成。一般翅片间隔为 4 ~ 6mm，每 100mm 之间有 17 ~ 25 片。因为片数过多，虽然可增加散热量，但也会增加空气阻力，而且容易堵塞；片数过少，又会影响散热能力。

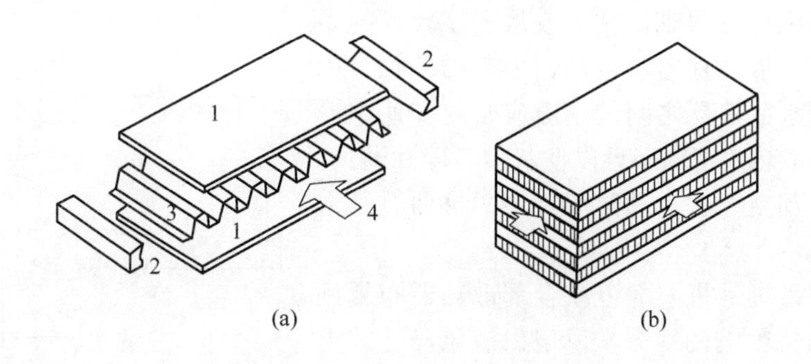

图 2-94 板翅式散热器芯部结构
1—隔板；2—封条；3—翅片；4—流体方向

板翅式散热器优点是：传热效率高、结构紧凑、轻巧而牢固、适应性大。因此，板翅式散热器在地下矿用汽车获得广泛应用。板翅式散热器缺点是：流道狭、易于堵塞，从而使传热效果下降；清洗十分困难；对于铝制板翅式散热器，不仅要求工作介质清洁，而且不能对传热表面有腐蚀。

（2）地下矿用汽车散热器布置。地下矿用汽车散热器一般包括中冷器、水散热器和油散热器，他们之间的布置有三种方式：并列布置和串联布置（见图 2-95）及独立冷却系统（见图 2-96）。

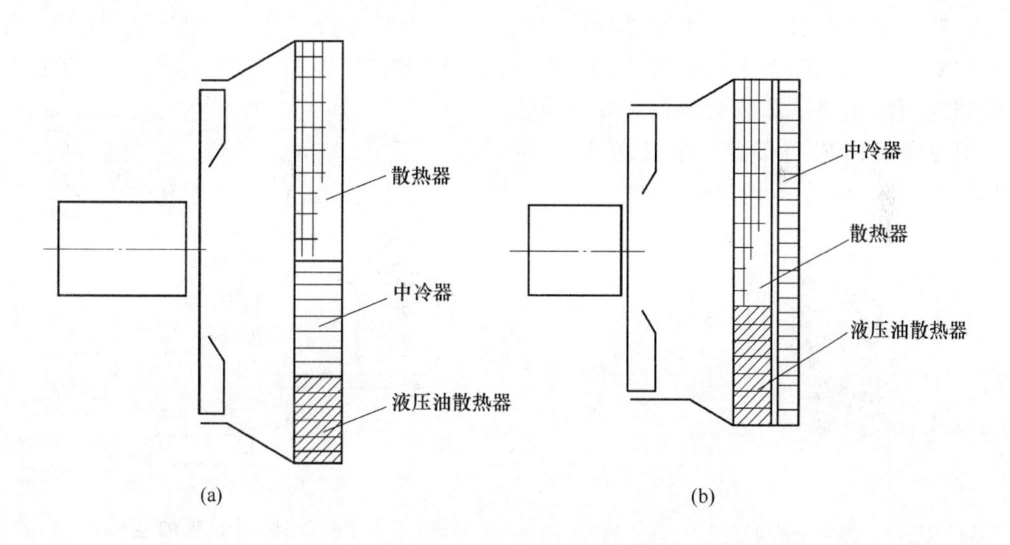

图 2-95 地下矿用汽车散热器布置
（a）并列布置；（b）串联布置（中冷器布置在上游）

如空间允许应尽量采用并列布置，因为进入发动机散热器是未被加热的冷空气，气流阻力小，容易保养和维修，但必须保证风扇扫过区域的气流阻力的均衡，使风扇效率最高。气流阻力不均会导致风扇的噪声增加和影响风扇耐久性。

若受空间限制，必须采取串联布置时，中冷器必须放在气流最上游，使温度最低的空气流过中冷器。在中冷器和发动机水散热器串联安装中，一些灰尘与碎片会落入两者之间，若不拆掉中冷器很难清洗，或从密度较稀的中冷器进入，卡在散热片密度较高的散热器前面，因此，中冷器与水散热器之间的间隙应密封和使中冷器与散热器的散热片密度接近以使灰尘与碎片通过。当串联时，冷却空气首先通过中冷器，再通过水散热器。

独立冷却系统是将一部分或全部散热器布置到一个不受发动机影响的地方，风扇由液压马达或电机驱动。优点：布置灵活；远离发动机的热辐射；可以根据水温控制风扇转速，降低功率损耗；保养方便。

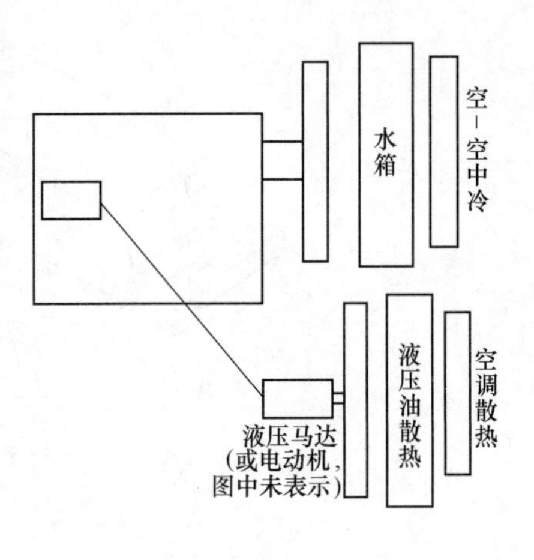

图 2-96　独立冷却系统

b　中冷器系统

中冷器的结构如图 2-97 所示。设计和生产的中冷器芯必须有足够的强度。在所使用的环境温度和压力下，有足够的寿命，同时中冷器气室采用铸造结构在使用装配结构的气室时必须进行精心设计和组装，确保在所使用的工业环境中不出现故障。在地下矿用汽车中的应用表明使用钎焊铝质中冷器芯和铸铝气室的中冷器是成功的。在矿山机械等应用于多尘环境的设备中中冷器芯的散热片密度不多于每 25.4mm 8～10 片，不使用百叶窗式的散热片，散热片密度过高容易堵塞，需要频繁清洗热交换器。生产厂已经开发出比百叶窗式散热片更好的结构，通过波纹和凸起在散热片上产生紊流，使散热器不容易堵塞和便于清洗。最佳的散热片密度和结构需要通过实地试验和应用由主机厂和热交换器厂共同决定。

中冷器的组成与布置分别如图 2-98 和图 2-99所示。

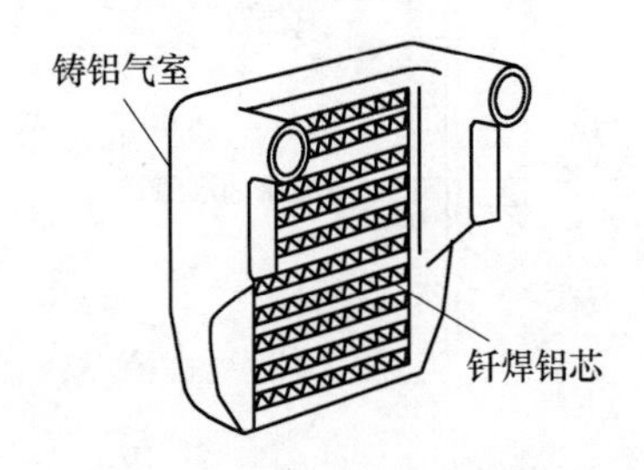

图 2-97　中冷器的结构简图

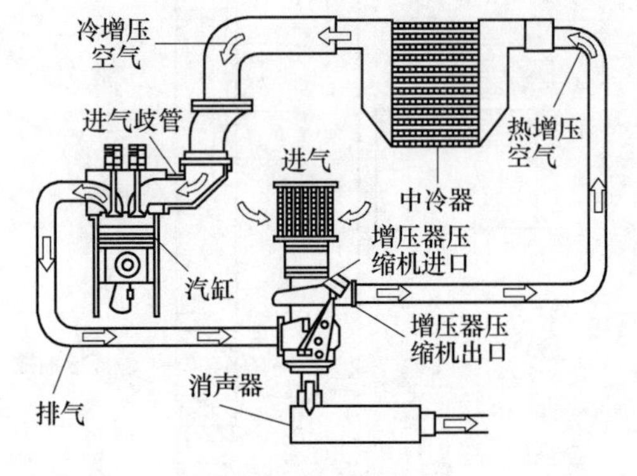

图 2-98　中冷器的组成

c　油散热器、缓速器、制动器散热器

油散热器、制动器散热器、缓速器结构基本同水散热器。

D　冷却风扇

地下矿用汽车散热器主要靠装在发动机曲轴上风扇的风量冷却，但也有液压和电驱动风扇冷却。

冷却风扇首先要满足冷却系统对风量和压头的需要；同时要消耗功率小、风扇效率高，且有较宽的高效率区；风扇噪声小、质量轻、成本低等。目前普遍采用的有金属风扇

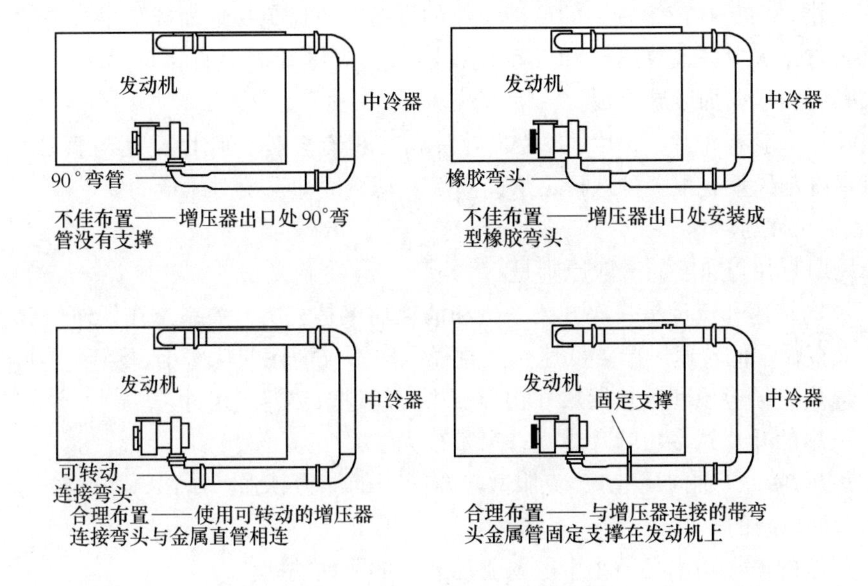

图 2-99 空气中冷系统管路布置

和塑料风扇两种。风扇叶片应具有足够的强度，以防车辆涉水时，折断风叶；在寒冷地区使用，推荐选用带硅油离合器的风扇。

风扇选型、尺寸、速度、材料、风扇叶片跳动量、风扇平衡、风扇位置、风扇风量、风扇消耗功率等对发动机冷却能力和发动机性能有很大影响，下面仅介绍前面几项，后三项另作介绍。

a 风扇类型

冷却散热器风扇有吸风扇与吹风扇两种。

若水散热器与中冷器串联，采用吸风扇，由于水散热器的空气入口温度即中冷器空气出口温度，水散热器的空气入口温度已被预热，因此，水散热器散热能力下降，必须增加冷却风量（提高风速或增大风扇直径）或增大散热器散热面积。

若采用吹风扇，由于中冷器的空气入口温度即水散热器空气出口温度，中冷器的空气入口温度已被预热，因此，中冷器散热能力下降，必须增加冷却风量（提高风速或增大风扇直径）或增大中冷器散热面积。

若水散热器、中冷器与油散热器并联，采用吸风扇，水散热器、中冷器与油散热器吸入的是冷却空气，因此，冷却效果最好；若采用吹风扇，水散热器、中冷器与油散热器吸入的是被发动机热的缸体加热的热空气，因此，各散热器散热能力都下降，为了保证各散热器散热能力不变，必须增加冷却风量（提高风速或增大风扇直径）或增大各散热器的散热面积。

吸风扇的效率稍高于吹风扇。同时，吹风扇的噪声也比较大。所以，应优先考虑采用吸风扇。选择吸风扇还是吹风扇还要考虑如下因素：

（1）迎面风。如果发动机安装在汽车的前面，使用吸风扇可以很好地利用车辆的迎面风。

（2）驾驶舱。在任何情况下都应该避免热风吹向驾驶舱。

（3）清洁。对于在灰尘较大的环境工作的设备，应避免从地面或灰尘、毛絮比较多的地方进风，防止灰尘进入散热器和发动机；同时，应尽量避免直接向地面吹风，激起尘土；如果必要，建议加装导流板。

风扇叶片一般有 4 片、6 片、8 片，叶片角度也有多种，叶片宽度与直径也有不同。因此，风扇冷却风量有很多种选择，从而满足发动机冷却系统对风量的要求。

b　风扇尺寸与转速

选择风扇直径与速度的一般原则是：

（1）风扇转速和流量是一次方关系，和消耗功率是三次方关系。在任何情况下都应该优先选择大直径、低转速风扇。低速、大直径风扇不仅消耗的功率小、噪声更小。

（2）风扇直径应该和散热器尺寸相当，不宜超过散热器芯尺寸。

（3）风扇的叶片越多、叶片越宽，风量越大。

（4）风扇越厚（轴向尺寸），克服散热器阻力的能力越强。所以，散热器比较厚时应优先考虑增加风扇的厚度。

（5）风扇的消耗功率必须小于风扇驱动装置的驱动功率。

（6）风扇的质量必须符合风扇轮毂的弯矩要求。

（7）风扇的最高速度必须小于生产厂的限制，作为通用原则，风扇叶尖的速度应小于 71～91m/s。Caterpillar 公司认为风扇尖的最高速度不超过 91.1m/s，最佳速度为 71m/s 以下。因为这样能满足噪声法规要求和冷却系统性能要求。具体风扇直径、风速要根据冷却系统要求的冷却能力和安装空间要求与发动机、风扇制造厂商量确定。

c　风扇材料

风扇叶和托板通常采用低碳钢薄板冲压而成。优点是刚性好、制造方便，但叶形简单、效率低、噪声高、寿命长及成本高。在地下矿用汽车中也有采用塑料或尼龙风扇，优点是重量轻、噪声低、效率高、成本低，但易变形，防晒、防寒性能差。

d　风扇叶片跳动量

风扇叶片跳动量见表 2-35。

表 2-35　风扇叶片跳动量

风扇外径/mm	跳动量/mm
≤350	≤1.5
350～550	≤2
550～750	≤2.5

e　风扇平衡

风扇的制造和应用应使风扇叶片在发动机使用寿命期内保持一定寿命。各种风扇推荐的极限不平衡量见表 2-36。

表 2-36　各种风扇推荐的极限不平衡量

风扇外径/mm	不平衡量/g · cm	风扇外径/mm	不平衡量/g · cm
≤400	≤18（塑料风扇≤10）	500～600	≤54（塑料风扇≤20）
400～500	≤36（塑料风扇≤15）	600～750	≤72（塑料风扇≤25）

E 压力盖

压力盖的作用：

（1）压力盖的功能是保证密闭式冷却系内的冷却液能保持一定的压力。随着压力盖上压力阀压力的增加，从而提高冷却液的沸腾温度。在无膨胀水箱的冷却系装置中，压力盖是装在散热器上水室的加注口上。在有膨胀水箱的冷却系中，压力盖有的装在膨胀水箱的加注口上，也有的装在散热器上，这将根据膨胀水箱的功能而定（可见膨胀水箱一节中的论述）。表2-37是不同压力盖压力和海拔高度与冷却水沸腾温度点的关系，图2-100是压力盖剖面图。图2-101是压力盖装在口座上拧紧和密封时的示意图。

表2-37 不同压力盖压力和海拔高度与冷却水沸点的关系

压力盖压力	海平面	海拔1500m	海拔2500m	海拔3500m
无压力盖	100℃	95℃	91℃	87℃
压力盖压力30kPa	107℃	103℃	100℃	97℃
压力盖压力50kPa	111℃	108℃	105℃	102℃

注：以上指清水，不是冷却液。

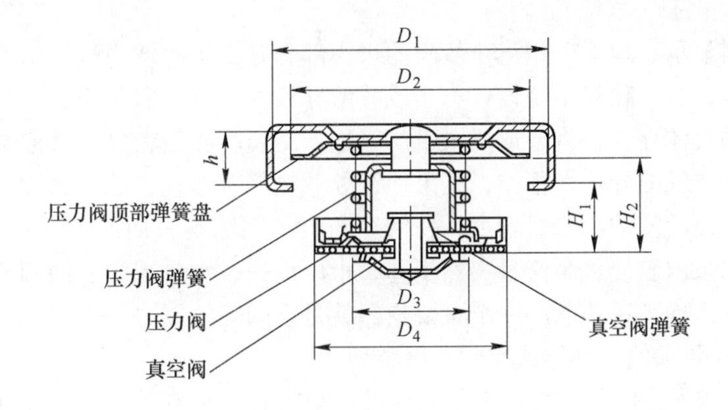

图2-100 压力盖剖面图

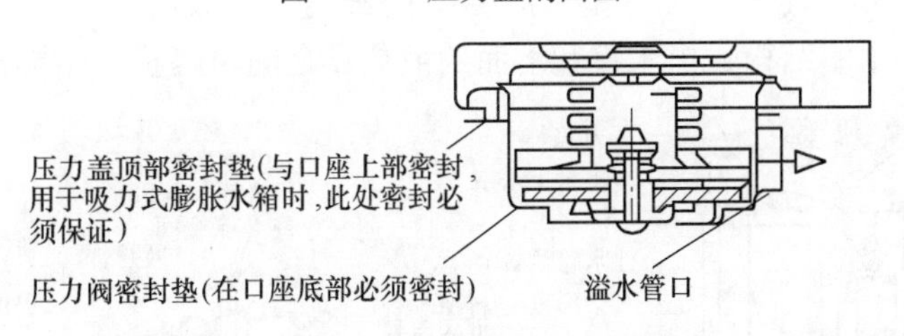

图2-101 压力盖在口座上拧紧密封示意图

（2）采用压力盖和提高循环中冷却液的沸点，可产生下列效果和影响：

1）可使冷却液在高温条件下不产生沸腾和溢水，保证工作安全，同时，使冷却液温度与环境大气温度之间液-气温差加大，从而提高散热器的散热能力，这样，相应可以缩小散热器及风扇的尺寸和容量。由于液-气温差加大，散热量大幅度提高，散热器及风扇明显缩小。

2）可以减轻或消除冷却液循环中的气泡和气阻现象，尤其是可以消除水泵进口处（该处压力最低）的气阻现象，这是因为系统内持有高的压力，饱和蒸汽压力相应提高，从而在循环中减少了蒸气泡的产生，保证了冷却液实际循环流量的稳定，使足够的冷却液把热量从发动机内带出。

3）对发动机水套内高温壁面上热传导而言，由于提高了换热面处冷却液的沸腾汽化温度，可以减缓或消除膜态换热，改善了热传导的质量，使受热表面得到了好的冷却。

4）车辆在高原上运行时，由于海拔高，水的沸点降低，更需要采用压力盖，否则冷却液早期就发生沸腾，使冷却系统不能正常工作。

5）但是采用过高的压力盖，使冷却液持续处于高温、高压下工作，对冷却系的密封性和有关零部件及非金属制品的可靠性带来不良后果，还会使发动机的热负荷加重、机油温度升高，以及发动机燃烧系统的某些参数恶化；此外，对前置发动机而言，还会影响驾驶室内的温度。

另外，压力盖上除了蒸气阀（或称压力阀）以外，还应有一个真空阀，压力约为10kPa，因为冷却液经外溢和冷缩后，系统内将产生真空或负压，外界空气将通过真空阀进入散热器或膨胀水箱，使系统内压力保持在一定范围以内，这样对管路、密封垫及散热器等起到保护作用。

F　冷却系中除气系统

据相关资料显示，地下矿用汽车故障的很大部分是由于冷却系故障引起的。而在常见的冷却系故障中，由于除气系统设计不当或故障导致的问题又占了很大一部分，在冷却系中如果有残余的气体存在，将会形成大量的气泡，高温膨胀后，这些气泡会滞留在水套内某一死角，由于空气的导热性很差，结果使该处散热严重恶化，热应力剧增。由此造成的散热不良，还会使活塞的膨胀量增大，使活塞与缸体间隙消失而产生“拉缸”。此外，气泡还可能进入水泵内腔使水泵流量突然下降、水压消失、水泵损坏、冷却液流失和副水箱溢水。因此，评定冷却系功能的一个重要指标就是它的除气能力。

a　Cummins 要求使用除气式冷却系统类型

Cummins 要求使用除气式冷却系统有两种：全密封上水室系统与副水箱式系统。

图 2-102(a)所示为全密封上水室系统，结构紧凑，一般用于工程机械。图 2-102(b)所示为全密封式上水室结构，上水室和下面的散热器之间由隔板完全隔离，仅通过立管连

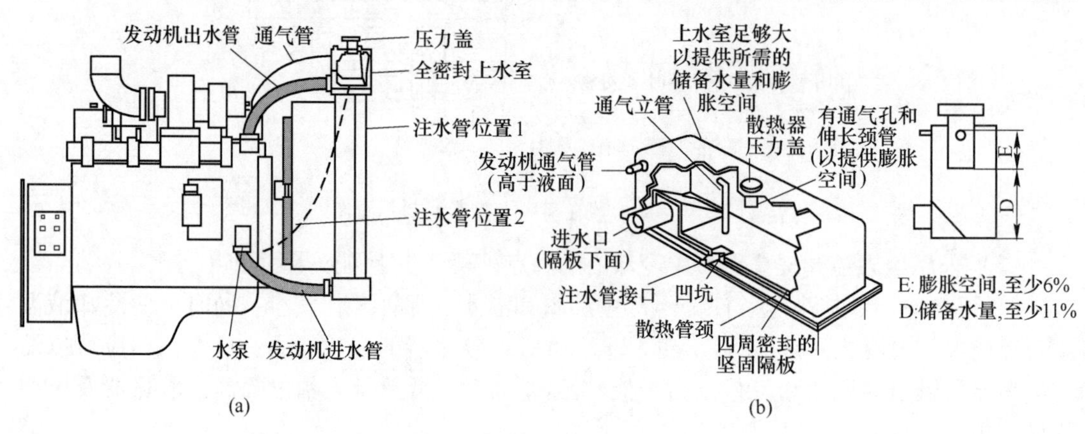

图 2-102　全密封上水室系统

（a）系统组成；（b）上水室结构

通。上水室顶部有与发动机相连的通气管，底部有与水泵入口相连的注水管。上水室加水口向下延伸，以提供膨胀空间。加水口脖颈靠上位置有一个小孔，供排气用。要求使用压力水箱盖。

加水时，防冻液经上水室流到注水管，然后从水箱底部进入水箱，从水泵入水口进入发动机，水箱和发动机中的空气分别通过上水室立管和发动机通气管排到上水室。在发动机运转过程中，由于循环水并不经过上水室，不会将上水室中的空气带入冷却水，同时，通过立管和发动机通气管，不断将冷却系统中的空气除去。

地下矿用汽车和一些工程机械也可以使用副水箱结构，参见图2-103。同上水室系统完全一样，只是上水室变成了副水箱，副水箱位置必须高于水箱。这种除气结构最主要的特点就是带有膨胀水箱，并且在发动机和散热器的顶部各设置有一根出气管。在发动机运转过程中系统中残存的气体和运转产生的气体，由于比重原因，将以气水混合物的形式积聚在发动机和散热器顶部，然后通过相应出气管排到膨胀水箱中，并在其中膨胀、释压和冷凝，分离成水和气体，其中的水将通过补水管或加水管回到冷却液循环系统中去，而气体则留存在膨胀水箱中，当冷却液温度逐渐上升，压力增大到超过膨胀水箱上压力盖的额定压力时，多余的气体将从压力盖中排出。值得注意的是，压力盖上不但要设置卸荷阀，

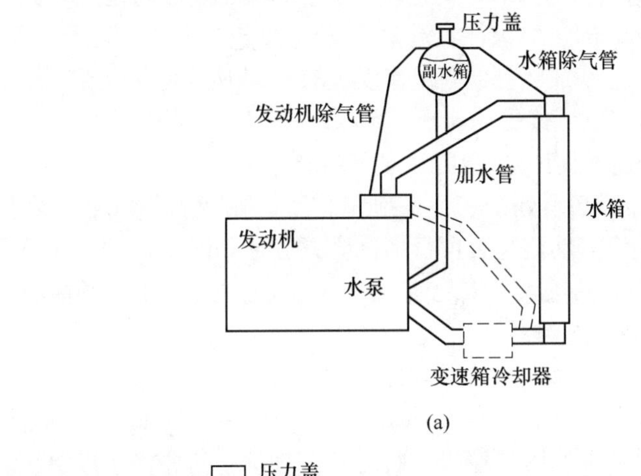

(a)

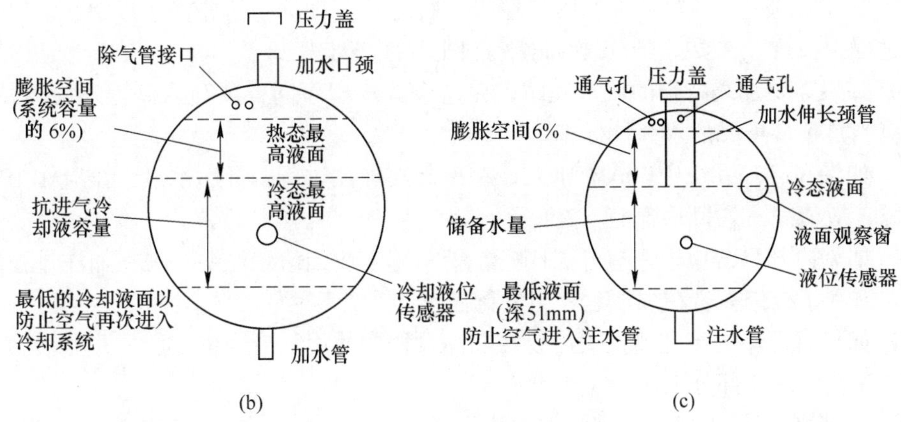

(b) (c)

图2-103 副水箱式系统

(a) 副水箱式系统布置；(b) 透明副水箱；(c) 不透明副水箱

还需要设置真空阀，在冷却系温度降低、压力减小以后，及时开启，保证冷却系的压力不低于大气压，以免影响冷却系的正常运转。另外需要注意的是，两根除气管的内径必须合理选择。过大会使循环流量增大，气水混合物来不及冷凝就回到发动机内，过小则产生的气水混合物不能及时排出，仍被主循环水流带走，导致气体不能除净。合理的内径一般为4～5mm。

这种散热器的上水室实际上是一个简易的与散热器集成在一起的膨胀水箱，其除气原理与膨胀水箱一样，但这种除气结构对散热器的制造要求比较高、成本也较高。同时，由于其上水室的高度较高，在使用时容易受到空间的限制。

b　Cummins 要求使用除气式冷却系统优点

（1）发动机启动后，能迅速除去冷却系统中的空气，减少空气对发动机水套、水箱的腐蚀，提高发动机和水箱的使用寿命。

（2）由于除气系统能保证冷却系统中没有空气，提高冷却液的热交换能力，从而提高冷却系统的散热能力。

（3）由于冷却系统中没有空气，能有效减少缸套的穴蚀，提高发动机的寿命。

c　Cummins 发动机冷却系加注及除气系统的要求

（1）冷却系统必须能以至少 11L/min 的速率加注，起动后 15s 内建立并保持缸体水道内为正压。推荐采用 19L/min 的速率加注，起动后 15s 内建立并保持缸体水道内为正压。如果不能以至少 19L/min 的速率加注，但当整车安装有冷却液低液位传感器并能实现报警功能时，11L/min 的加注速率也可接受。

（2）整车必须安装冷却液低液位传感器和报警功能。

（3）冷却液低液位传感器必须处于“冷态满液位”与最大抗进气液位之间。低液位报警器的位置应当由试验确定其功能是否可行，试验方法见 Cummins AEB2150。

（4）在空气从加注管中开始进入系统之前，冷却液低液位报警器必须能激活冷却液液位低的报警功能，建议用蜂鸣器报警。

（5）如果需要使用特殊加注和除气步骤才能实现充分的加注，加注过程必须进行试验验证。Cummins 安装评审报告应当记录加注试验结果并经应用工程批准，必须在设备上加上一个清楚可见的永久性标牌上，用“警告”标记清楚地标示这些加注步骤，以提示用户在保养过程中执行，并要求在 OEM 维修资料上注明该步骤。

（6）如果需要加入特别的放水程序，在这个放水程序同样要写入到上述的警示牌上，警示牌应当是粘接可靠的永久性标牌。

（7）如果在冷却系统中串入有水泵，在冷却液加注过程中开启水泵工作应作为中间的一个步骤，应清楚写入警示牌上。

（8）如果冷却系统中串入有开关阀门，警示牌上应当清楚注明开关在加注过程中所处的位置，以利于维修人员在加注过程中进行操作。

（9）如果有专用的设施或仪表需要在加注过程中使用，应当将它们一并写入警示牌作为整车加注操作的一部分工作。

（10）如果在工厂内加注与维修中加注程序有不一样的地方，所有的程序应当用 Cummins 安装评审的试验确认是否可行。

（11）冷却系统设计必须保证在“冷态满液位”以上有最小 6% 的膨胀空间，并有防止冷却系统在加注过程中注满此空间的预防措施。

(12) 冷却系统设计必须不能超过“冷态满液位”以上最大12%的膨胀空间，以确保系统随着冷却液的膨胀达到需要的压力。这包括了“冷态满液位”以上的所有无效容积。

(13) 系统必须有一个冷却液储备容积（抗进气容积），这个容积比冷却系统加注过程中残留的空气容积大1%，至少为系统总容积的5%。

(14) 冷却系统必须配备一个压力盖，其压力设定值要符合发动机数据表的最小值。但不能超过172kPa。

(15) 所有2002年及2002年以后生产的发动机（包括天然气发动机）必须使用正压除气系统。

(16) 发动机和散热器的除气管必须在“热态满液位”以上接入附水箱，并且必须通过相互独立的接口进入水箱，不得使用三通连接。不符合除气端口位置要求的所有情况都必须接受Cummins应用工程的审查并得到认可。

(17) 按照这些要求的测试步骤，除气系统必须能在发动机起动后的25min以内排除冷却系统内所有带入的空气。

(18) 节温器全开且无压力盖的情况下，系统必须能在发动机额定转速下保证水泵前进口压力为正压。

(19) 发动机以外的系统总水阻力应小于发动机技术参数表的限值，以保证水泵具有其额定性能。

G 节温器

节温器的作用是随发动机负荷和水温的大小改变水的循环强度（路线和流量），同时能缩短发动机的起热时间，减少燃料的消耗和机件的磨损。

(1) 冷却水的小范围循环。冷发动机在热起动前，水温低于83℃时，主阀门关闭，旁通阀门开放，冷却水只能经旁通管直接流回水泵进水口，又被水泵压入水套。此时水不流经散热器，只在水套和水泵间小范围地循环。此时，冷却强度小，促使水温迅速上升，从而保证发动机各部位均匀、迅速地热起或避免发动机过冷。由于冷却水的流动路线短、流量小，故称小循环，即节温器→水泵→机油散热器→水套→节温器。

(2) 冷却水大范围循环。当发动机内水温升高至95℃时，主阀门全开，旁通阀全关闭，冷却水全部流进散热器。此时，冷却强度增大，促使水温下降或不致过高。由于这时的冷却水流动路线长、流量大，故称大循环，即节温器→水泵→机油散热器→水套→散热器→节温器。

(3) 冷却水的混合循环。当发动机内冷却水处于上述两种温度之间时，主阀门和旁通阀均部分开放，故冷却水的大小循环同时存在。此时冷却水的循环称为混合循环。

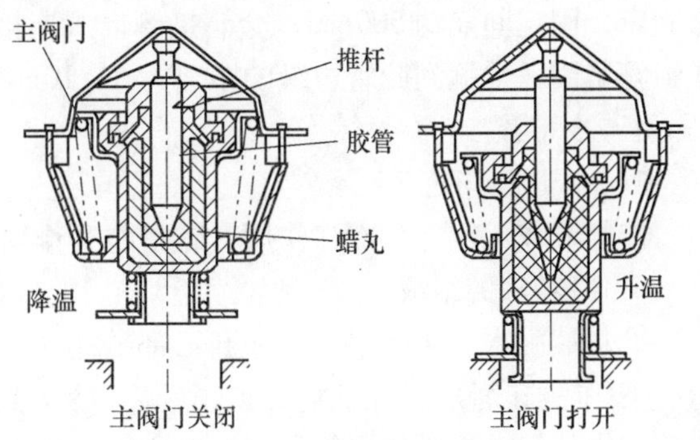

图2-104 蜡式节温器工作原理

主要使用的节温器为蜡式节温器（见图2-104），当冷却温度低于规定值时，节温器感温体内的石蜡呈固态，节温器阀在弹簧的作用下关闭发动机与散热器之间的通道，冷却液经水泵返回发动机，进行发动机内小循环。当冷却液温度达到规定值后，石蜡开始熔化逐渐变为液体，体积随之增大并压迫橡胶管使其收缩。在橡胶管收缩的同时对推杆作用以向上的推力，推杆对阀门有向下的反推力使阀门开启。这时冷却液经由散热器和节温器阀，再经水泵流回发动机，进行大循环。

节温器大多数布置在汽缸盖出水管路中，这样的优点是结构简单，容易排除冷却系统中的气泡；缺点是节温器在工作时经常开闭。

H 水泵

水泵是强制循环水冷却系统所需动力的来源，其作用是使冷却水产生一定的压力，压入柴油机各冷却部位，保证柴油机运行时冷却水不断循环。在柴油机上广泛采用离心式水泵。

水泵进口希望能保持正压，设计时应尽可能提高散热器上水室的位置。发动机出水口与进水口之间的最大外部压力降不得超过厂家规定，否则将影响发动机的水泵进口压力和冷却液循环速度。尽量不要将风扇装在水泵上，尽量不用水泵驱动空调压缩机，减少水泵承受的附加弯矩。

I 散热器管路

连接发动机与散热器之间的管路应尽量短而直，减少弯曲；总布置需要拐弯时，管子的曲率半径应尽可能大，以减少管道阻力，且管路的弯角处或截面变化处必须圆滑过渡；为了避免冷系统内产生气泡，从而对冷系统造成破坏和降低冷却效果，必须使发动机和散热器与副水箱相连的排气管不形成 U 字形结构，应采用平顺或逐渐上行方式。如确有必要，则应在发动机水道最高点设置放气阀，加注冷却液时应打开该放气阀，让发动机水套内的气体及时排出。

所有管路要有一定的柔性，以适应发动机和散热器之间的相对运动，防止散热器的管口振裂。水泵进水管应有一定的刚性，以免发动机工作时被吸扁。

散热器的管路可用成型胶管或金属接管加胶管接头；金属接管要进行防锈处理，外径与发动机进出水口部位的管径相同或稍大；成型胶管或胶管接头的内径应和发动机进出水口的外径相同或稍大；胶管壁厚应在 5mm 以上，且加有一层纤维，胶管性能应符合《汽车用输水橡胶软管的技术要求》(HG/T 2491—2009) 标准，具有耐热、耐油性，能在 -40 ~ 120℃温度下长期正常使用，耐压能力应超过 300kPa；如管路较长时，应对冷却管路固定，固定间隔约 500mm；金属接管插入连接胶管的长度应大于 50mm，并采用平板带式卡箍紧固，卡箍到胶管边缘的距离为 5 ~ 10mm。

J 冷却液

a 冷却液作用

冷却液作用：一是冷却作用；二是防腐作用；三是防垢作用；四是防冻作用。

b 冷却液的组成

冷却液由水、防冻剂、添加剂三部分组成。按防冻剂成分不同可分为酒精型（用酒精-乙醇作防冻剂）、甘油型、乙二醇型（冷却液是用乙二醇作防冻剂）等类型的冷却液。目前国内外发动机所使用的和市场上所出售的冷却液几乎都是乙二醇型冷却液。冷却液的选用应根据柴油机制造商推荐和负载来确定。

例如：Cummins B 系列柴油机要求使用长效防冻防锈液，它是含有50%的水和50%乙二醇的溶液（容积比），在标准大气条件下，沸点为108℃、冰点为－37℃。实验证明，这种防冻防锈液对各种金属和橡胶都无腐蚀作用，更换周期为2年。

（1）推荐在大多数气候条件下使用50%乙烯乙二醇或丙烯乙二醇基的防冻液与50%纯净水的混合液作发动机的冷却液。对使用湿缸套的发动机建议还需要添加规定浓度的防腐蚀剂。某些新型防冻液可以不需要防腐蚀剂。

（2）防冻液具有防冻和防沸的双重特性，同时还需具有防腐蚀等功能。

（3）防冻液浓度不能超过68%，否则性能会恶化。

使用这种长效防冻防锈液，可以防止冷却器内腔结垢，减少水套穴蚀和锈蚀；提高炎热季节时的沸点，在冬季时可以防冻；在密封良好的冷却系中，无需经常添加冷却液，减少保养工作量。

2.2.7.3 散热器冷却能力的计算

为了使风扇散热器组发挥其预期的作用，保证发动机和变矩器正常作业，不过热，也不过冷，进行散热器冷却能力的计算十分重要，也十分必要。散热器冷却能力的计算有两种方法：散热器设计计算与散热器散热能力校核计算。前者主要针对散热器制造商；后者主要针对设备制造商。散热器散热能力校核计算一种以 Cummins 公司散热器冷却能力计算为例，一种以中钢衡阳重机有限公司散热器冷却能力校核计算为例介绍。

A Cummins 公司散热器冷却能力校核计算

由于散热器是由专业制造厂制造，主机设计与制造单位只需对其散热能力进行校核性计算即可，下面介绍 Cummins 公司推荐的水箱冷却能力计算，供参考。原资料中给出的都是英制单位，因此仍采用英制单位，如需对比、换算可参考附录1。

Cummins 公司推荐的水箱冷却能力校核计算方法仅是对水散热器，至于中冷器、变矩器油散热器冷却能力校核方法可参照此方法进行。

为了使风扇和散热器发挥其预期的作用，Cummins 公司推荐的水箱冷却能力计算步骤如下：

（1）确定必须由散热器散掉的总热量。

（2）利用风扇和散热器性能曲线确定散热器理论空气流量。

（3）根据冷却系统的效率修正理论空气流量。

（4）确定散热器散掉所要求的热量气-水温差。

（5）计算通过芯片后冷却水的温度降。

（6）确定设计环境的工作气温。

（7）与散热器串联安装的冷却器计算。

（8）计算在设计环境工作时的上水室水温。

a 确定必须由散热器散掉的总热量

设由水散热器散掉的热量为 Q_w、由中冷器散掉的热量 Q_A、由变矩器散热器散掉的散热量 Q_{TC}、由液压油散热器散掉的热量 Q_L、缓速器散热量 Q_{Re}、总热量为 Q_T。一般要求散热器散热量由发动机制造厂和变矩器制造厂提供。

（1）水散热器散掉的热量为 Q_w。冷却系统所要求的散热参数一般在发动机参数表上已有明确要求：散热量、进水温度、出水温度、水流量、风扇等一系列参数，见表2-38。

表 2-38　Cummins 公司某发动机参数表

项　目	额定功率		最大功率		峰值扭矩	
发动机转速		2100r/min		1800r/min		1400r/min
输出功率	500hp	373kW	550hp	410kW	465hp	346kW
扭　矩	1250lb · ft	1695N · m	1605lb · ft	2176N · m	1743lb · ft	2363N · m
摩擦功率	95hp	71kW	71hp	53kW	45hp	34kW
进气歧管压力	59inHg	1484mmHg	62inHg	1565mmHg	64inHg	1613mmHg
涡轮压缩机出口压力	61inHg	1555mmHg	64inHg	1616mmHg	65inHg	1646mmHg
涡轮压速机出口温度	359deg F	182deg C	364deg F	184deg C	381deg F	194deg C
进气流量	$1323ft^3/min$	624L/s	$1217ft^3/min$	574L/s	$1002ft^3/min$	473L/s
中冷器流量	97lb/min	44kg/min	88lb/min	40kg/min	72lb/min	33kg/min
排气流量	$2908ft^3/min$	1372L/s	$3021ft^3/min$	1426L/s	$2741ft^3/min$	1294L/s
排气温度	769deg F	409. 4deg C	909deg F	487deg C	1036deg F	558deg C
到泵的燃油流量	744lb/hr	338kg/hr	584lb/hr	265kg/hr	300lb/hr	136kg/hr
到冷却液的散热量	7703Btu/min	135. 45kW	8274Btu/min	145. 49kW	8665Btu/min	152. 37kW
中冷器冷却液散热量（CAC 发动机参见 AEB24. 06）	Btu/min	kW	Btu/min	kW	Btu/min	kW
到燃油的散热量	367Btu/min	6. 45kW	246Btu/min	4. 33kW	59Btu/min	1. 04kW
到环境的散热量	527Btu/min	9. 27kW	1735Btu/min	30. 5kW	2167Btu/min	38. 1kW
稳定状态的烟度		0. 1Bosch		0. 2Bosch		0. 3Bosch

发动机数据表上总是给出针对“最大”标定功率在额定转速和最大扭矩点的发动机的散热量。有些发动机也给出针对“持续”标定功率的散热量。除非此发动机已标明只能发出持续功率曲线所示的功率，否则，应使用最大散热量。如果没有列出针对持续功率的散热量，则也可使用针对最大功率的散热量（Btu/hp）。大多数情况下，最好是对额定转速和最大扭矩点都做冷却能力计算。然而，如果某一应用使发动机总是工作在这两种转速中的某一转速附近，则只做单一计算就够了。

发动机散热量的修正：

1）当确认发动机负荷永远都不会超过某一部分负荷时，可以按如下方法确定发动机的散热量：

$$Q_w = Q_e \frac{N_{ac}}{N_e} \times 1.15 \tag{2-27}$$

式中　Q_w——水箱散热量，Btu/min；

Q_e——额定负荷散热量，Btu/min；

N_{ac}——实际功率，hp；

N_e——额定功率，hp；

1. 15——储备系统，考虑焊接不良、水垢以及油泥等对散热器性能的影响，取为 1. 15。

对于需要间歇地发出满功率的发动机，冷却系统应按满功率设计，因为在这种功率下，在比较短的时间内，冷却液将会达到平衡温度。

2）当发动机转速在额定转速和最大扭矩之间的某一中间转速运行时，可以采用插值的方法计算散热量，例如数据表上给出2100r/min时的散热量是7703Btu/min，1400r/min时的散热量是8665Btu/min，则在1900r/min时的散热量可以假设为：

$$8665+\frac{1900-1400}{2100-1400}(7703-8665)=7978\ \mathrm{Btu/min}$$

3）环境温度的修正（可认为是机舱温度）。当环境温度$T_{环境}$超过38℃时，环境温度每超过6℃时，散热量增加1%。

4）进气温度的修正。当进气温度$T_{进气}$超过38℃时，进气温度每超过6℃时，散热量增加1.5%。

5）由于采用各种新技术，发动机散热量的增加为$\xi_{技术}$(%)。随着发动机排放标准越来越严格和各种新技术的应用，发动机的散热量越来越大，冷却系统的设计越来越困难。由于各种技术的应用，发动机散热量的增加$\xi_{技术}$(%)为：

①空-空中冷（CAC，Tier2发动机）。一般会增加10%的散热量，则$\xi_{技术}=10\%$；

②高压共轨（HPCR，Tier3发动机）。一般会增加10%的散热量，则$\xi_{技术}=10\%$；

③废气再循环（EGR，Tier4或EPA07）。散热量增加30%，则$\xi_{技术}=30\%$。

此时发动机散热量Q_e为：

$$Q_e=Q_w\times[1+(T_{环境}-38)\div6\times1\%+(T_{进气}-38)\div6\times1.5\%+\xi_{技术}] \quad (2\text{-}28)$$

式中 $T_{环境}$——环境温度，℃；

$T_{进气}$——进气温度，℃。

（2）中冷器散热量Q_A计算。

1）表2-38中列出了设计空-空中冷系统所需要的发动机参数包括：

①进气流量。需要空-空中冷器冷却的发动机进气质量流量。

②增压器压缩机出口空气温度。增压空气离开增压器压缩机出口时的温度，将流向中冷器。这是当增压器压缩机入口的进气温度为77℉(25℃)时测量的。

③进气歧管空气温度相对环境温度的温升。这是发动机在额定负荷时所允许的最高的进气歧管相对环境温度的温升，通常称为进气歧管温升IMTD。

④从增压器压缩机出口到进气歧管的最大允许压降。这是允许的空-空中冷系统的最大阻力，包括管路和中冷器阻力，在发动机额定负荷时测量。

⑤进气系统温升。指从进气系统入口到增压器压缩机入口的进气温度升高值，主要是由于空气滤清器和进气管路加热引起。

2）中冷器散出的热量Q_A。发动机参数设计条件见表2-39。

表2-39 发动机参数设计条件

参数	发动机参数条件	设计条件
环境温度	77℉（25℃）	环境温度
进气系统温升	0℉（0℃）	ITR
增压器压缩机入口空气温度	77℉（25℃）	环境温度+ITR

续表 2-39

参　　数	发动机参数条件	设 计 条 件
增压器压缩机出口空气温度	TCOD	TCOH
进气歧管空气温度		IMTS

注：1. TCOD：发动机参数表中，列出的增压器压缩机出口的空气温度。
2. TCOH：当环境温度高于发动机参数表中列出的环境温度时，增压器压缩机出口处的空气温度。
3. IMTS：冷却系统在设计条件下的进气歧管温度目标值。

当增压器压缩机入口的空气温度增加时，增压器压缩机出口的温度也会增加，但不是线性关系，可按如下方法计算增压器压缩机出口空气温度和进气歧管温度目标值。

$$\mathrm{TCOH} = \mathrm{TCOD} + 1.4t_{\mathrm{Tin}} - t_{\mathrm{e}} \tag{2-29}$$

式中　t_{Tin}——增压器压缩机进气温度，℉；
　　t_{e}——发动机参数表中列出的环境温度，℉。

$$\mathrm{IMTS} = \mathrm{IMTD} + t_{\mathrm{D}} \tag{2-30}$$

式中　t_{D}——设计环境温度，℉；
　IMTD——“发动机参数表”中列出的进气歧管空气温度相对环境温度的温升。这是发动机在额定负荷时所允许的最高的进气歧管相对环境温度的温升。

在设计环境下，满足 IMTD 进气歧管空气温度相对环境温度的温升要求时，需要中冷器散出的热量 Q_{A}(Btu/min)。

$$Q_{\mathrm{A}} = 0.241q_{\mathrm{m}}(\mathrm{TCOH} - \mathrm{IMTS}) \tag{2-31}$$

式中　0.241——空气 77℉(25℃)的常压比热，Btu/(lb · ℉)；
　　q_{m}——进气质量流量，lb/min。

该计算公式适用于任何环境温度。Cummins 推荐在环境温度高于 90℉（最低 70℉）时，测量空-空中冷系统。用环境温度较低时，测量的数值不能精确预测较高环境温度时中冷器的性能。

例如：

发动机 6CTAA8.3-230，230hp×2200r/min（额定转速和功率）。

进气流量 q_{m}：46lb/min；

增压器压缩机出口空气温度 TCOD：270℉；

进气歧管空气温度相对环境温度温升 IMTD：38℉；

从增压器压缩机出口到进气歧管的最大允许压降：4.0inHg；

发动机进气口相对环境温度的最高温升：30℉。

主机厂设计目标：

最高环境温度为 $t_{\mathrm{e}} = 105$ ℉；进气温升（ITR）=17℉。

此时　$t_{\mathrm{Tin}} = t_{\mathrm{e}} + \mathrm{ITR} = 105 + 17 = 122$℉

$$\mathrm{TCOH} = \mathrm{TCOD} + 1.4 \times t_{\mathrm{Tin}} - t_{\mathrm{e}} = 270 + 1.4 \times 122 - 77 = 333℉$$

$$\mathrm{IMTS} = \mathrm{IMTD} + t_{\mathrm{D}} = 38 + 105 = 143℉$$

$$Q_{\mathrm{A}} = cq_{\mathrm{m}}(\mathrm{TCOH} - \mathrm{IMTS}) = 0.241 \times 46 \times (333 - 143) = 2106.3\mathrm{Btu/min}$$

式中　Q_A——中冷器散热量，Btu/min；

q_m——进气质量流量，lb/min；

c——空气77 ℉的常压比热容，取值为0.241Btu/(lb·℉)。

对于符合Cummins要求的系统，当按照本节的测试步骤进行测试时，进气歧管相对环境温度的温升和最大压降都必须小于或等于发动机参数表上的数值，要使发动机的排放符合EPA或其他国家的排放法规，进气歧管相对环境温度的温升必须小于或等于发动机参数表上的数值。要设计尺寸合适的中冷器，除发动机参数表中提供的参数外，还必须综合考虑风扇流量、设计环境温度、其他热交换器是否加热、冷却空气风扇的布置吹风或吸风冷却空气的循环等因素。

（3）变矩器散热量Q_{TC}计算。如果使用了变矩器或是带变矩器的自动或动力换挡变速箱，则附加的热负荷通常按70%效率点计算。图2-105所示为一典型的变矩器性能曲线。注意70%效率点已标在了输出功率曲线上，在这一点上的变矩器输入功率可以用输出功率除以0.7求得，即：

$$N_{in,70} = N_{out}/0.7 \tag{2-32}$$

式中　$N_{in,70}$——变矩器70%效率点功率，hp；

N_{out}——输出功率，hp。

若必须由变矩器冷却器传到发动机冷却水中的热负荷可用下面的公式计算：

$$Q_{TC} = (N_{in} - N_{out})K \tag{2-33}$$

式中　Q_{TC}——变矩器散热量，Btu/min；

N_{in}——变矩器输入功率，hp；

N_{out}——变矩器输出功率，hp；

K——马力转换成散热量的常数，K=42.5Btu/(min·hp)。

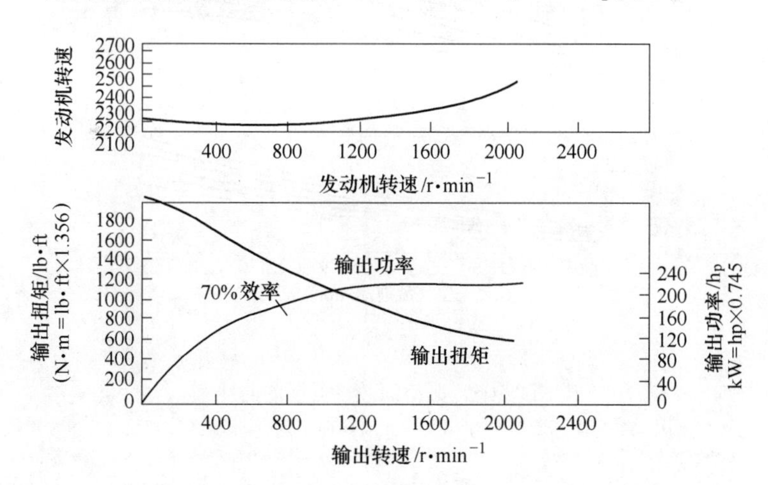

图2-105　典型的变矩器性能曲线

（4）液压油散热量Q_L计算。液压系统的效率一般按75%计算，所以液压系统的散热量可以按如下公式计算：

$$Q_L = 0.25N_LK \tag{2-34}$$

式中 Q_L——液压油散热量，Btu/min；

N_L——发动机到液压泵的功率，hp；

K——功率转换成散热量的常数，$K=42.5$Btu/(min · hp)。

如果液压油不是通过发动机冷却液散热，计算方法不同。

(5) 变速箱缓速器散热量 Q_{Re}。变速箱缓速器散热量计算公式如下：

$$Q_{Re} = N_{RE}K \tag{2-35}$$

式中 Q_{Re}——变速箱缓速器散热量，Btu/min；

N_{RE}——缓速器功率，hp；

K——马力转换成散热量的常数，$K=42.5$Btu/(min · hp)。

因为当发动机的散热较大时不会使用缓速器，所以它的热负荷并不加到发动机的散热量上。然而，通常发现缓速器可能放出的热量相当大，以至于按照最大的潜在缓速器负荷来设计冷却系统是不现实的。这种情况下有必要靠操纵者通过控制足够慢的下坡速度来限制缓速器的输出功率，从而使缓速器的输出功率与冷却系统的能力相匹配。

因此对于使用缓速器的设备建议安装视觉或声音的冷却系统温度报警装置。

地下矿用汽车计算总的散热量 Q_T：

$$Q_T = Q_W + Q_A + Q_{TC} + Q_L + Q_R \tag{2-36}$$

b 利用风扇和散热器性能曲线确定散热器理论空气流量与修正的空气流量

(1) 散热器性能曲线。图 2-106 是由散热器供应商提供的一组散热器性能曲线。在这一计算阶段，关注的曲线是空气流速与空气通过芯子时的压力降之间的关系。

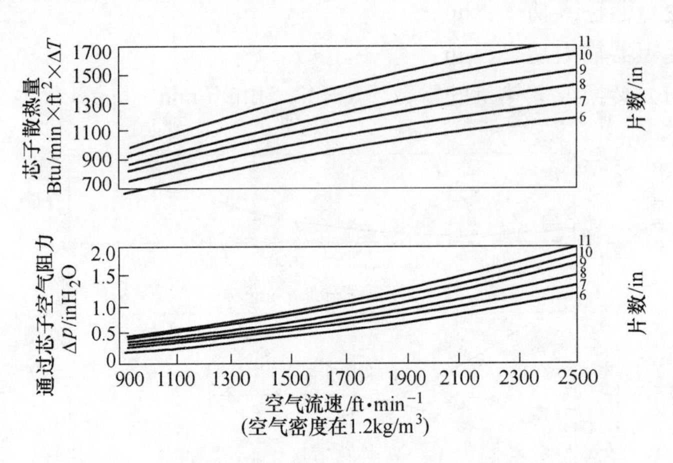

图 2-106 典型的散热器性能曲线

(图中 ΔT 为当环境温度为 100℉(38℃) 时平均气-水温差，单位为℉)

确定散热器空气流量的第一步是从曲线族里选择一条合适的曲线，绘出针对所考虑的特定的散热器的空气流量（cfm）与通过芯子时的压力降之间的曲线。由于散热器性能曲线是针对每平方英尺芯子的，因此可以得到以 cfm 表示的空气流量，即：

$$q_v = vA \tag{2-37}$$

式中 q_v——空气体积流量，cfm；

v——空气流速，ft/min；

A——芯子正面面积，ft^2。

图2-107所绘的曲线是假设芯子为32in×32in（$1024in^2$ 或 $7ft^2$）时，用图2-106给出的8个翅片/in的芯子的资料做出的。

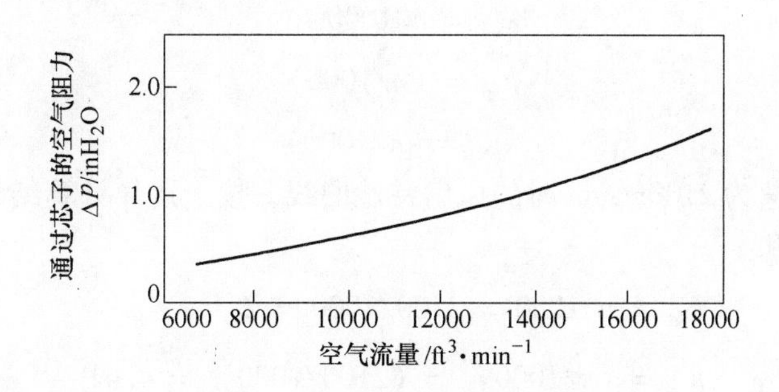

图2-107　修正的散热器性能曲线

（2）风扇特性曲线。图2-108是由风扇制造商提供的典型风扇曲线。它们表示的是1000r/min时的风扇性能和所需功率。此曲线必须根据风扇将来的工作转速进行调整。该转速等于发动机转速乘以风扇传动比，在设定转速的风扇性能曲线可根据风扇定律推导，这些定律如下：

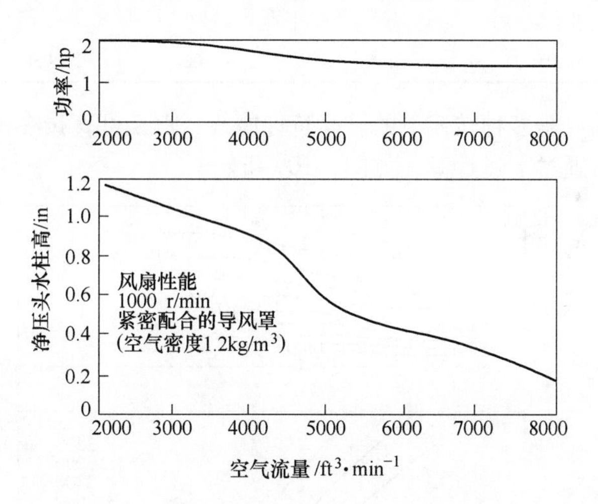

图2-108　风扇在1000r/min时特性曲线

若风扇转速不等于1000r/min时，该转速的风扇性能曲线可根据下面风扇定律推导。这些定律如下：

$$Q_n = k_{nn}Q_{1000} \tag{2-38}$$

$$p_n = k_{np}p_{1000} \tag{2-39}$$

$$N_n = k_{nN}N_{1000} \tag{2-40}$$

式中　Q_n，p_n，N_n——分别为转速为 n(r/min)时的流量（cfm）、净压头（inH_2O）和功率（hp）；

Q_{1000}，p_{1000}，N_{1000}——分别为转速为 1000（r/min）时的流量（cfm）、净压头（inH_2O）和功率（hp）；

k_{nn}，k_{np}，k_{nN}——分别为转速为 n(r/min)时的流量转换系数、净压头转换系数和功率转换系数，它分别由式（2-41）~式（2-43）计算。

$$k_{nn} = n/1000 \tag{2-41}$$

$$k_{np} = (n/1000)^2 \tag{2-42}$$

$$k_{nN} = (n/1000)^3 \tag{2-43}$$

例如当风扇转速为 2100r/min 时的风扇特性曲线，按上定律计算结果见表 2-40，并绘在图 2-107 上。这里：

$$k_{nn} = n/1000 = 2100/1000 = 2.1$$

$$k_{np} = (n/1000)^2 = (2100/1000)^2 = 4.41$$

$$k_{nN} = (n/1000)^3 = (2100/1000)^3 = 9.26$$

表 2-40　风扇转速为 2100r/min 时的风扇特性曲线

1000r/min 时			2100r/min 时		
Q(流量)/cfm	p(净压头)/inH_2O	N(功率)/hp	Q(流量)/cfm	p(净压头)/inH_2O	N(功率)/hp
6000	0.43	1.5	12600	1.9	13.9
7000	0.34	1.5	14700	1.5	13.9
8000	0.19	1.4	16800	0.84	12.9

如果风扇特性曲线是多种转速下的试验特性曲线，那么可直接在图上找到某转速下的风扇特性曲线，不必通过上述计算，如图 2-109 所示。

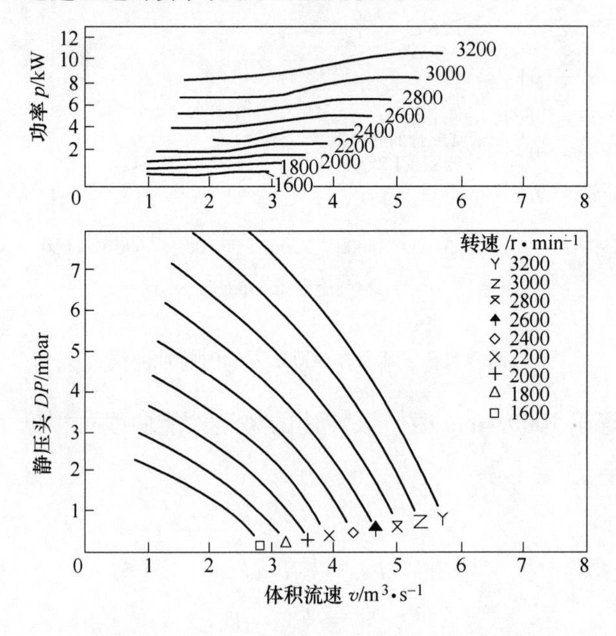

图 2-109　Deutz 公司 2483 号风扇特性曲线

（风扇直径 516mm，叶片数 7 片，空气密度 $1kg/m^3$，叶片顶隙 10mm，叶片伸出 1/3 叶片宽，叶片宽度 50mm）

(3) 理论空气流量。将风扇性能曲线和散热器性能曲线叠加，交叉点即为理论空气流量。当风扇性能表编好后，在此工作转速下的风扇性能曲线应叠加到散热器曲线上。把图 2-108 表示的风扇转速为 1000r/min 时的风扇特性曲线通过表 2-40 数据绘制成图 2-110 上风扇转速为 2100r/min 的风扇特性曲线。风扇和散热器性能曲线的交点就是风扇-散热器组的“匹配点”表示理论空气流量在本例中标出的空气流量是 158000cfm。

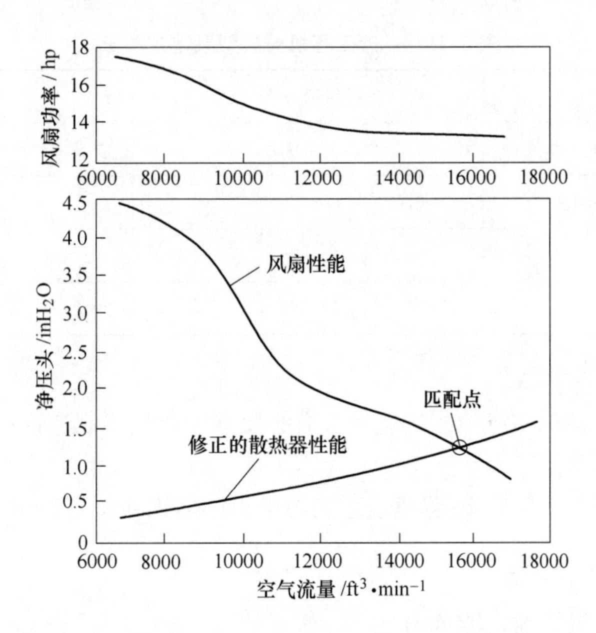

图 2-110 散热器与风扇匹配点

(4) 修正空气流量。一般情况下，风扇特性曲线是基于空气密度为 1.2kg/m^3（海平面温度 20℃和假设用紧密配合的导风罩）。理论匹配的净压头是假设在气流中除了散热器芯子外没有其他阻力。而实际上风扇肯定会工作在密度小于 1.2kg/m^3 的空气中，风扇导风罩通常也不是配合得特别紧密，而且在风扇前和后总会存在其他空气阻力。当位于高于海平面和/或气温高于 20℃时，空气密度将不是 1.2kg/m^3，在这种情况下，散热器的散热量将小于散热器曲线上指示的值。所有这些因素和放在一起就是系统效率 η。

导风罩设计对估算系统效率很有用。这里表示的数据都是根据经验得来的，且已很成功地使用了。使用此图时，必须选择与特定安装条件最接近的状态，然后把所有的系数（风扇端面与散热器距离对风扇效率的影响，风扇顶隙对风扇效率的影响，发动机封闭程度对风扇效率的影响）乘起来就可得到整个系统的效率。

实际空气流量

$$q_c = \mu q_T \tag{2-44}$$

式中 q_c——修正空气流量，cfm；

q_T——理论空气流量，cfm；

μ——风扇效率，%。

$$\mu = \mu_f \mu_{sh} \mu_{ec} \tag{2-45}$$

式中　μ_f——风扇修正系数。

μ_{sh}——导风罩修正系数。

μ_{ec}——机舱修正系数。

例如，如果给定的组合具有158000cfm的理论空气流量和65%的系统效率，则实际空气流量：$q_c = 0.65 \times 158000 = 10270$cfm。

一般工程机械典型系统效率见表2-41。

表2-41　一般工程机械典型系统效率 η

发动机	吸风扇 η/%	吹风扇 η/%
小型V形发动机	50~60	45~55
中型V形发动机	60~70	55~65
直列六缸型发动机	65~75	60~70
大型V形发动机	75~88	75~88

c　确定空气-水温差 ΔT_{aw}

当热负荷和散热器的空气流量确定后，有必要参考散热器制造商的速度散热量曲线来进行下一步冷却系统计算。

把散热器的修正空气流量 q_c 除以表示的芯子正面面积 A 就可得出空气流速：

$$V_c = q_c/A \tag{2-46}$$

式中　V_c——修正空气流速，ft/min；

q_c——修正空气流量，cfm；

A——芯子正面面积，ft^2。

参考图2-106可以看出，对于给定的空气流速从曲线上可以查出相应的散热量。该散热量以Btu/(min · ft^2 · ΔT)表示。必须把该值乘上散热器芯子面积（ft^2），才能得到当环境温度为100℉，气-水温差为 ΔT 时的散热器的散热量。

$$Q_{100} = Q_{chR}A \tag{2-47}$$

式中　Q_{100}——环境温度为100℉，气-水温差为 ΔT 时的散热器的散热量，Btu/(min · ΔT)；

Q_{chR}——芯子散热量，Btu/(min · ft^2 · ΔT)；

A——芯子面积，ft^2。

计算完这一数值后可用下面的公式计算气-水温差 ΔT_{aw}：

$$\Delta T_{aw} = \frac{Q_T}{Q_{100}} \times 100 \tag{2-48}$$

式中　ΔT_{aw}——气-水温差，℉；

Q_T——地下矿用汽车计算总的散热量，Btu/min。

这个温度差表示当发动机在设计环境下运行时散热器平均温度将超出环境温度的度数。

d 计算通过芯片后冷却水的温度降

由于冷却系统的设计是基于散热器上水室的温度而不是平均温度，因此必须确定水流过芯子时的温度降。

发动机数据表上会给出发动机冷却液的流量 gal/min，实际上可以把它认为是散热器的水流量流过芯子后的冷却液温度降，可用下面的公式计算：

$$\Delta T_w = \frac{Q_T}{8.06 q_v} \tag{2-49}$$

式中 ΔT_w——冷却液温度降，℉；

Q_T——散热量，Btu/min；

q_v——散热器水流量，gpm；

8.06——水的比容热，$c_p = 8.06$Btu/(gal·℉)。

如按50%水、50%乙烯乙二醇标准防冻液计算芯子后的冷却液温度降，公式（2-49）中8.06用7.33替代即可。

e 确定设计环境的工作气温

可以认为“散热器进风温度”和“设计环境温度”是同意术语。冷却系统必须设计成当发动机工作中的许用环境温度。这是根据使用地区年最高气温和最恶劣的工作条件设定的，一般由用户提出或凭使用调查后明确。例如：在我国南方地区夏季时，车辆在炎热无风，并持续满负荷下运行，设定的许用环境温度应为43℃。在平均使用中等负荷时（在40%~70%满负荷），则设定的许用环境温度可为38℃。在北方地区夏季气温较低，设定的许用环境温度可为35℃，这是进行冷却系计算前必须明确的前提和目标值，以便冷却系的设计能力能满足发动机在上述规定的环境温度下正常工作而不发生过热。同时，也不能使冷却能力太强而使水温经常偏低，冷却系“过冷”对发动机也会有损害。

有一些特殊情况，某一特殊设备的特殊应用使设计要求超出上述温度水平时，则改变冷却能力以使其适应这些特殊的情况或许是合乎需要的或是必须的。

f 与散热器串联安装的冷却器计算

由于散热器通常靠近热的发动机，因此有时散热器进风温度与环境温度间有一些微小的温升。然而，可以认为这一微小的影响已经包含在系统效率计算中了，在得出设计环境温度时可以忽略这一影响。当空气-油冷却器或空调冷凝器串联在散热器空气侧时，则必须特别考虑空气流量和温度特性。如果附加的冷却器位于发动机散热器上游，则空气流动阻力和散热器进风温度都会增加。如果冷却器位于散热器下游，则它的尺寸必须加大，原因是它必须用流过散热器的热空气冷却，而且实际上与位于散热器进风侧相比它将总是对空气流动有更大障碍。许多情况下，对温度的限制会阻止将冷却器布置在散热器空气一侧。

对于多个散热器串联的布置方式，可以采用叠加的方式计算空气流量。

图2-111显示了当油冷却器与散热器具有相同的尺寸和形状时找出理论风扇-散热器匹配点。为方便起见，把油冷却器和散热器的阻力特性分别画在同一张风扇性能曲线图上，然后把两条曲线上的交点数值加到一起画成一条组合性能曲线。该曲线与风扇性能曲线的交点就表示系统的理论空气流量。

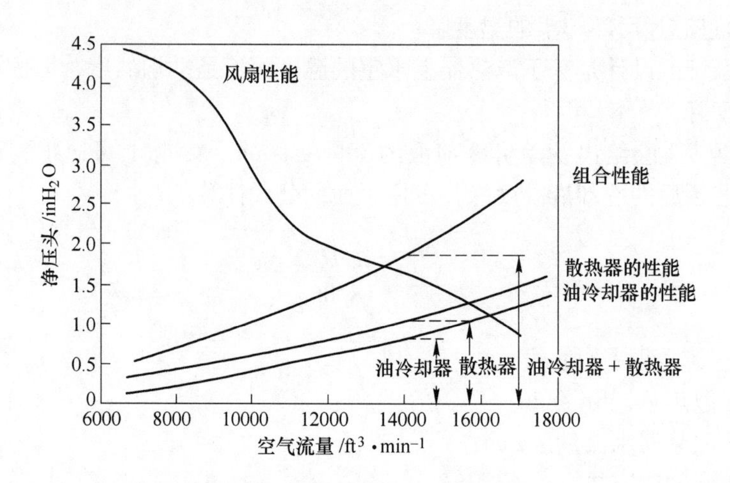

图 2-111　发动机散热器和油冷却器组合性能

如果油冷却器位于发动机散热器前面，则通过油冷却器芯子后的空气温升可用下面的公式计算：

因为
$$Q_{\mathrm{L}} = q_{\mathrm{m2}} c_{p2} \Delta T_{\mathrm{air}} = q_{\mathrm{v2}} \rho_2 c_{p2} \Delta T_{\mathrm{air}}$$

所以
$$\Delta T_{\mathrm{air}} = \frac{Q_{\mathrm{L}}}{q_{\mathrm{m2}} \rho_2 c_{p2}} = \frac{Q_{\mathrm{L}}}{0.018 q_{\mathrm{v2}}} \tag{2-50}$$

式中　ΔT_{air}——通过油冷却器芯子后的空气温升，℉；

Q_{L}——油冷却器散热量，Btu/min；

q_{m2}——空气质量流量，lb/min；

q_{v2}——修正的空气体积流量，$\mathrm{ft^3/min}$；

ρ_2——空气密度，$0.075\mathrm{lb/ft^3} = 1.2\mathrm{kg/m^3}$；

c_{p2}——空气的常压比热 c_{p2}，0.241Btu/(lb · ℉) = 1005J/(kg · ℃)。

这里
$$\rho_2 \times c_{p2} = \frac{0.075\mathrm{lb}}{\mathrm{ft^3}} \times \frac{0.24\mathrm{Btu}}{\mathrm{lb} \times ℉} = \frac{0.018\mathrm{Btu}}{\mathrm{ft^3} \times ℉}$$

如果油冷却器的芯子没有完全覆盖住发动机散热器，则有必要把系统视作两个并联的散热器。每一部分按它被一个风扇扫过考虑，该风扇具有占总风扇性能一定百分比的性能曲线。例如，如果风扇制造商给出的风扇的性能曲线如图 2-108 所示，且它用来扫过一个被油冷却器覆盖了 50% 的散热器芯子，则芯子的每一部分应视作被一个具有在给定阻力下所示空气流量的一半的一个风扇扫过。然后分别计算覆盖的和未覆盖的芯子的性能，加到一起后确定组合特性。

g　计算在设计环境工作时的上水室水温

一旦确定了气-水温差，设计环境和散热器水温降，只要把它们代入下面的公式就可得到设计最高散热器上水室温度：

$$T_{\mathrm{Tm}} = T_{\mathrm{am}} + \Delta T_{\mathrm{aw}} + (\Delta T_{\mathrm{w}}/2) \tag{2-51}$$

式中　T_{Tm}——散热器最高上水室温度，℉；

T_{am}——环境温度，℉；

ΔT_{aw}——气-水温差，℉；

ΔT_w——散热器水温降，℉。

例如，设计环境温度 100℉时，气-水温差 88℉，散热器水温降 10℉。则设计散热器最高上水室最高温度是 100 + 88 + (10/2) = 193℉。

如果知道某一环境温度下散热器上水室最高水温，也可以计算设备的极限使用环境温度：

极限使用环境温度(LAT) = 发动机最高允许水温 - 已知散热器最高水温 + 环境温度

B 散热器散热能力校核计算方法

散热器散热器设计一般由散热器制造商根据发动机制造商和主机厂的要求完成，在使用中，发动机过热往往是常见故障，特别是当实际使用环境与当初设计的环境不同时，必须要校核散热器的散热能力，若暂时得不到散热器制造商设计资料，也可以由下列公式估算。

a Q_w 的确定

(1) 按经验公式确定。柴油机冷却水的散热量 Q_w(kJ/h)可按下述经验公式估算：

$$Q_w = H_u b_{eh} P_{eh} \eta_w \times 10^{-3} \tag{2-52}$$

式中 H_u——燃料低热值，取 $H_u = 42.7 \times 10^3$ kJ/kg；

b_{eh}——标定工况燃料消耗率，kg/(kW · h)；

P_{eh}——标定功率，kW；

η_w——冷却系统带走热量所占的比例，根据燃烧系统形式和吸气方式选取：自然吸气直喷发动机，η_w = 17.5% ~ 24.5%；增压直喷发动机，η_w = 20% ~ 24.5%；增压中冷直喷发动机，η_w = 22% ~ 27%。

由于冷却水散热量的计算是非常复杂的动态传热问题，在设计阶段主要依靠统计分析和同类机型对比分析取得。图 2-112 为 Cummins 某柴油机的测试结果。较精确的散热量可通过实验机热平衡试验获得。

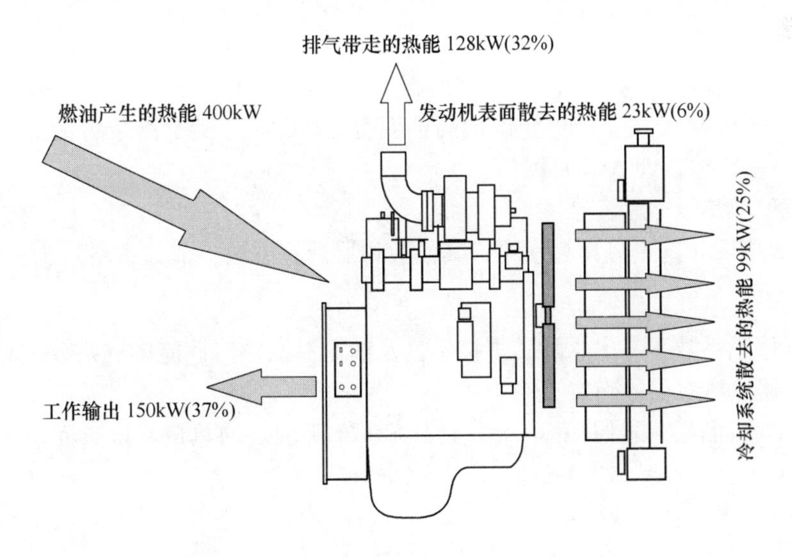

图 2-112 Cummins 某柴油机发动机热平衡图

(2) 按发动机制造厂推荐的近似公式确定。Q_w 的确定一般由发动机制造厂给出，也有的给出近似公式：

例如，Deutz BFM 1012/2012、BFM 1013/2013 发动机推荐的近似公式是：

$$Q_w = C_{1,2} N_{max} \tag{2-53}$$

式中，$C_1 = 0.6 \sim 0.7$（不带中冷的自然吸气发动机。当发动机扭矩上升超过 25% 时，应提供加大尺寸的散热器，以保证在最大扭矩运行期间冷却液能足够冷却）；$C_2 = 0.5 \sim 0.53$（带中冷的自然吸气发动机。当发动机扭矩上升超过 25% 时，应提供超加大尺寸的散热器，以保证在最大扭矩运行期间冷却液能足够冷却）；N_{max}为发动机最大功率。

b　中冷器散热量 Q_A 的确定

Q_A 一般要求中冷器散热量及进、出中冷器温度由发动机制造厂提供，也有的给出近似公式。例如，Deutz BFM 1012/2012、BFM 1013/2013 发动机给出中冷器散热量（J/min）：

$$Q_A = (0.17 \sim 0.25) N_{max} \tag{2-54}$$

在没有资料的情况下，也可以按下式计算：

$$Q_A = c_p q_v (T_{in} - T_{out}) \tag{2-55}$$

式中　c_p——空气定压比热容，$c_p = 1.005 \text{kJ/(kg} \cdot ℃) = 1005 \text{J/(m}^3 \cdot ℃)$；

q_v——空气体积流量，m^3/min；

T_{in}——中冷器进口温度，℃；

T_{out}——中冷器出口温度，℃。

c　变矩器散热量 Q_{TC} 计算

对于 Dana 公司装有调节阀的变矩器，油散热器的散热能力最小应达柴油机最大功率的 40%；不装有调节阀的变矩器，油散热器散热能力最小应达柴油机最大功率的 30%。或

$$Q_{TC} = 0.41 Q_{冷} \Delta t \tag{2-56}$$

式中　0.41——常数；

$Q_{冷}$——流向散热器（冷却器）油流量，L/min；

Δt——Dana 公司变矩器允许最高油温（110℃）与变矩器最高正常油温（92℃）之差，即 $\Delta t = 18℃$。

d　修正的散热量 Q_{cW}

修正的散热量（这里只计算水箱，其他散热器计算方法类似，省略）为：

$$Q_{cW} = Q_w \mu \tag{2-57}$$

式中　μ——修正系数，考虑水垢、焊接不良及油泥对散热器性能影响系数，$\mu = 1.15$。

e　散热器散热面积的确定

（1）对芯子而言，设计计算中略去上、下水室所散走的热量。散热面积 $S_w(m^2)$ 可按下式计算：

$$S_w = \frac{1}{3.6} \frac{Q_{cW}}{K_w \Delta t_{Km}} \tag{2-58}$$

式中　Q_{cW}——散热器需带走的热量，kJ/h；

Δt_{Km}——换热介质算术平均温差，℃；

K_w——传热系数，W/(m^2·K)：

$$K_w = \frac{1}{\frac{1}{\alpha_w} + \frac{\delta}{\lambda} + \frac{1}{\alpha_K}} \tag{2-59}$$

α_w——冷却水的传热系数，当管内流速为0.2~0.6m/s时，可取2326~4070W/(m^2·K)，如果冷却水中加入防冻液等不同成分和比例的添加剂或其他介质时，其传热系数需通过试验确定；

λ——材料热导率，对黄铜可取 λ = 93 ~ 116W/(m·K)，对铝可取 λ = 200W/(m·K)；

δ——材料厚度，可取 δ = 0.00015 ~ 0.0002m；

α_K——空气的传热系数，它主要决定于空气流过散热器的速度，可取 α_K = 70 ~ 112W/(m^2·K)。

散热器的传热系数 K_w 值，主要由空气传热系数 α_K 决定，所以要设法改善与空气接触表面的散热条件。Δt_{Km} 为换热介质算术平均温差（℃），可按下式估算：

$$\Delta t_{Km} = \frac{t'' - t'}{\ln(t''/t')} \tag{2-60}$$

式中 t'——散热器进气温度，一般可取40~45℃；

t''——散热器的空气流出温度，根据车辆和使用条件而定。

散热器的面积可以通过计算或测试确定，也可以按下述方法估算：

散热器的面积 = 0.14 ~ 0.28m^2/kW

应注意，散热器芯子的散热片与管子之间焊接不良可使 K_w 值下降20%~30%；当散热器外形尺寸不变时，增加片距可提高 K_w 值，但由于散热面积减少，散热量下降。实际上常用减小散热片片距来增加散热面积，但也不宜过小，引起空气的阻力增加较多；空气的质量风速（即空气流速与空气密度的乘积）增加，K_w 值可显著提高，但过大时，风扇消耗功率大；当管内冷却水流速增加时，由于扰流增加，K_w 值可提高，但过大时效果不明显，反而使水泵的消耗功率增加。

以上计算表明，确定散热面积必须反复试算和修正。下列为散热器的比散热面积，即柴油机单位功率所需的散热面积 S_w/P_e，对中、重型汽车为0.14~0.28m^2/kW，对地下矿用汽车取上限。

（2）散热器芯子迎风面积的确定。从提高散热器热效率和降低风扇功率消耗出发，希望芯子迎风（正面）面积尽可能大些。经验推荐，每单位功率散热器芯子迎风面积 S_{wP} 在 (2.6~3.6)×10^{-3}m^2/kW 范围内选取。

Cummins公司推荐 S_{wP} 在0.31~0.37m^2/100kW 范围内选取。

对于变矩器与中冷器散热器散热面积确定方法可参考上述方法确定。

（3）散热器芯子厚度的确定。根据散热面积 S_w 和正面面积 S_{wP}，按下式计算芯子厚度 H(m)：

$$H = \frac{S_w}{S_{wP}\phi_v N_e} \tag{2-61}$$

式中　ϕ_v——容积紧凑性系数，主要取决于散热片和水管数目、布置和形状，一般 $\phi_v=400\sim900m^2/m^3$，管带式芯子取上限，此值还受空气阻力和堵塞程度的限制；

N_e——发动机标定功率，kW；

H——柴油机散热器芯子厚度，H 在 50～100mm 之间。

f　冷却水的循环量

首先确定水泵所需的供水量（流量）和压力（扬程）。水泵供水量 $q_{Vw}(m^3/s)$ 根据柴油机散热量 Q_{cw}，允许的进、出水温差 Δt_w 按下式计算：

$$q_{Vw}=\frac{Q_{cw}}{3600\Delta t_w c_{pw}\rho_w} \tag{2-62}$$

式中　Q_{cw}——柴油机冷却水应散去的热量，kJ/h；

Δt_w——冷却水在内燃机中循环时的容许温升，对现代强制循环冷却系，可取 $\Delta t_w=6\sim12℃$；柴油机进、出水温差一般控制在 6～12℃。为了提高热效率，目前某些柴油机的进、出水温差减小到 3～5℃。水泵流量大，进、出水温差减小，可使平均水温较高，对散热器散热条件有利，此外因水流速较大，可使机体温度较为均匀，减小热应力，防止柴油机水套内座产生“热点”；

c_{pw}——冷却水的定压比热容，可近似取 $c_{pw}=4.187kJ/(kg\cdot℃)$；

ρ_w——冷却水的密度，可近似取 $\rho_w=1000kg/m^3$。

水泵水流量也可参考汽车经验估算。非增压柴油机的水泵流量约为 1.2L/(kW·min)，增压或强化程度高的柴油机水泵水流量约为 0.8L/(kW·min)。为提高散热效率，确保水泵出水流量，冷却水经散热器水管内的水流速应在 0.4～0.6m/s 范围内。

g　冷却空气需要风量 q_{Vf}

冷却空气的需要量 q_{Vf} 一般根据散热器的散热量确定。散热器的散热量一般等于冷却系统的散热量 Q_{cW}。

$$q_{Vf}=Q_{cW}/\Delta t_a\rho_a c_a \tag{2-63}$$

式中　q_{Vf}——冷却空气的需要体积流量，m^3/s；

Δt_a——空气进入散热器以前与通过散热器以后的温度差，通常 $\Delta t_a=10\sim30℃$；

ρ_a——空气的密度，一般 $\rho_a=1.2kg/m^3$；

c_a——空气的定压比热容，可取 $c_a=1.005kJ/(kg\cdot℃)$。

在选定散热器芯子后，风扇的风量也可用质量风速来表示。经验推荐，通常使用风速下限值：地下矿用汽车的质量风速为 10～12kg/(m²·s)，即风速为 8～10m/s。

如果质量风速低于上述数值，将造成散热器在不经济情况下工作。

此外，还应考虑车辆在实际条件下，芯子正面的风速分布不均，如 80% 风量在散热器的 40% 迎风面积上通过，则要减少 20% 散热量。如果散热器正面出现无风区或发生回流现象，则对散热影响更大。在风扇设计时，必须考虑到这些因素。

h　风扇的消耗功率 $P_{ef}(kW)$

$$P_{ef}=\frac{\Delta p_f q_{vf}}{1.02\eta_f} \tag{2-64}$$

式中　η_f——风扇效率；

q_{vf}——风扇体积流量，m^3/s；

Δp_f——自由排风的压差，Pa，$\Delta p_f=\Delta p_K+\Delta p_D$；

Δp_K——散热器风阻差；

Δp_D——风道系统的风阻压差（散热器除外），$\Delta p_D=(0.35\sim1.5)\Delta p_K$。

经验推荐，车辆柴油机风扇的排风压差 $\Delta p_f=0.2\sim0.5$kPa。

为了获得较佳的运转经济性，能够把风扇消耗功率控制在柴油机标定功率的6%～10%之间，较佳的设计控制在5%以下。

C 平均温差法校核性计算

a 计算步骤

（1）计算换热器传热表面的几何特性，如流道的当量直径和换热面积 A 等。

（2）假设换热器的一个流体的出口温度，用热平衡方程式（2-65）和式（2-66）计算出另一个流体的出口温度。

（3）计算热、冷流体间的平均温差 Δt_m。

（4）根据已有的换热器结构，计算或实验求得传热表面的 j 和 f 值、表面传热系数（换热系数）h 和总传热系数 K。

（5）将已知的换热面积 A 和求得的传热系数 K 以及平均温差 Δt_m。一并代入传热方程式（2-83），求出换热器传热量 Q。

（6）将 Q、t_1'和 t_2'一并代入热平衡方程式，计算出 t_1''和 t_2''，并与前面步骤（2）所预取的流体出口温度（假定值）相比较。若计算值与假定值十分相近（两者的偏差小于5%），则计算结束；反之，则须重新假定一个出口温度，重复以上计算步骤，直到流体出口温度的计算值与假定值基本吻合时为止。

（7）计算换热器内热、冷流体侧的压力损失（压降）。

由上述计算步骤可以看出，利用平均温差法进行换热器性能校核计算，由于需用试算法而不太简便。

b 详细计算步骤

平均温差法用于散热器的校核性计算时的详细计算步骤如下：

（1）如果散热器制造商未给出换热器传热表面的几何特性，如流道的当量直径和换热面积 A 等，则要计算换热器传热表面的几何特性。

（2）假定散热器一个流体的出口温度，利用下述热平衡方程式，求出另一个流体出口温度。

$$Q_1=q_{m1}c_{p,1}(t_1'-t_1'')=C_1(t_1'-t_1'') \tag{2-65}$$

$$Q_2=q_{m2}c_{p,2}(t_2'-t_2'')=C_2(t_2''-t_2') \tag{2-66}$$

因为

$$Q_1=Q_2$$

$$C_1=q_{m1}c_{p,1}$$

$$C_2=q_{m2}c_{p,2}$$

故

$$Q=C_1(t_1'-t_1'')=C_2(t_2'-t_2'') \tag{2-67}$$

式中 Q_1——热流体放出的热量，W；

Q_2——冷流体吸收的热量，W；

q_m——质量流量，kg/s；

c_p——定压比热容，kJ/(kg·℃)；

t——摄氏温度，℃。

上脚注“′”，“″”分别表示进口和出口；

下标“1”和“2”分别表示热流体和冷流体。

（3）计算热、冷流体间的平均温差 $\Delta t_{1,m}$。在逆流型散热器中，热、冷热流体之间的对数平均温差为：

$$\Delta t_{1,m} = \frac{\Delta t' - \Delta t''}{\ln \frac{\Delta t'}{\Delta t''}} = \frac{\Delta t_{max} - \Delta t_{min}}{\ln \frac{\Delta t_{max}}{\Delta t_{min}}} \tag{2-68}$$

式中，Δt_{max}表示逆流型散热器中较大温差端温差，而 Δt_{min}为逆流型散热器中较小温差端的温差，即：

当 $C_1 < C_2$ 时，则：

$$\Delta t_{max} = t_1' - t_2''$$

$$\Delta t_{min} = t_1'' - t_2'$$

当 $C_1 > C_2$ 时，则：

$$\Delta t_{max} = t_1'' - t_2'$$

$$\Delta t_{min} = t_1' - t_2''$$

（4）根据已有的散热器结构或实验数据，计算传热表面传热因子 j 和摩擦因子 f 值，表面传热系数 h 和总传热系数 K。

1）当量直径 D_e（当量半径为 R_e）：

$$D_e = 4f/U \tag{2-69}$$

式中 f——流道的流通面积，m^2；

U——流道湿润周边长度，m。

热表面传热因子 j 和摩擦因子 f 值根据不同流道结构由实验数据测得，一般由散热器制造商提供。

2）确定两工作流体的物理参数。根据流体进、出散热器温度与压力，在附录2及相关资料中查得流体的物理参数，见表2-42。

表2-42 两工作流体的物理参数

名称	定压比热容 c_p /kJ·(kg·℃)$^{-1}$	导热系数 λ($\times 10^{-2}$) /W·(m·℃)$^{-1}$	动力黏度 η($\times 10^{-6}$) /kg·(m·s)$^{-1}$	密度 ρ/kg·m^{-3}	普朗特数 Pr
热流体1					
冷流体2					

其中：

$$密度\ \rho = \frac{p}{RT} \tag{2-70}$$

式中 ρ——流体密度，kg/m^3；

p——绝对压力，Pa；

T——热力学温度，K；

R——气体常数，$R=287.04\text{J/kg}$。

3）求换热系数。

$$h = jMc_pPr^{-2/3} \tag{2-71}$$

式中　h——换热系数，W/(m²·K)；

M——质量流速，kg/(m²·s)，$M=q_m/A_f$；

A_f——流体横截面面积，m²；

c_p——定压比热容，J/(kg·℃)；

Pr——普朗特数；

j——传热因子：

$$j = StPr^{2/3} = f(Re) \tag{2-72}$$

St——斯坦顿数：

$$St = \frac{Nu}{RePr} \tag{2-73}$$

Nu——努塞尔数。

从式（2-71）知热表面传热因子 j 为雷诺准数 Re 的函数。有关 j 与 Re 的关系计算公式较多，但计算结果相差较大，这是因为翅片的类型和结构参数不同而异，通常都由散热器制造商给出或实验建立线图（见图2-113）或整理成相应的关联式求得。

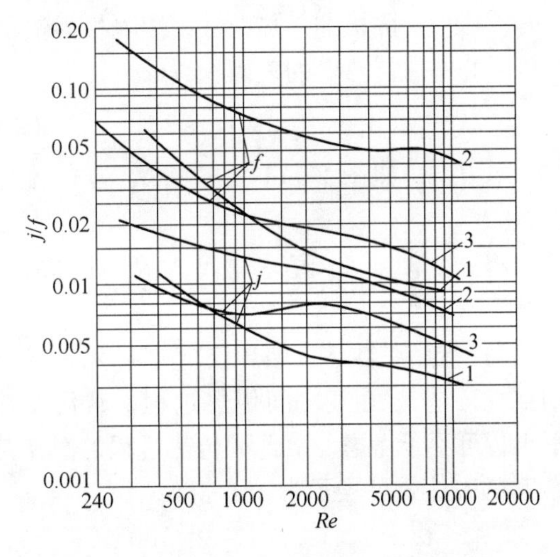

图2-113　日神钢“ALEX”翅片性能曲线

1—平直翅片；2—锯齿翅片；3—多孔翅片

4）传热系数 K。通道截面为三角形的平直翅片，翅片参数 $m(\text{m}^{-1})$ 为：

$$m_1 = \sqrt{\frac{2h_1}{\lambda_{01}\delta_{f1}}} \tag{2-74}$$

$$m_2 = \sqrt{\frac{2h_2}{\lambda_{02}\delta_{f2}}} \tag{2-75}$$

式中　λ_{01}，λ_{02}——分别为热流体与冷流体隔板导热系数，此处都是铝材，因此都为190W/(m·℃)；

δ_{f1}，δ_{f2}——分别为热流体与冷流体翅片厚，mm；

h_1，h_2——分别为热流体与冷流体换热系数，W/(m²·℃)。

5）翅片效率 η_f。

$$\eta_{f1} = \frac{\text{th}(m_1h_{f1})}{m_1h_{f1}} \tag{2-76}$$

$$\eta_{f2} = \frac{\mathrm{th}(m_2 h_{f2})}{m_2 h_{f2}} \tag{2-77}$$

式中　h_{f1}，h_{f2}——分别为热流体与冷流体翅片高，mm。

6）热流体传热表面总效率为 η_a：

$$\eta_{a1} = 1 - \frac{A_{f1}}{A_1}(1 - \eta_{f1}) \tag{2-78}$$

式中　A_{f1}——热流体翅片总面积，m^2；

A_1——热流体散热总面积，m^2。

$$\eta_{a2} = 1 - \frac{A_{f2}}{A_2}(1 - \eta_{f2}) \tag{2-79}$$

式中　A_{f2}——冷流体翅片总面积，m^2；

A_2——冷流体散热总面积，m^2。

（5）壁面热阻 R_w 和总传热系数 K。

1）传热面的导热热阻 R_w：

$$R_w = \delta_p / (\lambda_w \times A_w) \tag{2-80}$$

式中　δ_p——板翅式换热器的隔板厚度，mm；

λ_w——隔板的导热系数，因隔板为铝材，取 $\lambda_w = 190\mathrm{W/(m \cdot ℃)}$；

A_w——传热壁的表面积，m^2。

$$A_w = HL(2N_1 + 2) \tag{2-81}$$

式中，H，L 如图 2-114 所示；N_1 为热流体流道数。

将 δ_p、λ_w、A_w 值一并代入 R_w 计算式，得 R_w（℃/W）。

2）传热系数 K。增压空气通过隔板传给冷却空气，这是气-气之间传热过程，其污垢热阻很小，可不予考虑，故此种传热过程的总传热系数 K 的表达式可表示为：

$$\frac{1}{KA} = \frac{1}{h_1 A_1 \eta_{a1}} + R_w + \frac{1}{h_2 A_2 \eta_{a2}} \tag{2-82}$$

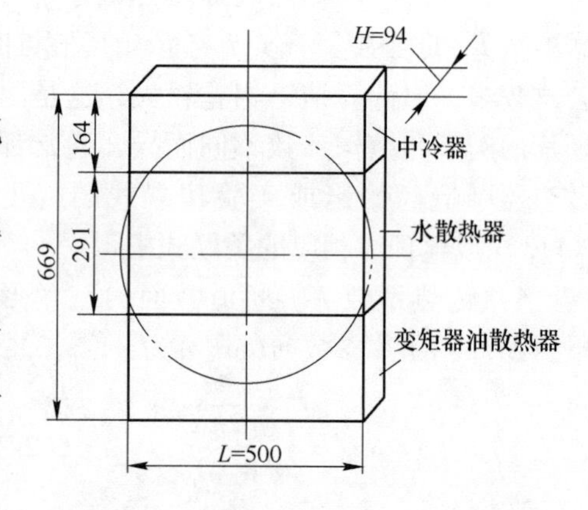

图 2-114　某地下采矿车组合散热器

将前面已求得的 h_1、h_2、A_1、A_2；η_{a1}、η_{a2} 及 R_w 一并代入上式，求得 K。

3）将已知换热面积 A 和求得的传热系数 K 以及平均温差 Δt_m，一并代入传热方程式（2-82），求出散热器传热量 Q。

$$Q = KA(\Delta t_m) \tag{2-83}$$

式中　Δt_m——热、冷两流体间的平均温差，℃。

$$\Delta t_m = t_{m1} - t_{m2}$$

如采用叉流型（又称复杂型）散热器，因此还要乘以温度修正系数 Ψ，即得复杂型散热器的平均温差为：

$$\Delta t_{\mathrm{m}} = \Psi \Delta t_{\mathrm{m}} \tag{2-84}$$

Ψ 值是辅助量 P 和 R 的函数，即 $\Psi = f(P, R)$。P 和 R 分别为：

$$P = \frac{t''_2 - t'_2}{t'_1 - t'_2} \tag{2-85}$$

$$R = \frac{t'_1 - t''_1}{t''_2 - t'_2} \tag{2-86}$$

根据 P、R 值在图 2-115 中上得到 Ψ。

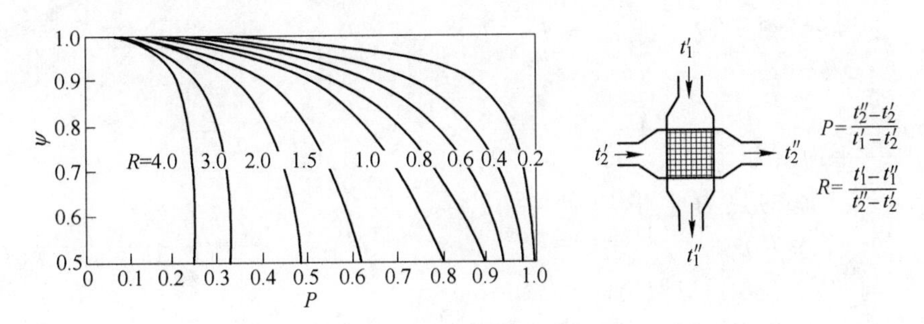

图 2-115 两流体非混合的单流叉流型换热器的 Ψ 值

（6）将 Ψ、t'_1和 t'_2一并代入热平衡方程式，计算出 t''_1和 t''_2，并与前面步骤（1）所预取的流体出口温度（假定值）相比较。若计算值与假定值十分相近（两者偏差小于 5%），则计算结束；反之，则须重新假定一个出口温度。重复以上计算步骤，直到流体出口温度计算值与假定值基本吻合为止。

（7）计算散热器内热、冷流体侧的压力损失 Δp。对板翅式散热器热、冷流体侧的压力损失由下式计算：

$$\Delta p = \frac{M^2 \nu'}{2}\left[\underbrace{(1 - \sigma^2 + K_{\mathrm{c}})}_{\text{进口损失}} + \underbrace{2\left(\frac{\nu''}{\nu'} - 1\right) + \frac{4fL}{D_{\mathrm{e}}} \cdot \frac{\nu_{\mathrm{m}}}{\nu'}}_{\text{散热器芯体内压力损失}} - \underbrace{(1 - \sigma^2 - K_{\mathrm{e}})\frac{\nu''}{\nu'}}_{\text{出口损失}}\right] \tag{2-87}$$

式中 M——流体的质量流速，kg/(m²·s)；

ν'——进口截面 1—1 处的流体比容（比体积），m³/kg，参看图 2-116；

ν''——出口截面 2—2 处的流体比容（比体积），m³/kg，参看图 2-116；

σ——散热器自由流通面积与迎风面积之比，无因次，$\sigma = \dfrac{A_{\mathrm{c}}}{A_{\mathrm{fr}}}$；

K_{c}——散热器入口流动突然收缩损失系数或称入口压力损失系数，无因次，见图

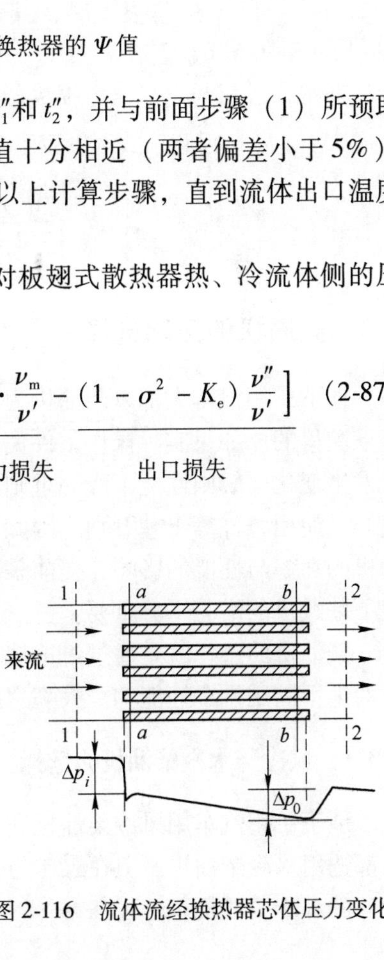

图 2-116 流体流经换热器芯体压力变化

2-117；

K_e——散热器出口流动突然扩张损失系数或称出口压力损失系数，无因次，见图 2-117；

f——摩擦因子；

L——流道长度，m；

ν_m——流道长度 L 的流体的平均比容，当两流的质量热容值接近时（$C_1 \approx C_2$），可取平均比容为：

$$\nu_m = (\nu' + \nu'')/2 \quad 或 \quad \nu_m/\nu' \approx \frac{p'}{p_m}\frac{T_m}{T''} \tag{2-88}$$

式中　p_m——平均压力，即 $p_m \approx (p' + p'')/2$；

T_m——流体的热力学平均温度，$T_m \approx (T' + T'')/2$。

其中，“′”与“″”表示进口及出口。

当 C_1 与 C_2 相差很大时，其计算参考文献［24］和第 7.6 节。

通常，进口与出口压力损失较小，即可不必考虑 K_c 与 K_e，因此，式（2-87）可简化为：

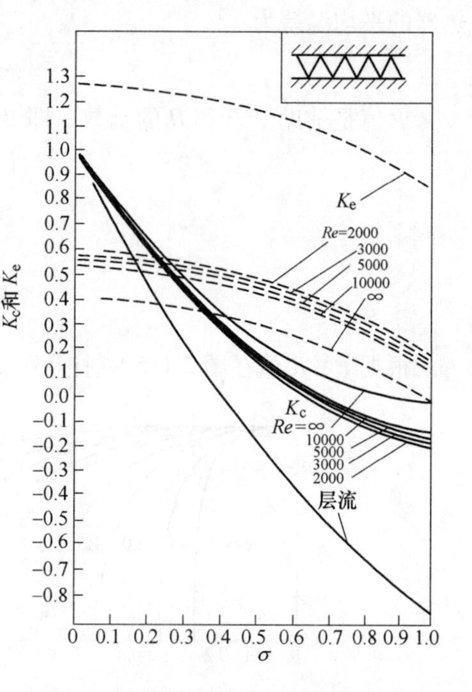

图 2-117　有突缩段入口、突扩段出口的三角形截面管束换热器芯体入口和出口压力损失系数

$$\Delta p = \frac{M^2\nu'}{2}\left[(1 - \sigma^2)\left(\frac{\nu''}{\nu'} - 1\right) + \frac{4fL}{D_e}\cdot\frac{\nu_m}{\nu'}\right]$$

2.3　柴油机的正确选择

地下矿用汽车大都以柴油机为动力。由于柴油机的额定功率及其性能是在标准基准条件下测得的。如果实际操作条件偏离了标准的条件，那么柴油机的实际输出功率和性能就会发生变化，轻则性能下降，重则会导致柴油机损坏。由于我国地域辽阔，南北东西地理气候及使用条件等千差万别。因此了解地下矿用汽车实际操作条件偏离标准条件后，对发动机的功率与性能的影响，提前采取预防措施，对保证地下装载机的正常使用，充分发挥地下装载机的潜力十分重要。

柴油机的选择就是通过讨论功率要求、发动机的额定功率和发动机选择以获得符合要求的地下矿用汽车性能和令人满意的发动机寿命。

2.3.1　风冷与水冷柴油机的选择

地下矿用汽车用风冷柴油机和水冷柴油机的特点见表 2-1，现代大中型地下矿用汽车大都选用水冷柴油机。但在煤矿与天然气非煤矿环境中使用地下矿用汽车时必须采用防爆设计的水冷柴油机。

2.3.2 发动机功率类型选定

2.3.2.1 功率的标定

所谓标定功率（declared power）是由制造厂标定的，发动机在一定环境条件下所能发出的功率值（注：在某些用途，标定功率也称为“额定功率”，制造厂在给定的情况下所能发出的功率）。

内燃机功率的标定完全取决于使用条件。因为燃烧所需的空气量是与喷油泵的燃油供给量相配合的。而燃烧所需空气量随地域和当地气温而改变，即随内燃机的使用条件而变。因此，对同一机型，由于使用条件不同和使用对象不同（如轻载、重载、连续工作、间隙工作）可以有多种功率和转速。常说的“标准型”内燃机或铭牌上标出的内燃机功率和转速是与一定的使用条件和对象相对应的，是从产品的销售角度给定的。

地下矿用汽车大都采用德国 Deutz 公司、Caterpillar 公司、Cummins 公司与 Detroit 公司柴油机，它们常使用美国汽车工程师学会标准 SAE J1349、SAE J1995 和国际标准 ISO 3046-1 等。

上述标准的功率都是在规定的大气压力、环境温度、规定的附件、规定的燃油性质等条件下测得的，见表 2-43。

由于地下矿用汽车动工作环境和条件的特殊性。考虑到其可靠性、经济性和使用寿命，目前大多数地下矿用汽车的发动机选用进口柴油机。由于柴油机制造厂所处国家不同，所采用的标准不同，即使标定功率一样，其内涵却有许多差别。如果不考虑标定功率的内涵，随便选一个，要么功率选大了，要么功率选小了，以至于达不到发动机最佳寿命和性能要求。为此下面将介绍国外常用发动机标准，重点介绍我国和国外常用的 ISO 3046-1(DIN6271) 标准，功率内涵以及初步讨论如何选用发动机的标定功率，以达到正确选择发动机的功率，充分发挥柴油机最佳性能与寿命的目的。

2.3.2.2 发动机额定功率确定标准简介

现行部分国外发动机功率标准见表 2-43。

表 2-43 现行部分国外发动机功率标准

标准号	DIN 70020	ISO 1585	ISO 3046[2]	ISO 9249	ISO 2288	SAE J1349	SAE J1995	ECE R24/03	80/1269 EWG	备注
定义	汽车发动机	发动机功率试验规范	发动机功率试验规范	发动机功率试验规范	发动机功率试验规范	发动机功率试验规范	发动机功率试验规范	发动机功率与烟度	发动机功率试验规范	
应用领域	公路车辆	公路车辆	③	铲土运输机械	农业拖拉机	④	⑤	公路车辆	公路车辆	
功率类型	净功率	净功率	净功率	净功率	净功率	净功率	总功率	净功率	净功率	
环境大气压	101.3 湿度 60%	99	99	99	99	99	99	99	99	kPa 干空气
环境大气温度	20℃	25℃	25℃	25℃	25℃	25℃	25℃	25℃	25℃	
喷油系统	+	+	+	+	+	+	+	+	+	
润滑油泵	+	+	+	+	+	+	+	+	+	

续表 2-43

标准号	DIN 70020	ISO 1585	ISO 3046②	ISO 9249	ISO 2288	SAE J1349	SAE J1995	ECE R24/03	80/1269 EWG	备注
散热器风扇	+	+①	+	+①	+①	+①	—	+①	+①	水冷发动机
水泵	+	+	+	+	+	+	—	+	+	水冷发动机
冷却风扇	+	+①	+	+①	+①	+①	—	+①	+①	风冷发动机
空滤器进气管路	+	+	+	+	+	+	—	+	+	
进气消声器	+	+	+	+	+	+	—	+	+	
排气消声器	+	+	+	+	+	+	—	+	+	
排气管路	+	+	+		+	+	—	+	+	
发电机（无负荷）	+	+	+		+	+	—	+	+	
空压机	—	—	—	—	—	—	—	—	—	
液压油泵	—	—	—	—	—	—	—	—	—	
液压油冷却	—	—	—	—	—	—	—	—	—	

注：“+”表示安装，考虑了对发动机功率的影响；“—”表示没有安装，不考虑对发动机的影响。

① 带速度控制或风扇脱开的空转功率。

② 公布 ISO 8528 和 DIN 6280 功率的根据。

③ 此标准应用领域：适用于陆用、铁路和船用往复式内燃机（但不包括驱动农业拖拉机、道路车辆和航空用发动机），以及适用于驱动筑路机械和土方机械、、工业卡车以及尚无合适国际标准可用的其他用途的发动机。

④，⑤ 适用于四冲程和二冲程火花点燃式发动机、自然吸气和增压中冷发动机，但不适用航空和船用发动机。

由表 2-44 可知：

（1）ISO 3046、SAE J1349、SAE J1995 标准适用于地下矿用汽车发动机。事实上国外绝大部分地下矿用汽车发动机都采用上述三个标准。

（2）反过来说满足上述三个标准的发动机不一定都适用于地下矿用汽车。只有经过美国 MSHA（美国矿山安全健康管理局）批准专用于地下采矿的发动机才能用于地下矿用汽车。

（3）发动机标定功率有净功率（net power）、总功率（gross power）。净功率是试验台架上，当发动机装有发动机净功率试验所需装用设备和辅助装置时，在相应的发动机转速下，在曲轴末端或其相当零件处所测得的功率。

注：若功率测量时必须装有变速箱，则应将变速箱功率损失加上实测功率才是发动机的净功率。

总功率是在试验台架上，当发动机装有总功率试验所需装用设备和辅助装置时，在相应的发动机转速下，在曲轴末端或其相当零件处所测得的功率。

注：若功率测量时必须装有变速箱，则应将变速箱功率损失加上实测功率才是发动机的总功率。

这点在发动机与变矩器匹配计算中是必须注意的。

（4）表中未考虑实际作业环境与试验标准基准状况（海拔高度、环境温度、湿度）

不符时功率的减少。

2.3.2.3 ISO 发动机功率类别

根据 ISO 3046（GB/T 6072）标准，常用功率代码与定义列于表 2-44。

表 2-44 常用功率代码与定义

ISO 3046-7 功率代码	根据 ISO 3046-7 和 ISO 3046-1 标准规定的含义
ICN	ISO 标准功率
	净持续 ISO 有效功率
ICFN	油量限定 ISO 标准功率
	净持续油量限定 ISO 有效功率
ICxN	可超负荷 x% ISO 标准功率
	可超负荷 x% 净持续 ISO 有效功率
ICXN	可超负荷 10% 的 ISO 标准功率
ION	仅带基本从属辅助设备的 ISO 超负荷有效功率
IOFN	仅带基本从属辅助设备时油量限定的 ISO 超负荷有效功率
IFN	仅带基本从属辅助设备时油量限定的 ISO 有效功率

表 2-44 中功率代码的含义：

（1）ISO 标准功率（ISO standard power）。所谓 ISO 标准功率是按发动机制造厂标定，在制造厂规定的正常维修周期内和下列条件下，只使用基本从属辅助设备下，发动机所发生的持续有效功率。

1）发动机制造厂试验台的运转工况下按规定转速运转。

2）制造厂规定将标定功率调整或修正到标定基准状况（总气压 100kPa，空气温度 25℃，相对湿度 30%，增压中冷介质温度为 25℃）。

3）按制造厂规定进行维护保养。

（2）C 功率——持续功率（continus power）。所谓持续功率是在制造厂规定的正常维修周期内，按照制造厂规定进行维修保养，在规定转速和规定环境下，发动机能够持续发出的功率。

（3）N 功率——表示仅带基本从属辅助设备的有效功率（brake power only with basic subordinate accessories）。所谓从属辅助设备即发动机持续或重复使用的必须要的设备；所谓有效功率（brake power）即发动机单根或多根输出轴上所测得的功率或功率总和。

（4）F 功率——油量限定功率（fuel stop power）。所谓油量限定功率即在对应于发动机用途的规定周期内，在规定转速和规定环境状况下，限定发动机的油量，使功率不能再超出时所能发出的功率。

（5）O 功率——超负荷功率（overload power）。所谓超负荷功率即在规定的环境状况下，在按持续功率运行后，立即根据使用情况，以一定的使用持续时间和使用频次，按照每 12h 运行 1h 的运行条件，可以允许发动机发出的功率。

2.3.2.4 Caterpillar 公司柴油发动机功率的定义

Caterpillar 公司柴油发动机额定功率的定义与 ISO 标准不同，它分 A、B、C、D、E 五种功率、每种功率定义如下：

（1）IND-A（工业发动机 A 类）连续工作。发动机持续地重负荷工作，即发动机在 100% 的时间内，在最大功率和最大速度下工作，工作不中断负荷，没有循环变动。

（2）IND-B（工业发动机 B 类）。发动机提供的动力和/或速度是周期性地变动（全负荷的时间不超过 80%）。

（3）IND-C（工业发动机 C 类）间隙工作。间断地工作发动机周期地提供最大功率和/或速度（全负荷的时间不超过 50%）。

（4）IND-D（工业发动机 D 类）。发动机周期性在最大功率下工作（满负荷工作时间不超过整个工作循环时间的 10%）。

（5）IND-E（工业发动机 E 类）。发动机仅在最初起动时或突然超载的短时间内，才在最大功率下工作或用于紧急状态下工作。此时，发动机的标准功率是不适用的（全负荷工作时间不超过整个工作循环时间的 5%）。

上述发动机额定功率的条件如下：

（1）柴油发动机排量达 6.6L。定义所有额定功率的条件是基于 ISO/TR14396，空气进气的标准条件是具有 1kPa（0.295 英寸汞柱）的蒸气压力、温度为 25℃、总的大气压力为 100kPa 时，进行测量。所用燃料应符合 EPA 2D89.330—1996 技术规范，燃油密度在 15℃时为 845～850kg/m^3，燃油进口处温度 40℃。

（2）柴油发动机排量达 7L 或以上。定义所有额定功率的条件是基于 SAE J1995，空气进气的标准条件是具有 99kPa（29.1 英寸汞柱）干式气压计读数、进气温度为 25℃时进行测量。使用标准燃油，燃油密度（15℃）为 API（848kg/m^3），当在 25℃时，密度为 839.9g/L，热值下限为 42.78kJ/kg。

2.3.2.5 德国 Deutz 公司柴油机功率

在过去，同一台发动机共有四组功率。I 组功率，按 DIN70020 的功率——车用功率。Ⅱ、Ⅲ、Ⅳ组功率，即 DIN 6270 的功率，其中二组功率用于大间隙使用功率，Ⅲ组功率用于正常间隙使用功率，Ⅳ组功率为持续功率。

地下矿用汽车常用第二组或第三组功率。

后来，常看到的 DIN 6271 标准。它代替 DIN 6270。其主要目的是靠近国际新标准。因两者换算出的标准功率基本一致，所以两个标准仍可通用。现在大都使用国际标准 ISO 3046/1。

但水冷柴油机又增加了两个功率即 S 功率和 G 功率。

S 功率——与 ISO 标准有关的功率，减去了冷却风扇消耗功率。

G 功率——与 ISO 标准功率有关的功率，没有减去冷却风扇消耗功率。

至于其他公司制造的地下矿用汽车用柴油机采用的 SAE J1349 和 SAE J1995 标准的功率，可按上述原则咨询有关公司确定。

2.3.2.6 《工程机械用柴油机性能试验方法》（JB/T 4198.2—2001）对功率的规定

（1）净功率。带全部附件，包括风扇、水箱（风冷柴油机除外）、空气滤清器、消声器、发电机、空压机空负荷时的最大输出有效功率。

（2）总功率。不带风扇（风冷柴油机必带）、水箱、消声器、空气滤清器、发电机和空压机空负荷时的最大输出有效功率。

（3）间歇功率Ⅰ（简称功率Ⅰ）。制造厂根据用途所标定的功率，即在变工况运行中，调速手柄在最大位置允许连续运转1h的净功率，其平均负荷率不超过连续功率。

（4）间歇功率Ⅱ(简称功率Ⅱ)。制造厂根据用途所标定的功率，即在变工况运行中，调速手柄在最大位置允许连续运转12h的净功率，其平均负荷率不超过连续功率。

2.3.2.7 地下矿用汽车发动机功率类型和选择

从表2-44可以看出，地下矿用汽车发动机功率种类繁多。由于所采用功率种类的不同，同一台发动机功率的大小也不相同。其中IFN功率最大，ICN功率最小。其他种类功率处在两者之间。发动机的性能与使用寿命也有很大区别。因此必须要了解各类功率含义，正确选择功率标准和大小。

在我国地下矿用汽车使用最广的是德国Deutz公司的柴油机。该公司又把IFN功率分为两类：Ⅱ类功率——大间隙功率（轻负荷）；Ⅲ类功率——正常间隙功率（重负荷）。

由于地下矿用汽车满负荷上坡时负载最大，当机器卸料时，发动机负荷下降。从这一点开始，一直到下一个装载循环开始发动机处于轻负荷，也就是说，发动机的使用功率处于这两种功率之间。从这一点反映出地下矿用汽车使用功率的间隙性。

由于地下矿用汽车的作业条件、作业对象远比露天汽车恶劣，负荷也大得多，常在轻、重负荷之间变化。因此无论国内还是国外的地下矿用汽车常用大间隙或正常间隙功率即Ⅱ或Ⅲ类功率，具体选哪种要根据作业条件和负荷大小确定。

从上述分析可知，由于柴油机的功率种类十分多，也很复杂，为了正确选择合适的地下矿用汽车用柴油机，必须做到：首先，要正确选择功率标准，其次要了解发动机是否经过MSHA批准。如果是上述地下矿用汽车所选用的功率标准，那就得分析柴油机功率标准基准状况与柴油机作业环境是否一致。如果一致，就不需要对发动机的标定功率进行修正，而直接计算发动机的飞轮马力，即发动机的标定功率减去液压油泵的功率损失、冷却风扇功率损失（如果采用G功率的话）、未列入标准中的发动机附件损失的功率。如果不一致，就必须对发动机的功率进行修正后，再计算发动机的飞轮马力。

若不是采用的发动机功率标准，就必须按上述原则，咨询该发动机制造厂。只有这样才能正确选择地下矿用汽车用柴油机，以保证地下矿用汽车的性能和使用寿命。

正因为如此，在设计时，必须要了解各制造厂标定的功率是净功率还是总功率。

2.3.3 柴油机功率大小的选择

地下矿用汽车柴油机功率的选择十分重要，选择的方法也很多，现简单介绍几种。

2.3.3.1 经验法

在选择发动机型号和额定功率之前，必须对动力要求进行分析。如果利用经验，可以使这项任务变得简单。其中，经验来自于类似的机器（见第1章），并且为此机器提供动力的发动机的额定功率和燃油性能都是已知的。这种经验为判断机器是否功率不足、刚好或过剩提供了依据。

2.3.3.2 计算法

（1）运输工况的功率，即最大行驶速度时，发动机的最大功率 N_{max}：

$$N_{max} = \frac{m_G g f V_{max}}{3600\eta} + \Sigma N_i \qquad (2\text{-}89)$$

式中　N_{max}——发动机最大功率，kW；

m_G——汽车总质量，kg；

g——重力加速度，m/s^2；

f——滚动阻力系数，$f=0.03\sim0.04$；

η——液力机械传动总效率，取 $\eta=0.8$；

V_{max}——最高车速，km/h；

ΣN_i——变速泵重载、冷却泵、工作转向泵、工作油泵空载消耗功率的总和：

$$\Sigma N_i = \Sigma \frac{p_i q_i}{\eta_i} \tag{2-90}$$

N_i——泵消耗的功率，W；

p_i——油泵输出压力，Pa；

q_i——油泵流量，m^3/s；

η_i——油泵效率，取 $\eta_i=0.75\sim0.85$。

（2）克服坡度阻力所消耗的功率 N_α（kW）：

$$N_\alpha = \frac{m_G g \sin\alpha \cdot V_\alpha}{3600\eta} + \Sigma N_i \tag{2-91}$$

式中　V_α——设计的最大爬坡速度，km/h；

α——设计的最大爬坡角，(°)；

其余符号含义见式（2-89）。

实际功率应选上述两功率较大者。

上述两功率没有考虑空气阻力、克服加速惯性阻力的影响，而且是发动机净功率 N_n，因此还要估算发动机总功率 N_G，即还要考虑发动机附件功率损失。由于发动机制造商不同，发动机附件功率损失也不同，这里用一个功率折减系数 K（见表11-3）表示发动机附件功率损失与发动机总功率之比，因此发动机总功率为：

$$N_G = \frac{N_n}{1-K} \tag{2-92}$$

发动机总功率 $N_G=N_n+KN_G$ 有一定的储备，则需要给发动机确定一定的负荷率，其范围一般在75%～90%之间。当外载负荷变化大，或车辆行驶所需的功率估算不准确时，应取下限值，即0.75；当外载负荷变化小，或所需的功率估算较准确时，取上限值，即0.90，一般负荷率不大于0.90。

2.3.4　影响发动机输出功率因素

影响发动机输出功率因素主要有使用环境与功率的匹配：

（1）使用环境因素包括：1）最高环境温度。考虑冷却能力；2）最低环境温度。考虑冷启动措施；3）海拔高度。考虑功率储备和降低功率；4）多尘环境。考虑进气系统，如使用空气预滤器；5）潮湿环境。考虑电器腐蚀和空气滤芯损坏；6）当地的燃油品质。滤芯的种类；7）进气、排气阻力；8）操作者的水平。培训。

(2) 功率的匹配因素包括：1) 净功率/总功率。考虑附件的功率消耗；2) 功率的储备；3) 比油耗；4) 最大扭矩和扭矩储备；5) 发动机的调速特性。全程调速/两级调速，调速率；6) 发动机的高怠速（不是额定转速）、低怠速；7) 低速性能。是否需要发动机在最大扭矩转速以下经常工作；8) 设备的实际工作转速范围；9) 负荷率。

2.3.4.1 海拔高度

由于容易开采且高品位的矿石越来越少。为了满足全球对矿物质的需求，采矿公司必须在具有挑战性的地区寻找值得开采的矿床，除了地下深部采矿外，自然还包括高海拔山区采矿。经验表明，高海拔对人和机械都有不利影响，这种影响从海拔1500m 就开始产生。当今有一些矿山在超过海拔 5000m 的地区开采，那里的工作条件极其严酷。高海拔的主要问题是大气压力下降、空气的质量密度降低、环境温度低（见图 2-118）。

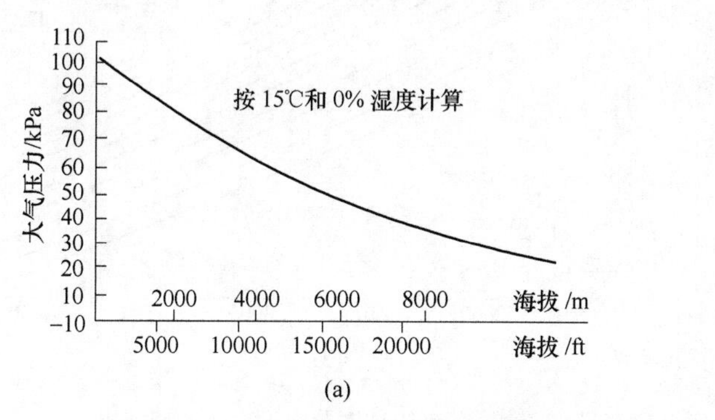

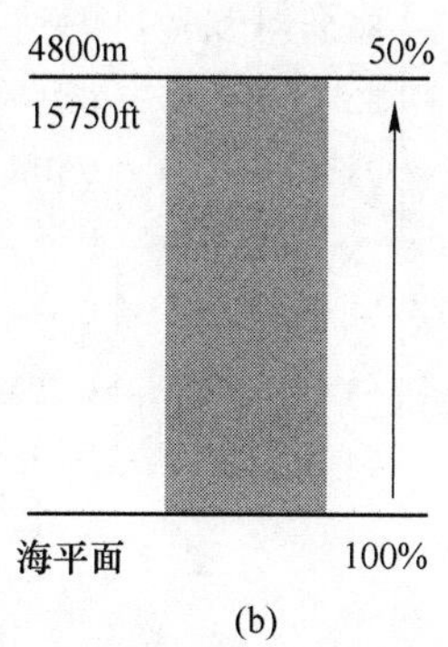

图 2-118 大气压力、空气的质量密度与海拔高度的关系
（a）大气压力随海拔高度的变化；（b）空气质量密度随海拔高度的变化

为了理解这个概念，必须首先考察空气的成分。空气分子包含氮气（78%）、氧气（21%）和其他气体（1%）。由于地心引力的作用，空气分子要承受在其上方的所有分子的重量。这个附加重量意味着在海平面空气的压力最高，并且这种高压力会随着海拔高度的增加而递减。空气质量密度的降低会产生两个问题。高海拔所需要的功率柴油发动机在高海拔地区面临相当大的困难，因为柴油机要靠空气中的氧气进行燃烧。在不同的海拔高度，发动机的额定功率也有所不同。制造商可通过改变发动机正时、涡轮增压器的外形和压缩比来确保设备在一定的海拔高度上保持最大功率。而在超过限定的海拔高度后，发动机的功率将下降。根据经验，发动机每超过其限定的海拔高度 305m，额定功率就会降低 3%。例如，一台 596kW 的柴油发动机的海拔高度限制可能是 2430m。在 4570m 的高度上它的功率将减少 21%，即 471kW，因此，为了达到能安全运行最好的效果，应首先选择输出功率较大的大排量发动机，以补偿因海拔高度产生的功率损失。不过大功率的发动机并不是任意添加的，因为地下矿用汽车从一开始就是为安装特定尺寸的发动机设计的，没有为更大发动机留出位置。除了对发动机影响外，另一种是对人的影响，在空气稀薄的高海拔地区，人体将通过较快的呼吸和心率以及逐渐增加携带氧气的红血球（也就是所谓的环境适应性）来补偿氧气含量的降低。

发动机输出功率随海拔高度增加而下降，但不同发动机制造商制造的发动机因型号不同、配置不同、采用技术不同等，发动机输出功率随海拔高度增加而下降的程度不同。

A Deutz 公司

图2-119及表2-45和表2-46是我国地下矿山广泛采用的Deutz公司FL912W系列、FL413FW系列空冷柴油机和BFM1012/C与BFM1013/C水冷柴油机输出功率随海拔高度、环境温度及发动机冷却系统不同而变化的情况。

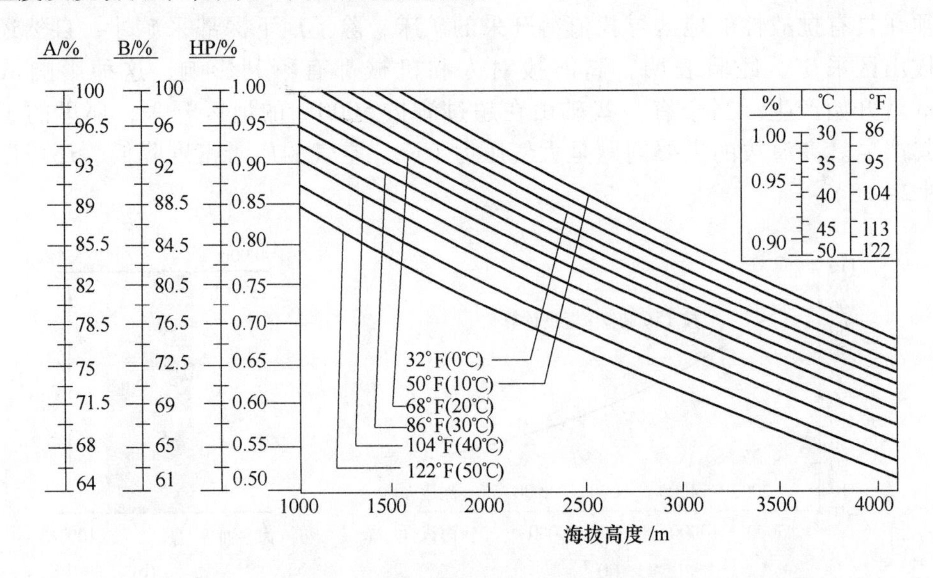

图2-119 FL912W、FL413FW发动机在海拔高度及温度变化的情况下功率下降曲线与燃油喷射泵的调整

A—FL912W燃油喷射泵喷油量的修正系数,%；B—FL413FW燃油喷射泵喷油量修正系数,%

表2-45 BFM1012/C、BFM1013/C涡轮增压发动机功率折减系数

海拔高度/m	温度									
	0℃	5℃	10℃	15℃	20℃	25℃	30℃	35℃	40℃	45℃
0	1.00	1.00	1.00	1.00	1.00	1.00	1.00	1.00	0.93	0.85
500	1.00	1.00	1.00	1.00	1.00	1.00	1.00	0.97	0.89	0.82
1000	1.00	1.00	1.00	1.00	1.00	1.00	1.00	0.93	0.86	0.79
1500	1.00	1.00	1.00	1.00	1.00	1.00	0.95	0.89	0.82	0.75
2000	1.00	1.00	1.00	1.00	0.97	0.94	0.91	0.85	0.78	0.72
2500	1.00	1.00	1.00	0.95	0.92	0.89	0.86	0.81	0.75	0.69
3000	1.00	0.97	0.93	0.90	0.87	0.84	0.81	0.78	0.72	0.66
3500	0.94	0.91	0.87	0.84	0.81	0.78	0.76	0.73	0.68	0.63
4000	0.88	0.85	0.81	0.78	0.76	0.73	0.70	0.69	0.65	0.60
4500	0.81	0.78	0.75	0.73	0.70	0.67	0.65	0.63	0.60	0.58
5000	0.75	0.72	0.69	0.67	0.64	0.62	0.60	0.57	0.55	0.53

注：发动机的冷却系统设计应用于30℃环境温度和海拔高度1000m以上非固定发动机。

表 2-46 BFM1012/E/C 1013/E/C 涡轮增压发动机功率折减系数

海拔高度 /m	温度							
	25℃	30℃	35℃	40℃	45℃	50℃	55℃	60℃
0	1.00	1.00	1.00	1.00	1.00	0.95	0.85	0.78
500	1.00	1.00	1.00	1.00	1.00	0.91	0.83	0.74
1000	1.00	1.00	1.00	1.00	0.96	0.87	0.79	0.71
1500	1.00	1.00	0.97	0.94	0.91	0.84	0.76	0.68
2000	1.00	0.96	0.92	0.89	0.86	0.80	0.73	0.66
2500	0.94	0.90	0.87	0.84	0.82	0.77	0.70	0.63
3000	0.88	0.85	0.83	0.80	0.77	0.73	0.67	0.60
3500	0.83	0.80	0.77	0.75	0.72	0.70	0.64	0.57
4000	0.77	0.74	0.72	0.69	0.67	0.65	0.61	0.55
4500	0.71	0.69	0.66	0.64	0.62	0.60	0.58	0.52
5000	0.66	0.63	0.61	0.59	0.57	0.55	0.53	0.50

注：发动机的冷却系统设计应用于45℃环境温度和海拔高度500m以上非固定发动机。

B Caterpillar 公司

由于在高海拔空气更稀薄，将没有足够的氧气供给燃烧，随之发生功率损失，未燃尽的燃料作为黑烟随后从废气排放。低于海拔150m的功率损失通常可忽略。在高海拔地区，功率损失的程度不仅取决于高度，也取决于燃油喷射设备规范，对于涡轮增压发动机，取决于涡轮增压器大小、类型和涡轮增压器的匹配。相应的曲线（见图2-120和图2-121）说明自然吸气、典型的发动机和涡轮增压发动机在不同的海拔高度与环境空气温度下的功率变化，可供参考。

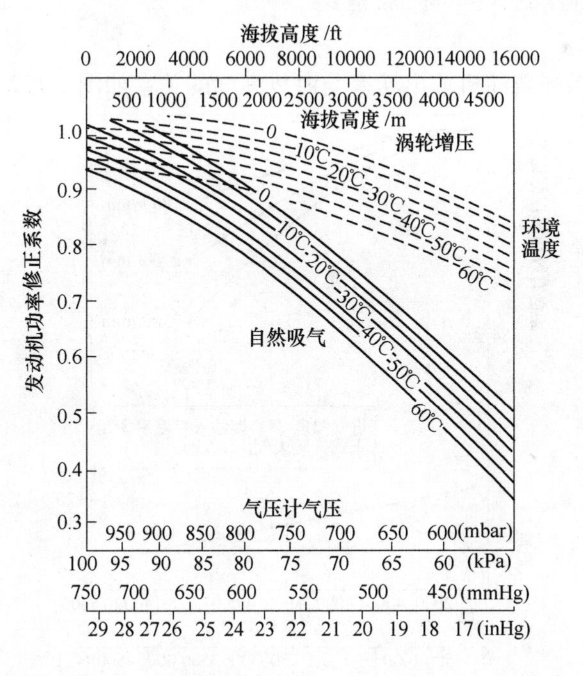

图 2-120 相对于 BS 5514 基准条件，海拔高度和温度对输出功率的影响

（环境温度20℃，大气压101.5kPa）

注：对于空对水、中冷涡轮增压发动机，上面所示的输出功率的变化并不适用。对这类发动机，应使用20℃的功率的变化值，而不管实际温度是多少。

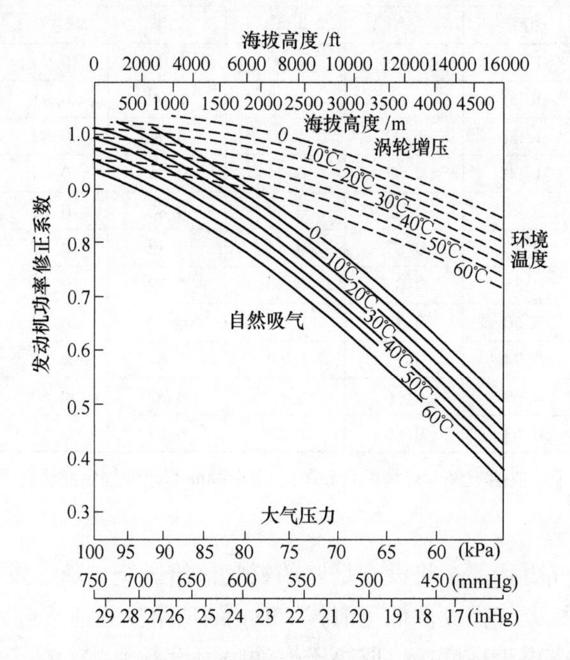

图2-121　相对于BS 5514基准条件，海拔高度和温度对输出功率的影响

（环境温度27℃，大气压100kPa）

注：对于空对水、中冷涡轮增压发动机，上面所示的输出功率的变化并不适用。对这类发动机，应使用27℃的功率的变化值，而不管实际温度是多少。

C　Detroit 公司

Detroit 公司60系列柴油机输出功率与海拔高度的关系如图2-122所示。

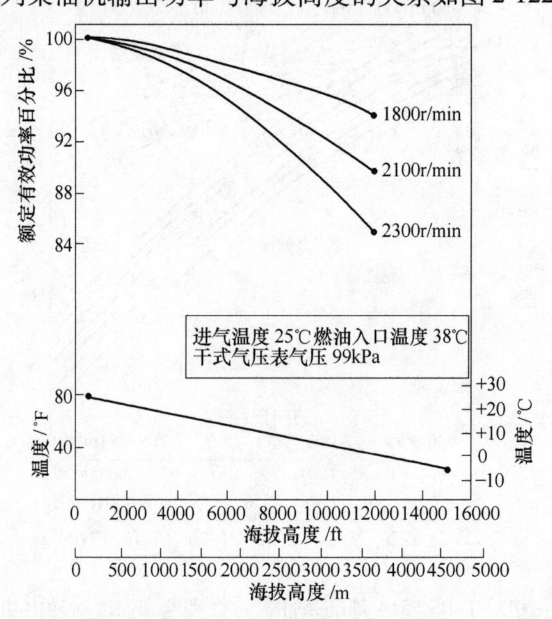

图2-122　Detroit公司60系列柴油机海拔高度对输出功率的影响

2.3.4.2 环境温度

随着地表矿山资源矿山的枯竭，将逐渐转向地层深处和高原开采。随着开采的深度越来越深，采矿作业条件就越来越恶劣，特别是高温。有的地下矿山虽然地下开采深度不深，但正处在地热区。地下矿用汽车必须能在高温条件下工作。高原开采，随着高度的增加，气温下降，地下采矿设备必须能在低温条件下工作。下面就环境温度对地下矿用汽车的影响进行分析。

由于高的环境温度，使发动机进气温度升高，将使发动机的功率产生一定的损失。相对于发动机的标准功率曲线温度，对 Caterpillar 自然吸气发动机来讲，每高出标准温度10℃，功率损失 2% ~ 2.5%。对 Caterpillar 涡轮增压发动机，其影响由增压器增压的量来决定。对于增压而不中冷的发动机来讲，每高出标准温度 10℃，发动机的功率损失 2%（准确值参考发动机性能曲线的注释）。对 Detroit 公司 60、50 系列发动机来讲，进气温度对发动机功率的影响如图 2-123 所示。对 Cummins 发动机，进气空气温度在 38℃ 以上，每升高 11℃，发动机功率就减少 2% 以上。进气温度超过 40℃ 后，每升高 11℃，发动机向冷却水散热量增加约 3%。最理想的发动机进气温度为 16 ~ 33℃。

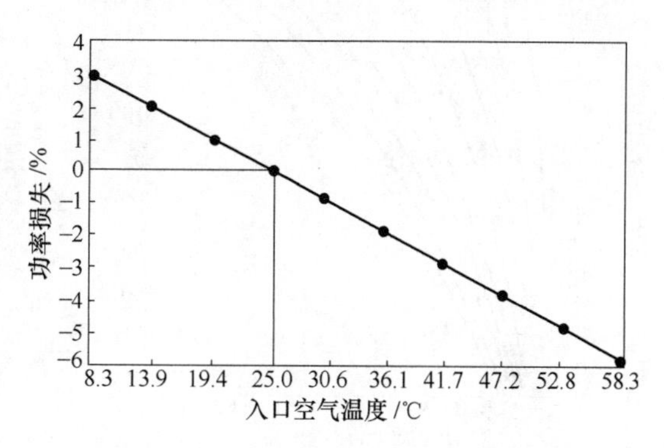

图 2-123 Detroit 公司 60、50 系列发动机进气温度对发动机功率的影响

对 Deutz 公司发动机来讲，功率下降情况见图 2-119、表 2-45 和表 2-46。

2.3.4.3 燃油温度

特别要注意油箱燃油温度对发动机功率的影响。由于高温，使柴油的密度下降，发动机的功率与柴油内能成正比。而柴油的内能又与柴油的密度成正比，因此发动机的功率随着温度的升高而下降。对 Deutz 公司水冷柴油机来讲，当燃油热到 30℃ 以上时（在喷油泵入口测量），每升高 10℃，发动机输出功率就下降 1% ~1.5%。更高的温度甚至会产生燃油蒸汽汽阻，使发动机熄火。一般燃油连续温度不得超过 75℃。对 Deutz 公司风冷柴油机来讲，燃油温度超过 25℃ 之后，每升高 10℃，发动机输出功率下降 1%。对 Cummins 公司发动机的燃油温度进油温度必须小于发动机技术参数表的限值 71℃，油温高将导致功率下降，油温每升高 5℃，功率下降 1.5%。对 Catertpillar 公司 3000 系列发动机来讲，功率随燃油入口温度而下降，如图 2-124 所示。Detroit 公司 60 系列发动机，当燃油温度超过 60℃ 时，燃油温度每升高 5.5℃，功率减少 1%。

高的燃油温度可能是环境温度高，也可能是燃油箱靠近热源如排气管产生的。

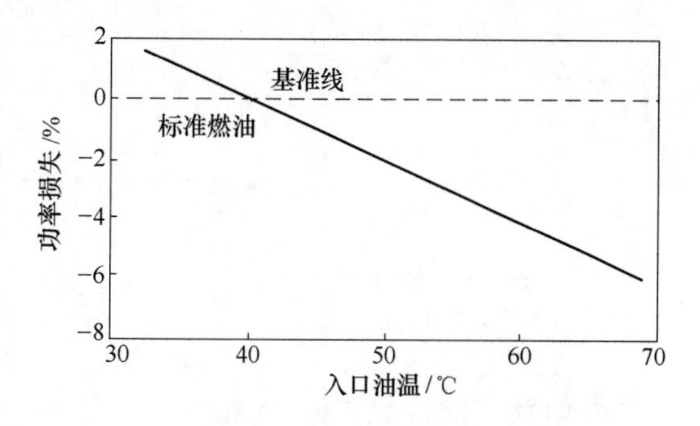

图 2-124 柴油机功率随燃油入口温度的变化

总之，采用标准状态发动机的地下矿用汽车，在高温的环境下作业时，动力性

会变差。

2.3.4.4 湿度

过大的湿度对发动机的性能也有轻微影响。过大的湿度也会降低功率额定值，如图2-125和图2-126所示。

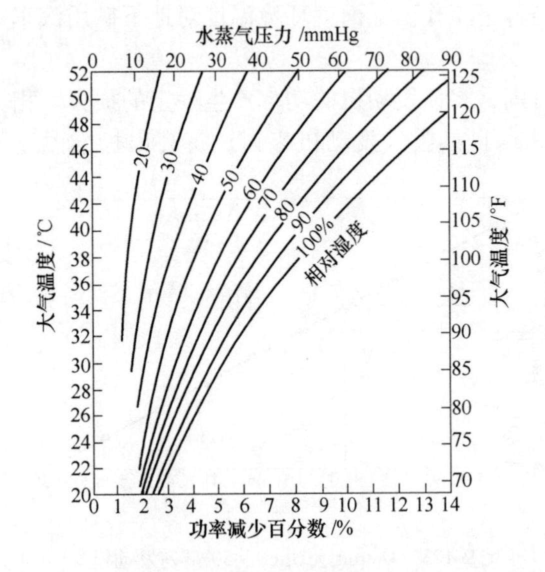

图 2-125 相对于 BS AU 141a：1971 标准基准条件，湿度对发动机输出功率的影响（20℃，干空气）

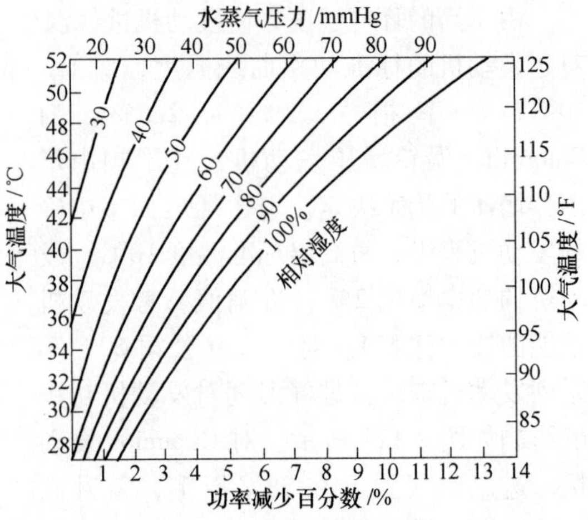

图 2-126 相对于 BS 5514 标准基准条件，湿度对发动机输出功率的影响（27℃，60% 相对湿度）

2.3.4.5 进气、排气阻力

图 2-127 所示为标定工况下整机性能随进气阻力的变化，可以看出，随着进气阻力的不断升高，整机主要性能指标随之恶化，进气阻力每升高 1kPa，功率平均降低 0.3%，随着功率下降，相应燃油消耗率平均升高 0.28%，涡轮后排气温度平均升高 0.9%。

消声器和净化器是产生背压的主要因素，过大的背压会导致功率损失（见图 2-128）。不仅导致功率损失增加，还会导致油耗增加和排气温度增加。

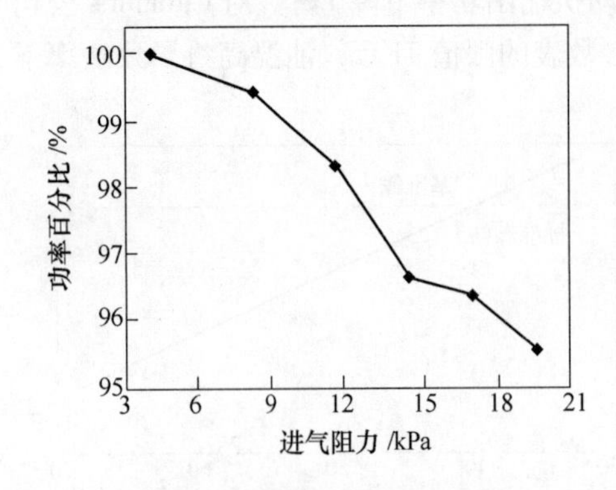

图 2-127 标定工况下发动机输出功率随进气阻力的变化

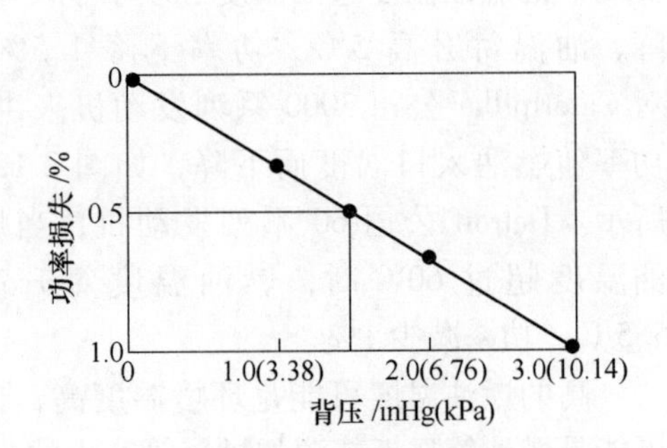

图 2-128 发动机排气背压对发动机输出功率的影响

2.3.4.6 燃油品质

使用劣质柴油不仅使发动机燃油消耗量高于标定，燃油系统的零件早期损坏，并衍生其他零件的损坏，使机油早期变质，破坏发动机的润滑，发动机性能早期下降，缩短大修间隔得不到良好的润滑和排放变坏，而且低热值达不到规定值，发动机也达不到标定的额定功率。

在发动机额定功率标准确定中（见表2-44）都是在燃料规定的低热值下的，例如，Caterpillar在其额定功率确定标准中额定功率的条件是基于SAE J1995，燃油低热值为42.78kJ/kg。

2.3.5 其他附件的选择

2.3.5.1 发动机飞轮壳号

不同型号、不同大小的发动机有不同的SAE标准飞轮壳号。不同的飞轮壳号配不同的变矩器壳。美国的Dana公司生产的变矩器，壳体形式与安装尺寸均要与发动机飞轮一致，即符合SAE J61标准，见表2-47，否则要加中间连接法兰。

表2-47 变矩器与发动机飞轮壳体

克拉克变矩器系列	SAE飞轮壳号
C2000、C270、C320	3
C5000、C8000	1
C16000	0

发动机飞轮与变矩器输入端连接有柔性盘与齿圈连接两种。连接的方式不同，飞轮壳与飞轮的结构与安装尺寸又有区别，因此在选择时，必须明确规定连接的方式，以免影响发动机的使用与安装。

2.3.5.2 进、排气管接口和燃油管接头位置

进气管接口可放在柴油机前端、后端或中间，可分别进气（V形柴油机），也可将左右排进气管连在一起，再通过空气滤清器进口。

排气管口有向前、向后、中间向上、中间向下四种布置方式，排气管可分别引出（V形柴油机），也可以连接在一起。

进出柴油滤清器的柴油管接头可以在柴油机前端与后端。

2.3.5.3 液压泵

为满足地下矿用汽车所需要的液压泵（转向、制动、冷却），可在柴油机飞轮端传动箱盖上预留的动力输出处安装液压泵。液压泵有$4cm^3/r$，$5cm^3/r$，$8cm^3/r$，$11cm^3/r$，$16cm^3/r$、$2\times8cm^3/r$、$2\times11cm^3/r$、$2\times16cm^3/r$等规格，曲轴与液压泵转速比可变化。

2.3.5.4 发电机

根据车辆与从动机械用电量的多少，可选用0.5kW、0.8kW、1kW、3.5kW等多种规格的交流硅整流发电机，输出电压有14V与28V。

2.3.5.5 起动马达

起动马达的功率必须大于发动机本身和附件（风扇、空压机、液压泵、离合器、变矩器、变速箱等）的负载总和。

为保证柴油机起动性能，对于同一机型的柴油机，根据使用环境温度的不同与不同汽缸数，可选用不同功率的起动机。起动电压为24V，起动机功率有3kW、3.5kW、4.8kW、

5.4kW、6.5kW、9kW 等多种。

使用环境温度低，可选择低温起动辅助装置。

2.3.5.6 蓄电池

对于电起动的发动机。在起动时要求蓄电池能瞬间供应一股强大的电流。蓄电池必须有能力供应这股强大的电流。对于冷起动性能，除了电池的容量以外，还应以冷却起动试验电流为根据，各发动机制造商都以表格的形式列出了同蓄电池的规格相匹配的情况。例如，Deutz 公司蓄电池与起动电机的匹配，见表 2-48。

表 2-48 Deutz 公司蓄电池与起动电机的匹配

起动电机功率/kW	电压/V	蓄电池容量 (27℃)/A·h	冷起动试验电流 (−18℃)I_{kp}/A	短路电流 (20℃) I_k/A
0.8	12	44 65	210 255	375 395
1.6	12	55 66 88	256 300 395	740 780 886
1.0	12	66 88 110	300 396 450	890 880 1030
2.4	12	88 110 143	395 450 570	980 1100 1260
2.7	12	88 110 143	895 450 570	1200 1280 1880
3.7	12	149 170 220	670 790 900	1630 1700 1780
3.2	24	55 88	266 300	780 835
4.0	24	66 88 110	300 395 450	940 1060 1100
4.8	24	66 88 110	300 395 450	1030 1180 1220
5.4	24	88 110 148	396 450 570	1470 1670 1760
8.8	24	110 148 178	460 570 790	1580 1750 2000
9	24	143 175 220	570 780 900	2280 2700 2880

如果采用了冷起动电流大于推荐值的蓄电池，则起动电机的寿命要降低。冷起动试验电流太小，又使冷起动性能变坏，此外，容量不够的蓄电池将会由于负荷太高而损坏。

最大允许的冷起动试验电流应与起动机相匹配，各发动机制造商都以表格的形式列出了同蓄电池的规格相匹配的情况。

2.3.5.7 油底壳形式

车用柴油机均采用湿式油底壳，油底壳的底部构成柴油机的油箱，机油的储存容量主要取决于柴油机总排量、发动机轮廓尺寸、冷却条件。选择油底壳时，必须考虑柴油机运转时可能出现的倾斜情况。倾斜度越大，油底壳吸油部位的深度也越大，应按柴油机最高或最低油面情况，绘图校核其允许的倾斜度。其考虑因素有：在每一方向允许的任意倾斜位置上，任何时刻均保证吸油不致中断；考虑到绕各个轴线的倾斜可能同时出现；当柴油机短期处于倾斜位置时，允许曲柄连杆机构稍许触及油面，而长期处于倾斜位置时，曲柄连杆机构不允许触发油面。图2-129是考虑到汽车25°爬坡，油底壳轮廓设计示例。如果用于全轮驱动汽车，则还应作出空载和重载时桥壳的轮廓。另外，吸油口的最佳位置是上坡和下坡时都处于最高油面高度。

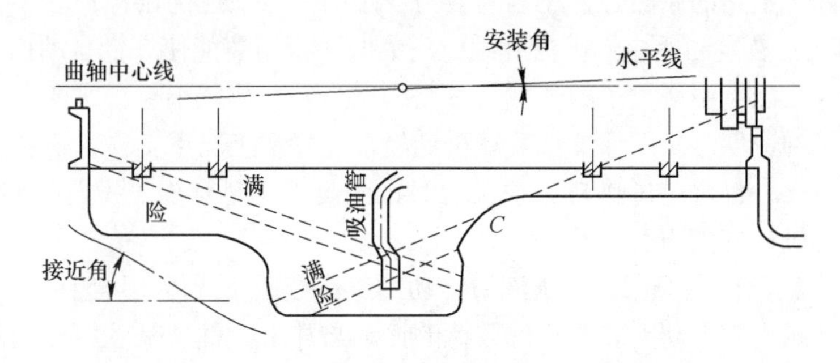

图2-129 油底壳轮廓设计

油底壳集油池可分别在飞轮端、风扇端和中间，以避开油底壳集油池与车辆横梁的干涉。为了便于加油和检查机油油面，加油口油标尺长度也有所改变。

3 传动系统

地下矿用汽车传动系包括液力变矩器、动力换挡变速箱、驱动桥、万向传动装置。

3.1 液力变矩器

3.1.1 液力传动的主要优点

目前在地下矿用汽车中，大多数采用柴油机作为动力装置。由于柴油机的扭矩适应性系数过载能力较小，不能满足地下矿用汽车经常过载与载荷频繁变化的要求，因此，为了解决这个问题，在柴油机后面安装一个液力变矩器。液力变矩器在地下矿用汽车中获得广泛应用的原因除了上述的原因外，还因为液力变矩器具有下述优点：

（1）使车辆具有自动适应性。当外载荷增大时，变矩器能使车辆自动增大牵引力，同时车辆自动减速，以克服增大了的外载荷。反之，当外载荷减小时，车辆又能自动减少牵引力，提高车辆的速度。从而保证了发动机能经常在额定工况下工作，避免发动机因外载荷突然增大而熄火，也避免过热与过载，同时也满足了车辆牵引工况与运输工况的要求，从而可提高发动机功率利用率。

（2）提高车辆的使用寿命。由于液力传动的工作介质是液体，可阻隔发动机的扭转振动，故能吸收并减少来自动力装置和外载荷的振动与冲击，就这是液力传动的滤波性能和过载保护性能，因而提高了车辆使用寿命。这对于经常处于恶劣环境下工作的地下矿用汽车尤为重要。

（3）提高车辆的通过性能。液力传动可以使车辆以任意低的速度行驶，这样便使车辆与地面的附着力增加，从而提高了车辆的通过性能。这对地下矿用汽车在泥泞、不平的路面条件作业是有利的。

（4）提高车辆的舒适性。采用液力传动后，可以平稳起动，并能在较大的速度范围内无级变速，可以吸收与减少振动及冲击，从而提高了车辆的舒适性。

（5）简化车辆的操作。因为液力变矩器本身就是一个无级自动变速箱，发动机动力范围得到扩大，故变速箱的挡位可以减少。采用动力换挡装置后，可不切断动力，实现不停车换挡，换挡操纵轻便，减轻司机劳动强度。另外，由于变矩器可避免发动机因外载荷突然增大而熄火，所以司机可不必为发动机熄火担心。

（6）良好的起步性能。液力传动具有良好的起步性能，能随着发动机转速提高平稳起步，微动操纵性能较好，易调整位置，接近目标。

（7）防止发动机的超负载和超速运转。

（8）结构简单。变矩器结构简单，可靠，无机械磨损，使用寿命长。

液力机械式动力换挡变速箱的缺点：

（1）液力传动变矩器效率低，特别是经常在低速大驱动力下工作效率更低，因此油耗高，同时排放也差。

（2）液力传动变矩器传动功率输出和发动机转速成固定关系，不能调节，因此难以调整行走输出功率和工作装置输出功率之间匹配关系。

（3）变矩器输入和输出之间无刚性连接。不能利用发动机惯性来克服外界阻力，且利用发动机来进行制动的效果较差，不能实现拖启动。

（4）与一般机械传动相比，成本高。

3.1.2 液力变矩器的分类

（1）按涡轮数量分为单级、二级、三级涡轮变矩器。

（2）按轴面液流在涡轮中的流动方向分为离心涡轮变矩器（见图3-1(a)）、轴流涡轮变矩器（见图3-1(b)）、向心涡轮变矩器（见图3-1(c)）。

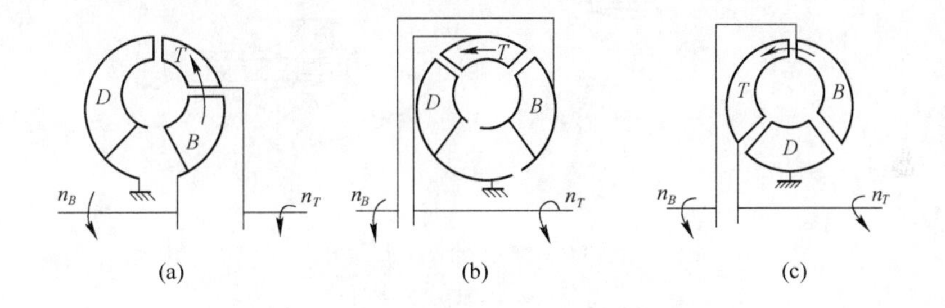

图3-1 不同涡轮形式的液力变矩器简图

（a）离心涡轮变矩器；（b）轴流涡轮变矩器；（c）向心涡轮变矩器

T—涡轮；*B*—泵轮；*D*—导轮

（3）按牵引工况（即 i_{TB} 在0～1.0范围）时涡轮相对于泵轮的转动方向分，当涡轮转动方向与泵转动方向相同时，称为正转变矩器（或称B-T-D变矩器）；相反时称为反转变矩器（或称B-D-T变矩器）。

（4）按变矩器能量是否可调分为可调变矩器（泵轮或导轮叶片角度可调）和不可调变矩器。

（5）按能否实现偶合工况分为综合式液力变矩器（在偶合工况之后，导轮开始转动，变矩器变成耦合器）、普通型变矩器（导轮始终固定不变）。

（6）按“相”分为单相与多相变矩器。“相”是变矩器所具有几种不同工作状态的数目。在原始特性上看，有几段不同性能的曲线就是几相。

3.1.3 液力变矩器的结构

地下矿用汽车绝大部分采用美国Dana公司的三元件单级单相向心涡轮液力变矩器。它们的结构基本相同，主要的零件结构如图3-2所示，外形如图3-3所示。

发动机的动力经过发动机飞轮上内齿圈（或飞轮）和变矩器外齿圈1（或柔性盘）传递到变矩器以后，分两路输出动力：一路经泵轮3→涡轮2→涡轮轴16→主动齿轮11→被动齿轮14→输出轴15；另一路经泵轮3→泵轮轮毂6→油泵主动齿轮17（1个）→被动齿

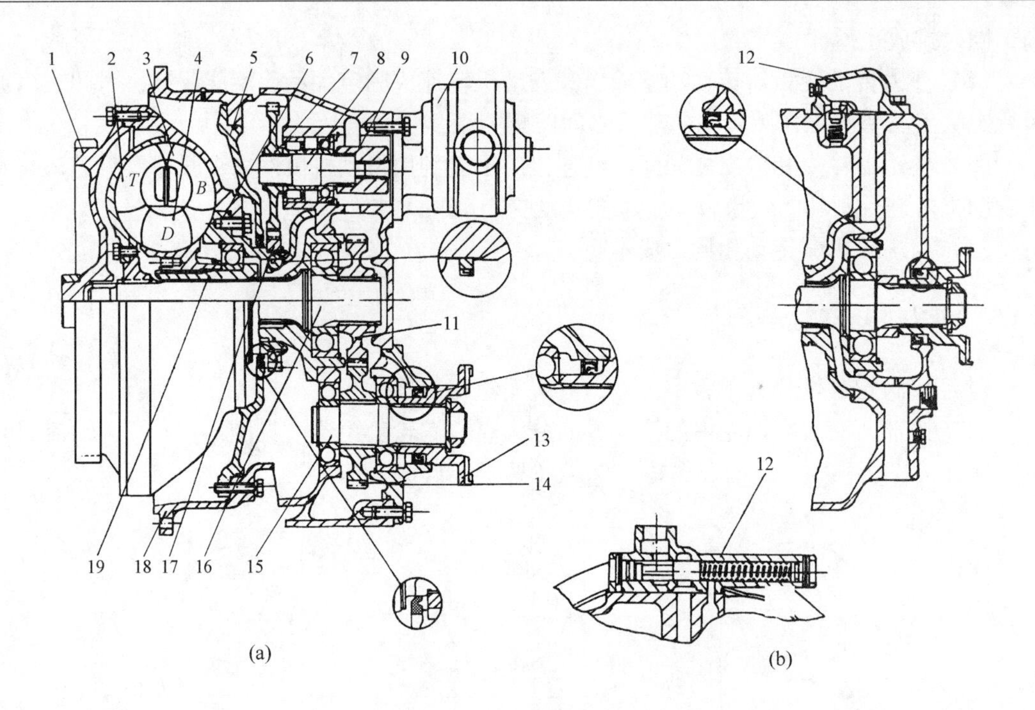

图 3-2　变矩器结构示意图

（a）偏置输出；（b）同轴输出

1—外齿圈（还有一种柔性盘结构，图中未标示）；2—涡轮；3—泵轮；4—导轮；5—隔油盖板；6—泵轮轮毂；7—油泵传动被动齿轮（3 个）；8—油泵齿轮传动轴（3 根）；9—油泵传动套（3 个）；10—油泵（3 个）；11—主动齿轮；12—压力调节阀；13—输出法兰；14—被动齿轮；15—输出轴；16—涡轮轴；17—油泵传动主动齿轮（1 个）；18—壳体（图中是几个剖面图组合）；19—导轮座组件

轮 7（3 个）→三个油泵。

发动机（或电动机）可为变速泵、两个辅助泵（工作、转向、制动、冷却、液压系统动力源）提供动力。

液流从过滤器进入压力调节阀至泵轮入口，由泵轮带动，进入涡轮。一部分液流经导轮 4 再到泵轮入口。另一部分经涡轮与导轮之间的空隙进入涡轮轴 16 与导轮座 19 的空隙流向冷却器或变速箱油池。

图 3-3　变矩器外形图

3.1.4　液力变矩器的工作原理及其特性

3.1.4.1　液力变矩器的原理

由图 3-1（c）所示，当发动机带动泵轮 B 转动时，泵轮叶片与液体相互作用，工作液体被叶片带着一起旋转，在离心力的作用下，液体从叶片的内缘向外缘流动。此时叶片外缘（泵轮出口处）的压力较高（高于大气压），内缘（泵轮的入口）压力较低（低于大气压）。其压力差取决于泵轮的半径与转速，把发动机的机械能转换为液体能，这就是通常的离心泵的工作情况。若此时涡轮处于静止状态，则涡轮的外缘（涡轮入口）与中心（涡轮出口）压力均为同一大气压，这样，虽然涡轮外缘的压力低于泵轮外缘的压力，液

体沿箭头方向高速冲入涡轮 T，液流迫使涡轮转动。液体能又转变为机械能，由涡轮输出，这就是通常涡轮机的原理。液流自涡轮流出冲向固定的导轮，液流被导轮叶片折向前方，当液流沿导轮叶片流回泵轮时，绝对流线冲击着泵轮叶片的正面，与液流在泵轮内的原绝对流线是一致的。这样，液流上循环的残余能量非但不再阻碍泵轮的旋转，而且有利于它的回转，因此涡轮所受的总扭矩为泵轮作用于液体的扭矩和导轮对液流的反作用扭矩的向量和。这就是说，液力变矩器起增大扭矩的作用，这个增加的扭矩就是导轮的反作用扭矩。

液体在液压变矩器封闭的循环圆中的环流运动是一个螺旋运动，该液体受到泵轮、涡轮、导轮的三个外部扭矩的作用，当液力变矩器处于稳定运转工况时，各工作轮作用于工作液体的外力矩之和为零，即：

$$M_B + M_T + M_D = 0 \tag{3-1}$$

$$-M_T = M_B + M_D \tag{3-2}$$

式（3-2）说明，只要导轮对液流的反作用力矩不为零，则涡轮输出力矩 $-M_T$ 与泵轮输入力矩 M_B 不相等，这就从外力矩平衡条件说明了液力变矩器原理。当 $M_D > 0$ 时，$-M_T > M_B$，这意味着涡轮作用于液流的扭矩比泵轮大，而且方向相反。

在机械起步前，外载荷较大，即 $n_T = 0$，出涡轮入导轮的液流方向改变量最大，导轮对液流反作用扭矩 M_D 最大，故涡轮所增加的扭矩也最大。在涡轮旋转后，其转速随着外载荷的减少而提高，使出涡轮的液流绝对流线向牵连（圆周）运动方向偏斜，这样就会使出涡轮入导轮的液流在冲击导轮叶片正面方向时变缓，使导轮对液流的反作用扭矩 M_D 逐渐减小。当涡轮的转速 n_T 增大到 n_{T1}时，出涡轮入导轮的转速方向与导轮叶片正面流线方向一致，导轮不对液流产生反作用扭矩，$M_D = 0$，此时涡轮输出扭矩等于泵轮接受于发动机的扭矩即 $-M_T = M_B$。

如果涡轮转速继续增加（外载荷继续减小），则出涡轮的液流绝对流线将继续斜到冲击导轮叶片的背面，此时导轮对涡轮的反作用扭矩方向与泵轮扭矩方向相反，于是就使涡轮输出扭矩成为两者之差，即 $-M_T = M_B - M_D$。这就是说，此时液力变矩器所输出的扭矩反而比输入扭矩小，即在涡轮转速增加到使液流冲击导轮叶片背面时，导轮非但失去增扭矩之利，反而成为降低传动效率的阻碍。当涡轮转速增加到泵轮转速相等时（设 n_B = 常数），即 $n_T = n_B$ 时，由于工作液不再在循环圆中环流，变矩器就不能传递能量，即 $M_T = 0$，变矩器的这一输出特性可用图 3-4 表示。

通过上面的分析，可以看到，液力变矩器之所以能够变矩是由于导轮的作用，变矩方式有三种：$-M_T > M_B$；$-M_T = M_B$；$-M_T < M_B$。变矩功能的实现是靠外载荷的变化而自动控制的，这就定性地反映了液力变矩器对外载荷的自动适应能力。

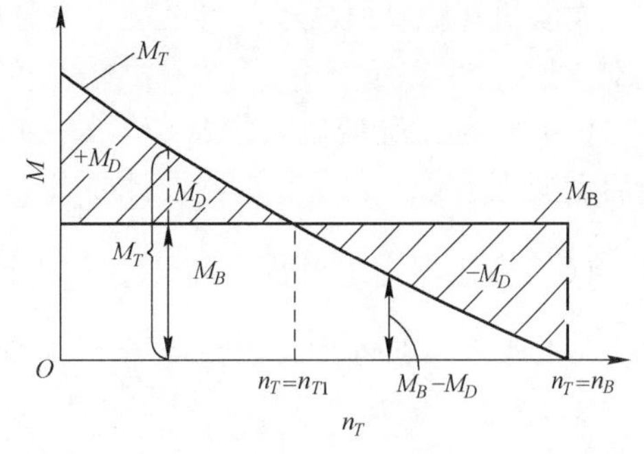

图 3-4 液力变矩器外特性

3.1.4.2 液力变矩器的外特性

液力变矩器的外特性是指在泵轮转速 n_B（或泵轮转矩 M_B）一定时，泵轮转矩 M_B（或

泵轮转速 n_B)、涡轮转矩 M_T 及变矩器的效率 η 随涡轮转速 n_T 的变化规律，即：

$$M_B = f(n_T),\quad M_T = f_2(n_T),\quad \eta = f_3(n_T)$$

由变矩器测试实验台可得变矩器的外特性曲线，如图 3-5 所示。

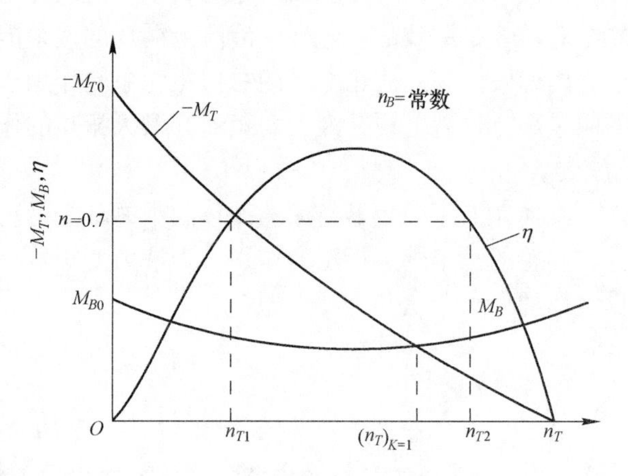

图 3-5　变矩器的外特性曲线

变矩器外特性的特点是：

(1) $M_B = -M_T$ 工况点称为耦合工况点，即该点变矩系数 $K = -M_T/M_B = 1$，相应的转速比为 $(i_{TB})_{K=1}$，此时 $M_D = 0$。由 $M_D = -M_T - M_B$ 可见，当 $n_T > (n_T)_{K=1}$ 时，$M_B > -M_T$，$M_D < 0$；当 $n_T < (n_T)_{K=1}$ 时，$M_B < -M_T$，$M_D > 0$。

(2) 效率曲线 η 呈抛物线形，一般 $\eta_{max} = 0.8 \sim 0.9$。对地下矿用汽车一般取 $\eta > 0.7$ 作为工作区间，$\eta = 0.70$ 与效率曲线有两个交点，相应涡轮转速为 n_{T1} 与 n_{T2}。$d_{0.7} = n_{T2}/n_{T1}$ 称为高效区范围。虽然 $d_{0.7}$ 值越大，说明变矩器的高效区越宽，变矩器经济运行的相应范围越大。而设计工况点一般选在效率最高点。

(3) $-M_T$ 曲线为一近似于等功率的递减曲线。

(4) 可透性分析。把起动工况与耦合工况泵轮力矩之比称为透穿系数。

即
$$\Pi = \frac{M_{B0}}{(M_B)_{K=1}} = \frac{\lambda_{M_{B0}}}{(\lambda_{M_B})_{K=1}} \tag{3-3}$$

它表示涡轮转矩变化对泵轮转矩的影响程度，也是外负载变化对动力机的影响程度。当 $\Pi \approx 1$ 即 $\Pi = 0.95 \sim 1.05$ 时，液力变矩器具有不可透特性；当 $\Pi > 1$(或 $\Pi > 1.05$) 时，液力变矩器具有正可透特性；当 $\Pi < 1$($\Pi < 0.95$) 时，液力变矩器具有负可透特性。一般向心涡轮变矩器为正可透；轴流涡轮变矩器为不可透；而离心涡轮变矩器为不可透或负可透。从透穿性的定义出发可以看出，当变矩器与动力机共同工作时，它表明外负载变化对动力机转矩的影响程度。不可透表明，无论负荷转矩如何变化，发动机的转速都不受影响；而正可透则表明发动机的转矩随负荷转矩增大而增大；负可透表明当外负载转矩增大时，发动机转矩反而减小。可透性主要分析变矩器与动力机共同工作时确定动力机的工作范围。

(5) 启动工况变矩系数 K_0($K_0 = -M_{T0}/M_{B0}$)。不同的动力机和不同的工作机要求不同的启动变矩系数，它是变矩器设计要求中一个重要参数。

(6) 变矩器变矩系数 K 随转速比 i_{TB} 而变化，故变矩器效率 $\eta = \frac{-M_T n_T}{M_B n_B} = K i_{TB}$。

3.1.4.3　变矩器的基本关系式及原始特性

$$M_B = \lambda_{M_B} \gamma n_B^2 D^5 = C n_B^2 \tag{3-4}$$

$$\eta = K i_{TB} \tag{3-5}$$

$$M_T = KM_B \tag{3-6}$$

$$n_T = n_B i_{TB} \tag{3-7}$$

式中 λ_{M_B}——泵轮力矩系数，$\mathrm{min^2/(m \cdot r^2)}$；

γ——油的重度，$\mathrm{N/m^3}$；

n_B——泵轮转速，r/min；

n_T——涡轮转速，r/min；

K——变矩系数；

D——液力变矩器的有效直径，m；

M_B，M_T——泵轮，涡轮转矩，N · m；

i_{TB}——涡轮与泵轮转速比；

C——常数，$C = \lambda_{MB} r D^5$。

对一系列几何相似的变矩器，当工况相同（i_{TB}相等）时，则有相同的λ_{M_B}。

变矩器的原始特性是由外特性利用上述关系式算出λ_{M_B}、K、η与i_{TB}的关系，画在坐标图上反映。原始特性消除了泵轮转速不同对其特性的影响，它也表示系列几何相似（循环圆线性尺寸比例、叶片角、叶片数相等）运动相似（$i_{TB} = n_T/n_B$相同）及动力相似（液流雷诺数相等）变矩器所具有的特性，因而更具有普遍意义，原始特性曲线如图3-6所示。

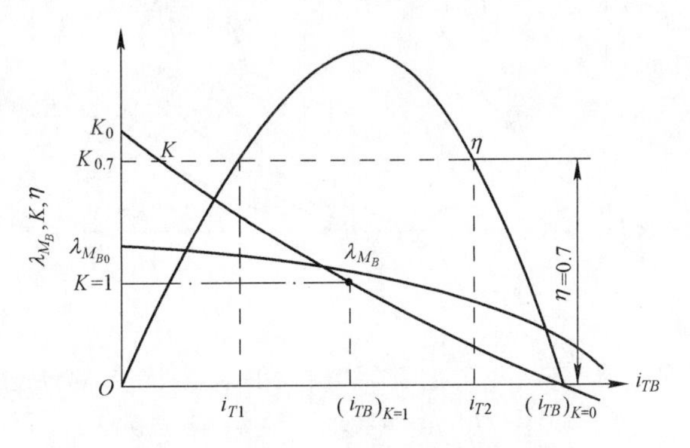

图3-6 液力变矩器的原始特性曲线

原始特性曲线上有几个特殊的工况点：

（1）$i_{TB}=0$为启动工况点，此处$K=K_0$。且$K_0=K_{\max}$，一般变矩器$K_0=1.8\sim3.1$。该工况点其他参数用$\lambda_{M_{B0}}$、η_0等表示。

（2）$i_{TB}=i_{TB}^*$称为设计工况点，相应的其他参数均加角标“ * ”如$\lambda_{M_B}^*$、K^*、η^*，且设计工况一般取最高效率工况，即$\eta^*=\eta_{\max}$。

（3）$K=1$对应的工况点称为偶合工况点。相应的转速比$i_{TB} = (i_{TB})_{K=1}$，此处$M_B = -M_T$，$M_D=0$。

（4）$K=0$对应的工况点称失速工况点，相应的转速比为$(i_{TB})_{K=0}$，此处$-M_T=0$，$\eta=0$。

（5）$\eta_{0.7}$为正常工作允许的最低效率$\eta_{0.7}=0.7$。

（6）$K_{0.7}$为与工作效率$\eta_{0.7}$对应的变矩系数。

（7）i_{T1}与i_{T2}为与工作效率0.7对应的转速比。

3.1.4.4 液力变矩器的输入特性

液力变矩器的输入特性是反映不同转速比时，泵轮转矩M_B随泵轮转速n_B的变化规律，即$M_B = f(n_B)$。由式（3-4）可知，对于给定的液力变矩器，用给定的工作液体，在给定工况下等于常数，故液力变矩器的输入特性曲线是一条通过坐标原点的抛物线。对于非透穿的液力变矩器，因为对应不同工况 λ_{MB} 为一常数，故输入特性只有唯一的一条过坐标原点的抛物线。对于透穿性液力变矩器，由于泵轮力矩系数 λ_{MB} 随不同工况 i_{TB} 而变化，因此不同的 i_{TB} 的输入特性为过坐标原点的一束抛物线，抛物线的宽度由 λ_{MB} 的变化幅度（即透穿性 T）决定。

图 3-7 所示为不同透穿性能的液力变矩器的输入特性。

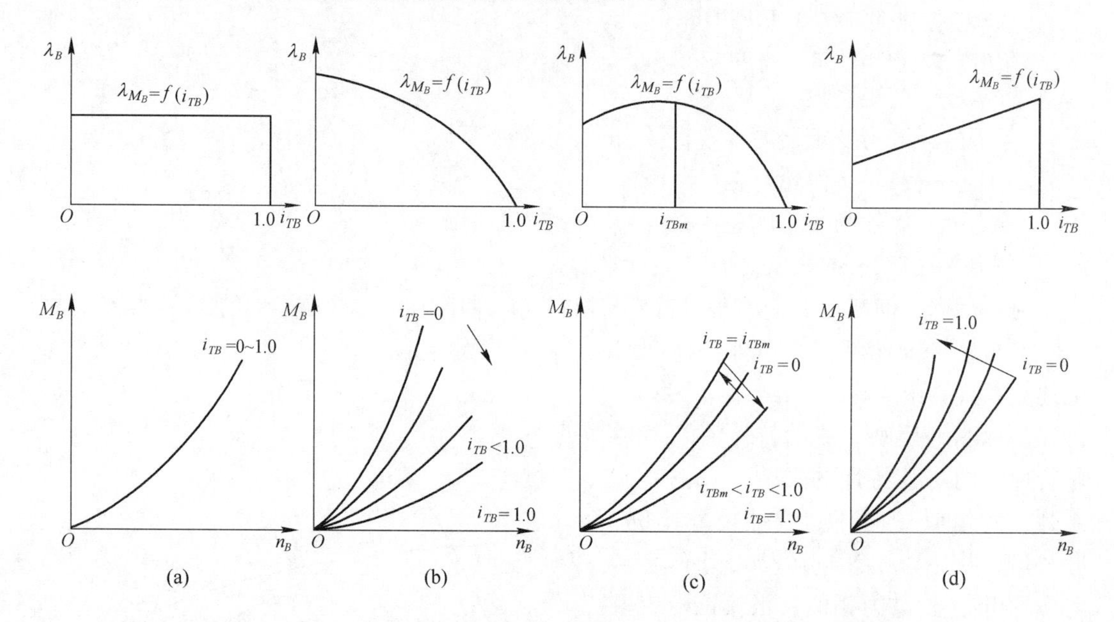

图 3-7　具有不同透穿性能的液力变矩器的负荷抛物线分布情况

（a）具有不可透穿特性；（b）具有正透穿特性；（c）具有混合透穿特性；（d）具有负透穿特性

3.1.5　液力变矩器的选择

3.1.5.1　对变矩器的要求

（1）目前国内外地下矿用汽车的功率大都在 57～373kW 范围，转速在 1800～3300r/min 范围。考虑到今后的发展与矿山、工程机械的配套，还需 746kW 的机械，因此要求有相应的变矩器相匹配。

（2）地下矿用汽车作业对象是矿石，作业复杂，环境恶劣，负荷大且变化急剧，空载与重载交替出现，要求机器的工作范围大。机器的动力范围由变矩器的动力范围和串接在其后面的变速箱的动力范围决定。变矩器的动力范围增加就可以减少变速箱的动力范围、减少挡数、简化变速箱的结构、减轻重量并减轻动力换挡变速箱摩擦元件的工作条件；此外还可以减少换挡次数，提高可靠性。液力变矩器可以长时间工作的动力范围，受到极限最低效率的限制，考虑车辆燃油经济性和工作油液的冷却条件，地下矿用汽车变矩器应有尽可能大的动力范围，尽可能宽的高效区域，$d_{0.7}>2.4$。

（3）为了提高地下矿用汽车的燃油经济性，液力变矩器的最高效率 $\eta_{max}\geq0.89$。

（4）为了减少空载时柴油机载荷并避免空载时不必要的燃油消耗，空载时液力变矩器必须有最少的损失，工作油不易发热，因此要求变矩器空载工况时，也就是发动机在空载下运行，输入给液力变矩器的功率很少。为此，力矩系数（$i_{TB}\approx1$，$M_T\approx0$ 时）与最高效率工况力矩系数的比值即 $\lambda_{M_BK}/\lambda_{M_B}^{*}<0.06$。

（5）要求变矩器的尺寸小、重量轻，要求变矩器有尽可能大的能容（尽可能大的力矩系数 λ_{M_B}），使得变矩器能传递更大功率。

（6）要求变矩器结构简单，可靠，成本低廉，寿命长。

（7）变矩器与动力换挡变速箱配合使用，可以达到最高的效率。

（8）变矩器的失速变矩系数（即涡轮转速为零时）$K_0\approx2$，使得汽车在运输工况有最大功率储备，以保证汽车在爬坡和运输时有较高的运行速度。

（9）在需进行长距离牵引运输时，既要利用变矩器的大驱动力和其克服阻力的韧性，又要改善高速行走性能，提高燃油经济性，因此在变矩器上设闭锁离合器，可将变矩器闭锁使动力直接传动，来提高车速、作业量和生产率，降低油耗。

3.1.5.2 地下矿用汽车液力变矩器的选择

A 液力变矩器形式的选择

由于正转液力变矩器效率比反转的高，单级与单相三元件结构最简单，向心涡轮液力变矩器较离心与轴流液力变矩器具有更高的效率，可在耦合工况（因泵轮与涡轮对称布置的液力变矩器在耦合器工况工作性能好 $i_{K=1}$ 较大）$K=1$ 时达到最高效率，具有正透穿性（也有的在低速范围具有不大的负穿透性），其透穿系数 Π 可在较大的范围内变化。故可根据地下矿用汽车的要求，选择合适的正透穿或混合透穿性能的液力变矩器，能容大，即 λ_{MB} 大。在涡轮空载（即 $M_T=0$，$i_{TB}\approx1$）的工况下工作时，液流 $Q\approx0$，泵轮轴的转矩 $M_B\approx0$，故原动机功率消耗小。虽然向心涡轮液力变矩器起动变矩系数 K_0 较小，但高效区的变矩系数较大。当机器行驶与工作时，大部分是在液力变矩器的高效工作区域内，因此向心涡轮液力变矩器并不降低机器的实际动力性能和加速性能。正因为如此，地下矿用汽车绝大部分选用单级单相三元件向心涡轮变矩器。

美国 Dana 公司生产的变矩器就是这种变矩器，特别是该变矩器性能稳定、可靠性高、使用寿命长，因而在国内外地下矿用汽车中被广泛采用。

由于 Dana 公司变矩器系列多、品种多、规格多、选用件多、适用范围广，即使是同一系列，其结构性能也有很大差别，若不能正确选择，不仅不能发挥机器性能，相反还会出现负面影响，甚至无法安装与使用。为此，必须要对 Dana 变矩器型号、性能、结构有较全面的了解。

B Dana 变矩器型号系列及表示方法

目前，Dana 公司共生产 8 个系列：C2000、C270、C320、C330、C5000、C8000、C9000、C16000 变矩器，其大致情况见图 3-8 和表 3-1。

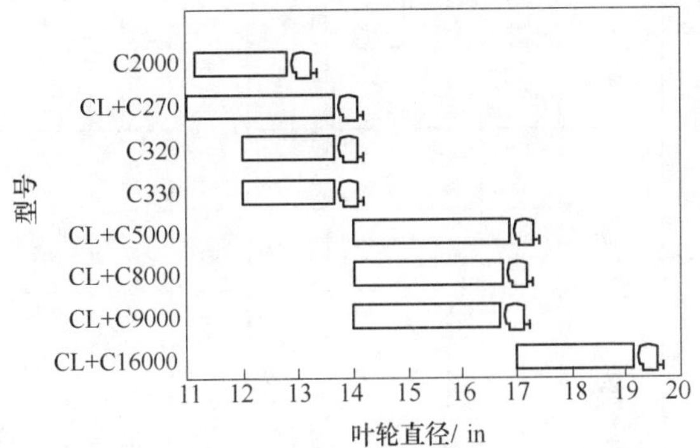

图 3-8 Dana 公司变矩器系列

每种系列型号的变矩器，Dana 公司都有固定的表示方法，C2000、C270、C8000 系列变矩器的表示方法分别如图 3-9 ~ 图3-11所示。

表 3-1 Dana公司生产的变矩器系列

变矩器系列	C2000			C270			C320			C330			CL + C5000			CL + C8000			CL + C9000			CL + C16000		
	D	标志	K	D	标志	K	D	标志	K	D	标志	K	D	标志	K	D	标志	K	D	标志	K	D	标志	K
变矩器叶轮标志，变矩器循环圆直径 D/in，变矩器失速变矩系数 K	11.2	12	2.60	11	1	3.12	12	2	3.10	12	2	3.10	14	40	2.14	14	40	3.14	14	40	3.1			
	11.8	16	2.18	12	2	3.10	12.1	2.1	2.87	12.1	2.1	2.87	14.1	41	2.72	15	50	3.09	15	50	3.09			
	12.2	22	2.85	12.1	2.1	2.87	12.3	2.3	2.1	12.3	2.3	2.1	14.3	43	2.04	15.4	54	2.218	15.4	54	2.29	17.0	70	2.96
	12.6	26	2.29	12.3	2.3	2.10	12.4	2.4	2.18	12.4	2.4	2.18	14.4	44	2.29	15.5	55	1.78	15.5	55	1.78	18.0	80	3.08
	12.8	28	2.16	12.4	2.4	2.18	12.5	2.5	1.82	12.5	2.5	1.82	14.5	45	1.82	15.7	57	2.29	15.7	57	2.29	18.4	84	2.23
	12.9	29	1.93	12.5	2.5	1.82	12.7	2.7	2.13	12.7	2.7	2.13	14.7	47	2.29	16	60	3.05	16	60	3.05	18.5	85	1.83
				12.7	2.7	2.13	13	3	3.10	13.0	3.0	3.10	15	50	3.09	16.1	61	2.54	16.1	61	2.54	19.0	90	2.83
				13	3	3.09	13.1	3.1	2.73	13.1	3.1	2.73	15.4	54	2.22	16.3	63	2.02	16.3	63	2.02	19.1	91	2.48
				13.1	3.1	2.73	13.3	3.3	2.16	13.5	3.5	1.82	15.5	55	1.78	16.4	64	2.08	16.4	64	2.08			
				13.3	3.3	2.16	13.4	3.4	2.32	13.7	3.7	2.13	15.7	57	2.29	16.5	65	1.78	16.5	65	1.78			
				13.4	3.4	2.31	13.5	3.5	1.82				16	60	3.05	16.7	67	2.292	16.7	67	2.30			
				13.5	3.5	1.82	13.7	3.7	2.13				16.4	64	2.22									
				13.7	3.7	2.13							16.9	69	1.64									
功率/kW	67 ~ 112			93 ~ 149			93 ~ 149			93 ~ 149			149 ~ 205			224 ~ 410			224 ~ 410			298 ~ 746		

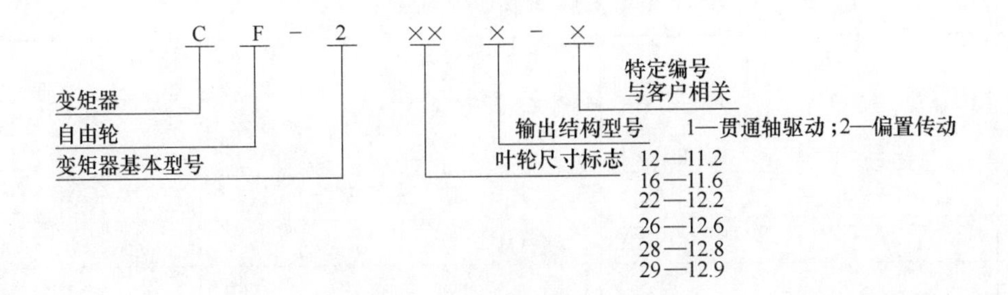

图 3-9　C2000 系列变矩器表示方法

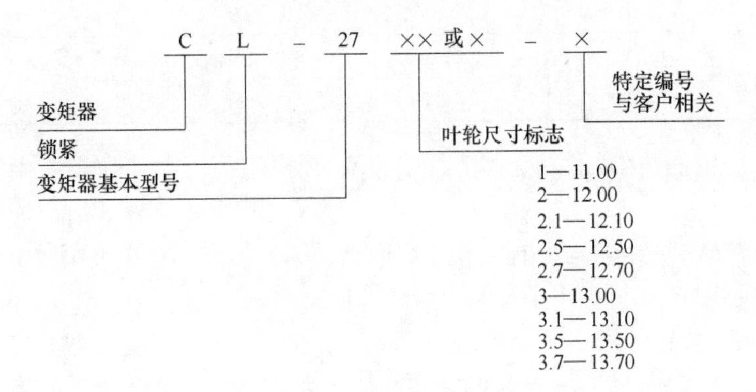

图 3-10　C270 系列变矩器表示方法

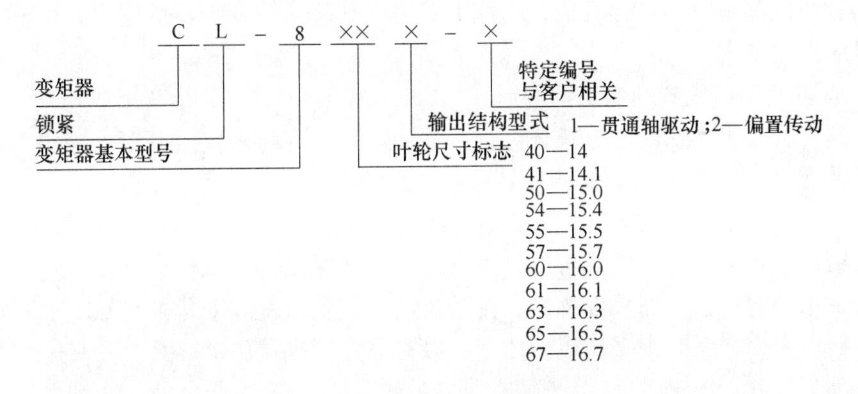

图 3-11　C8000 系列变矩器表示方法

其余 5 种系列变矩器 C320、C330、C5000、C9000、C16000 的表示方法类似于上述 3 种变矩器，故省略。

C　Dana 变矩器的结构性能特点

Spicer 变矩器联手 Spicer 动力换挡变速箱为几乎所有的应用领域提供高效的方案。Spicer 变矩器专为非公路车辆而设计，采用优化的浇铸叶片，传动效率高。Spicer 有 36 种不同失速比的变矩器，满足多种发动机的匹配需求。

各种变矩器特性见表 3-2。

（1）Dana 变矩器有多种变矩器结构设计，因而具有多种不同的失速扭矩比，可满足大多数发动机匹配要求，也就是可使发动机在最广的范围内提供最有利的发动机功率。

表 3-2　各种变矩器特性

产品型号	同轴驱动	偏置驱动	涡轮转速输出	SAE A、B 和 C 泵安装规格	闭锁机构	发动机转速传感器	涡轮转速传感器	柔性盘驱动	变量泵驱动	单向离合器	SAE 飞轮壳
C270	√	√		√	√	√	√	√		√	3
C320	√	√		√	√	√	√	√	√		3
C330	√			√		√		√	√		3
C5000		√	√	√	√	√	√	√	√		1
C8000		√	√	√	√	√	√	√			1
C9000	√	√		√	√	√	√	√			1
C16000	√	√	√	√	√	√	√				0

（2）Dana 变矩器与 Dana 动力换挡变速箱配合使用，可在任何用途中保证达到最高效率。

（3）所有 Spicer 变矩器均设有至少 3 个取力口，1 个已装有充液泵、其余 2 个供客户安装工作泵。仅有 C330 具有 4 个泵取力口，并同轴输出。

三个油泵驱动装置分别用于充液泵（Dana 公司配置，用于变矩器和冷却，有双联与单联之分)、工作油泵（转向油泵与制动泵、工作油泵等)。工作油泵的参数由用户根据需要选配。

由于每个泵都是发动机驱动的，当地下矿用汽车起动使变矩器的输出速度减少时，泵的流量也应满足要求。

（4）有贯通轴与偏置轴输出两种形式。Dana 变矩器（除 C330 变矩器外）都可以得到贯通轴与偏置轴输出，从而能够挑选出最合适的安装长度与角度。变矩器输出轴偏离中心一定距离并可 360°回转，从而能选择最称心如意的传动轴安装角度与长度。

（5）有闭锁装置变矩器与没有闭锁装置的变矩器之分。变矩器（除 C330 变矩器外）一加上闭锁装置就可以使传动既可以是液力传动，又可以是机械传动。要作业或通过困难的路面时采用液力传动，充分发挥液力传动自动适应阻力剧烈变化的优点。而在良好的路面或带负荷长距离行驶时则采用机械传动，以充分发挥机械传动效率高的优点，提高行驶速度。正因为如此，Dana 公司生产了对所有偏置输出有闭锁特性的变矩器。该闭锁装置是一个类似于变速箱的液压离合器，它是由机械的、电子的或自动控制的方式把发动机与变矩器输出轴“锁住”。它是通过液压油压力操纵锁紧离合器，依次锁住轮盖和涡轮轮毂来实现的。变矩器在“锁住”期间，转速、转矩比为 1∶1。

（6）油泵有驱动与脱开装置，以适用不同设备、不同工况要求。

（7）变矩器压力调节阀有单独安装在变矩器壳体上的，也有与变速油泵连在一起使用的。

（8）变矩器油封有丁腈橡胶、氟橡胶与耐海水的橡胶，以适用不同使用环境与条件。

（9）不仅可以供应主机，而且还有可供用户选择的各种附件，如各种输出法兰、过滤器、变速油泵、油温表、油压表、温度与速度传感器、油泵连接附件等，并且结构简单紧凑、性能好、寿命长、效率高、适用范围广，是地下矿用汽车较理想的选择，但其价格比较昂贵。

(10) 变矩器自由轮（converter freewheel）。为了提高变矩器高传动比的效率和展宽效率区域，则使导轮由固定到自由轮旋转，为此只需在导轮和固定壳体间装一单向离合器，允许导轮的转动方向自由旋转，而当导轮有反向回转的趋势时则自由轮楔住不转。

(11) 不同变矩器有不同的 SAE 飞轮壳，与发动机飞轮壳相连接，见表 3-2。

(12) 与发动机连接采用柔性盘连接。

(13) 油泵壳体与变矩器相关连接法兰通过一定的安装轴孔可靠相连。变矩器相关连接法兰的尺寸和安装螺孔均符合 SAE J744 有关油泵安装法兰 A、B、C 的规定。

D Dana 公司常用变矩器技术参数

Dana 公司常用变矩器技术参数见表 3-3 ~ 表 3-7。

E Dana 变矩器叶轮直径 D 的选择

目前广泛使用的国内外地下矿用汽车都是进行了良好匹配的，都基本上满足匹配条件，因此可以参考现有产品来选择变矩器的有效直径。

可以根据发动机与变矩器匹配计算确定简单式单级变矩器的有效直径。

(1) 根据发动机功率选定变速箱的规格，见图 3-15 或表 3-12。

(2) 根据变速箱的大小选定变矩器型号，见表 3-19。

(3) 发动机扭矩的特征决定了所选变矩器的大小。变矩器叶轮选择是通过在各种变矩器失速曲线上绘制发动机净扭矩曲线（只使用与变速箱系列配对的变矩器，变速箱系统可以传递发动机功率）和选择符合车辆匹配类型要求，来确定变矩器叶轮直径大小使之达到地下矿用汽车的匹配要求。

(4) 根据车辆的性能需求确定所选变矩器的变矩比。地下矿用汽车与地下装载机的匹配原则（见第 12 章）是不同的，变矩器叶轮直径选择也不相同。对地下装载机来讲，以铲取为主，在铲取工况时，为了获得较快的液压速度，在匹配时就必须保持较大的发动机转速。而对地下矿用汽车来讲，以运输为主，在运输工况时，必须保证它的最大功率储备，以便在爬坡和运输时有较高运行速度。因此，对传递相同功率的地下装载机与地下矿用汽车来讲：

对地下装载机应选择硬特性变矩器（STR > 3.0），即能容系数 K 大，吸收功率少（见式（3-8）和式（3-9）），应选叶轮直径小一些的变矩器。

对地下矿用汽车，应选择软特性变矩器（STR ≈ 2.0），即能容系数 K 小，吸收功率大（见式（3-8）和式（3-9）），应选叶轮直径大一点的变矩器。

$$K = n_{in} / \sqrt{T_{in}} \tag{3-8}$$

式中 K——能容系数(capacity factor)，$(\text{r/min})/(\text{ft}\cdot\text{lb})^{1/2}$；

T_{in}——输入扭矩，ft · lb；

n_{in}——输入转速，r/min。

$$P = (T_{in} \times n_{in})/5252 \tag{3-9}$$

式中 P——功率，hp。

注：Dana 的能容系数 K 与我国变矩器变矩比 K 虽字母相同，但含义完全不同，单位也完全不同，Dana 变矩器变矩比用 TR 表示，这点是要特别注意的。

表 3-3　C270 系列变矩器性能参数

型　号		C-271	C-272 或 CL272	C-272.1 或 CL272.1	C-272.3 或 CL272.3	C-272.5 或 CL272.5	C-273 或 CL273	C-273.1 或 CL273.1	C-273.3 或 CL273.3	C-273.4 或 CL273.4	C-273.5 或 CL273.5
叶轮直径/mm		279.4	304.8	304.8	304.8	304.8	330.2	330.2	330.2	330.2	330.2
从输入端看旋转方向		右旋	右旋	右旋	右旋	右旋	右旋	右旋	右旋	右旋	右旋
最大输入转速/r·min^{-1}		3000	3000	3000	3000	3000	3000	3000	3000	3000	3000
失速时最大扭矩/N·m	偏置传动	366.0	366.0	406.7	474.5	474.5	366.0	406.7	474.5	406.7	474.5
	贯通传动	440.6	440.6	494.9	542.3	610.1	440.6	494.9	542.3	494.9	610.1
元件数		3	3	3	3	3	3	3	3	3	3
级　数		1	1	1	1	1	1	1	1	1	1
失速变矩系数		3.12	3.10	2.87	2.10	1.82	3.09	2.73	2.16	2.32	1.82
输入冷却器最大油温/℃		121	121	121	121	121	121	121	121	121	121
当发动机转速为2000r/min时，标准油泵传动比油泵流量/L·min^{-1}		57	57	57	57	57	57	57	57	57	57
油冷却器能力：最大输入功率的百分比/%		40	40	40	40	40	40	40	40	40	40
无油的质量/kg	不闭锁	120									
	闭　锁	141									
提供的飞轮壳		SAENo. 3									

表 3-4　C320 系列变矩器性能参数

型　号	C322	C322.1	C322.3	C322.4	C322.5	C322.7	C323	C323.1	C323.3	C323.4	C323.5	C323.7
叶轮直径/mm（in）	304.8 (12)	307.34 (12.1)	309.88 (12.2)	314.96 (12.4)	317.5 (12.5)	322.58 (12.7)	330.2 (13)	332.74 (13.1)	337.82 (13.3)	340.36 (13.4)	342.9 (13.5)	347.98 (13.7)
从输入端看回转方向	右旋											
受调速器限制的无负载额定输入速度/r·min^{-1}	3300											
失速变矩系数	3.1	2.87	2.1	2.18	1.82	2.13	3.10	2.73	2.16	2.32	1.82	2.13

续表 3-4

型　号		C322	C322.1	C322.3	C322.4	C322.5	C322.7	C323	C323.1	C323.3	C323.4	C323.5	C323.7
最大输入扭矩/N·m		742.5											
元件数		3											
级　数		1											
净重/kg	不闭锁	131.5											
	闭　锁	154.2											
输入油冷却器的最大油温/℃		120											
2000r/min 时辅助泵流量/$L \cdot min^{-1}$		充液泵：标准（56.8）；选项（79.5；117.3） 充液泵/抽油泵：56.8/68.1；117.3/68.1											
变矩器壳规格		SAENo.3											
油冷却能力：占最大输入功率的百分比/%		40											
变矩器油量/L		4.7											

表 3-5　C5000 系列变矩器性能参数

型　号		C5400	C5410	C5430	C5440	C5450	C5470	C5500	C5540	C5550	C5570	C5600	C5640	C5690
叶轮直径/mm（in）		355.6 （14）	358.14 （14.1）	363.22 （14.3）	365.76 （14.4）	368.3 （14.5）	373.36 （14.7）	381 （15）	391.16 （15.4）	393.7 915.6	398.78 （15.7）	406.4 （16）	416.56 （16.4）	429.26 （16.9）
从输入端看回转方向		右												
受调速器限制的无负载额定输入速度/$r \cdot min^{-1}$		3000												
失速变矩系数		3.14	2.72	2.04	2.29	1.82	2.29	3.09	2.22	1.78	2.29	3.05	2.22	1.64
最大输入扭矩/N·m		1350												
元件数		3												
级　数		1												
净重/kg	不闭锁	175					179							
	闭　锁	193					197							

续表 3-5

型号	C5400	C5410	C5430	C5440	C5450	C5470	C5500	C5540	C5550	C5570	C5600	C5640	C5690
输入油冷却器的最大油温/℃	120												
2000r/min 时辅助泵流量/L·min^{-1}	充液泵：标准（79.5）；选项（117.3；151.4；189.2） 充液泵/抽油泵：79.5/68.1；117.3/68.1；151.4/68.1；189.2/68.1												
变矩器壳规格	SAE No. 1												
油冷却能力：占最大输入功率的百分比/%	40												
变矩器油量/L	9.5						11.4						

表 3-6　C8000 系列变矩器性能参数

型号		C8400	C8500	C8540	C8550	C8570	C8600	C8610	C8630	C8640	C8650	C8670
叶轮直径/mm（in）		355.6 （14）	381.0 （15）	391.16 （15.4）	393.7 （15.5）	398.78 （15.7）	406.4 （16）	408.94 （16.1）	414.029 （16.3）	416.56 （16.4）	419.1 （16.5）	424.18 （16.7）
从输入端看回转方向		右旋										
受调速器限制的无负载额定输入速度/r·min^{-1}		2800					2700					
失速变矩系数		3.1	3.09	2.218	1.78	2.29	3.05	2.54	2.02	2.08	1.78	2.292
最大输入扭矩/N·m		1890										
元件数		3										
级数		1										
净重/kg	不闭锁	245	250				263					
	闭锁	263	268				281					
输入油冷却器的最大油温/℃		121										
2000r/min 时辅助泵流量/L·min^{-1}		充液泵：标准（79.5）；选项（117.3；151.4；189.2；246） 充液泵/抽油泵：79.5/68.1；117.3/68.1；151.4/68.1；189.2/68.1；246/90.8；75.7/56.8；75.7/117.3；117.3/37.9；208.1/37.9										
变矩器壳规格		SAE No. 1										
油冷却能力：占最大输入功率的百分比/%		40										
变矩器油量/L		9.5	11.4				13.2					

表 3-7 C9000 系列变矩器性能参数

型 号		C9400	C9500	C9540	C9550	C9570	C9600
叶轮直径/mm（in）		355.6（14）	381（15）	391.16（15.4）	393.7（15.5）	398.78（15.7）	406.4（16）
从输入端看回转方向		右旋					
受调速器限制的无负载额定输入速度（无负载）/r·min^{-1}		2700					
额定输入扭矩/N·m		800	800	1050	1000	1050	800
失速变矩系数		3.1	3.09	2.29	1.78	2.29	3.05
最大输入扭矩/N·m		1890					
元件数		3					
级 数		1					
净重/kg	不闭锁	245	250				263
	闭 锁	263	268				281
输入油冷却器的最大油温/℃		121					
2000r/min 时辅助泵流量/L·min^{-1}		充液泵：标准（117.3）；选项（151.4；189.2；246） 充液泵/抽油泵：79.5/68.1；117.3/68.1；151.4/68.1；189.2/68.1；246/90.8；75.7/56.8；75.7/117.3；117.3/37.9；208.1/37.9					
变矩器壳规格		SAE No. 1					
油冷却能力：占最大输入功率的百分比/%		40					
变矩器油量/L		9.5	11.4				13.2

续表 3-7

型　号		C9610	C9630	C9640	C9650	C9670
叶轮直径/mm(in)		408.94(16.1)	414.02(16.3)	416.56(16.4)	419.1(16.5)	424.18(16.7)
从输入端看回转方向		右　旋				
受调速器限制的无负载额定输入速度/r·min^{-1}		2700				
额定输入扭矩/N·m		950	1050	1050	1250	1050
失速变矩系数		2.54	2.02	2.08	1.78	2.30
最大输入扭矩/N·m		1890				
元件数		3				
级　数		1				
净重/kg	不闭锁	263				
	闭锁	281				
输入油冷却器的最大油温/℃		121				
2000r/min 时辅助泵流量/L·min^{-1}		充液泵：标准（117.3）；选项（151.4；189.2；246） 充液泵/抽油泵：79.5/68.1；117.3/68.1；151.4/68.1；189.2/68.1；246/90.8；75.7/56.8；75.7/117.3；117.3/37.9；208.1/37.9				
变矩器壳规格		SAE No.1				
油冷却能力：占最大输入功率的百分比/%		40				
变矩器油量/L		13.2				

F 变矩器结构的选择

因为Dana变矩器适用范围很广，不仅可用于地下矿用汽车，还可用于工程、采矿、工业建筑机械。为了适应这种需要，即使是同一型号也有许多不同结构、不同附件，对地下矿用汽车来说，若不能正确地选择，不仅影响价格，更重要的是影响使用，因此必须正确进行选择。

a 偏置轴与贯通轴输出的选择

从方便传动系统配置出发，地下矿用汽车变矩器有的采用偏置轴输出结构，也有的与变速箱制成一体，即所谓MHR型变速箱。

b 偏置传动比的选择

在Dana公司8个变矩器系列中的每一个系列都有好几种偏置传动比，见表3-8。

表3-8 变矩器偏置传动比、油泵传动比参数

参数 \ 系列	C2000	C270	C320	C330	C5000	C8000	C9000	C16000
偏置传动比	0.885	0.885	0.885	无	0.800	0.800	0.775	0.892
	0.960	0.960	0.960		0.859	0.859	0.846	1.000
	1.042	1.042	1.042		1.000	1.057	0.895	1.121
	1.113	1.113	1.112		1.118	1.250	1.000	
	1.333	1.333	1.333		1.250		1.118	
							1.323	
油泵传动比	0.965	0.951	0.965	1.020（标准）	0.826	0.800	0.944	0.980
	1.125	1.125	1.125		0.955	0.946		
					1.4000	1.057		
						1.250		

在变矩器系列型号确定后，如何选择偏置传动比就成了比较重要的问题。若偏置传动比选择不正确，则影响地下矿用汽车的总体性能。因为变矩器后机械传动总的传动比由偏置传动 i_{OR}、变速箱传动比 i_{TR} 和桥传动比 i_{AR} 三部分组成，即 $i_{\Sigma}=i_{OR}i_{TR}i_{AR}$。总传动比 i_{Σ} 实质上是影响车速、牵引力的一个很重要的参数。它的最小值由使地下矿用汽车在良好地面上行驶时，变矩器能在高效率范围内（$\eta=0.7$）工作，最小驱动力对应于发动机与变矩器共同工作输出特性的最小工作扭矩工况确定。它的最大值由地下矿用汽车作业时发动机、变矩器共同工作输出特性的高效率范围（$\eta=0.7$）工况并保证变矩器不致进入制动工况条件确定。

当 $i_{\Sigma}\neq i_{TR}i_{AR}$ 时，用 i_{OR} 可以弥补这点，即使得 $i_{TR}i_{AR}i_{OR}=i_{\Sigma}$。这就是选择偏置传动比的根据。

c 变矩器闭锁装置的选择

变矩器闭锁装置可以将泵轮和涡轮直接连接起来，即将发动机与机械变速箱直接连接起来，这样减少液力变矩器在高速比时的能量损耗，提高了传动效率，提高汽车在正常行驶时的燃油经济性，并防止ATF油（自动变速箱油）过热。

当地下矿用汽车运距较大、路况好时，应选用带闭锁装置的变矩器。

d　辅助油泵的选择（充液泵）

在变矩器和变速箱液压系统中，变速箱与变矩器的正常运转和功效取决于辅助泵的正常运转与效率。一般 Dana 变矩器都带有辅助泵，辅助泵有单泵与双泵。不同系列的变矩器在不同要求与工作条件下，配置不同规格的单泵或双泵。不同的辅助泵配置相应的过滤器（见表 3-9），在选购与设计时必须注意。

表 3-9　辅助油泵参数与相应过滤器型号

<table>
<tr><th colspan="3">油 泵 参 数</th><th rowspan="2">Dana 编号</th><th rowspan="2">适用变矩器型号系列</th><th rowspan="2">过滤器型号</th></tr>
<tr><th>流量/L · min⁻¹</th><th>转速/r · min⁻¹</th><th>压力/MPa</th></tr>
<tr><td>79</td><td>2000</td><td>2. 07</td><td>250245</td><td rowspan="6">C270, CL270, C5000,
C8000, CL8000</td><td>B</td></tr>
<tr><td>79 ~ 68</td><td>2000</td><td>2. 07</td><td>235821</td><td>B</td></tr>
<tr><td>95</td><td>2000</td><td>2. 07</td><td>237231</td><td>B</td></tr>
<tr><td rowspan="2">117</td><td rowspan="2">2000</td><td rowspan="2">2. 07</td><td>450177</td><td rowspan="2">B</td></tr>
<tr><td>450246</td></tr>
<tr><td>117 ~ 68</td><td>2000</td><td>2. 07</td><td>235831</td><td>B</td></tr>
<tr><td rowspan="2">151</td><td rowspan="2">2000</td><td rowspan="2">2. 07</td><td>238240</td><td rowspan="6">C5000, C8000, CL8000
C16000, CL16000</td><td rowspan="2">C</td></tr>
<tr><td>238241</td></tr>
<tr><td>151 ~ 68</td><td>2000</td><td>2. 07</td><td>235840</td><td>C</td></tr>
<tr><td rowspan="2">189</td><td rowspan="2">2000</td><td rowspan="2">2. 07</td><td>238242</td><td rowspan="2">C</td></tr>
<tr><td>238243</td></tr>
<tr><td>189 ~ 68</td><td>2000</td><td>2. 07</td><td>237741</td><td>C</td></tr>
<tr><td>246</td><td>2000</td><td>2. 07</td><td>238244</td><td rowspan="2">C8000, CL8000,
C16000, CL16000</td><td>C</td></tr>
<tr><td>303</td><td>2000</td><td>2. 07</td><td>238301</td><td>C</td></tr>
</table>

e　油泵传动比与附件的选择

为了保证液压泵正常工作，驱动泵的原动机的转速应与泵的额定转速相适应，太高将使泵吸油不足而产生气穴，太低将使相对漏损增加，容积效率降低，影响液压泵正常工作。由于上述原因，故对泵的转速有一定限制。为了达到这个目的，Dana 变矩器每个系列都有几种油泵传动比参数供选用（见表 3-8）。

油泵的驱动是通过浮动内花键套传动的。内花键套一端与变矩器动力输出轴相连，另一端与油泵输入轴相连。花键是英制的。每种系列变矩器内，花键套有好几种，可根据用户需要选择。

油泵的驱动通过浮动内花键套传动，不同系列变矩器有不同规格的套筒，其中套筒为渐开线花键，其参数见表 3-10，供选择参考。

油泵的连接装置每个系列变矩器都有几种结构，每种结构都有相应的浮动内花键套和连接器。在 Dana 变矩器有关资料中都有详细的说明，本书就不作介绍了。

f　变矩器与发动机的连接

变矩器与发动机的动力传递有两种方式：一是内齿圈结构，内齿圈是纤维齿轮，用螺栓固定在发动机的飞轮上，外齿轮与变矩器的泵轮连接在一起，从而通过这对齿轮把动力

表 3-10 油泵轴花键数据

参数＼套筒齿数	9	11	12	14
径 节	16/32(1.5875 ~ 0.7938)	16/32(1.5875 ~ 0.7938)	16/32(1.5875 ~ 0.7938)	12/24(2.1167 ~ 0.5831)
压力角/(°)	30			
基圆直径/in(mm)	0.4871(12.3723)	0.5954(15.1232)	0.7036(17.8714)	1.010(25.654)
最大弧齿厚/in(mm)	0.0967(2.4562)	0.0967(2.4562)	0.0967(2.4562)	0.1294(3.267)
实际渐开线齿形外径/in(mm)	0.5049(12.8045)	0.6266(15.9156)	0.7493(19.0322)	1.0822(27.4879)
节圆直径/in(mm)	0.5625(14.2875)	0.6875(17.4625)	0.8125(20.6375)	1.1667(29.622)
最大外径/in(mm)	0.623(15.82)	0.784(19.00)	0.873(22.17)	1.248(31.70)
最大内径/in(mm)	0.4835(12.2809)	0.6085(15.4559)	0.7335(18.6309)	1.0627(26.9926)

从发动机传给变矩器。另一种是柔性连接，(见图 3-12)，通过一组柔性盘完成动力传递。前一种结构在过去很通用，但由于故障率高，加工时对人体健康与周围环境有影响，现在已不生产，已全部改为柔性连接。柔性连接与齿圈连接结构上有很大不同，发动机飞轮壳与变矩器连接部分也有许多不同，不能直接互换。目前采用的柔性连接可靠性高、结构简单，已基本上替代了齿圈结构。柔性盘尺寸及数量选择应根据变矩器输入扭矩与变速箱型号选择，见表 3-11。

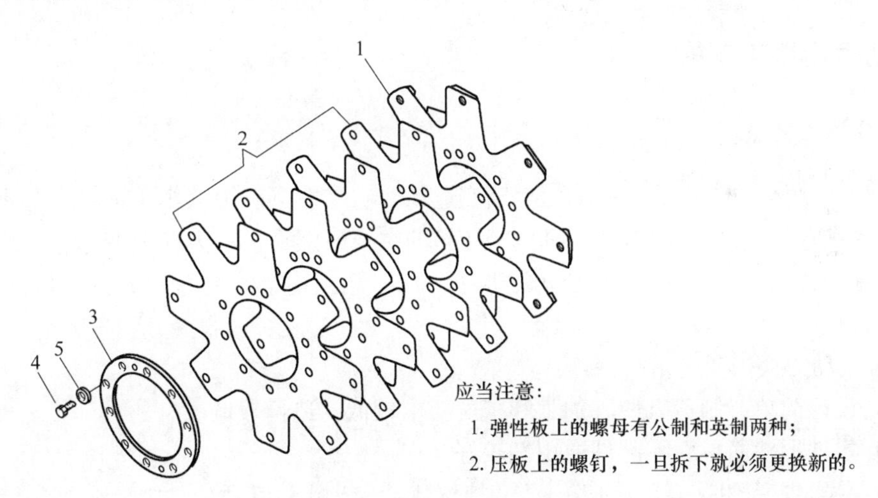

图 3-12 变矩器柔性盘连接

1—弹性板；2—柔性盘；3—压板；4—螺钉；5—垫圈

g 自由轮 (freewheel)

液力变矩器之所以能变扭，就是比液力耦合器多了一个固定的导轮机构。但是从传动特性看，涡轮与泵轮转速差较大时变矩器效率大于耦合器，当涡轮转速接近泵轮时变矩器效率迅速下降，低于耦合器效率。所以采用一个自由轮斜面滚柱锁销机构，也就是说的单向离合器，其工作原理也就是一种超越离合器。在两轮传动比大时导轮固定不动，充分利用变矩器效率；在传动比小时导轮随涡轮转动，成为耦合器，目的是提高液力变矩器的工作效率和增加速比 0.85 以上的扭矩比。自由轮的缺点是结构复杂和成本高。

表 3-11 柔性盘尺寸

柔性盘尺寸 \ 变速箱型号	T12000	T16000	T20000	24000	32000	36000	T40000
11. 38″(289. 052mm)	√	√		√			
13. 125″(333. 375mm)	√	√	√	√	√		
13. 50″(342. 900mm)	√	√	√	√	√		
15″(381. 000mm)						√	√
16″(406. 400mm)						√	√
17″(431. 800mm)					√	√	√

h 其他结构与附件的选择

变矩器的输出法兰有很多种，比如 C-8000 系列变矩器的输出法兰就有 11 种（6C、7C、8C、8. 5C、9C、1600、1600M、1700、1800、387/30、387/40）。法兰种类不同，法兰的外径、厚度、总长也不同，从而也影响变矩器的轴向尺寸。因此，必须根据变矩器所输出力矩大小和安装位置，或根据同类型地下矿用汽车已使用的法兰型号选择。

另外，变矩器还有许多附件，如涡轮车速表传动装置（C2000 系列没有）、发动机速度传感器、涡轮速度传感器、温度表、压力表。用户可根据需要选择。

3. 2 动力换挡变速箱

3. 2. 1 分类及特点

在地下矿用汽车中广泛采用动力换挡变速箱，它是地下矿用汽车中一个十分重要的部件。动力换挡变速箱与非动力换挡机械变速箱的主要区别是：动力换挡变速箱采用了液压缸操纵换挡离合器，一般不必预先切断动力，可以直接换挡。动力换挡变速箱有定轴式与行星式两种，各有特点。

定轴式动力换挡变速箱的特点：

（1）设计简单、制造方便、加工和精度要求较低、造价较低。

（2）零件形状简单，零部件通用性较好。

（3）易实现变轴距（上下轴降）、变挡位数、变速比，其适应性强。

（4）结构易掌握理解，维修方便。

（5）齿轮模数大，变速箱横向尺寸大，结构不紧凑。

（6）往往经很多对齿轮传动，传动效率较低。

（7）换挡结合元件受尺寸限制，转矩容量和热容量往往较小。

（8）由于结合元件都是旋转离合器，液压油进入必须经过旋转密封，易漏油，另外旋转液压缸存在离心压力，影响结合元件正常工作和接合时的油压控制。

行星式动力换挡变速箱的特点：

（1）由于转矩传递分布在多个行星轮上，零件受力平衡，支承轴承和壳体等受力小，齿轮模数小。

（2）结构紧凑，质量较轻。

（3）可靠性高。

行星式变速箱在结构上可以采用多用制动器替代部分离合器，采用固定油缸和固定密封，尽量避免采用旋转密封和旋转油缸，从而提高动力换挡油压操纵系统的可靠性，而且制动器布置在传动系外周，尺寸大、工作容量大，这点在大功率机械上优越性特别明显。

（4）传动效率较高。

（5）其缺点是结构复杂、零件多、制造精度高、制造维修困难。

对地下矿用汽车来说，除了采用 Dana 公司定轴式动力换挡变速箱外，还有部分公司的地下矿用汽车都采用 Allison 公司和 Caterpillar 公司行星动力换挡变速箱。应该说这两种型号变速箱各有特色，都可以采用。下面将分别介绍 Dana 公司定轴式动力换挡变速箱和 Allison 公司行星动力换挡箱的结构、工作原理及选用，对于其他公司定轴式动力换挡变速箱和行星动力换挡变速箱可参考相关资料。

3.2.2 变速箱功用及地下矿用汽车对变速箱要求

3.2.2.1 变速箱的功用

变速箱的功用可归纳为以下几方面：

（1）改变原动机与主驱动轮间传动比，从而改变车辆的牵引力和行驶速度，以适应车辆在作业与行驶工况中的需要。

（2）使车辆倒退行驶。

（3）当变速箱挂空挡时，原动机传给驱动轮的动力被切断，以便原动机启动；或者在原动机运转的情况下，使车辆在较长的时间内停车。

（4）起分动箱的作用，如车辆为全驱动时,原动机的动力经变速箱分别传给前桥和后桥。

3.2.2.2 地下矿用汽车对变速箱的要求

矿山机械的特点是品种多、批量小，为了减少设计和制造工作量、形成生产规模效应、减少品种规格、降低成本，应充分考虑通用化和系列化，在一定功率范围内使用同一规格变速箱，使得一种型号变速箱能应用于各种机械和车辆，满足各种使用场合。因此对矿山机械动力变速箱提出以下要求：

（1）在动力系统各部件之间连接关系上往往有以下多种方式：发动机、变矩器和变速箱集成连在一起 T(HR)型；发动机独立布置 MT(MHR)型、变矩器和变速箱连在一起；发动机和变矩器相连、变速箱独立布置 RT(R)（见图 3-13）。

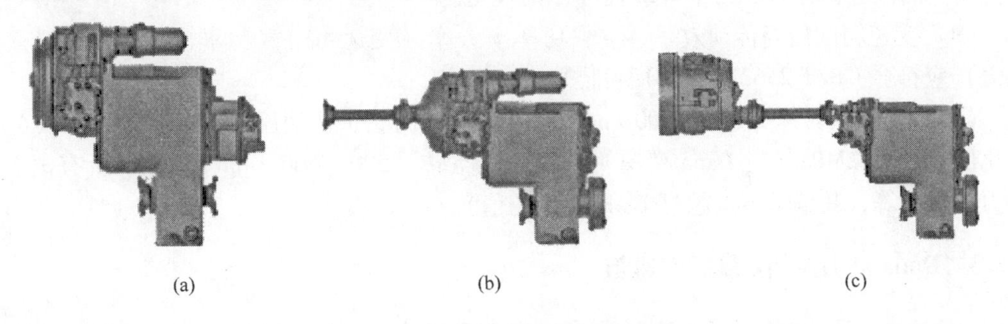

(a) (b) (c)

图 3-13 Dana 变速箱的三种安装形式

(a) T(HR) 型；(b) MT(MHR) 型；(c) RT(R) 型

T(HR)型为变速箱、变矩器、发动机三位一体，由于其结构简单、紧凑，可以减少外部管路，并可节省一根传动轴。MT(MHR) 型为变速箱与变矩器制成一体，但与发动机分体安装，此组件可灵活安装布置，从而减少外部管路。RT(R) 型为变矩器与变速箱分置，而变矩器又直接安装在发动机上。这种布置方式充分保证变速箱安装上的灵活性。

（2）各种矿山机械对变速箱的输入轴和输出轴上、下相对位置有不同要求，因此，要求变速箱有不同的轴降形式，如同轴式（见图 3-14(a)）、短轴降式（见图 3-14 (b)）、中等轴降式（见图 3-14(c)）和长轴降式（见图 3-14(d)）等。

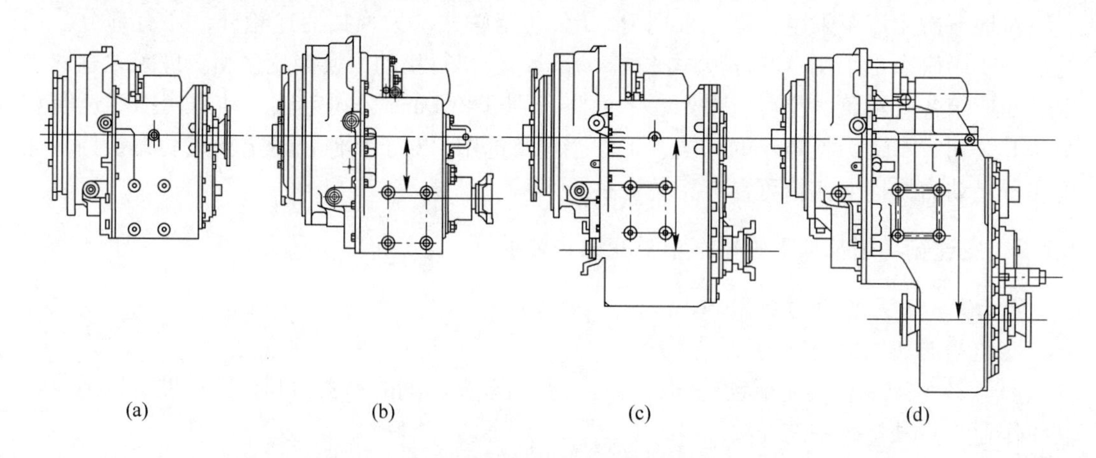

图 3-14　变速箱有不同的轴降形式

(a) 同轴式；(b) 短轴降式；(c) 中等轴降式；(d) 长轴降式

（3）为适用于各种矿山机械，要求同一型号变速箱，其挡位数可变，如可实现 3 前 3 后、4 前 4 后、6 前 3 后、8 前 4 后等。

（4）具有足够的挡位数和合适的传动比，以便地下矿用汽车在合适的牵引力和行驶速度下工作，保证地下矿用汽车具有良好的牵引力性能与经济性能并获得较高的生产率。

（5）工作可靠，使用寿命长，传动效率高，结构简单，制造容易，维修与保养方便。

（6）换挡迅速、平稳、可靠。但不允许同时挂上两个或两个以上挡位，不自动脱挡和自动挂挡。

（7）噪声不应大于 92dB(A)。

（8）油液固体颗粒污染等级应符合—/20/17，污染等级符合 GB/T 14039—2002《液压传动　油液　固体颗粒污染等级代号》的规定。

（9）变速箱的最高传动效率、空载功率损失率（变速箱空载功率损失与额定功率的比值）应符合 GB/T 25627—2010 标准规定。

（10）当输入转速分别为 2000r/min 和 700r/min 时，工作油压（离合器操纵油压）的变化值为 ±0.12MPa（对 Dana 变速箱，发动机空转（500 ~ 600r/min），要求所有离合器压力必须相等，其偏差不应超过 Dana 规定的值）。

3.2.3　Dana 动力换挡定轴式变速箱

3.2.3.1　Dana 定轴式变速箱的系列及表示方法

Dana 动力换挡变速箱共有 9 个系列，即 T12000、T16000、T20000、24000、32000、

T33000、T36000、T40000 及 1000 系列。其中 1000 系列又有 5000、6000、8000、16000 几种，如图 3-15 所示。

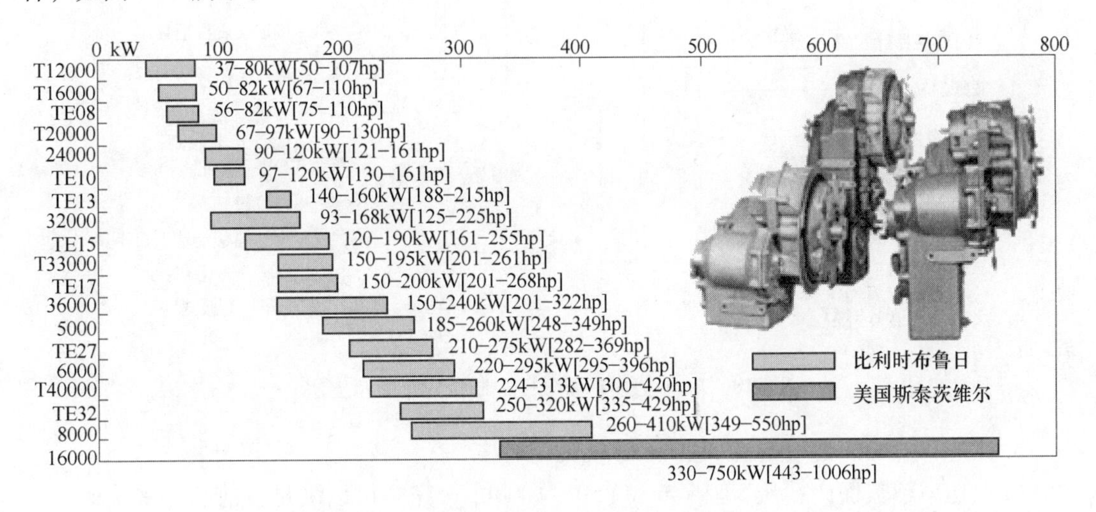

图 3-15 Dana 动力换挡定轴式变速箱系列

在每个系列中又有许多规格品种，每个系列和品种都有固定的表示方法，如图 3-16 ~ 图 3-18 所示。

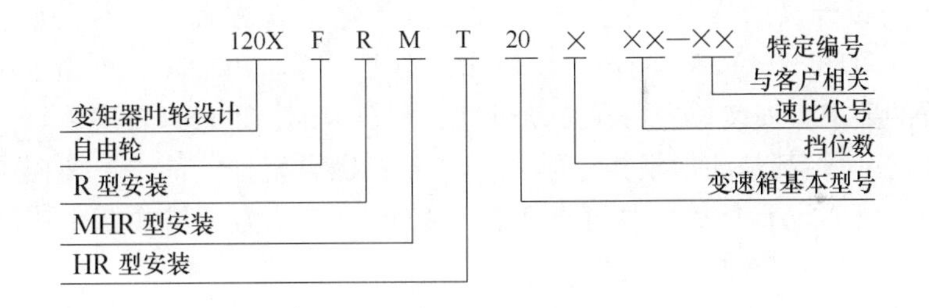

图 3-16 Dana 20000 系列变速箱的表示方法

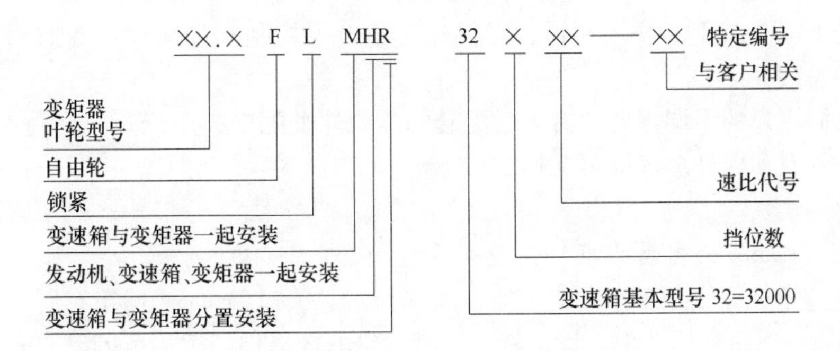

图 3-17 Dana 32000 系列变速箱的表示方法

例如，12.7MHR32394 型号 Dana 变速箱表示变速箱与变矩器制成一体，但与发动机分体安装，即 MHR 型。变矩器叶轮代号为“12.7”，“32”表示该变速箱为 32000 系列变速箱，“3”表示 3 挡速度，“9”表示长轴距，“4”表示一挡传动比为 5.22。

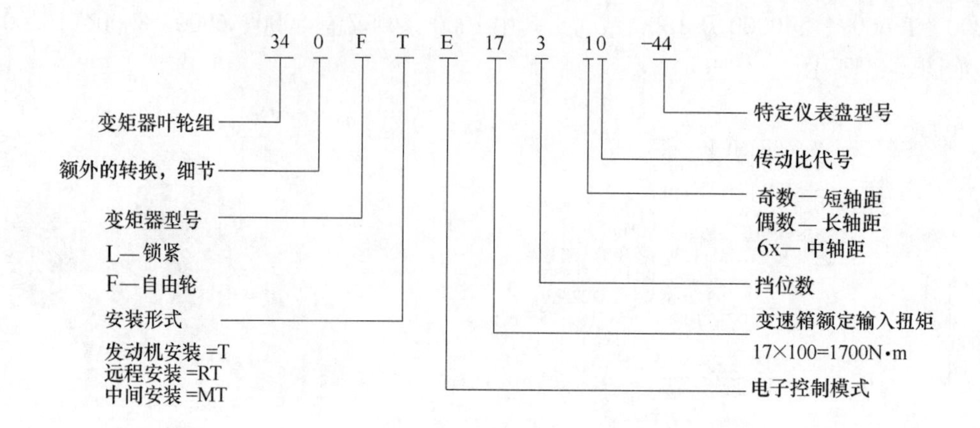

图 3-18 Dana 公司新型电子控制变速箱表示方法

3.2.3.2 Dana 公司动力换挡变速箱设计特点

（1）功率覆盖面广：从 37～746kW(50～1000hp) 完全可以满足目前和将来采矿、工程机械的需要。

（2）系列多：每个系列的品种、速比多，完全可以满足采矿、工程机械的牵引性、经济性和生产率的要求。

（3）坚固结实，工作可靠，寿命长。

（4）安装与设计灵活。发动机、变矩器、变速箱结合方式有三种，如图 3-13 所示。输出形式多样（见图 3-14），有同轴、长轴降、中等轴降、短轴降，可满足矿山、工程机械对输出位置的要求。安装位置可在发动机上、车架中部，也可远置安装。

（5）Dana 变速箱都是动力换挡定轴式变速箱，操纵轻便、简单、换挡迅速，换挡时动力中断极短，可实现有负荷的情况下不停车换挡。与动力行星换挡变速箱比较，成本低，维修方便，但尺寸与质量较大。

（6）对于追求简便和易于服务的动力换挡变速箱的应用，Dana 提供了全系列的配置开-关阀的电控变速箱。这些变速箱可以通过简单的控制手柄操纵，或者通过结合使用 Dana 先进的 ECON 或 PCON 控制器，提供先进的电子控制（如故障诊断监测、自动换挡和 CAN-Bus 总线）。

（7）根据用户的不同需要，有大量配套的外购件供用户选择。

（8）同一系列内许多零件可互换。

（9）价格较贵。

3.2.3.3 Dana 公司动力换挡变速箱系列简介

Dana 变速箱选择十分复杂。为了能正确选择，必须对 Dana 变速箱有所了解，特别是对每个系列的变速箱适用功率、设计特点、所提供的选择件、适用范围等要有所了解。表 3-12 和表 3-13 就列出了 Dana 变速箱和新型变速箱这方面的资料，可供参考。

A Dana 公司普通动力换挡变速箱

从表 3-12 可以清楚地看出，Dana 变速箱不仅有很广的应用，而且还有各种各样的选择件。这些选择件可满足变速箱各种特殊需要，改善车辆的各种性能、效率和使用寿命。因此，必须要了解各种选择件的功能，以便正确选择各种选择件。

表 3-12　Dana 部分变速箱简介

系列	适用功率/kW	设计特点	提供的选择件	适用范围
T20000	67～97	2、3、4 和 6 速全动力换挡和全 6 速换挡； 同轴和短轴（155mm）、中等轴（311mm）、长轴（508mm）三种轴降； 外部安装控制阀、泵和过滤器 柔性盘驱动； 适用范围和变速比广； SAE“B”泵传动； 斜齿轮	选择件： SAE“C”泵接口； 电子或机械换挡； 离合器释放：空气或液压； 微调阀：手动或液压； 控制阀水平或垂直控制组安装。 离合器调制； 润滑油过滤器远程或集成安装； 变矩器自由轮； 车速表接口； 遥控阀； 地面驱动泵行驶； 空气、液压或机械操作换挡； 桥脱开装置； 车辆牵引脱开装置； 停车制动：机械或 SAHR； 3 号飞轮壳； R、H、MHR 型结构； 最大发动机功率 97kW； 挡位（前进×后退）：2×2；3×3；6×3；6×6	适合于不平地面叉车、轮式装载机、小型铲运机和其他采矿、工业和建筑机械设备
24000	90～120	3、4 和 6 挡全动力换挡变速箱； 短轴降（311mm）和长轴降（508mm）； 螺旋齿轮传动； 发动机驱动辅助泵传动装置； 适用范围和变速比广； SAE“B”泵驱动； 除中轴距外的其他型号均可选用； 柔性盘驱动	选择件： 电控换挡； 远程机械控制阀。 离合器释放：气动或液动； 变矩器雨锁：手动或自动； 微调阀； 紧急转向泵接口； 发动机和输出速度传感器； 变量泵选项； 输出轴停车制动器：鼓式或钳盘式； 车桥脱开装置，前或后； 远程机械控制阀； 液压制动器； 单向动力输出； 3 号飞轮壳； R、HR、MHR 型结构； 挡位（前进×后退）：3×3；4×3；6×3； 90°控制阀； 短轴降(311mm)和长轴降(508mm)	适于重载用途，包括叉车、不平地面叉车、轮式装载机、不平地面起重机和其他采矿、建筑及工业机械

续表 3-12

系列	适用功率/kW	设计特点	提供的选择件	适用范围
32000	93 ~ 168	3、4 速变速箱； 6 及 8 速范围换挡：6 速全动力换挡； 12in、13in 变矩器叶轮； 具有较大范围变速比； 柔性盘驱动； 螺旋齿轮输出； 长轴降（470mm）和短轴降（245mm）	选择件： 90°控制阀； 辅助泵驱动。 离合器解脱装置：空气或液压； 变矩器闭锁：手动或自动； 电动换挡； 紧急转向油泵； 发动机和输出速度传感器； 前后车桥解脱装置； 微调阀； 调节控制； 偏置泵驱动接口； 停车制动器：鼓式或盘式； 可选变量泵； 远置式滤清器； 分离式过滤器； 远程机械控制阀； 液压制动器； 单向取力器； 3 号飞轮壳； R、HR、MHR 型结构； 挡位（前进×后退）：3×3；4×4；6×6；8×8； 短轴降(245mm)和长轴降(470mm)	适合于建筑、集材、井下开采、物料搬运及其他工业用途
36000	150 ~ 240	3、4 和 6 挡全动力换挡变速箱； 短轴降（315mm）和长轴降（625mm）； 发动机或远程安装； 适用范围和变速比广； 柔性盘驱动	自动闭锁； 自动换挡； 车桥脱开装置：前或后，拖车断开； 离合器调制（3 或 4 速机型）； 离合器分离装置：气动或液动； 变矩器闭锁； 紧急转向油泵驱动装置（仅在长轴降上）； 机械或电子控制系统； 停车制动器（仅在长轴降上）； 可选变量泵； 泵断开； 车速表驱动； 1 号飞轮壳； HR 型结构； 挡位（前进×后退）：3×3；4×4；6×3； 短轴降(315mm)和长轴降(625mm)	适用于重载用途，包括不平路面叉车、轮式装载机、越野吊车、采矿建筑和其他工业用机械

续表 3-12

系列	适用功率/kW	设计特点	提供的选择件	适用范围
T40000	220～295	3、4 速全动力换挡变速箱； 长轴降（625mm）、短轴降（318mm）； 适用范围和变速比广； 发动机直接安装； 具有失速扭矩比为 1.8～3.1 的重型变矩器	泵脱开装置； 自动换挡； 离合器调节； 离合器脱开：气动或液压； 地面驱动泵接口； 双向动力输出驱动； 柔性盘； 泵断开装置； 1 号飞轮壳； 挡位（前进×后退）：3×3；4×4； HR、MHR 型结构	适用重载条件包括不平路面叉车、轮式装载机、越野吊车和其他采矿、建筑和工业设备
5000	186～260	长轴降：6000 系列 501mm；8000 系列 605mm；16000 系列 641mm； 可互换离合器； 可接近性好； 离合器位于轴端，维修时变速箱不需从主机拆下，维修性好； 变矩器与变速箱分体结构； 同系列内零件可互换； 远程液压控制	4 速或 8 速前进/后退； 自动换挡； 电动换挡； 车桥脱开； 离合器断开； 紧急车转向油泵； PTO； 离合器分离装置； 输出速度感器（除 16000 系列）； 调制模式（16000 系列）； 缓速器（除 16000 系列）； 液压缓速（除 16000 系列）； R 型结构	1000 系列的设计适合重载用途如轮式装载机、采矿装载机及其他采矿、工业与建筑机械
6000	220～295			
8000	250～320			
16000	330～746			

B　Dana 公司比例控制动力换挡变速箱

Dana 公司比例控制动力换挡变速箱是 TE 系列变速箱，见表 3-13。该系列变速箱是全系列带有电子调节离合器的最先进的全系列动力换挡变速箱、比例控制离合器，从而控制变速箱。提供优越的换挡品质、精确的微动功能、静液压传动性能。Dana 公司比例控制动力换挡变速箱具有 5 个不同层次的控制程序，提供基本功能和高级功能。

表 3-13　Dana 公司部分比例控制动力换挡变速箱

型号	适用功率/kW	设 计 特 点	选择件	适用范围
TE 15	120～190	斜齿轮； 短轴降（245mm）和长轴降（470mm）； 电控调制； CAN-bus 总线界面； 双辅助泵驱动； 柔性盘驱动； 发动机直接安装； 挡位（前进×后退）：3×3；4×4；6×6；8×8； 3（4）号 SAE 飞轮壳； T、M、RT 配置	SAHR 停车制动器； 自动换挡； 挡位（前进×后退）3×3；4×4；6×6；8×8； 3(4)号 SAE 飞轮壳； 短轴距 311mm，长轴距 470mm； T、MT、RT 配置	经过验证的电控全动力换挡变速箱； TE15 采用了高接触比正齿轮和斜齿轮传动，降低了噪声； TE15 采用了新一代的电子调制控制，可提供电子调制控制及换挡功能，适用地下采矿、建筑、材料运输、越野起重机

续表 3-13

型号	适用功率/kW	设计特点	选择件	适用范围
TE 27	210 ~ 275	斜齿轮； 短轴降（318mm）和长轴降（625mm）； 发动机直接安装； CAN-bus 总线界面； 柔性盘驱动； 电控调制； 挡位（前进×后退）：4×4； T、MT 配置； 1 号 SAE 飞轮壳	SAHR 停车制动器； 电子控制微调； 自动换挡	TE27 和 TE32 系列用于材料搬运、轮式装载、采矿和建筑市场。该 4 挡变速箱换挡采用斜齿轮传动和新一代电控技术，实现电控调制功能
TE 32	250 ~ 320			

C　选择件

（1）点动装置（inching）。点动装置又称为微调装置，它是用微动阀来控制结合元件的油压（即结合元件的接合程度），通过结合元件打滑，来改变机械行走速度。其可以与发动机转速无关，实现无级地改变行走速度。这对有些机械很需要。

在发动机高转速下，要求精确运动，可用液压和手动点动装置。在标准的变速阀上增加了一个微调阀，它用来控制前进和后退离合器的接合压力。加速踏板的行程决定了离合器压力的大小，这样就可以在工作时对其挡位进行调速。通过制动踏板运动，比例控制离合器压力，以便减少牵引力。可通过机械、电动或液压操纵微调控制阀。

（2）车桥脱开装置（axle disconnect）。在所有的变速箱上都有一种驱动桥的脱开装置可选用。当需要在好的路上长距离行驶时，前后桥可以用机械、液压和气动方法脱开（见图 3-19 和图 3-20），以增加行驶速度、降低轮胎的磨损和提高传动效率。车桥机械脱开装置由一根带有滑动花键套筒的输出轴组成，借助于该花键套筒与驱动桥啮合与分离，通过司机室内的手动操纵杆来实现。该操纵杆与离合器装置滑动套筒上的拨叉用机械方法连接，当然这种装置只用于四轮驱动车辆，使四轮驱动变成两轮驱动，即前轮驱动或后轮驱动。其输出法兰只装在所需的一侧。

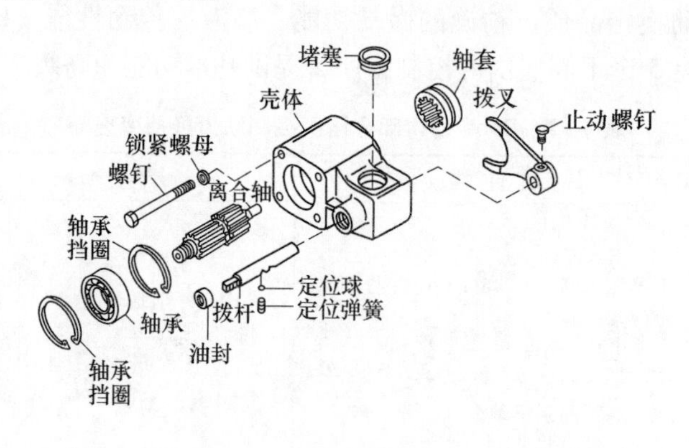

图 3-19　车桥机械脱开装置

（3）停车制动器（park brake）。该制动器装在变速箱后输出轴上，有钳盘式（弹簧施压，液压松开制动器，又称 SAHR 制动器）和鼓式两种，用于地下矿用汽车。

（4）紧急转向泵（emergency steering pump）。在 24000、32000、36000、T40000 变速

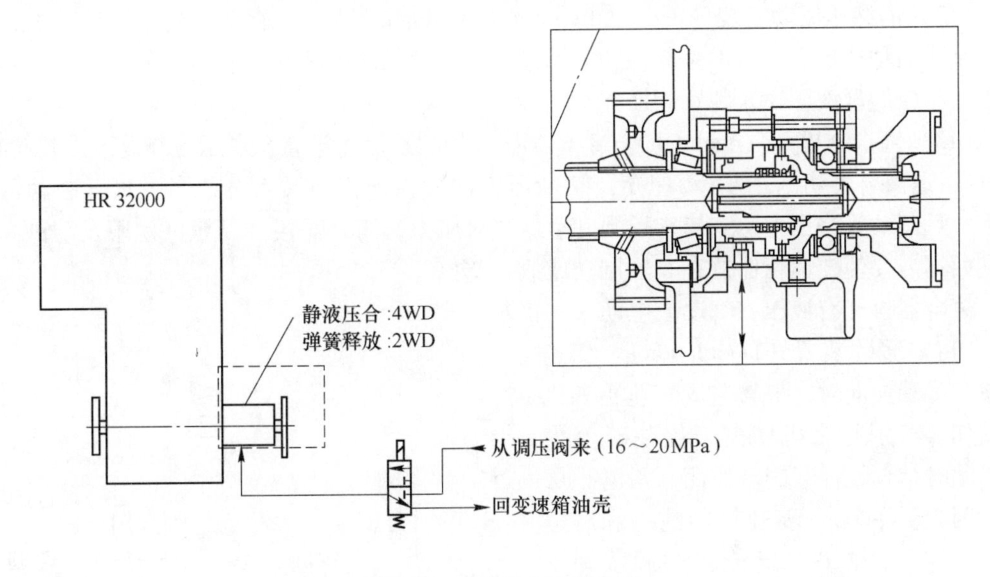

图 3-20 车桥液压脱开装置

箱上，为了安全起见，当地下矿用汽正常的系统出现故障无法转向时，通过车轮额外的转向系统使汽车转向。紧急转向泵被安装在变速箱惰轮轴上，如图 3-21 所示。

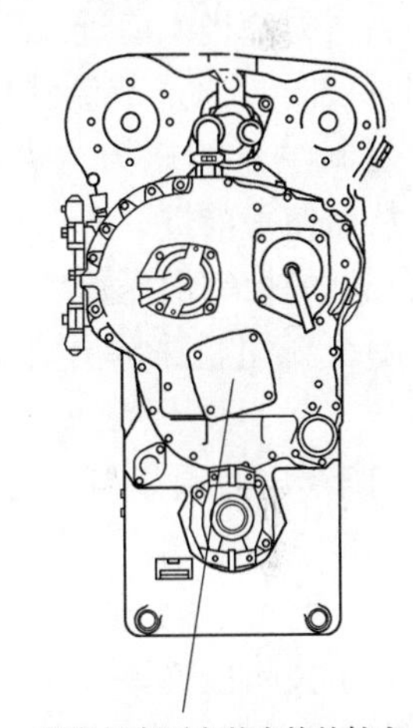

图 3-21 紧急转向泵安装位置

(5) 封闭式液力机械工作/停车制动器（enclosed hydro-mechanical service/park brake)。在道路条件凹凸不平的地方，车辆上的变速箱常常设计有液压制动器。当轮边制动器失灵时，变速箱上的液力制动器起了主制动作用。该变速箱上的液压制动器同样可用作停车制动器。只要转动机械手柄，就可以达到内外制动盘的目的，从而使惰轮轴停转，实现停车制动。

(6) 辅助泵驱动装置（auxiliary pump drive)。在变矩器上共安装了三个泵，一个充液泵，另外两个是辅助泵（工作泵与转向泵等)，而且直接由发动机带动，也可采用辅助泵切断装置。如果采用辅助泵切断装置，则可以增加传动系统的效率。

(7) 机械控制（mechanical controls)。在变速箱控制盖上的换挡控制阀的控制方式有机械、电液和自动三种。除 T12000 和 T20000 变速箱外，其余变速箱都由机械控制。

(8) 车速表传感器（speedometer sensor)。车速表传感器用于测量变矩器输出轴的转速。

(9) 转速表传感器（tachometer sensor)。转速表传感器用于测量发动机的转速。

(10) 单向取力器（uni-directioal PTO-power take-off)。变速箱取力器只与前进或后退离合器连接，变速箱放在空挡，只能单向运转。

(11) 双向取力器（bi-directioal PTO-power take-off)。变速箱取力器与前进/后退离合器连接，变速箱放在空挡，可双向运转。

（12）静液压驱动安装（hydrostatic drive mounting）。静液压驱动指的是变速箱的输入是油泵或油马达输入，而不是其他动力通过输入法兰输入。因此变速箱上的输入安装结构必须与相应的静液压输入装置相匹配。

（13）离合器松开（declutch）。离合器松开指的是变速箱离合器压力释放。当制动时，前进/后退离合器切断了功率/扭矩。切断压力的制动踏板激活系统，当脚离开制动踏板时，一旦制动管路压力达到指定压力和重新接合压力，离合器接合。允许使用发动机高转速，而不需要使变速箱保持在车辆制动或放入空挡。

离合器松开有液压、气动或电动三种控制方式。

（14）缓冲装置（modulation）。变速箱在起步和换向时，最易造成变速箱和机械损伤，特别是当机械尚未停住时就换向，此时结合元件起制动作用，滑磨很厉害。因此，在Dana变速箱的前进和后退结合元件上，装置带蓄能器的调压阀系统，在换向时起缓冲作用，如图3-22所示。当压力油进入前进或后退结合元件液压缸时，同时通过节流孔向蓄能器充油，使得控制溢流阀压力的背面油压缓慢上升。从而使得前进、后退换向时，溢流阀使调压阀的控制油压迟缓上升，防止换向冲击，以及结合元件摩擦片滑磨热负荷过大。即使是一个新司机来操作车辆也会比较容易，从而使工作循环时间缩短，生产能力得到提高。

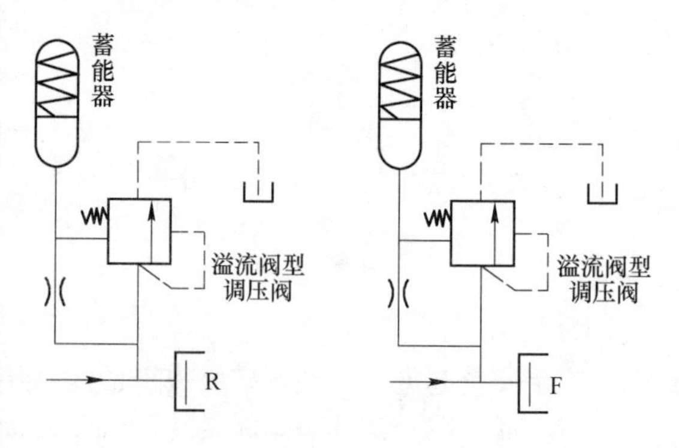

图3-22　缓冲装置

（15）压力调节阀。压力调节阀是给换挡离合器提供操纵油压的装置。压力调节阀是一个二位三通滑阀。

1）当油液压力低于离合器的操纵压力时，调节阀芯被调节阀弹簧压向阀座，此时调节阀处于关闭位置。

2）当油液压力达到离合器的操纵压力后。阀芯在油液压力作用下压缩弹簧，使阀口开启，油液可以通至变矩器的进油口。阀口开启的大小取决于油泵泵油压力，而阀口开启大小同时也影响油泵泵油压力，通过油泵泵油压力和调节阀阀芯开启大小之间的相互制约关系，使离合器操纵压力被控制在一个较小的变化范围内，从而实现操纵油压的基本稳定。

为了防止变矩器循环压力过高，在变矩器入口处设置了一安全阀，该安全阀是一个常闭式钢球溢流阀，当液力变矩器循环因压力过高时，安全阀自动开启溢流。

（16）变速箱电液操纵。地下矿用汽车大多采用动力换挡变速箱。这种变速箱是通过液压换挡离合器或制动器来进行换挡控制的。结合元件的分离或接合采用液压换挡阀来操纵，而换挡阀是通过连杆机构或软轴等装置用手直接操纵。该操纵系统虽然比人力操纵前进了一大步，但仍存在以下缺点：

1）操纵力较大。一般操纵力约30N，操纵行程约70mm。对换挡很频繁的机械，操纵劳动强度仍很大。

2）连杆操纵机构是空间机构，设计复杂，往往给驾驶室的设计和布置带来困难。

3）机械操纵机构制造不易，连杆铰点处采用球铰，制造和装配都要求高，且使用中常会引起卡住、不灵活等毛病。

4）操纵过程中，连杆机构的变形、磨损，需要进行调整和加注润滑油等保养工作。

对地下矿用汽车这样的循环作业机械，其换挡操纵是非常频繁的，据统计每小时换挡次数可达千次，平均3.6s一次，司机劳动强度大。在作业过程中，不仅要控制行走，还要操纵工作装置。频繁地换挡操纵分散了司机的注意力，影响了生产率，增加了行车的不安全因素。

因此近年来采用电液操纵代替液压操纵，所谓电液操纵就是采用电磁换挡阀代替液压换挡阀，司机操纵电开关来控制电磁换挡阀来进行换挡。

司机仅需操纵电开关，因此可使操纵力降到人感觉的最佳程度（操纵力约6N，行程40mm左右），就可将换挡手柄或换挡开关安装在方向盘上或方向盘立柱上，司机的手可以不离开方向盘进行换挡操作。由于只需电线连接，电操纵在设计布置上灵活方便。

另外电操纵容易实现以下辅助功能：变速箱不在空挡位置发动机不能启动；停车制动器起作用时，变速箱自动回到空挡位置；挂上倒挡，倒挡灯自动点亮和倒挡喇叭自动鸣叫等。从发展观点看，采用微机控制自动换挡是地下矿用汽车变速箱操纵发展趋向，它是实现自动换挡必须和重要的一步。

（17）电子控制器。新的传动系统方案在Dana所有非公路车辆控制系统里应用。

Dana非公路产品集团结合行业的最新技术，提供适用于非公路应用的5个新的控制系统解决方案。Spicer控制器全部采用最先进的设计和制造技术，保证在复杂恶劣非公路环境中的高可靠性。

Spicer所有控制器支持SAE J1939及客户定制的CAN-2.0B协议。与其他在线系统相互兼容，降低了线缆和部件冗余，减少了成本。定制的CAN总线可与中央车载显示器无缝集成，提供了一个通用的用户界面。所有车辆功能，包括变速箱控制，借助CAN2.0B，控制器可在苛刻情况下使用，需要整车控制时实现变速箱与发动机协同工作。此外，先进的电脑工具（dashboard）可用于系统优化和故障排除，以及作为离线编程的工具。此工具还支持用户友好的参数配置编辑，允许主机厂优化控制器参数，所有控制器可采用12V或24V的配置。

远程显示器RD. 120可用于APC120上，它提供基本操作信息和诊断代码。

Dana非公路产品集团还推出了第二代用户友好的、基于PC接口的软件，与新的硬件产品兼容。该软件编辑器允许客户编辑和优化控制器参数，并执行诊断。

1）电子控制系统功能。电子控制系统功能见表3-14。

表3-14 电子控制系统功能

	电子控制器				
控制系统功能	ECON	PCON	TCON	ICON	ACON
适用于所有Spicer变速箱					
车速控制自动换挡	√	√	√	√	√
车辆负荷感应自动换挡	√	√	√	√	√

续表 3-14

适用于所有 Spicer 变速箱					
挡位限制（如降挡保护）	√	√	√	√	√
系统监测（压力、温度）	√	√	√	√	√
系统诊断/故障排除	√	√	√	√	√
单踏板操纵（精确的速度控制）		√		√	
适用于所有 Spicer TE 系列变速箱					
电子监控离合器结合 *			√	√	√
电控微动 *			√	√	√
单踏板、集成微动				√	
适用于部分 Spicer TE 系列（TE08）					
离合器制动（辅助制动），（视具体变速箱）					√

注：* 视具体变速箱。

2）电子控制系统型号命名规则。电子控制系统型号命名规则如图 3-23 所示。

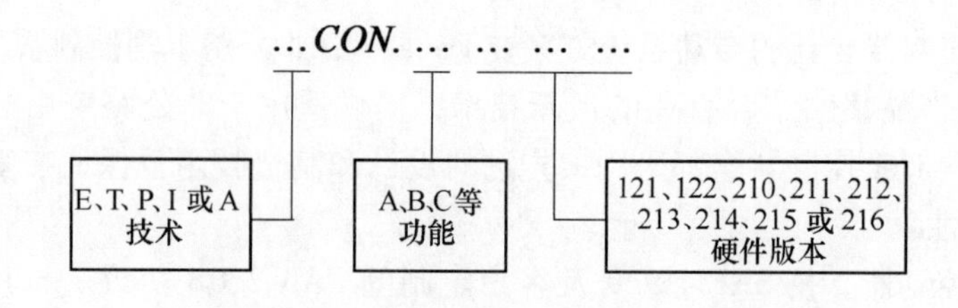

图 3-23　电子控制系统型号命名规则

3）ECON—基本型，PCON—动力总成控制型。PCON 和 ECON 中先进的可编程控制系统带来新的技术水平，用于准同步穿梭换挡和动力换挡（开/关控制）系列变速箱。它们都提供传动系统的保护和速度感应或负载感应自动换挡，其中 PCON 中增加了单踏板驱动技术，见表 3-15。

表 3-15　ECON 与 PCON 可编程控制系统

传动组	传动类型	阀	固件	单踏板	硬件								
					121	122	210	211	212	213	214	215	216
T12000	动力换挡	开/关式	ECONA	无		√							
			PCONA	有		√							
VDT12000	动力换挡	开/关式	ECONA	无		√							
			PCONA	有		√							
T13000	动力换挡	开/关式	ECONA	无		√							
			PCONA	有		√							

续表 3-15

传动组	传动类型	阀	固件	单踏板	硬件								
					121	122	210	211	212	213	214	215	216
VDT13000	动力换挡	开/关式	ECONA	无		√							
			PCONA	有		√							
T20000	动力换挡	开/关式	ECONA	无		√							
			PCONA	有		√							
T24000	动力换挡	开/关式	ECONA	无		√							
			PCONA	有		√							
T32000	动力换挡	开/关式	ECONA	无		√							
			PCONA	有		√							
T36000	动力换挡	开/关式	ECONA	无		√							
			PCONA	有		√							
T40000	动力换挡	开/关式	ECONA	无		√							
			PCONA	有		√							
1000	动力换挡	开/关式	ECONA	无		√							
			PCONA	有		√							

4）TCON—变速箱基本型，ICON—智能型，ACON—高级型。TCON、ICON 和 ACON 先进的可编程控制系统引用新技术用于同步穿梭换挡和标准动力换挡系列变速箱，见表 3-16。其中至少换向操作有电子调制。它们都提供传动系统保护和速度感应或负载感应自动换挡，其中 ICON 中增加了单踏板驱动技术，ACON 添加了离合器制动功能。

表 3-16 TCON、ICON、ACON 先进的可编程控制系统

TCON—变速箱基本型、ICON—智能型，ACON—高级型														
传动组	传动类型	阀	固件	单踏板	离合器制动	硬件								
						121	122	210	211	212	213	214	215	216
TE08	动力换挡	比例控制 2	TCON，I	无	无							√		
			ICON，C	有	无							√		
			ACON，A	有	有							√		
TE10	动力换挡	比例控制 2	TCON，F	无	无			√	√	√	√			
			ICON，A	有	无			√	√	√	√			
TE13/17	动力换挡	比例控制 1	TCON，F	无	无			√	√	√	√			
			ICON，A	有	无			√	√	√	√			
TE15	动力换挡	比例控制 2	TCON，H	无	无								√	√
			ICON，B	有	无								√	√
TE27/32	动力换挡	比例控制 2	TCON，F	无	无			√	√	√	√			
			ICON，A	有	无			√	√	√	√			

5）控制器总览。控制器总览见表 3-17。

表 3-17　控制器总览

控制器	121	122	210	211	212	213	214	215	216
电　源	12V 和 24V		12V	24V	12V	24V	12V	12V	24V
H 桥的伺服电机	无				有		无		
数字输入	8		10				8	10	
数字输出	0		4				3	4	
模拟输入	2 电压 +2 电阻 或 4 电压 或 4 电阻		4 电压 +2 电阻				5 电压 + 2 电阻	5 电压 +1 电阻	
模拟输出 （PWM）	9 个中有 2 个是闭环		7 个中有 4 个是闭环		5 个中有 4 个是闭环		7 个中有 5 个是闭环		
高速电路	电感应式/电流/霍尔效应								
通　讯	CAN2. 0B		RS232 或 CAN2. 0B						
密　封	IP65		IP65/IP67 和 IP69K						
显　示	可选 RD. 120		集　成						

6）RD120-APC120 远程显示。远程显示器 RD120 可用于 APC120 控制器（见图 3-24），它显示基本的操纵信息和故障码。它有三种显示模式：①正常显示模式。在正常操作期间，显示典型有用的信息，如变速箱挡位、车辆速度和变速杆位置。②诊断显示模式。可以被激活来提供大量的诊断屏幕，该屏幕允许用户验证涡轮速度、输出速度、输入测试、发动机转速，转速比、电池电压、输出速度、模拟输入、油门踏板位置、刹车踏板位置、系统压力、变矩器温度、油池温度、ECON. A 的数字输入等。③错误显示模式。如果 ECON. A 在正常显示模式或诊断显示模式检测到问题，F-LED 开始闪烁，以吸引司机的注意力。司机为了检测故障，可以通过激活错误显示模式看到相关的错误代码。

图 3-24　APC120 控制器与 RD120 显示器

（18）油泵接头。在表 3-18 中还可以看到各种油泵的接头有 SAE A、SAE B、SAE C、SAE BB 四种形式。它是美国汽车工程协会标准 SAE J744C。有关“油泵与马达安装及驱动尺寸”A、B、C、BB 四种规格见表 3-18 和图 3-25。

表 3-18 油泵与马达的安装与驱动尺寸（SAEJ744C，摘录）

安装法兰与传动轴规格	传动轴(轴强度为25000psi)		渐开线花键		定位尺寸/in		2 螺孔/in		4 螺孔/in	
	力矩/in·lb	功率(1000 r/min)/hp	齿数/(DP)	齿形角/(°)	A	W	K	M	S	R
SAE A	517	8.25	9T/(16/32)	30°	3.25	0.25	4.188	0.438	—	—
SAE B	1852	29.3	12T/(16/32)	30°	4.00	0.38	5.750	0.562	3.536	0.562
SAE C	5677	90.0	14T/(12/24)	30°	5.00	0.50	7.125	0.688	4.508	0.562
SAE BB	2987	47.5	15T/(16/32)	30°	4.00	0.38	5.75	0.562	3.536	0.562

注：1000psi = 6.9MPa，1in = 25.4mm，1in·lb = 0.112N·m，DP 为花键径节，1hp = 0.746kW。

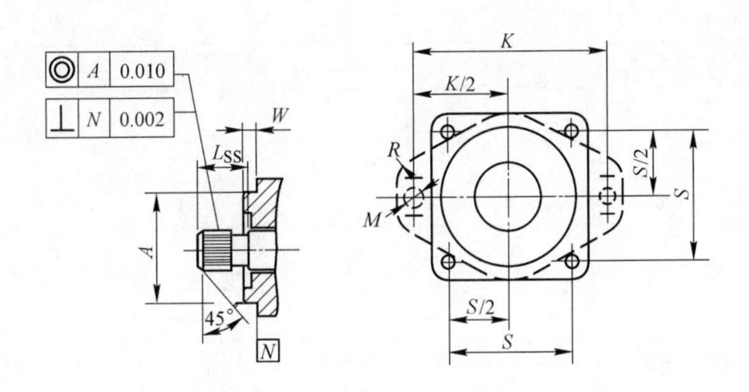

图 3-25 油泵与油马达安装及驱动尺寸

因此所选的油泵的安装尺寸要么符合上述标准，要么增加过渡法兰和重新设计花键连接套。

（19）变速箱与变矩器（见表 3-19）。从表 3-19 中可以看出，一定系列的变速箱与相应一定型号的变矩器相匹配，以充分发挥变矩器和变速箱的效率。表 3-19 所列的匹配关系只是大致的情况，详细的、准确的匹配还必须根据各种机型具体的使用条件确定。

表 3-19 变速箱系列匹配的变矩器系列

变速箱系列号	20000	32000	34000	3000，4000	5000	8000	16000
变矩器系列号	C2000	C2000，C270	C5000	C270，C5000	C5000	C5000，C8000	C8000
	C270	C320，C5000	C8000	C8000	C8000	C16000	C16000

（20）脱挡阀。变速箱还装有制动脱挡阀，车辆制动时，制动脱挡阀自动切断通往变速箱的油路，使离合器分离，刹车时使变速箱在无需操纵变速手柄的情况下自动实现空挡，简化操作，优化了行车工况。

脱挡阀由位于控制盖上汽缸或油缸来操纵切断阀芯。这个阀用软管与制动系统相连。当车辆被制动时，气体或液压油进入阀体并克服弹簧阻力自动切断通往变速箱的油路，使离合器分离，刹车时使变速箱在无需操纵变速手柄的情况下自动实现空挡，简化操作，优化了行车工况。

（21）缓速器。在 1000 系列变速箱中还有所谓“缓速器”（retarder）可供选择。这种缓速器的作用是当车辆高速下坡时，阻止车速增加，保证车辆行驶安全。

（22）变速箱选择件。上述选择件不是每个系列变速箱都可以选择到的，表3-20列出每个系列变速箱可供选择的各种选择件。

表3-20　变速箱可供选择的选择件

选择件	T12000	T16000	T20000	24000	32000	T33000	36000	T40000	1000
电动换挡控制器	√		√	√	√	√	√	√	√
点动装置	√	√	√	√	√		√	√	√
车桥脱开装置	√	√	√	√	√	√	√	√	√
变矩器锁紧装置			√	√	√	√	√	√	
变矩器自由轮	√		√	√					
停车控制器	√	√	√	√	√		√	√	
紧急转向泵	√	√	√	√	√	√	√	√	√
封闭式液压机械工作/停车制动器			√	√	√			√	
辅助泵驱动装置	√	√	√	√	√	√	√	√	
机械控制				√	√		√		√
车速表传感器	√	√	√	√	√		√		
转速表传感器	√	√	√	√	√		√		
单向动力输出轴			√		√	√			√
双向动力输出轴					√	√			
液压驱动安装方式			√	√					
离合器松开	√		√	√	√	√	√	√	√
缓冲装置	√	√	√	√	√	√	√	√	√

3.2.3.4　Dana定轴式动力换挡变速箱的结构与原理

T20000、R32000、5000和TE27/32系列变速箱在地下矿用汽车用得最广，因此以这几种变速箱为例，说明Dana变速箱的结构与原理。

A　定轴式动力换挡变速箱的设计

当结合元件全部处于分离状态时，变速箱中能独立旋转的组件数就是该变速箱的自由度数。定轴式动力换挡变速箱是以操纵液压离合器来获得挡位传动比。若只需接合一个离合器，就能得到一个挡位，则称为二自由度变速箱；若要得到一个挡位，必须同时接合两个离合器，则称为三自由度变速箱，它由两个二自由度机构串联组成。以此类推，四自由度变速箱要得到一个挡位，就必须同时接合三个离合器，它由三个二自由度机构串联组成。用相同个数的离合器组成不同自由度的传动方案，最多能得到的挡位数也不同。

图3-26　R20000三速变速箱外形图

B　T20000系列变速箱

图3-26～图3-28为标准R20000系列三速变速箱外

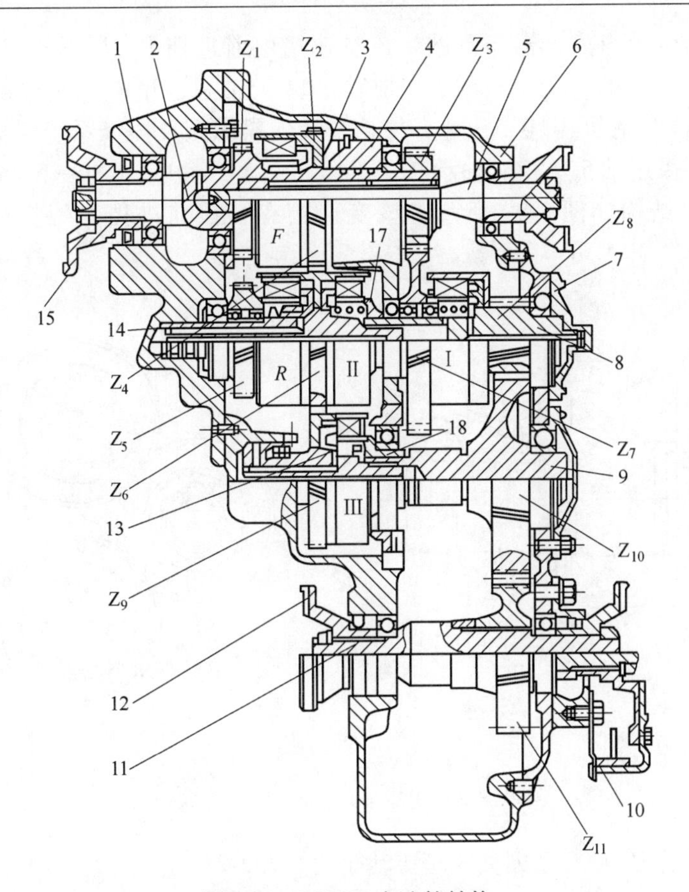

图 3-27　R20000 变速箱结构

1—前盖；2—输入齿轮轴；3—前进挡离合器与鼓轮组件；4—活塞环套；5—输出轴；6—箱体；7—后盖；
8—Ⅰ挡离合器组件；9—惰轮；10—停车制动器；11—输出轴；12—输出法兰；13—Ⅲ挡离合器组件；
14—后退挡与Ⅱ挡离合器组件；15—输入法兰；16—惰轮轴（在图 3-29 中表示）；
17—Ⅱ挡离合器鼓盘；18—Ⅲ挡离合器鼓盘；Z_1 ~ Z_{11}—传动齿轮

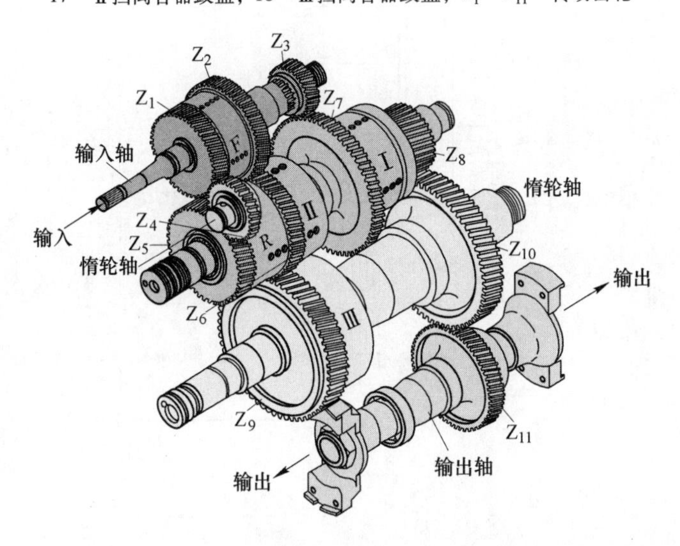

图 3-28　R20000 变速箱齿轮与离合器布置

形图、结构图和齿轮与离合器布置图。该变速箱由前进挡 F、后退挡 R、Ⅰ挡、Ⅱ挡、Ⅲ挡共 5 个换挡离合器，11 个齿轮，9 根轴，22 个轴承，箱体（它由前盖 1、后盖 7、箱体 6 组成），停车制动器 10，法兰，换挡、换向操纵阀及操纵系统组成。在地下矿用汽车中，一般不采用轴 5 及相应轴承和法兰。在图 3-28 中，还有一个与齿轮 Z_1、Z_5 同时啮合的惰轮，结构如图 3-29 所示。该变速箱有三挡前进挡与三挡后退挡，共有 9 根轴。

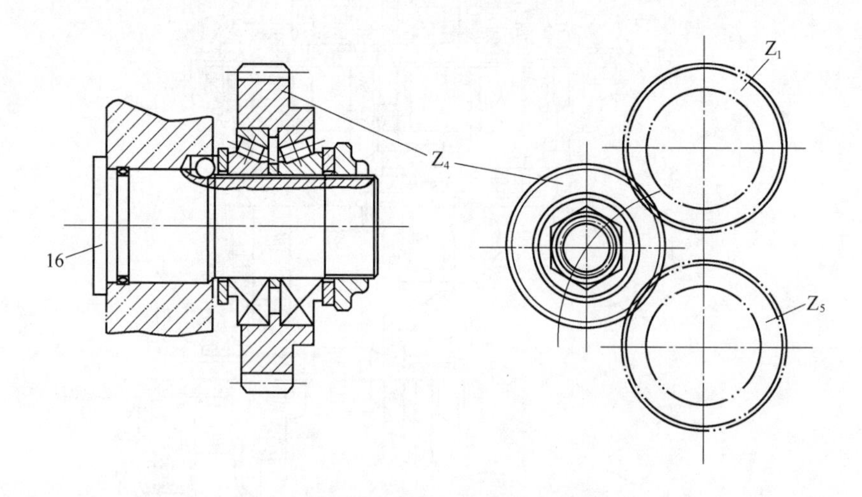

图 3-29　R20000 变速箱惰轮结构

图 3-30 为三速 R20000 系列变速箱传动简图。表 3-21 为三速 R20000 变速箱传动路线及传动比。

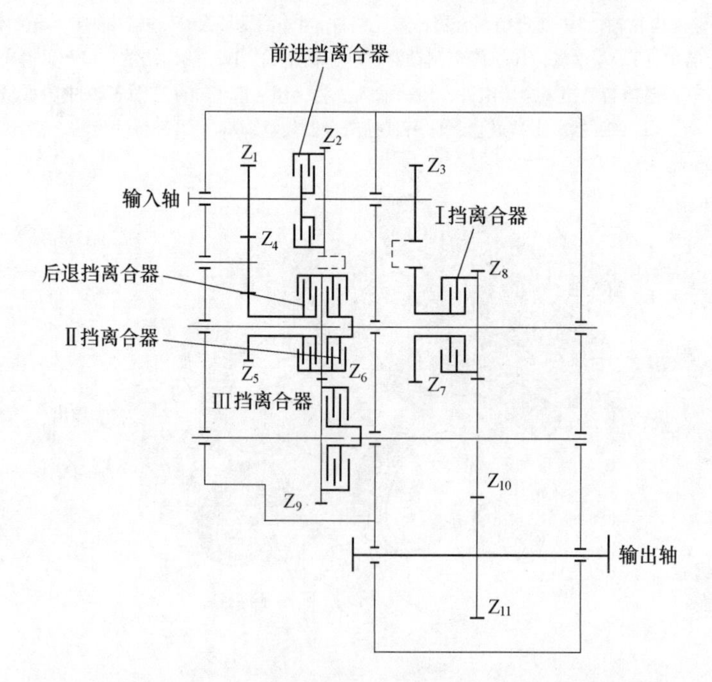

图 3-30　三速 R20000 系列变速箱传动简图

表 3-21　三速 R20000 变速箱传动路线及传动比

挡位		接合离合器	传动路线	传动比			
				R28324	R28349	R28326	R28325
前进	Ⅰ	F、Ⅰ挡	Z_3、Z_7、Z_8、Z_{10}、Z_{11}	3.97	3.667	4.825	4.345
	Ⅱ	F、Ⅱ挡	Z_2、Z_6、Z_8、Z_{10}、Z_{11}	2	1.86	2.11	2.0
	Ⅲ	F、Ⅲ挡	Z_2、Z_6、Z_9、Z_{10}、Z_{11}	0.7	0.804	0.704	0.704
后退	Ⅰ	R、Ⅰ挡	Z_1、Z_4、Z_5、Z_6、Z_2、Z_3、Z_8、Z_{10}、Z_{11}	3.94	3.667	4.825	4.345
	Ⅱ	R、Ⅱ挡	Z_1、Z_4、Z_5、Z_8、Z_{10}、Z_{11}	2	1.86	2.11	2.0
	Ⅲ	R、Ⅲ挡	Z_1、Z_4、Z_5、Z_6、Z_9、Z_{10}、Z_{11}	0.7	0.84	0.704	0.704

(1) 输入轴与前进挡传动轴组（见图 3-31）。

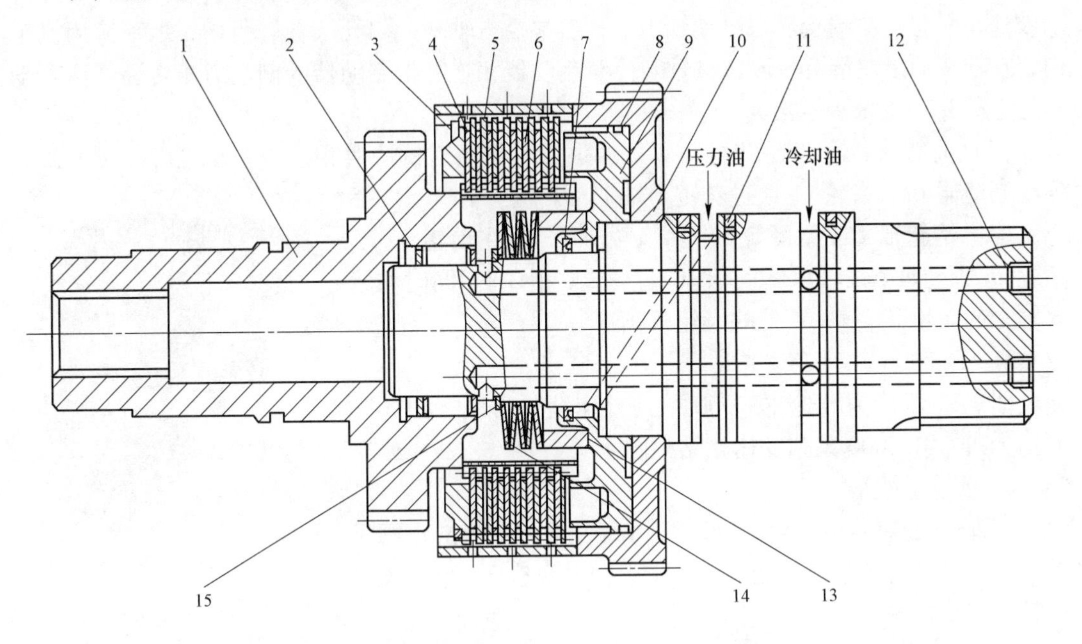

图 3-31　输入轴与前进挡传动轴组结构示意图

1—输入齿轮轴；2—滚针轴承；3—后板挡圈；4—后板；5—被动摩擦片；6—主动摩擦片；7—内油封；8—外油封；9—活塞；10—前进挡离合器与鼓轮组件；11—活塞环；12—弹簧隔圈；13—堵头；14—碟形弹簧；15—弹簧挡圈

由图 3-31 可知，换挡离合器是由施压油缸与片式离合器两部分组成。片式离合器部分由内传动鼓（它与齿轮轴 1 焊在一起）、外传动鼓（它与转轴焊在一起）、主被动摩擦片 6、被动摩擦片 5、后板挡圈 3、后板 4 组成。主动摩擦片的内花键与内传动鼓外花键连接。被动摩擦片 5 外花键与外传动鼓内花键相连，当来自变速箱调节阀的压力油进入活塞右侧时，推动活塞杆压紧主、被动摩擦片与碟形弹簧，则动力由输入轴 1 通过被摩擦片传递到外传动鼓齿轮 Z_2 或 Z_3（见图 3-27）。施压油缸由缸体（它与外传动鼓制成一体）、活塞 9、内外活塞环 7 和 8，复位碟形弹簧 14、钢球排油阀（它装在活塞端面上，图中未表示）组成。若压力油回油箱，则活塞在碟形复位弹簧的作用下复位，主、被动摩擦片脱开，动力传动中断。

被动摩擦片为平钢片，外圈为外花键。主动摩擦片内圈为内花键。在其上烧结了一定厚度的粉末冶金衬面，在粉末冶金衬面上开有径向油槽通油，起润滑、冷却和冲刷磨屑作用，且能促进摩擦片的分离，但它易造成液体摩擦，使摩擦系数降低。前进挡各有 8 片主、被动摩擦片。

（2）中间轴结构（图 3-27 中 8，14；9，13）。中间轴 8 两端支承在滚动轴承上，并与齿轮 Z_8 和 Ⅰ 挡离合器外传动鼓连在一起，齿轮 Z_7 与 Ⅰ 挡离合器内传动鼓连在一起，并可在轴 8 的轴承上空转。轴 14 与后退 Ⅱ 挡离合器外传动鼓和齿轮 Z_6 连在一起，后退离合器内传动鼓与齿轮 Z_5 焊在一起，并可在轴 14 的滚动轴承上空转，Ⅱ 挡离合器主动摩擦片内花键套在内传动鼓 17 外花键上，内传动鼓 17 的内花键套在轴 8 左端外花键上。轴 8 两端支承在滚动轴承上，轴 14 左端支承在滚动轴承上，右端插入轴 8 左端孔内滚针轴承上。轴 9 与齿轮 Z_{10} 制成一体，左端装在滚针轴承上，左端通过内传动鼓 18 花键与 Ⅲ 挡离合器内主动摩擦片内花键连在一起，并支承在滚动轴承上。轴 12 与齿轮 Z_9 和 Ⅲ 挡离合器外传动鼓连在一起，左端支承在滚动轴承上，右端插入轴 9 的内孔滚针轴承内，地下矿用汽车内，在轴 9 的最左端有一段花键轴与停车制动器相连，把制动器的制动力矩传递到惰轮轴 9 上（图 3-27 上未表示出）。

（3）输出轴。输出轴 11 两端可以通过法兰与前后桥法兰相连，右端也可以装上鼓式停车制动器 10，齿轮 11 通过花键与轴 11 相连。

（4）惰轮轴 16（见图 3-29）。惰轮轴 16 装在前盖 1 上，惰轮 Z_4 通过两个锥轴承可在轴 16 上空转。惰轮 Z_4 同时与输入轴上的齿轮 Z_1、轴 14 上的齿轮 Z_5 啮合。

C　R32000 系列变速箱

图 3-32 所示为四速 R32000 系列变速箱外形图，图 3-33 所示为四速 R32000 系列变速箱结构图。

a　变速箱组成

R32000 变速箱由齿轮、轴、换挡离合器、换挡操作阀等系统组成，具有 4 个前进挡和 4 个倒退挡（见表 3-22）。该变速箱共有 6 根轴。

图 3-32　四速 R32000 系列变速箱外形图

（1）输入轴 1。它的前端法兰通过传动轴与液力变矩器的涡轮输出轴相接。输入轴上齿轮与中间轴 2 倒退挡离合齿轮及中间轴 3 前进离合器齿轮啮合。

表 3-22　四速 R32000 系列变速箱传动路线

挡位		接合离合器	传动路线	传动比		
				R32421	R32428	R32420
前进	Ⅰ	F、LOW	Z_1、Z_6、Z_7、Z_3、Z_5、Z_9、Z_{10}、Z_{12}、Z_{12}	4.76	4.84	5.10
	Ⅱ	F、2nd	Z_1、Z_6、Z_{10}、Z_{12}、Z_{12}	2.25	2.29	2.40
	Ⅲ	F、3rd	Z_1、Z_6、Z_7、Z_3、Z_4、Z_8、Z_{10}、Z_{12}、Z_{12}	1.30	1.12	1.38
	Ⅳ	F、4th	Z_1、Z_6、Z_7、Z_3、Z_5、Z_9、Z_{11}、Z_{12}、Z_{12}	0.72	0.73	0.80
后退	Ⅰ	R、1LOW	Z_1、Z_2、Z_5、Z_9、Z_{10}、Z_{12}、Z_{12}	4.76	4.84	5.10
	Ⅱ	R、2nd	Z_1、Z_2、Z_3、Z_7、Z_{10}、Z_{12}、Z_{12}	2.25	2.29	2.40
	Ⅲ	R、3rd	Z_1、Z_2、Z_4、Z_8、Z_{10}、Z_{12}、Z_{12}	1.30	1.12	1.38
	Ⅳ	R、4th	Z_1、Z_2、Z_5、Z_9、Z_{11}、Z_{12}、Z_{12}	0.72	0.73	0.80

（2）中间轴2、3、4、5。轴2上装有倒退挡离合器R及Ⅲ挡离合器，还有四个齿轮，这些齿轮分别与轴3和轴4上的齿轮相啮合，且均为相啮合齿轮，轴2两端通过滚珠轴承支承在变速箱的箱体上。

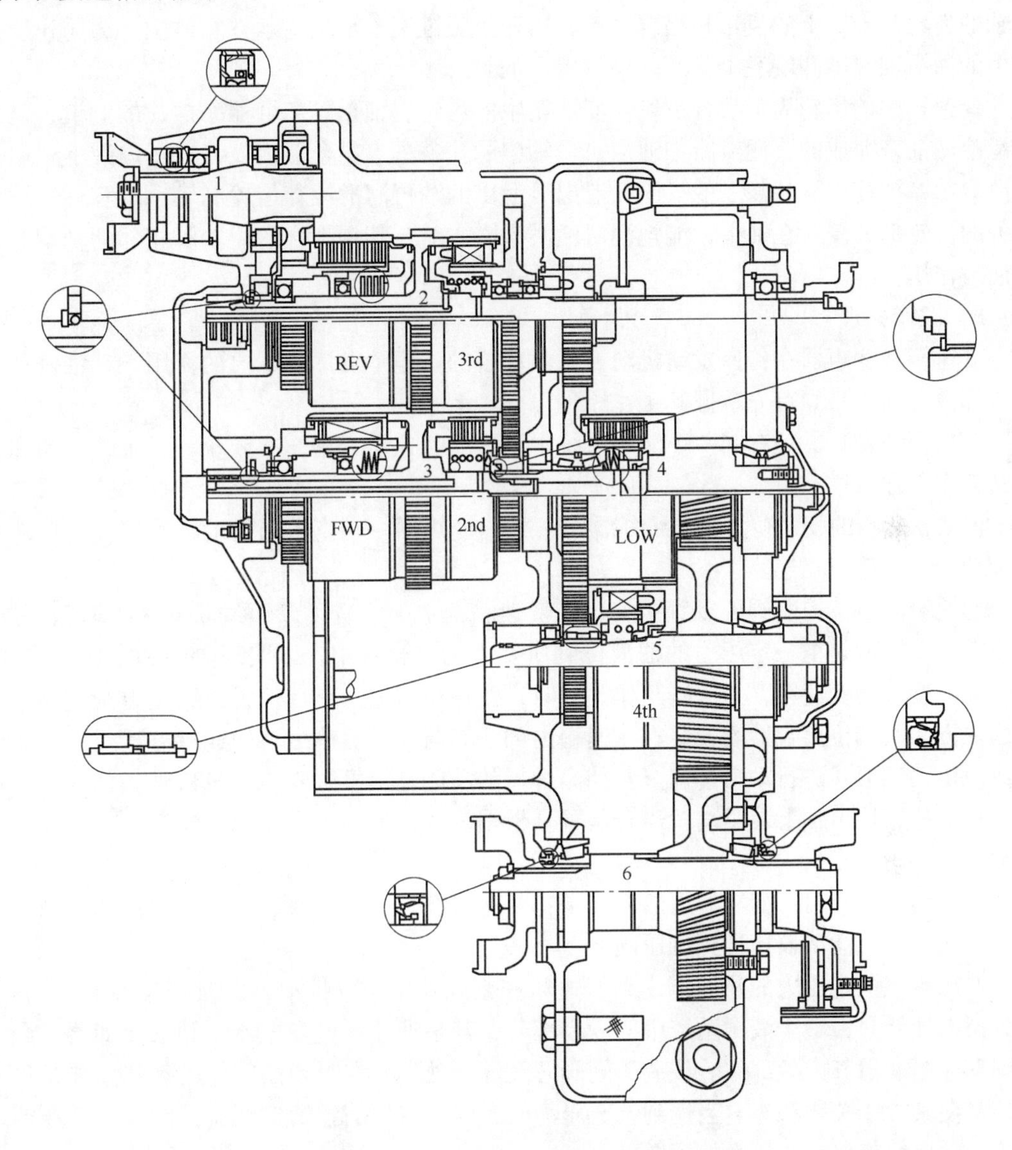

图3-33 四速R32000系列变速箱结构图

轴3上也装有两个离合器，一个是前进挡离合器F、一个是第二（2nd）挡离合器，轴3的两个齿轮分别与轴2上的两个齿轮相啮合，轴3的左端由滚珠轴承支承在变速箱的箱体上，右端经滚针轴承支承在轴4上；轴4上装有一个LOW挡离合器和三个齿轮，左端齿轮是第二（2nd）挡离合器的从动部分的齿轮，第二（2nd）挡离合器接合后，轴3的动力可通过第二（2nd）挡离合器直接传递给轴4，轴4上的三个齿轮分别与轴2和轴5上的齿轮相啮合，轴4两端由滚珠轴承支承在变速箱的箱体上；轴5上装有第四（4th）挡离合器和一个制动器（即右端箱体外面结构尺寸较大与离合器结构类似的为制动器，又称为驻车制动器)，轴 5 上装有的两个齿轮分别与轴 4 和轴 6 上的齿轮相啮合，轴 5 左端由滚柱轴承右端由双列圆锥滚子轴承支承在箱体上。

（3）输出轴 6。输出轴两端接盘分别与地下矿用汽车的前后驱动桥的传动轴相连，输出轴的齿轮与轴 5 上的齿轮相啮合，此轴用两个圆锥滚子轴承支承在箱体上，为防止变速箱中的油沿输出轴两端溢出，两端均设置了油封。

变速箱中的齿轮为常啮合齿轮。变速箱中的齿轮、轴承、离合器摩擦片的润滑，是由润滑冷却油来完成的，润滑冷却油从每个轴中的孔道进入离合器内鼓，通过内鼓上径向孔润滑冷却摩擦片后从外鼓上的径向孔泄出，泄出的油再润滑冷却齿轮和轴承等零件。输出轴上的齿轮部分浸入在油中，能把润滑油溅起来，对与其相啮合的齿轮和相邻的轴承起飞溅润滑作用。

b　工作原理

变速箱和变矩器在传递发动机动力到驱动桥的过程中发挥着重要的作用。在维修和使用该部件之前，必须首先掌握其工作原理。

变速箱和变矩器是在同一个液压系统中工作的。在研究中，必须统一起来，认识和掌握其工作原理。

R 型变速箱的安装位置是与变矩器分开的。变矩器一端直接与发动机连接，另一端通过传动轴与变速箱相连。

变速箱的挡位控制阀可以直接安装在变速箱前盖上，也可以通过软管和变速箱相连。控制阀的功能就是把一定压力的油液传到所要求的离合器中，以实现方向和速度的变换。对于某些型号的变速箱，当进行工作制动时，变速箱即进入空挡位置，这是由制动阀来控制的。方向及挡位离合器均安装在变速箱内部，其与变矩器输出轴的连接方式或以齿轮形式或以传动轴形式进行动力传递。各挡离合器的功能是提供所要的方向和速度大小。

在变速箱输出轴上装驱动桥离合装置。根据需要，可以用手动换挡任意连接或脱开后驱动桥的动力。

当发动机运转时，变矩器上的充油泵将变速箱底壳中的油通过可更换的吸油滤网吸入泵内，然后通过滤清器压送到调压阀。

调压阀将一定压力的油液传递到变速箱控制阀盖中，以推动方向及挡位离合器动作。部分所需油量只占整个液压系统中的一小部分，其余油液经过变矩器传到油冷却器，最后流到变速箱润滑其中各部件。该调压阀阀芯经淬火处理，在封闭的阀体内动作。弹簧顶着阀芯，使其处于关闭状态。当达到调定压力时，阀芯将压缩弹簧直到打开阀体上液压油口溢流，从而保证该系统压力的恒定。

油液在进入变矩器壳体后，经过导轮支座进入变矩器叶片腔，流入涡轮轴与变矩器座间的通道。然后流出变矩器，经过油冷却器来到变速箱中的润滑接头，再通过一系列管道和通道润滑变速箱轴承和离合器等部件。最后，靠重力作用，流回变速箱油底壳。

换挡控制阀由带有选择阀芯的阀体组成。选择阀芯中的定位钢球和弹簧对每挡速度限定一个位置。方向阀芯中的定位钢球和弹簧有三个位置，分别对应前进、中位和后退。

当发动机运转，而方向控制阀杆处于中位时，来自调压阀的油压被控制阀封闭，变速箱处于空挡。当向前或向后移动离芯时，一定压力的油液就会按要求流入前进或后退离合器中去。当选择其中一个方向离合器工作时，另外一个离合器中的油液就通过方向控制阀芯流回油箱。对于变速挡位选择，其工作情况相同。

方向和速度离合器均由带内花键的外鼓和容纳液压活塞的缸筒组成。活塞用密封圈密封。先将带有外齿的钢片（见图3-34）装入外鼓内，紧靠活塞。然后装入带内齿的摩擦片（见图3-35）。如此交替装入，直至装到所要求的片数为止。最后装入一个厚挡板并用卡环固定。将外径为花键的盘毂插入带内齿的摩擦片内孔中。只要没有向离合器施加油压，摩擦片和盘毂都可自由转动或以相反的方向回转。

如前所述，为使离合器结合，控制阀需设置在选定的位置。使来自控制阀的压力油通过变速箱内的通道流到选定的离合器轴中。轴上钻有孔道，以便压力油进入轴中。轴上装有密封圈，引导压力油流向选定的离合器中。油的压力推动活塞，使摩擦片靠紧厚板。带外齿的钢片和带内齿的摩擦片压紧，使盘毂和离合器轴锁固成一体，一起旋转。

有些型号的离合器活塞中装有泄油钢球，有些型号的离合器活塞中带有泄油孔，当作用在活塞上的压力撤销时，它们能让油液快速排放，如图3-36所示。

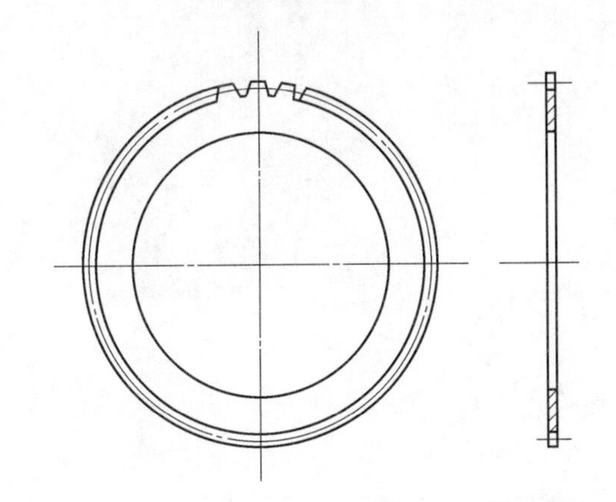

图3-34　被动摩擦片

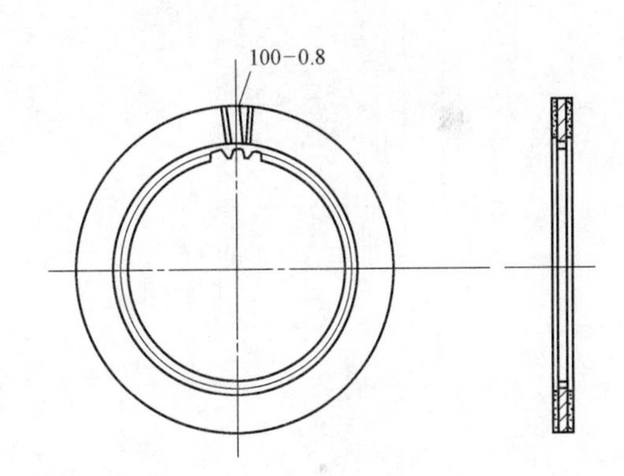

图3-35　主动摩擦片

c　传动路线

4速R32000系列变速箱的传动简图如图3-37所示。该变速箱是由两个二自由度变速箱串联组合而成的组合式变速箱，其自由度为3。

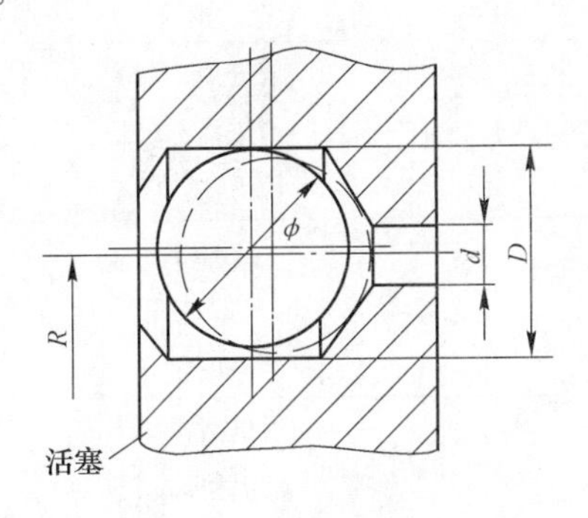

图3-36　钢球排油阀

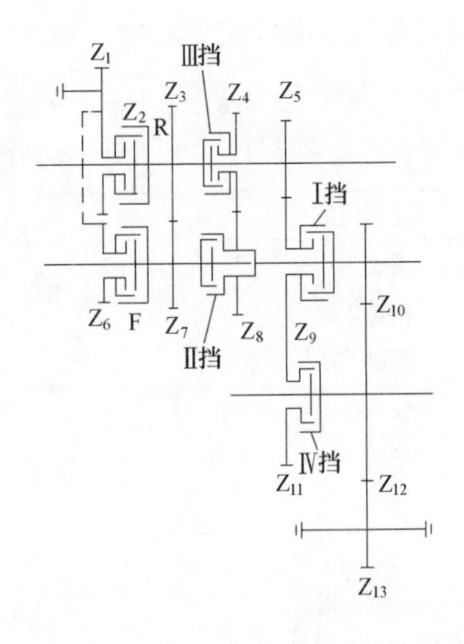

图3-37　四速R32000系列变速箱传动简图

变速箱中有两个换向离合器，即离合器 R 为后退挡离合器，离合器 F 为前进挡离合器。这两个离合器和五个齿轮（Z_1、Z_2、Z_3、Z_6、Z_7）及轴 1、2、3 组成换向（即前进和后退）二自由度变速箱。其余的四个换挡（或称变速）离合器和八个齿轮（Z_4、Z_5、Z_8、Z_9、Z_{10}、Z_{11}、Z_{12}、Z_{12}）及轴 2、4、5、6 组成换挡（即变速）二自由度变速箱。它有 4 个前进挡和 4 个后退挡，可视为由换向部分（R、F）和换挡部分（1、2、3、4）串联组成，串联后挡数为 2×4=8 个。

d　R32000 系列电液压操纵变速箱

（1）电磁阀与阀板（见图 3-38）。

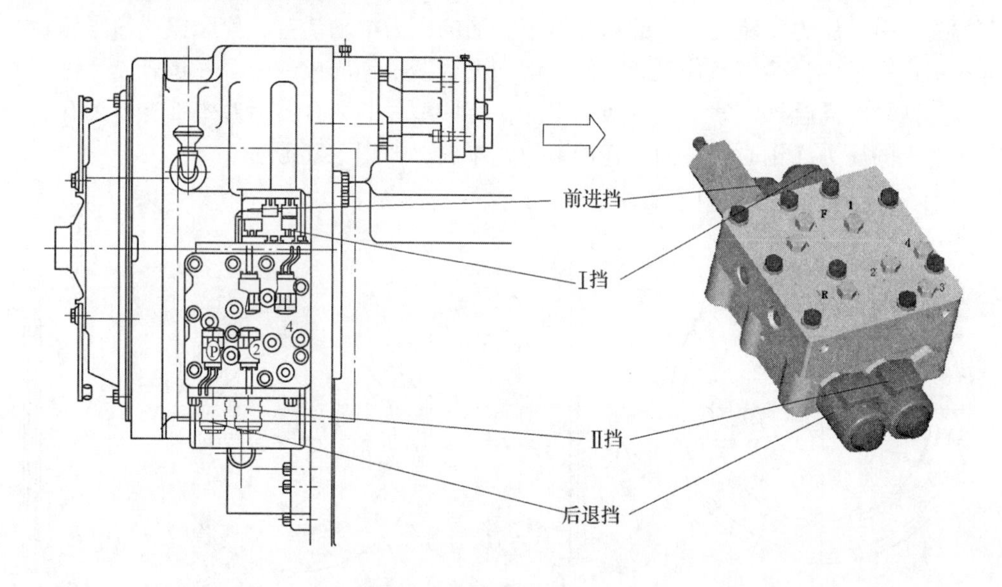

图 3-38　电磁阀与阀板

图中 R、F、1、2、3、4 表示后退挡、前进挡、Ⅰ挡、Ⅱ挡、Ⅲ挡、Ⅳ挡的油压检测口。

（2）各挡位时的工作电磁阀和结合离合器。各挡位时的工作电磁阀和结合离合器见表 3-23。

表 3-23　各挡位时的工作电磁阀和结合离合器

车辆挡位	带电电磁阀	结合离合器
前进 3 挡	前进挡	前进挡，3 挡
前进 2 挡	前进挡，2 挡	前进挡，2 挡
前进 1 挡	前进挡，1 挡，2 挡	前进挡，1 挡
空挡 3 挡	—	3 挡
空挡 2 挡	2 挡	2 挡
空挡 1 挡	1 挡，2 挡	1 挡
后退 3 挡	后退挡	后退挡，3 挡
后退 2 挡	后退挡，2 挡	后退挡，2 挡
后退 1 挡	后退挡，1 挡，2 挡	后退挡，1 挡

D 5000 系列变速箱

5000 系列变速箱的外形图、侧视图、结构图分别如图 3-39 ~ 图 3-41 所示。

图 3-39 5000 系列变速箱外形图

从以上三个图中可以看出，5000 系列变速箱的结构与 R20000、R32000 系列有许多相似之处。不同的是：5000 系列变速箱离合器布置在箱体外，这给离合器的维修带来方便，更换离合器可以不拆卸变速箱。而 R20000、R32000 系列变速箱的离合器布置在箱体内，结构紧凑，轴承受力情况得到改善，变速箱形状规整，有利于总体布置；另外，5000 系列变速箱压力油管与润滑油管是外置式，结构简单。而 R20000、R32000 系列变速箱有外置式，更多的是内置式，在支承轴内打油孔，这种结构工艺复杂。

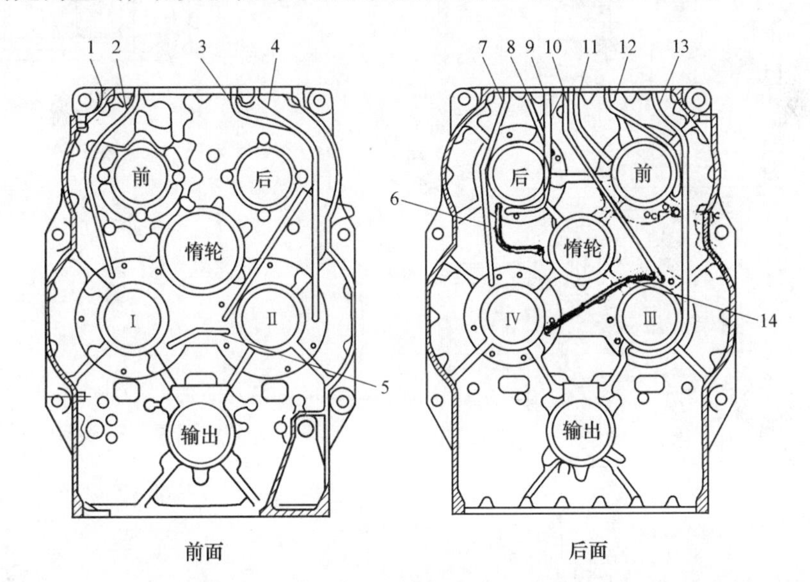

图 3-40 5000 系列变速箱侧视图（序号的名称见图 3-33）

1—变速箱盖；2—Ⅰ挡离合器压力油管；3—Ⅱ挡离合器润滑管；4—Ⅱ挡离合器压力油管；
5—Ⅱ挡与Ⅰ挡重叠润滑管；6—后退到惰轮重叠润滑管；7—Ⅳ挡离合器油管；
8—后退离合器压力油管；9—后退离合器润滑油管；10—Ⅲ挡润滑油管；
11—输入润滑管；12—输入离合器压力油管；13—Ⅲ挡离合器压力油管；
14—Ⅲ挡与Ⅳ挡重叠的润滑油管

5000 系列变矩器主要由 6 根轴、6 个离合器、14 个齿轮、箱体、箱罩、调节阀、轴承等组成。前进、后退、Ⅲ挡、Ⅳ挡离合器外传动鼓的结构如图 3-42 所示。Ⅰ挡、Ⅱ挡离合器外传动鼓结构如图 3-43 所示，件号名称同图 3-42。后两种传动鼓的结构基本相同，只是一个外传动鼓带齿轮，另一个传动鼓带外花键。离合器支座用螺钉固定在箱体上。5000 系列变速箱传动简图如图 3-44 所示。四速 5000 系列变速箱传动路线见表 3-24。

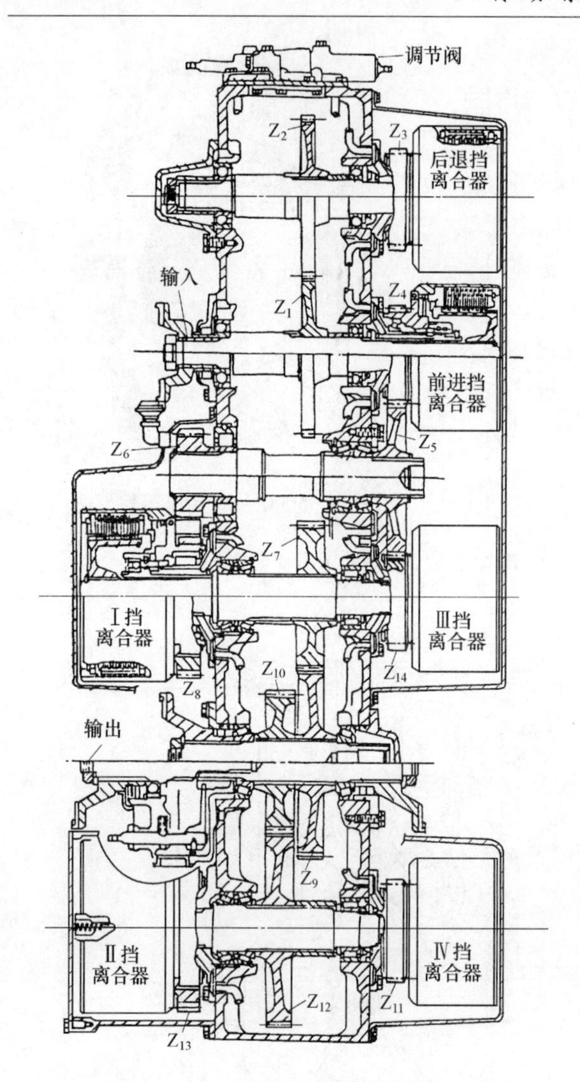

图 3-41　5000 系列变速箱结构图

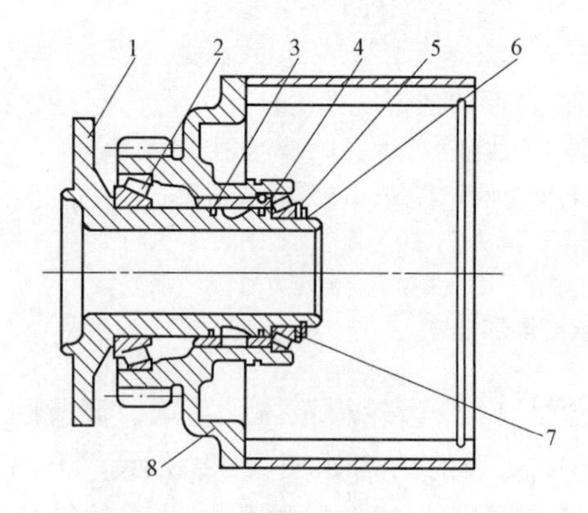

图 3-42　前进、后退、Ⅲ挡、Ⅳ挡离合器外传动鼓结构

1—离合器支座；2—内圆锥轴承；3—活塞环；
4—活塞环外座圈；5—外锥轴承；6—弹簧挡圈；
7—垫圈；8—外传动鼓

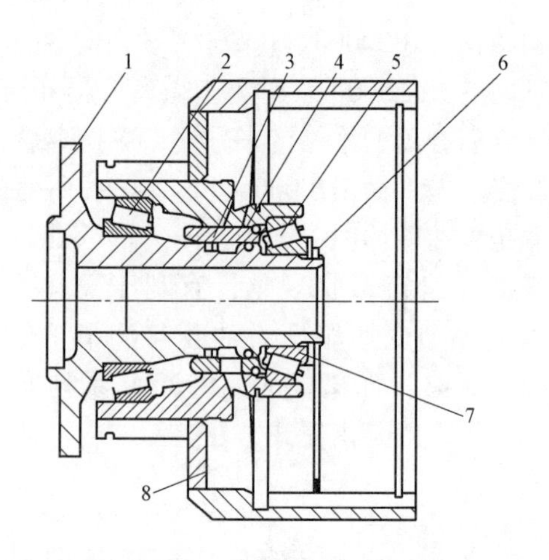

图 3-43　Ⅰ挡、Ⅱ挡离合器外传动鼓结构

1—离合器支座；2—内圆锥轴承；3—活塞环；
4—活塞环外座圈；5—外锥轴承；6—弹簧挡圈；
7—垫圈；8—外传动鼓

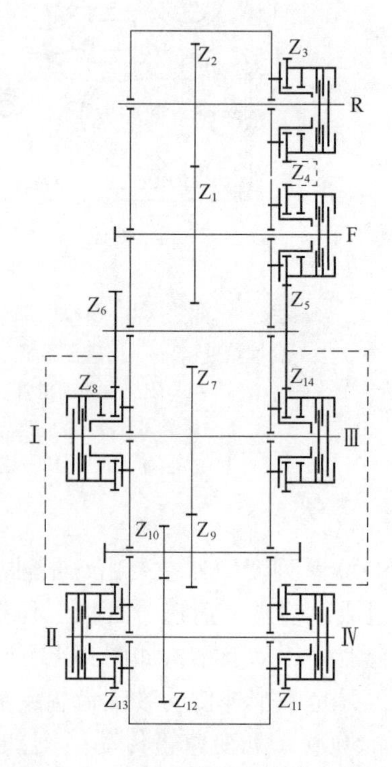

图 3-44　5000 系列变速箱传动简图

表3-24 四速5000系列变速箱传动路线

挡位		接合离合器	传动路线	传动比		
				5421	5420	5422
前进	Ⅰ	F、Ⅰ挡	Z_4、Z_5、Z_6、Z_8、Z_7、Z_9	4.09	5.33	4.33
	Ⅱ	F、Ⅱ挡	Z_4、Z_5、Z_6、Z_{12}、Z_{10}	2.27	2.74	2.26
	Ⅲ	F、Ⅲ挡	Z_4、Z_5、Z_{14}、Z_7、Z_9	1.29	1.40	1.40
	Ⅳ	F、Ⅳ挡	Z_4、Z_5、Z_{11}、Z_{12}、Z_{10}	0.72	0.72	0.78
后退	Ⅰ	R、Ⅰ挡	Z_1、Z_2、Z_3、Z_5、Z_6、Z_8、Z_7、Z_9	4.09	5.33	4.43
	Ⅱ	R、Ⅱ挡	Z_1、Z_2、Z_3、Z_5、Z_6、Z_{12}、Z_{10}	2.27	2.74	2.26
	Ⅲ	R、Ⅲ挡	Z_1、Z_2、Z_3、Z_4、Z_5、Z_{14}、Z_7、Z_9	1.29	1.40	1.40
	Ⅳ	R、Ⅳ挡	Z_1、Z_2、Z_3、Z_5、Z_{11}、Z_{12}、Z_{10}	0.72	0.72	0.78

E TE27/32比例控制动力换挡变速箱

TE27/32系列是Dana公司新一代产品，应用最新电子控触技术，可以实现自动换挡、电子调压换挡品质控制以及电子微动控制。

TE27/32用于重型机械上，使用功率范围为215~320kW(290~430hp)。图3-45是它的外形图。图3-46是它的剖面图，图3-47为传动路线和挡位表。

图3-45 TE27/32比例控制动力换挡变速箱外形图

其传动方案主要特点是在同一轴线上布置了断开的两根独立转动的轴（见图3-47中B和D轴，C和O轴），可通过离合器连接或分离，其作用相当于增加了轴线，扩大了挡位、速比和传动路径选择的可能性。

该变速箱为3自由度，采用图3-47所示结合元件组合方案2×4=8可得8个挡位，4个前进挡和4个后退挡。如再加一个结合元件，共计7个结合元件，采用3×4结合元件组成方案，可以获得12个挡位，8个前进挡、4个后退挡。

该变速箱轴线少，因此横向尺寸紧凑。但轴向长度增长，它将长轴变成两根短轴，增加了中间支承，使箱体结构和加工稍复杂些。但短轴结构支承刚度好，结构简单，加工方便。该变速箱每个挡位，定动路线较短，平均经3对齿轮传动，啮合传动齿轮对数少，传动效率较高。

a 动力换挡变速箱简明符号图

为了理解方便、表达清晰和容易理解变速箱的传动路线，了解其设计思想，提出以下简明符号来表示变速箱的传动方案。

图中符号的说明（见图3-47）：

（1）齿轮、轴和离合器符号。齿轮：○；转轴：--；固定轴：⫳⫲；离合器：=或‖。

（2）齿轮和轴连接关系。⊙齿轮空套在轴上；⊗齿轮与轴固定连接；⊡齿轮通过离合

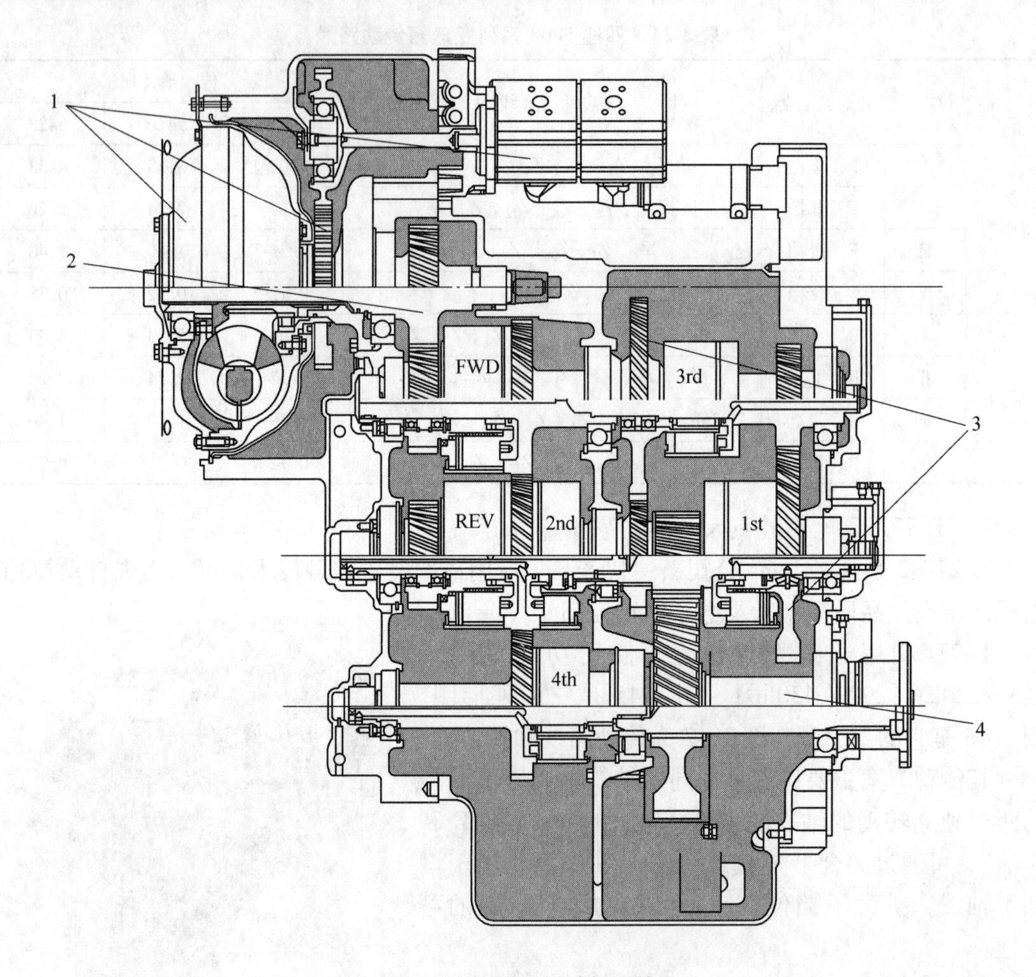

图 3-46 TE27/32 剖面图

注：变速箱由 5 个基本部分组成：1—变矩器、驱动区和压力调节阀；2—输入轴和方向离合器；3—挡区离合器；4—输出区；5—变速箱控制阀（图中未表示）

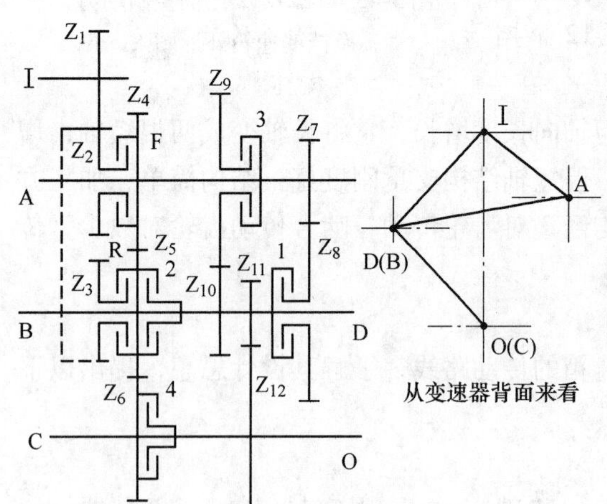

Dana TE27/32 变速器					
挡位		结合元件		轴传动路线	传动齿轮对数
前进	1	F	1	I–A–D–O	3 对
	2		2	I–A–B–D–O	3 对
	3		3	I–A–D–O	3 对
	4		4	I–A–B–C–O	3 对
后退	1	R	1	I–B–A–D–O	4 对
	2		2	I–B–D–O	2 对
	3		3	I–B–A–D–O	4 对
	4		4	I–B–C–O	2 对

图 3-47 TE27/32 传动路线和挡位表

器和轴连接。

(3) 齿轮和齿轮连接关系。○—○双联齿轮；○←→○齿轮和齿轮啮合；○┤├○齿轮和齿轮通过离合器接合。

(4) 轴与轴通过离合器连接：┤├。

b 实例说明（以 DanaTE27/32 变速箱为例）

作图步骤：

(1) 在传动简图上标志出所有构件的编号。齿轮：从 Z_1 ~ Z_{12}。轴：输入轴 1，中间轴：A、B、C、D；输出轴 O。离合器：Ⓕ、Ⓡ、①、②、③、④。

(2) 横线代表轴线，共有 4 个轴心线，6 根轴。

(3) 对每根轴画出其上的齿轮并表示连接关系。

(4) 画出齿轮与齿轮之间的连接。

(5) 画出轴与轴之间的连接关系。

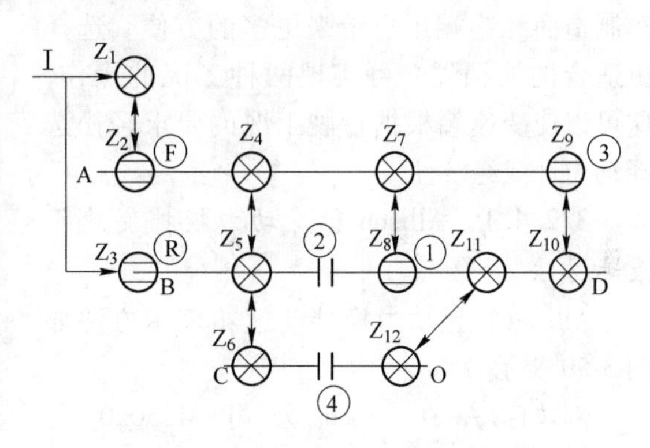

图 3-48 TE27/32 简明符号图

图 3-48 即为 TE27/32 变速箱的简明符号图，该图表示的是传动元件（齿轮轴和离合器）之间的连接和传动关系，轴承是支承元件可以不表示。与齿轮固接的轴以及相互啮合的齿轮彼此连接组成一个独立转动组件，独立转动组件数就是该变速箱的自由度。

TE27/32 变速箱有 3 个独立转动组件，因此该变速箱为 3 自由度。独立转动组件之间布置着多个离合器只要接合 1 个（应该说明不能同时接合 2 个），离合器就把 2 个独立转动组件变成 1 个独立转动组件，3 自由度变速箱只需接合 2 个（不同独立转动组件间），离合器就能变成具有一定传动速比的传动装置。

3.2.4 Allison 行星动力换挡变速箱

Allison 作为中重载自动变速箱技术的领先者及世界上最大的中重载自动变速箱的生产厂商，其产品的 5000、6000 系列，8000、9000 系列及 4000 系列中的 45000FS/47000FS 变速箱在非公路领域有着广泛的应用。

图 3-49 M5610 变速箱

从第 1 章已知：大型地下矿用汽车大都采用 4000、5000（见图 3-49）和 6000 非公路型变速箱。在这些变速箱里带变矩器和闭锁离合器、行星齿轮组以及液压离合器。同时有液压缓速器、驻车制动器、取力器（在不同的位置）或分动箱等可选装置来满足更多的需求。大型地下矿用汽车采用的是 M6610AR 变速箱。

Allison M6610AR 全自动电子控制，柔性换挡模式，组合一体的液力变矩器、液力缓速器和行星齿轮变速箱安装在车架中部。6 个前进挡、1 个倒挡，变矩器在所有挡位能够自动闭锁，车厢举升只限于前进第一挡，具有降挡抑制器和液力缓行器。在 2010 Bauma 亮相的 Allison 6620 型全自动变速箱。新型的 6620 变速箱在原有的 Allison 6000 系列变速箱基础上做了大量改进，新变速箱应用了最先进的硬件和软件，应用于 70t 以下的自卸车，新型号提高了整车耐久性，进一步降低了运营成本，并简化维护过程。

新型的 6620 变速箱在市场上替代 6610，旨在适应市场上新型发动机日益普遍的特性变化趋势，发动机数控技术的应用使 6620 变速箱动力传动系统中的扭矩反应变得更加灵敏，从而使动力传动系统得到保护。

在软件方面，6620 使用了全新的 CEC3 电子控制系统，其中包括扩展的 CAN 通信系统，以及其他的软件界面的升级，这将给整车制造商和终端用户带来更多的方便。选择更适合的换挡器，可实现两种工况的操作，这可以使变速箱根据行驶工况的要求轻松选择动力性或经济性。

3.2.4.1 Allison 行星动力换挡变速箱表示方法

Allison 行星动力换挡变速箱表示方法如图 3-50 所示。

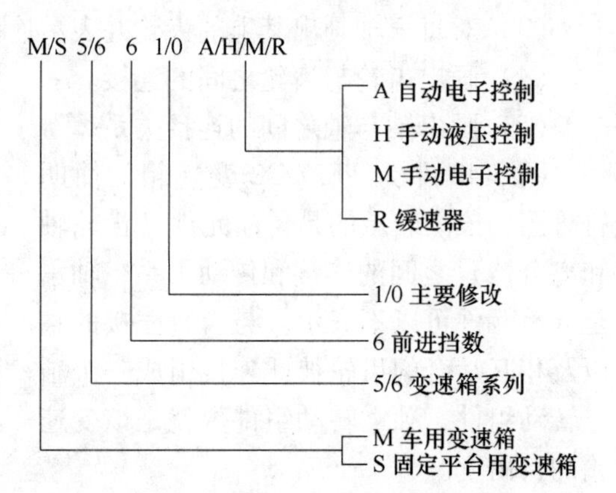

图 3-50 Allison 行星动力换挡变速箱表示方法

例如：Atlas copco 公司 MT5020 和 MT6020 大型地下矿用汽车采用的 Allison 公司 M6610AR 变速箱。M6610AR 表示 Allison 车用 6000 系列 6 挡电子自动控制，带缓速器的变速箱。

3.2.4.2 Allison 非公路行星动力换挡变速箱主要参数

Allison 非公路行星动力换挡变速箱主要参数见表 3-25 ~ 表 3-27。

表 3-25 输入/输出额定值（M5610）

参数		单位	M5610	
			通用	载重卡车
输入转速	满载最大调速速度	r/min	2500	2500
	满载最小调速速度		1900	1900
	最低怠速		550	550
输入最大净功率		kW (hp)	410 (550)	410 (550)
输入最大净扭矩		N · m (lb · ft)	2373 (1750)	2373 (1750)
最大涡轮净扭矩		N · m (lb · ft)	4230 (3120)	4713 (3476)

表 3-26 输入/输出额定值（M6610）

参数		单位	M6610
			通用
输入转速	满载最大调速速度	r/min	2500
	满载最小调速速度		1900
	最低怠速		550
输入最大净功率		kW （hp）	529 （710）
输入最大净扭矩		N·m （lb·ft）	3078 （2270）
最大涡轮净扭矩		N·m （lb·ft）	5139 （3790）

表 3-27 M5610 与 M6610 速比

各挡位速比		各挡位速比	
前进挡	倒挡	前进挡	倒挡
Ⅰ=4.00	Ⅰ=5.12	Ⅳ=1.35	
Ⅱ=2.68	Ⅱ=3.46	Ⅴ=1.00	
Ⅲ=2.01		Ⅵ=0.67	

3.2.4.3 Allison 非公路行星动力换挡变速箱工作原理

动力从变矩器通过主轴进入行星齿轮变速机构（见图 3-51），在这个机构中，多套行星齿轮副一起工作，产生不同速比以满足车辆不同的负载和行驶速度要求。和手动变速箱的滑动齿轮机构不同，行星齿轮副是处于常啮合状态。每套行星齿轮由太阳轮、行星轮和外齿圈组成，如果使它们之中其中一个固定，转动另一个，可使第三个以不同的转速或不同的转向转动，多个行星齿轮副的不同组合，便可得到多个不同的传动比和转向。

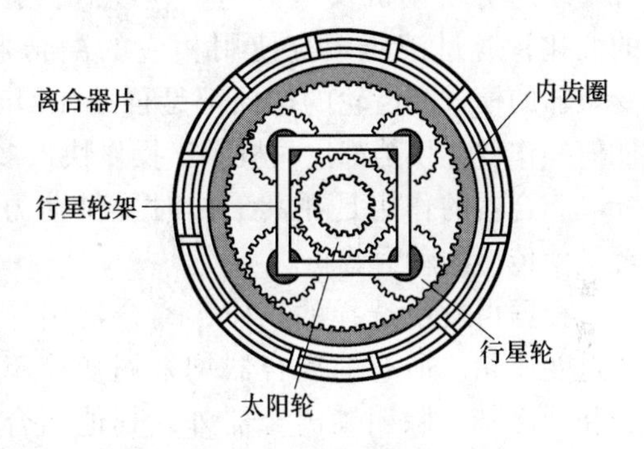

图 3-51 行星齿轮变速机构

A 行星轮工作原理

设太阳轮的齿数为 Z_1，齿圈齿数为 Z_2，太阳轮、齿圈和行星架的转速分别为 n_1、n_2、n_3，并设齿圈与太阳轮的齿数比为 α，即 $\alpha = Z_2/Z_1$。

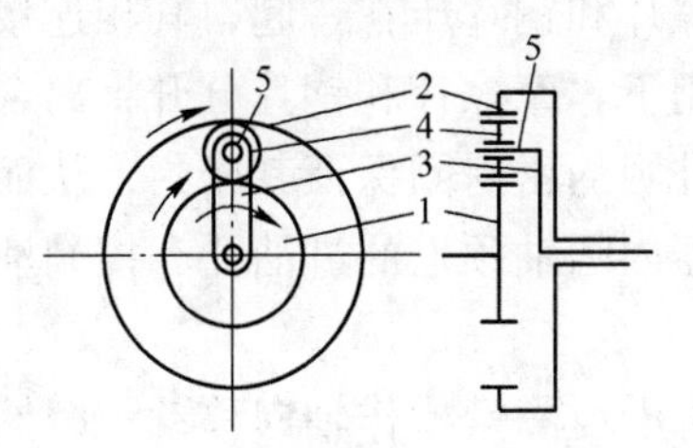

图 3-52 行星轮工作原理
1—太阳轮；2—齿圈；3—行星架；4—行星齿轮；5—行星齿轮轴

则行星齿轮机构的一般运动规律可表达为：

$$n_1 + \alpha n_2 - (1 + \alpha) n_3 = 0$$

由上式可以看出，在太阳轮、齿圈和行星架三个基本元件中，可任选两个分别作为主动件和从动件，而使另一个元件固定不动（使该元件转速为零）或使其运动受一定约束（使该元件的转速为某一定值），则整个轮系即以一定的传动比传递动力（见图 3-52 和表 3-28）。不同的连接和固定方案可得到不同的传动比。

表 3-28　行星齿轮传动速度和扭矩的基本原理

行星架	太阳轮	行星齿圈	输出速度	输出扭矩	输出方向
输　出	输　入	固　定	减少许多	增　加	同输入
输　出	固　定	输　入	减　少	增　加	同输入
输　入	输　出	固　定	增加许多	减　少	同输入
输　入	固　定	输　出	增　加	减　少	同输入
固　定	输　入	输　出	减　少	增　加	与输入相反
固　定	输　出	输　入	增　加	减　少	与输入相反
如果三元件中任意两元件一起运动，第三元件也一起运动，速比 1∶1					

如果行星架：（1）作为输出，输出速度降低扭矩增加；
（2）作为输入，速度增加扭矩减少；
（3）固定，输出与输入反向

B　多片离合器

在行星齿轮变速机构中，有一系列的多片离合器，它的结构如图 3-53 所示。这些离合器的分离或接合使不同的行星齿轮副组合，产生多个前进挡及倒挡。

控制自动变速箱功能的是液压控制阀板，它可连续感应发动机及车辆速度、载荷、道路情况的变化，通过液压系统使用相应的离合器动作。变矩器的模式和齿轮的选挡都是自动和即时性的，任何操作变化换挡都比司机手工操作快得多。

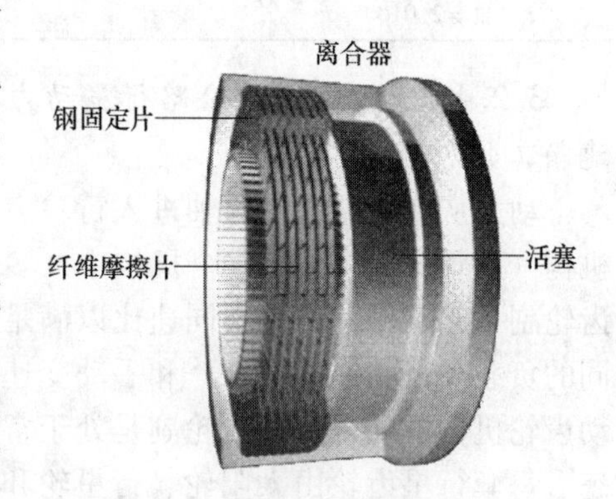

图 3-53　离合器结构

离合器的作用是在其工作时提供动力输入或者是使传递的动力截止。

根据司机所选择的挡位，离合器引导扭矩流通过变速箱。所有的离合器均采用变速箱油压结合和油冷却。除闭锁离合器外，其他离合器均为弹簧分离。闭锁离合器由变扭器油压分离。闭锁离合器磨损后自动补偿，不需要调整。

离合器的类型有两种，一种是旋转离合器，另一种是固定离合器。

当离合器未结合时，摩擦片和钢片之间可以相对运动，摩擦片和钢片又分别与其他零件通过花键和齿相连接；当离合器结合时，活塞使得摩擦片和钢片压在一起，其相连接的零件也被锁定在一起，当离合器分开时，在弹簧力的作用下，摩擦片和钢片分开，离合器活塞安装在离合器鼓内，它是一种环状活塞，由活塞内外圆的密封圈保证其密封，从而和离合器鼓一起形成一个封闭的环状液压缸，并通过离合器内圆轴颈上的进油孔和控制油道连通。钢片和摩擦交错排列，两者统称为离合器片。

钢片的外花键齿安装在离合器鼓的内花键齿圈上，可沿齿圈键槽作轴向移动；摩擦片由其内花键齿与离合器毂的外花键齿连接，也可沿键槽作轴向移动。摩擦片的两面均为摩擦系数较大的铜基粉末冶金层或合成纤维层。离合器鼓或离合器毂分别以一定的方式和变速箱输入轴或行星排的某个基本元件相连接，一般离合器为主动件，离合器毂为从动件。

当来自控制阀的液压油进入离合器液压缸时，作用在离合器活塞上液压油的压力推动活塞，使之克服回位弹簧的弹力而移动，将所有的钢片和摩擦片相互压紧在一起；钢片和摩擦片之间的摩擦力使离合器鼓和离合器毂连接为一个整体，分别与离合器鼓和离合器毂连接的输入轴或行星排的基本元件也因此被连接在一起，此时离合器处于结合状态。当液压控制系统将作用在离合器液压缸内的液压油的压力解除后，离合器活塞在回位弹簧的作用下压回液压缸的底部，并将液压缸内的液压油从进油孔排出。此时钢片和摩擦片相互分离，两者之间无压力，离合器鼓和离合器毂可以朝不同的方向或以不同的转速旋转，离合器处于分离状态。当离合器处于结合状态时，互相压紧在一起的钢片和摩擦片之间要有足够的摩擦力，以保证传递动力时不产生打滑现象。离合器所能传递的动力的大小主要取决于摩擦片的面积、片数及钢片和摩擦片之间的压紧力。钢片和摩擦片之间压紧力的大小由作用在离合器活塞上的液压油的油压及活塞的面积决定。当压紧力一定时，离合器所能传递的动力的大小就取决于摩擦片的面积和片数。离合器钢片的片数应等于或多于摩擦片的片数，以保证每个摩擦片的两面都有钢片。

3.2.4.4 Allison 非公路行星动力换挡变速箱结构与传动路线

Allison 非公路行星动力换挡变速箱结构与传动路线与离合器接合与挡位关系分别如图 3-54 和图 3-55 所示。

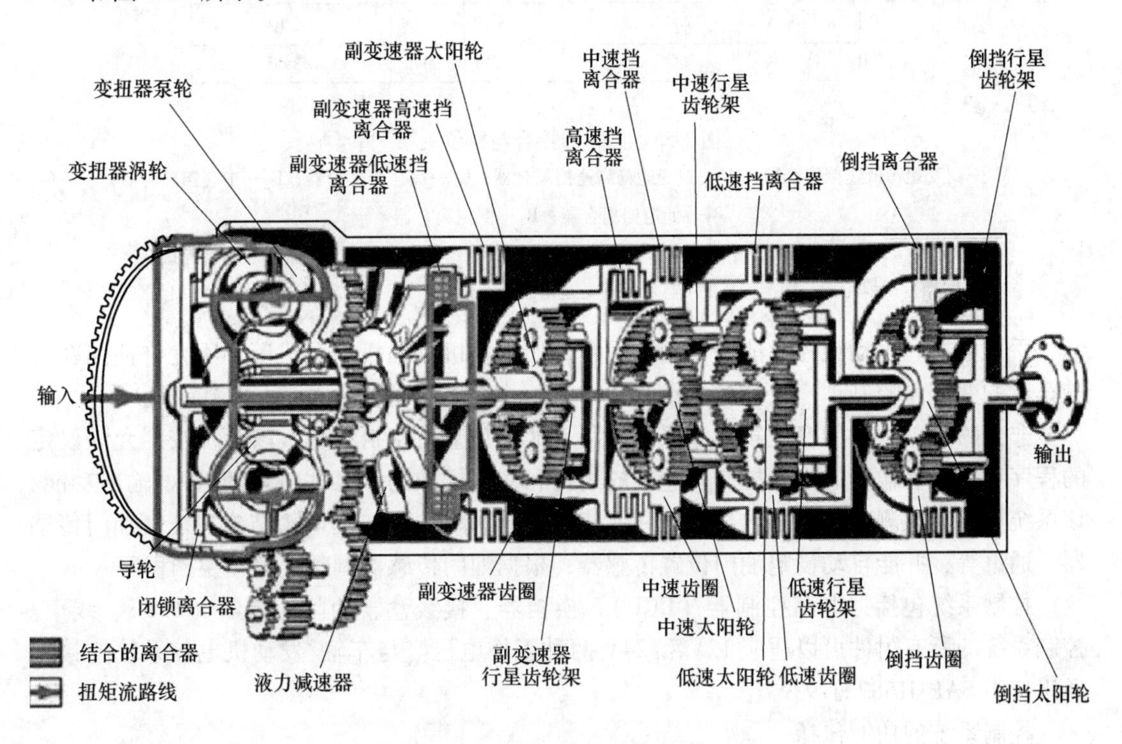

图 3-54 非公路行星动力换挡变速箱结构与传动路线（空挡）

3.2.4.5 Allison 非公路行星动力换挡变速箱换挡控制

M/S 5000、6000 系列变速箱按使用需要有 3 种不同的换挡形式：手动电控、手动液控和自动电控。三种不同的换挡形式均可使用于 5000/6000 型变速箱。三种不同换挡形式不但在换挡控制系统的安装调整上不相同，在使用操纵上也有很大的差异。

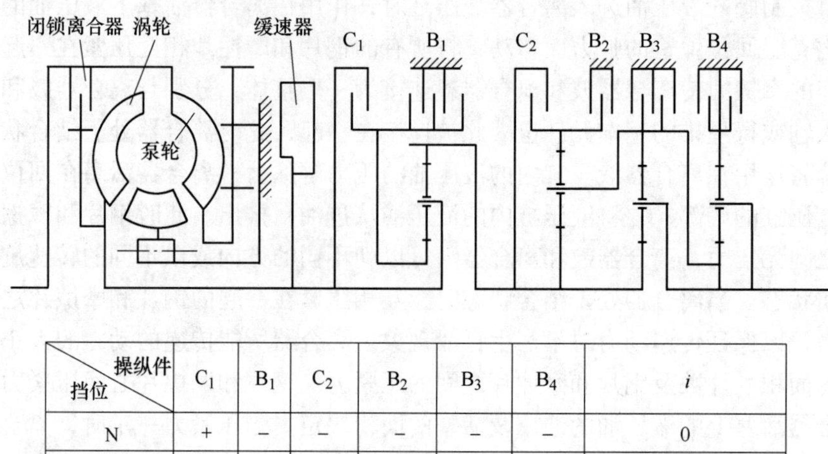

挡位＼操纵件	C_1	B_1	C_2	B_2	B_3	B_4	i
N	+	−	−	−	−	−	0
Ⅰ	+	−	−	−	+	−	4
Ⅱ	−	+	−	−	+	−	2.68
Ⅲ	+	−	−	+	−	−	2.01
Ⅳ	−	+	−	+	−	−	1.35
Ⅴ	+	−	+	−	−	−	1
Ⅵ	−	+	+	−	−	−	0.67
RⅠ	+	−	−	−	−	+	−5.12
RⅡ	+	−	−	−	−	+	−3.46

图 3-55　离合器接合与挡位关系

C_1—副变速箱低速挡离合器；B_1—副变速箱高速挡离合器；C_2—高速挡离合器；B_2—中速挡离合器；B_3—低速挡离合器；B_4—倒挡离合器

（RⅠ和RⅡ虽离合器接合相同，但传递路线不同，故 i 传动比不同。RⅠ：输入→低挡齿圈→倒挡行星齿轮架→输出。RⅡ：输入→副变速箱齿圈→低挡齿圈→倒挡行星齿轮架→输出）

手动电控和手动液控只能用于固定平台，如修井机、钻机、泵机等，不允许使用在行驶车辆的变速箱控制。

非公路行驶车辆的变速箱控制只能采用 CEC2 变速箱控制系统。该系统按照允许设定的程序和操纵者输入的指令控制变速箱的运行和实现标准的和某些特殊的输入/输出功能。该系统可自动检测变速箱的内部系统和变速箱的控制附件，如变速箱结构特征、油门传感器、通讯等；并能自动设定油门位置传感器；根据油门传感器调整变速箱换挡程序。

控制系统包括：电脑控制器（ECU）、换挡器、接线盒、油门传感器（TPS）、线束。控制系统的所有附件可以适应 12V 和 24V 两种工作电压。与车辆/发动机电控系统连接到通讯接头 SAE J1587/J1939 上。

控制系统的功能包括：

（1）检测变速箱。变速箱 ECU 检测到故障时，接线盒中的继电器闪亮驾驶室控制板上的变速箱检测灯。

（2）空挡启动。只有变速箱换挡选择器选择空挡位置时，接线盒内的空挡启动继电器闭合，发动机才可以启动。

（3）举升限速。这是车厢举升功能。当车厢处于举升位置时选择前进挡，ECU 禁止高速挡。ECU 接收的信号来自车厢下面的磁性开关。

（4）举升互锁（倒挡举升互锁）。如果车厢被举升变速箱被选择倒挡（R）时，ECU 变换传动箱挡位到空挡。要跳过此功能，停车后把换挡选择器换到空挡，然后挂入倒挡。ECU 接收到压力开关信号，这个开关安装在举升控制磁阀上。

（5）压差保持。变速箱滤清器开关感应到压差 2.5bar 时，ECU 禁止高速挡。仅在油温大于 40℃时此项功能有效。

（6）锁止挡位。锁止挡位特征被用于保护由于齿轮旋转毁坏变速箱或者防止恶劣牵引或者剧烈刹车毁坏变速箱。如果状态本身不正常，ECU 将锁住挡位禁止换挡，延迟几秒钟后再换挡，检测变速箱灯将闪亮。如果发生故障，正常操作重新开始前必须重新启动 ECU。

如果变速箱锁止挡位要重新设置 ECU，停下车，选择空挡（N），使用驻车制动并且旋转钥匙开关到“O”位置。等待 10s，然后旋转钥匙开关到重新启动发动机。选择倒挡（R）然后空挡（N）。检测传动箱灯将关闭。

（7）冷天启动。在寒冷的天气如果变速箱温度低于 -24℃ 传动箱灯将闪亮并且 ECU 禁止变速箱从空挡（N）换到其他挡位。在 -24 ~ -7℃ 之间时检测传动箱灯熄灭并且 ECU 仅允许一挡和倒挡操作。温度高于 -7℃时，允许一般正常操作。

变速箱控制系统的元件如图 3-56 所示。

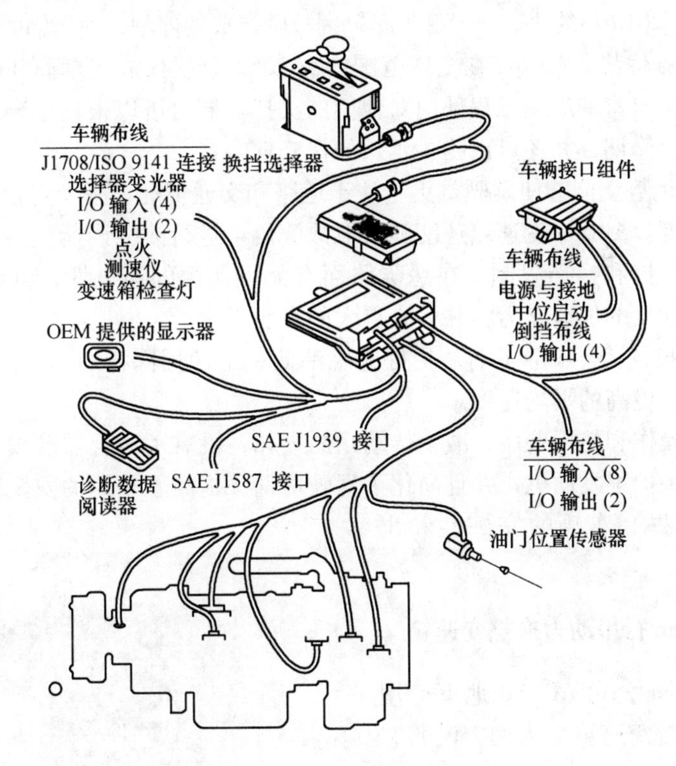

图 3-56 变速箱控制系统元件

3.2.4.6 Allison 非公路行星动力换挡变速箱优势

（1）提高车辆设备的生产率。在地下矿用汽车上使用 AMT 变速箱有更高的生产率，Allison 变速有更好的起步能力，无可比拟的加速能力，可获得更高的车速和平均速度，为车辆提供更好的操控性和更大的牵引力。

(2) Allison 变速箱操作更简便，不需要太多的培训，即使操作者水平相差很大，对车辆设备和生产影响不大，使车辆具有更好的质量和耐久性。

其维修简便，有预诊断功能，可以自动监测变速箱油、滤芯和摩擦片磨损情况，来决定是否需要保养。

(3) 提高燃油效率。Allison 变速箱与其他变速箱相比，使用同样的燃料会做更多的工作，和其他变速箱比较，其具有卓越的性能和同等燃料下更长的行驶里程，可以准确优化换挡程序，内部行星齿轮速比匹配发动机输出更好地发挥车辆性能，可以更灵活地与车桥匹配，可以适用很多不同工况的变扭比的变矩器。软硬件的不断改进更进一步提高了车辆的工作效率，Allison 变速箱根据车辆的实际载荷实现自动切换换挡程序，停车时降低对发动机的负荷。自动空挡功能有更经济的换挡程序，可以更早地使离合器闭锁，可变的主油压调制功能，即使是水平一般的司机也可以像最熟练的司机一样操作。

(4) 质量优势。Allison 为满足用户要求而对整车技术参数进行不断的设计和改进。

Allison 变速箱不断地提高产品的可靠性和耐久性，零部件的疲劳试验、产品的控制系统、软件和硬件逐步改进。

在换挡时对发动机和变速箱的保护功能。换挡时，降低发动机扭矩功能；低挡时，降低发动机扭矩功能。2010 年的改进，降低了车辆因故障造成的停驶，使车辆的出勤率更高。

(5) 售后服务优势。Allison 在全球范围内有 1552 个授权的代理商和服务站点，并具有技术熟练、知识丰富的应用工程部门对他们的支持。同时可以根据车辆的不同用途，提供最高达五年的保修期，并还可以购买延长的保修期。

(6) 安全性优势。能够使驾驶员更专注于道路和交通情况，减少驾驶员的压力，减轻驾驶员的疲劳强度。Allison 变速箱还能够读取故障码，进行故障诊断，例如控制程序输入输出功能像自动空挡和换挡限制，在恶劣路面有无可比拟的通过性，电子控制精确的换挡，使车辆具有优良的加速能力，并具有更大的牵引力。

(7) 投资回报优势。Allison 有着更好的燃油效率，使用同样的燃油能做更多的工作，更好的加速性能，更高的平均速度。

降低车辆的操作和使用费用，减少传动系的损坏，没有了离合器磨损，减少了制动器和轮胎的磨损，保护了发动机，并且简化了驾驶培训，提高了车辆的安全性，预诊断功能延长保养周期，提高车辆的完好性和出勤率。

3.2.5 Caterpillar 行星动力换挡变速箱

现以 Caterpillar 公司 AD55B 地下矿用汽车行星动力换挡变速箱组为例，说明它的结构和特点。

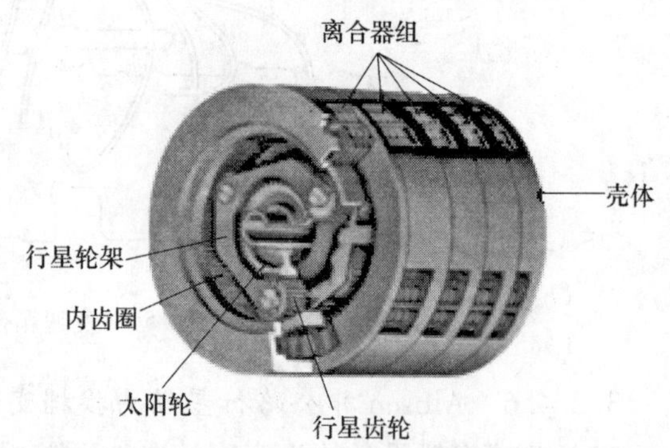

图 3-57 AD55B 地下矿用汽车行星动力换挡变速箱

Caterpillar 公司 AD55B 地下矿用汽车行星动力换挡变速箱组包括行星动力换挡变速箱和分动箱，如图 3-57 和图 3-58 所示。变速箱位于变矩器和传动箱之间，其动力来自变矩器。该变速箱7挡前进，1挡后退。它由太阳轮、内齿圈、行星齿轮、行星轮架、输出轴、液压换挡离合器组和壳体等组成。Caterpillar 行星动力换挡变速箱与采用ACERT技术的C27发动机配合工作，可在各种不同的工作速度下，提供稳定的动力。液压调节装置对变速箱换挡给予缓冲保护，并减少零部件的应力。采用了高齿轮接触比的泵传动装置和输出变速齿轮来降低噪声等级。泵传动和输出变速使用高接触度的齿数比，降低噪声等级。周边安装的大直径离合器组件可控制惯性，从而实现平稳变速，并延长零件的使用寿命。该行星动力换挡变速箱采用电子自动换挡变速箱，大大提高了驾驶员的作业效率，优化机器的性能。操作员可在手动和自动换挡模式中进行选择，通过使用左侧的制动踏板，操作员可启用行车制动器并将变速箱挂在空挡，从而维持发动机转速，保持充分的液压流量，提高装载能力。该行星动力换挡变速箱是专为崎岖的地下采矿条件而设计，使用寿命长，检修频率低。

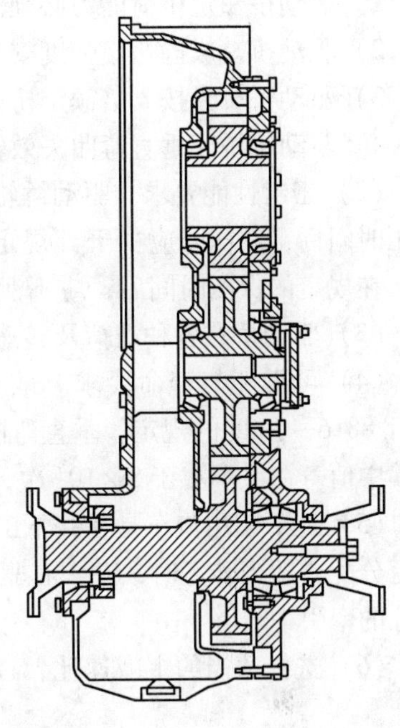

图3-58 AD55B地下矿用汽车行星动力换挡变速箱分动箱

分动箱的作用是把行星动力换挡变速箱输出动力通过传动箱齿轮传递到前、后桥。传动箱与行星动力换挡变速箱装在一起，该传动箱用垫先调整圆锥滚子轴承预紧力，传动箱的齿轮都经过磨削，接触面大，能传递很大负荷。

3.3 驱动桥

3.3.1 驱动桥的组成及作用

地下矿用汽车驱动桥是地下矿用汽车的主要组成部分。它由主传动、差速器、轮边减速器、封闭湿式多盘制动器（或其他型号制动器）、桥壳和半轴等部件组成。

主传动的作用是增大扭矩和改变扭矩的传递方向；差速器是使驱动车轮在转向或不平路面上行驶时，左、右驱动轮以不同的角速度旋转；轮边减速器进一步增大从半轴输出扭矩；封闭湿式多盘制动器或其他型号制动器用于地下矿用汽车工作制动或停车制动及紧急制动；驱动桥壳把地下矿用汽车的重量传递到车轮并将作用在车轮上的各种力传到车架，同时驱动桥壳又是主传动、差速器和车轮传动装置的外壳；半轴则是从差速器将扭矩与转速传递到轮边减速器。

3.3.2 对驱动桥的要求

3.3.2.1 性能要求

（1）强度和刚度要求。具有足够的强度和刚度，以承受和传递作用于路面和车架或车身间的各种力和力矩；

1）驱动桥额定桥荷能力必须满足设计的要求。

2）驱动桥总成静扭矩强度安全系数应不小于2。

3）驱动桥桥壳按3倍额定桥荷加载时，每米轮距弹性变形量不超过1.5mm。

4）驱动桥桥壳垂直弯曲失效安全系数不小于6。

（2）密封性能要求。驱动桥轮端、驱动桥中心区在规定的空气压力作用下，在规定的保压时间后，其压降应少于其规定值；驱动桥制动器在制造商规定的液压工作压力作用下，在规定的保压时间后，应不泄漏。

（3）驱动桥在各种载荷及转速工况下有较高的传动效率。

（4）可靠性与寿命要求。地下轮胎式矿用车辆驱动桥的可靠性与寿命要求应符合JB/T 8816—1998的规定。垂直弯曲疲劳寿命试验数据按对数正态分布（或威布尔分布），取其中值寿命应不小于8×10^5次，试验样品中最低寿命应不小于5×10^5次。

（5）地下矿用汽车是在井下工作，路面条件差、弯道多。因此要求左、右车轮差速与扭矩分配，即当转弯时，左、右驱动轮与地面的附着系数不等时，能使地下矿用汽车发出充分的牵引力。

（6）选择适当的主减速比，以保证汽车在给定的条件下具有最佳的动力性和燃油经济性。

（7）外廓尺寸小，保证汽车具有足够的离地间隙，以满足通过性的要求。

（8）与悬架导向机构运动协调。

（9）结构简单，加工工艺性好，制造容易，维修、调整方便。

3.3.2.2　安全要求

（1）驱动桥的制动力矩必须满足设计的要求。

（2）当环境温度为27℃时，驱动桥制动器正常工作输出油的温度应不超过90℃，断续工作输出油的温度应不超过120℃，温升不大于63K。

（3）驱动桥应使用全封闭多盘湿式制动器。

（4）制动器应设有测量摩擦片组磨损量的结构。

（5）驱动桥装配、调整及用紧固件连接的主要部位的紧固力矩，应符合产品图样及设计文件的要求，其他未规定拧紧力矩的紧固连接部位，应紧固可靠，其螺栓拧紧力矩和检验方法应满足JB/T 6040—2011的规定。

（6）齿轮及其他传动件工作平稳，驱动桥噪声应满足JB/T 8816—1998的要求。

（7）驱动桥的加油口、放油口、通气塞、油封以及各接合面处，均不得有渗漏油现象。

（8）驱动桥的齿轮及其他传动件应工作平稳，无卡滞、过热等现象。

（9）当拆卸弹簧制动器，应采用正确的工具和安全预防措施，以免伤害维修人员和损坏设备。

3.3.3　驱动桥术语

驱动桥术语包括如下：

（1）驱动桥（drive axle）。驱动桥位于传动系末端，用于支承地下矿用汽车的部分重力，传递各种外力和反作用力。将输入的动力增大并降低转速，同时改变动力方向传递给轮胎，还具有差速作用，以保证车辆正常行驶的装置。

(2) 主减速器（final drive）。通常位于驱动桥中部。将输入的转速降低、扭矩增大和改变扭矩的传递方向，并将动力传给半轴及轮边行星减速器的装置。

(3) 轮边行星减速器（wheel reductor or hub reductor）。靠近车轮布置的行星齿轮减速机构。

(4) 差速器（differential）。能使同一驱动桥的左右车轮在转弯或不平道路上行驶时，以不同角速度旋转，并传递扭矩的机构。

(5) 标准（普通）差速器（standard differential）。由行星锥齿轮机构所构成的差速器，将扭矩平均分配给左右两轮。

(6) 防滑差速器（limited-slip differential）。通过锁止作用能防止驱动轮打滑的差速器。

1) 摩擦片式差速器（multi-disc self-locking differential，又称 Posi-Torq 差速器）。在标准（普通）差速器中装有摩擦片的自锁差速器，分为带弹簧式和不带弹簧式两种形式。

2) 凸轮滑块式差速器（NO-spin differential）。又称 NO-SPIN 差速器，由内外凸轮和滑块构成的自锁差速器。

3) 强制锁止式差速器（locking differential）。装有人为锁止机构的差速器。

(7) 制动器（brake）。直接施加一个力来阻止车辆运动的装置。其功能是使行驶中的车辆减低速度或停止行驶，或使已停止行驶的车辆保持不动。

1) 全封闭多盘湿式制动器（fully enclosed multi-disk wet brake）。在完全封闭的湿摩擦条件下（多指在油液中），具有多个摩擦副的盘式制动器。

2) 半轴制动器（axle shaft brake）。完全封闭在驱动桥内部，强迫制动扭矩作用于半轴的制动器。

3) 输入端制动器（input brake）。完全封闭在驱动桥内部，强迫制动扭矩作用于驱动桥输入轴的制动器。

4) 行星制动器（Planetary Liquid Cooled Brake）。完全封闭在驱动桥内部，强迫制动扭矩作用于轮毂，由齿轮油润滑和冷却的制动器，简称 PLCB 制动器。

5) 液压制动器（hydraulically controlled brake，又称 LCB 制动器）。借助液体压力的作用，产生或消除制动功能的制动器。

6) 弹簧制动器（spring applied hydraulically released brake，又称 Posi-stop 制动器）。借助弹簧压力的作用，产生制动功能的制动器。

7) 常开式制动器（normally disengaged brake）。驱动部件停止工作时，不具有制动功能的制动器。

8) 常闭式制动器（normally engaged brake）。驱动部件停止工作时，具有制动功能的制动器。

9) 油池冷却制动器（sump cooled brake）。制动器摩擦盘与行星轮边减速器使用共同的油液进行冷却的制动器。

10) 强制冷却制动器（force cooled brake）。制动器摩擦盘采用强制冷却方式进行冷却的制动器。

（8）桥壳（axle housing）。安装主减速器、差速器、半轴、轮边行星减速器、制动器等零部件，并与车架连接，支承车辆的重力，将车轮上的各种作用力通过悬架或刚性连接件传给车架的构件。

（9）半轴（axle shaft）。将差速器或主减速器传来的扭矩传给车轮或轮边行星减速器太阳轮的轴，有的还起支承或制动作用。

（10）驱动桥额定桥荷能力（drive axle rating axle capacity）。考虑材料强度、负荷能力等因素，由制造商规定的驱动桥的桥荷能力。

（11）驱动桥最大输出扭矩（drive axle maximum output torque）。考虑疲劳强度在内的由制造商规定的驱动桥输出扭矩。

（12）驱动桥最大输入扭矩（drive axle maxlmum input torque）。按发动机最大净输出扭矩、变速箱最低挡减速比工况计算（不计传动效率）传到主减速器输入轴上的扭矩。

（13）驱动桥的最大附着扭矩（slip torque）。指驱动轮打滑时的扭矩，它的数值是驱动桥额定桥荷能力和最大附着系数以及车轮滚动半径三者的乘积。

（14）驱动桥额定（允许）输入扭矩（drive axle allowable input torque）。考虑疲劳强度在内的由制造厂规定的驱动桥输入扭矩。

（15）驱动桥额定（允许）输出扭矩（drive axle allowable output torque）。考虑疲劳强度在内的由制造厂规定的驱动桥输出扭矩。

（16）差速器锁止系数（differential locking factor or bias ratio）。慢转车轮的扭矩与快转车轮的扭矩之比。

（17）驱动桥效率（drive axle efficiency）。

$$\text{驱动桥效率} = \frac{\text{驱动桥输出扭矩}}{\text{驱动桥输入扭矩} \times \text{驱动桥减速比}} \times 100(\%)$$

（18）驱动桥减速比（drive axle ratio）。在不差速条件下，主减速器输入轴转速与车轮转速之比。当无轮边减速时，驱动桥减速比等于主减速器减速比；当有轮边减速时，驱动桥减速比等于主减速器减速比和轮边减速器减速比的乘积。

（19）驱动桥轮边减速比（drive axle planetary reduction ratio）。靠近车轮布置的齿轮机构减速比，指半轴的转速与车轮转速之比。

（20）总长度（overall length）。驱动桥轴向最大尺寸。

（21）轮辋安装距（flange to flange）。轮辋安装面之间的距离。

（22）安装中心距（pad centers）。驱动桥与车架进行刚性连接的两个平面的中心距离。

（23）轮辋螺栓中心圆直径（wheel bolt circle）。车轮与驱动桥的连接螺栓中心圆的直径。

（24）输入法兰中心距（input flange center distance）。驱动桥输入轴连接法兰端面与驱动桥旋转中心线的距离。

3.3.4 驱动桥的技术参数

国内外地下矿用汽车大部分都采用美国 Dana 公司的驱动桥，也采用德国 Kessler 公司驱动桥、美国 Caterpillar 公司驱动桥、瑞典 Atlas copco 公司驱动桥，小型地下矿用汽车还采用 John Deere 公司驱动桥及国产桥。因此，既要了解 Dana 车桥的分类、型号表示方法、主要技术参数、结构特点、几个专用名词含义，又要了解其他公司驱动桥，这对了解桥的结构与选用很有帮助。

3.3.4.1 Dana 公司驱动桥

A Dana 驱动桥的分类与型号表示方法

Dana 驱动桥共有 4 种型号：刚性车桥（rigid axles）；转向桥（steer axles）；贯通桥（tandem axles）；卡车前转向桥（front truck drive steer）。每种桥的表示方法见图 3-59（Dana 桥过去的表示方法）和图 3-60（Dana 桥现在的表示方法）。

$$\frac{21}{A}\quad\frac{D}{B}\quad\frac{43}{C}\quad\frac{54}{D}$$

图 3-59 Dana 桥型号的过去表示法

$$\frac{19}{A}\quad\frac{R}{B}\quad\frac{12}{C}$$

图 3-60 Dana 桥型号的现在表示法

在图 3-59 中：A 表示齿圈近似直径（英寸）；B 表示刚性桥（D）、转向桥（S）、卡车前转向驱动桥（F）、贯通桥（T）；C 表示轮端相对输出力矩（假定理论端有一个 100 的额定输出力矩，那么 21D4354 轮端应有一个假想轮端 43% 的输出力矩，43 是一个简单比较数字，它是建立在一个公式的基础上，Dana 公司所有型号的 C 值都是由这个公式确定的）。例如 21D4354 桥的轮端输出力矩就比 21D3960 桥大 10%。D 表示轮端近似传动比。54 表示轮端近似传动比为 5.4 : 1，更精确的值为 5.368 : 1。

在图 3-60 中，A 对建筑机械来讲为 19，表示差速器中大螺旋伞齿轮外径为 19cm；B 表示刚性桥（R）、转向桥（S）、贯通桥（T）、前转向驱动（F）；C 为 12，表示桥的输出力矩为 12kN · m。

地下矿用汽车的桥都采用刚性桥，因此本书仅介绍刚性桥。

每种桥主要技术参数见表 3-29。

表 3-29 刚性行星桥主要技术参数

1. 紧凑型

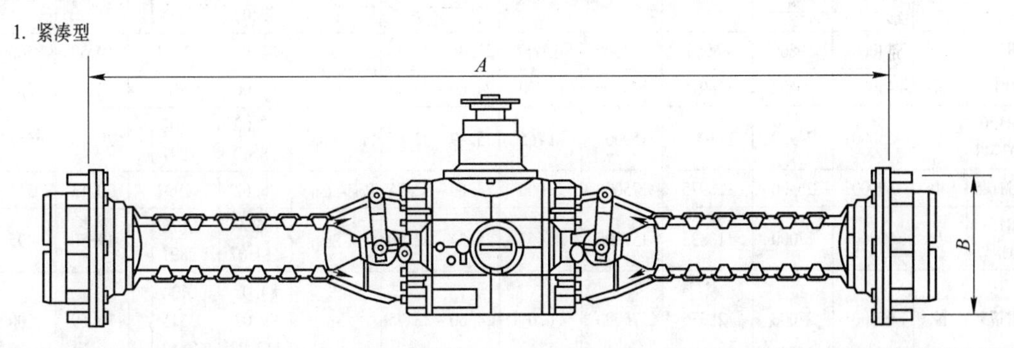

产品型号	额定载荷 G.A.W. /kg	额定载荷 G.A.W. /lb	最大输出扭矩/N · m	最大输出扭矩 /ft · lb	行星减速比	速比范围（总减速比）	输入转速	A		B	
								mm	in	mm	in
112 12R27	8000	18000	33970	19699	6.000	12.600 ~ 23.300	4000	1400 2050	55.120 80.710	275	10.830
114 35R92	20000	44090	110000	67850	6.000	18.600 ~ 24.700	4000	1920 2180	75.590 85.830	425	16.730

续表 3-29

2. 重型

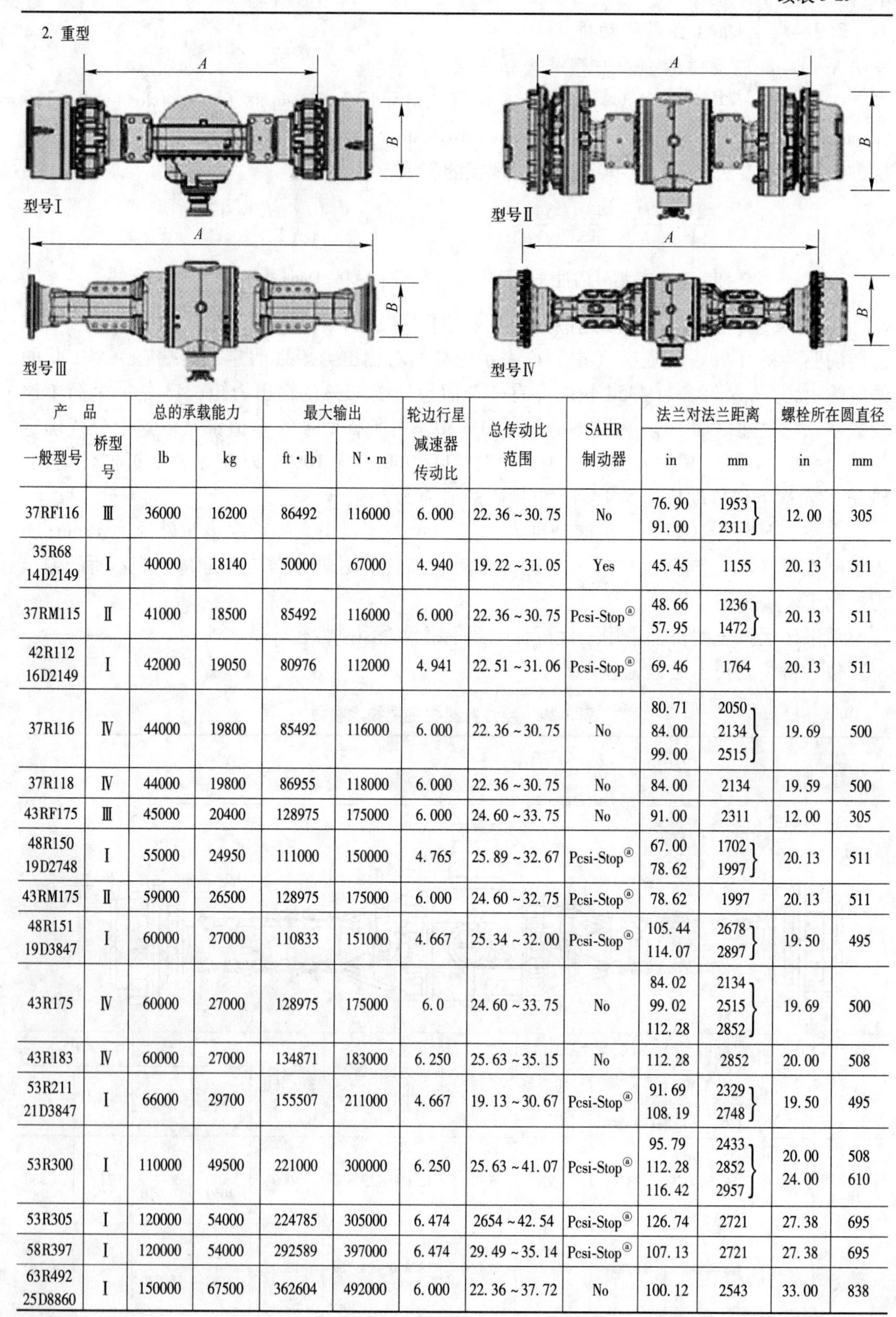

型号Ⅰ　型号Ⅱ　型号Ⅲ　型号Ⅳ

产品		总的承载能力		最大输出		轮边行星减速器传动比	总传动比范围	SAHR制动器	法兰对法兰距离		螺栓所在圆直径	
一般型号	桥型号	lb	kg	ft · lb	N · m				in	mm	in	mm
37RF116	Ⅲ	36000	16200	86492	116000	6.000	22.36 ~ 30.75	No	76.90 91.00	1953 2311	12.00	305
35R68 14D2149	Ⅰ	40000	18140	50000	67000	4.940	19.22 ~ 31.05	Yes	45.45	1155	20.13	511
37RM115	Ⅱ	41000	18500	85492	116000	6.000	22.36 ~ 30.75	Pcsi-Stop®	48.66 57.95	1236 1472	20.13	511
42R112 16D2149	Ⅰ	42000	19050	80976	112000	4.941	22.51 ~ 31.06	Pcsi-Stop®	69.46	1764	20.13	511
37R116	Ⅳ	44000	19800	85492	116000	6.000	22.36 ~ 30.75	No	80.71 84.00 99.00	2050 2134 2515	19.69	500
37R118	Ⅳ	44000	19800	86955	118000	6.000	22.36 ~ 30.75	No	84.00	2134	19.59	500
43RF175	Ⅲ	45000	20400	128975	175000	6.000	24.60 ~ 33.75	No	91.00	2311	12.00	305
48R150 19D2748	Ⅰ	55000	24950	111000	150000	4.765	25.89 ~ 32.67	Pcsi-Stop®	67.00 78.62	1702 1997	20.13	511
43RM175	Ⅱ	59000	26500	128975	175000	6.000	24.60 ~ 32.75	Pcsi-Stop®	78.62	1997	20.13	511
48R151 19D3847	Ⅰ	60000	27000	110833	151000	4.667	25.34 ~ 32.00	Pcsi-Stop®	105.44 114.07	2678 2897	19.50	495
43R175	Ⅳ	60000	27000	128975	175000	6.0	24.60 ~ 33.75	No	84.02 99.02 112.28	2134 2515 2852	19.69	500
43R183	Ⅳ	60000	27000	134871	183000	6.250	25.63 ~ 35.15	No	112.28	2852	20.00	508
53R211 21D3847	Ⅰ	66000	29700	155507	211000	4.667	19.13 ~ 30.67	Pcsi-Stop®	91.69 108.19	2329 2748	19.50	495
53R300	Ⅰ	110000	49500	221000	300000	6.250	25.63 ~ 41.07	Pcsi-Stop®	95.79 112.28 116.42	2433 2852 2957	20.00 24.00	508 610
53R305	Ⅰ	120000	54000	224785	305000	6.474	2654 ~ 42.54	Pcsi-Stop®	126.74	2721	27.38	695
58R397	Ⅰ	120000	54000	292589	397000	6.474	29.49 ~ 35.14	Pcsi-Stop®	107.13	2721	27.38	695
63R492 25D8860	Ⅰ	150000	67500	362604	492000	6.000	22.36 ~ 37.72	No	100.12	2543	33.00	838

B Dana桥的结构特点

(1) Dana桥设计先进，材料选择考究，并经过严格的质量控制（如CAD与CAM）加工而成。经过多年恶劣条件考验证明，该桥结实耐用、工作可靠、寿命长、维修容易，是世界上用得最好与最多的驱动桥之一。

(2) 适用范围广。从表3-29中可以看出，Dana刚性桥的承载能力、速比、法兰到法兰距离规格很多，适合于井下、建筑和大型工程车辆、中型车辆对车桥的要求。

(3) Dana刚性驱动桥有紧凑型与重型驱动桥两种（按照Dana数据：最大输出扭矩小于116000N·m行星减速刚性桥为紧凑型驱动桥；最大输出扭矩大于或等于116000N·m行星减速刚性桥为重型驱动桥）。112、114型桥是紧凑型车桥，湿式制动器装在桥壳中部，轮边减速器仍装于轮毂处，如图3-61所示。图3-62～图3-64所示车桥为重型驱动桥。

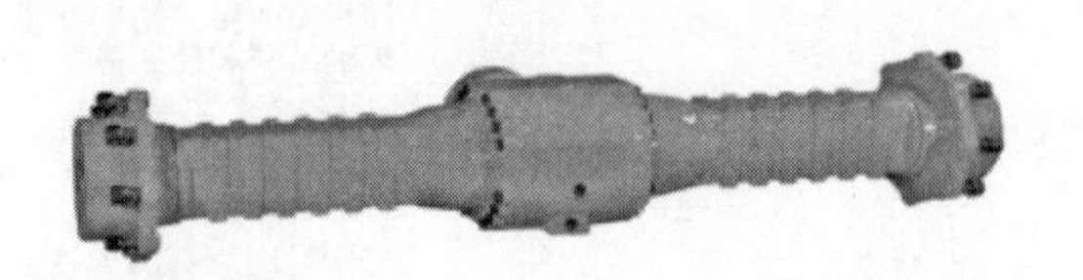

图3-61 Dana公司112型刚性驱动桥

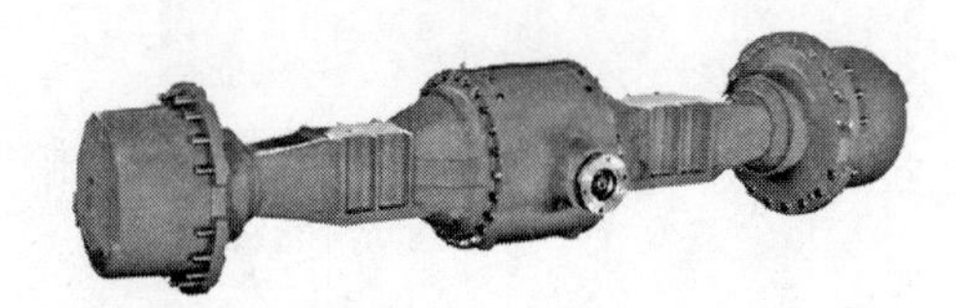

图3-62 Dana公司新型37R新型重型驱动桥

图3-63 Dana公司16D2149重型采矿驱动桥

图3-64 Dana公司新型37RM116重型采矿驱动桥

(4) 从与车架的安装形式来看，整体式驱动桥有两点受力的通用性桥和中心一点受力的中央铰接式安装的摆动式驱动桥，如14D与19D桥有这种结构。但Dana刚性桥在地下矿用汽车上一般不是采用这种安装方式，而是后桥大都采用桥安装底板与车架刚性连接。前桥安装座板与摆动车架（有的又称为副车架）刚性连接，摆动车架与地下矿用汽车的车架两点铰接连接，从而实现前桥绕铰接点摆动，或者在铰接处的前车架上设计相对摆动结构。这可以使汽车在路面不平时前、后车架之间产生横向摆动，使车辆四轮始终着地，整车质量均匀附着，保证了车轮与地面之间的附着牵引性能，同时避免车架产生附加载荷。前、后桥都采用刚性悬挂结构，目的是有效减少整车高度，增加地下矿用汽车的稳定性和牵引力。

(5) 差速器有几种不同结构可供用户选择：标准差速器、防滑差速器（limited slip diffrential）、自锁式防滑差速器（NO-Spin）、差速锁等四种。

(6) 部分型号的桥有液压静力输入。

(7) 所有桥都可带机械停车制动器。

(8) 桥的工作制动器有液压盘式、气压鼓式、行星减速湿式制动器（PLCB）、湿式制动器（LCB）、Posi-Stop制动器即弹簧施压、液压松开制动器等几种型号。每种制动器又有若干种规格尺寸可供选择。

（9）同一型号的车桥，其轮距等尺寸和总传动比都有比较大的变化范围，可满足多种型号机器的要求。

C　Dana 公司新型驱动桥的结构特点与主要参数

目前国内外大中型地下矿用汽车过去大多采用 Dana 公司驱动桥，用得最多的 3 种车桥就是 16D2149、19D2748 和 21D4354。目前在新型的地下矿用汽车中将逐渐采用 Dana 公司新型 37RM116、43RM175 和 53R300 车桥。37RM、43RM 和 53R 桥是 Dana 公司专门为采矿机械开发的系列车桥产品，具有很高的可靠性、工作效率以及理想的成本效益。

现以 37RM 车桥为例，说明它的结构，如图 3-65 所示。

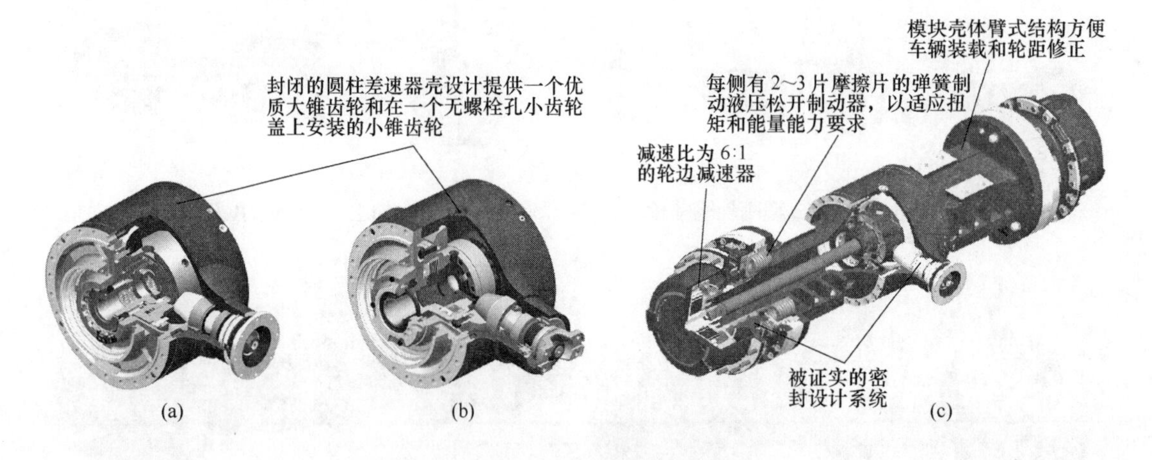

图 3-65　Dana 公司新型 37RM 车桥结构

（a）Posi-Torq 差速器；（b）Hydroloc 差速器；（c）No-Spin 差速器

Dana 公司新型驱动桥的结构特点：

（1）Posi-Stop 液体冷却制动器是弹簧施压、液压松开制动器，通过弹簧作用力获得可靠的制动作用，从而提高了油浸封闭制动器的使用寿命。在液压保持压力减小的情况下，制动力是通过多圈弹簧直接作用到安装有摩擦盘的轮毂上。万一丧失液压动力，制动就会立即发生。它继续保留了以前弹簧施压、液压松开制动器安全的特点。

（2）为了达到更高的使用寿命，外置式行星减速系统包括坚固的整体式行星轮托架和销轴设计、装有滚柱轴承的高强度行星齿轮传动装置、浮动的太阳轮及内齿圈零件。为了把轮边减速器传动比由 4.91 增加到 6：1，需减少太阳轮齿数，但半轴花键尺寸不能减少，这就导致太阳轮强度不够，因此，太阳轮一端做成实心、另一端做成内花键与半轴外花键相配。同时把悬臂行星齿轮安装托架同四个行星齿轮系统合并。由于用四个行星轮代替传统三个行星轮结构，降低了齿轮应力，提高了齿轮的承载能力。

（3）Posi-Torq、液压锁和 No-Spin 差速器提供一个很好的差速器锁止系数（扭矩分配比），以适应不同终端用户应用所要求的实际地面牵引力条件。

（4）Posi-Torq 设计采用了大的用楔形斜面作用的多离合器盘，并提供不变的 2.6 扭矩锁紧系数（45% 的锁紧能力），使高达 72% 的扭矩传递到高牵引力的车轮。

（5）液压锁设计是操作者用来控制锁紧与松开的装置，可以根据恶劣牵引条件的要求提供地面锁紧系数。在非锁紧条件下，差速器允许车辆最大机动性自由转向，在锁紧的情况下，液压活塞作用力作用到大的多盘湿式离合器上，允许100%的扭矩传递到高牵引力车轮上。同任何形式差速器相比，No-Spin差速器理论上有无限大的扭矩分配比和更大的牵引力。

（6）车轮和配对突缘使用了高整体式密封设计，减少了油的泄漏。这样，即使在地下环境，也可获得最大的可靠性。

（7）取消了主传动小齿轮盖上的紧固螺栓，小齿轮盖由中央差速器壳替代。由于轮边减速器传动比增加，从而使大伞齿轮直径从420mm减少到370mm。主传动外形尺寸减小，但桥输出的扭矩却略有提高。

（8）由于在桥不同部件使用尺寸一样的几种螺栓，因此，在拆桥时只需两种扳手就可以了。有一种卡环使差速器托架固定，只需要一把起子或拉出器就可以了，不需要整套工具。

（9）模块壳体臂式结构有利于车辆负荷和方便修改轮距。

新式Spicer Hercules车桥系列具有更少的螺栓连接、零部件和机械加工面积以及更短的制动管路长度、卓越的制动器冷却性能。因此产品加工、装配工时减少，使可靠性在较低成本基础上得以改善，而且节约了成本。轮边减速器整体式行星轮托架和销轴结构设计无需平面密封，排除了可能出现的漏油，半轴加粗，行星轮由三个改为四个，采用大承载能力的滚柱轴承，使轮距与轮胎的选择更广。

Dana公司新型驱动桥37RM116的主要参数见表3-30。

表3-30 37RM116新型驱动桥主要参数

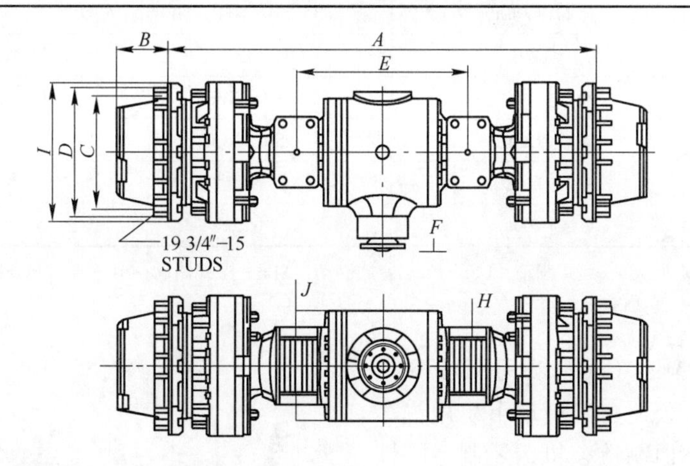

A	法兰到法兰距离/mm	1472.4
B	轮边减速器壳长度/mm	177.7
C	车轮导向尺寸/mm	458.6
D	轮辋安装圆直径/mm	511.2
E	安装板中心距/mm	590.6
F	相配法兰尺寸/mm	382.2

续表 3-30

H	安装板中心线到顶部安装面距离/mm		152.4
I	轮毂外径/mm		555.2
J	中心高/mm		438.2
每个 Posi-Stop 制动器制动能力/N · m		新　的	23400
		使用过的	22300
最大输出扭矩/N · m			11600
轮边减速器传动比			6.00 : 1
主传动传动比			3.727 : 1;4.100 : 1;4.556 : 1;5.125 : 1
桥最大负荷能力/lb · s			33000

3.3.4.2　Kessler 公司驱动桥

德国 Kessler 公司设计和生产的驱动桥的承载能力在 8 ~ 200t 之间。该公司产品卓越的可靠性源于多年以来专业经验的积累以及精心的轻量化设计。此外，通过模块化设计，既可以实现零部件大批量、有效生产，也可以满足各种技术方案的不同需求。Kessler 驱动桥具有多种主减速器、差速器和制动器可供选择。他们生产的驱动桥型号与规格见表 3-31，外形如图 3-66 所示，结构如图 3-67 和图 3-68 所示。

表 3-31　Kessler 公司驱动桥型号与规格

类　型	静态桥荷	制动器	轮辋螺栓安装中心圆直径
D41	到 10t①/22t②	TB，SB，NLB	275mm
D71	到 14t①/30t②	TB，SB，DSB，NLB	335mm
D81	到 17t①/40t②	TB，SB，DSB，NLB	335/425mm
D91	到 80t	TB，SB，NLB	425/500mm/KF
D101/D102	到 110t	SB，NLB	500mm/KF
D106	到 125t	SB，NLB	605mm/KF
D111	到 140t	NLB	605mm/KF
D121	到 200t	NLB	KF

注：TB—鼓式制动；SB—盘式制动；DSB—气动盘式制动；NLB—湿式制动；KF—压板式安装。
① 高速运行；② 低速运行。

3.3.4.3　Atlas Copco 公司驱动桥

Atlas Copco 公司与其他地下矿用汽车制造厂不同，不但制造整机，还制造刚性驱动桥。它生产的驱动桥包括：（1）Rock Tough 406 系列（见图 3-69），类似于美国 Dana 公司 16D2149 型桥；（2）Rock Tough 457 系列，类似美国 Dana 19D2748 型桥；（3）Rock Tough595 系列桥，是大型桥。这些驱动桥是按矿山作业的特点设计的，制动器采用专利 SAHR 制动器系统，具有寿命长、故障率低、容易维护等特点。

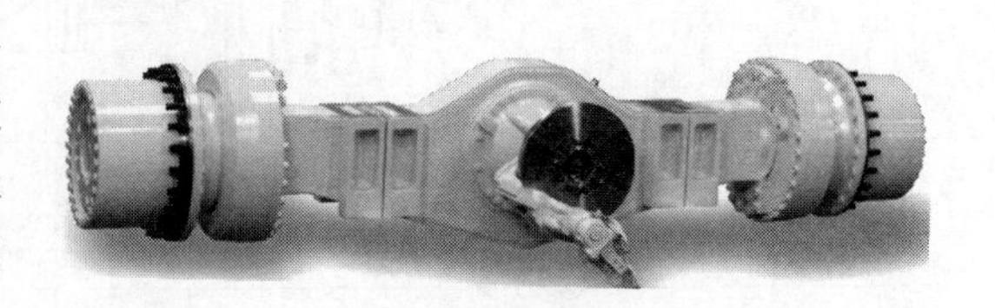

图 3-66　Kessler 公司驱动桥

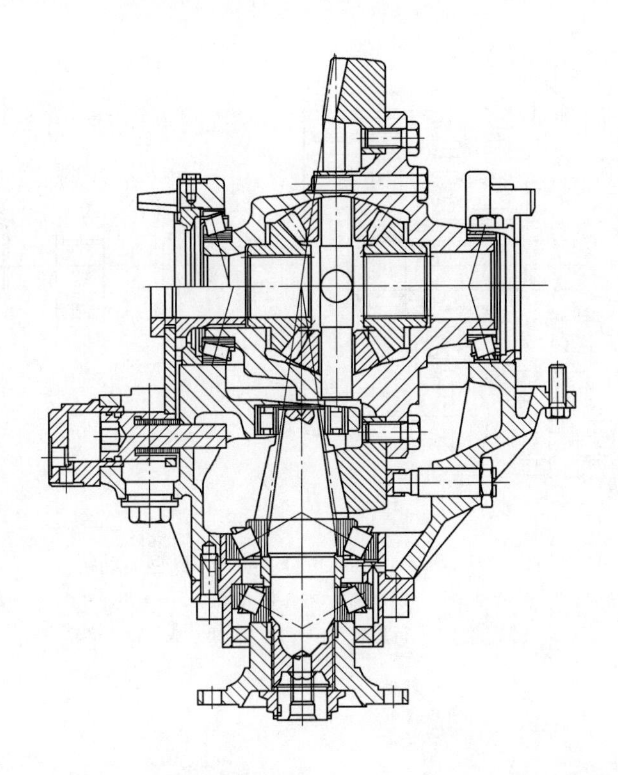

图 3-67 Kessler 驱动桥主减速器、差速器结构

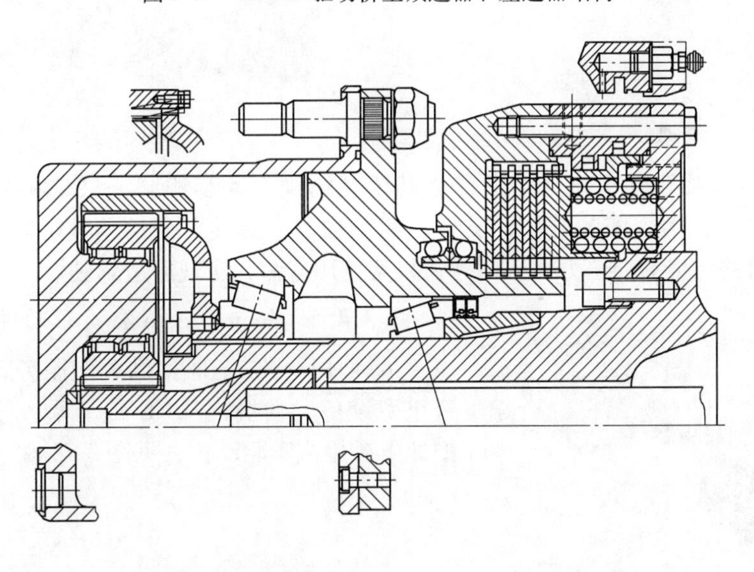

图 3-68 Kessler 驱动桥轮边减速器与制动器总成

3.3.4.4 Caterpillar 公司驱动桥

美国 Caterpillar 公司是世界上著名的制造露天工程机械、矿山设备的跨国公司，1979 年由澳大利亚塔马列尼亚的伯尼与 Elphinstone 公司合资组成 Caterpillar Elphinstone pty Ltd.，生产地下装载机及地下矿用汽车。

Caterpillar 公司制造的地下矿用汽车系列的驱动桥如图 3-70 和图 3-71 所示。

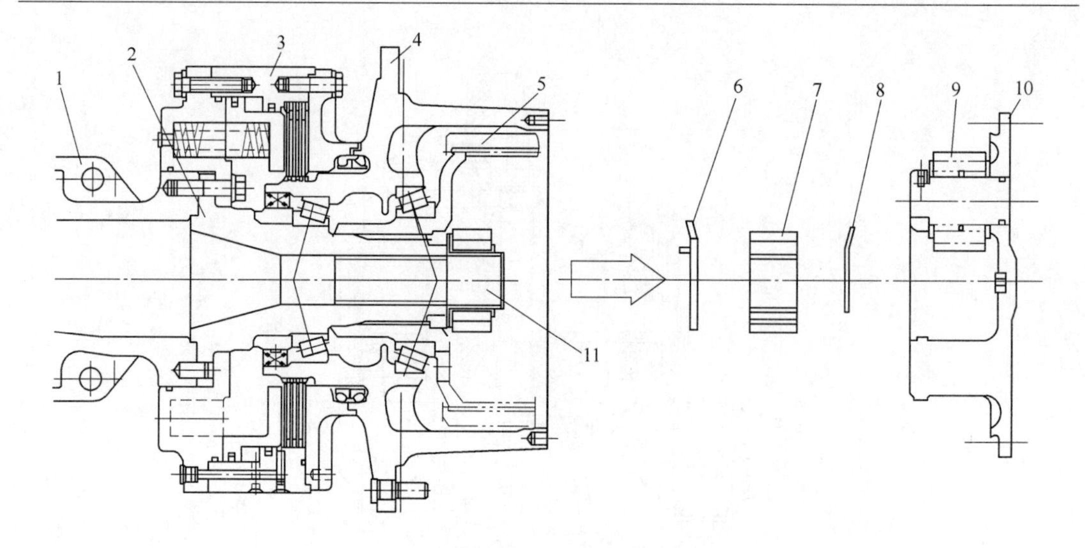

图 3-69　Atlas Copco Rock Tough 406 型驱动桥

1—桥壳；2—空心轴；3—SAHR 制动器；4—轮毂；5—内齿轮；6，8—垫片；
7—太阳轮；9—行星轮；10—行星轮架总成；11—半轴

图 3-70　AD30 地下矿用汽车驱动桥

图 3-71　AD55B 型地下矿用汽车驱动桥

Caterpillar 公司驱动桥与其他公司驱动桥在结构上大都相同，只是在制动器结构上有区别，而且多了两个安装悬挂的支臂。两个独立、弹性可变的悬挂油缸（见图 3-72）能分散运输道路产生的冲击力，从而延长机架使用寿命，实现舒适驾驶。

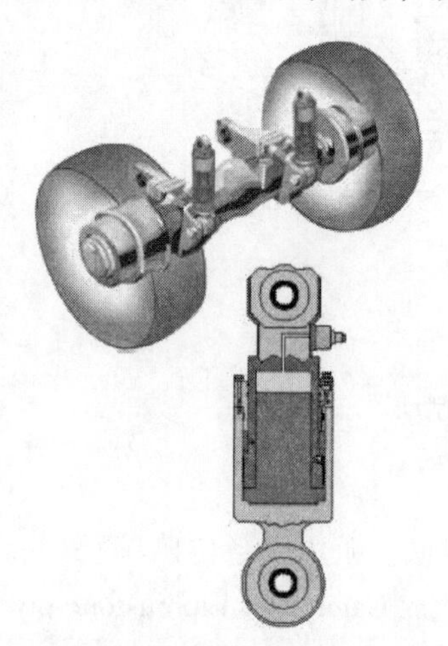

图 3-72　AD55B 型地下矿用汽车悬挂系统

3.3.4.5　John Dreere 公司驱动桥

John Dreere 在全球提供金融服务，并制造、销售重型设备发动机，FUNK 传动系统零部件，如小型地下矿用汽车驱动桥，见图 3-73 和表 3-32。

图 3-73　John Dreere 公司驱动桥

表 3-32 John Dreere 公司驱动桥主要参数

系列号	尖峰负荷/N	法兰对法兰距离/mm	减速比范围	桥尖峰力矩/N·m
1200	240000	1200；1500；1700；1950	最小 4.333：1；最大 33.429：1	每个桥轴 35000
1400	300000	1700；1953	最小 16.208：1；最大 32.914：1	每个桥轴 47400
1400 SWEDA	300000	2540	最小 27.927；最大 30.578	每个桥轴 47400
1600	39500	1994；2094；2198	最小 16.208；最大 29.922	每个桥轴 67700

除了上述国外驱动桥制造商之外，我国江西分宜驱动桥厂、徐州美驰车桥有限公司、太原矿山机器集团有限公司、中钢集团衡阳重机有限公司也都少量生产中、小型地下矿用汽车驱动桥，使用效果良好。大、中型地下矿用汽车驱动桥现在基本上还是依靠进口，用得最多的是 Dana 公司驱动桥，其次是 Kessler 公司驱动桥。

3.3.5 驱动桥的结构

Dana 公司刚性驱动桥的结构如图 3-74 所示。从图中很清楚地看到，驱动桥由主传动、行星轮边减速器、制动器、半轴与桥壳组成。

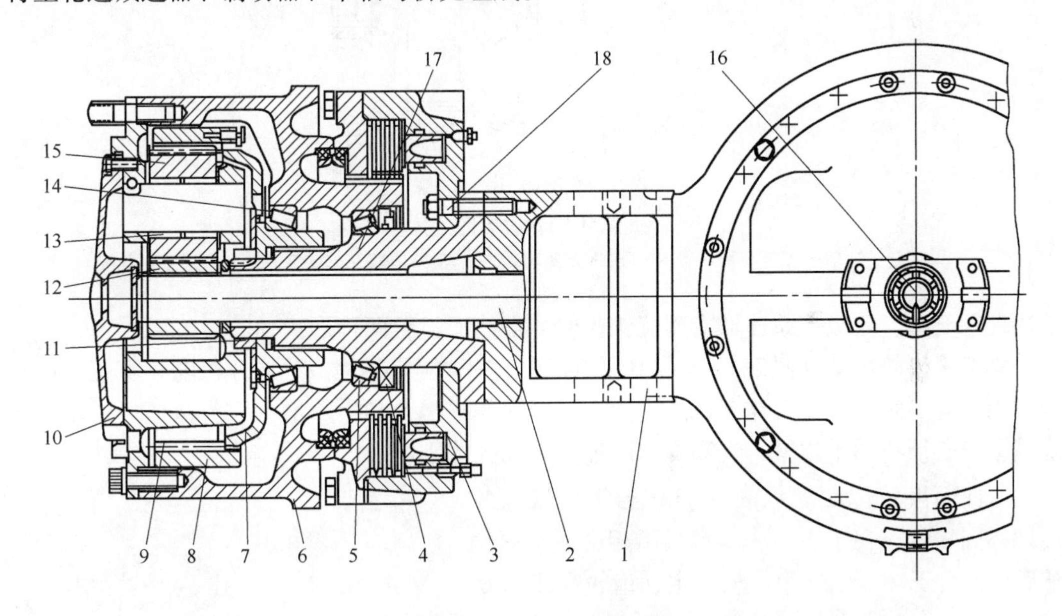

图 3-74 Dana 车桥结构

1—桥壳；2—半轴；3—湿式多盘制动器；4—油封；5—轴承内锥；6—轮毂；7—内齿毂；8—内齿轮；9—行星轮托架；10—盖；11—调节螺母；12—太阳轮；13—滚针轴承；14—轴承外锥；15—行星轮；16—主传动；17—空心轴；18—连接螺栓

3.3.5.1 主传动

地下矿用汽车主传动结构如图 3-75 所示。从图 3-75 可以看出，地下矿用汽车主传动有如下几个结构特点。

A 单级主传动

单级主传动结构简单、质量小、成本低、使用简单，但主传动比 i_0 不能太大，一般 $i_0 \leqslant 3.6 \sim 6.87$。因为进一步提高 i_0 将增大从动齿轮直径，从而减少离地间隙和使从动齿

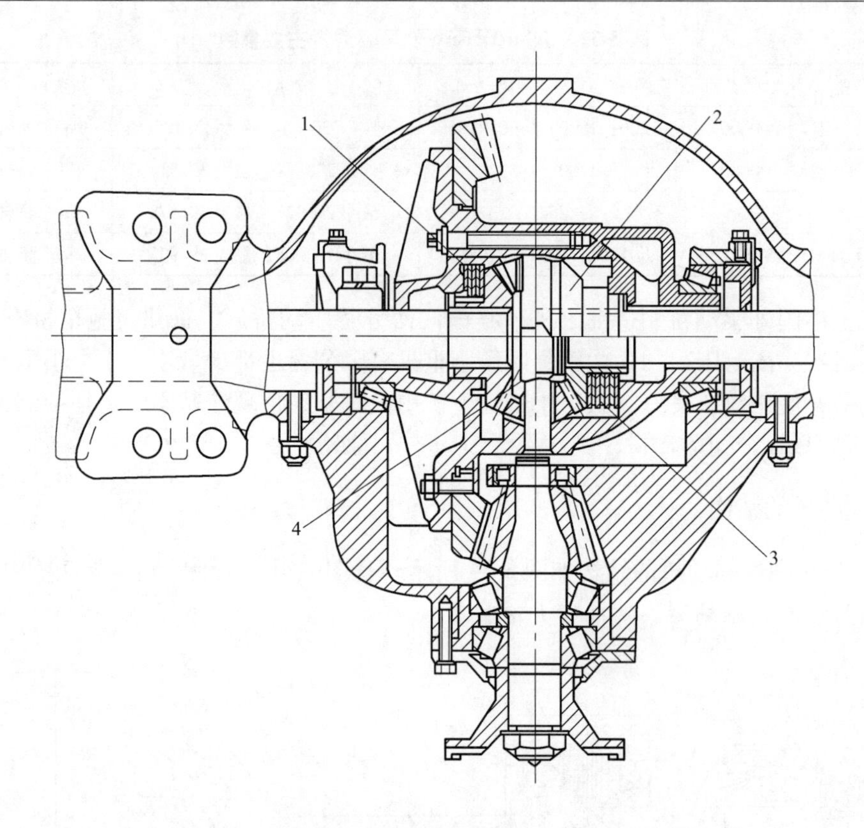

图 3-75　配置不同差速器的主传动结构

1—防滑差速器（不带弹簧）；2—No-Spin 差速器；3—防滑差速器（带弹簧）；4—普通差速器

轮热处理复杂。单级主减速器有螺旋锥齿轮、双曲面齿轮两种形式。

螺旋锥齿轮传动（见表 3-33），制造简单，工作中噪声大，对啮合精度很敏感，齿轮副锥顶稍有不吻合便使工作条件急剧变坏，伴随磨损增大和噪声增大。为保证齿轮副的正确啮合，必须将轴承顶紧，提高支承刚度，增大壳体刚度。

双曲面齿轮传动（见表 3-33）与螺旋锥齿轮传动不同之处，在于主、从动轴线不相交而有一偏移距 E。由于存在偏移距，从而主动齿轮螺旋角 β_1 与从动齿轮螺旋角 β_2 不等，且 $\beta_1 > \beta_2$（见图 3-76）。此时两齿轮切向力 F_2 与 F_1 之比，可根据啮合面上法向力彼此相等的条件求出：

$$F_2/F_1 = \cos\beta_2/\cos\beta_1 \tag{3-10}$$

设 r_1 与 r_2 分别为主、从动齿轮平均分度圆半径，双曲面的传动比 i_{os} 为：

$$i_{os} = \frac{F_2 r_2}{F_1 r_1} = \frac{r_2\cos\beta_2}{r_1\cos\beta_1} \tag{3-11}$$

对于螺旋锥齿轮传动，其传动比 $i_d = r_2/r_1$，令

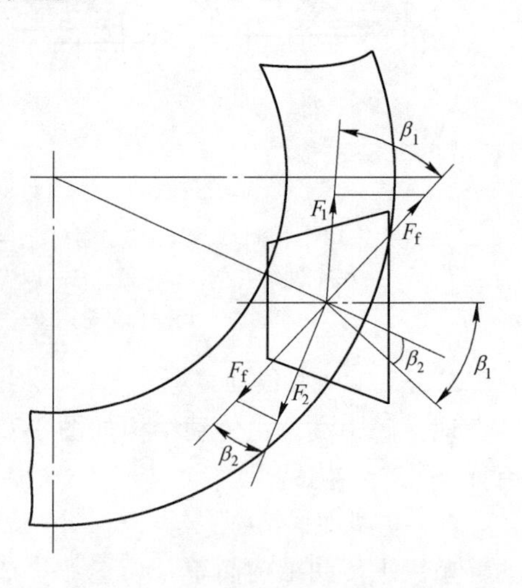

图 3-76　双曲面齿轮副受力情况

$K = \cos\beta_2/\cos\beta_1$ 则：

$$i_{os} = Kr_2/r_1 = i_d K \tag{3-12}$$

系数 K 一般为 1.25 ~ 1.5。这说明当双曲面齿轮尺寸与螺旋锥齿轮尺寸相当时，双曲面传动有更大的传动比。当传动比一定、从动齿轮尺寸相同时，双曲面主动齿轮比螺旋锥齿轮有较大直径、较高的齿轮强度，以及较大的主动齿轮轴和轴承刚度；当传动比和主动齿轮尺寸一定时，双曲线从动锥齿轮直径比相应螺旋齿轮为小，因而离地间隙较大。

双曲面齿轮副在工作过程中，除了有沿齿高方向的侧向滑动之外，还有沿齿长方向的纵向滑动。纵向滑动可改善齿轮的磨合过程，并使其工作平滑，然而纵向滑动可使摩擦损失增加，降低传动效率，因而偏移距 E 不应过大。双曲面齿轮传动齿面间大的压力和大的摩擦功，可能导致油膜破坏和齿面烧结咬死。因此，双曲面齿轮传动必须采用可改善油膜强度和避免齿面烧结的特殊润滑油。

双曲面齿轮与螺旋锥齿轮的优缺点比较见表 3-33。

表 3-33　双曲面齿轮与螺旋锥齿轮的优缺点比较

特　点	双曲面齿轮	螺旋锥齿轮
运动简图	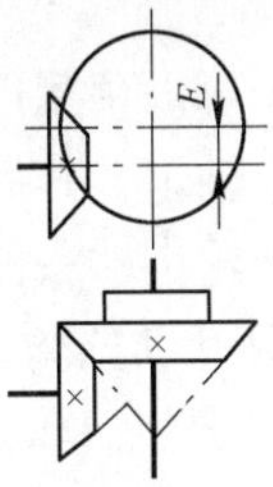	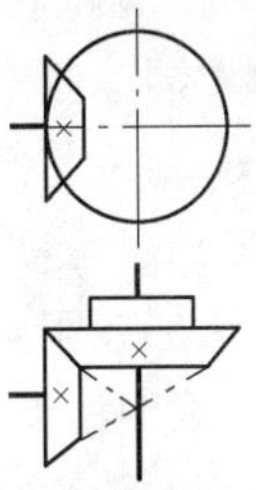
示意图	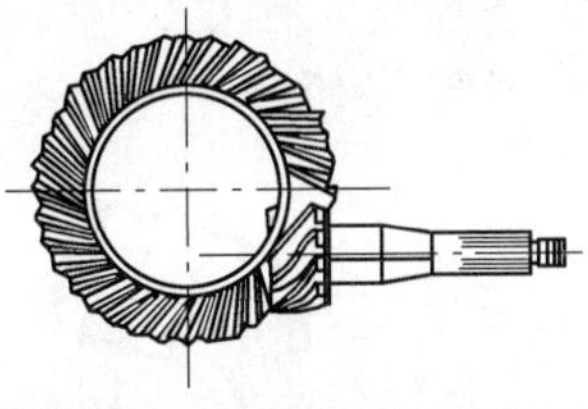	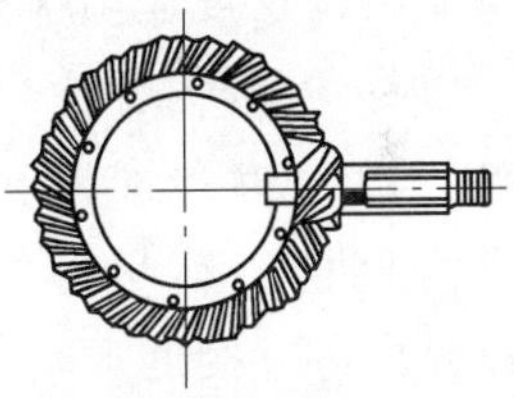
运转平稳性	优	良
弯曲强度	提高 30%	较　低
接触强度	高	较　低
抗胶合能力	较　弱	强
滑动速度	大	小
效　率	约 0.98	约 0.99
对安装误差的敏感性	取决于支承刚度和刀盘直径	取决于支承刚度和刀盘直径
轴承负荷	小齿轮的轴向力较大	小齿轮的轴向力较小
润滑油	防刮伤添加剂的特种润滑油	普通润滑油

正因为如此，许多地下矿用汽车主传动伞齿轮都采用双曲面齿轮。

B　主传动锥齿轮的支承

要使带有锥齿轮的主传动的主、从动锥齿轮啮合良好，并且可靠而安静平滑地工作，除了与齿轮加工质量、齿轮的装配间隙调整、轴承形式选择以及主减速器壳体的刚度有关外，还与齿轮的支承刚度有着密切的关系。支承刚度不够，则可能造成齿轮受载荷变形或者位置偏移，破坏啮合精度。

现代地下矿用汽车主减速器主动锥齿轮的支承形式有悬臂式和骑马式（跨置式）两种。

（1）悬臂式。悬臂式主传动如图3-77所示，齿轮以其轮齿大端一侧的轴颈悬臂式地支承于一对轴承的外侧。悬臂式支承结构简单，但支承刚性差，大都用于传递扭矩不大的场合。例如，用于 Dana112 等紧凑桥、John Deere 1200～1600 型桥、Kessler D51、D108 型等桥。

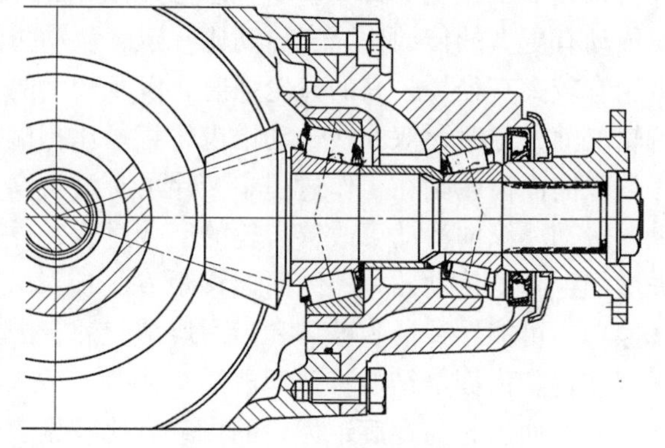

图 3-77　悬臂式主动锥齿轮支承结构

（2）骑马式（跨置式）。骑马式主传动如图 3-78 所示，齿轮前后两端的轴颈均以轴承支承，故又称为“两端支承式”。

装于轮齿大端一侧轴颈上的轴承，多采用两个可以预紧以增强支承刚度的圆锥滚子轴承，其中位于驱动桥前部的通常称为主动锥齿轮前轴承，其后部紧靠齿轮背面的那个称为主动锥齿轮后轴承。当采用骑马式支承时，装于齿轮小端一侧轴颈上的轴承一般称为导向轴承。导向轴承都采用圆柱滚子式，并且其内外圈可以分离（有时不带内圈），以利于拆装。例如 Dana 重型桥，Atlas Copco Rock Tough 系列桥。Dana 重型桥一般锥轴承采用美国 TIMKEN 公司圆锥滚子轴承，小齿轮轴的内端采用美国 LINK BELT 公司的圆柱滚子轴承。

从动锥齿轮支承如图 3-79 所示。为了增加支承刚度，两端轴承的圆锥滚子的大端向内，以尽量减少 $c+d$ 的尺寸。为使从动锥齿轮的差速器壳处留有足够的位置设置加强筋，以提高齿轮刚度，并且使两个轴承之间的载荷尽可能地达到均匀分布，尺寸 c 应接近于 d，而且 $c+d$ 应不小于从动齿轮大端分度圆直径的 70%。

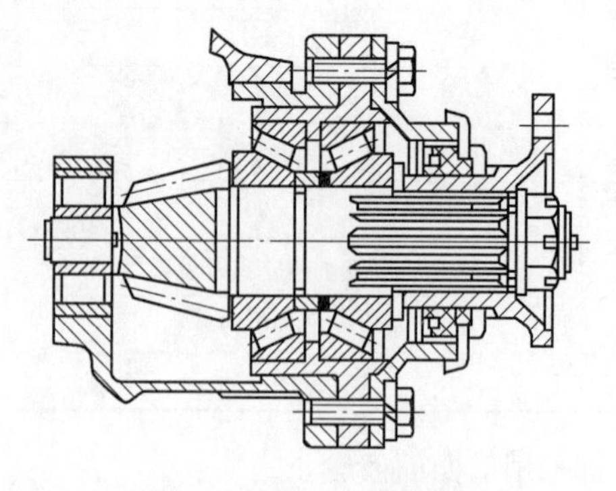

图 3-78　骑马式（跨置式）主动锥齿轮支承结构

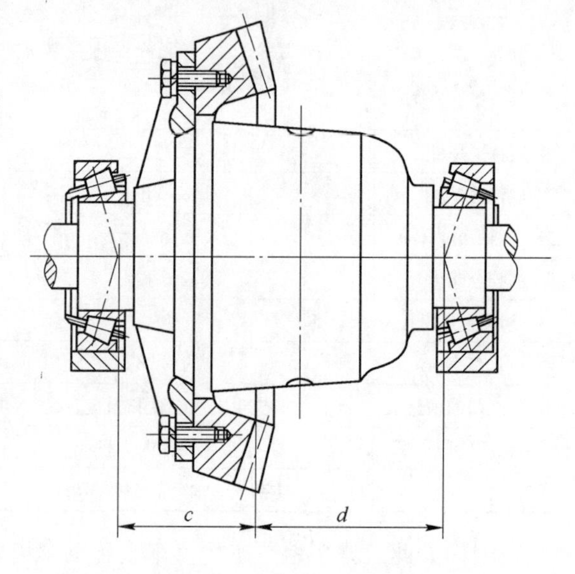

图 3-79　从动锥齿轮支承

在具有大传动比和大的从动锥齿轮的主减速器中，齿面上的轴向力乘以从动锥齿轮的半径所形成的力矩可以使从动锥齿轮产生较大的偏移变形，这种变形是危险的。为减少此变形，在一些主传动中，可以在从动锥齿轮背面靠近主传动齿轮的地方设计一个辅助止动螺栓，如图3-80中件号8所示。从动锥齿轮受载变形超过0.25～0.4mm时，止动螺栓起作用，阻止从动锥齿轮继续偏移变形。

3.3.5.2 差速器

地下矿用汽车一般采用四轮驱动行星刚性桥。它在行驶时，由于多种原因（转弯、路高低不平、轮胎气压不等）导致车轮行程不同，即在转向或直线行驶时，左、右侧车轮行程产生差异。如果用一根整轴以相同的转速驱动两侧车轮，必然会引起车轮在行驶面上滑移或滑转现象，致使车轮磨损加剧、功率损失增加、转向困难、操纵性变坏，因而桥中一定要设置差速器。目前常用的地下矿用汽车差速器有三种结构形式：（1）普通伞齿轮差速器，又称普通差速器或标准差速器；（2）No-Spin差速器；（3）Posi-Torq差速器。这三种差速器的结构、原理、特性是不同的，适用范围也有差别。因此如何正确选择这三种差速器，以充分发挥它们的作用，就显得特别重要。

A 三种差速器的结构与工作原理

a 普通差速器

普通差速器，又称为传统差速器（conventinal differential）或开式差速器（open differential）或标准差速器（standard differential）。它是地下矿用汽车使用最多的一种差速器。它把大伞齿轮动力通过两根半轴均匀传递给左右车轮。该差速器结构简单、工作平稳可靠、价格相对便宜。

（1）结构。普通差速器（见图3-80）主要由十字轴20，半轴齿轮16，行星锥齿轮12，差速器左、右壳15、21等组成。动力由输入法兰输入、半轴齿轮输出，通过半轴传递到轮边，带动车轮转动。

（2）工作原理。当左、右驱动轮存在转速差时，差速器分配给慢转驱动轮的转矩大于快转驱动轮的转矩。这种差速器转矩均分特性能满足车辆在良好路面上正常行驶。但当车辆在差路上行驶时，却严重影响其通过能力。例如当车辆的一个驱动轮陷入泥泞路面时，虽然另一驱动轮在良好路面上，车辆却往往不能前进（俗称打滑）。此时在泥泞路面上的驱动轮原地滑转，在良好路面上的车轮却静止不动，如图3-81所示。

这是因为在泥泞路面上的车轮与路面之间的附着力较小，路面只能通过此轮对半轴作用较小的反作用力矩，因此差速器分配给此轮的转矩也较小，尽管另一驱动轮与良好路面间的附着力较大，但因平均分配转矩的特点，使这一驱动轮也只能分到与滑转驱动轮等量的转矩，以致驱动力不足以克服行驶阻力，车辆不能前进，而动力则消耗在滑转驱动轮上。此时加大油门不仅不能使车辆前进，反而浪费燃油，加速机件磨损，尤其使轮胎磨损加剧。

如果车辆在很差牵引力的情况下操作，可能导致传动轴零件损坏。如果润滑油被迫从差速器齿轮流出，桥就会出现故障。当车轮打滑时，如果车辆突然重新获得牵引力，这可能产生冲击负荷。轮胎也可能产生切割和擦伤。

有效的解决办法是：挖掉滑转驱动轮下的稀泥，或在此轮下垫干土、碎石、树枝、干草等，以及采用No-Spin差速器和Posi-Torq差速器。

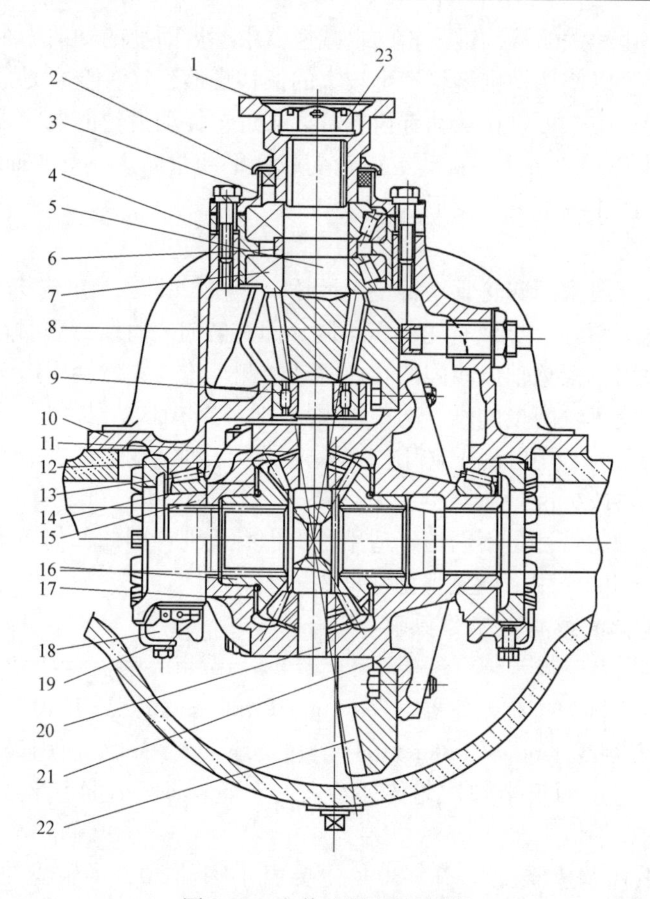

图 3-80　主传动器和差速器

1—输入法兰；2—油封；3—密封盖；4—调整垫片；5—主动锥齿轮；6—轴承套；7，9，14—轴承；8—止动螺栓；10—托架；11，12—圆锥齿轮；13—调整螺母；15—差速器左壳；16—半轴齿轮；17—半轴齿轮垫片；18—轴承座；19—锁紧片；20—十字轴；21—差速器右壳；22—从动锥齿轮；23—端螺母

b　No-Spin 差速器

No-Spin 差速器，又称为牙嵌式自由轮差速器，或防滑自锁差速器，或强制锁止差速器（positive-locking differential）。其安装图外形如图 3-82 所示。No-Spin 差速器既能将动力 100% 传给两侧车轮，又能按需要自动差速。No-Spin 差速器结构复杂，制造过程中对零件尺寸、材料、热处理、加工精度、粗糙度等要求严格，但 No-Spin 差速器可改善牵引力，

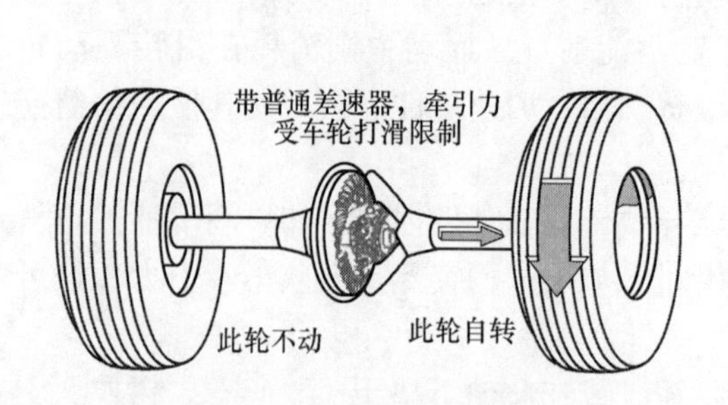

图 3-81　普通差速器工作情况

图 3-82　No-Spin 差速器安装图和外形

提高生产率和减少维修成本，特别是它能自动将扭矩全部传到不打滑的车轮，无需手动操作，故在地下矿用汽车中获得广泛应用。

(1) 结构（见图3-83和图3-84)。No-Spin差速器是由十字轴组件、离合器组件、半轴齿轮，以及弹簧和弹簧座所组成。

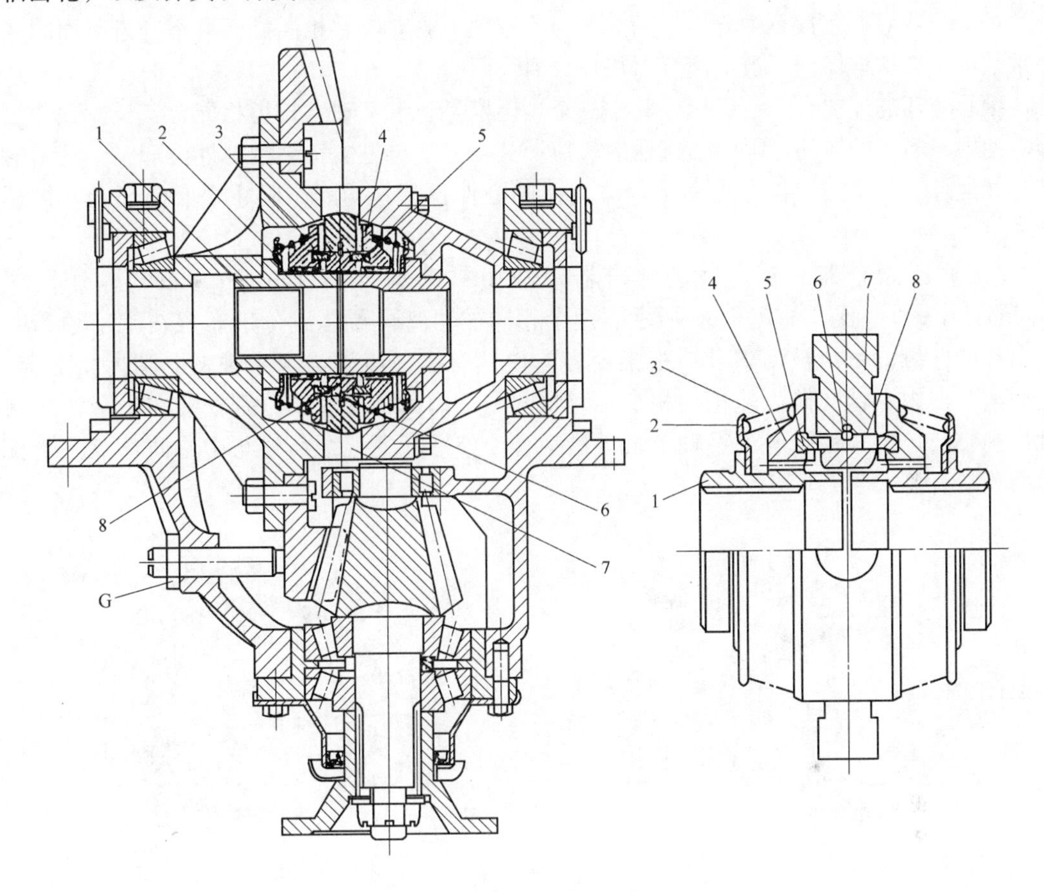

图3-83 No-Spin差速器

1—半轴齿轮；2—弹簧座；3—弹簧；4—被动离合器；5—C形外推环；6—卡环；7—十字轴；8—中心凸环；G-螺母

图3-84 No-Spin差速器的组成

1）十字轴总成。十字轴组件由十字（spider)、中心凸环（center cam）和卡环（snap

ring）组成，如图3-85所示。十字轴配有十字头。十字头沿中央圆均匀排列。其功能是将差速器与大伞齿轮支承架连接在一起。十字轴上被动齿与被动离合器被动齿啮合，从而将扭矩通过啮合齿从大伞齿轮传到半轴，再传到轮边。中心凸环靠卡环定位（见图3-85）。卡环允许中心凸环在十字轴内自由转动，但不能轴向移动。

中心凸环对称布置有举升齿，其数量与十字轴上驱动齿数相同。所有举升齿斜面的摩擦系数很小，这样保证了被动离合器快速分离。

中心凸环的外圈有几个键槽，其中一个短键槽是与十字轴上长齿相配合，长齿置于短槽内使中心凸环的转动局限于短键槽的长短。其余三个与更多长键槽与外推环三个凸出的凸耳相配合。十字轴上长齿沿着半径方向向圆心伸长，其功能是阻止中心凸环和外推环旋转。

2）被动离合器总成。被动离合器总成由被动离合器（driven clutch）、外推环（holdout ring）组成，如图3-86所示。两个相同被动离合器总成分别布置在十字轴和中心凸环的两侧。每个被动离合器沿半径方向设计有齿，该齿与十字轴上驱动齿相配合。被动离合器内花键同侧齿外花键相啮合。将两个被动离合器总成分别安装在十字轴两侧时，中心凸环上短键槽与十字轴上长键槽啮合，外推环上三个凸耳与中心凸环上三个长键槽相啮合。

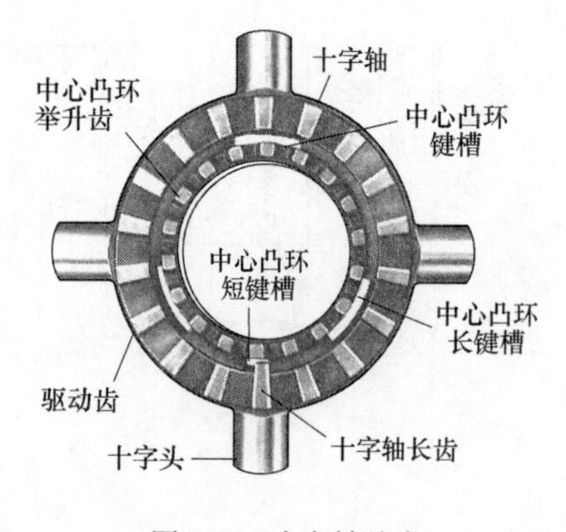

图3-85　十字轴总成

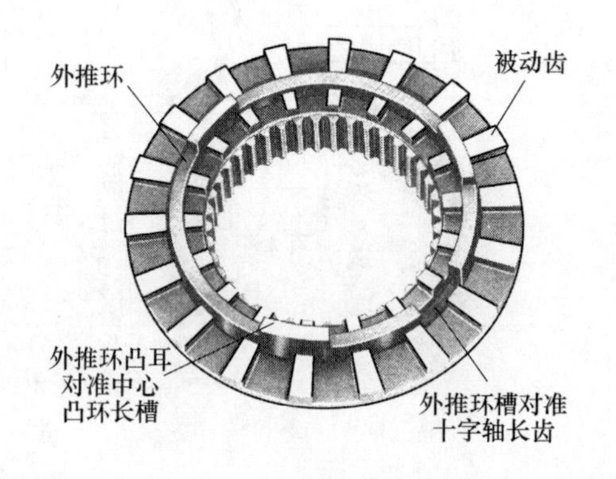

图3-86　被动离合器总成

3）弹簧。No-Spin差速器有两个相同的弹簧。它们的基本功能是保证被动离合器回位到十字轴上。

4）弹簧座。弹簧座有两个，分别支承两个弹簧。

5）侧齿。No-Spin差速器有两个相同的侧齿轮（半轴齿轮）。侧齿的内花键同半轴外花键啮合。侧齿光面与差速器壳内孔相配。侧齿的外花键同被动离合器内花键啮合在一起。

（2）No-Spin差速器工作原理。该差速器没有行星齿轮，而用两个被动离合器代替。被动离合器与十字轴主动环离合器配合。十字轴在大伞齿轮带动下旋转。

这种差速器基本功能是：1）确保100%地利用附着力；2）当一侧车轮附着力为零时，能防止车轮打滑以及功率损失；3）转向或在不平坦地面行驶时，能进行差速。

如图3-87所示，驱动桥装配有No-Spin差速器。只是在图中没有行星齿轮，用两个传动件——左与右被动离合器代替。被动离合器与中间十字轴配合。中间十字轴在大伞齿轮带动下旋转。只要车辆在光滑的地面前进与后退，被动离合器即保持与中间十字轴锁死状态。No-Spin 差速器此时的工作情况为两侧半轴像焊接在一起一样转动，即处于锁死状态。此时两边车速相等，直到两车轮同时获得附着力为止，永远不会出现轮子打滑现象（见图 3-87）。

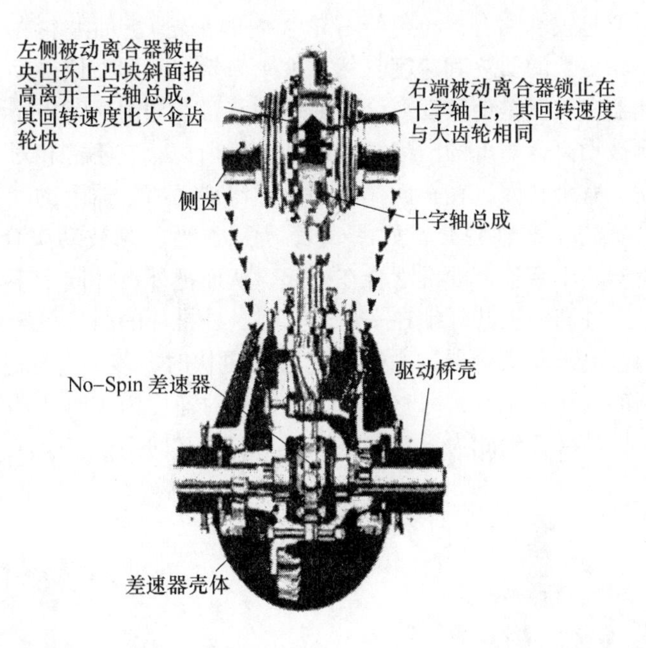

图 3-87 带 No-Spin 差速器驱动桥右转向时差速器动作情况

当车辆转向，或其中一只车轮越过障碍物时，左侧车轮或越过障碍物车轮所行驶的距离较长，车轮转速也比另一侧车轮高。在这种情况下，No-Spin 差速器会自动进行差速。转向时（见图 3-88），右侧车轮对应的被动离合器仍然与中间十字轴啮合，继续驱动车辆。

同时，左侧离合嚣与中间十字轴脱开。这样左侧车轮自由地旋转。当车辆完成转向时，左侧离合器又自动回到原来啮合位置，两侧车轮又继续以相同速度行驶。

（3）前退或后退工作原理。当装有 No-Spin 差速器的车辆前进或后退行驶时，如果地面光滑，中间十字轴便完全同被动离合器啮合，见图 3-89 所示。No-Spin 差速器此时可看作一个整体，两侧车轮在大伞齿轮的驱动下，以相同速度旋转。

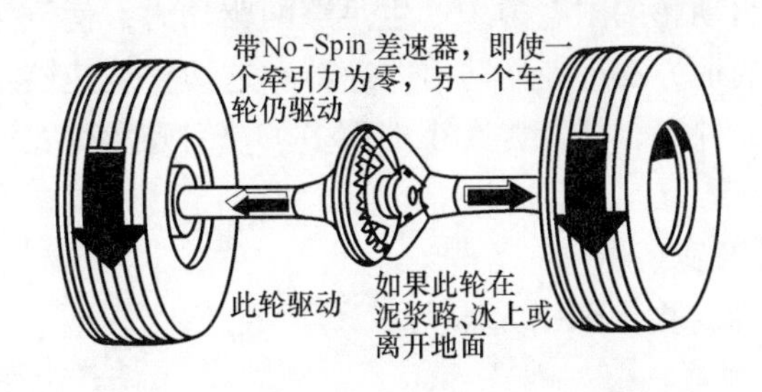

图 3-88 No-Spin 差速器驱动桥牵引性能

图 3-89 No-Spin 差速器自锁情况

（4）转向时工作原理。转向时，要求差速器动作，此时外侧车轮的行驶距离比内侧车轮长，行驶速度比内侧车轮快。因而，No-Spin 差速器要求其中之一轮子比大伞齿轮旋转得快，但当传递动力时不允许另外一只轮子的转速比大伞齿轮慢。

当向右转向时，右侧被动离合器仍同中间十字轴啮合。中间十字轴将动力传递给右侧被动离合器，然后通过被动离合器再传给右轮（内侧车轮）。而左轮在地面摩擦力的作用下，走过比内侧车轮更长的弧。其速度自然比大伞齿轮快，即左侧被动离合器比中间十字轴转动得快。差速器中弹簧是使被动离合器回位的装置，如图 3-90 所示。

中央凸轮右侧被动离合器上的凸齿牢固地啮合（所以，它不能相对于中间字轴转动），中央凸环左侧旳齿上有个斜面，在斜面作用下，左侧被动离合器上的啮合齿便升高。其目的在于使被动离合器与十字轴脱开，如图 3-91 所示。当左侧被动离合器向前旋转之后，左侧外推环上的键槽同十字轴上的键啮合在一起，从而把外推环同十字轴啮合在一起。此时，外推环上同十字轴和中央凸环锁在一起。这时，外推环的凸耳位于中央凸环上键槽前端。这样保证了当左侧被动离合器比大伞齿轮转得更快时，该离合器与十字轴重新啮合。当被动离合器的超前动作停止时，即它与十字轴的相对速度为零时，左侧外推环上的凸耳重新与中间凸轮键齿啮合，到此为止，左侧被动离合器又回到原来位。

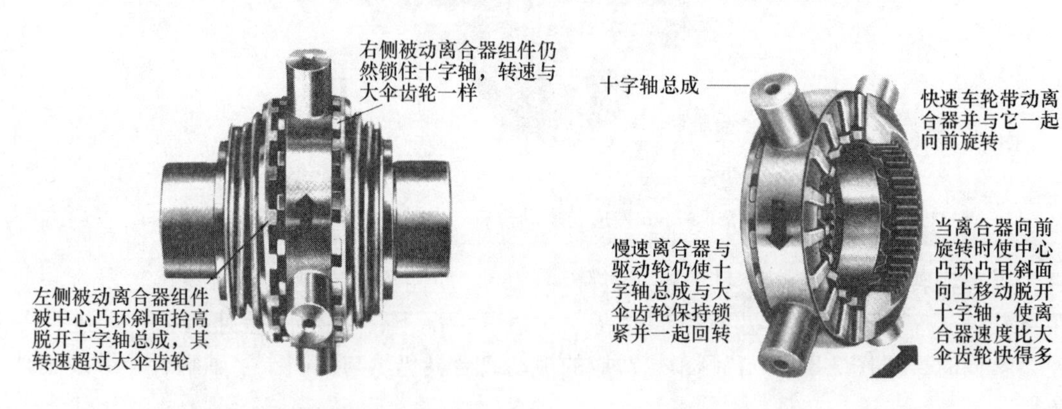

图 3-90　右转向时 No-Spin 差速器被动离合器的位置　　图 3-91　被动离合器啮合情况

当左转向时，工作过程相反，但原理相同。

c　Posi-Torq 差速器

Posi-Torq 差速器（图 3-92）又称为防滑差速器或有限打滑差速器（limited slip differential）。设计防滑差速器是当一侧驱动轮在坏路上滑转时，能使大部分甚至全部转矩传给在良好路面上的驱动轮，以充分利用这一驱动轮的附着力来产生足够的驱动力，使汽车顺利起步或继续行驶。凡是使用普通差速器的地方都可使用防滑差速器。这两种差速器结构基本相同，只是在半轴齿轮大端面多了内、外离合器盘，在小端面多了一组碟形弹簧，如图 3-92 所示。

但防滑差速器较普通差速器具有更多的特点：

（1）在不利的驾驶条件下较普通差速器有更大牵引力。

（2）减少轮胎磨损。

（3）消除由锁止式差速器而产生冲击负荷。

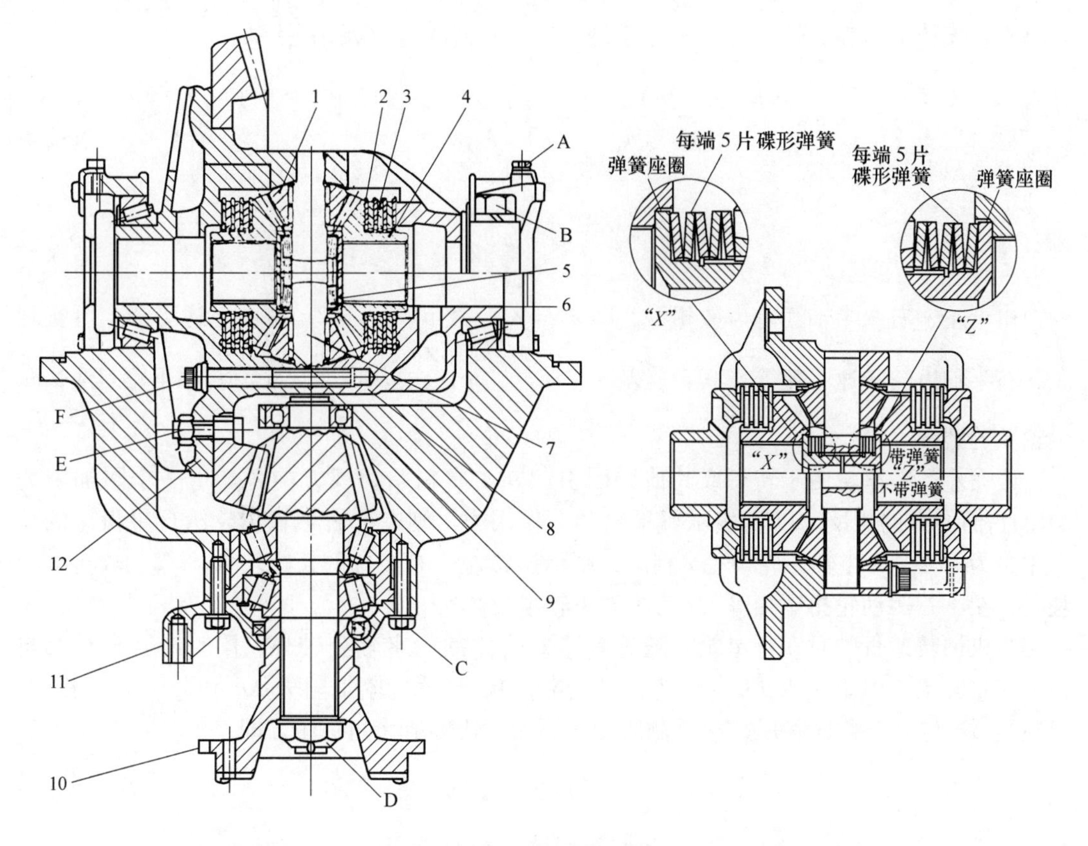

图3-92 防滑差速器

1—行星锥齿轮；2—外离合器盘；3—内离合器盘；4—半轴锥齿轮；5—止推盘；6—碟形弹簧；7—十字轴；8—右差速器壳；9—滚针轴承；10—制动盘安装法兰；11—停车制动器托架；12—左差速器壳；A～F—螺钉和垫圈

（4）改进转向比锁止式差速器好。

（5）能使转矩从打滑车轮传递给不打滑车轮。

（6）可提供给牵引轮的转矩5倍于低转矩打滑车轮。

（7）使用4个相同小齿轮差速器与可替换的止推垫片，降低了维修成本。

（8）可使用两种防滑差速器：带弹簧和不带弹簧。

（9）可应用于大多数Dana公司驱动桥。

B 差速器的工作原理分析

普通差速器的工作原理如图3-93所示。

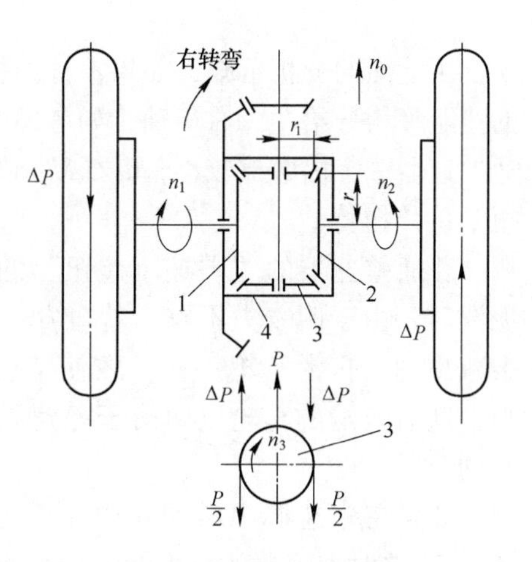

图3-93 差速器工作原理

1—左半轴齿轮；2—右半轴齿轮；3—行星齿轮；4—差速器壳

当$n_3=0$时（即行星轮不自转），差速器作整体回转，车辆作直线运行，转速为n_0。当车辆右转弯时，$n_3\neq0$时，即行星轮以转速n_3自转，它将加快半轴齿轮1的转速，同时又使半轴齿轮2转速减慢。

此时半轴齿轮 1 增高的转速为 $n_3\dfrac{Z_3}{Z_1}$，半轴齿轮 2 减低的转速为 $n_3\dfrac{Z_3}{Z_2}$ 即：

$$n_1 = n_0 + n_3\frac{Z_3}{Z_1} \tag{3-13}$$

$$n_2 = n_0 - n_3\frac{Z_3}{Z_2} \tag{3-14}$$

由于左、右两半轴齿轮齿数相等，即 $Z_1 = Z_2$，故 $n_1 + n_2 = 2n_0$。由上述可知，可实现左、右半轴齿轮转速不相等，其转速差 $n_1 - n_2 = 2n_3\dfrac{Z_3}{Z_2}$。从而实现左、右两车轮差速，减少轮胎的磨损。

假设左、右车轮由于转弯或其他原因引起左、右轮胎切线方向各产生一个附加阻力 ΔP，它们的方向相反。以 P 表示行星轮轴上作用力，则左、右半轴齿轮给行星齿轮的反作用力为 $P/2$，两半轴齿轮半径 r 相同，则传递给左、右半轴的扭矩均为 $Pr/2$。故直线行驶时，左、右驱动轮扭矩相等（r 为半轴齿轮半径）。

当机械转弯行驶时，行星轮除随着差速器壳内的十字轴公转外，同时绕其自身轴自转，使它转动的力矩为 $2\Delta Pr_1$（r_1 为行星轮半径），慢侧的附加阻力 ΔP 和 $P/2$ 方向相同，而快侧 ΔP 与 $P/2$ 方向相反，故慢侧所受扭矩大、快侧所受扭矩小，即：

$$M_1 = (P/2 - \Delta P)r_1 \tag{3-15}$$

$$M_2 = (P/2 + \Delta P)r_1 \tag{3-16}$$

若以 $2\Delta P \cdot r = M_F$ 表示差速器内摩擦力矩，以 $P \cdot r = M_0$ 表示差速器壳传递的扭矩，则：

$$M_1 + M_2 = M_0 \tag{3-17}$$

$$M_2 - M_1 = M_F \tag{3-18}$$

由上面的分析可知，如果不计摩擦力矩即 $M_F = 0$，则 $M_1 = M_2$，故可以认为动锥齿轮的扭矩平均分给左、右半轴，如考虑内摩擦，则快侧车轮力矩小，慢侧车轮力矩大，在普通差速器中，内摩擦较小，$M_2/(M_1 + M_2) = 0.55 \sim 0.6$，这就是普通差速器“差速不差扭”的传扭特性。

普通差速器的“差速不差扭”的特性，会给机械行驶带来不利影响，如一车轮陷入泥泞时，由于附着力不够，就会发生打滑。这时另一车轮的驱动力不但不会增加，反而会减少到与打滑车轮一样，致使整机的牵引力大大减少。如果牵引力不能克服行驶阻力，此时打滑的车轮以两倍于差速器壳的转速转动。而另一侧不转动，此时整机停留不动。

如果在差速器中增加其内摩擦力矩即 M_F，此时 $M_1 = (M_0 - M_F)/2$；$M_2 = (M_0 + M_F)/2$，这时差速器才有可能将较大的扭矩传给不打滑的车轮，这就不像普通差速器那样，不打滑车轮的驱动力不但不会增加，反而减少到与打滑车轮一样。这样，两个驱动轮上总的驱动力将有所增加。为了增加普通差速器内的摩擦阻力矩 M_F，则在普通差速器中增加两组碟形弹簧与内外摩擦离合器组件，就变成了 Posi-Torq 差速器，这就是防滑差速器的工作原理与普通差速器不同之处。Posi-Torq 差速器有带弹簧和不带弹簧的两种（见图3-92）。在有弹簧的差速器中去掉碟形弹簧与止推盘，就变成了不带弹簧的 Posi-Torq 差速器。弹簧的作用是增加摩擦盘上的压力，以增加牵引力，使得牵引力大的轮子的牵引力是牵引力小的轮子牵引力的 5 倍。如果运行条件改善，桥中的力矩就会增加，弹簧的效果就会下降，锁紧系数 K 就会减少。

在没有弹簧的 Posi-Torq 差速器中，摩擦离合器的摩擦阻力与输入桥的力矩成正比。K 值在大部分桥输入力矩内是常数，而且 K 值在 2～2.75 的范围内。

Dana 公司用一个参数表示差速器"差扭能力"，即锁紧系数（biasratio），$K = M_2/M_1$。用它表示两侧驱动轮的转矩可能相差的最大倍数，也是慢、快转驱动车轮转矩比。它也说明了迫使差速器工作所需的力矩大小，即差速器锁紧程度。不同类型差速器的锁止系数与特性范围如图 3-94 所示。

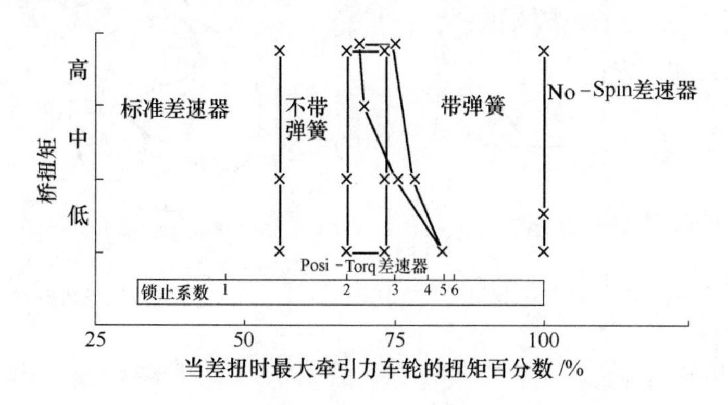

图 3-94 不同类型差速器锁止系数与特性范围

C 三种差速器的特性比较

三种差速器各有其特点，了解它们的各种特点对于正确选择与使用差速器十分必要。三种差速器性能比较见表 3-34。

表 3-34 三种差速器性能比较表

性 能	标准差速器	Posi-Torq 差速器	No-Spin 差速器
牵引特性	差	较 好	最 好
动力性能	差	较 好	最 好
受力状况	好	较 好	最 差
通过性能	差	较 好	最 好
工艺性能	好	较 好	最 差
轮胎磨损	差	较 好	好
价 格	低	较 高	高

3.3.5.3　制动器

在桥的轮毂旁边装有行车制动器（见图3-74），在后桥的输入端配有停车制动器托架与制动盘安装法兰10(见图3-92)，它们也是桥的重要组成部分。这两部件结构将在制动系统中介绍。

3.3.5.4　轮边减速器

在地下矿用汽车广泛采用行星轮式的最终传动。图3-74所示为地下矿用汽车车桥结构图，其最左部分为最终传动。动力通过半轴2传送到太阳轮12，内齿圈8与内齿毂7固定在一起，内齿毂又通过内花键固定在空心轴17上，空心轴又与桥壳通过螺栓固定在一起，因此内齿轮是固定不动的，太阳轮12通过行星轮15带动行星轮托架9回转。驱动轮毂6通过螺栓与行星轮托架相连，这样半轴上的扭矩通过行星减速器传递到驱动轮上。

图3-95所示为轮边减速器简图。

当太阳轮为主动，内齿圈为固定，行星轮架为从动时，其传动比为：

$$i_w = (i_{aH}^b) = \frac{Z_a + Z_b}{Z_a} \tag{3-19}$$

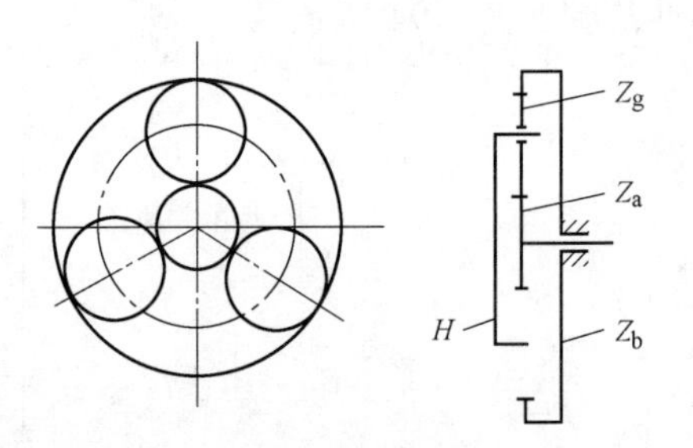

图3-95　轮边减速器简图

Z_a—太阳齿轮；Z_b—内齿圈；Z_g—行星齿轮；H—行星轮托架

轮边减速器的传动效率η_w为：

$$\eta_w = 1 - \left| -\frac{1}{i_w} \right| (1 - \eta^H) \tag{3-20}$$

式中　i_w——轮边减速器传动比；

η^H——轮边减速器中当行星轮架固定定轴系的传动效率$\eta^H = \eta_1\eta_2$；

η_1——太阳轮与行星轮系效率取$\eta_1 = 0.98$；

η_2——行星轮与齿圈传动效率取$\eta_2 = 0.99$。

上述传动效率未考虑油浴润滑时的搅油损失。

3.3.6　驱动桥的选择

与变矩器、变速箱不同，国内外大中型地下矿用汽车驱动桥多半采用美国Dana驱动桥，而小型机采用的厂家比较多，因此需要了解如何选择驱动桥。

驱动桥选择时需要整车的相关信息：(1) 发动机最大输出扭矩及转速。(2) 变速箱最高挡速比、Ⅰ挡速比及最高倒挡速比等。(3) 地下矿用汽车总重G_{VW}。(4) 地下矿用汽车轴荷。(5) 轮胎使用情况。(6) 地下矿用汽车使用工况。

3.3.6.1　比较法选择

地下矿用汽车常用的驱动桥的型号选择可根据地下矿用汽车料厢有效载荷，在第1章介绍的国内外地下矿用汽车中，找到相同机型所选用桥的型号，可作为初步选择时参考。桥的选择不可能单独选择，还必须与变矩器、变速箱、传动轴配合进行，表3-35可作选择桥时参考。

表 3-35 采矿地下矿用汽车传动系统的选择

承载能力 /t	变速箱	驱动桥	传 动
15～20	 32000 C5000	 114 14D	 6C Wing 系列 7C Wing 系列 1550/1610 10 系列
25～30	 6000	 37 RM116 16D 19D	 6C Wing 系列 7C Wing 系列 8.5C Wing 系列 1710 10 系列
35～40	 8000	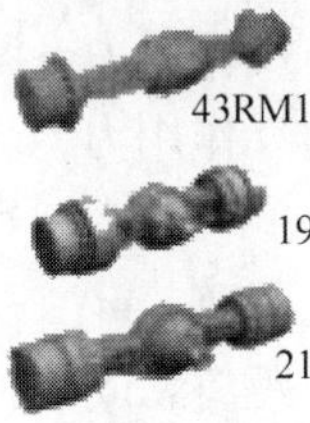 43RM175 19D 21D	 7C Wing 系列 8.5C Wing 系列 1710 10 系列
45～50	 8000	 53R300	 8C Wing 系列 9C Wing 系列 880 10 系列

3.3.6.2 计算法选择

计算法选择主要是根据地下矿用汽车的桥荷、最大输出力矩、行星传动比、总传动比、最大输入转速、有关安装尺寸、外形尺寸等，在表 3-35 中初选所需桥的型号并与美国 Dana 公司协商取得一致意见后，最后确定桥的型号与相关参数。

A 桥荷的计算

桥荷的计算主要是计算地下矿用汽车空载、重载、作业时最大桥荷（见图 3-96）。

a 空载静态和制动时的桥荷

(1) 静态时只承受垂直载荷（见图 3-96）。

$$G = R_1 + R_2$$

整车对前后轮取矩：

$$R_1 L = Gb$$

$$R_1 = \frac{Gb}{L} \tag{3-21}$$

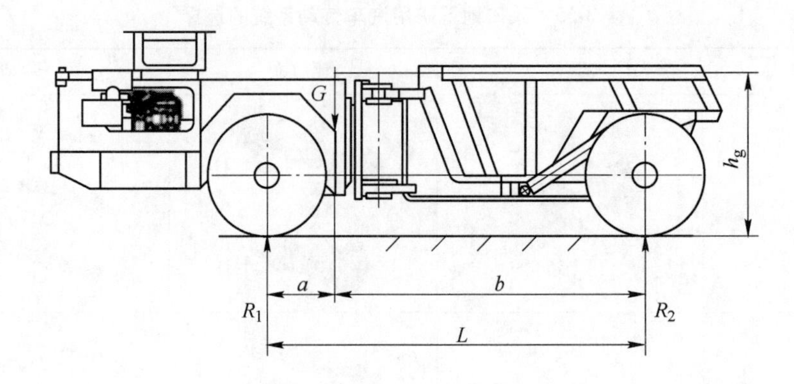

图 3-96　空载静态的桥荷

$$R_2 = G - R_1 = G - \frac{Gb}{L} = G\left(1 - \frac{b}{L}\right) = \frac{Ga}{L} \tag{3-22}$$

式中　G——汽车空载总重，N；

R_1——地面对前轮的法向反作用力，N；

R_2——地面对后轮的法向反作用力，N；

L——轴距，m；

a——汽车重心对前轴线距离，m；

b——汽车重心对后轴线距离，m。

（2）制动时的桥荷。图 3-97 是汽车在水平路面上制动时的受力情况。图中忽略了汽车的滚动阻力偶矩、空气阻力以及旋转质量减速时产生的惯性力偶矩。

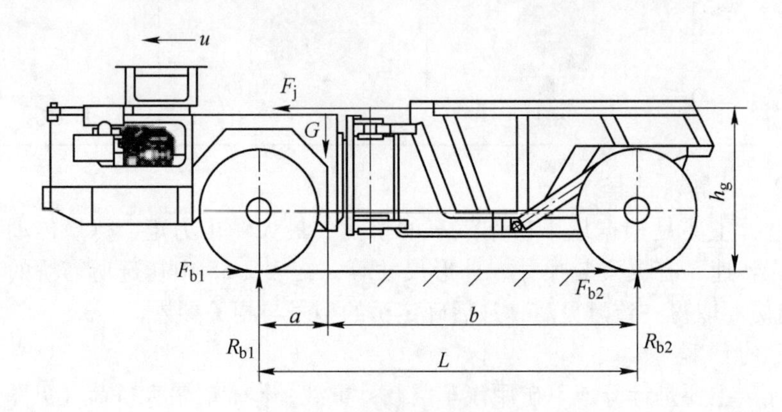

图 3-97　制动时的桥荷

对后轮接地点取力矩得：

$$R_{b1}L - F_j h_g - Gb = 0$$

$$R_{b1} = \frac{F_j h_g + Gb}{L} = \frac{\frac{G}{g}\frac{du}{dt}h_g + Gb}{L} = \frac{G}{L}\left(b + \frac{h_g}{g}\frac{du}{dt}\right) \tag{3-23}$$

$$R_{b2} = G - R_{b1} = \frac{G}{L}\left(a - \frac{h_g}{g}\frac{du}{dt}\right) \tag{3-24}$$

式中 R_{b1}——汽车制动时，地面对前轮的法向反作用力，N；

h_g——汽车重心高度，m；

F_j——车辆惯性力，$F_j = \frac{G}{g}\frac{du}{dt}$；　　(3-25)

g——重力加速度，$g = 9.8\text{m/s}^2$；

$\frac{du}{dt}$——汽车制动减速度，m/s^2。

汽车总的地面制动力为：

$$F_b = F_{b1} + F_{b2} = \frac{G}{g}\frac{du}{dt} = G\varphi$$

或

$$\frac{du}{dt} = \varphi g$$

式中 F_b——汽车地面总制动力，N；

F_{b1}，F_{b2}——前、后桥车轮地面制动力，N。

前、后轮地面对前轮的法向反作用力为：

$$R_{b1} = \frac{G}{L}(b + \varphi h_g) \tag{3-26}$$

$$R_{b2} = \frac{G}{L}(a - \varphi h_g) \tag{3-27}$$

式中 φ——附着系数。

从式（3-26）和式（3-27）可知，当制动强度和附着系数改变时，地面对车轮的法向反作用力变化是很大的。

b 重载桥荷

（1）静态时，只承受垂直载荷（见图3-98）。

$$G_{VW} = R_{G1} + R_{G2}$$

式中 G_{VW}——车辆满载重量，N。

整车对前后轮取矩：

$$R_{G1}L = G_{VW}b_G$$

$$R_{G1} = \frac{G_{VW}b_G}{L} \tag{3-28}$$

$$R_{G2} = G_{VW} - R_{G1} = G_{VW} - \frac{G_{VW}b_G}{L} = \frac{G_{VW}a_G}{L} \tag{3-29}$$

式中 G_{VW}——汽车满载重量，N；

R_{G1}——地面对前轮的法向反作用力，N；

R_{G2}——地面对后轮的法向反作用力，N；

L——轴距，m；

a_G——汽车重心对前轴线距离，m；

b_G——汽车重心对后轴线距离，m。

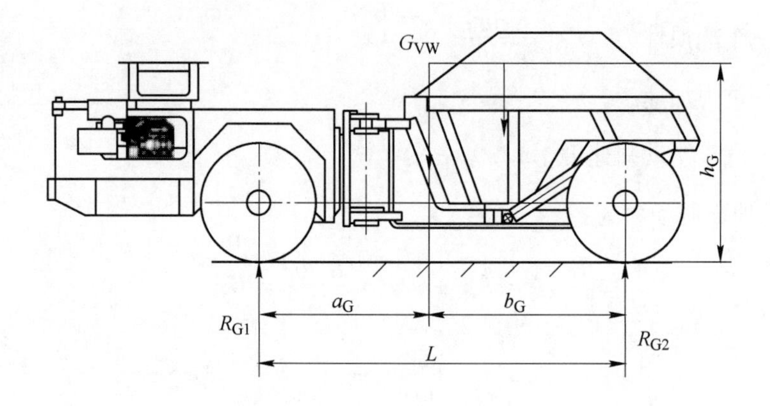

图 3-98　满载静态的桥荷

（2）制动时的桥荷（见图 3-99）。

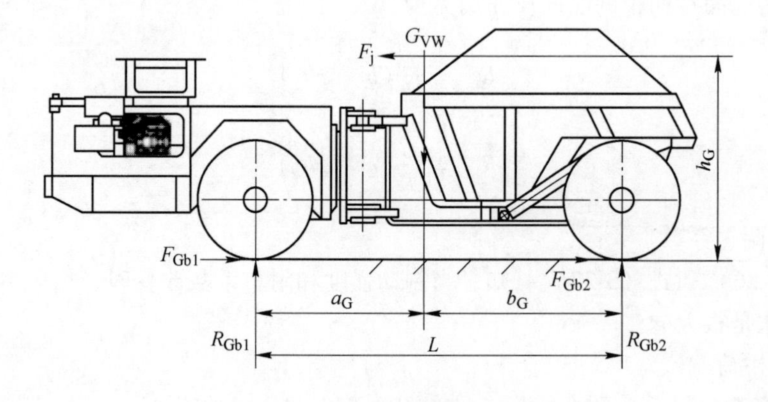

图 3-99　重载制动的桥荷

对后轮接地点取力矩得：

$$R_{Gb1}L - F_j h_G - G_{VW} \times b_G = 0 \tag{3-30}$$

$$R_{Gb1} = \frac{F_j h_G + G_{VW} \times b_G}{L} = \frac{\dfrac{G_{VW}}{g}\dfrac{du}{dt}h_G + G_{VW} \times b_G}{L} = \frac{G_{VW}}{L}\left(b_G + \frac{h_G}{g}\frac{du}{dt}\right) \tag{3-31}$$

$$R_{Gb2} = G_{VW} - R_{Gb1} = \frac{G_{VW}}{L}\left(a_G - \frac{h_G}{g}\frac{du}{dt}\right) \tag{3-32}$$

式中　R_{Gb1}——汽车制动时，地面对前轮的法向反作用力，N；

R_{Gb2}——汽车制动时，地面对后轮的法向反作用力，N；

h_G——汽车重心高度，m；

F_j——车辆惯性力，$F_{Gj} = \frac{G_{VW}}{g}\frac{du}{dt}$ (3-33)

g——重力加速度，$g = 9.8\text{m/s}^2$；

$\frac{du}{dt}$——制动减速度，m/s^2。

总的制动力：

$$F_{Gb} = F_{Gb1} + F_{Gb2} = F_\varphi = \varphi G_{VW}$$

或

$$\frac{du}{dt} = \varphi g \tag{3-34}$$

地面对前、后轮的法向反作用力为：

$$R_{Gb1} = \frac{G_{VW}}{L}(b_G + \varphi h_G) \tag{3-35}$$

$$R_{Gb2} = \frac{G_{VW}}{L}(a_G - \varphi h_G) \tag{3-36}$$

由式（3-35）和式（3-36）可知，当制动强度和附着系数改变时，地面对车轮的法向反作用力变化是很大的。

c　重载加速上坡桥荷

图3-100是汽车在重载加速上坡制动时的受力情况。图中忽略了汽车的滚动阻力偶矩、空气阻力以及旋转质量减速时产生的惯性力偶矩。

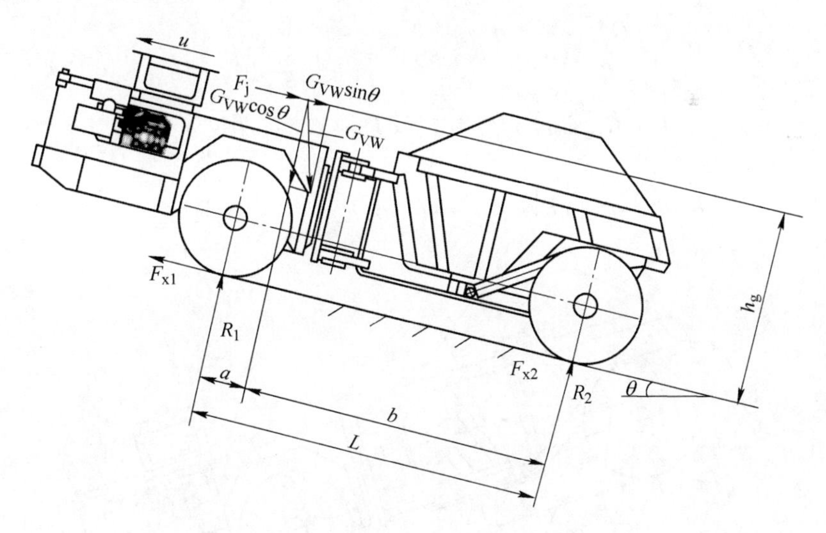

图3-100　重载加速上坡桥荷受力分析

由图3-100可知对后轮接地点取力矩得：

$$R_1 L + F_j h_g + G_{VW}\sin\theta \times h_g - G_{VW}\cos\theta \times b = 0$$

$$R_1 = \frac{G_{VW}\cos\theta \times b - F_j h_g - G_{VW}\sin\theta \times h_g}{L} = \frac{G_{VW}\cos\theta \times b}{L} - \frac{G_{VW}h_g}{L}\left(\frac{1}{g}\frac{du}{dt} + \sin\theta\right)$$

$$=\frac{G_{VW}}{L}\left[\cos\theta\times b-h_g\left(\frac{1}{g}\frac{du}{dt}+\sin\theta\right)\right] \tag{3-37}$$

$$R_2=\frac{G_{VW}}{L}\left[\cos\theta\times a+h_g\left(\frac{1}{g}\frac{du}{dt}+\sin\theta\right)\right] \tag{3-38}$$

式中　G_{VW}——汽车满载重量，N；

R_1——汽车加速时，地面对前轮的法向反作用力，N；

R_2——汽车加速时，地面对后轮的法向反作用力，N；

h_g——汽车重心高度，m；

F_j——车辆加速阻力，$F_j=\frac{G_{VW}}{g}\frac{du}{dt}$；

g——重力加速度，$g=9.8\text{m/s}^2$；

$\frac{du}{dt}$——加速度，m/s^2；

θ——纵向坡度角，（°）。

d　重载下坡制动桥荷

图 3-101 是汽车在重载下坡制动时的受力情况。图中忽略了汽车的滚动阻力偶矩、空气阻力以及旋转质量减速时产生的惯性力偶矩。由图 3-101 对后轮接地点取力矩得：

$$R_{b1}L-G_{VW}\cos\theta\times b-G_{VW}\sin\theta\times h_g-F_j\times h_g=0$$

$$R_{b1}=\frac{G_{VW}}{L}\left(\cos\theta\times b+\sin\theta\times h_g+\frac{1}{g}\frac{du}{dt}h_g\right) \tag{3-39}$$

$$R_{b2}L+G_{VW}\sin\theta\times h_g+F_j\times h_g-G_{VW}\cos\theta\times a=0$$

$$R_{b2}=\frac{G_{VW}}{L}\left(\cos\theta\times a-\sin\theta\times h_g-\frac{1}{g}\frac{du}{dt}h_g\right) \tag{3-40}$$

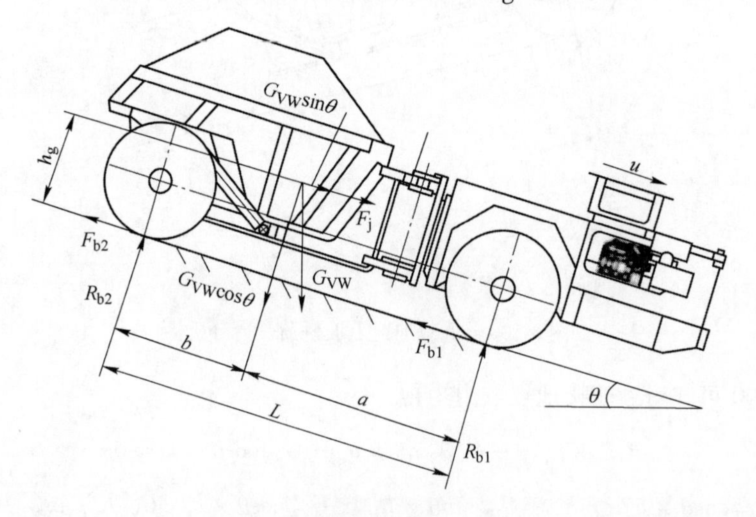

图 3-101　重载下坡制动受力分析

按式（3-34），上两式转换为：

$$R_{b1} = \frac{G_{VW}}{L}(\cos\theta \times b + \sin\theta \times h_g + \varphi h_g) \tag{3-41}$$

$$R_{b2} = \frac{G_{VW}}{L}(\cos\theta \times a - \sin\theta \times h_g - \varphi h_g) \tag{3-42}$$

e 在横向斜坡运行桥荷（见图3-102）。

对车轮左、右接地点取力矩得（为简化计算，设重心位于轮距中心）：

$$R_{左} B + G_{VW}\sin\alpha \times h_g - G_{VW}\cos\alpha \times B/2 = 0$$

$$R_{左} = \frac{G_{VW}}{B}\left(\frac{B}{2}\cos\alpha - h_g\sin\alpha\right) \tag{3-43}$$

$$R_{右} B - G_{VW}\sin\alpha \times h_g - G_{VW}\cos\alpha \times B/2 = 0$$

$$R_{右} = \frac{G_{VW}}{B}\left(\frac{B}{2}\cos\alpha + h_g\sin\alpha\right) \tag{3-44}$$

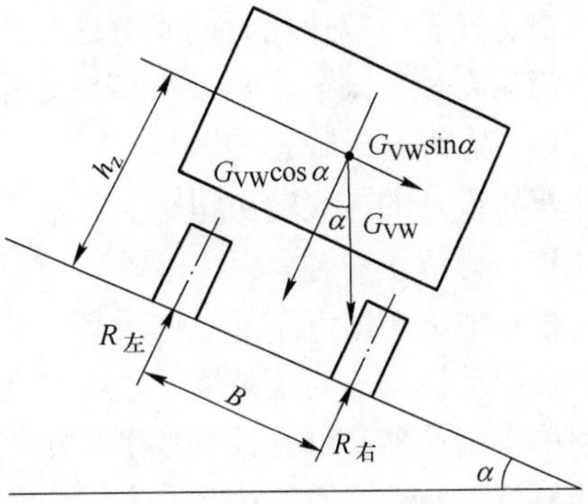

图3-102 倾斜的直路上直线行驶受力示意图

式中 α——横向斜坡角，(°)；

B——轮距，m；

$R_{左}$——地面对左轮的法向反作用力，N；

$R_{右}$——地面对右轮的法向反作用力，N；

其他符号同前。

根据上述计算结果填入表3-36，根据其中最大桥荷与安装尺寸在表3-22和其他桥荷资料中选取合适型号的桥。

表3-36 不同工况下桥荷

		1	2	3	4	5
载荷分布/负荷循环		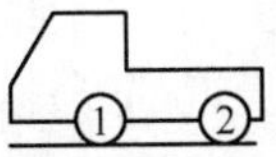 ① ②	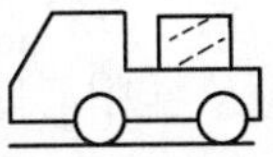	 θ	 θ	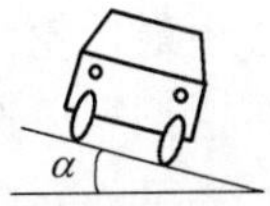 α
车桥1（前）	右轮					
	左轮					
车桥2（后）	右轮					
	左轮					
最高车速						
使用率/%						
制动频率/km·h^{-1}						
牵引力/kN						
坡度角/(°)						

B 传动比的选择

在3.2节已初步分析机械传动部分最大总传动比 i_{max} 与最小总传动比 i_{min} 的求法。一般整车传动系最小传动比的选择，可根据最高车速及其功率平衡图来确定。最大传动比为变速箱的Ⅰ挡速比与主减速比的乘积。该速比主要是用于汽车爬坡或道路条件很差（阻力大）的情况下（此时空气阻力可以不计）汽车仍能行驶。总的传动比的分配原则是：尽量将减速比多分给后面，少分配给前面，以减少传动系统大多数传动元件的计算力矩。也就是说应选定尽可能大的最终传动（即轮边传动 i_w），然后选取尽可能大的主传动的传动比 i_B。

地下矿用汽车车桥主传动比 $i_B=3.6\sim6.78$，轮边传动 $i_w=3.78\sim6.8$。

在选择轮边减速比时还要考虑受车辆轮辋的限制，在考虑主传动传动比时，还要考虑大锥齿轮直径，太大影响最小离地间隙，因此也不能过大。

C 桥的最大输出扭矩

车桥设计的最大输出扭矩必须小于所选驱动桥额定（允许）输出扭矩。

D 制动器的选择

根据地下矿用汽车的总体设计，算出所需要的行车最大制动力矩，选择合适的封闭湿式多盘制动器。从安全角度，地下矿用汽车大都选择弹簧制动、液压松闸制动器。若需要选用停车制动器，可先计算地下矿用汽车在14°的坡度上停车所需的停车制动力矩，再与所选桥停车制动器所能产生的制动力矩比较，若前者比后者少，则所选的停车制动器合适。制动力矩的计算见制动器的有关章节。

E 差速器的选择

在地下矿用汽车的驱动桥里，一般前桥与后桥均采用标准差速器。

F 轮辐与轮毂

地下矿用汽车车轮轮辐与轮毂的安装形式及安装尺寸，包括螺栓孔数、螺母座（螺栓孔）分布圆直径、螺母座（螺栓孔）位置度、螺栓孔直径、螺母座形式及尺寸、中心孔直径及轮辐平面部分直径应与驱动桥相一致。

G 外形尺寸与其他附件的选择

Dana驱动桥同一种型号有多种尺寸规格，即桥的总长、法兰到法兰的距离、悬挂中心距最佳轮距等。前面已分析了地下矿用汽车在井下使用，因而机身窄而长，为此，一般在桥型号里选择悬挂中心距最短或与最短悬挂中心距最近的悬挂中心，作为要选用的桥。

另外，Dana驱动桥的输入法兰型号很多，有装制动盘的法兰、有没有装制动盘的法兰，有标准法兰、也有短的法兰等。法兰大小不同，传递的扭矩不同，其安装距也不同，在选择时必须注意。除了输入法兰外，还有车轮端面形式（weel end type）、桥壳号（housing number）、桥壳形式（housing type）、主动锥齿轮旋向与形式（pinon spiral and pinon type）等，在选择桥时必须注意选择。

3.3.7 驱动桥设计

3.3.7.1 车轮轮毂轴承寿命的计算

轴承的计算主要是计算其寿命。由于地下矿用汽车的使用工况与汽车不同，因此车轮轮毂轴承的计算也不同于一般汽车，有自己的特殊性。

A 轮毂的结构

车轮轮毂的结构如图3-103所示。由图3-103可知，轮毂轴承有两个，都是单列圆锥滚子轴承。它的外圈同轮毂一起回转，内圈不动。它既支承整个车辆的重量又要承受地面对轮胎的各种反力，还要承受装载机作业时各种冲击。因此这两个圆锥滚子轴承的工作环境十分恶劣，容易疲劳损坏。

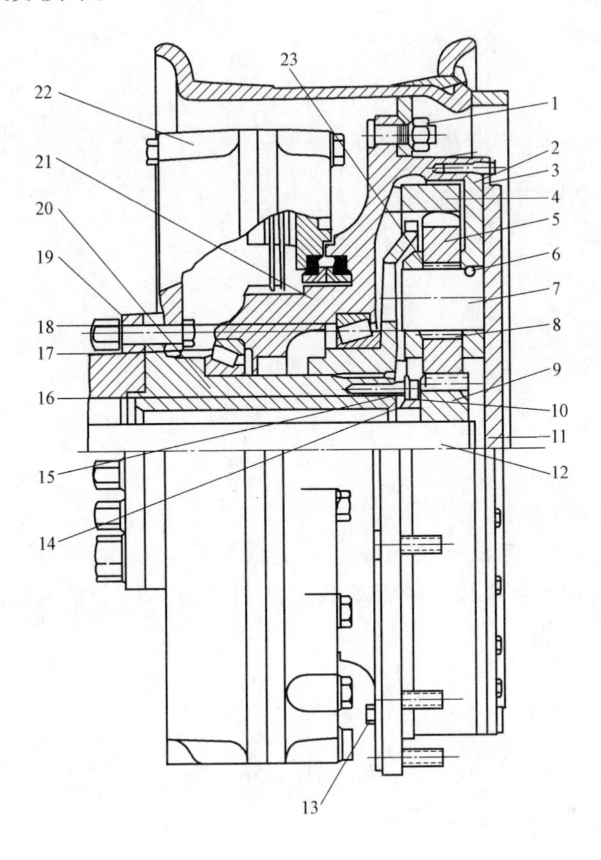

图 3-103　车轮轮毂结构

1—扭矩箱；2—行星支架；3—盖板；4—内齿圈；5—行星轮；6—定位球；7—齿轮轴；8—滚针；9—太阳轮；10—填片；11—轴推块；12—半轴；13—排油塞；14—轴盖；15—铁丝；16—螺钉；17—内轴承；18—外轴承；19—桥壳；20—空心轴；21—轮毂；22—制动器；23—外齿圈

B　车轮与轴承受力分析

车轮与轴承受力分析如图 3-104 所示。

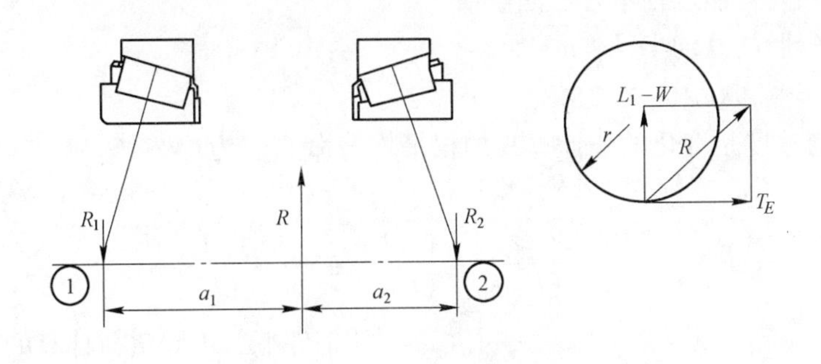

图 3-104　车轮与轴承受力分析

（1）牵引力 TE：

$$TE = \varphi L_1 \tag{3-45}$$

式中　L_1——车轮载荷，N；

φ——附着系数，一般取 $\varphi = 0.8$。

（2）总反力 R：

$$R = \sqrt{(L_1 - W)^2 + (\varphi L_1)^2} \tag{3-46}$$

式中　W——一个车轮的重量，N。

（3）外轴承承受的径向力 R_1：

$$R_1 = \frac{a_2 R}{a_1 + a_2} \tag{3-47}$$

（4）内轴承承受的径向力 R_2：

$$R_2 = \frac{a_1 R}{a_1 + a_2} \tag{3-48}$$

C　轴承寿命计算

设 K_1、K_2 分别为外、内轴承径向额定动负荷与轴向基本额定动负荷之比；$(C_{90})_1$、$(C_{90})_2$ 分别为外、内轴承基本径向额定动载荷，N；R_{E1}、R_{E2} 分别为径向当量动负荷，N。

若 $R_1/K_1 < R_2/K_2$，则：

$$R_{E1} = 0.78R_1 + \frac{0.47R_2K_1}{K_2} \tag{3-49}$$

$$R_{E2} = 1.25R_2 \tag{3-50}$$

若 $R_1/K_1 > R_2/K_2$，则：

$$R_{E1} = 1.25R_1 \tag{3-51}$$

$$R_{E2} = 0.78R_2 + \frac{0.47R_1K_2}{K_1} \tag{3-52}$$

轴承额定寿命：

$$L_{10} = \left(\frac{C_{90}}{R_E}\right)^{\frac{10}{3}} \left(\frac{5.65 \times 10^5 r}{v}\right) \tag{3-53}$$

式中　C_{90}——90%可靠度轴承寿命期望值；

R——轮胎的滚动半径，m；

v——车速，km/h。

由于负荷与速度是变化的，计算其加权平均寿命 L_{10Wt} 为：

$$L_{10Wt} = \frac{1}{\dfrac{t_1}{(L_{10})_1} + \dfrac{t_2}{(L_{10})_2} + \cdots + \dfrac{t_n}{(L_{10})_n}} \tag{3-54}$$

式中　$(L_{10})_1$，$(L_{10})_2$，…，$(L_{10})_n$——在每一种条件下，不同负荷计算的轴承寿命；

t_1，t_2，…，t_n——在一个负荷周期内，负荷的作用时间系数。

3.3.7.2 空心轴强度计算

空心轴结构如图3-105所示。它是车桥中一个很重要的零件。轮端内、外锥轴承装在其上。左端的法兰与桥壳、制动器用螺栓连成一体，形成一个悬臂梁结构。其受力分析如图3-105所示。

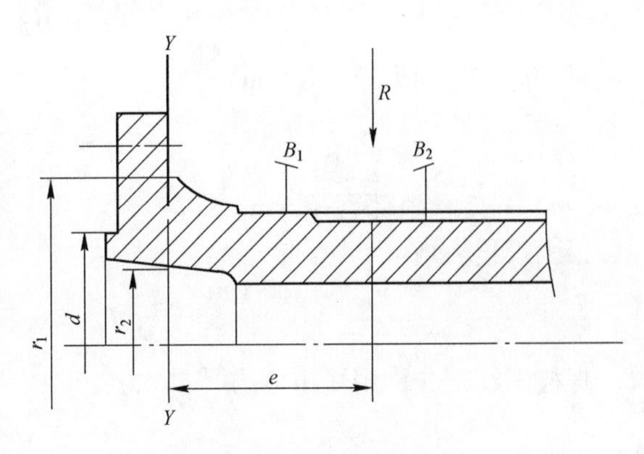

图3-105 空心轴受力分析

危险截面为$Y—Y$面，危险截面的最大弯曲应力σ_{max}：

$$\sigma_{max} = Re/W \qquad (3\text{-}55)$$

式中 R——总反力，N；

e——总反力到危险截面的距离，m；

W——危险截面的抗弯断面模数：

$$W = \frac{\pi(r_1^4 - r_2^4)}{16r_1} \qquad (3\text{-}56)$$

r_1，r_2——危险截面的内外半径，m。

根据Gauest-Mohr理论：

$$[\sigma_{-1}] = K_a K_b K_c K_e \sigma_{-1} \qquad (3\text{-}57)$$

式中 $[\sigma_{-1}]$——零件的许用疲劳极限；

K_a——表面系数，0.7；

K_b——尺寸系数，$d \geqslant 54.8$mm的尺寸系数$K_b = 0.75$；

K_c——可靠性系数，$K_c = 0.85$；

K_e——应力集中系数，大于0.7；

σ_{-1}——光滑试件的疲劳极限，取$\sigma_{-1} = 0.5\sigma_b$，若$\sigma_{max} < [\sigma_{-1}]$则空心轴强度合格。

空心轴铰孔紧固螺栓受力分析如图3-106所示。

一个螺栓的公称扭转应力τ为：

$$\tau = \frac{FR_K}{ArZ} \qquad (3\text{-}58)$$

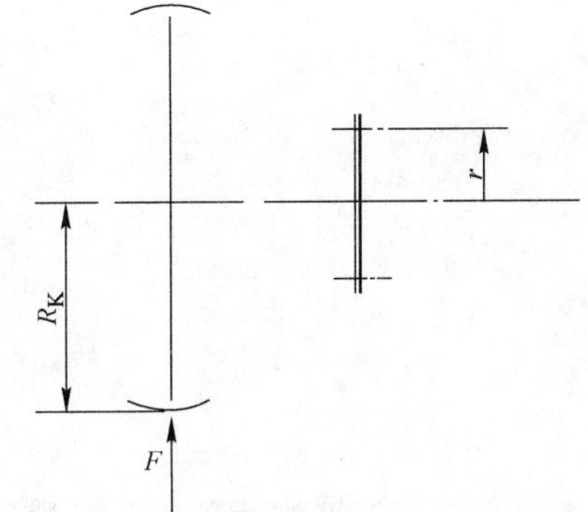

图3-106 空心轴铰孔紧固螺栓受力分析

式中 F——作用于一个车轮上的最大制动力，N；

R_K——轮胎的滚动半径，m；

A——螺栓根部截面积，m^2；

r——螺栓安装圆半径，m；

Z——紧固螺栓数量；

τ——公称扭转应力，MPa。

空心轴的紧固螺栓强度等级，一般是10.9级，保证应力S_P为830MPa。那么螺栓的最大保证预紧力为：

$$F_i = 0.9S_p \times A \tag{3-59}$$

最大允许紧固力矩（N·m）：

$$T = 0.2F_i d \tag{3-60}$$

式中 d——螺栓根部直径，m。

最大螺栓力矩：

$$T_1 = 0.5T \tag{3-61}$$

螺栓螺纹部分许用受扭应力［τ］为：

$$[\tau] = \frac{16T_1}{\pi d^3 n} \tag{3-62}$$

式中 n——安全系数，取 $n = 4$。

如果［τ］$\geqslant \tau$，则选用螺栓强度合格。

3.3.7.3 半轴计算

A 强度计算

地下矿用汽车采用的是全浮式半轴，因此它承受纯扭矩。半轴承受最大计算扭矩 T_{max} 时的最大扭转应力为 τ_{max}。半轴受力分析如图 3-107 所示。

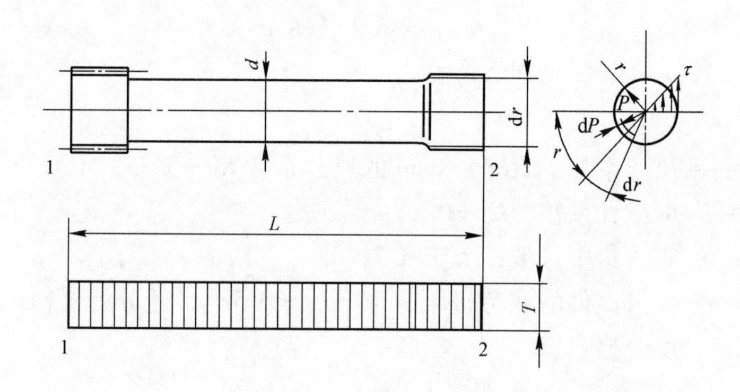

图 3-107 半轴受力分析

$$T_{max} = T_{\varphi} = \xi m'_2 G_2 r\varphi / i_w \eta \tag{3-63}$$

$$\tau_{max1} = T_{max} / W_d \tag{3-64}$$

$$\tau_{max2} = T_{max} / W_{dr} \tag{3-65}$$

$$T_E = \varphi G_2 \tag{3-66}$$

式中 ξ——差速器的转矩分配系数，对圆锥行星齿轮差速器可取 $\xi = 0.6$；对 No-Spin 差速器可取 $\xi = 1.0$；对防滑差速器，根据其结构可取 $\xi = 0.5 \sim 0.8$；

m'_2——负荷转移系数；

r——轮胎滚动半径，mm；

i_w——轮边减速器传动比；

η——轮边减速器传动效率，$\eta = 0.97$；

W_d——半轴光杆部分扭转断面系数，mm^3：

$$W_d = \pi d^3/16$$

W_{dr}——花键部分扭转断面系数；

φ——附着系数；

G_2——地下矿用汽车满载重量落在一个驱动桥上的静负荷，N。

如果传动系中有其他减速装置（如分动箱、副变速箱等），还应考虑其对半轴转矩的影响，即在上述计算公式等式的右侧，应乘以其减速装置的传动比。

若半轴的允用应力为［τ］，则：［τ］$\geqslant \tau_{max1}$，［τ］$\geqslant \tau_{max2}$，半轴强度合格。

B 半轴在承受最大转矩时其花键的剪切应力与挤压应力

半轴花键的剪切应力τ_s(MPa)为：

$$\tau_s = \frac{T_{max} \times 10^3}{\left(\frac{D_B + d_A}{4}\right) z L_p b \phi} \tag{3-67}$$

半轴花键的挤压应力 σ_c(MPa)为：

$$\sigma_c = \frac{T_{max} \times 10^3}{\left(\frac{D_B + d_A}{4}\right)\left(\frac{D_B - d_A}{2}\right) z L_p \phi} \tag{3-68}$$

式中 T_{max}——半轴承受的最大扭矩，N·m；

D_B——半轴花键（轴）外径，mm；

d_A——相配的花键孔内径，mm；

z——花键齿数；

L_P——花键工作长度，mm；

b——花键齿宽，mm；

ϕ——载荷分布的不均匀系数，计算时可取为 0.75。

C 半轴刚度计算

虽然没有半轴允许的标准扭转变形量，但对于两端受支承的轴来讲，已形成了一个标准即轴的变化应小于[ϕ] = 0.26°/m。当轴的长度为轴的直径的 20 倍时，轴的扭转角度必须在 1°的范围内、以此来限制轴的变形。

半轴在最大扭矩的作用下的扭角 ϕ(°)为：

$$\phi = \frac{T_{max} L}{G J_1} \frac{180}{\pi} \tag{3-69}$$

式中 L——半轴的长度，mm；

J_1——半轴光杆部分极惯性矩，$J_1 = \pi d^4/32$，mm^4；

G——轴的切变模量，MPa，对钢 $G = 8000$MPa。

D 半轴的横向振动计算

如果半轴的扭转变形过大，就有可能产生振动（既有扭曲又有横向振动）。结果它会影响齿轮运行，也可能引起潜在的轴承损坏。因此必须要进行轴的振动计算，也就是计算轴的临界转速，以便使工作转速避开临界转速 n_c。

在弹性范围内，半轴材料变形吸收的能量为 U(N · m)：

$$U=\frac{[\tau]^2d^2L}{16G} \tag{3-70}$$

半轴回转能量：

$$u=\frac{1}{2}T_{\max}\omega^2 \tag{3-71}$$

式中 $T_{\max}$——半轴所承受的最大扭矩，N · m；

ω——角速度，rad/s。

$$u=\frac{1}{2}T_{\max}\omega^2=\frac{1}{2}T_{\max}\left(\frac{2\pi n}{60}\right)^2=0.00548T_{\max}n^2 \tag{3-72}$$

$$u=U$$

3.3.7.4 主传动锥齿轮轴承计算

确定主传动锥齿轮的载荷是轴承计算的基础。为了确定轴承的载荷，首先分析锥齿轮在啮合中齿面的作用力。

A 螺旋锥齿轮与双曲面齿轮的螺旋方向

螺旋锥齿轮与双曲面齿轮的螺旋方向分为“左旋”与“右旋”两种，如图 3-108 所示。对着齿面看，如果轮齿的弯曲方向从其小端到大端为顺时针走向时，则称为右旋齿；反时针时，则称为左旋齿。主、从动齿轮的螺旋方向是不同的。

螺旋锥齿轮与双曲面齿轮在传动时所产生的轴向力，其方向决定于齿轮的螺旋方向与旋转方向。判断齿轮的旋转方向是顺时针还是逆时针时，要向齿轮的背面看去。而判断轴向力的方向时，可以用手势法则，左旋齿轮的轴向力的方向用左手法则判断；右旋齿轮的轴向力的方向用右手法则判断。判断时伸直拇指的指向为轴向力的方向，而其他手指握起来后的旋向就是齿轮旋转方向（见图 3-108）。

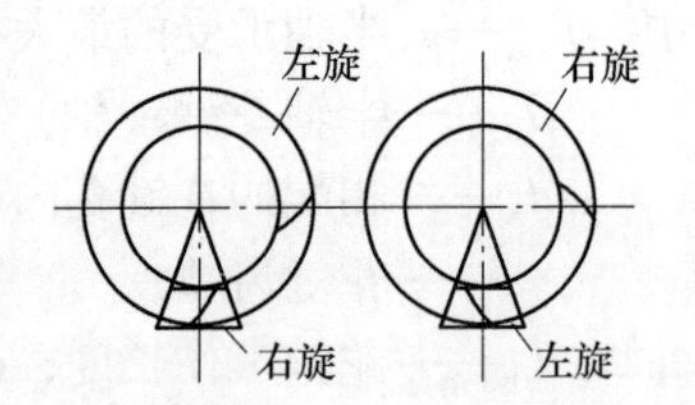

主动齿轮旋转方向 主动齿轮旋转方向

轴向推力 轴向推力

主动齿轮旋转方向 主动齿轮旋转方向

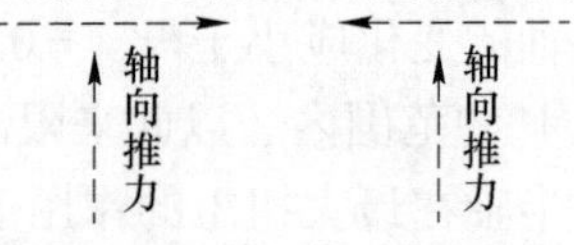

图 3-108 螺旋锥齿轮与双曲面齿轮的螺旋方向与轴向推力

B 齿轮齿面上的作用力

螺旋锥齿轮或双曲面齿轮在工作过程中，齿面上作用有一法向力，该法向力可分解为三个分力：沿齿轮切向方向的圆周力，沿齿轮轴线方向的轴向力，以及垂直于齿线的径向力。若已知圆周力，则其他作用力可用圆周力描述。

a 齿面宽中点处的圆周力 F

$$F=2T/D_{m2} \tag{3-73}$$

式中 T——作用在从齿轮上的扭矩；

D_{m2}——从动齿轮齿面宽中点处的分度圆直径，其值为：

$$D_{m2}=D_2-b_2\sin\gamma_2$$

D_2——从动齿轮分度圆直径；

b_2——齿面宽；

γ_2——从动齿轮节锥角。

对圆锥齿轮副来讲，作用在主动和从动齿轮上的圆周力的大小是相等的；而对双曲面齿轮副来讲，由于主、从动齿轮的螺旋角不等，它们的圆周力是不相等的，其间的关系已在式（3-73）中描述。

b 锥齿轮上的轴向力和径向力

图 3-109 为主动小齿轮（螺旋锥齿轮或双曲面齿轮）齿面受力图。图中主动小齿轮的螺旋方向为左旋，旋转方向为逆时针（从小齿轮锥顶看）。图中 F_T 为作用在齿面宽中点 A（该点位于节锥面上）的法向力。该法向力 F_T 在 A 点处的螺旋方向的法平面内，可分解为两个互相垂直的力 F_N 和 F_f。F_N 位于∠O′OA 所在的平面且垂直于 OA。F_f 位于以 OA 为切线的节锥的切平面内。F_f 在此切平面内又可分解为沿切线方向的圆周力 F 和沿节锥母线方向的力 F_S 的两个分力。

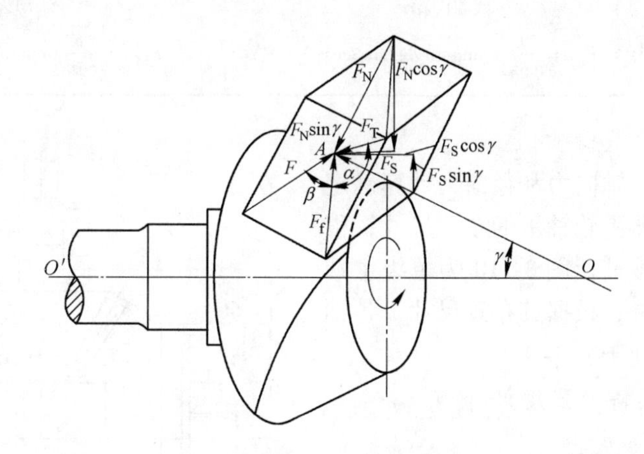

图 3-109 主动小齿轮面上的作用力

F_f 与 F 之间的夹角为螺旋角 β，F_T 与 F_f 之间的夹角为法向压力角 α。显然，

$$F_T = F/\cos\beta\cos\alpha$$

因而

$$F_N = F_T\sin\alpha = F\tan\alpha/\cos\beta \tag{3-74}$$

$$F_S = F_T\cos\alpha\cos\beta = F\tan\beta \tag{3-75}$$

F_N 力沿小齿轮的径向和轴向分解为 $F_N\cos\gamma$ 和 $F_N\sin\gamma$ 两力。F_S 沿径向和轴向分解为 $F_S\sin\gamma$ 和 $F_S\cos\gamma$ 两力。于是作用在小齿轮轮齿面上的轴向力 F_{ap}和径向力 F_{RP}为：

$$F_{ap} = F_N\sin\gamma + F_S\cos\gamma \tag{3-76}$$

$$F_{RP} = F_N\cos\gamma - F_S\sin\gamma \tag{3-77}$$

若主动小齿轮的螺旋方向改变以及旋转方向改变时，主、从动齿轮齿面上所受的轴向力和径向力的计算公式列于表 3-37 中。当利用表中公式计算双曲面齿轮的轴向力和径向力时，公式中的 α 表示轮齿驱动齿廓的法向压力角；公式中的节锥角 γ，计算小齿轮时用顶锥角代替，算大齿轮时用根锥角代替。按公式算出的轴向力若为正值，说明轴向力与图 3-109 所示轴向力方向相同，即离开锥顶；若为负值，轴向力方向则指向锥顶（也可以根据图 3-109 来确定）。径向力是正值表明径向力使该齿轮离开相配齿轮，负值表明径向力使该齿轮趋向相配齿轮。

表 3-37　齿面上的轴向力和径向力

主动小齿轮		轴向力	径向力
螺旋方向	旋转方向		
右	顺时针	主动齿轮：$F_{ap}=\frac{F}{\cos\beta}(\tan\alpha\sin\gamma-\sin\beta\cos\gamma)$	主动齿轮：$F_{RP}=\frac{F}{\cos\beta}(\tan\alpha\cos\gamma+\sin\beta\sin\gamma)$
左	逆时针	从动齿轮：$F_{ag}=\frac{F}{\cos\beta}(\tan\alpha\sin\gamma+\sin\beta\cos\gamma)$	从动齿轮：$F_{RG}=\frac{F}{\cos\beta}(\tan\alpha\cos\gamma-\sin\beta\sin\gamma)$
右	逆时针	主动齿轮：$F_{ap}=\frac{F}{\cos\beta}(\tan\alpha\sin\gamma+\sin\beta\cos\gamma)$	主动齿轮：$F_{RP}=\frac{F}{\cos\beta}(\tan\alpha\cos\gamma-\sin\beta\sin\gamma)$
左	顺时针	从动齿轮：$F_{ag}=\frac{F}{\cos\beta}(\tan\alpha\sin\gamma-\sin\beta\cos\gamma)$	从动齿轮：$F_{RG}=\frac{F}{\cos\beta}(\tan\alpha\cos\gamma+\sin\beta\sin\gamma)$

C　齿轮轴承的载荷

在齿面圆周力、轴向力和径向力计算确定之后，根据主减速器齿轮轴承的布置尺寸，很容易确定轴承上的载荷。图 3-110 为单级主减速器轴承的一种布置，根据其布置尺寸，各轴承的载荷计算公式列于表 3-38 中。

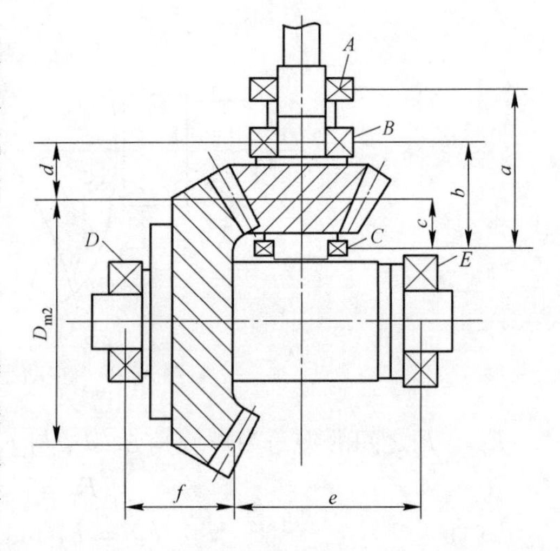

图 3-110　单级主减速器轴承的布置尺寸

3.3.7.5　驱动桥壳强度计算

A　驱动桥壳的类型

地下矿用汽车驱动桥壳大都采用组合式桥壳（与主减速器壳铸成一体，两端压入钢套后固定的桥壳）和可分式桥壳（与主减速器壳分开制造而用螺栓连接在一起的桥壳）。前者结构：将两根无缝钢管制成轴管压入主减速壳，再用塞焊方法焊成一体组成驱动桥壳，主要是国产中小型桥结构，如图 3-111 所示。后者有两种结构：一种是将两端锻造空心轴与铸造桥壳用螺栓连接组成驱动桥壳，如图 3-112 所示；另一种为铸造桥中心本体与两端铸造桥臂用螺栓连接组成驱动桥壳，主要用于紧缩桥，如图 3-113 所示。大多数国外地下矿用汽车驱动桥壳和少部分国内地下矿用汽车驱动桥壳大都采用这种结构。

表 3-38　轴承上的载荷

轴承 A	径向力	$\sqrt{\left(\frac{Fc}{a}\right)^2+\left(\frac{F_{RP}c}{a}-\frac{F_{ap}D_{m1}}{2a}\right)^2}$
	轴向力	0
轴承 B	径向力	$\sqrt{\left(\frac{Fc}{b}\right)^2+\left(\frac{F_{RP}c}{b}-\frac{F_{ap}D_{m1}}{2b}\right)^2}$
	轴向力	F_{ap}

续表 3-38

轴承 C	径向力	$\sqrt{\left(\frac{Fd}{b}\right)^2+\left(\frac{F_{RP}d}{b}+\frac{F_{ap}\cdot D_{m1}}{2b}\right)^2}$
	轴向力	0
轴承 D	径向力	$\sqrt{\left(\frac{Fe}{e+f}\right)^2+\left(\frac{F_{RG}e}{e+f}+\frac{F_{ag}D_{m2}}{2(e+f)}\right)^2}$
	轴向力	F_{aG}
轴承 E	径向力	$\sqrt{\left(\frac{Ff}{e+f}\right)^2+\left(\frac{F_{RG}f}{e+f}-\frac{F_{ag}D_{m2}}{2(e+f)}\right)^2}$
	轴向力	0

注：D_{m1}、D_{m2}为小齿轮和大齿轮齿面中点的分度圆直径。

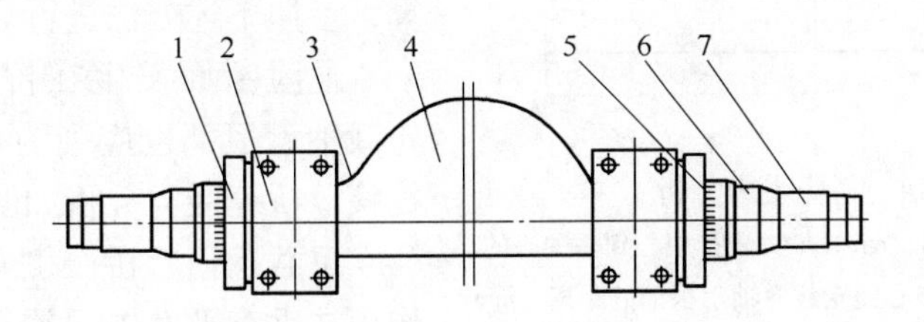

图 3-111　焊接桥壳结构

1—法兰；2—安装块；3—圆弧过渡处；4—桥壳；5—焊接处；6—内轴颈；7—轴颈

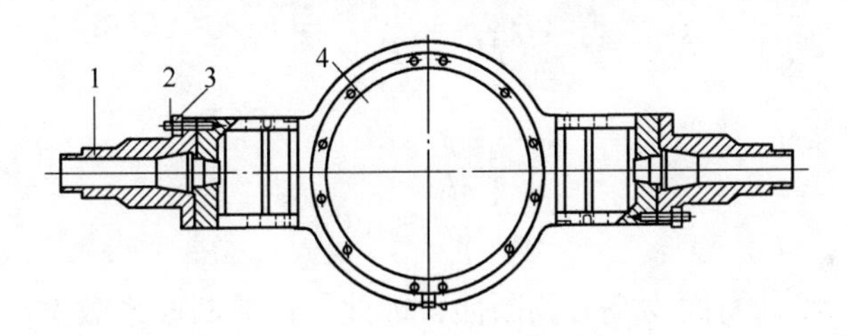

图 3-112　重型桥螺栓连接桥壳结构

1—空心轴；2—双头螺柱；3—制动器壳体；4—桥壳

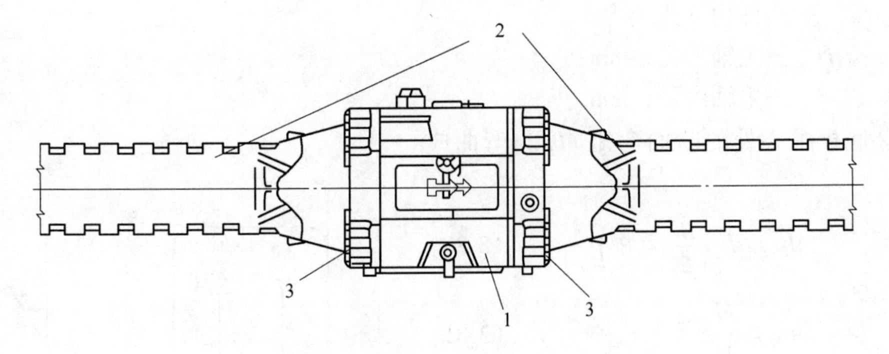

图 3-113　紧缩桥螺栓连接桥壳结构

1—桥中心本体；2—桥臂；3—连接螺钉

B　驱动桥壳强度计算

驱动桥壳的传统设计方法是将桥壳看成一个简支梁并校核几种典型计算工况下某些特

定断面的最大应力值，然后考虑一个安全系数来确定工作应力，这种设计方法尽管有很多局限性，但计算方法简单，现在仍在采用。

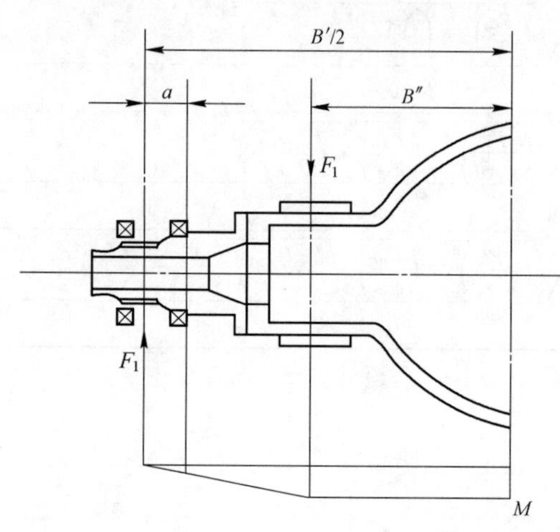

图 3-114　桥壳受力分析

B'—车轮中心的距离，mm；B''—悬挂中心到桥中心的距离，mm；a—车轮中心到轮毂内轴承根部的距离，mm；F_1—地面对车轮的垂直反力，N

该方法考虑桥壳的主要作用是承受载荷，并将作用在车轮上的牵引力、制动力、横向力等传递到车架上，同时桥壳的中央部分又是主传动器与差速器的壳体。地下矿用汽车在运输过程中，桥壳受力比较复杂。为了方便起见，桥壳受力以重载运输后桥所受的负荷来计算驱动桥壳的强度，至于其他工况，可根据 3. 3. 6. 2 节桥荷计算，参照下述方法进行。

危险断面发生在桥壳悬挂中心附近，轮毂轴承根部也应列为危险断面进行强度校核。桥壳受力分析如图 3-114 所示。

重载运输后桥一侧车轮上反作用力 F_1 作用在垂直平面内的轮毂轴承根部弯矩 M_1 与弯曲应力 σ_1。若以重载运输工况为例，则：

$$M_1 = F_1 a \tag{3-78}$$

式中　a——力臂。

$$\sigma_1 = \frac{M_1}{W_1} \leqslant [\sigma_W] \tag{3-79}$$

一般空心轴轴承座处断面为空心圆断面，因此，抗弯断面系数 W_1 由下式求得：

$$W_1 = \frac{\pi D^3}{32}\left[1 - \left(\frac{d}{D}\right)^4\right]$$

式中　$[\sigma_W]$——许用弯曲应力；

D——主轴外径；mm；

d——主轴内径，mm。

安装底板中心处的断面弯矩 M_2 与弯曲应力 σ_2：

$$M_2 = L_1\left(\frac{B'}{2} - B''\right) \tag{3-80}$$

$$\sigma_2 = \frac{M_2}{W_2} \leqslant [\sigma_a] \tag{3-81}$$

一般悬挂中心处的断面为空心矩形断面，如图 3-115 所示。故 $W_2 = \frac{BH^3 - bh^3}{6H}$。

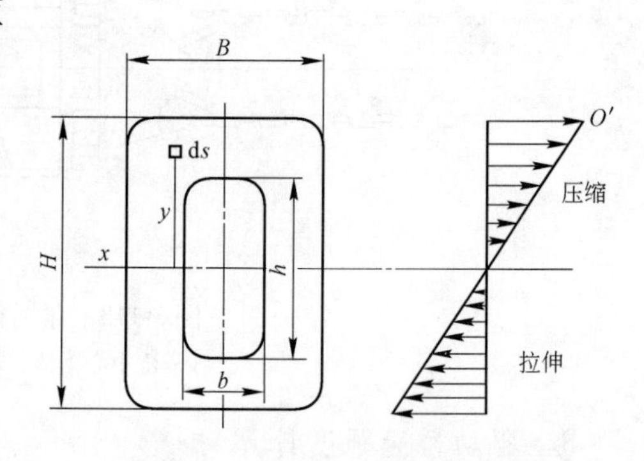

图 3-115　悬挂中心处的断面

许用弯曲应力 $[\sigma_a]$ 的选取。不同工况下，运输工况的许用应力与静止工况下许用应力之比大约为0.476。

3.4 万向传动装置

3.4.1 概述

万向传动装置是用来在工作过程中相对位置不断改变的两根轴间传递动力的装置。它主要由万向节、传动轴和中间支承组成。

地下矿用汽车万向传动装置主要用于连接非同心轴线或在工作中有相对位置变化的两个部件之间的动力传递。它经常用于下列几种情况：

（1）装在变矩器输出轴与变速箱输入轴之间。变速箱的输出轴线与前、后桥输入轴线不在同一水平面内，且在水平面的投影也不在一条直线上，需要用万向传动装置进行动力传动。

（2）地下矿用汽车前、后车架为铰接，在转向过程中，其相对位置会发生变化，因而装在后车架上的变速箱与装在前车架上的前桥在转向过程中，其位置也在不断发生变化。为了保证可靠地把动力从变速箱传递到前、后车桥也必须要应用万向传动装置。

3.4.2 对传动轴基本要求

为了可靠而又安全地传递动力，万向节传动装置设计与安装有如下要求：

（1）保证所连接的两根轴的夹角及相对位置在预计范围内变动时，能可靠、平稳地传递动力。

（2）保证所连接两轴尽可能等速运转。

（3）由于万向节夹角而产生的附加载荷、振动和噪声应在允许范围内，在使用车速范围内，不应产生共振现象。

（4）传动效率高，使用寿命长，结构简单，制造方便，维修容易等。

（5）传动轴装配时，十字轴上的滑脂嘴及滑动叉上的滑脂嘴应在同一侧。

3.4.3 地下矿用汽车常用传动轴

3.4.3.1 Mechanics 传动轴

A Mechanics 传动轴型号与主要参数

Mechanics 传动轴常用有2C、3C、4C、5C、6C、7C、8C、8.5C、9C、10C共10种规格，在地下矿用汽车用得较普遍。其主要参数见表3-39。

表3-39 Mechanics 传动轴主要参数

十字轴规格	2C	3C	4C	5C	6C	7C	8C	8.5C	9C	10C
B/mm	9.50	9.50	9.50	14.26	14.26	15.85	15.85	15.85	15.85	25.40
L_1/mm	33.34	36.50	36.50	42.70	42.70	49.20	49.20	71.60	71.60	92.00
L_2/mm	60.00	69.04	87.30	88.90	114.30	117.40	174.80	124.00	168.14	163.10
Φ_1/mm	79.40	90.40	107.90	115.10	140.50	148.40	206.32	165.07	209.52	212.70
Φ_2/mm	85	97	114.3	121	148	150	216	175	219	225

续表 3-39

十字轴规格	2C	3C	4C	5C	6C	7C	8C	8.5C	9C	10C
R/mm	12.1	15.5	15.5	17.5	17.5	20.6	20.6	25.4	25.4	32.5
最大允许工作扭矩 T_{Wmax}/N·m	881	1153	1437	2034	2596	4200	6430	6430	12194	20188
工作扭矩 T_d/N·m	480	850	1020	1820	2300	3350	5000	5000	7600	11000
最大峰值扭矩 T_P/N·m	1370	1910	2400	3300	4320	6970	10700	10700	20300	33700

注：1. 最大允许的工作扭矩 T_{max} 是指十字轴组可以短时间承受的转矩，即轴间夹角 $\beta=30°$、转速 $n=1000r/min$，90% 的轴至少可以承受 300000 次交变负荷。

2. 工作扭矩 T_d 是指总工作寿命 $L_h=3000h$、$n=1000r/min$、$\beta=30°$时测量的扭矩值。

3. 最大峰值扭矩 T_P 是指十字轴组无塑性变形的最大静扭矩。

B　Mechanics 传动轴结构与组成

万向节传动装置一般由万向节与传动轴、中间支承组成，如图 3-116 与图 3-117 所示。

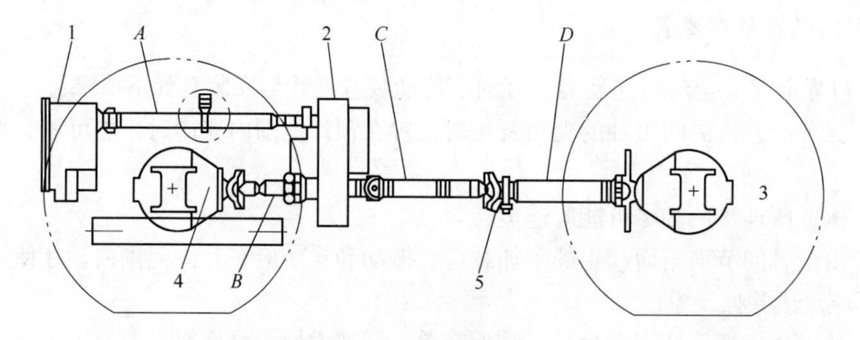

图 3-116　地下矿用汽车传动轴布置图

1—变矩器；2—变速箱；3—后桥；4—前桥；5—中间支承；A—变矩器到变速箱传动轴（若采用 HR 型变矩器与变速箱结构，则没有该传动轴）；B—前桥到变速箱传动轴；C—变速箱到中间支承传动轴（前传动轴）；D—中间支承到后桥传动轴（后传动轴）

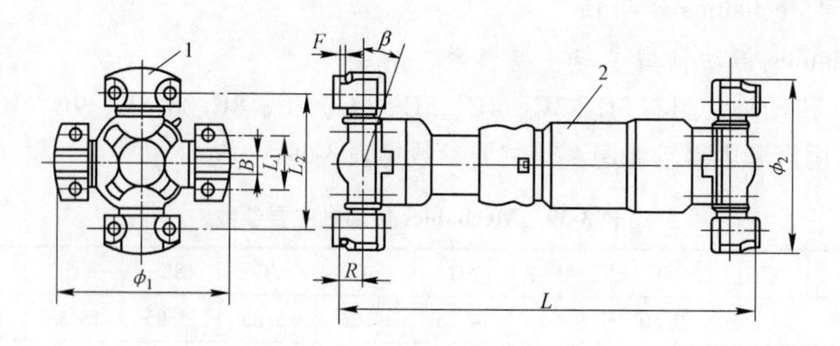

图 3-117　传动轴装置结构示意图

1—万向节；2—传动轴；B—键宽；F—键深；R—十字轴中心到十字轴配合面距离

万向节分为弹性与刚性两种。由于刚性万向节可以保证在轴间夹角变化时可靠地传递运动，并且有较高的传动效率，因而在地下矿用汽车中获得广泛的应用。

在地下矿用汽车中常采用四种结构的万向节传动装置：

（1）带中间管极短型万向节传动装置（见图3-118）。

（2）不带移动轴补偿器万向节传动装置（见图3-119）。

（3）带长度补偿器的短型万向节传动轴装置（见图3-120）。

（4）带长度补偿器的长型万向节传动装置（见图3-121）。

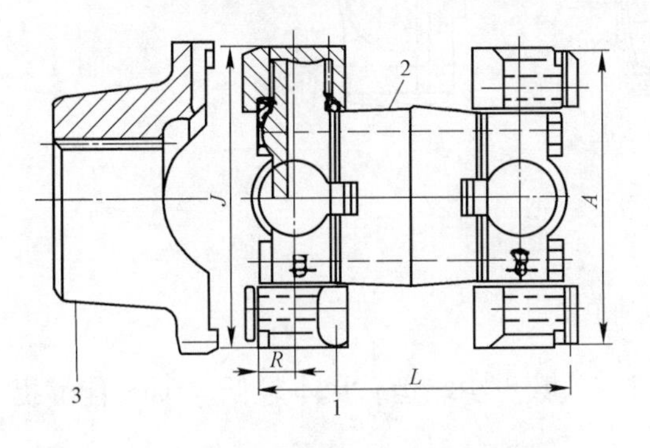

图3-118 带中间管极短型万向节传动装置

1—十字头；2—中间钢管；3—C型机械法兰；

A—十字轴配合圆直径；

R—十字轴中心到十字轴配合面距离

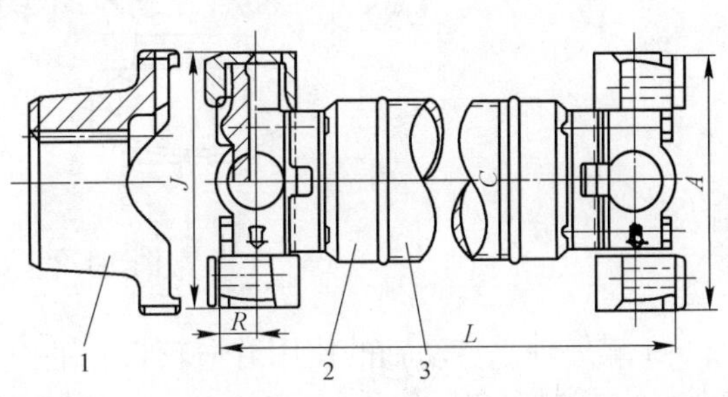

图3-119 不带移动轴补偿器万向节传动装置

1—C型机械法兰；2—焊接法兰；3—中间钢管；

A—十字轴配合圆直径；

R—十字轴中心到十字轴配合面距离

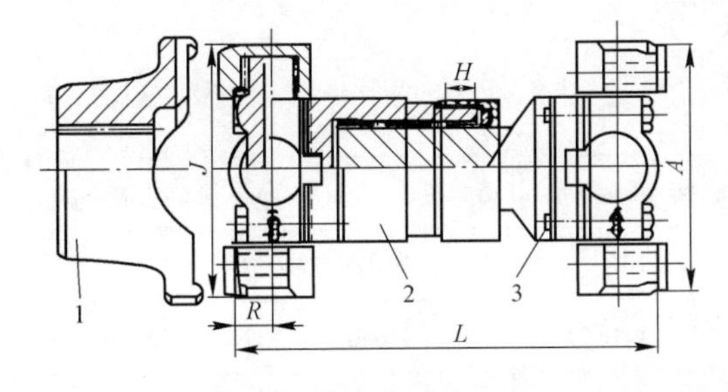

图3-120 带长度补偿器的短型万向节传动装置

1—C型机械法兰；2—万向节套筒；3—节头；

A—十字轴配合圆直径；R—十字轴中心到

十字轴配合面距离；H—节头移动距离

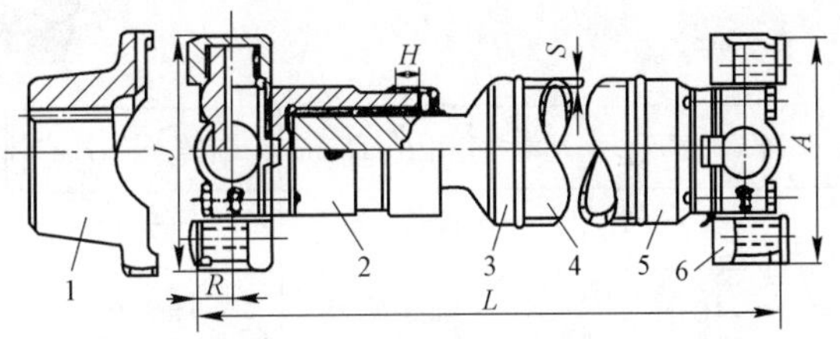

图3-121 带长度补偿器的长型万向节传动装置

1—C型机械法兰；2—万向节套筒；3—花键轴；

4—中间钢管；5—焊接法兰；6—十字头；

A—十字轴配合圆直径；R—十字轴中心到十字轴配合

面距离；H—节头移动距离；S—钢管壁厚

万向节由润滑油嘴1、油封2、滚针轴承3、轴承座4、垫圈5、十字轴6等组成，如图3-122所示。

3.4.3.2 Dana公司传动轴

Dana公司推荐使用该公司生产的用于地下汽车的Spicer Wing系列传动轴、Spicer 10系列传动轴、Spicer Life系列传动轴，见表3-38。其中Spicer Wing系列传动轴与Mechanics传动轴型号相同，性能与尺寸略有差别。

A Dana公司Spicer Wing系列传动轴

Dana公司Spicer Wing系列传动轴功能扭矩限值见表3-40，传动轴连接尺寸见表3-41。

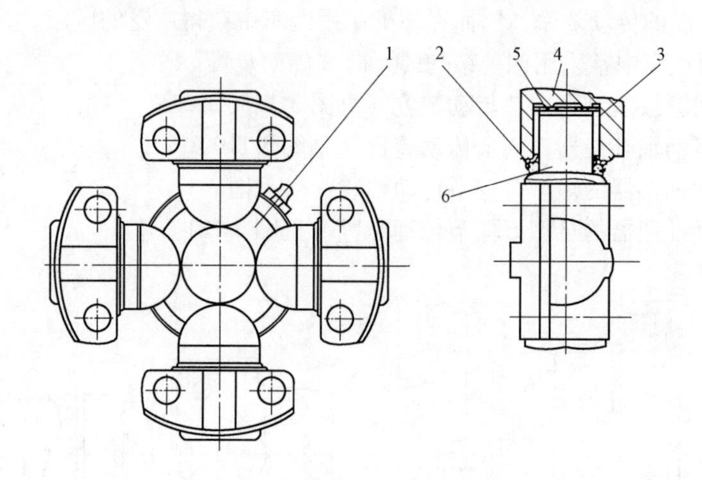

图 3-122　万向节结构

Spicer 蝶形轴承传动轴的使用寿命较长、维护维修次数更少、运营成本较低。Dana 能够提供最全面的翼形传动轴。

表 3-40　Spicer Wing 系列传动轴功能扭矩限值

传动轴系列	功能扭矩限值/N·m	回转直径/mm	传动轴系列	功能扭矩限值/N·m	回转直径/mm
2C	1500	87.0	10C	39700	225.0
4C	3300	116.0	11C	41600	235.0
5C	5600	123.0	12C	62200	301.0
6C	7200	150.0	12.5C	63000	295.0
7C	10700	158.0	14.5C	108000	326.0
8C	15500	216.0	15C	75400	273.0
8.5C	20300	175.0	14C	120600	360.0
9C	27400	223.0			

功能扭矩限值范围从 1500N·m 到 120600N·m。所谓功能扭矩限值是指传动轴在不损失操作能力的情况下，可以承载的扭矩。该传动轴可以选择长润滑周期直至免润滑进行永久性润滑。Dana 传动轴能够满足所有的非公路使用要求。

设计特点：密封的伸缩花键设计系统，三层式唇封密封，采用止推垫圈和密封保护组件维修次数更少，扭矩范围更大。

表 3-41　Spicer Wing 系列传动轴连接尺寸

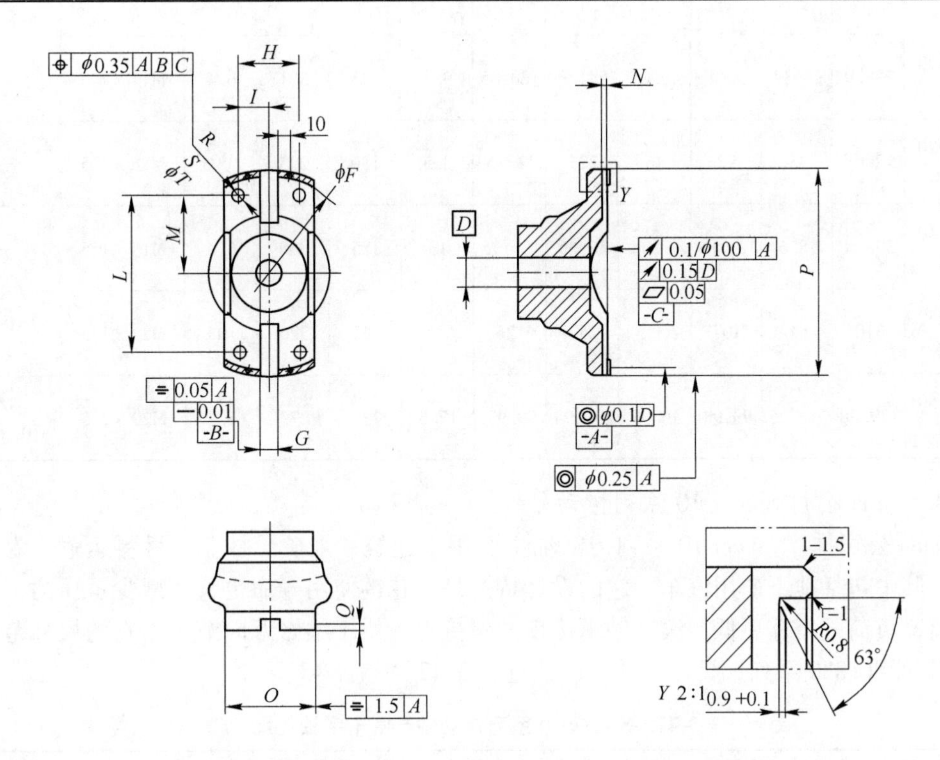

Series	$F^{+0.05}$	$G^{+0.04}$	H	I	L	M	$N^{\pm0.02}$	O^{+2}_{-1}	$P^{\pm0.25}$	$Q^{\pm0.25}$	R/m	S/in
80M20 2C	79.35	9.5	33.32	16.66	59.53	29.765	3.8	48	85	2.8	—	5/16 24UNF-2B
108M40 4C	107.92	9.5	36.52	18.26	87.32	43.66	3.8	53	116	3.3	—	5/16 24UNF-2B
115M50 5C	115.06	14.26	42.9	21.5	88.9	44.45	5.1	62	123	4	M10×1.5	3/8 24UNF-2B
140M60 6C	140.46	14.26	42.9	21.45	114.3	57.15	5.1	63	150	4	M10×1.5	3/8 24UNF-2B
148M70 7C	148.38	15.85	49.2	24.6	117.5	58.75	5.9	72	158	4.8	M12×1.75	1/2 20UNF-2B
206M80 8C	206.32	15.85	49.2	24.6	174.6	87.3	5.9	72	216	4.8	M12×1.75	1/2 20UNF-2B
185M85 8.5C	165.07	15.85	71.42	35.71	123.8	61.9	5.9	96	175	4.8	M12×1.75	1/2 20UNF-2B
209M90 9C	209.52	15.85	71.42	35.71	168.28	84.14	5.9	100	223	4.8	M12×1.75	1/2 20UNF-2B
213M100 10C	212.7	25.35	92.1	46.05	165.1	82.55	9.5	123	225	6.4	M16×2	5/8 18UNF-2B
222M110 11C	222.25	25.35	88.9	44.45	172.7	86.35	9.5	123	235	6.4	M20×2.5	3/4 16UNF-2B

续表 3-41

Series	$F^{+0.05}$	$G^{+0.04}$	H	I	L	M	$N^{\pm 0.02}$	O^{+2}_{-1}	$P^{\pm 0.25}$	$Q^{\pm 0.25}$	R/m	S/in
288M120 12C	288.9	25.37	92.1	46.05	241.3	120.65	9.5	123	301	6.4	M14×1.5	—
280M220 12.5C	280	35	92	46	227	113.5	8.5	130	295	8	M18×1.5	—
339M140 14C	338.8	28.6	134.88	67.44	269.5	134.75	13	185	360	6.4	M18×1.5	—
310M230 14.5C	310	44	107	53.5	252	126	9.5	152	326	9	M22×1.5	—
260M150 15C	259.98	31.725	99.98	49.99	199.94	99.97	12.5	135	273	6.4	M20×2.5	3/4 16UNF-2B

B　Dana 公司 Spicer 10 系列传动轴

Dana公司推荐 Spicer 10 系列传动轴主要用于建筑、采矿、林业、材料运输、农业市场等，其中包括地下矿用汽车。它的设计特点是：花键使用寿命更长，减少了压力下的止推负荷，负荷下摩擦更低，滚针轴承优良的保持力，便于维修万向节等。它的尺寸范围从1000 系列到 1880 系列，具体尺寸和性能见表 3-42 和表 3-43。

表 3-42　Spicer 10 系列传动轴半圆十字轴孔尺寸

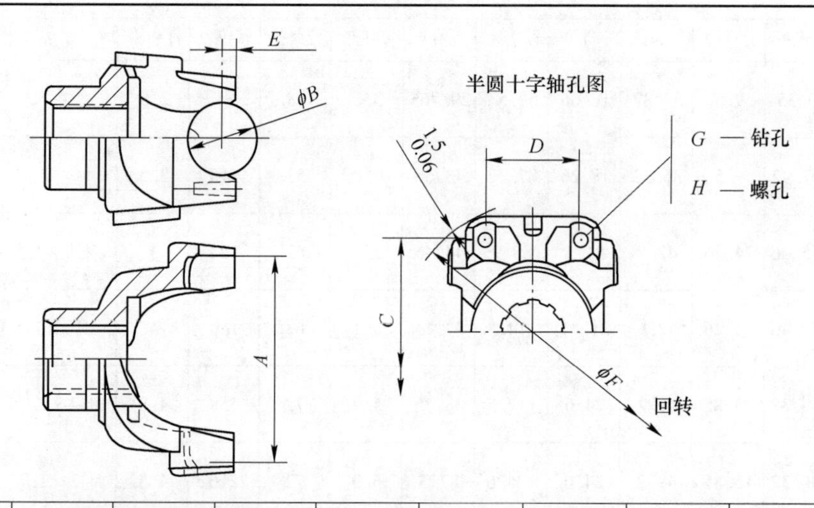

型　号	系 列	A(mm/in)	B(mm/in)	C(mm/in)	D(mm/in)	E(mm/in)	F[①](mm/in)	G(mm/in)	H(mm/in)
U形螺栓设计	1210	62.0/2.44	26.9/1.06	56.4/2.22	35.8/1.41	0.8/0.03	87.4/3.44	8.4/0.33	—
	1280/1310	81.8/3.22	26.9/1.06	73.9/2.91	35.8/1.41	0.8/0.03	101.6/4.00	8.4/0.33	—
	1330	91.9/3.62	26.9/1.06	84.1/3.31	35.8/1.41	0.8/0.03	115.8/4.56	8.4/0.33	—
	1350	91.9/3.62	30.2/1.19	81.0/3.19	42.2/1.66	0.8/0.03	115.8/4.56	9.9/0.39	—
	1410	106.4/4.19	30.2/1.19	95.2/3.75	42.2/1.66	0.8/0.03	125.5/4.94	9.9/0.39	—
	1480	106.4/4.19	35.1/1.38	93.7/3.69	48.5/1.91	0.8/0.03	134.9/5.31	11.7/0.46	—
	1550	126.2/4.97	35.1/1.38	113.5/4.47	48.5/1.91	0.8/0.03	152.4/6.00	11.7/0.46	—

续表 3-42

型 号	系 列	A(mm/in)	B(mm/in)	C(mm/in)	D(mm/in)	E(mm/in)	F①(mm/in)	G(mm/in)	H(mm/in)
轴承盖螺孔	1210	62.0/2.44	26.9/1.06	53.8/2.12	40.1/1.58	0.8/0.03	87.4/3.44	—	0.25~28
	1280/1310	81.8/3.22	26.9/1.06	73.9/2.91	40.1/1.58	0.8/0.03	101.6/4.00	—	0.25~28
	1330	91.9/3.62	26.9/1.06	84.1/3.31	40.1/1.58	0.8/0.03	115.8/4.56	—	0.25~28
	1350	91.9/3.62	30.2/1.19	81.0/3.19	45.7/1.80	0.8/0.03	115.8/4.56	—	0.312~24
	1410	106.4/4.19	30.2/1.19	95.2/3.75	45.7/1.80	0.8/0.03	125.5/4.94	—	0.312~24
	1480	106.4/4.19	35.1/1.38	93.7/3.69	53.8/2.12	0.8/0.03	134.9/5.31	—	0.375~24
	1550	126.2/4.97	35.1/1.38	113.5/4.47	53.8/2.12	0.8/0.03	152.4/6.00	—	0.375~24
	1610	134.9/5.31	47.8/1.88	122.2/4.81	63.5/2.50	9.7/0.38	171.4/6.75	—	0.375~24
	1710	157.2/6.19	49.3/1.94	142.0/5.59	71.4/2.81	7.9/0.31	190.5/7.50	—	0.50~20
	1760	180.1/7.09	49.3/1.94	165.1/6.50	71.4/2.81	7.9/0.31	212.9/8.38	—	0.50~20
	1810	194.1/7.64	49.3/1.94	179.1/7.05	71.4/2.81	7.9/0.31	228.6/9.00	—	0.50~20
轴承盖透孔	1410	106.4/4.19	30.2/1.19	95.2/3.75	45.7/1.80	0.8/0.03	125.5/4.94	8.4/0.33	—
	1480	106.4/4.19	35.1/1.38	93.7/3.69	53.8/2.12	0.8/0.03	134.9/5.31	9.9/0.39	—
	1550	126.2/4.97	35.1/1.38	113.5/4.47	53.8/2.12	0.8/0.03	152.4/6.00	9.9/0.39	—

① 轭的回转间隙：1.5mm/0.06in。

表 3-43 Dana 公司 Spicer 10 系列传动轴尺寸与性能

传动轴系列	功能扭矩限值		回转直径	
	ft·lb	N·m	in	mm
1310	1500	2000	4000	101.6
1350	2500	3400	4560	115.8
1410	2600	3600	4940	125.5
1480	4000	5500	5.310	134.9
1550	5100	7000	6000	152.4
1610	使用 Spicer Life 系列（SPL 100）			
1710	11500	15700	7880	200.2
1760	使用 Spicer Life 系列（SPL 170）			
1810	使用 Spicer Life 系列（SPL 250）			
1810HD	使用 Spicer Life 系列（SPL 250 或 SPL 250HD）			
1880	使用 Spicer Compact 2000（2060 或 SPL 2065） 使用 Spicer Wing 轴承（9C 及以上）			

C　Dana 公司 Spicer Life 系列传动轴

和 Spicer10 系列一样，Spicer Life 系列传动轴能够为客户提供更具优势的长使用寿命，减少维修次数以及快速脱离式端叉。扭矩范围为 5500 ~ 25000N · m，见表 3-44。Dana 传动轴能够满足客户的公路和非公路需求。

Spicer Life 系列传动轴设计特点是：滑梁的尺寸和齿条更长，直径更大、更长的伸缩花键，两种衬套可供选择（热塑型 Hytrel 或密封型），回转直径更小，中央润滑紧固件，齿条伸缩部分永久性润滑，扭矩范围更大。

表 3-44　Dana 公司 Spicer Life 系列传动轴尺寸与性能

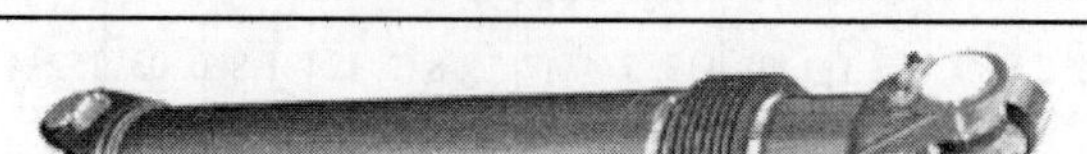

传动轴系列	功能扭矩限值/N · m	回转直径/mm	传动轴系列	功能扭矩限值/N · m	回转直径/mm
SPL55	5500	134.0	SPL140 HD	14000	194.0
SPL70	7000	152.4	SPL170	17000	193.0
SPL100	10000	154.0	SPL250	22000	193.0
SPL140	12000	194.0	SPL250 HD	25500	193.0

D　Dana 公司 Spicer 紧凑型系列传动轴

Spicar 紧凑型系列提供多种紧固件连接方式，如 SAE. DID 法兰和外锯齿十字端面齿法兰。

可以将 Spicar 传动轴连接在几乎所有的车桥和变速箱上。扭矩范围为 2400 ~ 35000N · m，见表 3-45。Dana 传动轴可以满足所有公路和非公路应用需求。设计特点：回转直径更短，轴承维修次数更少或无需维修，提升了扭矩范围。

表 3-45　Dana 公司 Spicer 紧凑型系列传动轴尺寸与性能

传动轴系列	功能扭矩限值/N · m	回转直径/mm	传动轴系列	功能扭矩限值/N · m	回转直径/mm
2015	2400	90.0	2045	17000	174.0
2020	3500	98.00	2047	19000	174.0
2025	5000	113.0	2055	25000	178.0
2030	6500	127.0	2060	30000	196.0
2035	10000	144.0	2065	35000	206.0
2040	14000	160.0			

3.4.3.3　中间支承

为了得到较高的强度与刚度，传动轴多做成空心的。当传动轴过长时，自振频率降低，易产生共振。故常将其分为两段或多段并加中间支承（见图 3-123），中间支承安装在前车架横梁或车身底板上。中间支承常采用自位轴承。自位轴承有带铸造方形座轴承单元、带立式座轴承单元等。具体结构分别如图 3-123 ~ 图 3-127 所示。

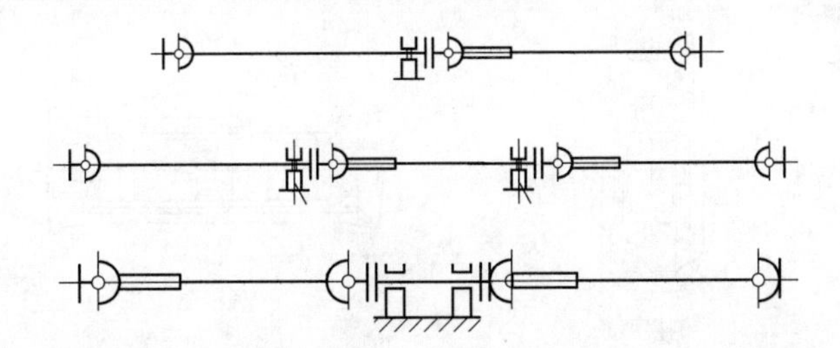

图 3-123 传动轴分为两段或多段并加中间支承示意图

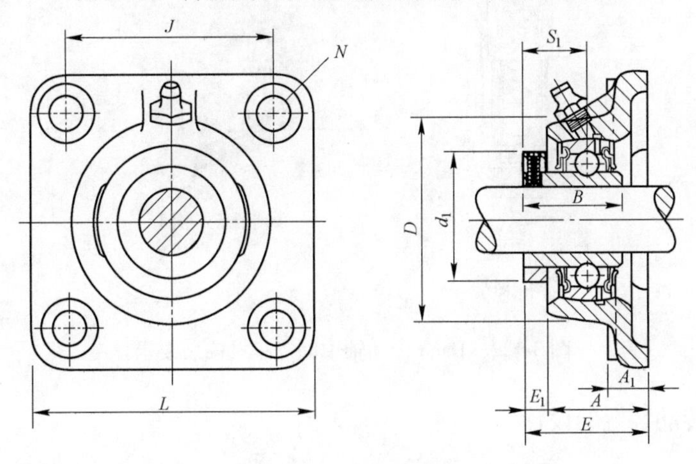

图 3-124 带方形座轴承

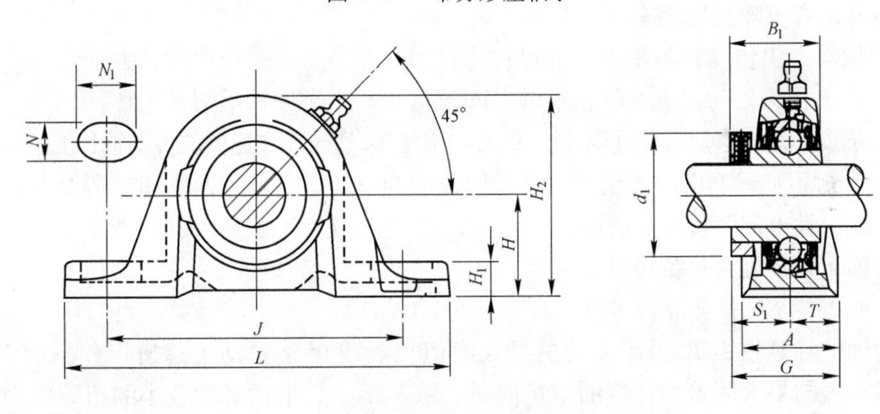

图 3-125 带立式座轴承

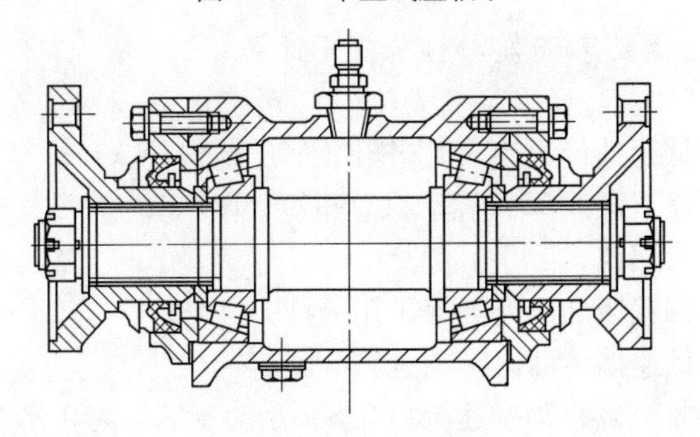

图 3-126 中间轴承

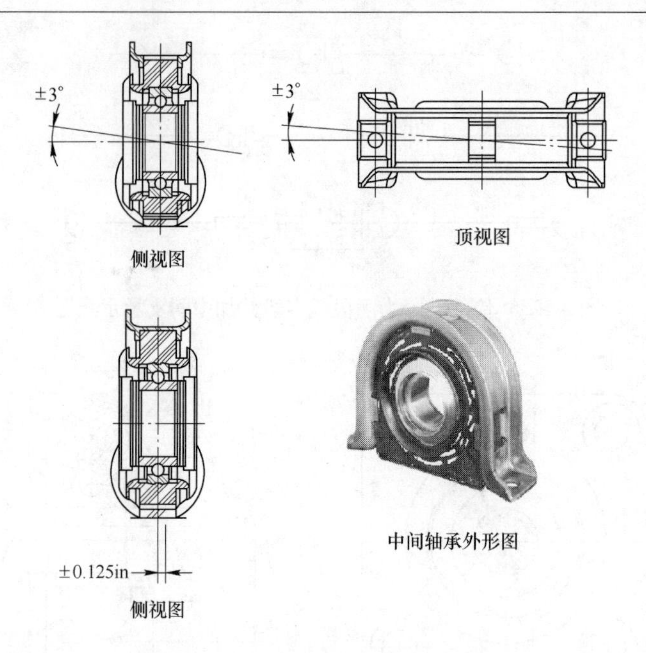

图 3-127　Dana 传动轴中间支承及安装要求

3.4.4　万向节传动装置的设计

3.4.4.1　万向节传动装置在使用中常有故障及原因

万向节常有故障及原因有：

（1）振动。由传动轴不平衡、临界转速过高和万向节的操作角度过大产生。

（2）万向接头松动。十字轴轴承轴向间隙过大，十字轴轴承滚针损坏。

（3）强度不足。这是因为过载、过大的万向节角度、适合操作速度的传动轴长度过长产生。

（4）密封不良，润滑油膜破裂。润滑膜破裂与安装、角度、速度和制造偏差有关。

因此在设计万向节传动装置时，必须对万向节传动装置载荷、临界速度、传动轴动平衡、传动轴布置角度等进行设计计算。

3.4.4.2　传动轴计算扭矩 T_c

传动轴的计算扭矩 T_c 采用发动机最大净值扭矩或 95% 发动机总扭矩（见式(3-82)）。计算的扭矩值与最大附着力计算的扭矩值（见式(3-83)），取两者中较小的扭矩作为传动轴计算扭矩。

A　按发动机净扭矩或 95% 发动机总扭矩计算

$$T_{max} = T_e K_0 i_{OR} i_{TR} \eta_T i_{TC} \eta_{TC} \tag{3-82}$$

式中　T_{max}——传动轴低速挡传递的最大扭矩（前进挡），N · m；

T_e——发动机净扭矩或 95% 发动机总扭矩，N · m；

K_0——变矩器失速比；

i_{OR}——变矩器偏置传动比（如果采用的话）；

i_{TR}——变速箱低速挡传动比（前进）；

η_T——变速箱效率（自动变速箱为 0.8，手动变速箱为 0.85）；

i_{TC}——分动箱传动比（如果采用）；

η_{TC}——分动箱效率（如果采用，$\eta_{TC}=0.95$）。

B 按车轮附着力计算

$$T_{\varphi} = \varphi G_{VW} r_K / \eta_{AR} i_{AR} \tag{3-83}$$

式中 T_{φ}——车轮打滑时作用在传动轴上的扭矩，N·m；

φ——附着系数，$\varphi=0.6$；

G_{VW}——车辆满载重量，N；

r_K——轮胎滚动半径，m；

η_{AR}——驱动桥效率，$\eta_{AR}=0.95$；

i_{AR}——驱动桥传动比。

C 按爬坡能力计算

$$T_{25\%} = 0.272 G_{VW} r_K / \eta_{AR} i_{AR} \tag{3-84}$$

式中 $T_{25\%}$——爬25%的坡度传动轴系统净扭矩，N·m。

$0.272G_{VW}$由下式算出：

$$F_G + F_f = G_{VW}\sin\alpha + G_{VW} f\cos\alpha$$

式中 α——坡度角，$\tan\alpha=25\%$，$\alpha=14.036°$；

f——滚动阻力系数，$f=0.03$；

F_G——坡度阻力，$F_G=G_{VW}\sin\alpha$；

F_f——滚动阻力，$F_f=G_{VW} f\cos\alpha$。

$$F_G + F_f = G_{VW}\sin\alpha + G_{VW} f\cos\alpha = G_{VW}(0.2425 + 0.03 \times 0.9701) = 0.272G_{VW}$$

D 传动轴 A 的计算扭矩 T_{AC}

(1) $T_{max} < T_{\varphi}$，则：

$$T_{AC} = T_{max} = T_e K_0 i_{OR} \tag{3-85}$$

(2) $T_{max} > T_{\varphi}$，则：

$$T_{AC} = T_{max} = T_{\varphi} = \varphi G_{VW} r_K / \eta_{AR} i_{AR} i_{TR} \eta_T \tag{3-86}$$

(3) 若 $T_{25\%} \leqslant T_{max} \leqslant T_{\varphi}$，车辆可爬25%斜坡，且：

$$T_{AC} = T_{max} = T_e K_0 i_{OR}$$

若 $T_{25\%} > T_{max}$ 或 $T_{25\%} > T_{\varphi}$，车辆不能爬25%斜坡，若要求车辆能爬25%斜坡，此时必须增加 T_{max} 或增加 T_{φ}。

E 计算传动轴 B、C 和 D 扭矩 T_{BC}、T_{cc}、T_{DC}

假设重载前桥负荷为 W_F、重载后桥负荷为 W_R。取其 $k_F=W_F/G_{VW}$；$k_R=W_R/G_{VW}$ 中较大者 k_{max} 计算传动轴 B、C 和 D 扭矩。

(1) $T_{max} < T_{\varphi}$ 时，则：

$$T_{BC}(\text{或 } T_{cc}、T_{DC}) = k_{max} T_{max} = k_{max} T_e K_0 i_{OR} i_{TR} \eta_T i_{TC} \eta_{TC} \tag{3-87}$$

(2) $T_{max} > T_{\varphi}$ 时，则：

$$T_{BC}(\text{或 } T_{cc}、T_{DC}) = k_{max} T_{\varphi} = k_{max} \varphi G_{VW} r_K / \eta_{AR} i_{AR} i_{TR} \eta_T \tag{3-88}$$

(3) 若 $T_{25\%} \leqslant T_{max} \leqslant T_{\varphi}$，车辆可爬25%斜坡，且：

则 T_{BC}（或 T_{cc}、T_{DC}）$=k_{max} T_{max} = k_{max} T_e K_0 i_{OR} i_{TR} \eta_T i_{TC} \eta_{TC}$

若 $T_{25\%} > T_{max}$ 或 $T_{25\%} > T_{\varphi}$，车辆不能爬25%斜坡，若要求车辆能爬25%斜坡，此时必

须增加 T_{max} 或增加 T_{φ}，使 $T_{25\%} \leqslant T_{max} \leqslant T_{\varphi}$。

3.4.4.3　临界速度计算

传动轴临界转速即传动轴失去稳定性的最低转速。传动轴在该转速下工作易发生共振，造成轴的严重弯曲变形，甚至折断。

在选择传动轴长度和断面尺寸时，应考虑使传动轴有足够高的临界转速。由机械振动理论可知，对应其弯曲振动的一阶固有频率临界转速 n_k(r/min)为：

$$n_k = 1.2 \times 10^8 \frac{\sqrt{D^2 + d^2}}{L^2} \tag{3-89}$$

式中　D——传动轴管外径，mm；

d——传动轴管内径，mm；

L——传动轴长度（带伸缩传动轴为两万向节中心之间的长度，带支承传动轴为万向节与支承中心之间的长度），mm。

在设计传动轴时，由于计算临界转速的公式是近似的，另外，传动轴使用中的磨损、平衡的破坏等，都会使传动轴的临界转速下降。因此，设计传动轴时，为安全起见，要使传动轴的最高转速小于 $0.7n_k$。

万向节传动轴的临界转速 n_k 可以通过理论计算求得，但多数还是试验确定的。对于不同直径、不同长度的传动轴，在按照规定的支撑条件下，可以按照 SAE J901 推荐的图表查得，如图 3-128 所示。假使传动轴的操作速度超过允许使用的最大转速，那么就必须

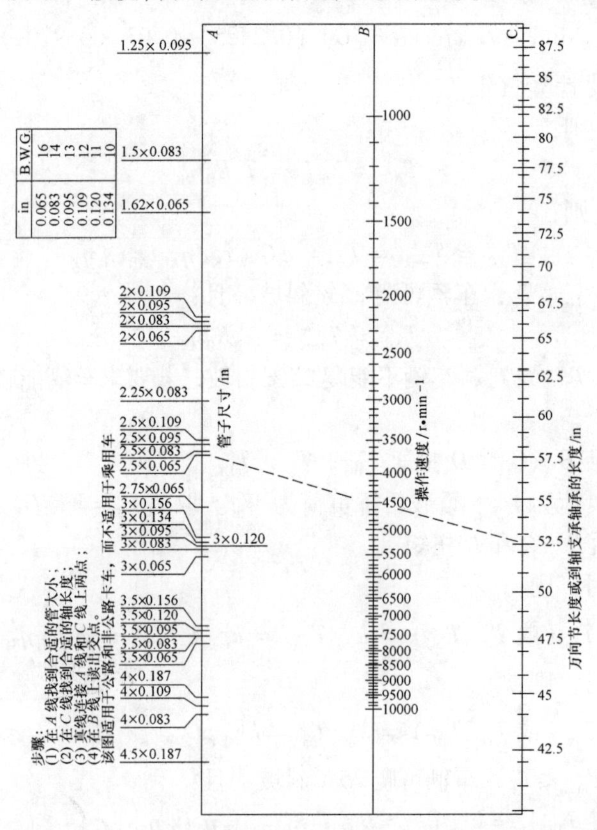

图 3-128　通过传动轴管子尺寸和长度确定传动轴操作速度的诺模图

减小传动轴的长度 L 或增加中间支承，或选用更大一号的传动轴管。

图 3-128 中 B. W. G. 为英制线规，用以表示金属管壁厚度，其与英寸（in）相对应。

3.4.4.4 传动轴扭转切应力

传动轴主要是计算扭转切应力，可按下式计算扭转切应力：

$$\tau = \frac{16DT}{\pi(D^4 - d^4)} \leqslant [\tau] \tag{3-90}$$

式中 τ——扭转应力，MPa；

T——额定扭矩，N；

$[\tau]$——允用扭转应力，MPa。

3.4.4.5 花键轴扭转应力校核

传动轴花键轴通常以内径计算其扭转切应力τ_s：

$$\tau_s = \frac{16T}{\pi d_s^3} \tag{3-91}$$

式中 τ_s——花键轴扭转应力，MPa；

d_s——花键轴底径，mm。

$$k = [\tau_s]/\tau_s = 2 \sim 3$$

式中 k——安全系数；

$[\tau_s]$——花键轴允许扭转应力，MPa。

校核条件满足：$\tau_s \leqslant [\tau_s] = 300\text{MPa}$。

3.4.4.6 花键齿侧挤压应力 σ 校核

$$\sigma = \frac{2T}{\Psi(D + d)(D - d)zL} \tag{3-92}$$

式中 Ψ——各齿载荷不均系数，$\Psi = 0.75$；

z——花键齿数；

L——花键齿的最短工作长度；

D——花键外径；

d——花键内径。

计算花键轴的扭转应力时，安全系数一般按 2 ~ 3 来确定。对于齿面硬度大于 35HRC 的滑动花键，齿侧许用挤压应力为 25 ~ 50MPa；对于不滑动花键，齿侧许用挤压应力为 50 ~ 100MPa。

3.4.4.7 传动轴的动平衡及共振

因传动轴为高速旋转件，任何质量的偏移都会导致剧烈振动。所以传动轴在组装完成后都要进行动平衡试验，传动轴两端焊平衡片，校正不平衡量，平衡片焊接应牢靠，每端不得多于 3 片，其剩余不平衡量轻型车用传动轴不应低于 GB 9239.1—2006《机械振动 恒态（刚性）转子平衡品质要求 第 1 部分：规范与平衡允差的检验》中规定的 $G16$ 平衡品质等级，中型车、重型车用传动轴不应低于 GB 9239.1—2006 中规定的 $G40$ 平衡品质等级。

A 传动轴许用不平衡量计算法

传动轴许用不平衡量计算公式：

$$G = \frac{e_{per}\omega}{1000} \tag{3-93}$$

$$e_{per} = \frac{U_{per}}{M} \tag{3-94}$$

式中　U_{per}——许用不平衡量，g · mm；

M——传动轴质量，kg；

G——平衡精度，mm/s；

e_{per}——许用剩余不平衡度，g · mm/kg；

ω——角速度，rad/s。

B　传动轴许用不平衡量图解法

根据传动轴最大工作转速 n 和平衡精度 G 可求得许用剩余不平衡度 e_{per}，再按式(3-94)求得许用不平衡量 U_{per}。

传动轴许用不平衡量图如图 3-129 所示。

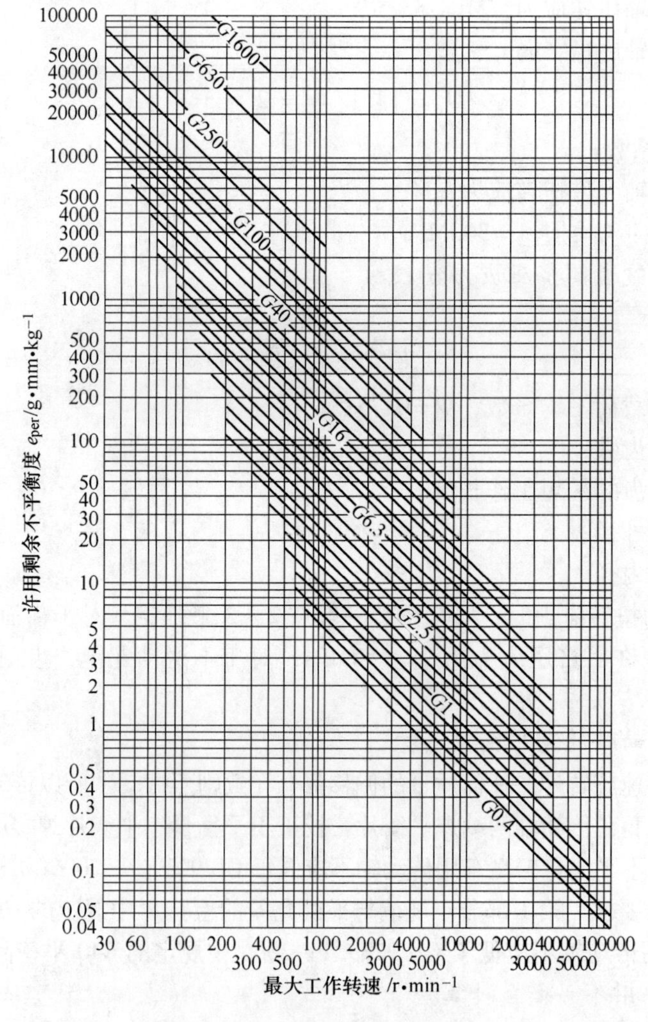

图 3-129　传动轴许用不平衡量图

3.4.4.8　十字轴与万向节叉计算（见图3-130）

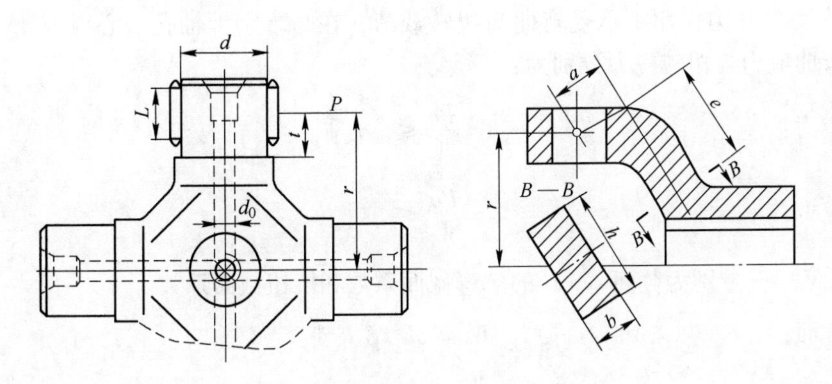

图3-130　十字轴与万向节叉计算图

A　十字轴强度计算

十字轴危险断面大都发生在轴颈根部。

轴颈根部的弯曲应力 σ 为：

$$\sigma = \frac{32dPt}{\pi(d^4 - d_0^4)} \tag{3-95}$$

轴颈根部的剪切应力τ为：

$$\tau = \frac{4P}{\pi(d^2 - d_0^2)} \tag{3-96}$$

$$P = T_{max}/2r\cos\alpha$$

式中　P——万向节叉在一个轴颈上作用的圆周力，N；

d——十字轴轴颈直径，mm；

d_0——十字轴油孔直径，mm；

t——轴颈危险断面至滚针中心距离，mm；

r——十字轴中心至滚针中心距离，mm；

α——主、从动叉轴的最大夹角，（°）。

十字轴弯曲应力 σ 应不大于 250 ~ 350MPa，剪切应力τ应不大于 80 ~ 120MPa，由钢20Cr 或 20CrMnTi、12CrNi3A 等低碳合金钢制造，经渗碳淬火，表面硬度 HRC58 ~65。

B　十字轴滚针轴承接触应力 σ_j

$$\sigma_j = 272\sqrt{\left(\frac{1}{d} + \frac{1}{d_z}\right)\frac{Q}{L}} \tag{3-97}$$

$$Q = 4.6P/in$$

式中　L——滚针工作长度，mm；

n——滚针数；

d_z——滚针直径，mm；

Q——每个滚针所承受的最大载荷，N；

i——滚针列数。

C　万向节叉强度计算

万向节叉在 P 力作用下承受弯曲与扭转载荷，在与十字轴轴孔中心线成 45°的 $B—B$ 截面处的弯曲应力与扭转应力分别为：

弯曲应力：
$$\sigma_w = \frac{Pe}{W} \leqslant [\sigma_w] \tag{3-98}$$

扭转应力：
$$\tau = \frac{Pa}{W_t} \leqslant [\tau] \tag{3-99}$$

式中　W，W_t——分别为截面 $B—B$ 的抗弯截面系数和抗扭截面系数。

矩形截面：
$$W = bh^2/6 \tag{3-100}$$
$$W_t = khb^2 \tag{3-101}$$

椭圆截面：
$$W = bh^2/10 \tag{3-102}$$
$$W_t = \pi hb^2/16 \tag{3-103}$$

式中　h，b——矩形截面的高与宽或椭圆截面的长轴与短轴；

k——与 h/b 有关的系数：

h/b	1.0	1.5	1.75	2.0	2.5	3.0	4.0	10
k	0.208	0.231	0.239	0.246	0.258	0.267	0.282	0.312

万向节叉由中碳钢35、40、45或中碳合金钢40CrNiMoA制造，弯曲应力 σ_w 应不大于50～80MPa；扭转应力 τ 应不大于80～160MPa。合应力为：

$$\sigma_\Sigma = \sqrt{\sigma_w^2 + 4\tau^2} \tag{3-104}$$

3.4.4.9　传动轴的最大长度

传动轴的尺寸和长度对传动轴的操作速度有很大影响（见3.4.4.3节），在图3-128中，只要知道传动轴尺寸和操作速度就可以确定传动轴的长度。在Dana公司2013年的传动轴应用指南中，也推荐了不同尺寸、不同型号传动轴的最大长度，见表3-46。

表3-46　传动轴的最大长度

管子外径/in	最大长度①/in	传动轴型号
3.0	60	SPL32，SPL36
3.5	65	SPL55，SPL70
4.0	70	1710，1760，SPL100
4.2	72	SPL140
4.3	73	SPL140HD
4.5	75	1710，1810
5.0	80	SPL17，SPL250
5.5	83	SPL350

① 万向节中心对万向节中心的安装长度。

3.4.4.10　传动轴布置

因十字轴万向节本身的不等速性，使传动轴部件产生扭转振动，从而产生附加的交变载荷，影响零部件使用寿命。为改变这种不等速性，应尽量使传动轴两端万向节叉处于同一平面，使第一万向节两轴间夹角与第二万向节两轴间夹角相等。实际上变速箱输出轴和驱动桥输入轴之间的相对位置是变动的，因此不可能设计夹角为零。但轴间夹角越大，传动轴转动的不均匀性越大，产生的附加交变载荷也越大，对传动件的使用寿命越不利（见图 3-131），同时也降低传动效率，所以在地下矿用汽车总体布置上应尽量减小这些轴间交角。地下矿用汽车设计的两轴线夹角与传动轴转速有关，如图 3-132 所示（摘自 SAE J901：2007）。

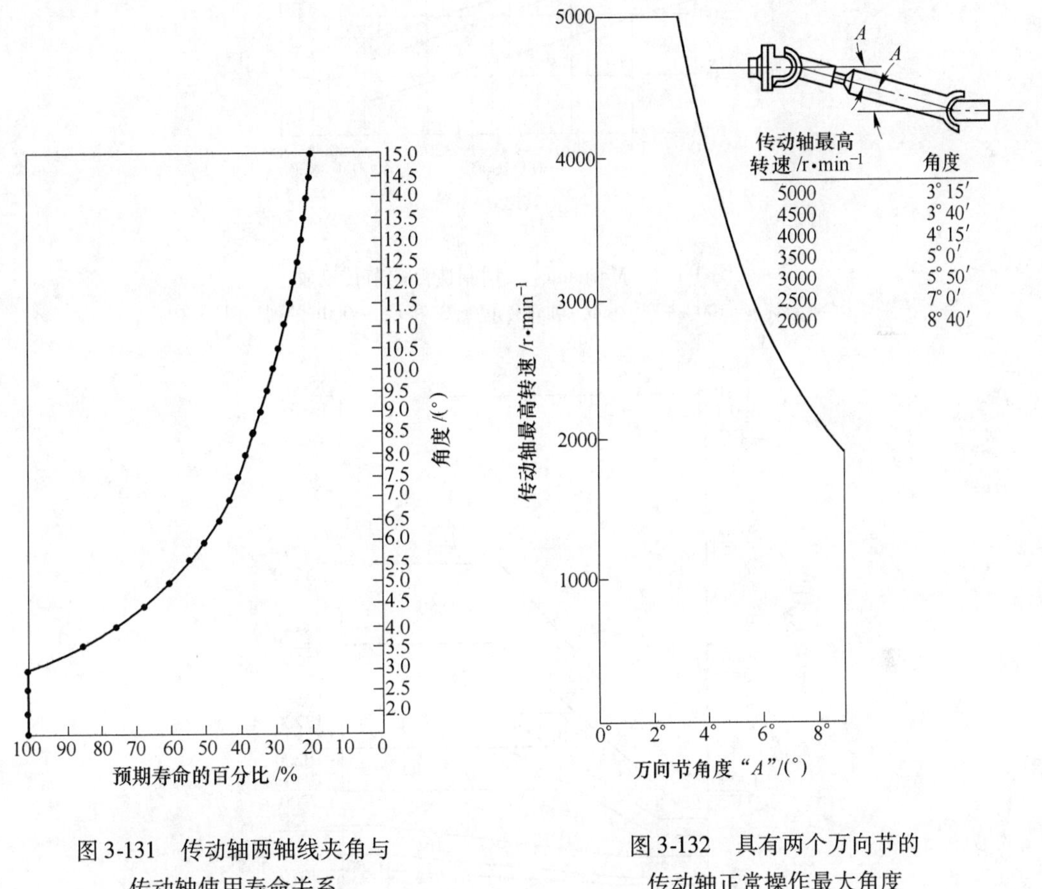

图 3-131 传动轴两轴线夹角与传动轴使用寿命关系

图 3-132 具有两个万向节的传动轴正常操作最大角度

3.4.4.11 传动轴选择

A Mechanics 传动轴选择

Mechanics 传动轴尺寸根据表 3-39 和图 3-133 选择。

B Dana 传动轴选择

（1）Spicer Wing 系列传动轴选择。Spicer Wing 系列传动轴可根据传动轴额定扭矩 T、每个传动轴的最小和最大工作长度、每个传动轴最小和最大工作角度、相配组件的连接尺寸在表 3-42 和表 3-43 中选取或参考 Dana 公司《Spicer Wing Bearing Driveshafts Catalogue》选取。

（2）Spicer 10 系列传动轴和 SPL 系列传动轴选择。按 3.4.4.2 节的额定扭矩和低速挡传动比在图 3-134 和图 3-135 上选出 10 系列和 SPL 系列传动轴的尺寸。

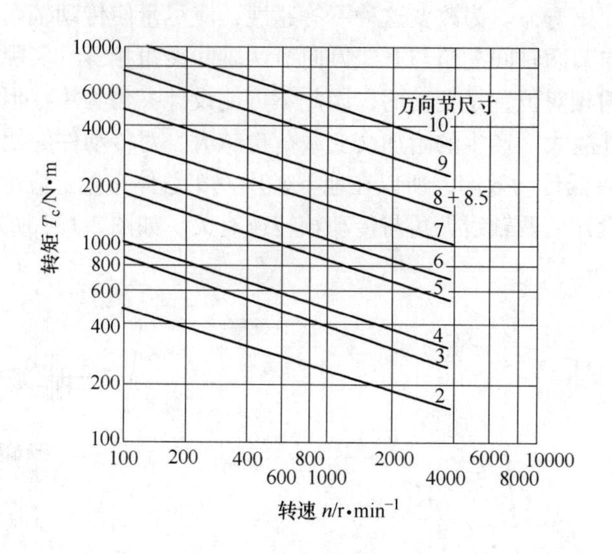

图 3-133 Mechanics 公司制造万向节传动轴

（转速 $n=100\sim4000$r/min、轴间夹角 $\beta=3°$ 和 $L_h=3000$h 的列线图）

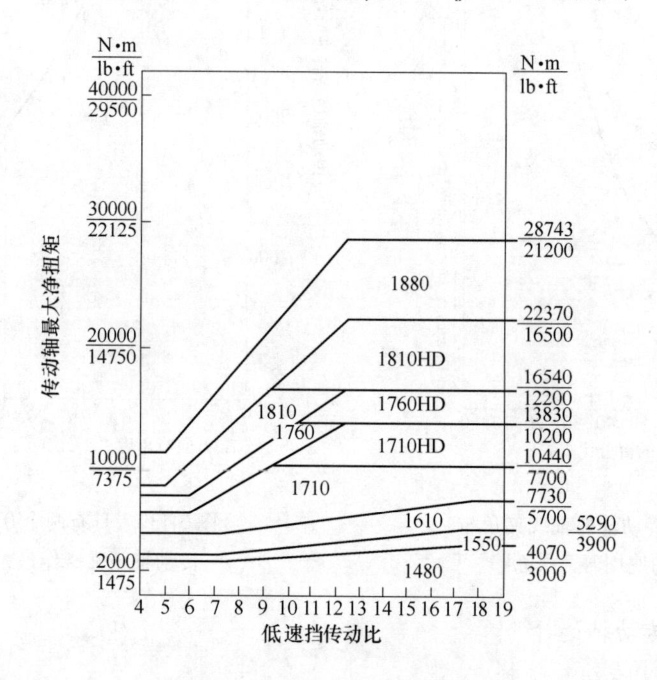

图 3-134 10 系列传动轴应用指南

3.4.5 万向节传动轴的安装与使用

为了能使万向节传动轴安全、可靠地工作，除了上述的设计外，还必须正确地安装。

（1）双万向节传动轴布置。在双万向节传动中，为了保证传动轴装置在一个不变的速度下运行，应采用 Z 形或 W 形布置，如图 3-136 所示。图中 $\alpha_1=\alpha_2$，且 $\alpha_{max}\leqslant7°\sim8°$。

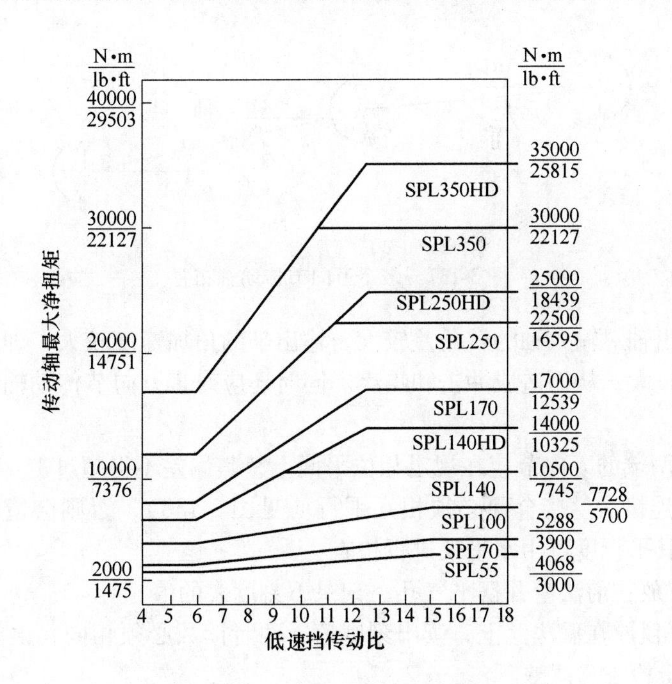

图 3-135 SPL 系列传动轴应用指南

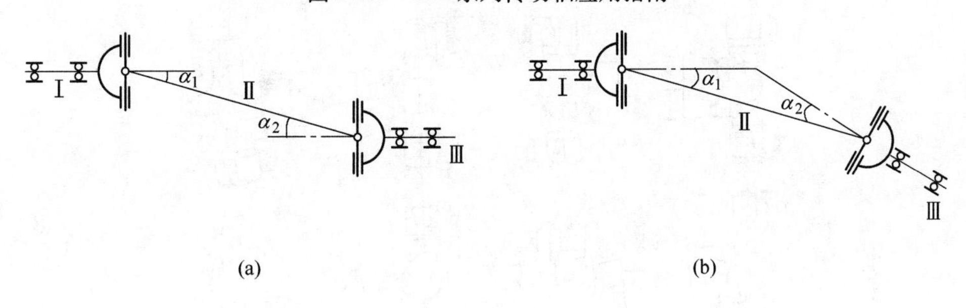

图 3-136 双万向节传动轴布置图

（a）Z形；（b）W形

Ⅰ—输入轴；Ⅱ—中间轴；Ⅲ—输出轴

（2）多个万向节传动轴布置（见图 3-137）。当车辆轴距较长或由于其他总布置的原因而需采用多个万向节传动轴布置方案时，为使多个万向节传动的输出轴与输入轴等速旋转，必须使当量夹角 $\alpha_e = 0$。

当量夹角 α_e 的定义为：当传动轴上多个万向节处在同一平面，且各传动轴两端万向节叉平面之间的夹角为0°或90°时：

$$\alpha_e = \sqrt{\left| \alpha_1^2 \pm \alpha_2^2 \pm \alpha_3^2 \pm \cdots \right|} \tag{3-105}$$

式中，α_1、α_2、α_3 为各传动轴万向节的夹角。式中的正负应这样确定：当第一万向节的主动叉位于主轴轴线所在的平面内，在其余的万向节中，如果其主动叉平面与此平面重合为正，与此平面垂直则为负。上式根号内取绝对值是为了避免出现负数。

在进行多万向节传动设计时，应尽可能使当量夹角 α_e 近于0°。考虑汽车空载与满载时当量夹角 α_e 可能变化，因此在设计时应使在空载与满载两种工况下的 α_e 不大于3°，当

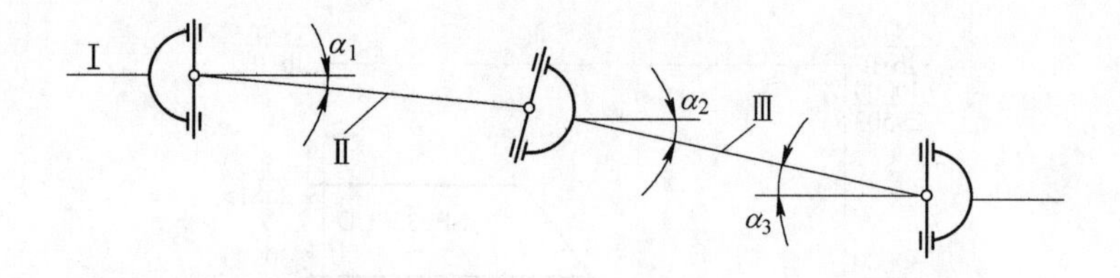

图 3-137　多个万向节传动轴布置

角度较大时，输出轴对输入轴的转角差较大，输出轴的角加速度较大，即旋转的不均匀性较大，附加弯矩较大，从而造成冲击和噪声。同时还应对多万向节传动输出轴的角加速度 $\alpha_e^2\omega^2$ 加以限制。

（3）传动轴两端的万向节应在规定相位平面上，其偏差不得超过 1°～1.5°。

（4）传动轴连接法兰接合面必须相互平行（见图 3-138），否则会造成振动，缩短传动轴承的寿命。其平行度可用水平仪进行检查：

1）将水平仪放在前法兰并摆平气孔，记录下刻度表的值。

2）再将水平仪放在后法兰上，读出刻度值，两者读数必须相同，误差不得超过 1°～1.5°；否则要进行检查与调整。

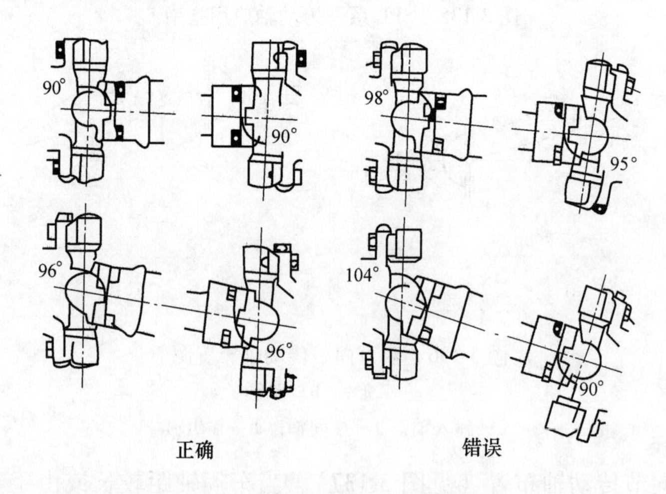

图 3-138　传动轴连接法兰的接合面

（5）传动轴装配后应做动平衡试验。

（6）在选用长规格的传动轴时应避免超重、弯曲及超过临界车速（车辆下坡时可能超过临界速度）。

（7）装配时不得漏装、错装；十字轴上注油杯应在同一侧。

（8）在变速箱、变矩器、桥与传动轴之间不用垫片和联轴器。

（9）不选用一边或两边都带双十字轴的传动轴。

（10）不推荐使用联轴节。

（11）不能更换总成的单个轴承，十字轴的轴承总成要整体更换。

（12）传动轴十字接头的螺栓紧固力矩是按不同规格确定的，它是十字节使用寿命的关键因素，为此：

1）所有螺栓至少在10.9级以上；

2）所有部件配合表面特别是螺丝的表面必须干净，不得有润滑油脂与油漆；

3）不得有锁紧装置或螺栓紧垫片；

4）螺栓螺纹必须达到6g以上精度；

5）添加足量的润滑脂；

6）螺栓使用条件为3级、表面锌镉镀层为0.005～0.008mm（GB 5267—85）；

7）十字轴接头螺栓紧固力矩必须达到要求，见表3-47；

8）要特别注意法兰螺母扭矩，如果螺母松动必须拧到规定扭矩（可参考相应设计与标准）。

表3-47　十字轴接头螺栓紧固力

接头型号	力矩规定值/lbf·ft(N·m)	螺纹尺寸/mm(in)
1,3,4	10～14(14～19)	M6×1(1/4～28)
2,3,4	22～27(30～37)	M8×1.25(5/16～24)
5,6	37～49(50～56)	M10×1.5(3/8～24)
7,8 防护板	65～75(88～102)	M12×1.75(7/16～20)
7,8 块式	70～80(95～108)	M12×1.75(1/2～20)
8.5,9	110～120(149～163)	M14×2(1/2～20)
10	160～170(217～230)	M16×2(9/16～18)
10,12	230～240(312～325)	M16×2(5/8～18)
14	390～420(529～569)	M20×2.5(3/4～16)

（13）根据实际情况，法兰之间的传动轴的最大长度为1220.8～1524mm。此时在传动轴一侧Dana装置是不可脱开的；最大长度为1016～1219.2mm时，则为可以脱开。超过上述长度的传动轴应利用中间轴承，把传动轴分为两部分，如图3-139所示。

（14）对于铰接式车辆，车辆未转向时$\beta_1=\beta_2=0$，当转向时$\beta_1=\beta_2$（距离$a_1=a_2$），并且$\beta_{1\max}=\beta_{2\max}<22.5°$（见图3-140）。传动轴不可太长，法兰之间最大长度不应超过891mm。

（15）对铰接式车辆，传动轴$\alpha_1=\alpha_2$（在垂直平面内）一定接近零。

（16）在重负载情况下，建议润滑时间间隔为100h。

（17）要有适当的保护装置，当万向节出故障时，传动系统保护装置有助于约束传动轴，保护装置防止传动轴失控时在车架里旋转和损坏其他零件以及引起对人的伤害。

（18）每个万向节和滑动叉的润滑油嘴应在轴的同侧，以便维修。

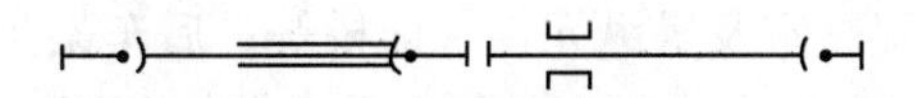

图3-139　带中间轴承的传动轴布置

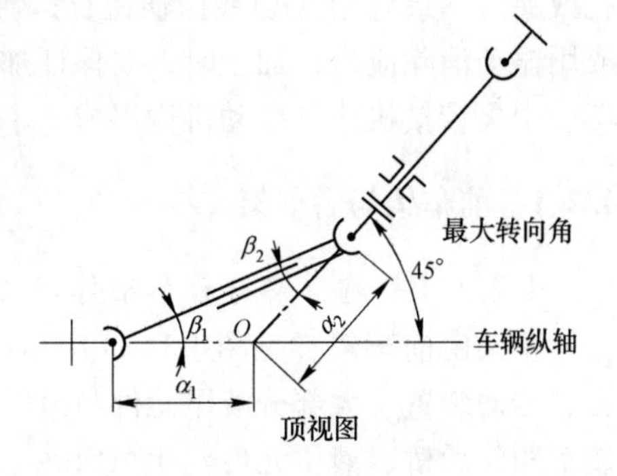

图3-140　铰接车辆传动轴布置

4 行走系统

4.1 概述

地下矿用汽车的行走系统由汽车的行走机构和承载机构组成，它主要包括前、后车架、车厢、中央铰接式结构、摆动结构、轮胎、车轮和悬挂等零部件。

地下矿用汽车的整车结构由前车架、后车架与车厢组成。前后车架连接采用中央铰接式结构，左、右两侧转向角分别达到42°左右，优点是质心低、转向半径小、机动性好、通过性好。在铰接处的前车架上设计有相对摆动结构，使地下矿用汽车行驶在不平路面时前、后车架之间可以产生横向摆动，使车辆四轮始终着地，整车质量均是附着质量，保证了车轮与地面之间的附着牵引性能，同时避免车架产生附加载荷。车厢进行了特殊设计，除保证车厢容积外，还保证物料倾卸干净。轮胎与支承它的车轮主要支承汽车质量并承受路面的各种反力，吸收或减小汽车通过不平路面时产生的动载荷和振动等。前、后桥大都采用刚性结构，目的是有效减少整车高度。只有大型和特大型地下矿用汽车才采用悬挂结构，以吸收来自路面的冲击，衰减由此引起的承载系统振动，改善汽车行驶平顺性（乘坐舒适性）；保证车轮在路面不平和载荷变化时有理想的运动特性，稳定车身姿态，保证汽车的操纵稳定性。

由于地下矿用汽车经常在恶劣环境、松软或碎石场地行驶，重负荷及极大的冲击负荷下作业，因此要求行走系各部件要有很高的强度与刚度。

4.2 车架

车架是行走系统的骨架，也是整机的骨架。地下矿用汽车的主要部件都是通过车架固定其位置。车架的结构形式应满足其强度、刚度、耐久性及相互位置精度要求。为此车架一般由一定厚度焊接、性能好的高强度低合金钢板（16Mn、HG70等）焊接而成。焊件必须彻底清洗干净；焊接严格按工艺进行，焊缝应有足够的高度、表面要平整、不允许有气孔或夹渣，最好用X射线探伤检查；弯曲的钢板尽量由机压成型，不要拼焊，焊后要退火或用振动消除应力；加工时，要保证加工件的精度与相互位置精度。车架由前车架与后车架、中央铰接机构、摆动机构组成。下面分别介绍。

4.2.1 前车架与后车架

4.2.1.1 前车架与后车架作用

车架由前车架（见图4-1(a)）与后车架（见图4-1(b)）组成。前车架主要安装动力装置、传动装置、大部分液压元件与电气元件、驾驶室及操纵元件、前桥等；后车架主要安装车厢、后桥、液压元件与电气元件。这两个车架通过上、下两个垂直铰销相连（见图4-2），允许前、后车架在水平内有42°左右的相对转角从而减少地下矿用汽车的转弯半径。

铰接式车架，轴距尺寸加大，对整机的稳定性有所提高。上、下两铰接点间距离加大，以改善受力状态。

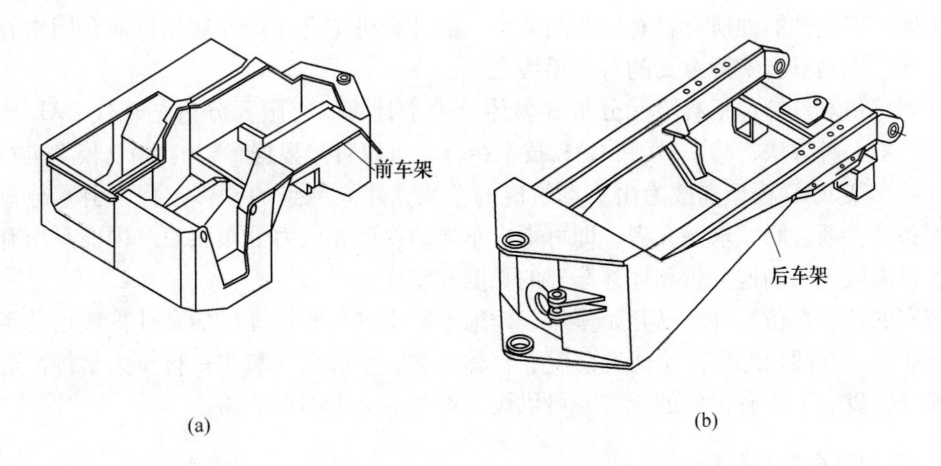

图 4-1 地下矿用汽车车架示意图
(a) 前车架；(b) 后车架

4.2.1.2 车架强度计算方法

铰接式车架的功用是支承连接汽车的各零部件，并承受着来自路面及装载的各种载荷，成为一个承受着复杂空间力系的框架结构，其设计的优劣不仅直接影响到整车的性能，而且也影响到整车的使用寿命。因此，以铰接式车架为研究对象，分别对铰接式车架的力学特性和典型工况下的结构强度进行计算分析，验证铰接式车架设计的合理性，为铰接式自卸车车架的设计与改进提供理论参考和技术支持。

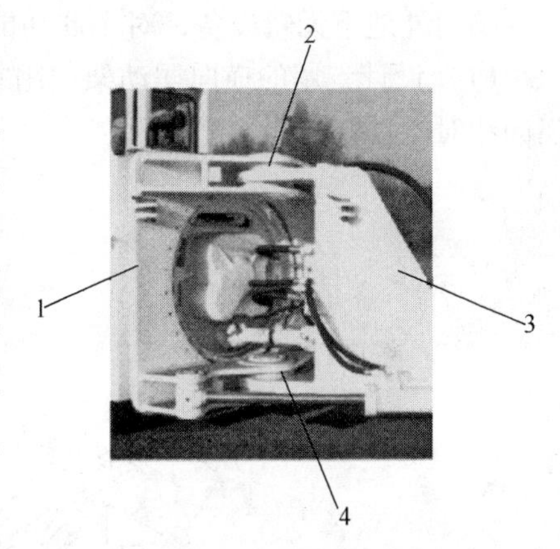

图 4-2 铰接式车架结构
1—前车架；2—上铰接轴承组；
3—后车架；4—下铰接轴承组

地下矿用汽车车架所受的载荷分为静载荷和动载荷两种，对车架的强度计算方法主要有以下三种：

(1) 经典力学法。经典力学法需要对结构做大量的简化和假设，如对车架，计算时需要把它化成简支梁的形式，计算出静载荷情况下的最大弯矩值及其截面位置、最大剪力值及其截面的位置，最后用第四强度理论校核其强度。此方法计算繁杂，而且精度相对比较低，耗时也最多。

(2) 经验类比法。直接根据设计经验或以往车型的设计数据，采用类比法设计出新的车架形式，因而设计人员对车架的受力状况、结构的可靠性都应有一个清晰的认识。这是我国地下矿用汽车车架发展过程中经常采用的一种方式。

(3) 计算机仿真计算。经典力学法与经验类比法缺乏建立在力学特性、强度、刚度等分析基础上的科学判断根据，设计方法有待提高。随着科学技术的发展，地下矿用汽车开发日益向智能化、环保化、低排放、轻污染、安全化以及结构设计轻量化的方向发展。产品的类型和结构也越来越复杂，对产品开发的要求也越来越高。同时，对产品的可靠性、安全性的要求也越来越高。地下矿用汽车在国民经济发展中的作用越来越重要，对其刚度、强度、安全性能的研究具有重要的意义。而计算机仿真计算方法是目前在国内外使用最为普遍，也最具有实际意义的有效手段之一。

计算机仿真计算包括有限元分析和多体动力学计算。有限元分析是现代 CAE 技术中运用最广的一种方法，将 CAD 和 CAE 技术结合，可以直接根据车架的 CAD 模型进行分析计算，将车架 CAD 模型离散为由节点组成的单元，建立节点的位移方程，引入载荷工况和支撑条件，通过联立求解方程，即可得出车架的变形和应力分布状态。因而采用有限元方法，可以较为精确地分析和计算车架的强度和刚度。

汽车的计算机仿真计算已开始多年，而地下矿用汽车的计算机仿真计算最近几年才开始深入研究。在国内北京矿冶研究总院、吉林大学、中南大学和北京科技大学等都进行了深入研究，发表不少有价值的论文，可供设计参考，这里不再赘述。

4.2.2　车架横向摆动机构

为了保证地下矿用汽车在井下行走时四轮着地，时刻具有足够的附着力，地下矿用汽车的前、后车桥需要在横向有一定角度的相对摆动。

国内外地下无轨设备，对于此功能的实现，通常采用两种结构：

（1）设计专用的横向摆动架，用它将其中一个车桥与车体分离，实现车体与该车桥的横向相对摆动，如图 4-3 所示。

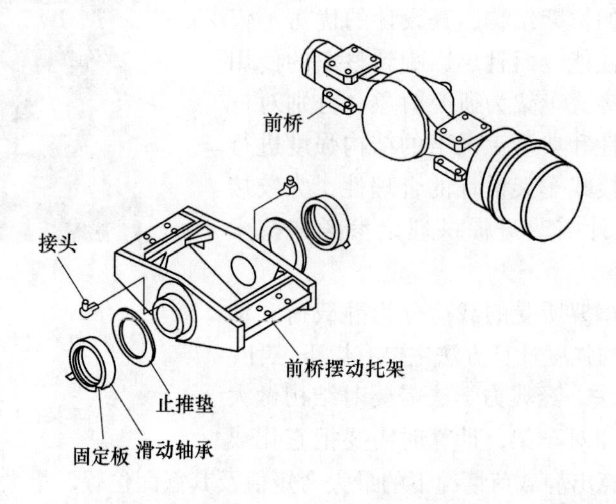

图 4-3　地下矿用汽车摆动托架结构

（2）使用回转支承，将前、后车体连接，实现前、后车桥的横向相对摆动，如图 4-4 所示。

4.2.2.1　横向摆动托架

在图 4-3 中，车桥通过螺栓固定在摆动托架上，同时摆动车架通过销轴与滑动轴承与前车架前桥焊接托架连接。

从图 4-3 中可看出，摆动托架可以绕纵向轴线销轴左、右摆动，从而使两侧车轮可以横向摆动一定高度，用限位块限制角度为±10°。有了摆动托架，地下矿用汽车在不平的路面行驶时，两侧车轮可以保证同时接触地，改善车轮的附着条件。

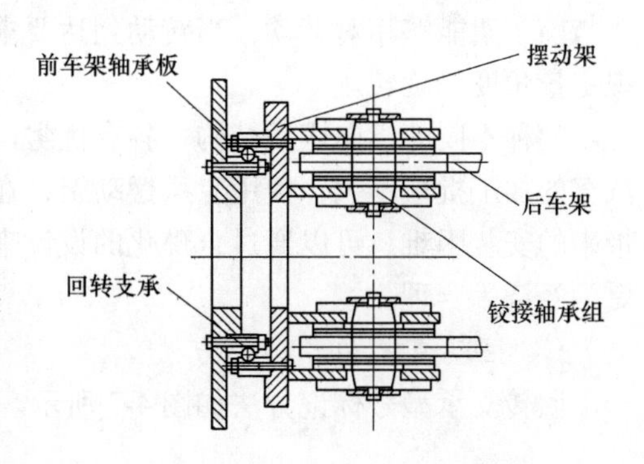

图 4-4 地下矿用汽车回转支承结构

4.2.2.2 回转支承

回转支承以往主要用于建筑机械行业，是非常重要的基础元件。近年来，随着建筑机械、工程机械等行业的迅速发展，回转支承得到了广泛的应用，除应用于挖掘机、塔吊、汽车吊及各类起重机配套外，还广泛应用于矿山机械等。回转支承已经成为机械结构等两部分之间既需做相对回转运动，又需同时承受轴向力、径向力、倾覆力矩所必需的重要传力元件。

回转支承由套圈（内圈、外圈或上/下圈）、滚动体、隔离块、密封带和油杯等组成，按结构形式分为四个系列：

（1）单排四点接触球式回转支承（01 系列）。

（2）双排异径球式回转支承（02 系列），其滚动体公称直径组合为上排/下排。

（3）单排交叉滚柱式回转支承，其滚动体为 1∶1、成 90°交叉排列。

（4）三排滚柱式回转支承（13 系列），其滚动体公称直径组合为上排/下排/径向。

A 回转支承组件结构

回转支承连接前后车体的结构及分解图如图 4-4 与图 4-5 所示。在苛刻的工作条件下，达到无与伦比的牵引力。

B 回转支承组件作用

该结构提供了：（1）优秀的稳定性；（2）最小的车架应力；（3）保证地下矿用汽车在井下行走时四轮着地；（4）低的结构和优秀的视觉条件。

与回转支承相连接的摆动架的下端，有两个对称的长方体限位块，相对应的前车架位置也有两个长方体限位块（见图 4-6）。由于靠回转支承相连接，摆动架铰接支

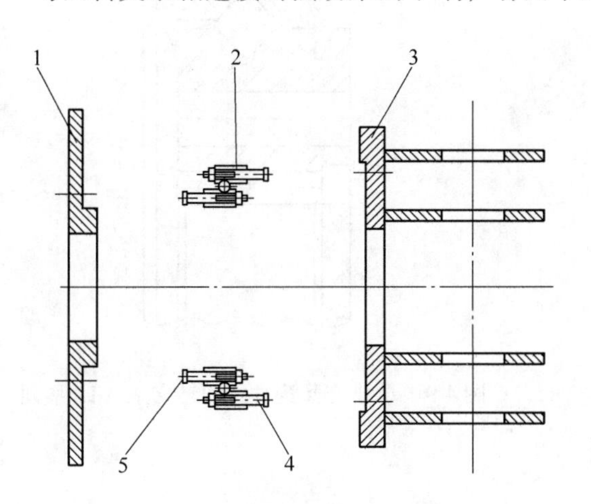

图 4-5 回转支承结构分解图

1—前车架支承板；2—回转支承；3—摆动架；4—回转支承外圈与摆动架固定螺栓；5—回转支承内圈与前车架支承板固定螺栓

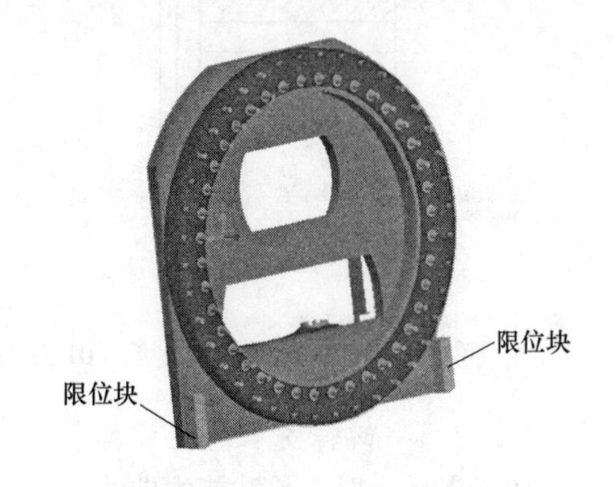

图 4-6 横向摆动限位块

架与前车架能够相对转动，当转动到达要求角度时，限位块相干涉，阻止进一步转动，实现定量角度的旋转。

两种不同的横向摆动结构，各有优劣。但是考虑到国内机加工的水平，以及地下矿用汽车的加工批量不大，使用专用摆动架，在加工制造上面临更大的困难。使用回转支承所带来的安装困难，可以通过合理化的设计来避免，所以此结构对于国产地下矿用汽车来讲更为经济、合理。

C　回转支承型号标记方法

回转支承型号标记方法如图 4-7 所示。

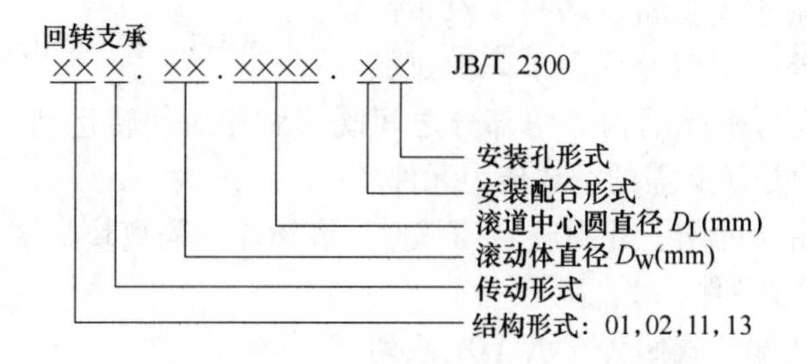

图 4-7　回转支承型号标记方法

地下矿用汽车回转支承根据承载能力不同大都采用单排四点接触球式回转支承与单排交叉滚柱式回转支承，如图 4-8 和图 4-9 所示（详见 JB/T 2300—2011 回转支承）。轴承的外圈通过若干个螺栓同摆动架相连；轴承内圈也用多个螺栓与前车架固定（见图 4-5）。回转支承的这种特殊结构实现了前、后车架间的相对摆动，从而增加轮胎与地面的附着能力。

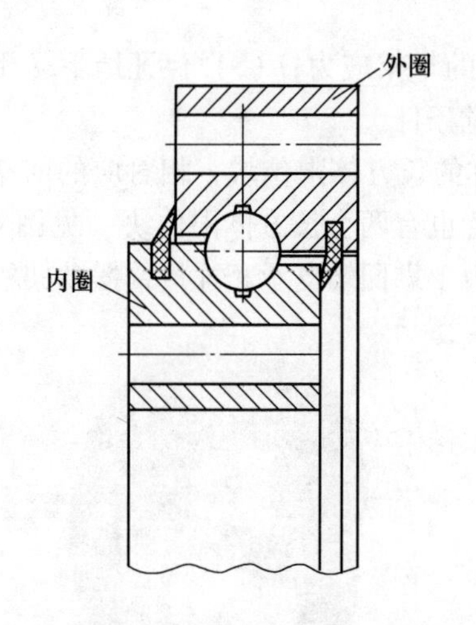

图 4-8　单排四点接触球式回转支承（01 系列）

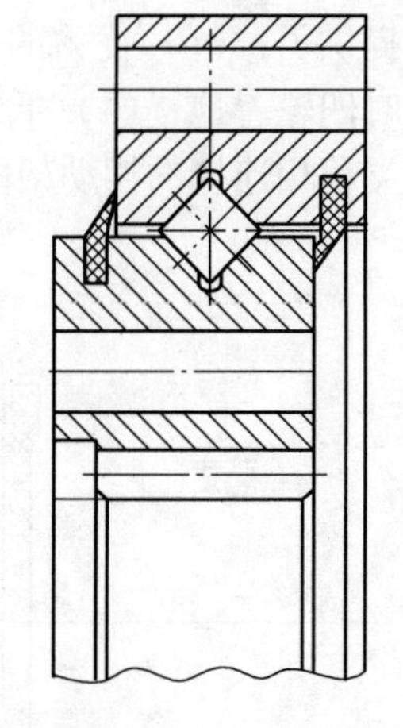

图 4-9　单排交叉滚柱式回转支承（11 系列）

4.2.2.3　回转支承选型计算

回转支承一般按承载能力曲线选型。

回转支承所承受的作用力包括总轴向力 F_a(kN)、总倾翻力矩 M(kN·m)、在力矩作用平面的总径向力 F_r(kN)。选型计算时，静态工况下回转支承所承受的作用力 F_a、M、

F_r 和动态工况所承受的作用力 F_a、M、F_r 应分别计算。按静态工况承载能力曲线选型，这是一种较为简单的选型方法，在 JB 2300—2011 中都有三种承载能力曲线，四点球式回转支承静态工况曲线和动态工况承载能力曲线是在接触角 $\alpha=60°$、静安全系数 $f_s=1$、滚道硬度为 HRC55 的条件下制订出来的。所以在选型计算时，不同主机的计算外载荷都要乘以不同的安全系数 f_r。四点球式回转支承的接触角要与外负荷在 45°～60°间取得不同匹配，所以要用 $\alpha=45°$ 和 $\alpha=60°$ 两种方法计算。只要有一种符合曲线要求即可。如果有一种计算的坐标点落在曲线下方，另一种落在上方，则可通过；若另一种坐标交点落在曲线下方较远处，说明过于安全，不经济，可改选结构更小的类型。

A 单排四点接触球式选型计算

按静态工况选型：

（1）方法Ⅰ($\alpha=60°$)：

$$F'_a = (F_a + 5.046F_r)f_s \tag{4-1}$$

$$M' = Mf_s \tag{4-2}$$

（2）方法Ⅱ($\alpha=45°$)：

$$F'_a = (1.225F_a + 2.676F_r)f_s \tag{4-3}$$

$$M' = 1.225Mf_s \tag{4-4}$$

式中 F'_a——回转支承当量中心轴向力，kN；

M'——回转支承当量倾翻力矩，kN·m；

f_s——回转支承静态工况下安全系数，取 $f_s=2$。

然后在承载曲线图上找出以上两点，其中一点在曲线以下即可。

B 单排交叉滚柱式选型计算

按静态工况选型：

$$F'_a = (F_a + 2.05F_r)f_s \tag{4-5}$$

$$M' = Mf_s \tag{4-6}$$

然后在承载曲线图上找出以上两点，其中一点在曲线以下即可。

C 安装螺栓的强度校核

在承载能力曲线图中（见图 4-10 与图 4-11）。按静态工况计算出来的总轴向力 F_a 和总倾翻力矩 M 的交点，应落在所选的 8.8 级、10.9 级、12.9 级螺栓承载能力曲线的下方。

回转支承与主机安装时，安装螺栓的预紧力应达到螺栓材料屈服强度的 0.7 倍。

每个型号的回转支承都对应一个承载能力曲线图，曲线图可以帮助用户初步地选择回转支承，曲线图中有三种类型的曲线：一类为静态曲线（1 线），表示回转支承保持静止状态时所能承受的最大负荷；另一类为动态承载能力曲线（2 线）；第三类曲线为回转支承螺栓负荷曲线（8.8 线、10.9 线、12.9 线），它是在螺栓夹持长度为螺栓公称直径的 5 倍、预紧力为螺栓材料屈服极限的 70% 时确定的。地下矿用汽车回转支承按 1 线选择。对于动态选型（2 线），即对于连续运转、高速回转和其他对回转支承的寿命有具体要求的应用场合，应咨询回转支承制造商。

D 地下矿用汽车总轴向力 F_a、总倾翻力矩 M 与在力矩作用平面的总径向力 F_r 计算

地下矿用汽车后车架受力分析如图 4-12 所示。

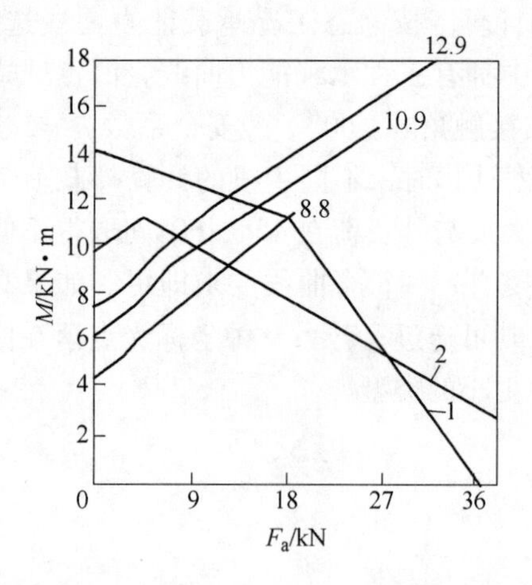

图 4-10　01. 40. 1120 型回转支承承载能力曲线

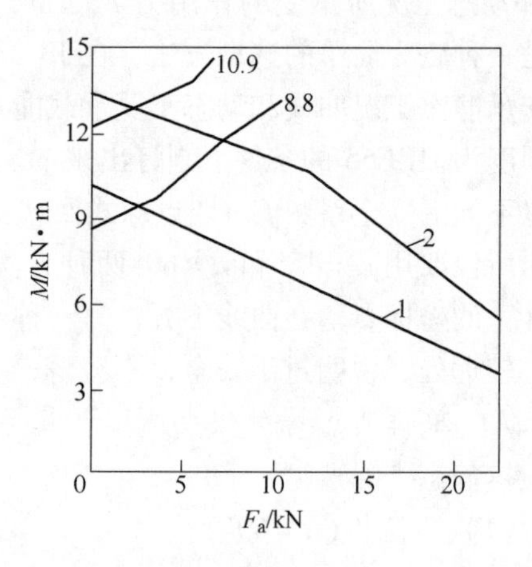

图 4-11　11. 32. 1250 型回转支承承载能力曲线

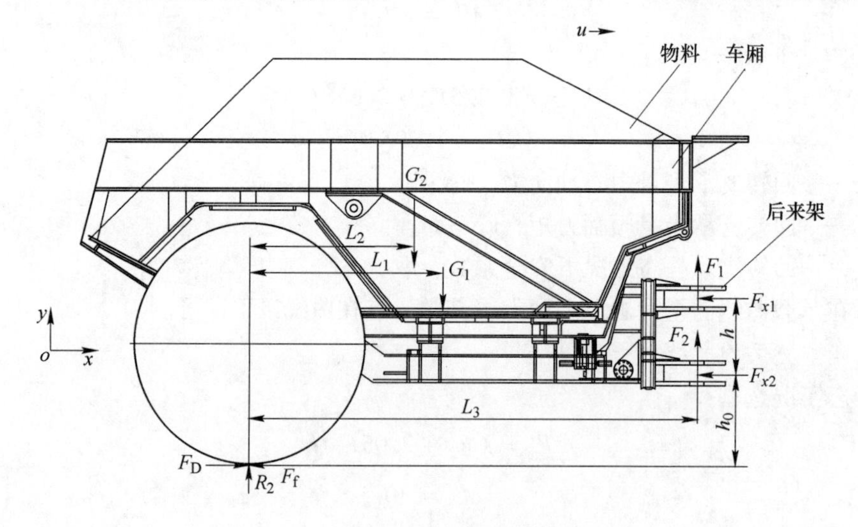

图 4-12　地下矿用汽车后车架受力分析

对下铰中点取矩得：

$$\Sigma M = 0 \quad R_2L_3 + F_fh_0 - F_Dh_0 - G_1(L_3 - L_1) - G_2(L_3 - L_2) - F_{x1}h = 0$$

$$F_{x1} = [R_2L_3 + F_fh_0 - F_Dh_0 - G_1(L_3 - L_1) - G_2(L_3 - L_2)]/h \tag{4-7}$$

式中　L_1——后轮接地点距后车架底盘与车厢整体的重心的水平距离；

L_2——后轮接地点距满载物料的重心的水平距离；

L_3——后轮接地点距铰接点的水平距离；

h_0——下铰点到地面的距离；

h——上下铰点之间的距离；

R_2——满载车辆后轮接地点地面反力；

F_D——满载车辆后轮接地点驱动力；

F_f——满载车辆后轮接地点滚动阻力；

F_{x1}——上中央铰接点水平反力；

G_1——后车架底盘与车厢整体的重力；

G_2——物料的重力。

$$\Sigma X = 0 \quad F_D - F_f - F_{x1} - F_{x2} = 0$$

设
$$F_x = F_{x1} + F_{x2}$$

则
$$F_x = F_D - F_f$$

$$F_{x2} = F_D - F_f - F_{x1} \tag{4-8}$$

$$\Sigma Y = 0 \quad R_2 + F_1 + F_2 - G_2 - G_1 = 0$$

设
$$F_y = F_1 + F_2 \quad F_1 = F_2$$

则
$$F_y = G_2 + G_1 - R_2$$

$$F_1 = F_2 = (G_2 + G_1 - R_2)/2 \tag{4-9}$$

式中　F_D——作用在重载车辆后轮上的地面切向反力（地面驱动力）；

F_f——地面对轮胎的摩擦力（滚动摩擦力）。

地下矿用汽车总轴向力 F_a 取下述两种力较小者计算：

（1）按发动机净扭矩或95%发动机总扭矩计算驱动力：

$$F_D = T_e K_0 i_{OR} i_{TR} \eta_T i_{TC} \eta_{TC} / 2r_k \tag{4-10}$$

式中　T_e——发动机净扭矩或95%发动机总扭矩，N·m；

K_0——变矩器失速比（如果采用）；

i_{OR}——变矩器偏置传动比（如果采用）；

i_{TR}——变速箱低速挡传动比（前进）；

η_T——变速箱效率（自动变速箱为0.8，手动变速箱为0.85）；

i_{TC}——分动箱传动比（如果采用）；

η_{TC}——分动箱效率（如果采用，$\mu_{TC}=0.95$）；

r_k——轮胎的滚动半径。

（2）按车轮附着力计算的驱动力：

$$F_\varphi = \varphi R_2 \tag{4-11}$$

式中　F_φ——车轮打滑时作用在后轮胎的附着力，N；

φ——附着系数，$\varphi=0.6$；

R_2——满载车辆后轮接地点地面反力，N。

地下矿用汽车总轴向力 F_a，即回转支承承受的最大拉力，则是发动机与满载后桥附着力之中的较小者（这里 F_f 很小，可忽略）。

总倾翻力矩 M 与在力矩作用平面的总径向力 F_r 可从图4-13中求得。

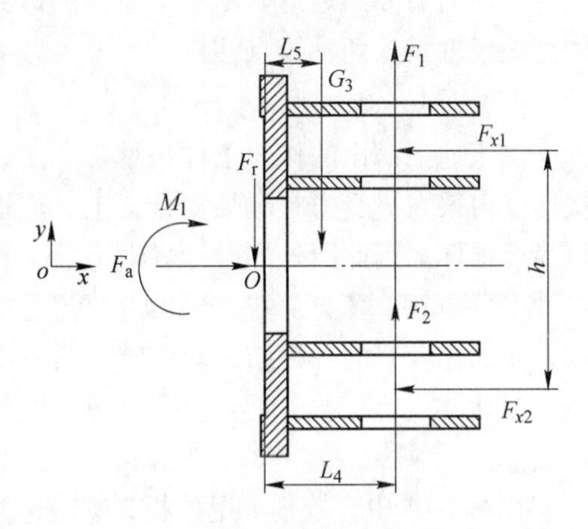

图4-13　摆动架受力图

对 O 点取矩：

$$M_1 + G_3L_5 - F_1L_4 - F_2L_4 - F_{x1}(h/2) + F_{x2}(h/2) = 0$$

由于 G_3 为摆动架重量较轻，可忽略。$F_1 = F_2 = (G_2 + G_1 - R_2)/2$，则：

$$M = M_1 = (F_1 + F_2)L_4 - (F_{x1} - F_{x2})h/2 = (G_2 + G_1 - R_2)L_4 \tag{4-12}$$

$$F_r = F_1 + F_2 = G_2 + G_1 - R_2 \tag{4-13}$$

4.3　铰接式车架铰销结构

4.3.1　铰接式车架铰销结构

车架铰点结构是一个大型的回转副，只有水平转动的功能。前、后车架通过上、下两个铰点组成的具有同一回转轴线的大回转副并借助于固定在前、后车架上的一对水平布置的转向液压缸来实现转向功能。这个具有同一轴线的大回转副分别为下铰点、上铰点的回转副组成。回转副一般通过特殊的轴承——关节轴承来实现回转。铰点处安装关节轴承，主要是利用关节轴承内外圈球面之间具有一定的间隙并能够在通过轴线的平面内轻微转动，用以自动调整和消除车架铰接板的孔在加工中的形位误差，使得前、后车架的上、下两个铰点能比较顺利地装配，最终使得车架上、下两个铰点处在同一垂直轴线上，形成同一个回转副。近年来国内外某些铰接式车辆在铰点结构的设计中，出现了用圆锥滚子轴承代替关节轴承的，并且大范围地推广应用。但国内大多数设计仍采用传统的关节轴承铰点结构。

铰接式车架铰接处承受的弯矩很大，设计上往往通过上、下两个铰点把前、后车架连接成一体，用上、下两个铰点之间的水平力与上、下两个铰点之间距离的乘积所产生的反力矩来承受车架在铰点处的弯矩。在保证车辆有足够的离地间隙并能顺利布置转向油缸、驾驶室后，开挡尺寸应当取最大，以改善铰点处销轴、铰接板、关节轴承等的受力情况。

下面简单介绍地下矿用汽车车架的球铰式和圆锥滚子轴承式两种铰点结构。

4.3.1.1　球铰式

由于地下矿山的作业条件很恶劣，上、下铰接体受力很大，受力状况很复杂，上、下铰接体很易受损坏。因此国外的设计者对上、下铰接体设计十分重视，不断改进。图 4-14 就是目前普遍采用的比较好的一种结构。该结构具有结构简单、强度高、装配方便、使用维修费用低等特点。

在图 4-14 中，铰销 1 用挡板 2 锁定，使用时与车架不能发生相对转动，在前车架上装有关节

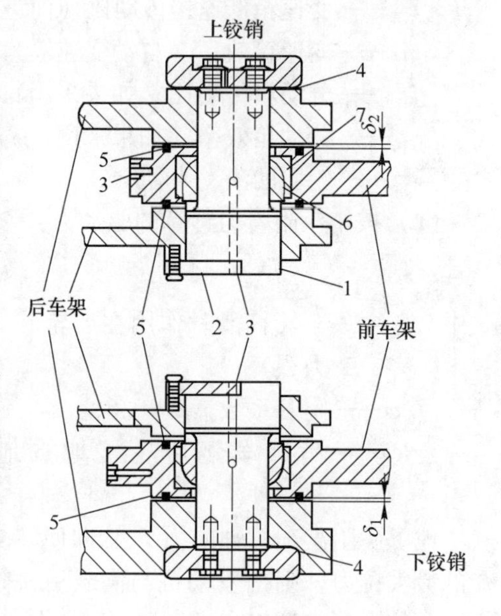

图 4-14　球铰销结构简图

1—铰销；2—挡板；3—油嘴；4—垫片；5—密封圈；6—球头；7—球碗

轴承（它由球头6与球碗7组成），既改善了铰销的受力状况，又便于加工与装配。球头与球碗之间的间隙用垫片4调整，油嘴3定期注入2号锂基脂润滑关节轴承。密封圈5可以防止灰尘和泥沙进入关节轴承，从而减少关节轴承磨损，延长其使用寿命。同时上、下铰销结构元件还可以互换，方便维修。因而这种结构在地下矿用汽车中获得广泛的应用。

4.3.1.2　圆锥滚子轴承式

圆锥滚子轴承式铰接体结构采用圆锥滚子轴承使前、后车架转动更灵活，特别是轴承的安装定位方式使铰接点能承受更大的轴向力，而且，前、后车架连接更稳固、冲击更小。其密封形式和润滑脂空间较大，这样使得维修频次减少、润滑效果更好。因而这种结构在进口的地下矿用汽车上用得越来越多。其缺点是相对成本较高。

图4-15与图4-16所示为两种圆锥滚子轴承铰销结构。

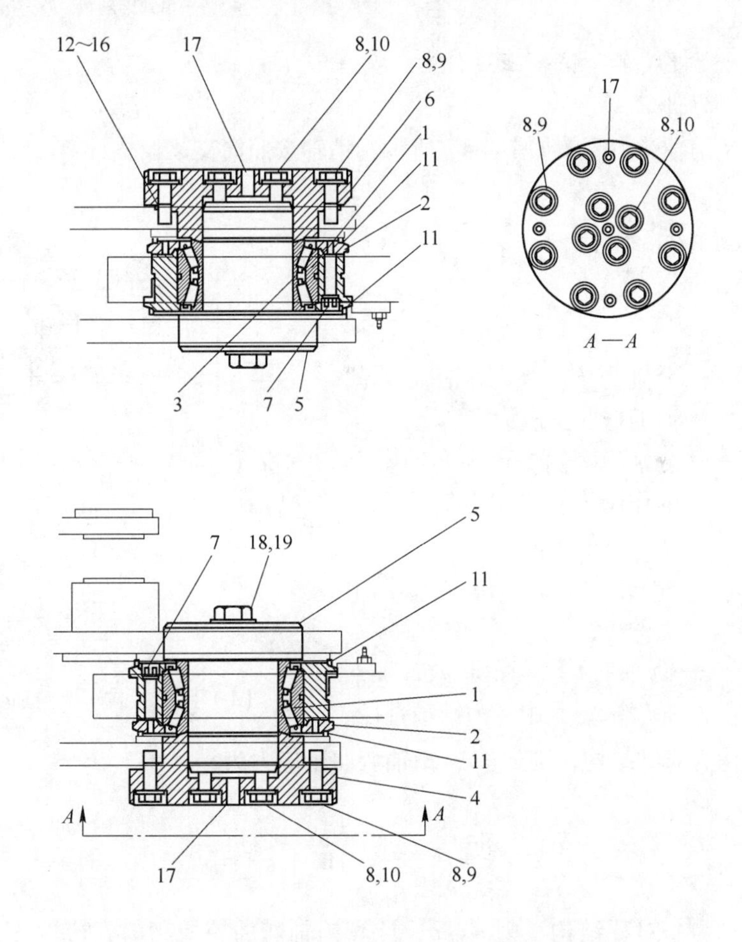

图4-15　某型地下矿用汽车圆锥滚子轴承铰销结构

1—双列圆锥滚子轴承；2，4，6—定位圈；3—隔圈；5—销钉；7—螺钉；8，12～16，19—垫圈；9，10，18—六角螺钉；11—O形密封圈；17—定位螺钉

圆锥滚子轴承铰销结构，由于采用圆锥滚子轴承使前、后车架偏转更灵活，既能承受水平力，又能承受垂直力，垫片用来调节轴承预紧力，但结构复杂、成本高。

4.3.2 铰接式车架铰销强度计算

4.3.2.1 关节轴承强度计算

关节轴承是一种球面滑动轴承，主要由一个外球面内圈和一个内球面外圈组成。关节轴承具有承受较大载荷和抗冲击的能力，并且有抗腐蚀、耐磨损、自调心和润滑好等特点，广泛用于地下矿用汽车。关节轴承作为标准件，其选型设计、校核可按照《中华人民共和国国家标准 GB/T 9163—2001 关节轴承　向心关节轴承》、《中华人民共和国行业标准 JB/T 8565—2010 关节轴承　额定动载荷与寿命》等资料进行。

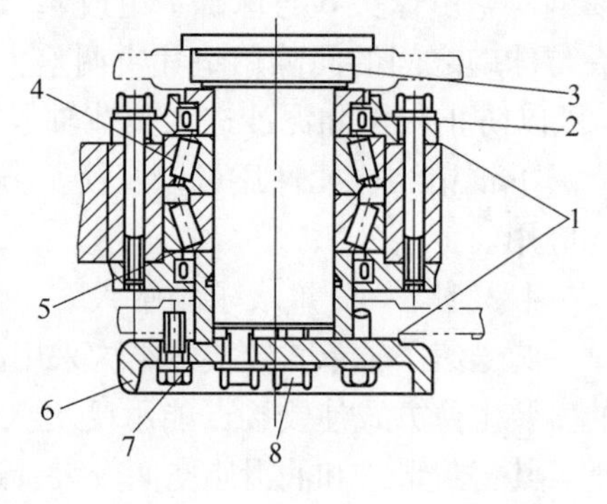

图 4-16　地下矿用汽车上、下铰销结构
1—调整垫片；2，6—压盖；3—销轴；4，5—单列锥轴承；7—垫圈；8—螺钉

4.3.2.2 铰接式车架销轴强度计算

A　弯曲应力计算

铰接式车架销轴受力简图如图 4-17 所示。销轴按照简支梁校核计算。

$$\sigma_A = \frac{F_A a}{W} \tag{4-14}$$

$$\sigma_B = \frac{F_B b}{W} \tag{4-15}$$

式中　σ_A，σ_B——分别为 F_A、F_B 对销轴 X 截面的弯曲正应力；

F_A，F_B——分别为两侧支承加在销轴上的作用力，作用点简化在每侧支承的中间；

a，b——分别为 F_A、F_B 相对 F_{x1} 作用点的力臂；

W——销轴抗弯断面系数，$W=\pi d^3/32$，其中 d 为销轴直径。

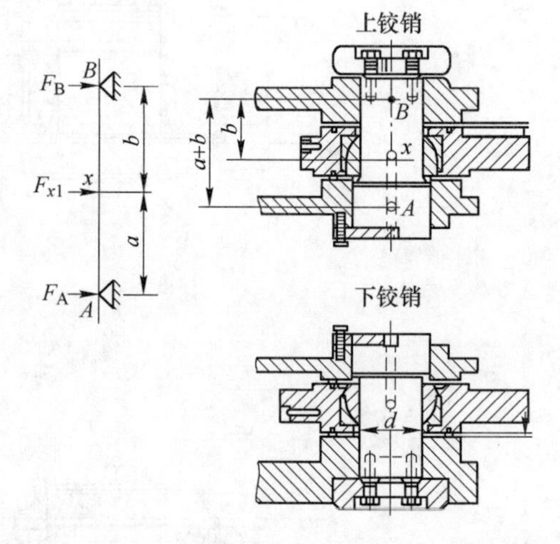

图 4-17　铰接式车架销轴受力简图

若销轴结构为对称结构，则 $a=b$，销轴弯曲正应力为：

$$\sigma_V = \sigma_A = \sigma_B = \frac{F_A a}{W} = 32\frac{F_A a}{\pi d^3} \tag{4-16}$$

若销轴结构为非对称结构，则 $a \neq b$，计算销轴弯曲正应力时，应取 σ_A、σ_B 的较大值。计算出的销轴最大弯曲正应力应满足下式：

$$\sigma_{W\max} \leqslant [\sigma_W] \tag{4-17}$$

式中，$[\sigma_W]$ 为许用弯曲正应力，可近似取为许用拉应力，见徐灏等编《机械设计手册》（第 1 卷第 4 篇 92 页）。

B 支承面接触压应力 σ_j 计算

根据徐灏等编《机械设计手册》(第1卷第4篇281页)。若 $E_1=E_2=E$(材料弹性模数),$\nu_1=\nu_2=0.3$(泊松系数),则:

$$\sigma_j = 0.418\sqrt{\frac{E_{x1}E}{l}\frac{R_2-R_1}{R_1R_2}} \tag{4-18}$$

式中 σ_j——销轴接触面上的压应力;

F_{x1}——销轴与套或销轴与侧支承板之间的法向力;

E——材料的弹性模量;

l——某个支承在销轴上的作用宽度;

R_1——销轴半径;

R_2——轴套或侧支承板孔半径。

计算出的最大接触压应力应满足下式:

$$\sigma_{jmax} \leqslant [\sigma_j] \tag{4-19}$$

$[\sigma_j]$ 为材料的许用接触压应力,销轴结构一般为圆形截面,许用接触压应力可近似取为许用拉应力。一般销轴材料取40Cr调质,$[\sigma_j]=600\text{MPa}$,见徐灏等编《机械设计手册》(第1卷表4.13-6)。

C 销轴剪应力 τ 计算

销轴的剪应力为:

$$\tau = Q/S \tag{4-20}$$

式中 Q——销轴所受到的剪应力,对于对称销轴结构 $Q=0.5F_{x1}$(见图4-17);

S——销轴截面积。

计算出的销轴最大剪应力应满足下式:

$$\tau \leqslant [\tau] \tag{4-21}$$

式中 $[\tau]$——许用剪切应力,它与许用拉应力有关,即 $[\tau]=(0.6\sim0.8)[\sigma]$。

4.4 车轮

轮胎与支撑它的轮辋是地下矿用汽车的重要部件。轮胎和轮辋(包括轮辐)组合在一起统称为车轮。

由于地下矿用汽车采用刚性悬挂,其冲击作用全部由车轮承担,另外整机的附着条件和滚动阻力也与车轮结构形式有关。车轮支承着整机的重量,承受各种工作负荷,同时也把路面上各种反力传递给机架。车轮还是行走、支承、导向和缓冲结构,车轮结构的优劣对地下矿用汽车行驶性能和安全性能有很大影响。车轮由轮辋1、轮胎2与气门嘴3组成,轮胎装在轮辋上,而轮辋通过轮辐装在车桥的轮毂上,如图4-18所示。轮胎和轮辋总成应有一定的刚性和弹性、要抗磨损、耐疲劳及有足够的使用寿命、质量要小、几何尺寸精确、静平衡与动平衡要好。轮胎和轮辋具有标准化、系列化的显著特点。世界各国轮胎和轮辋制造厂制造的轮胎和轮辋都要满足ISO 4250-1《Earth-mover tyres and rims—Part 1: Tyre designation and dimensions》、ISO 4250-2《Earth-mover tyres and rims—Part 2: Loads and inflation pressures》和 ISO 4250-3《Earth-mover tyres and rims—Part 3: Rims》标准。我国与之等效的标准是 GB/T 2980—2009《工程机械轮胎规格、尺寸、气压与负荷》和 GB/T 2883—2015《工程机械轮辋规格系列》。

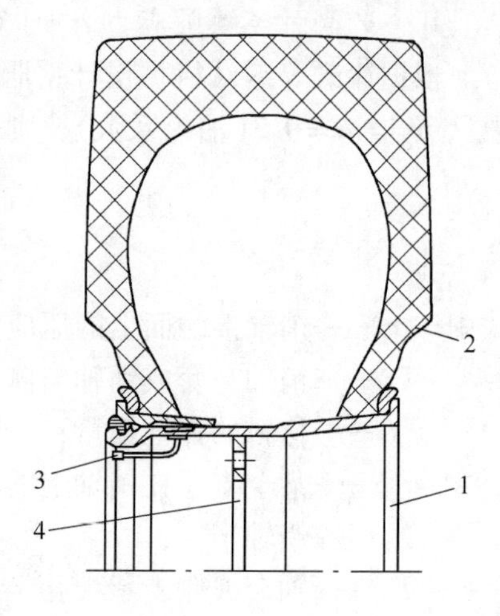

图 4-18　车轮结构

1—轮辋；2—轮胎；3—气门嘴；4—轮辐

4.4.1　轮胎

在地下矿用汽车中轮胎购置费占总机购置费用的 10% ~15%，其消耗费用一般占总出矿成本的 20% 左右，甚至高达 50%。轮胎的使用寿命在 100 ~1000h 不等。因此，延长轮胎的使用寿命，是降低出矿成本、提高矿山经济效益的重要途径之一。这首先与轮胎的正确选择有关，由于矿用轮胎种类繁多、型号与规格复杂、使用条件多样，因此给轮胎的正确选择带来一定难度。

4.4.1.1　轮胎的分类

（1）按轮胎用途及胎面花纹特征分类（见表 4-1）。

表 4-1　按用途及胎面花纹特征进行的轮胎分类

使用分类	代号	花纹类型	最高车速 v_{max} /km · h^{-1}	最大单程运距 /m	外胎花纹深度/%	适用范围				特　点
						露天自卸汽车	地下矿用汽车	露天装载机	地下装载机	
压路机轮胎	C-1	光面	10	不限						压路修路平整土地用
	C-2	槽沟	10	不限						
铲运机和重型自卸车轮胎	E1	普通条形	≤65	<3000	100	△				防滑性、操作稳定性好，但牵引力小，故作导向轮用，适用于较好的路面
	E2	普通牵引型			100					主要用做软而多泥的繁重条件下的驱动轮，因橡胶层较薄，故散热快，因此可以高速运行
	E3	普通块状			100	△				胎面较硬，故有较好的抗切割、耐磨能力，胎面橡胶层较薄，故散热性能好，允许有较高的运行速度，适用于良好的岩石路面，是一种比较通用的轮胎
	E4	加深块状			150	△	△			胎面较硬而厚、耐磨性好、抗热性稍差，适用于路面条件恶劣、运行距离较短的设备
	E7	浮力型			55	○				胎面最薄，但浮载能力强，适用于沙漠与泥泞地段

续表 4-1

使用分类	代号	花纹类型	最高车速 v_{max} /km·h^{-1}	最大单程运距 /m	外胎花纹深度/%	适用范围				特　点
						露天自卸汽车	地下矿用汽车	露天装载机	地下装载机	
装载机和推土机轮胎	L2	普通牵引型	≤10	≤75	100			△		主要用做软而多泥的繁重条件下的驱动轮，因橡胶层较薄，故散热快，可以高速运行
	L3	普通块状			100		△	△	○	胎面较硬，故有较好的抗切割、耐磨能力，胎面橡胶层较薄，故散热性能好，允许有较高的运行速度，适用于良好的岩石路面，是一种比较通用的轮胎
	L4	加深块状			150		△	△	△	胎面较硬而厚、耐磨性好、抗热性稍差，适用于路面条件恶劣、运行距离较短的设备
	L5	超深块状			250			△	△	花纹深度比为250%以上。胎面硬而厚、抗切割、耐磨性能最好，但散热性能不好，适用于路面差、距离短、慢速运行的装载设备
	L_{3s}	普通光面			100					因增大了花纹块面积，所以可降低接地比压、提高耐磨性和耐切割扎刺性。它可以碾碎岩石，使岩石不至于刺进胎面凸块，起保护作用，减少轮胎被刺穿危险，特别适用于矿山和井下作业条件较恶劣的环境
	L_{4s}	加厚光面			150				△	
	L_{5s}	超厚光面			250				△	
平地机轮胎	G1	普通条形型	≤40	不限	100					防滑性、操作稳定性好，但牵引力小，故作导向轮用，适用于较好的路面
	G2	普通牵引型			100					主要用做软而多泥的繁重条件下的驱动轮，因橡胶层较薄，故散热快，可以高速运行
	G3	普通块状型			100					胎面较硬，故有较好的抗切割、耐磨能力、胎面橡胶层较薄，故散热性能好，允许有较高的运行速度，适用于良好的岩石路面，是一种比较通用的轮胎
	G4	加深块状型			150					胎面较硬而厚、耐磨性好、抗热性稍差，适用于路面条件恶劣、运行距离较短的设备

注：△表示推荐使用；○表示可用。

（2）按轮胎断面宽度分类（见图4-19）。该分类包括正常断面的标准轮胎和宽断面的宽基轮胎两种系列。宽基轮胎是在标准轮胎的基础上发展起来的，能适应大型复杂结构的机械，对轮胎的高载荷性能有要求。宽基轮胎与标准轮胎比较，外径相同，但断面较宽，有较大的接触面积、较高的承载能力以及较低的接地比压，可以提高工程轮胎的使用性能，但转向阻力有所增加。标准轮胎与宽基轮胎的对应关系见表4-2。一般宽基轮胎用于大尺寸轮胎。

表4-2　工程轮胎的标准轮胎与宽基轮胎对应关系

标准轮胎		宽基轮胎	
轮胎规格	断面宽度/m(in)	轮胎规格	断面宽度/m(in)
13.00	335.3(13.20)	15.5	394(15.5)
14.00	374.7(14.75)	17.5	445(17.5)
16.00	431.8(17.00)	20.5	521(20.5)
18.00	497.8(19.60)	23.5	597(23.5)
21.00	571.5(22.50)	26.5	673(26.5)
24.00	626.8(25.7)	29.5	794(29.5)
27.00	762(30.00)	33.5	851(33.5)
30.00	823.0(32.40)	37.5	953(37.5)

为了进一步提高工程轮胎的性能和扩大应用范围，在宽基轮胎基础上已研制出超宽基65系列轮胎，以获得更大的牵引力和更高的作业稳定性，满足更加苛刻的使用条件。

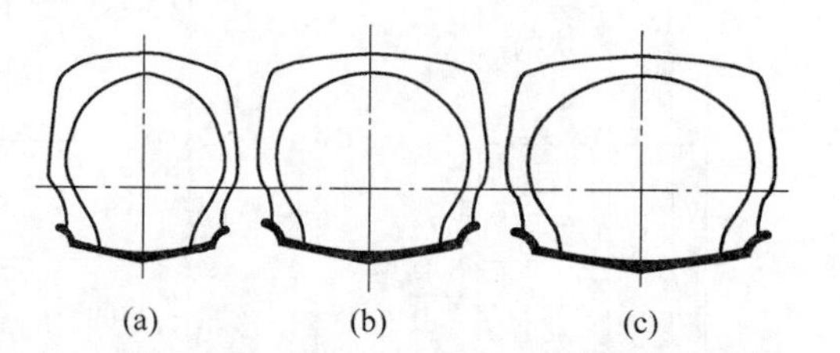

图4-19　工程轮胎按断面宽度分类

(a) 标准轮胎；(b) 宽基轮胎；(c) 65系列

(3) 按轮胎充气压力分类（仅对充气轮胎）。

1) 高压轮胎。充气压力为0.54MPa以上。

2) 低压轮胎。充气压力为0.2~0.5MPa。

3) 超低压力轮胎。充气压力为0.2MPa以下。

(4) 按用途分类。

1) 铲运机和重型自卸车轮胎E型。

2) 平地机轮胎G型。

3) 挖掘机、装载机、推土机、起重机等轮胎L型。

4) 压路机轮胎C型。

(5) 按轮胎有、无内胎分类。根据轮胎组成部分的不同，还可以分为两种轮胎：无内胎轮胎和有内胎轮胎。有内胎轮胎在滚动时，内外胎之间内胎与衬带的接触表面之间发生摩擦，由此发热而增加滚动时能量消耗，在使用宽基轮胎时更为显著；无内胎轮胎，其外观与普通轮胎相似，不同的是内表面涂有气密胶层，轮辋与轮胎接触面有5°左右的倾斜角度，以保证轮胎与轮辋胶合在一起，防止漏气。普通轮胎内胎用橡胶制成，其气密性是较好的，内胎漏气时，空气经由内外胎之间及没有密封的胎圈、轮辋边缘泄出。而对于无内胎轮胎，空气只能由胎体泄出，空气进入胎体内造成附加应力，可能导致各帘布层撕离，因此对无内胎轮胎的气密层的密封要求较高，同时对帘布层要求也很高。

无内胎轮胎工作可靠、发热小、散热好、重量轻、寿命长、滚动阻力小。但对胎圈与轮辋的材质及制造工艺要求较高，配合要求严密，密封较困难，拆卸轮胎困难。

(6) 按轮胎结构分类。轮胎结构的不同，即胎体中帘线排列方式的不同，分为斜交线轮胎和子午线轮胎。

轮胎的胎体和胎冠的带束层是斜交错着穿插的，所以称为斜交线轮胎，又称为尼龙轮胎。轮胎接触地面为椭圆形面积，易变形。斜交胎的优点：轮胎胎侧较厚，胎侧耐切割性好，稳定性好；适合运行速度较慢、稳定性高的设备。斜交胎的缺点：因轮胎两侧壁厚，弹性差、散热性不好；同时尼龙线强度有限，胎面抗割裂性能不是很好。

而子午线轮胎胎冠和胎体的带束层是独立的，并且胎体为只有一个子午线胎体层，子午线轮胎又称为钢丝轮胎。轮胎的接地压力为平均分布。子午线轮胎的这种结构不但可以节省更多的成本，还可以带来更好的驾驶舒适性。

子午胎的优点：由于子午胎的排列特点，减少轮胎厚度即可达到所需强度。轮胎两侧壁薄、胎侧散热性好；胎面抗切割性好，适合运行耐磨、耐切割的车辆，如自卸车等。

子午胎的缺点：由于轮胎两侧壁薄，胎侧易被割伤。

4.4.1.2 轮胎规格的表示方法

轮胎规格的表示方法如图 4-20 所示。

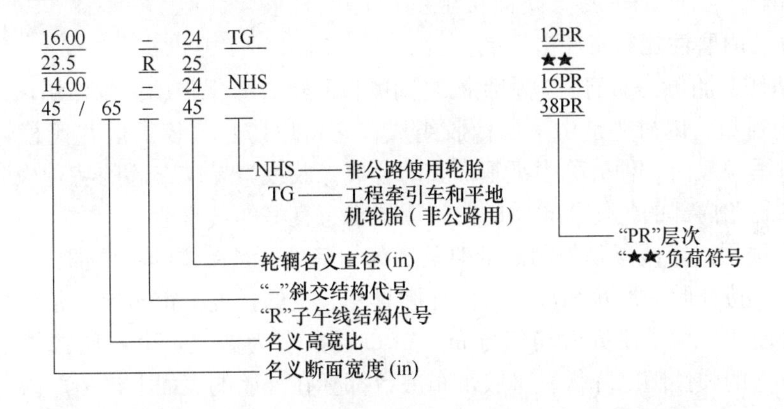

图 4-20 轮胎规格的表示方法

（最大负荷标记：用轮胎强度来表示轮胎在规定使用条件下所能承受的最大推荐负荷。斜交轮胎的强度用层级（或 PR）表示，如 16 层级（或 16PR）；子午线轮胎的强度用 1、2 或 3 颗星（★）表示）

4.4.1.3 矿用轮胎及结构

A 矿用轮胎

与普通轮胎相比，矿用轮胎在体积和耐磨、耐压性能方面要求更高。在轮胎结构设计上采用加深、加厚光胎面（见图 4-21 和图 4-22）或块状花纹和非对称胎侧设计，增强了轮胎的稳定性和牵引力，提高了轮胎抗切破、割裂、耐磨耗性能，使轮胎特别适用于在隧道、矿山和建筑等多岩石工地上或路况较差、环境恶劣的条件下作业。特别是有些胎体选用新型环保原材料，不仅提高了轮胎的耐磨性能，而且降低了轮胎发热，大大延长了轮胎的使用寿命。

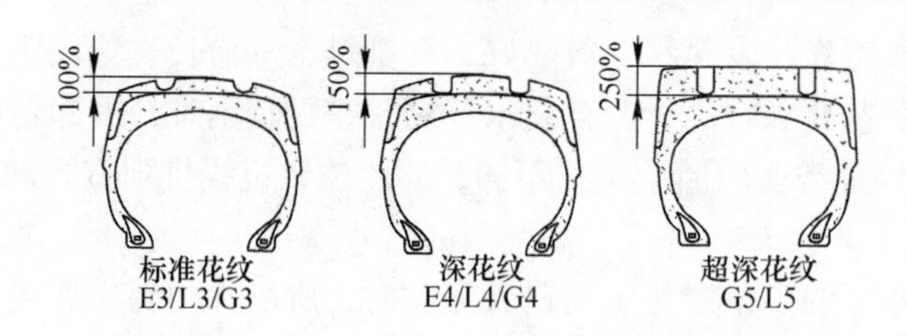

图 4-21　普通轮胎与矿用轮胎外胎厚度比较

B　矿用轮胎结构

矿用轮胎由外胎包括缓冲层 1（Breakers）、胎面 2（Tread）、胎侧 3（Sidewall）、内衬垫 4（Inner liner）、帘线层 5（plies）、胎圈 6（beads），以及内胎（Tubes）和垫带（Flaps）（内胎和垫带在图 4-22 中未表示）组成（图 4-22）。

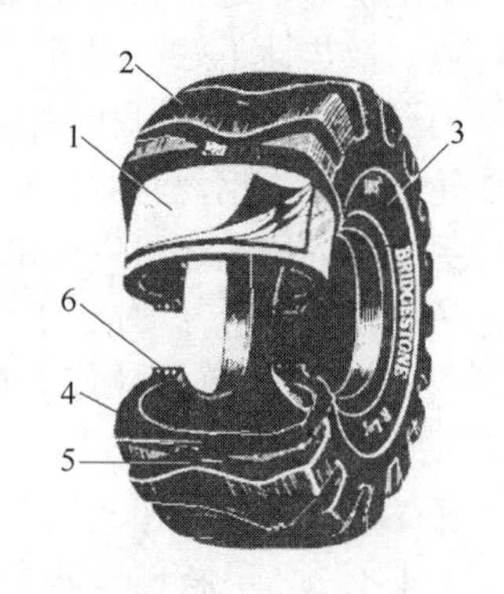

图 4-22　矿用轮胎结构

1—缓冲层；2—胎面；3—胎侧；4—内衬垫；5—帘线层；6—胎圈

各组成作用如下：

（1）缓冲层。缓冲层是位于胎面与胎体之间的一个帘布层，用以保护斜交轮胎的胎体。缓冲层可减少震动，防止断裂或防止直接来自于胎体对胎面的伤害，同时也能防止橡胶层与胎体之间的断裂。

（2）胎面。胎面是轮胎与路面接触的厚厚的橡胶层，要求有良好的耐磨性能和耐冲击性能。

（3）胎侧。胎侧是胎肩下端和胎圈之间的橡胶层，有保护胎体的作用。

（4）内衬垫。内衬垫是由一层橡胶组成，它可以防止气体扩散并代替轮胎内部的内胎。内部衬里一般由一种被称为丁基橡胶的合成橡胶或聚异戊二烯的特种橡胶组成，内部衬里可保持轮胎内部的气体。轮胎的内衬层要求有良好的气密性。

（5）帘线层。帘线层是外胎的骨架及承载的基础，是胎体的主要部分。其主要作用是承受载荷，保持外胎的形状和尺寸，使外胎具有一定的强度。帘布层通常由多层挂胶帘线用橡胶黏合而成。为了使负荷均匀分布，帘布层数多为偶数。帘布层数越多，其强度越大，但相应它的弹性随之降低。一般帘布层数都标在外胎的表面上。

帘布材料一般有棉线、人造丝线、尼龙线和钢丝等。现在多采用聚酰胺纤维和钢丝作帘线用，在轮胎的承载能力相同的情况下帘布层数可以减少，这样既减少了橡胶的消耗，提高了轮胎的质量，又降低了滚动阻力，延长了轮胎的使用寿命。帘线与轮胎胎面中线成 90°排列的，称为子午线轮胎。

（6）胎圈。胎体帘线缠绕其上，与轮辋结合的部位，由胎圈钢丝及橡胶等构成。

（7）内胎。内胎是一个环形橡胶管，具有良好的弹性，并能耐热和不漏气。内胎上的金属气门嘴供轮胎充气与放气之用。

（8）垫带。为环形橡胶带，套在轮辋上保护内胎免被轮辋磨损或被轮辋与外胎胎圈夹破。垫带上有一圆孔供气门嘴穿出。

4.4.1.4　轮胎的正确选择

A　对地下矿用汽车轮胎性能的要求

我国的地下矿山大部分路面多为碎石路面，技术状况较差、坡道长、弯道多、改道频繁，在作业现场有大量硬度高、锋利的石块，作业环境十分恶劣。因此，地下矿用汽车轮胎应具备如下性能：

(1) 轮胎的规格、尺寸、气压与负荷、使用类型、花纹分类代号应符合 GB/T 2980—2009 的规定。

(2) 耐刺、耐切割和耐磨性能好，能减少更换轮胎次数和停车时间，从而提高汽车运输效率。

(3) 高温散热性能好，没有热剥离损坏，保证了汽车长距离安全行驶。

(4) 缓冲性能好，既提高了驾驶舒适性，又对汽车各零部件起到了保护作用，从而减少备件消耗，降低了运输成本。

(5) 气密性能好，充气后不泄漏，防止轮胎气压不足而导致早期损坏。

(6) 过载能力强、尺寸标准、易安装、表面美观等性能。

(7) 安全性要高。轮胎作为汽车与地面的唯一接触点，在行车安全方面扮演着关键的角色，它们必须在汽车转弯、刹车，尤其是在湿滑路面行驶时提供足够的抓地力。

(8) 节能。每一箱油，轮胎大的消耗了其中的 20%。这正是因为滚动阻力现象的存在。

值得关注的是，轮胎某些性能是相互制约的，如提高轮胎耐刺、耐切割和耐磨性能时，势必要增加轮胎壁厚和胎面的硬度，但不利于耐高温散热性能，影响轮胎内部热量的排放，易导致轮胎脱层鼓包，甚至爆胎，如不综合考虑，有可能顾此失彼。

因此在选择轮胎时，须综合考虑如下几种因素：车轮类型、操作条件、气候、路况、最大净载荷、速度、运距等；还要考虑轮胎的特性，如抗热性、抗切割性、使用性。根据上述因素来选择适当的轮胎尺寸、线网层定值、适当的轮胎规范、适当的外胎花纹形状。

B　轮胎选用原则

(1) 轮胎类型的选择。轮胎类型主要据行驶条件来选择。地下矿用汽车普遍采用宽度较宽、直径较大的斜交轮胎（胎体帘布层和缓冲层各相邻层帘线交叉，且与胎面中心线呈小于 90°角排列的充气轮胎）。由于子午线轮胎（胎体帘布层帘线与胎面中心线呈 90°角或接近 90°角排列并以基本不能伸张的带束层箍紧胎体的充气轮胎）的结构特点使其有很多优点，在有条件的矿山应为优先选择之列。

(2) 轮胎花纹的选择。轮胎花纹主要是根据道路条件、行车速度、道路远近来进行选择。地下矿用汽车由于行驶速度低、路面条件差，应使用更耐磨和耐切割加深花纹或超深花纹轮胎或光面胎轮，以提高轮胎使用寿命。

(3) 轮胎尺寸和气压的选择。轮胎尺寸和气压的选择主要根据轮胎的负荷能力来选择。

在 GB/T 2980—2009 标准中轮胎规格尺寸表中规定的负荷能力是指轮胎在相应充气压力和速度下所允许的最大负荷。在特殊情况下，允许适当增加负荷，并且充气压力也应相应增加，具体情况应咨询轮胎制造商。

C　轮胎的选择

a　根据经验选择

表 4-3 收集了世界上主要地下矿用汽车生产商在其地下矿用汽车中所采用的轮胎型号、规格与使用条件，可供地下矿用汽车维修与设计时参考。

表 4-3　世界上主要地下矿用汽车采用的轮胎型号与规格

公司名称	车型	载重量/t	满载车重/t	最高车速/km · h^{-1}	轮胎型号与规格
Atlas Copco	MT6020	60	103.9	37.5	35/65R33 MS(无内胎，钢子午线轮胎，地下采矿胎面花纹)
	MT5020	50	92	37	35/65R33 MS(无内胎，钢子午线轮胎，地下采矿胎面花纹)
	MT42	42	76.5	42.4	29.5R25(无内胎，地下采矿胎面花纹)
	MT436	32.65	30.6	28.1	29.5R25 L4(无内胎，尼龙，地下采矿光胎面花纹)
	MT431	28.15	28	32	18.00R33 MS
	MT2010	20	20.5	25.1	16.00×25 (无内胎，钢子午线轮胎，地下采矿胎面花纹)
Caterpillar	AD60	60	110	41.5	35/65R33
	AD55B				35/65R33
	AD45B	45	85	52	29.5R29
	AD30	30	60	40.8	26.5 R25 MS VSNT E4
Sandvik	TH663	63	106	42.5	35/65R33
	TH660	60	108.5	38.5	26.5R25 E4
	TH551	51	92	37.5	35/65R33
	TH550	50	85.9	32	29.5R25 E4
	TH540	40	74.7	36	26.5R25 E4
	TH430	28.8	58.83	32.3	14.4R25 E4
	TH320	22.3	42.3	38	18.00R25
	TH230L	30	25.4	30	26.5
GHH	MK-A15.1	15	29.1		14.00-24
	MK-A20.1	20	36.6		16.00-25
	MK-A30.1	30	57.5		23.5-25
	MK-A35	35	63.7		26.5-25
	MK-A40	40	73.5		29.5-29
	MK-A50/55	50-55	84.4-89.5		29.5-29
DUX	DT-7	7	14.8		9.00R20 X-Mine D2 L5(无内胎)
	DT-17	15.4	29.9		Bridgestone 16.00R25 VRLS(无内胎)
	DT-20	20	37.6		Bridgestone 16.00R25 VRLS(无内胎,2 star)
	DT-26	25.4	48.1		Bridgestone 18.00R25 VRLS(无内胎，2 star E4)
	DT-33	33	60.2		Bridgestone 26.5R25 VSNT (无内胎，Multi-star L4)
	DT-50	50	96.2		Bridgestone 29.5R29 VSNT (无内胎，Multi-star E4)

b　根据环境适应性选择轮胎结构类型

环境适应性包括路况适应性和气候适应性。地下矿用汽车运行速度一般为20～30km/h，路面条件好，也可达到40km/h，使用无内胎充气轮胎有利于车辆运行时轮胎的散热和轮胎刺破漏气后，易于迅速修补；铰接矿用汽车多适用于湿软路面，宜选择宽基轮胎以减少轮胎陷入路面。矿山路况恶劣的采场使用的矿用汽车应选用子午线轮胎和耐磨、耐刺及耐切割的E4加深块状轮胎花纹；路况较好如混凝土路面和沥青路面也可选配斜交轮胎和选用E3普通块状的轮胎花纹。另外运距长、环境温度高的矿山使用的矿用汽车要选耐热性好的轮胎；潮湿有积水的矿山使用的地下矿用汽车要选抗水性好的轮胎。由表4-3可知，目前国内外生产实践中，国外矿用汽车基本上是使用子午线轮胎，而国内生产的地下矿用汽车多选用斜交轮胎。这是由于在相同使用条件下，子午线轮胎的滚动阻力比斜交轮胎小5%～11%，油耗可相应降低1%～2.5%。它着地时胎面畸变小、发热低，胎面耐用、通过性和牵引性好，缓冲性能好。近些年，由于采用钢丝帘布，增强了抗刺割能力，耐热且导热性增强，强度高、伸长率小，所以使用时油耗低、高速性能好、使用寿命长，为同规格斜交轮胎的2.5倍左右，适应现代矿用汽车对安全、高速、低能耗的发展需要。但是子午线轮胎价格高，相同规格的价格为斜胶轮胎的2倍左右，翻修困难。而斜交轮胎胎体坚固、胎侧较厚、不易刺破、技术成熟、造价低、修补相对容易。如果矿山路况较好也可以选择斜交轮胎，从而减少轮胎的费用。

c　根据轮胎的安装结构尺寸和许用载荷选择轮胎尺寸

有安装防滑链要求的地方，在选择轮胎尺寸时，必须有安装防滑链的空间。

选择轮胎规格，以该机具车轴上最大车轮负荷为依据。

轮胎许用载荷是衡量轮胎强度的一个指标，它主要取决于轮胎尺寸、运行速度、允许充气压力等因素，而允许的充气压力又直接由轮胎的层级决定。轮胎制造厂一般给出了轮胎的许用载荷。根据汽车自重和允许的最大载重量及轴荷分配正确地选择轮胎的规格和层级。同一规格的轮胎层级不同，许用载荷也不同，层级数大的轮胎承载能力也大，但对散热不利。轮胎选型是否正确，对其使用寿命影响极大。轮胎使用时若其负荷超过了许用载荷，将会导致轮胎发热、降低轮胎刚度、使附着性能变坏，严重者可能爆胎等降低轮胎使用寿命。

为了获得最长的使用寿命和最低的维修费，轮胎承受的载荷应小于轮胎的许用载荷，即：

$$Q_{max} < [Q] \tag{4-22}$$

式中　Q_{max}——单个轮胎所承受的最大载荷；

$[Q]$——轮胎标准中所推荐的单胎最大许用载荷，见GB/T 2890—2009标准中表2、表4、表10、表11和表14。

根据$Q_{max} < [Q]$、许用车速、充气压力就可以在GB/T 2890—2009选择相应的地下矿用汽车的轮胎型号与规格。

单个轮胎的最大负荷Q_{max}的计算可按3.3.6.2节方法进行。

d　根据轮胎TKPH值选择

轮胎TKPH额定值表征轮胎本身的工作能力，而通过计算TKPH使用值来判断所选轮胎是否满足使用要求及使用过程中是否过热是一个简便、有效的方法。

轮胎在使用过程中，不断产生挠曲变形和摩擦，导致轮胎的发热，特别是运距较长、速度较高的情况轮胎发热是一个严重的问题。当轮胎温度升高到一定值时就会造成轮胎的层间分离，是轮胎早期损坏的主要原因。为了充分发挥轮胎的抗热能力，获得最佳经济效果，多用 TKPH 值来选择轮胎。它是轮胎平均负荷和当日的汽车平均运行速度的乘积，它反映了当轮胎的内部温度处在安全极限内时，所允许的负荷-速度的数值，用以评价轮胎的工作能力。轮胎制造厂规定了 TKPH 额定值。根据矿用汽车实际作业环境计算出选择的轮胎的 TKPH 值要小于额定的 TKPH 值。而且矿山日常使用中为避免由于轮胎内部过热而造成的损坏，应经常把 TKPH 值控制在轮胎的额定值以下。为此轮胎管理人员要定期验算实际使用中轮胎的 TKPH 值，一旦超过额定值，则必须减轻负荷或降低车速。由于轮胎前、后轮所受负荷不同，它们的 TKPH 值要分别计算，并要考虑地下矿用汽车上、下坡时给轮胎带来负荷的变化。

TKPH 即吨公里每小时，是 ton kilometer per hour 的缩写，用于表示轮胎的工作能力。同时该参数是轮胎内部允许的最大温度的函数，可称为每小时吨公里值，它是轮胎平均负荷 Q_m(t)和平均车速 v_m(km/h)的乘积。

$$TKPH = Q_m v_m \tag{4-23}$$

式中，Q_m =(空载时的轮胎载重 + 满载时的轮胎载重)/2；v_m = 往返搬运距离 ×1 天的搬运次数/1 天的作业时间。

轮胎制造厂提供的轮胎 *TKPH* 额定值是在 38℃ 的环境温度下测得的，因此在比较 *TKPH* 额定值和 *TKPH* 使用值时，还需要根据工作现场实际环境温度（*T*）进行修正，有些轮胎制造厂还规定了对运距的修正方法，各厂家推荐采用的修正方法不同，尚无统一的标准。

根据《工程机械轮胎作业能力测试方法　转鼓法》(GB 30197—2013)，用轮胎试验负荷与试验速度相乘的数值来绘制 *TKPH* 值对应的温度曲线图。从图中读出轮胎最高温度对应的 *TKPH* 值就是该轮胎的 *TKPH* 值的额定值。当环境温度改变时，应按式（4-24）修正：

$$\text{修正的额定 } TKPH \text{ 值} = \text{环境温度为 38℃ 时的额定 } TKPH \text{ 值} \times F(t) \tag{4-24}$$

$F(t)$ 按下列两式计算：

当环境温度低于 38℃ 时，$F(t) = \dfrac{-38}{-38 - T}$

当环境温度高于 38℃ 时，$F(t) = \dfrac{-38}{-60 + T}$

T 按下列两式计算：

当轮胎断面小于 27.00in 时，T =（环境温度 − 38）× 0.5

当轮胎断面大于 30.00in 时，T =（环境温度 − 38）× 0.4

其他公司如米其林公司、普利司通公司、固特异公司等也都有自己的修正方法。

4.4.2 轮辋

4.4.2.1 地下矿用汽车常用轮辋的结构

轮辋指车轮上安装和支撑轮胎的部件。由于矿用轮胎与轮辋尺寸较大，通常使用多件式轮辋，以便于拆装操作。常用的轮辋结构形式有6种：

（1）二件式轮辋，可以拆卸为二个主要零件（不包括紧固密封件），如图4-23所示。

（2）三件式轮辋，可以拆卸为三个主要零件，如图4-24所示。

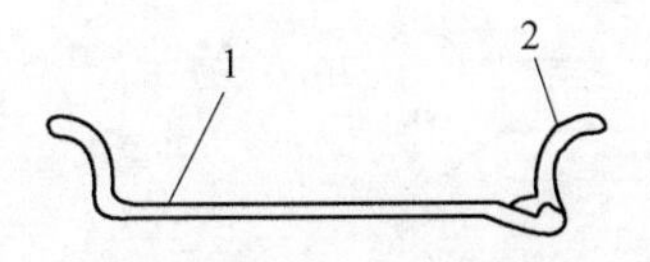

图4-23　二件式轮辋

1—轮辋体；2—挡圈

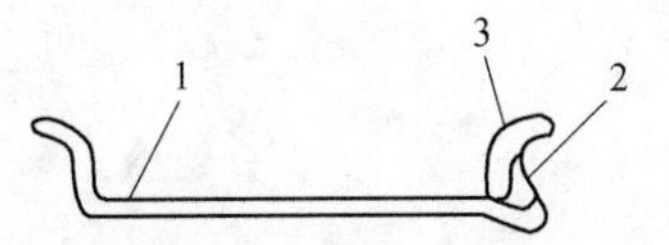

图4-24　三件式轮辋

1—轮辋体；2—锁环；3—挡圈

（3）四件式轮辋，可以拆卸为四个主要零件，如图4-25所示。

（4）五件式轮辋，可以拆卸为五个主要零件，如图4-26所示。

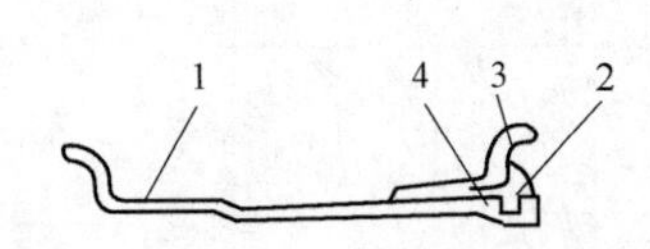

图4-25　四件式轮辋

1—轮辋体；2—锁环；3—挡圈；4—O形密封圈

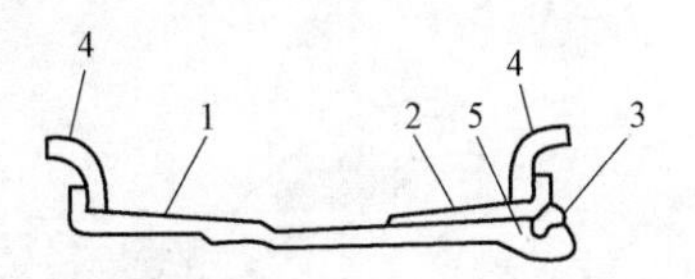

图4-26　五件式轮辋

1—轮辋体；2—带锥度的座圈；3—锁环；4—挡圈；5—O形密封圈

（5）六件式轮辋，可以拆卸为六个主要零件，如图4-27所示。

（6）七件式轮辋，可以拆卸为七个主要零件，如图4-28所示。

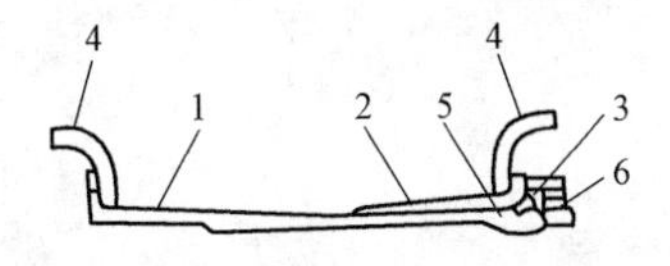

图4-27　六件式轮辋

1—轮辋体；2—带锥度的座圈；3—锁环；4—挡圈；5—O形密封圈；6—座圈楔

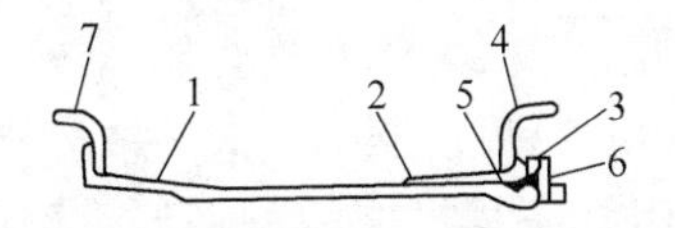

图4-28　七件式轮辋

1—轮辋体；2—带锥度的座圈；3—锁环；4—挡圈；5—O形密封圈；6—座圈楔；7—轮辋锁紧挡圈

轮辋轮廓主要的三种形状：

（1）平底轮辋，代号为FB（见图4-23与图4-24）；

（2）平底宽轮辋，代号为WFB（见图4-25）；

（3）全斜底轮辋，代号为TB（见图4-26～图4-28）。其轮廓形状及尺寸如图4-29所示。

图4-30所示为轮辋结构图。

（1）轮辋体。承受轮胎负荷的主体部分，上面有5°±1°的锥面。锥面上有标准的滚花。

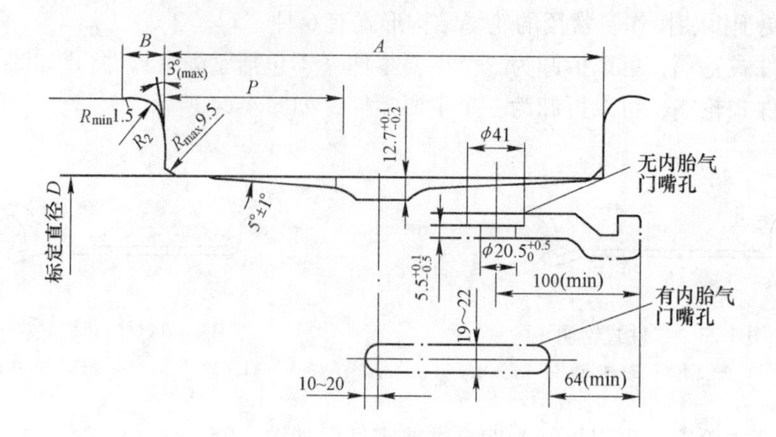

图 4-29　全斜底轮辋轮廓形状与尺寸

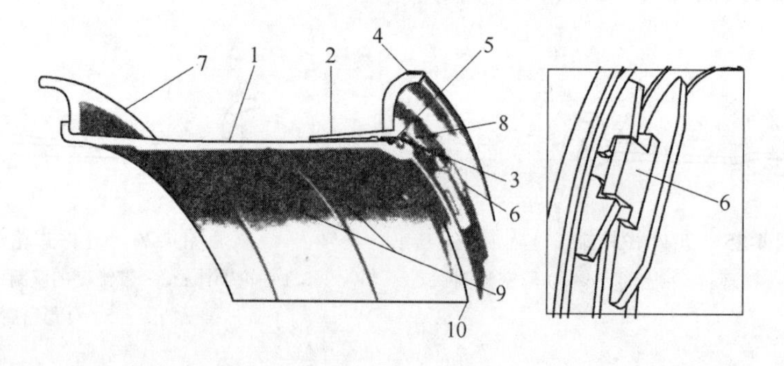

图 4-30　轮辋结构

1—轮辋体；2—带锥度的座圈；3—锁环；4—挡圈；5—O 形密封圈；6—座圈楔；7—轮辋锁紧挡圈；8—撬杆凹穴；9—轮辋全焊加固圈；10—标准的 28°安装锥面

（2）带锥度的座圈。锥度为 5° ±1°，支承整个胎圈。而且有滚花，滚花的尺寸在 GB/T 2883—2015《工程机械和工业车轮轮辋规格系列》中都有规定。滚花很重要，它的作用是防止轮胎和轮辋相对滑动，滑动的结果是使轮胎漏气，从而使装载机无法使用。

（3）锁环。开口式锁环可牢固地锁紧轮辋总成。

（4）挡圈。两个形状相同或不同，冷弯成环形圈。

（5）O 形密封圈。保证轮胎可靠的气密性。

（6）座圈楔。重载型，它用于将座圈锁固到轮辋体上，防止座圈与轮辋体相对移动。

（7）轮辋锁紧挡圈。

（8）撬杆凹穴。相隔 180°排列在轮辋体和座圈上，通常用液压或手动工具从座圈上卸出胎圈。

（9）轮辋加固圈。全焊接轮辋加固圈用于加强轮辋体的强度。

（10）标准 28°安装锥面。固定一个或两个可拆卸的轮辋到轮毂 28°安装锥面。

对于无内胎的轮胎，轮辋还配有专门的气门嘴与气门嘴底座，用于向轮胎打气及防止胎内气体外泄。

有关轮辋的技术条件，可参考相关文献。

4.4.2.2 轮辋的选择

轮辋的尺寸外形和类型的设计应根据轮胎的设计、最大轮胎的负荷、所要求的轮胎充气压力、规定车速和装到轮毂上的方法来确定。因此轮胎的选择是轮辋选择的基础。

有了轮胎型号与尺寸就可以在相应的资料里（如 GB/T 2890—2009 标准中表2、表4、表10、表11、表14）找到轮辋的型号，根据其型号在 GB/T 2883—2015 标准中选择轮辋轮廓和尺寸。普通轮胎就选普通轮辋，如果是宽基轮胎就选宽基轮辋，如无内胎就选无内胎气门嘴及相应结构与技术要求的轮辋。根据地下矿用汽车的型号与传递扭矩的大小选择轮辋的件数与相应结构。根据车桥或整机的有关参数，选择轮辐位置。根据轮胎螺栓孔的大小、分布圆直径和定心直径，以及轮胎气压、负荷和速度，同轮辋制造厂协商确定轮辋选材与尺寸。最后由轮辋制造厂家根据上述条件资料完成最后的选型或设计。

地下矿用汽车有关轮胎与轮辋的部分型号与规格见表4-4。

表 4-4 地下矿用汽车部分轮胎与轮辋的规格和型号

<table>
<tr><th rowspan="2">轮胎型号</th><th colspan="2">充气压力/MPa</th><th rowspan="2">轮 辋 规 格</th></tr>
<tr><th>前 胎</th><th>后 胎</th></tr>
<tr><td>7.50-16 16ply TT</td><td>0.67</td><td>0.67</td><td>5.5F-16(2 件或3 件)</td></tr>
<tr><td>10.00-20 16ply TT</td><td>0.67</td><td>0.67</td><td>8.00-20(3 件或2 件)</td></tr>
<tr><td>12.00-24 16ply TT</td><td>0.51</td><td>0.41</td><td rowspan="2">8.50VA-24(3 件)</td></tr>
<tr><td>12.00-24 20ply TT</td><td>0.51</td><td>0.51</td></tr>
<tr><td>14.00-24 20ply TL</td><td>0.48</td><td>0.48</td><td rowspan="2">Z14.00/2.5-25
3 件、4 件、5 件</td></tr>
<tr><td>17.50-25 28ply TL</td><td>0.41</td><td>0.41</td></tr>
<tr><td>18.00-25 28ply TL</td><td>0.55</td><td>0.55</td><td>Z13.00/2.5-25(5 件或6 件)</td></tr>
<tr><td>26.5-25 32ply TL</td><td>0.55</td><td>0.41</td><td>Z2.00/3-25(6 件)</td></tr>
<tr><td>29.5-29 34ply TL</td><td>0.55</td><td>0.55</td><td>Z5.00/3.5-29(7 件)</td></tr>
</table>

4.4.2.3 轮辋的使用与维护

必须正确使用轮辋，以防止事故发生，延长轮辋的使用寿命。

A 轮辋的使用

（1）使用的轮辋尺寸、形状应符合有关标准，不能偏小，否则会引起轮胎和轮辋超负荷运行，导致损坏。也不允许将一种型号的轮辋部件与另一型号的部件混装。

（2）轮胎与轮辋总成不可超负荷运行。充气压力也不可过高，否则会引起轮胎和轮辋总成损坏。

（3）对无内胎轮胎，当轮辋漏气时，切勿采用有内胎的轮胎替代。因为当充气从内胎轮辋上疲劳裂纹及其他裂纹泄漏出来时，即表示轮辋已被破坏。如将内胎装在无内胎轮辋上，轮辋的破裂隐患就将很难发现。如继续使用，就会引起轮胎爆裂。

在检查轮胎的过程中，还要同时仔细检查轮辋是否已破裂。

B 轮辋的安装

（1）当轮胎已充气或部分充气时，切勿用锤击办法安装锁环或其他部件。因为部件无需用敲击的办法即可正确安装。相反，若采用敲击办法，敲击锤或被敲物有可能随气压爆炸飞出。

（2）在充气之前，应对所有部件进行两次检查，确保正确安装。否则一旦充气，部件可能会随气压爆炸飞出。

（3）只有所有部件都装入正确部位后，才能给轮胎充气。充气升至 0.06MPa 时，要重新检查部件的安装是否正确，若发现问题，立即放气进行纠正。切勿用手锤击正在充气和部分充气的轮胎或轮辋组件，以防轮胎爆炸时，手锤与部件飞出伤人。如果充气升至 0.06MPa 时情况良好，则可继续升到所需胎压为止。

（4）当轮胎充气时，切勿坐或站在轮胎与轮辋前后，充气软管前端应配一带夹子的夹头，夹在气门嘴上。充气软管的长度要足够，保证充气操作者能站在远离轮胎一侧，而不是站在轮胎的正前方或后方，这样可防止充气时安装不正确的部件伤人。

（5）禁止在充气的轮胎或轮辋上进行焊接，也不允许在未充气轮胎上焊接轮辋。因为焊接产生的高温会引起胎压急剧上升，产生爆炸。焊接时，未充气的轮胎内胎可能着火，随着温度上升，压力将升高，产生同样严重的后果。

（6）将一种型号的轮辋部件与另一型号的轮辋部件混装是危险的。虽然不配套部件也能装配在一起，但轮胎一充气，部件可能在爆炸力作用下伤人。

（7）无内胎车胎的密封性试验应将轮胎安装于轮辋上，充气至略大于额定气压后，在室内常温下放置 72h，不得有漏气现象产生。

（8）当轮辋装到轮毂上去时，轮胎螺母的拧固力矩必须到位。

C　轮辋的拆卸

（1）在拆卸轮辋前，必须把压气放完。否则在压力作用下轮辋的断裂件会飞离轮胎伤人。而在有气压下拆卸轮辋挡圈时轮辋总成有可能会崩弹出来。

（2）拆下气门芯，放完胎中全部压气。用一段铁丝穿过气门杆，检查气门是否堵死。

（3）在拆卸轮辋之后要清洗，重新涂上一层漆，以防腐蚀，并有利于轮辋的检查和轮胎的安装。从轮辋锁环和 O 形圈沟槽中仔细清除所有的污垢和铁锈。这对于锁圈固定在正确位置上是十分重要的。在充气装置上配备空气过滤器，以除掉气体中的水分，有利防锈。

（4）定期检查轮辋部件有无裂纹，如发现裂纹、严重磨损或严重生锈的现象应当用同一型号尺寸的部件更换。因为部件一旦出现上述现象，其强度降低。此外，部件发生弯曲或修理后，其配合不好。

（5）有裂纹、断裂或损坏的部件，在任何情况下都不得修理、焊接或焊后重新使用，也必须用同一型号尺寸的部件或没有损坏的部件进行更换。因为部件经加热后会削弱其强度，因而不能承受充气压力或正常工作。

（6）轮胎跑气，应首先拆下来，仔细检查轮胎、轮辋部件。重新充气之前，还要检查挡圈、轮辋体、锁环和 O 形圈以及胎圈座是否有损坏，确保正确地安装。当轮胎严重跑气或严重漏气过程中，部件有可能已经损坏或错位。

总之，应该按照要求严格装配轮辋部件，遵守厂家推荐的拆卸安装步骤，注意轮胎的正确胎压与负荷。只有这样，才能保证轮辋的使用寿命，保证地下矿用汽车的安全行驶与安全作业。

4.4.2.4　轮胎气门嘴

轮胎气门嘴的功能是给轮胎充放气，并维持轮胎充气后的密封。

轮胎气门嘴分为有内胎气门嘴（tube valve）和无内胎气门嘴（tubeless valve）之分。有内胎的轮胎与无内胎的轮胎气门嘴是不同的。按 GB/T 2980—2009 及 GB/T 3900—2012 标准根据轮胎型号及有无内胎可查找气门嘴型号与尺寸。

图 4-31 所示为有内胎的气门嘴。在内胎上装有气门嘴，它有一外金属座筒 7，气门嘴的底部的凸缘 10 通过内胎上的狭孔插入内胎中，用编织物和橡胶衬垫加强了内胎孔的边缘紧密地包住座筒，并由螺母 8 将它夹紧在两个垫片 9 之间，使气门嘴严密地装在内胎上。轮胎安装在车轮上时，气门嘴被固定在轮辋上的孔内，座筒 7 里面装有带密封衬套 3 的气门芯，衬套 3 的环形槽内嵌有橡胶密封圈，当转动螺母 2 时，密封圈即被压紧在座筒的锥形凹槽上，座筒外面旋上一个带橡胶密封罩的盖 1，其柄部可作为拧出气门芯螺母 2 的扳手。衬套 3 下面装有橡胶阀门 4。当轮胎被充气时，阀门 4 被空气压力压下，充气完毕后，套在杆 5 上的弹簧 6 便将它紧密地压在阀座上。

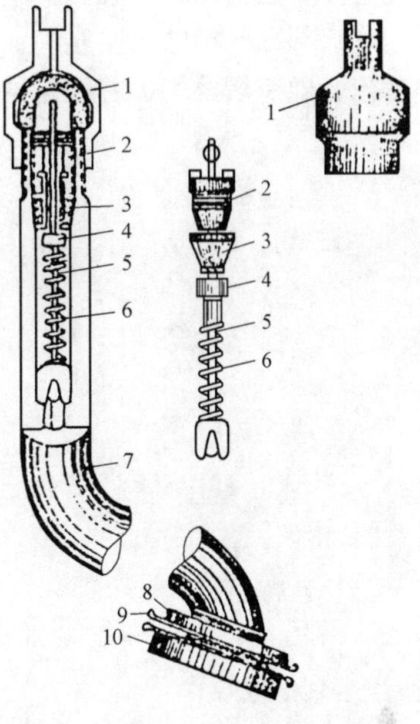

图 4-31　气门嘴

1—盖；2，8—螺母；3—衬套；4—阀门；5—杆；6—弹簧；7—座筒；9—垫片；10—凸缘

图 4-32 所示为无内胎的气门嘴。气门嘴通过嘴座 8 与压帽 6，固定在轮辋的 ϕ20.5 的孔中。接杆 4 的端部锥面通过套帽 9 压紧在嘴座 8 的锥面上，形成密封状态。装在嘴体 3 内的气门芯（图上未画，见图 4-33），对轮胎进行充气、密气、放气。旋气门芯、气门嘴口部内标准位置气门芯密封圈 7 与气门嘴芯腔锥面吻合时形成密封状态，这时气门芯的芯体的下端与气门芯托座密封垫 8 也是处于密封状态，如将

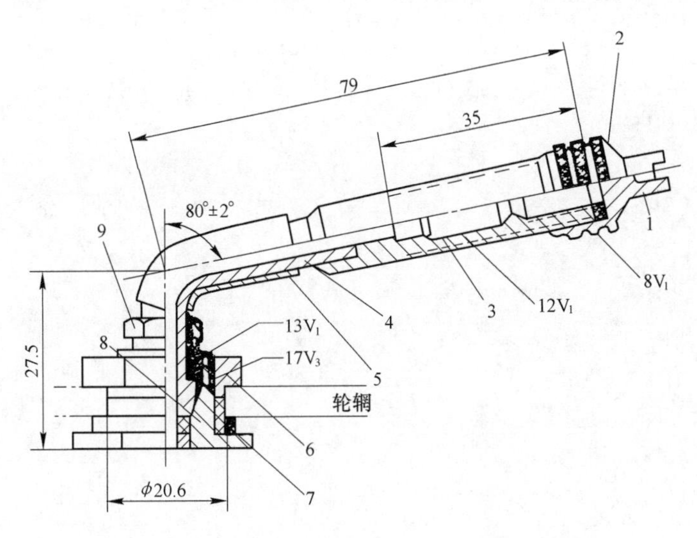

图 4-32　无内胎的气门嘴

1—防护帽；2—密封垫；3—嘴体；4—接杆；5—橡胶管；6—压帽；7—垫；8—气门嘴座；9—套帽

气门芯杆 1 往下掀时，芯杆下端的托座 4 就与芯体 3 分离，这时将气泵的空气管气源接上气门嘴口部即开始向内胎充气，如轮胎压力过高，只将芯杆 1 往下掀时，内腔的空气就往外逸出，即所谓放气，芯体复位后气门芯仍处于密封状态。

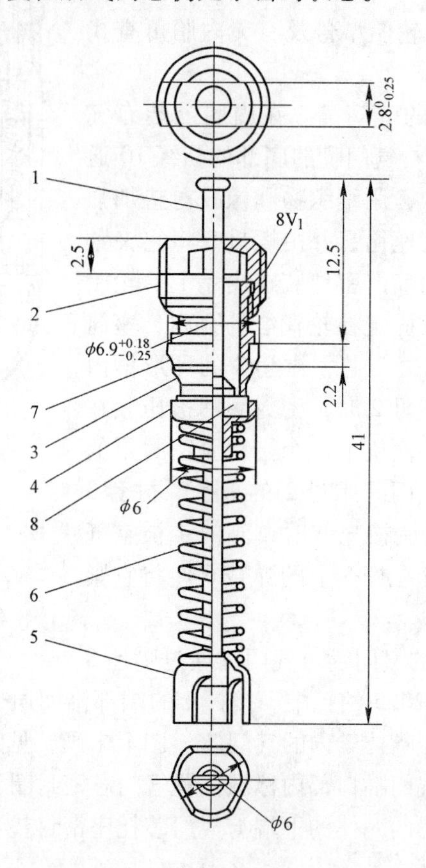

图 4-33　C2 大孔径外弹簧长气门芯

1—芯杆；2—旋转接头；3—芯体；4—芯杆托座；5—弹簧托座；6—弹簧；7—芯体密封圈；8—托座密封垫

5 制动系统

5.1 概述

制动系统是地下矿用汽车的一个重要组成部分。制动系统作用是：使行驶中的汽车按照驾驶员的要求进行强制减速甚至停车；使已停驶的汽车在各种道路条件下（包括在坡道上）稳定驻车；使下坡行驶的汽车速度保持稳定。地下矿用汽车经常在各种场地行驶作业，车辆制动性能的好坏，直接影响到整机的工作效率，同时也关系到人身和机器的安全。因而，保证行车安全已成为当今地下矿用汽车设计中一项十分引人关注的重大问题。由此世界采矿业对地下矿用汽车的制动系统的性能及制动系统的结构提出了越来越高的要求。

为此，世界标准化组织（ISO）、欧盟及采矿业十分发达的国家，如美国、加拿大、南非和澳大利亚等近年来加强了地下轮胎式采矿机器制动系统（包括地下矿用汽车）安全标准的制定工作。这些标准对地下轮胎式采矿机器制动系统提出了较系统和全面的安全技术要求。现在我国已成为国际上地下轮胎式采矿机器的生产和需求大国。我国地下轮胎式采矿机器企业已经走向国际市场，产品出口也逐年增加。我国对地下矿用汽车安全工作也十分重视，2008 年发布了 GB 21500—2008《地下矿用无轨轮胎式运矿车　安全要求》国家标准，2015 年发布了 JB/T 8436—2015《地下矿用轮胎式运矿车》行业标准。在这两项标准中对地下矿用汽车各种性能（其中包括制动性能和试验方法要求）和产品质量提出了严格要求。

随着我国地下矿用汽车的标准出台，将会全面提升我国地下矿用汽车安全、质量水平，增强我国地下矿用汽车的国际竞争力。

地下矿用汽车制动系统主要由以下四部分组成：

（1）供能装置，即制动能源，为调节制动的各部件提供制动能量。

（2）控制装置，包括产生制动动作和控制制动效果的部件。

（3）传动装置，包括把制动能量传递到制动器的各个部件。

（4）制动器，产生阻碍车辆运动或者运动趋势的部件，也包括辅助制动系统中的部件。

地下矿用汽车制动系统按制动能源来分类，行车制动系可分为：以驾驶员的肌体作为唯一制动能源的制动系，称为人力制动系；完全由发动机的动力转化而成的气压或液压形式的势能进行制动的则是动力制动系，其制动源可以是发动机驱动的空气压缩机或油泵；兼用人力和发动机动力进行制动的制动系，称为伺服制动系。

驻车制动系可以是人力式或动力式。专门用于挂车的还有惯性制动系和重力制动系。

按照制动能量的传输方式，制动系可分为摩擦、机械、电气、再生装置和静液压或其他流体类型制动器等。同时采用两种以上传能方式的制动系可称为组合式制动系。

5.2 制动系统的要求

5.2.1 通用要求

对制动系统通用要求有：

（1）能符合有关标准和法规的规定。各项性能指标除应满足设计任务书的规定和国家标准、法规制定的有关要求外，还应考虑销售对象所在国家和地区的法规和用户要求。

（2）具有足够的制动效能，包括行车制动效能和驻坡制动效能。行车制动效能是用在一定的制动初速度下或最大踏板力下的制动减速度和制动距离两项指标来评定。

（3）工作可靠，汽车至少应有行车制动、辅助和驻车制动3套制动装置，且它们的制动驱动机构应是各自独立的。如果行车制动器是全封闭多盘湿式液压制动器，停车制动器又能满足辅助制动器的性能要求，那么地下矿用汽车也可只配备行车和停车制动器，制动液压回路必须是两套独立的双回路，当其中一套失效时，另一套应保证汽车制动效能；驻车制动装置应采用工作可靠的机械式制动驱动机构。如果行车制动器采用的是全封闭多盘湿式弹簧制动器，那么，地下矿用汽车可不另外配置辅助制动器和停车制动器，制动液压回路应采取单回路，但必须配置手动或电动松闸液压泵及相应的控制装置。

（4）制动效能的热稳定性好。地下矿用汽车的高速制动、短时间内的频繁重复制动，尤其是下长坡时的连续制动，都会引起制动器的温升过快，温度过高，特别是下长坡时的频繁制动，可使制动器摩擦副的温度达300～400℃，有时甚至高达700℃。此时，制动摩擦副的摩擦系数会急剧减小，使制动效能迅速下降而发生热衰退现象。制动器发生热衰退后，经过散热、降温和一定次数的缓和使用使摩擦表面得到磨合，其制动效能可重新恢复，这称为热恢复。提高摩擦材料的高温摩擦稳定性、增大制动盘的热容量、改善其散热性、采用强制冷却装置，都是提高抗热衰退的措施。

（5）制动效能的水稳定性好。制动器摩擦表面浸水后，会因水的润滑作用使摩擦系数急剧减小而发生所谓的“水衰退”现象。一般规定在出水后反复制动5～15次，即应恢复其制动效能。良好的摩擦材料吸水率低，其摩擦性能恢复迅速，同时也应防止泥沙、污物等进入制动器工作表面，否则会使制动效能降低并加速磨损。

（6）制动时的操纵稳定性好。以任何速度制动，地下矿用汽车都不应当失去操纵性和方向稳定性。为此，地下矿用汽车前、后轮制动器的制动力矩应有适当的比例，最好能随各轴间载荷转移情况而变化；同一轴上左、右车轮制动器的制动力矩应相同。否则当前轮抱死而侧滑时，将失去操纵性；后轮抱死而侧滑甩尾，会失去方向稳定性；当左、右轮的制动力矩差值超过15%时，会发生制动时汽车跑偏。

（7）制动踏板和手柄的位置和行程符合人-机工程学要求，即操作方便性好、操纵轻便、舒适、能减少疲劳。制动器的最大操作力应符合表5-1的规定。

（8）作用滞后的时间要尽可能地短，包括从制动踏板开始动作至达到给定制动效能水平所需的时间（制动滞后时间）和从放开踏板至完全解除制动的时间（解除制动滞后时间）。

表 5-1 制动器最大操作力 (N)

<table>
<tr><th colspan="2">操 作 方 法</th><th>施加的最大操作力</th></tr>
<tr><td colspan="2">手指操作（轻触手柄和开关）</td><td>20</td></tr>
<tr><td rowspan="3">手操作</td><td>向 上</td><td>400</td></tr>
<tr><td>向下、侧向、前后</td><td>300</td></tr>
<tr><td>左右动作</td><td>300</td></tr>
<tr><td colspan="2">脚踏板（腿控制）</td><td>700</td></tr>
<tr><td colspan="2">脚踏板（脚踝控制）</td><td>350</td></tr>
</table>

（9）制动时不应产生振动和噪声。

（10）与悬架、转向装置不产生运动干涉，在车轮跳动或汽车转向时不会引起自行制动。

（11）制动系中应有音响或光信号等警报装置以便能及时发现制动驱动机件的故障功能失效；制动系中也应有必要的安全装置，一旦主、挂车之间的连接制动管路损坏，应有防止压缩空气继续漏失的装置；在行驶过程中挂车一旦脱挂，也应有安全装置驱使驻车制动将其停驻。

（12）能全天候使用。气温高时，液压制动管路不应有气阻现象；气温低时，气制动管路不应出现结冰。

（13）制动系的机件应使用寿命长、制造成本低；对摩擦材料的选择也应考虑到环保要求，应力求减少制动时飞散到大气中的有害于人体的石棉纤维。

（14）制动系统可以使用共用部件。但是，轮胎以外的任一零部件失效或某一共用部件失效，都不应导致机器性能低于辅助制动系统的性能要求。

（15）制动系统的设计和结构应满足下列要求：

1）车辆在任一方向行走没有明显功能差异；

2）用于牵引时，车辆能自由移动。

（16）所有制动系统操纵装置应能由驾驶员在座位处进行操纵。辅助制动系统和停车制动系统一经制动就不能脱开，除非对其进行重新操纵控制。

（17）对全封闭多盘湿式弹簧制动器应有检测制动器摩擦片磨损量的措施。

（18）使用油池冷却的制动器或使用外循环强制冷却的制动器，若油温过高而使制动器性能低于制造商规定的性能时，应向司机提供视觉或听觉警告信号。

5.2.2 具体要求

5.2.2.1 对行车制动系统的要求

（1）系统应具有 0.40g 最小的负加速度。

（2）在切断动力（除使用静液压系统）情况下，行车制动系统应能使机器在 25% 坡道上保持不动。

（3）该系统最大的反应时间为 0.35s。

（4）行车制动系统的压力应在发动机处于高速空转条件下，在靠近制动器的地方测量。当行车制动系统按每分钟6次的速率制动20次时，提供制动器的压力不得低于最初测得压力的70%。

(5) 该系统应有一个压力表监测蓄能器压力。

(6) 当行车制动系统的储能器的压力低于最大储存能量的50%时应开始报警。

5.2.2.2　对辅助制动系统的要求

(1) 系统应具有0.18g最小减速度。

(2) 该系统的最小反应时间为1s。

(3) 如果行车制动系统储能器用于操作辅助制动系统，那么在切断能源且机器停车情况下，行车制动系统储能器在供给行车制动器进行全制动5次后所剩余能量，还应满足辅助制动系统要求。

5.2.2.3　对停车制动系统的要求

(1) 停车制动应该使机器在设计最大坡度加上20%的安全系数的坡度上停住不动。最小设计坡度25%（满负载）。

(2) 停车制动系统不能采用液压或气压制动，只能采用机械制动。

(3) 为了实用起见，该系统拥有一个显示装置，当制动时则显示出来。

(4) 该系统的性能将不会受系统油的压缩、能源的消耗或任何种类的泄漏影响。

5.3 国内外地下采矿车辆制动系统性能要求和试验方法

5.3.1 国内外标准

5.3.1.1　ISO/DIS 3450：2011(E)

ISO/DIS 3450：2011(E)《Earth-moving machinery—Wheeled or high-speed rubber-tracked machines—Performance requirements and test procedures for brake systems》(《土方机械—轮式或高速橡胶履带式机器—制动系统的性能要求和试验规程》）是在ISO 3450：1996(E)的基础上进行修改、补充和完善的。

ISO/DIS 3450：2011(E)比ISO 3450：1996(E)不仅扩大了使用范围，而且增加了许多新的制动技术，对制动系统要求更严、更细、更科学，特别在附件A中增加了对地下采矿机器制动系统性能要求和测试方法，其中对地下采矿机器制动系统性能的评价方法提出了制动器效率的概念。

随后，国际标准化组织ISO正在制订ISO TR 25398《Mining and Earth-moving machinery—Mobile machines working underground—Machine safety》(《采矿和土方机械—地下作业移动机器—机器安全》）标准，而且发表了其草稿（ISO-TC-12—SC-N-791 2013）。该标准Annex A(Normative) Brake requirements for underground mining machines就是在ISO/DIS 3450：2011(E)附录A的基础上进行修改与完善的结果。

5.3.1.2　欧洲EN 1889-1：2010

地下轮胎式采矿机器车辆安全要求早在2003年欧盟就制定了EN 1889-1:2003标准：《Machines for underground mines—Mobile machines working underground—Safety—Part 1：Rubber tyred vehicle》(《地下矿用机械—地下作业移动机械—安全—第1部分：橡胶轮胎式机器》)，2010年又经修改和补充成新的EN 1889-1：2010标准。其中Annex A“Brake testing”就是针对地下采矿机器制动的要求和试验方法。

5.3.1.3 美国工程师协会标准（SAE）

SAE J1329 JUL89《Minimum performance criteria for braking systems for specialized rubber-tyred，self-propelled underground mining machines》(《专用的橡胶轮胎自行式地下采矿机械的制动系统的最低性能标准》）标准主要用于 SAE J 116 定义的车速小于 32km/h 应用于地下的轮胎自行式专用采矿机械，它包括行车制动器、辅助制动器和停车制动器。虽然该标准已作废，但其内容还被许多国家或矿山所采用。

5.3.1.4 美国 MSHA 30CFR57.14101《制动器》(brakes)

该标准是美国劳动部矿山安全与健康管理局颁布的地下金属与非金属矿安全与健康标准。

该标准用于地下金属与非金属矿山自行式移动设备行车制动系统，不能用于不是原配的工作制动系统或轨道车制动器。

5.3.1.5 CAN/CSA-M424.3-M90

CAN/CSA-M424.3-M90《Braking performance-rubber-tyred，self-propelled underground mining machines》(《制动性能-自行轮胎式地下采矿机械》）标准为加拿大国家标准。它主要用于最大额定速度为 32km/h、车辆总质量不大于 45000kg 橡胶轮胎自行式地下采矿车辆行车制动、辅助制动和停车制动等系统最低制动性能标准和试验方法标准。

5.3.1.6 南非标准 SABS 1598：1994

南非标准 SABS 1598：1994 标准《The braking performance of trackless underground mining vehicles-load haul dumpers and dump truck》(《地下无轨采矿车辆-地下装载机和自卸卡车的制动性能》）是 Komalsu、Sandvik、SABS、Bell 等 14 家世界著名企业共同参与制订的。

2012 年又修改、扩充为 SABS 1598：2012 标准，该标准由许多子标准组成，目前暂时公布了 4 个，即 SABS 1598-1：2012《The braking performance of trackless mobile mining machines Part 1：General requirements》(《无轨移动采矿机器的制动性能 第 1 部分：一般要求》)；SABS 1598-2：2012《The braking performance of trackless mobile mining machines Part 2：Self-propelled machines with friction brake systems》(《无轨移动采矿机器的制动性能 第 2 部分：具有摩擦制动系统的自行式机器》)；SABS 1598-5：2012《The braking performance of trackless mobile mining machines Part 5：Self-propelled machines using hydrostatic drive systems》(《无轨移动采矿机器的制动性能 第 5 部分：采用静液压驱动的自行式机器》)；SABS 1598-6：2012《The braking performance of trackless mobile mining machines Part 6：self-propelled road-going vehicles modified for mining use》(《无轨移动采矿机器的制动性能 第 6 部分：修改自行式道路车辆用于采矿使用》)；SABS 1598-7：2012《The braking performance of trackless mobile mining machines Part 7：Tractor and tractor-towed trailers》(《无轨移动采矿机器的制动性能 第 7 部分：牵引车和牵引车-牵引挂车》)。

5.3.1.7 LOAMERICAN A_A_SPEC_236001 标准

英美资源集团（ANGLO AMERICAN）是《财富》杂志世界 500 强之一，是一家在全球矿业和自然资源领域占有领先地位的企业，拥有八个核心业务部门，其总部设在伦敦。LOAMERICAN A_A_SPEC_236001《brakes systems for trackless mobile mining machines》(《无轨移动采矿机器制动系统》）标准于 2008 年 1 月 25 日公布。

该标准是对无轨采矿车辆的行车、辅助/紧急和停车制动器提出详细的性能要求。无轨采矿车辆包括地下装载机、自卸卡车、平地机、钻机和服务车辆等。

5. 3. 1. 8　GB/T 21152—2007

我国标准 GB/T 21152—2007《土方机械—轮胎式机器制动系统的性能要求和试验方法》是等同采用国际标准 ISO 3450：1996《Earth-moving machinery—Braking systems of rubber-tyred machines—systems and performance requirements and test procedures》。该标准等效采用 ISO 3450：1996(E)标准，主要适用于露天轮胎式土方机械，但其制动系统的性能要求和试验方法对地下无轨采矿车辆制动系统仍有参考价值。我国许多单位在无地下矿用车辆制动系统标准情况下直接采用该标准作为地下无轨采矿车辆制动系统标准。

5. 3. 1. 9　美国 Wagner 公司标准

美国 Wagner mining equipment Co 是 20 世纪世界上有名的地下无轨采矿车辆制造公司之一。它制订的《制动系统设计标准》是世界上最早的地下矿用车辆制动系统标准，被多年实践证明是行之有效的。

5. 3. 1. 10　GB 21500—2008

在 GB 21500—2008《地下矿用无轨轮胎式运矿车　安全要求》地下矿用汽车标准中 6. 6 节“制动系统”中提出了对制动器性能要求和试验方法。GB 21500—2008 标准对制动器性能要求和试验方法主要根据我国矿山实际情况并参考欧洲与美国相关标准编写的。

5. 3. 2　标准的具体内容

国内外地下采矿车辆制动各种试验方法标准和系统性能要求见表 5-2 ~ 表 5-5。

表 5-2　国内外地下采矿车辆制动系统各种试验标准和系统性能要求

<table>
<tr><th rowspan="2">标 准 号</th><th rowspan="2">适用机器类型</th><th rowspan="2">测试速度</th><th rowspan="2">测试质量</th><th colspan="2">制动距离/m</th></tr>
<tr><th>行车制动</th><th>辅助制动</th></tr>
<tr><td rowspan="3">ANGLO AMERICAN
AA_SPEC_236001
25 January 2008</td><td rowspan="3">LHD、自卸卡车、平地机、钻机、通用车辆、剪式升降台车、运人车、炸药运输车等地下无轨采矿车辆及拖车</td><td rowspan="3">按机器最高速度 80% 或 32km/h，当机器的速度小于 32km/h 时，按最大车速测试</td><td rowspan="3">机器操作质量加上制造商规定的有效载荷。运人车按 70kg/人乘以制造商规定的载客人数</td><td colspan="2">$s = vt_r + \frac{v^2}{2a}$
$(v, m/s)$</td></tr>
<tr><td>$t_r = 0.35$</td><td>$t_r = 0.35$</td></tr>
<tr><td>$a = 0.4g$</td><td>$a = 0.2g$</td></tr>
<tr><td rowspan="3">SANS 1589:1994</td><td rowspan="3">LHD、自卸卡车</td><td rowspan="3">在测试的道路上，利用相应的挡位，使车辆加速到低于 28km/h 或使车辆加速到最高车速</td><td rowspan="3">机器操作质量（包括 70kg 的司机）加上制造商规定的有效载荷</td><td colspan="2">$s = \frac{vt}{3.6} + \frac{v^2}{13 \times 2a}$
$(v, km/h)$</td></tr>
<tr><td>$t_r = 0.35$</td><td>$t = 1$</td></tr>
<tr><td>$a = 0.4g$</td><td>$a = 0.4g$</td></tr>
<tr><td rowspan="3">SAE J1329</td><td rowspan="3">车速小于 32km/h 的专用的橡胶轮胎自行式地下采矿机械</td><td rowspan="3">32km/h，当机器的速度小于 32km/h，按最大车速测试</td><td rowspan="3">机器操作质量（包括 75kg 的司机）加上制造商规定的有效载荷</td><td colspan="2">$s = vt_r + \frac{v^2}{2a}$
$(v, m/s)$</td></tr>
<tr><td>$t = 0.35$</td><td>$t = 0.35$</td></tr>
<tr><td>$a = 0.4g$</td><td>$a = 0.2g$</td></tr>
</table>

续表 5-2

<table>
<tr><th rowspan="2">标 准 号</th><th rowspan="2">适用机器类型</th><th rowspan="2">测试速度</th><th rowspan="2">测试质量</th><th colspan="2">制动距离/m</th></tr>
<tr><th>行车制动</th><th>辅助制动</th></tr>
<tr><td rowspan="2">CAN/CSA
-M424.3-M90</td><td rowspan="2">具有最高车速32km/h或更少，额定总质量45t或更少的橡胶轮胎自行式地下采矿机械</td><td rowspan="2">行车制动：测量车速至少20km/h，如果少于20km/h，应以最高车速测试。辅助制动：测量车速至少15km/h，如果少于15km/h，应以最高车速测试</td><td rowspan="2">机器质量应是制造商推荐的最大载重量的质量及桥荷分布</td><td>$\frac{v^2}{2.35}+\frac{v}{2}$</td><td>$\frac{v^2}{1.76}+\frac{v}{2}$</td></tr>
<tr><td colspan="2">v，m/s</td></tr>
<tr><td>EN1889-1:2010(E)</td><td>为运送人员，运送或装载材料或矿石而设计的，或作为辅助设备设计用于采矿作业的在矿场地面上行驶的自行式轮胎机械，如LHD、翻斗卡车、供应/材料运输车、服务车、运人车，以及部分撬锚台车和混凝土运输车</td><td>在水平地面上用车辆的最高速度测试，如果车辆的最高速度超过32km/h，测试速度可以是32km/h与最高车速之间任一速度测试</td><td>测试应当以车辆满载重量与制造商指定的轴负载分布分别进行：满载车辆的操作重量，包括驾驶室、机棚、落物保护和翻车保护装置及其安装附件的最大重量，车辆制造商认可的附加附件，一位体重80kg的驾驶员，装满燃油的油箱，以及装满润滑油、液压油和冷却水的各系统。空载车辆也要进行试验</td><td>行车制动系统设计的制动力至少应等于车辆最大重量的35%。行车制动应能在车辆允许的最大坡度上以最小$1m/s^2$的加速度使满载的车辆减速</td><td>辅助制动系统设计的制动力至少要等于车辆最大重量的25%</td></tr>
<tr><td rowspan="3">ISO 3450：
2011(E)附件A</td><td rowspan="3">专用地下采矿机器，它包括：地下自卸卡车、遥控翻斗车、地下装载机、翻斗车、运煤车、运人车、铲车、支架搬运车等</td><td rowspan="3">行车制动：测试至少应该以最高车速的80%行驶。
辅助制动：应在最大车速和25km/h中最低速度进行测试</td><td rowspan="3">带和不带有最大规定的有效载荷的最大测试质量</td><td>$s=\frac{vt}{3.6}+\frac{v^2}{26a}$
(v，km/h)</td><td>$s=\frac{vt}{3.6}+\frac{v^2}{26a}$
(v，km/h)</td></tr>
<tr><td>$t=0.35s$</td><td>$t=1s$</td></tr>
<tr><td>$a=0.28g$
当进行制动性能试验时，设计坡度已予说明之后，证明机器完全达到至少$0.45m/s^2$减速度</td><td>$a=0.18g$
当进行辅助制动性能试验时，设计坡度给定之后，证明机器完全达到至少$0.45m/s^2$减速度</td></tr>
<tr><td rowspan="3">MSHA 30 CFR §
57.14101</td><td rowspan="3">地下金属矿与非金属矿制动器</td><td rowspan="3">测试速度最小16km/h到最大32km/h，分11个挡次</td><td rowspan="3">总质量从15.68t到181.4t，共6段范围</td><td>$s=\frac{vt}{3.6}+\frac{v^2}{26a}$</td><td rowspan="3"></td></tr>
<tr><td>t——人的反应时间为1s；系统反应时间根据总质量，每增加一个级别，系统反应时间也相应增加一个级别，即：0.5s、1s、1.5s、2s、2.25s、2.5s</td></tr>
<tr><td>$a=2.95m/s^2$</td></tr>
</table>

续表 5-2

标准号	适用机器类型	测试速度	测试质量	制动距离/m	
				行车制动	辅助制动
ISO TR25398《Mining and Earth-moving machinery—Mobile machinesworking underground—Machine safety》WORKING DRAFT 2013（采矿和土方机械—工作在井下移动机器—机械安全）附录 A：Brake requirements for underground mining machines（井下采矿机器制动要求）	该标准指定用于地下采矿作业、隧道运输材料和人员、提升和装载材料自行式移动机器的安全要求或设计用于地下采矿作业附加设备的安全要求，如地下装载机、地下自卸汽车/运输车、多功能/服务/支护车辆、地下推土机、混凝土喷射机、装药车、移动式平台、撬毛车等。但不包括钻井作业和轨道机器	带和不带有最大规定的有效载荷的最大测试质量	带和不带有最大规定的有效载荷的最大测试质量	带和不带有最大规定的有效载荷的最大测试质量	带和不带有最大规定的有效载荷的最大测试质量
SANS 1589-1:2012	无轨移动采矿机器：(1)地下矿山机械；(2)露天矿山机械；(3)风险评估确定符合 SANS 1589 要求用于露天或地下（或两者）的公路车辆	制动距离按下面 4 种情况计算：(1)行驶在公路上，车速超过 35km/h 的车辆；(2)行驶在公路上，车速不超过 35km/h 的车辆；(3)不行驶在公路上，车速超过 35km/h、质量小于 32t 的车辆；(4)不行驶在公路上，车速超过 100km/h、质量大于 32t 的车辆		$\frac{0.35v}{3.6}+\frac{v^2}{13\times 2a}$	制动效率为 18% 时，即 $a=1.77\ m/s^2$ 时，按下式计算制动距离 $s=\frac{v}{3.6}+\frac{v^2}{13\times 2a}$
美国 Wagner 公司制动系统设计标准	LHD 制动系统	当使用行车制动和辅助制动系统时，变速箱要处在适当的挡位上	车辆应装载最大的载荷	该系统能够用 $0.406g$（$g=9.81m/s^2$）最小负减加速度，在坡度达到 25%，包括 25% 的情况下使车辆停住，坡度每增加 1%，最小负减加速度增加 $0.01g$。系统最大反应时间为 0.35s。在发动机高速空转的情况下，按照每分钟 6 次制动速率，使制动器制动 20 次后，提供给制动器的压力不得低于最初测得压力的 70%	该系统能够用 $0.25g$（$g=9.81m/s^2$）减加速度，在坡度达到 20%，包括 20% 的情况下使车辆停住。坡度每增加 1%，最小减加速度将增加 $0.01g$。系统最大反应时间为 0.5s

表 5-3 各种标准停车制动器性能要求

标 准 号	制 动 要 求
ANGLO AMERICAN AA_SPEC _236001 25 January 2008	当车辆在32%(18°13′)的坡道无人看管时，该制动装置应使机器在坡道上保持不动。不管该制动部件故障、能源耗尽和任何形式的泄漏。机器以总质量在正向和反向两个方向上在32%(18° 13′)坡道上测试
SANS 1589：1994	车辆在坡度为32%，附着系数大于0.8的斜坡或倾斜的平台上能保持12h不动。试验质量为车辆总质量
SAE J1329	机器能保持在制造商规定的最大坡度上、空载最少18%、重载最少15%停住不动
CAN/CSA-M424.3-M90	停车系统在制造商规定的所有加载条件下，应当有能力使机器保持在20%的斜坡上停住不动
EN 1889-1：2010(E)	驻车制动应能使在没有任何其他制动装置协助下满载车辆在设计最大坡度上停住不动，并有1.2的安全系数
ISO 3450：2011(E)附件A	驻车制动应该使机器在设计最大坡度加上20%的安全系数的坡度上停住不动。最小设计坡度25%（满载）
ISO TR 25398（WORKING DRAFT 2013） 附录A：Brake requirements for underground mining machines（井下采矿机器制动要求）	停车制动应能使机器保持在具有20%安全系数的25% 坡度的坡道上或保持在最大设计坡度加上20%安全系数的坡道上（满负载）停住不动
SANS 1589-1：2012	车辆在坡度为32%、附着系数大于0.8的斜坡或倾斜的平台上能保持12h不动。试验质量为车辆总质量
美国Wagner公司制动系统设计标准	该系统能够使停在25%坡度上的车辆保持不动。在超过20%的坡度上，保持能力将超过坡度5%

表 5-4 各种标准热衰减试验要求

标 准 号	制 动 要 求
ANGLO AMERICAN AA_SPEC _236001 25 January 2008	机器轮胎不抱死，在最接近机器最大减速度时，行车制动系统连续制动4次，在每次制动后，机器应以最大加速度迅速恢复到初始试验速度。应对连续的第5次制动进行测定，制动距离不应大于表5-2中该公司规定的制动距离的125%
SANS 1589：1994	车辆在测试道路上，使用相应速度的挡位传动比，使车辆加速到小于28km/h之前或达到车辆最高速度，操作行车制动控制器使车辆尽快停止，而轮胎不被抱死；直接实施5次连续制动，制动距离不应大于表5-2中该公司规定的辅助制动距离
SAE J1329	机器轮胎不打滑，在最接近机器最大减速度时，行车制动系统连续制动4次，在每次制动后，机器应以最大加速度迅速恢复到初始试验速度。应对连续的第5次制动进行测定，制动距离不应大于表5-2中该标准规定的制动距离的125%
CAN/CSA-M424.3-M90	不改变或调整制动系统，用规定的测试方法重复至少连续5次制动，每次制动间隔不超过15min，整个测试不超过40min。行车制动器没有一次制动距离超过表5-2中规定的以适当的速度制动距离的1.1倍
EN 1889-1：2010(E)	行车制动器尽可能以车辆轮胎不打滑的最大速度和减加速度连续7次制动和松闸，而每次制动后，使车辆很快恢复到所采用的最大加速度，用所测得减加速度进行8次制动，在第8次试验时，制动力不应比表5-2中该标准所规定的少，采用热衰退试验得到数据去确定车辆的坡度和操作负荷
ISO 3450：2011(E) 附件A	6.5.4 除了机器试验质量大于32000kg的刚性和铰接车架自卸车外，所有机器都要进行热衰减试验。 机器轮胎不打滑，在最接近机器最大减速度时，行车制动系统连续制动4次，在每次制动后，机器应以最大加速度迅速恢复到初始试验速度。应对连续的第5次制动进行测定，制动距离不应大于表5-2中该标准规定的制动距离的125%

续表 5-4

标准号	制动要求
ISO TR 25398（WORKING DRAFT 2013） 附录 A：Brake requirements for underground mining machines（井下采矿机器制动要求）	不采用 ISO 3450：2011(E)中 6.5.4
SANS 1589-1：2012	车辆在测试道路上，使用相应速度的挡位传动比，使车辆加速到小于28km/h 最高速度，操作行车制动控制器使车辆尽快停止，而轮胎不被抱死；直接实施 5 次连续制动，测量与记录第 5 次制动距离，该距离不应大于表 5-2 中该公司规定的行车制动距离

表 5-5　各种标准制动器性能试验对场地要求

标准号	制动要求
ANGLO AMERICAN AA_SPEC _236001 25 January 2008	充分压实的坚硬、干燥的地面，试验道路的横向坡度不应大于 3%、纵向坡度不应大于 1%，进入试验道路前的引导路段应具有足够的长度并应平整、坡度均匀，以便保证机器在制动之前达到需要的速度
SANS 1589：1994	清扫过的混凝土路面。试验道路的横向坡度不应大于 3%、纵向坡度不应大于 1%，进入试验道路前的引导路段应具有足够的长度，并应平整、坡度均匀，以便保证机器在制动之前达到需要的速度
SAE J1329	试验路面应平滑，在运行方向上坡度不大于 1%、横向坡度小于 3%
CAN/CSA-M424.3-M90	行车、辅助和停车试验道路应是充分压实的坚硬、干燥的地面。试验道路的横向坡度不应大于 3%。有 20% ±1% 均匀下坡，进入试验道路前的引导路段应具有足够的长度，并应平整、坡度均匀，以便保证机器在制动之前达到需要的速度
EN 1889-1：2010(E)	充分压实的坚硬、干燥的地面，试验道路的横向坡度不应大于 3%、纵向坡度不应大于 1%。地面的湿度不应对制动试验有不良影响。进入试验道路前的引导路段应具有足够的长度，以便保证机器在制动之前达到需要的速度
ISO 3450：2011(E) 附件 A	充分压实的坚硬、干燥的地面。地面的湿度不应对制动试验有不良影响。试验道路的横向坡度不应大于 3%、纵向坡度不应大于 1%，进入试验道路前的引导路段应具有足够的长度，并应平整、坡度均匀，以便保证机器在制动之前达到需要的速度
ISO TR 25398（WORKING DRAFT 2013） 附录 A：Brake requirements for underground mining machines（井下采矿机器制动要求）	充分压实的坚硬、干燥的地面。地面的湿度不应对制动试验有不良影响。试验道路的横向坡度不应大于 3%、纵向坡度不应大于 1%，进入试验道路前的引导路段应具有足够的长度，并应平整、坡度均匀，以便保证机器在制动之前达到需要的速度
SANS 1589-1：2012	附着系数大于 0.8，横向坡度不超过 3%，纵向坡度不超过 1%
美国 Wagner 公司制动系统设计标准	试验路面应是干燥、平整的混凝土路面

5.3.3　制动器术语与定义

制动器术语与定义如下：

（1）地下采矿机器（underground mining machines）。为在地下矿山作业而设计的用于运载人员或材料，或用附加设备提升或装载材料的自行式机器。这类机器例子有 LHD、地下矿用汽车和地下辅助机器。地下采矿机器是为了在宽度和高度受到限制的矿山作业，因此机器更紧凑，使得在矿井巷道行驶更安全。

（2）自行式采矿机器（self-propelled mining machines）。靠机器本身动力而行驶的采矿机器。

（3）制动系统（brake system）。使机器制动和（或）停车的所有零部件的组合，包括制动操纵机构、制动传动系统、制动器，如装备了限速器，也应包括在内。

1）行车制动系统（service brake system）：用于将机器制动并停车的主制动系统。

2）辅助制动系统（secondary brake system）：在行车制动系统失效时，使机器制动的系统。

3）停车制动系统（parking brake system）：使已制动住的机器保持原地不动状态的系统，也可以是辅助制动系统的一部分。

4）静液压制动系统（hydrostatic brake system）：用来满足一个或多个制动系统要求的静液压或其他相似的行走驱动系统。

（4）制动系统零部件。

1）制动操纵机构（brake control）：由司机直接操作的机构，其产生一个传递给制动器的作用力。

2）制动传动系统（brake actuation system）：位于制动操纵机构与制动器之间，并将两者功能连接起来的所有零部件。

3）制动器（brake，brakes）：直接施加一个力来阻止机器运动的装置。不同类型的制动器包括摩擦式、机械式、电动式、再生装置和静液压或其他流体形式。

4）共用部件（common component）：在两个或多个制动系统中执行同一种功能的部件，如踏板、阀。

5）限速器（retarder）：通常用于控制机器速度的能量吸收装置。

（5）静液压传动系统（hydrostatic drive system）。在液压系统中，液压马达直接驱动车轮使机器行走或减速。

（6）质量（mass）。

1）工作质量（operating mass）：主机带有包括制造商规定的工作装置和空载的附属装置、司机（75 kg）、燃油箱加足燃油、其他液体系统（即液压油、变速箱油、发动机润滑油、发动机冷却液）加到制造商规定液位的质量。

2）额定有效质量（有效载荷）（rated paymass（payload））：制造商规定的机器所能承载的额定质量。

3）机器总质量（gross machine mass）：机器的工作质量和额定有效质量之和。

（7）制动距离 s（stopping distance）。从制动操纵机构动作（即司机作用制动器）开始到完全停车时止，机器在试验道路上驶过的距离，单位为 m。制动距离没有考虑司机反应时间，但考虑了系统反应时间。

（8）平均减速度（a mean deceleration）。从制动操纵机构动作开始的瞬间到完全停车时止，机器速度变化率的平均值。

平均减速度由下式计算：

$$a = \frac{v^2}{2s} \tag{5-1}$$

式中 a——平均减速度，m/s^2；

v——制动器动作前的瞬间机器的速度，m/s；

s——制动距离，m。

（9）磨合（burnishing）。使机器制动器摩擦表面达到良好状态的处理方法。

（10）制动系统压力（brake system pressure）。制动操纵机构处的流体压力。

（11）制动器工作压力（brake application pressure）。测得的施加于制动器的流体压力。

（12）可控制动（modulated braking）。可通过操作制动操纵机构连续地或渐进地增、减制动力的性能。

（13）试验道路（test course）。机器进行试验的路面。

（14）冷制动（cold brakes）。表明所指（含有摩擦元件的制动系统）制动器处于下述一种状态：

1）制动器不工作已超过1h，除了依照适用的性能试验之外；

2）在测量制动盘或制动鼓外表面温度时，制动器已冷却到100℃或以下；

3）对于全封闭制动器，包括油浸制动器，在最靠近制动器的壳体外表面所测得的温度低于50℃，或在制造商规定的范围内。

（15）机器最高车速（maximum machine speed）。按GB/T 10913—2005或相当标准确定的最大速度。

（16）反向节流（back throttling）。对静液压或其他相似的行走驱动系统施加微小的向前或向后的力使机器保持不动的功能。

（17）派生的地下采矿机器（derivative mining machine）。由不同结构或布置生成具有地下采矿机器特征形状的其他地下采矿机器。

（18）安全状态（safe state）。当机器的操纵系统出现故障之后，为了避免机器意外动作或储存的能量潜在的释放危险，被操控的装置、过程或系统经手动或自动地停止或转换到另一种模式。

（19）地下矿用汽车（underground dumper/hauler）。具有敞开的车厢，用来运输、倾卸矿石或材料，依靠另外的设备向机器装料的刚性车架或铰接车架的机器。

（20）挂车（trailer）。就其设计和技术特性需由牵引车牵引才能正常使用的一种无动力的道路车辆，用于载运人员和/或货物，以及特殊用途。

（21）充分发出的减速度（fully developed deceleration rate）。机器在指定的坡度不变的斜坡上，采用规定的试验质量、地面状况及机器初速度（减速之前），能够发出的最大连续减速度。

（22）机器控制系统（machine control system，MCS）。满足系统功能所必需的元件，它包括传感器、信号处理单元、监视器、控制器和执行器或其中的几个元件。系统范围不限于电子控制器，而是由整个系统的机器有关功能定义，它一般包括电子、非电子和连接设备。它可以包括机械、液压、光学或气动元件/系统。

（23）峰值减速度（peak deceleration）。在制动器试运行时得到的最大减速度。

（24）制动器效率（brake efficiency）。施加在车轮上的制动力总和与整车重量的百分比。

（25）坡度G(gradient)。在机器直线行驶方向上，两点的高程差与其水平距离的百分比，其计算公式如下：

$$G = \tan\theta \times 100\% \tag{5-2}$$

式中 G——坡度,%;

θ——相对地平面的坡度角,(°)。

(26) 安全概念 (safety concept)。为确保在电路失效时仍能安全工作而在系统 (如电子单元) 设计时针对系统完整性所采取的措施。维持部分工作或为重要车辆功能提供备用系统都属于安全概念的范畴。

5.3.4 制动器效率

5.3.4.1 概述

首先建议在无轨采矿制动标准中使用“制动器效率”概念可能是 Paul Schutte 等人 2007 年 11 月在“SANS 1589: Braking Performance of Track/ess Mobile Mining Machines-Proposed Changes”一文中提出，后来被 ISO/DIS 3450: 2011(E)标准、ISO TR 25398: 2013 草稿中采用，特别是其建议全被 SABS 1589-1: 2012 标准采用，并在附录 A 中对“制动器效率”概念作了较详细的说明。

目前评价制动器性能主要有两种方法：一种是简单制动距离 s，另一种是制动器效率 b。这两种评价方法就本质来讲都一样，只是前者方法简单，只需几支标杆和秒表就可以测量制动距离，但此制动距离包括司机反应时间和制动系统反应时间的机器行驶距离，因此测量误差相对大些，但因测量简单，应用仍很广。例如，车辆在水平地面以 24km/h 制动，理论制动距离约 7.5m。如果速度有 20% 的误差，实际的测试速度只有 19km/h，则制动距离将减少到大约 5m。如果有 10% 的向下的斜坡替代水平测试，则以 24km/h 速度行驶，车辆将制动后制动距离约 11.5m。另外，司机的反应是很重要的。如果有 0.5s 延迟制动，司机通过第一个标志杆，然后以 24km/h 速度行驶，这将增加的制动距离为 3.5m。随着测量技术的发展，开始采用机械和电子测量仪（如减速度测量仪及五轮仪）测量加速度 a，然后计算出 $b=a/g$，即采用制动器效率来评价制动器性能。后者测量精度高，但测量条件要求严格，即要求地表面平坦，若地面不平，引起机器颠簸也会影响测量精度，它的读数可能比实际大，这种方法只适用于有相应测量仪器，需要精确评价制动器制动性能的地方。在一般情况下，大多数采用前者就基本上满足安全要求，因而应用广，目前我国大多数地下采矿机器制造厂和使用矿山仍采用制动距离评价。本书除了介绍简单制动距离方法之外，考虑现在我国不少专业部门具备电子测量仪器和今后的发展及与国际接轨，还简单介绍制动器效率概念及相关评价标准。由于在 ISO/DIS 3450: 2011 (E) 中没有对制动器效率加以说明，为了让读者对制动器效率有所了解，特根据 SABS 1589-1: 2012 附录 A 和 Dr David J Edwards, Dr Gary D Holt and Miss Philippa G Spittle 著的《Guidance on Brake Testing for Rubber-tyred Vehicles》小册子的内容作简单介绍，以供读者参考。

5.3.4.2 制动器效率 b 的计算

在 5.3.3 中制动器效率的定义：

$$\text{制动器效率}\ b=\frac{\text{作用在车轮上的制动力总和}}{\text{车辆总重量}}=\frac{F}{W}=\frac{ma}{mg}=\frac{a}{g}\times 100\% \tag{5-3}$$

式中 m——机器质量，kg；

a——制动减速度，m/s²；

g——重力加速度，$g=9.81\text{m/s}^2$。

5.3.4.3 制动器效率与速度、负载和坡度的关系

A 坡度制动时制动器效率对制动距离的影响

机器下坡行驶的距离比机器在水平的地面以同一速度行驶将需要更长的时间才能停下来。这是因为在坡度上，重力将使机器下坡加速，在刹车开始使机器停下来之前，这种影响就要克服。

考虑这种影响最好的方法就从坡度的百分比来考虑这个问题。也就是说，一个 1∶10 坡度就是 10%，1/12 坡度就是 8.3%。通过这样的方法，机器下坡沿坡度角的作用分力等于坡度的百分比。

具有制动器效率为 30% 的机器可以把全部的制动力用于水平的地面上制动，但是当行驶在坡度上时，首先必须克服重量沿坡度角的作用力。因此，在 1∶10 坡度（10% 坡度）上，只有 20% 留给制动。1∶12 坡度（8.3% 坡度）上，只有 21.7% 留给制动。

所以，为了确保机器能够下坡行驶安全，总制动器效率必须等于或大于用一个百分数表示的坡度加上使机器停车所需要的制动器效率。为了确定机器下坡所需的制动器效率，可采用汽车在坡度角上力的平衡来计算制动距离（见图 5-1 与表 5-6）。

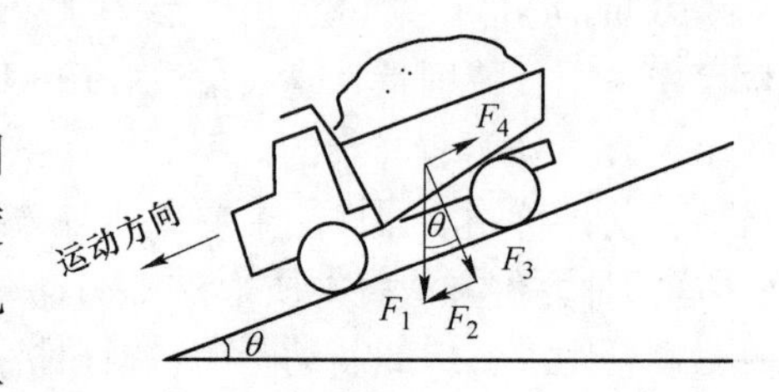

图 5-1 机器下坡运动分析

表 5-6 作用在坡度角上机器的力

作用力	公式
重力	$F_1 = mg$
轴向力	$F_2 = F_1\ \sin\theta = mg\sin\theta$
正压力	$F_3 = F_1\ \cos\theta = mg\cos\theta$
制动力	$F_4 = ma = mbg$

m——车辆质量，kg；
g——重力加速度，$g = 9.81\text{m/s}^2$；
θ——坡度角，(°)；
a——$a = bg$，见式（5-3）；
b——制动器效率，用百分比表示

注：这里 b 值用动态减速度测试仪测得，反映由制动力、滚动阻力、风阻力组合产生的总减速度。

满足下列条件则机器可在坡度角上停住：

$$F_4 > F_2$$

或

$$mbg > mg\sin\theta$$

或

$$b > \sin\theta \tag{5-4}$$

式（5-4）说明，为了能够使机器在下坡时制动住，机器的制动器效率应当大于坡度角正弦值。

根据牛顿定律：

$$a = (F_4 - F_2)/m = mgb - mg\sin\theta/m$$

$$a = g(b - \sin\theta) \tag{5-5}$$

式中 a——机器的减速度，m/s^2；

m——机器质量，kg；

g——重力加速度，取值为 $9.81m/s^2$；

b——制动器效率，%；

θ——坡度角，(°)。

因为

$$v^2 = u^2 + 2as \tag{5-6}$$

式中 v——末速度，$v = 0$；

u——初速度，m/s；

s——制动距离，m。

由式（5-6）：

$$2as = v^2 - u^2$$

因此，制动距离：

$$s = \frac{v^2 - u^2}{2a} = \frac{v^2 - u^2}{-2g(b - \sin\theta)} \tag{5-7}$$

由于机器在制动时延时，额外的制动距离为：

$$s_d = ut$$

式中 s_d——额外的制动距离，m；

t——常数，$t = 0.35$。

因此，总的制动距离为 s_Σ：

$$s_\Sigma = s_d + s = ut + \frac{u^2}{2g(b - \sin\theta)} \tag{5-8}$$

根据式（5-8）可绘出图5-2所示的图形。

由图5-2可知，当车速不变，随着制动器效率的增加，制动距离减少。若车速、制动距离不变，随着制动器效率的增加，坡度角可增加。如果制动器效率不变，随着车速增加，制动距离增加；随着坡度角增加，制动距离也随之增加。

例如，坡度角为7°、具有制动器效率为20%的机器制动距离在1.7m(5km/h）和12m（15km/h）之间。

方程式（5-5）表明，在 $b = \sin\theta$ 这点，制动距离是无穷大，这说明机器不能制动。只有 $b > \sin\theta$ 时，机器才能制动。作为一般行车制动器经验准则，所需的制动器效率应至少超过这个临界点8%（或10%）。辅助制动器所需的制动器效率应至少超过这一点4%。

例如，坡度角为7°，sin7° = 0.12或12%。所需的行车制动器效率应是12% + 8% = 20%。在11°或更大的坡度角上，就不可能使具有制动效率为20%的机器制动住。然而，如果机器的制动器效率是28%，它将安全地制动。

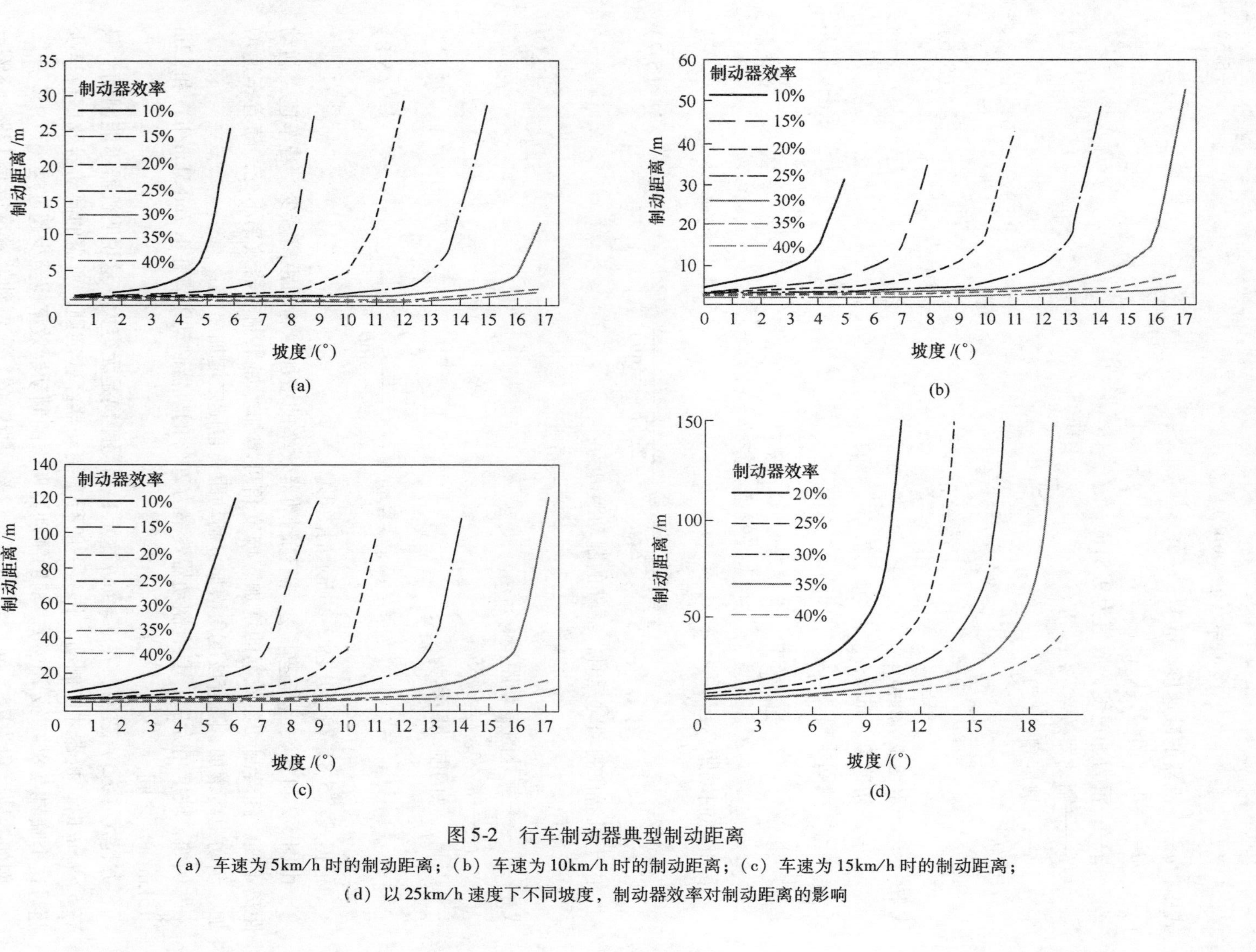

图 5-2　行车制动器典型制动距离

（a）车速为5km/h时的制动距离；（b）车速为10km/h时的制动距离；（c）车速为15km/h时的制动距离；

（d）以25km/h速度下不同坡度，制动器效率对制动距离的影响

使用图 5-2 和方程式（5-5）来确定不同坡度角需要不同的制动器效率。

B 满载与空载制动器效率及对制动距离的影响

满载的机器比空载机器将需要更长的时间来停车。这是因为制动达到的减速度，满载机器将低于空载的机器。例如，如果一辆自卸卡车制动器效率为 30%，这意味着它在行驶方向上能够发出一种相当于机器重量 30% 的制动力。

如果设计制动器效率给出满载的重量百分比，用空载测试，满载制动器效率与空载制动器效率是不相同的，所以制动性能的整体评估是有缺陷的。幸亏，很容易把满载制动器效率转变成空载制动器效率。

已知一个具有制动器效率为 b_1 和空载质量为 m_1 的地下矿用汽车。

制动力 $$F = ma \tag{5-9}$$

$$F = m_1(b_1 g) \tag{5-10}$$

如果采矿机器装载质量为 m_2，采矿机器的总质量为 $m_1 + m_2$（见图 5-3）。

注意：作为使用一个动态减速测试仪测试的 b 值，反映了由于综合了制动力、滚动阻力和风阻对减速度的影响。

由于制动器没有发生变化，制动力 F 装载前后是相同的。滚动阻力由于增加额外的重量相对较小，因此它被忽略以简化计算。

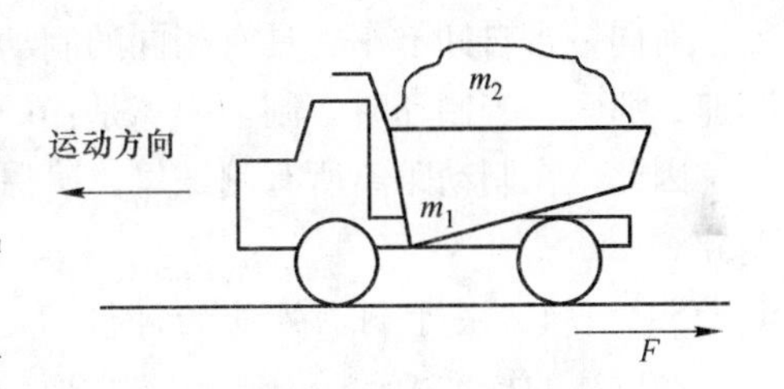

图 5-3 装载的矿用汽车

$$F = m_1 b_1 g = (m_1 + m_2) b_2 g$$

因此 $$b_2 = b_1 m_1 / (m_1 + m_2) \tag{5-11}$$

例如：一台 8000kg 重的地下矿用汽车用于携带 5000kg 的载荷。空载机器最后一次在车间测试制动器，制动器效率为 46%。计算满载机器制动器效率：

$$b_2 = b_1 m_1 / (m_1 + m_2) = 46 \times (8000) / (8000 + 5000) = 28.3\ \%$$

满载机器的制动器效率不得少于 20%（7°坡度角）。因此机器可安全行驶。

又例如，如果满载质量为 67230kg、空载质量是 30730kg，那么对于一个满载制动器效率为 30%，相当于空载车辆制动器效率是：$b_1 = 67230 \times 0.3/30370 = 65\%$。

同样的车，满载减速度是 $0.3g$、空载减速度是 $0.65g$，即 2.94m/s^2 和 6.38m/s^2。空载车，大约是满载车重量的一半，空载车比满载车停下来速度要快两倍。

C 车速、制动器效率与制动距离之间的关系

车速、制动器效率与制动距离之间的关系见表 5-7。

快速行驶的机器停止的时间更长。事实上，速度增加两倍，制动距离大约增加四倍。例如，一辆自卸卡车制动器效率为 30%，在这种情况下，在水平地面的减速度为 2.94m/s^2（即 $0.3g$）。如果行驶的速度为 12.5km/h（3.47m/s），当刹车时，制动距离（使用的动力学公式 $v^2 = u^2 + 2as$，最后的速度是零）：$s = v^2/2a = 3.47 \times 3.47/2 \times 2.94 = 2.05\text{m}$。

表 5-7 车速、制动器效率和制动距离之间的关系

速度/km · h^{-1}	不同制动器效率的制动距离/m							
	5%	10%	15%	20%	25%	30%	35%	40%
5	1.96	0.98	0.66	0.49	0.39	0.33	0.28	0.21
10	7.89	3.94	2.63	1.97	1.58	1.31	1.13	0.49
15	17.74	8.87	5.91	4.44	3.55	2.96	2.53	2.22
20	31.54	15.77	10.51	7.88	6.31	5.26	4.51	3.95
25	49.28	24.64	16.63	12.32	9.85	8.21	7.04	6.16
30	70.98	35.49	23.66	17.74	14.20	11.83	10.14	8.16
35	96.60	48.30	32.20	24.15	19.35	16.10	13.80	12.10

对同一台自卸卡车，具有相同的制动器效率，若以 25km/h(6.944m/s) 行驶，即两倍车速，那么，当制动时，制动距离是：$6.944 \times 6.944/2 \times 2.94 = 8.21$m，则是原来的 4 倍。

因此，在制动距离所有测试里，确保相同的速度至关重要，否则测试的结果会有很大差异。

5.3.4.4 关于制动性能的评价问题

在以往的标准中评价制动性能主要采用制动减速度、制动距离、制动时间和制动力。在新的标准中增加了用制动器效率评价制动性能，正如前面分析，它精确，除此之外，它最大特点是与安全行驶的坡度角联系起来。这是与在水平的地面上测试的制动减速度、制动距离、制动时间和制动力评价制动性能不同之处。因此，在测试条件具备的厂矿或现场最好采用制动器效率评价制动性能。在测试条件不具备的厂矿或现场，实践证明：采用简单的制动距离测量，并以此来评价制动性能也基本能满足制动的安全要求。

5.3.4.5 关于制动器效率选择

A 有关制动器标准中制动器效率的确定

由式（5-8）可知：若 $b = b - \sin\theta$，则下坡时，制动距离等于无穷大，这就是说机器制动力矩太小，制动不了下坡的机器，这是很危险的。因此，理论上讲只要 $b > \sin\theta$ 就可以了，但考虑到用过一段时间的制动器制动性能变差，从安全角度出发：ISO 3450：2011(E)和 SABS 1589.1—2012 标准提出 $b - \sin\theta \geqslant 8\%$（$\sin\theta$ 用百分数表示）。

在 Dr David J Edwards，Dr Gary D Holt and Miss Philippa G Spittle 著的《Guidance on Brake Testing for Rubber-tyred Vehicles》里提出没有规定制动车辆所需的制动器效率的大小。当然，它是一个由风险评估来决定的事情。然而，10% 是一个绝对最低的最佳的经验法则。如果车辆制动器效率低于 10%，司机可能感觉不到在制动情况下他们正在迅速地减速。因此 $b - \sin\theta \geqslant 10\%$（$\sin\theta$ 用百分数表示）。制动器效率决定于坡度的坡度角的大小；反之，一定的坡度角，为了安全制动，需要相应的制动器效率。从目前国外和国内地下矿山坡度的调查和相关标准（见表 5-8），可以确定最小的制动器效率。

B 最小的制动器效率

（1）部分国外地下矿山的斜坡道规格见表 5-9。

表 5-8　制动器标准中制动器效率

标　准	最低制动器效率		行车制动安全行驶坡度
	行车制动	辅助制动	
ISO 3450：2011(E)	28%	18%	11.3°（采用 $b-\sin\theta=0.08$）
SANS 1589.1—2012	28%	18%	11.3°（采用 $b-\sin\theta=0.08$）
MSHA 30 CFR § 57.14101	30%		
EN 1889-1：2010	35%	25%	14°（采用 $b-\sin\theta=0.1$）
SAE J1329	40%	20%	
SANS 1589—1994	40%	20%	
ANGLO AMERICAN SPEC-236001	40%	20%	16.6°（采用 $b-\sin\theta=0.1$）
GB 21500—2008	40%	25%	16.6°（采用 $b-\sin\theta=0.1$）

表 5-9　部分国外地下矿山的斜坡道规格

国　别	矿　山	斜坡道类型	坡度	断面/m^2	备　注
加拿大	基德克里克	折返式	17%	5.2×3	露天矿转地下；主斜坡道
加拿大	达姆巴顿	折返式	27%	2.4×5.5	主斜坡道；有运输机
加拿大	马德林	折返式	20%	4×3	斜坡联络道
美　国	帮克山	折返式	15°	2.4×2.6	开拓薄矿脉；盲矿体
芬　兰	皮哈沙尔密	螺旋式	8°		主斜坡道
澳大利亚	马茂新	螺旋式	11%	4.5×5	
扎伊尔	卡蒙托	折返式	10%		双斜坡道
南　非	普略斯卡	折返式	9.5°	4×4	
西南非洲	欧马特斯	折返式	14°	2.7×5.5	有 36in 的运输机

资料来源：宗海祥．国外地下矿山无轨斜坡道的开拓．有色金属（采矿部分），1976（2）．

（2）斜坡道的坡度通常根据其服务年限、运输类型和运输量的大小确定。若斜坡道作为运输和下放设备，其使用年限较长，则最大坡度不超过 15%；若同时又是矿石运输的通道，则最大坡度不超过 10%。作为短期用的斜坡道，如中间联络道，其坡度可加大；当作运输矿石用时，其坡度可达 20%；仅作运输设备用时，其坡度可达 30%❶。

（3）《有色金属矿山井巷工程设计规范》(GB 50915—2013）的规定，见表 5-10。

表 5-10　无轨斜坡道的坡度　（%）

斜坡道用途、类型	坡 度	斜坡道用途、类型	坡 度
以柴油卡车运输为主的斜坡道	7~12	辅助斜坡道（运送人员、材料和设备）	10~18
以架线式电动卡车运输为主的斜坡道	10~15	采准与联络斜坡道	14~20

（4）国外矿业发达国家的矿山由于设备价格及管理方面的差异，其斜坡道的坡度也不同，如芬兰矿山的经验证明：汽车运矿的斜坡道坡度不大于 1∶7(14.28%)；辅助运输时，不超过 1∶5(20%)。英国矿山实践证明：在一定距离内，自行设备的工作坡度可达 1∶6

❶　汪照流．无轨设备采矿斜坡道的设计原则．矿业研究与开发，2001(4).

(16.6%)。前苏联矿山的实践经验是，斜坡道的坡度取决于自行设备的生产费用和设备结构上的可能性，用自卸汽车往地表运矿时的最佳坡度 6°(10.5%)。瑞典基律纳铁矿采用 50t 电动汽车在坡度 1∶9 的斜坡道上速度可达 25km/h。[1]

斜坡道坡度的选取还应根据矿山的实际情况，并结合斜坡道的用途及行驶的设备而定。

C　制动器效率选择

从上述资料介绍可知，国内外应用无轨设备矿山的斜坡道坡度大部分都是在 10%～20%之间，但也有少量矿山达 30%。考虑经验法则再加 8%安全储备，因此制动器效率 28%也是可行的，这个计算值是车辆进入市场需要的制动能力最低值。由于 28%制动器效率主要对新车而言，而且是最低要求，只适用 11.3°的坡度，考虑到机器使用后制动效率下降，达不到 28%最低制动器效率要求。从国内外和我们多年地下采矿机器设计和使用都按 14°(25%) 坡度角或更大坡度角设计，经多年使用经验证明是可行的。因此，考虑我国制动器制造水平，要适当提高安全储备，采用 $b-\sin\theta \geq 10\%$。再者随着浅矿逐渐减少，采矿向地球深部发展，斜坡道坡度也会适当增加。30%坡度的坡度角也可能会增加。

根据上述理由，我国与国外有些资料与标准采用 $b-\sin\theta \geq 10\%$、行车制动器效率为 40%、辅助制动器效率采用与 ISO 3450：2011(E) 同为 18%是可行的。

5.4 制动器的类型、结构和工作原理

5.4.1 制动器的类型

过去地下矿用汽车行车制动大都采用蹄式制动器、钳盘式制动器。20 世纪 70 年代出现了液压制动、弹簧松开全封闭湿式多盘式制动器。80 年代中期出现了先进弹簧制动、液压松开安全型制动器，现在地下矿用汽车已普遍使用。前三种制动器性能比较见表 5-11，后两种制动器结构、工作原理、优缺点比较见 5.4.3 节。由于弹簧制动器的一系列优点，从 20 世纪 80 年代中期之后，国内外生产弹簧制动器的厂商很多，目前主要生产厂商生产的弹簧制动器原理都一样，结构也相近，见 5.4.2.4 节。

表 5-11　三种制动器性能比较

项　目	蹄式制动器	钳盘式制动器	全封闭湿式多盘式制动器
沾水、泥复原性	(1) 制动力减少大； (2) 复原慢，危险性大； (3) 泡在水里第一次踏板力增加 26kg	(1) 制动力减少小； (2) 制动力复原快； (3) 泡在水里第一次踏板力增加 1.4kg	制动力不受影响
减速性伺服作用（指踏制动器时，所发生的摩擦力导致制动力增加的作用）	制动力增加急促，制动时有冲击	制动力增加比较圆滑	制动平稳

[1] 马天阳．地下矿山斜坡道的设计与应用．矿业研究与开发，1998(10)．

续表 5-11

项　目	蹄式制动器	钳盘式制动器	全封闭湿式多盘式制动器
调整及维护	（1）制动鼓与衬片的间隙调整费时；（2）维护频繁	（1）间隙自动调整；（2）维护简单	（1）间隙不需调整；（2）不需维护
制动器作用面积	作用面积有限	作用面积有限，单位压力高	作用面积大，根据试验当接触面积增加40%时，摩擦量减少20%，寿命延长76%
摩擦衬片更换	更换困难	更换简易	更换复杂，但不需要调整
摩擦系数对输出扭矩影响	非常敏感，当摩擦系数 μ 从0.3增加到0.4时，扭矩 M 增加97%	影响较小，当摩擦系数 μ 从0.3增加到0.4时，扭矩 M 增加33%	影响很小
制动减速度与系统液压关系	非线性关系，输出扭矩曲线中间是马鞍形	线性关系，输出扭矩平稳	线性关系，输出扭矩平稳
摩擦衬片寿命	（1）条件良好（干燥路面）500～700h；（2）条件不好（水浸路面）150～300h	（1）条件良好（干燥路面）1500～2000h；（2）条件不好（水浸路面）800～1000h	不受条件影响，寿命高达10000h

5.4.2　封闭湿式多盘制动器的类型、结构与工作原理

封闭湿式多盘制动器共有四种类型结构：机内（半轴）制动器（即 Inboard 制动器）；行星制动器（即 PLCB 制动器）；液体冷却制动器（即 LCB 制动器）；弹簧制动—液体松闸制动器（即 SAHR 或 Posi-Stop 制动器）。每种制动器的结构与工作原理简介如下。

5.4.2.1　机内制动器

机内制动器的结构如图 5-4 与图 5-5 所示。

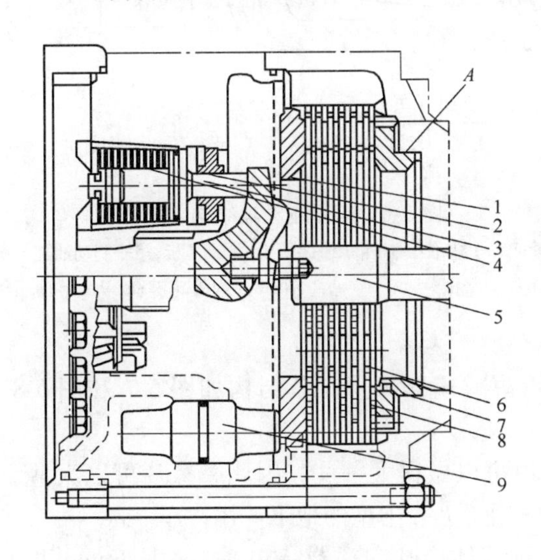

图 5-4　机内制动器结构（一）

1—制动压板；2—密封；3—手制动缸（两个）；4—弹簧；5—半轴；6—动摩擦片；7—摩擦片间隙调整装置；8—静摩擦片；9—行车制动缸（三个，均布）

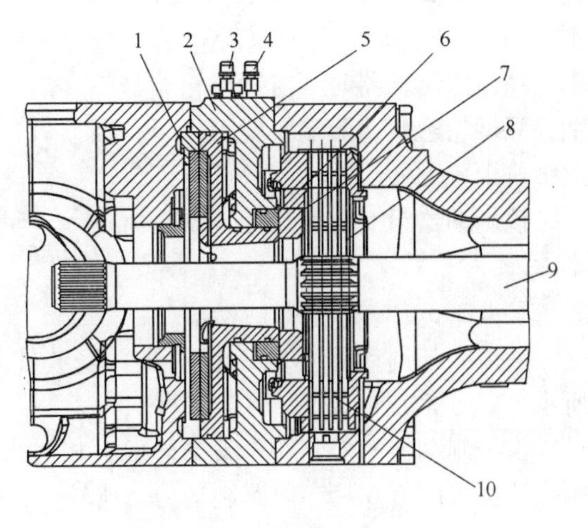

图 5-5　机内制动器结构（二）

1—碟形弹簧；2—油缸；3，4—油管接头；5—大活塞；6—行车制动活塞；7—压板；8—动摩擦片；9—半轴；10—固定钢片

该制动器最大特点是停车制动器与行车制动器都布置在桥的中央。动摩擦片通过内花键与半轴相连，既可轴向移动又可以随半轴回转。半轴一端通过花键与轮边减速器太阳齿轮相连，另一端通过花键与差速器半轴齿轮（标准齿轮）相连。静摩擦片通过外花键与桥壳相连。只有轴向运动，无回转运动。动力由主传动的主动锥齿轮输入，通过半轴带动轮边减速器太阳轮回转。当制动油缸制动时，推动制动压板使动摩擦片与静摩擦片接合，从而达到制动的目的。

该制动器的制动部分安装在驱动桥壳内，对高速级的半轴制动所需制动力矩小，结构简单紧凑，制动时温升小，磨损小，寿命长。制动器不需独立的润滑和冷却系统，可保证良好的散热效果。该制动器由于制动力矩较小，只适用于中小功率地下矿用汽车。

5.4.2.2　行星制动器

行星制动器（PLCB 制动器）结构如图 5-6 所示。行星制动器的最大特点是制动器与轮边减速器装在一起，并一同装在轮毂里。动力由半轴传递给太阳轮带动轮边减速器回转，内外花键套 8 的内花键与半轴 9 相连，外花键与动摩擦片 6 内花键相连。静摩擦片 3 外花键与内齿圈 2 相连，内齿圈 2 的内花键与空心主轴 7 外花键相连，空心主轴 7 外花键不回转。液压油推动制动油缸活塞 5 完成制动过程。完成制动后，活塞 5 靠弹簧（图中未表示）返回。

该制动器由于与轮边减速器装在一起，靠轮边减速器润滑油冷却与润滑，不需另外的冷却与润滑系统，结构简单。在检修制动器时不需拆掉轮胎与轮辋，只拆轮边减速器端盖就可以了，因此维修十分方便。

该制动器只有三片动片，制动力矩不大。

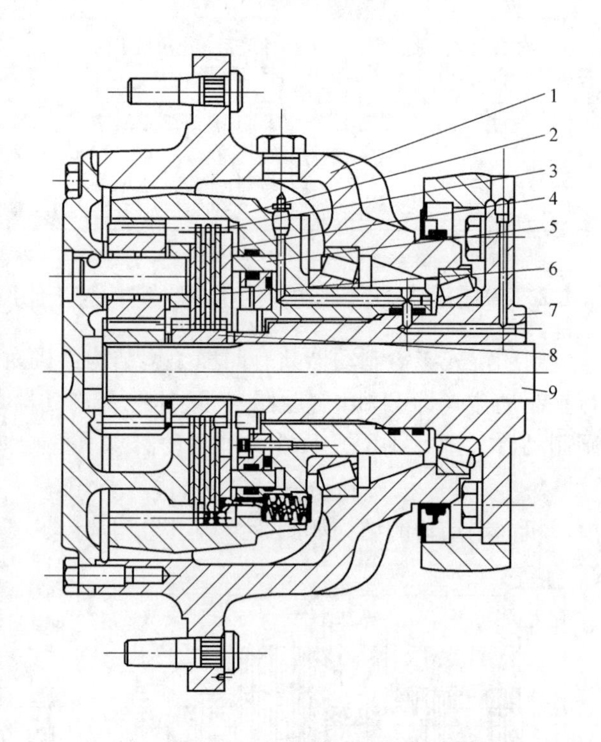

图 5-6　行星制动器结构

1—轮毂；2—内齿圈；3—静摩擦片；4—制动压板；5—制动油缸活塞；6—动摩擦片；7—空心主轴；8—内外花键套；9—半轴

5.4.2.3　液体冷却制动器

液体冷却制动器（LCB 制动器）安装在轮边减速器旁边，其结构如图 5-7 和图 5-8 所示。

由于制动器的外壳在轮毂的外面，相对来说可以做得大一些，因此摩擦片可以大些。摩擦片也可以有 6 片。因此制动力矩比较大，适用于大、中型的地下矿用汽车。

除了上述液体冷却制动器结构外，还有一种液体冷却制动器结构，那就是 Caterpillar 公司地下矿用汽车制动器结构，如图 5-8 所示。

该制动器主要特点是：

（1）集成式制动系统。Caterpillar 油冷式制动系统性能可靠，在非常苛刻的地下采矿

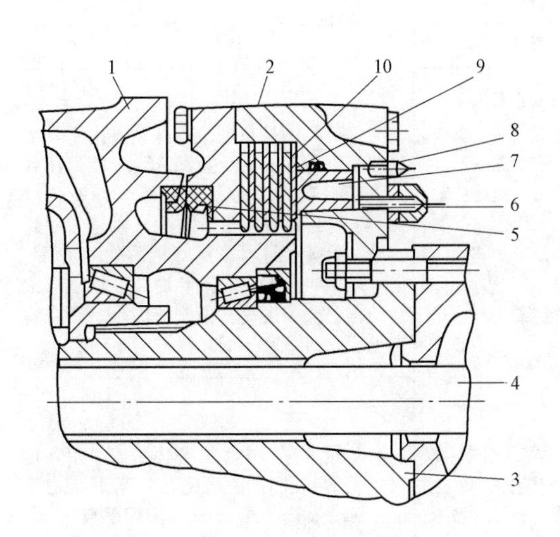

图 5-7 液体冷却制动器结构

1—轮毂；2—制动器壳；3—空心主轴；4—半轴；5—浮动油封；6—间隙调整装置；7—制动活塞；8—放气螺栓；9—静摩擦片；10—动摩擦片

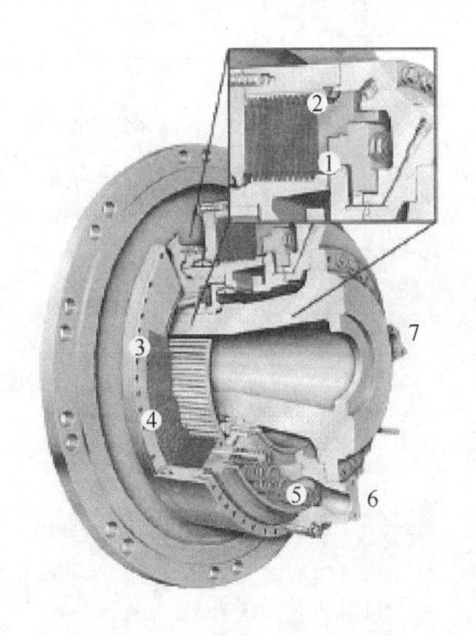

图 5-8 Caterpillar 公司地下矿用汽车制动器结构简图

1—停车/辅助制动活塞；2—行车/缓速器活塞；3—摩擦盘；4—钢盘；5—作用弹簧；6—冷却油入口；7—冷却油出口

条件中能够控制自如。该集成系统将行车制动、辅助制动、停车制动与减速功能集成于一个强大的系统内，制动效率达到最佳。

（2）油冷式多盘制动器。四轮强制油冷式多盘行车制动器采用水/油换热器不断进行冷却，具有无衰减制动、缓速性能。采用全封闭式设计，可避免油液受到污染，以减少维护工作。

（3）自动减速器控制（ARC）。利用电子技术来控制坡度减速，保持最佳的发动机转速及油冷效果。还可用手动减速器或制动踏板来辅助制动。ARC 还可使操作员保持最佳的发动机转速，加快下坡速度，提高生产效率。一旦发动机转速超过出厂预设级别时，ARC 就会自动启动。

（4）出色的控制。制动器自动调节，能平稳行驶、有效地控制，使操作员集中精力开车。

5.4.2.4 弹簧制动-液压松闸制动器

弹簧制动-液压松闸制动器（称 Posi-Stop 或 SAHR 制动器）结构有多种，每种制动器特点见表 5-12。该制动器的外壳与空心主轴和桥壳固定在一起。静摩擦片与制动器外壳通过花键连接。动摩擦片安装在静摩擦片之间。通过内花键与轮毂相连，随轮毂一起转动。当启动柴油机时，压力油推动制动活塞向右运动，压紧螺旋弹簧，动、静摩擦片松开，车辆运行。当制动踏板踩下时，制动油缸的压力油流回油箱，此时活塞在弹簧的作用下，压紧动、静摩擦片而使车辆产生制动作用。

这种制动器是最近几十年发展和广泛采用的新型安全型制动器，制动更加安全、可靠（因为若油管破裂或油压低于某一要求值时制动器立即制动），使用寿命长，几乎无需保养，且工作制动与辅助制动、停车制动合二为一，均由此制动器完成。从而大大简化了液压制动系统，便于总体布置。当动力机出了故障，由其他车辆牵引时，需设计一个手动松闸油泵或电动油泵。

表 5-12　各种弹簧-液压松闸制动器比较表

弹簧制动器制造厂及其结构	主要组成	特　点
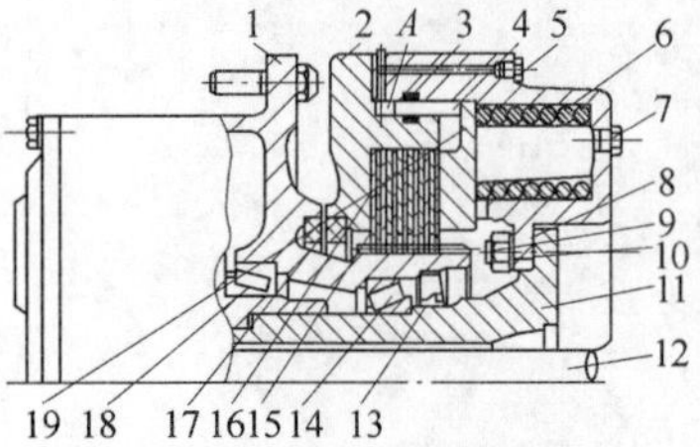 Dana 公司 Posi-Stop 制动器	1—轮毂；2—制动器壳体；3—活塞油封；4—活塞；5，7—螺堵；6—制动弹簧；8—密封圈；9—螺母；10—螺栓；11—空心主轴；12—半轴；13—骨架密封圈；14—轮毂内锥轴承；15—静摩擦片；16—动摩擦片；17—浮动油封；18—轮毂外锥轴承；19—压盘	制动器由左、右壳体组成，结构简单；制动弹簧为圆柱压缩螺旋弹簧，由于外形尺寸受到限制，受压负荷大，只能选用较大直径钢丝，因而制造困难、弹簧长度长；活塞与弹簧压盘各自独立制造，制造容易；活塞油封可采用双挡圈的 O 形圈，也可采用组合油封；浮动油封采用菱形油封结构，安装容易，但制造困难。其余特点见表 5-11
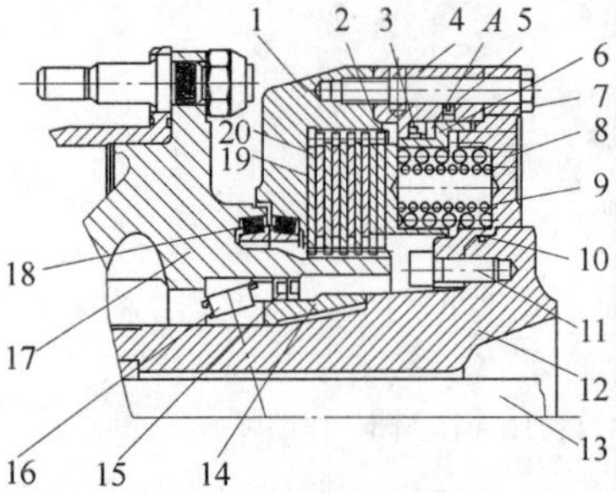 Kessler 公司弹簧制动器	1—左壳体；2—密封圈；3，5—组合密封；4—中壳体；6—活塞；7，11—螺钉；8—右壳体；9—组合弹簧；10—O 形圈；12—空心轴；13—半轴；14—隔套；15—骨架密封；16—轴承；17—车轮；18—平面密封；19—静摩擦片；20—动摩擦片	制动器由左、中、右壳体组成，用一定数量长螺栓把三者固定在一起，结构复杂；制动弹簧为组合圆柱压缩螺旋弹簧，承受负荷大，钢丝直径小，制造容易；活塞与弹簧压盘制成一体，结构复杂，制造相对困难；活塞油封全采用组合油封；浮动油封采用 O 形圈油封结构，安装困难，但制造容易，已标准化
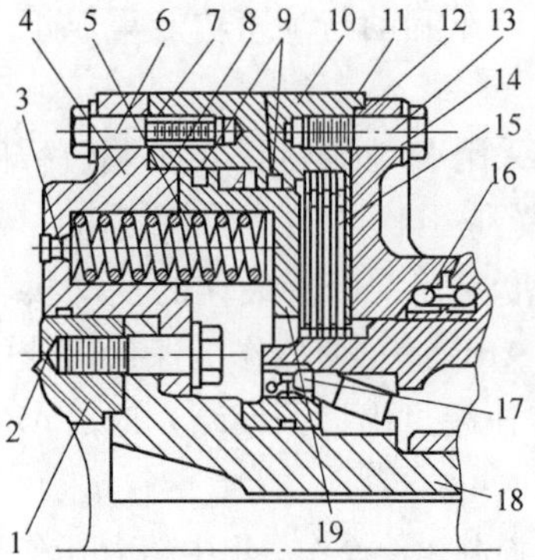 Atlas Copco 公司 SAHR 制动器	1—桥壳；2，6，13—紧固螺栓与垫圈；3—螺堵；4—左壳；5—矩形弹簧；7，11—密封圈；8，9—组合油封；10—中间壳体；12—右壳体；14—静摩擦片；15—动摩擦片；16—浮动油封；17—骨架油封；18—空心轴；19—活塞	制动器由左、中、右壳体组成，用一定数量螺栓把左、右壳体分别固定在中间壳体上，结构复杂；制动弹簧为矩形弹簧，与圆柱弹簧比较，在相同的空间，它的截面积大，吸收能量多，弹簧刚度大，但制造困难，价格高；活塞与弹簧压盘制成一体，结构复杂，制造相对困难；活塞油封全采用组合油封；浮动油封采用 O 形圈油封结构，安装困难，但制造容易
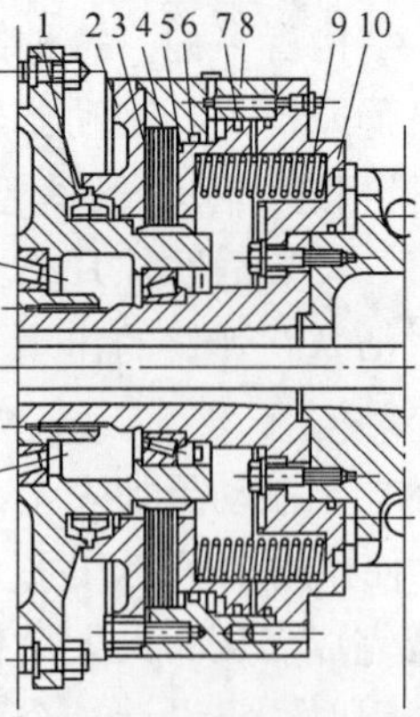 北京矿冶研究总院开发弹簧制动器	1—端面密封；2—端面法兰；3—动摩擦片；4—静摩擦片；5—活塞；6，7—组合密封；8—缸体；9—组合弹簧；10—连接法兰	制动器由左、中、右壳体组成，用一定数量螺栓把左、右壳体分别固定在中间壳体上，结构复杂；制动弹簧为组合弹簧，与圆柱弹簧比较，在相同的空间，它的截面积大，吸收能量多，弹簧刚度大，但制造困难，价格高；活塞与弹簧压盘制成一体，结构复杂，制造相对困难；活塞油封全采用组合油封；浮动油封采用 O 形圈油封结构，安装困难，但制造容易

续表 5-12

弹簧制动器制造厂及其结构	主要组成	特　点
北京安期生开发的弹簧制动器	1—壳体；2—中壳体；3—壳盖；4—活塞；5—动摩擦片；6—静摩擦片；7—密封圈；8—组合圆柱弹簧；9—螺栓；10—螺塞	制动器由左、中、右壳体组成；制动弹簧为组合圆柱弹簧，活塞与弹簧压盘制成一体，结构复杂，制造相对困难；浮动油封采用O形圈油封结构，安装困难，但制造容易
中钢衡阳重机公司开发的弹簧制动器	1—右端盖；2，5—组合密封圈；3—中壳体；4—堵头；6—O形圈；7—放气阀；8—活塞；9—矩形弹簧；10—左端盖；11—静摩擦片；12—动摩擦片；13—螺栓；14—垫圈；15—垫盘；16—摩擦指示杆（图中未表示）	制动器由左、中、右壳体组成，用一定数量螺栓把左、右壳体分别固定在中间壳体上，结构复杂；制动弹簧为矩形弹簧，与圆柱弹簧比较，在相同的空间，它的截面积大，吸收能量多，弹簧刚度大，但制造困难，价格高；活塞与弹簧压盘制成一体，结构复杂，制造相对困难；活塞油封全采用组合油封；浮动油封采用菱形圈油封结构，安装容易，但制造较困难

5.4.3 弹簧制动器与液体冷却制动器比较

弹簧制动器与液体冷却制动器是当今地下矿用汽车用得最广的制动器，它们的结构、特点等比较见表5-13。

5.4.4 封闭湿式多盘制动器的研究

近年来，国内外非常重视湿式多盘制动器的研究，已研究出多种形式湿式多盘制动器，应用越来越广泛。国外几大工程机械公司，如美国的 Dana、Caterpillar、Mico、Ronkwell 公司和瑞典的 Volvo 公司及德国 Kessler 公司在桥的系列产品中采用湿式多盘制动器。叉车、装载机等已广泛采用装有湿式多盘制动器的桥，而井下矿用自行式车辆则已全面采用。

国内外这些公司不仅研究出了许多先进的湿式多盘制动器，而且也引起研究机关、高等院校的高度重视，他们针对湿式多盘制动器使用中出现的问题进行了大量的理论与实验研究，取得了显著成果，这些研究集中在以下几方面：（1）摩擦副间的对流换热机理。（2）摩擦衬片压力分布规律。（3）温度场和应力场。（4）摩擦机理。（5）制动噪声。（6）设计参数多目标优化及其三维实体建模。

表 5-13　弹簧制动器和液压制动器比较

制动器制造厂及其结构	主要组成	工作原理	优　缺　点
Dana 弹簧制动，液压松开全封闭多盘湿式制动器，简称弹簧制动器（SAHR）	见图 5-7	制动器内的静摩擦片上的外花键与制动器壳体内花键相连，因而只能沿制动器壳体内花键轴向移动，不能转动；制动器内的动摩擦片上的内花键与车轮毂的外花键相连，因而，动摩擦片既可随车轮毂一起转动，又可沿车轮毂外花键轴向移动。当 *A* 腔没有压力油或压力油不足时，制动器静摩擦片和动摩擦片在弹簧力的作用下结合在一起，在静摩擦片和动摩擦片之间摩擦力矩的作用下，减速直到停车； 在车辆行驶之前，当须接通压力油进入 *A* 腔，使活塞移动，压缩弹簧，使静、动摩擦片彼此分离，车轮解除制动，车辆方可行驶； 若液压系统或动力系统出现故障，失去液压力，则活塞在弹簧力的作用下，使静、动摩擦片表面结合，由于制动器壳体是不动的，因而使车辆停车或减速	主要优点： （1）制动器是全封闭的，因而可防止水、泥、杂物进入制动器，从而使制动器性能稳定，使用寿命长； （2）由于它是靠储存在制动器内部的弹簧能量实现制动，靠液压力来释放制动，即使液压系统出现故障时，也能实现车辆制动，因而是最安全的一种制动器； （3）由于该制动器是将行车制动、紧急制动和停车制动三者合一，不需另配置紧急和停车制动器，而且液压回路是单回路，因而结构简单，故障率相对要少得多； （4）由于摩擦片全部浸浴在油中，根据制动器使用强度，既可采用油池冷却，又可采用外部强制冷却，因而能保证制动器不过热； （5）由于是多盘制动，摩擦片直径大，故制动力矩大； （6）免维护保养。 主要缺点： （1）若动力系统或液压制动系统出现故障，车辆是制动的，若要移动车辆（如把事故车拖去修理，或拖离现场，避让其他车辆），车辆必须要配置手动松闸泵或电动泵； （2）随着动、静摩擦片长时间使用，其厚度逐渐变薄，弹簧被压缩的长度减少，从而使作用在动、静摩擦片之间的作用力减少，随之制动力矩减少，制动器性能下降，为了保证制动器性能下降不致危及车辆安全，制动器必须配置磨损指示器； （3）随着制动器的使用，活塞密封圈不断磨损，从而使油泄漏量增加，当泄漏量达到一定程度时，手动油泵松开制动器变得十分困难，甚至失效； （4）该型制动力是由弹簧产生的，所以制动不平稳，弹簧经常受交变应力的作用，易产生疲劳破坏； （5）为了保证足够的制动力，对车辆进行可靠制动，故要求一定的弹簧数量（根据制动力矩不同，一般要求 15～20 根弹簧），而且对弹簧性能、精度要求很高，结构也较为复杂，因而，制动器的价格较贵
Dana 液压制动全封闭多盘湿式制动器，简称液压制动器（LCB）	见图 5-4	制动器内的静摩擦片上的外花键与制动器壳体内花键相连，因而只能沿制动器壳体内花键轴向移动，不能转动；制动器内的动摩擦片上的内花键与车轮毂的外花键相连，因而，动摩擦片既可随车轮毂一起转动，又可沿车轮毂外花键轴向移动。当 *A* 腔有压力油时，制动器静摩擦片和动摩擦片在液压力的作用下结合在一起，在静摩擦片和动摩擦片之间的摩擦力矩的作用下，产生制动，车辆减速直到停车； 当 *A* 腔压力油通过脚制动回油箱时，在回位弹簧作用下，静、动摩擦片分离，制动器松闸	主要优点： （1）制动器是全封闭的，因而可防止水、泥、杂物进入制动器，从而使制动器性能稳定，使用寿命长； （2）由于摩擦片全部浸浴在油中，根据制动器使用强度，既可采用油池冷却，又可采用外部强制冷却，因而能保证制动器不过热； （3）由于是多盘制动，摩擦片直径大，故制动力矩大； （4）结构相对简单，价格也相对便宜； （5）一般不需要维护； （6）由于制动力矩是由液压力产生，动、静摩擦片之间磨损可自动补偿，因而不影响制动力矩，也不需要摩擦指示器。 主要缺点： （1）为了保证安全，液压制动回路必须设计成前桥与后桥各自独立的双液压制动回路； （2）为了保证车辆停车的安全，车辆还必须另外配置弹簧制动，液压松开停车制动器及相应的控制机构； （3）在液压系统出现故障时无法对车辆实现制动，给行车安全带来隐患

随着科学技术的发展以及新材料的不断出现，湿式多盘制动器的理论与试验研究内容也将会得到不断的更新与发展。湿式多盘制动器的可靠性、使用寿命、性能将会得到进一步的发展。

5.5 美国 Dana 公司封闭湿式多盘制动器简介

封闭湿式多盘制动器是当今世界上一种最先进的制动器，在我国，它是“十五”计划重点发展的产品。美国 Dana 公司是世界上著名的传动件主要生产厂家之一。实践证明，它生产的各种型号的封闭湿式多盘制动器，技术先进、性能可靠、故障率低、使用寿命长。无论在地下矿用汽车还是露天装载机中都获得广泛应用。

5.5.1 Dana 公司制动器系列

图 5-9 列出了 Dana 公司最新生产的制动器系列产品。从图中可以清楚地看到，该公司生产的制动器有四个品种：第一种是 CAT 制动器；第二种是 PLCB 制动器；第三种是 LCB 制动器（L 表示液体、C 表示冷却、B 表示制动），LCB 表示液压制动，无压松闸制动器；第四种是 Posi-Stop 制动器。Posi-Stop 表示弹簧制动，液压松闸制动器。Dana 制动器型号由英文字母和数字表示。最左字母如前所述表示制动器种类。后面数字中最左一个数字表示系列号，共有三个系列：1 系列、2 系列和 3 系列。最左第二个数字表示摩擦片数：最少为 2 片，最多为 6 片。最后三个数字 ×10 表示制动压力或松闸压力，共有三种：6.9MPa(1000psi)，10.35MPa(1500psi)，12.8MPa(2000psi)。制动力矩因制动器的种类、系列、摩擦片数、作用油压不同而不同，因而衍生了许多制动器品种，以适应不同车辆对制动力矩的要求。

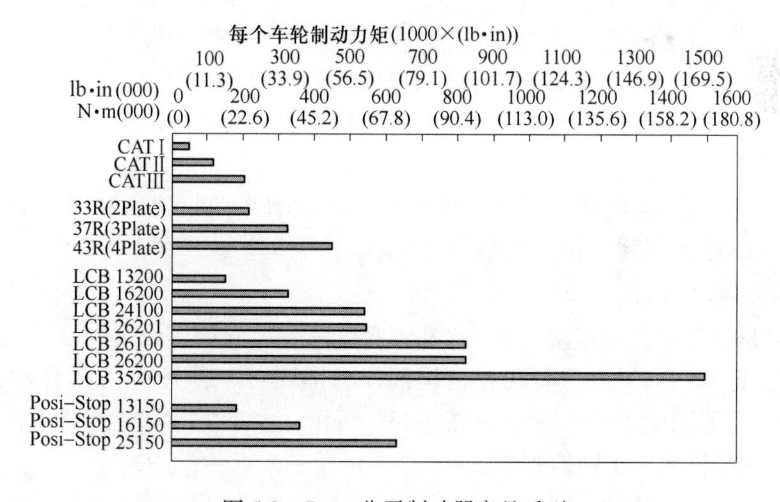

图 5-9 Dana 公司制动器产品系列

5.5.2 Dana 公司封闭湿式制动器的结构及特点

5.5.2.1 结构

CAT、PLCB、LCB 制动器工作原理相同，从上节可知，LCB 与 Posi-Stop 制动器工作原理是不同的，因此结构有区别，Posi-Stop 制动器比 LCB 制动器多了一个压板与若干个制动弹簧。

由于制动器工作时，摩擦片会产生大量的热量使制动器温度升高，但不得超过制动器许用温度（121℃）。为了便于司机了解这个温度，在制动器的端面上装有温度传感器（图中未示出）。由于制动器不断工作，摩擦片上衬里会不断磨损，使盘间间隙增加，从而造成活塞行程大，制动滞后，因此必须调整活塞行程，为此在制动器端面上、活塞侧面三处装有间隙调整装置（见图5-7）。

由于摩擦片耐磨衬里的磨损，摩擦片的厚度减薄，直到耐磨衬里全部磨光、制动力矩减少、制动性能变坏。为了反映摩擦片磨损的程度而采用摩擦片磨损指示装置（见图5-10）。

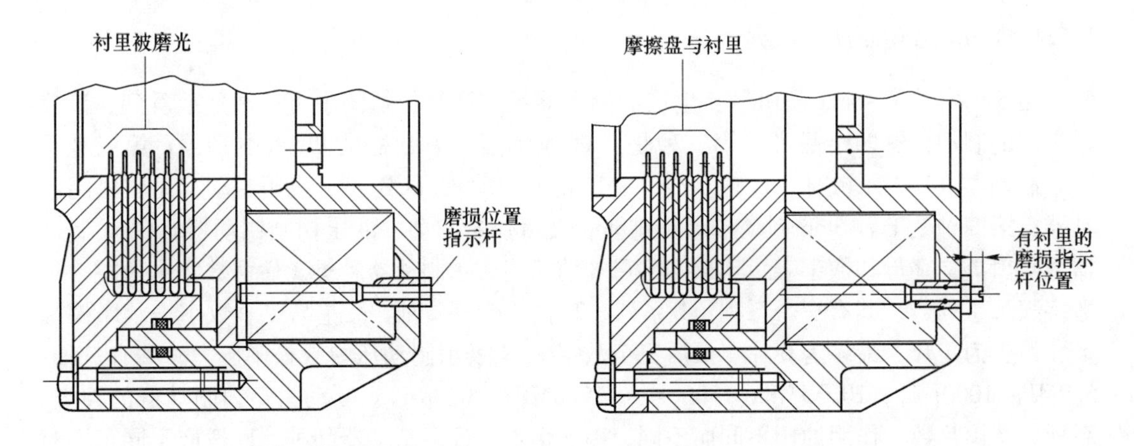

图5-10　磨损指示杆作用原理

在图5-10中，若磨损指示杆外端面露出调节螺母，则制动器可继续使用。若磨损指示杆外端面平了螺母，则制动器摩擦片必须更换新的以后才能使用。为了排除制动器内的空气，在制动器的最上方都设有排气螺塞。为了排净制动器内的油液，在制动器的下方都设有泄油孔。

除此之外，在制动器的端面还设有冷却油入口与出口、制动液压油入口以及用以固定制动器的12~16个铰制螺栓孔（见图5-11）。

5.5.2.2　浮动油封

浮动油封是封闭多盘湿式制动器一个很重要的零件，它的密封性能好坏直接影响着制动器的性能与使用。Dana公司有两种结构的浮动油封：一种是O形圈浮动油封（见图5-12），一种是菱形圈的浮动油封（见图5-13）。由于后者结构简单，安装容易，使用很广。O形圈与菱形油封由丁腈橡胶制造。

5.5.2.3　活塞油封

活塞油封常采用两种结构：一种为O形圈的两边带两个挡圈（见图5-14）；另一种采用所谓双特圈槽密封（见图5-15）。双特槽密封设计成带帽子的，这样可防止O形密封圈从滑动表面间挤出及磨损。Dana公司在制动器中大都采用前者。但后者近几年也有采用。

5.5.2.4　动摩擦片与静摩擦片

图5-16为动摩擦片的结构，图5-17为静摩擦片的结构。

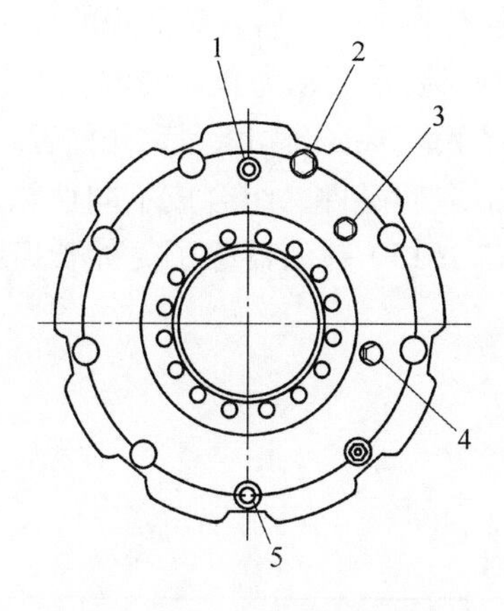

图5-11 制动器端面侧视图

1—放气螺塞；2，4—冷却油口；3—进油口；5—泄油口

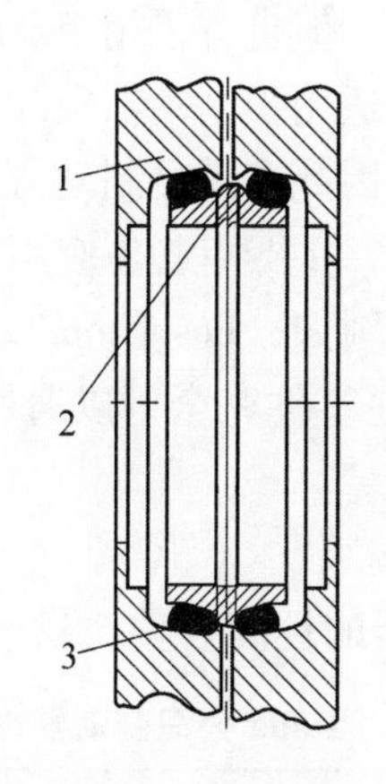

图5-12 O形圈浮动油封

1—浮封座；2—浮封环；3—O形密封圈

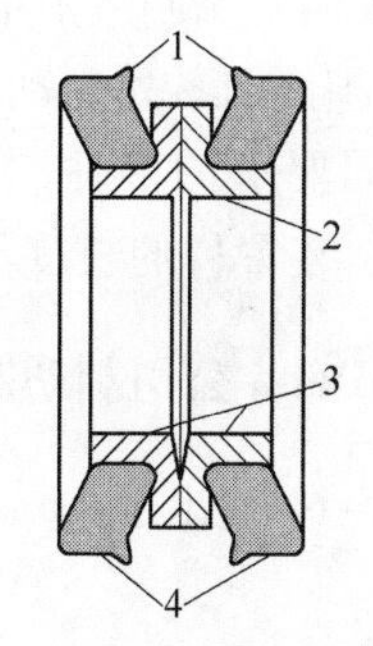

图5-13 菱形圈浮动油封

1—倒钩(凸出)唇边；2—密封交界面；3—金属密封圈；4—橡胶圈

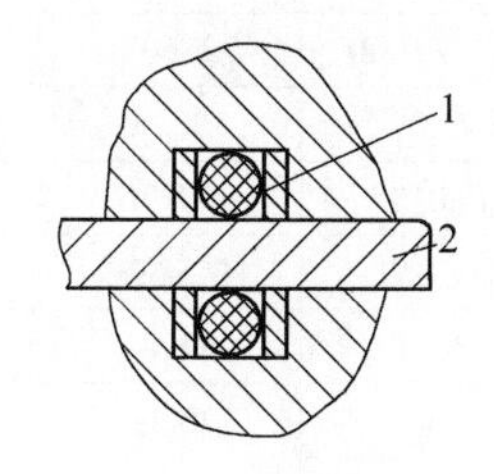

图5-14 密封结构（一）

1—密封圈；2—活塞

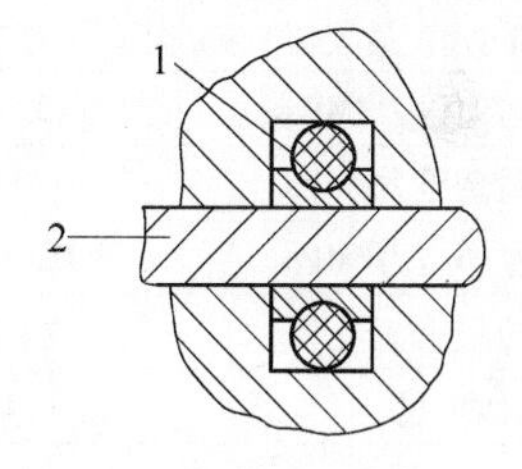

图5-15 密封结构（二）

1—密封圈；2—活塞

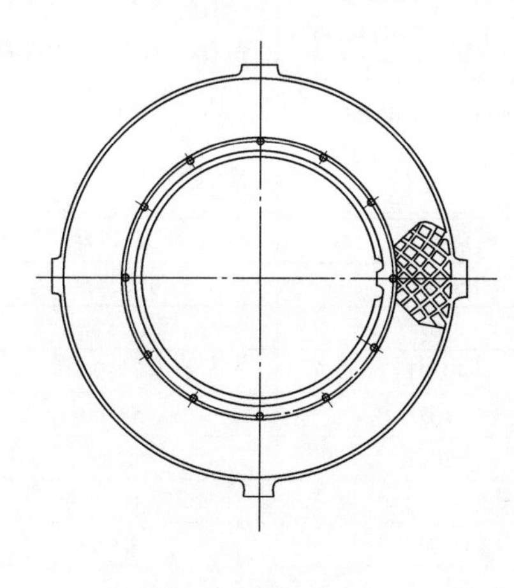

图5-16 动摩擦片结构

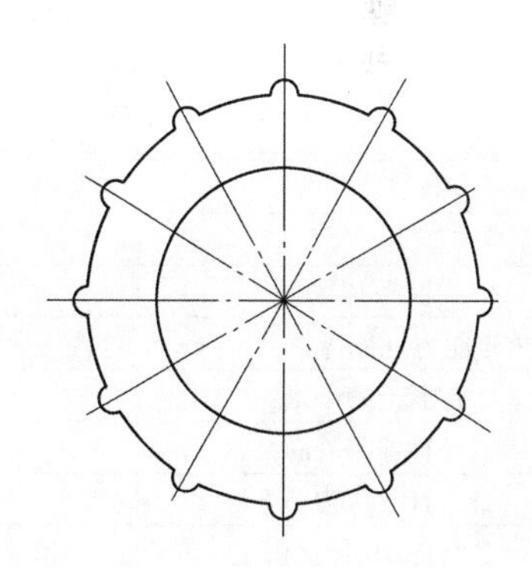

图5-17 静摩擦片结构

动摩擦片衬里为铜基粉末冶金衬里，也有纸质衬里。衬里有网格形油槽，这种形状既能保证较高的摩擦系数，又能有足够的冷却油通过，还可保证磨屑从油槽排出，而且制造也容易。因此Dana公司采用这种油槽形状。

5.5.2.5 制动弹簧

在Posi-Stop制动器上有一个非常重要的零件——弹簧。它工作频繁、负荷很重，对它的要求也很高。一般采用圆柱螺旋弹簧，但也有采用矩形断面的圆柱弹簧。后者截面积的最大应力高、刚度大，特性更接近直线，适用于制动器空间受限制又要求制动力较大的地方。由于矩形断面弹簧制造困难、成本高，因此在满足制动力的情况下，Dana 公司大都采用前者。

Dana 公司系列制动器结构的一个重要特点是使用数量不多的零件，组合成不同性能、满足不同要求的多种制动器总成。例如，Posi-Stop 12150 与 16150 制动器除了壳体长度、摩擦指示装置杆的长度不同外，其他零件完全可以通用。

5.5.3　Dana 公司制动器技术参数

表 5-14 列出了 Dana 公司制动器的性能参数，供参考。

表 5-14　Dana 公司制动器性能参数

制动器系列	系列Ⅰ		系列Ⅱ			系列Ⅲ
型　号	LCB 13200	LCB 16200	LCB 24100	LCB 26100	LCB 26200	LCB 36200
摩擦片数	3	6	4	6	6	6
制动力矩能力①/N · m	18645	37290	62150	93225	93225	169500
液体排量(最小值/最大值)/cm^3	107/159	175/262	492/722	144/1000	72/607	410/771
最大制动压力/MPa	13.78	13.78	6.89	6.89	13.78	13.78
活塞剩余压力/MPa	0.034	0.034	0.0138	0.0138	0.0276	0.0482
最大冷却压力/MPa	0.069	0.069	0.069	0.069	0.069	0.1035
冷却液最大流量/L	7.56	11.34	37.8	37.8	37.8	75.6
近似重量/N	1245	1467	1422	1667	2000	4147
桥 型 号	14D2149 16D2149	16D2149 19D2748	19D3847 19D4354 21D3847 21D4354 53R300 48R300	19D3847 19D4354 21D3847 21D4354 53R312 48R300 21D5568 53R300	19D3847 19D4354 21D3847 21D4354 16T2149 53R300 48R300	25D8860

制动器系列	系列Ⅰ	系列Ⅱ	系列Ⅲ
型　号	PS13150	PS16150	PS25150
摩擦片数	3	6	5
制动力矩能力（新摩擦片）/N · m	20001	40341	71190
维修点/N · m	17741	31075	58760
液体排量/cm^3	164	205	295
最大释放压力/MPa	10.33	10.33	10.33
最大冷却压力/MPa	0.069	0.069	0.069
冷却液最大流量/L	11.34	11.34	34
桥 型 号	14D2149 16D2149	16D2149 19D2748	19D3847 19D4354 21D3847 21D4354 53R300 48R300

注：表中 PS 表示 Posi-Stop 制动器。

① 采用 API GL5 润滑油的力矩能力。

还应指出的是随着车辆制动强度不同，产生的制动热也不同，因此冷却油量也应不同。故应重新计算冷却泵的流量。Dana 公司提供了有关确定冷却量的选择图，如图 5-18 和图 5-19 所示，冷却量可参考其中之一进行选择。但不管是计算也好，按图表选择也好，当环境温度不超过 27℃时，连续工作的制动器输出油温不得超过 121℃，断续工作的制动器输出油温不得超过 149℃。否则将影响制动器性能，甚至使其损坏。

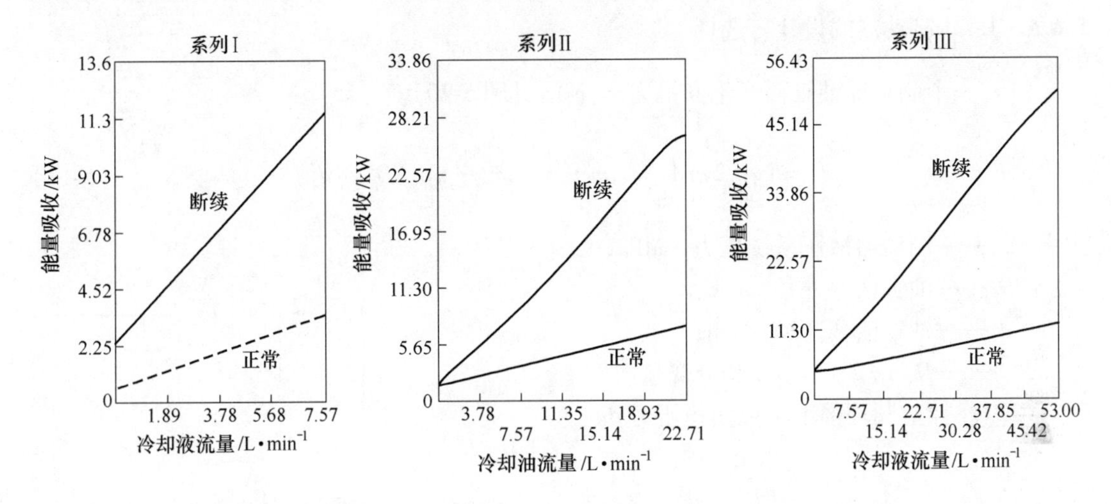

图 5-18　LCB 制动器能量吸收能力与冷却油液额定流量（一个制动器）

（操作条件：环境空气温度 27℃；油的入口温度 82℃；LCB 制动器外表清洁。正常工作条件（额定）：油的出口温度 93℃。断续工作条件（额定）：油的出口温度 121℃）

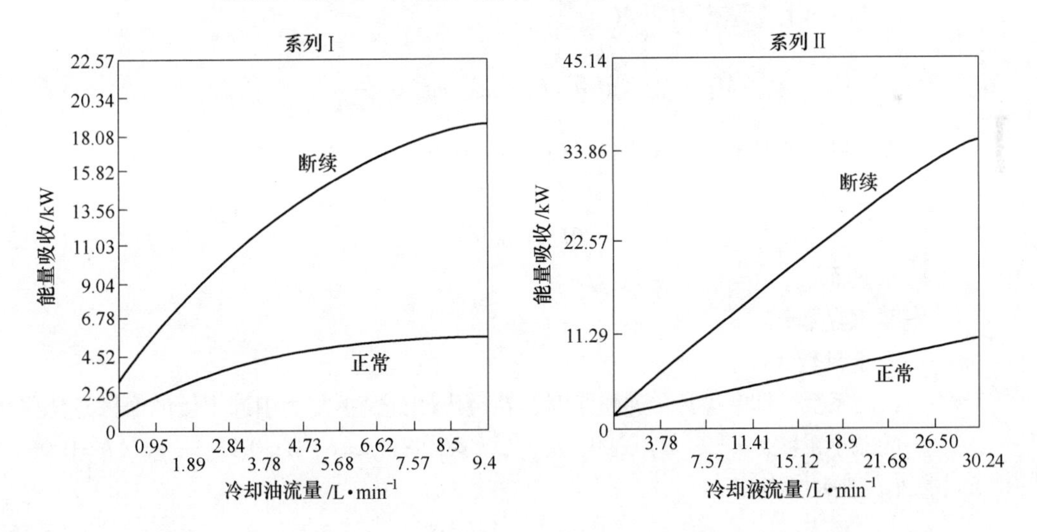

图 5-19　Posi-Stop 制动器能量吸收能力与冷却油液额定流量（一个制动器）

（操作条件：环境空气温度 27℃；油的入口温度 82℃；Posi-Stop 制动器外表清洁。正常工作条件（额定）：油的出口温度 93℃。断续工作条件（额定）：油的出口温度 121℃）

对 Posi-Stop 制动器来讲，制动力由若干个弹簧通过压盘作用在动、静摩擦片上，当制动液压系统的压力小于松闸压力时，可实现有效的制动。同样，当液压力大于制动器松闸压力额定值的 90% 时，就松闸。

综上所述，制动器在车辆上的重要性是显而易见的。它是在许多学科的基础上发展起来的，至今吸引了不少学者在研究与开发。随着科学技术的飞速发展，制动器技术将不断发展，更加完善。

5.6　封闭湿式多盘制动器的设计与选择

5.6.1　LCB 制动器的设计与选择

（1）一个制动器油缸活塞轴向推力 F(N)(见图 5-20)。

$$F = \int_{\frac{d_1}{2}}^{\frac{D_1}{2}} p_a 2\pi r \mathrm{d}r = \pi p_a r^2 \Big|_{\frac{d_1}{2}}^{\frac{D_1}{2}} = \frac{1}{4}\pi p_a (D_1^2 - d_1^2) \tag{5-12}$$

式中　p_a——制动器液压系统压力，MPa；

D_1——油缸活塞外径，mm；

d_1——油缸活塞内径，mm；

r——从 $d_1/2$ 到 $D_1/2$ 积分变量。

（2）摩擦盘圆环面上单位面积压力 p。

$$p = \frac{4F}{\pi(D^2 - d^2)} \tag{5-13}$$

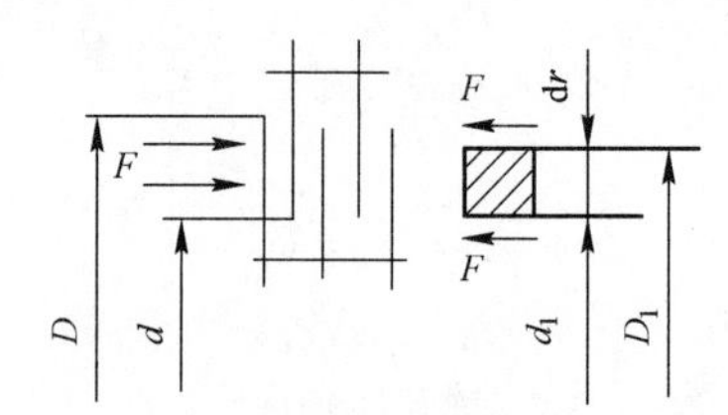

图 5-20　LCB 制动器受力简图

式中　D——制动盘衬面外径，mm；

d——制动盘衬面内径，mm。

（3）一对摩擦面上的摩擦力矩 M_1。

$$M_1 = \int_{\frac{d}{2}}^{\frac{D}{2}} 2\pi r \mathrm{d}r r p f = \frac{1}{12} f p \pi (D^3 - d^3) \tag{5-14}$$

式中　f——摩擦材料摩擦系数，对铜基材料，$f = 0.08 \sim 0.10$。

（4）一个制动器产生的制动力矩 M。

$$M = nkM_1 \tag{5-15}$$

式中　n——摩擦面数，$n = s + m - 1$；

s——摩擦盘数；

m——固定盘数；

k——折减系数，即摩擦片传递扭矩时，花键齿侧处摩擦阻力引起串压的摩擦盘压紧力的减小系数，$n=2$，$k=0.99$；$n=4$，$k=0.98$；$n=6$，$k=0.97$；$n=8$，$k=0.96$。

（5）整车的制动力矩 M_B。

$$M_B = 4M \tag{5-16}$$

整车的制动力矩也可以用下述简化公式计算：

$$M_B = 4A_1 p_a R_B f n \tag{5-17}$$

式中　A_1——油缸工作面积，mm^2；

R_B——等效摩擦半径，$R_B = \dfrac{D^3 - d^3}{3(D^2 - d^2)}$，可近似取 $R_B = 0.55D - 38.1$，mm。

（6）整车的制动力 F_B(N)。

$$F_B = M_B / r_k \tag{5-18}$$

式中 r_k——轮胎的滚动半径，mm。

（7）制动加速度的计算。略去空气阻力和滚动摩擦阻力，与车辆相连的旋转质量系数取 $\delta_o = 1.04$，坡度角为0°。此时制动加速度 j 为：

$$j = F_B / G\delta_o \tag{5-19}$$

式中 j——制动加速度，m/s^2；

G——地下矿用汽车工作质量，kg。

此时计算的制动加速度

$$\varphi g \geqslant j \geqslant 0.40g$$

式中 g——重力加速度，$g = 9.81 m/s^2$。

否则要重新选择制动器。此时所设计的制动器还必须满足地下矿用汽车在25%（14°）的坡度上停车的要求，即：

$$M_{B1} = Ggr_k \sin 14° \tag{5-20}$$

必须 $M_B \geqslant M_{B1}$，否则也必须重新选择制动器。只有所设计的制动器同时满足上述两个条件，才说明设计可行。

（8）制动距离计算。

$$s = s_1 + s_2 \tag{5-21}$$

$$s_1 = v_o^2 / 2j \tag{5-22}$$

$$s_2 = tv_o \tag{5-23}$$

$$s = tv_o + v_o^2 / 2j \tag{5-24}$$

式中 s_1——制动距离，m；

s_2——空走距离，m；

j——加速度，m/s^2；

t——制动延迟时间，s。

粗略计算可取：

$t = 0.35$，液压盘式制动；$t = 0.5$，弹簧制动；$t = 0.4 \sim 0.8$，气压制动；$t = 0.75 \sim 1$，鼓式制动。

（9）制动器的校核。

1）衬片平均比压 p。

$$p = F / A_d \leqslant [p_d] \tag{5-25}$$

式中 $[p_d]$——摩擦面许用比压，MPa；

A_d——摩擦面面积，$A_d = (D^2 - d^2)\pi/4$，m^2（有些按净摩擦面面积计算，即摩擦面面积还要减去油槽面积）。

2）温升校核。制动器工作时产生的热量，一部分进入冷却器中，一部分传递给各零件，这时如果制动器热容量不够，则温升过高，各摩擦面会很快磨损甚至烧毁。为了避免发生上述情况，设计时必须使制动器控制在110℃左右，一般每制动一次温升不超过5℃。

制动器产生的热速率 H(J/s)

$$H = p_a A_d f v \tag{5-26}$$

式中 p_a——制动器液压系统压力，MPa；

v——摩擦盘的平均摩擦速度，m/s。

制动器每制动一次所产生的温升 T(℃)：

$$T = \mu Q/(cm) \tag{5-27}$$

式中 μ——制动器零件的吸热率，一般取 $\mu = 0.5$；

c——制动器的热容量，$c = 481.4$J/(kg · ℃)；

m——制动元件的质量，kg。

制动一次产生的热量 Q(J)。

$$Q = t_{cp} H \tag{5-28}$$

式中 t_{cp}——从开始制动到机器停车的平均制动时间，s。

3）一次制动单个制动器用油量 V_1 的计算。

$$V_1 = 1000 A_P L_P \tag{5-29}$$

式中 A_P——活塞环面积，m^2；

L_P——一次制动活塞总行程，m。

由于摩擦片厚度在制动过程是不断减薄的，即新摩擦片厚度磨损到沟槽底的摩擦片厚度，摩擦片钢背板厚度。故一次制动总行程也相应变化。此外，制动单个制动器用油量也随之变化。设计时，一般按新摩擦片设计用油量来选择制动传动装置。

5.6.2 Posi-Stop 制动器设计与选择

以弹簧制动液压松闸多盘湿式制动器为例进行计算。其他形式制动器同理可以计算。在弹簧制动器中，液压力 F 变成了松闸力，而制动力是由被压缩的弹簧力 F_s 产生的。因此在弹簧制动器中既要计算弹簧产生的制动力，又要计算松闸的液压力。

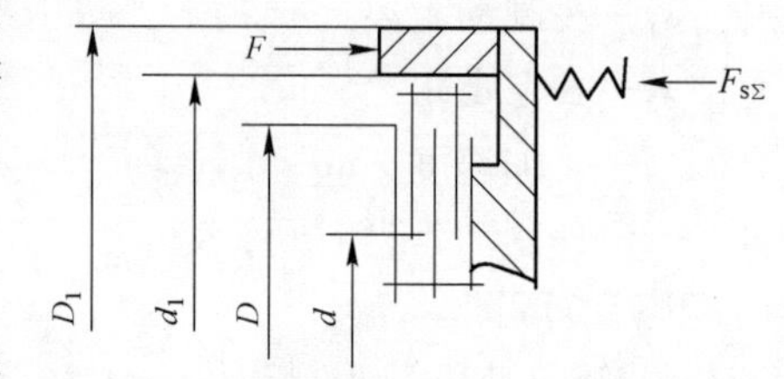

图 5-21 弹簧制动器设计简图

5.6.2.1 弹簧的设计

弹簧制动器的设计关键是弹簧，它的性能好坏、寿命长短，直接影响该制动器的性能与寿命。弹簧制动器的设计简图如图 5-21 所示。

每个弹簧制动器能产生的制动力矩 M_s：

$$M_s = f F_{s\Sigma} n k R_B \tag{5-30}$$

式中 f——动盘与定盘之间的摩擦系数；

$F_{s\Sigma}$——弹簧轴向压紧力合力；

n——摩擦面个数；

k——折减系数；

R_B——等效摩擦半径；

n、k、R_B 见式（5-15）与式（5-17）。

$$F_{s\Sigma} = Zp'\Delta X \tag{5-31}$$

式中 Z——制动弹簧个数；

p'——弹簧刚度，N/mm；

ΔX——弹簧最大压缩量，mm。

这里取：$M_s = M_B$。

$$F_s = F_{s\Sigma}/Z \tag{5-32}$$

根据单个弹簧轴向压紧力 F_s，参考同类型的弹簧制动器的结构参数和制动器的总体布置，选择弹簧的结构参数。

5.6.2.2 松闸压力 p_a 的计算

弹簧制动器松闸时，靠制动系统供给的足够大的液压力的液压油作用于制动缸内环形活塞上，推动活塞移动使压缩弹簧进一步压缩，动盘和定盘分离后，解除制动。设计时，根据总体布置和制动器结构要求，液压油作用的环形面尺寸就显得非常重要。为了使制动器的液压力在松闸压力额定值90%时完全松闸，则：

$$0.9F > F_{s\Sigma}$$

即

$$\frac{0.9\pi p_a(D_1^2 - d_1^2)}{4} > Z\Delta Xp'$$

$$0.7065p_a(D_1^2 - d_1^2) > Z\Delta Xp'$$

$$p_a > \frac{1.41Z\Delta Xp'}{D_1^2 - d_1^2} \tag{5-33}$$

液压系统松闸油压 p_a 不能随便选取，应与脚制动阀与充液阀性能参数相匹配。

若要使用 Dana 公司的车桥，就必须按 M_B 在表 5-14 中选取相应规格的制动器。

5.7 停车制动器及其设计计算

从安全角度出发，地下矿用汽车除了近几年才出现的弹簧制动液压松闸的全封闭多盘制动器外，其余都单独配置了停车制动器。停车制动器主要用于地下矿用汽车在路面或斜坡上停车。国内外对停车制动器的设计都有规定：停车制动器必须能提供在一定坡度上停车所需的制动力（见 5.2.2.3），并要求手柄的操纵力不得大于一定值。停车制动器一般装在变速箱的输出轴或驱动桥的输入轴上。在此介绍常用停车制动器结构与设计计算。钳盘式和全封闭多盘制动器较鼓式制动器性能好、制动稳定、维修简单、寿命长，目前在地下矿用汽车上广泛应用，在美国 Dana 公司生产的变速箱和驱动桥，都装有这几种制动器。

5.7.1 结构与工作原理

停车制动器主要用于地下矿用汽车在路面上或斜坡上可靠且无时间限制地停在一定位置上，防止设备自行滑动而发生事故。在国内外许多标准中，对停车制动器的性能做了具体要求。因此在设计停车制动器时，必须严格执行相关标准。停车制动器有鼓式、钳盘式和全封闭湿式多盘式三种。它一般装在变速箱输出轴或驱动桥输入轴处。本节介绍国内外常用的蹄式、卡式圆盘制动器、全封闭湿式多盘式制动器的结构与设计。

目前，我国地下矿用汽车多采用蹄式、卡式圆盘制动器，过去也在变速箱惰性轴上采用全封闭湿式多盘式。这些制动器典型结构是 Dana 公司机械制动器和机械浮动卡钳式制动器。这是一种弹簧施压、液压松开制动器。其他公司如 Mico、Carlisle 公司也生产相似停车制动器。

5.7.1.1 蹄式制动器

Dana 公司变速箱用得最普遍的一种停车制动器是蹄式制动器，通常装在变速箱输出轴制动器法兰上，它主要由 13 个零件组成，如图 5-22 所示。

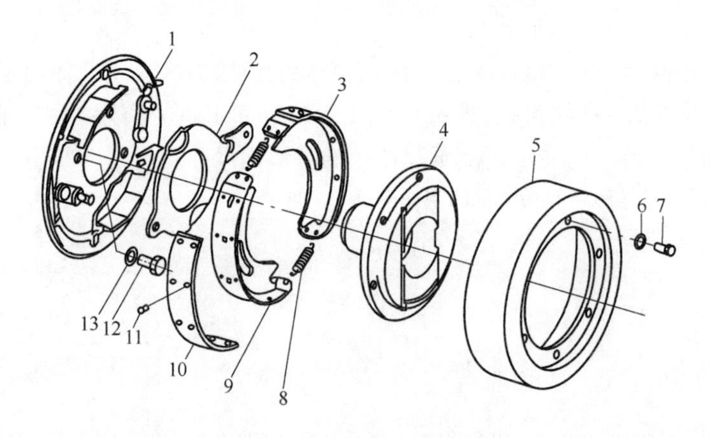

图 5-22 Dana 公司蹄式制动器

1—后盖板总成；2—操纵杆；3—制动蹄及刹车片；4—制动器法兰；5—制动鼓；6，13—锁紧垫片；7，12—螺钉；8—回位弹簧；9—制动蹄；10—刹车片；11—铆钉

它的工作原理如图 5-23 所示。操纵杆 1 和制动蹄 3、6 都是浮动的，驱动连杆 2、7 一端与固定铰点 O_1 和 O_2 相连，另一端套在两个制动蹄的滑槽内。操纵杆 1 一端铰接在驱动连杆 7 的 O_2，另一端的曲边靠在驱动连杆 O_1 点上，制动时对操纵杆施加一个力 P，操纵杆 1 推动驱动连杆 2 绕 O_1 点转动，连杆 2 又把右蹄推向制动鼓，与此同时在 O_1 点处操纵杆 1 又受到一个向左的力 P_1，使操纵杆向左移动，推动驱动连杆 7 绕 O_2 点转动，把左蹄推向制动鼓，从而实现制动。制动中两个蹄都是紧蹄，反转也同样，并且由于操纵杆的浮动，使得两蹄与制动鼓间压力大体相等。因此，这是一个对称平衡式制动器。

5.7.1.2 卡式圆盘制动器

地下矿用汽车常用的卡式圆盘制动器有 Dana 卡式圆盘制动器（见图 5-24）、Mico 卡式圆盘制动器（见图 5-25）、Carlisle 卡式圆盘制动器（见图 5-26）。

在图 5-24 中，卡钳 1 与两个相同的背板/摩擦衬片 4 及总成可自由沿导向销 8 滑动。用螺栓导向销固定到用户提供的托架上，当制动器制动时，产生切向力，根据制动盘回转的方向而传递给其中一个导向销。由碟形弹簧组 11 产生的夹紧力使活塞 6、调节螺钉 10、推杆 5 及背板/制动器摩擦衬垫、总成一起向制动盘移动。当摩擦衬片 4 与制动盘接触时在止推环 7 的反作用下，使总成与制动器摩擦衬片 2 一起在导向销 8 上向着制动盘方向移动，直到完全接触制动盘。油室里的压力油推动活塞 6 克服碟形弹簧 11 的力向外移动，

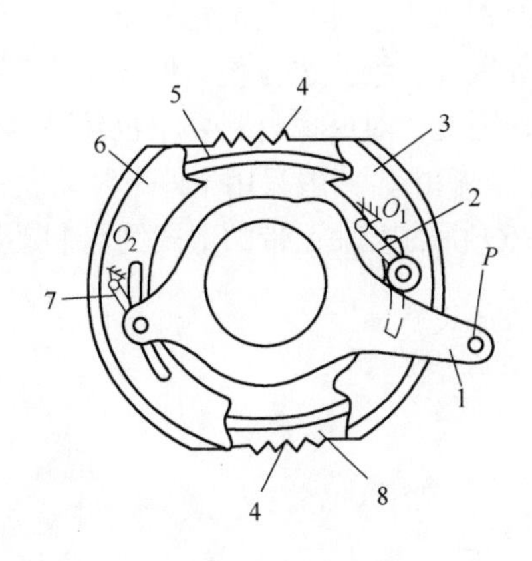

图 5-23 Dana 公司蹄式制动器原理图

1—操纵杆；2，7—驱动连杆；
3，6—制动蹄；4—回位弹簧；
5，8—固定顶板

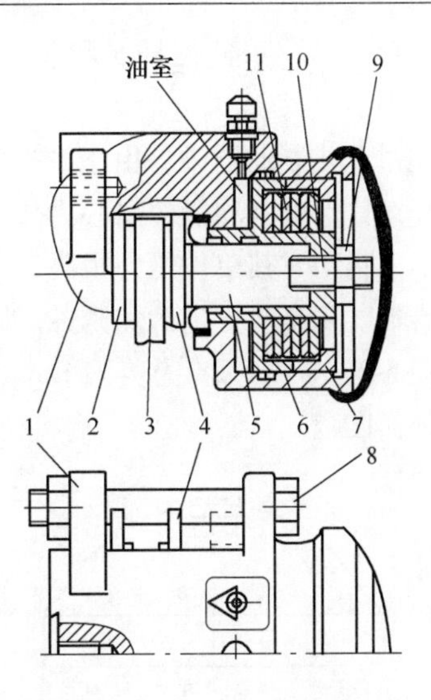

图 5-24 Dana 卡式圆盘制动器

1—卡钳；2，4—背板/摩擦衬片；3—制动盘；
5—推杆；6—活塞；7—止推环；8—导向销；
9—锁紧螺母；10—调节螺钉；11—碟形弹簧组

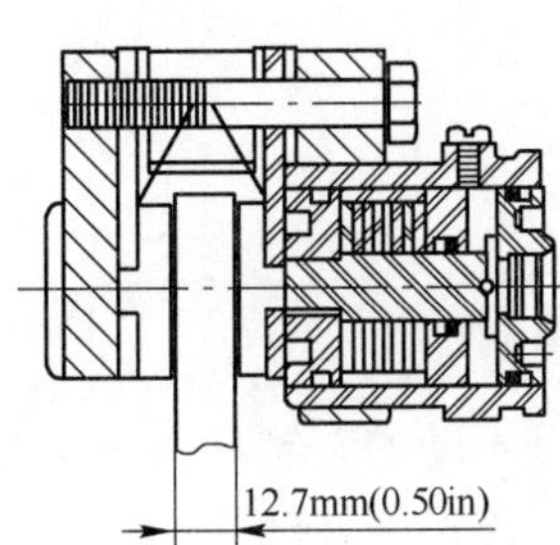

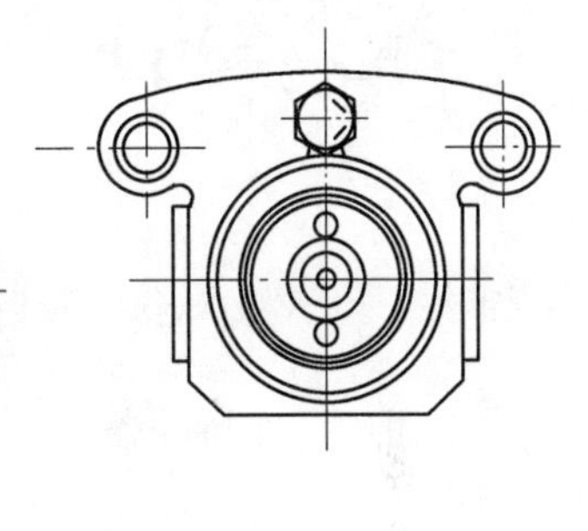

图 5-25 Mico 卡式圆盘制动器

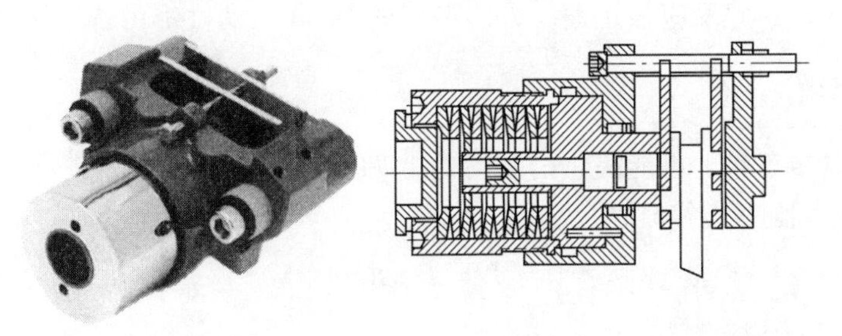

图 5-26 Carlisle 卡式圆盘制动器

直到止推环 7 停止移动为止。

图 5-25 和图 5-26 中的制动器结构虽有些不同，但基本原理却完全一样，都是弹簧施压/液压松开型，而且都是使用碟形弹簧。因此仅了解第一种制动器就可以了。

由于摩擦衬片和制动盘材料的磨损，夹紧力将减少，制动器必须转动调节螺钉 10 进行顺时针旋转，迫使推杆 5 和制动器摩擦衬片向着制动盘移动，从而补偿了制动盘和摩擦衬片磨损。

在钳盘式制动器中，由于摩擦片与制动盘的接触面积较小，其结构简单、质量小、散热性能好，且借助制动盘的离心力作用易将泥水、污物等甩掉，维修也方便，但因摩擦片的面积较小，制动时其单位压力很高，摩擦面的温度较高，因此，对摩擦材料要求也较高。但该制动器难以完全防止尘污和锈蚀。因此在地下采矿运输车辆中，一般只用于停车制动。

图 5-27 与图 5-28 为美国 Dana 公司制造的 21D3960 桥输入轴上带的卡式圆盘制动器简图及剖面图。

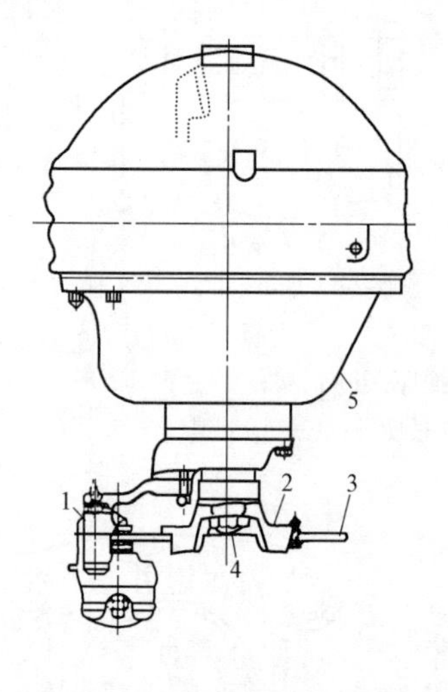

图 5-27　卡式圆盘制动器简图

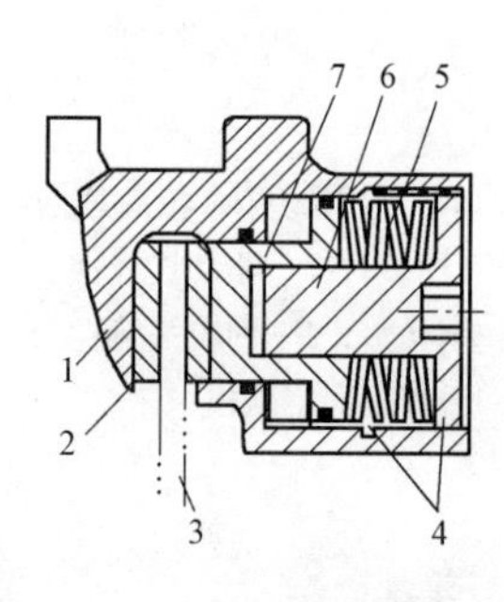

图 5-28　制动器剖面图

1—制动卡钳；2—制动圆片；3—制动圆盘；4—弹簧垫；5—碟形弹簧；6—调节螺杆；7—活塞

其中卡钳固定在桥壳盖上，是不动的。制动盘固定在桥输入法兰上，它可以随输入轴转动。当没有油压时，活塞在复合碟形弹簧的作用下，使制动圆片夹紧制动圆盘，实现停车制动。

当油压建立以后，活塞克服弹簧力右行，松开停车制动器。制动圆片与制动圆盘之间的间隙仅 0.5mm，因此反应极迅速。许多型号的 Dana 驱动桥都可选用该种制动器。

5.7.2　设计与计算

（1）制动器在车轮上可能提供的制动力矩 T(N · m)。

1）液压制动器（见图 5-29）。

$$T = F_s \mu R_B i n \tag{5-34}$$

式中　F_s——弹簧产生的制动力，N；

μ——摩擦面的摩擦系数，一般取 $\mu = 0.1$；

R_B——等效摩擦半径，m，

$$R_B = \frac{2}{3}\left[\frac{\left(\frac{D}{2}\right)^3 - \left(\frac{d}{2}\right)^3}{\left(\frac{D}{2}\right)^2 - \left(\frac{d}{2}\right)^2}\right] \tag{5-35}$$

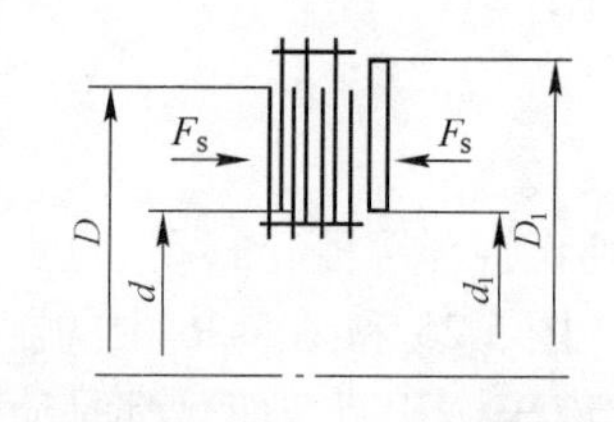

图 5-29　多盘制动器计算简图

D——制动盘衬面外径，m；

d——制动盘衬面内径，m；

i——从惰轮轴到驱动桥总的传动比；

n——摩擦盘接触面数。

2）卡式圆盘制动器（图 5-30）。

$$T = 2\mu F_s R_B i \tag{5-36}$$

式中 T——制动力矩，N·m；

μ——摩擦面摩擦系数，一般取 $\mu = 0.3$；

F_s——弹簧力，N；

R_B——有效摩擦半径，m，$R_B = \delta e$，δ 值从表 5-15 中选取；

e——制动圆片中心到轴回转中心距离，m；

i——驱动桥总的传动比。

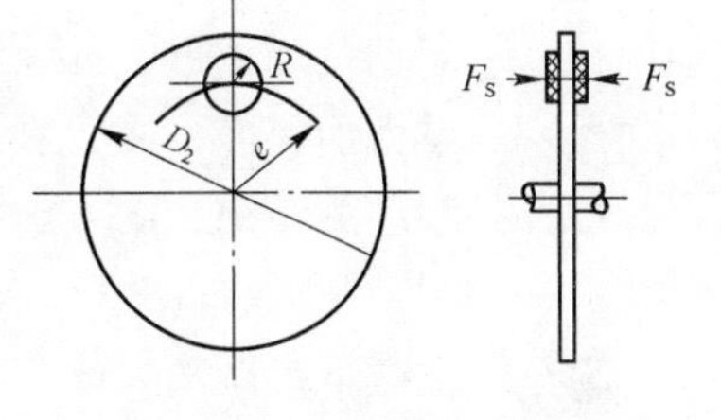

图 5-30 卡式圆盘制动器简图

表 5-15 卡式圆盘制动器 R_B 表

R/e	$\delta = R_B/e$	R/e	$\delta = R_B/e$
0	1.00	0.3	0.957
0.1	0.983	0.4	0.947
0.2	0.969	0.5	0.938

注：R 为制动摩擦圆片半径，m。

若选用液压制动，其计算方法同前面行车制动器。

（2）斜坡上停车时，车轮所必需的制动力矩 M_B（N·m）。

$$M_B = (G_{VW}\sin\alpha - fG_{VW}\cos\alpha)r_k \tag{5-37}$$

式中 G_{VW}——整车满载时重，N；

α——坡度角，(°)；

$G_{VW}\sin\alpha$——下滑力，N；

f——滚动摩擦系数，一般取 $f = 0.03$；

$fG_{VW}\cos\alpha$——滚动阻力，N；

r_k——轮胎滚动半径，m。

（3）停车制动器能制动的最大斜坡角度。当制动器在车轮上可能提供的制动力矩 T 大于或等于地下矿用汽车在斜坡上停车所需最大制动力矩时，即 $M_B \leqslant T$ 时

$$M_B = (G_{VW}\sin\alpha - fG_{VW}\cos\alpha)\ r_k \leqslant T \tag{5-38}$$

令

$$A \geqslant \sin\alpha - f\cos\alpha$$

$$A = T/G_{VW}r_k$$

只要知道 T、G_{VW}、r_k，就可求出最大的 α 角。

求出的 α 角必须大于执行标准要求，否则要重新选择或重新设计制动器。

（4）在平路上以最高速度行驶时，停车制动器制动的最小制动距离 S。

$$M_B \leqslant M_{设计} = jG_{VW}r_k\delta_0/g \tag{5-39}$$

$$j = M_Bg/(G_{VW}r_k\delta_0),\quad M_B = T$$

$$j = Tg/(G_{VW}r_k\delta_0)$$

$$S = S_1 + S_2 = tv_0 + v_0^2/2j$$

式中　j——制动负加速度，m/s^2；

g——重力加速度，m/s^2；

S——制动总距离，m；

S_1——制动距离，m；

S_2——空载行走距离，m；

T——制动器制动延迟时间，s；

v_0——制动前初速度，m/s。

如果工作制动失效的话，采用停车制动，对不同斗容的地下矿用汽车，其制动距离有不同的规定。

（5）制动后制动盘的温升（℃）。在制动过程中，衬片与制动盘之间的摩擦力所做的功等于地下矿用汽车动能 E(N · m)：

$$E = G_{VW}v_0^2/2g$$

因为

$$E = (t_f - t_i)c\rho\frac{\pi D^2}{4}b$$

故一次制动后制动盘的温度为：

$$t_f = \frac{4E}{\pi c\rho D^2 b} + t_i \tag{5-40}$$

式中　t_f——制动后的制动盘温度，℃；

t_i——制动盘的初始温度，℃；

c——制动盘的比热容，$c = 473$N · m/(kg · ℃)；

ρ——制动盘质量密度，$\rho = 7800kg/m^3$；

D——制动盘外径，m；

b——制动盘厚度，m。

6 转向系统

6.1 概述

地下矿用汽车转向系统包括从司机室到接地轮胎之间所有参与机器转向的零部件。地下矿用汽车转向系统的功能就是按照驾驶员的意愿控制地下矿用汽车的行驶方向。地下矿用汽车转向系统对地下矿用汽车的行驶安全至关重要，特别是对于地下巷道弯多、弯急和路窄的特点，地下矿用汽车转向系统的安全性更为重要。

国际标准化组织于 1992 年公布了 ISO 5010《土方机械　轮式机械的转向能力》标准。该标准对土方机械转向系统的性能要求和试验方法作了具体规定。我国在 1993 年公布了 GB/T 14781—1993 标准，该标准等效采用了 ISO 5010：1992 标准。2007 年国际标准化组织对 ISO 5010：1992 进行了修改和补充，公布了新的 ISO 5010：2007 标准，2014 年我国公布了 GB/T 14781—2014 标准，该标准等效采用了 ISO 5010：2007 标准。该标准规定了 ISO 6014（GB/T 8498—2008）定义的轮式土方机械转向系统的性能要求和试验方法。尽管该标准适用于评估行驶速度超过 20km/h 的具有手动转向，动力助力转向或动力转向系统，其中包括推土机、装载机、反铲装载机、挖掘机、翻斗车、铲运机和平地机。此标准也被 EN 1889：2010 和正在讨论的地下无轨采矿车辆安全要求标准所采用，成为地下无轨采矿车辆、安全要求标准的重要内容之一。

目前，地下汽车转向系统大都采用铰接液压转向系统，前后车架由上下铰销连接而成，它既可以在水平面内作相对转动，又可以在垂直面内作相对移动。前者实现整机转向，后者保证车轮与地面良好接触。铰接式装置的优点是：由于转向半径小、转向灵活、附着性能好、不需要转向桥，前后桥有些可以通用，使零件的标准化、通用化情况提高，在井下矿山使用的无轨设备中（包括地下汽车）获得广泛应用。铰接式转向也有一些缺点：所需功率比偏转轮转向大、机械的横向稳定性差、前驱动轮没有定位角，车轮会出现振摆，机械蛇形前进，直线行驶性能差、方向盘无自动返正作用。

6.2 转向系统类型

地下矿用汽车转向系统类型包括：机械转向系统（manual steering system）；动力助力转向系统（power-assisted steering system）；动力转向系统（full power-assisted steering system 或 full power steering system）；应急转向系统（emergency steering system）。

（1）机械转向系统。完全依靠司机本身的力量使车辆正常转向的系统。

（2）动力助力转向系统。利用辅助动力源，减轻司机操纵力进行转向的系统（在没有附加转向动力源的情况下，车辆可以仅依靠人力转向）。

（3）动力转向系统。依靠一个（或几个）转向动力源进行转向的系统（动力转向系统是若没有转向动力则需要至少 115N 的人力才能转向的系统）。

（4）应急转向系统。应急转向系统用于在正常转向动力源发生故障或发动机停止工作的情况下进行转向的系统。

6.3 转向系统控制元件

为使车辆按需要方向转向，司机所采用的控制元件有：

（1）方向盘，用来使转向车轮产生转向角的环形或一段环形的操作元件。

（2）杠杆控制，操作元件包括两个独立的杠杆，用来控制驱动系统产生左转和右转的相对速度。

（3）操纵杆控制，通过控制操作元件向左或向右运动，使转向车轮转动一个角度，或者使驱动系统向左侧或右侧产生相对速度。

（4）按钮控制，由两个独立的按钮组成的操作元件。它可以使一个转向车轮产生转向角或控制驱动系统向左侧或右侧产生相对速度。

（5）脚踏板控制，通过压下两个独立的脚踏板，使转向车轮产生转向角，或控制驱动系统向左侧或右侧产生相对速度。

地下矿用汽车常见方向盘、操纵杆控制和杠杆控制。

6.4 转向系统一般要求

6.4.1 所有转向系统

地下矿用汽车对所有转向系统的一般要求有：

（1）正常转向操纵元件在任何情况下都应是司机控制机器转向的装置。

1）在机器向前方行驶期间，当转向控制元件被释放时，所选的转向轮通过圆（按照6.9.3确定外侧轮胎通过直径）保持一致或更大。

2）转向系统应被设计成转向控制元件的运动方向与其转向效果是一致的。如果控制操作不明显，应提供操作标记（如使用符号）。

3）当机器运转期间，正常操作的电子转向控制系统正常操作时，应无非受控制运动发生。

4）转向控制元件应允许转向比率逐渐调整。如果转向速度无法逐渐调整，最高的机器速度应限制在10km/h之内。

（2）所有转向系统的设计及在机器上的安装都应使转向系统能承受紧急情况下司机施加的预定操纵力，都不会引起转向功能损坏（见6.10.1中（1）的要求）。

（3）正常转向系统应具有充分的灵敏性、可调节性和响应性，以使熟练的司机能保证车辆始终在预定的行驶路线上行驶。并经过验证以达到6.10.2的要求。如果转向控制不允许调整转向速度，机器的行驶速度应降到10km/h以下。

1）后轮转向车辆，也应符合6.10.2中（2）对转向稳定性的要求。

2）如果车辆倒挡的速度超过20km/h，在前进与倒退两个方向应有相近的转向系统作用力、速度和持续时间的能力。这应当由系统原理图或计算验证，后退试验就不要求了。

（4）若采用液压转向回路，则油路应具有以下特征：

1）在液压回路中，应设置避免油路超压的压力控制装置。

2）液压软管、接头和管材爆破试验压力应不小于正常转向系统及应急转向系统内工作回路控制装置油路压力的四倍。

3）管路的安装和布置应避免软管弯曲过急、扭转、用力擦洗和阻塞。

（5）元件布置应便于检查和维护，以提高转向系统的可靠性。

（6）为减少对转向系统的干扰，应采取以下措施：

1）机器其他功能对转向系统产生的干扰，应通过恰当的布置和几何学方法降低到最低。例如：悬挂元件的变形或位移、机器侧倾或车桥摆动及由于作用于车轮上的驱动力矩和制动力矩引起的转向变化等，均应通过恰当的布置和几何学方法降低到最低。

2）在机器设计中应考虑外力对转向系统的干扰，其干扰不应对转向操纵有较大影响。

（7）动力助力转向和动力转向系统，应符合下述规定的条件：

1）这些系统应尽可能与其他动力系统和油路分开，或者应比除符合 ISO 3450 规定的性能水平的紧急制动系统外的其他系统或油路优先布置。

2）如果正常转向动力源也为其他系统（耗能装置）提供动力，则这些系统（耗能装置）的任何失效都应视为是与正常转向动力源相同的失效。

3）在满足 6.10.3 要求的情况下，转向动力源失效后转向操纵元件与转向轮之间的传动比变化是允许的。

（8）若车辆装有应急转向系统，这个系统应尽可能与其他动力系统或油路分开，或者应比除符合 ISO 3450 规定的性能水平的紧急制动系统外的其他系统或油路优先布置。

（9）若装有应急转向系统，其司机手册中应包括下列内容：

1）指示机器装有应急转向系统；

2）应急转向能力的极限值；

3）验证应急转向系统作用的现场试验方法。

（10）意外操作。除了方向盘外，所有转向操纵元件设计、布置（即司机工作位置的布局）为非工作状态（即联锁）或安全的，以减少当人进入或离开司机区域时，意外触发的可能。

6.4.2 带有正常的和附加的转向操纵元件的转向系统

如果要使用多个转向控制元件，除了 6.4.1 的要求外，下列要求也应得到满足：

（1）如果转向操纵元件之一的方向盘始终被使用，且比任何其他的转向控制元件优先，应考虑作为正常转向操纵元件。

（2）可被使用/停用或有速度限制的转向操纵元件，在使用时，应有一个视觉或听觉指示给司机。

（3）如果转向操纵元件的使用受限于 6.10.4 规定的转向试验特定的行驶速度，机器的行驶速度应通过设计使转向操纵元件触发时限制为该速度。

（4）如果需要附加转向操纵元件在公路上行驶时不起作用，其功能应能够被关掉或不起作用。

6.4.3 带电气/电子传递装置的转向系统

除了 6.4.1 的要求外，该转向系统还应满足 ISO 15998 或 ISO 13849 或 IEC 62061 及下

列要求：

（1）在电气/电子转向控制系统的单一失效导致危险，且车辆行驶速度大于10km/h时，转向系统应进入安全状态（即转向操纵系统失效后，通过受控设备、程序或系统停止或转换为安全模式，以预防意外运动或潜在的存储能量释放危害，自动或手动应用状态）。

（2）行驶速度大于20km/h的车辆，应当符合以下性能标准：

1）在出现单一失效时，转向性能应当保持；

2）意外转向的可能性应降到最小；

3）在出现失效时应对司机发出警告。

（3）当附加转向控制元件的动力源失效，且如果正常的转向控制元件未受到影响时，上述（2）中1）和2）项要求不适用。

（4）在（2）中所列规定的要求，应经过制造商规定的相关的风险分析方法验证，如失效模式和后果分析法（FMEA）、事件树分析法（ETA）、故障树法（FTA）或类似的方法。

6.5 转向系统人机工程学要求

转向系统人机工程学要求包括：

（1）车辆转向与转向操纵元件的移动方向关系。车辆转向应与转向操纵元件的移动方向对应，即方向盘顺时针转动则使机器右转弯，反之则左转弯。

机器处于正常功能的情况下，转向操纵元件的操作应符合ISO 10968的规定。

（2）转向操纵力。按司机施加在转向操纵元件上的机器转向所必需的力尽可能小，并且不得超过下述规定的值。

1）当根据6.10规定进行转向试验时，使用方向盘的正常转向系统的转向操纵力不得超过115N。

2）操纵元件的转向力（方向盘的分力），应符合表6-1的规定。

表6-1 控制器的操纵力

操纵动作		操纵力/N		
		最大值	正常（频繁操作）	最小值①
手	杆，前/后	230	80	20
	杆，侧向	100	60	15
	制动杆，向上	400	60	15
脚	踏板	450	120②	30
	中间铰接踏板	230	50	30
脚尖	踏板	90	50	12
手指尖	杆或开关	20	10	2

① 仅供参考，因为沿着操纵杆行进，操作力是可变的，标示值是动作期间（尤其是接合至棘爪位置之前）预期达到的值。

② 有背面支撑时为150N。

3）根据规定的转向试验，应急转向系统的转向操纵力不得超过350N。

（3）转向操纵元件在左右两方向的移动量。左右转向各达到30°转向角，转向操纵元件在左右两方向的移动量相差不得超过25%（可通过计算得到）。

6.6 性能要求

地下矿用汽车转向性能是汽车的主要性能之一，转向系统的性能直接影响到汽车的操纵稳定性，它对于确保车辆的安全行驶、减少交通事故以及保护驾驶员的人身安全、改善驾驶员的工作条件起着重要的作用。

如何合理地设计转向系统，使汽车具有良好的操纵性能，始终是设计人员的重要研究课题。

6.6.1 正常转向

正常转向操作系统，无论是机械、动力助力或动力系统，在进行6.10.2中（3）规定的试验时，其转向操纵力不得超过115N。

6.6.2 动力助力应急转向系统

对动力助力应急转向系统的性能要求有：

（1）在按规定的应急转向试验中，转向操纵力不得超过350N，否则此转向系统应归为动力转向系统，并且按动力转向系统试验。

（2）安装显示正常转向动力源失效的听觉型或视觉型报警装置，当正常转向动力源失效时启动报警装置。应急转向力只要保持在（1）规定的限度内，则不需要应急转向动力源或报警装置，不考虑转向时间和转向次数。若在转过给定角度过程中，转向力明显增大或方向盘转角明显增加，能明确显示正常转向系统动力源失效，则不需要应急转向动力源或报警装置。

（3）车辆倒挡的最大额定速度超过20km/h时，应急转向系统在机器倒车时应起作用。

6.6.3 动力应急转向系统

对动力应急转向系统的性能要求有：

（1）车辆装有应急转向系统，应急转向动力源是为应急转向系统提供动力的装置，如液压泵、空气压缩、蓄能器、电瓶等。

（2）按6.10.3中（5）和（6）规定进行试验时，转向操纵力不得超过350N。

（3）应安装显示正常转向动力源失效的听觉型或视觉型报警装置，当正常转向动力源失效时应启动听觉型或视觉型报警装置。

（4）机器倒挡的最大额定速度超过20km/h时，应急转向系统在机器倒车时应起作用。

6.6.4 各种转向系统

按照6.10.1.1测试后，各种转向系统（正常和紧急）应保持功能完好。

6.7　铰接转向控制装置组成及转向油缸的布置

6.7.1　铰接转向控制装置的组成

铰接转向控制装置由方向盘和操纵杆控制，它的组成如图 6-1 和图 6-2 所示。

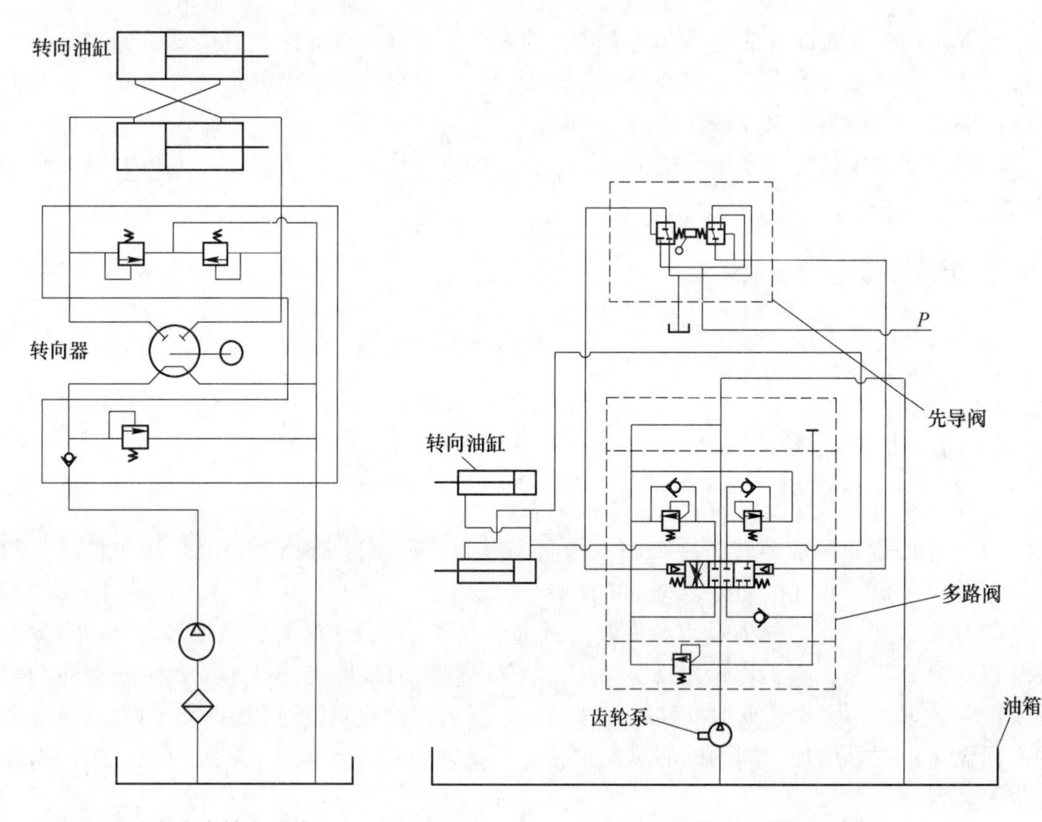

图 6-1　方向盘转向系统　　　　图 6-2　操纵杆控制转向系统

6.7.2　两种铰接转向控制装置特点比较

两种铰接转向控制装置特点比较见表 6-2。

表 6-2　两种铰接转向控制装置特点比较

项目	方向盘操纵	操纵杆操纵
定义	用来使转向车轮产生转向角的环形或一段环形的操作元件	通过控制操作元件向左或向右运动，使转向车轮转动一个角度，或者使驱动系统向左侧或右侧产生相对速度
图示		

续表 6-2

项目	方向盘操纵	操纵杆操纵
组成	液压油箱；油泵；紧急转向阀块；紧急转向蓄能器；蓄能器压力开关；转向器；溢流阀；转向油缸	液压油箱；油泵；紧急转向阀块；紧急转向蓄能器；蓄能器压力开关；换向阀；优先阀；转向油缸；先导阀；先导压力阀
原理	如果方向盘顺时针旋转，车辆将右转；如果方向盘反时针旋转，车辆左转。不管车辆是前进或后退行驶，方向盘向右，右转向油缸缩回和左侧转向缸伸出，导致车辆向右转	当车辆向前行驶时，向前推动操纵杆，车辆向右转；当向后拉动操纵杆时，车辆向左转。向前推动操纵杆，右转向油缸缩回和左侧转向缸伸出，导致车辆向右转
设计异同处	两种系统的计算参数具有以下相同点：（1）转向力矩；（2）转向油缸参数；（3）转向泵参数；（4）油箱参数；（5）紧急转向阀块；（6）紧急转向蓄能器；（7）蓄能器压力开关。 不同之处在于，单杆式需要计算多路阀的流量，校核先导阀的先导压力和多路阀的控制压力曲线是否匹配；方向盘式需要根据转向油缸的容积和方向盘转过的圈数计算转向器的排量	
优缺点	优点： （1）转向角度精确，方向盘转过的角度与车辆的转向角成比例。 （2）操作简单，与普通公路车辆操作方法相同，更容易被司机接受。 （3）当发动机熄火或转向油泵出现故障，可手动扳动方向盘静压转向。 （4）应用广。 （5）反应相对慢。 缺点： （1）占用空间大，紧凑型司机室布置困难； （2）与单杆式相比，操纵力大，司机容易疲劳	优点： （1）单杆式转向控制机构体积小、节省空间，适用于尺寸较小的驾驶室。 （2）单杆式手柄操作力小、行程短，用手指操纵杆就能扳动，控制力小，操作方便。 （3）单杆式转向先导阀布置灵活，可以根据手柄摆放的位置对操纵杆的弯曲方向进行处理，单杆式转向控制机构结构简单、维修方便。 缺点： （1）单杆式转向的突出缺点是转向角度与操纵杆位置没有严格对应关系，转向油缸不能自动回中。在转向结束时，虽然转向手柄回到中位，转向油缸停止运动，但转向油缸还保持着伸出状态，前后车体可能成一定的夹角，需要迅速向相反方向扳动手柄来调整前后车体的姿态，直到把前后车体调整到在一条直线上，才能恢复直线行驶。 （2）操作有一定的难度。开公路车辆的司机不习惯单杆式转向这种控制方式，需花一定时间去熟悉

6.7.3 铰接转向油缸的布置

铰接转向油缸的布置如图 6-3 所示。

在地下汽车转向装置中，一般采用的是双缸转向（见图 6-3），也有单缸转向。

双缸转向由于转向角不大，一般为 38°～45°，因此油缸两端直接与前、后车架相连，而且两油缸布置在下铰点附近，对称于纵向轴线。转向油缸布置在下铰点附近有容易受到地面污染的缺点，但由于前后车架之间的支承刚度和转向力矩的变化较单转向油缸优越，因此地下汽车绝大部分采用双缸转向。

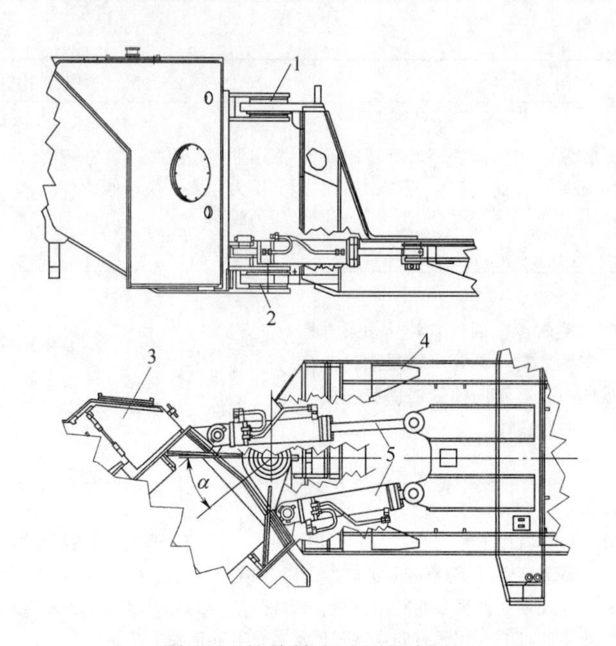

图 6-3　铰接转向油缸的布置

1—上中央铰接轴承；2—下中央铰接轴承；3—前车架；4—后车架；5—转向油缸；α—转向角

6.7.4　紧急转向系统

EN 1889-1：2010(E) 和 ISO TR 25398(ISO_TC_127_SC_N_791 2013) 地下采矿机器安全要求的标准中，要求其转向系统必须满足 ISO 5010 "Earth-moving machinery—rubber-tyred machines—Steering requirements" 的要求。在 ISO 5010 标准中要求车辆装有应急转向系统、应急转向动力源（为应急转向系统提供动力的装置）如油泵、空气压缩机、蓄能器、电瓶。欧盟"CE"安全认证要求地下采矿机器必须满足 EN 1889-1：2010(E) 安全标准要求，其中包括转向系统。因此为了保证地下矿用汽车操作人员与车辆安全，也为了能达到欧盟"CE"安全认证要求，满足出口欧洲市场的条件，需要在地下矿用汽车上增加应急转向系统。

地下矿用汽车转向系统由最常用的应急转向系统有储能器系统（见 8.4.2.4 与图 8-24）及应急转向单元构成。

系统由正常工作状态下的转向系统和发动机熄火状态下的应急转向单元组成，应急转向单元主要由单向阀、电动机、紧急转向液压泵、油箱、溢流阀和控制开关组成。

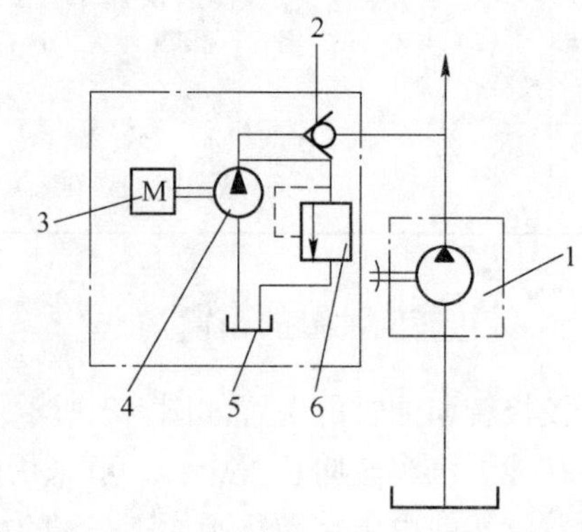

图 6-4　带应急转向单元的转向系统工作原理

1—转向泵；2—单向阀；3—电动机；4—紧急转向液压泵；5—油箱；6—溢流阀

应急转向单元系统工作原理如图 6-4 所示。工作原理如下：地下矿用汽车正常工作时，液压泵 1 输出来的液压油由原来油路进入转向器，应急转向单元不启动。当地下矿用汽车熄火拖车时，可打开控制开关，启动电动机 3 带动液压泵4，使液压油通过单向阀2接入主管路来实现地下矿用汽车应急转向功能。

6.8 转向系统的设计

6.8.1 转向阻力矩的计算

影响车辆转向阻力矩的因素很多，如地面条件、桥荷分配、轮胎气压、前后轴距分配等，很难用精确的公式求取，一般都是由试验测取。在设计时，可选择用经验公式估算。对于四轮驱动的铰接式转向形式的车辆，可采用下列公式求取最大转向角时的转向阻力矩，即：

$$M_R = \frac{G_1 f}{\eta}(0.1L + 0.6)(0.3\alpha^2 + 0.1\alpha + 2.6) \tag{6-1}$$

式中 M_R——转向阻力矩，N · m；

G_1——车辆前桥载荷，N；

f——轮胎与路面间的滚动阻力系数；

η——传动效率；

L——轴距，m；

α——转向角，rad。

地下矿用汽车若采用前轮转向形式，在混凝土路面上原地转向时的转向阻力矩可用下面的经验公式计算：

$$M_R = \frac{f}{3}\sqrt{\frac{G_1^3}{p}} \tag{6-2}$$

式中 p——轮胎气压，MPa。

6.8.2 转向力矩计算

一般地下矿用汽车转向机构均采用中央铰接双缸转向形式，也有单缸转向的。根据总体设计参数、转向机构参数、油缸的布置、油缸的行程及油缸的缸径和杆径等就可以计算出实现原地转向时的转向液压系统压力。由于地面条件不同，转向阻力矩也不同，由经验公式计算的转向阻力矩只是经验值。设计时要有一定的裕度。考虑到转向液压系统的压力损失，转向液压系统的额定压力取计算值的1.5~2倍。

6.8.3 转向时间

转向时间也是地下汽车转向系统一个很重要的参数。由于井下巷道狭窄、坡多弯多、路面条件很差，转向太快，会产生冲击，对设备有影响，而且很难控制，转向太慢有可能会产生安全事故。因此，对地下矿用汽车来讲，对转向时间有较为严格的规定：在发动机高速空转时，原地从右转向左，或从左转到右，转向时间规定对方向盘控制 $t = 6s \pm 1s$，对单杠操纵 $t \geq 5s$。

$$t = \frac{\pi(2D^2 - d^2)L}{4000Q} \tag{6-3}$$

式中　t——原地从最左转向到最右边（或反之）单向转向时间，s；

D——油缸内径，mm；

d——油缸活塞杆直径，mm；

L——油缸行程，mm；

Q——油泵流量，mL/s，

$$Q = Vn_h\eta$$

V——油泵每转排量，mL/r；

n_h——发动机高速空转时转速，r/min；

η——转向系统的容积效率，一般取 0.75 ~0.85。

6.8.4　油缸力臂、油缸长度与活塞行程的计算

根据机架结构和油缸的布置要求，初步确定图 6-5 中油缸各连接点 A、A'、B、B'位置和有关尺寸 L、R、α_0、θ_0、α_{min}、α_{max}等值。转向时，B、B'两点绕 O 点转动。B、B'点是油缸在中间位置的连接点。D 点为 B 点转动到最大角度 α_{max}的位置。AD 为油缸最小安装距 L_{min}。

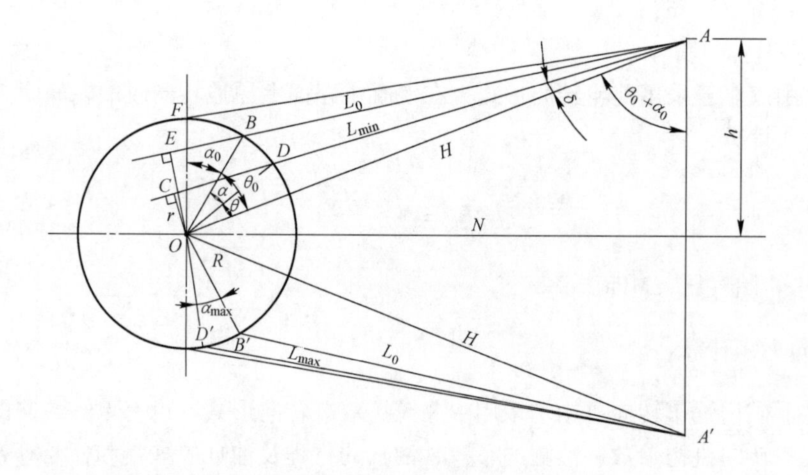

图 6-5　转向油缸布置图

（1）油缸力臂 r。

$$r = \overline{OC} = H\sin\delta$$

$$\overline{OD}\sin\theta = \overline{AD}\sin\delta$$

$$\sin\delta = \frac{\overline{OD}}{\overline{AD}}\sin\theta$$

$$r = \frac{HR\sin\theta}{\overline{AD}} = \frac{HR\sin(\theta_0 \pm \alpha)}{\overline{AD}} \tag{6-4}$$

当 $\alpha = 0$ 时，$\overline{AD} = \overline{AB} = L_0$，$\theta = \theta_0$，此时：

$$r_0 = \frac{HR\sin\theta_0}{L_0}$$

当 $\alpha = -\alpha_{max}$ 时：

$$r_{min} = \frac{HR\sin(\theta_0 - \alpha_{max})}{L_{min}} \tag{6-5}$$

当 $\alpha = +\alpha_{max}$ 时：

$$r_{max} = \frac{HR\sin(\theta_0 + \alpha_{max})}{L_{max}} \tag{6-6}$$

（2）左右油缸伸缩后的长度可用以下几何关系得出：

$$L_2' = \sqrt{H^2 + R^2 - 2HR\cos\theta}$$

$$H^2 = h^2 + N^2$$

$$H\cos\theta = H\cos(\theta_0 \pm \alpha) = (h^2 + N^2)^{\frac{1}{2}}\cos(\theta_0 \pm \alpha)$$

$$L_2' = \sqrt{h^2 + N^2 + R^2 - 2R(h^2 + N^2)^{\frac{1}{2}}\cos(\theta_0 \pm \alpha)} \tag{6-7}$$

由上述可以求出油缸最大伸出长度 L_{max} 与最少伸出长度 L_{min}，从而求出油缸行程 L：

$$L = L_{max} - L_{min} \tag{6-8}$$

（3）油缸内径。

$$p\frac{\pi}{4}(2D^2 - d^2)\gamma_{min} = M_{so}$$

由式（6-1）或式（6-2）可得 $M_{so} = M_s$。

从而油缸内径为：

$$D \geqslant \sqrt{\frac{4M_{so}}{(2 - K^2)\pi p\gamma_{min}}} \tag{6-9}$$

式中，$K = d/D$，一般 $K = d/D \approx 0.5$。

6.8.5 转向器的选择

一般地下矿用汽车用全液压转向器均选用开心无反应型并配有转向组合阀块。组合阀块主要起保护作用。转向油缸从一个极限锁定位置到另一个极限锁定位置所需方向盘的总转数，n_z 推荐为 3 ~ 5 转。

此时转向器的排量为：

$$q = \frac{V}{n_z\eta_V} \tag{6-10}$$

式中 η_V——转向系统容积效率，$\eta_V = 0.75 \sim 0.85$；

n_z——方向盘转动总圈数，$n_z = 4 \sim 5$；

V——转向油缸容积，cm^3，

$$V = \frac{\pi}{4}(2D^2 - d^2)L \tag{6-11}$$

L——油缸活塞行程，cm；

q——转向器每转排量，cm^3/r。

根据 q 值可在转向器的产品目录中选取最相近的排量的转向器后，如查到的排量值为 q_0，则转向器的实际的圈数 n 应为 $n = V/q_0$。

6.8.6 转向油泵的选择

泵排量：

$$q_1 = \frac{Q}{n\eta}i \tag{6-12}$$

式中 Q——油缸流量，

$$Q = \frac{60V}{t} \tag{6-13}$$

i——变矩器驱动油泵的速比；

n——发动机转速，r/min；

η——转向油泵效率；

t——设计转向时间。

流量的选择应保证在车辆的各种工况下转向器都能获得足够的流量，进而使转向器能够获得足够的转向速度。对 BZZ 系列转向器，在发动机怠速条件下，供流量应保证转向器可得到至少 60r/min 的转速。在正常工况，转向器能够获得的流量应使转向器能够获得最大转向速度，对小于 250mL/r 排量的转向器，其最大设计转速为 100r/min，大于 250mL/r 的转向器，其最大设计转速为 90r/min。

6.9 转向试验道路

6.9.1 转向试验场地

（1）所有转向试验均应在经压实的土地或铺砌的路面上进行，路面应平坦、坚实，任何方向的坡度不得大于3%（见 6.9.3、6.10.2 中（1）和 6.10.3 中（3）、图 6-6 和图 6-7）。

（2）试验场地尺寸应按照轮胎通过圆、轮距、轮胎外侧宽度和机器形式确定，见图 6-6。

（3）图 6-6 所规定的最小值对最小型机器提供一个合理的试验场地。

（4）多桥机器的轴距是指从最前端的桥到最后端的桥之间的距离，以此来确定图 6-6 的试验场地尺寸。

（5）试验场地可以采用图 6-6 的对称图形。

（6）机器进行试验时所选用的轮胎规格，应采用制造商认可的轮胎，轮胎应具有最狭窄的接地宽度。

（7）当采用附加转向操纵元件，杠杆控制、操纵杆控制和按钮控制时，辅助的转向测试应按照 6.10.4 进行。

6.9.2 车辆试验规范

（1）地下矿用汽车，应取制造厂规定的机器最大额定总质量和最大桥荷分配，总质量

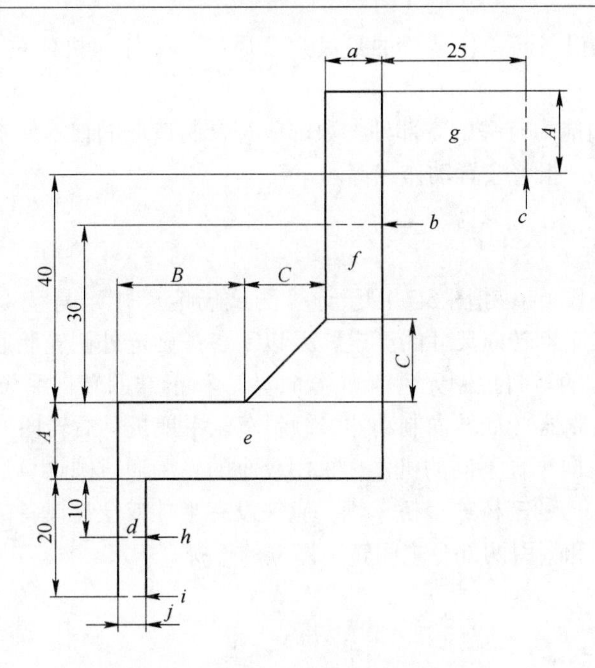

图 6-6 转向试验长度

（所有小于 12m 轮胎通过圆的轮式推土机、平地机起点应在 1、终点应在终点 1；
所有其他机器起点应在 2、终点应在终点 2）

A—1.10 倍轮胎通过圆直径或 14m，取长者；*B*—1.75 倍轮胎通过圆直径或 22m，取长者；*C*—2 倍最大轴距或 15m，取短者；*a*—2.5 倍最大轮胎外侧宽度；*b*—终点 1；*c*—终点 2；*d*—通道 3；*e*—通道 4；*f*—通道 2；*g*—通道 1；*h*—起点 1；*i*—起点 2；*j*—1.25 倍最大轮胎外侧宽度场地长度

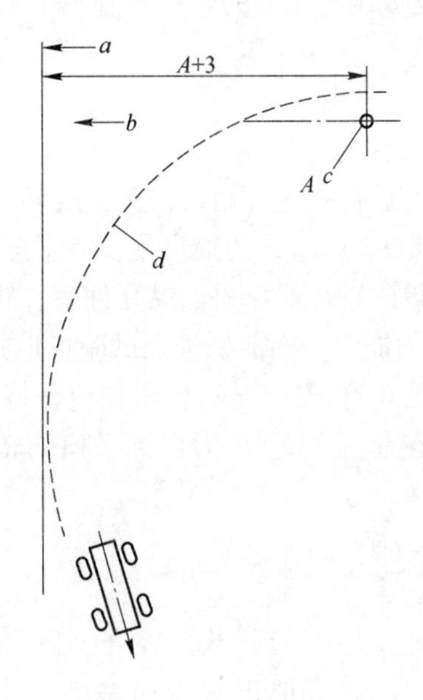

图 6-7 应急转向灵敏度

A—1.6 倍轮胎通过圆直径或 14m 取长者；*a*—与行驶起始方向垂直；*b*—行驶起始方向；
c—*A* 点转向操纵装置动作开始时前桥位置；*d*—轮胎外侧轨迹线

包括经制造商批准的设备与工作装置的最大组合质量、一位司机体重 75kg 及加满的燃油箱质量。

（2）所有与转向能力有关的零部件参数都应符合制造厂的技术要求，如轮胎尺寸和压力、转向压力和流量、报警装置动作点等。

6.9.3　轮胎通过圆的测试程序

轮胎通过圆（见图 6-6 和图 6-7 用于计算测试场地尺寸）是按 ISO 7457/GB 8592—2001《土方机械轮式车辆转向尺寸的测定》及以下各条确定外侧轮胎通过直径。

（1）只使用正常的转向控制元件（如方向盘）和正常的转向系统，不得使用影响转向路线的其他功能控制器（如转向制动器、倾斜车轮平地机、后转向架转向平地机）。

（2）对于左右转向半径不同的机器，采用较小的轮胎通过圆计算试验场地的尺寸。

（3）包括挂车在内的三桥或多桥车辆，应在没有半挂或全挂设备的条件下确定其轮胎通过圆，以排除拖拉和牵引两部分之间转向停顿的干扰。

6.10　转向试验

6.10.1　各种转向系统试验

（1）用方向盘作为转向系统的转向操纵元件应能承受作用在转向操纵元件上并与其移动方向一致的 900N 的力无任何功能性限制（见 6.4.1 中(2)）。其他转向操纵元件应能承受表 6-1 规定的最大操作力 2 倍的负荷。

（2）机器轮胎应位于图 6-6 和图 6-7 所示的试验场地界限内，对于三桥或多桥的机器（包括半挂或全挂）除外。半挂或全挂机器的轮胎轨迹不予考虑。

6.10.2　正常转向系统试验

（1）转向系统的性能应足以保持机器在一条长为 100m、宽为 1.25 倍轮胎外侧最大宽度的平直路面内以最大前进速度运行。允许司机作正常的转向校正。

（2）后轮转向的机器以（8 ±2）km/h 的速度沿圆形轨迹行驶，圆形轨迹直径约为以二分之一最大转向角转向时所得的直径。放松操纵元件后，转向角不得增加。

（3）转向系统应具备足够的能力，在前桥进入试验场地到离开试验场地的时间内，轮胎位于图 6-6 的试验场地内，见 6.10.1 中（2）。机器应保持（16 ±2）km/h 的速度向前行驶，记录转向操纵力，此力不得超过 115N。为得到平稳的转向操纵力，允许司机试操纵几次。

6.10.3　应急转向系统试验

（1）按 6.6.2 中（2）和 6.6.3 中（3）规定检查应急转向报警装置。

（2）如果车辆为发动机驱动，应把正常转向系统与动力断开，因为按 6.10.3 中（1）、（5）、（6）和（8）规定发动机的动力要用于驱动机器通过试验场。

（3）机器的应急转向系统应有足够好的性能，使机器以（16 ±2）km/h 的速度行驶时，其轮胎保持在长为 100m、宽为 1.25 倍最大轮胎外侧宽度的平直路面内。允许司机作正常的方向校正。

(4) 任何应急转向试验开始所能得到的应急转向动力不得大于正常转向动力源故障显示瞬间可得到的动力。

(5) 应急转向应有足够的转向力和持续时间，使机器以（8±2)km/h 的速度行驶时，在其前桥进入试验场地到离开试验场地的时间内，其轮胎（见 6.10.1 中（2)）保持在试验场地（由图 6-6 确定）内。

(6) 应急转向应有足够的转向力和转向速度，使机器以（16±2)km/h 的速度行驶时，在其前桥进入试验场地到离开试验场地的时间内，车轮保持在试验场地（由图 6-8 确定）内。

(7) 在（5）和（6）所规定的试验中，转向操纵力不应超过 350N，应予以记录。为得到平稳的转向操纵力，允许司机试操纵几次。

(8) 应急转向灵敏度试验应通过如图 6-7 所示的试验场地内以（16±2)km/h 的速度进行。如果在与图 6-6 方向相反的试验场地进行转向试验，则此试验也要在与图 6-7 相反方向进行。进入试验场地时，应急转向系统的能力状况应与正常一样。从 *A* 点开始转向，如图 6-7 所示，转弯转向操纵元件的动作应开启一个装在前桥下的地面标志，同时模拟正常转向动力源故障。机器应完成一个 90°转向且其轮胎轨迹应保持在规定的界限内。

6.10.4 附加转向操纵元件转向试验

附加转向操纵元件应按图 6-6 进行转向试验。在出现故障的情况下，最高允许车速按图 6-8 确定。车辆路线应保持在边界线之内，见图 6-8。除了具有 3 根车桥或 3 根车桥以上（包括被牵引的半拖挂和拖挂装置）车辆之外，半拖挂和拖挂装置的轮胎路线不包括在内（除了规避障碍物之外）。

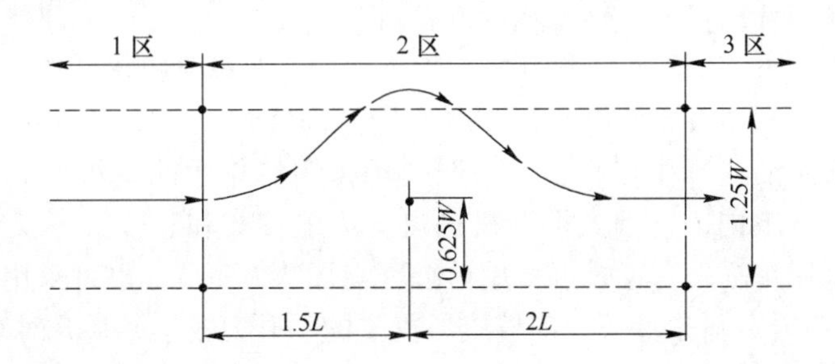

图 6-8　附加转向操纵元件转向试验（规避障碍试验，锥形路标一个也不能超过）

L—车辆总长；*W*—车辆总宽；1 区—实现最高车速的区域，车辆将进入锥形路标与路线平行的线之间形成的 2 区，车辆前缘达到地面上第一个锥形路标之后，车速才可以减速；2 区—在该区内，允许司机为保持降低的车速所采取的各种措施，除了采用制动器外，车辆将在单个锥形路标周围转弯，不允许有另外操作；3 区—在该区内，前胎车轮中心通过锥形路标之后，司机可以使用制动器，该车辆能够停在路线内，直到车辆完全停下来

7 工作机构

地下矿用汽车的工作机构由举升机构及车厢等组成（见图7-1)。举升机构及车厢的设计是地下矿用汽车整车设计的关键之一。它既是矿石的承载装置，同时又是卸矿的动力装置，工作条件苛刻，对强度和布置的合理性要求高。特别是大型地下矿用汽车，负载较大，在地下矿山的实际使用过程中，容易出现问题的零部件大部分都集中在这些结构上。

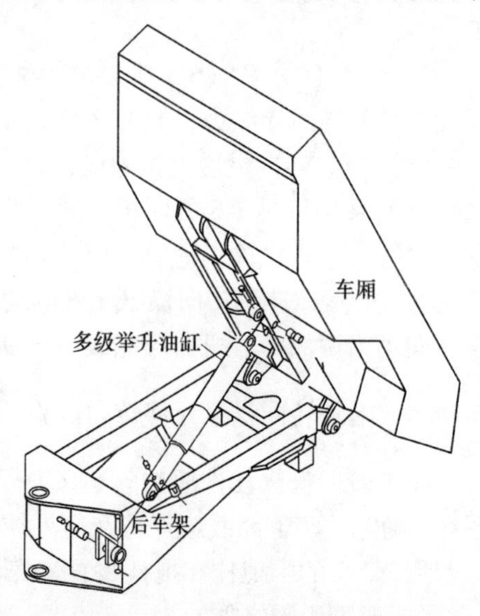

图7-1 地下矿用汽车的工作机构

7.1 工作机构类型

地下矿用汽车设计的主要工作之一就是适当地选用和设计举升机构，使地下矿用汽车具有自卸功能。举升机构是实现地下矿用汽车功能的基本部件。举升机构的好坏直接影响到地下矿用汽车性能，因此举升机构的选用和设计是地下矿用汽车设计中最为重要的部分。举升机构种类繁多，设计方法也不尽相同。目前，在露天自卸汽车上广泛采用液压举升机构，根据油缸与车厢底板的连接方式，常用的举升机构有两种形式：油缸直推式和连杆组合式两大类。根据地下矿用汽车工作环境，地下矿用汽车举升机构一般采用前者。

直推式举升机构利用液压油缸直接举升车厢倾卸货物。此结构布局简单、结构紧凑、举升效率高。若液压油缸工作行程长，一般要求采用单作用的2级或3级伸缩式套筒油缸。按油缸布置位置不同，直推式举升机构可分为前置式和后置式（又称为中置式）两种。前置式一般采用单缸；后置式可采用单缸（见图7-2(a)），也可采用并列双缸（见图7-2(b)）。在相同举升载荷条件下，前置式所需要的举升力较小，举升时车厢横向刚度大，但油缸活塞的工作行程长；后置式的情况则与前置式的相反。

(a)

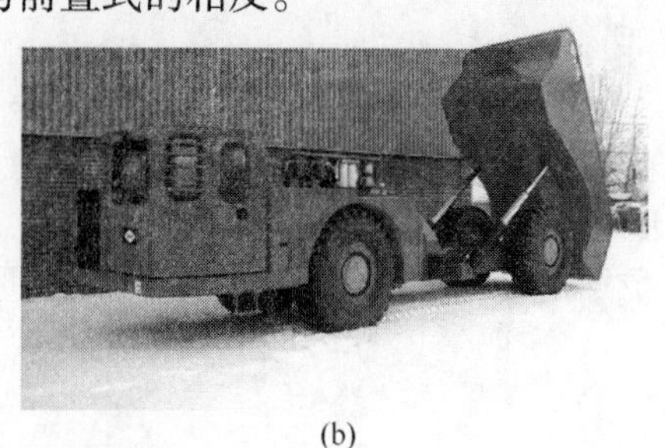
(b)

图7-2 后置式举升机构
(a) 单缸；(b) 并列双缸

7.2 工作机构的要求

考虑到地下矿用汽车工作环境、工作性质及工作内容等，在设计过程中，液压举升机构应满足以下要求：

（1）较强的免维护性。地下矿用汽车主要应用场所是地下矿山、隧道等，这些场所工作环境恶劣，自卸机构的维护条件较差，甚至有时根本谈不上什么维护。因此需要自卸机构在设计时就要考虑到铰支点和油缸的免维护性。

（2）平稳性。车厢应举升、下降平稳，不允许有窜动、冲撞和卡滞现象，保证机构的使用寿命。

（3）卸料性。地下矿用汽车通过特定的机构使用液压力自动卸料。车厢被举升机构举升到最大转角时，物料能顺利地倾卸干净，即最大举升角达到物料的安息角加上车厢底板斜角，一般为55°~70°。

（4）紧凑性。地下矿用汽车应用场所是地下矿山、隧道等，因此空间十分狭窄。为了装载方便，地下矿用汽车的装载高度低，因此，自卸车的举升机构布置空间就受到很大的限制，这就要求机构具有较好的紧凑性，占用较少的空间。

（5）协调性。液压举升机构实际上是一种演化的四连杆机构，在外力作用下，各部件能沿自己的铰支点按设计者的意图顺利转动，不得出现传动角小于许用传动角的情况，更不能有死点位置的存在。

（6）安全性。在行驶过程中不允许出现车厢自动举升现象。车厢举升时应有声或光报警装置，举升后进行调整和检修作业时必须有防止车厢自降的安全装置。地下矿用汽车由于其特定的使用环境和用户群体决定了它经常处于超载状态，这就要求举升机构要具有一定的安全系数。

（7）可靠性。自卸汽车液压系统在额定载荷下连续举升（举升到最大举升角的一半，若超过30°，只举升到30°）、下降（不卸载，载荷不移动）3000次的倾卸可靠性试验，试验后应达到下列要求：

1）液压倾卸装置各零件不得出现任何损坏（易损件除外）。

2）车厢自降量应符合以下规定：额定载重量110%的工况下，车厢分别举升10°和20°，停留5min，车厢自降量不得超过2.5°。

（8）高效性。举升和返回时间的长短直接影响整机性能和劳动生产率，时间太长，生产率下降；时间太短，泵排量增大，倾卸时动载荷过大，系统易超载和发热。因此，举升和返回时间要选得适中，设计时选举升倾卸时间为$t \leqslant 20s$。

目前大多数企业一直沿用传统的“类比作图试凑法”进行设计，这种方法存在效率低、工作量大以及设计方案难以达到最优的缺点，设计方案难以同时兼顾以上各性能要求。这与当今高科技环境下的相关领域相比，缺少科学性，人的主观经验决定了车辆的性能。由此带来的问题是，车辆性能低下、难以适应市场要求。同时由于设计手段的落后，设计周期长，产品投放市场迟缓，不能适应市场多变的要求。因此借助计算机技术，运用最优化方法，改善液压举升机构的设计手段和方法，快速、高效、保值、保量完成液压举升机构的设计，适应市场竞争的需求，有着重大的社会价值和经济价值。

7.3　举升机构的结构与设计

7.3.1　直推式举升机构设计

随着车厢的举升角 θ 不断增大（见图 7-3），举升质量的质心位置 C 到后支承铰接点 O 的水平距离 x_C 不断减小，举升阻力矩 M_F 也随之减小。故通常以每节伸缩油缸将要伸出时的工况进行受力分析，将其计算结果作为举升机构的设计依据。

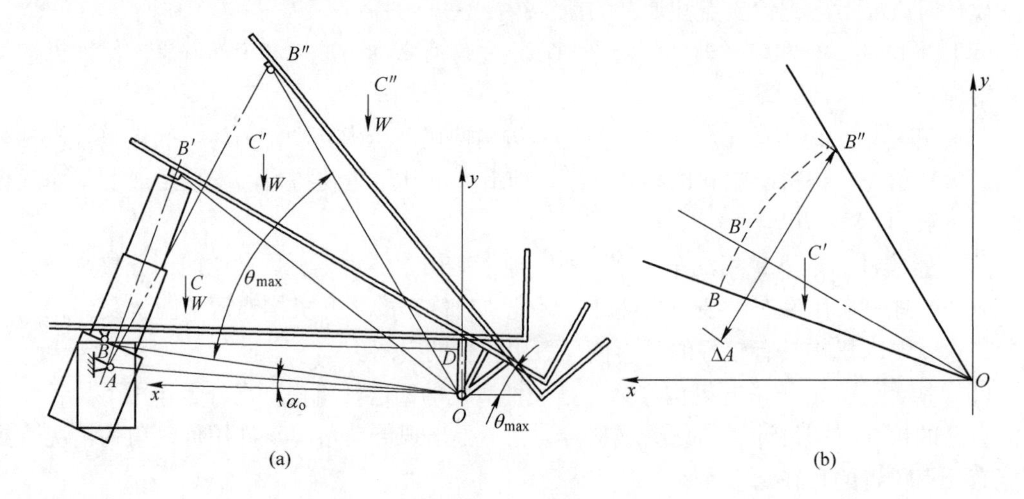

图 7-3　直推式举升机构工作示意图

对直推式举升机构进行受力分析和设计计算时，可引入力矩比 η，其定义为：当任意一节伸缩油缸套筒将要伸出时，举升机构提供的举升力矩与阻力矩之比。η_i 和 η_n 分别为第 i 节和最后一节伸缩油缸套筒将要伸出时，举升机构提供的举升力矩与阻力矩之比。

考虑到举升初始阶段各铰支点静摩擦力矩较大（阻力矩较大），为使液压系统工作平稳，避免发生过大冲击，通常取 $\eta_1 = 3 \sim 4$。

η_n 通常取 1 ~ 2，油缸节数较多时，η_n 可取较小值。

η_i 可按等比级数在 $\eta_1 \sim \eta_n$ 之间取值。

7.3.1.1　伸缩油缸总节数 n 的确定

首先选定伸缩油缸的单节伸缩工作行程 λ，通常各单节伸缩工作行程相等。λ 可参照同类油缸的单节伸缩工作行程大小；同时，可根据伸缩油缸产品的系列化、标准化以及总布置所允许油缸占用的空间等因素来选择。

然后确定伸缩油缸的总行程 L，如图 7-3 所示。根据余弦定理可知：

$$\overline{AB''} = \sqrt{(\overline{AO})^2 + (\overline{OB''})^2 - 2\,\overline{AO}\,\overline{OB''}\cos\angle AOB''}$$

$$\angle AOB'' = \theta_{max} + \angle OBD - \alpha_o \tag{7-1}$$

式中　θ_{max}——最大举升角；

α_o——油缸铰支点 A 与车厢后铰支点 O 连线与水平方向夹角。

故油缸总行程 L：

$$L = \overline{AB''} - \overline{AB} \tag{7-2}$$

此外，油缸总行程 L 也可用作图法求得。

伸缩油缸的总节数 n：$n = L/\lambda$。

7.3.1.2 举升机构的油缸直径确定

（1）当第一节油缸套筒将要伸出时，举升力矩 M_{z1}：

$$M_{z1} = F_1 \overline{OA}\cos\alpha_o \tag{7-3}$$

式中 F_1——第一节油缸的推力，N；

M_{z1}——举升力矩，N · m。

阻力矩 M_{F1}：

$$M_{F1} = Wx_{c1} \tag{7-4}$$

式中 W——举升质量，kg；

x_{c1}——第一节油缸套筒将要伸出时，W 作用点的 x 坐标值，m；

M_{F1}——阻力矩，N · m。

考虑到力矩比 $\eta_1 = M_{z1}/M_{F1}$，故：

$$F_1 \overline{OA}\cos\alpha_o = \eta_1 Wx_{c1} \tag{7-5}$$

式中 $\overline{OA}$——油缸铰支点 A 至车厢后铰支点 O 的距离，m。

则油缸推力 F_1（N）：

$$F_1 = \frac{\pi d_1^2}{4}p \times 10^6 \tag{7-6}$$

式中 p——取液压系统工作压力，MPa；

d_1——第一节伸缩油缸有效工作直径，m。

将式（7-5）代入式（7-6），整理得：

$$d_1 = \sqrt{\frac{4\eta_1 Wx_{c1}}{\pi \overline{OA}\cos\alpha_o p}} \tag{7-7}$$

（2）当第 i 节油缸套筒将要伸出时，B 点移动到 B' 点。B' 为第 i 节油缸套筒将要伸出时油缸上的铰支点。则：

$$\overline{AB'} = \overline{AB} + (i+1)l$$

在 $\triangle OAB'$ 中，根据余弦定理有：

$$\angle OAB' = \arccos\frac{(\overline{OA})^2 + (\overline{AB'})^2 - (\overline{OB'})^2}{2\,\overline{OA}\,\overline{AB'}}$$

根据正弦定理可得：

$$\frac{\sin\angle OB'A}{\overline{OA}} = \frac{\sin\angle OAB'}{\overline{OB'}}$$

$$\angle OB'A = \arcsin\frac{\overline{OA}\sin\angle OAB'}{\overline{OB'}}$$

故 $$\angle AOB' = 180° - \angle OAB' - \angle OB'A$$

举升质心 C' 点的 x 坐标 x_{ci} 为：

$$x_{ci} = \overline{OC'}\cos(\angle AOB' + \alpha_o)$$

车厢后铰支点 O 至 $\overline{AB'}$ 的距离 b_i 为：

$$b_i = \overline{OA}\sin\angle OAB'$$

$$M_{zi} = p_i b_i = b_i \frac{\pi d_i^2}{4} p$$

$$M_{Fi} = W x_{ci}$$

$$\eta_i = M_{zi}/M_{Fi}$$

整理得：

$$d_i = \sqrt{\frac{4\eta_i x_{ci} W}{\pi b_i p}} \tag{7-8}$$

式中　d_i——第 i 节伸缩油缸的有效直径，m。

各铰支点 O、A、B 点的位置应参照同类车型并结合总体设计所允许的空间确定。

设计中通常选用较成熟的标准液压伸缩油缸。由选用的元件来验算 η_i，使得 η_i 满足设计要求。

单缸前置直推式举升机构与单缸后置直推式举升机构的计算方法相同。对于双缸后置直推式举升机构设计计算时，只需令：

$$W_j = kW$$

式中　W_j——计算的单缸举升质量，kg；

W——实际的举升质量，kg；

k——修正系数，$k = 0.55 \sim 0.65$。

以 W_j 为单油缸的计算载荷，然后再按单油缸举升机构计算方法进行设计计算。

7.3.2　举升系统性能主要评价参数

地下矿用汽车的举升机构由液压缸驱动，其性能好坏表现为举升矿物的最大举升力和最大举升倾角，以及对液压系统的要求两方面。液压举升机构的性能评价参数如下：

（1）举升力系数 K。举升力系数是评价液压举升机构举升性能的参数，指单位举升重力所需要的油缸推力，即：

$$K = F/mg \tag{7-9}$$

式中　F——油缸的有效推力，kN；

m——举升质量，kg；

g——重力加速度，m/s^2。

对于具体形式的举升机构，举升力系数 K 与地下矿用汽车总布置参数和机构的性能特征有关，K 值只能比较同类型举升机构的工作效率。对于相同的举升质量，举升力系数越小，则液压举升力越小，油缸的油压也越小，这样举升机构耗能也较少。

（2）举升油缸最大行程。其是指车厢达到最大举升角时，举升油缸的最大伸长量。它既是举升油缸的结构参数，又是举升机构的性能参数。举升油缸最大行程较小，可减少举升油缸的级数，降低制造成本，同时举升机构的布置也较方便。

（3）车厢倾翻高度 H_1（见图 7-4）。车厢倾翻高度是指车厢完全升起时，在垂直地平面方向上，地平面与地下矿用汽车最高点的距离 H_1。该距离必须小于卸载处巷道顶板高度。

对于重型地下矿用汽车的后置双缸举升机构，巷道高度决定于举升缸的安装长度和举

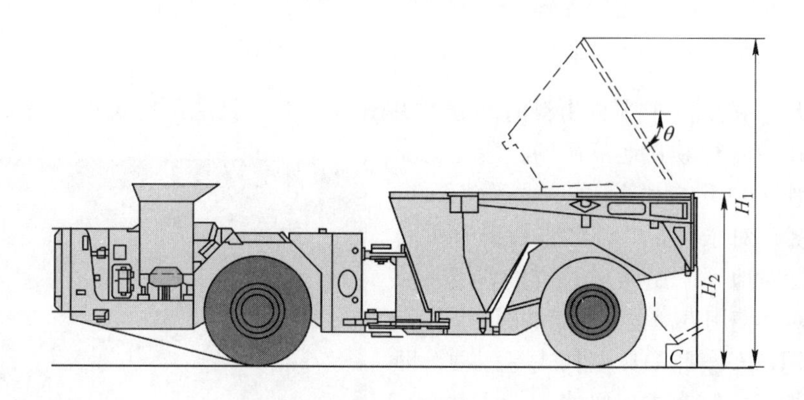

图 7-4 地下矿用汽车车厢几个特性尺寸

升缸的初始方位角。举升缸初始安装长度越小，举升缸在车上就越好布置。

(4) 车厢最大卸载角 θ（见图 7-4）。其指举升机构能使车厢倾翻的最大角度。它是决定能否把车厢内矿物倾卸干净的参数。一般的松散物在水平面上堆积成圆锥体，锥体角称为松散物的安息角，常见矿物的安息角见表 7-1。

表 7-1 常见矿物的安息角 (°)

物料名称	煤	焦炭	铁矿石	铜矿	细沙	粗沙	石灰石
安息角	27 ~ 45	50	40 ~ 50	35 ~ 45	30 ~ 35	50	40 ~ 45

安息角也称休止角、堆积角，一般为 35° ~ 55°。将松散物置于光滑的平板上，使此平板倾斜到松散物开始滑动时的角度，称为松散物滑动角，一般为 30° ~ 40°。

松散物安息角和滑动角是评价松散物流动特性的一个重要指标。它们与松散物的粒径、含水率、尘粒形状、尘粒表面光滑程度、松散物黏附性等因素有关。对露天矿用汽车设计的车厢最大举升角大于矿物的安息角就可以了。对地下矿用汽车，由于车厢底板大都不是水平的，而是向前向下倾斜一定角度 α，因此，地下矿用汽车车厢的举升角 θ 必须是矿物的安息角加上 α 角，一般是 55° ~ 70°，只有这样才可保证将车厢内的矿物倾斜干净。

(5) 车厢卸载高度 C（见图 7-4）。车厢倾翻高度是指车厢完全升起时，在垂直地平面方向上，地平面与地下矿用汽车最低点的距离 C。该高度应保证车厢倾翻时，车厢后挡板不碰到地面凸出物。

(6) 装载高度 H_2（见图 7-4）。空载时，在垂直地平面方向上，地平面与装载侧最高的距离。该高度应低于装载工具最低卸载高度 200mm 左右。

(7) 油压特性曲线。举升过程中，油缸工作压力是举升角的函数。理想的油压特性曲线应是油压波动很小，但对于重型地下矿用汽车常用的后置直推式双缸举升机构，由于多级伸缩油缸自身结构原因，油压特性曲线只能是阶跃型的，在每一级油缸伸出瞬时缸内油压都有一个冲击。设计时，需要控制最大油压峰值在可允许的范围内。

(8) 举升机构的耗能量。举升机构要将矿物倾卸到位就必定要消耗一定的能量，这些能量的消耗影响着整车的使用经济性，但这只是占其能量消耗的一小部分，因此能耗是评价举升机构性能好坏的一个次要参数。

上述 8 个性能参数构成了对举升机构进行综合评价的基本指标。

7.4　车厢

车厢是地下矿用汽车盛装物料的部分（见图 7-5），它是地下矿用汽车重要的组成部分。地下矿用汽车行驶在地下矿场，所处工况恶劣。车厢作为地下矿用汽车的主要承载部件，其设计的优劣，对于整车性能的发挥有着重要影响，如车厢对地下矿用汽车的质量利用系数影响很大，对其使用寿命也有一定的影响。

图 7-5　后卸式车厢厢底与侧挡板结构

地下矿用汽车车厢的典型样式有四种，即后卸式、推板式、侧卸式和伸缩式，见表 7-2。后卸式车厢用得最广。由于地下矿用汽车在地下巷道作业，因而限制了车辆的高度和宽度，为此，车厢底板不是平的，中间向外凸以充分利用空间，两侧向内凸以避开轮胎，如图 7-5 和图 7-6 所示。两侧挡板是厚的平钢板，底板外侧焊有纵向和横向加强筋。底板前低后高，有的车厢尾部敞开无后挡板，这样的斜坡角可以保证矿用自卸车即使上坡行驶时，车厢中的矿石也不会从车尾滚落。有的车厢尾部带自动后挡板，以提高车厢容积和防止车厢中的矿石从车尾滚落。为了减轻车厢的自重，提高其强度，除了在结构和形状上采取了许多措施以外，还采用了高强度合金材料。车厢由高强度低合金钢板和高强度耐磨低合金钢板全焊接制成；有的车厢前部防护挡板向前伸出，防护挡板外也有纵横加强筋，以保护驾驶室或中间铰接不被地下装载机装卸矿物时散落的矿石撞击损坏。

图 7-6　后卸式车厢内部结构

7.4.1　车厢设计的要求

车厢设计的要求如下：

（1）车厢的形状、尺寸的设计，必须达到设计的要求。

（2）车厢的几何形状应能保证可靠运输与卸料。

（3）合理增加车厢相对于轮胎外缘的宽度，以排除矿石可能掉到轮胎上面，减少轮胎的损坏。

（4）车厢应具有足够的强度、刚度、耐磨性和抗冲击性。因为矿石在装载过程中，对车厢的冲击力很大，为了加强车厢的耐用性，钢板必须有很好的韧性、刚性，同时可缓解冲击产生的压力，车厢与车架间设有橡胶缓冲块，以达到缓解冲击压力的作用；又由于矿石硬度高，在装料与卸料过程车厢磨损严重性，因此，车厢应采用低合金高强度结构钢板和低合金高强度钢板制造。

（5）为了保证司机有良好的视野，要正确设计车厢高度，当车厢高度无法满足该要求时，应采取保证司机有良好视野的辅助措施。

（6）整个车的宽度不能太宽，因为巷道的宽度有限，同时在拐弯时不能碰到巷道壁上。

7.4.2 车厢的类型

地下矿用汽车车厢的类型见表 7-2。

表 7-2 地下矿用汽车车厢的类型

<table>
<tr><th colspan="3">车厢类别</th><th>图 示</th><th>特 点</th><th>应用范围</th></tr>
<tr><td rowspan="3">后卸式车厢</td><td colspan="2">带自动开闭后挡板</td><td>  </td><td>当地下矿用汽车卸货时，车厢逐渐倾卸，当倾斜到一定程度，倾斜方向的车厢后挡板便自动开启，使厢内的货物卸出。卸完货后，车厢逐渐下落，直到落到原始位置，锁启机构便自动将车厢后挡板锁住</td><td>广泛用于轻、中和重型自卸汽车</td></tr>
<tr><td rowspan="2">无后挡板</td><td>半簸箕式车厢</td><td> </td><td>目前，大部分地下矿用汽车采用后倾翻式卸料车厢，这种卸料方式可边行驶、边卸料，卸净率高、卸载方便、结构简单。车厢尾部底板上翘 12° 左右，无后挡板结构</td><td rowspan="2">主要用于运输矿石等大块货物</td></tr>
<tr><td>簸箕式车厢</td><td> </td><td>目前，大部分地下矿用汽车采用后倾翻式卸料车厢，这种卸料方式可边行驶、边卸料，卸净率高、卸载方便，结构简单。全长上翘簸箕式车厢，无后挡板结构，以方便装载，倾卸矿石、砂石等</td></tr>
<tr><td colspan="3">推板式车厢</td><td> 推板系统
后挡板系统</td><td>推料板车厢可彻底卸载物料，且拆卸方便，可随时更换卸载车厢，从而增加了机器设备的用途，但需增加一套推板系统、后挡板系统，结构复杂。另一种推板式车厢见图 7-7，它与左边推板式车厢不同之处是在卸料时，后挡板由下向上翻，而不是左边的由上向下翻</td><td>当地下巷道高度受限制和软地面时采用</td></tr>
<tr><td colspan="3">侧卸式车厢</td><td> </td><td>结构复杂</td><td>侧卸式用于地下巷道高度受限制，道路狭窄、卸货方向变换困难的地方</td></tr>
</table>

续表 7-2

车厢类别	图　示	特　点	应用范围
伸缩式车厢		Dux TD 系列地下伸缩翻斗车配有专利的伸缩翻斗，让过去只能使用小型装载机的场合获得大容量运输能力。它不仅确保平均装载，同时也保障了在陡峭爬坡情况下防止矿石泄漏的情况； 推板-半倾翻卸载方式的货厢由两节组成，卸载分为两个过程：首先推卸油缸将第一节货厢及物料向后推移，在此过程中，第二节货厢中的物料一部分被推出货厢外，另一部分与第一节货厢中的物料重合；然后举升油缸工作，将货厢举起，货箱中的物料被卸尽	这种卸载方式要求的卸载硐室高度不高，可在一般的主运输巷道内卸载，但货箱结构较复杂，地下矿用汽车很少采用这种卸载方式

后挡板升起

推板把材料推出

推挡缩回，后挡板放下

图 7-7　TH320 推板作业程序

7.4.3　车厢的材料与轻量化

7.4.3.1　车厢的材料

目前，国内地下矿用汽车车厢大都采用高强度结构钢板（Q345）。国外地下矿用汽车大量的基础材料均采用高强度结构钢板与高强度耐磨钢板组合的方式，即凡是与矿石能够接触到的位置均采用高强度耐磨钢板，凡是与矿石非直接接触到的位置均采用高强度结构钢板。这样做目的既保证了车厢整体的结构强度和刚度，同时也保证了车厢的耐磨性，极大地提高了车厢的使用寿命，而且保证了车厢的经济性。由于高强度耐磨钢板本身力学性能十分突出，一些新型高效车厢设计时则不再采用高强度结构钢做辅助结构，而是完全采用超高强度耐磨钢板，这种车厢的特点是没有或者尽量少设计加强筋，极大简化结构，降低了车厢总重。目前车厢上常用的耐磨材料有淬火回火高强度耐磨钢板，即钢板热轧成型后，再通过淬火、回火工艺获得所需要的强度和硬度，一般是高强度、高硬度材料，抗拉强度在 1200MPa 以上，硬度在 400HB 以上，具有优良的焊接性能，优良的冷加工性能以及热切割性能。

目前国外生产耐磨钢的厂商及主要代表产品有 SSAB（瑞典钢铁公司）的 Hardox400/450 系列产品、日本 JFE 的 EVERHARD 系列、德国 Thyssen Krupp（蒂森克虏伯钢铁公司）XAR 系列、德国 DILLIDUR（迪林根）400V/500V、芬兰 RUVKKIR（罗奇）RAEX400。其中 SSAB 是世界上最大的耐磨钢板制造商，拥有世界最先进的四辊轧机、全自动化淬火和回火装备，生产工艺先进。2007 年 4 月推出了目前世界上最硬的耐磨钢 Hardox Extreme，硬度为 700HBS。

国内钢铁企业近些年积极向耐磨钢领域拓展，特别是像武钢、鞍钢、宝钢、舞阳及太钢等企业，先后研发出了耐磨钢，主要代表产品是 NM360，这些钢铁企业能稳定供应硬度在 400HB 以下产品。近几年各大钢铁企业陆续推出 400HB 及以上产品，如 NM400，其中包钢集团凭借其自身资源优势，在 2010 年研制出了含稀土元素的耐磨钢板，并且已经在矿山进行了一年多的试验。总体来说，400HB 以上硬度耐磨钢目前相当部分还是依靠进口。

近几年，一些新材料已经陆续应用到车厢上，如在保证车厢原设计强度不变甚至略有提高基础上，选用性能级别更高的高强度结构钢板和耐磨钢板，就可以将钢板厚度适当减薄，这样做可以极大降低车厢自重，进而降低整车自重，在满载时可以多运输剥离物和矿石，提高运输效率，而空载行进过程自重降低，也提高了燃油经济性。

总体来讲，采用新材料，对车厢进行设计改进和提升，产生的优点可以归纳如下：

（1）减轻车厢自重，降低生产成本，提高 OEM 经济效益。

（2）增加载重量，提高运输效率，提高矿山经济效益。

（3）提高耐磨性，减少资源损耗，降低维修时间，提高经济效益。

（4）缓解装载冲击，延长车厢使用寿命。

（5）降低燃油消耗，实现节能减排。

（6）减少轮胎磨损，实现绿色环保。

总之，耐磨材料在地下矿用汽车车厢上具有广泛的应用前景。

7.4.3.2　车厢的轻量化

随着科学技术的快速发展，人类环保意识逐渐增强，“节能减排”的问题越来越引起人们的重视。

根据国外有关试验资料，车辆减轻自身质量 10%，可降低油耗 5% ~8%。对地下矿用汽车来说，减轻自身质量，意味着还提高了有效载重质量，即增加了质量利用系数，从而提高了运输效率，降低了运输成本，这相对来说也是降低了燃油费用。因此，在保证地下矿用汽车整体强度和使用可靠性的前提下，地下矿用汽车车身与车厢轻量化是达到节能减排的重要途径之一。随着国家对地下矿山投入的增加，矿山运输的作用日益增大，地下矿用汽车作为地下矿山运输的主要工具，其车身与车厢的轻量化受到越来越多的商家和研究人员的关注。

地下矿用汽车车身与车厢轻量化的研究途径的之一就是轻量化材料的使用。主要是使用高强度材料降低钢板厚度规格。

地下矿用汽车车厢传统材料一般选用 Q235 或 Q345 钢板，屈服强度相对较低，所用的钢板较厚（8 ~14mm），而且在用户使用过程中出现疲劳断裂、胀厢、抗冲击性能差等问题。

采用屈服强度不小于 600MPa 级超高强度车厢板来实现车厢的轻量化，不但可以获得大的减重空间，并且可以同时提高车厢的抗疲劳性能和安全性等。所开发的超高强度钢需具有更好的冷成型性、焊接性能和高的疲劳强度。

进行高强度钢板替代计算，首先要知道其替换原则。假设某地下矿用汽车结构采用的是普通钢材，现需用高强度钢板对其替代，以减轻结构重量。要求在承载能力不变、结构形式不变的前提下，强度不能低于原结构。设普通钢板结构第 i 个构件的壁厚和屈服应力分别为 t_{Li} 和 $(\sigma_s)_{Li}$，现准备利用一种高强度钢板进行替换，高强度钢板构件相应的壁厚和材料的屈服应力分别为 t_{Gi} 和 $(\sigma_s)_{Gi}$，以弹性力学和板壳理论为基础，推导出复杂应力状态下利用高强度钢板替换普通钢板时壁厚计算公式，即：

$$t_G = \sqrt{\frac{\sigma_L}{\sigma_G}} t_L \tag{7-10}$$

式中　t_G——高屈服强度的钢板厚度，mm；

t_L——低屈服强度的钢板厚度，mm；

σ_G——高屈服强度钢板的强度，MPa；

σ_L——低屈服强度钢板的强度，MPa。

利用式（7-10）计算得到高强度构件的强度，不会低于原普通钢板构件，整个结构的强度也不会低于原结构。

从上面的公式看出，用什么高强度钢板材料替换原普通钢板，直接与原结构构件的壁厚和材料的屈服应力相关联。实际使用过程中，只要知道新材料的屈服极限即可，这样得到的结构是偏安全的。

若针对当前车厢常用 Q345 的 6～12mm 厚板，选用太钢 T610 和 SSAB 的 Hardox 400HBS 高强度耐磨钢板替代，车厢强度不变，但重量可减轻 20%～40%。

（1）采用 T610 高强度钢板替代。利用 T610 高强度钢板替代，其屈服应力为 550MPa，取 $\sigma_G = 550\text{MPa}$。

$$t_G = \sqrt{\frac{\sigma_L}{\sigma_G}} t_L = \sqrt{\frac{345}{550}} \times 10 = 0.792 \times 10 = 7.92$$

取 $t_G = 8\text{mm}$。

（2）采用 SSAB 的 Hardox 400HBS 高强度耐磨钢板替代。SSAB 的 Hardox 400HBS 高强度耐磨钢板，其屈服应力为 $\sigma_G = 1000\text{MPa}$。

$$t_G = \sqrt{\frac{\sigma_L}{\sigma_G}} t_L = \sqrt{\frac{345}{1000}} \times 10 = 0.587 \times 10 = 5.87$$

取 $t_G = 6\text{mm}$。

从上两例计算可知：采用 T610 高强度钢板替换 Q345，钢板重量可减轻 20%。采用 SSAB 的 Hardox 400HBS 高强度耐磨钢板替代 Q345，钢板重量可减轻 40%，但其强度保持不变。

8 液压系统

8.1 概述

本章主要介绍应用于倾翻、转向、制动、冷却、动力换挡变速箱与变矩器、润滑液压控制系统的主要元件及原理。

液压系统的主要功能就是将动力从发动机传递到车辆各种工作和控制系统。

液压系统是地下矿用汽车一个重要组成部分，也是故障较多的一个系统。由于地下矿用汽车机型繁多，各生产厂家设计思路不同，因而各机型的液压系统并不完全相同，各有各的特点。但主要组成部分基本相同。

大多数地下矿用汽车使用定量液压泵与中位开式阀。发动机通过变矩器驱动油泵。当没有操纵控制阀时，液压油流经系统返回油箱。当操作控制激活特定的阀时，油重新定向流向目标组件。当滑阀达到移动极限时，系统压力增加，直到主安全阀打开。液压油以最小压力返回液压油箱。安全阀泵侧的压力仍保持在安全阀设定值，直到重新调整。

8.2 液压系统安全要求

8.2.1 一般要求

液压系统的设计与安装应符合 ISO 4413 或 GB/T 3766—2001 标准的有关规定。

8.2.2 液压回路

对液压回路的安全要求如下：

（1）车辆上的液压系统应设计成使用符合 GB/T 16898—1997 要求的难燃液压油以减少火灾危害。

（2）液压回路工作时，其工作压力不能超过回路最大额定工作压力。

（3）液压回路不能因为压力波动（压力上升、丧失、下降）而产生危险。

（4）液压管路。

1）硬管和软管应位于使其损坏最小的位置，并阻止与过热表面、锐边和其他危险源的接触。应能对软管和装置进行可视检查（不包括位于机架里的硬管和软管）。

2）液压管路的设计应考虑车辆的转动或移动，管接头处管道的弯曲半径不宜小于生产厂推荐的最小值。

3）尽量减少管路接头数量，管路的设计应使车辆操作时泄漏的可能性最小。

（5）液压系统必须安装压力安全阀。如果压力安全阀是可调的，则应具有防松和防止对其进行随意调整措施的功能。

（6）液压软管。

1）液压软管及软管组合件应符合 GB/T 18947—2003《矿用钢丝增强液压软管及软管组合件的要求》。

2）软管总成（包括两端管接头）爆破压力应是工作压力的 4 倍。

3）当软管内的液体压力在 5MPa 以上、工作温度在 50℃以上且距司机操作位置在 1m 以内时，应根据 GB/T 25607—2010《土方机械　防护装置　定义和要求》标准的规定对其进行保护，使司机免受软管突然爆破而产生的伤害。

（7）车辆上应设计油温监控器，当油温接近制造厂规定的最高油温时，应立即向司机报警。

8.2.3　液压油箱

（1）对液压油箱的一般要求如下：1）液压油箱应进行防腐保护，并将其牢牢地固定在车辆上，以防受到机械损害（如固定到车辆钢结构件里面）。2）液压油箱应配备一个机械保护的液位计，能分别显示最高和最低工作液位。3）当油箱内部的压力超过规定值时，相应的设备（通风口、安全阀等）应对其自动补偿。4）当地下矿用汽车在所设计的倾斜面上行驶、停车时，装满液压油的油箱不能从加油口溢出。

（2）加油口。油箱的加油口应：1）添加时便于接近。2）提供可上锁的加油口盖或者仅能通过专用工具才能打开的加油口盖，采用专用工具才能打开的加油口盖可不需要加装上锁的装置。3）油箱的加油口应布置在司机室外面。

（3）排油口。油箱应在其最低点有一个排油装置，油不需要依靠热部件或电气设备就能自由流动和安全排出。设计时要考虑防止油渍沉淀积聚到车辆非液压系统部件里。

8.2.4　充气式蓄能器

对充气式蓄能器的安全要求如下：（1）充气式蓄能器应符合 GB/T 3766—2001 中 6.3 条的有关规定。（2）充气式蓄能器应安装在便于检查、维修的地方，并远离热源。（3）必须将充气式蓄能器牢固地固定在托架上，以防止充气式蓄能器从固定处脱开时发生飞射伤人事故。

8.3　国内外典型的液压系统

8.3.1　国内典型的液压系统

国内地下矿用汽车液压系统典型的液压系统原理图如图 8-1 ~ 图 8-5 所示。

8.3.2　国外典型的液压系统原理

国外地下矿用汽车典型的液压系统原理图如图 8-6 和图 8-7 所示。

值得注意的是：该车对方向盘转向的液压系统配备一个冗余的制动系统，该系统包括供给松开制动器能量的主制动电磁阀、断开制动器能量的辅助制动电磁阀。当切断采用来自主制动电磁阀的停车制动器能量时，能量就供给辅助制动电磁阀，于是蓄能器没有流向制动控制阀（脚刹车控制阀）的液流。

当停车制动开关被激活时，就给主制动电磁阀提供能量和断开流向辅助制动电磁阀的

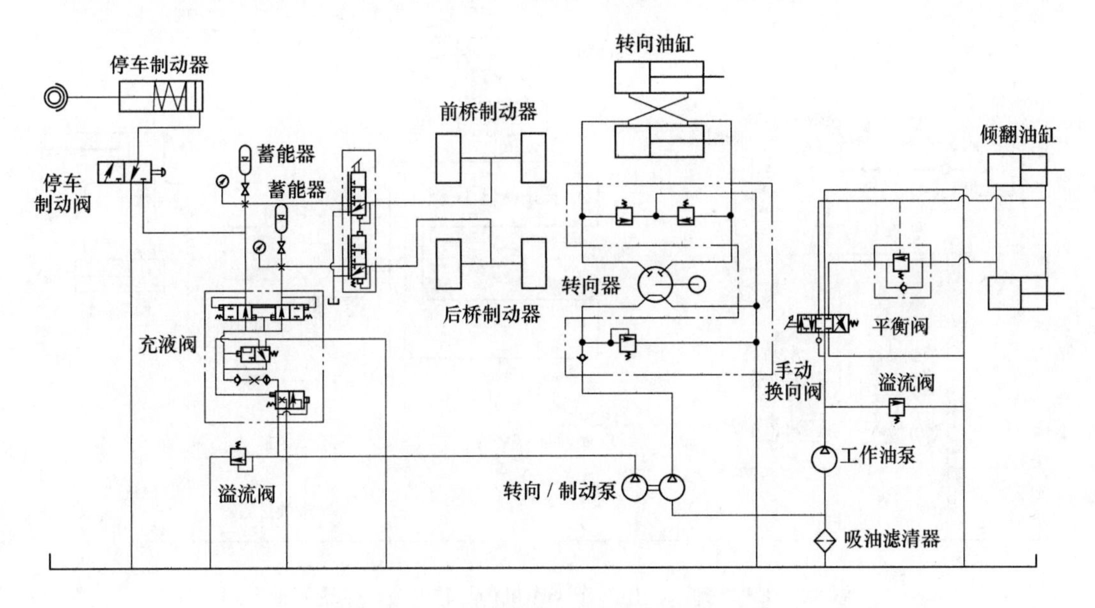

图 8-1 CA-8 地下矿用汽车液压系统原理图

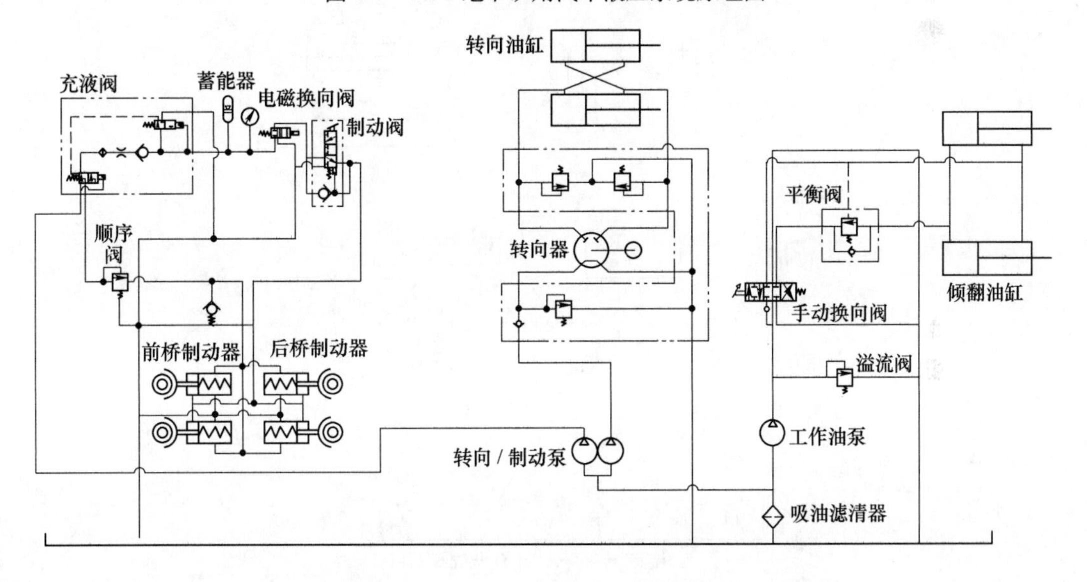

图 8-2 CA12 地下矿用汽车液压系统原理图

能量。此时，储存在蓄能器油压直接流向制动控制阀，在该阀里，液压油流经滑阀直达所有 4 个轮毂，松开制动器，使车轮自由回转（除了采用制动控制阀外）。

8.4 液压系统组成

8.4.1 工作机构液压系统

地下矿用汽车的基本动作是将装满车厢的物料运输到卸载地点，提升举升油缸到一定高度卸载，卸载完了以后，再将车厢返回到运输位置，空载返回到装载处，如此循环作业。地下矿用汽车工作装置液压系统能有效地完成物料的提升与车厢的翻转。

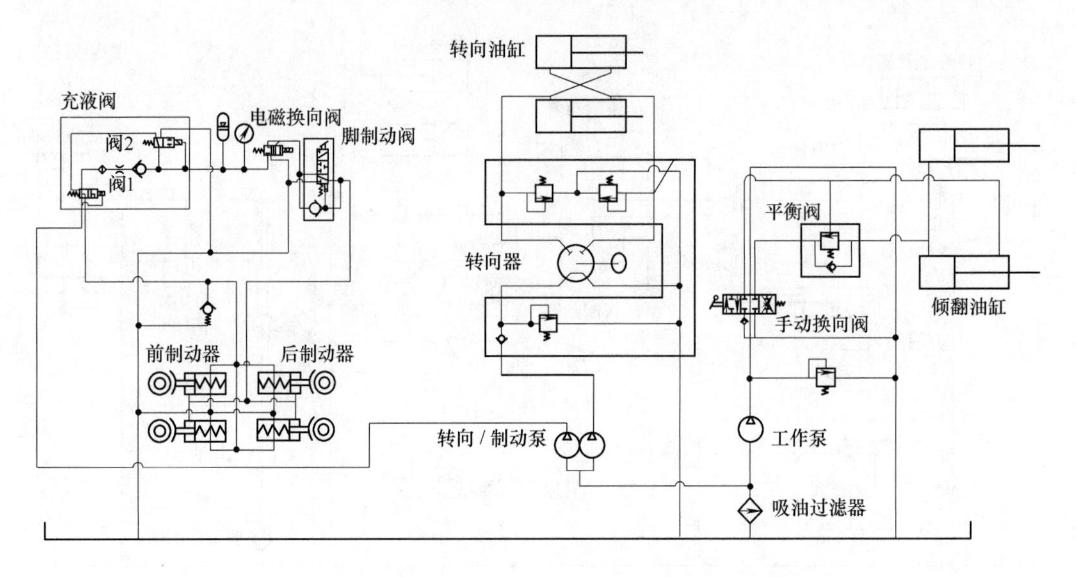

图 8-3　CA20 地下矿用汽车工作机构与转向液压系统原理图

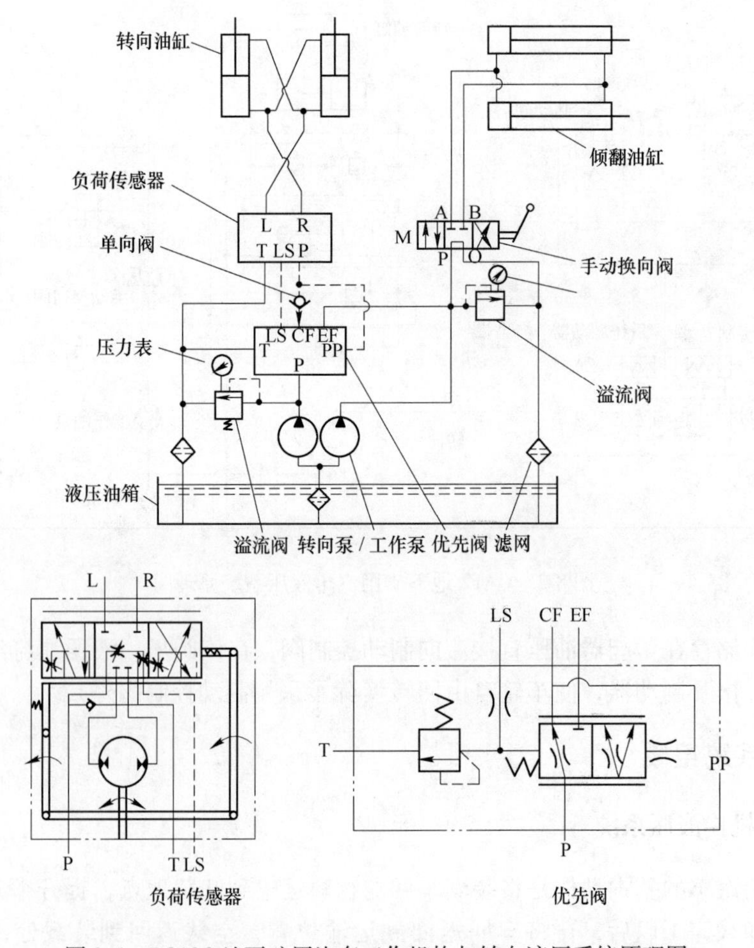

图 8-4　DQ18C 地下矿用汽车工作机构与转向液压系统原理图

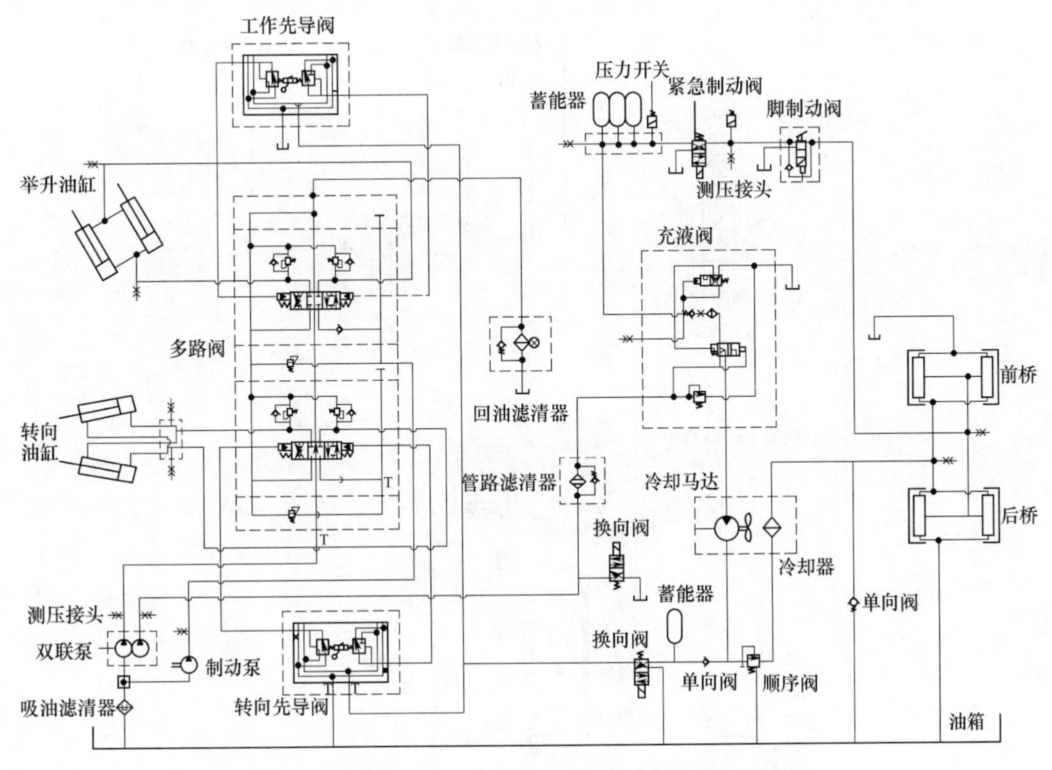

图 8-5　DKC-20 地下矿用汽车转向液压系统原理图

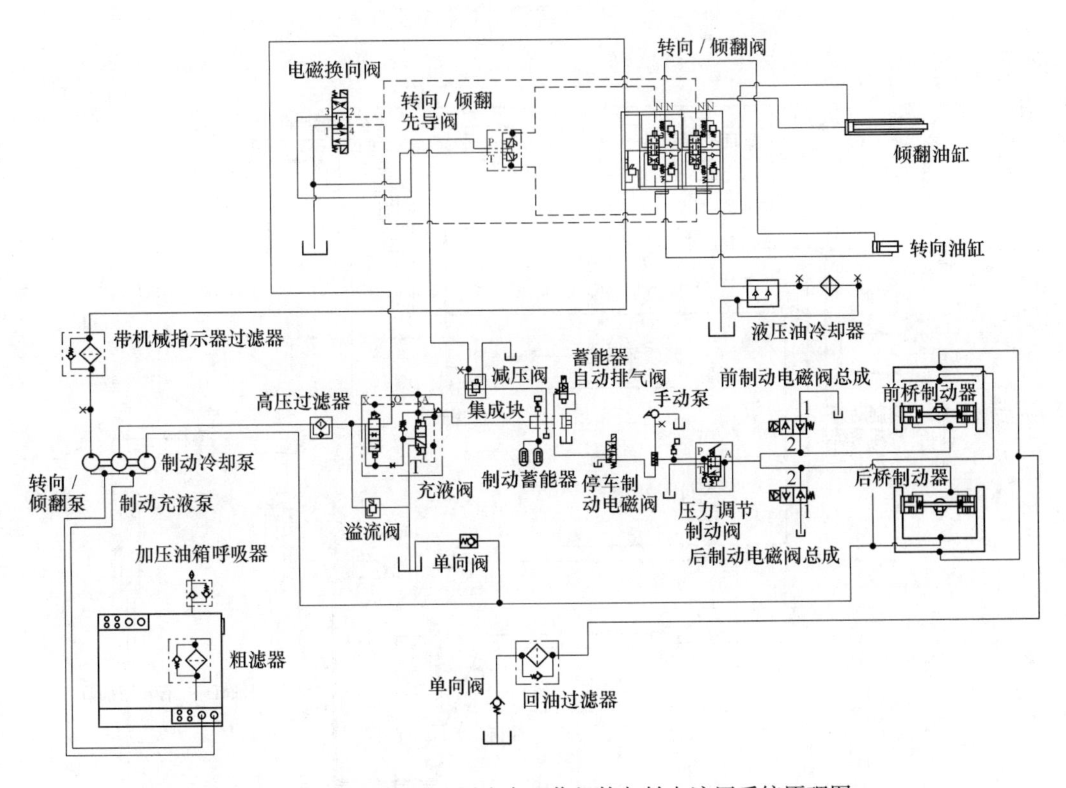

图 8-6　EJC417 地下矿用汽车工作机构与转向液压系统原理图

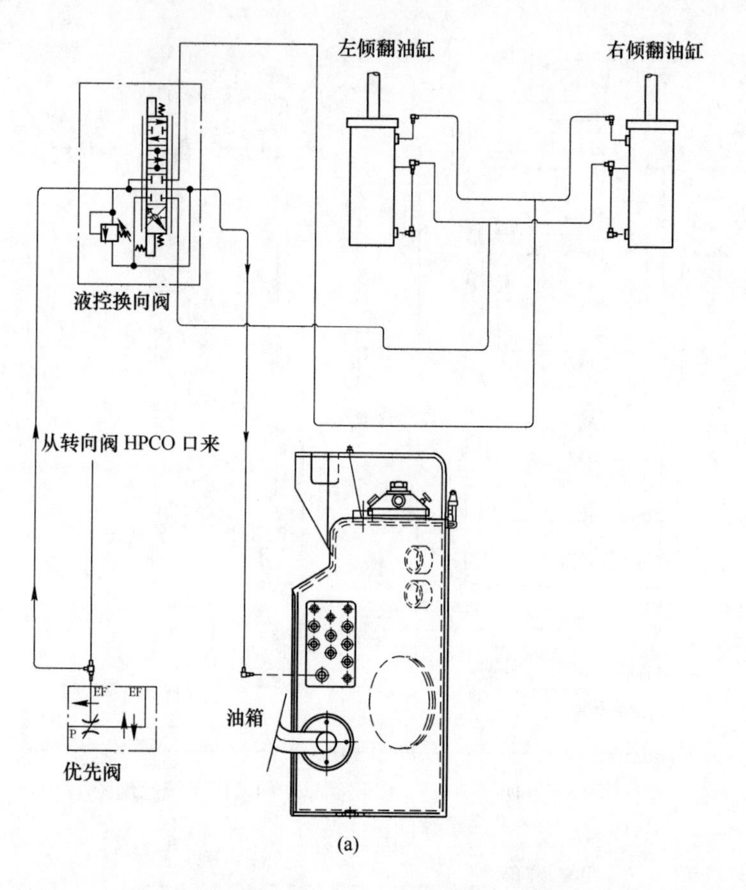

左倾翻油缸
右倾翻油缸
液控换向阀
从转向阀 HPCO 口来
EF
EF
P
油箱
优先阀

(a)

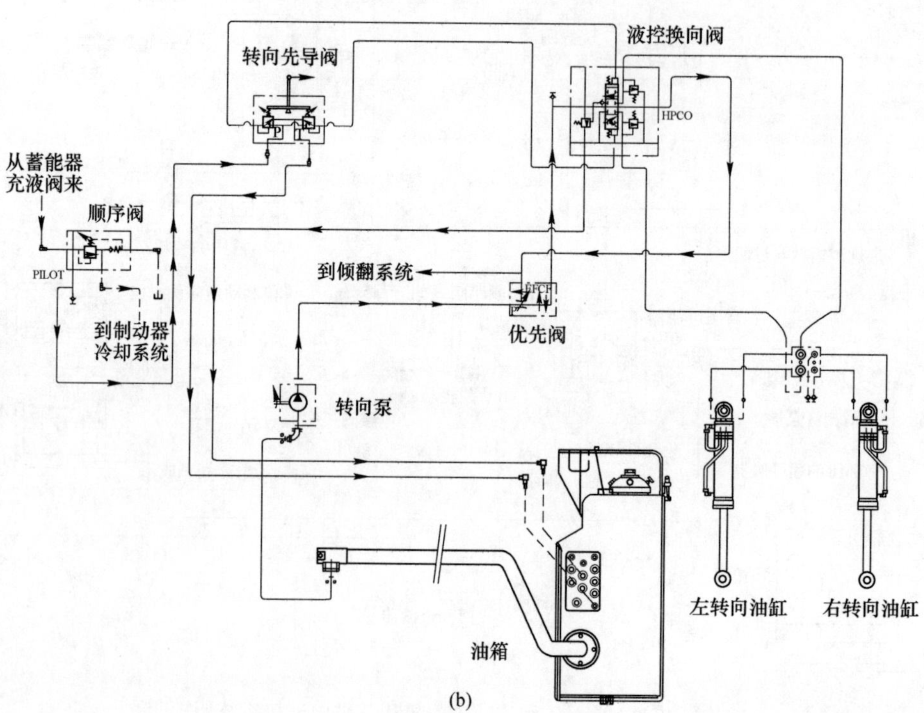

液控换向阀
转向先导阀
HPCO
从蓄能器
充液阀来
顺序阀
PILOT
到倾翻系统
到制动器
冷却系统
优先阀
转向泵
油箱
左转向油缸
右转向油缸

(b)

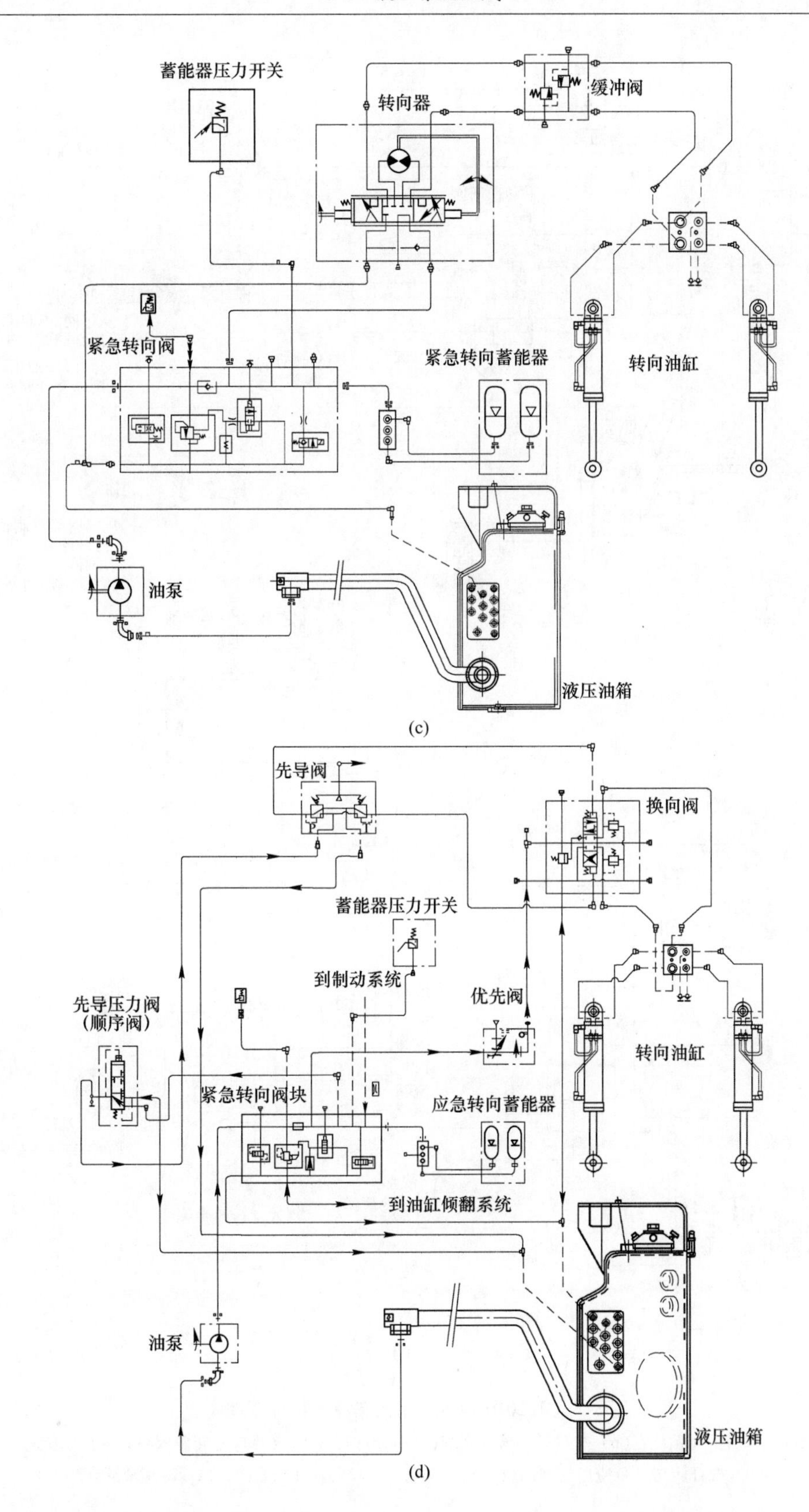
蓄能器压力开关
转向器
缓冲阀
紧急转向阀
紧急转向蓄能器
转向油缸
油泵
液压油箱
先导阀
换向阀
蓄能器压力开关
到制动系统
优先阀
先导压力阀
(顺序阀)
紧急转向阀块
应急转向蓄能器
转向油缸
到油缸倾翻系统
油泵
液压油箱

(c)

(d)

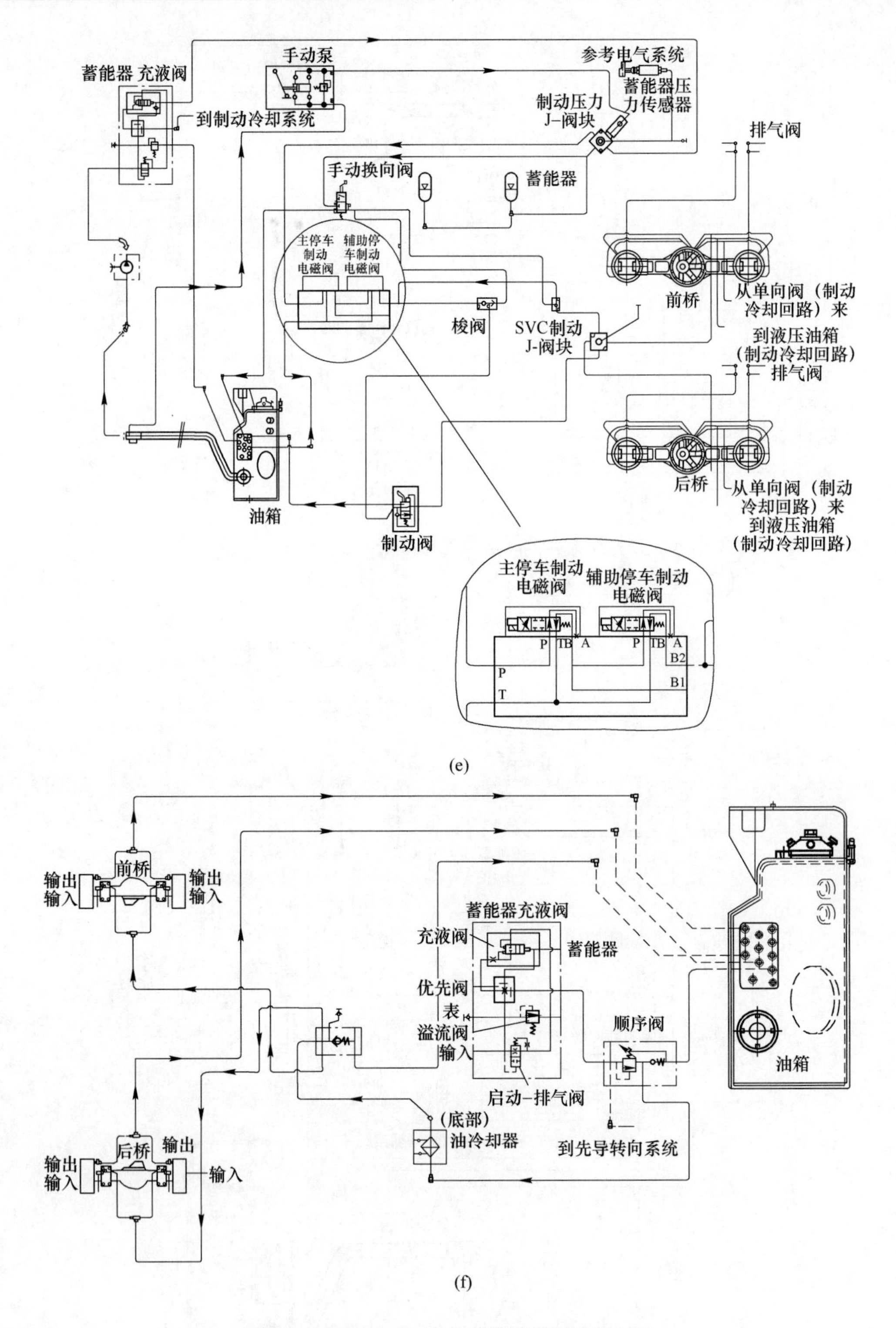

图 8-7 MT2010 地下矿用汽车液压系统原理图

（a）举升液压系统；（b）杠杆转向液压系统；（c）方向盘转向（带应急转向阀块）液压系统；（d）杠杆转向（带应急转向阀块）液压系统；（e）制动液压系统；（f）冷却液压系统

地下矿用汽车工作机构液压系统主要由油泵、先导控制阀、多路换向阀（手动或液控）、举升油缸、溢流阀等组成。

8.4.1.1 油泵

一般是齿轮泵，它装在变矩器上。齿轮泵结构简单，维护方便，使用寿命长，成本低，特别是抗污染能力强，在地下矿用汽车中获得广泛应用。

8.4.1.2 先导控制阀

先导控制阀的主要作用是控制液控多路换向阀阀芯的移动，从而控制车厢的升降。先导控制阀取代手直接操作多路换向阀，这大大减少了司机的操纵力，减轻了司机的疲劳，从而提高了生产效率。

常用先导控制阀有三种结构，即单杆单作用先导控制阀（见图8-8）、单杆双作用先导控制阀（见图8-9）以及双杆单作用先导控制阀（见图8-10）。

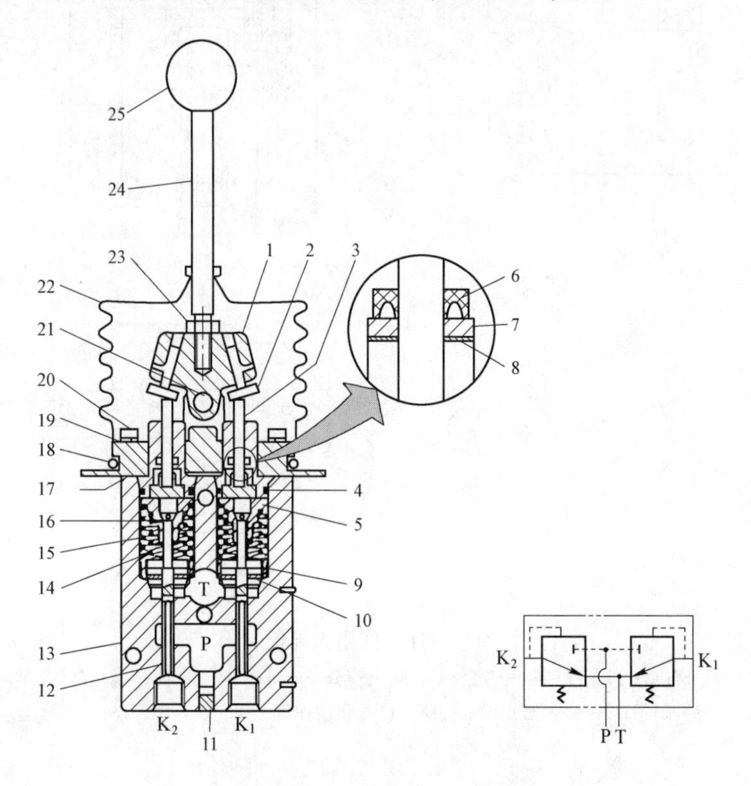

图8-8 先导控制阀（单作用）

1—操纵杆连接块；2—调整螺栓；3—柱塞；4，18—O形圈；5，9—弹簧支承座；6—防尘圈；7—密封圈；8—环；10—套管；11—螺堵；12—阀芯；13—阀体；14—主弹簧；15—回位弹簧；16—弹性挡圈；17—垫片；19—垫圈；20—螺栓；21—销；22—防尘罩；23—锁紧螺母；24—操纵杆；25—操纵杆手柄

在图8-8中，先导压力油从螺堵11处进入。阀芯12在弹簧15作用下，阀芯12的横向通孔与进油腔P不通，而换向阀先导油口 K_1 或 K_2 的压力油可以通过阀芯12的中心孔经T流回油箱。当操纵杆手柄25压下柱塞3、压缩主弹簧14时，阀芯12下移，P腔先导压力油通过阀芯12下面的横向口进入 K_1 或 K_2 口直接推动换向阀芯换向，同时阀芯上面的横向孔与回油隔离。如果手柄25松开，在回位弹簧15的作用下又恢复到初

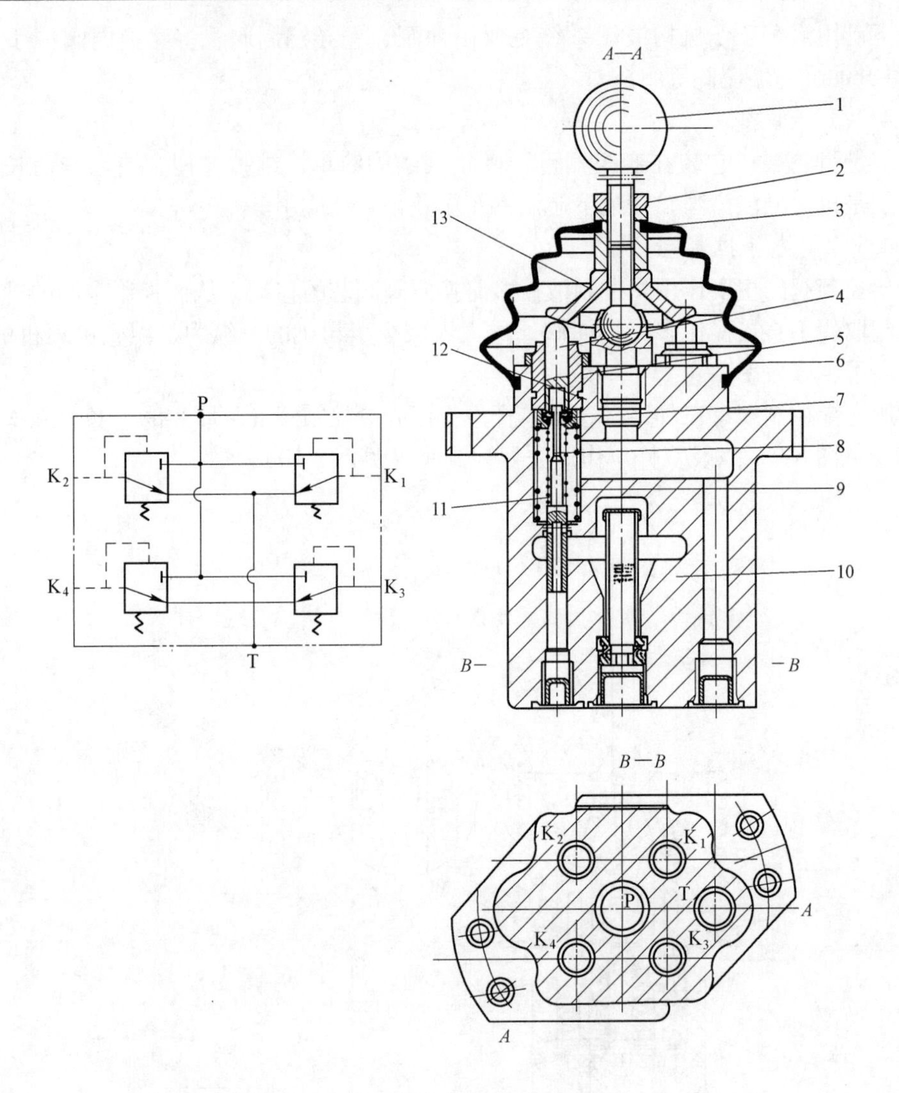

图 8-9　单杆双作用先导控制阀

1—操作手柄；2—并紧螺帽；3—定位套；4—柱塞；5—柱塞套；6—防护套；7—内弹簧座；8—阀芯；9—主弹簧；10—阀座；11—回位弹簧；12—密封圈；13—摇臂

始状态。

双杆操作的单作用先导控制阀如图 8-10 所示。

双作用先导阀其作用原理与单作用先导阀的相同。

先导控制油一般由充液阀二次回路供给，也有从转向油泵来油通过减压阀提供。

8.4.1.3　换向阀

换向阀分为手动换向阀和液控换向阀。

(1) 手动换向阀。手动换向阀是手动杠杆操纵的方向控制阀门，用以控制油流的方向，实现车厢的举升和下降。其结构如图 8-11 与图 8-12 所示。图 8-11 所示手动换向阀不带安全阀，图 8-12 所示手动换向阀与安全阀集成为一体。MT2010 型地下矿用汽车手动换向阀中与众不同之处在于，它是四位六通阀，比一般换向阀多了一个浮动位置。当操作员

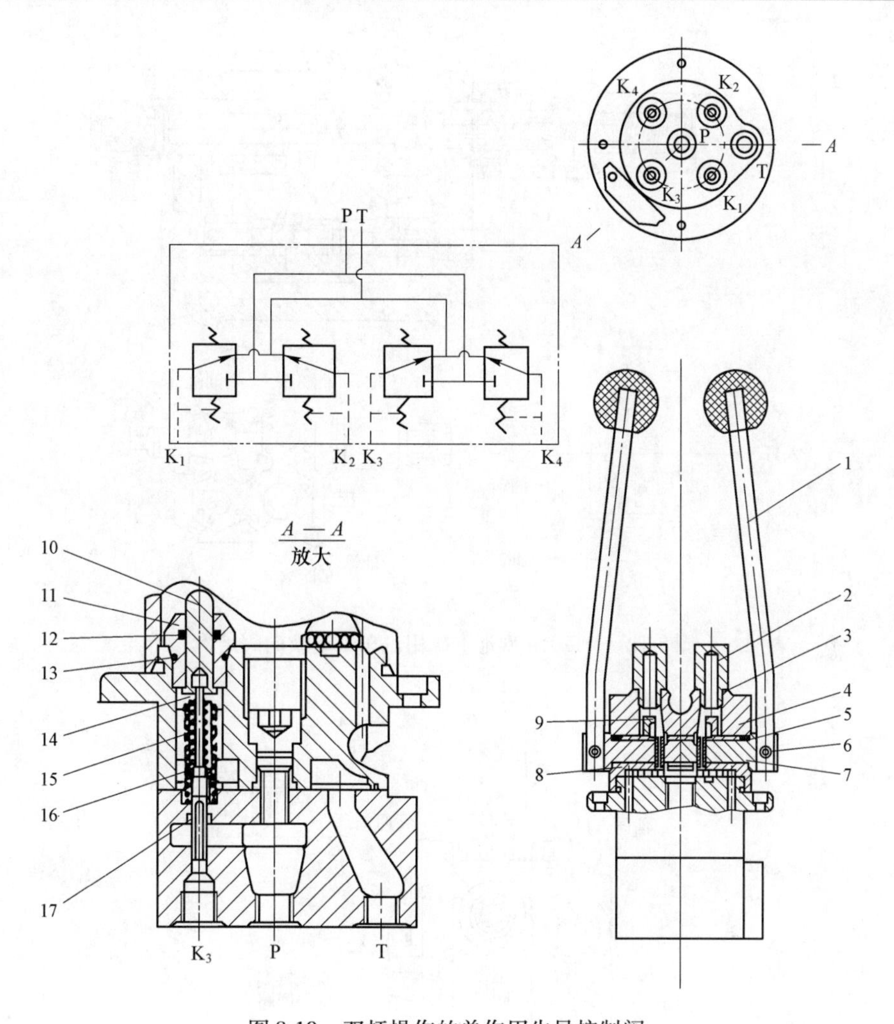

图 8-10 双杆操作的单作用先导控制阀

1—手柄；2—螺母；3—垫圈；4—上阀体；5，8，12，13—密封圈；6—销；7—销轴；9—凸轮；10—柱塞；11—柱塞套；14—弹簧座；15—回位弹簧；16—主弹簧；17—阀芯

将倾翻杠杆放在浮动位置时，或第三个止动位置时，所有油口都是通油箱的。其结果是，车厢靠其本身的重量缓慢下降直到碰到限位块。

（2）液控换向阀。液控换向阀常有两种：一种是单片液控换向阀，如 MT2010 型地下矿用汽车转向液动换向阀（见图 8-13）；另一种是多片液控换向阀，如 DKC-20 型地下矿用汽车转向与倾翻液动换向阀（见图 8-14）。图 8-14 为多片液控换向阀，由 5 个阀块组成：进油阀块、转向换向阀块、中间进油阀块、倾翻阀块结构、出油阀块。

1）进油阀块。油泵流量通过该阀块上进油口进入阀组，该阀块带有溢流阀。

2）转向阀块。该阀块由液控换向阀、双向缓

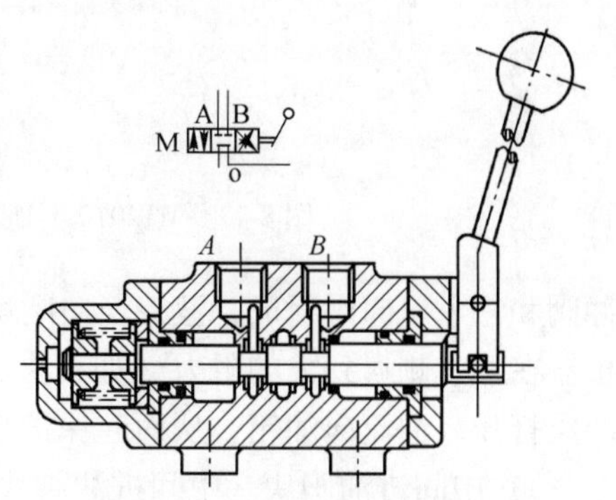

图 8-11 DQ15 与 DQ18C 型地下矿用汽车手动换向阀结构

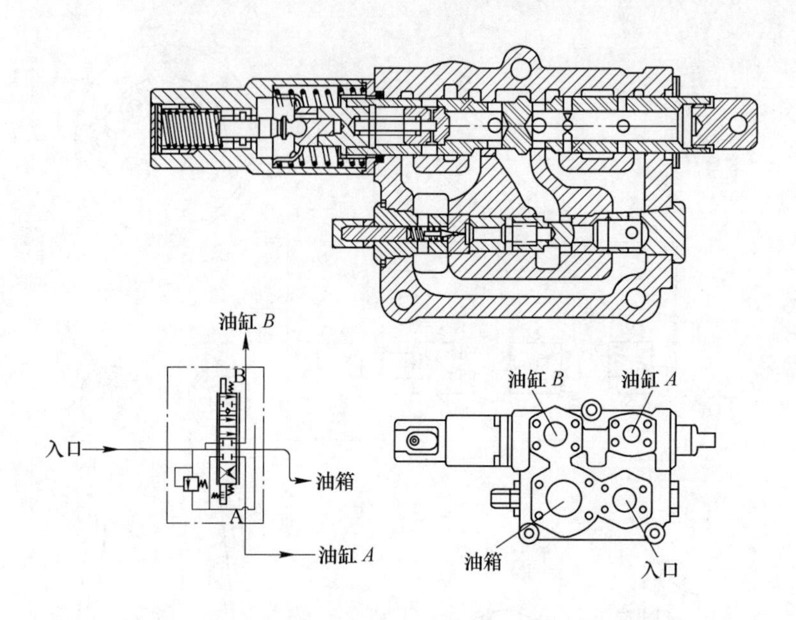

图 8-12　MT2010 型地下矿用汽车手动换向阀结构

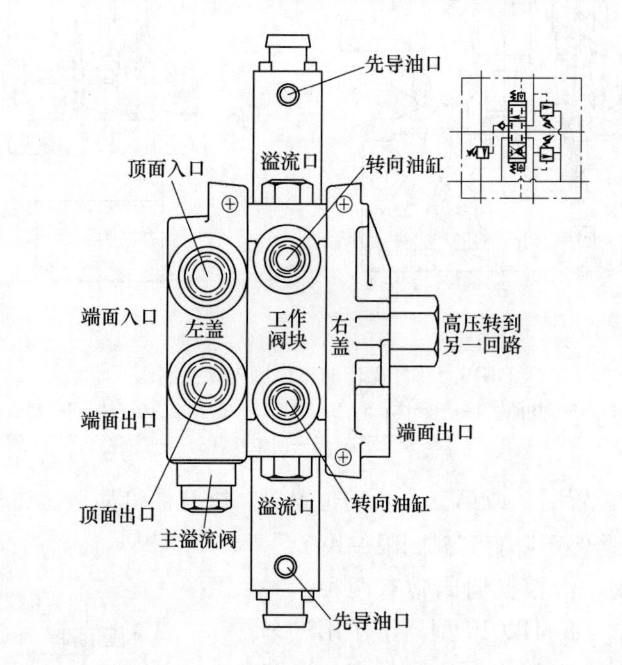

图 8-13　MT2010 型地下矿用汽车转向液动换向阀外形及原理

冲阀和一个单向阀组成，液控换向阀块用于控制车辆左转或右转；双向缓冲阀的作用是当机器在某一侧遇到大的阻力（如石块、凹坑等）时，系统油压增加到缓冲阀调定值时，缓冲阀打开，油流向油箱，从而起保护系统液压元件；单向阀是防止产生气蚀。

3）中间进油阀块。中间进油阀块位于倾翻阀块与转向阀块之间，其作用在一个阀组上使两个或更多液压回路合流，以简化管路系统和安装。

4）倾翻阀块。倾翻阀块（见图 8-15）与转向阀块基本相同，只是作用不同，转向阀

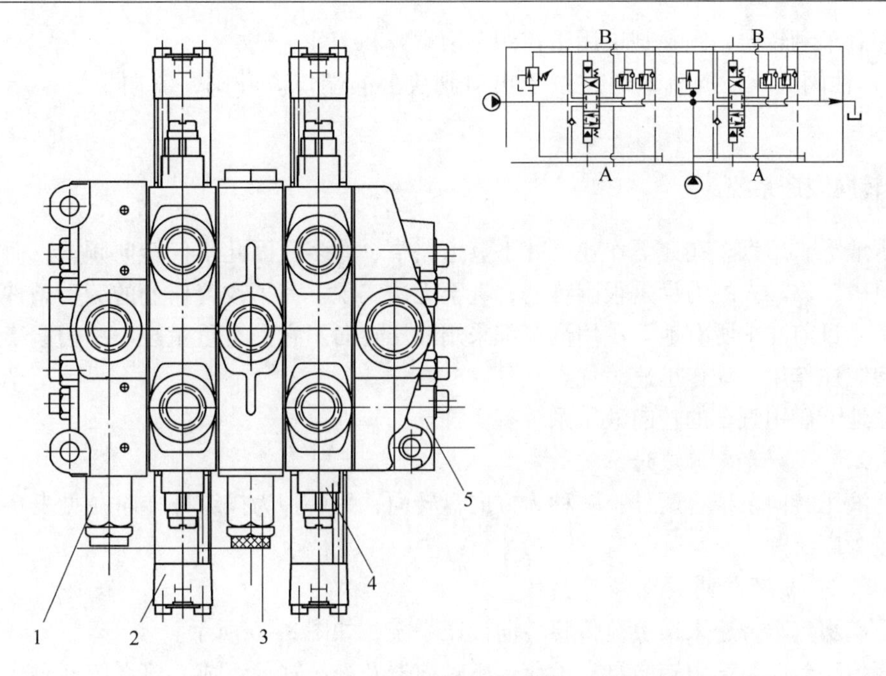

图 8-14　DKC-20 型地下矿用汽车液动换向阀外形及原理

1—进油阀块；2—转向阀块；3—中间进油阀块；4—倾翻阀块；5—出油阀块

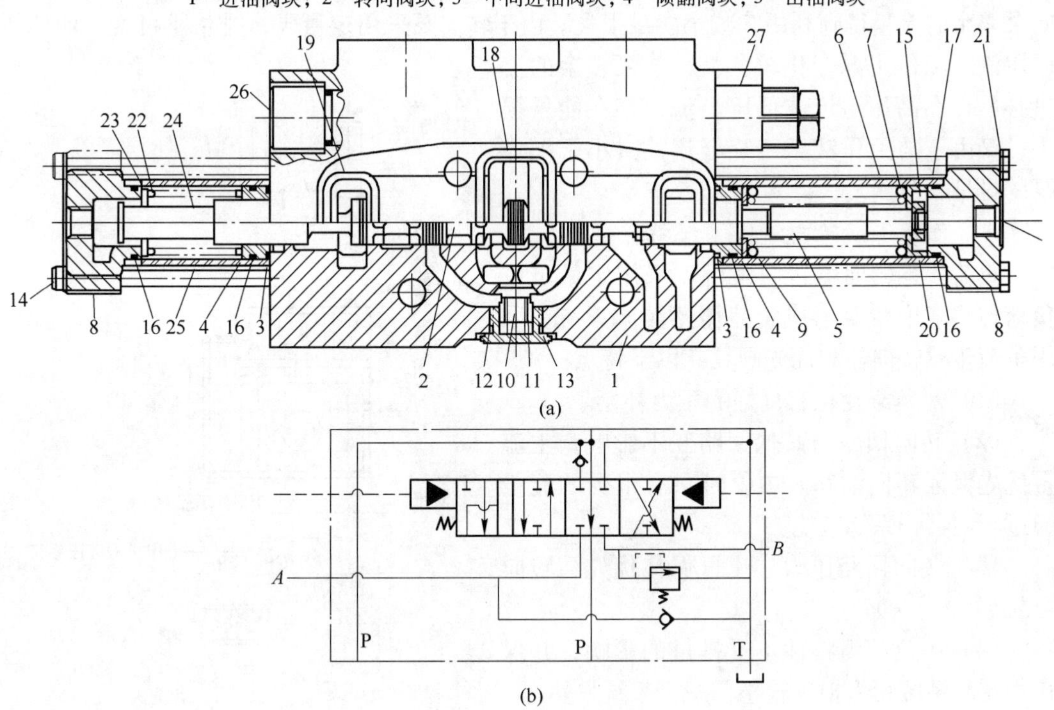

图 8-15　DKC-20 型地下矿用汽车液动换向阀倾翻阀块

（a）结构图；（b）原理图

1—阀体；2—阀芯；3，12，16—O 形密封圈；4，17，25—管子；5，24—螺栓；6—内弹簧；7—外弹簧；8—阀罩；9，23—垫圈；10—提升阀；11—单向阀弹簧；13—单向阀罩；14—内六角螺钉；15，21—六角螺母；18，19—方形密封圈；20，22—弹簧；26—*A* 口；27—*B* 口

块用于控制车辆转向，倾翻阀块用于控制车厢举升和下降。

5）出油阀块。泵的流量通过位于出口阀块上的端口离开阀，流向下游一端阀组或油箱。

8.4.2　转向液压系统

由于地下矿用汽车在井下作业，井下巷道路窄、弯多。因此不仅转向频繁，而且还要求转向灵敏，仅靠人的力量是很困难的，甚至无法实现。为了改善作业的劳动条件，提高生产效率，目前几乎所有地下矿用汽车都采用液压转向。它具有重量轻、结构紧凑、对地面冲击起缓冲作用、动作迅速等优点。

常见地下矿用汽车的转向液压系统有3种。

8.4.2.1　普通液压转向系统

普通液压转向系统有两种：一种为方向盘转向；另一种为操纵杆转向（见表6-2）。前者使用较为广泛。

8.4.2.2　负荷传感转向液压系统

地下矿用汽车普遍采用负荷传感转向液压系统，如图8-16所示。

负荷传感转向系统由转向泵、负荷传感转向器及液压缸等组成。该系统通过优先阀时可保证转向系统液压油的流量需求，然后将多余的流量送入工作装置的液压系统，使得转向泵多余的流量得到利用，减小能量损失。由于转向泵采用定量泵，排量不可变，而地下矿用汽车工作工况变化较大，转向泵多余的流量必然存在高压溢流或低压溢流，存在能量损失；又由于与工作液压系统合流，减小了工作泵的排量，节能。

A　负荷传感转向液压系统特点

负荷传感转向器转向泵可以采用定量泵或负荷传感式变量泵形成负荷传感转向系统。采用负荷传感转向器和优先阀具有以下特点：

（1）对负载变化有良好的压力补偿。

（2）转向回路与其他回路互不影响，主流量优先保证转向油路。中位时只有很少的流量通过转向器，系统节能。

（3）转向回路压力、流量保持优先，转向可靠。

（4）中位压力特性不受排量的影响，并保持中位时系统压力损失较小，减少系统发热。

（5）负荷传感液压转向系统。根据所取的信号不同又分为动态和静态两种方式。动态信号负荷传感转向系统具有以下特点：1）动态反应快；2）寒冷条件下的启动性能改善；3）利于解决系统性能和稳定性方面的问题。

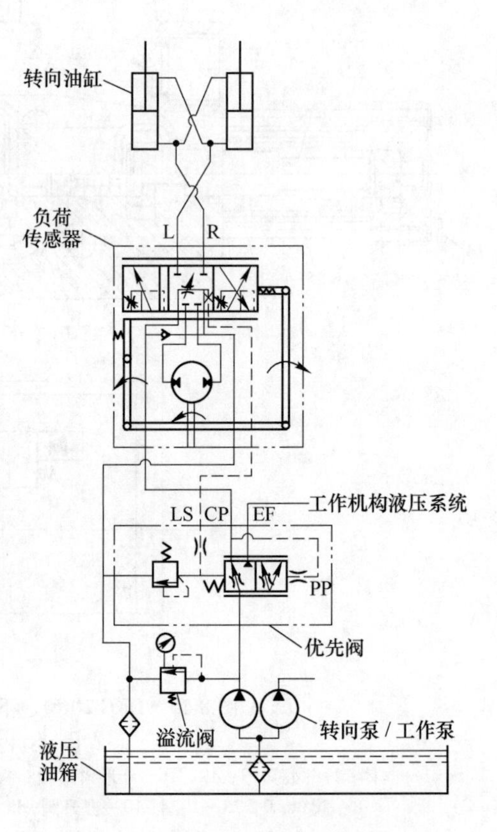

图8-16　负荷传感转向液压系统

(6) 使用：1）系统使用定量泵时，其他回路（EF——工作机构液压系统）必须采用开芯系统；使用压力补偿或压力流量补偿变量泵时，EF 可以采用闭芯系统。2）优先阀必须满足最大泵流量要求，必须保证优先流量；控制压力必须与转向器的控制流量相匹配；动态式转向器用动态式优先阀。3）应保证从优先阀到转向器的管路的压力损失较小，否则应使用高一些的控制压力或采用动态式转向器和优先阀。4）优先阀溢流阀压力设定应比转向最高要求压力高 2MPa。

B　主要液压元件

负荷传感转向液压系统中有两个主要的液压元件：BZZ5 型负荷传感转向器和优先阀。

a　负荷传感转向器 BZZ5 型

BZZ5 型负荷传感全液压转向器结构与普通液压转向系统使用的 BZZ1 全液压转向器结相似，主要由随动转向阀和计量马达组成。随动转向阀包括阀芯、阀套和阀体，阀套在阀体的内腔中，由转子通过联动轴和拨叉销带动，可在阀体内移动；阀芯在阀套的内腔中，可由方向盘通过转向轴带动转动。计量马达包括转子与定子，定子固定不动，它有 7 个齿，转子有 6 个齿，它们组成一对摆线针齿啮合齿轮。这 7 个齿腔的容积随转子的转动而变化，通过阀体上分布的 7 个油孔和阀套上匀布的 12 个油孔向 7 个齿腔配流，让压力油进入其中一半齿腔，另一半齿腔将油压送入转向油缸。阀体上除了有四个油口，分别与进油、回油和转向油缸两膛相通外，还有一个反馈油口 LS 与优先阀相通，如图 8-17 所示。

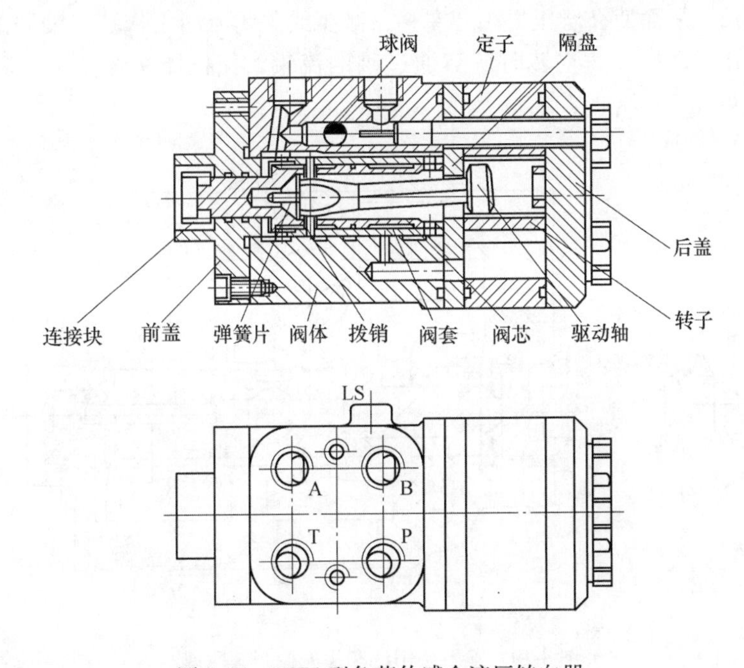

图 8-17　BZZ5 型负荷传感全液压转向器

b　优先控制阀

(1) 普通优先控制阀。该阀与 BZZ5 型转向器配套，组成负荷传感转向系统，在方向盘转速变化的情况下，能优先保证转向器所需流量，多余油液进入工作装置液压系统。

当方向盘不动时，由转向泵来的压力油从 P 口经阀芯到 EF 口，进入工作装置液压系统与之合流，共同完成工作装置的各种动作。

当方向盘转动时，阀芯在弹簧力与LS油口压力共同作用下右移使P口与CF口接通，压力油进入转向器，推动油缸实现地下矿用汽车转向，多余的油从EF口进入工作装置液压系统。因而优先阀在优先满足转向的前提下，可以实现转向液压系统与工作装置液压系统的合流，减少系统功率损失，节约能量，如图8-18所示。

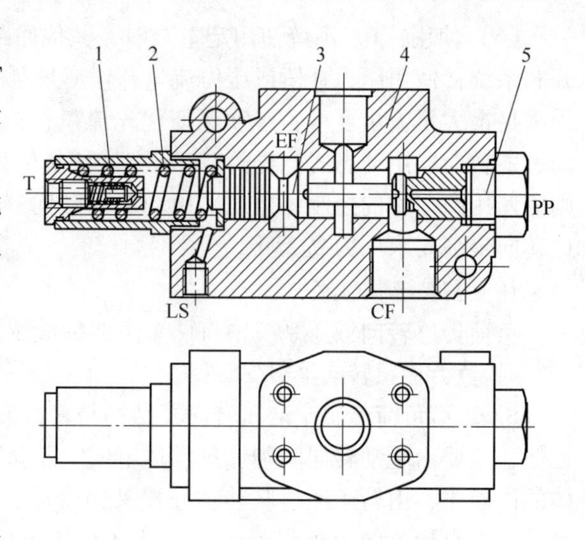

图8-18　优先控制阀结构

1—安全阀总成；2—控制弹簧；3—阀芯；4—阀体；5—螺塞

（2）Atlas Copco公司采用的优先阀，如图8-19所示。

压力油从PR口进入优先阀，通过节流油孔（节流油孔的大小，外部可调），当压力油流量大时，通过节流孔的压力降也很大。若补偿阀芯左端的压力大于阀芯右端油压与弹簧力之和，则阀芯右移。打开通向工作装置油口EF，多余的压力油流向工作装置油路，当油量不大时，通向工作装置油口关闭，全部液压油从CF口流向转向系统，从而保证转向速度恒定。当油温很高时，温度补偿杆伸长，从而使补偿压力阀芯左移，减少或关闭流向工作装置油路的油量。节流调节阀主要是在发动机高速空转时调节通过阀的流量，使机器从最左位置转到最右位置(或反之)，正好是5～7s。

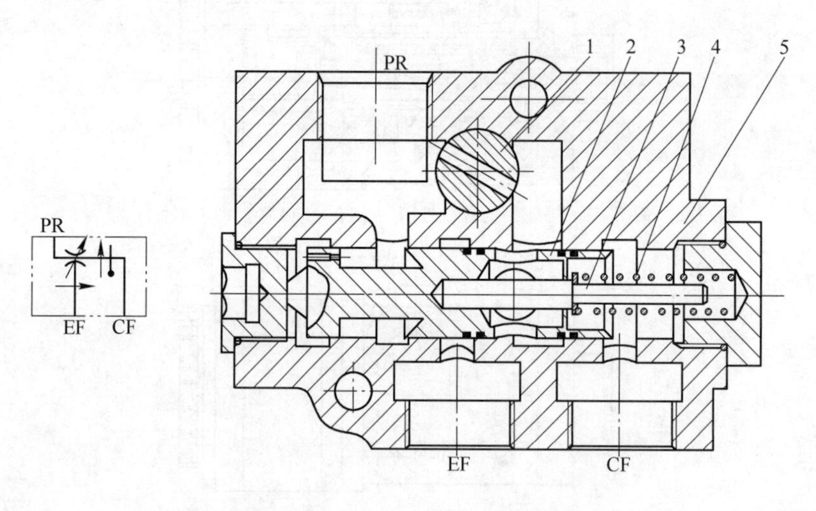

图8-19　地下矿用汽车优先控制阀原理

1—节流调节阀；2—压力补偿阀芯；3—温度补偿杆；4—弹簧；5—阀体

8.4.2.3　采用流量放大器的转向液压系统

在地下矿用汽车的全液压转向系统中，转向器可分为转阀式和滑阀式两大类。转阀式全液压转向器具有结构紧凑、操纵灵敏轻便、转向轮对方向盘有随动作用等优点，所以在地下矿用汽车上得到了广泛的应用。但对于大型地下矿用汽车，由于车体很重，要求转向器的计量器有较大的排量。目前，国内外各种规格的转阀式转向器中，其计量器的排量一般在 50 ~ 1000cm³/r 之间，不能满足大型地下矿用汽车转向的需要。丹麦的 Danfoss 公司和我国许多公司等生产了一种新型转向器及流量放大器，Danfoss 公司生产两种型号放大器 OSQA 和 OSQB，如图 8-20(a) 和图 8-20(b) 所示。用这种转向器及流量放大器组成的转向系统，最高排量为4000cm³/r，可满足几十吨大型地下矿用汽车转向的需要。北京安期生公司 JKQ-25 地下矿用汽车转向系统中就是采用流量放大器的转向液压系统，如图 8-20(b) 所示。图 8-20(a) 是 Sauer Danfoss 公司生产的 OSPBX LS 型全液压转向器和 OSQA 流量放大器配合使用的一个系统。OSPBX LS 型全液压转向器是一种转阀式转向装置，主要由转阀和计量泵组成。转向装置通过转向杆和车辆的方向盘连接，转动方向盘时，液压油从转向系统的泵通过转阀（阀芯和套筒以及计量泵齿轮组），根据方向盘转动的方向，进入油缸 L 或 R 口。计量泵调节通入转向油缸的流量，使其与方向盘转动角度成比例，OSQA 型流量放大器内部集成有方向控制阀、放大器、优先阀、先导溢流阀、缓冲阀和补油阀，其组成如图 8-20(a) 所示。

OSQB 型流量放大器中还包括背压阀。

图 8-20(b) 为 OSQBX 型的转向器的工作原理，当方向盘向左转动时，转阀过渡到左位工作，P 口的高压油经过节流后进入计量泵的右端，同时向负载传感口 LS 提供压力信号，计量马达的输出油液通至 L 口，R 口与 T 口相通。方向盘右转时其工作原理相同。当

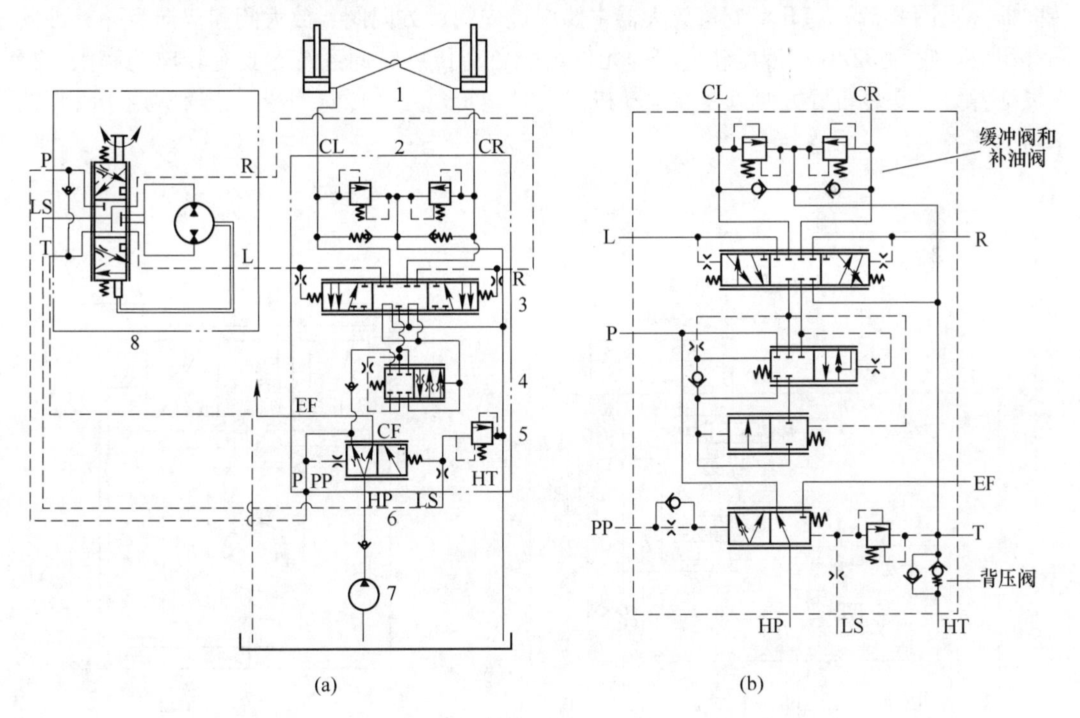

图 8-20　流量放大器转向系统原理

(a) OSQA 型；(b) OSQB 型

1—转向油缸；2—缓冲阀和补油阀；3—方向控制阀；4—放大器；5—安全阀；6—优先阀；7—转向油泵；8—转向器；LS—负荷感应口；PP—引导压力口；HP—高压油口；HT—回油口；CF—去转向油路；EF—去工作系统油路；L—左油口；R—右油口；P—压力油口；T—回油口；CR—右转向油缸油口；CL—左转向油缸油口

方向盘无转向时，转阀处于中位，F 口与 T 口之间断开，没有油液经过转向器，计量马达的两端也被截止，可见该转向器是一种闭心无反应（CN）型转向器。

缓冲阀和补油阀能够给转向缸提供高压缓冲和低压补油功能。安全阀主要是保护转向器与优先阀避免承受过高压力。

该流量放大器以一定的放大倍数对转向器的 L 口或 R 口的油量进行放大。所放大的油量直接由流量放大器的 CL 口或 CR 口流到转向油缸中。放大的油量与方向盘的转动速度成正比。如果液压油泵供不上油，该流量放大器就切断放大，并转入手动转向泵。手动转向泵只能对车辆进行有限的控制。

流量放大阀中，优先阀和负载感应型转向器使转向系统优先从液压油泵中得到油。当转向器处于中位时，油泵来的油通过 HP 口进入阀内。由于负荷感应口 LS 接油箱，因此几乎全部流量经 EF 口流向工作系统。当转向器转向时，随着转向压力的增加，优先阀滑芯逐渐左移，当 LS 达最大值时，通过 EF 口向工作系统的流量全部关闭，所有油泵流量 HP 都流向转向系统。同时转向器压力油口与 R 口（或 L 口）相通。一方面推动换向阀芯左移（或右移），结果 CR 口或（CL 口）与油箱相通，另一方面压力油 R（或 L）通过换向阀推动行程放大器左移，从而使 HP 的来油与从转向器 R 口（或 L 口）的来的油同时转向油缸 CL 供油，使车辆右（或左）转。

我国镇江液压件厂有限责任公司生产 LF 型流量放大器（见图 8-21）和 BZZ6 型液压转向器（见图 8-22）。LF 型流量放大器主要由优先阀、方向阀、放大阀和双向缓冲补油阀同等组成。它和 BZZ6 型液压转向器等元件组成负荷传感转向系统，具有转向功率大、操纵灵活省力、安装布置方便以及在发动机熄火时能实现人力转向等特点，通常用于大型汽车转向系统。

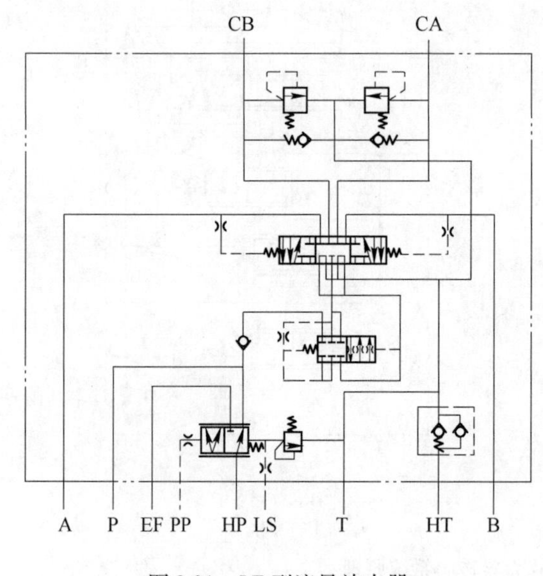

图 8-21　LF 型流量放大器

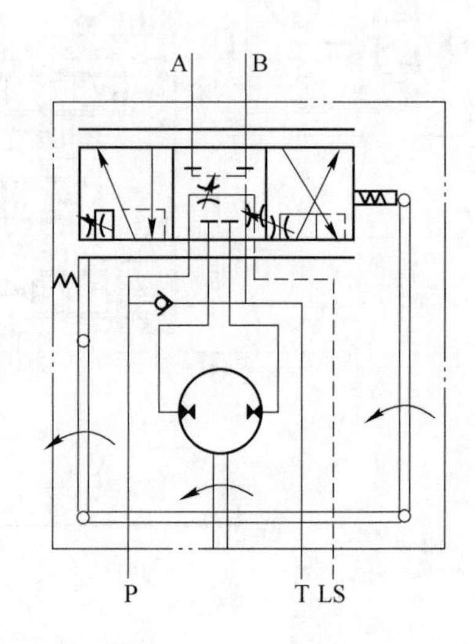

图 8-22　BZZ6 型液压转向器

8.4.2.4　应急转向系统

A　Caterpillar 公司辅助转向系统

除了第 6 章介绍的应急转向系统外，Caterpillar 公司也生产出了辅助转向系统（secondary steering system-the system used to steer the machine in the event of failure of the normal power source(s) or engine stoppage)，如图 8-23 所示。

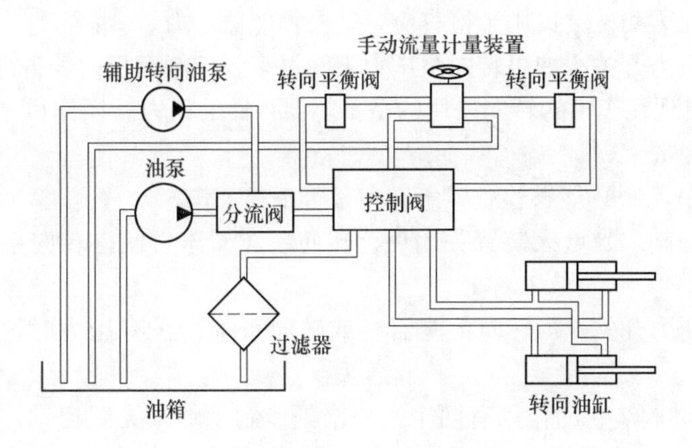

图 8-23　Caterpillar 公司辅助转向系统

当正常动力源出现故障或发动机停机时，利用辅助转向系统转向。

B　Atlas Copco 应急转向阀块

Atlas Copco 应急转向系统是在转向系统中采用紧急转向阀块。当车辆正常运行时，转向油泵高压油进入应急转向阀块，当车辆不转向时，高压油通过单向阀向转向蓄能器充压。当动力源出现故障和发动机停机时，转向蓄能器压力油流向转向系统，供转向油缸应急转向。应急转向阀块原理如图 8-24 所示。

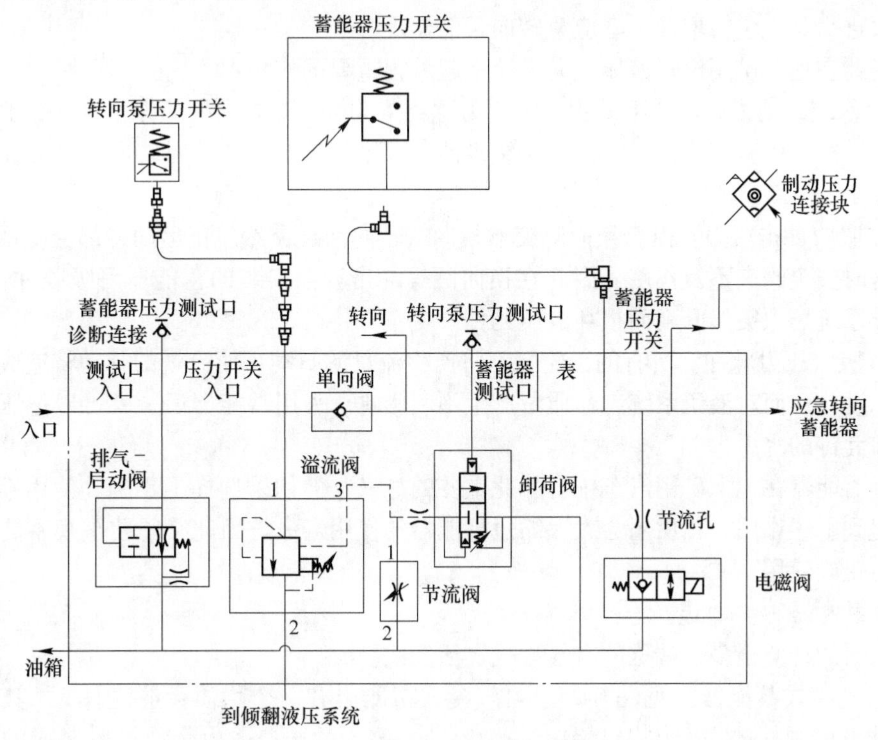

图 8-24　应急转向阀块原理

在图 8-24 中：

（1）转向泵的入口压力测试端口用于检查转向泵的入口压力。

（2）蓄能器压力测试端口用于检查应急转向蓄能器压力。

（3）转向泵压力开关。如果转向泵压力下降过多，控制面板内警告灯和蜂鸣器将会被激活，提醒操作员现在车辆的转向采用的是蓄能器存储的压力。操作员必须立即使车辆安全停车。

（4）针阀（节流阀）能够检查紧急转向是否正在工作。

（5）转向电磁阀。当点火装置关闭后，转向蓄能器压力使得转向系统在没有压力下停车。

（6）蓄能器压力开关。当转向蓄能器（或转向系统）没有压力时，系统压力警示灯关闭。

（7）排气-启动阀。它的作用有两个：一个是使制动油泵无载启动，这就大大减少发动机的附加能量损失，特别在寒冷地区启动是有好处的；另一个作用是保证泵在启动时帮助泵自吸。

（8）安全阀（溢流阀）。它保证系统压力不超过设定值。

（9）卸荷阀。当动力源出现故障和发动机停机时，靠应急转向蓄能器蓄存的压力油转向，当转向阻力超载时，转向高压油打开卸荷阀流回油箱。

8.4.2.5　地下矿用汽车液压转向系统中蓄能器的正确选用

液压转向系统关系到人与设备的安全、地下矿用汽车性能的改善、地下矿用汽车使用寿命的提高。因此长期以来，国内外地下矿用汽车制造厂都十分重视液压转向系统回路的设计与改进，其中包括增加一套应急转向蓄能器。

蓄能器在地下矿用汽车液压转向系统中起着很重要的作用：

（1）作应急动力源。地下矿用汽车动力源或柴油机或油泵因故障停止供油，地下矿用汽车无法转向，此时蓄能器可立即向系统供油，以维持系统紧急临时转向，从而保证人与设备的安全。

（2）吸收冲击压力。由于换向阀突然换向或转向油缸突然停止运动，都会使系统产生冲击，这时安全阀来不及作用。因此在换向阀等冲击源前安装的蓄能器可吸收冲击压力，防止液压系统压力突然升高而损坏液压元件。

（3）吸收压力脉冲。所有的齿轮泵都将产生流量的脉动，而流量的脉动将造成液压系统压力脉动，从而对液压系统工作质量产生不利影响。采用蓄能器后，就可以把压力脉动量保持在允许的水平。

既然蓄能器在地下矿用汽车中有如此重要的意义，但如果选择不正确，使用不当，不仅不能起到上述作用，相反还会大大缩短蓄能器的使用寿命。因此必须要重视蓄能器的合理选择与正确使用。

A　蓄能器种类的选择

蓄能器的种类很多，常见的有气囊式、活塞式。

（1）气囊式蓄能器（见图 8-25）。气囊式蓄能器有一个均质无缝壳体 2，其形状为两端成球形的圆柱体。壳体的上端有一个容纳气阀 1 的开口，由合成橡胶制成的完全封闭的梨形气囊 3，压在气嘴上，形成一个密封的空间。气囊经壳体的下端开口塞进去，并借助于压紧螺母11固定于壳体上端。阀体总成5用一对装在壳体开口内侧的半圆卡箍10卡住阀体本身的台肩，装在壳体的下部。O形密封圈9与垫片8接触，然后在壳体外面用螺母7拧紧固定。这样的结构能确保安全。要想拆开蓄能器，必须拧下螺母，阀体推到壳体内，气囊内有压力是不可能拆卸蓄能器的。阀体总成包括一个受弹簧作用的提升阀4，其作用是防止油液全部排出时，气囊膨胀出容器外。这种蓄能器的另一个安全设计特点是壳体的开口在低于设计的爆破压力时胀大，使O形圈被挤掉，油压能安全地解除。

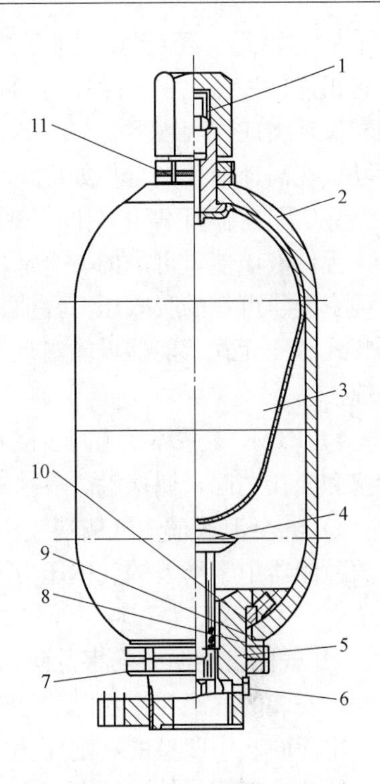

图8-25 气囊式蓄能器

1—气阀；2—壳体；3—气囊；4—提升阀；5—阀体总成；6—放气塞（系统放气用）；7—圆螺母；8—垫片；9—O形密封圈；10—半圆卡箍；11—压紧螺母

显然气囊首先在其直径最大、囊壁最薄的顶部膨胀，然后下部逐渐膨胀，把气囊向外推到壳体侧壁上，将油全部挤出。因此气囊使蓄能器具有很高的容积效率。

（2）Parker（派克）活塞式蓄能器（见图8-26）。

活塞式蓄能器组成：

1）壳体和盖。有效的散热对于增长密封寿命很重要。紧凑牢固的钢壳和端盖允许热量有效地散发，而蓄能器的内腔经精细抛光处理以使密封寿命最长。通过使用螺纹端盖，简化了蓄能器的维护，允许密封件快速而方便地安装，使停机时间最短。

2）活塞。高循环应用的快速响应通过轻型活塞设计来保证。中凹的铝质活塞结构增加了气体容量，同时还保持活塞在腔孔中的稳定性，并允许更多有用的油液容积；作为一种选项特性，可提供位置传感器，记录活塞的位置，并能监测蓄能器预充压力的情况。

3）活塞密封。长的工作时间间隔要求油和气的完全分离，即使是在最恶劣的工作环

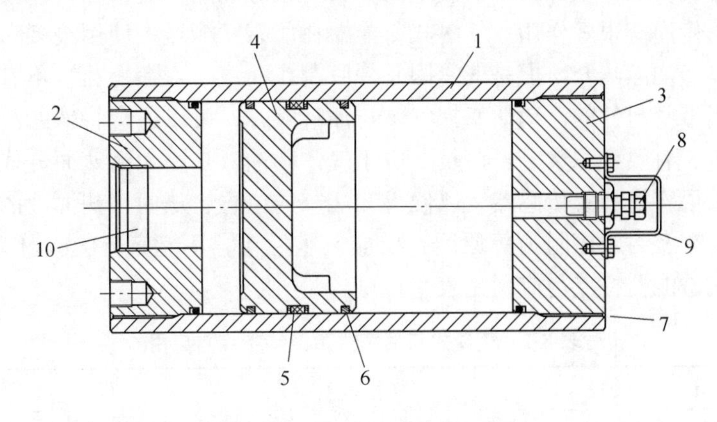

图8-26 Parker活塞式蓄能器

1—壳体；2，3—盖；4—活塞；5—活塞密封；6—PTFE支撑环；7—安全泄放槽；8—气阀；9—气阀防护罩；10—接口

境下也是如此。派克 A 系列蓄能器具有宽活塞密封组件的特点，该组件由独特的五片 V-O 圈加支撑环组成（见图 8-27），它消除了密封件的滚动，在高速应用场合也如此。

V-O 圈在循环停止期间长时间维持全部压力，提供液压能量可靠的、全部压力储存。它能保证安全、可靠的吸收压力峰值，并有助于防止隔膜式和皮囊式蓄能器可能出现的灾难性的失效情况。

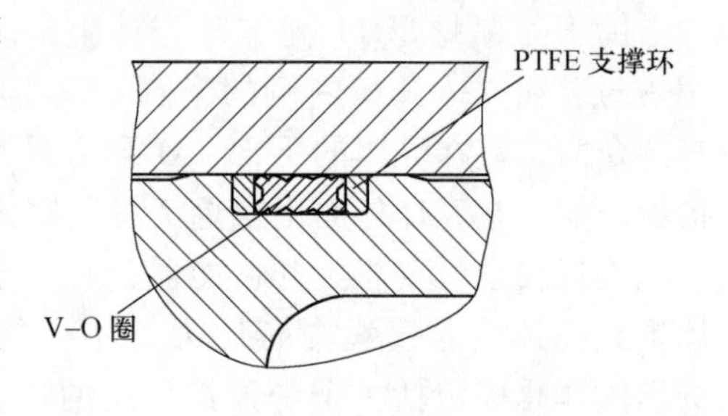

图 8-27　活塞密封

4）PTFE 支撑环。为减少磨损并延长工作寿命，安装了防渗的 PTFE 支撑环，消除了活塞和腔孔之间金属接触。

5）安全泄放槽。气侧端盖中有一只安全泄放槽，用于在拆除气侧端盖之前，逐渐地释放蓄能器中未释放的气体压力。注意：为防止伤害危险，蓄能器在拆卸前必须完全释放气压。

6）气阀。为防止伤害危险，在拆卸蓄能器之前，必须完全排除所充气体。为提高安全性，安装的气阀在拧松之前逐渐泄放气体。所有 A 系列活塞式蓄能器都安装有一只标准的、牢固的、中凹型的额定压力 350bar 的气阀，也可以选择提供一只机械式开启和关闭的、阀芯式气阀插件，额定压力也达 350bar。

7）气阀防护罩。为防止意外的和潜在的危险损坏气阀，钢制气阀保护罩减少了气阀被外在碰撞的危险。

8）接口。为提供所要求的额定流量并简化系统设计，可提供广泛的接口形式和规格。提供标准的 BSPP 接口，特殊订货也可以供应 ISO、公制和 SAE 螺纹及 IS0 6162 公制法兰接口。

由于气囊蓄能器中空气与油是隔开的，油不易老化、尺寸小、重量轻、惯性小、反应灵敏、充气方便，特别是蓄能器充的是氮气，因为它不燃烧、来源容易、密封泄漏也不污染环境，再加上气囊是合成橡胶材料制造的，具有很好隔热性能，在气体压缩与膨胀循环中对减少热量的传递有很好作用。气囊式蓄能器在所有蓄能器中使用最多，在压力容器内设置气囊把气体与油液隔开。但是气囊因是橡胶制作而成，寿命短，且不宜长期搁置；活塞式蓄能器是用带密封件的浮动活塞把气体与油液隔开，可以适应特殊的液压油。它的优点是：结构简单、有效容积大、寿命长。由于气体和油液是因为活塞而分成两腔，因此很方便测量，可以很容易加装传感器，以便得知活塞的位置，从而检测油液的位置。但是由于活塞惯性大、有密封摩擦阻力等原因，反应灵敏性差，不能充分吸收脉动与压力冲击。气囊式与活塞式蓄能器特点与应用见表 8-1。

表 8-1　气囊式与活塞式蓄能器特点与应用

形　式	特　点					用　途			
	响应	噪声	容量的限制	最大压力/MPa	漏气	温度范围/℃	蓄能用	吸收脉动冲击	传送异性液体
活塞式	不太好	有	可做较大容量	21	少量	-50 ~ +120	可	不太好	可
气囊式	良好	无	有(480L 左右)	32	无	-10 ~ +120	可	可	可

B 蓄能器容量及参数的选择

由于气囊式蓄能器用得较广，且在转向液压系统中用作应急动力源，现以气囊式蓄能器用作应急动力源为例介绍它的容量及特性参数的选择。

选择合适的蓄能器的大小与特性参数，对满足地下矿用汽车一次转向所需要的油量和延长蓄能器使用寿命十分重要。容积选择得太小，不能满足系统工作的要求；容积选择得太大，则会增加系统的重量、尺寸和成本。

最合适的大小是在转向液压系统正常操作时，蓄能器内至少要保留10%的液压油，以防止气囊同蓄能器和提升阀相接触。下面介绍几种决定蓄能器大小的方法。

（1）充气压力 p_0 的选择见表8-2。

表8-2 充气压力 p_0 的选择

应用场合		充气压力（绝对）	
		最 低	最 高
能量储存	垂 直	最高工作压力1/4	最低系统工作压力的0.9
	水 平	最高工作压力1/3	

（2）总容积 V_0 的选择与计算。蓄能器的总容积即充气容积 V_0（对活塞式蓄能器而言，V_0 是指气腔容积与液腔容积之和）。

1）液压泵总流量 ΣQ 的确定。设置蓄能器的液压系统，其泵的流量是根据系统在一个工作循环周期中的平均流量 Q_m 来选取的。

首先根据各执行元件的工况负荷变化情况，制订出耗油量与时间关系的循环图（见图8-28），然后根据流量-时间循环图求出在一个工作循环内系统所需的平均流量。

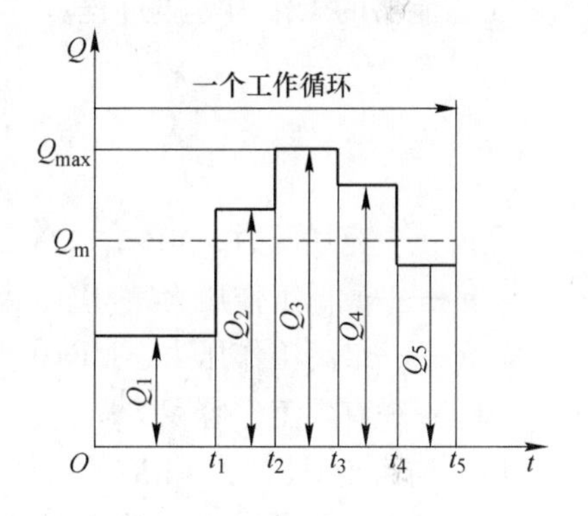

图8-28 流量-时间循环图

$$Q_m = \frac{\Sigma Q_i \Delta t_i}{\Sigma \Delta t_i} \tag{8-1}$$

式中 Δt_i——时间间隔，s；

Q_i——在各时间间隔 Δt_i 内的流量，m^3/s。

由图8-28可知，超出平均流量 Q_m 的部分就是要蓄能器供给的流量，小于 Q_m 的部分是液压泵供给的流量。

2）有效工作容积 V_W（即有效排油量）的计算。根据各液压机构的工作情况，制定出耗油量与时间关系的工作周期表，比较出最大耗油量的区间。

对于作应急动力源的蓄能器，其有效工作容积要根据各执行元件动作一次所需耗油量之和来确定，即：

$$V_W = \sum_{i=1}^{n} KV'_i \tag{8-2}$$

式中 V'_i——应急操作时，各执行元件耗油量，L；

$$V'_i = A_i L_i \times 10^3$$

A_i——液压缸工作腔有效面积，m^2；

L_i——液压缸的行程，m；

K——系统泄漏系数，一般取 $K=1.2$。

3）总容积 V_0 的计算。根据波义耳定律：

$$p_0 V_0^n = p_1 V_1^n = p_2 V_2^n = C \tag{8-3}$$

式中 p_0——蓄能器储油前的充气压力，MPa；

V_0——蓄能器储油前的气室容积，L；

p_1——系统最低工作压力，MPa；

V_1——系统最低工作压力下的气体体积，L；

p_2——蓄能器维持的最高工作压力，MPa；

V_2——蓄能器维持最高工作压力下的气体体积，L；

n——多变指数；

C——常数。

①蓄能器的工作为等温过程。

$$V_0 = \frac{V_W}{p_0\left(\dfrac{1}{p_1} - \dfrac{1}{p_2}\right)} \tag{8-4}$$

式中 p_0——充气压力，MPa；

p_1——最低工作压力，MPa；

p_2——最高工作压力，MPa；

V_W——有效工作容积，L，$V_W = V_1 - V_2$。

压力均为绝对压力，相应的气体容积分别为 V_0、V_1、V_2。

有时已知条件是蓄能器总容积（充入气体的最大容积）V_0、充气压力 p_0、最高工作压力 p_2 和最低工作压力 p_1，需求出蓄能器的有效排油量 $V_W = V_1 - V_2$，则：

$$V_W = p_0 V_0\left(\frac{1}{p_1} - \frac{1}{p_2}\right) \tag{8-5}$$

②蓄能器工作为绝热过程。

$$V_0 = \frac{V_W}{p_0^{\frac{1}{n}}\left[\left(\dfrac{1}{p_1}\right)^{\frac{1}{n}} - \left(\dfrac{1}{p_2}\right)^{\frac{1}{n}}\right]} \tag{8-6}$$

式中 n——绝热指数，对氮气或空气，可取 $n=1.4$。

③蓄能器工作为多变过程。

$$V_0 = \frac{V_W}{p_0^{\frac{1}{n}}\left[\left(\dfrac{1}{p_1}\right)^{\frac{1}{n}} - \left(\dfrac{1}{p_2}\right)^{\frac{1}{n}}\right]} \tag{8-7}$$

式中 n——多变指数，一般推荐 $n=1.25$。

8.4.3　制动液压系统

封闭多盘湿式制动器是当今较先进、可靠的制动器，因而在矿山机械与工程机械驱动桥中被广泛采用。但这种制动器必须要有一种可靠的制动液压系统相配套，否则就无法工作。下面简略介绍国内外近几年使用的液压制动系统及其主要液压元件的结构、原理与选择。

8.4.3.1　液压制动系统原理

A　LCB 与 Posi-Stop 制动器液压制动系统原理

封闭多盘湿式制动器有两种：一种是液体冷却制动器（LCB 制动器）；另一种是 Posi-Stop 制动器。它们的原理分别如图 8-29 和图 8-30 所示。它们的主要区别见图示位置，前者是松闸的，后者是制动的。只要车辆一启动，后者油泵的高压油进入制动器，顶开制动弹簧，制动器松闸，车辆才能运行。当动力源出了故障时，失压车辆被弹簧制动。为了使车辆能够运行，必须使用故障松闸系统（见图 8-31）才能重新顶开制动弹簧，制动器松闸，车辆才能运行。由于手动泵供油量小，而制动阀和四个制动器均有泄漏，当总的泄漏量随着密封部位磨损到一定程度后，手动泵就无法打开制动器。实际使用经验证明，采用这一方案的地下矿用汽车只有在新机器使用一年内有效，使用一年以后，可能失效。

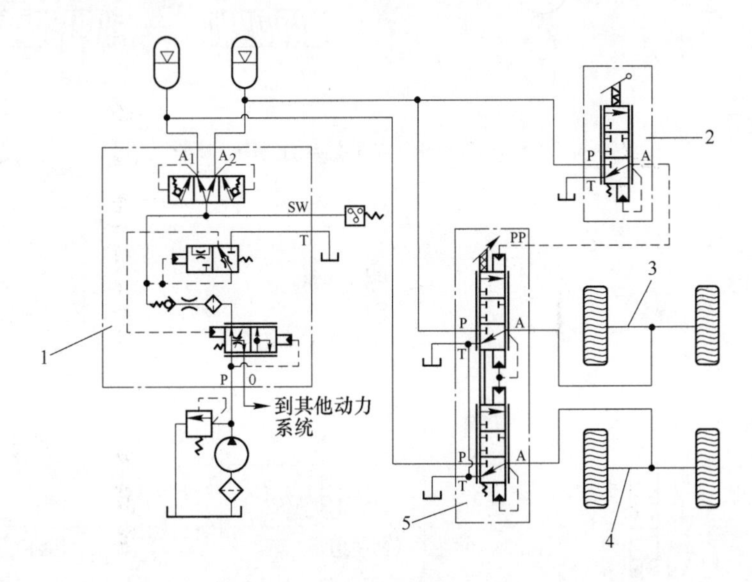

图 8-29　LCB 制动器液压系统原理

1—充液阀；2—单调节制动阀；3—前桥；4—后桥；5—脚制动阀

B　齿轮泵或变量柱塞泵的液压制动回路

地下矿用汽车大都是使用齿轮泵的液压制动系统。该系统结构简单、维修方便、价格较低、使用寿命长。但也有采用变量柱塞泵的液压制动系统，如图 8-32 所示。由于该系统采用变量泵，理论上讲最节省能源，结构也最简单。但是由于要封闭加压油箱，很不方便，并且油泵的价格贵、抗污染能力差，又限制了它的使用。

C　单回路与双回路制动系统

单回路制动系统（single-circuit braking system）是指传能装置仅由一条回路组成的制动系统（图 8-30）。若其中有一处失效，便不能传递产生制动力的能。双回路制动系统

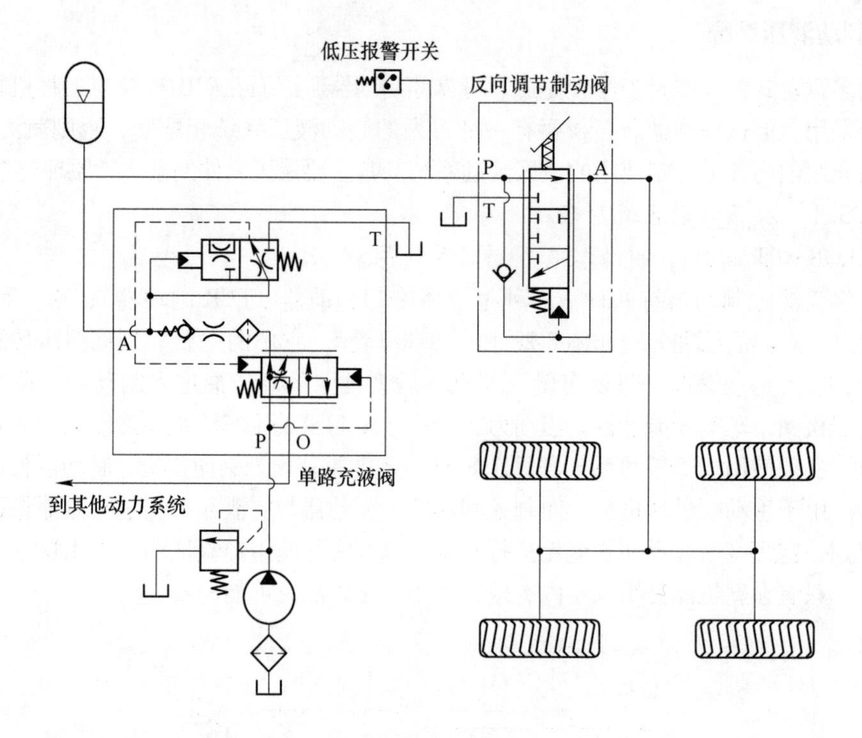

图 8-30　Posi-Stop 制动器液压系统原理

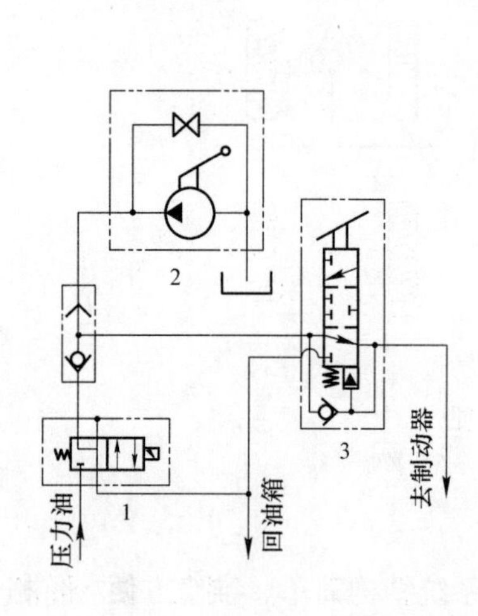

图 8-31　故障松闸系统

1—换向阀；2—手动泵；3—脚制动阀

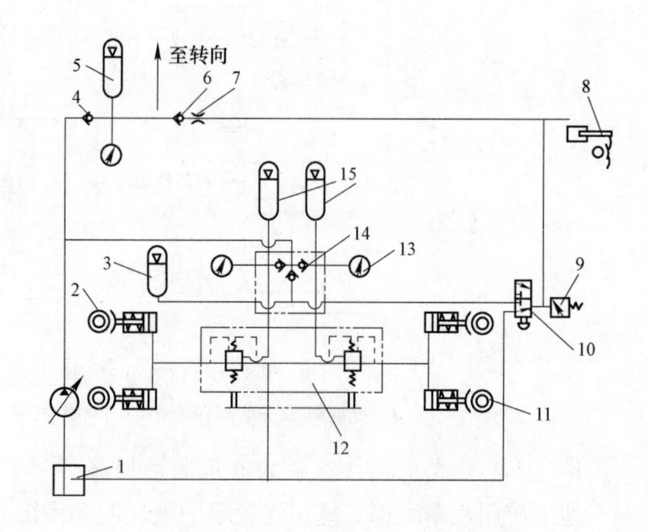

图 8-32　柱塞变量泵的液压制动系统

1—封闭油箱；2—前制动器；3—行走刹车蓄能器；4，6—单向阀；5—蓄能器；7—阻尼阀；8—停车制动器；9—压力继电器指示灯开关；10—停车制动阀；11—后制动器；12—脚踏制动器；13—压力表；14—插装单向阀阀座；15—停车制动蓄能器

（dual-circuit braking system）是指传能装置是由两条回路分别组成的制动系统（图 8-29）。若其中有一处失效，则仍能部分或全部传递产生制动力的能。

单回路制动系统主要用于 Posi-Stop 制动器，因为该制动器本身就是一种安全型制动器，若有一处失效，虽液压力不能传递产生制动力的能，但制动力此时由制动器制动弹簧产生，仍可保证车辆安全。而双回路液压制动系统主要用于 LCB 制动器，当一个回路出了故障时，第二个回路可以照常工作，从而保证车辆安全。

D　电控液压制动系统

电控液压制动系统是利用电气和液压的结合以产生一种新型的制动系统——线控制动系统。电气装置的利用使得控制更加灵活，而液压装置仍用来提供动力源。电控液压制动与传统的液压制动系统有很大不同，它是以电子元件替代了原有的部分机械元件，是一个先进的机电一体化系统，它将电子系统和液压系统相结合，主要由电子踏板、电子控制单元（ECU）、液压执行机构组成。电子踏板是由制动踏板和踏板传感器（踏板角度传感器）组成。踏板传感器用于检测踏板转角，然后将转角信号转化成电信号传给 ECU 电控单元，踏板转角和制动力可以按比例进行调控。

电控液压制动较传统的液压制动系统具有许多优点。这些优点的充分利用可以改善系统的性能，使操作人员感觉更加舒适。制动阀可以不再放置在驾驶室而放在离制动器更近的地方，从而减少了管路连接的成本。远控变得更加容易，而不需要使用更多的控制阀。电液系统能适时监控制动系统的状况，使故障的诊断和排除更容易，提高了机械的安全性；制动信号还能与发动机电子控制器及变速器控制器共享以改进车辆的性能；通过调整控制方案比如使用电控制动系统 EHB（electro-hydraulic brake）、防抱死制动系统（ABS）、牵引控制系统（ASR）等可形成多用途、多形式的制动系统。

轮式车辆的电液制动系统的基本结构及原理与汽车不同，它是在全动力制动系统的基础上采用电液新技术加以改进来实现的。图 8-33 所示为 MICO 公司的轮式车辆的电液制动

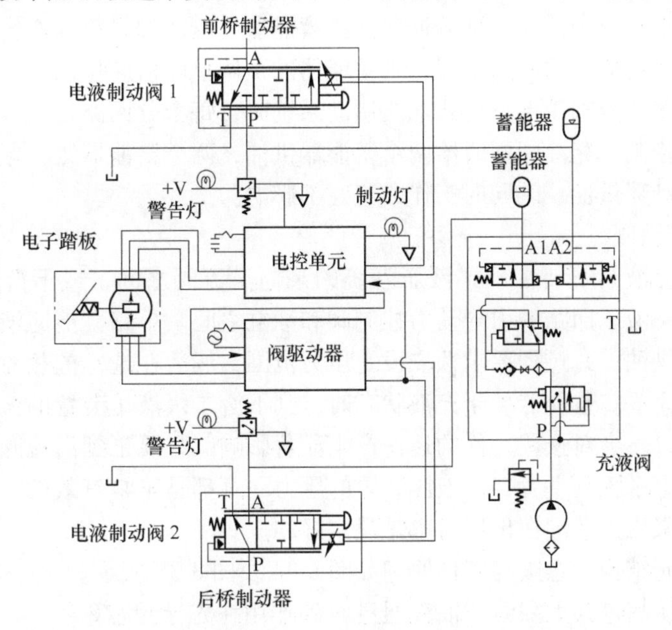

图 8-33　电控液压系统

系统方案。新系统增加了电子踏板、电控单元、阀驱动器及电液制动阀，取消了原有的压力制动阀，保留了原全动力制动系统中的泵、蓄能器充液阀、蓄能器及制动器。其基本原理是：电子踏板将踏板角转换为电信号，同时输入到电控单元及阀驱动器。电控单元将控制电流及信号分别输入到电液制动阀 1 和阀驱动器。阀驱动器根据两个输入信号中的较大值产生控制电流输入到电液制动阀 2。电液制动阀 1、2 根据输入电流调整输出到制动器的压力。由图 8-33 可以看出，尽管转换看似复杂，并增加了元件的数量，但设计人员可通过元件的调整布置，利用可编程电控单元使系统实现全动力制动系统所无法实现的功能。

总之，对地下矿用汽车来讲，从气顶液动到全动力液压制动再到线控制动是制动系统的发展趋势。采用线控制动中的电液制动是实现制动系统电子化的第一步。尽管面临一些需要解决的问题，通过电子与液压系统结合形成的多功能、多形式的电液制动系统能够为设备的操纵人员提供更完善的服务，具有广泛的应用前景。

8.4.3.2　系统主要元件结构与原理

A　充液阀

充液阀的主要作用是用一定的速率给蓄能器供油，并使蓄能器的压力保持在一定的范围内，同时还可以通过充液阀向下游的液压装置（如控制工作液压装置的先导阀、液压转向系统中的转向阀）供油。由于蓄能器容量不大，因此向充液阀供油时，油绝不会影响下游其他液压装置的正常工作。

目前世界上许多国家生产充液阀，如美国的 Mico 公司、德国的 Wabco 公司、Rexroth 公司等。在此仅介绍使用较多的美国 Mico 公司生产的充液阀。

Mico 公司的全动力液压制动系统可设计成单回路（用于 Posi-Stop 制动器）、双回路（用于 LCB 制动器）或其他形式的液压回路（负荷传感的液压系统）。在 Mico 的单回路液压制动系统中，充压阀可将蓄能器与制动阀连在一起。充液阀控制蓄能器的充油量和压力。一旦蓄能器的压力达到其预调的上限值，充压阀会自动停止供油，当压力下降至下限值时，充压阀将使系统中的一小部分油回流给蓄能器充压。如果相连系统回路使整个系统压力升高，并超过蓄能器的压力上限，则蓄能器的预调上限值应调高。对于双回路的液压制动系统，当双路充液阀用于分离式液压制动系统时，每个分回路都由一个踏板制动阀和一个蓄能器单独控制。充液阀同时给两个蓄能器供油，两个蓄能器则在紧急刹车时，分别给两个回路的制动器供油，既同时工作，又互不影响。

a　单回路充液阀

单回路蓄能充液阀安装在开式液压系统的泵与溢流阀之间，或下游二级液压装置之间，如安装在同一液压回路的引导动力控制阀和油缸之间。单路蓄能充液阀根据需要从开式回路为蓄能器供油。此过程要求预先设定压力范围，然后在选定的相对恒定不变的压力下以预设的流速完成。蓄能器处于充液状态时，到下游二级液压装置的流速在短时间内只有极微小的变化，不会对这些元件的运作产生显著影响。只要泵到溢流阀之间的油液和压力不被阻断，整个系统到下游二级液压装置的压力一直都是正常有效的。充液阀的充液速度，以及上、下限压力范围在出厂时都是设定好的。

单回路充液阀结构示意图与工作原理如图 8-34 及图 8-35 所示。

当蓄能器油压超过其上限时，油液通过 C 路作用在先导阀芯 2 号上，克服弹簧力，推动先导阀芯左行，使得 A 路与回油相通，上限单向阀打开，下限单向阀关闭。同时，由于

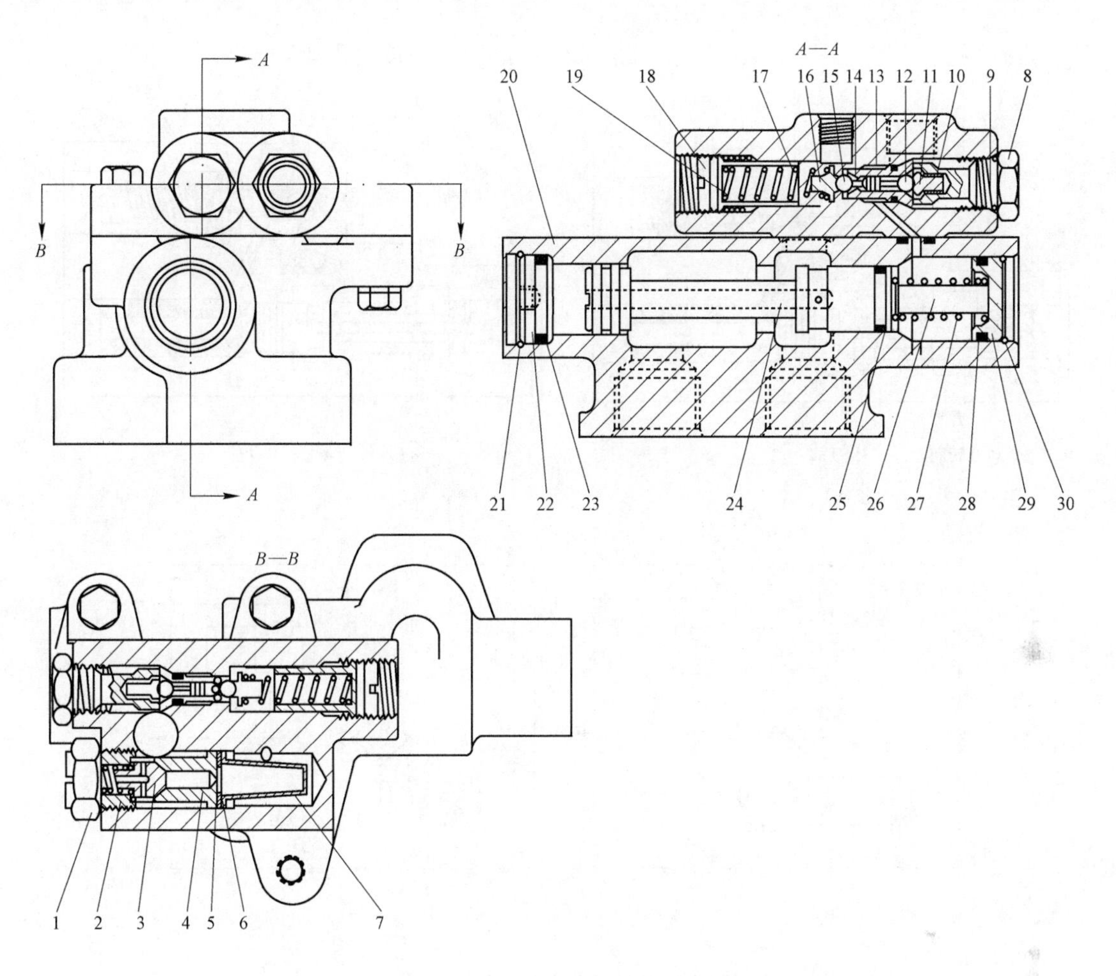

图 8-34 单回路充液阀结构示意图

1—螺母；2—螺钉；3—提升阀；4—阀座；5—密封圈；6—垫圈；7—滤芯；8，18—螺塞；
9，17，23，25，28—O 形圈；10，19，27—弹簧；11，16—导杆；12，15—钢球；
13，24—阀芯；14—内阀座；20—阀体；21，30—挡圈；22，29—塞子；26—挡杆

压力油通过 B 路作用在充液先导阀芯 1 号上，克服充液弹簧力，推动充液阀芯左行，使压力油直接通过非节流口流到二次压力油路（转向油路或先导油路），充液阀处在非充液状态，如图 8-35(a) 所示。

当蓄能器油压低于其下限时，先导阀弹簧推动先导阀芯右行，打开下限单向阀，关闭上限单向阀，油液从充液阀流向蓄能器，向充液阀充液，直至蓄能器的油压达到上限，如图 8-35(b) 所示。

因此蓄能器压力始终保持在上限油压与下限油压之间。

b 双回路充液阀

双回路蓄能充液阀的功能与单路充液阀本质上相同，但双路充液阀可以用于分离液压制动系统，可以对单桥实行分别控制。双路充液阀可以给两个蓄能器充液。它的主要优点是，当其中的一部分出现故障时，另一部分制动系统继续正常工作。双路蓄能充液阀在技术规范所列的最大压力范围内，以设定的充液速度，根据需要通过开式回路为蓄能器供

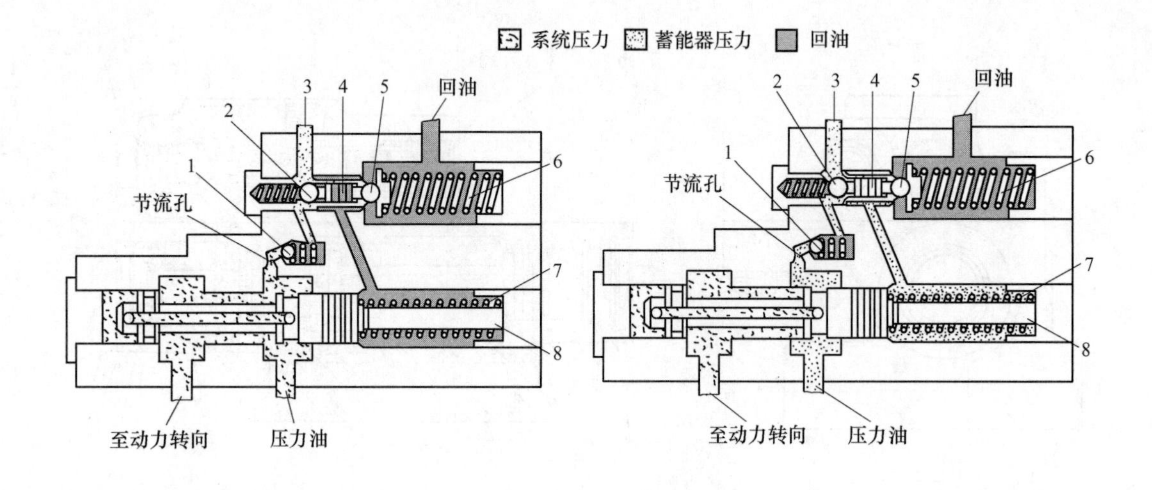

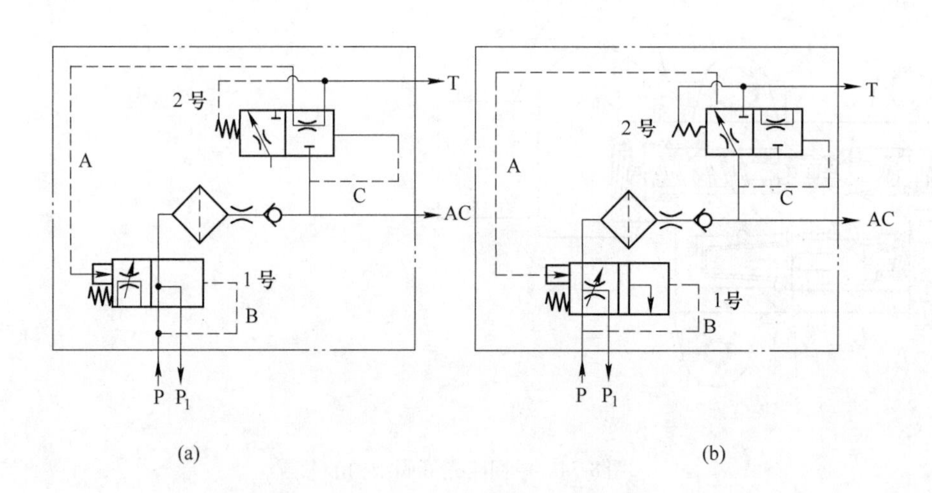

图 8-35　单回路充液阀工作原理

（a）充液阀正处在非充液状态；（b）充液阀正处在向蓄能器充液状态

1—单向阀;2—下限单向阀;3—蓄能器;4—先导阀芯;5—上限单向阀;6—先导阀弹簧;7—充液阀弹簧;8—阀芯挡杆;

A,B,C—内部油路;AC—到蓄能器油口;T—回油箱油口;P——次压力油;P_1—二次压力油

油。同时根据需要也可以选择其他的充液速度和压力。双回路充液阀结构及工作原理图分别如图 8-36 与图 8-37 所示。

c　负荷传感蓄能器充液阀

Mico 负荷传感充液阀应用在变量系统中。当系统油液需要增加时，此阀的控制部分就会发出一个先导信号给压力补偿负荷感应泵，补给所需压力。当系统不需要油液时，它可以维持蓄能器的储备容量和压力，同时使泵流量旁通。

此类负荷传感阀有单回路（见图 8-38）和双回路（见图 8-39）两种设计。单回路阀与一个蓄能器和一个单回路制动阀结合用于单回路液压系统。双回路阀可用于分离的液压系统，与两个或多个蓄能器和串联制动阀或双回路制动阀结合使用。充液速度和上、下限充液压力在制造过程已经设置完成。但是，为了满足用户的需要，有多种充液速度，上、下限设定压力以及上、下限压力间的范围可选。

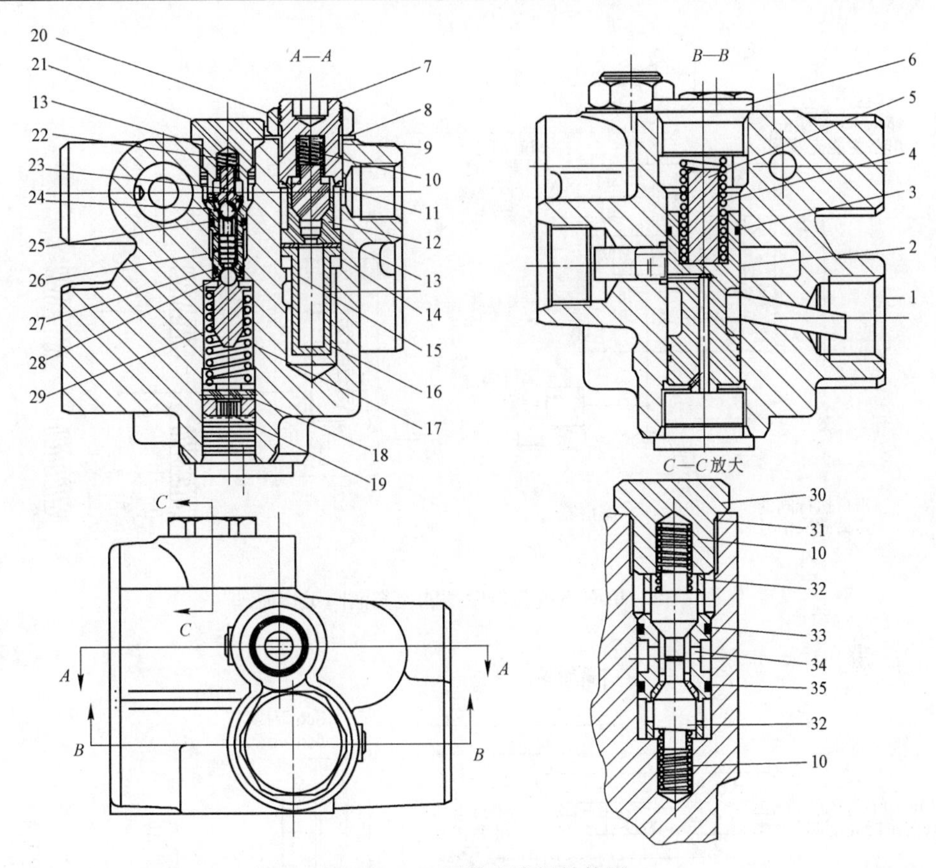

图 8-36　双回路充液阀结构图

1—壳体；2—滑阀；3，9，12，13，25，27，31，33，35—油封；4，10，22，29—弹簧；5—杆；6，18，21，30—螺塞；7，19—螺钉；8，14，15—垫圈；11—提升阀；16—滤油器；17—导座；20—螺帽；23—挡块；24—球；26—滑芯；28—插入物；32—内置梭阀；34—套筒

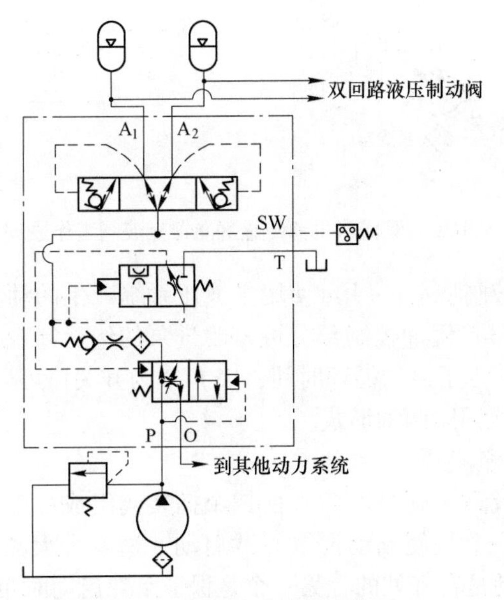

图 8-37　双回路充液阀工作原理

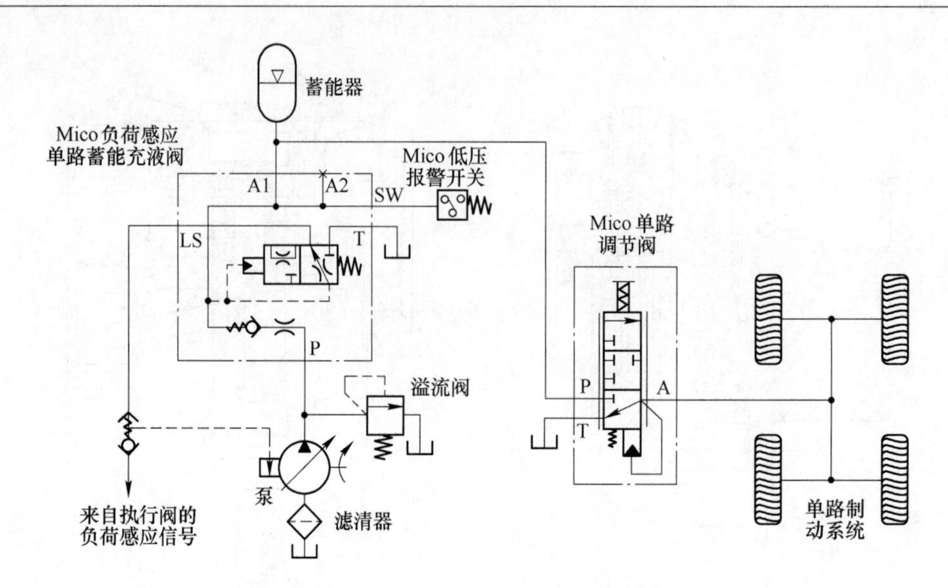

图 8-38　单回路负荷传感蓄能器充液阀工作原理

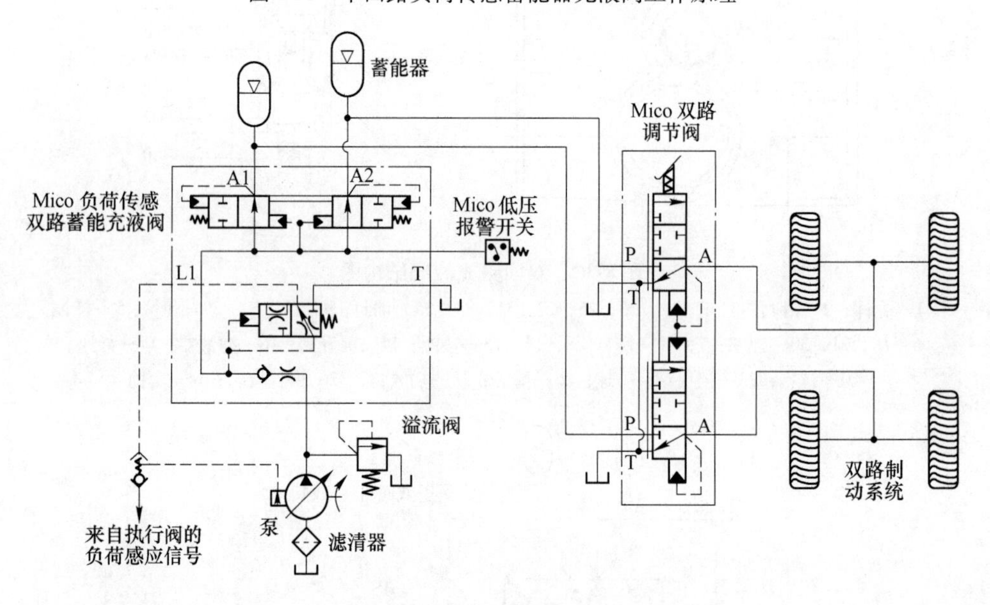

图 8-39　双回路负荷传感蓄能器充液阀工作原理

负荷传感蓄能器充液阀特点：（1）使用主液压系统产生的动力；（2）可以在距离制动阀较远的位置安装；（3）缓冲控制部分可以改进泵的绝对卸载；（4）上、下限压力间的变化范围很大，有效减少了泵的循环时间；（5）压力开关口可以感应两个蓄能器的较低压力；（6）有单回路和双回路两种形式。

d　Atlas Copco 公司充液阀

Atlas Copco 公司充液阀（见图 8-40）由四个插装阀组成：第一个插装阀是排气-启动阀。它的作用有两个：一个是使制动油泵无载启动，这就大大减少发动机的附加能量损失，特别在寒冷地区启动是有好处的；另一个是保证泵在启动时帮助泵自吸。第二个插装阀是安全阀。它保证系统压力不超过一定值。第三个插装阀是流量优先控制阀。该阀有一个固定节流孔，可优先控制到蓄能器的流量，当流向蓄能器的流量不够时，该阀与出口不通，一旦流向蓄能器的流量足够时，多余的流量就会流向出口，当先导口通向油箱时，泵的流量全部流向出口，而通过充液阀腔到油箱先导出口又开又关。第四个插装阀是充液阀。该阀是调整向蓄能器充液压力的上限与下限。充液阀压力在工厂就设置好了（如开始充压力为 11MPa、停充压力为 12.8MPa），但仍可以微调，通过调节上限压力来满足系统不同压力要求，下限压力将会自动低于上限压力 20%。

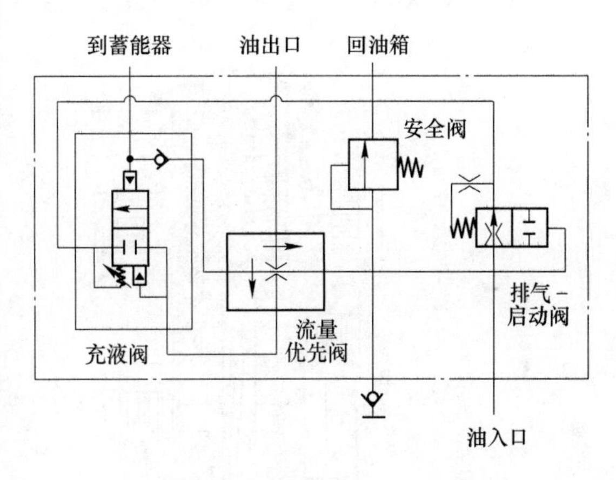

图 8-40　Atlas Copco 公司充液阀

B　脚制动阀

脚制动阀主要的作用是用来控制前后车桥制动器的制动与松闸以及控制制动力矩的大小。世界上有许多公司生产脚制动阀，如 Mico、Wabco、Rexroth、Carlisle 等公司。地下矿用汽车常用的 Mico 公司的脚制动阀有两种：一种是串联调节式全液压动力制动阀，它主要用于双回路液压制动系统；另一种是踏板操纵-反向调节式全液压动力制动阀，它主要用于回油（单回路）制动系统。

a　双回路液压制动阀

串联调节阀是对 Mico 原有制动阀的补充。一个阀上有两个独立的压力输出口，可以独立实施前后制动。如果其中的一条制动管路出现问题，阀的另一条管路可以继续正常工作。和 Mico 制动阀一样，与正确规格的蓄能器和 Mico 蓄能器充液阀配合使用，串联调节制动阀可以在各种开式液压回路、闭式液压回路和负载传感液压回路里提供正常制动和紧急动力切断制动。串联调节制动阀有推杆操纵、手柄操纵和踏板操纵三种方式。

这种制动阀的结构与原理如图 8-41 所示。它是两个独立的单路阀分别控制前后制动器。当阀处于自动状态时，制动油口 B1(B2) 是对油箱口 T 打开的，当阀最初被脚踏动时，油箱口 T 对制动口 B1(B2) 关闭，继续踏动踏板，压力口 P 对制动口 B1(B2) 打开。更大的踏板力将使得制动口 B1(B2) 的压力增大，直到踏板力与液压反馈力平衡。松开踏板，阀又回到自由状态。

b　踏板操纵-反向调节式全液压制动阀

反向调节阀是一个可用于回油制动系统，通过弹簧制动液压释放制动器来实现行车制动的制动阀。“反向调节”的意思是通过降低预设压力来产生制动，并且保持在完全释放的制动状态。预设压力必须被调节在高于完全释放所需压力的一定水平之上，并使之保持住，不产生制动阻力。当需要制动时，踩下踏板，内置滑阀对油箱打开，制动器压力降低。如果踏板停止运动，滑阀将根据需要将压力补偿到新的水平。制动踏板的位置和力与制动管路压力成正比，可以提供所需反馈信息，以便实施良好的制动控制。

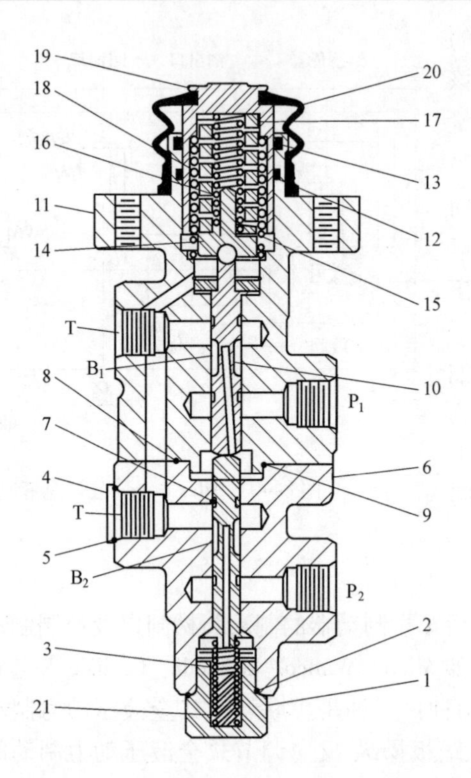

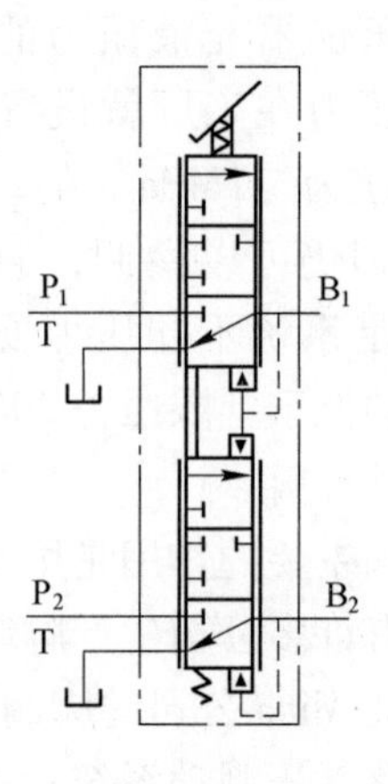

图 8-41　串联调节式全液压动力制动阀的结构与原理

1，4—螺塞；2，5，8，9—O 形圈；3，16～18—弹簧；6—下壳体；7，10—滑芯；11—上壳体；12—密封；13—新皮碗；14—座圈总成；15—垫片；19—活塞；20—橡皮套；21—定位杆

该制动阀的结构与原理如图 8-42 所示。它用来操纵弹簧制动、液压释放的行车制动器。

当行车时压力油 P 进入制动器，压缩制动弹簧，松开制动器。当需要制动时，踩下踏板，内置的滑阀使制动腔 B 与油箱相通，制动器的压力降低，制动器在制动弹簧的作用下使车辆制动。制动踏板位置的力与制动压力成正比，并且提供需要的反馈以便更好地控制制动。

C　停车制动阀

停车制动阀实际上是一个二位三通换向阀。它装在驾驶室内，它的主要作用是使车辆停车。如图 8-43 所示的位置，P 口为进油孔，T 口接通油箱回油口，B 口与停车制动器驱动装置（制动油缸）相连。压力油通过 B 口进入手制动油缸，压缩弹簧，松开停车制动器，车辆处于行车位置。若压下手柄，压力油口 P 切断，制动油缸的油压通过 T 口与油箱相通，即卸压。油压卸去后，制动器弹簧力拉动制动器连杆使停车制动器抱闸。

D　蓄能器

蓄能器在地下矿用汽车转向系统与制动液压系统中有广泛的应用。是一个十分重要的安全元件。它在液压系统中的作用主要作辅助动力源，补充泄漏和保持恒压；作紧急动力源；消除脉动；降低噪声。地下矿用汽车常用的蓄能器是隔离蓄能器。它有两种：一种是气囊式蓄能器，另一种是活塞式蓄能器，详见 8.4.2.5。

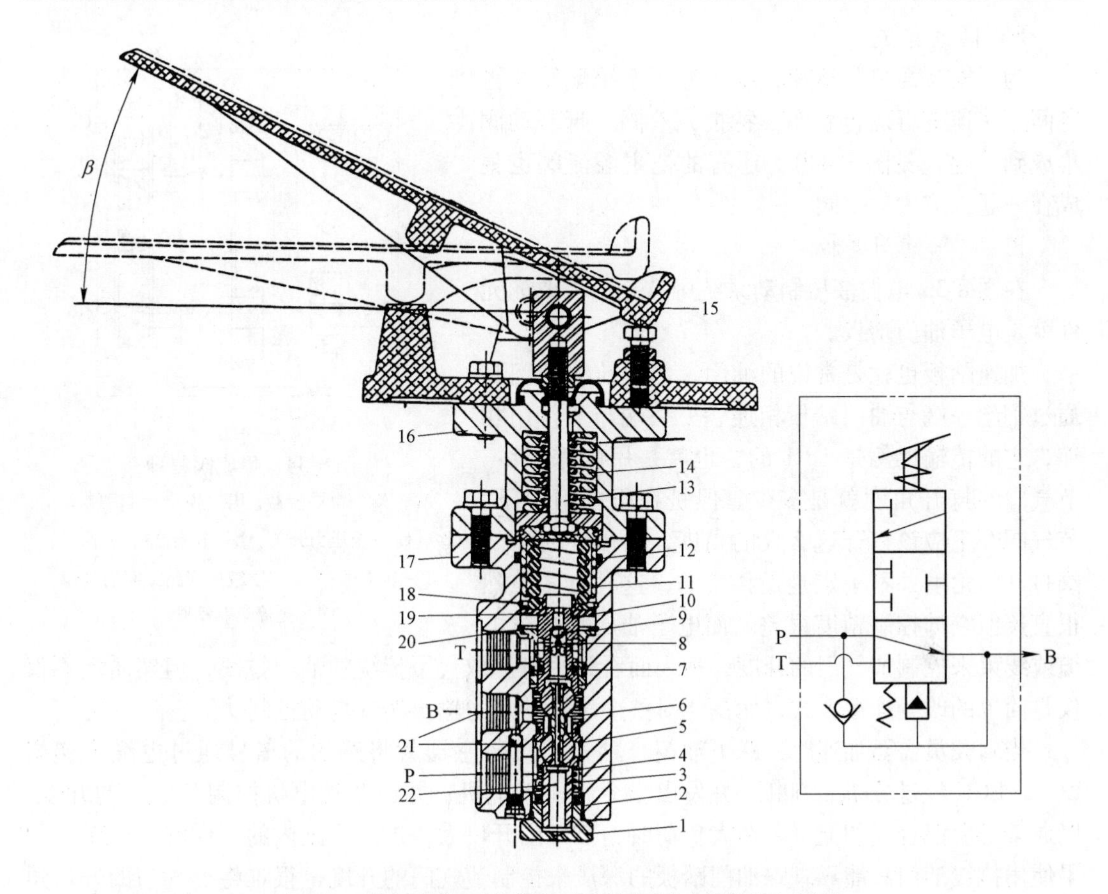

图 8-42 踏板操纵-反向调节式全液压制动阀结构与原理

1—螺塞；2—密封；3—导套；4，6，14—弹簧；5—球阀总成；7—活塞套；8—销；9，21—球；10，11—活塞；12—主弹簧；13—杆；15—踏板；16—上壳体；17—下壳体；18—孔用挡圈；19—垫；20—挡圈；22—堵头

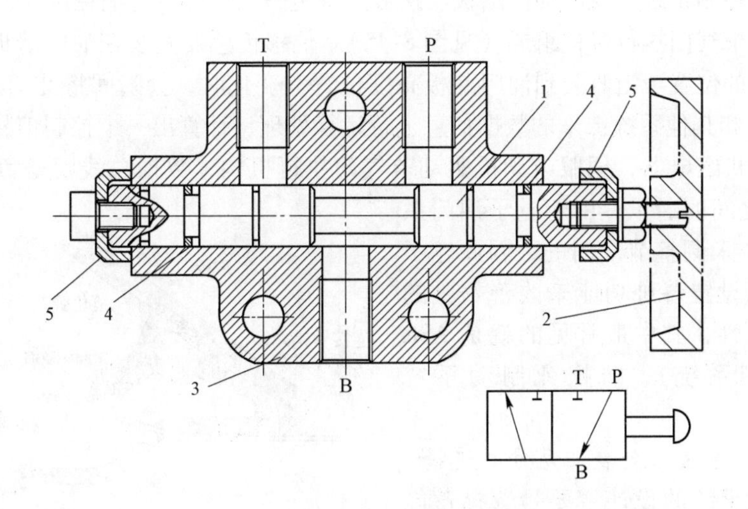

图 8-43 停车制动阀的结构原理图

1—阀芯；2—手柄；3—阀体；4—密封圈；5—定位块

E　阀的集成

为了安装简单与迅速，减少液压系统配管所占空间，快速进行运行状态，特把充液阀、脚制动阀集成到一起（见图8-44），还有的把主溢流阀也集成在一起，成为一个阀。

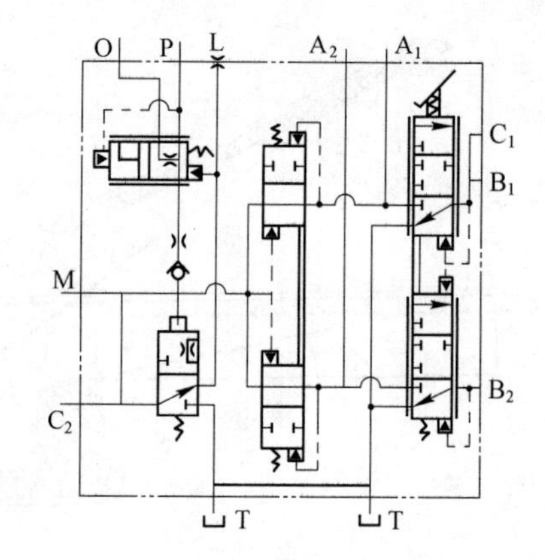

图8-44　集成阀原理

A_1，A_2—至蓄能器；B_1，B_2—至制动器；C_1，C_2—至压力开关；L—节流器；T—回油；P—压力油；O—二次液压回路或回油箱；M—至停车制动阀

F　电子油门踏板

在图8-33电控液压制动系统中有一个重要的元件就是电子油门踏板。

加速踏板也就是常说的油门，传统拉线油门是通过钢丝一端与油门踏板相连、另一端与节气门相连，它的传输比例是1∶1的，也就是用脚踩多少，节气门的打开角度就是多少。但是在很多情况下，节气阀并不应该打开这么大的角度，所以此时节气阀打开的角度并不一定是最科学的，这种方式虽然很直接但它的控制精度很差。而电子油门是通过电缆或线束来控制节气门的开度，从表面看是用电缆取代了传统的油门拉线，但实质上不仅仅是简单的改变连接方式，而是能对整个车辆的动力输出实现自动控制功能。

当驾驶员需要加速时，踩下油门，踏板位置传感器就将感知的信号通过电缆传递给ECU，ECU经过分析、判断，并发出指令给驱动电机，并由驱动电机控制节气门的开度，以调整可燃混合气的流量。在大负荷时，节气门开口大，进入汽缸内的可燃混合气多，如果使用拉线油门只能靠脚踩油门踏板的深浅来控制节气门的开度，很难将节气门的开口角度调到能达到理论空燃比状态，而电子油门能通过ECU将传感器采集的各种数据进行分析、比对，并发出指令让节气门执行机构动作，将节气门调到最佳位置，以实现不同负荷和工况下都能接近于理论空燃比状态，使燃料能充分燃烧。

电子油门控制系统主要由油门踏板、踏板位移传感器、ECU（电控单元）、数据总线、伺服电动机和节气门执行机构组成（见图8-45）。位移传感器安装在油门踏板内部，随时监测油门踏板的位置。当监测到油门踏板高度位置有变化时，会瞬间将此信息送往ECU，ECU对该信息和其他系统传来的数据信息进行运算处理，计算出一个控制信号，通过线路送到伺服电动机继电器，伺服电动机驱动节气门执行机构，数据总线则是负责系统ECU与其他ECU之间的通讯。由于电子油门系统是通过ECU来调整节气门的，因此电子油门系统可以设置各种功能来改善驾驶的安全性和舒适性，其中最常见的就是ASR（牵引力控制系统）、防抱死制动系统（ABS）等。

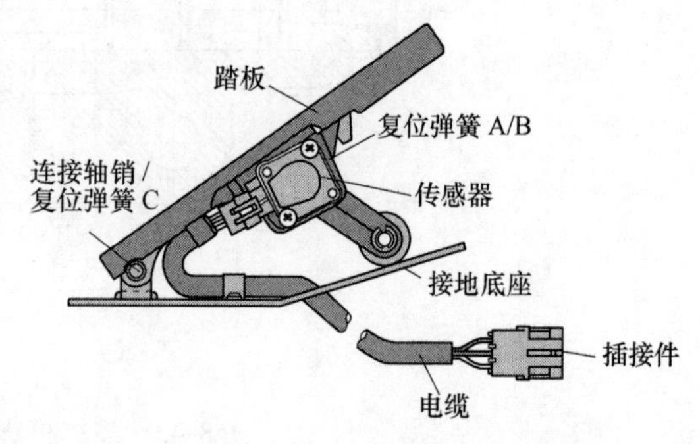

图8-45　电子油门踏板

8.4.3.3　系统主要液压元件的选择

液压制动系统的设计主要是选择蓄能器的大小，以及脚踏阀、充液阀的型号及规格。至于油泵的选择，由于此系统所需

油量很少，仅仅是补充油路的泄漏与制动所需油量。因此液压制动回路很少单独设计专供制动用油泵（即使有也只能选择流量很少的泵），一般是制动回路与其他工作回路（如工作回路和转向回路等）合用一个油泵。因此，该油泵的流量一般由其他工作回路的需要确定。其他辅助件与一般液压系统相同。

A　蓄能器容量大小的确定

a　确定原则

（1）根据 ISO 3450：2011 的 4.9 条要求："如果储备的能量（如油箱、蓄能器）用于行车制动系统，则该系统应设置低能量报警装置。第三次行车制动剩余的压力在警报信号后应当有足够的能量来提供符合表 3 规定的辅助制动性能"。或满足 5.2.2.2 对辅助制动系统的要求。

（2）根据 GB/T 21152—2007 的 7.3 条要求："如果行车制动系统储能器用于操作辅助制动系统，那么在切断能源且机器停车情况下，行车制动系统储能器在供给行车制动器进行全制动 5 次后，剩余的能量，还应满足 7.6.2.4 和 7.7.2.2 中对辅助制动系统的要求"。

b　容积计算

在分析蓄能器内氮气压力和体积变化的基础上，分析蓄能器充满油后的制动次数和制动过程，为此建立气体状态方程（见图 8-46）。蓄能器内的氮气可认为是理想气体，气体状态方程见式（8-3），即：

$$p_0 V_0^n = p_1 V_1^n = p_2 V_2^n = C$$

式中　n——多变指数，等温时取 $n = l$，绝热时取 $n = 1.4$（蓄能器工作循环在 3min 以上时，按等温条件计算，其余均按绝热条件计算）；

C——常数。

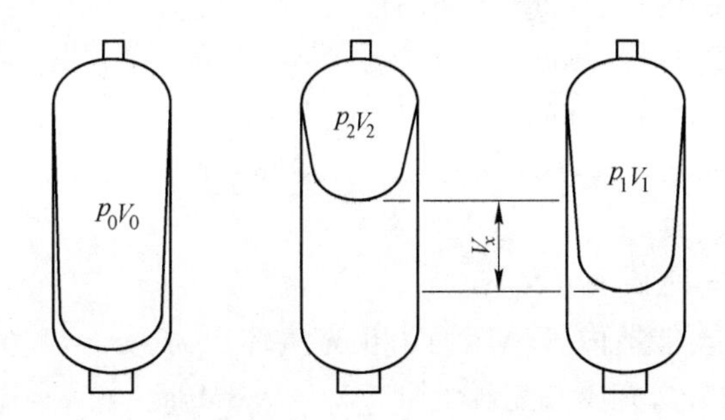

图 8-46　气囊式蓄能器压力与容积关系图

V_0—需要的蓄能器气体体积，也是预充气压力下气体最大容积，m^3；p_0—蓄能器预充气压力，且 $0.9p_1 > p_0 > 0.25p_2$，MPa；V_2—液压系统最大操作压力下，气体被压缩的体积，m^3；p_2—系统的最大操作压力，MPa；V_1—液压系统最小操作压力时，气体膨胀的体积，m^3；p_1—液压系统最小操作压力，MPa

把 $n = 1.4$ 代入式（8-3），得：

$$p_0 V_0^{1.4} = p_1 V_1^{1.4} = p_2 V_2^{1.4} \tag{8-8}$$

$$V_1 (p_1)^{\frac{1}{1.4}} = V_2 (p_2)^{\frac{1}{1.4}} \tag{8-9}$$

假设　$V_x = V_1 - V_2$，$V_2 = V_1 - V_x$

把上式代入式（8-9）后，整理得：

$$V_1 = \frac{V_x p_2^{\frac{1}{1.4}}}{(p_2)^{\frac{1}{1.4}} - (p_1)^{\frac{1}{1.4}}} \tag{8-10}$$

将 $p_0 V_0^{1.4} = p_1 V_1^{1.4}$ 代入式（8-9）中，整理后得：

$$V_0 = \frac{V_x \left(\frac{p_1}{p_0}\right)^{\frac{1}{1.4}}}{1 - \left(\frac{p_1}{p_2}\right)^{\frac{1}{1.4}}} \tag{8-11}$$

c　制动系统制动过程计算

本节以弹簧制动液压松闸制动器为例计算制动系统制动过程，验证所选蓄能器容量大小是否合适。该计算主要说明蓄能器充满油后，不再进行充压时，能连续制动的次数。该次数表明制动系统液压油泵不工作后，能储备的制动能力是否满足标准或实际使用要求。

制动器解除制动所需充油量根据摩擦片磨损程度不同分三种情况计算：摩擦片是新的需充油量最少；摩擦片闸衬材料磨损到沟槽底需充油量次之；摩擦片闸衬材料全部磨损需充油量最多。若采用 Dana 公司制动器，上述三种情况的所需充油量已在其制动器参数表中给出。若没有，可参考《地下装载机——结构、设计与使用》一书中表 5-1。若自行设计的制动器，按以下方法计算。

（1）摩擦片是新的。制动器完全分离时活塞行程 ΔX_1，每个制动器所需充油量为 ΔV_1，则：

$$\Delta V_1 = \pi (D_1^2 - d_1^2) \Delta X_1 / 4 \tag{8-12}$$

式中　d_1——制动活塞的内径，mm；

D_1——制动活塞的外径，mm；

ΔX_1——制动活塞的行程，mm。

已知：$D_1 = 434.8\text{mm}$，$d_1 = 401\text{mm}$，$\Delta X_1 = 2.82\text{mm}$。

则 $\Delta V_1 = 0.061\text{L}$。

整车充油量 $\sum \Delta V_1 = 4\Delta V_1 = 0.244\text{L}$。

蓄能器充油之前，蓄能器内气体压力为预充气体压力，$p_0 = 5.6\text{MPa}$，$V_0 = 10\text{L}$；充满油后，蓄能器内气体压力为充压阀充压上限，$p_{01} = 9.8\text{MPa}$。取 $n = 1.4$，代入式（8-13）：

$$p_0 V_0^n = p_{01} V_{01}^n \tag{8-13}$$

$$5.6 \times 10^{1.4} = 9.8 \times V_{01}^{1.4}$$

得：$V_{01} = \left(\frac{p_0}{p_{01}}\right)^{\frac{1}{1.4}} V_{01} = \left(\frac{5.6}{9.8}\right)^{\frac{1}{1.4}} \times 10 = 6.71\text{L}$。

蓄能器内油体积：$V_{oil} = V_0 - V_{01} = 10 - 6.71 = 3.29\text{L}$。

当车辆行驶遇到紧急情况时，发动机突然熄火情况，此时蓄能器已充满油，按绝热过程计算：每制动一次，蓄能器内油体积减少 0.244L，第一次制动后蓄能器内油体积由 3.29L 减少到 3.05L，蓄能器内气体体积为 $V_1 = 10 - 3.05 = 6.95\text{L}$，蓄能器内气体压力 p_1 可由下式计算：

$$p_{01}\left(\frac{V_{01}}{V_1}\right)^n = 9.8\left(\frac{6.71}{6.95}\right)^{1.4}$$

求得：$p_1 = 9.33\text{MPa}$。

按第一次制动计算方法，进行第二次制动、第三次制动……计算。其计算结果列入表8-3。

表 8-3 采用新摩擦片时解除制动所需充油量的计算结果

制动次数	蓄能器内油压力/MPa	蓄能器内油体积/L	蓄能器内气体体积/L	制动次数	蓄能器内油压力/MPa	蓄能器内油体积/L	蓄能器内气体体积/L
0	9.80	3.29	6.71	8	6.89	1.37	8.63
1	9.33	3.05	6.95	9	6.63	1.13	8.87
2	8.90	2.81	7.19	10	6.39	0.89	9.11
3	8.50	2.57	7.43	11	6.16	0.65	9.35
4	8.13	2.33	7.67	12	5.94	0.41	9.59
5	7.78	2.09	7.91	13	5.74	0.17	9.83
6	7.47	1.85	8.15	14	0.00	0.00	10.00
7	7.17	1.61	8.39				

对弹簧制动液压松闸制动器，根据公式（5-33）为了使制动器的液压力在松闸压力额定值90%时完全松闸，则：

$$P_a > \frac{1.41Z\Delta XP'}{D_1^2 - d_1^2} = \frac{1.41 \times 24 \times 23.8 \times 245.25}{434.8^2 - 401^2} = 6.99\text{MPa}$$

式中 Z——制动弹簧个数，Z＝24；

P'——弹簧刚度，$P' = 245.25\text{N/mm}$；

ΔX——弹簧最大压缩量，$\Delta X = 23.8\text{mm}$。

液压力必须大于制动液压系统松闸制动液压油压力6.99MPa。由表8-3可知，该制动器安全制动7次后，松闸压力还有7.17MPa，仍能松闸；第8次制动后，就有可能不能松闸。

（2）摩擦片闸衬材料磨损到沟槽底（计算结果见表8-4）。

制动器完全分离时活塞行程 $\Delta X_2 = 5.22\text{mm}$，每个制动器所需充油量为 ΔV_2，则：

$$\Delta V_2 = \pi({D_1}^2 - d_1^2)\Delta X_2/4 \tag{8-14}$$

式中 d_1——制动活塞的内径，mm；

D_1——制动活塞的外径，mm；

ΔX_2——制动活塞的行程，mm。

整车充油量 $\Sigma\Delta V_2 = 4\Delta V_2$。

由表8-4可知，该制动器在制动4次后，松闸压力还有6.98MPa，略少于6.99MPa，为了安全起见，该制动器可制动3次。

表 8-4　摩擦片闸衬材料磨损到沟槽处时解除制动所需充油量的计算结果

制动次数	蓄能器内油压力/MPa	蓄能器内油体积/L	蓄能器内气体体积/L	制动次数	蓄能器内油压力/MPa	蓄能器内油体积/L	蓄能器内气体体积/L
0	9.80	3.29	6.71	5	6.49	0.99	9.01
1	8.93	2.83	7.17	6	6.05	0.53	9.47
2	8.19	2.37	7.63	7	5.66	0.07	9.93
3	7.45	1.91	8.09	8	0.00	0.00	10.00
4	6.98	1.45	8.55				

（3）摩擦片闸衬材料全部磨损（计算结果见表 8-5）。制动器完全分离时活塞行程 $\Delta X_3 = 8.22$mm，每个制动器所需充油量为 ΔV_3，则：

$$\Delta V_3 = \pi(D_1^2 - d_1^2)\Delta X_3/4 \tag{8-15}$$

式中　d_1——制动活塞的内径，mm；

D_1——制动活塞的外径，mm；

ΔX_3——制动活塞的行程，mm。

整车充油量 $\Sigma\Delta V_3 = 4\Delta V_3$。

由表 8-5 可知，该制动器在制动 3 次后，松闸压力只有 6.63MPa，达不到 6.99MPa 要求。这说明在此之前必须要更换摩擦片，否则该制动器松不了闸。

表 8-5　摩擦片闸衬材料全部磨损时解除制动所需充油量的计算结果

制动次数	蓄能器内油压力/MPa	蓄能器内油体积/L	蓄能器内气体体积/L	制动次数	蓄能器内油压力/MPa	蓄能器内油体积/L	蓄能器内气体体积/L
0	9.80	3.29	6.71	3	6.63	1.13	8.87
1	8.50	2.57	7.43	4	5.94	0.41	9.59
2	7.47	1.85	8.15	5	0.00	0.00	10.00

由上面分析可知，随着摩擦片磨损，松闸压力也随之减少，制动一定次数后，松闸压力松不了闸。因此在制动器上必须设置摩擦片磨损指示装置，随时了解摩擦片磨损情况，以确保车辆制动安全。

B　脚踏制动阀的选择

脚踏制动阀的选择主要根据制动液压回路（是单回路还是双回路、是中位开式还是中位闭式）、踏板角度、最大压力下踏板力、制动器最大制动压力、最大输入压力、操纵方式（推杆操纵、手柄操纵、踏板操纵、踏板/先导操纵、机械双联踏板操纵）、安装方式（标准、水平和悬吊）和外形尺寸等性能参数，在所选的制造厂家产品目录中选用。

C　充液阀的选择

充液阀型号的选择也是根据所使用的回路是单回路还是双回路、中位开式与中位闭式、是否有下游第二次液压回路等要求选择。根据系统的压力、流量、蓄能器的最高压力、蓄能器的充液率、充液阀上下压力极限选择充液阀的规格。

（1）充液率确定原则。根据 ISO 3450：2011 的 6.4.1 条要求“发动机速度控制机构应使发动机达到最大的转速（r/min）或频率（min^{-1}）。制动器工作压力应在靠近制动器处测定。行车制动系统按下述方法操作以后，能够供给的压力不应低于第一次制动操作时测得压力的70%。对自卸车、铲运机和挖掘机以每分钟4次的速率操作12次，能够供给的压力不应低于第一次制动操作时测得压力的70%”。

(2) 充液率的确定。所谓充液率就是在一定的压力下，每分钟向蓄能器充液的多少(L/min)。如果在行车过程中，蓄能器的充液率大于行车制动系统按4次/min速率制动制动器所消耗的油液，那么制动器的制动压力就不会下降，所选的充液阀合适；反之，制动压力就会下降。若连续制动12次，压力下降不低于最初压力的70%，此时充液阀选择也合适，否则要重选充液阀。

(3) 充液阀压力上下限的选择。充液阀的下限压力主要根据制动压力选择，也就是说，充液阀的下限压力略比制动压力高一点（约10%）。上限压力略低于系统主安全阀调定的压力（约10%）。根据此压力在生产厂家的充液阀产品目录选择合适的充液阀。

(4) 其他参数的确定。充液阀的流量和压力主要根据制动液压系统的压力与流量确定。

8.4.4 冷却液压系统

封闭多盘湿式制动器在制动时会产生大量的热，若没有相应的冷却系统，则制动的温度很快会超过制动器的许用温度。此时制动器性能下降，甚至无法使用。因此，在封闭多盘湿式制动器中一般都设计了制动器的冷却系统。冷却系统有两种：一种自冷式，即靠桥中的润滑油冷却，这种方式冷却能力较小；另一种为强制冷却，这种方式冷却能力较强。选何种冷却方式主要根据制动强度与散热能力的平衡确定。一般强制冷却可设计单独的冷却回路（见图8-47），也可以与其他油路合在一起（见图8-1～图8-7）。

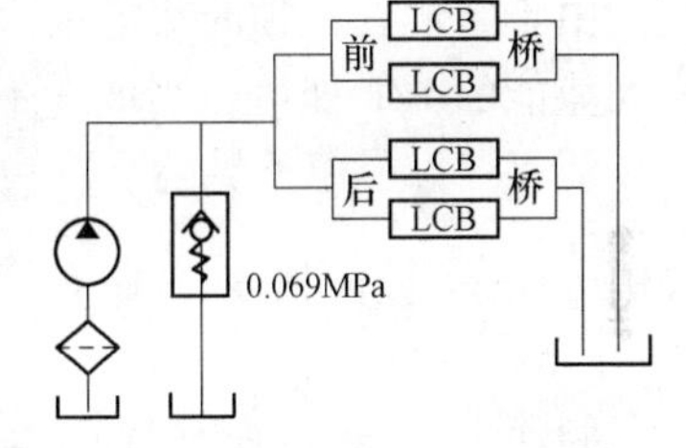

图8-47 冷却液压系统原理图

单独冷却液压回路很简单，选一个冷却能力足够的齿轮泵和一个单向阀及一些附件就可以了。

复合的冷却回路比较复杂，一般与制动回路复合。冷却制动用一个油泵，也可与转向油路复合。在充液阀二次输出回路上，装有一个散热器，通过散热器的冷却油进入制动器内，带走制动热，流回油箱。这里除了选择一个合适的油泵外，还需选择一个冷却能力足够的散热器。无论哪种冷却方式，都应进行热平衡计算。

8.4.4.1 冷却系统设计原理

封闭多盘湿式制动器利用油液的循环进行冷却，一般应根据制动动作的轻重程度选择强制冷却方式或自行冷却方式。强制冷却方式是从外部引入一定的冷却油进入制动器，流经制动盘后再流出制动器，并带走制动器热量。自行冷却方式是靠润滑轮边减速器的润滑油进行冷却。由于冷却方式不同，制动器与桥的结构也有所不同。前者在支承轴承与轮毂之间有密封，后者没有；前者结构复杂但冷却能力强，后者结构简单但冷却能力相对要弱。因而前者适用于制动频繁而本身散热不足的场合，后者适用于制动不太频繁而本身散热就已经足够的场合。

冷却系统的设计就是要准确地计算出制动器在制动过程中所产生的热量和通过冷却油带走的热量，以及通过制动器表面散发到空气中的热量，并通过它们的平衡关系求出冷却泵的流量。

8.4.4.2 冷却系统的设计

由于制动器中固定盘与摩擦盘之间的摩擦力矩所消耗的功等于车辆的制动能量 E，车辆的制动能量 E 等于车辆动能 E_1 与势能 E_2 之和，即：

$$E = E_1 + E_2 = \frac{Mv^2}{2} + \frac{Mgh}{2} \tag{8-16}$$

式中 E——车辆制动时产生的总能量，J；

E_1——车辆制动时产生的动能，J；

E_2——车辆制动时产生的势能，J；

v——车辆制动前的初速度，m/s；

g——重力加速度，m/s^2；

h——路面斜坡高度，m；

M——车辆的平均质量，kg：

$$M = \frac{m_1 + m_2}{2}$$

m_1——车辆空车质量，kg；

m_2——车辆重车质量，kg。

由于车辆在坡顶时势能最大，达到坡底时势能为零，因此计算时取它的平均值，即取最大势能的1/2即可，当坡度不大时：

$$h \approx LK$$

式中 L——坡面长度，m；

K——坡度,%。

假如车辆运行总的周期为 T，在此周期内，高速 v_1 运行时，制动次数为 n_1，低速 v_2 运行时，制动次数为 n_2，则：

$$E_1 = \frac{n_1 m v_1^2}{2} + \frac{n_2 m v_2^2}{2} \tag{8-17}$$

每个制动器产生的总热量为：

$$Q_1 = E/4T \tag{8-18}$$

式中 Q_1——总热量，J。

假设周围的环境温度为 t_0，进入制动器的油温为 t_1，允许流出制动器的油温为 t_2，则制动器产生的热量一部分使油温从 t_1 上升至 t_2，另一部分经过制动器表面散发到空气中去，即：

$$Q_2 = (t_2 - t_1)c\rho Q + \mu(t_2 - t_0)A \tag{8-19}$$

式中 Q_2——一个制动器散热能力，J/min；

c——油的比热容，$c = (16.74 \sim 20.93) \times 10^2$ J/(kg·℃)；

ρ——油的质量密度，$\rho = 900\mathrm{kg/m^3}$；

μ——制动器的散热系数，$\mathrm{J/(m^2 \cdot min \cdot ℃)}$；

A——一个制动器的散热面积，$\mathrm{m^2}$；

Q——流经一个制动器的冷却油流量，$\mathrm{m^3/min}$。

根据热量平衡，即 $Q_1 = Q_2$，求得每个制动器油的流量为：

$$Q = \frac{E - 4\mu T(t_2 - t_0)A}{4T(t_2 - t_1)c\rho} \tag{8-20}$$

在式（8-20）中，如果 $E - 4T\mu(t_2 - t_0)A < 0$，则该制动器可采用自冷式制动器；如果两者之差大于零，则该制动器必须采用强制冷却的制动器。制动器冷却油的流量由式(8-20)算出。

8.4.4.3　经验法选冷却泵

冷却系统的关键就是选择流量足够的油泵。如果压力很低只有0.069MPa，一般油泵都能满足。关于油泵流量可以用计算方法计算，也可以按经验方法选取。根据EM公司介绍，当使用德国道依茨912系列柴油机时，则选用$8\mathrm{cm^3/r}$的油泵；当选用道依茨413系列柴油机时，则选用$11\mathrm{cm^3/r}$油泵。油泵一般采用齿轮泵，既可装在柴油机上，又可装在变矩器上。

8.4.5　动力换挡变速箱与变矩器液压控制系统

该系统包括三个回路：变矩器液压回路、变速箱液压回路、液压调节回路。最常见变矩器和变速箱液压控制系统如图8-48～图8-51所示。

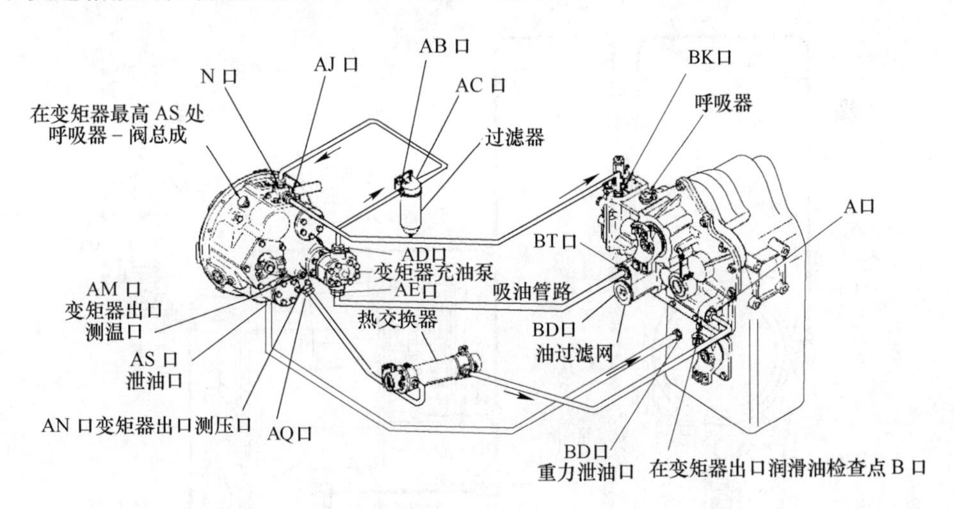

图8-48　C270变矩器与T20000变速箱液压控制系统

（1）C270变矩器与T20000变速箱液压控制系统（见图8-48）。

（2）C270、C320变矩器与R32000系列变速箱液压控制系统（见图8-49和图8-50）。

（3）C8000变矩器与5000系列变速箱液压控制系统（见图8-51）。

上述所有动力换挡变速箱与变矩器液压控制系统软管管路和其他管路必须符合下列要

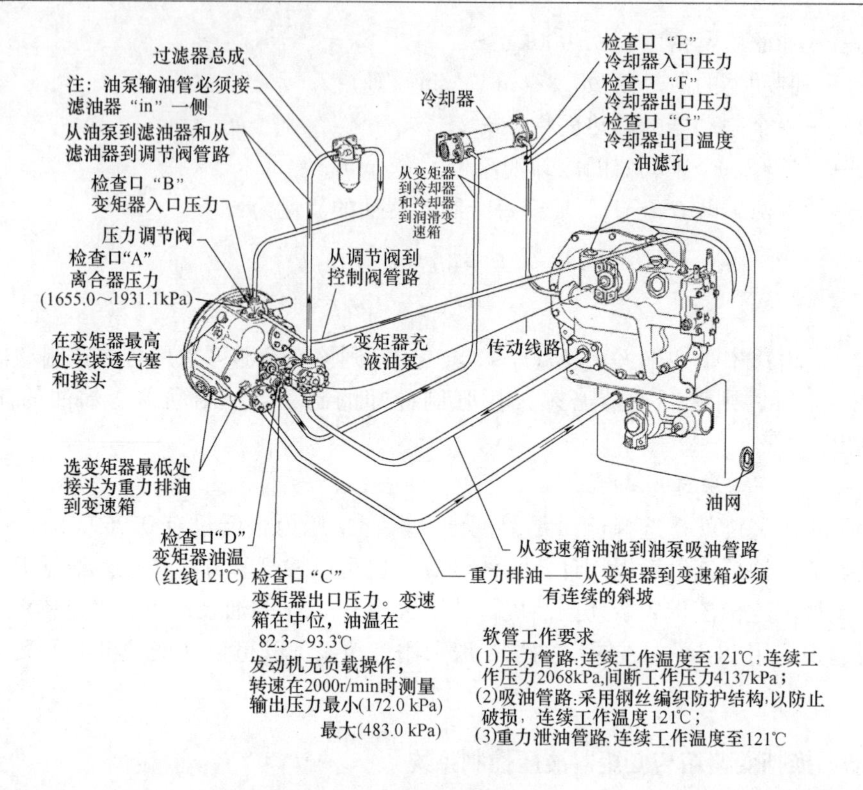

图 8-49　C270、C320 变矩器与 R32000/HR32000 系列 3/4 速 SD 变速箱液压控制系统

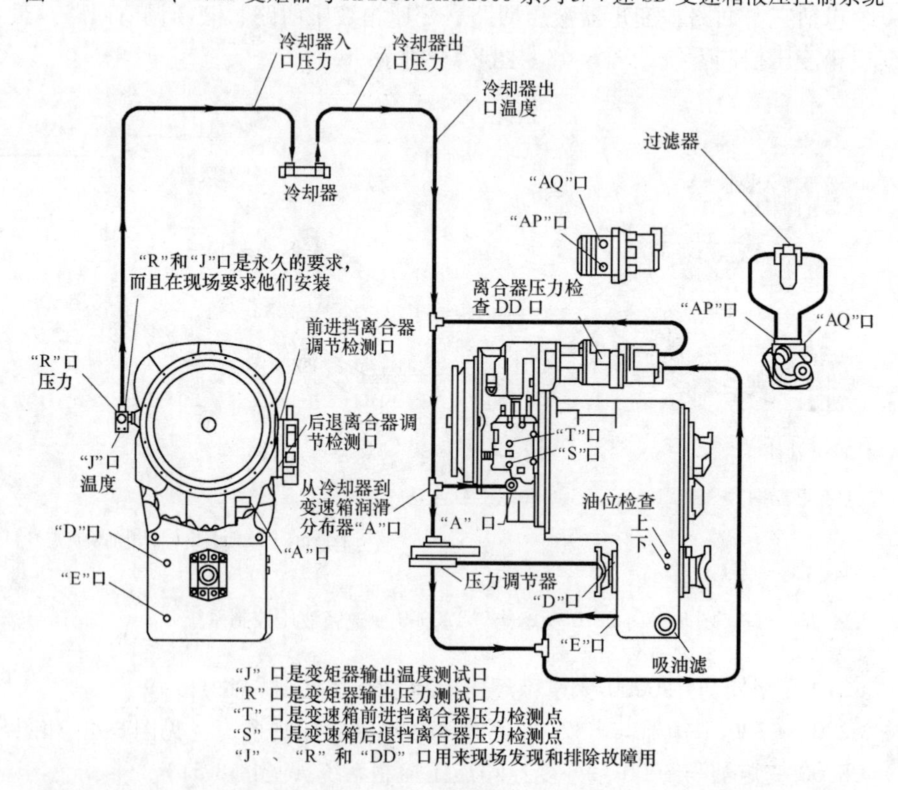

图 8-50　C270、C320 变矩器与 R32000/HR32000 系列 4 速 LD 变速箱液压控制系统

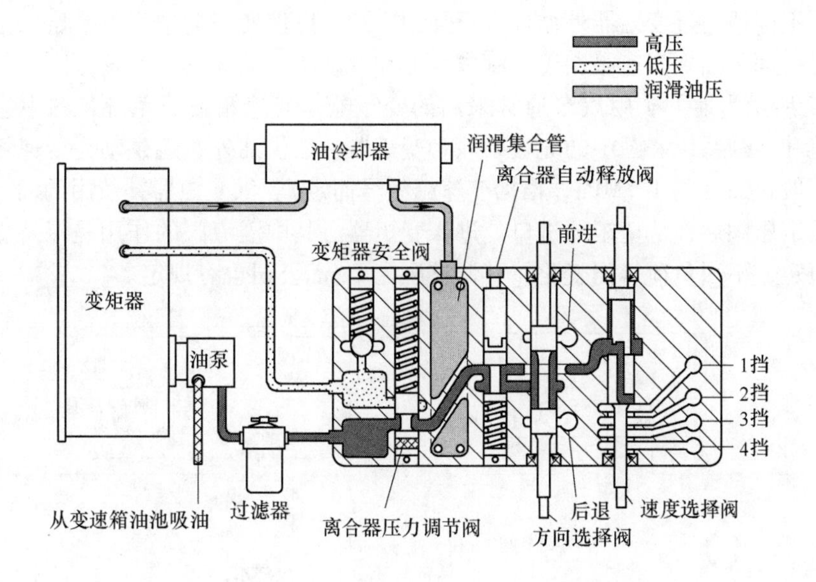

图 8-51　C8000 变矩器与 5000 系列变速箱液压控制系统

求：(1) 压力管路。压力管路适应于在环境温到 121℃的连续操作温度。操作的压力管必须经得起 2068kPa 连续压力与 4218kPa 断续压力波动。(2) 吸入管路。该线路要用交叉的钢丝进行保护，它适合于在环境温度到 121℃连续操作。(3) 重力自动排泄线路。它适应于在环境温度到 121℃连续操作。(4) 缓速器线路。它适应于从环境温度到 163℃连续操作，177℃的断续操作。(5) 全部软管管路。所使用的全部软管管路必须符合相关标准和测试步骤。(6) 油规范。必须符合变矩器和动力换挡变速箱使用要求。(7) 管子内径和长度可查阅 Dana 公司有关标准。(8) 在所有管路上都应按 Dana 公司推荐的位置配置测压口。

8.4.5.1　变矩器液压回路

一般变矩器正常工作时，需要解决下述三个问题：

(1) 一般变矩器工作时，平均效率大约为 0.7，平均有 30% ~40% 的能量损耗掉。损耗的能量使油及有关零件的温度升高，特别在变矩器失速情况下，油温会急速上升。据测量，变矩器内部油温往往高达 110℃左右。如果热量不能及时散出，致使油温太高时，会产生气泡，加速油的氧化，使油很快劣化。而且温度高时，黏度下降，起不到润滑作用，甚至破坏密封，增大漏损。因此变矩器工作时需要考虑散热和冷却问题，以确保变矩器正常运转，为此必须配备油冷却器。根据 Dana 公司的规定，一般变矩器出口油温不准许超过 121℃，油温受到密封材料和润滑要求等的限制。

(2) 变矩器中，特别是泵轮进口处，存在着气蚀问题。显然，为了不发生气蚀，需使该处压力高于油在该工作温度时的“气体分离压”。根据实验，变矩器泵轮进口压力一般应在 0.4MPa 以上。

(3) 变矩器在工作时，油是有漏损的，需要及时补充。补偿液力变矩器的泄漏，保证变矩器内始终充满工作油液，并具有一定的压力防止液力变矩器性能下降。

为了解决上述三个问题，变矩器都设置有油的补偿和冷却系统：工作时一部分油在一定的油压下不停地通过变矩器外循环进行强制冷却，以使变矩器中保持一定的油量、油压和油温；另一部分油到变速箱用于控制离合器和冷却离合器。

图 8-52 所示为地下矿用汽车通常采用的变矩器、变速箱液压系统，图中包括变矩器工作的补偿和冷却系统。图中的充液泵除为变矩器补偿供油外，还供动力变速箱换挡等用外，压力一般较高（约 1.7MPa，根据变速箱型号而定）。供变矩器补偿用的油，经压力调节阀组内的定压阀后，从变矩器进口处进入变矩器。其中溢流阀的作用是保持变矩器进口处的压力恒定，不因负荷等而变化。其调整压力 Dana 公司也有规定。

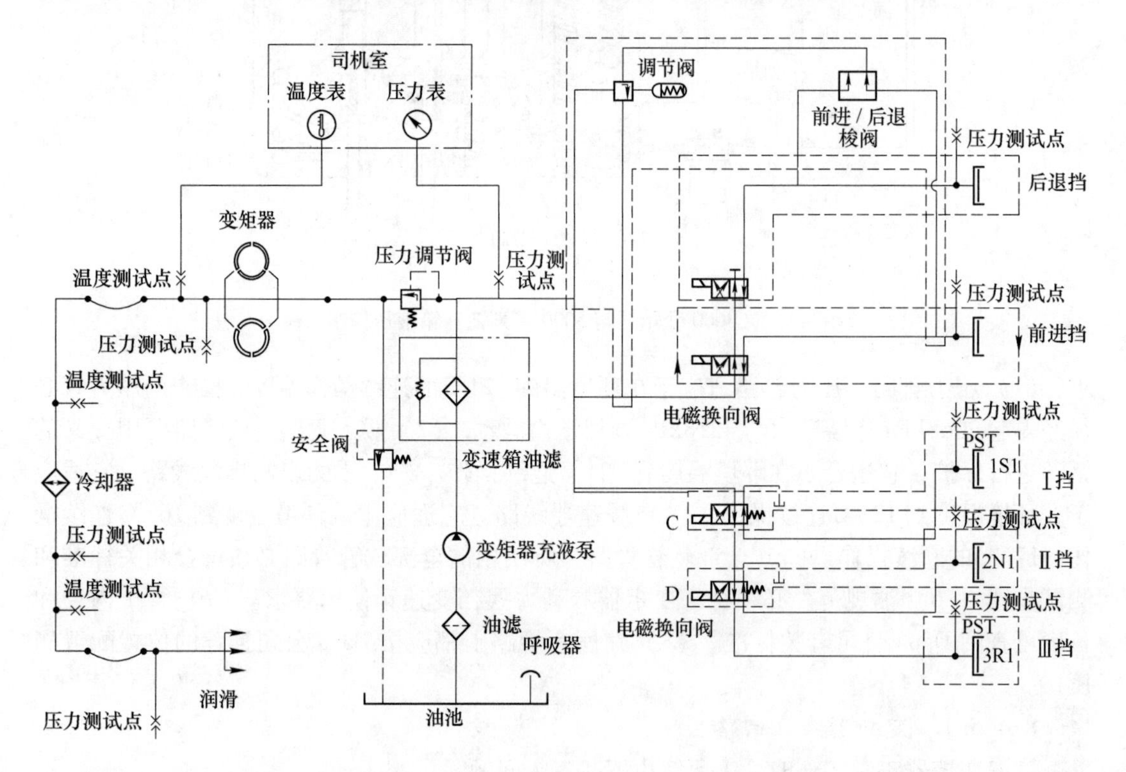

图 8-52　地下矿用汽车通常采用的变矩器、变速箱液压系统

变矩器的油从涡轮出口处引出，经过背压阀（有些变矩器不配背压阀）、冷却器等流回油箱。背压阀的调整压力一般为 0.2～0.3MPa。

该系统补偿系统包括下列一些部件：齿轮泵、油冷却器、滤油器和 2 个压力阀。其中前 2 个不是附属于变矩器的独立部件，而后 2 个压力阀往往与变矩器装在一起，滤油器装在变速箱上。

2 个压力阀是保证变矩器正常工作所不能缺少的，其作用是：

（1）从泵出来的压力油先经过第 1 个定压阀（压力调节阀），作用是限定去变速箱离合器操纵阀的油压力。在油压低于此值时，补偿油液不进入液力变矩器，而是优先保证油动力变速箱离合器的操纵油压。

（2）第 2 个溢流阀（安全阀），它控制工作液体进入泵轮时的压力，一般为 0.35～0.4MPa。同时也起着控制进入液力变矩器循环圆中冷却油流量的作用。在工作液体进入泵轮而由涡轮流出的情况下，当泵轮和涡轮之间的传动比 i 由低变高时，泵轮入口压力是变化的，而且随 i 增高而增高；在 i 低时，由于效率低，油温升高很快，需要更多的冷却油来冷却，而此时恰好油的压力较低，溢流阀关闭，冷却油的全部油量进入液力变矩器；当 i 增高时，由于效率提高，油温升高很慢，因而不需要过多的冷却油量。此时油路中的压力较高，因而将溢流阀时常打开溢流，只有部分冷却油进入液力变矩器。故此压力阀可使变矩器根据工作油温的不同，对冷却油量进行必要的调整。

第3个压力阀是背压阀（若安装的话），它保证液压变矩器中的压力不得低于背压阀所限定的压力（0.25～0.28MPa），以防止工作时液力变矩器因压力过低产生气蚀现象或工作液体全部流空。

也有变矩器充液泵采用的是双联泵，单泵为变速泵、后泵为抽油泵，主要是把变矩器内回油不畅的油及时返回到油箱。变速油泵的来油经过过滤器进入压力调节阀，油在调节阀组分两路，一路通变速箱离合器，一路经调节阀到变矩器。使油具有最小补偿压力，作为变矩器传递动力的循环用油。变矩器出油经冷却器后，流向变速箱的润滑油道，润滑和冷却各轴承与离合器片，然后排流到变速箱壳油池内。

这个回路的一个很重要的液压元件是定压阀，它的结构与工作原理如图8-53所示。

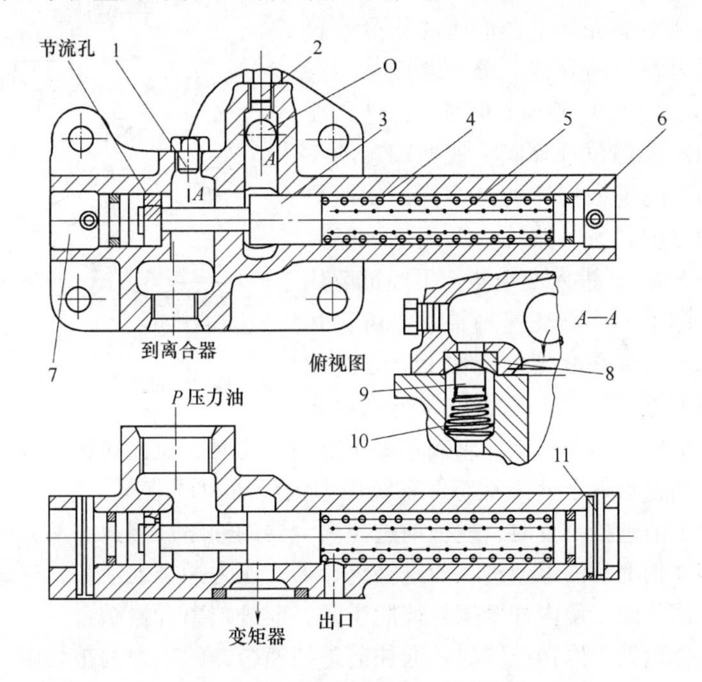

图8-53　定压阀结构与工作原理

1—离合器油压测量口；2—变矩器输入油压测量口；3—阀芯；4—外弹簧；5—内弹簧；6，7—挡块；8—安全阀密封；9—安全阀活塞；10—安全阀弹簧；11—销

定压阀的工作原理是：压力油进入定压阀后，先到变速箱离合器，当建立起压力后，推动阀芯3右行，压缩弹簧4与5。油以一定的压力进入变矩器，如果压力过大，则压力油顶开安全阀活塞9，使多余的油进入油箱，从而保证进入变矩器的油压能保持在一定范围内。

8.4.5.2　变速箱液压回路

变速箱液压回路的主要作用是：一是改变车辆的运行方向；二是改变车速。它主要是由变速阀与变速离合器组成。

由图8-52可知，从调压阀的来油一路到换向阀、一路到换挡阀，两个回路是并联的。每当动力传递时，必须有两个离合器同时接合，即方向离合器（前进F或后退R）和所要求速度挡离合器接合。未接合的离合器通回油。

换挡阀共有四种控制方式：

A　手动控制

变速阀同变速箱连在一起，变速杆与变挡杆通过推拉轴或机械杠杆同驾驶室的操纵手柄相连，司机在驾驶室内操纵换挡、换向手柄，来控制车辆方向与速度。这种方式操纵简单、可靠、成本低，但司机易疲劳。

Dana公司各系列变速箱的液压操纵系统组成和工作原理基本相同，现以四速变速箱为例。该液压操纵系统由变矩器、冷却器、控制阀组、滤油器和油泵组成（见图8-54）。控制阀组是由压力调节阀、安全阀、制动脱挡阀、方向选择阀和挡位选择阀组成（见图8-54）。

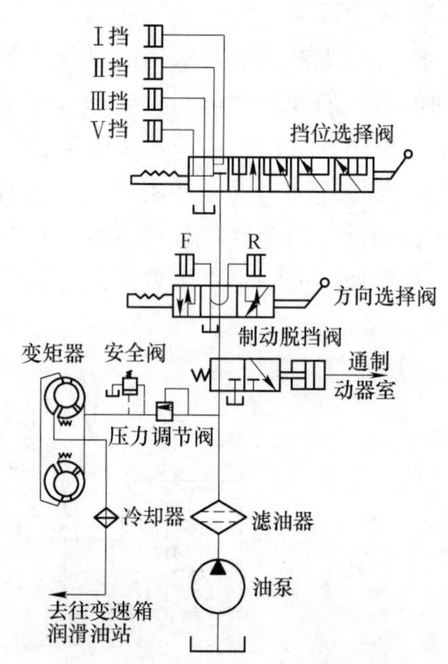

图8-54　Dana公司四速变速箱液压操纵系统

油泵安装在变矩器壳体上，液压油从变速箱油池吸入，经压力调节阀调整后分为两路：一路为高压油，压力稳定在1.69～1.96MPa，进入变速箱的方向控制阀和挡位选择阀，根据阀芯的不同位置，确定高压油进入相应的离合器，从而得到不同的挡位和方向；另一路油为低压油，经减压阀油压降为0.5MPa，进入变矩器，再经过散热器进入变速箱，润滑和冷却变速箱轴承、齿轮和离合器。控制阀组安装在变速箱壳体上。方向选择阀是一个三位五通的滑阀，三个位置分别对应前进挡、倒挡和空挡。当方向选择阀阀芯处于空挡位置时，通往前进挡和倒挡离合器的压力油路被切断，离合器处于分离状态，系统压力油经压力调节阀，最终进入变速箱油池。当方向选择阀处于前进挡位置时，通往前进挡离合器的油路被接通。从方向选择阀上流出的压力油通过传动轴上的油道，进入前进挡离合器。压力油推动活塞，克服回位弹簧压力而移动，推动摩擦片组，使内外摩擦片彼此压紧，前进挡离合器结合。此时变速箱处于前进挡。当方向选择阀处于倒挡位置时，通往前进挡离合器的压力油被切断，前进挡离合器压力油经快速排油阀排出，内外摩擦片因压力消失而脱开，前进挡离合器分离，此时变速箱处于倒挡。

地下矿用汽车手动控制变速阀的安装位置及结构如图8-55及图8-56所示。其中挡位拉杆3的纵轴中心有一孔、横向有两排小孔，压力油通过上横孔进入拉杆，从下横孔流向变速箱离合器。中心孔末端用螺塞堵上，中心孔油液不能从末端流出。中间阀在图示的结构仅起过油的作用。换向拉杆纵轴中心线无中心孔。

B　液压控制

所谓液压控制是把变速阀变成一个单独阀从变速箱上分离出来放在司机室旁边，再把变速箱相关油路同变速阀相应油路用胶管连起来，就成了液压控制换向阀和换挡阀。

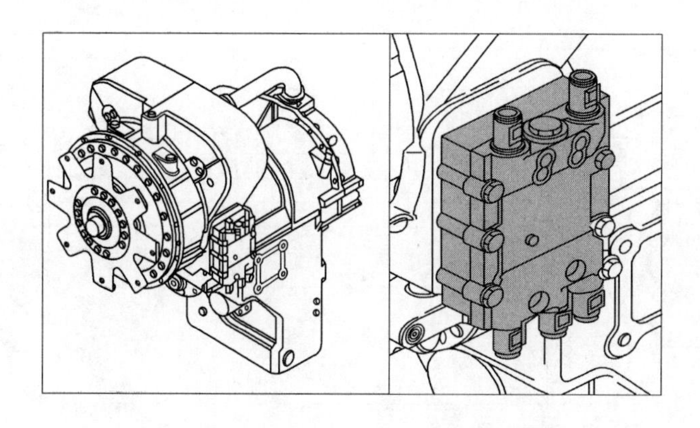

图 8-55 手动控制变速阀的安装位置

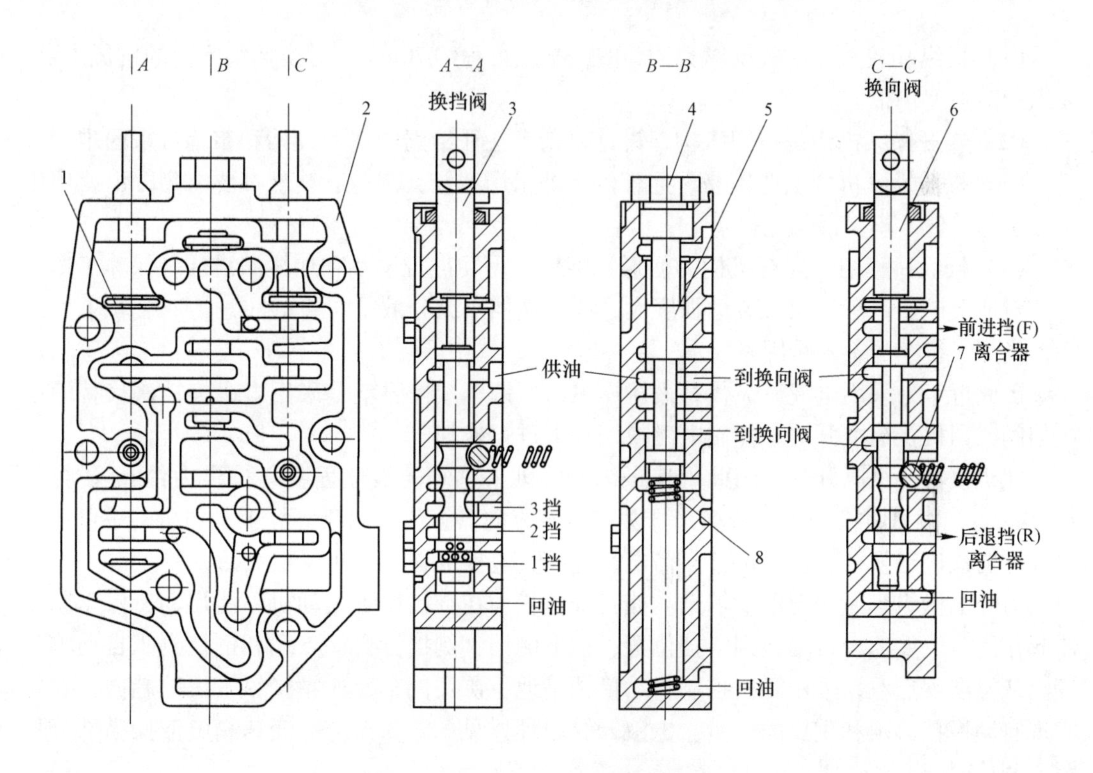

图 8-56 手动控制变速阀结构

1—挡板；2—阀体；3—换挡阀滑；4—螺塞；5—制动脱挡阀；6—换向阀滑；7—定位钢球；8—弹簧

图 8-57所示为其结构原理。该液压控制布置容易、操作方便，被很多地下矿用汽车所采用。

C 电液控制

地下矿用汽车大多采用动力换挡变速箱。这种变速箱是通过液压换挡离合器或制动器来进行换挡控制的。结合元件的分离或接合采用液压换挡阀来操纵，而换挡阀是通过连杆机构或软轴等装置用手直接操纵，该操纵系统虽然比人力操纵前进了一大步，但仍存在以下缺点：

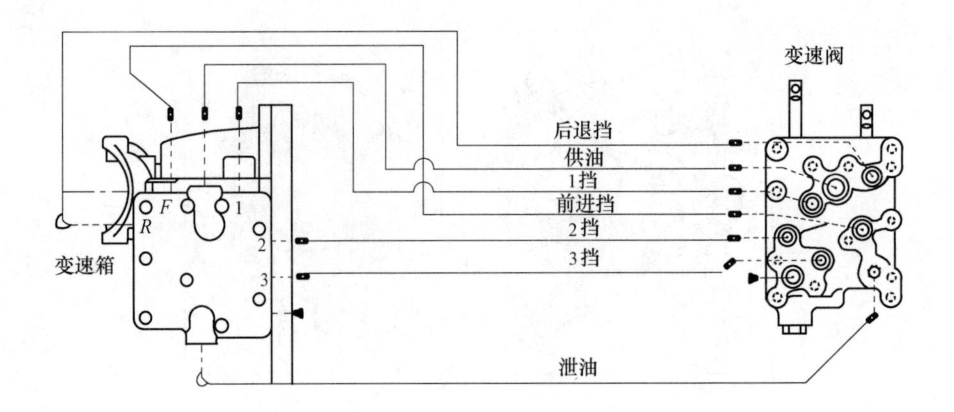

图 8-57 液压控制结构原理

(1) 操纵功较大。一般操纵力约 30N，操纵行程约 70mm。对换挡很频繁的机械来讲，操纵劳动强度仍很大。

(2) 连杆操纵机构是空间机构，设计复杂，往往给驾驶室的设计和布置带来困难。

(3) 机械操纵机构制造不易，连杆铰点处采用球铰，制造和装配都要求高，但使用中常会引起卡住、不灵活等毛病。

(4) 操纵过程中，连杆机构的变形、磨损，需要进行调整和加注润滑油等保养工作。

对地下矿用汽车，司机劳动强度大，频繁换挡操纵分散了司机的注意力，影响了生产率，增加了行车的不安全因素。

因此近年来采用电液操纵代替液压操纵，所谓电液操纵就是采用电磁换挡阀代替液压换挡阀，司机操纵电开关来控制电磁换挡阀来进行换挡。

司机仅需操纵电开关，因此可使操纵功降到人感觉的最佳程度（操纵力约 6N，行程约 40mm），就可将换挡手柄或换挡开关安装在方向盘上或方向盘立柱上，司机的手可以不离开方向盘进行换挡操作。由于只需电线连接，电操纵在设计布置上灵活方便。

另外电操纵容易实现以下辅助功能：变速箱不在空挡位置发动机不能启动；停车制动器起作用时，变速箱自动回到空挡位置；挂上倒挡，倒挡灯自动点亮和倒挡喇叭自动鸣叫等。从发展观点看，采用微机控制自动换挡是地下矿用汽车变速箱操纵发展的趋向，它是实现自动换挡必须和重要的一步。电液操纵原理详见 3. 2. 3. 3 节。变速箱电液操纵部分见图 3-38 与表 3-23。

由于变速箱液压调节阀与电磁换向阀集成在两块阀块上，特别是电磁换向阀采用插装阀结构，因此省掉了许多管路，维修十分方便，结构简单，可靠性提高。由于采用电磁换向阀，因此对电磁阀的使用可靠性与寿命提出了更高的要求。由机械操作变为电操纵，机械操作的杆系设计复杂、布置困难。而电操作只需把驾驶室内操纵盘与变速箱上电磁阀上线圈用导线连起来就可以了，省掉了复杂的杆系，布置也十分方便。单杆操作就是用一个杆既控制车辆方向又控制车速。根据车辆挡位要求及所采用的变速箱控制器有不同的操作手柄位置，如图 8-58 所示。

D 自动控制

目前地下矿用汽车上已广泛采用自动变速箱，电子控制自动换挡已是成熟可靠的技

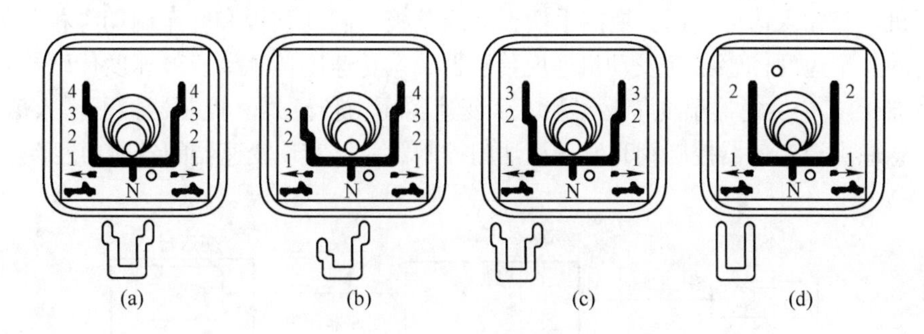

图 8-58 控制器挡位图

(a) 单杆操纵四挡前进、四挡后退；(b) 单杆操纵四挡前进、三挡后退；
(c) 单杆操纵三挡前进、三挡后退；(d) 单杆操纵二挡前进、二挡后退

术。人工手动换挡取决于司机的技术水平，往往不能准确选择挡位，自动换挡能按使用工况和行驶情况自动选择挡位，使发动机功率较充分地利用，提高燃料经济性，降低排放。特别是大型地下矿用汽车挡位数已增至 6、7 个，人工换挡很难正确选择挡位。地下矿用汽车往往在行驶时，换挡操纵非常频繁，司机劳动强度大，操纵复杂，分散了司机的注意力，增加了行走作业不安全的因素。自动换挡能防止误操作，使换挡平稳，保护传动系统零部件，减少冲击和磨损，延长传动系统寿命。另外当通过复杂的地面时，自动换挡能提高机械的通过性，不会因换挡不及时或换挡切断动力时间过长，造成发动机熄火或停机。为减轻司机劳动强度，简化操作，使司机能集中注意力于行走作业，已采用了电操纵换挡。电操纵采用了换挡开关、电磁换挡阀和微处理控制器，实际上已具备自动换挡所需的基本元件，仅需加一些传感器（转速传感器和油门开度传感器）和编制自动换挡控制软件，就能很容易地实现自动换挡。

世界上著名的工程车辆和工程机械变速箱生产厂家 Dana（Clark）、ZF 和 Allison 公司都生产了自己的自动变速箱，世界著名的工程机械公司（Cat、Volvo 等）在自己生产的工程机械和工程车辆上也都装置了自动变速箱。

除上述主要的控制以外，还有闭锁离合器控制、液力制动器控制以及防止意外换挡安全控制（如高速行走时，不能挂低挡，超过一定车速不能挂倒挡反向行驶等）。

应该说明的是，目前在地下矿用汽车上使用的自动变速箱主要是液力机械式自动变速箱（hydrodynamic mechanical transmission，HMT），它由液力变矩器和动力换挡变速箱组成。

下面就介绍 TE27/32 自动变速箱。

地下矿用汽车采用自动控制是未来的发展方向。由于采用了自动控制系统，因而能自动地换挡，从而改善了机器的性能。自动换挡功能是按照机型的需要、工作负荷及预定的速度和负荷点而自动进行。操作者不必担心机器传动系统机械运行情况，自动换挡控制器通过减轻手动换挡所产生的“换挡冲击”，因而保护了变速箱和传动系统，避免了降速换挡时变速箱内部的超速。详细情况见 3. 2. 3. 3 有关部分。

TE27/32 是 Dana 公司新一代产品，应用最新电子控触技术，可以实现自动换挡、电子调压换挡品质控制以及电子微动控制。TE27/32 变速器配备了 APC200 控制器，该控制器具有发动机保护、速度传感自动换挡、载荷传感自动换挡、发动机动力控制和诊断等功能。如图 8-59 所示，APC200 控制器通过 CAN 总线与主控制计算机进行通讯，把相关信息传递给主

控制计算机。其输入信号包括：换挡手柄、油门踏板、制动踏板和驻车制动等相关信号。变速器配备的4个速度传感器（发动机速度传感器、涡轮速度传感器、鼓速度传感器和输出轴速度传感器）、1个变速器温度传感器和1个变速器压力传感器。控制器根据输入信号情况，把反馈信息输出至变速器控制阀和发动机油门控制器，以实现变速器的各项功能。

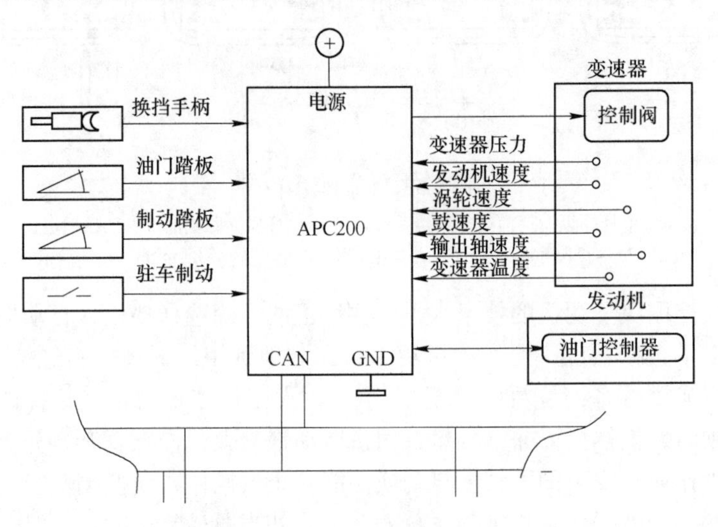

图8-59　APC200控制器原理

8.4.5.3　液压调节回路

A　液压调节回路的作用

液压调节回路用以调节进入离合器的油压上升速率来缩短离合器结合时间（时间滞差）；当变速箱从前进变换到后退，或在两种速度间变换时，消除离合器结合的冲击，达到延长变速箱的使用寿命，提高工作效率和操作舒适性。

B　液压调节回路的组成

液压调节回路主要由方向控制阀、方向离合器和调节阀组成。液压调节回路又分前进挡和后退挡两种。图8-60所示为R32324变速箱液压调节阀结构示意图。

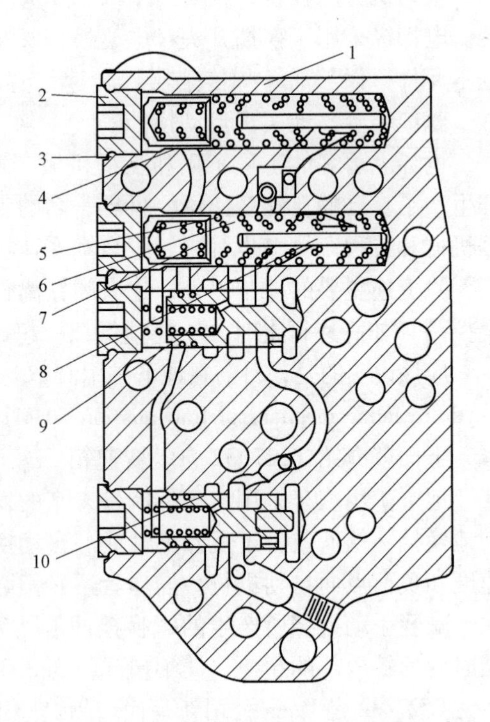

图8-60　R32324变速箱液压调节阀结构示意图
1—阀体；2—螺塞；3—O形圈；4—储能阀芯；5—外储能弹簧；6—中间储能弹簧；7—内储能弹簧；8—销；9—调节弹簧；10—调节阀芯

C　液压调节回路工作原理

液压调节回路工作原理如图8-61～图8-63所示。从图8-61中可知，两个换向离合器是由各自的调节阀来控制的。在调节阀芯*A*侧的压力与供给离合器活塞的压力相同。向离合器和调节阀的供油量由流量控制节流孔所限制。通过这个节流孔后，调节阀阀芯排出流量到排油口。调节阀阀芯阻碍了通过排油口的液流并以一定的速度建立起离合器的压力。一旦通往排油口的流量被切断，仅仅很少量的流量通过这个节流孔，它通常是因阀芯和离合器泄漏而产生的。这时节流孔两边的压力是完全相等的，整个调节系统压力作用在离合器活塞上。

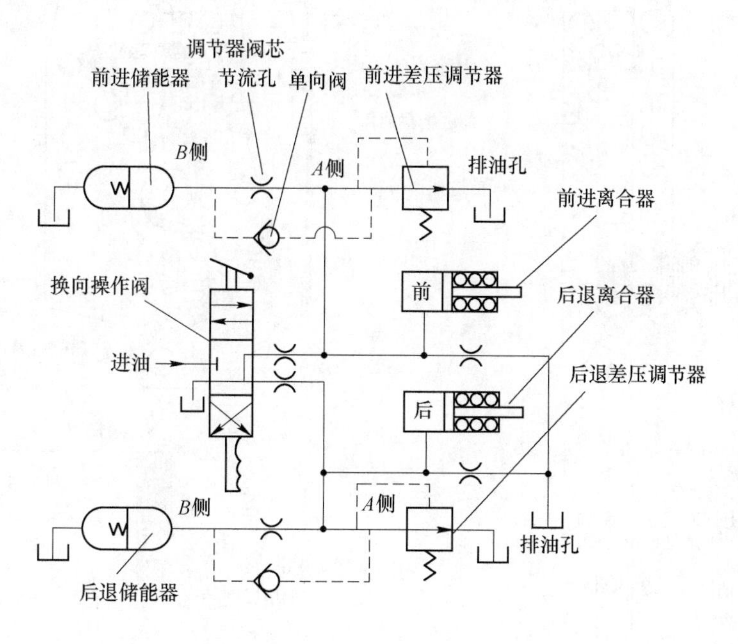

图 8-61　液压调节回路工作原理

当选择前进方向时，压力油进入调节阀阀芯 A 侧排油孔，然后经过调节阀阀芯上的阻尼孔，推动调节阀阀芯向右移动（见图 8-61）打开排油孔。移动阀芯到打开排油孔所需时间在压力与时间关系图表上为开始阶段峰值压力 b（见图 8-62）。使用峰值压力能快速向离合器压力系统供油。

调节阀阀芯的移动被调节阀和蓄能器的弹簧力所阻碍，这样就在 A 侧产生大约 127.9kPa 的压力，这种压力在压力与时间图上表示为紧接峰值压力的一条水平线 cd。由于调节阀阀芯两侧压力不平衡，液流通过其阻尼孔流向 B 侧。因 B 侧有弹簧力的作用，A 侧的压力总比 B 侧高。由于阻尼孔两侧的压力差，使液流以一定的流速通过阻尼孔，通过其流速可估算出液流充满蓄能器空腔所需时间。

蓄能器空腔被充满之后，蓄能器活塞克服弹簧的作用力而移动，由于弹簧力的作用，使蓄能器空腔 A 腔与 B 腔的液压力增加，且增加的范围相同。这种情况在离合器压力与时间关系图中被表示为一条逐渐上升的斜线 de，其斜率决定于储油器的弹簧力（弹簧刚度）。一旦蓄能器活塞被推到极限位置，由于液流不再通过调节阀阀芯的阻尼孔流动，阀芯 A 侧和 B 侧的压力达到平衡，调节阀阀芯受弹簧力作用而切断了排油口，离合器和调节阀的压力很快上升到系统调节离合器规定油压，这种情况在离合器压力与时间关系图中表示为一条直线 ef。

整个顺序调节的时间不超过 2s，在稳定的高压液压油作用下的离合器增加了驱动力矩，并使离合器平稳接合。

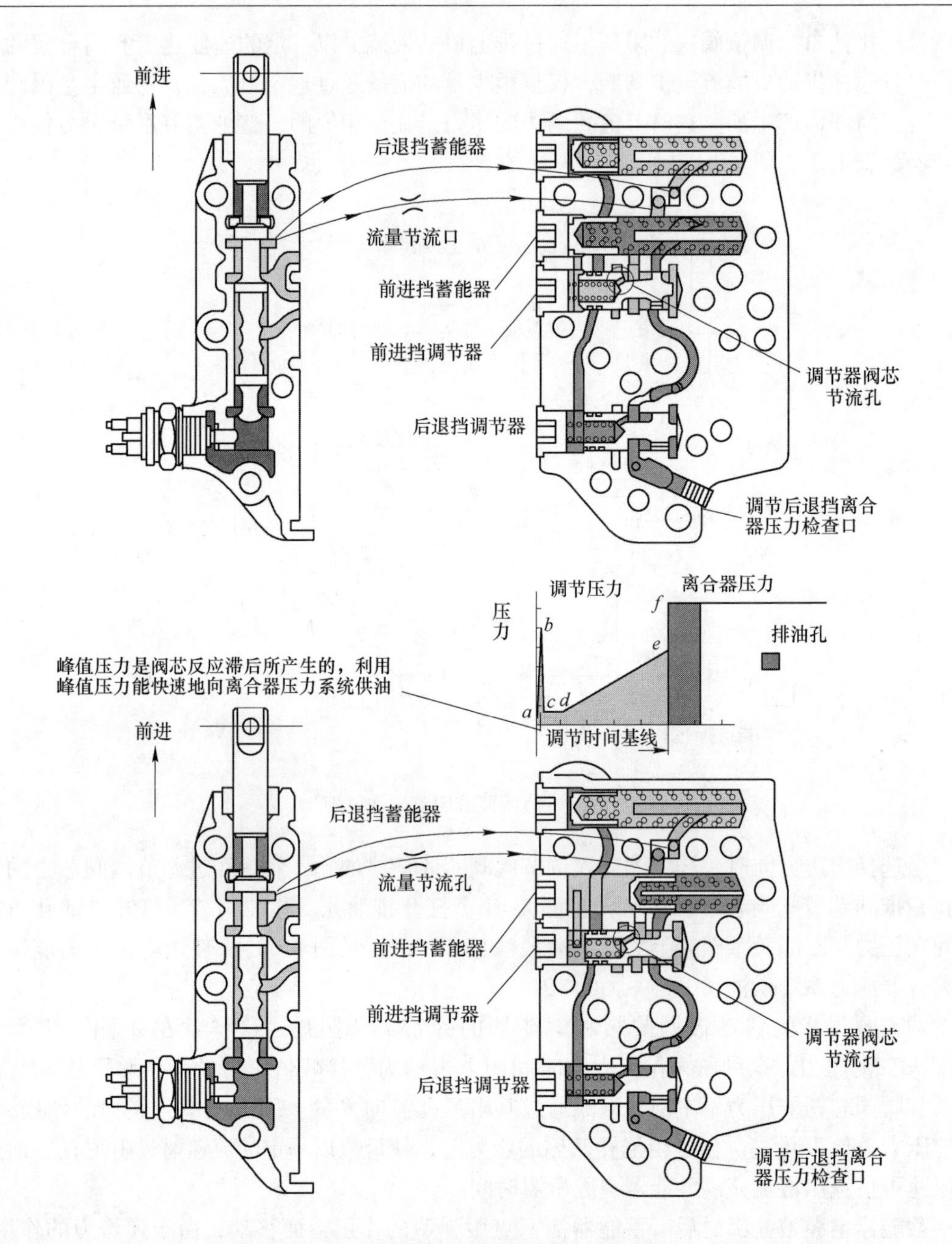

图 8-62　前进挡液压调节回路工作原理

当选择前进方向时，后退挡离合器和调节阀通过控制阀将液体排到变速箱油底壳内。后退挡蓄能器空腔是通过后退挡调节阀阀芯的阻尼孔将液压排出的。为了加快蓄能器的复位速度，使变速箱立即换向，原进控制阀的油路是直接与后退蓄能器弹簧侧的空腔相连的。

当选择后退方向时（见图 8-63），后退离合器和调节阀通过与前进离合器和调节阀相同顺序而动作。这种顺序动作使离合器接合迟缓了一段时间，使得有足够时间来缓冲换挡，并使换挡平稳。

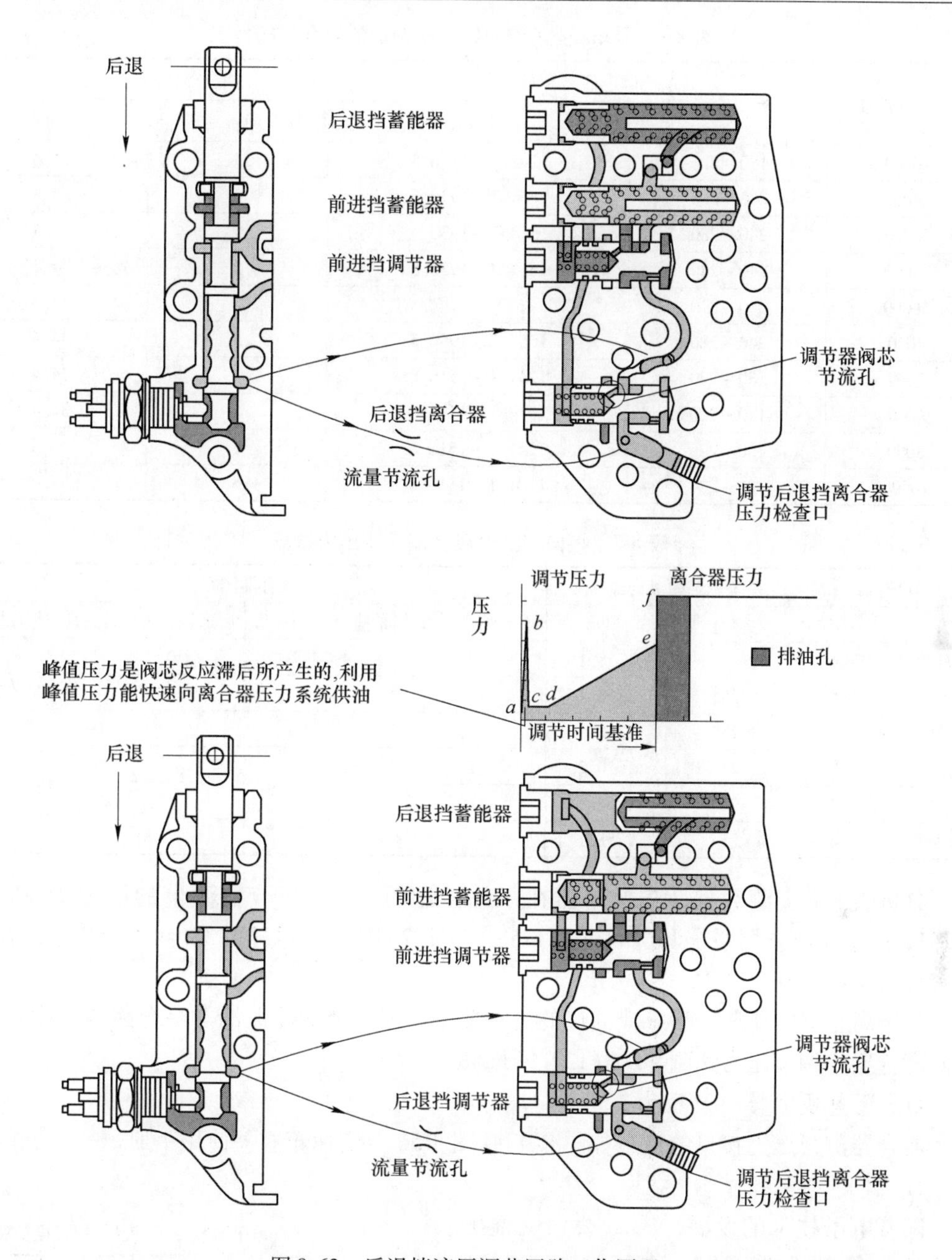

图 8-63 后退挡液压调节回路工作原理

缓冲换向控制减少了动力系统的冲击和应力，使地下矿用汽车操作容易，即使对一个新司机也是如此。

Dana 公司为了方便用户判断故障和维修保养带调节阀的变速箱，给出了系统调定的离合器压力的实用数据，见表 8-6。

假设某种型号的变速箱在 650 ~ 820r/min 低速下运转，油温在 82.2 ~ 93.3℃时，测量记录前进和后退换向离合器的压力，同时借助于中位方向控制，测量记录系统调定的各挡离合器的压力，把换向和挡位离合器的实测压力值编入表 8-7 中。

表 8-6　Dana 公司变速箱系统调定的离合器压力

变速箱型号	系统调定的离合器压力		挡位离合器最大压力差	
	Psi	kPa	Psi	kPa
20000	180 ~ 220	1241. 1 ~ 1516. 8	5	34. 4
24000	240 ~ 280	1654. 7 ~ 1930. 5	5	34. 4
32000	240 ~ 280	1654. 7 ~ 1930. 5	5	34. 4
34000	240 ~ 280	1654. 7 ~ 1930. 5	5	34. 4
36000	240 ~ 310	1655 ~ 2173	5	34. 4
4000	240 ~ 280	1654. 7 ~ 1930. 5	5	34. 4
5000	180 ~ 220	1241. 1 ~ 1516. 8	5	34. 4
6000	180 ~ 220	1241. 1 ~ 1516. 8	5	34. 4
8000	180 ~ 220	1241. 1 ~ 1516. 8	5	34. 4
16000	180 ~ 220	1241. 1 ~ 1516. 8	5	34. 4

表 8-7　换向和挡位离合器实测压力数据

离合器		系统调定的离合器压力		方向离合器测定压力			
方向	挡位	Psi	kPa	前进挡压力/Psi	前进挡压力/kPa	后退挡压力/Psi	后退挡压力/kPa
前进	4	255	1758. 1	240	1654. 7	0	
后退	4	255	1758. 1	0		240	1654. 7
中	1	255	1758. 1	0		0	
中	2	235	1620. 2	0		0	
中	3	255	1758. 1	0		0	
中	4	255	1758. 1	0		0	

分析表 8-7 实测数据，当换向器在中位控制时，2 挡离合器测量的压力 1620. 2kPa (235Psi) 小于离合器系统调定的压力 1758. 1kPa(255Psi)，超过了 34. 4kPa(5Psi)，表明 2 挡离合器需要修理。

由于离合器的泄漏、活塞泄油口的流动速率和流过节油孔泄油等综合因素的影响，使换向离合器的调节压力达到 20Psi(127. 9kPa)。

D　测量压力接口及压力表

离合器测量压力接口的位置如图 8-48 ~ 图 8-50 及变速箱有关使用手册。

E　电子控制调节器

随着电子技术的发展，Dana 公司又推出了比液压控制性能更好的电子控制调节器 (ECM)，这是提高整机机动性的一项创新。

通过提供离合的压力，ECM 能确保每一种型号的变速均能达到最佳状态，从而提供最佳的机器性能。因为液压调节只能提供一种曲线来代替所有变速要求，而 ECM 可以按照调节离合器压力形成多条曲线，以适合于不同用途的机器不同的调节要求。两者的性能比较如图 8-64 所示。

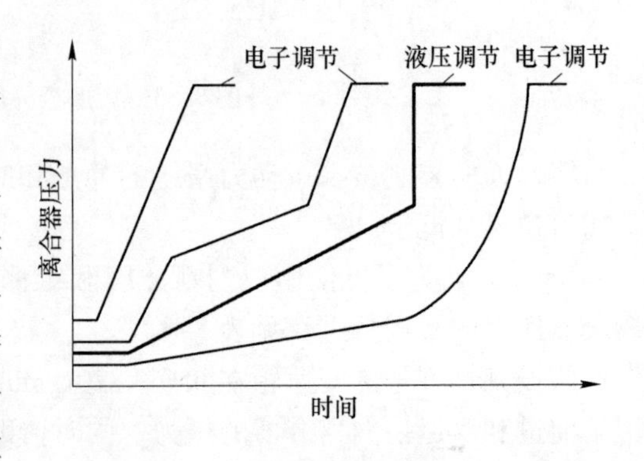

图 8-64　液压调节与电子调节性能比较

8.4.6 集中润滑系统

集中润滑系统简单地理解就是通过管路系统把车辆上分布的数十个油脂润滑点和集中润滑系统的供油单元连成一个完整的封闭系统（通过监控系统控制系统工作周期、检测运行情况），以实现在车辆运行过程中定时、定量、间歇式地对各润滑点持续性供油，确保各润滑点良好的润滑。集中润滑系统分人工集中润滑系统与自动集中润滑系统。两种润滑系统各自特点如下。

8.4.6.1 人工集中润滑系统

目前，大多数地下矿用汽车注脂润滑主要靠人进行集中润滑，因为它结构简单、成本低。图8-65所示为MT2010型地下矿用汽车集中润滑系统。人工集中润滑系统是利用人工每天按时向各润滑点注入一定的润滑脂。但该系统在日常操作上由于人员的疏忽、紧迫的生产任务及恶劣的保养条件，往往使润滑这一重要环节被忽略，造成轴承严重摩擦和磨损，引起机器故障，影响机器能力的发挥，带来不必要的开支和麻烦；润滑周期过长，甚至间断；易出现注油过量、遗漏、甚至伪注；开放式润滑，各润滑点易堵塞、锈死；油脂使用过多，造成浪费和环境污染。这都是人工集中润滑系统的不足。

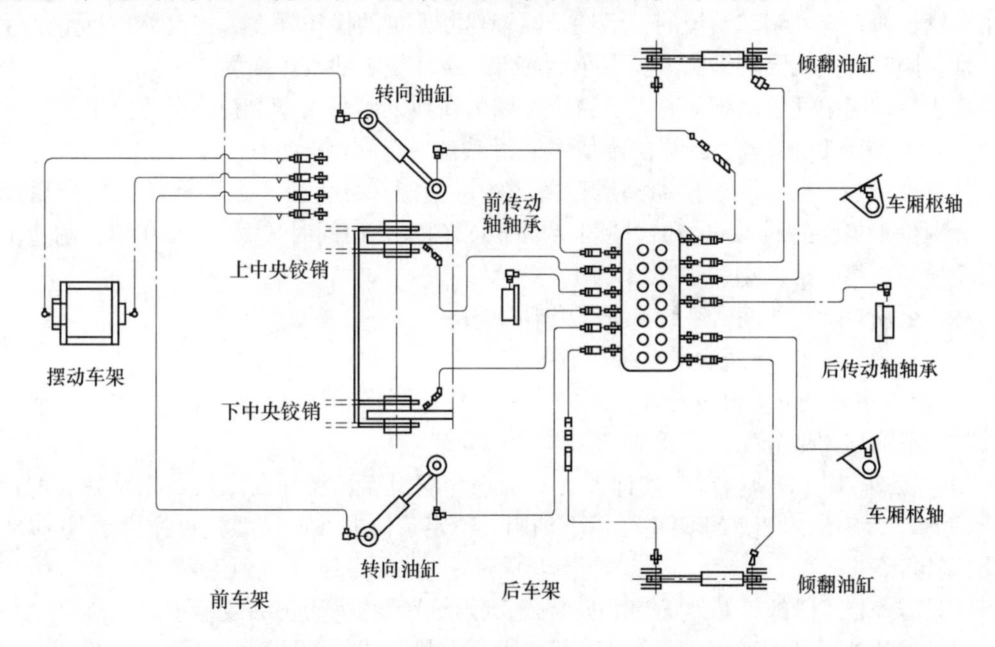

图8-65 MT2010型地下矿用汽车人工集中润滑系统

8.4.6.2 自动集中润滑系统

由于人工集中润滑系统存在许多不足，因此又出现了自动集中润滑系统，其中林肯（Lincoln）与福乌（Vogel）公司是生产自动集中润滑系统的典型代表。

自动集中润滑系统的优点：

（1）节省95%人工，提高运营效益。车辆自动集中润滑系统实现了车辆行进过程中的定时定量、自动润滑，可节省原来95%的人工；延长车辆保养间隔里程，减少保养次数；同时良好的润滑也将减少故障发生及相应的维修费用，提高出车率，增加运营效益。

（2）传统手工润滑注油量不易控制，而且黄油嘴外露，尘沙等污物易被带入摩擦副而加重磨损。车辆自动集中润滑系统具有定时定量、科学高效的工作特点，其全封闭管路能够完全阻止外界污物进入摩擦副，显著降低各润滑部件的磨损，可有效延长润滑部件寿命达60%～80%。

（3）节约燃油成本。手工润滑注油间隔时间过长（10～20天），多数情况下，摩擦副得不到适时有效的润滑而处于干摩擦状态，引起燃油消耗明显增加。使用车辆自动集中润滑系统能确保系统所有润滑点强制性定时定量精确获得洁净油脂，润滑效果有保障，车辆运行轻捷，可明显节约燃油成本。

（4）节约80%润滑脂成本。手工润滑一般间隔10～20天注油一次，每车每年用于底盘润滑的油量为15～20kg。使用车辆自动集中润滑系统如按车辆营运12h自动注油一次计算，每车每年需油脂仅为3kg左右，可节约80%的润滑脂成本。

（5）提高车辆行驶的舒适性和安全性。手工润滑，润滑效果无保障，车辆润滑不良则潜在多种安全隐患。使用车辆自动集中润滑系统，能确保系统各润滑部件得到适时有效的润滑，显著提高车辆行驶的安全性和舒适性，其所产生的社会效益不可估量。

（6）降低人员工作强度。使用车辆自动集中润滑系统能够提供科学、高效的润滑，提高了车辆转向系统和制动系统的灵活性，减轻驾驶人员的操作强度，提高驾驶的舒适性和安全性；同时可大大降低维修人员在车辆底部恶劣环境下的工作强度。

由于自动集中润滑系统具有上述特点，因而在地下矿用汽车中获得广泛应用。

A　林肯（Lincoln）公司自动集中润滑系统

林肯公司是一家专注于自动润滑设备的跨国公司。林肯公司主要有两大生产研发工厂，分别位于美国的St Louis和德国的Walldorf，两家公司同时成立于1910年，制造工厂分布于美国、德国、捷克、印度和韩国。

林肯公司自动集中润滑系统有如下几种：

（1）Centro-Matic单线润滑系统。

1）单线系统只有一根主管线。通常由一个柱塞泵将润滑剂注入主管线中，并通过注油器将润滑剂均匀地分配到各润滑点。

2）“点对点”润滑。每个注油器各对应一个润滑点，注油器之间是相互独立的，适用于稀油、半流质油脂或NLGI 1号以下油脂，特定条件下（如高温）可适用于NLGI 2号油脂。其特点是：

①只需一根主管线，布线简单，安装成本较低，系统易于扩展或缩小。

②各注油器间是相互独立操作的，可单独调节排量或单独监控。

③系统需要卸压，低温应用时受到限制。

④适用中、小型的润滑系统，广泛应用于矿山机械。

（2）Two Line双线润滑系统。HELIOS双线润滑系统可输送NLGI 2号润滑脂，工作压力高达40MPa，输送半径达100m，主要用于大型设备的润滑，广泛地应用于大型矿山设备的润滑。

HELIOS双线润滑系统由ZPU系列泵（或定制的泵站）、换向阀、双线分配阀、终端压力开关等4大核心部件组成。泵通过换向阀的换向作用，对两条主管道交替注压力油，将油脂注入各分配阀，并通过分支管道将油脂注入各润滑点，换向阀换向时，一条主管道增压，另一条主管道卸压，从而实现油脂的流动。

（3）Multi-Line 多线润滑系统。多线系统就是泵有多个出口，各出口后可接不同的系统。润滑点较分散，每个润滑点需要比较大的润滑量，且每个润滑点的量可以调节；需要持续润滑；通过对分配阀的视觉或电讯号来监控整个系统；能在恶劣的环境下工作；通过泵元件来扩展系统；对于中小型系统和机器提供全面的润滑。

（4）Quicklub 递进式润滑系统。Quicklub 递进式润滑系统中若干个润滑点间的距离较近，适合于中小型的系统和机器。

通过对分配阀的视觉或电讯号来监控整个系统，能在恶劣的环境下工作，通过泵元件来扩展系统，广泛地应用于工程机械、矿山设备及各种中小型工业设备的润滑上。在地下矿用汽车中有相当多的型号采用 Quicklub 递进式润滑系统（见图 8-66）。

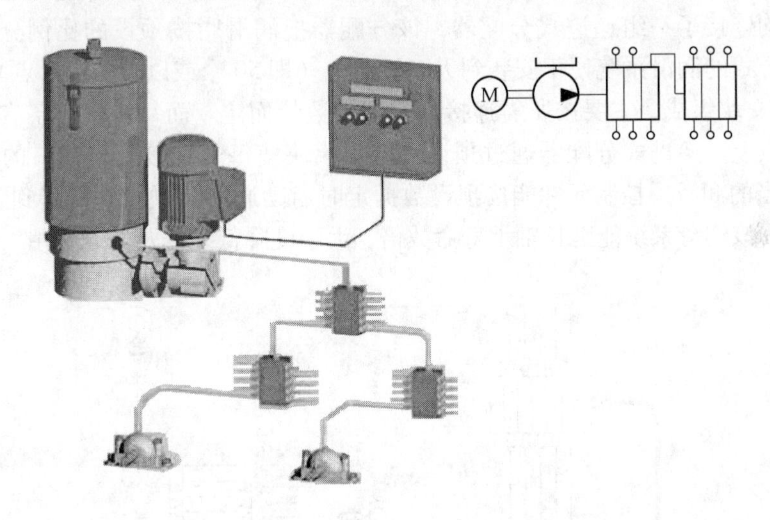

图 8-66 Quicklub 递进式润滑系统

递进式润滑系统是由递进式分配器按递进的顺序将定量的润滑介质输送至各润滑点的集中润滑系统。递进式润滑系统由润滑泵、递进式分配器、管路附件和控制部件组成。润滑泵的作用是提供动力和所需要的润滑介质，包括电动机、储油器和控制器等部件。分配器的作用是按需要定量分配润滑介质，有递进式和非递进式两种结构形式。管路组件的作用是连接系统中的润滑泵、分配元件等，并将润滑介质输送到各个润滑点，由管路接头、柔性软管（或刚性硬管）等组成。

控制系统的作用是控制润滑泵按设定要求周期工作，对润滑泵及系统的开机、关机时间进行控制，对系统的压力、储油器液位进行监控和报警，也可以显示系统的工作状态等；由电子监控器和压力开关、液位开关等控制元件组成。

将润滑介质输送到各个润滑点的精确的注油量取决于分配器内部柱塞直径和工作行程。

递进式润滑系统给油动作是顺序逐个进行的。这是由于上一柱塞推进排油到位时，正好启动下一柱塞的油路，所以一旦某一给油点堵塞，其后续动作便无法进行，所有分配器都会停止工作。利用这一特点可在某个分配器上装上行程开关，即可控制和监测整个系统的运行以及进行故障诊断。其缺点是只要一处出现故障就会造成润滑系统瘫痪。递进式自动润滑系统在地下矿用汽车中已获得一定应用，并在不断发展。

B　集中润滑系统

福鸟（Vogel）集中润滑系统享有75年生产各类集中润滑系统经验。德国Vogel公司的产品被广泛地用于商用汽车底盘、工程机械和工业设备上。福鸟公司的集中润滑系统解决了传统人工润滑工作的不足之处，在机械运作过程中能进行定时、定点、定量地润滑，使机件磨损降至最低；节省润滑剂达60%，在环保的同时降低机件损耗和保养维修时间，最终达到提高营运收益的效果。

图8-67所示为著名的福鸟（Vogel）集中润滑系统示意图。由图8-67可知，自动集中润滑系统由下列零部件组成：一台带油箱的润滑泵、润滑脂分配器及润滑管路、控制元件等。电动活塞泵备有三个出油口，可按系统上管道的多少而装配适当数量的泵组元件。每个泵组元件均连接了一组递进式分配器，该分配器把润滑脂按预设的比例分配到润滑点上。这种组合式的润滑系统便于安装到大型机器上（即50个或以上的润滑点）。递进式分配器可由3~9块组成，主要按所需连接的润滑点数量而定。而每一模块备有2个出油口连接到润滑点上。递进式分配器通过预设的定量模块使每个连接到出油口的润滑点（轴承）得到恰当的润滑。控制元件能按预设数据定时启动润滑泵供应润滑脂到各润滑点上。正因为如此，该润滑系统能延长轴承寿命数倍、大幅度降低维修及保养费用。

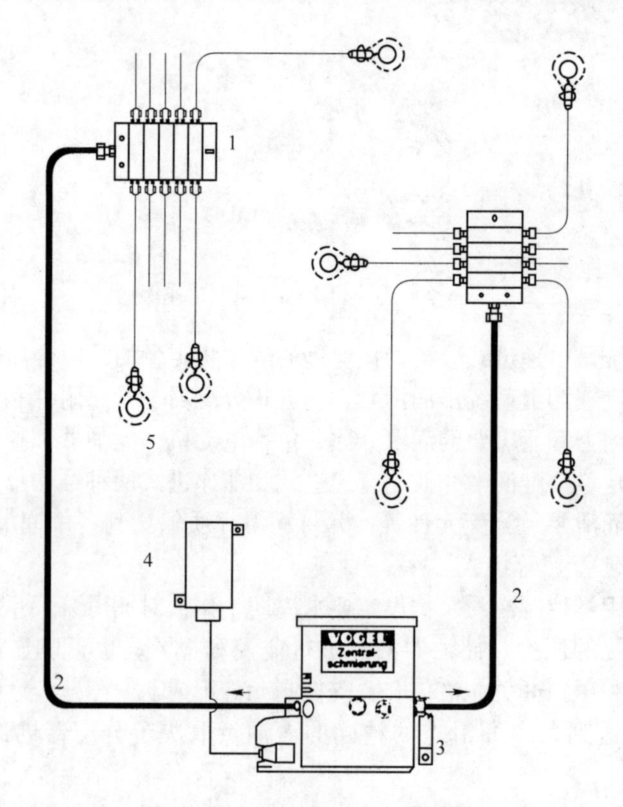

图8-67　福鸟（Vogel）递进式集中润滑系统示意图

1—递进式分配器；2—主油管；3—活塞泵；4—控制元件；5—润滑点

9 电气系统

9.1 电气系统的安全要求及组成与功能

地下矿用汽车电气系统是地下矿用汽车的重要组成部分之一，其性能好坏直接影响汽车的动力性、经济性、可靠性、安全性、舒适性、操作简便性以及排放等性能。电气安全也关系到使用者的人身安全和财产安全，因而电气安全成了各国市场监督管理部门关注的焦点，也是各国电子电气产品市场准入的基本要求。

地下矿用汽车电气系统是现代地下矿用汽车发展水平的一个重要标志，其科技含量已成为衡量现代地下矿用汽车先进性的重要指标之一。随着科技的发展，以及集成电路和微型电子计算机在地下矿用汽车上的广泛应用，电器的数量在增加、功率也在增大，产品的质量、性能在提高，结构更趋于完善，系统也越来越复杂、越来越先进。因此，了解和掌握电气系统的作用、构造、原理，对正确设计、制造、使用和维护地下矿用汽车具有十分重要的意义。

由于地下矿用汽车工作环境条件和运行要求的限制，这就要求地下矿用汽车的电气系统能适应恶劣的工作环境：高湿度、高振动和高尘埃，甚至高温、高海拔等条件。维修条件差，在狭窄的巷道里同时有多台机器工作，这就要求地下矿用汽车具有较高的可靠性，需要有防止对无线电通讯和电子设备干扰的措施。

9.1.1 电气系统的安全要求

9.1.1.1　电气设备

电气设备的设计、制造、安装及运行条件应符合 GB 5226.1《机械安全机械电气设备第1部分：通用技术条件》的规定。

9.1.1.2　电气线路

所有电气线路除了柴油地下矿用汽车蓄电池和启动马达之间的电缆外，应依据 GB 5226.1—2002 中 7.2.7.3 条采用合适的熔断器或保护装置进行保护。

9.1.1.3　车架最大电压

如果利用底盘和车架作为电流载体，应限制车架最大电压（AC 为 25V、DC 为 60V）以防止直接接触遭电击。

9.1.1.4　电磁兼容性

地下矿用汽车的电磁兼容性（EMC）的评估试验方法和验收标准应符合 GB/T 22359—2008 或 ISO 13766—2006 规定。

电气设备产生的电磁干扰不应超过其预期使用场合允许的水平。设备对电磁干扰应有足够的抗扰度水平，以保证电气设备在预期使用环境中可以正确运行。

地下矿用汽车电磁干扰有着很大的危害。地下矿用汽车电子设备和电子产品中产生的电磁干扰（EMI）会向四周发射电磁波，影响其他通讯设备和电子设备的正常工作及计算机电路控制系统的正常工作。此外，地下矿用汽车产生的电磁干扰不但能影响外界的电子设备正常工作，而且会影响地下矿用汽车电气系统本身的正常工作。

在大多数地下矿用汽车控制系统设计中，电磁兼容技术变得越来越重要。专家认为，为了防止电磁环境干扰对电子产品的性能产生不利影响，避免地下矿用汽车电子产品功能的丧失，保证大量地下矿用汽车电子设备能在同一个电气系统中彼此互无影响并可靠工作，就必须确定一个合适的干扰极限，以保证电磁干扰辐射和电磁灵敏度（EMS）极限之间存在足够的安全容量限制。所以解决地下矿用汽车电气系统的电磁兼容性已成为一个重要课题。

所谓电磁兼容性（EMC）就是机械、元件、电气/电子系统或电子部件在其电磁环境中能正常工作且不对该环境中任何事物构成不能承受的电磁干扰的能力。这里包含着两方面的要求：其一是要求产品对外界的电磁干扰具有一定的承受能力；其二是要求产品在正常运行过程中，该产品对周围环境产生的电磁干扰不能超过一定的限度。

随着电子装置在地下矿用汽车操作领域的增加，这就需要确保在外部电磁区域里对地下矿用汽车提供足够的抗扰度。当在更多的机器安装电气和电子装置时，应使机器在电磁区域内的电磁发射满足限值要求。

GB/T 22359—2008(ISO 13766—2006）标准提供用于评价电磁性能所必要的技术规范，该标准虽规定了 GB/T 8498—2008 所定义土方机械的电磁兼容性的评估试验方法和验收准则，但对地下矿用汽车也适用，如 EN1889-1—2011 标准和正在讨论的这方面国际标准也被采用。

9.1.1.5　对蓄电池的安全要求

（1）蓄电池的技术要求应符合 GB 5008.1—2005《起动用铅酸蓄电池技术条件》规定。

（2）蓄电池应放置在坚固、通风及防火的蓄电池箱内。蓄电池箱应安置在远离热源、振动最小、离起动马达最近、方便维修的地方。

（3）蓄电池箱盖或蓄电池箱上应有保证蓄电池内外足够通风的通气孔，以防止在地下矿用汽车正常操作时电池内氢气与氧气的积蓄而引发的爆裂危险。金属箱盖内表面应离蓄电池带电部分至少 30mm 以上。

（4）蓄电池应装手柄和/或把手。

（5）所设计和制造或加盖的蓄电池和/或蓄电池位置应能在机器翻车时，使蓄电池中的酸性物质或酸性蒸汽对司机造成的危险最小。

（6）带电零件（未连接机架）和/或连接器应用绝缘材料覆盖。

9.1.1.6　电气元件和导线

电气元件和导线应避免安装在使其损坏的环境中（应符合机器的使用）。电气元件所用绝缘材料应具有阻燃特性。导线穿过时，如穿过机架和机罩，应避免磨损。

无过流保护装置的电线/导线不应直接与输送油料的硬管或软管接触。

使用的电子部件与安全有关的机器控制系统应符合 ISO 15998—2008《土方机械应用电子元件的机器控制系统（MCS）功能性安全的性能准则和试验》及其他标准中同等安全保护的要求。

9.1.2 电气系统的组成与功能

地下矿用汽车的电气系统一般分为七大部分：电源部分、启动部分、照明和信号装置部分、监控部分、控制部分、电线束设计部分及辅助装置。其各部分的功能如下。

9.1.2.1 电源部分

电源部分的作用是向全车用电设备提供低压直流电流。它主要由蓄电池、发电机、调节器及充电指示灯组成。前两者是并联工作，发电机是主电源，蓄电池是辅助电源。发电机配有调节器，其作用是在发电机转速升高时，自动调节发电机的输出电压使之保持稳定。充电指示灯用于指示发电机正常工作与否。当发电机向蓄电池充电时，指示灯熄灭，表明此时发电机已被激磁，有充电电流。

9.1.2.2 启动部分

由启动机、启动继电器、启动开关及启动保护装置组成，其作用是带动飞轮旋转使发动机曲轴达到必要的启动转速。

9.1.2.3 照明和信号装置部分

照明系统是为了保证地下矿用汽车在夜间行驶及阴暗的矿坑里工作时的照明及安全需要，它包括前大灯、后大灯、驾驶室顶灯、倒车灯、转向灯、制动灯、工作灯、电喇叭等。

信号装置是通过声响和灯光向其他车辆的司机和行人发出警告，以引起注意，确保行驶和工作安全。它包括转向信号、倒车信号、冷却液位指示灯、制动信号和喇叭信号等。

9.1.2.4 监控部分

监控部分由仪表（包括车速表、时钟、燃油表、温度表、电流表）、传感器（温度传感器、压力传感器、液位传感器等）、各种报警指示灯及控制器组成。其作用是可以监视地下矿用汽车的行驶工况（如冷却液温度、润滑油压与油位、燃油箱油量、行驶里程及瞬时车速等），及时反馈地下矿用汽车行驶中发动机及有关装置的工作状态及相关参数，显示地下矿用汽车运行参数及交通信息、运行机械故障报警，以便及时发现和排除可能出现的故障，以确保行驶和停车的安全性和可靠性。

9.1.2.5 控制部分

由于地下矿用汽车制造商采用不同的电气控制系统，因而不同的地下矿用汽车，其电气系统控制部分的先进性、复杂性和功能都不完全相同。

电气系统控制部分是实现自动控制的关键，它组成了地下矿用汽车的操纵系统。当前先进的电气系统控制主要包括计算机控制、柴油电子控制技术、电子控制防抱死制动装置、电控动力转向、电子控制自动变速装置、车载信息技术等，分别用来提高汽车的动力性、经济性、安全性、排气净化和操纵自动化等性能。

9.1.2.6 电线束设计部分

电线束是地下矿用汽车的神经系统，通过合理地设计布置，连接电源以及各种控制器、用电器、显示器、保护器和报警器等电气设备与装置，实现其功能。因此，电线束也是地下矿用汽车的关键系统之一。

9.1.2.7 辅助装置

为提高车辆安全性、舒适性、经济性等而设置的各种功能的电气装置组成辅助装置。

因车型不同、使用环境不同、用户要求不同而有所差异，一般包括风窗刮水、清洗装置、风窗除霜、启动预热装置、音响装置、车窗电动升降装置、电动座椅调节装置、空调控制及中央电控门锁、自动天线、电动后视镜等装置。

9.2　地下矿用汽车的电气系统

现以国内CA20、国外MT2010地下矿用汽车的电气系统为例，说明地下矿用汽车的电气系统组成。

9.2.1　CA20地下矿用汽车的电气系统

CA20地下矿用汽车主要技术参数：额定载重量20t，德国Deutz机械控制BF1013ECP发动机，额定功率197kW。加拿大Nett铂金尾气净化装置，美国Dana R36424动力换挡变速箱，C5000系列液力变矩器和重型驱动桥。图9-1所示为CA20整车电气原理图。

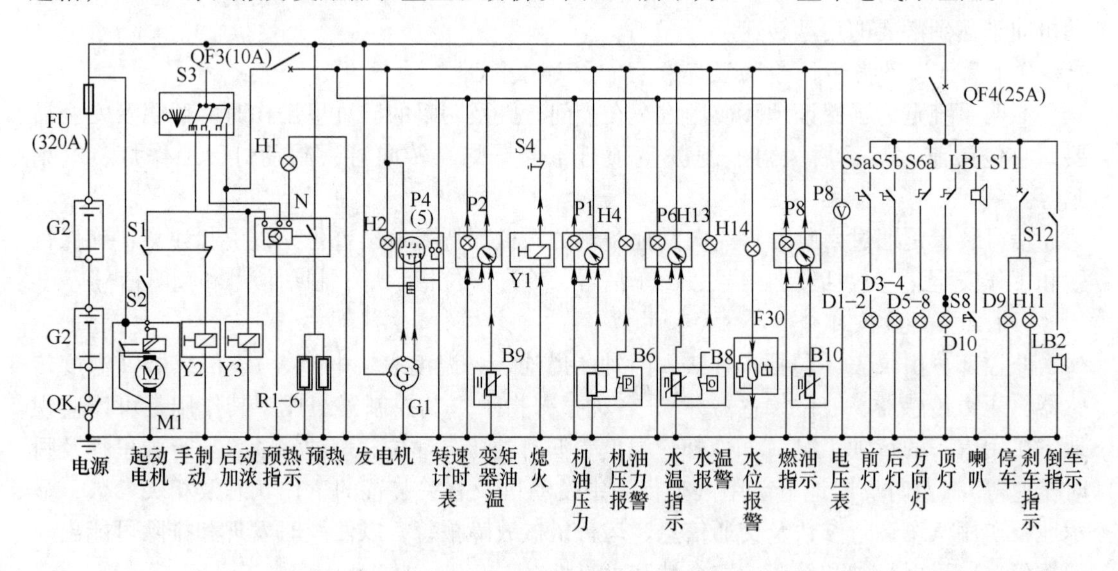

图9-1　CA20整车电气原理图

9.2.1.1　电源部分

A　蓄电池G2

CA20地下矿用汽车使用的6-QA-150蓄电池，两个12V串联，150Ah电瓶，负极接地。

a　蓄电池的作用

蓄电池是一种可逆的低压直流电源，是汽车电源的重要组成部分。蓄电池既能将化学能转换为电能，也能将电能转换为化学能。其作用是：(1) 启动发动机时，供给起动机大电流，故称为启动型蓄电池；(2) 在发电机不发电或电压较低的情况下向用电设备供电；(3) 当用电设备短时间耗电超过发电机供电能力时，协助发电机向用电设备供电；(4) 蓄电池存电不足，而发电机负载又较小时，它可将发电机的电能转变为化学能储存起来（即充电）。另外，蓄电池相当于一个大电容器，起到稳压的作用，保护整个低压系统，增加低压系统各元器件的寿命。

b 蓄电池型号表示方法

蓄电池型号表示方法如图9-2所示。

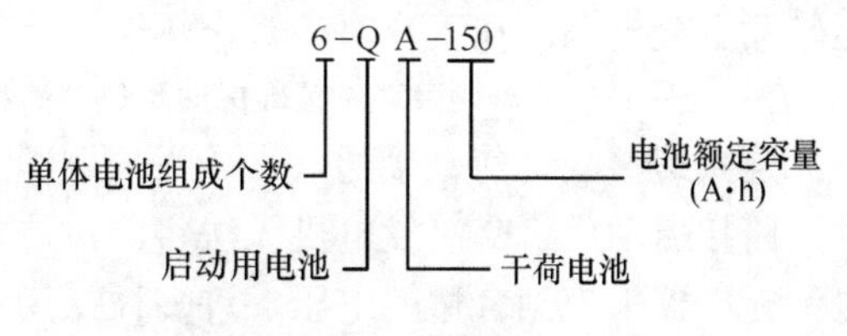

图9-2 蓄电池型号表示方法

例如，6-QA-150型蓄电池表示由6个单格电池组成，额定电压为12V，额定容量为150A·h的启动型干荷电蓄电池。

c 蓄电池的使用要求

(1) 保持蓄电池清洁，严禁将工具或其他金属物品放在蓄电池上。

(2) 接线牢固，不能过量或大电流放电，每次启动时间不得超过9s，重复启动需间隔1min，连续启动次数不能多。不能暴晒，寒冷天气要采取保温措施。

(3) 环境温度对蓄电池容量与使用寿命有很大影响，因此，在选择蓄电池时一定咨询蓄电池制造商。

(4) 使用跨接启动电缆启动发动机。如果一辆车的蓄电池亏电，无法启动发动机，可用蓄电池跨接线从另一辆车的蓄电池取电，来启动发动机，这称为跨接连接启动。跨接连接启动的电池跨接线必须正确连接，否则会损坏车辆电子或电气设备，甚至伤人。蓄电池跨接线正确连接方法如下：

1) 将具有完好（已充电）蓄电池的车辆，放在跨接电缆能够连接的位置。

2) 将停运机器的变速箱方向和速度操纵杆移到空挡（NEUTRAL）位置，接合停车制动器，将所有操纵杆移到保持（HOLD）位置。

3) 将停运车辆上的发动机启动开关转到断开（OFF）位置，关断所有用电设备。

4) 将停运车辆上的蓄电池断路开关转到接通（ON）位置。

5) 把两台车辆移近，使电缆可以够到，不要让两台机器互相接触。

6) 把用作电源的车辆的发动机熄火。如果使用辅助电源，则将充电系统断开。

7) 检查蓄电池是否在位和是否紧密牢固。在两台车辆上都进行检查。确保停运车辆上的蓄电池未冻结。检查蓄电池是否缺少电解液。

8) 将正极跨接启动电缆连接到已放电的蓄电池的正极电缆接线柱上。除蓄电池接线柱外，不允许正极电缆夹子接触任何金属。

9) 串联的蓄电池可以分别放在不同的蓄电池盒中。使用与起动机电磁线圈相接的端子。蓄电池通常与起动电机在机器的同一侧。

10) 将正极跨接启动电缆接到电源的正极接线柱上。使用程序的步骤9)，确定正确的接线柱。

11) 将负极跨接启动电缆的一端接到电源的负极接线柱上。

12) 进行最后连接。将负极电缆的另一端连接到待启动车辆的车架上。进行这项连接时要远离蓄电池、燃油、液压油管或运动机件。

13) 启动用作电源车辆上的发动机，也可给辅助电源的充电系统通电。

14) 为电源给蓄电池充电2min。

15) 尝试启动停运的发动机。

16) 一旦停运车辆上的发动机成功启动之后，立即以与连接时相反的顺序拆下跨接启动电缆。

17) 最后进行有关启动，充电系统的故障分析。根据需要检查停运的车辆。在发动机运转而且充电系统在工作时检查车辆。

注：当用另外的车辆启动时，确保两台机器不相碰触。这可防止损坏发动机轴承和电路。

连接跨接线之前，接通（闭合）蓄电池断路开关，以免损坏待启动车辆上的电气元件。跨接启动后，交流发电机无法将严重放电的免保养型蓄电池充满电。蓄电池必须用蓄电池充电器来充到合适的电压。许多被认为不能用的蓄电池，实际上仍可再充电。

机器为24V启动系统。跨接启动时，只能用相同的电压。使用较高的电压会损坏电气系统。

d　蓄电池和起动机的匹配

在确定起动机功率后，必须正确选用蓄电池，以得到最佳的功率匹配，避免蓄电池损坏。对于冷启动来讲，除了电池的容量外，还应以冷启动试验电流为依据，在蓄电池上有与此有关的数据。

B　电源总开关QK

电源总开关用于通断系统电源，它选用上海汽车电器厂的JK861型单投式开关，额定电流50A，采用负极切断控制方式。

C　发电机G1

发电机主要是供给用电设备的动力。目前广泛采用的是交流发电机。发电机选用德国BOSCH公司的硅整流交流发电机。该机通过六个硅二极管进行全波整流，三个硅二极管提供励磁电流额定输出为28V、55A，具有重量轻、体积小、结构简单、维修方便的特点。

D　充电指示灯H2

充电指示灯用于指示发电机正常工作与否。当发电机向蓄电池充电时，指示灯熄灭，表明此时发电机已被激磁，有充电电流。为保证有足够的电流对发电机进行激磁，充电指示灯灯泡的功率应为3W，型号为XB2BVB3PC。

9.2.1.2　启动点火电路

启动点火电路由钥匙开关、启动开关、预热控制器、预热指示灯、预热塞、加浓装置、启动马达、熔断器、断路器等组成。

A　钥匙开关、启动开关S3

钥匙开关用于控制发动机的启动和点火，采用德国BOSCH公司产品。将钥匙插入开关孔中，此时开关处于0挡位，将钥匙作反时针旋转至P挡位，各仪表照明灯应燃亮，表明各灯工作正常；将钥匙作顺时针旋转Ⅰ挡位，待预热指示灯灭后，在按下启动开关的同时，继续旋转至Ⅲ挡位，待发动机启动后，松开钥匙，钥匙将自动回至Ⅰ挡位（正常工作挡位）。

启动开关采用上海二工电器厂的LA39-11型按钮开关，其作用是防止因误操作而损坏启动电机。

B　预热控制器（N）、预热指示灯（H1）和预热塞（R1～R6）

预热控制器、预热指示灯和预热塞组成发动机的预热控制部分。

气温较低时，进入柴油发动机的空气温度较低，使压缩后的混合气体达不到燃烧温度，以致柴油发动机启动困难。为使柴油发动机冷启动迅速、可靠，可采用不同形式的预热装置，提高进入发动机汽缸的空气温度。

预热控制器采用德国BOSCH公司的GZS型专用控制器。GZS控制器是一种以集成电路为核心的全电子装置，它被安装在发动机机舱内。当钥匙开关旋转至I挡位时，预热控制器开始工作，其内部的温度传感器会正确感应出发动机所处的环境温度，并计算出是否需要预热及需要预热的时间。当预热开始时，预热指示灯燃亮，指示正在进行预热，3～15s后（由预热控制器控制），预热指示灯熄灭，表明发动机可以启动。预热指示灯采用施奈德公司XB2VB3PC预热指示灯。此后，预热塞仍继续加热，最长可达3min，以便加快热机过程，减少冒烟时间。在启动数秒钟后，预热塞的工作电流为9A，通过测量此电流，可以判断预热塞是否工作正常。预热塞（R1～R6）因本车柴油机共有六个汽缸，它们是一种销型预热塞，分别置于柴油机六个汽缸上，用于给柴油机点火装置预热，以便柴油机有效点火启动。预热塞由发动机厂商提供。

C 加浓装置（Y3）

加浓装置采用德国BOSCH公司的专用电磁阀，该电磁阀安装在发动机的机械停车手柄旁。当发动机启动时，加浓电磁阀通电，执行手柄动作，使喷油泵提供给发动机更多的燃油，确保启动成功。

D 起动机（M1）

柴油机从静止到独立运转并发出动力，需要外力驱动。起动机就是利用柴油机以外的能量使之运转。因此起动机必须具有一定的启动功率。起动机的功率与柴油机排量、压缩比、附件多少、机油黏度、环境温度等因素有关。本机采用德国BOSCH公司的电磁操纵式起动电机（24V、5.5kW）。

E 熔断器（FU2）

熔断器是系统启动主电路一个快速熔断器（320A），当系统出现短路过载故障时，它的熔体快速熔断开系统电源，从而保护系统用电设备。排除故障后，需换上新的熔断器。

熔断器采用上海金山电器厂的ROS-320A/250V熔断器。

F 断路器（QF3～QF4）

断路器是一个高分断能力的小型断路器，用于当各电路出现短路、过载故障时，快速自动跳闸断开各电路电源，从而保护各电路元件。当排除故障后或维护时，需手动合闸或拉闸给各电路通断电源。QF3（10A）为仪表监控电路断路器；QF4（20A）为照明电路断路器。本车断路器分别采用施奈德C32H-DC/10A与C32H-DC/25A断路器。

9.2.1.3 照明和信号装置部分

照明和信号装置根据车型、作业条件与用户要求不同而有不同配置。

A 照明

（1）前后大灯（D1～D4）：D1、D2置于地下矿用汽车前机架左右两侧；D3、D4置于地下矿用汽车尾端左右两边，用于给地下矿用汽车在巷道行驶作业时，照亮车前道路及物体。前后大灯采用国产27W LED大灯照明及施奈德XB2BJ25C自锁开关。

（2）顶灯（D10）：它置于驾驶室顶棚上，用于驾驶室内安全照明，顶灯为白色，功率一般为5～8W。

（3）工作灯（选择件）：主要为排除汽车故障或检修提供照明，车上一般只安装工作灯插座，配戴导线及移动式灯具。

B 信号装置

（1）喇叭（BL）。喇叭置于后机架左侧后端，用于安全鸣笛示警，开启按钮装于方向机顶部。

（2）尾灯（D3、D4）。尾灯也称后灯，一律装于汽车的后面。尾灯的作用是巷道内行驶时，向尾随车辆或行人发出灯光信号，使后面车辆和行人知晓本车的行驶。灯为红色，灯泡功率为8～10W。

（3）方向灯（D5～D8）。方向灯又称转向信号灯，它装于汽车的前、后、左、右角，也有独立式、一灯两用式或组合式。转向灯的作用是：在汽车行驶转弯时，发出明暗交替的闪光信号，有的同时发出声音信号，向前后车辆、行人告知其行驶方向。转向灯的灯光为橙色，后转向灯也可为红色，灯泡的功率一般20W左右。国家标准要求，转向灯光的射角范围在偏离灯轴线左、右5°时，可指示35m以远的距离；当偏角为30°时，指示10m以远的距离。

（4）制动灯（H11）。制动灯也称刹车灯，装于汽车后面，多采用组合式灯具。制动灯的用途是：当汽车制动或减速停车时，向车后发出灯光信号，以警示随后车辆及行人。国家标准规定，制动灯光为醒目的红色光，在夜间应能显示100m以远的距离，光束角在水平面应为灯轴线左、右各45°，垂直面为上、下各15°，灯泡功率为20W以上。

（5）倒车语音报警（LB2）。为了在倒车时警告车后的行人和车辆驾驶员，有些地下矿用汽车的后部装有倒车语音报警与倒车灯。

（6）停车灯（D9）。停车灯是汽车设置的一种停车警示功能，当车子停靠路边时，左侧的停车灯始终闪烁，此功能主要是用来在巷道提醒过路车辆避免擦碰。

（7）指示灯。指示灯的用途是：指示有关照明、灯光信号、操作系统的技术状况，并对异常情况发出警报灯光信号。它装于驾驶室内的仪表板上，数量多少根据设计而定。指示灯灯光呈红色、绿色或黄色，灯泡一般是2W的小功率白炽灯。

1）机油压力报警灯（H4）。机油压力报警灯用于机油压力低报警指示，当机油压力低于0.2MPa时，应停机检查。

2）机油温度报警灯（H6）。机油温度报警灯用于机油温度报警指示，此灯亮时，应停机检查机油情况，排除油温高故障后开机。

3）停车制动指示灯（H3）。停车制动压力继电器安装在液压系统停车制动压力蓄能器油路中，用以检测蓄能器的充油情况。发动机熄火停车时，蓄能器快速卸荷。当压力低于8.3MPa时，制动缸中的弹簧将操纵变速箱输出端的鼓式制动器将车辆制动，此时压力继电器复位，触点闭合，指示灯点亮，表明车辆已被安全制动。发动机再次启动时，充液阀为蓄能器充油，当压力达到8.3MPa时，制动缸克服弹簧作用力，操纵鼓式制动器解除停车制动。此时压力继电器动作，触点断开，指示灯熄灭，表明车辆可以行走。

制动指示灯用于制动监视。当指示灯亮时，表示手制动阀没打开或制动压力低于8.3MPa。

4）充电指示灯（H2）。充电指示灯用于发电机是否发电监视。当指示灯不亮时，表示发电机已发出电，否则发电机有可能没有发出电。

5）回油过滤器堵塞指示（图中未标注）。回油过滤器堵塞开关位于回油过滤器进油腔内，当液压系统工作时，油液中的污染物在回油循环中不断被滤芯拦截，使回油过滤器的进油口压力逐渐增大，当压力增大到规定值，如3.5bar时，堵塞开关接通，指示灯燃亮。

6）行车制动指示。行车制动压力继电器安装在液压系统行车制动压力蓄能器油路中，用以检测蓄能器的充油情况。此蓄能器为前后驱动桥制动油缸提供压力油（最高可达150bar）。当蓄能器充油压力高于103bar时熄灭：当蓄能器充油压力低于此值时，压力继电器复位，触点闭合，指示灯燃亮，此时油压不足以使车辆在行进时制动，须立即停车检查。

9.2.1.4　监控部分

监控部分包括发动机监控电路、变矩器监控电路、液压系统监控电路以及行车监控电路。

（1）计时表（P5）和停车电磁阀（Y2）。计时表用于记录发动机实际工作时间。该车采用德国VDO公司的电子计时器，技术参数如下：工作电压24V；工作电流15mA；测量范围0~99999.9h。停车电磁阀采用德国Deutz公司的产品。当发动机正常工作时，电磁阀中的线圈通电，产生的拉力带动喷油泵手柄，使其供油。当钥匙开关转至0挡位时，线圈断电，回位弹簧将拉动喷油泵手柄，使其停止供油，达到停车的目的。

（2）机油压力表（P1）、机油压力传感器（B6）、机油压力指示灯（H4）。机油压力表、机油压力传感器和机油压力指示灯组成机油压力监控系统，用来指示发动机润滑系统工作是否正常。

机油压力表采用德国VDO公司的电磁式仪表，标度值为0~4bar。如图9-3所示，它具有两个线圈，其中一个线圈直接搭铁，另一个线圈经传感器搭铁。由于传感器中的电阻值是随机油压力而变化的，流过线圈的电流也将随之发生变化，因而两个线圈所建立的磁场有不同的强度，其场强由流过传感器的电流大小而定。低阻值通路中的电流强度大，因此，传感器中的电阻值决定了指针的移动。发动机正常运转所需的机油压力值为2.8~5.5bar，机油压力传感器采用德国VDO公司生产的带报警开关的可变电阻式压力传感器。图9-4所示为其电路示意图。

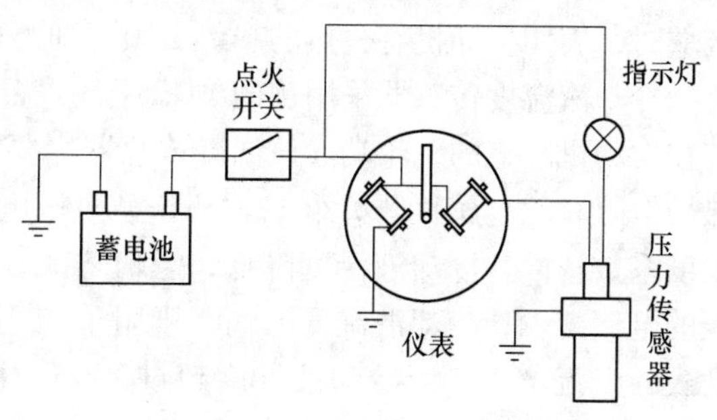

图9-3　机油压力表工作原理图

机油压力传感器安装在机油滤清器底座上，图9-5所示为其结构示意图。膜片受到机

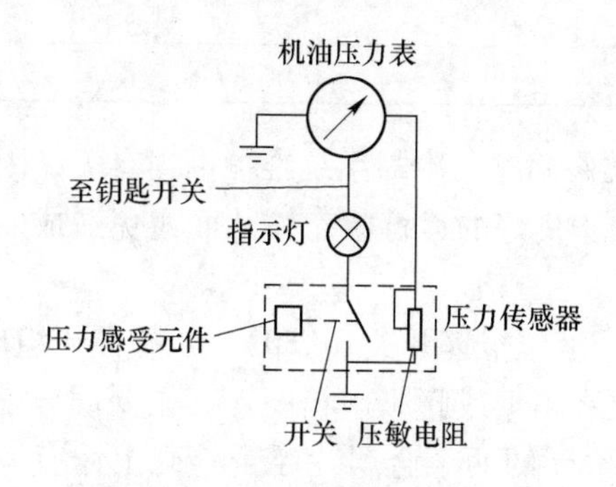

图9-4　机油压力传感器电路示意图

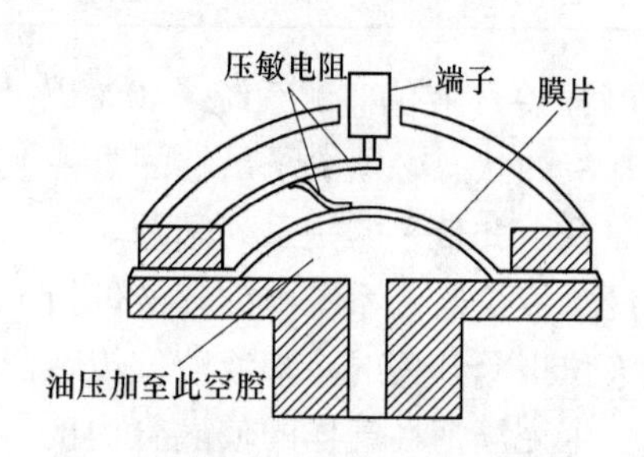

图9-5　机油压力传感器结构示意图

油压力的作用而拱起，从而给压敏电阻施压，使压敏电阻在传感器中沿接触臂滑动，它所处的位置即确定了它的阻值，即确定了流过机油压力表的电流数值。压敏电阻阻值与机油压力的对应关系见表9-1。当发动机机油压力低于0.4bar时，报警开关闭合，机油压力指示灯燃亮。

机油压力指示灯采用发光二极管（LED）。发光二极管是一种固态元件，体积小，寿命可达50000h，它的正向电阻很小必须使用串联电阻以限制其电流。所用发光二极管的允许电流为16mA，串联一只1.5kΩ(0.5W)的电阻。

表9-1　机油压力传感器与压敏电阻值与机油压力的对应关系

机油压力/bar	压敏电阻值/Ω	机油压力/bar	压敏电阻值/Ω
0	10	2	82
1	48	3	116

（3）冷却液温度表（P6）、冷却液温度传感器（B8）、冷却液温度指示灯（H13）。冷却液温度表、冷却液温度传感器以及液温指示灯组成发动机冷却监控系统，指示发动机冷却液温度是否过高。冷却液温度表表盘盘面分为绿、黄绿、黄三个区域，无刻度。发动机正常工作时，指针须位于绿色区域内，在黄绿色区域只能是个别情况，当指针移动到黄色区域时，表明发动机有过热的趋势，须立即停机检查。

冷却液温度传感器采用德国VDO公司产品，它被安装在发动机缸盖的飞轮端。该温度传感器主要由NTC型热敏电阻和双金属片开关组成。NTC型热敏电阻具有负温度系数特性，冷却液温度降低，阻值增大，流过温度表的电流减少；冷却液温度升高，则阻值减小，流过温度表的电流增大。当冷却液温度超过113℃时，双金属片受热弯曲变形，报警开关触点闭合，液温指示灯燃亮。图9-6所示为冷却液温度传感器工作原理。表9-2为冷却液温度传感器热敏电阻值与温度的对应关系。

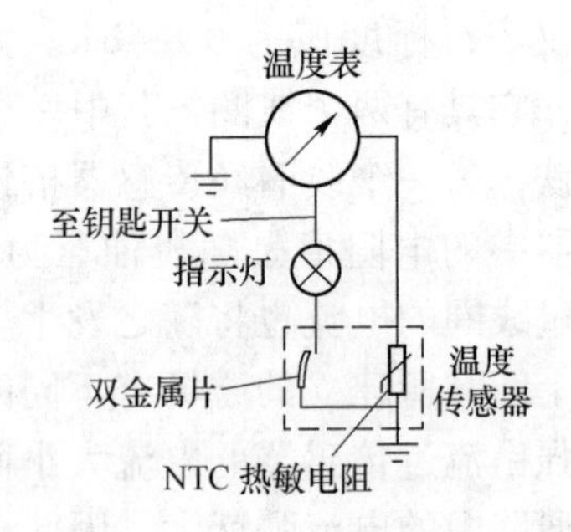

图9-6　冷却液温度传感器工作原理

表9-2　冷却液温度传感器热敏电阻值与温度的对应关系

冷却液温度/℃	热敏电阻阻值/Ω	冷却液温度/℃	热敏电阻阻值/Ω
130	10	60	116
120	48	20	1138.3
90	82		

（4）冷却液位监测系统。40%以上的发动机维修问题与冷却系统维护不当有关，因此对冷却液的状态必须给予足够的重视。冷却系统处于良好的运行状态，从而避免造成发动机过热及由此带来的一系列问题。

冷却液位监测系统由冷却液位指示灯（H14）、液位报警开关（F30）、永磁浮子组成。

液位报警开关的冷却液液位传感器安装在散热水箱上或膨胀水箱中，其主要部分是安装在一个充满惰性气体的玻璃管内的，相距仅0.2mm的两个金属片浮子外壳上镶有一块永磁铁，浮子可随液面的升降而上下移动。当箱中的冷却液充足时，报警开关中的接触簧片因远离浮子磁场而互不接触，报警开关处于断开状态。当箱中的冷却液减少到正常值的一半时，浮子位置因液面下降而相应降低，使得报警开关中的接触簧片进入浮子磁场，两簧片相互吸引并接触，报警开关处于闭合状态，液位指示灯燃亮。

（5）变矩器油温表（P2）及油温传感器（B9）。变矩器油温表及油温传感器采用美国 Dana 公司产品，温度表为双线圈电磁式，传感器为热敏电阻式。变矩器油温表（40～120℃）表示变矩器和变速箱的油温，正常的油温应在 82～93℃之间。如果升到 120℃ 以上时，不要负载操作，此时应将变速箱操作手柄放在空挡位置，并且让柴油机半速运转，直到变矩器的油温降低到安全操作范围为止。

（6）变矩器油压表（P2）。变矩器油压表用于测量变矩器进口油压（0.54MPa）和出口油压（0.28～0.44MPa）。

（7）燃油表（P8）。燃油表用于指示柴油箱内燃油量的多少。它由装在油箱上的传感器和仪表盘上燃油指示表两部分组成。

（8）转速表（P4）。转速表用于显示发动机的转速，有利于驾驶员使发动机工作在最佳转速范围内。

9.2.1.5 电气系统控制部分

由于该 CA20 没有采用电控发动机和自动换挡变速箱，绝大部分控制采用手动控制，这些控制有：

（1）手制动按钮（S1）与手制动电磁阀（Y2）。当车辆开动时，手制动按钮按下，手制动电磁阀滑芯换向，高压油进入轮边制动器，推开弹簧松闸，车辆便可运行。

（2）压力开关（S11）。压力开关采用上海远东仪表厂 D505/18D 活塞式压力控制器。当制动压力下降至 8.5MPa（下切换值）时发出触点信号，停车制动器制动，开关接通，停车灯和停车指示灯亮。

（3）空挡开关（S2）。空挡开关置于地下矿用汽车后机架中部变速箱换挡阀右侧。它是一个安全启动保护元件，只有在空挡开关闭合状态（即变速箱放在空挡位置）下，才能启动柴油机。

（4）后车灯自锁开关（S6）。后车灯开关用于前照明灯开与关，此开关不能自动复位，当打开此开关时，前大灯亮；再复位此开关时，前大灯熄灭。

（5）前车灯自锁开关（S5）。前车灯开关用于前照明灯开与关，此开关不能自动复位，当打开此开关时，前大灯亮；再复位此开关时，前大灯熄灭。

（6）顶灯自锁开关（S7）。顶灯开关用于顶灯开与关，此开关不能自动复位，当打开此开关时，顶灯亮；再复位此开关时，顶灯熄灭。

（7）喇叭按钮（S8）。在地下矿用汽车的行驶过程中，驾驶员根据需要和规定，按压喇叭按钮发出必需的音响信号，警告行人和引起其他车辆注意，以保证交通安全。

（8）倒车灯开关（S12）。倒车灯开关，是常开的开关（常断开）。当挂倒挡时，机械机构将开关的触点压下，闭合电路，倒挡灯亮，倒挡提示音发声。当脱开倒挡时，开关触点弹起，倒挡灯电路又成断开状态。

（9）熄火按钮（S4）与熄火电磁铁（Y1）。当按下熄火按钮时，柴油机停车熄火。熄火电磁铁置于柴油机飞轮端喷油泵旁。在柴油机启动和运转时，它得电吸合，拉杆放开齿条（自由移动），打开喷油泵；当它失电时，拉杆复位，使齿条移至“零油位”，关闭喷油泵而使柴油机熄火。

(10) 启动预热开关 (S2)。启动预热开关用于预热启动控制 (图 9-6 中未表示)。

(11) 锁开关。锁开关用于关断仪表板上控制电源 (图 9-6 中未表示)。

(12) 制热开关。制热开关用于打开或关断从柴油机传送过来的热源，主要用于驾驶室内加热 (图 9-6 中未表示)。

9.2.1.6 线束设计部分

(1) 导线的选用及规格。除电源线外，其余导线采用上海华东特种线缆公司生产的 AF250 型氟塑料镀银铜芯多股高温导线，氟塑料绝缘材料的工作温度可达 250℃，耐油、耐老化、耐腐蚀的性能均好。电源部分线径为 $50mm^2$，点火部分线径为 $6mm^2$，监测部分线径为 $1.5mm^2$，照明部分线径为 $2.5mm^2$。

(2) 端子板及线束。为了保证蓄电池到各负载元件之间的可靠接线，采用南京中德凤凰电气有限公司生产的 MBK 微型端子组合，该端子通过安装导轨固定在仪表箱内。采用 ZACK 端子标记系统对每个端子接线进行标号，便于电路的检修。

9.2.1.7 辅助装置及其他选择件

根据现场环境和用户要求，CA 系列地下矿用汽车可选配以下辅助设备：

(1) 电动刮水器。刮水器的作用是在雨雪天行车时，清除挡风玻璃上的雨水或积雪；在巷道作业时，清除巷道顶板滴落在挡风玻璃上的滴水，确保驾驶员有良好的视线。

(2) 挡风玻璃洗涤设备。地下矿用汽车在巷道作业或行驶时常会有灰尘和污物，影响驾驶员的视线。为了解决这一问题，在地下矿用汽车上安装了挡风玻璃洗涤设备。

(3) 空气调节设备。针对地下矿山恶劣的作业环境，现代大中型地下矿用汽车大都安装了全封闭的司机室及空气调节设备，来控制车内的温度和湿度，以提高驾驶员乘坐的舒适性，确保驾驶员的安全。

(4) 可选用倒车摄像机和监控器，辅助驾驶员作业。

(5) 可选用带计时器 Lincoln 自动润滑装置。

(6) 可选用 Cummins QSL9 电控发动机 (额定功率 224kW) 及 Dana 公司新一代产品，应用最新电子控制技术。

9.2.2 MT2010 地下矿用汽车的电气系统

9.2.2.1 MT2010 简介

MT2010 地下矿用汽车的电气系统原理与 CA20 地下矿用汽车的电气系统略有不同。MT2010 地下矿用汽车电气系统包括线束、电池隔离开关、电气箱、充电和点火系统、车辆行驶灯、喇叭。但具有许多 CA20 地下矿用汽车的电气系统没有的新特点。

Atlas Copco MT2010 地下矿用汽车采用 Cummins QSL9 电控发动机 (额定功率 224kW)，排放达到 Tier 3 与 Tier 4i。Dana 6000 系列动力换挡变速箱，使用车辆计算机控制单元控制电气和液压元件。环境密封线束连接支持高效性能各子系统。

在启动车辆时，各种微处理器执行诊断程序和通过警报和灯及时给操作员报告车辆各种异常，提醒司机有可能出现的问题。

随着车辆驱动，传感器持续监测现场条件和发送数据到控制系统，以评估现场条件并做出调整。

地下矿用汽车发电机是地下矿用汽车的主要电源，其功用是在发动机正常运转时（怠速以上），向所有用电设备（起动机除外）供电，同时向蓄电池充电。其电气系统原理如图 9-7 所示。

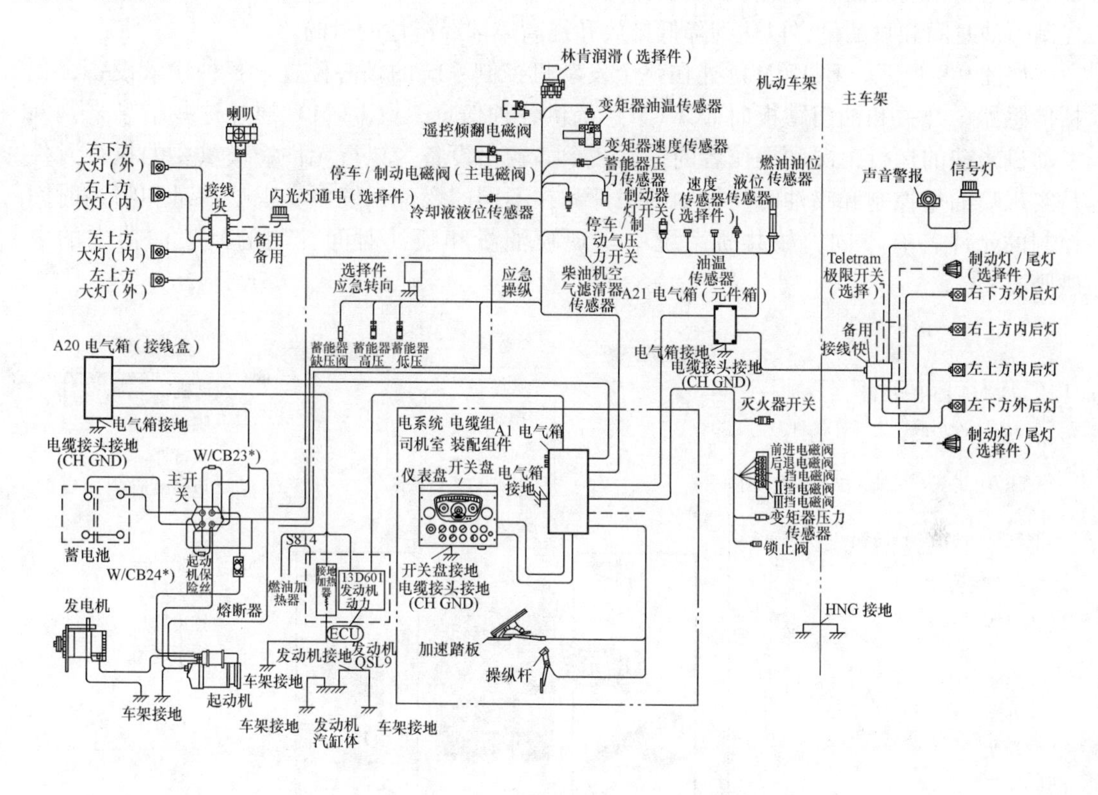

图 9-7　MT2010 地下矿用汽车电气系统原理

为了扩大驾驶员的视野，保证驾驶员与设备安全，MT2010 地下矿用汽车在司机室外、顶篷下方和料厢下方、车架横梁中间分别安装了摄像机（见图 9-8(a)）；在司机室内安装了监视器（见图 9-8(b)）。

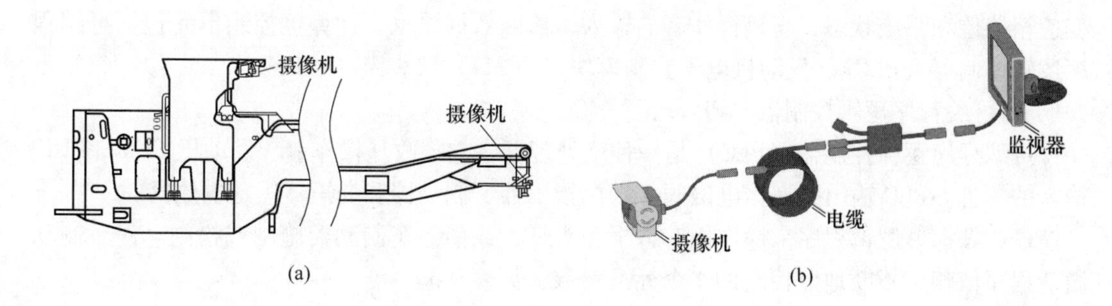

图 9-8　MT2010 地下矿用汽车监视系统

9.2.2.2　电气系统基本原理及计算机控制单元

A　发动机电子控制系统基本原理（见图 9-9）

MT2010 地下矿用汽车和传统的机械控制的发动机相比，电控发动机通过一个中央电子控制单元ECU来控制和协调发动机的工作，ECU(M）就像人的大脑一样，通过各种传感器和开关实时监测发动机的各种运行参数和操作者的控制命令，通过微处理器计算后发出的命令给相应的控制元件，如喷油器等，实现对发动机的优化控制，控制系统通过精确控制喷油时间和喷油量，以达到降低排放和提高燃油经济性的目的。

如图9-9所示，ECU(M）处在整个发动机控制系统的核心位置。各种输入设备，包括传感器、开关和油门踏板向ECU(M）提供各种信息，ECU(M）通过这些信息来判断发动机当前的运行工况和操作者的控制命令。输出设备为执行元件，最重要的执行元件是实现喷油量控制和喷油时间控制的元件。在不同的燃油系统中实现喷油量和喷油时间控制的元件各有不同，如共轨系统中实现喷油量和喷油时间控制的是喷油器中的电磁阀。

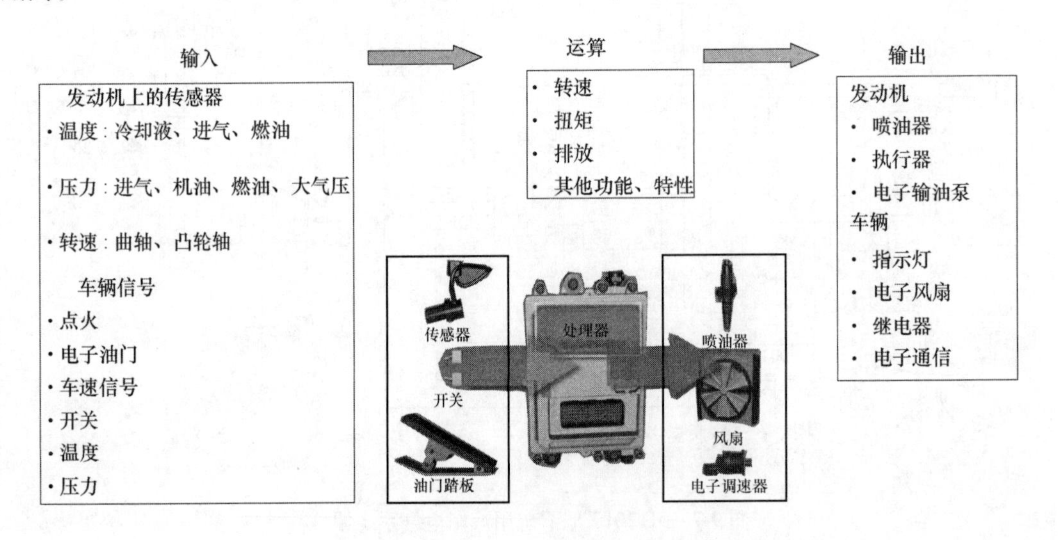

图9-9　发动机电子控制系统

B　计算机控制单元

计算机控制单元（computerised control units）是车辆的大脑，负责监测发动机的性能、变速箱挡位和系统状态，车辆操作者的输入，诊断数据输出。计算机控制单元包括可编程序逻辑控制器（PLC)、发动机电子控制模块（ECM)、仪表组（UIP)。

a　可编程序逻辑控制器（PLC)

可编程序逻辑控制器（PLC）是一种微处理器，它接收从操作者、发动机ECM和UIP输入的信息。PLC输出到换挡电磁阀、挡位指示器、制动器和变矩器锁定电磁阀。

PLC靠梯形逻辑程序来操作倒车警报和头灯，或使停车制动器施闸或松闸。停车制动激活程序依赖于不断地监控它的4个标准参数，见表9-3。

表9-3　激活停车制动的4个参数

位　置	参　数	位　置	参　数
停车制动器	由操作者激活	蓄能器压力	96.5bar
变速箱压力	4.1bar	断　电	故障或电池隔离开关激活

如果一个系统压力低于其正常参数，将设置停车制动。当车辆在运行过程中，压力油通过停车制动电磁阀不断向停车制动提供油压松闸，如果断电，电流从电磁阀中断，停车制动器将被制动时。当操作员压下停车制动时，停车制动器作用就会使动力中断。

b 发动机电子控制系统（ECM）

ECM 系统包括以下组件：电子控制模块；发动机转速传感器；发动机线束；传感器系统；诊断接口；通讯线路。

（1）发动机电子控制模块（ECM）。发动机电子控制模块是一个安装在发动机上的计算机逻辑控制装置，它的组成如图 9-10 所示。ECM 不断执行诊断检查和监控发动机其他系统。ECM 除了控制发动机转速和功率、喷油正时、调整扭矩构成、冷启动逻辑、燃油供给量诊断外，还可对发动机进行安全保护。

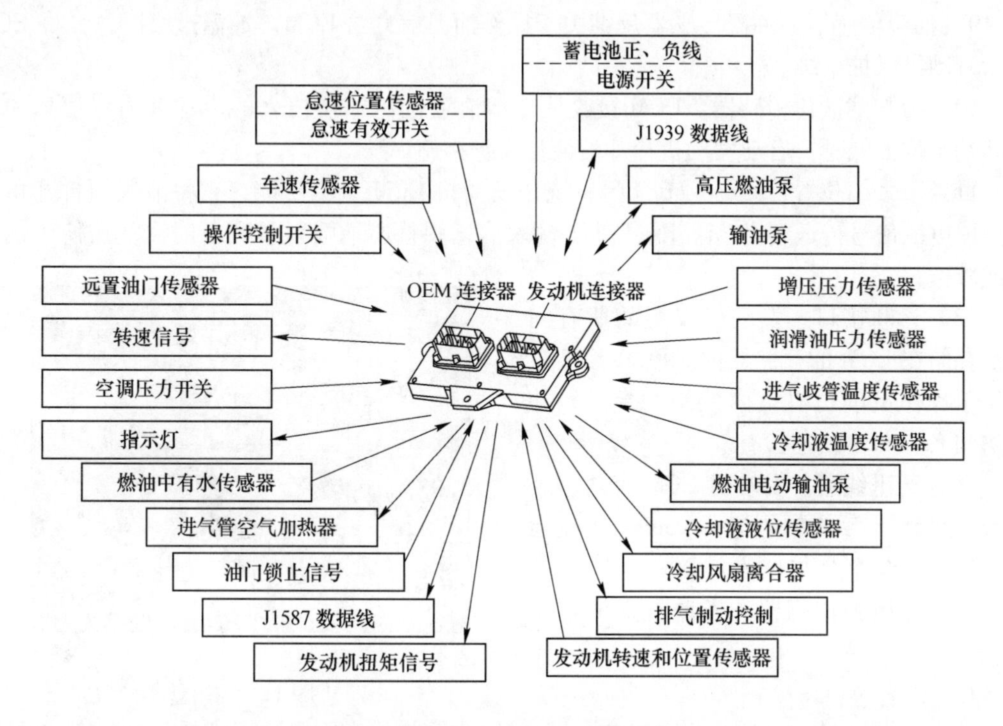

图 9-10 发动机 ECM

（资料来源：Cummins“电控发动机控制系统介绍”）

（2）传感器系统。ECM 传感器系统旨在提供关于发动机各种性能特征的信息。ECM 利用该信息来调节发动机的效率，给出诊断数据，激活发动机的安全保护。典型的发动机传感器包括：

1）涡轮增压传感器。涡轮增压动传感器给 ECM 发送排气系统上用于控制烟度的信息。

2）燃油压力传感器。燃油压力传感器给 ECM 提供有关燃油压力数据，这些数据允许该系统警告操作者发动机功率即将下降。

3）机油压力传感器。当机油压力在安全的操作参数之外时，油压传感器激活发动机保护系统。

4）冷却液压力传感器。当冷却液压力过低时，冷却液压力传感器通知 ECM 并转发给操作员。

5）曲轴箱压力传感器。当曲轴箱压力过高时，压力传感器告诉 ECM，启动发动机保护措施。

6）冷却液温度传感器。冷却液温度传感器监控冷却液温度和当冷却液温度变高时，反馈给 ECM，当温度超过指定的参数时，ECM 激活发动机保护系统。

7）燃油温度传感器。燃油温度传感器测量 ECM 和 EUI（电控单体喷油泵）的燃油温度。基于燃料温度传感器提供的信息，计算燃油消耗和输入补偿。

8）空气温度传感器。空气温度传感器的输入影响热怠速和喷射正时计算。根据空气温度传感器的输入信号，ECM 使调整改善冷启动和减少白烟排放。

9）油温传感器。油温传感器反馈关于操作油温信息给 ECM，油温过高时，允许 ECM 激活发动机保护系统。

10）冷却液液位传感器。ECM 接收从冷却液液位传感器传来的冷却液液位信息和当冷却剂水位太低时，启动发动机冷却液液位保护措施。

11）节气门位置传感器。节气门系统是发动机 ECM 一个功能，它将节气门打开角度转换成电压信号传送到 ECM。ECM 基于输入信息调整燃油喷射量和正时，从而使车辆加速或减速。

（3）诊断接口。发动机发生的所有问题都存储在 ECM 的存储器内。ECM 诊断接口位于操作员的司机室内控制面板下，并可访问 Cummins 快速检查。

（4）通讯线路。发动机 ECM 有两个外部数据线路：第一个是与 Cummins 快速检查连接；第二个是与仪表连接。ECM 内部通讯线路连接到传感器和发动机上的控制单元。

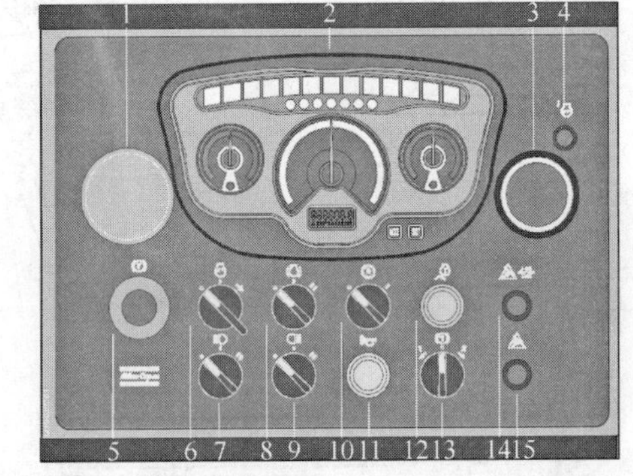

图 9-11　控制盘

1—数字速度表(选项)；2—显示器；3—挡位指示器(选项)；4—发动机保护；5—停车制动；6—启动；7—大灯(前)；8—排气制动；9—大灯(后)；10—变矩器锁定；11—喇叭；12—发动机超越；13—停车制动试验；14—残余压力警报，转向泵(选项)；15—低压警报，转向泵(选项)

C　仪表组

仪表组安装在控制盘上（见图 9-11、表 9-4、表 9-5）并配备警告灯，使得操作员在黑暗条件下也可以看到警告。这些警告也可在显示器上显示。仪表接收从 ECM 来的数据，并根据它们的用途，以刻度盘表方式显示信息。

9.2.3　国外最新地下矿用汽车电气系统

在 2012 年国际矿业展览会上展出了最新开发的地下矿用汽车：Caterpillar AD60、DUX DT-24、Sandvik TH551 与 TH 663、Atlas Copco MT85，其中共同的特点就是不管采用哪家的发动机都采用的是电控发动机，大型地下矿用汽车广泛采用 Allison 自动换挡变速箱，其电气系统都朝着智能化与自动化方向发展。

表 9-4 显示器

Warnings
1 2 3 4 5 6 7 8 9 10 11 12 13
14 15 16 17 18

序号	符 号	定 义
1	桥油位/温度	未采用
2	变速箱油位	未采用
3	发动机预热	如果温度过低，该图标将照亮。等到图标关闭，直到发动机启动为止
4	冷却液液位	当膨胀水箱的冷却液液位低和/或如果发动机温度过高，该符号亮
5	检查发动机灯	发动机没有重大问题，但应立即调整，向维修人员报告状况
6	发动机停止灯	当发动机出现了问题，该符号亮。 重要：在正常开车期间，发生车辆停止和发动机关闭。在车辆的操作之前，联系维修人员，纠正问题。如果“发动机停转”符号在显示器上显示，应立即停车
7	乘坐舒适性控制	未采用
8	低输出轴变速箱	未采用
9	液压油位/温度	如果温度高于93℃（199℉）符号将照亮。报告维修人员过渡的温度条件
10	车 厢	未采用
11	停车制动	停车制动器制动
12	无、线电遥控	未采用
13	变矩器锁紧	未采用
14	后 退	选择后退方向
15	空 挡	变速箱处在空挡
16	前 进	选择前进方向
17	自 动	未采用
18	手 动	未采用

表 9-5 表组

序号	表	定 义
1	发动机温度	如果温度高于101℃，红色 LED 亮，发出发动机即将损坏的警告。 重要：如果发动机超过最高温度时，停车并让发动机冷却
2	转速表	这个表显示了发动机每分钟的转数（r/min）。 重要：操作发动机以高于2300r/min 运转，可能会损害发动机
3	燃油油位表	当油位低于1/8 油箱，LED 亮和警报将会发出声音。 油位的输入来自位于油箱的传感器。如果车辆耗尽燃料，用手动加油泵恢复燃油供应

10 新技术与安全技术

10.1 概述

矿山资源是发展国民经济、保障国家安全的物质基础。随着我国国民经济的高速发展，对矿产品的需求也越来越大，如我国 2006 ~ 2015 年铁矿石原矿产量分别为 5.88 亿吨、7.07 亿吨、8.24 亿吨、8.80 亿吨、10.7 亿吨、13.3 亿吨、13.1 亿吨、14.5 亿吨、15.1 亿吨、13.8 亿吨。根据近几年铁矿石采选投资力度，预计未来几年铁矿石原矿产量也会适当变化。有色金属矿、黄金矿也有类似情况。虽然我国已探明的矿产资源比较丰富，但随着我国长期大规模的开采，我国大型露天矿已所剩无几。但随着露天矿山资源的枯竭，露天采矿将逐渐向地下采矿发展，或者露天开采的深度很大使地表遭受大面积破坏时，就必须采用地下开采。由于地下浅层矿资源在逐渐减少，采矿又将向地下几百米、上千米发展。预计在今后 10 ~ 20 年，我国矿山将进入 1000 ~ 2000m 深度开采。国外情况也是如此，据加拿大有关方面 2006 统计，全世界金属矿山 1500m 深度开采约 107 座，其中南非一座深井黄金矿，矿井深高达 4107m。地下采矿由于其恶劣的作业环境（噪声、振动、灰尘、通风不良、潮湿等）和不安全的诸多因素，多年来一直是人们关注的焦点。特别随着地层深度增加，采矿条件越来越恶劣（高温、地压、地质构造复杂等），对人的健康与安全威胁也越来越大，再加上严格的环保、安全法规逐渐出台，劳动力成本大幅度提高，劳动强度要求越来越低，但对生产效率、经济效益、资源回收率的要求却越来越高，于是各种先进的采矿技术、设备和安全标准应运而生。

随着电子技术、传感器技术、计算机技术、通讯技术、导航技术、系统集成技术的发展，也随之为地下矿用汽车新技术的采用与发展奠定了雄厚的基础。

地下矿用汽车自动化必须要克服一系列独特的困难。地下矿不同于露天矿，露天矿可以利用全球定位卫星（GPS）为车辆导航，但地下矿却收不到 GPS 信号（现在虽然已开发了地下 GPS，但仍处在试验中）。为此，人们从 20 世纪 70 年代开始经过几十年的努力，克服了地下远距离通信、定位与导航等难题，实现了由人工直接操纵向远距离遥控，甚至无人操纵，实现全过程自主控制（autonomous）。由于遥控和自主控制在采矿设备的使用，从而又进一步提高了生产率，降低了生产成本，改善了采矿作业环境，特别是保证了现场作业人员的健康与安全，因而得到迅速发展。

10.2 现代地下矿用汽车新技术

随着科学技术发展和市场的需求，未来的地下矿用汽车将会采用许多新技术，如柴油机电子控制技术、变速箱电子控制技术、故障诊断和监控技术、信息管理技术、自动制动技术、自动灭火技术、自动润滑技术、自动缓速器控制技术、智能轮胎技术、防疲劳技术、主动避撞技术、人机工程学技术、安全技术、虚拟现实技术、自动化技术。这些技术的采用将会促进地下矿用汽车更安全、更节能、更环保、更高效、更舒适。下面将分别简略地介绍它们的特点、内容和应用前景。

10.2.1 柴油机电子控制技术

10.2.1.1 柴油机电子控制技术特点及组成

国外新型的地下矿用汽车都应用了现代汽车技术的最新成果。电控柴油机在地下矿用汽车上得到了广泛的应用。它通过传感器把车辆的各种信号传给计算机，通过计算机控制喷油提前角、喷油时间和喷油量，以调节发动机使之处于最佳工况状态。由于采用了电控技术，从而使柴油机燃油充分燃烧，使得整机具有动力性能好、排放低、油耗少、寿命长、噪声低等优点。采用具有监控、自动检测及故障诊断功能的发动机，动态地监测地下矿用汽车的运行工况，能按照地下矿用汽车运行工况的变化进行识别，自动选择最佳参数，实现智能控制，这也是现代地下矿用汽车今后的发展趋势。

Cummins 公司、Caterpillar 公司、Detroit 公司和 Deutz 公司都是地下矿用汽车发动机行业的佼佼者，在新开发地下矿用汽车中广泛采用了他们生产的电子控制发动机。

Cummins 公司开发出柴油机电控系统和采用缸内燃烧技术、燃油共轨喷射系统，使燃烧更充分、燃油消耗少、排放更低，达到了美国 EPA Tier3 以上的排放法规要求。

Caterpillar 公司新开发的 ACERT 技术（先进的燃烧排放减少技术），依靠燃油控制、电子控制和空气控制的相互配合，达到降低油耗减少排放的目的。燃油控制采用多次喷射燃油使柴油机点火过程最佳，有效降低燃烧室温度，从而增加充气系数，减少有害气体的排放。电子控制采用 ADEM4 先进柴油机管理系统和控制软件 ECM。前者在柴油机上使用传感器来测量汽车负荷和整车状况，增加柴油机回馈信息，控制燃油供给和气门打开时间以降低废气排放；后者通过程序随时调节喷油量和喷油定时，使燃油燃烧更充分，降低燃油消耗。空气控制除了排气过程中采用涡轮增压技术外，还在汽缸中采用空气横向流动技术，增加了充气系数，减少了废气排放，达到了美国 EPA Tier3 的排放法规要求。

Detroit 公司开发的 DDEC 是一种完全集成的发动机管理与控制系统，具有运算速度快、存储能力大、结构简单可靠、使用寿命长、排放低的优点。

Deutz 公司开发了 EMS 柴油机电子监测系统、EMR 电子调速器和 MVS 电磁阀系统，从而实现对柴油机变速控制、扭矩控制，并根据柴油机运转工况调节喷油泵供油量，达到最大功率输出和最低废气排放。

Cummins 公司电控发动机已作介绍，以下主要介绍在地下矿用汽车用得较广的 Caterpillar 公司 C 系列柴油机电子控制装置。

A 电子控制优点

柴油电控喷射系统是环境保护、节能及性能提高必然发展的结果。因为在矿井中，柴油机的使用范围越来越广泛，数量也越来越多，对环境和地下工作人员的影响越来越大。为了更好地利用燃料的热能，而同时对环境的有害影响要尽可能小，即要进一步降低油耗、控制排放、噪声等污染，要达到这些要求，依靠机械控制的燃油喷射系统比较困难。尽管机械式控制系统不断地完善，但喷油量和喷射定时要完全按最佳运转工况的要求，则难以实现。这样电控燃油喷射就产生了。

电控柴油机较机械控制柴油机具有一系列的优越性：

（1）具有发动机自动保护功能。当专用传感器向电子模块（ECM）指示系统超过正常安全参数运转时，ECM 将向操作人员发出报警信号，并减小发动机的功率，甚至使发动机停止运转。

（2）具有发动机故障诊断功能。ECM 对发动机所有传感器、喷油器、连接器和线路进行连续监测，在传感器及电路发生故障时，ECM 将储存诊断故障码（DTC）。在维修技师诊断和排除发动机故障时，故障码对维修技师确定故障产生的工况和可能部位提供帮助，从而使故障诊断和排除更为快捷、有效。

（3）减少了发动机的维护工作量。由于燃油喷射得到了严格控制，从而改善了发动机燃烧、运行等，使得发动机的维护工作量减少。

（4）改进了发动机的调速控制。由电控调速器取代了机械调速器中的旋转飞轮块装置，使转速控制更加精确。电子控制可以通过程序对运行过程中的正常转速进行设定，使取力装置（PTO）工作或断开。

（5）改善了发动机的燃油经济性。选定发动机工况后，ECM 将按程序对发动机的运转工况进行监测，特别是对喷油过程有重要影响的定时、温度、负载、转速和增压压力等实时数据采集，实时监控发动机运行。有效地改善了燃油经济性，并有效地延长了机械使用寿命。

（6）改善了发动机的冷启动性能。采用冷却液温度或机油温度传感器，以确定发动机是否处于低温状态。ECM 将根据传感器输入的信号对喷油定时和喷油量进行优化控制，可以减少启动时排白烟。

（7）降低了发动机的排气烟度。ECM 能够根据负载需要、机油温度和涡轮增压压力精确地控制喷油定时和喷油量，使发动机在稳态及瞬态工况下的烟度能够达到排放法规的要求。

（8）减少了发动机的排气污染物。为了满足 EPA 排放法规限制，较机械式燃油供给系统，电控燃油供给系统进一步减小了喷油器的制造公差，发动机制造商还提供了喷油校准，以提高发动机各缸之间的供油一致性。校准码可以从 EUI 电磁阀铭牌上查到，维修技师可以通过手持式诊断器、台式计算机或便携式计算机向 ECM 输入每个喷油电磁阀的校准码，以减小各汽缸的功率差异。对喷油器的喷头进行了更改设计，提高了喷油压力，增大了喷油凸轮轮廓升程。

（9）可以通过程序对发动机的功率进行重新设定。对于一定型号的发动机，可以设定三种不同的功率状态。

（10）配合多气门、增压及中冷等技术有效地提高了发动机的效率，有效地降低了柴油机较高的运行噪声。

B 发动机电子控制系统的组成

发动机电子控制系统的组成如图 10-1 所示。它主要由信号输入装置、电子控制单元 ECU、执行器等组成。

发动机电子控制系统的信号输入主要是通过各种传感器或其他控制装置将各种控制信号输入 ECU。电控单元是电子控制单元（ECU）的简称。电控单元的功用是根据其内存的程序和数据对空气流量计及各种传感器输入的信息进行运算、处理、判断，然后输出指令，向喷油器提供一定宽度的电脉冲信号以控制喷油量。电控单元由微型计算机、输入、输出及控制电路等组成。执行器是受 ECU 控制，具体执行某项控制功能的装置，一般是

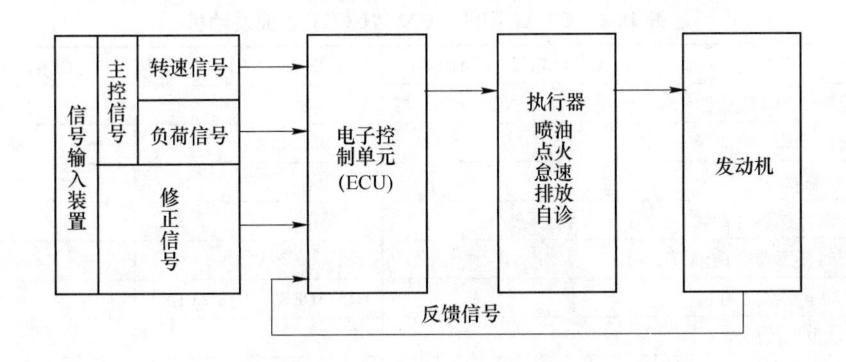

图 10-1 发动机电子控制系统组成

由 ECU 控制执行器电磁线圈的搭铁回路，也有的是由 ECU 控制的某些电子控制电路，如电子点火控制器等。

C 电子控制系统的简要工作过程

发动机启动时，电子控制器进入工作状态，某些程序或步骤从 ROM 中取出，进入 CPU。从传感器来的信号，首先进入输入回路，对其信号进行处理。如是数字信号，根据 CPU 的安排，经 I/O 接口直接进入微机；如是模拟信号，还要经过 A/D 转换，转换成数字信号后，才能经 I/O 接口进入微机。大多数信息暂时存储在 RAM 内，根据指令再从 RAM 送至 CPU。CPU 对这些数据比较运算后，做出决定并发出输出指令信号，经 I/O 接口，必要的信号还经 D/A 转换器转变成模拟信号，最后经输出回路去控制执行器动作。

发动机工作时，微机的运行速度是相当快的，因此其控制精度是相当高的。

10.2.1.2 Caterpillar 公司 C 系列柴油机电子控制装置

A Caterpillar 公司 C 系列柴油机

近几年 Caterpillar 公司又有几种最新型的用于地下采矿的发动机 C27、C18、C15。C27 型发动机配置用在 Caterpillar AD60 与 AD55B 型地下矿用汽车上，C18 型发动机配置用在 Caterpillar AD45B 型地下矿用汽车上，C15 型发动机配置用在 Caterpillar AD30 型地下矿用汽车上。Caterpillar 公司 C 系列柴油机据称具有世界上最先进的技术即 ACERT——先进的燃烧排放减少技术（advanced combustion emissions reduction technology）。该技术利用缸头交叉流动和每缸四个阀的结构，保证干净的空气进入发动机，有最大的燃烧效率，从而保证该新型发动机能提前 18 个月通过严格的新的 Tier3/stag Ⅲ级排放法则。

ACERT 发动机使 Caterpillar 公司 C 系列柴油机的机械作用电子控制喷射单元（mechanically actuated, electronically controlled unit injection, MEUI）和液压作用电子控制喷射单元（hydraulic actuated electronically controlled unit injection, HEUI）有进一步的发展。

Caterpillar 公司 C 系列 ACERT 柴油机包括 C7 ACERT ~ C32 ACERT 工业发动机，它们电子控制装置组成有相同之处、也有不同之处，详见表 10-1。

Caterpillar 发动机及排放控制技术提供满足 Tier 4i 排放要求的解决办法，利用 ACERT 专利，结合了下一代涡轮增压机、先进的电子技术、先进的燃油系统、排气后处理系统以及一组减少 NO_x 技术，Caterpillar 推出了多种新的 Tier 4i 阶段工业发动机，从 C4.4 到 C32 共 9 种型号，见表 10-2。这些 ACERT 技术的发动机覆盖的功率范围为 60 ~ 850kW。

表 10-1　C7 ACERT ~ C32 ACERT 工业发动机

工厂布线	C7 ACERT/C9 ACERT	C11 ACERT/ C18 ACERT	C27 ACERT/ C32 ACERT
喷油器：HEUI 喷油器	√		
喷油器：MEUI 喷油器		√	√
高效泵	√		
速度/正时传感器（凸轮）	√	√	√
速度/正时传感器（曲轴）		√	√
压缩制动电磁阀（可选）		C15 ACERT/ C18 ACERT	
燃油温度传感器		√	√
喷射驱动压力传感器	√		
大气压力传感器	√	√	√
增压（进气歧管空气）压力传感器	√	√	√
进气温度传感器	√	√	√
冷却液温度传感器进气加热器	√	√	√
燃油压力传感器	√	√	√
机油压力传感器	√	√	√
进气加热器	√		

表 10-2　Caterpillar Tier 4i 发动机

型号	C4.4 ACERT	C6.6 ACERT	C7.1 ACERT	C9.3 ACERT	C13 ACERT	C15 ACERT	C18 ACERT	C27 ACERT	C32 ACERT
图示									
功率/kW	60 ~ 130	89 ~ 130	130 ~ 225	205 ~ 305	287 ~ 354	328 ~ 433	428 ~ 571	597 ~ 800	705 ~ 850
燃油系统	共轨	共轨	共轨	共轨	MEUI—C	MEUI—C	MEUI—C	MEUI—C	MEUI—C
空气系统	智能废气门	智能废气门	串联/智能废气门	新型高效涡轮增压器	新型高效涡轮增压器	新型高效涡轮增压器	新型高效涡轮增压器	新型高效涡轮增压器	新型高效涡轮增压器
NO_x 还原技术	Cat NO_x 还原系统	Cat NO_x 还原系统	Cat NO_x 还原系统	Cat NO_x 还原系统	Cat NO_x 还原系统	Cat NO_x 还原系统	Cat NO_x 还原系统	Cat NO_x 还原系统	Cat NO_x 还原系统
PM 还原技术	DOC/DPF	DOC/DPF	Cat 带 DOC/DPF 的 CEM	Cat 带 DOC/DPF 的 CEM	Cat 带 DOC/DPF 的 CEM	Cat 带 DOC/DPF 的 CEM	Cat 带 DOC/DPF 的 CEM	Cat 只带 DOC 的 CEM	Cat 只带 DOC 的 CEM
再生技术	被动系统	被动系统	Cat 再生系统	Cat 再生系统	Cat 再生系统	Cat 再生系统	Cat 再生系统	不要求	不要求

注：HEUI——hydraulically-actuated electronically-controlled unit injector system（液压作用电子控制喷油器系统单元）；CEM——Clean Emissions Module（清洁排放模块）。

B　ACERT 技术

Caterpillar 发动机将继续遵循其 ACERT 技术路径，并建立 Tier 4 级就可以了。ACERT 技术是经过改进的一系列技术，通过对燃油供给、电子控制、进气管理和后处理四个主要发动机技术进行控制，达到提高燃油效率、减少烟雾及气体排放、减少噪声、减少发动机磨损的目的。ACERT 技术的核心理念是先进的燃烧低排放系统。在燃烧过程中严格控制，以减少污染物的排放水平，同时保持高性能和高效率，符合 Tier 4 的要求。Caterpillar 专注于整合电子控制和后处理。Caterpillar 的 Tier 4 发动机系统将配备 PM 后处理技术，包括先进的再生系统的氧化催化器和柴油颗粒过滤器，将优化正常运行时间、燃油效率和操作方便性。该发动机没有使用 SCR 来符合 Tier 4i 规定。

Caterpillar 公司 2003 年开发的 ACERT 技术是该公司的创新，它是近来世界发动机市场中热门技术课题之一，也是 Caterpillar 公司降低发动机排放的最新专利技术，目前已广泛用于最新 C 系列发动机。该技术包括先进的空气系统、强化燃烧的燃油系统、先进的电子设备、后处理技术等四个部分（见图 10-2）。

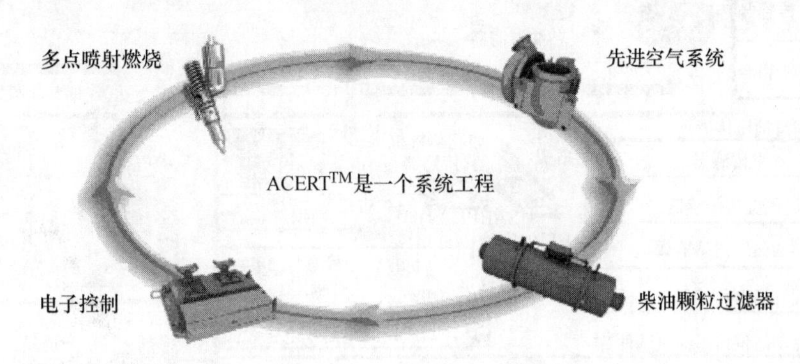

图 10-2 ACERT 技术系统组成

a 先进空气系统

横向流动式缸盖（crossflow cylinder heads）可以使经涡轮增压并冷却后的空气更好地流经发动机各汽缸进气口，最大限度地满足空气和燃料的混合。

一般情况下，较小排量 Caterpillar 发动机采用 ACERT 技术将继续使用传统的单涡轮增压。对于重型发动机将利用连续增压。连续增压提供了更多的空气流量和更高的提升水平，而不是把排出的气进入燃烧室再循环如同冷却废气再循环那样，ACERT 技术使用的空气系统能进入更多清洁、冷却的空气。涡轮增压器系统已在柴油发动机上使用多年，证明它是一个成熟技术。两个合格涡轮增压器采用连续工作，减少了磨损和增加了零部件的使用寿命。这些涡轮增压发动机的使用，证明废气门设计可提高空气系统质量水平，这使得整个系统有几个竞争优势，这些优势包括减少氮氧化物、改进响应和更好的燃油经济性。

新发动机采用 ACERT 技术还使用了先进的空气系统，能够控制发动机在不同负荷和速度下所需要的进气量，以实现完全燃烧和出色的燃油经济性。发动机控制器自动调节空气系统以满足发动机需要的空气量。在 Caterpillar 重型发动机里，作为 ACERT 技术的一部分，该公司引进了一种新的控制系统，该系统允许使用气阀去驱动或控制与凸轮轴一致。该系统利用正常压力的发动机润滑油确保阀门打开，允许最佳空气流动。为了高效、清洁燃烧，只有经过精确测量的进气量进入汽缸。

b 强化燃烧的燃油系统

通过单一、精确喷射或能够控制的“微喷射”将燃油引入燃烧室，通过即时调整喷油正时和喷油量来控制燃烧过程，以达到最高效率使发动机输出与工作需要相匹配。在采用 ACERT 技术的 Caterpillar 发动机里先进的 MEUI（mechanically actuated electronic unit injection，机械驱动电子单体喷射）燃油系统（见图 10-3）和 HEUI（hydraulic actuated electronic unit injection，液压驱动电子单体喷射）燃油系统（见图 10-4 和表 10-3）在点火期

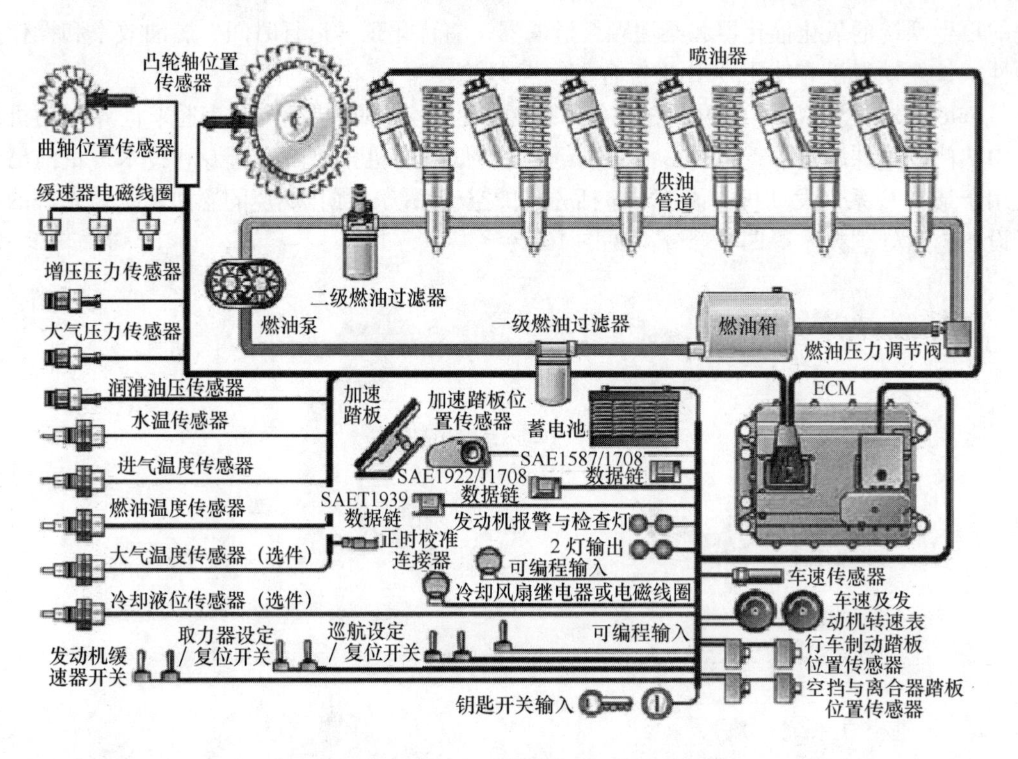

图 10-3　Caterpillar 发动机 MEUI 组成图

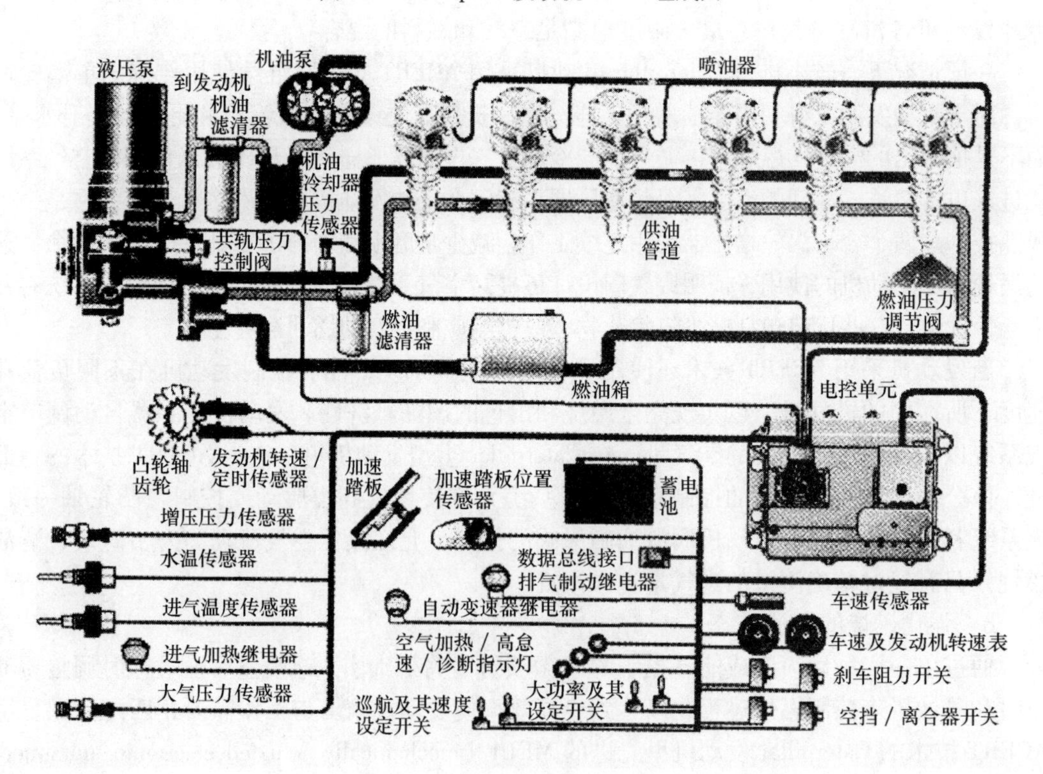

图 10-4　Caterpillar 发动机 HEUI 组成图

间能够精确定时，多点喷射，这意味着高峰汽缸温度降低，燃料燃烧更完全。工程师们发现，通过燃料主喷射之前和之后提供微爆，它可以更好地控制排放量。管理这些短暂活动需要 Caterpillar 的世界上最好的喷油技术，并允许更有效地控制噪声、振动和刺耳声。基本上在燃烧点减少排放，从而排除脏的废气再循环。

表 10-3　MEUI（EUI）电喷系统与 HEUI 电喷系统比较

系统名称	MEUI（EUI）电喷系统	HEUI 电喷系统
主要组成	顶置凸轮及摇臂机构、电控模块（ECM）、电控泵喷嘴、传感器系统	HEUI 泵喷嘴、电控模块 ECM、高压滑阀油泵、滑阀油泵输出压力电控阀、传感器系统
工作原理	发动机运转时，凸轮轴上的燃油凸轮经摇臂机构作用在电控泵喷嘴活塞上，结合电磁阀对燃油回路的通断控制，产生高压喷射压力（最高可 2000bar 以上）。 电控模块 ECM 根据负荷和转速的要求，按照内置程序（MAP 图）产生控制信号，通过执行器控制电控泵喷嘴上的电磁阀的通断电，实现对喷油量和喷油正时及喷射过程的精确控制。同时 ECM 可以实现全面和灵活的发动机监测、控制和保护功能	HEUI 系统的燃油喷射压力的建立与 EUI 不同，HEUI 不需要机械驱动装置和机械调节装置，而是通过高压油泵产生的高压滑油（60～240bar），经由电磁阀控制，作用在泵喷嘴的增压活塞上，产生高压喷射压力。 其喷油过程控制与 EUI 类似，都是通过 ECM 控制电控泵喷嘴上的电磁阀，来实现对喷油量和喷油正时及喷射过程的精确控制。同时 ECM 实现全面和灵活的发动机监测、控制和保护功能
泵喷嘴	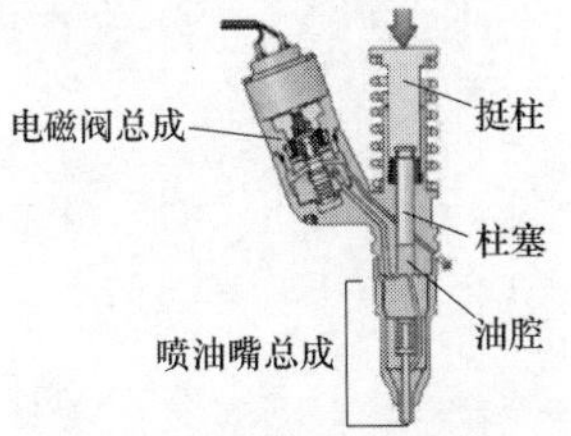 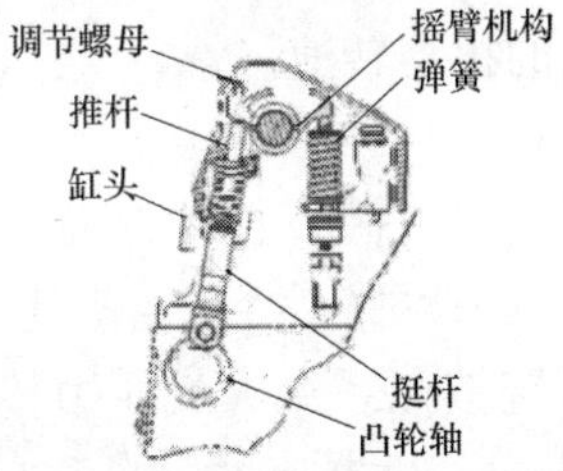	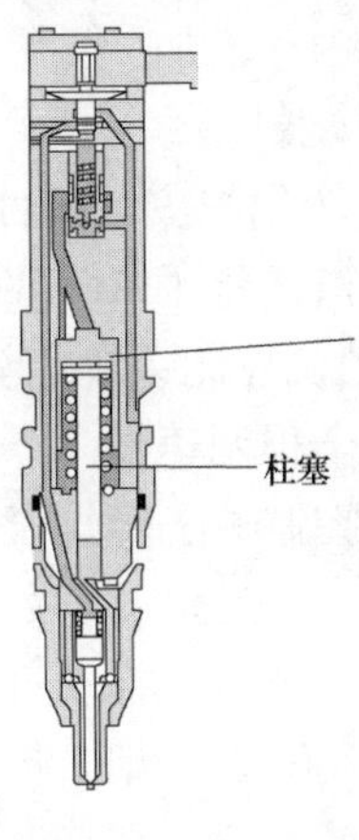 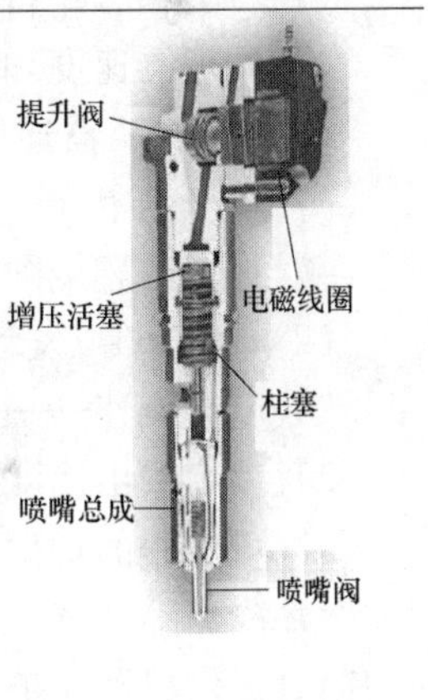
特点与优势	不需要高压油管部件； 内置电子调速器； 精确控制喷射正时，喷油量和喷油速率； 冷启动模式； 灵活的空燃比控制； 改善烟度、颗粒和 NO_x 排放、噪音以及响应性，同时提高燃油经济性，优化性能参数； 提供全面和灵活的发动机监测、控制和保护功能； 提供用户通讯接口和遥控起停和调速接口（PWM 信号）； 提供电子诊断、故障查询、电子校准功能； 维修简化	不需要机械驱动装置和机械调节装置； 内置电子调速器； 电控和液压技术相结合； 精确控制喷射正时，喷油量和喷油速率； 系统的工作与发动机转速无关，可在宽广的工况范围内保持较高的喷油压力； 改善烟度、颗粒和 NO_x 排放、噪声以及响应性，同时提高燃油经济性，优化性能参数； 提供全面和灵活的发动机监测、控制和保护功能，提供用户通讯接口和遥控接口； 提供电子诊断、故障查询、电子校准
适用发动机	C7 ACERT/C9 ACERT	C11 ACERT/C18 ACERT；C27 ACERT/C32 ACERT

c　先进的电子控制

以下简介所列发动机电子控制。发动机电子控制系统包括以下主要组件：电子控制单元（ECU）、电子控制单元喷油器、发动机线束和传感器。

采用 Caterpillar 最新自主设计的第 3 代发动机控制模块 ADEM A4（advanced diesel engine management）。处理器速度及记忆体容量增强、更多的燃油管路图能更优化性能、加强的保护及诊断装置、高速数据传输线、可兼容于各种显示设备、经过极端条件下测试。

发动机每次精密喷射的燃料数量是由电子控制模块（ECM）决定的。Caterpillar 电子设备使所有的系统集成到管理 ACERT 技术的软件、硬件和传感器上。利用 ADEM A4 型电子控制模块控制着发动机全部工作，该系统已获得专利保护。Caterpillar ADEM A4 电子控制器，它是通过接收各种传感器将环境温度、大气压力、发动机转速、发动机负荷情况等信号参数，计算并控制发动机各汽缸所需要的喷油量和喷油时刻，最大程度地优化发动机各参数，从而确保发动机始终工作在最佳状态，以获得最好的综合性能，减少排放。

发动机可以联系到 CAN 总线并与其他组成部分交换信息，然后把发动机运行参数微调到与液压系统的要求、操作环境里的周围条件，甚至操作者的活动相匹配。这种交互式通信不仅可以减少排放量，而且还提高了性能。

（1）ADEM A4 特点：

1）处理器速度和内存增加。

2）120 针机器连接器。

3）70 针连接器，为用户安装部件。

4）更多的燃烧图谱优化了 ACERT™技术。

（2）ACERT™发动机控制系统优势：

1）电子调速——全程调速器。

2）动力输出速度控制——允许设定一个恒定的机器转速。

3）可编程的功率——通过 ET 及工厂密码改变。

4）冷启动方案——发动机拖动过程中，延迟喷射时间，自动选择乙醚辅助启动（如装有），提供机器保护，减少白烟，提供更快的暖机，以提高冷天启动能力。

5）自动海拔高度调整——在高海拔地区，系统按照系统大气压力传感器感应的大气压力，通过评估排烟温度控制、进气温度、大气压力、机器速度、自动空燃比控制、燃油温度变化而进行燃油补偿，确保机器在高海拔地区的性能。

6）可编程的高低怠速——客户指定参数很容易通过 ET 改变。

7）电子诊断和错误报告——快速诊断机器的错误，记录事件和诊断代码，以便以后更容易判断故障。

8）可编程的监视系统（保护）——监视冷却液温度、机油压力、进气歧管温度，提供警报和关断。

9）SAE J1939 通讯协议——高速的两路通讯。标准 SAE 连线为所有的 C 系列 ACERT™机器播送机器性能、状态和诊断信息。通过 J1939 装置接收其他控制信号，支持显示传动装置的信息，支持 J1939 显示单元。采用 SAE J1939 数据链可减少客户安装线索（一个简单的双绞线提供所需的所有信息），机器控制命令更容易接收。

10）空气滤清器阻塞指示器——ADEM A4 控制器监控空气滤清器阻塞。如果阻塞程度超过容许极限，向电子监控系统（EMSⅢ）发送一条警告消息，以警告操作员。

11）电子技师ET。Caterpillar ET软件可在个人电脑的Microsoft Windows下运行。通过数据转换器和数据线与发动机上的电子控制模块（ECM）连接，设定参数，诊断现有的和潜在的发动机故障，通过所提取的数据进行故障和设备运行状况的分析并可将所记录的数据打印或以电子文本存档。

Caterpillar ET工具可以让维修技师通过Caterpillar数据链路轻松读取储存的诊断数据，简化故障诊断步骤，提高机器的可用性。

电子技师的功能包括：快速检测记录现有的故障；直观检测已发生并存储在发动机ECM中的无规律故障；监测发动机运行状况的实时参数（温度，压力等）；采集/记录运行参数及操作状况；根据参数创建曲线图；直观并可改变电控器的参数配置；履行诊断，测试和标定；打印诊断报告。

电子技师包括发动机电子控制模块EMS、维修工具接头、Caterpillar监视系统、数据链接电缆、通讯适配器、串行电缆、笔记本电脑等，如图10-5所示。

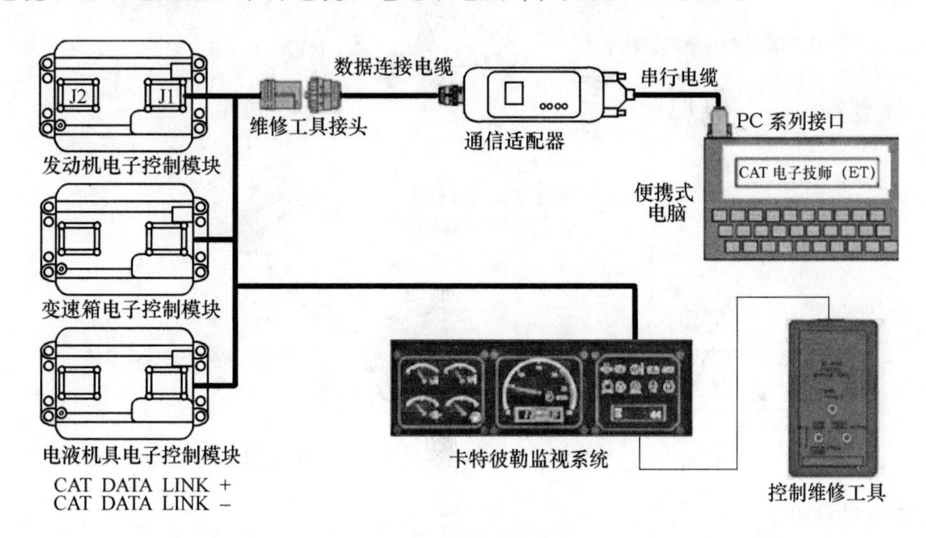

图10-5 Caterpillar电子技师ET

总之，ADEM A4是电子传动系统里关键元件，它将整合发动机操作以及液压系统、变速箱和其他系统组件的控制。

d 后处理技术

在采用ACERT技术新的发动机里提供了减少氮氧化物和改善燃油经济性解决方案。但是，为了把颗粒物、NO_x、CO控制在达到环保规定的水平，可采用一个简单的、有效的后处理系统——Caterpillar柴油机氧化催化器（diesel oxidation catalyst，DOC）。DOC的外形像消声器，并有一个长寿命的不锈钢外壳。

C Caterpillar发动机满足Tier 4i/Stage ⅢB排放标准先进技术

Caterpillar发动机满足下一代Tier 4i/Stage ⅢB排放标准先进技术，如图10-6和图10-7所示。

（1）更强大的、可靠的电子装置。用在Caterpillar Tier 4i/Stage ⅢB发动机上的电子产品比以前任何发动机上电子产品更强大和更可靠。增加功能和连接通用性可提升用户经

图 10-6　Caterpillar 发动机满足下一代 Tier 4i/Stage ⅢB 排放标准先进技术

1—更强大和更可靠的电子技术；2—优化新的燃油系统；3—创新的空气管理系统；4—减少 NO_x 排放系统；5—排气后处理技术；6—Caterpillar 清洁排放模块（CEM）；7—DPF 再生系统

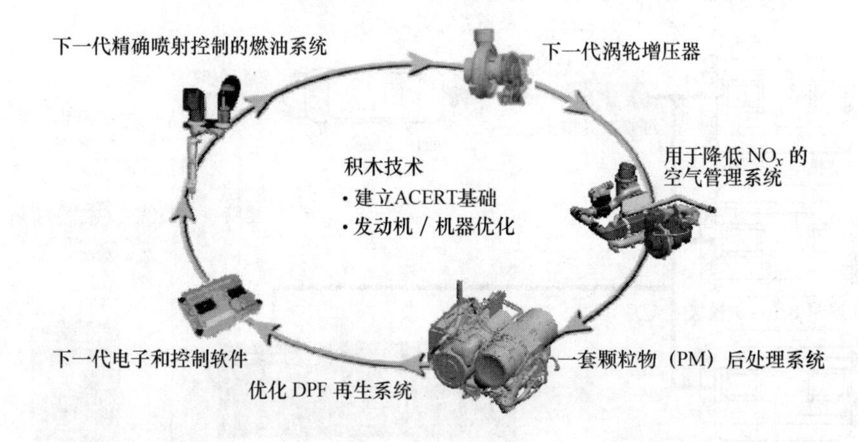

图 10-7　Caterpillar 发动机满足下一代 Tier 4i/Stage ⅢB 排放标准积木技术

验，提高质量和可靠性。

（2）下一代燃料系统选项。作为 Caterpillar Tier 4 技术的一个关键组件，通过一系列精细正时微爆（microbursts），喷射正时精确控制燃油喷射过程。喷油正时提供最干净、最高效的燃料燃烧。为了顾客效益最大化，Caterpillar 发动机基于每台发动机功率和性能要求指定燃油系统。

全电子喷射的高压共轨燃油系统（见图 10-8）提高了精度和控制，使得 C4. 4 ACERT、C6. 6 ACERT、C7. 1 ACERT 和 C9. 3 ACERT 发动机提高了性能和减少了积炭。

（3）创新的空气管理。Caterpillar Tier 4i/Stage ⅢB 发动机具有创新的空气管理系统（见图 10-9），该系统优化气流，提高了功率、效率和可靠性。Caterpillar 基于发动机大小和应用，采用一个范围简单、可靠涡轮增压的方案。这使 Caterpillar 涡轮增压器性能与高生产率、高燃油效率、长寿命和低运营成本的额定输出相匹配。

（4）NO_x 还原系统。Caterpillar 针对 Tier 4 过渡期排放标准的技术路线是降低燃烧温度，氮氧化物降低系统（NRS）将少量的废气通过一个单独的冷却器重新引入进气歧管，使得燃烧室峰值燃烧温度降低几百度，从而减少氮氧化物的形成。

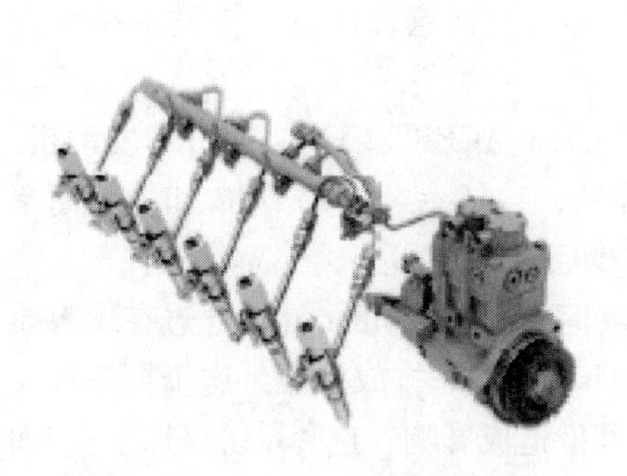

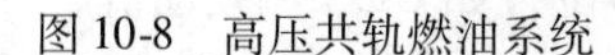

图 10-8　高压共轨燃油系统

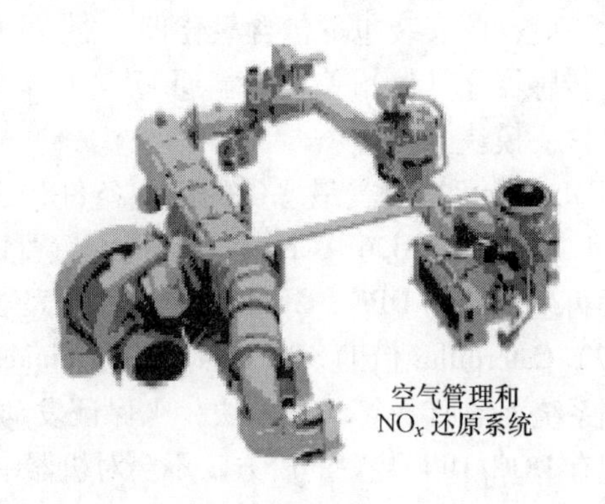

图 10-9　创新的空气管理系统和 Caterpillar NO_x 还原系统

（5）排气后处理技术（见图 10-10）。燃烧温度的降低，虽然降低了氮氧化物，但却增加了颗粒物（PM），为此需要两个后处理技术应用以减少 PM：氧化催化器（DOC）和颗粒过滤器（DPF）。DOC 可以有效控制一氧化碳（CO）、总碳氢化合物（THC）、挥发性有机物和 PM 中的可溶性有机物成分。DOC 使用贵金属如钯和铂，通过化学过程分解废气中的污染物。DOC 不需要维护。减少颗粒物的第二种后处理技术是颗粒过滤器（DPF）。该过滤器采用壁流型的设计，使其能够有效地捕获油烟（通常由未燃烧的柴油和润滑油的碳颗粒组成）。通常 DPF 可去除 90% 或更多的烟尘，在大多数的负载条件下，达到接近 100% 的烟尘去除率。该烟灰保留在过滤器中，将 DPF 进行加热处理使油烟氧化成二氧化碳的过程被称为“再生”。然而，收集在过滤器中的灰颗粒只能靠人工清除。

DPF 的再生有低温再生和高温再生两种解决方案：一是低温再生使用被动式系统，不断使用废气中的热量进行再生，温度可低至 250℃。低温再生使用在 56～130kW 的一些发动机上，由贵重金属制成的催化剂可再生，补充的背压阀提高排气温度所以不需要外部热源；二是高温再生，如 Caterpillar 再生体系，要求使用外部热源在温度高于 650℃ 的条件下对油烟进行氧化。

（6）Caterpillar 清洁排放模块（CEM）（见图 10-11）。Caterpillar 在开发针对 Tier 4i 排放标准的解决方案时，决定采用模块化的系统设计，以方便 OEM 制造商根据需要集成和安装 Tier 4i 发动机。Caterpillar 将清洁排放模块（CEM）设计成一个安装包。根据发动机

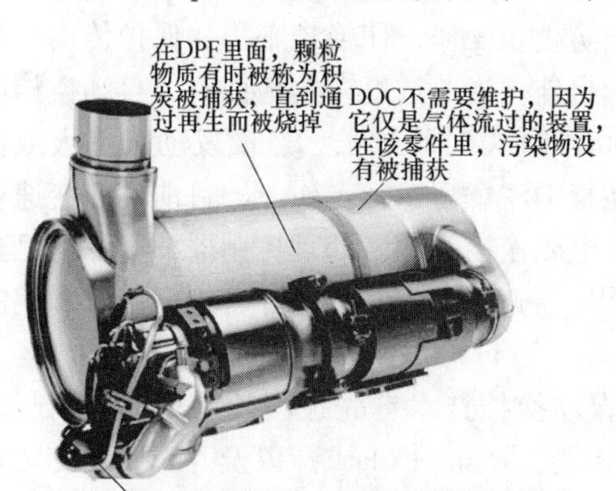

图 10-10　Caterpillar 公司排气后处理系统

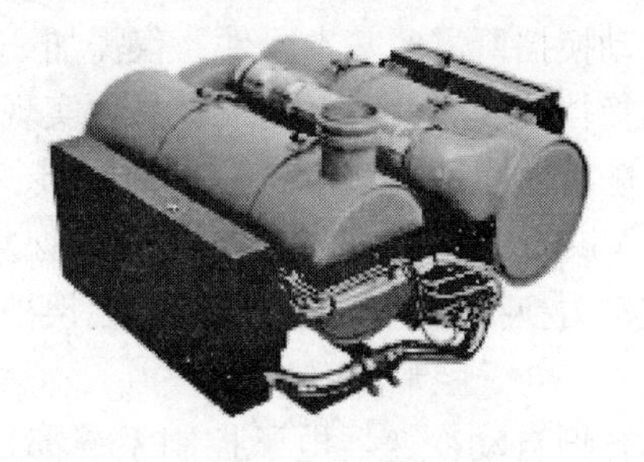

图 10-11　Caterpillar 清洁排放模块（CEM）

型号的不同，此安装包可包含氧化催化器（DOC）、颗粒过滤器（DPF）、空气滤清器、消声器、传感器和其他相关组件。CEM 具有零部件高度通用的特点，使得不同发动机平台可共享这一模块。

CEM 设计可以承受最恶劣的应用条件，它适用于 C7.1 ACERT ~ C18 ACERT 发动机。对 C4.4 ACERT ~ C6.6 ACERT 发动机配置可以是单独的，包括一个使用 DOC 和一个简单的被动再生系统的 DPF。CEM 保护组件最大限度地减少后处理的印迹，并简化维护。

（7）Caterpillar 借助 SCR 冲刺 Tier 4 Final 清洁排放标准。Caterpillar 计划通过在现有排放控制系统上增加一个 SCR 模块，来保证发动机满足 Tier 4 Final 排放标准。这个模块被安装在现有 DOC/DPF 装置的后方，不会对机器中的其他部件造成影响。这套系统将加装在 Cat C4.4 ~ Cat C18 型发动机上，未来会根据需要应用在更大的范围，如 C175 型发动机。

在 DOC/DPF 装置与 SCR 模块之间有一个混合管腔，尿素在这里被喷入尾气气流。Caterpillar 表示，采用此技术后，液体净消耗量降低了 5%（此消耗量是指柴油与柴油机尾气处理液体积之和）。即使柴油机尾气处理液有额外的增加，但因燃油效率得到提升，总成本也会随之下降。SCR 模块与现有的 EGR 系统相结合，能使发动机在提升工作效率的同时去除 NO_x。此外，柴油机尾气处理液的消耗量只有柴油的 3%。

为满足 Tier 4 Final 排放标准，发动机除了软件外，没有作其他任何的修改。支撑所有部件的刚性支架被安装在发动机与隔振机构中间，以保护各类元件。

10.2.2　变速箱电子控制技术

10.2.2.1　变速箱电子控制技术

目前汽车上已广泛采用自动变速箱，电子控制自动换挡已是成熟、可靠的技术，可以将汽车上自动变速技术很容易地应用于地下矿用汽车。人工手动换挡取决于司机的技术水平，往往不能准确选择挡位，自动换挡能按使用工况和行驶情况自动选择挡位，使发动机功率较充分地利用，提高燃料经济性，降低排放。特别是对某些机械，如地下矿用汽车挡位数已增至 6 ~ 7 个，人工换挡时很难正确选择挡位。地下矿用汽车往往行驶道路相当复杂，在驾驶过程中，换挡操纵非常频繁，司机劳动强度大，操纵复杂，分散了司机的注意力，增加了行走作业的不安全因素。自动换挡能防止误操作，使换挡平稳，保护传动系统零部件，减少冲击和磨损，延长传动系统寿命。另外，当通过复杂的地面时，自动换挡能提高机械的通过性，不会因换挡不及时或换挡切断动力时间过长，造成发动机熄火或停机。为减轻司机劳动强度、简化操作，使司机能集中注意力于行走作业，目前许多变速箱已采用了电操纵换挡。电操纵采用了换挡开关、电磁换挡阀和微处理控制器，实际上已具备自动换挡所需的基本元件，仅需加一些传感器（转速传感器和油门开度传感器）和编制自动换挡控制软件，就能很容易地实现自动换挡。

随着液力传动和控制技术的发展，变速箱自动换挡技术首先在国外汽车上应用与发展。Allison、Caterpillar 公司的行星动力换挡变速箱、Dana（Clark）以及 Volvo 等公司定轴式动力换挡变速箱都实现了自动换挡。

A　电子控制系统的组成

各型自动变速器电子控制系统都是由传感器（包括控制开关）、电子控制器（ECT、ECU）和执行器三部分组成（见图 10-12）。不同型号或不同年代生产的自动变速器，其电子控制系统采用的传感器或控制开关不尽相同，常用的传感器与控制开关有节气门位置传感器、车速传感器、水温（冷却液温度）传感器、换挡规律选择开关（驱动模式选择开关）、超速O/D开关、空挡启动开关、制动灯开关等，执行器有电磁阀（见图10-12）。

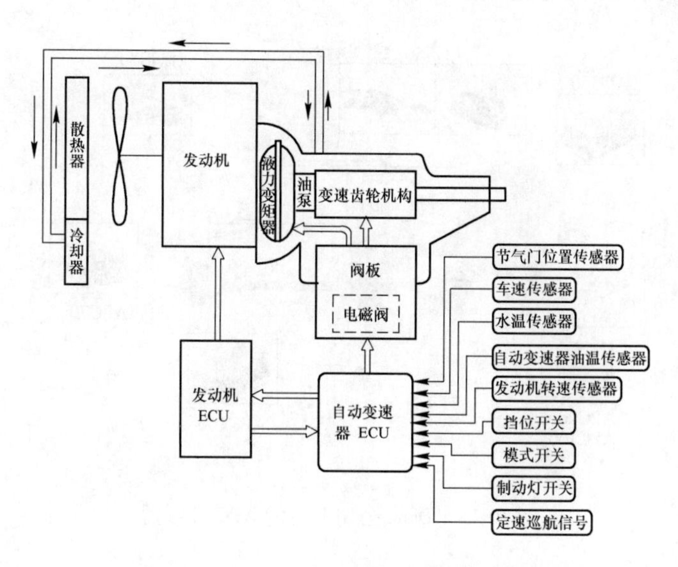

图10-12　电子控制系统的组成

B　电控自动变速箱的基本工作原理

自动变速箱主要是指不用人的手力而能自动实现换挡功能的变速箱。当前地下矿用汽车的变速箱广泛采用微机控制液力自动变速箱。

微机控制自动变速箱利用车速传感器和节气门位置传感器等反映发动机和汽车运行工况的传感器信号，并将车速和节流阀开关转换成电信号输入自动变速箱微机控制单元（ECU）计算处理，再适时地输出给电磁阀，利用这些电磁阀来控制油泵油压力，使之符合自动变速箱各系统的工作需要；根据操纵手柄的位置和地下矿用汽车行驶状态实现自动换挡；控制变矩器中液压油的循环和冷却，以及控制变矩器中锁止离合器的工作。控制系统的工作介质是油泵运转时产生的液压油。油泵运转时产生的液压油进入控制系统后被分成两个部分：一部分液压油用于控制系统本身的工作，另一部分液压油则在控制系统的控制下送至变矩器或指定的换挡执行元件，用于操纵变矩器及换挡执行元件的工作。

由于自动换挡能根据汽车工况变化自动选择最佳挡位，使发动机功率利用充分，能提高汽车运行效率、降低油耗；减轻司机的疲劳和误操作；减少换挡时的振动和冲击所带来的车辆磨损和损坏，提高了车辆使用寿命。

自动换挡变速箱技术有多种，其中Dana变速箱APC120控制器用得较多，我国柳州工程机械厂就采用，下面简单介绍这种控制器的组成及作用。

10.2.2.2　Dana变速箱APC120控制器（automatic powershift control）

Dana早几年开发的EGS50、EGS70、APC50、APC70与APC100控制器变速箱（见图10-13）与机械控制变速箱比较有许多优点，但随着科学技术的发展，已不适应今天对自动化的要求，因为：（1）BTS412 输出单元模块已经被淘汰。（2）8 字节的微处理器也即将被市场淘汰。（3）所以老型号控制器没有 CAN 通讯功能，而 CAN 通讯功能正是现在和未来市场的需要。（4）老型号的控制器不符合 2009 年 1 月新颁布的 EMC（电磁兼容性）要求。（5）新的环保要求更加严格。

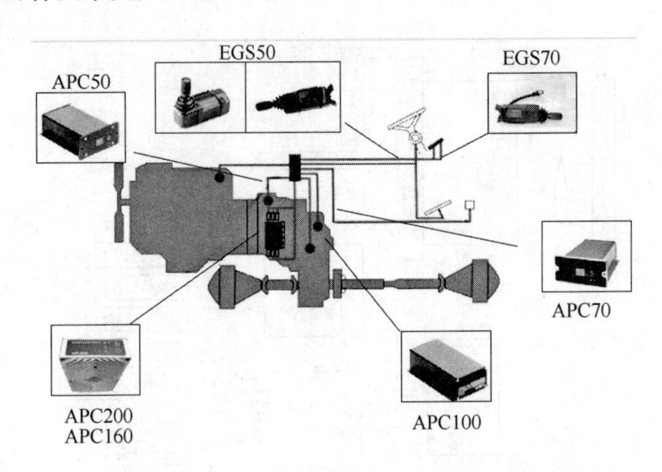

图 10-13　Dana 公司开发的 APC 控制器

正因为如此，Dana 公司又新开发了适合今日市场需要的 APC160、APC200 变速箱控制器，特别是最新开发的 APC120 变速箱控制器（见图 10-14）。它已替代了所有的 APC100、APC50、EGS70、APC70 变速箱控制器。

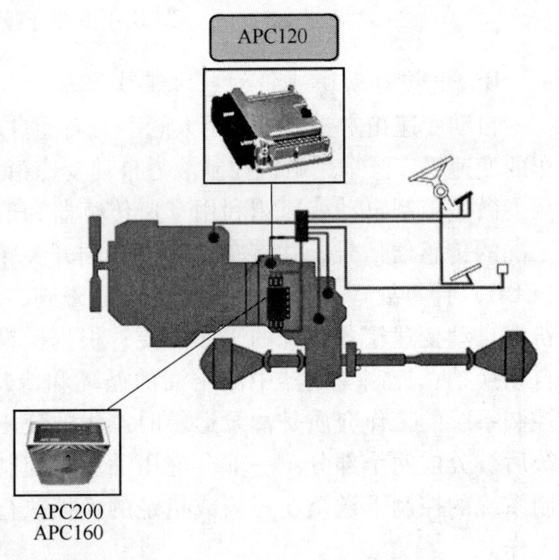

图 10-14　Dana 新开发的 APC

另外它还需要其他的连接，如为它提供电源以及进行选择不同的工作模态。

APC120 是一种用于换挡控制的装置，不但操作方便而且可以较好地保护变速箱的相关功能并获得较高的换挡质量和较高的可靠性。APC120 具有的自检测和故障排除功能可以使问题得到更快解决。

综合来讲车辆的配线系统是比较简单的，它主要包括以下几方面之间的连接：换挡杆、APC120、变速箱上的控制阀，如图 10-15 所示。

APC120 系列包含两种规格：（1）APC121：2 模拟量 + 7 数字量，信号输出。（2）APC122：9 数字量，信号输出。

APC120 系列也可以按照特定的主程序 Firmware 以及硬件 Hardware 分为下面几种：（1）ECON A 122：ON/OFF 阀的变速箱（如 T12000、T20000、24000、32000、T33000、T36000、T40000、1000 系列）。（2）TCON A 121：T16000 变速箱。（3）ECON B121：PSR09 变速箱。

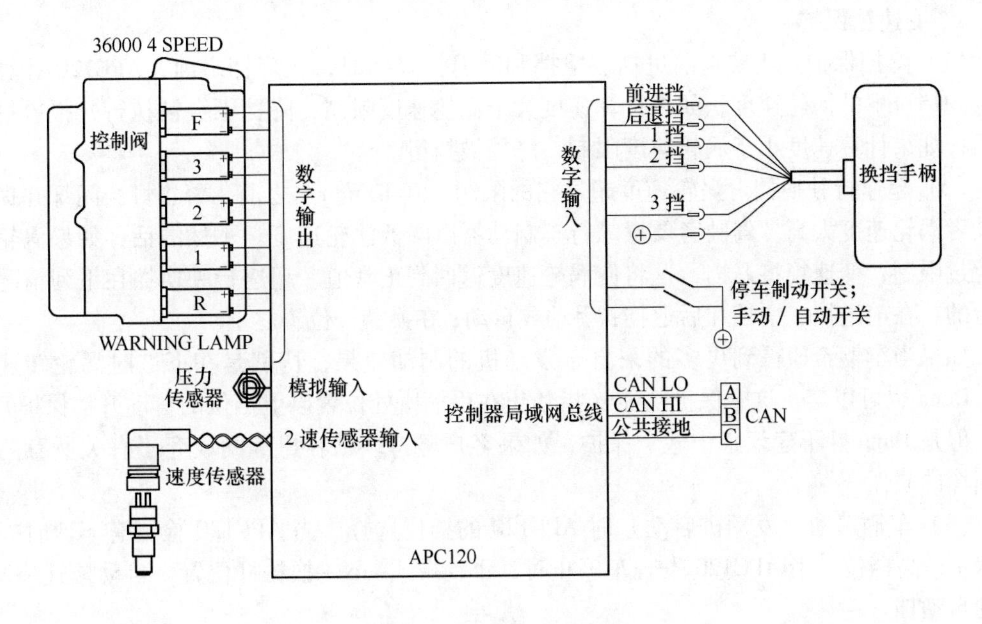

图 10-15　APC120 配线系统

此控制器要集成各方面的信息，综合判断最佳的下一步动作。

A　APC120 优点

APC120 优点包括：（1）变速箱是 100% 受到保护的；（2）可以实现自动换挡；（3）附加的控制器/车辆的各种功能；（4）KD（kickdowm）功能；（5）高/低挡切换；（6）驾驶员在/不在位的保护；（7）压力安全的检测。

对于没有配置 APC120 控制器的变速箱（见图 10-16 ）虽然线路简单、方便，直接由手柄的线路控制变速箱电磁阀。但其缺点也很明显：对变速箱没有保护（由于误操作带来的危险，一旦由于误操作引起变速箱损伤，客户可能会失去质保的机会）；没有自动换挡功能；没有自动闭锁功能；没有额外的变速箱的一些附加功能。

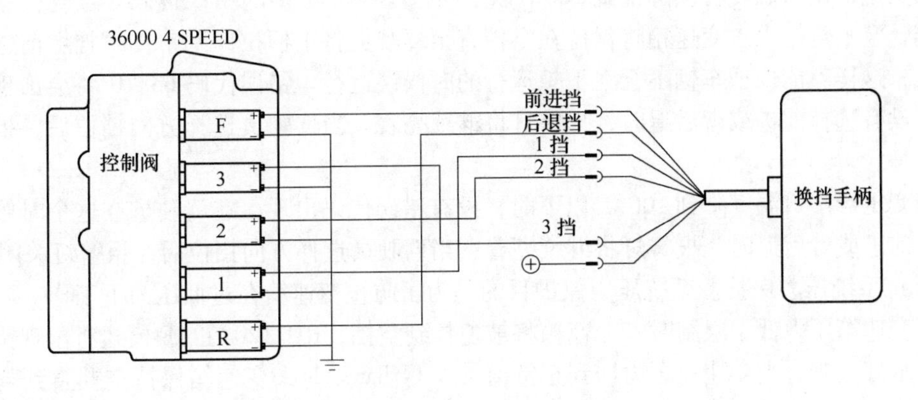

图 10-16　没有配置 APC120 控制器的变速箱

B　安全保护

变速箱控制器除实现自动换挡控制外，一般还具有其他辅助功能。

a　变速箱保护

（1）降挡保护。当要求前进挡、空挡和后退挡降挡时，在降挡之前，APC120 计算在较低的挡位下的涡轮速度，如果计算速度大于涡轮速度限制，降挡不会被执行，报警灯被激活；如果计算速度小于涡轮速度限制，降挡被执行。

（2）超速行驶换挡。涡轮速度超过它的限制（100r/min）之前，警告灯会闪烁并提醒驾驶者涡轮速度太高。驾驶者要操纵行车制动器以降低涡轮速度。不然的话，如果涡轮速度超过限制，变速箱将升挡，这将使涡轮速度返回到正常值。超速行驶换挡在下列情况是可行的：在前进挡、空挡和后退挡；手动或自动；在换挡杆位置之上。

如果当车辆希望得到更多的来自于发动机的制动效果，特别是在下坡时涡轮转速过高，Dana 也可以禁止这个保护功能（指禁止在手柄所处位置以上挡位的自动升挡保护）。

但是 Dana 并不建议禁止这个保护，如果客户坚持，则客户等同放弃了有关所有离合器损坏的质保。

（3）车辆启动（发动机启动）时 APC120 的挡位选择。当 APC120 检测有车速时→选择 N + 最高挡位；当 APC120 发现车停止时，手动模式→N + 换挡杆位置，自动模式→N + 低的自动挡。

（4）换向保护。当车速太高时，APC120 不允许换向。

因为移动车辆的全部能量 $=\dfrac{\text{车辆质量}\times\text{车辆速度}^2}{2}$，被方向离合器吸收。当这能量太高时，方向离合器会被毁坏，如果换向不被执行或推迟，警示灯将提醒驾驶者降低车速。

（5）变矩器出口温度保护。变矩器出口温度保护的目的是为了防止变速箱过热。

当变矩器出口温度超过 100℃ 时，变速箱将被迫到空挡，错误代码 63. 10 将显示在 RD. 120 的 AF(active faults）模式下，警示灯将会闪烁。当变矩器温度再次低于 120℃ 时，变速箱将被迫处于空挡直到驾驶者操纵换挡杆通过空挡回至前进挡，这保证车辆不出现驾驶意外。RD. 120 在 AF 模式将出现错误代码 63. 10，只要驾驶者不重新选择前进挡，警示灯就会持续亮着。当驾驶者重选择前进挡，警示灯开始闪烁。

当变矩器出口温度再次降低到 100℃ 以下时，不再有更多的错误代码。当驾驶者重选前进挡，警示灯熄灭。变速箱将保持在空挡直至驾驶员将手柄拉回到空挡再挂上前进挡或后退挡，这样就能保证车辆不会在不想运行的时候误运行。错误代码 63. 10 将会出现。在驾驶员没有选择前进或者后退时，报警灯将继续亮着。当驾驶员选择方向挡位后，报警灯开始闪烁。

当变矩器出口温度降到 100℃ 以下时，没有错误代码出现，在驾驶员在这个时候还没有选择前进或者后退时，报警灯将继续亮着；当驾驶员选择方向挡位后，报警灯关闭。

（6）系统压力保护。系统压力保护目的是为了防止变速箱在过低压力下工作。

当变速箱压力低于限制时，变速箱将被迫挂到空挡，RD. 120 在 AF 模式将出现错误代码，警示灯亮起。当变速箱压力回到正常值（ >14 bar）时，变速箱保持空挡直到驾驶者把换挡杆经过空挡返回前进挡（或后退挡），这将使机器正常工作，RD. 120 在 AF 模式将不出现错误代码。只要驾驶员没有重新选择前进挡（或后退挡），警告灯仍然亮着。当驾驶员选择了前进（或后退挡），警告灯熄灭。OEM 可用数字信号。当数字信号显示“not ok”时，变速箱被强制挂到空挡；当数字信号显示“ok”时，变速箱保持空挡直到驾驶者把换挡杆经空挡返回前进挡（或后退挡）才能实现操作。

（7）报警灯。在下列情况下报警灯亮：1）降挡时不满足要求；2）换向时不满足要求；3）传动系统超速或接近超速；4）系统压力太低；5）变矩器出口温度太高；6）有显性错误代码时（这个不是必然的，客户可要求在有错误代码时报警灯亮）。

b 车辆安全保护

（1）换挡杆处在空挡时，发动机才能启动。这可通过外部接线和通过换杆实现而不需通过 APC120 实现。

（2）操作者现场保护。当操作者离开座位时，变速箱被强迫空挡，以至车辆无法开动。这时需要把驾驶员座椅下的开关连接到 APC120 上。当驾驶员离开座椅 2s 后（时间间隔可调），变速箱被强制回到空挡。当驾驶员回到座椅上后，变速箱还是保持在空挡直至驾驶员将手柄先回到空挡再挂上前进或后退挡。这样就能保证车辆不会在不想运行的时候误运行。

（3）空挡锁止保护。空挡锁止保护目的是为了当操作者离开座位时，变速箱被强迫空挡，以至于机器不移动，此时需要把空挡锁定解除开关（驾驶室内）连接到 APC120 数字输入挡上。当手柄在空挡位置保持 3s（时间间隔可调）并且此时车辆在静止状态下，变速箱将被强制到空挡。当驾驶员操作手柄移动到前进或者后退挡，必须启动驾驶室里的空挡锁定解除开关，才能得到前进挡或者后退挡。这样就能保证车辆不会意外运行。

（4）操纵者现场操纵和空挡锁止保护。驾驶员在座椅上的保护和空挡锁定保护有着同样的目的，它们是可相互替代的，选择一个就可以了。驾驶员在座椅上的保护，是最好的保护方法，因为变速箱是空挡，如果驾驶员在座椅上，他可以选择前进或者后退。如果他不在驾驶室，变速箱就被迫回到空挡。空挡锁定保护需要从驾驶员处手动配置空挡锁定解除开关，所以不是实际意义上的空挡。

（5）停车制动。停车制动目的是保证在停车制动状态下，驾驶员不能使用前进和后退挡。停车制动需要的接线可使数字输入告诉 APC120 停车制动状态。停车制动实施时，变速箱回到空挡；当停车制动解除时，变速箱还是保持在空挡直至驾驶员将手柄先回到空挡再挂上前进或后退挡。这样就能保证车辆不会意外运行。

C APC120 基本功能

（1）手动换挡。APC120 使变速箱换向和换挡取决于换挡手柄的位置，即换挡手柄在 F2 挡就是变速箱处在前进 2 挡。APC120 会自动考虑换挡或者换向时的保护功能。

（2）自动换挡。

1）APC120 能让变速箱从设定的自动最低挡位到换挡杆挡位之间自由切换。

2）如果车辆的速度实在太高，超出了变速箱所能承受的极限，为了保护变速箱，即使手柄处于低挡位，APC120 还是会升挡。那些比自动换挡所设定的最低挡位还要低的挡，就只能通过手动操作手柄来实现。

3）负载传感的自动换挡。负载传感的自动换挡是变速箱转速与发动机转速的函数，即 $=f(\mathrm{trpm}+\mathrm{erpm})$。

4）速度传感的自动换挡。速度传感的自动换挡是变速箱转速的函数，即 $=f(\mathrm{trpm})$。

5）自动换挡将发生于方向挡与空挡。

6）在方向挡上，自动换挡基于变速箱转速（trpm）。

7）在空挡上，自动换挡基于输出转速。

（3）手动/自动挡选择。

1）如果手动和自动挡模式合适于车辆，则就可选择 APC120 上相应的模式。

2）信号执行方式有 3 种：数字信号输入；CVC（中央车辆控制器）到 TC（变速箱控制器）_1 CAN（总线）message（报文）；用于数字信号的模拟输入。

3）数字信号输入。需要数字输入的所有功能都可以通过下面方式接收：数字输入；CAN 报文（message）；用于数字信号的模拟输入。根据输入是模拟信号还是数字信号，选择打开开关（自动），还是关上开关（手动）。

（4）换向保护。

1）低速换向。低速换向的目的是保证平滑的换向，保证车辆操作运送货物的稳定性。在低速允许常见的换向（常见车速小于 5km/h），常见的换向发生在发动机低速或油门踏板位置在怠速位置。因为低速或怠速时传动系统有较少的扭矩。在换挡 F-N-R/R-N-F、N-F/N-R、F-N-F/R-N-R 时，发动机限速。当车辆的速度超过限制或发动机的速度超过限制时，如果油门踏板被踩（参数设置），这是当 APC120 自动选择空挡位置，车辆速度将自行下降，当车速、发动机速度和油门踏板状况位置信号达到设定标准时，换向将被执行。

2）高速换向。高速换向的目的是在全油门位置来进行快速的换向。因为车辆需要更快、更有效率的运输物料，换向可以在高速时进行，但是同样也有最高速度的限制。这个限制是经过批准的换向最大车速。超过这个限制车速方向，离合器会因为太热而被烧毁。客户也可自设定比最大车速低的限制。在全油门下换向可实施。

在换向时，APC120 发现车辆速度高于限制速度，APC120 会让变速箱强行降挡，从而从发动机那里得到一定的制动效果。

然后，在车辆速度降到足够低时，方向才会改变。

然而，在 1500ms 后，车辆速度仍然超速了，接着一个强制降挡过程将被执行，继续从发动机得到制动。这个过程直至持续到车辆速度足够低。

10.2.2.3 Dana 变速箱 APC120 控制器 RD120 APC120 的远程终端显示器

APC120 本身不具备集成的显示器，所以 Dana 公司另外提供 RD120 远程显示器（见图 3-24），它适用于 APC120，并可提供基本操作信息和故障诊断编码。但是 RD120 不是必须选择用件，APC120 具有 CAN 总线通讯功能，所以需要显示的信息都可以提供总线共享。

人机接口系统是地下矿用汽车控制系统的一个重要组成部分，其作用是为驾驶员提供一个良好的操作界面和环境，同时协调控制系统各部分之间的工作。为了提高车辆操作过程中的人机交互性能，人机交互界面采用了图表化、图标化和数字化的显示方式，取代了传统控制系统中的诸多仪表，使得参数显示直观、准确、实时、明了。Dana 公司最新开发出与 Dana 变速箱控制器（APC）通信的 PC 工具——驾驶室仪表板（见图 10-17）。

该界面实际是一种人机交互界面。它可实时监视所有相关传输信息和功能，从而使发现与排除故障简单；记录和存储与变速箱有关的功能信息；显示有源（active）和无源（non-active）错误编码；允许改变设置和局部调整有关极限参数；自动校准等。作为选择件，RD120 远程显示器可以通过利用独立的总线与 APC120 连接。

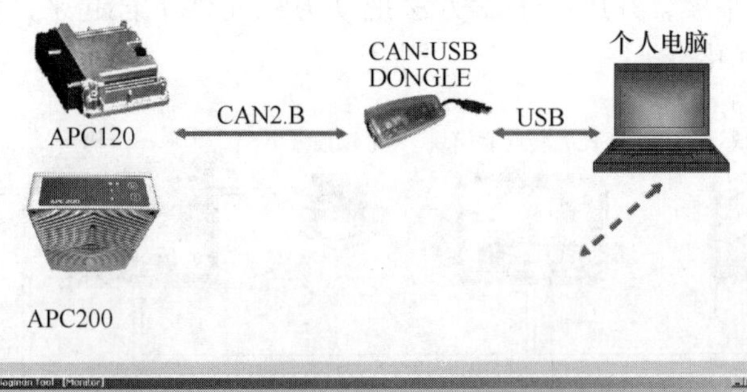

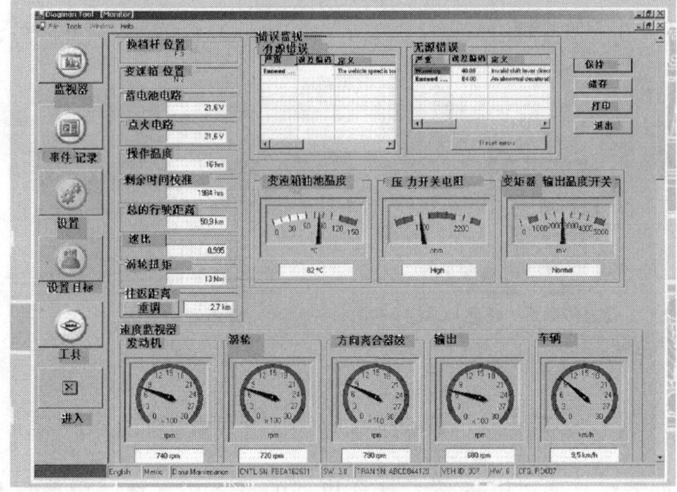

图 10-17 驾驶室仪表板界面

10.2.3 故障诊断和监控技术

现代地下矿用汽车正朝着大型化、智能化方向发展，许多设备综合了机械、电子、自动控制、计算机等先进技术，设备中各种元器件相互联系、相互依赖，这就使得设备故障诊断难度增大。由于使用现场存在着很多不确定性因素，使得在设备的运行过程中，不可避免会出现各种各样的故障，一旦出现故障，能否对故障进行快速诊断并排除故障，对于矿山企业是非常重要的。特别对边远地区和技术力量相对薄弱的矿山来讲，更为重要。因此，随着科学技术的发展，远程故障诊断和远程监控技术也得到迅速发展，许多采矿设备制造商都展出了这方面的成果。

所谓状态监测和故障诊断技术是指设备在运行中或基本不拆卸的情况下，通过各种手段（机械的、液压的和电子的）掌握设备运行状态，判定产生故障的部位和原因，并预测、预报设备未来的状态。

状态监测和故障诊断技术是防止事故和计划外停机的有效手段，是未来维修的发展方向。正因为如此，各设备和零配件制造商纷纷展览自己这方面的产品，除了上面介绍的状态监测和故障诊断技术外，下面也介绍几个典型零部件制造商开发的状态监测和故障诊断技术及系统。

10.2.3.1 Caterpillar 监视系统

特别要提到的是 Caterpillar 生产的 AD60 地下矿用汽车监视系统（见图 10-18），它将发动机/动力传动系集成，并用电子学方法把动力系元件组合起来，使得工作更智能化，汽车的整体性能更优化。

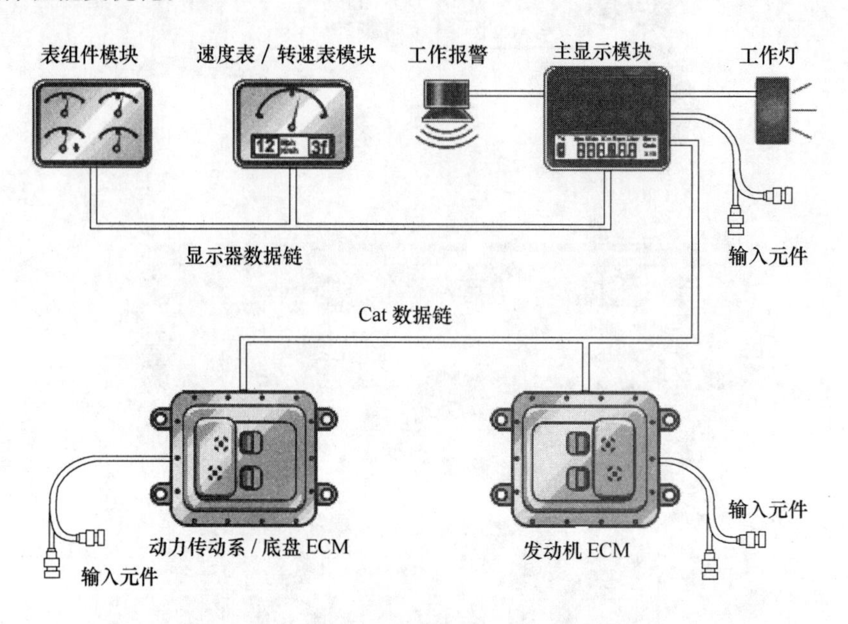

图 10-18　AD 60 地下矿用汽车监视系统

Caterpillar 数据链路：通过电子技术整合机器的计算机系统，以此优化动力传动系的总体性能、提高可靠性、延长部件使用寿命，并降低操作成本。

（1）可控油门换挡——用于调节发动机转速、变矩器锁止及变速箱离合器的接合，实现平稳换挡，延长部件寿命。

（2）经济换挡模式——降低油耗，减少噪声，可延长发动机使用寿命。

（3）换向管理——可调节发动机转速，避免因高速换向受到损伤。

（4）车斗升挡限制器——防止变速箱在车斗还未完全降下时，就挂到预设挡位以上。

（5）超速保护——变速箱利用电子技术检测发动机状况，自动调节挡位，避免发动机超速。

为了提高能见度，减少盲点，在地下矿用汽车中配置了监测摄像系统。该系统包括 2 台摄像机，其中一个面向前面、另一个面向后；在司机室内按人机工程学布置监视器，如图 10-19 和图 10-20 所示。

Caterpillar CMS 计算机化监视系统如图 10-19 所示。

Caterpillar CMS 计算机监视系统（computerised monitoring system）是一个连续监视机器功能，详细显示出系统操作状态，提醒驾驶员机器上有一个或多个系统马上或即将出现问题及严重性，除了显示实际结合的挡位外，还显示出发动机油压、停车制动器、制动器油压、燃油液位、充电系统、发动机冷却液温度与液位等，同时记录下如仪表读数超高或超低的性能数据，以便帮助诊断问题，降低停工时间。

Caterpillar CMS 计算机监视有一个三级警告系统，它可向驾驶员发出报警信号，见表 10-4。

图 10-19 Caterpillar CMS 计算机化监视系统

1—行动灯；2—报警指示；3—液晶显示屏；4—发动机启动开关；5—实际挡位指示器；6—数字式车速表；7—仪表显示器；8—转速表

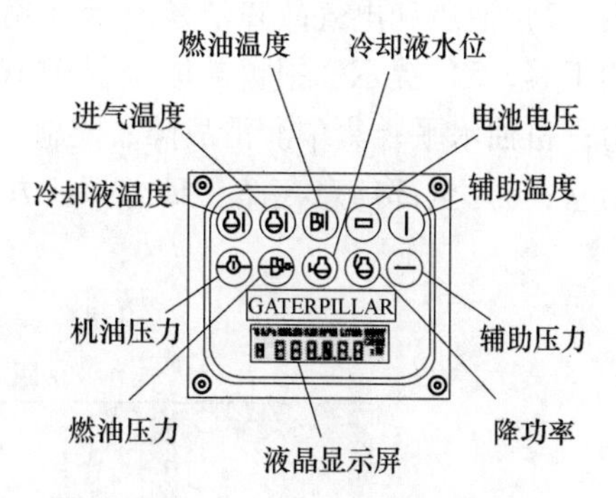

图 10-20 报警指示与液晶显示屏

（液晶屏可显示：转速、运转小时数、负载百分比、耗油率、进气压力、电池电压、冷却液温度、进气总管温度、燃油温度、辅助温度、机油压力、燃油压力、辅助压力）

表 10-4 Caterpillar 三级警告系统

警告级别	警告指示器			需要驾驶员采取措施	可能出现的结果
	警告指示器闪亮，或仪表将显示在红色区	行动灯闪亮	行动警报响起		
1	√			不需要即刻行动。系统需要即刻留意	不发生伤害或损坏的结果
2	√	√		改变对机器的操作方式或对系统进行保养	将发生机器零部件的损坏
2-S	√	√	√	立即改变对机器的操作方式	严重损坏部件
3	√	√	√	立即对发动机进行安全停机	可能伤害司机或造成机器部件严重损坏

10.2.3.2 Sandvik VCM

Sandvik TH430 地下矿用汽车的独特之处在于使用了 Sandvik 的车辆控制和管理系统（vehicle control and management system，VCM），如图 10-21 所示。它能监测地下矿用汽车所有的参数，包括行驶速度、工作温度和压力，减少故障诊断时间，减少意外停车时间。

VCM 新型控制系统优势：

（1）与自动化系统兼容。1）Automine@ 自动化矿山；2）矿山监控系统。

（2）设备使用率高。1）自动换挡；2）人性化控制。

（3）提高设备完好率。1）减少停机故障；2）缩短维修时间。

（4）用户界面。1）更好的故障自诊断；2）与 Sandvik TH 系列地下矿用汽车用户界面兼容。

图 10-21 Sandvik 车辆控制和管理系统（VCM）

（5）简化故障排除。1）设备检修告别电路图和万用表；2）液压和电气故障清楚显示（见图10-22）；3）全部功能单屏显示；4）无需专用检测工具；5）提示和报警功能（见图10-23）。如发动机控制模块（ECM）报警；温度和压力；机油水平；集中润滑故障；控制系统元器件失效；电路接触不良；传感器失效；滤芯堵塞；6）全部信息存储在日志中，方便浏览及笔记本电脑下载。

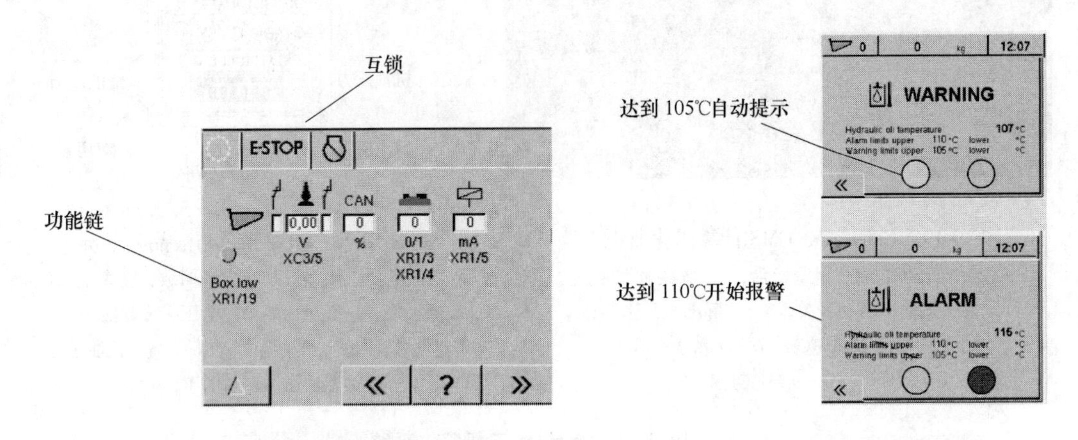

图10-22　VCM液压和电气故障显示

图10-23　VCM提示和报警显示

10.2.4　信息管理技术

随着世界科学技术的发展，以及全球对矿石需求量的日益增加，使全球采矿机械竞争日益激烈。以计算机为首的信息技术（IT）不断渗透到采矿行业，引起采矿自动化技术的不断变革。由于IT的采用，大大增加了采矿安全、改善了工作条件、优化了运输速度、降低了维护要求、实现了实时的生产监视与控制、现场系统集成，以改进采矿过程控制。因此IT在采矿的应用越来越广，也越来越受到矿山的欢迎。为了抢占采矿设备的市场，各采矿设备制造厂纷纷推出越来越多的自动化采矿设备。这些技术与设备的出现，使采矿工业自动化水平达到一个新的高峰，面向21世纪现代采矿自动化系统正在形成。

信息技术是世界工业的一场革命。所谓信息技术，就是应用信息科学的原理和方法同信息打交道的技术。它包括有关信息的产生、检测、交换、存储、传递、处理、显示、识别、提取、控制和利用等技术。它典型的代表是传感技术、通信技术和计算机技术。传感技术是关于传感器的设计、制造、测试和应用的综合技术。传感器的作用是将外部运行信号、车辆状况信号、驾驶员的操作信号变成电信号，并将它送到控制单元，进行处理后产生一定的控制信号，使执行元件输出相应的物理量。通信技术包括电视、电话与网络等。电子计算机可以处理和存储信息。信息技术是当今社会发展的重要技术，也是推动常说的“信息革命”的一种技术。Caterpillar第3代重要信息管理系统就是信息技术在地下矿用汽车应用的实例。

Caterpillar公司的重要信息管理系统（VIMS）是一个功能强大的管理工具，该工具给操作者、服务人员和管理人员提供广泛的、重要的机器健康和功能方面信息。许多传感器被集成到所设计的车辆上，如图10-24所示。如果VIMS检测到任何机器系统处于临界或异常情况，它会提醒操作员，并指示他们采取适当的行动，无论是修改机器操作，还是通知需要维护店铺，或执行安全关机。这可提高车辆可用性，组件的生产和寿命，同时降低维修费用和发生灾难性故障的风险。在 Caterpillar 矿用地下矿用汽车和大型轮式装载机上，VIMS 还包括生产和性能信息。它记录了地下矿用汽车各种循环运行时间：装载时间、装载运行时间、卸料时间、空车运行时间以及延误时间。所有这些信息在办公室、维护店铺和司机室内被用来创建有用的报表和图表。这些报告导出智能分析并做出更好的决策、更有效的运行，降低每吨成本。

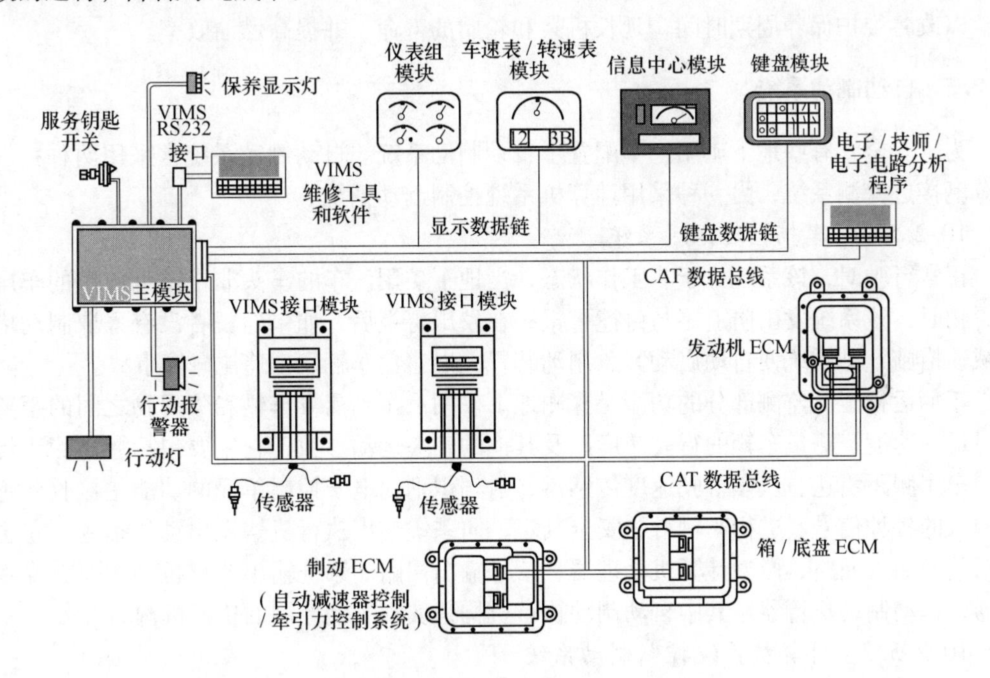

图 10-24 Caterpillar 的重要信息管理系统（VIMS）

第三代 VIMS 系统（VIMS 3G）是现在 Caterpillar 采矿设备可供选择的系统，随着更新的通信功能，可提供更多的方便和功能。实时浏览器让 VIMS 3G 用户实时查看一个易于访问的 Web 浏览器的机器数据。这些数据包括冷却液温度、机油压力、当前的挡位选择、目前的有效载荷和更多其他数据。VIMS 3G 拥有更快的下载速度和有一个嵌入式以太网控制器，能够扩大宽带能力。VIMS 3G 兼容最广泛使用的无线电移动宽带系统。此外，它可以通过以太网端口，带或不带使用一个单独的通信硬件/软件系统直接连接到一台笔记本电脑。

VIMS 3G 与当前 VIMS 系统产生的所有信息无缝接口，VIMS Guardian 和 VIMS 系统以前产生的所有信息均与 VIMSpc 外接软件兼容。VIMS 3G 提供 Caterpillar 重要的采矿机器信息。

VIMS 的作用：

（1）监控。VIMS 3G 监控系统实时提供重要的机器运行状况及有效负载数据，保证其性能始终处于高生产水平，机器上的传感器使 VIMS 系统能够迅速交换和监控所有系统传来的信息，维修技师可在办公室、车间或驾驶室内迅速下载数据，生成报告，数据可用于提高定期维护计划的效率，尽量延长部件使用寿命，改善机器利用率并降低运营成本。

（2）生产和有效负载管理。VIMS 3G 监控系统可用于提高地下矿用汽车、装载工具的效率，提升车队的生产能力，有助于延长地下矿用汽车机架、轮胎、轮辋和动力传动系统部件的寿命，同时降低运营和维护成本。

（3）外部有效负载指示器。VIMS 3G 监控系统可指示操作员何时停止装载，以达到最佳有效负载，从而避免过载。

（4）道路分析控制。VIMS 3G 监控系统通过测量机架的左右和上下颠簸来监控运输路况，以改善维护保养周期时间，延长机架和轮胎的寿命，并提高燃油效率。

10.2.5　自动制动系统

为了安全，有些地下矿用汽车配置了自动制动系统。自动制动系统常采用两种：一种是车辆接近探测系统；另一种采用计算机系统控制制动系统。

10.2.5.1　车辆接近探测系统

正常行驶时，该系统处于非工作状态，当地下矿用汽车的车头非常接近前车的车尾或障碍物时，该系统发出防追尾与碰撞警报；在发出警报后，如果驾驶者没有采取制动措施或减速措施，则系统便自动启动紧急制动装置，以避免车辆发生追尾碰撞事故。

车辆运行工况监测部分的功能是探测地下矿用汽车到前方车辆和障碍物之间的距离和相对运动速度、测量车辆的行驶速度以及其他的相关运动参数，它主要包括激光测距传感器、车用测距雷达、汽车行驶速度传感器、射频识别。电子控制单元的功能是接收传感部分输入的各种信号、进行车辆行驶安全判定、向系统输出执行机构发出动作指令，它主要包括信号输入回路、微型计算机处理器、信号输出回路。系统输出执行机构主要有蜂鸣警报器、自动制动执行器。其中自动制动执行机构是实现车辆控制的执行机构。

10.2.5.2　计算机系统控制制动系统

以下原因计算机系统将使停车制动系统自动制动：（1）电源切断；（2）启用了紧急停机模式；（3）驾驶室门开着；（4）液压油油位太低；（5）制动液压油油位太低；（6）制动蓄能器压力太低；（7）变速箱油压太低；（8）转向控制阀故障；（9）挂空挡延时（空挡制动，选装）。

10.2.6　自动灭火技术

10.2.6.1　概述

众所周知，燃烧是指可燃物质与氧化剂作用发生的一种放热发光的剧烈化学反应。任何火灾都必须具备四个要素：一是必须有可燃的物质；二是必须有能点燃可燃物质的热；三是必须有足够支持燃烧的氧气；四是可燃物质、热和氧气混合产生化学反应。地下矿用汽车上存在大量的可燃液体：润滑油、柴油、润滑脂、液压油及其他可燃物。当地下矿用汽车工作时，由于发动机缸体、涡轮增压器、排气管、液压系统、制动器等会产生大量的热。而在地下矿用汽车有许多油路、电路，再加上地下矿山虽然是一个封闭空间，但仍通风良好，因此，地下矿用汽车存在火灾的隐患。一旦这些可燃液体泄漏到高温的零件上，或电路发生电气短路，或者外来火种，如果在地下矿用汽车设备周围焊接或气焊，火星溅到泄漏的可燃液体上，都可能立即发生火灾。当火灾发生时，轻者造成重要设备的损失，停工停产，造成重大的经济损失，严重的造成车毁人亡的灾难。

为了能有效防止各类火灾发生，每台地下矿用汽车必须配置灭火器或自动灭火系统。一个有效的灭火系统设计是基于对它进行火灾危险分析，识别火灾危险区。

地下矿用汽车根据发生火灾的难易分为易发生火灾的区域、难发生火灾的区域。前者又可分为主要危险区、次要危险区、一般危险区。

（1）主要危险区，主要部位是发动机舱。因为发动机舱内载有大量的可燃燃油、液压油、润滑脂、拥挤的电线、软管、积累的碎片及热源（火源）。

（2）次要危险区，主要部位是变速箱、液力变矩器。因为这些组件十分靠近发动机，都是一种可能的高温源，也有可能导致点燃可燃材料。

（3）一般危险区。中间铰接区、电池舱、高压软管、发动机油底壳、液压/燃油泵、车轮制动器和轮胎。

1）中间铰接区。它是液压管路集中区，虽然这里没有火源，但在这些管路上因为大流量液压油的节流可能会出现热点。

2）电池舱。当可燃材料堆积在电池顶部时，电池舱就是一个潜在的火灾危险区。这些材料在有湿气的情况一下，会导致电气短路。

3）高压软管。热流体从一个破裂的高压胶管喷出，或从一个松了的接头或法兰中泄漏出都可能接触到火源。

4）发动机油底壳。发动机油底壳不仅可以积累从车辆渗漏出的燃料，而且外部碎片由于其独特的位置，在油底壳起火，会迅速扩展到全车。

5）液压/燃油泵。由于这些高压油是油泵产生的，流体从一个泄漏泵喷出，可能会接触热源，引起火灾，完成危险分析后，就可确定喷嘴覆盖范围。

6）车轮制动器和轮胎。当车辆下长坡时，由于频繁制动产生大量的热，若遇上可燃物质，就会产生火灾。轮胎是可燃物质，当遇到火焰也会燃烧。

10.2.6.2 灭火系统

现以在地下矿用汽车用得最广的世界上著名自动灭火系统制造商 Ansul 公司 A-101 自动灭火系统为例。

ANSUL A-101 灭火系统是一种自动或手动灭火系统，使用针对 A、B 和 C 类火灾的 FORAY@（基于磷酸一铵）干式化学灭火剂。此灭火系统可用于大型非道路用建筑和采矿设备、地下采矿设备。这些设备类型具有大量承受压力的燃料和液压油。

A Ansul 公司 A-101 自动灭火系统特性

（1）获得 FM（factory mutual）批准。

（2）手动和/或自动探测和开动。

（3）极端温度选项。

（4）低外形灭火剂箱选项。

（5）坚固耐用的构造。

（6）获得批准在地下矿井中使用，并可进行手动或自动灭火剂释放（自动探测系统包含经过 MSHA 批准的 ANSUL CHECKFIRE MP-N 探测系统）。

（7）符合欧盟标准。

B ANSUL A-101 灭火系统原理

ANSUL A-101 灭火系统（图 10-25）是一种预设计的储气式（cartridge-operated）干式

化学灭火系统，带有一个固定喷嘴输送网络。此系统能够自动探测以及遥控/手动开动。当探测到火灾时，A-101 系统可手动开动或自动开动，从而运行气动执行器。气动执行器使动力气筒中的一个密封膜破裂。这反过来使灭火剂箱中的干式化学灭火剂增压并流化，当达到所需的压力时，撕破防爆膜，并推动干式化学灭火剂通过输送软管网络。干式化学灭火剂被从固定喷嘴喷出，喷射到受保护区域，从而扑灭火灾。

灭火系统的自动探测部分包含电器探测，可以是线性电线探测或光点探测。另外，连接到线性或热探测电路的 Triple IR 火焰探测器可用来对火灾探测结果进行快速响应。

C　组成

基本系统包含干式化学灭火剂储藏箱、动力气筒、配料软管和喷嘴、手动、自动执行器、自动探测系统以及其他配件。

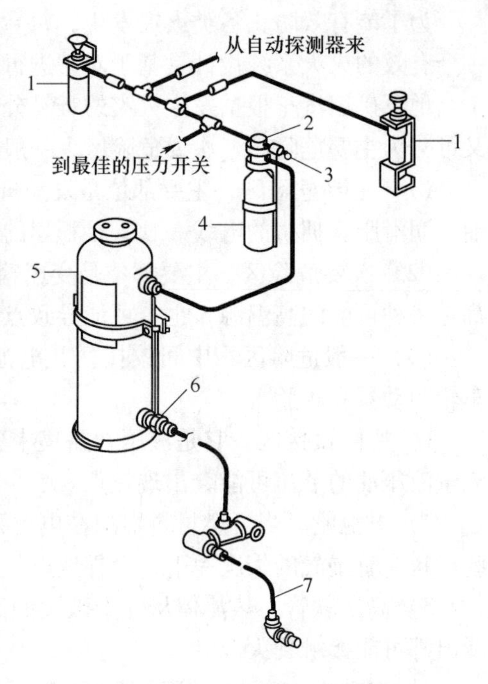

图 10-25　ANSUL A-101 灭火系统

1—遥控执行器；2—气动执行器；3—安全溢流阀；4—动力气筒；5—干式化学灭火剂储藏箱；6—密封防爆膜总成；7—喷嘴

(1) 灭火剂储藏箱。灭火剂储藏箱包含一个焊接而成的钢箱、充气管、铜制或铝制装料盖、密封灭火剂排出口的防爆膜组件，以及操作说明铭牌。0 ~49℃温度范围内使用的灭火剂箱，LT-A-1 01-10 都有一个气筒接收器，以及位于灭火剂箱侧面的动力气筒，低外形和极端温度型灭火剂箱（-54 ~ +99℃）有一个单独的气筒/气动执行器组件，该组件通过一根 1/4in 长的软管连接到灭火剂箱。灭火剂箱上喷涂了红色瓷漆。灭火剂储藏箱有六种容量（10lb、20lb、30lb、50lb、125lb 和 250lb）。

(2) 固定架（10lb、20lb、30lb 和 50lb）。灭火剂箱固定架包含一个坚固耐用的焊接钢板和夹紧臂组件。此固定架可安装在这些系统的正常有害环境下，夹持并保护灭火剂储藏箱。它用红色瓷漆油漆，可通过螺栓连接或焊接方式进行固定。

(3) 装配环（125lb 和 250lb）。适用于 125lb 和 250lb 灭火剂储藏箱的装配环是用 1/2in钢材制成，此环与灭火剂储藏箱组件底部的外形相一致。此环可焊接到固定面，然后使用环中预先车了螺纹的孔，将灭火剂储藏箱用螺栓连接到此环。

(4) 动力气筒。动力气筒是一个旋制高压气筒，包含适用于 0 ~49℃温度范围的二氧化碳，或适用于 -54 ~ +99℃极端温度范围的氮气。

(5) 配料软管和喷嘴。配料管道（软管）网络用来把干式化学灭火剂配送到喷嘴。为了经受得住移动设备产生的振动，使用软管来配送干式化学灭火剂。在 A-101 预设计系统中，软管尺寸、最大和最小软管长度以及喷嘴数量都是预先确定的。有三种喷嘴类型可供 A-101 系统使用，每种喷嘴类型都是针对各种应用领域和覆盖范围进行设计和测试的。喷嘴排气帽可用来使喷嘴免于粘上污物和油渍。

(6) 手动，自动执行器。手动执行器包含执行器主体、氨气筒和固定架，可以使用两种类型的手动制执行器：遥控型和仪表盘型。遥控型使用S形固定架或气筒防护装置式外壳。仪表盘型使用L形或S形固定架。当用手操作手动执行器时，氨气筒供给的气体释放到1/4in开动软管中，然后，此氨气压力操作刺穿大型动力气筒（二氧化碳或氮气）的气动执行器，这使从灭火剂储藏箱释放出的干式化学灭火剂流化，并在软管中向喷嘴推进。

自动执行器（自动探测系统的一个组件）的操作方式与手动执行器的相同，不同的只是自动执行器可由探测系统自动操作。

自动探测系统ANSUL A-101灭火系统可以使用三种自动探测系统：CHECKFIRE系列1、CHECKFIRE SC-N、CHECKFIRE MP-N。

探测系统控制模块固定位置的温度为：CHECKFIRE系列1，-40～+60℃；CHECKFIRE SC-N，-40～+60℃；CHECKFIRE MP-N，0～+49℃。CHECKFIRE系统采用一种电气、机械或气动原理，可以使用四种类型探测器选项：热敏线性电线探测器、光点型感温探测器、充气不锈钢管道探测器、带有Triple IR（IRs）火焰探测器的线性/光点组合式探测器。

1）热敏电线探测器。当发生火灾时，电线的绝缘材料熔化，接通电路，并使探测系统开动灭火系统。

2）光点型感温探测器。当周围空气的温度达到探测器设定点温度时，内部触点就会闭合。此闭合活动就接通一条电路，并使探测系统开动灭火系统。

3）充气式不锈钢管道探测器。当管道中的气体受热时，气体压力的增加会使一个应答器工作，因而接通一条电路，并使探测系统开动灭火系统。

4）Triple IR火焰探测器是一种高性能和高可靠性的自给式三倍光谱火焰探测器。此探测器采用一种小巧、方便的外壳，以便于在狭窄区域容易地安装。它专门设计为一种通用火焰探测器，适用于很不容易发生误报的非道路用（采矿）和工业设施。拥有专利的Triple IR设计提供两倍于任何常规IR或UV/IR探测器的探测距离，因而能够以三个特殊频带扫描振动式红外线辐射（1～10Hz）。已经选择每个传感器带，以确保实现与火灾辐射能辐射的最大程度的光谱匹配，并实现与非火灾刺激物最小程度的匹配。

10.2.7 自动润滑技术

自动润滑技术详见8.4.6.2节。

10.2.8 自动缓速器控制技术

自动缓速器控制技术（ARC）利用电子技术来控制坡度减速，保持最佳的发动机转速及冷却效果，还可用手动减速或制动踏板来辅助制动。ARC还可使操作保持最佳的发动机转速，加快下坡速度，提高生产效率。一旦发动机转速超过出厂预设级别时，ARC就会自动启动。

10.2.9 智能轮胎技术

在采矿车辆行驶中，轮胎处于高速、大负荷、高气压、长时间运动中的任何一种情况都可能引起爆胎而酿成严重的安全事故，因此轮胎问题是造成和诱发事故的重要原因，因为轮胎气压过高导致橡胶过热或因轮胎气压超高导致轮胎爆炸。另外，轮胎的充气不足，轮胎滚动阻力增大，采矿车辆油耗增加，同时胎面异常磨耗加剧，导致轮胎早期报废。

为了提高采矿车辆的安全性、经济性等，驾驶者必须经常检查轮胎的压力，这样做非常麻烦，并且驾驶者很容易忽略或忘记。随着计算机、电子技术、人工智能和通信技术的发展和广泛应用，人们开始考虑轮胎压力、温度的自动检测和报警，这就出现了智能轮胎。

智能轮胎（intelligent tire）的出现是轮胎发展史上的一个重要变革，它利用传感器、通信、计算机以及人工智能等现代技术使轮胎由传统的被动测压转变为主动压力检测，并且还具有了轮胎状态（温度、压力、摩擦、形变等）智能诊断和异常状态的自动报警功能，因此智能轮胎可以从根本上解决胎爆所引起的交通事故，使采矿车辆的安全性得到很大的提高。另外，智能轮胎能够自动检测压力，在压力不正常时及时处理，对轮胎的老化情况，合适的气压、负荷等提出建议，从而使轮胎压力和负载可以经常处于合适的状态，这样就可以大大提高行车的舒适性，并且能够降低油耗、减少磨损，大大提高采矿车辆的经济性。

Sandvik 轮胎监视器、Bridgestone 智能标签 B-TAG、Michelin 土方机械管理系统（michelin earthmover management system，MEMS）就是现代轮胎新技术的代表。

10.2.9.1　Sandvik 轮胎监视器

Sandvik 在新的地下矿用汽车配置了 Sandvik 轮胎监视器（tyre pressure monitoring system，TPMS），监测轮胎压力和温度。

Sandvik 的 TPMS 不断监测轮胎温度和压力，如果要求纠正措施，就会给操作者提供警告和警报。

当纠正措施按时完成时，可以防止轮胎出现损坏。该系统可节省日常维护时间，因为操作者从司机室的显示器上可以看到轮胎压力，如图 10-26 所示。

（1）Sandvik 轮胎监测系统给操作者提供了以下警告：1）轮胎泄漏检测；2）最高超压力（38%）；3）超压力（28%）；4）欠压（12.5% 以下）；5）最大欠压（25% 以下）；6）高温（85℃）；7）蓄电池电量不足。

（2）TPMS 特点。Sndvik 带彩色显示器的 TPMS 作为地下矿用汽车的选项。

1）TPMS 是完全集成到 Sandvik 控制系统，如图 10-27 所示。

2）TPMS 包括集成到轮胎排气帽的四个压力传感器、接线适配器和无线电接收机。

3）传感器和它的安装位置（FL、FR、RL RR）是在第一次安装系统时，按照系统

图 10-26　司机室的压力和温度显示器

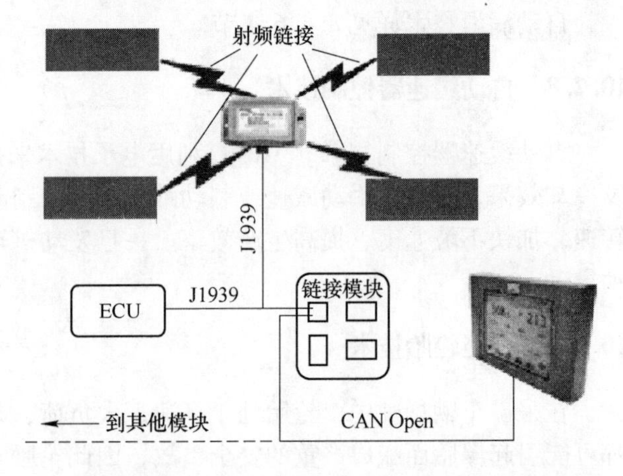

图 10-27　集成到 Sandvik 控制系统的 TPMS

“教学”说明的一个一个地安装。

4）如果一个传感器坏了，按系统“教学”显示的说明更换一个新的。

5）传感器包括电池。当收到电池电量过低的警告时，应更换电池。

6）所有 TPMS 传感器相似，有相同的零件号。

10.2.9.2 Bridgestone 智能标签 B-TAG

Bridgestone（普利司通）在 2012 年国际矿业展览会上推出新的系统——Bridgestone 智能标签 B-TAG（bridgestone intelligent tag），它是一个先进的轮胎管理工具，每 5min 实时测量轮胎压力和温度。通过在极端气候环境下大量的测试证明，它具有无与伦比的传感器可靠性。

有了这种先进的系统，车辆操作者可以在开车前实时访问运转轮胎的信息，确定一切正常后，车辆操作者才可以开车，与此同时，维修人员可以远程监测轮胎压力。早期预警轮胎压力下降或温度上升可以避免轮胎损坏和预知可能发生的潜在危险，确保安全的工作环境。

B-TAG 也可与矿山调度系统集成，使操作者可以找到更有效的方法来编制车辆计划和矿山操作。B-TAG 系统包括传感器、接收器和一个电子控制单元（ECU)。放置在轮胎上的传感器把信号发送到安装在车辆底盘上的接收器上，然后分析这些信号并把收集的数据输入到车辆司机室内的 ECU 上。B-TAG 利用这种传感器信息监测轮胎的操作条件。如果发生问题，B-TAG 把有关温度升高和充气压力下降的警告发送到操作者机载显示器和实际的调度系统上。

通过远程诊断和/或调度系统集成，当压力或温度超过最佳水平时，它会提醒矿山工作人员，允许快速行动来避免可能的轮胎损坏，这有助于创造一个安全的工作环境，减少轮胎相关的停机时间。

10.2.9.3 Michelin 土方机械管理系统（MEMS)

Michelin 轮胎也在减少停机时间上下工夫，推出了 Michelin 土方机械管理系统（michelin earthmover management system，MEMS)，这是一种在行驶中监测轮胎温度和气压的电子系统。

法国 Michelin 轮胎公司推出的 MEMS 智能轮胎由 4 个大部件组成：

(1) 感应片。在轮胎成型工序被置入轮胎内侧，在轮胎的整个寿命期发挥作用。

(2) 接收器。拾取感应片传导过来的信息，并将信息传送到连接装置。

(3) 连接装置。将接收器传送过来的信息输入便携式储存装置。

(4) 便携式储存装置。储存被监测轮胎的所有数据并加以显示。

在 2012 年国际矿业展览会上，Michelin 在展会上介绍了其升级的 MEMS Evolution 2 新的版本，这是一个比原 MEMS 具有更高性能的版本。MEMS Evolution 2 采用最新一代 TPMS 传感器以及新的、改进的系统软件。

(1) 新版本 MEMS 的优点：1）不管车辆位于矿山何处，都可直接访问数据；2）友好的用户界面对操作员和数据分析师用户界面友好；3）为操作者的信息服务，具有更大的灵活性；4）更强大的软件和无线通信系统。

(2) MEMS Evolution 2 工作内容：1）可检测自卸卡车轮胎温度或压力问题；2）MEMS 把信息发送到自卸卡车管理团队；3）通过无线通信系统可把信息发送到自卸卡车控制中心；

4）警告信号可在矿山管理中心的监视器上显示；5）司机的管理者可通知司机轮胎存在的问题；6）根据问题的性质，决定要么停止自卸，要么改变其速度或走另一条路线来保护车辆的轮胎；7）当问题已经解决，所有的信号灯回归绿色，自卸卡车继续其正常工作周期。

在新添加的功能里有一个新的接口，能实时监测整个车队轮胎。MEMS Evolution 2 也可实时记录所有单台卡车数据。它可为矿山操作者提供标准的或个性化的车队轮胎分析。最后，MEMS Evolution 2 可连续地与仓库联系，确保操作员对轮胎的优化管理。

结合 Michelin 土方机械轮胎的性能，MEMS Evolution 2 是一种最理想的解决方案，可最大限度地提高采矿设备生产率。

为了满足客户更全方位的需求，2015 年 4 月 Michelin 隆重推出业界最先进的全新 TPMS 胎压监测系统：MEMS Evolution 3（michelin earth mover management system evolution 3）。

全新 MEMS Evolution 3 除了在现行系统的基础上，持续结合创新设计来改善产品质量，其所具备的卓越功能，将提供给顾客更完善的服务。对于体积庞大的工程机械轮胎来讲，缺乏轮胎状况的资讯和监测，可能导致设备停工或是大幅降低其整体生产效率，Michelin 所推出的全新 MEMS Evolution 3 胎压监测系统，凭借其可靠耐用、易于安装和先进的监测与数据分析报告功能，同步让采矿业者在作业过程中，得以大幅降低轮胎因发生异常状况，最终导致停工的重大风险。

Michelin 以创新思维让这套先进胎压监测系统的功能发挥到极致，因此 MEMS Evolution 3 堪称是当今工程机械轮胎业界中最高端的胎压监测系统！其不仅超越了普通胎压监测系统的功能，透过嵌入轮胎内部的两款精密感测器（分别设置于内部灌有液体添加剂和一般无添加剂的轮胎内），系统能够同时精准测量胎压和监测轮胎内部的温度变化，而在灌有液体添加剂的轮胎内部，MEMS Evolution 3 通过高标准认证的精密感测器更采用了 100% 密封式设计，其主要目的在于完全杜绝因潮湿而导致功能失效的状况发生。

此外，为了能够即时提供监测资料，MEMS Evolution 3 胎压监测系统接收讯息的模式分为 WiFi 版和 3G 版两款，完备的网际网络连接机制，不仅进一步优化了数据资料的传输速度，同时也提供更完整的资料传输功能；当轮胎处于温度过高或是充气不足的情况下，系统会借由电子邮件或短信即时发送警报，同时针对每个轮胎的监控资讯分别进行管理，并且具有即时提供最新报告的强大功能，让 MEMS Evolution 3 成为采矿业者的最佳伙伴，从最初的系统安装到后续资料处理分析，每一个步骤流程和操作阶段在完全上手之前，Michelin 的系统专家也都会全程提供顾客最完善的服务。

创新的 MEMS Evolution 3 胎压监测系统，让使用者能够更轻易地进行资料处理与汇总分析，并在工程机械车辆作业的过程中，随时因轮胎潜在的压力和温度等问题，而透过强大的轮胎即时监控管理，不仅采矿业者得以大幅提升生产效率，同时也可降低工作人员在作业过程中的危险性。

10.2.10　防疲劳技术

疲劳驾驶是当今矿山安全的重要隐患之一。驾驶人员通常工作 8h 或 12h 轮班，特别是在夜班，在疲劳时对周围环境的感知能力、形势判断能力和对车辆的操控能力都有不同程度的下降，疲劳驾驶是引发交通事故的重要因素之一。因此操作员注意力和疲劳必须引起高度重视。正因为如此，各国政府和矿业界十分重视防碰撞、接近探测及疲劳报警技术的开发与应用。

10.2.10.1 Caterpillar 防止司机疲劳驾驶技术

世界最大的采掘类设备生产企业 Caterpillar 公司将推出眼部与脸部追踪技术，防止司机疲劳而产生事故。该公司计划出售传感器、警报和软件等成套设备，可用于探测汽车司机是否因过度疲劳而在上班时打瞌睡。必和必拓与黄金制造商纽蒙特矿业公司已经开始试用这种产品。两家公司认为，这种产品的表现要强于此前工人需要佩戴的专门设备。

这种司机安全方案（DSS）设备的优势就在于，工人换岗时不必再进行调试。这套设备是由澳大利亚观望机械公司（Seeing Machines）研发，Caterpillar 专家小组在 21 种同类技术的产品中挑选出该公司的产品，并与该公司达成合作协议。

DSS 使用摄像机来探测地下矿用汽车司机的瞳孔大小、眨眼频率、闭眼时间长度，并且还会追踪司机嘴巴的位置，判断他们是否在盯着道路。为了让摄像机更好地辨认这些特征，还要在重型汽车的驾驶室里安装红外线灯。尽管人的眼睛看不到这种灯的灯光，但它却能让摄像机在黑暗中辨认物体，穿过地下矿用汽车司机的护目镜。

所有这些装置都是为了观察司机是否在打瞌睡。人们打瞌睡的时间在 1 ~ 30s 之间，随后便会醒过来，但我们不会察觉到自己刚刚失去了意识。

如果电脑软件认为司机在打瞌睡，那么它将触发声音警报，安装在司机座位下的电机会把司机摇醒。车上的系统还会向后勤人员发送警报，他们可以从流媒体视频反馈中看到地下矿用汽车司机眼镜和最近的行为数据。虽然采掘企业本可以通过限定车速和保养机械零件来防止一些事故发生，但疲劳驾驶仍是最大的隐患。

10.2.10.2 Modular 公司 FatigueAlert™模块

操作员的疲劳是采矿行业机械事故的主要原因。为了解决这个问题，模块化公司与疲劳管理国际组织（FMI）结成战略联盟共同开发 DISPATCH 系统 FatigueAlert™模块。FatigueAlert™模块背后的核心技术是疲劳驾驶警报系统（advisory system for tired drivers，ASTiD）。ASTiD 可以避免疲劳驾驶的司机在行驶中睡觉，以此消除重大交通隐患。

ASTiD 系统通过监控司机在驾驶中表现出的疲劳迹象进行工作。该系统将一些常见因素作为参考系数，如由于司机睡眠造成的交通事故高发期、车辆行驶状况及司机持续驾驶的时间等。一旦司机昏昏欲睡，声音和图像警示器将对他们提出警告。

通过测量车辆的实时动态，在操作装置运行前需要操作者输入自己过去 24h 的睡眠信息。当视觉报警到一定程度时，触发声音报警，建议驾驶员停车并休息。休息一段时间后，内置闹钟会叫醒驾驶员，并重置驾驶时间。该系统是由位于英国莱斯特郡（Leicestershire）的拉夫堡大学（Loughborough University）睡眠研究中心，通过近二十年研究开发出来的。

FatigueAlert™模块提供为数不多的疲劳检测技术，它不使用连接到驾驶员上的摄像机或传感器。更重要的是，它在为数不少的产品上进行了广泛的测试，证明在采矿环境中是有效的。

产品特点：（1）对车辆装备 ASTiD 的所有操作员进行实时疲劳风险评分；（2）硬件小、不显眼，很容易与现有的模块公司的硬件连接；（3）无需与操作员交互作用主动预测性技术；（4）当疲劳的风险数值超过设定的水平时，在 DISPATCH 系统里会产生异常；（5）疲劳风险简介和历史的分析报告；（6）提供培训、咨询服务包，包括变更管理。

10.2.11　主动避撞技术

地下采矿，由于作业条件恶劣、车身矮、能见度很差，碰车、撞墙、伤人事故也常有发生。如果能够在事故发生前提醒驾驶员并采取一定的安全措施，对减少安全事故的发生则是非常有用的，地下矿用防撞预警系统正是基于提高车辆的主动安全性来实现在行车过程中给驾驶员提供必要的技术设施。车辆防撞技术作为智能运输系统的一个子课题，将不断成熟和完善，防碰撞系统的应用可以预防碰车、撞墙、伤人事故。因此，防撞系统是地下矿用汽车一项重要的安全措施，同时也是地下矿用汽车自动化的一项重要内容。

防碰撞系统有两种类型：一种是高频射频识别，高频系统应用于需要较长的读写距离和高速读写场合，其天线波束方向较窄且价格较高；另一种是低频射频识别系统，低频系统主要用于短距离、低成本的场合中。两个系统都适用地下。下面介绍国外几种防碰撞系统。

10.2.11.1　Becker 公司

Becker 公司在 2012 年国际矿业展览会上展览的采矿车辆主要防撞系统如下。

A　人员避开系统——CAS 系统

通常情况下，对井下作业的所有矿工和进入矿井的车辆，都要求配置一个编码发射器（标签）。该标签大约每 1s 的时间间隔传输一个独特的识别码。传输距离可达 100m，且传输时间相当短，以确保碰撞可能性减到最低。CAS 接收器用于检测贝克尔（Becker）射频识别（radio frequency identification，RFID）有源标签，包括车辆标签、矿灯的标签和个人独立的标签。

一旦 CAS 接收器检测到标签，CAS 将通过视觉和听觉警报警告诉司机，司机立即采取措施避开车辆与行人。在新的 Becker 防撞系统（CAS）中设置了 4 个接近警戒区，如图 10-28 所示。

作为车速较慢的车辆（车速小于 10km/h）警戒区一般默认的范围如下：（1）临界区（0 ~ 5m），强制车辆停车；（2）警告区（5 ~ 12.5m），严重警告车辆操作者和矿工；（3）注意区（12.5 ~ 100m），轻微警告车辆操作者和矿工；（4）安全区（100m 以上），无警告的必要。

B　人员避开系统——PAS 系统

人员避开系统（PAS）是一个转发器标签，该标签通过矿工帽上的一个闪烁的灯光（最多闪 5 次）和蜂鸣器警告车辆和人员，指出在人附近车辆数量。探测范围可根据客户的要求设置。

C　人员和车辆检测系统——PVD 系统

Becker 采矿系统检测防撞系统技术旨在促进双向通知和发送警报或警告下述目标之间的潜在碰撞：

（1）人对车辆。如果有静止或移动的车辆在附近，人会得到警告。

（2）车辆对人。如果有人在车辆附近，车辆会得到警告。

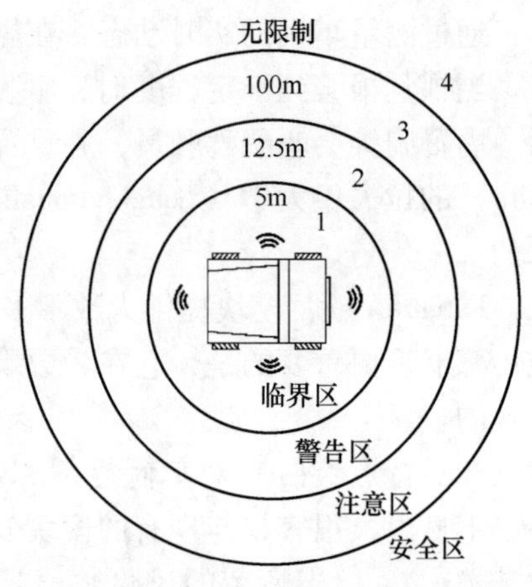

图 10-28　4 个接近警戒区域

（3）车辆对车辆。如果有静止或移动的车辆在附近，车辆会得到警告。

具体 Becker 防碰撞系统种类，组成、原理和在地下采矿车辆的应用见表 10-5。

表 10-5　Becker 防碰撞系统的种类、组成、原理和在地下装载机的应用

种类名称	组成			用途
	发射机	RF 信号	接收机	
CAS(Collision Avoidance System)——防碰撞系统	人佩带的发射机		装在车辆上的接收机	CAS 是一个自动防故障的方法，以防止人员和车辆之间发生碰撞。CAS 有能力区分人员和车辆或机器设备，并允许在禁区内的“慢走”模式
PAS(Personnel Avoidance System)——人员避开系统	装在车辆上的发射机		人佩带的接收机	PAS 装置是一个智能接收器，它是由现有的矿工帽灯改造而成。当行人靠近车辆有必须提醒行人时，通过矿工帽灯闪烁和内部的蜂鸣器响声，警告行人
CAS 和/PAS 组合系统	人佩带的发射机，装在车辆上的发射机		装在车辆上的接收机，人佩带的接收机	既起防碰撞系统作用，又起人员避开系统作用
PVD(Personnel and vehicle detection System)——人员和车辆检测系统	人佩带的发射机，装在车辆上的发射机		装在车辆上的接收机	警告设定距离内的车辆司机与另外车辆司机及行人，以防发生车与车、人与车碰撞事故
未来运用——车辆管理系统	防碰撞系统被集成在车辆自动化系统中			除了完成防碰撞功能外，还能完成车辆跟踪、监视、管理、通信、音频、视频和数据收集等

10.2.11.2　Mine Site（镁思锑）公司 IMPACT 接近检测

IMPACT 接近检测系统是车辆操作者对邻近的车辆和人发出报警，减少碰撞风险和提高所有人的安全最有效的方法。该系统区分靠近接近区（close-in proximity）即内区（inner zone）和附近区（in-vicinity）即外区（outer zone），如图 10-28 所示，方便车辆操作者对接近物做出适当反应。

该系统使用 IMPACT 车辆智能平台（VIP），安装在矿灯上或移动设备上有源电子标签（active RFID tags）及磁场发生器组合以产生多区接近警告系统。该 VIP 模块与司机室内牢固的触摸屏显示器和视频、声频报警器连接起来，当检测到目标时警告操作者。然后该系统解释检测标签细节，确认标签信息或识别标签信息及在检测场内的位置（在外区还是在内区）。这些信息在司机室内触摸屏上显示，最后操作者有意识地通过简单触摸屏消除警告。该 IMPACT 接近检测系统是一个降低地下矿山风险和提高安全的简单而行之有效的方法。

A 系统特点

（1）有源电子标签：先进的 WiFi 信号在地下路面可传播 60m，在拐弯处周围可传播 20～40m（见图 10-29）。

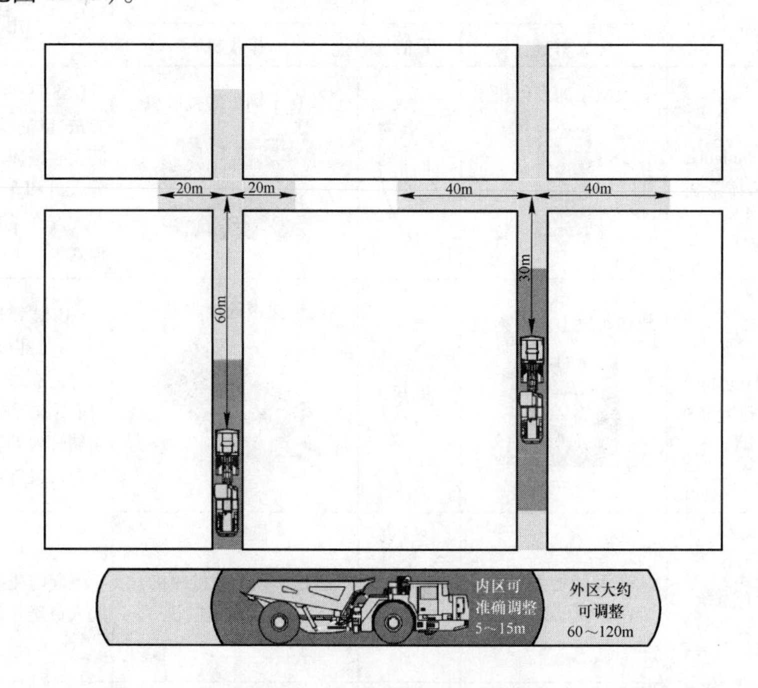

图 10-29 有源电子标签传播距离

（2）多个区域检测：外区给第一次警告并产生意识；内区给临界“碰撞即将发生”警告。内区利用可调节在车辆周围产生的磁场，改善重复性。内区与外区报警可定制以减少对驾驶员的刺激。

（3）记录与审查：提供“黑盒子”功能以方便事故调查，能够与服务器连接，上传记录的事件。

（4）连续自我诊断：系统利用内置的反馈标签连续自我检查所有重要系统零部件。

（5）利用现有的 MST 设备：接近检测是一个个性的 ImPact 车辆智能平台。一旦安装硬件，它可以用于车辆诊断、负载监测和其他生产力提高。接近标签可以用于 ImPact 车跟踪和标签系统。

B 具有配置报警和事件记录的 ImPact 接近检测系统

设计接近检测系统是为了通过对在附近车辆操作者和人员提供早期预警指示，显著减少车辆/人、车辆/车辆碰撞的风险。位于该系统中心是强大的车辆智能平台（VIP）装置，它控制检测区，并读取标签信号以及无线网桥。如果需要的话，无线网桥可以连接到 ImPact WLAN 网络。

为了提供最高水平的安全性和可靠性，该系统的设计广泛咨询了车辆操作者和矿山安全人员的意见，同时也特别考虑到操作者的舒适性和恶劣的矿山条件。多区的概念是当一个人或另一辆车是在车辆 60～120m 范围内时通过给操作者低级、非侵入性（non-invasive）的首次警报，以及当突破车辆周围的内区时，通过给操作者一个高级的音频/视频红色警报，使假报警最少。

只要摸一摸坚固的司机室内屏幕，检测到的标签可以单独或同时保持不出声。

该系统利用先进的已被证明在地下能很好传播的 WiFi RFID 标签。WiFi 信号特别能在地下拐角四周传播，允许操作者“环顾”拐角，因此，使他们不会被有人突然进入他们的道路所危害。相比之下，在这个区域，传统的 UHF/VHF 系统有很大的局限性。

接近检测系统适用于重型和轻型车辆。作为一个独立的系统，它提供了更高的安全性，同时它可以进一步支持其他 IP 应用，如将在驾驶室内的 VOIP（voice over internet protocol，网络电话）、车辆负载监控、操作数据和跟踪信息整合到一个矿山地下局域网（LAN）。

C 系统组成

系统组成见表 10-6。

表 10-6 ImPact 接近检测系统组成

名称	外形	功能及特点
ImPact VIP 装置		·按故障安全配置控制所有接近警报、连续的自我诊断、检查系统、连接和 WiFi 完整性； ·能够使用几个个性的装置运行，包括资产跟踪和车辆智能； ·局部记录最近的事件，用于事件的调查； ·WiFi 连接桥用导线把以太网设备连到网络上
坚固的触摸屏		·提供一目了然的信息，减少分心； ·显示在附近分割区内人和车辆的号码与身份； ·允许单个触摸确认单个标签或一起确认所有标签； ·可调报警音量适应操作者，而不危及操作者安全
内区磁频信号发生器		·在车辆周围建立可重复的磁“光环”； ·重型结构，以确保坚固性； ·最大限度防止岩石跌落、热、突出的金属物体和腐蚀性环境
有源 RFID 标签		·标签整合到灯上以确保人总是携带标签； ·综合 PED 文本寻呼机和可选 UHF/VHF（超高频/甚高频）无线电； ·重量轻的锂离子电池； ·本身包含可更换电池的标签

注：该 ImPact 接近检测系统在稳定区检测，先进的 WiFi 信号在地下路面可传播 300m，在拐弯处周围可传播 20～40m。

10.2.12 人机工程学技术

地下矿用汽车是地下采矿的重要设备。随着世界采矿业的发展，地下矿用汽车也进入了黄金期。由于地下采矿作业环境十分恶劣，于是人们对地下矿用汽车的安全、环保、舒适和效率提出了越来越严格的要求。在 20 世纪 80 年代初提出了所谓采矿人机工程学，90 年代末又建立起了地下无轨采矿车辆人机工程学。目前，地下无轨采矿车辆人机工程学获得了广泛的应用，并且由此产生了许多人机工程学标准。本节简略地介绍了地下无轨采矿车辆人机工程学的特点、内容、作业环境应用及相关标准，供参考。

10.2.12.1 地下采矿的作业条件与地下无轨采矿车辆人机工程学

A 地下采矿的作业条件

地下无轨采矿车辆（包括地下矿用汽车）作业条件与一般露天各种车辆比较，条件特殊，而且十分恶劣。例如：

（1）由于车辆的外形尺寸受地下巷道尺寸的限制，相对露天车辆来说，其外形尺寸低矮，司机室空间受到很大限制，再加上路面不平，司机的头部可能会碰到司机室顶棚，身体易碰到操纵机构，因此司机易受到伤害。

（2）由于地下采矿巷道无自然光，只靠灯光照明，加上司机座位低、能见度差，再加上路窄、弯多、坡大，容易发生与其他车辆、行人、路面物体、巷道壁的碰撞，伤及设备和人员。

（3）由于地下作业路面高低不平，再加上绝大多数无轨车辆没有悬挂，座位悬浮，因此车辆行驶时产生的振动会传递给司机，使司机承受全身振动从而受到伤害。

（4）由于地下巷道是有限封闭空间，发动机排出的有害气体，若通风不良，就会使巷道里空气质量变差，这必然会使司机的身体健康受到损害。而且由于地下矿用汽车噪声大，再加上巷道的反射，致使地下矿井的噪声比露天要大，司机长期暴露在强噪声之中，听力会受到损害。

（5）由于巷道顶部常有浮石，有时会砸坏司机室，伤及司机。再加上地面不平或有大块石头，车辆易倾翻。

（6）由于地下矿井空间有限、维修条件差（零部件紧凑、接近性差、起重设备有限、光线很暗），致使维修安全事故频发。

（7）由于司机室很多是侧向布置，司机长时间以不变的姿势操作，致使司机下背与颈部发生疼痛等。

正因为地下矿用汽车作业条件的特殊，意外事故经常发生，对司机的安全健康影响比较大。据国内外统计表明：人机工程学因素已成为地下矿用汽车许多意外事故的原因。它严重影响地下矿用汽车操作的效率、车辆操作者的安全和健康，严重的导致车毁人亡。正因为如此，国外许多国家把人机工程学原理列入矿山、健康与安全法规，强制地贯彻执行。我国许多地下无轨采矿设备安全要求的标准中也都把人机工程学原则列为其中重要内容。

B 地下无轨采矿车辆人机工程学

从广义来讲，“人机工程学是研究人在某种工作环境中的解剖学、生理学和心理等方面的各种因素，研究人和机器的相互作用以及在工作中、家庭生活中和休假时怎样统一考虑工作效率，人的安全和舒适等问题”的一门新兴的边缘科学。正因为如此，人机工程学已渗透到生产、生活、工作等各方面，应用十分广泛。而且也有各种各样的名称，如应用于安全方面称为安全人机工程学（safety ergonomics）、应用于环境科学就称为环境人机工程学（environmental ergonomics）、应用于车辆就称为车辆人机工程学（vehicle ergonomics）、应用于采矿就称为采矿人机工程学（mining ergonomics）、应用于地下无轨采矿车辆就称为地下无轨采矿车辆人机工程学（ergonomics of underground trackless mining vehicles）等。

这些人机工程学都是从普通的人机工程学分离出来，经过再加工而形成的，因而这些人机工程学与普通的人机工程学原理相同。但具体应用上确有许多微妙差别，而且符合这些专门人机工程学的产品，能更好地适应特殊条件、特殊目的。地下无轨采矿车辆也不例外。

从以上分析可知，地下无轨采矿车辆人机工程学是以“人（驾驶员）-车-环境（地下巷道）系统为对象，以改善驾驶员的劳动条件和舒适、高效、安全为目标的一门科学”。

地下无轨采矿车辆人机工程学研究的主要内容：(1) 人体测量学和生物力学；(2) 司机视线；(3) 司机工作位置的设计；(4) 司机的保护；(5) 司机室的入口与出口；(6) 控制位置与控制设计；(7) 显示器位置与设计；(8) 标签与使用说明；(9) 司机座椅；(10) 灯光；(11) 环境（湿度、温度、噪声、振动、通风、有害气体浓度等）；(12) 警告系统（喇叭等）；(13) 可维修性；(14) 培训（包括司机与维修人员）。

10.2.12.2 地下无轨采矿车辆人机工程学内容简介

A 人体测量与生物力学

a 人体测量（anthropometrics）

人体测量是人机工程学的重要组成部分。为了使各种与人体尺寸有关的设计符合人的生理特点，使人在使用时处于舒适的状态和适宜的环境之中，就必须在设计中充分考虑人体尺寸，因此要求设计者掌握人体测量的基本知识，人体测量中一个很重要的概念就是人体尺寸百分位数，所谓百分位数实质上是一种位置指标，一个界值，以符号 PK 表示。一个百分位数是将群体或样本的全部观察数据分成两部分，有 $K\%$ 的观察值等于或小于它。有 $(100-K)\%$ 的观察值大于它。人体尺寸用百分位数表示时称为人体尺寸百分位数。例如：$PK=$P5 时，对我们国人来说，坐姿眼高是 749mm，这就是说明有人群 5% 坐姿眼高小于或等于 749mm，95% 的人群坐姿眼高大于 749mm。又比如 $PK=$P95 时，坐姿眼高是 847mm，这就是说明人群中有 95% 的人坐姿眼高小于或等于 847mm，只有人群中 5% 的人坐姿眼高大于 847mm，这方面的资料可参考《中国成年人人体尺寸》(GB/T 10000—88)。在涉及人体尺寸的产品设计中，设定产品功能尺寸的主要依据是人体尺寸百分位数，而人体尺寸百分位数的选择又与所设计的产品类型有关，在 GB/T 12985—1991《在产品设计中应用人体尺寸百分位数的通则》标准中对产品设计进行了分类。

(1) Ⅰ型产品设计（又称产品尺寸范围可调性设计)。对于与健康安全关系密切或减轻作业疲劳的设计应按可调性准则设计。它需要两个人体尺寸百分位数作为尺寸的上限和下限的依据。一般按 P5 和 P95 对象群体设计，即适宜人体尺寸调节范围为从男子第 5 百分位数到第 95 百分位数，如座椅面高度、靠背倾角、前后距离尺寸等。

(2) Ⅱ型产品设计。Ⅱ型产品设计分ⅡA 型产品和ⅡB 型产品尺寸设计。

1) ⅡA 型产品设计，又称大尺寸或极大值设计。只需要一个人体尺寸百分位数作为设计上限的依据，称ⅡA 型产品设计。根据《中国成年人人体尺寸》(GB/T 10000—88)，中国人 18 ~ 25 岁 P95 的身高为 1789mm（即门的高度至少为 1789mm)，这说 95% 人低于或等于此高度，只有 5% 的人高于此高度。从人机工程学而言，门的高度设计是合理的。

2) ⅡB 型产品设计，又称小尺寸或极小值设计。只需要一个人体尺寸百分位数作设计下限的依据，如操作力按最小值设计。

(3) Ⅲ型产品设计，又称平均值设计。只需按第 50 百分位数（P50）作为产品尺寸设计的依据，主要用于工作台、门的拉手的设计。

这部分参阅《工作空间的人体尺寸》(GB/T 13547—92)和《用于机械安全的人类工效学设计》(GB/T 18717.3—2002)。

b　生物力学（Biomechanics）

生物力学是应用力学原理和方法对生物体中力学问题进行定量研究的生物物理分支。它研究的重点是与生理学、医学有关的力学问题。人机工程生物力学（Erogonomics Biomechanics）是研究人与劳动工具之间的力学作用关系的科学，是人体工程学和生物力学相互交叉形成的学科。人机工程生物力学主要研究的内容是：针对地下采矿的环境与条件，研究如何预防人体慢性损伤、避免劳动职业病以及如何提高劳动生产率、减轻劳动疲劳以达到人们在生产劳动中安全、高效且舒适的目的。

例如，司机座椅设计不正确就会妨碍血液的流动；手动工具设计不合适就会使手神经受到挤压，从而导致手的麻木和刺痛。总之在设计时不考虑生物力学原理就可能对司机的健康以及他的操作和生产率产生有害影响。

B　司机的视线

司机的视线（driver sightlines）包括视线不足的危险、停车时司机的视线、正常驾驶司机视线、车辆转弯绕过障碍物或在狭窄空间内转弯司机视线、行驶与卸载时司机的视线、视线的测试方法、视线标准、视线评估、视线不足的改进等内容。

所谓司机的视线是指观察点（确定观察位置的一个点）和注视点（视野中眼睛所集中注意观察的一个点或目标）的连线。如果观察点与注视点不能连线，则就观察不到感兴趣的目标。

在评估司机的视线时，有两种情况需要考虑，即高个司机和矮个司机的视觉。由于地下矿用汽车巷道高度的限制，司机的座位十分低从而妨碍了司机从机器上面观察路面和路边的情况。因此在设计座位时推荐司机的眼高采用 P5 和 P95 百分位数。

由于地下矿用汽车作业环境十分恶劣，弯多，坡多，路面条件差，再加上在一个封闭的环境作业，没有自然光，灯光强度往往不足，犹如在黑暗中作业，它的高度受到巷道的限制，致使司机座位极低，因而司机的视线受到极大限制，这也是地下矿用汽车事故多发的原因之一。据某公司 10 年事故的分析，全部事故的 4%、死亡事故的 50% 是因为司机的视线不足产生的。正因为如此，人们对司机的视线特别关注，十分重视，把司机的视线列为无轨采矿车辆人机工程学首先研究的内容。

C　作业空间

这里所说的作业空间（workspace）是指地下矿用汽车司机在司机室（或司机棚）坐着操作时，考虑身体的静态和动态尺寸，其所能完成作业的空间范围。

作业空间的设计一般是按照坐姿 P95 百分位数来设计。它包括头部空间、身体空间、腿空间和司机的最小活动空间四部分设计内容。

一方面由于地下巷道尺寸的限制，使地下矿用汽车外形尺寸受到极大限制，从而使司机的作业空间受到很多约束。另一方面由于地下矿用汽车一直处在恶劣的路面上运行和作业，因此为司机提供必要的安全、舒适的作业空间就显得十分重要。如何既能保证司机安全舒适操作有必要的空间，又能保证地下矿用汽车在窄矮的巷道内安全运行，这就是地下矿用汽车作业空间设计要解决的问题。

D 司机的保护

司机的保护（driver protection）包括司机室 FOPS/ROPS 结构、防护装置（ISO 3457/GB/T 25607—2010）、防止下肢触及危险的安全距离（GB/T 12265.2—2000）、防止烧伤的安全距离、安全皮带、以及操作人员应配备必要的头、脚、手、眼睛、耳朵、身体等防护装备等。

地下矿用汽车司机长期暴露在恶劣的、有害身体健康的作业环境之中，因此其身体受到车辆外部和车辆内部各种危害。司机的保护就是把这些对司机潜在的危害降到最少。

司机棚与全封闭司机室是保护司机的最好办法，因此，必须了解地下矿用汽车司机棚与司机室的特点、设计方法和设计内容。

E 方便的入口与出口

所谓车辆的入口与出口（access and egress facilities）就是司机需进行日常维修的区域及为司机出入司机室提供的通道装置。它包括踏脚、梯子、阶梯、扶手、抓手、平台、走道、护栏和挡脚板。车辆的入口与出口设计的好坏直接影响司机与维修人员的安全。

当人进出地下矿用汽车司机室（或司机棚）时，可能会出现意外。因此必须采取一些设计规定以帮助人员安全进出地下矿用汽车。

F 控制器的位置与控制设计

控制器的位置与控制设计（control position and control design）包括根据人机工程学原理选择控制器的类型形状、尺寸、布置、操纵力、操作位移、运动方向、控制器的配置。

控制器又称操纵器、操纵装置、控制装置。在人机系统中，控制器是指通过人的动作来使机器启动、停车或改变运动状态的各种元件、器件、部件、机构及它们的组合等环节，其基本功能是把操作者的响应输出转换成机器设备的输入特性，进行控制机器设备的运行状态。

人在操纵控制器中，出现差错的现象是不少的。许多操作错误的发生，其实是因为在设计控制器时，没有充分考虑到人机因素而造成的。

G 显示器的位置与设计

显示器的位置与设计（display position and design）包括人的视角与听觉特性、显示器性能要求、显示器设计的基本原则、仪表板的空间位置、仪表板的排列、仪表的照明等。

在人机系统中，显示器是将机器的信息传递给人，人根据显示信息来了解和掌握机器的运行状况，从而做出判断、控制和操纵。显示器的设计选择、安装位置不当将会导致许多重大事故的发生。显示器的设计和布置十分重要。因而，它成为地下矿用汽车的重要内容之一。

H 标记和说明

标记和说明（labels/instractions）包括标记的功能、尺寸、内容、图标、位置、材料等。在所有的控制器与显示器适当的位置粘贴上耐用标记和说明以及指出控制运动的方向十分重要，在许多情况下，在不同制造厂制造的车辆上的控制器与显示器的布置是不同的，若没有清楚标记或说明，当人在操纵不熟悉的机器或从一台机器转移到操纵另一台机器时，操作的错误就会发生。好的标记不仅有助于减少操作者的操作错误，而且还有利于新操作者的培训。

I　司机座位

地下矿用汽车司机座位（driver seat）是人和地下矿用汽车接触得最多的部件，用于支承司机的质量，缓和、衰减由车身传来的冲击和振动，为司机创造舒适和安全的乘坐条件。座椅设计的好坏，将对司机乘坐舒适性、安全性和操纵方便性等产生很大的影响。

司机座位包括司机座位设计的重要性、人机工程学设计原理、司机座位的基本类型和结构、尺寸可调性与身体支承。

大多数工业应用座位一般包括可调整靠背、悬浮系统、座位前后高低调整，有时还包括扶手、脚凳、腰部支承。但是许多因素的组合使得地下矿用汽车座位的设计十分困难。由于座位厚度的限制致使座位高度受到限制，由于司机室内空间很小，座位的前后移动也受到限制。只在大中型地下矿用汽车广泛采用悬浮系统座位。

同样，地下矿用汽车司机承受全身振动暴露水平也远比 ISO 2361-1《机械振动与冲击　人体受全身振动的评价第一部分——一般要求》（我国 GB/T 13441.1—2007 与之等效）标准高，因此司机常受到振动伤害，有时司机头部还会碰到司机室顶、司机的手与肩碰到司机室侧面。正因为上述原因，地下矿用汽车要得到像露天工程机械那种满意的座位十分困难。同时也由于座椅是地下矿用汽车司机在工作中使用最多、最久的一个“工具”。在这种情况和环境下，一个设计不良的座椅会引起各种疾病，轻者背部、肩颈肌肉酸痛，重者引起局部损伤、腿部血液循环不畅等问题。一个设计良好的座椅，可为司机提供舒适的姿势从而大大减轻司机的疲劳程度，提高生产效率。正因为如此，人们对地下矿用汽车的座位设计十分重视，也进行了大量的研究。

J　车辆照明

车辆照明（vehicle lighting）包括地下矿用汽车对照明的要求、灯具的分类和作用、主要灯具、灯光布置、车灯光源强度等。在地下矿山由于没有自然光，为了防止车辆在路道上行驶和停车时碰到行人和车辆及路面障碍物，应安装前灯和尾灯。为了能让司机看清仪表和司机室内的情况，应安装仪表灯和顶灯。为了便于司机观察车辆各部件工作情况及方便维修，应配置工作灯。

K　作业环境

作业环境（work environment）包括人体对环境适应程度及热环境、光环境、声环境、高海拔环境、振动环境、有毒物质、矿井通风其他环境对人的工作、身体健康、安全和舒适性的影响，对车辆的性能、使用寿命和安全的影响，以及这些影响的评价标准，降低环境对人与设备影响的措施。

L　警告系统

警告系统（warning systems）包括音响警告及可视警告系统。为了警告危险发生前在作业区内的人员与车辆，地下矿用汽车在每个司机的位置上都应安装人工控制的音响警告系统或可视警告系统。在倒车时，为了防止车辆碰到后面的行人与车辆，地下矿用汽车应配置一个自动音响或可视警告信号装置。

M　可维修性

由于地下矿用汽车作业空间限制、设备十分紧凑、可操性很差，再加上地下起重设备、维修工具不足，很多零部件靠人力提升和搬运，因此地下矿用汽车特别强调可达性和可操作性设计，具体体现了以人为本的思想。可达性是指维修操作时，接近设备的难易程度。可达性好就是维修部位“看得见、够得着”或者很容易“看得见，够得着”而不需要多少拆装、搬动，维修人员在正常姿态下就能操作。因此最大限度地提高可达性是维修性设计的重要目标。在最新开发的地下矿用汽车都十分重视设备的可维修性（maintainability），十分方便接近日常维修保养点，简化了维修服务，并可减少用于例行保养的工作时间，增加维修安全。例如，维修人员不需登高，站在地面上就能对所有油箱、滤清器、润滑点和排气管道完成维修保养、阀的拆装、阀的调整（见图10-30），而且尽量在一侧完成。这无疑简化了维修服务，并可减少用于例行保养的工作时间，增加维修安全。

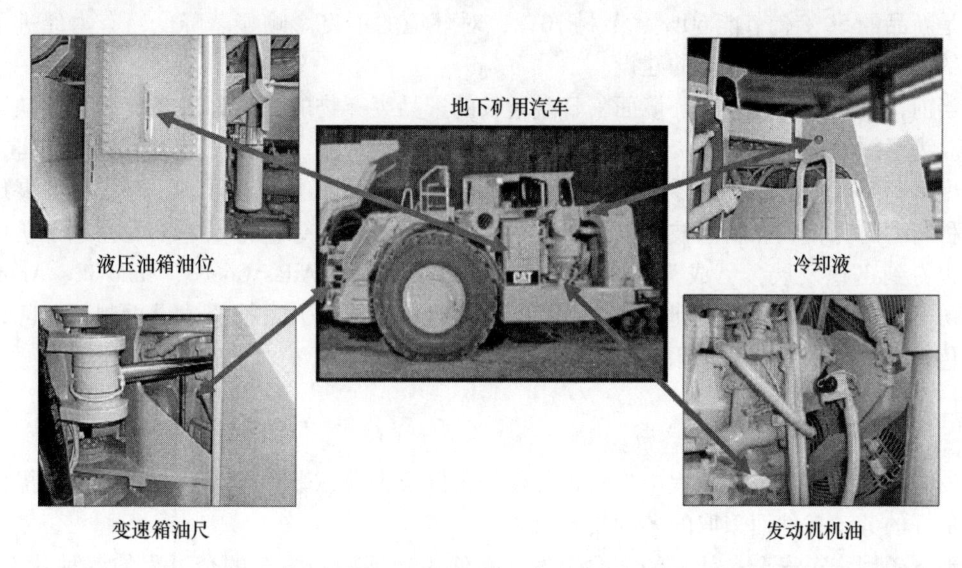

图10-30 地下矿用汽车地面的日常维护

维修性的好坏也是人性化的一个体现，因此，从整机布局到各个部件的设计，都从方便维修的角度给予了充分的考虑。特别是电子监控系统和故障诊断系统的设计与安装，大大提高了机器的维护维修性能。该系统可实现对地下矿用汽车工作状态的实时监控，包括速度、温度、压力等，自动诊断、记录机器运行状态，发生故障自动报警，提醒驾驶员及时进行修理，并可提供排除问题的方法，降低了故障排除的难度，提高了整机的维修性。

N 培训

随着科学技术的发展，地下矿用汽车越来越复杂，技术含量越来越高，常常是机-电-液-光一体化，要求人员不但专业基础扎实，还要有比较广的知识面。所以必须对操作人员进行持续培训（training），使操作人员水平始终适应现代化的需要。

从统计的资料表明，大量的事故都发生在作业中，而且多数是直接发生在作业中，是从事这些作业的操作人员缺乏安全知识、安全操作技能差或违章作业造成的。因此加强操作人员培训，提高他们的技能，对保证操作人员和地下矿用汽车安全是一件头等大事。

从人机工程学的观点来看，在人-机-环境的关系中，人是最重要的，只有不断提高人的素质才能处理好人-机-环境三者的关系。正因为如此，现在企业越来越重视对人的培训。

10.2.13 再制造技术

绿色再制造工程也称为再制造，是指以产品全寿命周期设计和管理为指导，以优质、高效、节能、节材、环保为目标，以先进技术和产业化生产为手段，按照新产品制造标准，来修复或改造报废产品的一系列技术措施或工程活动的总称。绿色再制造是节能环保产业的重要组成部分，已被列为战略性新兴产业。

再制造既不同于设备维修，也不同于设备回收利用再循环。

发展绿色再制造为先进制造技术带来新的理念，是一项低廉高质的制造系统工程，是一种省时高效的制造工艺技术。

再制造的重要特征是：再制造后的产品质量和性能不低于新品，有些还超过新品，成本只是新品的50%、节能60%、节材70%，对环境的不良影响显著降低，有力促进了资源节约型、环境友好型社会的建设。

当前，整个人类的生存环境面临日益增长的产品废弃物的压力，以及资源日益缺乏的问题。为了缓解资源短缺与资源浪费的矛盾，减少大量失效、报废产品对环境的为害，最大限度地利用废旧产品中的零部件，绿色再制造工程在国际上逐渐形成，并成为发展最快的一种新型研究领域和新兴技术。地下矿用汽车也不例外，绿色再制造工程在地下矿用汽车中也得到迅速发展，已成为一个新兴产业，Caterpillar、Atlas Copco、Sandvik、Aramine等公司不仅在本国大力投资建设再制造车间，而且也在国外大力投资建设再制造车间，使得绿色再制造技术在地下矿用汽车得到迅速发展。

10.2.14 安全技术

安全技术是指在生产过程中为防止各种伤害以及火灾、爆炸等事故，并为矿工提供安全、良好的劳动条件而采取的各种技术措施。

地下矿用汽车安全是从人的需要出发，在使用地下矿用汽车的全过程的各种状态下，达到使人的身心免受外界因素危害的存在状态和保障条件。地下矿用汽车的安全性是指地下矿用汽车在按照预定使用条件下，执行预定功能，或在运输、安装、调整时不产生损伤或危害健康的能力。

采矿行业相对其他行业是一个高危行业。随着社会的进步和科学技术的发展，也随着人们对生命和健康、对环境越来越重视，安全问题成了采矿设备头等大事。一切工作都以“安全第一，以人为本”的指导思想得到了人们的一致认同。安全性也是所有机器和系统设计中不可或缺的部分。为了保证采矿设备和操作人员的安全，世界各国政府和国际组织为此制订了严格的新的安全标准，及时修订了旧的安全标准。对人的保护、机器司机室及座椅、司机操作位置、机器遥控、动力系统、控制系统、显示系统、液压系统、传动系统、电子与电气系统、应用电子元件的机械控制系统、转向系统、制动系统、电磁兼容性、可视性、稳定性、可维修性、通道、牵引、噪声、振动、排放、温度、操作、信号、灯光、防火、保护措施及装置、报警装置和安全标识、捆扎、吊装与运输、轮胎与轮辋、人机工程学等都做出了严格而具体的规定。各地下矿用汽车制造商都将一如既往地主动采取具体安全措施达到或超过新安全标准的规定与要求，从而保证了人-设备-环境安全。

10.2.14.1 安全标准

为了保证地下矿用汽车与人员安全，地下矿用汽车设计、制造、使用、维修和运输全过程必须满足相关安全标准。表10-7列出部分国外相关标准供参考。国内绝大部分都有相对应标准，为了节省篇幅，未列出。

表 10-7　地下矿用汽车部分国外安全标准

序号	安全要求	相应标准
1	地下采矿设备与土方机械	MSHA 30，CFR Part 57 Safety and health standards-underground metal and nonmetal mines
		EN 474-1：2006，Earth-moving machinery—Safety—General requirements
		EN 1889-1：2010，Machines for underground mines—Mobile machines working underground—Safety—Part：1 Rubber tyred vehicles
		ISO/DIS 20474：2008，Earth-moving machinery—Safety—Part 1：General requirement
		ISO TR 25398（2012-01-15 First Draft）
2	制动性能	ISO/DIS 3450：2011（E），Earth-moving machinery—Wheeled or high-speed rubber-tracked machines—Performance requirements and test procedures for brake systems
		EN 286-2：1998，Simple unfired pressure vessels designed to contain air or nitrogen—Part 2：Pressure vessels for air braking and auxiliary systems for motor vehicles and their trailers
3	ROPS/FPOS	ISO 3471：2008，Earth moving machinery—Roll—Over protective structures—Laboratory tests and performance requirements
		ISO 3449：2005，Earth-moving machinery—Falling-object protective structures laboratory tests and performance requirements
		ISO 3164：2013，Earth-moving machinery—Laboratory evaluations of protective structures—Specifications for deflection limiting volume
4	液压系统	ISO 4413：2010，Hydraulic fluid power—General rules and safety requirements for systems and their components
		ISO 6805：1994，Rubber hoses and hose assemblies for underground mining—Wire-reinforced hydraulic types for coal mining—Specification
		ISO 7745：2010，Hydraulic fluid power—Fire-resistant（FR）fluids—Guidelines for use
		ISO 8030：1995，Rubber and plastics hoses—Method of test for flammability
5	气动系统	ISO 4414：2010，Pneumatic fluid power—General rules and safety requirements for systems and their components
6	转向能力	ISO 5010：2007，Earth-moving machinery—Rubber-tyred machines—Steering requirements
7	电气系统	ISO 60204-1：2005，Safety of machinery— Electrical equipment of machines—Part 1：General requirements
		IEC 60332-1-1：2004，Tests on electric and optical fibre cables under fire conditions—Part 1-1：Test for vertical flame propagation for a single insulated wire or cable—Apparatus
		IEC 60332-1-2：2004，Tests on electric and optical fibre cables under fire conditions—Part 1-2：Test for vertical flame propagation for a single insulated wire or cable—Procedure for 1 kW pre-mixed flame
		IEC 60332-2-1：2004，Tests on electric and optical fibre cables under fire conditions—Part 2-1：Test for vertical flame propagation for a single small insulated wire or cable—Apparatus
		IEC 60332-2-2：2004，Tests on electric and optical fibre cables under fire conditions—Part 2-2：Test for vertical flame propagation for a single small insulated wire or cable—Procedure for diffusion flame
		IEC 60529-2004，Degrees of protection provided by enclosures（IP Code）
		ISO 13766：2006，Earth-moving machinery—Electromagnetic compatibility
		ISO/WD 14990-1：2011，Earth-moving machinery—Safety of electric drive and hybrid electronic components and systems—Part 1：General requirements
		IEC/TS 60479-1：2005，Effects of current on human beings and livestock—Part 1：General aspects
		ISO 13849-1，Safety of machinery—Safety-related parts of control systems—Part 1：General principles for design
		ISO 10264，Specifies the performance requirements and the location for a key-locked starting system or other equivalent means of obviating unauthorized starting of machinery

续表 10-7

序号	安全要求	相 应 标 准
8	发动机安全	EN 1679-1：1998 + A1：2011(E)，Reciprocating internal combustion engines—Safety—Part 1：Compression ignition engines
		ISO 8178-1：2006，Reciprocating internal combustion engines—Exhaust emission measurement—Part 1：Test bed measurement of gaseous and particulate exhaust emissions
		ISO 8178-4：2007，Reciprocating internal combustion engines—Exhaust emission measurement—Part 4：Steady state test cycles for different engine applications
		ISO 21507：2010，Earth-moving machinery—Performance requirements for non-metallic fuel tanks
9	司机室	ISO 2860，Earth-moving machinery—Minimum access dimensions
		ISO 2867，Earth-moving machinery—Access systems (ISO 2867:2006, including Cor 1:2008)
		ISO 3457，Earth-moving machinery—Guards—Definitions and requirements
		ISO 3411：2007，Earth-moving machinery—Physical dimensions of operators and minimum operator space envelope
		ISO 6682，Earth-moving machinery—Zones of comfort and reach for controls
		ISO 6683，Earth-moving machinery—Seat belts and seat belt anchorages—Performance requirements and tests
		ISO 3795：1989，Road vehicles，and tractors and machinery for agriculture and forestry—Determination of burning behaviour of interior materials
		ISO 12508：1994，Earth-moving machinery—Operator station and maintenance areas—Bluntness of edges
		ISO 10263-1：2009，Earth-moving machinery—Operator enclosure environment—Terms and definitions
		ISO 10263-2：2009，Earth-moving machinery—Operator enclosure environment—Part 2：Air filter element test method
		ISO 10263-3：2009，Earth-moving machinery—Operator enclosure environment—Part 3：Pressurization test method
		ISO 10263-4：2009，Earth-moving machinery—Operator enclosure environment—Part 4：Heating，ventilating and air conditioning (HVAC) test method and performance
		ISO 10263-5：2009，Earth-moving machinery—Operator enclosure environment—Part 5：Windscreen defrosting system test method
		ISO 10263-6：2009，Earth-moving machinery—Operator enclosure environment—Part 6：Determination of effect of solar heating
		ISO 11112：1995，Earth-moving machinery—Operator's seat—Dimensions and requirements
10	控制器、显示器	ISO 10968：2004，Earth-moving machinery—Controls
		ISO 6405-1：2004，Earth-moving machinery—Symbols for operator controls and other displays—Part 1：Common symbols
		ISO 6405-2：2004，Earth-moving machinery—Symbols for operator controls and other displays—Part 2：Specific symbols for machines，equipment and accessories
		ISO 6011：2003，Earth-moving machinery—Visual display of machine operation
		ISO 9355-2：1999，Ergonomic requirements for the design of displays and control actuators—Part 2：Displays
		ISO 13849-1：2006，Safety of machinery—Safety-related parts of control systems—Part 1：General principles for design
		ISO 15998-1：2008，Earth-moving machinery—Controls with computers
11	噪声	ISO 6393：2008，Earth-moving machinery—Determination of sound power level—Stationary test conditions
		ISO 6396：2008，Earth-moving machinery—Determination of emission sound pressure level at operator's position—Dynamic test conditions
		ISO 11688-1：1995，Acoustics—Recommended practice for the design of low-noise machinery and equipment—Part 1：Planning
		ISO 4871：1996，Acoustics—Declaration and verification of noise emission values of machinery and equipment

续表 10-7

序号	安全要求	相应标准
12	振动	ISO 5349-1：2001，Mechanical vibration—Measurement and evaluation of human exposure to hand-transmitted vibration—Part 1：General requirements
		ISO 5349-2：2001，Mechanical vibration—Measurement and evaluation of human exposure to hand-transmitted vibration—Part 2：Practical guidance for measurement at the workplace
		ISO 7096：2008，Earth-moving machinery—Laboratory evaluation of operator seat vibration
		ISO 2631-1：1997，Mechanical vibration and shock—Evaluation of human exposure to whole-body vibration—Part 1：General requirements
		EN 12096：1997，Mechanical vibration—Declaration and verification of vibration emission values
13	遥控	ISO 15817：2012，Earth-moving machinery—Safety requirements for remote operator control
14	提升和捆系	ISO 15818：2009，Earth-moving machinery-the lifting and tying-down attachment points—Performance requirements
15	视野	ISO 5006，Earth-moving machinery—Operator's field of view—Test method and performance criteria
		ISO 14401-1：2009，Earth-moving machinery—Field of vision of surveillance and rear-view mirrors Part 1：Test methods
		ISO 14401-2：2009，Earth-moving machinery—Field of vision of surveillance and rear-view mirrors Part 2：Performance criteria
16	符号、标签	ISO 9244，Earth-moving machinery—Machine safety labels—General principles
		ISO 3864-1，Graphical symbols—Safety colours and safety signs—Part 1：Design principias for safety signs in workplaces and pubulic areas
		ISO 3864-2，Graphical symbols—Safety colours and safety signs—Part 2：Design principias for product safety labels
		ISO 3864-3，Graphical symbols—Safety colours and safety signs—Part 3：Design criteria for graphical symbols used，safety signs
17	前进和倒退音响报警	ISO 9533，Earth-moving machinery—Machine-mounted audible travel alarms and forward horns—Test methods and performance criteria
18	照明、信号和标志灯以及反射器	ISO 12509，Earth-moving machinery—Lighting，signalling and marking lights，and reflex-reflector devices
19	安全距离	ISO 13857，Safety of machinery—Safety distances to prevent hazard zones being reached by upper and lower limbs
		ISO 13854，Safety of machinery— Minimum gaps to avoid crushing of parts of the human body
20	护栏	ISO 14120，Safety of machinery—Guards—General requirements for the design and construction of fixed and movable guards
21	人机工程学	ISO 13732-1，Ergonomics of the thermal environment—Methods for the assessment of human responses to contact with surfaces—Part 1：Hot surfaces
		ISO 15534-1，Ergonomic design for the safety of machinery—Part 1：Principles for determining the dimensions required for openings for whole-body access into machinery
		ISO 15534-2，Ergonomic design for the safety of machinery—Part 2：Principles for determining the dimensions required for access openings
		ISO 15534-3，Ergonomic design for the safety of machinery—Part 3：Anthropometric data
		ISO 9355-1：1999，Ergonomic requirements for the design of displays and control actuators—Part 1：Human interactions with displays and control actuators.
		ISO 9355-2：1999，Ergonomic requirements for the design of displays and control actuators—Part 2：Displays
		ISO 9355-3：2006，Ergonomic requirements for the design of displays and control actuators—Part 3：Control actuators
		ISO 7731，Ergonomics—Danger signals for public and work areas—Auditory danger signals

续表 10-7

序号	安全要求	相应标准
22	安全装置	ISO 10533，Earth-moving machinery—Lift-arm support devices
		ISO 10570，Earth-moving machinery—Articulated frame lock—Performance requirements
		ISO 13333，Earth-moving machinery—Dumper body support and operator's cab tilt support devices
		ISO 13850，Safety of machinery—Emergency stop—Principles for design
		ISO 10532，Earth-moving machinery—Retrieval devices
23	防火	ISO 13649，Earth-moving machinery—Fire prevention
24	辐射	EN 12254，Screens for laser working places—Safety requirements and testing
		IEC 60825-4，Safety of laser products—Part 4：Laser guards

10.2.14.2 安全措施

安全技术措施的目的是通过改进安全设备、作业环境或操作方法，将危险作业改进为安全作业，将笨重劳动改进为轻便劳动，将手工操作改进为机械操作。

为了保证地下矿用汽车、人以及环境安全，各地下矿用汽车制造商根据 ISO 安全标准要求，结合本国和矿山现场的具体情况，采取了如下一些安全措施（由于各国和各矿现场的不同，下述安全措施不一定全采用）：

（1）防滚翻 ROPS/防落石 FOPS 认证驾驶室，驾驶室进出方便。

（2）采用全封闭湿式多盘制动器，而且大都采用弹簧制动、液压释放制动器，这是当前最先进、最可靠、最安全的一种制动器。

（3）紧急转向系统。即使在紧急情况下，紧急电动泵或大容量储能器仍能提供转向动力所需的油压。这使机器在任何时候都能正常转向，即使发动机发生故障时。

（4）误操作保护：

启动发动机：发动机仅在前进、后退操纵杆位于中立位置时方能启动。

启动：在停车开关位于 OFF 位置时，即使选择前进或后退，传动装置也被禁用。

离开驾驶室：转向和液压控制杆、前进和后退操纵杆被锁定，以防止误操作。

关停发动机：弹簧制动，液压释放停车制动器即使不操作也会自动制动。

（5）为了安全，门与某些电器或液压要互锁，如门在没关死的情况下车辆不能转向，变速箱处在空挡，液压系统不能启动，车辆不能运行。

（6）三点支承（见图 10-31）。为了驾驶员安全登上车辆进入全封闭驾驶室，必须配置抓手和踏脚。为了保证安全，尽可能保持抓手与立脚点三点支承，即驾驶员两个抓手一个踏脚或一个抓手、两个踏脚。

图 10-31 三点支承

（7）铰接机架锁紧装置及翻卸车厢支撑管。很多地下矿用汽车都采用规定的铰接机架锁紧装置（见图 10-32）及翻卸车厢支撑管（见图 10-33），以防维修人员在铰接区及在车厢底下维修时被挤压，运输时转向及车厢落下。

（8）保证操作者足够能见度。能见度是地下矿山设备的关键。由于地下缺少自然光，灯光不足常是造成人身和设备事故的主要原

图 10-32 铰接机架锁紧装置

图 10-33 翻卸车厢支撑管

因，因此就机器预期使用中必要的行驶和作业区域而言，应设计为从操作者位置上具有足够的能见度。为了提高操作者能见度，很多地下矿用汽车都配备了后视镜、前后摄像机以及在司机室内安装显示器。有的还配有目标检测系统（后视摄像头和雷达）或图像系统，增强了操作员对机器周围情况的了解。

（9）应配置大小、型号合适的灭火器及自动灭火系统，对容易起火与高温的地方采取隔离措施。电路与液压管路分开。

当很多地下矿用汽车在作业时，由于发动机缸体、排气管、涡轮增压器和制动器会产生大量的热，而在发动机的周围有许多油路、电路，再加上地下矿用汽车存在大量的可燃物如润滑油、柴油、润滑脂、液压油、易燃物等，因而地下矿用汽车作业时存在大量的火灾隐患。

当火灾发生时，轻者造成重要设备的损失，停工停产，严重者会造成车毁人亡。因此在地下矿用汽车上必须配置大小、型号合适的灭火器或自动灭火系统。

（10）司机室里司机有足够的活动空间，操作装置都处在司机可及范围及舒适区，仪表的布置都处在司机最佳视野中，内饰件颜色明快，颜色协调，给人赏心悦目的感觉，如图 10-34 和图 10-35 所示。驾驶室窗户应设计备用车窗出口。

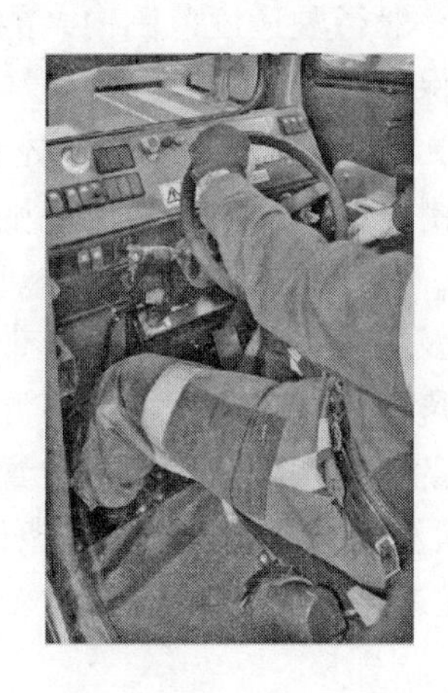

图 10-34 Sandvik TH420 地下矿用汽车司机室

图 10-35 Atlas Copco MT42 地下矿用汽车司机室

（11）采用机械或空气悬浮座椅（见图 10-36）。机械或空气悬浮式座椅可以很好地吸收来自机器的冲击和震动，从而减少操作人员紧张，提高驾乘舒适性。座椅前后、高低、靠背可调以适应不同身高的司机舒适操作。

（12）必须配戴安全皮带。由于地下采矿路面条件恶劣，多次转向、爬坡和下坡，因此操作时必须系好座位安全皮带。当正确使用时，座位安全皮带将使司机保持在座位上，即使发生碰撞或倾翻，也能使司机保持在倾翻保护结构（ROPS）内，以防司机受到伤害。

（13）采用减振型驾驶室。驾驶室的振动取决于振源、传递途径和驾驶室本身的动态特性。其振源在静止时主要是发动机，在动态时还有来自地面和传动系的激励。在车架和驾驶室底盘之间安装了隔振装置（见图 10-37），以削弱振动激励，这是减小驾驶室振动的有效方法。隔振装置多种多样，有橡胶垫、油气减振器、悬架系统等。

图 10-36　空气悬浮可调整的座椅

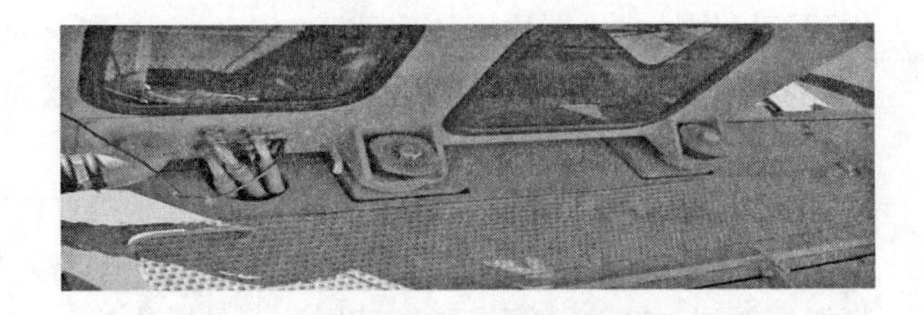

图 10-37　MT2000 地下矿用汽车安装在车架与司机室之间的橡胶垫

（14）采用全封闭带空调的驾驶室，窗户全采用安全玻璃，为驾驶员创造了良好的及安全的工作环境。

合理解决全封闭驾驶室热舒适性的设计及大功率空调，以解决全封闭驾驶室的加压、密封、新鲜空气过滤、空气流动、采暖、降温和隔热问题。

（15）行驶平顺性控制系统。行驶平顺性是指车辆在一般行驶速度范围内，能保证驾驶员不会因车身振动而引起不舒服和疲劳的感觉，以及保持所运货物完整无损的性能。Caterpillar、Sandvik 和 Atlas Copco 等公司在地下矿用汽车中都采用了行驶平顺性控制系统。

（16）司机室司机位置噪声，全身振动和局部振动控制在国际标准规定的范围内。噪声污染已列为环境污染的首位，特别在封闭的地下矿作业，噪声的污染更为严重。过大的噪声对人的听觉系统、神经系统、心血系统、内分泌系统及免疫系统、消化系统带来极为严重的影响。因此，为了避免噪声的危害，各国对不同环境、不同条件下不同声源的噪声强度作了限制。在中大型地下矿用汽车中，一般采用隔音的全封闭司机室司机位置及低噪声发动机。按 ISO 6393 和 ISO 6394 国际标准，在空的卸料箱、自由场、高怠速条件测量，使司机室司机位置噪声小于 85dB(A)，甚至下降到 70dB(A)，使司机棚司机位置噪声小于 108dB(A)。

由于地下矿山恶劣的作业环境和地下矿用汽车的特殊结构（如车桥无悬挂、座位大多数无悬浮等），致使地下轮胎式采矿车辆在作业时颠簸、振动很厉害。地下矿用汽车司机长年累月处于这种环境中，这不仅严重影响了司机的健康与安全，而且也严重地影响了司机的作业效率，此外，振动还会严重影响机械、车辆、仪表的正常工作，严重时还会大大增加车辆的故障率，甚至会缩短机器的使用寿命。正因为如此，在新开发的地下矿用汽车中，普遍满足 ISO 2631-1 和 ISO 5349-1 标准要求，即手臂承受到的振动总值不应超过 $2.5m/s^2$，如果超过，必须说明。在这种情况下，只要提一下加速度值低于限值就可以了。

全身遭受到的最高计权加速度均方根值一般不超过 $0.5m/s^2$，如果超过 $0.5m/s^2$，必须说明。还应当注明，测定该值的机器的特定工作条件。

（17）防滑的司机室和维修通道地板表面。

（18）十分方便接近日常维修保养点，简化了维修服务，并可减少用于例行保养的工作时间，增加维修安全。例如，维修人员不需登高，站在地面上就能对所有油箱、滤清器、润滑点和排气管道完成维修保养以及对阀的拆装和调整，而且尽量在一侧完成。这无疑简化了维修服务，并可减少用于例行保养的工作时间，增加维修安全。

（19）冷却风扇位于铰接装置外面，容易清洁发动机冷却器，采用组装式 V 形芯管散热器和中冷器，易于清洁保养和更换损坏的芯管。

（20）集中润滑。在早期的地下矿用汽车中都采用人工定时进行集中润滑，不仅劳动强度大、维护成本高，而且由于人员的疏忽、紧迫的生产任务、恶劣的保养条件及设备管理不到位，往往使润滑这一重要环节被忽略，后果是各磨损副过度磨损，引起机器故障，轻则影响机器能力的发挥，重则将损坏整台机器。因此，目前新开发的地下矿用汽车可根据用户要求采用人工或自动集中润滑系统。

（21）故障诊断技术、监视系统及报警系统（包括视听后退报警器）。最新地下矿用汽车广泛采用故障诊断技术、监视系统及报警系统。这些技术和系统是一种了解和掌握设备在使用过程中的状态，确定某整体或局部是正常运转还是发生了异常现象、早期发现故障及其原因，并预报故障发展趋势的技术，以提醒工作人员注意并采取相应措施避免事故发生，其目的是保证设备安全、避免故障的发生、最大限度地提高地下矿用汽车的使用效率。计算机技术、通信技术和传感器技术的发展使得在线数据采集、远程监视技术、故障诊断和故障预测预报技术日益完善，从而使地下矿用汽车故障率大大下降，安全可靠性大大提高。

（22）电子自动换挡。地下矿用汽车换挡操纵频繁，平均 3.6s 换一次挡，司机劳动强度大。采用电子操纵换挡，操纵力可由 30N 降到 6N，操纵行程从 70mm 左右降到 40mm 左右。换挡操纵杆安装在方向盘主柱上或方向盘上，操纵轻巧方便。电操纵换挡省去了空间操纵连杆机构及其磨损、变形等，并且不需调整、润滑等保养、维修，安装布置也很方便。采用电操纵还有利以下辅助功能实现：不在空挡位时，发动机不能启动；停车制动时，变速箱自动挂空挡；一挡换倒挡时，倒挡灯自动亮且倒挡喇叭鸣叫。

变速箱按钮换挡设在操纵手柄端头。当Ⅱ挡前进接近料堆时，按一下按钮，变速箱自动换成Ⅰ挡，装料结束后操纵杆换后退挡位时，变速箱自动回复后退Ⅱ挡，从而降低司机劳动强度，提高作业效率。目前，这种电操纵在装载机上被广泛使用。电操纵还为微机控制自动换挡做好准备。

电子自动换挡装置允许操作员选择自动换挡或手动换挡。在自动换挡模式下，操作员可通过仪表板上的开关来选择希望机器换至的最高挡位。在此模式下，变速箱切换采用的是出厂时预设的换挡点，因此每次换挡时产生的扭矩和地面速度都是最佳的，从而能最大限度发挥车辆性能。

(23) 先进的通信技术与跟踪技术。井下灵活可靠的通信与跟踪技术是提高生产效率和确保矿工生命安全的重要措施之一。目前，无线通信与跟踪技术已成功应用于矿井，经过几十年的发展，现有可适用于矿井通信与跟踪技术见表10-8。

表10-8　现有矿井通信与跟踪技术

技　术	定　义	通信能力	跟踪能力	优　点	缺　点
Ethemet(以太网,TCP/IP)	以太网通信系统用于跟踪、寻呼、声音、视频和数据传输,通常与无线(WiFi)和有线(光纤或CAT5)网络一起使用,有些系统可使用漏泄馈线系统传输声音和数据	语音、数据和视频	有。精度受无线接入点位置规定的区域限制	开式体系结构。通过系统上因特网,双路音频,数据,视频从任何遥控位置监视矿山	系统要使用有线与无线以太网组合。线路或设备的损坏可中断通信
Leaky Feeder(漏泄电缆)	漏泄电缆和放大器可串联到矿山任何地方。语音、数据、视频都可以通过RF连接到漏泄电缆上	语音、数据和视频	有。如果任选RFID读数器与漏泄电缆连接,那么精度受区域限制	双路音频,数据,视频	漏泄电缆或放大器损坏可中断通信。没有固有的跟踪能力,无线电必须处在漏泄电缆视距范围内
Through the Earth(透地通信)	在矿山地表面安装有环形天线,它把低频信号传递到与矿工帽灯装在一起的接收器。在紧急情况下文字信息或矿工帽灯闪烁向矿工发出警告	大多数系统是单路报警和文字/文本信息向地下传送/收发	有	无线,在地表面带传输环形天线的系统不会因为爆破、火灾、岩石崩落而损坏	大而深的矿山可能要求地下传输环形天线,该天线可能由于岩石剥落或爆破而损坏。不能跟踪,没有用于较通用系统的语音通信
Medium Frequency(中频MF)	频率为280~520kHz的无线电在现有的管道、配线等上,利用信号传播。要求转发器覆盖整个矿山	语音、数据	没有	需要的专用配线比漏泄电缆少	需要转发器覆盖整个矿区。转发器、导体或金属结构的损坏使得提供的传输路线中断服务
Radio Frequency Identification(RFID)(电子标签,又称无线射频识别)	主动(有动力装置的)RF标签由工人戴上或安装在设备上。标签和标签阅读器一起被放在矿山各个区域内,RFID由标签、标签阅读器和天线(在标签和阅读器之间传递射频信号)组成	在与通信系统如以太网,漏泄电缆组合时可能对数据交换有限制(单路呼叫是可能的)	有。精度受标签阅读器位置定义的区域限制	矿工和设备实时跟踪。应用其他安全设施也是有可能的,如控制入口、接近警示	系统要求使通信基础设施隔离开,如漏泄电缆、电线或以太网
Distributed Antenna System(DAS)(分布式天线系统)	把RF天线接到有效区内同轴电缆主干线上	语音、数据和视频	没有	由于矿山布置的改变,有可能要求重新配置。天线只放在需要的地方,以降低成本。安装简单、可靠	系统要求同轴电缆主干线铺设到需要通信的任何地方。电缆和设备的损坏可能会导致通信中断
Trolley Phone(架线电话)	高压架线被用作信号路线	语音	没有		
Phone(电话)	传统有线电话系统	语音	没有	花费不多、安装和使用简单	电话线损坏会导致通信中断,大多数电话站可以移动一点点位置或不能移动

(24) 在危险区采矿可采用视距及远程无线电遥控操作。在地下矿用汽车一般配置两套控制系统：人工直接操纵和视距遥控操作系统，有的还采用视频及远程无线电遥控操作。在危险区采矿可采用视距、视频及远程无线电遥控操作。

(25) 安全标志。在地下矿用汽车适当位置都粘贴显眼的安全标志。安全标志是以安全色、边框、图像为主要特征的图形符号或文字构成的标志，用以表达特定的安全信息。通过不同颜色，可分为禁止、警告、命令和提示标志四大类型，向人发出不同的信息，使人能够迅速发现或分辨安全标志，提醒人注意和警觉，从而达到安全生产的目的。

(26) 穿戴好个人保护设备 (personal protective equipment, PPE)。个人保护设备是保证操作者个人安全的重要预防措施之一。个人保护设备包括安全帽与头灯、眼睛保护、听力保护、显眼的背心、安全靴、手套和采用适当的呼吸防护设备（即防护口罩或面罩）。

(27) 采用防碰撞、接近检测技术，防止设备与人员发生碰撞受到伤害。

(28) 车辆稳定性。车辆在坡度上安全行驶取决于许多因素：司机注意力、车辆型号、配置、车速、地面条件和地形、行驶方向、轮胎和轮胎压力、车辆维护、液位、车辆负载。车辆制造商应告诉车辆使用者一般车辆纵向与横向稳定性，见表 10-9。

表 10-9 车辆纵向与横向稳定性

项 目	A	B
条件试验		满载，车厢向下，车辆成直线/不转向
A	最大纵向坡度	14°
B	最大横向坡度	10°
警 告	角度不能组合	
重要提示	角度不考虑机器液位及制动能力	

(29) 车轮垫块。车辆无论停在平地上或斜坡上（见图 10-38 ~ 图 10-40），必须正确地塞好车轮垫块，以防车辆意外移动。

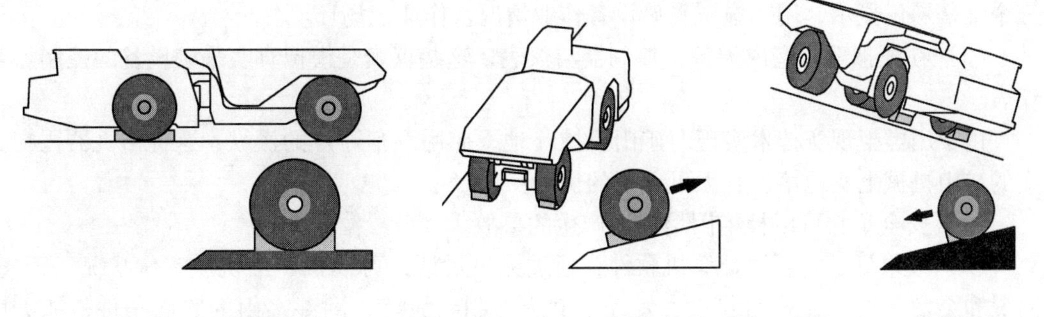

图 10-38 在平地上停车　　图 10-39 上坡停车　　图 10-40 下坡停车

(30) 高效照明。

1) 在机器内或机器上供机器安全使用的照明系统和视觉任务的有效措施的设计和安

装可参考 ISO 12509（GB/T 20418—2011）标准。

2）在车辆前端至少应配置两盏照明大灯。

3）在车辆的后端应配置两盏红色尾灯。另外，在机器后面还应配置符合下述条件之一的器具：2 个红色的反光器，每个面积至少 $20cm^2$；配备 2 个边长为 0.15m 的红色三角反光器或至少具有同等面积、相同式样和颜色的反射膜。

4）任何车辆都应配置至少两盏倒车灯。

5）在车辆后面应配置两盏制动灯。

6）双向正常操作的车辆，行走用大灯也应双向配置。

7）灯的玻璃罩和反光器上安装的任何保护层应易于清洁。

注：车辆另要配备单独的工作灯，使车辆在作业期间能照明特定部位或工作场所。

10.2.15　虚拟现实技术（virtual reality，VR）

所谓“虚拟现实”是指对现实或虚拟环境的模拟。它在视觉上看起来像在一个真的立体环境中活动一样，不仅具有实时的动作，还带有声音和其他形式的信息反馈，甚至还有触觉，使人面临一种身临其境的互动体验。虚拟现实最简单的形式是个人计算机上具有交互功能的3D图像，通常通过操纵键盘与鼠标，使图像的内容在某个方向上移动、缩小或放大。为了使虚拟现实获得更复杂、更逼真的效果，往往还需要一个立体显示屏，容纳计算机设备的实际空间和控制图像运动的操纵杆。

该技术最早用在军事上，现在已发展到建筑、医学、能源、地理、采矿、驾驶员培训等行业，特别在大型采矿设备的新司机的培训上，有很好的效果。在仿真器上就可以圆满地完成培训工作。所谓仿真器是一种能完成虚拟现实的一种装置（见图 10-41）。它包括：

图 10-41　仿真器结构

（1）安装在三个屏幕之间的三轴运动基础上的模拟驾驶室。运动的基础是让驾驶员好像在驾驶采矿设备一样。

（2）为驾驶员提供一个很宽广的左、中、右三个屏幕彩色显示，用作虚拟采矿设备作业情况及作业现场环境。

（3）在模拟驾驶室内配备了控制器与仪表，这些仪表是模拟真实采矿设备的控制器与仪表。

由于用虚拟现实技术实现对矿山机械（地下矿用汽车等）的操纵，这种仿真器比在真实的矿山机械上实地培训有无可比拟的优势：

（1）安全。它可以杜绝因培训而产生的事故。

（2）效果好。它运用计算机软件，通过人机对话，可模拟矿山机械工作状况、天气、路况和突发事故（如轮胎起火、发动机起火、制动故障、潮湿多雨的路面条件、能见度差、夜晚操作），培养新操作员的事故处理能力。

（3）花费少。仿真器属培训设备，投资少，能耗低，而且不因培训而影响生产。

（4）功能强。可以通过对仿真器硬件与软件的维护与扩充，适应不断发展的采矿设备的培训要求，仿真器并可一机多用，可以通过实时图形录音与回放模拟，重放司机的操作，以便对司机的操作进行分析与评估，还可以虚拟用户现场的环境。

（5）互换性好。这种模拟驾驶室可以很容易地同其他采矿设备的模拟驾驶室互换，仿真器的硬件（计算机、大的投影屏幕、运动基础）可用于其他设备仿真。

（6）培训不受天气、时间、地点的限制。

10.2.16 自动化技术

世界上采矿工业比较发达的国家正在由机械化向自动化阶段过渡，有些矿山已经实现了或部分实现了自动化的目标。实现自动化矿山与地下矿用汽车制造厂开发地下矿用汽车的自动化技术是分不开的，其中 Sandvik、Caterpillar、Atlas Copco 等三家世界著名公司是地下矿用汽车自动化方面的先行者。虽然它们自动化系统各有特色，所采用的组件可能不同，但目标都是一个即都是围绕安全、环保、节能、高效、经济与舒适展开的。

10.2.16.1 视距控制

视距控制（line of sight control）是操作员位于作业区内的危险范围外，直接观察和控制采矿设备。视距范围一般在 5～250m 范围内，操作员可以看到车辆，并可以通过无线电装置（RRC）遥控车辆。无线电装置包括两个硬件：一个为无线电装置（称为发射机），操作员背在身上，用它来向车辆发出各种控制指令；另一个为无线电装置（称为接收机），它装在车辆上，用它来接收发射机传来的各项指令，并按各项指令要求控制车辆各项功能。视距遥控用得比较广泛，许多视距遥控装置制造厂都有标准化 RRC 方案。

该控制方法要求操作者在安全区直接上车驾驶车辆，到危险区前下车，用无线电遥控车辆到危险区看着汽车操作。由于操作人员不断上车、下车，而且长时间站着变换手工和遥控控制模式，十分疲劳，甚至出现误操作，引发安全事故。又由于操作者离装载点有一定距离，再加上地下光线、灰尘问题仍看不清矿石装载，因此料厢很难装满，特别是遥控车辆的车速不能超过 10km/h，故生产效率也低。

10.2.16.2 远程遥控操作

远程遥控操作（tele-remote operation）是指驾驶员在露天或地下远程控制地下矿用汽车。具体说就是驾驶员从视距外任何地方通过网络远程操作地下矿用汽车。遥控操作在车辆整个作业循环中，是人工远距离控制，远程控制的距离在 0～2000m 范围内。一个司机只能控制一台机器，远程遥控操作向自动化车辆又迈进了一步。该方法克服了视距遥控生产率不高、危险性大的缺点。现在远距离遥控操作地下矿用汽车在许多矿已使用了许多年。一般视频摄像机安装在地下矿用汽车前后两个方向上，为遥控操作者提供地下矿用汽车前后清晰图像。此地下矿用汽车完成装料、运行和卸料作业是操作者遥控（带视频）完成的。操作者可以位于矿井内或露天空调控制室内，安全又舒适地远距离驾驶车辆，如图 10-42 所示。图 10-42(b) 是操作者在矿井内的遥控车控制室内远距离遥控车辆。图 10-42(a) 是操作者在露天办公室内操纵地下矿用汽车。该方法如果操作者不专心，同样会发生意外事故，导致设备损坏，增加修理成本。

下面以 AMS（automated mining systems limited）公司的远程操作为例来说明它的工作原理（见图 1-13）。在空调控制室控制地下矿用汽车，操作员只能通过控制站里操作手柄与脚踏板以及从车辆来的音频、视频信号及数据来操作地下车辆的运输与卸料。一旦完成

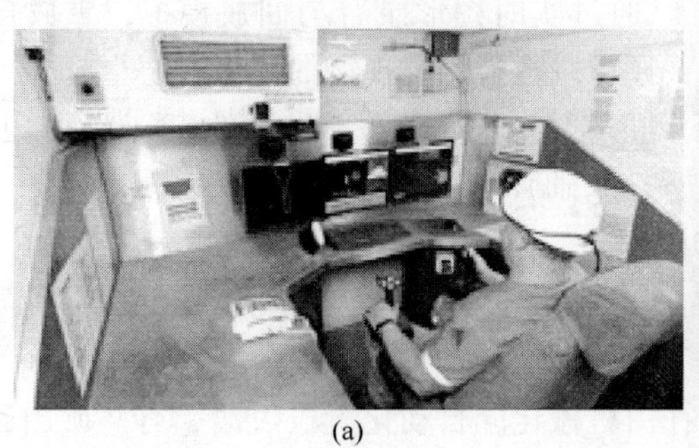
(a)

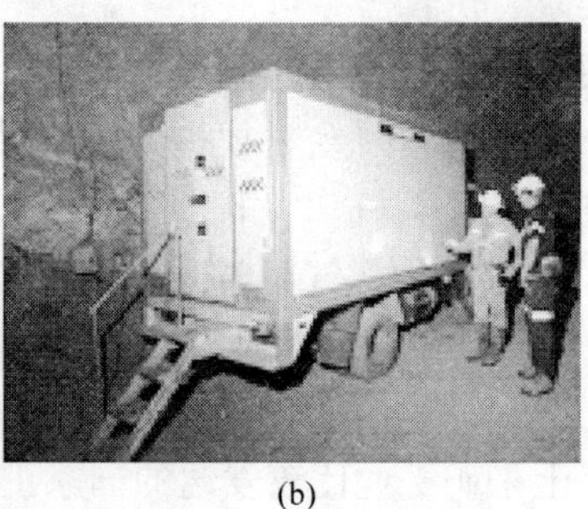
(b)

图 10-42　远程遥控操作

装料或者卸料，车辆便跟踪光导航线自动完成运输。此时操作员可操作另一台地下矿用汽车装卸工作。

该系统中光跟踪（light-track）是由一系列的发光二极管组成。如果离开跟踪的光线，地下矿用汽车就停下了。简单来讲，通过宽带数据-视频-声音通信系统，将每台车辆上安装的制导装置连接到双屏显示控制器，实现实时控制。可编程逻辑控制器（PLC）和视觉系统上的制导装置，通过地下矿用汽车的射频调制解调器与顶板上的漏泄电缆通信。漏泄电缆连到作业水平上的分布式天线转发器（distributed antenna translator，DAT）。然后与井筒的接口装置通信，这个装置将信号传递到在头端（head end）。头端与控制台相连接，它可以将信号反传到井下。因此控制站可以设置在井内任何地方，只要那里安装了通信电缆即可。

从上面介绍的情况可以看出，远程遥控技术主要包括：（1）先进的地下移动计算机网络；（2）地下定位和导航系统；（3）采矿过程监视和控制软件系统；（4）用于远程采矿特殊的采矿方法；（5）先进的采矿设备。

10.2.16.3　自主控制技术（Autonomous 技术）

随着采矿工业的蓬勃发展，矿产品价格强劲上涨，经济欣欣向荣，而且对矿产的需求已发展到惊人的地步。渴望充分利用有利形势的采矿公司，正想方设法取得快速增长，同时对安全也一如既往地重视。在过去几十年里，采矿公司拥有的设备和人员均能满足需求。而今并非如此，为充分从市场需求中盈利，它们需要尽快而高效地采出更多的矿石，此外，采矿业的蓬勃发展已带来了采矿公司创造利润的大好时机，也为企业带来了未来投资所需的资金。

采矿公司将自动化视为一个推动因素，会帮助它们在安全、效率以及生产力等方面获得突飞猛进的进步，同时降低成本，提高设备有效性。地下矿用汽车自动化也为未来实现数字化矿山和无人矿山奠定了一定基础。正因为如此，20 世纪末 21 世纪初，开发出的自主地下矿用汽车最新技术，已成为今后若干年地下矿用汽车的发展方向。

自主控制也都是远程遥控控制，控制距离可达几千米以上。但与远程遥控控制最大区别是一个司机可同时控制几台机器，而远程遥控控制是一个司机只能控制一台机器，半自主与自主控制在整个操作过程是半自动或全自动，而远程遥控控制在整个操作过程都是人工控制。自主控制车辆运行速度也远比远程遥控控制快，生产效率也更高，安全性也更好。

自主控制与远程遥控控制之间的不同之处在于自主控制在整个作业循环如装载、运输、卸矿全是自动的，运输与卸矿可以速度很快，而且不需人去操作（driveless 或 operatorless），操纵员只是起监视作用。自主采矿车辆近几年得到了迅速发展，也是当前采矿设备的最先进、最复杂的采矿技术，已在矿山得到应用，取得了很明显的效果。

自动化采矿的经济和社会效益：

（1）彻底解决矿山生产的安全问题。

（2）极大提高劳动生产率，降低生产成本，使在金属市场不景气情况下仍处于竞争优势地位。

（3）降低能耗，提高设备工时利用率。

（4）由于劳动生产率的提高，能耗的大量降低，生产成本的下降，对大量贫矿的开采极为有利。

（5）有利于自然崩落法更准确地控制放矿。

（6）实现自动化采矿，将带动相关产业链的发展，也会使矿工的社会地位发生根本性的转变。

目前，Atlas Copco 公司与 Sandvik 公司是世界上开发地下采矿设备自主控制技术最早的两家公司之一，其中 Atlas Copco 公司钻机控制系统（RCS）、Sandvik 公司 Automine 系统最为有名，下面分别介绍。

A　Atlas Copco 公司自动化技术

a　Atlas Copco 公司钻机控制系统（RCS）

在 2012 年世界矿业展览会上 Atlas Copco 公司展出了最先进的自动化技术——独特的钻机控制系统（RCS）。RCS 是所有 Atlas Copco 主要产品共用的计算机控制系统，是 DCS（直接控制系统）和 ECS（电子控制系统）的进一步发展，用以前不可想象的规模执行通信一体化操作，可以容易使用标准笔记本电脑进行编程、维护、排除故障和软件升级。此外，RCS 还能使操作手和设备达到最高标准的安全。由于所有产品“说相同语言”，因此在钻孔、出渣、装载和运输操作等方面有相当多的全面优化的机会。

钻机控制系统从 1990 年开始全面研发，在随后 8 年间不断演变，1998 年 Atlas Copco 最终推出第一台装有第一代钻机控制系统的地下掘进凿岩台车 Boomer L2 C。

在后来的 10 ~ 12 年连续推出一连串装有钻机控制系统的产品，并且每一次新系统的推出，都是与电脑硬件、软件和通信的创新同步的。在 2000 ~ 2001 年，Atlas Copco 推出了应用在 Boomer 掘进凿岩台车上的第二代钻机控制系统平台，在 2002 ~ 2006 年迅速连续推出第三代装有自动控制系统的设备，包括地下装载机、勘探钻机和 Robbins 天井钻机。在 2007 ~ 2010 年，Atlas Copco 引入第四代钻机控制系统平台，地下矿用汽车也可使用该平台。从 2011 年开始，Atlas Copco 开始开发第五代钻机控制系统 RCS 5。

RCS 5 是专为钻机设计的硬件和软件界面解决方案。它是钻机和操作员之间的主要用户界面，可以辅助、监控和控制钻机并启用本地或远程控制。该系统还可记录状态、事件和错误信息，以便之后分析使用。

虽然第五代 RCS 项目正在进行，但是现在焦点已经转移。RCS 的发展分三个阶段：第一阶段集中在控制，第二阶段的焦点是通信，第三阶段重点是信息。

Atlas Copco 能提供装有相同钻机控制系统平台的全系列采矿和建筑设备，见表 10-10。

表 10-10　RCS 发展历程

1998 ~ 1999 年	2000 ~ 2001 年	2002 ~ 2006 年	2007 ~ 2010 年	2011 年至今
第一代	第二代	第三代	第四代	第五代
掘进凿岩台车(2 臂)	掘进凿岩台车(3 臂)	天井钻机	牙轮钻机	继续开发
深孔钻机	凿岩机	反循环钻机	岩芯钻机	
	岩石锚杆台车	撬毛台车	地下矿用汽车	
		锚索台车	潜孔钻机	
		掘进凿岩台车(4 臂)		
		地下装载机		

RCS 不仅在露天采矿设备发挥了巨大作用，而且在地下采矿设备上充分发挥了潜力。它不仅可以控制钻机，而且可以控制其他采矿设备，包括地下矿用汽车，如图 10-43 所示。

由于钻机、地下装载机和矿用汽车组成的整个车队共享同一个 RCS 平台，因此这些设备能够以同一种语言通信，能够很容易地控制和协调。

在装载和运输方面，材料运输是主要功能，RCS 在这方面具有优势。通过持续地检测关键部件，如发动机、变速箱、液压部件和制动器，RCS 不仅能用于显示报警，还能帮助司机采取正确措施。这有助于提高安全性和利用率，并降低使用费用。

故障和报警记录在系统中，并且能在机器上访问或输出到 USB 记忆棒。由于故障能很容易被识别，因此会减少停机时间，同时有助于制定预防性保养计划。

RCS 技术使装载和运输设备运行更有效。例如，它可以很容易获得关于生产产量和发动机运转时间、载重量的信息。在这里，当通过指示灯检查工作状态时，地下矿用汽车司机可以从它的显示屏上监测装载过程。这种互动能够消除超载或欠载，从而优化整个过程。

在 Atlas Copco 新开发的 MT42 地下矿用汽车中，其控制系统就采用 RCS 系统。

b　地下移动设备集中控制系统

Atlas Copco 和 ABB 大约在 2009 年前，两大公司怀着发展“未来智能矿山”的共同目标开始了合作，于 2011 年 2 月开始了地下移动设备集中控制系统的开发（见图 10-44）。

图 10-43　RCS 覆盖全 Atlas Copco 的产品系列

图 10-44　Atlas Copco 与 ABB 公司共同开发的地下移动设备集中控制系统

优化地下开采作业的重要要求之一在于从中心点对所有的设备和过程进行集中控制和监督。由于 Atlas Copco（地下移动开采设备的全球供应商）和 ABB（电力、自动化和过程控制的世界领导者）之间的开拓性研发项目而使这一可能更接近现实。

两大公司已开发出世界上首套能为地下采矿公司提供全面监控作业的系统，进而实现了地下硬岩矿山全面集中控制的构想。

这项新技术是用 ABB 800xA 过程控制系统来处理通过无线网络传送的 Atlas Copco 高级地下移动开采设备生成的实时数据，使工作人员能在控制室环境下对所有的情况一览无余，保证其对生产流程做出明智的决策。位置追踪、设备性能、生产状况和环境影响只是该合作项目展现出来的部分成果而已。

Atlas Copco 公司认为："正是该项激动人心的研发将地下采矿的未来带到了当下。通过安装此系统，地下矿山的生产运行和完成目标的效率将达到前所未有的高度。此外，其同样能更有效地组织设备维护，形成可持续的高生产率。"

ABB 公司认为，"我们一致认为未来的矿山对体力工作者的需要将减少，而对产品与工艺过程优化、维修计划和环境控制等合格的操作专家的需要将大量增加。这意味着生产运营专家将需要互相协作以覆盖完整的价值链，甚至可以期待同时工作于几个矿山之间。""传感器和自动系统已能为矿山操作员提供每项产品和过程控制的实时、必要的信息。新的移动设备集中控制系统是接下来即将迈出的一大步，可以优化矿山地下开采设备的利用，提高生产力，降低能源消耗。"

2012 年 6 月该系统在 Atlas Copco 于瑞典厄勒布鲁市郊外 Kvarntorp 的试验矿山所进行的试验取得了圆满成功。Atlas Copco 和 ABB 将在潜在客户的项目上继续合作开发此项技术，为此理念增加更多的功能性。

总之，该项目将 Atlas Copco 公司地下钻机、装载机和地下矿用汽车的重要数据，与 ABB 的 800xA 平台系统整合在一起，能提高所有机器的可视性和利用情况。通过跟踪机器位置、机器状态和地下实际运行条件，该解决方案将提供所需信息，帮助矿山操作者在正确的时间制定出正确决策，让生产尽可能顺利地进行。Atlas Copco 公司和 ABB 将继续发展这一理念并为之增加更多功能，满足客户以及未来采矿的需求。

B Sandvik 的 Automine

Sandvik 公司是较早开发自动化采矿的公司，正在实施的自动化矿山（Automine）控制系统，已在矿山试验多年，现已推向市场。Sandvik 的 Automine 产品既可用于车队，也可用于单机。

a Sandvik 的 Automine 特点

（1）操作者从一个控制室可以监视与控制多台机器。

（2）自动运输与卸料。

（3）遥控地下装载机铲斗装载。

（4）地下矿用汽车车厢自动装载（采用自动化地下装载机）。

（5）交通管制。

（6）车队与生产区域监视。

（7）环境和生产监测和报告。

（8）远程诊断。

（9）连接到外部现场系统。

b　Sandvik 的 Automine 优点

（1）提高采矿作业安全性。

（2）改善人员作业环境。

（3）在工人换班时可以实现连续作业，从而提高设备利用率。

（4）可以实现对矿石装载及运输过程的实时监控，从而提高生产效率。

（5）通过设备的低损耗连续作业，降低维护成本。

（6）通过对生产计划的精确执行，以及对作业数据的准确采集，提高矿井的放矿管理能力。

（7）减少劳动力成本支出，从而降低采矿企业的综合运营成本。

c　Sandvik Automine 产品

Sandvik 公司自动化除了大家公认的 Automine loading（装载）、Automine hauling（运输）和 Automine-lite（精简版）产品之外，现在还提供 Automine drilling（钻孔，包括开拓、生产、锚杆支护和露天钻孔）、Automine draw（出矿）、Automine crushing and screening（破碎和筛选）可提高作业效率。Sandvik 公司自动化不仅关注设备的自主性，而且也关心采矿过程的自动化和管理。Automine process management（过程管理）是根据 Automine 而推出的最新产品，它能使值班经理、矿工队长和操作者去监控和管理作业人员和机器的活动。

其中 Automine hauling（见图 10-45）就是地下矿用汽车自主控制系统。该系统用来增加地下操作的安全性和生产率。该系统是一个灵活性很大的模块化系统，适用于任何矿石的运输。安全是基于生产区隔离和从远离危险区的控制室内操纵机器。一个操作者可以操纵多台自动化的地下矿用汽车。运输循环是全自动的。

图 10-45　Automine hauling 系统

在装载、运输和卸料循环期间，导航系统控制地下矿用汽车。地下矿用汽车配置了视频系统、无线通信移动终端和导航系统。Automine hauling 系统包括实时生产和车队情况监视和交通控制，使得多台地下矿用汽车能在同一作业区作业。

Automine hauling 系统可以同矿山其他信息和生产计划系统连接。

Automine hauling 自动化矿山系统由四部分组成（见图 10-46）。

（1）外部系统。外部系统包括维护、矿山计划、数据采集和监视系统等。

（2）机载控制系统。机载控制系统包括导航系统、移动通信终端和视频音频系统。

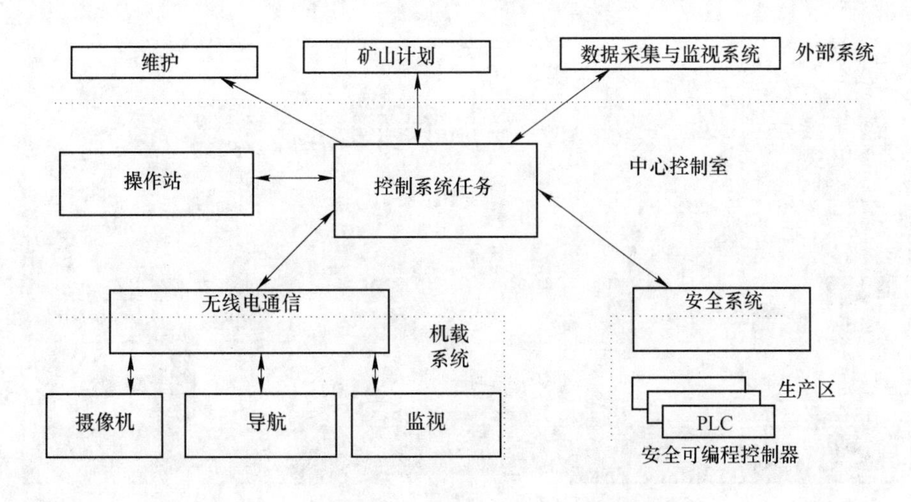

图 10-46　自动化矿山系统组成

一系列的 Sandvik 车辆都可以安装车载智能系统，该车载智能系统配备的导航系统可以持续对车辆的位置进行监控。由于该导航系统采用激光对巷道壁进行扫描，进而调整车辆运行位置，因此省去了反光材料或视频标签等辅助措施。同时，车载式视频监控系统能够提供电子远程遥控必需的视频影像，车辆与控制中心能够由无线网络实现无线通信连接。

（3）生产区系统。独立的工作区域隔离系统能够确保作业的安全性，任何对该隔离系统的破坏都将导致设备停止运行。同时，该系统还可以根据实际作业区域要求进行灵活调整，实现区域独立作业。自动作业区域间同样可以实现无线通信，可以帮助对设备进行实时控制。

（4）中心控制室系统。智能设备由操作手在一间控制室内完成控制，在控制室内，操作手可以：1）对设备作业进行计划和监控；2）远程遥控设备；3）对设备信息进行监控，如设备警报、数据测量、速度和挡位使用情况等；4）监控隔离系统；5）对车队进行监控和控制生成设备作业监控报告。

在控制屏幕后是一个电脑系统，该系统：1）根据生产计划、装卸点等条件派遣设备；2）通过与车载导航系统的连接监控设备自动运行管理作业区域的交通情况，实现多台设备在同一区域内同时作业；3）对车辆队伍进行监控，记录设备详细作业情况，如装卸地点和作业周期等信息；4）对设备状况进行监控，设备测量数据及报警信息通过系统传递给操作手，并进行记录；5）可以根据车辆队伍规模不同增加额外的控制中心。

C　Automine 的未来

Automine 的未来如图 10-47 所示。

D　Automine 的应用

Sandvik 公司是较早开发自动化采矿的公司，正在实施的自动化矿山（Automine）控制系统，已在矿山试验多年。南非的 Finsch 金刚石矿采用了 Automine 自动控制系统，2005 年无人驾驶的 TORO 50D 型地下矿用汽车投入生产，到 2006 年已有 5 辆无人驾驶的 TORO 50D 型汽车和遥控作业的地下装载机，组成井下全自动化的运输系统。2007 年在加

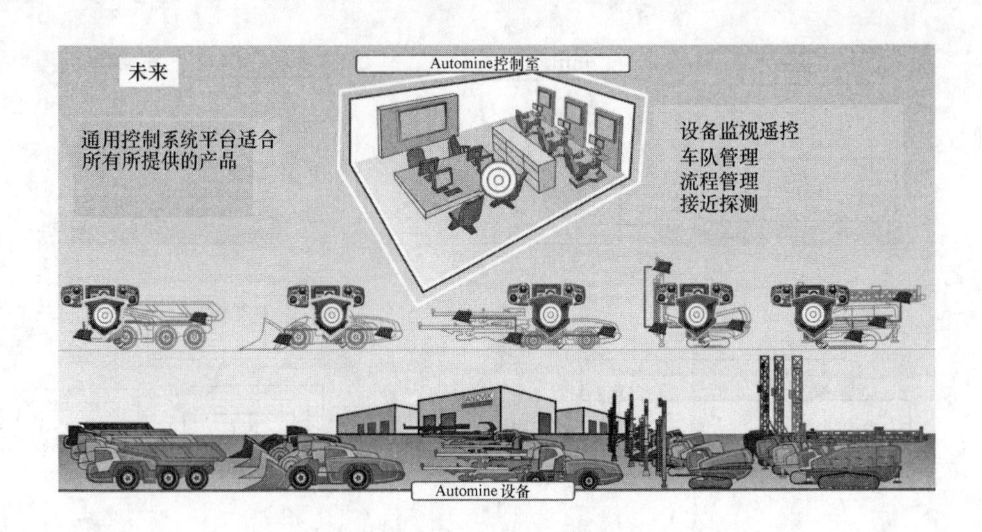

图 10-47　Automine 的未来

拿大 Barrick/Williams 金矿 2 台无人驾驶的 TORO 40D 型地下矿用汽车投入试运行。

此外，Automine 技术目前已被使用在智利的 El Teniente 铜矿、南非的 De Beers Finsch 钻石矿，以及芬兰 Pyhäsalmi 的金属矿等 15 个矿山。

从上面介绍可知，自主控制的自动化虽有许多优点，但也是一门十分复杂的技术，它包括导航（navigation）与定位（localization）技术、远程通信（telecommunication）技术、高效的信息处理（information processing）技术、先进传感器（sensor）技术、系统集成（system integration）技术、先进的采矿设备等。可这些都需要十分昂贵的设备，因此它的应用受到一定条件限制，它适用于：地点偏远；缺乏人力；操作重复性高；操作非常简单；正在开发新矿场或现有矿场的大幅扩建；自主或半自主控制的自动化需要大量投资和需要一定量高素质专门技术人才。但对于一些老矿山，其矿场已全部采用人工操作方式，则不适合进行这类自动化改造。

虽然不同公司采用的技术不同，但它们在操作方法上，每个项目要达到的目的都基本一致，都是为了采矿技术自动化这个总目标。虽然有些自动化技术还不成熟，还在试验中，但总的来讲，地下矿用汽车的自动化技术在不断完善、不断发展，新的遥控地下矿用汽车也在不断出现，面向未来采矿自动化系统正在形成。

11 主要技术参数计算

11.1 主要技术参数

地下矿用汽车的主要技术参数是表示设备特征的主要指标，直接影响地下矿用汽车的动力、经济及使用等性能。这些技术参数由地面条件，以及各系统和各部件的结构、性能及参数确定，而在各系统、各部件设计之前又必须先预估出这些参数作为设计和选型依据。各系统和各部件结构、性能及主要参数确定后，再详细计算这些主要技术参数，进一步完善总体设计，确定总体技术性能参数。

(1) 额定装载质量。地下矿用汽车的额定装载质量 m_G 是指该车在良好的硬路面上行驶时装载货物量的最大限额，通常以 t 表示。它是由地下矿用汽车制造商根据设计、地下矿用汽车系列化的规定、矿山的道路与矿石条件以及与地下装载机匹配条件等因素来确定的。实践表明，随着地下矿石运距与运量的增加，采用大吨位的地下矿用汽车，可提高运输生产率，降低生产成本，提高经济效益。

(2) 整备质量。整备质量 m_0 是指车上带有全部装备（随车工具及备胎）、加满燃料、润滑油及发动机冷却水等但未载人、货时的质量。整车装备质量是一个重要的设计指标，该指标值取决于车辆技术发展程度、设计水平、新材料、新工艺的应用等因素。在总体设计阶段，可以先预估这个数值，当车辆的尺寸、主要技术参数及零部件确定后再进行详细计算或测定装备质量。

(3) 总质量。地下矿用汽车的总质量 m_a 是指装备齐全并装载额定货物质量时的整车质量，由车辆整备质量、装载货物质量和驾驶员质量组成。

(4) 质量利用系数。地下矿用汽车质量系数 μ_{mG} 是指车辆装载质量与整车整备质量的比值，即 $\mu_{mG}=m_G/m_0$。

质量利用系数是评价地下矿用汽车的设计、制造及利用率水平的一个重要指标。该系数越大，说明设计、制造水平高，该车材料利用率高。在设计新车时要力求减轻整车整备质量、提高装载质量、提高质量利用系数来提高运输效率和生产率。

(5) 发动机额定功率。发动机在额定转速时所测得的功率，也称发动机总功率。发动机额定功率是依据地下矿用汽车总体设计要求及动力匹配性能、牵引性能、工作条件、环境条件等要求来确定的。

(6) 比功率和比扭矩。地下矿用汽车比功率和比扭矩分别为发动机最大功率和最大扭矩与总质量之比值。比功率是评价车辆动力性能如加速度性能的综合指标，比转矩是评价车辆牵引性能的指标。在比较各国车型比功率时，应考虑各国内燃机功率测定标准的差异，应参考国外先进设计水平的系列车型确定此参数。

(7) 轴荷分配系数。轴荷分配系数指空载与满载时况下，总质量分配给各车轴的比率。轴荷分配对地下矿用汽车的牵引性、通过性、制动性、操纵性和稳定性等主要使用性能、承载性能以及轮胎使用寿命有显著影响。总体设计时优化轴荷分配非常重要。为了提高承载能力，使各轮胎磨损均匀，在空载工况下，前桥载荷分配系数应在70%左右，后桥载荷分配系数应在30%左右。在满载工况下，应使每个轮胎载荷尽量相等。两轴汽车后轴的轴荷分配系数应在50%左右；三轴车辆各轴负荷应按1∶3的比例分配。为了改进车辆使用性能，对使用条件较差的非全轮驱动汽车，驱动桥负荷适当大些，有助于提高牵引附着性能，这样也有利于满载下坡或制动时质量转移大的工况条件下的运输。

（8）外形尺寸。外形尺寸（见图11-1）包括车辆最大长度 L、最大宽度 W_1 和最大高度 H_1。

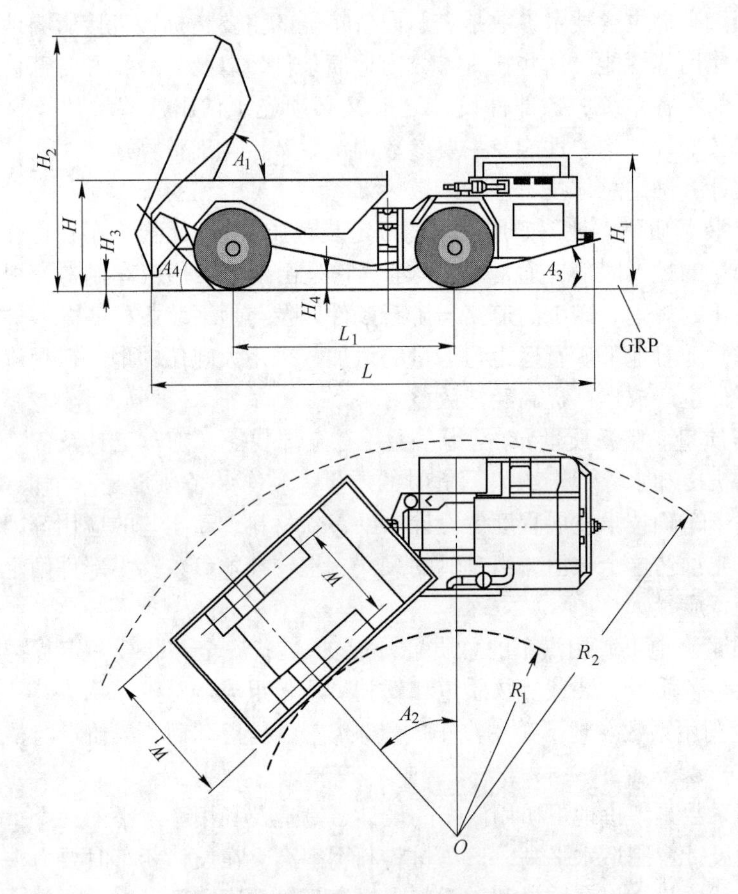

图11-1　地下矿用汽车外形尺寸

H_1—最大高度；A_1—车厢卸载角；H_2—车厢倾翻高度；H—装载高度；H_3—卸载高度；H_4—离地间隙；W—轮距；L—最大长度；L_1—轴距；A_3—接近角；W_1—最大宽度；A_2—铰接转向角；R_1—最小转弯半径；R_2—外转弯半径；A_4—离去角

1）最大长度 L。在 X 坐标上，通过机器前、后最近点的两个 X 平面之间的距离。

2）最大宽度 W_1。通过车辆最外点的两 Y 平面之间沿 Y 坐标的距离。

3）最大高度 H_1。在 Z 轴方向上，GRP（地平面）与司机室最高点的距离。

地下矿用汽车外形应根据矿石条件、载重量、巷道条件、地面条件、外形设计和结构布置等因素来确定。在满足承载能力、总体布置及行驶视野要求的情况下，车尽量短些、窄些，以便减小整车的质量、降低成本和改善使用经济性。

（9）轴距。在 X 坐标上，当机身和各轮都在同一直线方向时，通过机器的前轮中心和后轮中心的两个 X 平面之间的距离称为轴距。

轴距是车辆非常重要的参数。车辆载重相同时，轴距若短些，可使最小转弯半径减小，提高其机动性和通过性，但带来的缺点是制动和爬坡时，轴荷转移过大，轴荷过大使整车承载能力下降，制动性能和操纵稳定性均变坏。轴距长时，其优点是总体部件易于布置，驾驶室空间增大，便于操纵，卸载机构和料厢易于布置；缺点是转向半径增大，机动性和通过性变差，车架中央铰接点受力较大，销轴磨损较快、寿命较短。另外，若采用中央铰接形式车架，铰接点最好位于两轴线中点，此时轴距相同时转向半径最小，设计最合理。因此，确定轴距应综合考虑各方面因素，在满足车辆总体性能参数、部件布置及轴荷分配要求的条件下，轴距尽量短些，铰接点最好在两轴连线中点位置。设计时可以按轴距基本型、大轴距型和短轴距型分别设计、计算，经过优化，最后确定最合理的轴距。

（10）轮距。轮距（wheel tread）是指车轮在车辆支承平面（一般就是地面）上留下的轨迹的中心线之间的距离。如果车轴的两端是双车轮时，轮距是双车轮两个中心平面之间的距离。地下矿用汽车的轮距与巷道断面宽度、巷道曲率半径、车辆结构和总体布置等因素有关。对于全轮驱动中央铰接地下矿用汽车，前后轮距一般是相等的，以使滚动阻力减少，有利于提高动力性能。增大轮距，对增加料厢容积、提高车辆横向稳定性有利，但轮距过大，使车辆总宽度、总质量、转向阻力等增大；若减小轮距，前后桥两边的制动器与车轮离得很近，装配、维修、保养均不方便，行驶和转向时稳定性变差。因此，轮距必须与所要求的总宽相适应。

（11）最小转弯半径。最小转弯半径 R_1 是指当机器作尽可能小的转向时，在 Z 平面上，旋转中心至机器内侧最小圆弧之间的距离。

该参数是评价地下矿用汽车机动性的主要指标之一，设计时主要根据巷道条件、总体设计参数、转向机构形式及结构特点确定。

（12）最小离地间隙、接近角、离去角和纵向通过半径。主要反映的是地下矿用汽车无碰撞通过有障碍物或凹凸不平的地面的能力（见图 11-1 与图 11-2）。它们是根据巷道条件、总体设计参数、车辆结构等参数确定。

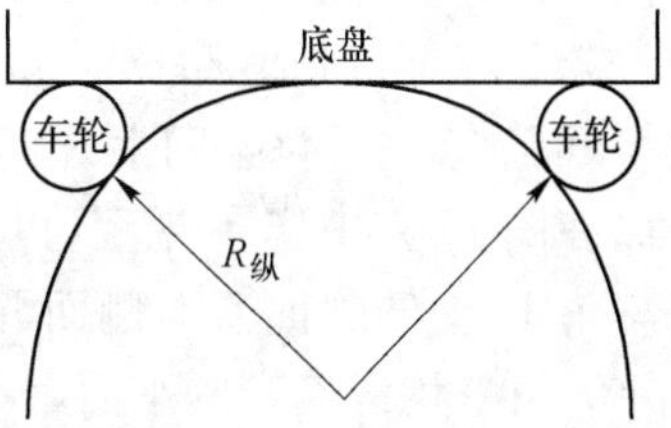

图 11-2 纵向通过半径 $R_{纵}$

1）最小离地间隙 H_4。最小离地间隙是指地下矿用汽车在满载（允许最大荷载质量）的情况下，其底盘最突出部位与水平地面的距离。

2）接近角 A_3。接近角是指地下矿用汽车满载时，在 Y 平面上，基准地平面与通过主机前部的任一结构的最低点（该点限制了角度的大小）且与前轮相切的平面之间的夹角。

3）离去角 A_4。离去角是指地下矿用汽车满载时，在 Y 平面上，基准地平面与通过主机后部的任一结构的最低点（该点限制了角度的大小）且与后轮相切的平面之间的夹角。

4）纵向通过半径 $R_{纵}$。纵向通过半径是汽车通过性能的一项指标，是汽车前后车轮外圆与汽车中部最低点相切的圆弧半径，如图 11-2 所示。

（13）最高车速。最高车速是指按规定的试验方法，车辆能够保持的最高稳定车速。

它主要根据地下矿山地面条件和发动机功率来确定。随着汽车技术的发展和矿山巷道路面条件的改善，地下矿用汽车最高速度普遍有所提高。但由于地下矿用汽车悬挂一般均为刚性连接，而且巷道坡度大、弯道多、视线差等，因此，车速不宜过高，否则不利于安全行驶。

（14）制动距离和制动减速度。制动距离和制动减速度是评价车辆制动性能的重要参数，也是制动系统设计的指标值，制动性能指标确定时要满足国家或行业的安全性标准和要求。地下矿用汽车制动性能指标设计时可参照第5章内容确定。

（15）转向角。转向角主要是针对前、后车架铰接式地下矿用汽车。当地下矿用汽车从直线向前的位置旋转到左边或右边的最大位置时，地下矿用汽车前部在 Z 平面上所形成的角度。

该参数是评价车辆转向性能的重要参数，与车辆总体设计要求、车辆通过性要求、巷道条件等有关，一般不超过45°。

（16）横向摆动角。为了使地下矿用汽车运输时四轮最大限度地着地，以适应地面的不平，从而增加车辆的附着质量和最大限度地发挥驱动力，地下矿用汽车一般采用两种方式：一是采用前、后车体相对横向摆动方式，通过中央回转支承，使前、后车体绕车辆纵向轴相对摆动一个角度，车辆四轮均能同时着地。一般这种摆动方式横向摆动角不超过10°。另一种是采用前桥摆动的结构，使前驱动桥相对前车架绕车辆纵向轴摆动，设计时此摆动角取值范围为8°~10°。

（17）工作料厢额定容量。工作料厢是地下矿用汽车的重要部件，其形状和尺寸参数对车辆运输效率和生产率均有很大的影响，同时与采矿主体设备地下装载机要有合理的匹配。工作料厢容积有两种容量标志：一是平装容量；二是堆尖容量。地下矿用汽车车厢或拖挂式车厢的额定容量，为平装容量（struck volume）和堆尖容量（top volume）之和。

1）平装容量界面。

①车厢底面、侧板、推料或储料装置的内表面（见图11-3）。

②对尾部敞口卸料的车厢，其容量以通过侧板后部边缘确定的平面为界，或从卸料边缘起，按1∶1斜率向上并向里倾斜的延伸平面为界，取其中所得容量值较小者。这些平面在图11-3中作了规定，即由车厢两侧板后部边缘所确定的平面和从卸料边缘起，斜率为1∶1的斜面。对侧面开口的车厢容量，可以用同样的方法进行。

③由平均线确定的平面。在车厢的侧视图上平均线是一条水平线（见图11-4），平均线上方的车厢部分的侧面积应等于平均线下方的非车厢部分的侧面积。

④车厢侧面内表面到平均线的垂直平面（见图11-4）。

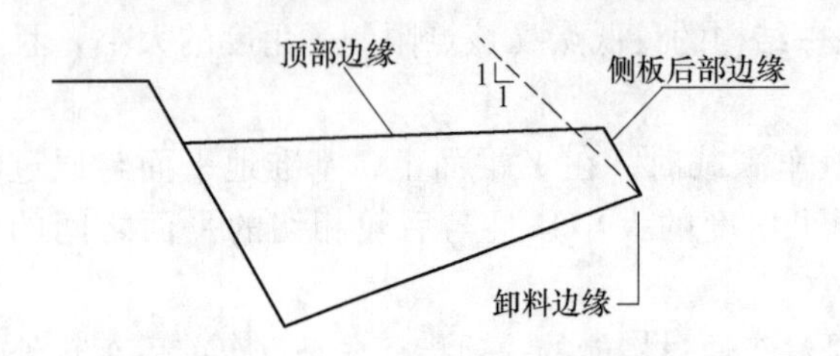

图11-3　由侧板后部边缘或卸料边缘所确定的平装容量界面

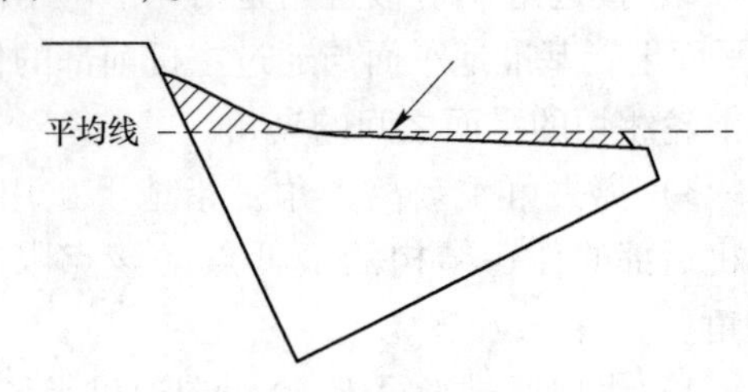

图11-4　由平均线确定的平装容量界面

2）堆尖容量界面。

①在平装容量上平面的上方，能储料的非水平面（见图11-5）。

②从①表面和车厢侧面内表面到平均线的垂直平面的上部边缘起，以斜度为1∶2(26.6°）向里并向上的斜面。从平装容量上表面的上部边缘起，以斜度为1∶2(26.6°）向里并向上的斜面（见图11-5）。不是所有物料都能形成该角度，该角度只代表一般土壤或岩石的最佳安息角。

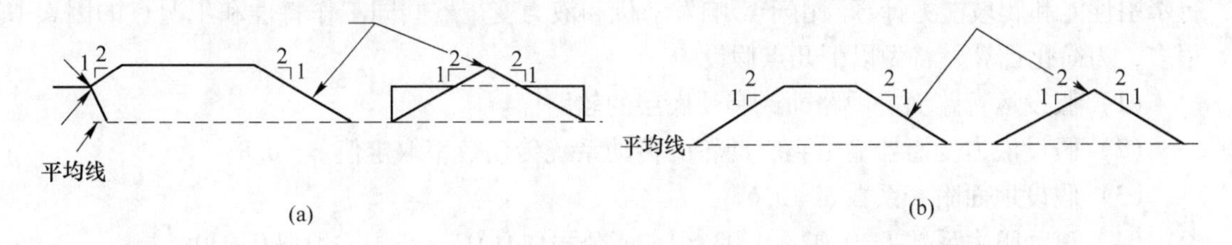

图11-5　堆尖容量界面
（a）尾部或侧面敞口式；（b）闭合式车厢

（18）最大爬坡能力。最大爬坡能力指地下矿用汽车在良好的路面上，以1挡行驶所能爬行的最大坡度。最大爬坡能力是表示地下矿用汽车牵引性能的一个重要的指标。其值取决于车辆牵引性能要求、巷道斜坡道路面条件、工况等。设计完成后，通过车辆额定工况下牵引特性计算确定。

（19）最大牵引力。最大牵引力是指地下矿用汽车在额定载荷下，轮胎与地面之间轮胎打滑时所产生的最大附着力。

（20）最大卸载角度。最大卸载角度 A_1 指车厢完全升起时，Y 平面内厢斗底板与GRP之间的角度。该参数由倾卸矿石的安息角等因素决定（见7.3.2节）。取得过小时卸料卸不干净，取得过大时卸载高度过大，卸载时间过长，效率低。一般取值范围以55°~70°为宜。

（21）卸载时间和回程时间。卸载时间和回程时间是指在发动机额定转速下，空载时，车厢、车厢门或推料装置的全部动作循环的时间。地下矿用汽车的卸载时间和回程时间的长短，直接影响地下矿用汽车的工作效率，主要取决于最大卸载角度、卸载机构参数、工作液压系统参数、机型等。一般卸载时间取8~18s，回程时间取9~19s。

（22）车厢倾翻高度 H_2。

（23）卸载高度 H_3。

（24）装载高度 H。

11.2　地下矿用汽车主要技术参数计算

11.2.1　Dana公司柴油机和液力变矩器共同工作匹配计算

11.2.1.1　概述

一台装有液力机械传动装置的地下矿用汽车，其性能的好坏，并不单纯决定于液力变矩器的性能。从广义的角度看，它既与地下矿用汽车所应用的柴油机、变矩器、机械传动轴，行驶装置等本身的性能有关，又与它们之间的配合恰当与否有关。特别是地下矿用汽车的牵引性能和经济性，在很大程度上取决于柴油机与变矩器的共同配合。因此，研究柴油机和变矩器的共同工作性能是十分必要的。

所谓液力变矩器与发动机的共同工作匹配是指液力变矩器按照工作的要求，以指定工况（或传动比）传递发动机的扭矩和功率的一种共同工作情况。通过匹配计算，可以求出地下矿用汽车各挡最大牵引力（失速牵引力）、车速与爬坡能力。

研究发动机和液力变矩器的匹配问题，确定它们的共同工作特性和工况点，以便于进行牵引性能和爬坡能力计算。由于影响发动机和液力变矩器共同工作特性和工况点的因素很多，为简化计算，特做以下几点假设：

（1）假设运行路面是硬路面或有硬底层的软路面。

（2）假设液力变矩器输出到驱动轮的传动系统传动效率取定值 $\eta=0.8$。

（3）假设地面附着系数 $\varphi=0.6$。

（4）滚动阻力系数 $f=0.02\sim0.03$（Dana 公司取 0.02，我国一般取 0.03）。

（5）动力输出系统各附件消耗功率主要是发动机附件功率损失、液压系统功率损失、风阻损失，其他略去不计。

11.2.1.2 柴油机和液力变矩器匹配原则

（1）失速转速大于发动机峰值扭矩的转速。不得选择一个失速速度小于发动机峰值转矩转速的变矩器。

（2）当要求连续大马力和低转速时，软特性变矩器（液力变矩器失速变矩比 $STR\approx2.0$）是合适的；当要求大扭矩和高转速时，硬特性变矩器（液力变矩器失速变矩比 $STR\approx3.0$）是合适的。

（3）变矩器能力系数 k 越大，变矩器吸收越少；反过来也是如此。

（4）变矩器冷却器最小冷却能力应为发动机最大功率的 30% ~40%。

（5）变矩器的输入转速和极限转矩不得超过 Dana Spicer 车辆的技术规格的规定。

11.2.1.3 柴油机和液力变矩器匹配类型

柴油机和液力变矩器匹配类型有三种：“OUT 匹配”、“FULL 匹配”与“LUG 匹配”。

（1）“OUT 匹配”（见图 11-6）。变矩器失速曲线与发动机净输入扭矩交点的转速高于调速转速。

（2）“FULL 匹配”（见图 11-7）。变矩器失速曲线与发动机净输入扭矩曲线交点的转速低于满负载调速转速 50 ~200r/min。

（3）“LUG 匹配”（见图 11-8）。变矩器失速曲线与发动机净输入扭矩曲线交点的转速低于满负载调速转速 200 ~600r/min。

其中，“OUT 匹配”适用地下装载机，“LUG 匹配”、“FULL 匹配”适用地下矿用汽车及其他地下辅助采矿车辆。

（4）柴油机和液力变矩器匹配原则

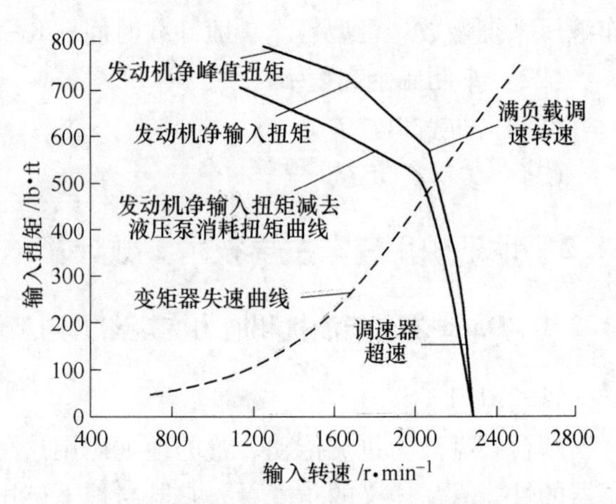

图 11-6 “OUT 匹配”

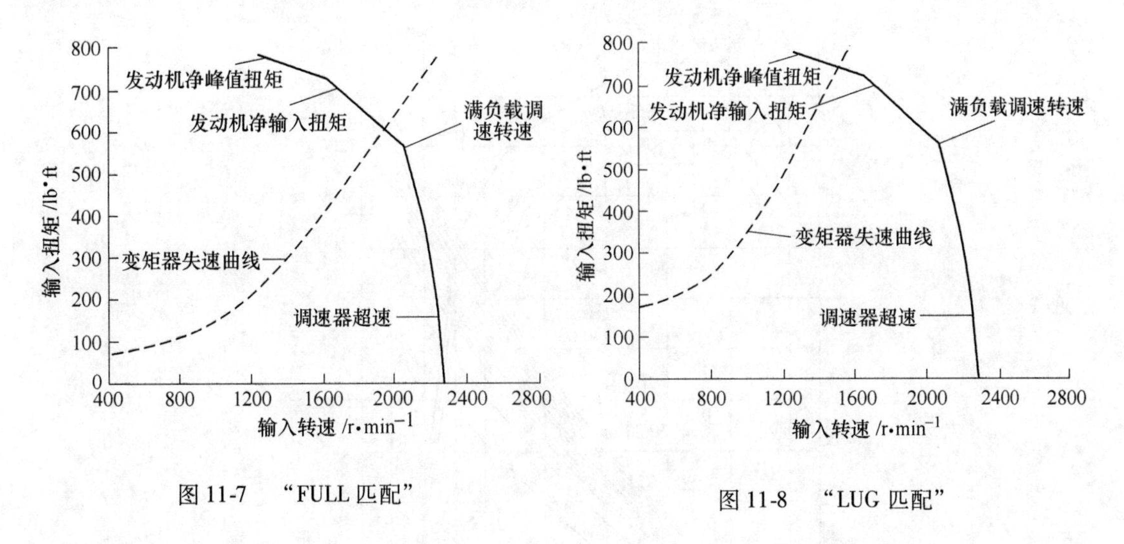

图 11-7　“FULL 匹配”　　　　图 11-8　“LUG 匹配”

应用实例。下面列举 Dana 公司为某公司地下矿用汽车与地下装载机柴油机和液力变矩器匹配原则实例，见表 11-1 和表 11-2。

表 11-1　地下矿用汽车柴油机和液力变矩器匹配原则实例

地下矿用汽车有效载重/t	发动机功率（额定转速）/kW(r/min)	变矩器失速曲线与发动机净输入扭矩曲线交点的转速/r·min⁻¹	1 挡失速牵引力 T_E/车辆总重 G_{VW}	η_{max} /%	$\frac{\lambda_{MBK}}{\lambda_{MB}^*}$	$d_{0.7}=n_{T2}/n_{T1}$	变矩器失速变矩比 K_0	额定转速－变矩器失速曲线与发动机净输入扭矩曲线交点的转速/r·min⁻¹
8	75/2300	1838	0.484	91.8	0.05	2.9	1.82	462
10	104/2300	1924	0.521	91.5	0.06	2.9	1.82	376
12	112/2300	1921	0.536	91.5	0.02	2.9	1.82	379
15	147/2200	2148	0.487	91.5	0.05	2.46	1.82	52
18	170/2300	1863	0.422	90.6	0.06	2.9	1.82	437
20	224/2100	2079	0.511	90.7	0.04	2.7	1.82	29
25	224/2200	2065	0.494	89.3	0.036	2.8	2.292	135

表 11-2　地下装载机柴油机和液力变矩器匹配原则实例

斗容/m³	发动机功率（额定转速）/kW(r/min)	变矩器失速曲线与发动机净输入扭矩曲线交点的转速/r·min⁻¹	Ⅰ挡失速牵引力 T_E/车辆总重 G_{VW}	变矩器失速变矩比 K	额定转速－变矩器失速曲线与发动机净输入扭矩曲线交点的转速/r·min⁻¹
2	68/2300	2314	0.805	3.1	－14
3	136/2300	2324	0.875	3.14	－24
4	170/2300	2377	0.664	3.14	－77
6	242/2100	2105	0.605	3.05	－5

11.2.1.4　发动机与变矩器共同工作输入与输出特性

将发动机的外特性曲线及调速特性曲线与变矩器输入特性曲线按相同比例绘在一起就是发动机与变矩器的共同工作输入特性曲线，如图 11-9 所示。

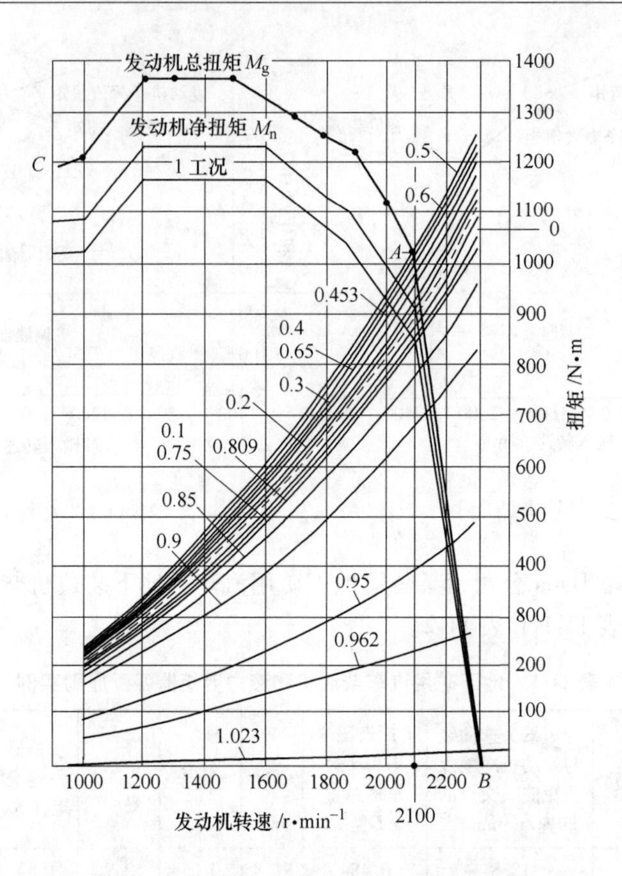

图 11-9　发动机与变矩器的联合工作输入特性曲线

A　发动机的外特性与调速特性曲线

地下矿用汽车大都采用 ISO 3046-1 及 SAE J1995 标准状态下带一定附件的速度特性曲线（见图 11-9）。如果使用条件发生了变化，则图 11-9 的曲线也会产生相应变化。

柴油机在标准状态下的总功率用 N_g 表示（engine gross power），而输出功率为发动机净功率 N_n（engine net power），即发动机的净功率 N_n 等于发动机在标准状态下总功率 N_g 减去其附件的功率损失（见式（11-1）和式（11-2））。对不同发动机制造商附件的功率损失是不同的，见表 11-3。

表 11-3　不同发动机制造商附件的功率损失

发动机制造商	附件的功率损失占总功率的百分比 θ/%	发动机制造商	附件的功率损失占总功率的百分比 θ/%
Caterpillar	8	Deutz	3
Cummins(B&C series)	10 (5)	John Deere	8
Detroit	7	Mercedes-Benz	10

$$N_n = N_g - \theta N_g \tag{11-1}$$

发动机净扭矩为：

$$M_n = 9550 \frac{N_n}{n} \tag{11-2}$$

式中 n——发动机的转速，r/min。

变矩器的输入功率 N_i 与输入扭矩 M_i 必须根据不同工况除去辅助油泵功率损失，见表11-3与图11-9。图11-9中的曲线 AC 是发动机外特性曲线，曲线1就是根据表11-3与表11-4中工况1的相应公式绘制出来的。工况2的曲线未画。

调速特性曲线为 A 点（2100，M_e）与 B 点（$1.1n_e=2310$，0）两点的连线。

表11-4 不同工况变矩器输入功率与力矩

项目	工况1	工况2
	变速油泵满负荷工作、工作油泵与转向油泵空载	变速油泵与工作油泵满负荷、转向油泵空载
输入到变矩器功率 N_i/kW	$N_{i1}=N_n-N_{TL}-(N_P+N_S)$	$N_{i2}=N_n-(N_{TL}+N_{PL})-N_S$
输入到变矩器扭矩 M_i/N·m	$M_{i1}=9550N_{i1}/n_i$	$M_{i2}=9550N_{i2}/n_i$

注：N_P，N_S—工作油泵、转向油泵空载损失功率，kW，见表11-5；N_{TL}，N_{PL}—变速油泵、工作油泵重载损失功率，kW，见表11-5；n_i—输入到变矩器转速，r/min。

表11-5 油泵空载、重载转矩损失计算表

项目	变速油泵	工作油泵	转向油泵
空载/N·m		$M_P=159\times1.38Q_P/n\eta$	$M_S=159\times1.38Q_S/n\eta$
重载/N·m	$M_{TL}=159(0.69+p_T)Q_T/n\eta$	$M_{PL}=159(0.69+p_P)Q_P/n\eta$	$M_{SL}=159(0.69+p_S)Q_S/n\eta$
备注	M_P，M_S——工作油泵与转向油泵空载损失转矩，N·m； M_{TL}，M_{PL}，M_{SL}——变速油泵、工作油泵、转向油泵重载损失转矩，N·m； η——油泵效率； n——油泵转速，r/min； Q_T，Q_P，Q_S——变速油泵、工作油泵、转向油泵工作流量，L/min； p_T，p_P，p_S——变速液压系统、工作液压系统、转向液压系统实际工作压力，MPa。 其他油泵如制动油泵、冷却油泵转矩损失可参考上述公式计算		

B 变矩器的输入特性曲线

由于采用美国Dana的变矩器，它早期给出的有关输入特性曲线计算公式与我国略有不同。它是英制单位，如图11-10所示。为了便于我国的读者了解Dana公司有关的符号的含义，特列表11-6。

表11-6 美国与我国常用变矩器符号含义对照表

符号国别	转速比	系数名称及单位		变矩系数	效率	泵轮力矩	
		名称、符号	单位			符号	单位
美国	SR	能力系数 K	$\frac{\text{r/min}}{\sqrt{\text{lb}\cdot\text{ft}}}$	TR	EFF	$T=n^2/K^2$	lb·ft
中国	i_{TB}	重度×力矩系数 $\gamma\lambda_{MB}$	$\frac{N}{m^3}\cdot\frac{\text{min}^2}{\text{mr}^2}$	K	η	$M_B=\gamma\lambda_{MB}D^5n_B^2$	N·m

图11-10是美国Dana公司给出的C8502变矩器输入特性曲线。图的上方给出一组数据，根据这组数据及按下列公式计算后绘制出了图中的一组抛物线。

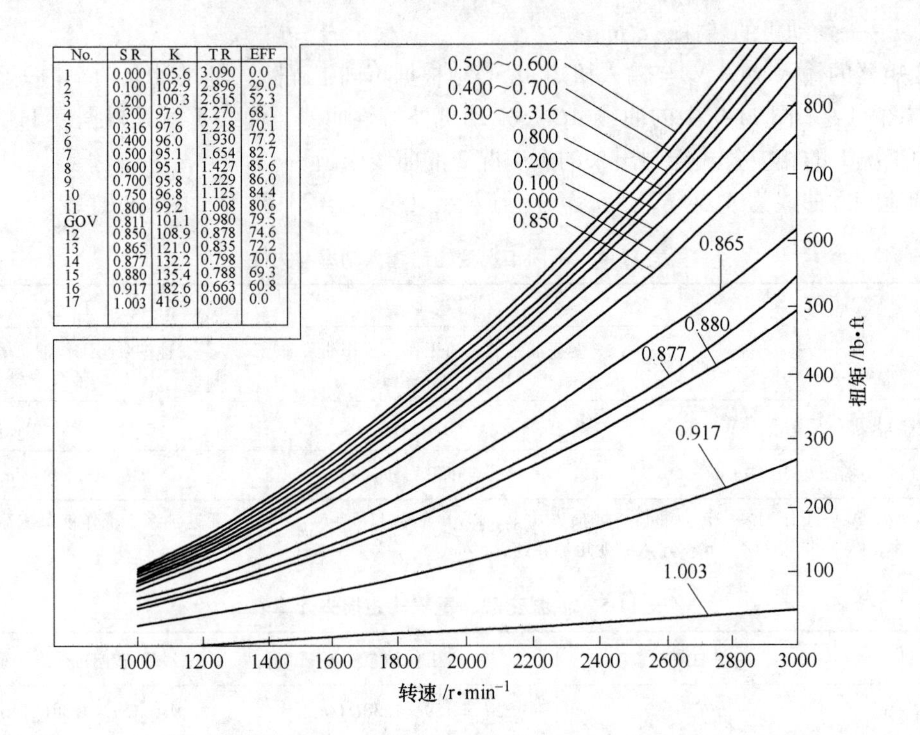

No.	SR	K	TR	EFF
1	0.000	105.6	3.090	0.0
2	0.100	102.9	2.896	29.0
3	0.200	100.3	2.615	52.3
4	0.300	97.9	2.270	68.1
5	0.316	97.6	2.218	70.1
6	0.400	96.0	1.930	77.2
7	0.500	95.1	1.654	82.7
8	0.600	95.1	1.427	85.6
9	0.700	95.8	1.229	86.0
10	0.750	96.8	1.125	84.4
11	0.800	99.2	1.008	80.6
GOV	0.811	101.1	0.980	79.5
12	0.850	108.9	0.878	74.6
13	0.865	121.0	0.835	72.2
14	0.877	132.2	0.798	70.0
15	0.880	135.4	0.788	69.3
16	0.917	182.6	0.663	60.8
17	1.003	416.9	0.000	0.0

图 11-10　美国 Dana 公司给出的 C8502 变矩器输入特性曲线

变矩器泵轮传递的力矩 T：

$$T = \frac{n^2}{K^2} \tag{11-3}$$

式中　n——泵轮转速，r/min；

K——能力系数值，$(\text{r/min})/(\text{lb} \cdot \text{ft})^{1/2}$；

T——泵轮所传递的力矩，lb · ft。

若用 N · m 表示泵轮所传递的力矩，则：

$$M_{\text{B}} = \frac{1.356n^2}{K^2} \tag{11-4}$$

在我国还有一个表示变矩器性能的参数即力矩系数 λ_{MB} 和油重度 γ 的乘积 $\gamma\lambda_{\text{MB}}$。此乘积与式（11-3）中的系数（即图 11-10 左上角表中的 K）有一定关系，可以互换。

根据：$$M_{\text{B}} = \gamma\lambda_{\text{MB}}D^5n_{\text{B}}^2$$

因为：$$T = M_{\text{B}}$$

故：

$$\gamma\lambda = \frac{1.356}{D^5K^2} \tag{11-5}$$

所以根据图 11-10 中表的数据通过式（11-4）及有关定义很容易换算成适用我国习惯反映变矩器的性能参数 i、K、η、$\gamma\lambda_{\text{MB}}$。

现在，Dana 公司给出的变矩器参数变矩比与符号同我国基本一致。

在变矩器的输入特性中，i 从 0 ~ 1 之间，大约有 18 条输入特性曲线，其中有 7 条典型输入特性曲线：

（1）启动工况即 $i=0$ 的特性曲线。

（2）变矩器正常工作允许的最低效率 $\eta=0.7$ 时的特性曲线有两条。

（3）液力变矩器最高效率的特性曲线。

（4）偶合工况 $K=1$ 的特性曲线。

（5）GOV 为通过发动机额定点的特性曲线。

（6）变矩器吸收的转矩为最大的工况的特性曲线。

（7）变矩器吸收转矩最少的工况的特性曲线。

C　求柴油机与变矩器共同工作点

研究变矩器与内燃机共同工作的目的在于检查此变矩器结构形式及有效直径的选择是否合适；如何配合才能使整机获得良好的性能。它们的共同工作性能，就是它们共同工作时的输入和输出特性的变化规律。

根据图 11-9 可求得柴油机各工况的速度特性、调速特性曲线与变矩器输入特性曲线的交点即它们两的共同工作点（n_{Bi} 与 M_{Bi}）。根据共同工作点可计算出柴油机输入到变矩器的功率：

$$N_i = 0.1047 \times 10^{-3} n_{Bi} M_{Bi} \tag{11-6}$$

D　变矩器的输出特性曲线

根据发动机和变矩器共同工作输入特性曲线求得共同工作点（n_{Bi}，M_{Bi}），根据式(11-7)～式(11-9)计算可得到发动机和变矩器联合工作特性曲线上各点的数值 M_T、n_T、N_T（变矩器涡轮输出扭矩、转速、功率）。

$$M_T = KM_B \tag{11-7}$$

$$n_T = in_B \tag{11-8}$$

$$N_T = 0.1047 \times 10^{-3} M_T n_T \tag{11-9}$$

11.2.1.5　牵引特性与爬坡能力计算

$$v = 0.377 n_T r_K / \Sigma i \tag{11-10}$$

$$T_E = \frac{M_T \Sigma i \cdot \eta}{RR} - AC \cdot FA \cdot v^2 \tag{11-11}$$

$$\Sigma i = i_{OR} i_{TR} i_{AR} \tag{11-12}$$

式中　v——地下矿用汽车行驶速度，km/h；

n_T——变矩器涡轮转速，r/min；

r_K——轮胎的滚动半径，m；

Σi——传动系统总传动比；

T_E——轮缘牵引力，N；

M_T——涡轮输出力矩，N·m；

η——传动系统总效率，$\eta=0.8$；

AC——空气阻力系数，$AC=0.0466\text{N}/(\text{km}\cdot\text{h}^{-1}\cdot\text{m})^2$；

FA——地下矿用汽车迎风面积，m^2；

i_{OR}——变矩器偏置传动比；

i_{TR}——变速箱各挡传动比；

i_{AR}——驱动桥总传动比。

根据式（11-10）~式（11-12）就可以计算出 v、T_E、也就是可以绘制 v 与 T_E 之间的关系图，此图就是车辆的牵引特性曲线（见图 11-11）。

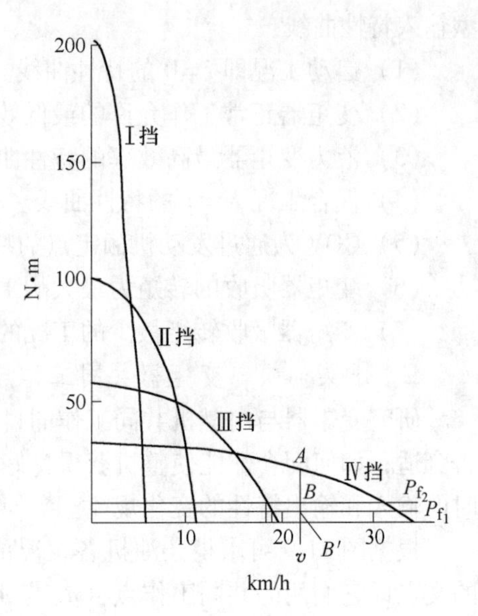

图 11-11　牵引特性曲线

由牵引曲线图可以作如下分析：

（1）牵引曲线与阻力曲线的交点所对应的速度就是地下矿用汽车在该挡位在水平地段上等速行驶所能达到的最大速度。阻力曲线有两条：一条是空载曲线，$P_{f_1}=E_{VW}f$；另一条是重载曲线，$P_{f_2}=G_{VW}f$。因此空载与重载曲线是不相同的。

（2）设 v 为地下矿用汽车任一行驶速度，过 v 作直线与横轴垂直，该直线与 T_E-v 曲线有一交点为 A；与 P_f-v 曲线有一交点 B（或 B'），则 $\overline{AB}$（或 $\overline{AB'}$）线段即在指定行驶条件下的剩余驱动力，用符号 P_{AB} 表示，称为地下矿用汽车的牵引力。当地下矿用汽车加速时，牵引力用来克服惯性阻力；当地下矿用汽车爬坡行驶时，牵引力克服上坡阻力后，剩余牵引力用来克服加速惯性阻力。

（3）如在指定的条件下，改变地下矿用汽车的挡位，则改变了牵引力曲线与阻力曲线的交点，地下矿用汽车可能达到的最大行驶速度也会改变。

（4）地下矿用汽车用一定的挡位稳定行驶时所能克服的最大总阻力，在图上 T_E-v 曲线与纵轴的交点所代表的驱动力，低挡较高挡位所能克服的最大阻力大。

（5）最大驱动力受附着力的限制。将 T_E-v 画在图上，所有 T_E-v 线以上的驱动力在实用中是不可能发挥的。

（6）在图 11-11 中，假如滚动阻力不变，实际上它随车速呈抛物线变化，因此高速挡的车速理论值与实测值有较大的变化。

根据牵引力特性曲线按下式可计算出爬坡能力曲线上各坐标，画出爬坡能力曲线。

$$D=\frac{T_E}{W_{OD}}\quad 或\quad D=\frac{T_E}{G_{VW}} \tag{11-13}$$

式中　D——地下矿用汽车动力因素，D 值越大，汽车的加速、爬坡和克服道路阻力的能力越大；

T_E——地下矿用汽车牵引力，N；

W_{OD}——地下矿用汽车驱动轮上重量，N；

G_{VW}——地下矿用汽车总重，N。

由于地下矿用汽车为四轮驱动，故 $W_{OD}=G_{VW}$。

$$\alpha=\sin^{-1}(D-f) \tag{11-14}$$

式中　α——地下矿用汽车爬坡角，（°）；

f——滚动阻力系数，$f=0.02$。

一般爬坡角用斜度来表示：

$$斜度 = 100\tan\alpha \tag{11-15}$$

表11-9的爬坡度并不是地下矿用汽车实际的可以爬的坡度，只是比较地下矿用汽车动力性而设的一个相对指标，也就是便于比较不同重量地下矿用汽车的动力性能高低。

11.2.1.6　其他参数计算

（1）附着牵引力。

$$T_E = W_{OD}\varphi \tag{11-16}$$

式中　T_E——车轮打滑时的牵引力，kN；

W_{OD}——牵引重量，kN；

φ——车辆附着系数，$\varphi=0.6$。

地下矿用汽车传动系统产生的牵引力若大于上述 T_E，则传动系统大于 T_E 以上的牵引力不能充分发挥。

（2）失速牵引力与地下矿用汽车满载重量之比，即 S_{TE}/G_{VW}之比的计算。失速牵引力即变矩器输出转速为零时的牵引力。失速牵引力（S_{TE}）与地下矿用汽车的总重量（G_{VW}）之比在0.5左右较为合理，见表11-1。

（3）变矩器变速油泵冷却能力计算。由于变矩器工作时最高效率也只有90%左右，因此变矩器工作时能量损失较大，能量损失转变成热量，使油温升高很快，若超过一定的油温，变矩器则不能正常工作。为此，变矩器必须配备冷却器以保证变矩器工作油温低于评价值。

Dana变矩器配置的冷却器一般按发动机最大功率的40%来计算其冷却能力，若变速箱不带缓冲装置，则只按发动机最大功率的30%来计算冷却器的冷却能力。

Dana变矩器上都配置有变速油泵，由发动机直接带。该泵一方面供变速箱压力油，另一方面供变矩器工作油。供变速箱的油量是Dana公司给出的。如CA20地下采矿汽车采用14.5LHR36425集成为一体变矩器与变速箱，变速油泵在转速2000r/min时的流量是31GPM，流向变速箱的流量是20.8L/min，因此流向冷却器的流量 $Q_{冷}$ 为：

$$Q_{冷} = \frac{Q_{泵e}}{n_{泵e}} \times n - Q_{变} \tag{11-17}$$

式中　$Q_{冷}$——流向冷却器的流量，L/min；

$Q_{泵e}$——油泵的额定流量，L/min；

$n_{泵e}$——油泵的额定转速，r/min；

$Q_{变}$——流向变速箱的流量，L/min；

n——变速油泵实际转速，r/min。

$$n = n_B/i_{TP} \tag{11-18}$$

式中　n_B——变矩器泵轮转速，r/min，也就是求得的共同工作点转速；

i_{TP}——变速油泵驱动传动比。

冷却器消耗的功率 $N_{冷}$ 为：

$$N_{冷} = N_i - N_T \tag{11-19}$$

式中　N_i——变矩器输入功率，由式（11-6）求得；

N_T——变矩器输出功率，由式（11-9）求得。

11.2.2　例题

某型20t地下矿用汽车设计参数如下：

$E_{VW} = 200.9kN$，$G_{VW} = 396.9kN$，$W_{OD} = 396.9kN$；发动机为Cummins QSL9-C300，224kW/2100r/min，采用14.5LHR36425集成为一体的变矩器与变速箱。变速箱传动比分别为4.04、2.02、1.15、0.65，驱动桥 $i_{AR} = 29.953$；$r_K = 0.757m$；$\varphi = 0.6$；$f = 0.02$；$AC = 0.0466N/(km \cdot h^{-1} \cdot m)^2$；$FA = 7m^2$；$\eta = 0.8$；工作泵1000r/min时流量为80L/min，工作压力为16MPa；转向泵1000r/min时流量为68L/min，工作压力为12.5MPa；变速油泵2000r/min时，流量为117.18L/min；制动油泵2100r/min时，流量为65L/min；冷却油泵2100r/min时，流量为23L/min。油泵传动比 $i_{TP} = 1$。试对地下矿用汽车发动机与变矩器进行匹配计算，并求出地下矿用汽车的主要技术参数。

解：（1）发动机净扭矩、变矩器输入扭矩计算。根据Cummins公司给出的发动机转速及总功率，按式（11-1）计算出发动机净功率、净扭矩，变矩器输入扭矩，结果见表11-7。

表11-7　发动机的输出计算

发动机转速/r·min^{-1}	发动机总功率/kW	发动机净功率/kW	发动机净力矩/N·m	变矩器输入扭矩/N·m
2310	0	0	0	-68
2100	224	202	917	849
1900	242	218	1095	1027
1700	230	207	1163	1095
1300	186	167	1230	1162

（2）油泵的扭矩损失的计算。根据表11-1与表11-2计算得工作油泵空载损失的力矩 $M_P = 18.7N \cdot m$；转向油泵空载损失 $M_S = 15.9N \cdot m$；充液油泵 $M_{TL} = 23N \cdot m$，冷却油泵空载损失 $M_c = 2.6N \cdot m$，制动油泵空载损失 $M_B = 7.3N \cdot m$。油泵的总的扭矩损失67.6N·m。

（3）绘 M_g、M_n、1工况曲线曲线及调速特性曲线。根据表11-1与表11-2介绍的方法及表11-4数据，画出图11-9的曲线（图中工况2曲线未画）、发动机总扭矩 M_g、发动机净扭矩 M_n、1工况曲线调速特性曲线。

（4）变矩器的输入特性与输出特性。根据Dana公司给出变矩器的原始特性曲线与1工况曲线及调速特性曲线求出共同工作点（见图11-9）。并按式(11-7)~式(11-9)，计算出发动机与变矩器的联合工作输出特性曲线的坐标（见表11-8）。

（5）各挡车速与失速牵引力、爬坡能力计算。根据阻力曲线（阻力曲线有两条，一条是空载曲线，另一条是重载曲线）与各挡位牵引曲线交点，求出各挡在地平面车速、失速牵引力与爬坡能力（见表11-9）。

表 11-8 变矩器特性计算

曲线号	变矩器原始特性			变矩器输入特性			变矩器输出特性			冷却能力计算	
	速比	扭矩比	效率/%	转速/r · min^{-1}	扭矩/N · m	功率/kW	转速/r · min^{-1}	扭矩/N · m	功率/kW	流量/L · min^{-1}	功率/kW
1	0.000	1.820	0.0	2079	873	190.2	0	1590	0.0	101.1	190.2
2	0.100	1.772	17.7	2065	888	192.1	207	1574	34.0	100.3	158.0
3	0.200	1.720	34.4	2051	903	193.9	410	1553	66.7	99.5	127.2
4	0.300	1.662	49.9	2039	915	195.4	612	1521	97.4	98.8	98.0
5	0.400	1.590	63.6	2027	927	196.8	811	1474	125.2	98.1	71.6
6	0.453	1.545	70.0	2020	933	197.5	915	1442	138.2	97.7	59.3
7	0.500	1.504	75.2	2016	937	197.9	1008	1409	148.8	97.5	49.1
8	0.600	1.397	83.8	2011	942	198.4	1207	1316	166.3	97.2	32.1
9	0.650	1.334	86.7	2022	932	197.3	1314	1243	171.1	97.8	26.2
10	0.700	1.266	88.6	2043	911	195.0	1430	1154	172.8	99.0	22.2
11	0.750	1.197	89.8	2066	887	191.9	1550	1061	172.3	100.4	19.6
12	0.800	1.133	90.6	2094	857	187.8	1675	970	170.2	102.0	17.6
GOV >	0.809	1.120	90.7	2100	849	186.8	1700	951	169.4	102.4	17.4
13	0.850	1.061	90.2	2124	805	179.1	1806	854	161.5	103.8	17.6
14	0.900	0.972	87.5	2159	713	161.3	1943	693	141.1	105.8	20.2
15	0.950	0.836	79.4	2223	445	103.6	2112	372	82.3	109.6	21.3
16	0.962	0.727	69.9	2257	263	62.1	2171	191	43.4	111.6	18.7
17	1.023	0.000	0.0	2295	34	8.2	2347	0	0.0	113.8	8.2

表 11-9 各挡车速、失速牵引力与爬坡能力

挡 位	重载车速/km · h^{-1}	空载车速/km · h^{-1}	失速牵引力/kN	坡度/%
Ⅰ	5.4	5.4	203.1	56.4
Ⅱ	10.7	10.8	100.6	24.3
Ⅲ	18.7	18.9	57.8	12.7
Ⅳ	32.5	33.0	32.9	6.3

（6）牵引特性与爬坡能力计算。根据发动机特性曲线与变矩器的特性曲线的交点，按式(11-10)~式(11-12)和表11-5的数据计算出各挡的速度、牵引力（见表11-10）并绘出图11-11。按式(11-13)~式(11-15)和表11-5的数据计算出该车爬坡能力（见表11-10）。

表 11-10 牵引特性与爬坡能力计算

曲线号	Ⅰ挡 传动比=4.037			Ⅱ挡 传动比=2.019			Ⅲ挡 传动比=1.149			Ⅳ挡 传动比=0.653		
	速度/km · h^{-1}	牵引力/kN	爬坡度/%	速度/km · h^{-1}	牵引力/kN	爬坡度/%	速度/km · h^{-1}	牵引力/kN	爬坡度/%	速度/km · h^{-1}	牵引力/kN	爬坡度/%
1	0.0	203.1	56.4	0.0	101.6	24.3	0.0	57.8	12.7	0.0	32.9	6.3
2	0.5	201.1	55.6	1.0	100.6	24.0	1.7	57.2	12.5	3.0	32.5	6.2
3	1.0	198.4	54.6	1.9	99.2	23.6	3.4	56.5	12.3	6.0	32.1	6.1
4	1.4	194.3	53.1	2.9	97.2	23.1	5.1	55.3	12.0	8.9	31.4	5.9
5	1.9	188.4	51.0	3.8	94.2	22.3	6.7	53.6	11.6	11.8	30.5	5.7

续表 11-10

曲线号	Ⅰ挡 传动比 = 4.037			Ⅱ挡 传动比 = 2.019			Ⅲ挡 传动比 = 1.149			Ⅳ挡 传动比 = 0.653		
	速度 /km · h⁻¹	牵引力 /kN	爬坡度 /%	速度 /km · h⁻¹	牵引力 /kN	爬坡度 /%	速度 /km · h⁻¹	牵引力 /kN	爬坡度 /%	速度 /km · h⁻¹	牵引力 /kN	爬坡度 /%
6	2.2	184.3	49.5	4.3	92.2	21.7	7.6	52.4	11.3	13.4	29.8	5.5
7	2.4	180.1	48.1	4.8	90.1	21.1	8.4	51.3	11.0	14.7	29.1	5.3
8	2.9	168.1	44.1	5.7	84.1	19.5	10.0	47.9	10.1	17.6	27.2	4.8
9	3.1	158.9	41.1	6.2	79.5	18.3	10.9	45.2	9.4	19.2	25.7	4.4
10	3.4	147.4	37.5	6.8	73.7	16.8	11.9	42.0	8.6	20.9	23.8	4.0
11	3.7	135.6	34.0	7.3	67.8	15.3	12.9	38.6	7.7	22.6	21.9	3.5
12	4.0	124.0	30.6	7.9	62.0	13.7	13.9	35.3	6.9	24.5	20.1	3.0
GOV >	4.0	121.6	29.9	8.0	60.8	13.4	14.1	34.6	6.7	24.8	19.7	2.9
13	4.3	109.1	26.3	8.5	54.6	11.8	15.0	31.1	5.8	26.4	17.6	2.4
14	4.6	88.6	20.7	9.2	44.3	9.2	16.1	25.2	4.3	28.4	14.3	1.5
15	5.0	47.5	10.0	10.0	23.8	4.0	17.5	13.5	1.4	30.8	7.7	-0.1
16	5.1	24.4	4.1	10.3	12.2	1.1	18.0	6.9	-0.3	31.7	3.9	-1.1
17	5.5	0.0	-2.0	11.1	0.0	-2.0	19.5	0.0	-2.0	34.3	0.0	-2.1

11.3　地下装载机与地下矿用汽车柴油机与变矩器匹配

地下装载机与地下矿用汽车都是属于地下矿山主要的无轨采矿设备，具有相同的使用条件与环境、相近的传动系统，但作用不同，且动力传动系统匹配也不一样，若混淆了它们之间的差别，将直接影响整机的动力性能、经济性能及生产率。因此，必须重视地下装载机与地下矿用汽车的匹配分析。

11.3.1　地下装载机与地下矿用汽车在地下矿山的作用与特点

地下装载机主要用于地下矿山铲、装、运松散矿料，由于其斗容的不同，经济运距也不同，一般经济运距在400m之内，因此要求地下装载机插入力要大、铲取力也要大。为了提高生产率，工作机构工作循环的时间要短，也就是发动机的转速不能低。而地下矿用汽车主要用于运输松散物料，因此要求自卸汽车车速要快、爬坡能力要强；其经济有效的运距在500~3000m之间。一般来讲，液力机械传动的效率比机械传动的低。为了提高传动效率，一般采用带闭锁装置的液力变矩器启动加速与克服大的外阻力时用变矩器，在水平运输时采用闭锁装置使发动机与液力传动装置成为直接机械传动。同时在下坡时采用闭锁装置，可利用发动机的摩擦阻力以及所有传动装置及轴的摩擦阻力使车辆减速，减少使用制动器，使高速下坡行驶更为安全。

11.3.2　地下装载机与地下矿用汽车柴油机与变矩器系统匹配

为了更加清楚地分析地下装载机与地下自卸卡车柴油机与变矩器的匹配不同之处，现以美国 Wagner 公司 ST-6C 地下装载机与 MT-420 地下矿用汽车为例说明。

11.3.2.1　ST-6C 与 MT-420 柴油机、变矩器与油泵

ST-6C 与 MT-420 柴油机、变矩器与油泵的配置见表 11-11。

表 11-11 ST-6C 与 MT-420 柴油机、变矩器与油泵的配置

名 称		ST-6C 地下装载机	MT-420 地下矿用汽车
柴油机		道依茨 F10L413 柴油机，额定功率 170kW，2300r/min	
变矩器		Clark C8402 失速比 $i=3.14$， 能力系数 $K=123.9(\mathrm{r/min})/(\mathrm{lb\cdot ft})^{1/2}$	Clark CL8432 失速比 $i=2.093$， 能力系数 $K=101.56(\mathrm{r/min})/(\mathrm{lb\cdot ft})^{1/2}$
油泵参数	举升与倾翻油泵 （工作油泵）	$Q_{\mathrm{I}}=159+159\mathrm{L/min}$， $n=2300\mathrm{r/min}$	$Q_{工+转}=108.6\mathrm{L/min}$， $n=2400\mathrm{r/min}$
	转向油泵	$Q_{转}=159\mathrm{L/min}$，$n=2300\mathrm{r/min}$	
	变速油泵	$Q_{变}=164.3\mathrm{L/min}$，$n=2300\mathrm{r/min}$	$Q_{变}=164.3\mathrm{L/min}$，$n=2300\mathrm{r/min}$

11.3.2.2 地下装载机与地下矿用汽车不同工况时输入到变矩器的净扭矩

地下装载机与地下矿用汽车不同工况时扭矩损失是不同的，因而输入到变矩器的净扭矩也是不同的，具体数据见表 11-12 和表 11-13。

表 11-12 地下装载机不同工况下各油泵扭矩损失

名 称	运输工况（1）	铲取工况（2）	转向工况（3）
各油泵工作情况	变速泵工作， 其余油泵空载	变速泵、工作油泵工作， 转向油泵空载	转向油泵、变速泵工作， 工作油泵空载
扭矩总损失/N·m	60	386	247

表 11-13 地下矿用汽车不同工况下各油泵的扭矩损失

名 称	运输工况（1）	卸料工况（2）	转向工况（3）
各油泵工作情况	变速泵工作， 其余油泵空载	变速泵工作， 工作油泵工作	转向油泵、变速泵工作， 工作油泵空载
扭矩总损失/N·m	34	145.57	

11.3.2.3 柴油机在不同工况下输入到变矩器的净扭矩

不同工况时，柴油机的总扭矩减去自身的附件损失功率与油泵的功率损失，其差值即为柴油机在不同工况下输入到变矩器的净扭矩，见表 11-14 和表 11-15。

表 11-14 地下装载机柴油机在不同工况下输入到变矩器的净扭矩

发动机转速 $/\mathrm{r\cdot min^{-1}}$	发动机总扭矩 /N·m	发动机附件 损失扭矩/N·m	各工况输入到变矩器净扭矩/N·m		
			运输工况（1）	铲取工况（2）	转向工况（3）
1600	800	24.0	716.0	390.0	529.0
1700	794	23.8	710.2	384.2	523.4
1800	786	23.6	702.4	376.4	515.4
1900	774	23.2	690.8	364.8	503.8
2000	759	22.8	676.2	350.2	489.2
2100	740	22.2	657.8	331.8	470.8
2200	718	21.5	636.5	310.5	449.5
2300	692	20.7	611.3	285.3	424.3

表 11-15 地下矿用汽车柴油机在不同工况下输入到变矩器的净扭矩

发动机转速 /r · min^{-1}	发动机总扭矩 /N · m	发动机附件损失扭矩/N · m	各工况输入到变矩器净扭矩/N · m	
			运输工况（1）	卸料工况（2）
1600	800	24.0	742.0	630.0
1700	794	23.8	736.2	624.7
1800	786	23.6	728.4	616.9
1900	774	23.2	716.8	605.3
2000	759	22.8	702.2	590.7
2100	740	22.2	683.8	572.3
2200	718	21.5	662.5	551.0
2300	692	20.7	637.3	525.8

11.3.2.4 柴油机与变矩器失速工况的匹配

A 柴油机的特性曲线

Deutz F10L413FW 的特性曲线如图 11-12 所示。

B 变矩器失速时的输入特性曲线

变矩器失速时的输入特性曲线如图 11-13 所示。其中，曲线 1 为变矩器 C8402 失速时的特性曲线，曲线 2 为变矩器 C8432 失速时的特性曲线。

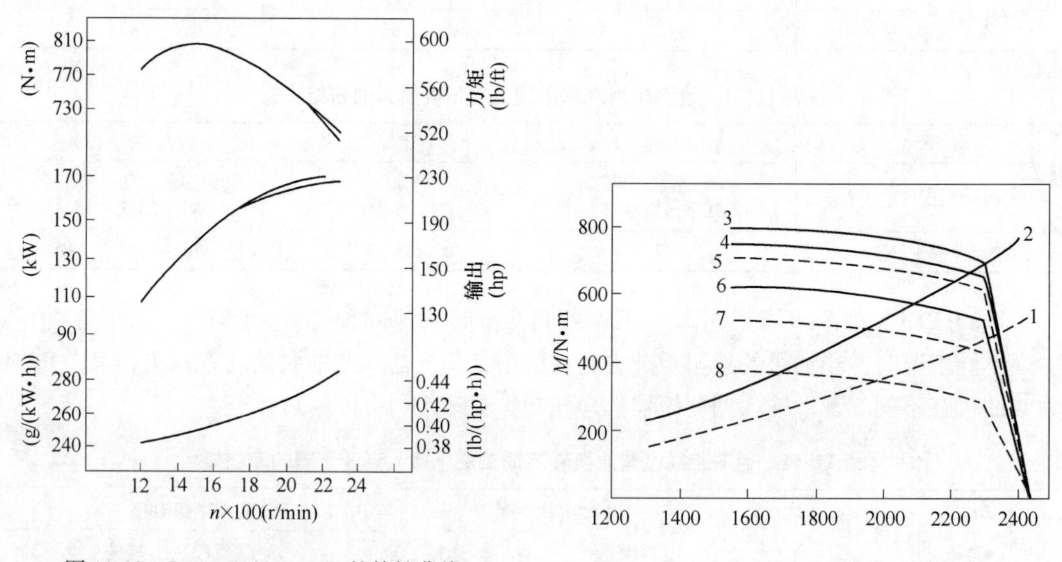

图 11-12 Deutz F10L413FW 的特性曲线　　图 11-13 变矩器失速时的输入特性曲线

曲线 1 的绘制是根据：

$$T_1 = \frac{1.356n^2}{K_1^2} = \frac{1.356n^2}{123.9^2} = 8.833 \times 10^{-5} n^2$$

曲线 2 的绘制是根据：

$$T_2 = \frac{1.356n^2}{K_2^2} = \frac{1.356n^2}{101.56^2} = 1.3147 \times 10^{-4} n^2$$

式中 K——美国变矩器能力系数，(r/min)/(lb · ft)$^{1/2}$；

n——发动机转速，r/min；

T——变矩器输入扭矩，N·m。

C 柴油机净输出扭矩

一般柴油机额定功率是在一定条件下的台架试验数据，实际上还有一些附件工作时要损失一部分功率，因此发动机净输出扭矩 M_n（N·m）为：

$$M_n = 0.97M_g$$

式中 M_g——柴油机总功率。

D 各油泵在不同工况下的扭矩损失

各油泵在不同工况下要损失一部分功率。见表 11-16 和表 11-17 不同工况下各油泵的扭矩损失。

表 11-16 地下装载机不同工况下各油泵扭矩损失 （N·m）

名 称	变速油泵	工作油泵	转向油泵
空 载		15.5 + 15.5	15.5
重 载	当 p = 17.98bar 时 8.87	当 p = 138bar 时 354	当 p = 159bar 时 203

表 11-17 地下矿用汽车不同工况下各油泵扭矩损失 （N·m）

名 称	变速油泵	卸料油泵	转向油泵
空 载		5.3	5.3
重 载	当 p = 17.98bar 时 28.87	当 p = 138bar 时 116	当 p = 132bar 时 116

油泵在不同工况下扭矩损失计算公式为：

$$M_{损} = \frac{15.9(p + 0.69)}{n\eta}$$

式中 p——空载压力，MPa，空载时 $p = 0$；

η——油泵容积效率；

n——油泵转速，r/min。

当工作压力 $p \leqslant 3.45$MPa 时，$\eta = 0.98$；当工作压力 $p > 3.45$MPa 时，$\eta = 0.9$。

柴油机总的扭矩 M_g 与柴油机转速 n 之间的关系，如图 11-13 曲线 3 所示。

地下矿用汽车在工况 1 下柴油机输出扭矩与转速之间的关系，如 11-13 曲线 4 所示。

地下装载机在工况 1 下柴油机输出扭矩与转速之间的关系，如图 11-13 曲线 5 所示。

地下矿用汽车在工况 2 下柴油机输出扭矩与转速之间的关系，如图 11-13 曲线 6 所示。

地下装载机在工况 3 柴油机输出扭矩与转速之间的关系，如图 11-13 曲线 7 所示。

地下装载机在工况 2 下柴油机输出扭矩与转速之间的关系，如图 11-13 曲线 8 所示。

11.3.2.5 地下装载机与地下矿用汽车柴油机与变矩器匹配分析

为了便于分析，把地下装载机柴油机与变矩器失速时的共同工作曲线与地下矿用汽车柴油机与变矩器失速时共同工作曲线绘在同一图上，如图 11-13 所示。

由图 11-13 可知：

（1）地下矿用汽车 MT-420 与地下装载机 ST-6C 虽然柴油机配置基本相同，但柴油机与变矩器的匹配却有很大的差别。

(2) 如果地下装载机使用地下矿用汽车变矩器，在铲取工况时发动机的速度仅为1700r/min（曲线2与曲线8的交点）。这会使发动机转速下降很多，工作机构动作循环时间延长，发动机性能变坏，生产率大大下降。反过来，如地下矿用汽车使用了地下装载机变矩器，则变矩器能吸收发动机的功率下降。若地下矿用汽车使用与之相匹配的变矩器，则该变矩器可吸收的功率（曲线2与曲线4的交点）：

$$N = 0.1047 \times 10^{-3} \times M \times n = 0.1047 \times 10^{-3} \times 650 \times 2235 = 152\text{kW}$$

若地下矿用汽车采用地下装载机变矩器，则该变矩器能吸收的功率（曲线1与曲线6的调速特点的交点）：

$$N = 0.1047 \times 10^{-3} \times 480 \times 2330 = 117\text{kW}$$

变矩器吸收功率下降35kW。这35kW的功率就白白浪费了。

若地下装载机与地下矿用汽车使用相同功率的柴油机，则前者变矩器的有效直径比后者小。在本例中，前者变矩器的有效直径为355.6mm(14in)，后者为363.22mm(14.3in)。

虽然本例分析的是美国Wagner公司ST-6C地下装载机与MT-420地下矿用汽车，但其结论也适用于其他型号地下装载机与地下矿用汽车。

从分析可知，地下装载机与地下矿用汽车的匹配原则是不同的。对地下装载机来讲，在铲取工况时，为了获得较快的液压速度，在匹配时就必须保持较大的发动机转速。而对地下矿用汽车来讲，在运输工况时，必须保证它的最大功率储备，以便在爬坡和运输时有较高的运行速度。

地下装载机与地下矿用汽车由于作用不同、发动机与液力变矩器匹配出发点不同，即使两者使用相同功率的柴油机，其变矩器也不能互换，否则会影响整机性能与经济性。

地下装载机与地下矿用汽车柴油机与变矩器的匹配除了满足上述原则，还必须正确选择变矩器偏置传动比、变速箱挡位与各挡传动比、桥的传动比，以保证在失速时地下矿用汽车的失速牵引力与其总重之比至少要保持在0.5左右。而地下装载机失速牵引力与整机总重量之比大于0.625~0.820，以保证对矿料有良好的铲入、铲取能力。

11.3.2.6　影响共同工作点的因素分析

A　发动机因素

(1) 当发动机型号选定后，其油门发生变化时，则发动机与液力变矩器的匹配点将会改变（见图11-14）。*abcc'*为油门全开时与变矩器的匹配，匹配点为1、2；*abb'*为油门关小时与变矩器的匹配，匹配点为3、4；*aa'*为油门再减小时与变矩器的匹配，匹配点为5、6、7。由图中可知：油门关小时，匹配点左移，匹配点的速度减小，车速减小。

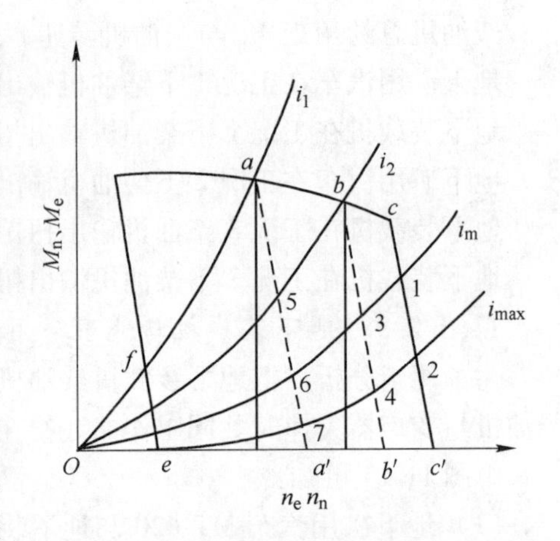

图11-14　柴油机油门对共同工作范围的影响

(2) 发动机同时驱动其他工作装置使功率发生变化（见图11-15）。曲线*ab*是柴油机输出总扭矩；曲线*cd*是扣除变矩器油泵和油管液阻消耗的扭矩后，柴油机输出到变矩器的有效力矩；曲

线 *ef* 是扣除工作油泵消耗的扭矩后输入到变矩器的扭矩，此时柴油机还驱动其他工作机构。从图中可知：随着同时驱动其他工作装置的增加，发动机输入到变矩器有效扭矩下降（*ab*→*cd*→*ef*），发动机匹配点左移，匹配点的速度减小，车速减小。

（3）调节中间传动比。如图 11-16 所示，发动机与液力变矩器之间安装中间传动，发动机输出扭矩和速度均变化，即 $M' = M_e i_m \eta_m$，$n' = n_e / i_m$。$i_m > 1$ 时，扭矩曲线向左移动，共同工作范围相应地向右方移动；当 $i_m < 1$ 时，则反之。可选择中间传动比 i_m 使匹配达到预期要求。

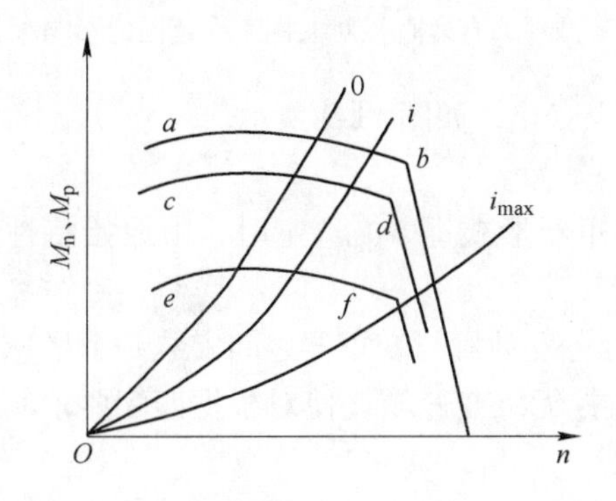

图 11-15 发动机输出扭矩与液力变矩器的匹配
M_p，n—发动机工作扭矩、转速

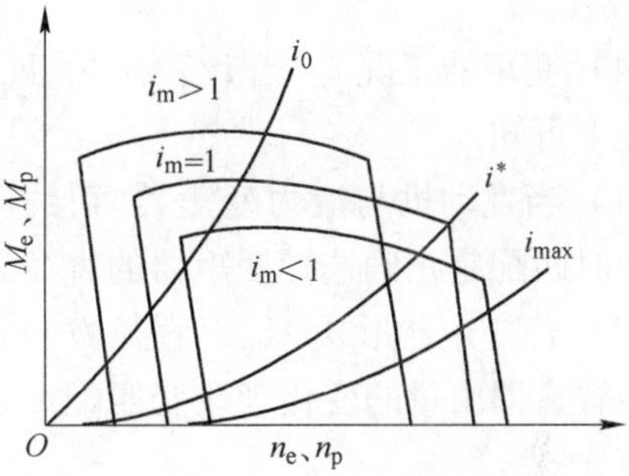

图 11-16 不同中间传动比时共同工作范围的变化
i_m—偶合工况点；M_p，n_p—发动机工作扭矩、转速

B 液力变矩器因素

（1）泵轮扭矩系数 λ_{MB}。由式（3-4）看出，当工作油泵一定，变矩器有效直径 *D* 相同时，改变 λ_{MB} 可改变负荷抛物线形状与匹配点。如采取设计叶片形状、叶片数量等措施，λ_{MB} 大者则抛物线陡；λ_{MB} 小者则抛物线平缓。改变 λ_{MB}，同时也会改变其他性能参数如 K_0、$d_{0.7}$、η 等。λ_{MB} 增加时，共同工作范围向低转速区移动，如图 11-9 所示。

（2）变矩器透穿性（见图 11-17 ~ 图 11-20）。透穿系数 Π 在低、中速比范围内可透度应小，一般 $\Pi \leqslant 1.3$。运行阻力增大使车速降低时，发动机转速降低不多，以保证油泵功率和作业速度。在高速比区泵轮吸收功率的能力随涡轮转速接近泵轮转速的程度而急剧下降，从而合理地利用发动机的功率。最好在低速比区有一定的负透性，使变矩器吸收功率减小，提高发动机功率利用率。我国地下矿用汽车大都采用 Dana 具有混合透穿性变矩器。

（3）当变矩器的形式和用油选定后，改变有效直径 *D* 往往可以改变负载抛物线分布位置。当有效直径 *D* 增大时，共同工作范围向低转速区移动，见图 11-13 和图 11-21。

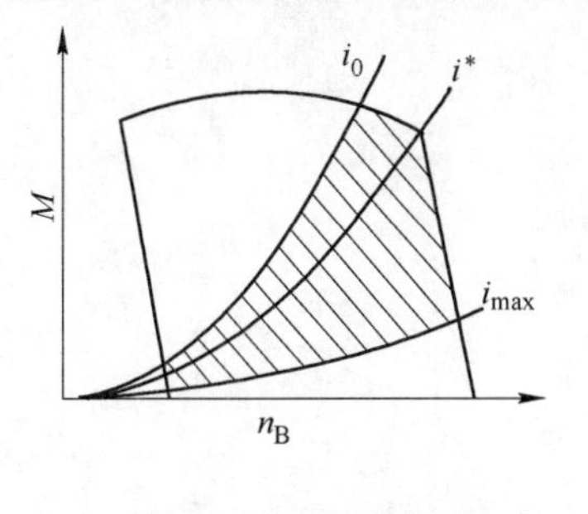

图 11-17 正透穿

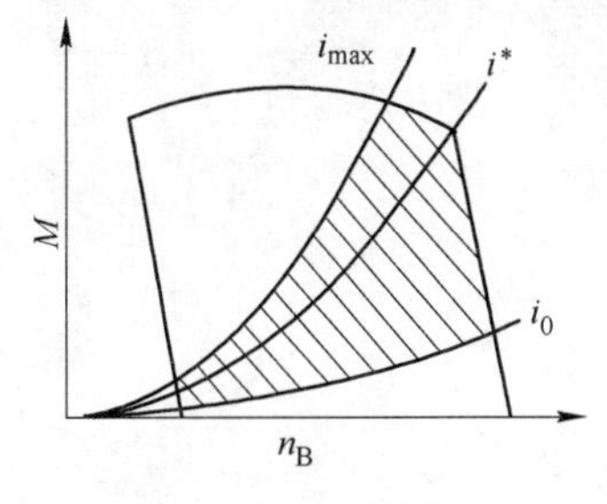

图 11-18 负透穿

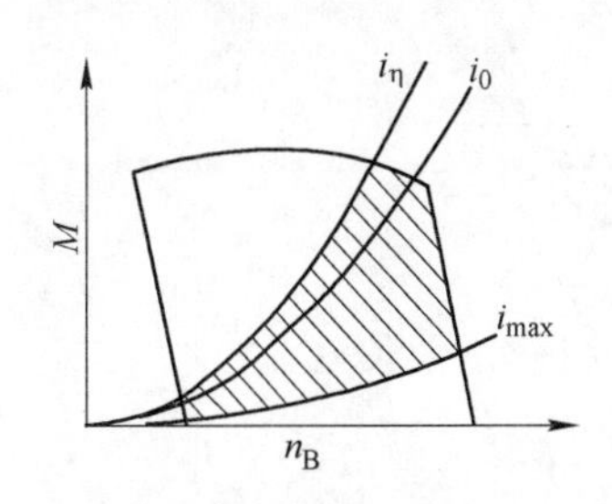

图 11-19 混合透穿

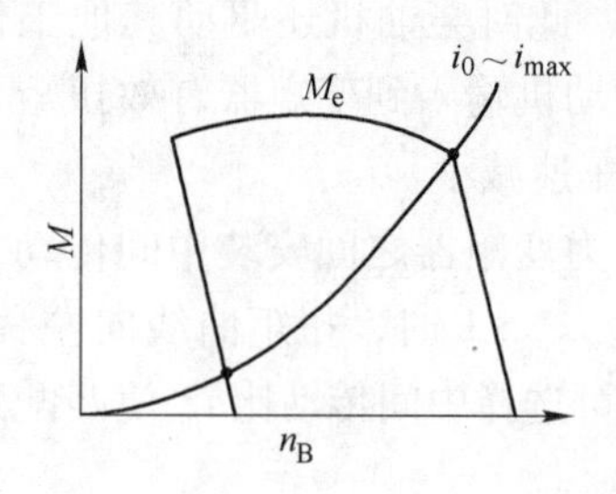

图 11-20　不透穿

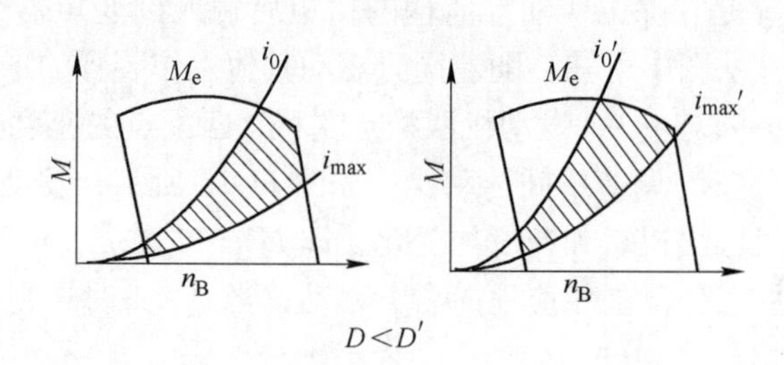

图 11-21　循环圆有效直径对共同工作范围的影响

（4）变矩器工况 i。当 i 变化时，匹配工作点也变化，如图 11-9 所示。

由上可知：

（1）当发动机与液力变矩器直接连接，且变矩器形式即 λ_{MB} 选定时，由原始特性确定，此时匹配是正确选择变矩器的直径 D。

（2）若变矩器形式 λ_{MB}、直径 D 选定，此时可在发动机与变矩器之间安装一个增速或减速装置，即由量的变化来改变匹配。也可安装可控无级变速箱，使对根据匹配要求实现无级变化。

（3）在直径 D、转速 n_B 已确定时，可通过设计变矩器及其叶片的结构或尺寸获得需要的能容值 λ_{MB} 来改变匹配。

（4）地下矿用汽车液力变矩器一般是向心式涡轮，它能容大、效率高。要求 $K < 3$、$d_{0.7} \geqslant 2.4$、$\lambda_{M_BK}/\lambda^*_{M_B} \leqslant 0.06$。$d_{0.7}$ 要宽，以充分利用发动机功率，提高牵引力和速度。

（5）地下矿用汽车的一个作业循环过程中，根据工况分配发动机功率。

11.4　其他参数计算

其他参数计算包括发动机功率选择、传动系统、液压系统、转向系统、制动系统主要参数，可参考相应章节。

12 性能检验

地下矿用汽车性能的好坏必须通过检验来证明。通过检验还可以发现被检地下矿用汽车存在的各种问题，并予以排除。因此地下矿用汽车在出厂前，如果条件具备的话，必须进行性能的全面检验。

12.1 动力装置的性能测定

12.1.1 目的

通过检验发动机速度来测评已装好的发动机/变矩器性能。

12.1.2 测试仪表与精度

压力表压力范围根据所测地下矿用汽车的要求确定，精度要求为0.01MPa。

数字式转速表精度要求为±5r/min。

秒表精度要求为±0.1s。

性能检测表见表12-1。

表12-1 柴油机/变矩器性能测试表

车辆型号____________	发动机厂家____________	日　期____________
序　号____________	型　号____________	测试人____________
出厂时间____________	功　率____________kW	环境温度____________

参数	发动机/$r \cdot min^{-1}$			倾翻表压值/MPa				转向表压值/MPa			
	规范	公差	测量值	规范	公差	测量值	实际值	规范	公差	测量值	实际值
怠速		±25									
高速空转		±50									
变矩器失速		±50			±0.345				±0.345		
变矩器失速加转向		±50			±0.345				±0.345		
变矩器失速加举升		±50			±0.345				±0.345		

发动机从怠速到下面几种速度的加速时间	时间/s		备注
	规范值	测量值	
高速空转			
变速器失速			
变速器失速+举升溢流（转向溢流）			

12.1.3 测量程序

（1）检查发动机规范顺序。1）生产厂家及汽缸数。2）涡轮增压、后冷、海拔高度补偿、自然吸气。3）喷射泵规格。4）输出功率、因海拔高度功率减少量。

（2）检查变矩器规范。1）标准叶轮尺寸。2）标准偏置比。

（3）确定发动机的正确转速。1）发动机怠速：最低与最高值。2）变矩器失速：只限变矩器加转向溢流，变矩器加举升溢流。3）发动机从怠速加速到下列工况的时间：高速空转、变矩器失速、变矩器失速加举升溢流。4）指定位置的压力检查（参考下面最终检查资料）。5）在发动机曲轴端上涂上油漆，并贴上反光纸，以便测量发动机转速。6）操纵举升油缸使车厢后翻，利用工作系统的溢流将液压油箱的油温加到65℃。7）检查并记录液压系统溢流压力设置，包括：检查并记录压力表读数、当发动机在高速空转时所要求的压力（详见下面的最终检查资料）、记录所用的压力表。

（4）测量方法如下：

1）按照规定的压力检查孔位置装上压力表。

2）使车辆全速运转。

3）将变矩器的油温加热到82.2℃（看仪表盘上的温度计）或加热到下面的最终检查资料上所列的温度范围。在1/3的油门以10s的空挡和20s的变矩器失速时间轮流操作，使变矩器油温上升到所需温度。

注：当变矩器失速操作车辆时，一定要使用停车制动器，并且变速箱必须处在第3挡、第4挡。

4）记录发动机怠速速度。

5）在空挡的情况下，使发动机开到全速，并记录r/min。

6）使车挂挡，然后将发动机开到全速，并使车速稳定下来，再用转速表测量车速（r/min），并快速记录压力表的读数。

7）如果必要的话，将车置于空挡，将油门打到1/3，冷却变矩器。

8）将车辆挂上挡，然后将发动机加到全速，接着将举升操纵杆打到举升油缸收回位置（无负载的情况）让发动机速度稳定下来，记录发动机转速与压力表读数。

9）根据需要冷却发动机。

10）将车辆挂上挡，然后发动机开到全速，接着操纵转向装置使车辆靠着转向挡板。待发动机速度稳定后，记录发动机的转速压力表读数。

11）记录发动机的加速时间并与规范中时间比较。对每种条件加速时间从怠速到低于稳定转速50r/min范围内测量。其测量方法是让车挂上挡施加液压负载，然后将油门全开。

（5）超过变矩器失速公差的原因见表12-2。

表12-2　超过变矩器失速公差原因分析

序号	高速空转	变矩器失速	变矩器加倾翻	变矩器加转向	可能原因
1	A	A或W	W	W	发动机限速高
2	A或W	W	A	A	溢流压力低
3	AW	A	A	A	燃油调整高，1与2条的综合原因
4	B	B或W	W	W	发动机限速低，油门连杆损坏或没调整好（油门连杆不能靠着挡块）
5	W或B	B	B	B	燃油调整低，油中有水，输油管漏气，燃油管堵塞或破裂，喷油泵管路松动，燃油过滤器堵塞，燃油管输出管路堵塞，燃油喷射泵堵塞
6	W	W	B	B	扭矩增加太少

注：A—实际转速高于规范中转速；B—实际转速低于规范中转速；W—实际转速在规范内。

其他的原因：燃油箱内油量不足，油门阀局部关闭或阻塞，油箱加油口不通气，发动机调整不当。

12.2 最终检验

12.2.1 检验前提

（1）如果是进口发动机，发动机必须达到MSHA（美国矿山劳动保护局）(Mine Safety and Health Administration）的检验资料所提出的要求（风量、颗粒指数、功率)。

（2）全部试验必须在65℃的液压油温、82℃的变矩器油温下进行。

12.2.2 柴油机系统

12.2.2.1 柴油机

（1）怠速，±25r/min。

（2）空载高速，±50r/min。

（3）变矩器、发动机在下列情况下转速：

1）变矩器失速时，±50r/min。

2）变矩器失速加转向溢流时，±50r/min。

3）变矩器失速加举升溢流时，±50r/min。

（4）发动机加速时间。

1）仅变矩器失速______ s_{max}。

2）变矩器加转向溢流______ s_{max}。

3）变矩器加举升溢流______ s_{max}。

（5）发动机的标牌。

1）安装到易于看到的地方。

2）燃油泵的数据与功率调整值（重新匹配计算的值)。

（6）所有发动机安装螺栓的扭矩值必须加到______ N·m。

（7）发动机进气系统最大真空度：

1）新零件最大允许值______ Pa。

2）在怠速时______ Pa。

3）在高速空转时______ Pa。

4）在变矩器失速时______ Pa。

如果是涡轮增压或海拔高度补偿，在高速空转时，进气歧管压力______ Pa。

12.2.2.2 排气

（1）新排气歧管的压力最大许用值______ Pa。

（2）在怠速时______ Pa。

（3）在高速空转时______ Pa。

（4）在变矩器失速时______ Pa。

（5）如果使用涡轮增压或海拔高度补偿，高速空转排气歧管压力______ Pa。

12.2.3 传动系统

12.2.3.1 变矩器

当按路面试验方法操作车辆时，变矩器油温不得超过104℃。

12.2.3.2 变速箱

（1）最大的许用油温______℃。

（2）最大许用箱壳压力______ MPa。

（3）压力检查。

1）充油泵真空度______ Pa。

2）充油泵压力______ MPa。

3）离合器换挡压力______ MPa。

（4）测空载与重载时各挡速度。

车速	空载	重载
1 挡	______ km/h	______ km/h
2 挡	______ km/h	______ km/h
3 挡	______ km/h	______ km/h
4 挡	______ km/h	______ km/h

（5）螺栓安装力矩______ N · m。

（6）车辆牵引力。

车速	设计值	公差
1 挡	______ kN	± ______ kN
2 挡	______ kN	± ______ kN
3 挡	______ kN	± ______ kN
4 挡	______ kN	± ______ kN

12.2.3.3 桥

（1）前桥。参考件号。

（2）后桥。参考件号。

12.2.3.4 万向传动装置

（1）所有的紧固螺栓必须紧固到规定的力矩。

（2）要保证所有万向节十字轴安装构件在全转向位置都有 0.8mm 的最小间隙。

（3）传动轴护板与传动轴之间的最大间隙为 3.2mm。

12.2.4 行走系统——轮胎

轮胎充气压力　前胎（规定值）______ MPa；±（公差值）______ MPa。
　　　　　　　后胎（规定值）______ MPa；±（公差值）______ MPa。

（压力可在有关产品使用手册中查到）

12.2.5 转向系统

（1）铰接转向。

1）每个方向的转向角 ______°（在全转向桥端之间中心距______ mm）。

2）每个方向摆动角______°。

3）中心铰接轴承必须按装配图要求进行调整。

（2）转弯半径。外转弯半径______ m，内转弯半径______ m。

12.2.6 工作装置——料厢

（1）最大卸载角度 A_1 ______°。

（2）料厢最大卸载角度 A_1 与设计值之差为 ±2°。

（3）额定载重质量 110% 的工况下，车厢分别举升 10°和 20°，停留 5min，料厢自降量不得超过 2.5°。

（4）车厢倾翻高度 H_2、卸载高度 H_3、装载高度 H 应符合设计要求。

12.2.7 液压系统

试验时发动机必须高速空转，油温在 65℃，而液压油箱不加压。

12.2.7.1 转向（油温为 65℃）

（1）压力规范见设计标准。

（2）主溢流阀压力（阀芯在中位）______ ± ______ MPa。

（3）主溢流阀设置______ ± ______ MPa。

（4）溢流口______ ± ______ MPa。

（5）先导压力______ ± ______ MPa。

（6）顺序阀设置______ ± ______ MPa。

（7）紧急转向______ ± ______ MPa。

12.2.7.2 举升油路

（1）溢流阀设置：举升______ ± ______ MPa。

（2）溢流口设置______ ± ______ MPa。

（3）先导压力______ ± ______ MPa。

12.2.7.3 其他液压系统（油温为 65℃）

（1）液压风扇溢流压力______ ± ______ MPa。

（2）充液阀下限压力______ ± ______ MPa。

（3）充液阀上限压力______ ± ______ MPa。

（4）动力输出轴试验溢流压力______ ± ______ MPa。

（5）制动压力（全部的液压制动器）______ ± ______ MPa。

（6）安全减压阀______ ± ______ MPa。

（7）停车制动减压阀______ ± ______ MPa。

（8）蓄能器预充压力______ MPa。

12.2.8 电气系统

（1）蓄电池充满液，发动机运行时，单个电池电压为 12V，系统电池电压为 24V。

（2）所有的照明灯在怠速与高速空转时都要起作用。

（3）检查交流发动机在中间支座处皮带的张紧度______ mm、偏斜度______ mm。

12.2.9 其他

12.2.9.1 控制

（1）卸载时间和回程时间（空载）。

1）料厢举升时间______ s。

2）料厢下降时间______ s。

（2）转向控制。

1）转向挡块位置必须符合有关规范。

2）从左限位块到右限位块（或反之）转向时间。制动器松开：怠速时______ s，高速空转时______ s。

3）转向油缸活塞不能碰到底。

（3）变速箱控制。

1）离合器压力______ MPa。

2）两个换挡杆在所有挡位上都能保证换挡杆和变速滑芯插销都能顺利调整。

（4）制动控制。

1）调整充液阀：上限______ ±0.0345MPa；下限______ ±0.0345MPa。

2）调整制动油压______ ±0.17MPa。

3）在干的混凝土路面上行车制动，制动距离：空载车速______ km/h，制动距离______ m(max)；重载车速______ km/h，制动距离______ m(max)。

4）在干的混凝土路面上，紧急制动，空车制动距离______ m(max)。

5）在第二挡千万不能使用停车制动开车。

12.2.9.2　油缸

所有的安装零件都必须根据相应的安装图纸所规定的紧固力矩紧固。

12.2.9.3　散热器

（1）发动机最大允许水温______ ℃。

（2）散热器箱顶温度与散热器进气温度 ΔT ______ ℃（拆掉温度自动调节器）。

（3）带限压阀散热器加水口盖压力______ MPa。

（4）带限压阀散热器加水口盖补偿阀______ MPa。

12.2.9.4　标记

必须按有关规定在适当位置安装各种安全与警示牌。

间隙检查：

按所列的位置对机器进行物理试验，以保证所列位置不发生任何干涉。

	直线前进	左转	右转
桥左摆	×	×	×
全桥右摆	×	×	×
桥在两个方向上摆动	×	×	

12.3 试验方法

每个国家的地下矿用汽车都有相应的试验方法。我国地下矿用汽车还未有专用试验方法标准，但可参考如全身振动试验、FOPS/ROPS 试验等单项标准及相关汽车检测标准，现简介如下，在该标准中没有介绍的其他试验方法可参考相关资料。

12.3.1 全身振动试验简介

全身振动测量是根据 GB/T 13441.1—2007 标准（ISO 2631-1:1997 IDT）来进行的，

该标准提供了振动信号处理指南。处理信号最通用的方法是计权均方根值 rms（root meak square）加速度值。在计算出三个轴向（见图 12-1）计权均方根值加速度值后，按 ISO 2631-1：1997 标准中健康指南警告区或 Directive 2002/44/EC 标准来评估振动对人身体健康的影响。

振动典型的测量方法如图 12-2 所示。

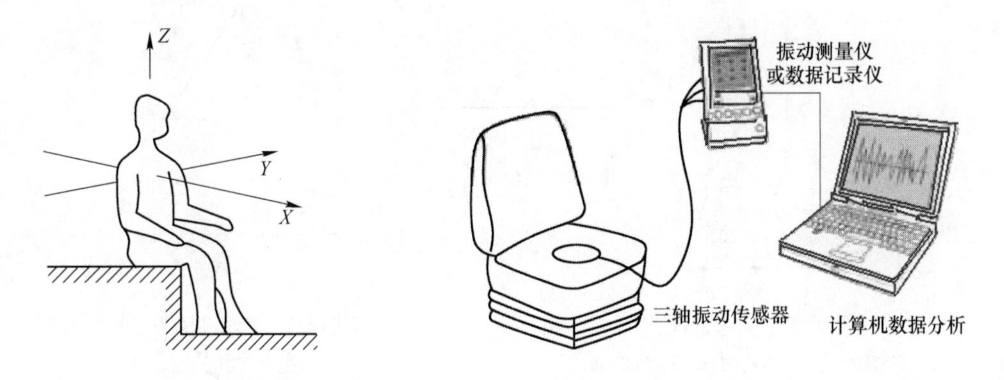

图 12-1 人体坐姿中心坐标系　　图 12-2 振动典型的测量方法

测量仪器一般包括传感器、放大器、记录仪和数据分析计算机。振动传感器放在座椅上，主要收集通过司机身体传递来的振动信号，检测三个轴向振动：人体背-胸轴为 X 轴，右侧-左侧为 Y 轴，脚-头轴为 Z 轴。振动信号经放大后被记录下来，以用于后来分析。

为了充分保证合理的数据统计精度，并且能保证所测振动对拟评估的暴露具有典型性，测量振动的时间要足够。当完整的暴露在不同特性的时间段时，可以要求分别对不同时间段做单独分析。

12.3.2 落物保护结构试验与翻车保护结构试验

落物保护结构试验（FOPS）即司机室顶部设置加强防护顶板，防止被具有一定能量落物击穿或过量变形。翻车保护结构试验（ROPS），即车辆发生倾翻时，避免或减少司机伤亡的保护装置。因此这两种保护结构试验包括试验设备、试验条件、试验方法或试验程序、试验结果分析与评估及试验实例等几项内容。

12.3.2.1 试验设备

A FOPS

试验用落锤是两端直径不同的标准钢制圆柱体，柱体形状及参考尺寸如图 12-3 所示。试验控制的参数是重锤自由落下碰撞到试件时，产生的能量为 11600J。落锤的质量及尺寸随坠落高度的不同而有所改变（见图 12-4）。当落锤提升到需要的高度释放时，不能受任何妨碍。

B ROPS

对翻车保护结构进行试验时，在水平面内沿侧向、纵向和垂直方向（见图 12-5 ~ 图 12-7）由油缸加载，油缸的推力和行程应满足试验要求。试验过程中应随时测量施加给翻车保护结构的力和施加给框架的力以及框架的变形。力的测量可用力传感器或加载油缸上压力传感器；位移测量可采用位移传感器。力与变形的测量精度应为测量最大值的 ±5%。

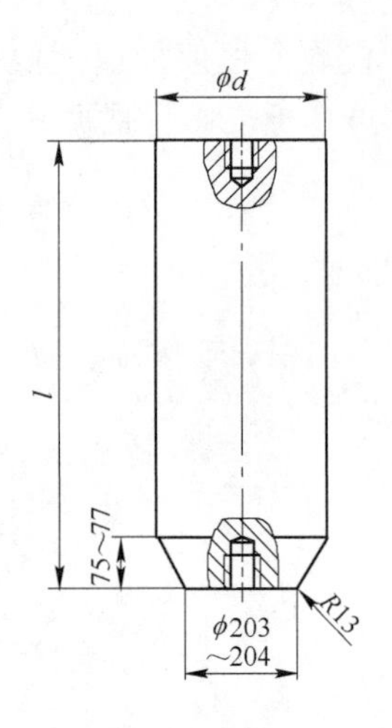

图 12-3　标准落锤

（若落锤质量为 227kg，$d = 255 \sim 260$mm，$l = 583 \sim 585$mm。其坠落高度可由图 12-4 查得）

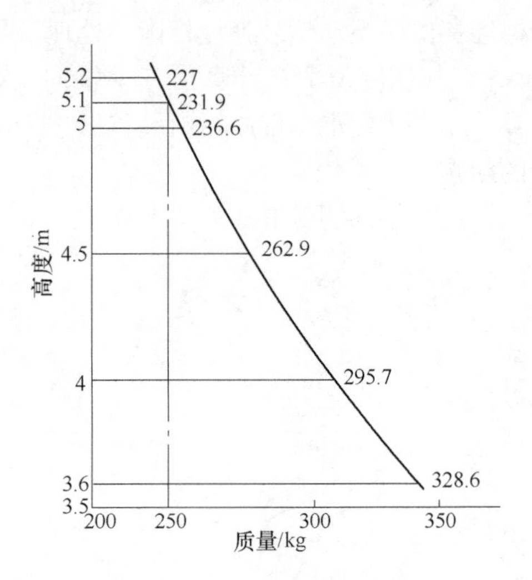

图 12-4　产生 11600J 能量落锤高度和质量关系

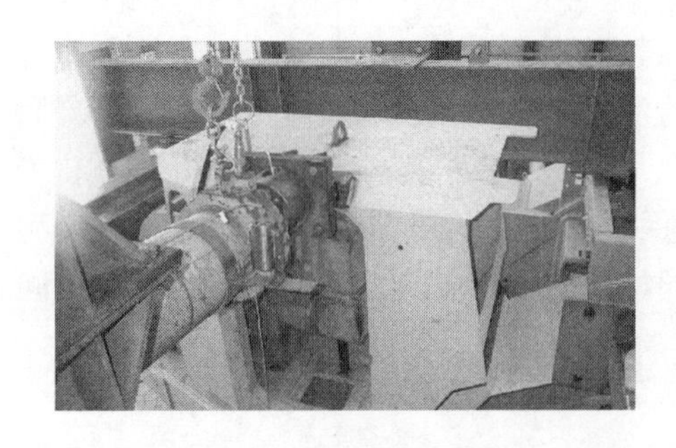

图 12-5　油缸横向加载

图 12-6　油缸纵向（沿车辆纵向）加载

C　DLV 实物模型

所谓 DLV 是挠曲极限量（defletion limiting volume），是一个概括了人体坐姿形态的空间体积。它是按 GB/T 8420—2011 规定的穿着普通衣服、戴安全帽、坐姿高大男性司机所占据的空间尺寸确定的。它的用途主要是根据 GB 17771—2010（ISO 3449）和 GB 17922—2014（ISO 3471）进行 FOPS 和 ROPS 试验时，用来限制安全保护结构允许的变形量，以表示落物坠落在司机室顶部或发生翻车时，不致伤害到司机（见图 12-5 和图 12-7）。在试验中，DLV 制成实物模型，所有外形尺寸如图 12-8 所示。所有线性的尺寸偏差为 ±5mm。

图 12-7　油缸垂直加载

图 12-8 中 LA 是定位轴线，它是相对座位标定点（seat index point，SIP），是为设计司机工作位置的目标位置（相当于人的身躯和大腿之间假想的枢轴线与通过司机座椅中心线的垂直平面的交点）的水平轴。

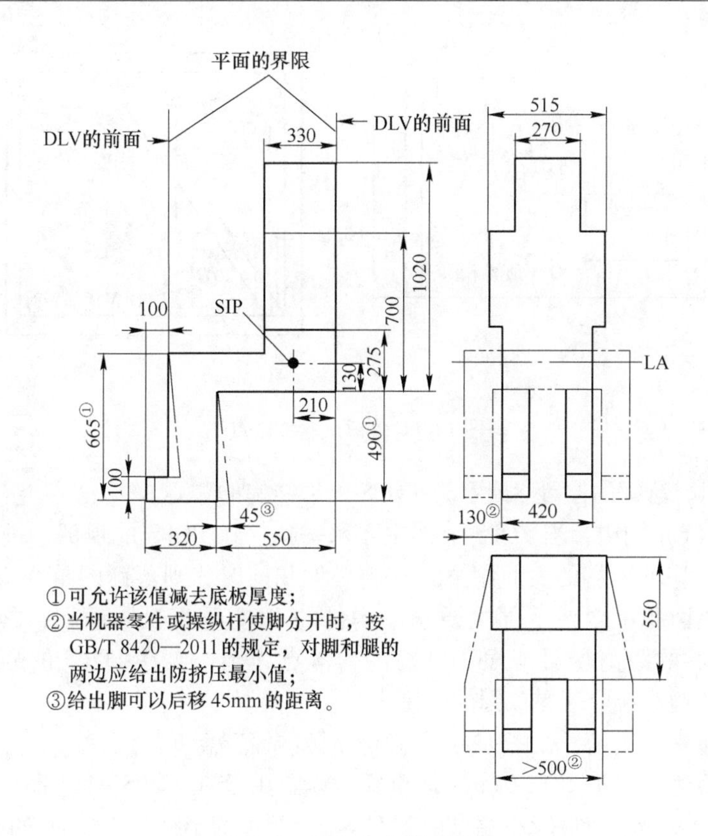

图 12-8 DLV 实物模型尺寸

DLV 的定位应符合 GB/T 17772 的规定，即使图 12-8 所示的定位轴 LA 通过座椅标定点，应固定在与司机座椅紧固部位相同的机器上，并在整个试验中保持其位置不变。DLV 相对座椅标定点水平与垂直方向偏差为 ±14mm。

12.3.2.2 试验条件

FOPS/ROPS 应固定在机架上，如同装在机器上一样，试验时不需要一台完整的机器，但机架及其安装的 FOPS 和 ROPS 应代表一台机器结构外形。可拆卸驾驶室窗、仪表板、门和其他非结构件应拆掉，使之不影响试验结果。FOPS/ROPS 试验应在 -18℃ 的低温下进行，但一般试验很难达到这一条件，若在室温条件下进行试验，必须要满足下列条件:

(1) 结构上所用的螺栓应符合 GB/T 3098.1—2010 中规定的 8.8 级、9.8 级或 10.9 级；所用的螺母应符合 GB/T 3098.2—2000 中规定的 8 级、10 级。

(2) 保护结构的钢材料应选择 V 形缺口试件做低温冲击试验、低温温度、试件尺寸和性能，并能达到相关标准的要求。

12.3.2.3 试验方法或程序

A FOPS 试验

(1) 按要求安装被试保护结构，并根据规定把 DLV 模型固定在被试结构内。

(2) 落锤小端应完全处在 FOPS 顶上挠曲极限量的垂直投影范围内。下落位置应在 DLV 顶面区域的垂直投影部分内。它有两种情况，如图 12-9 所示。

1) 在 12-9(a) 图中，当 FOPS 上部的主要水平构件在 FOPS 的顶部，但不在 DLV 垂

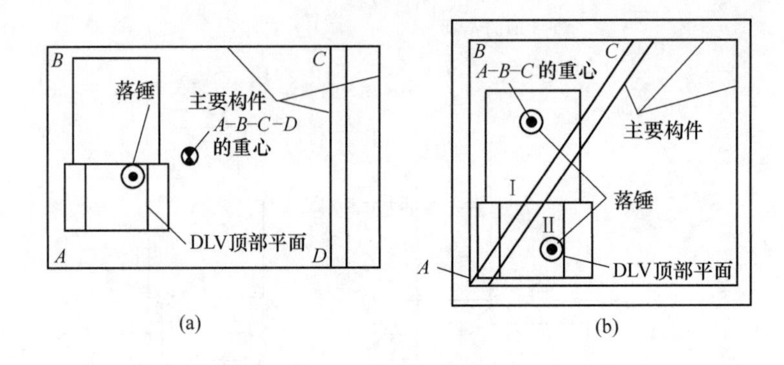

图 12-9　落锤试验冲击点

直投影范围内时，落锤的位置尽量靠近 FOPS 上部结构的重心。

2）在 12-9(b) 图中，当 FOPS 上部主要水平构件在 FOPS 的顶部，进入 DLV 垂直投影范围内时，如 DLV 所有的表面积覆盖材料厚度相同时，则落锤的重心应落在最大的表面积之内，这块面积不包括上部主要水平构件的 DLV 垂直投影面积，落锤的重心点距 FOPS 的顶部重心的距离尽可能短。以确定的落点为圆心，在 FOPS 的顶部画出半径为 200mm 的圆，落锤小端应落在该圆的范围内。

（3）根据重锤的质量，在图 12-4 上确定重锤的提升高度。

（4）释放重锤，对于图 12-9(a) 使重锤小端自由落在 FOPS 的顶部半径为 100mm 的圆内；对于图 12-9(b) 使重锤小端自由落在 FOPS 的顶部半径为 200mm 的圆内。

（5）检查 FOPS 的变形或是否被击穿。

B　ROPS 试验

根据 GB/T 17922—2014 标准按下列程序进行：

（1）按要求安装被试构件，并把 DLV 模型固定在构件内规定的位置上。

（2）根据表 12-3 力和能的公式确定水平侧向、垂直、纵向作用力大小及能量吸收数值。

表 12-3　力和能的公式

机器质量/kg	横向作用力 F/N	横向载荷能量 U/J	垂直作用力 F/N	纵向作用力 F/N
$10000 < M \leq 128600$	$60000\left(\frac{M}{10000}\right)^{1.2}$	$12500\left(\frac{M}{10000}\right)^{1.25}$	$19.61M$	$60000\left(\frac{M}{10000}\right)^{1.2}$

注：对纵向作用力，吸收能量应超过 1.4MJ；M 为车辆空载质量，kg。

（3）各作用力作用点位置确定并在结构上标注出来。

1）带 FOPS 的 ROPS 侧向加载（见图 12-10）。

① 对单柱或双柱 ROPS，带 FOPS 和（或）悬臂承载构件，L（ROPS 的长度，mm）包括 DLV 长度垂直投影的悬臂承载构件的部分，它在 ROPS 顶部测量，从 ROPS 柱最外面到悬臂承载构件的最远端。载荷作用点可不在 ROPS 的 $L/3$ 内，如 $L/3$ 点在 DLV 的垂直和 ROPS 结构之间，载荷作用点应从结构上移开，直到进入 DLV 的垂直投影为止。

② 对其余 FOPS，L 是前后立柱外侧之间最大纵向距离（见图 12-11），载荷作用点应位于 DLV 前后界面之外 80mm 平面的垂直投影之间。

③ 如司机座椅偏离机器中心线时，载荷应加在靠近座椅一侧的最外边。如司机座椅

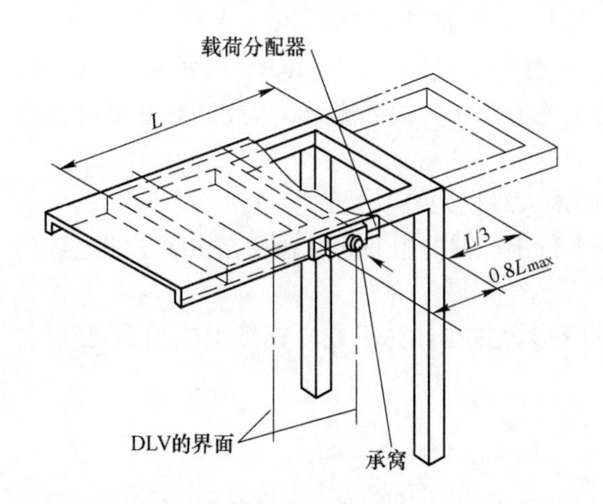

图 12-10 带 FOPS 的双柱 ROPS 侧向载荷作用点
（载荷分配器和承窝是防止局部穿透并维持载荷作用的装置）

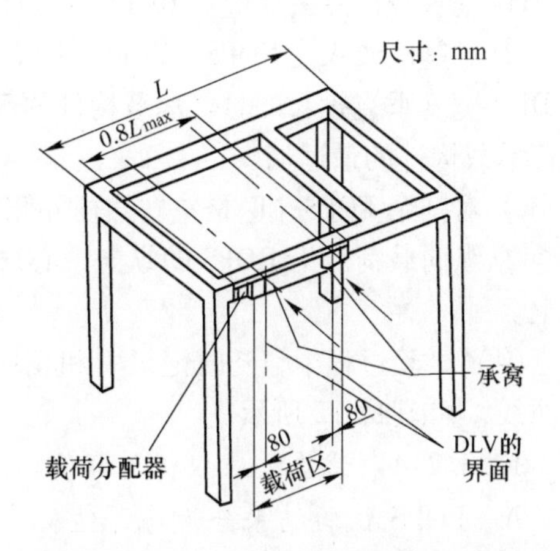

图 12-11 四柱 ROPS 侧向载荷作用点
（载荷分配器和承窝是防止局部穿透并维持载荷作用的装置）

处在机器中心线上时，ROPS 的安装使从左或从右加载会产生不同的力-变形，则应选择对 ROPS、机架最恶劣加载条件一侧进行加载。

④ 当载荷作用点的变形速度不大于 5mm/s，则载荷作用速度可以认为是静态的。变形增量不大于 15mm 时，力-变形数值应记录下来，继续加载直到 ROPS 达到力和能量两者的要求。计算能量 U 的方法如图 12-12 所示。计算能量时所用的变形是 ROPS 沿力的作用线产生的变形。对于支承 ROPS 的构件上的任何变形不得包括在总变形之内。

2）垂直加载。侧向载荷除去后，垂直载荷应加在 ROPS 顶部，对 ROPS 台架试验加载速度小于 5mm/s 被认为是静载试验，加载应缓慢地分级进行，对垂直加载，每次加载到要求值后，要至少保持 5min 或到停止变形为止，观察两者哪个时间最短。

3）纵向加载（见图 12-13）。

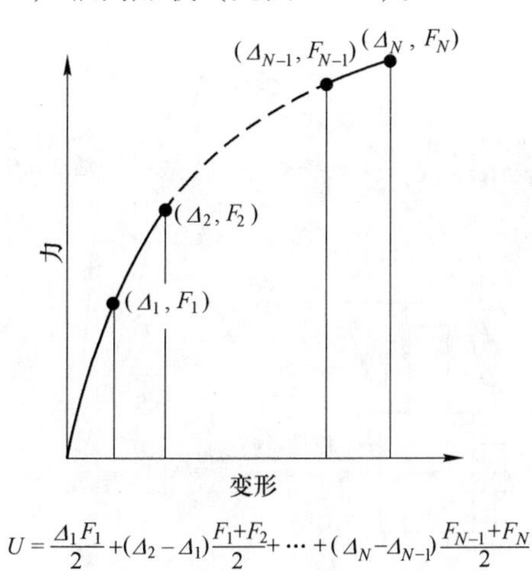

$$U=\frac{\Delta_1 F_1}{2}+(\Delta_2-\Delta_1)\frac{F_1+F_2}{2}+\cdots+(\Delta_N-\Delta_{N-1})\frac{F_{N-1}+F_N}{2}$$

图 12-12 加载试验的力-变形曲线

U—累积吸收能量；Δ_N—第 N 次加载时 ROPS 构件沿力作用线产生的变形；F_N—第 N 次加载时的横向力

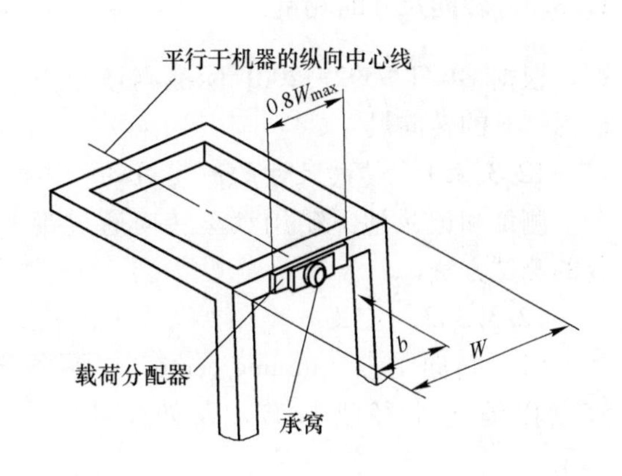

图 12-13 纵向作用点
（$b=(1/2)W$；载荷分配器和承窝是防止局部穿透并维持载荷作用的装置）

① 垂直载荷除去后应对 ROPS 加纵向载荷。

② 对单柱或双柱 ROPS，带 FOPS 和（或）悬臂承载构件，W（ROPS 的宽度，mm）包括 DLV 宽度垂直投影的悬臂承载构件的部分，它在 ROPS 顶部测量，从 ROPS 柱最外面到悬臂承载构件的最远端。

③ 对其余 FOPS，W 是左右立柱外侧之间最大纵向距离。

④ 纵向载荷应沿 ROPS 的纵向中心线并平行于机器的中心线，作用在 ROPS 的上部构件上。

（4）试验过程中，随时记录力和相应的变形，并在计算机或坐标纸上描出力-变形关系曲线，如图 12-12 所示。

12.3.2.4　试验结果分析与评估

A　FOPS 试验结果分析与评估

在每次落锤冲击试验之后，均应仔细观察、测量 FOPS 的变形，以及是否被击穿。为了便于观察判断 FOPS 是否侵入 DLV，可以在 FOPS 覆盖层下面涂刷显示涂料。在重锤撞击下，落物保护结构的任何部分侵入了 DLV，或者顶部覆盖被击穿，则认为被试验的 FOPS 不合格。

B　ROPS 试验结果分析与评估

（1）在一个典型试件的试验中，试件应达到或超过规定的侧向作用力、侧向载荷能量、垂直作用力以及纵向作用力的要求，应按表 12-3 的公式确定所需数值。

（2）横向加载时，力和能量的要求不可能同时达到，即在某一个达到要求前，另一个可以超过规定值。如果能量之前力达到了，该力可以减下来。但当侧向能量达到和超过要求时，力应重新达到所需的值。

（3）应严格遵守 ROPS 的变形规定，当试验处于侧向、垂直方向或纵向加载时，ROPS 任何零件均不得进入 DLV。否则，被试验的 ROPS 不合格。

（4）由于机架或安装件的故障，ROPS 不应从机架上脱开。否则被试验的 ROPS 不合格。

12.3.3　转向尺寸的测量

根据 GB/T 8592—2001 标准测量地下矿用汽车的转向尺寸。

12.3.3.1　转向尺寸的测定目的

测量和记录地下矿用汽车转向通过半径的测试方法。

12.3.3.2　定义

（1）转向中心（turning centre）。围绕该点以恒定半径进行转向，如图 12-14 所示。

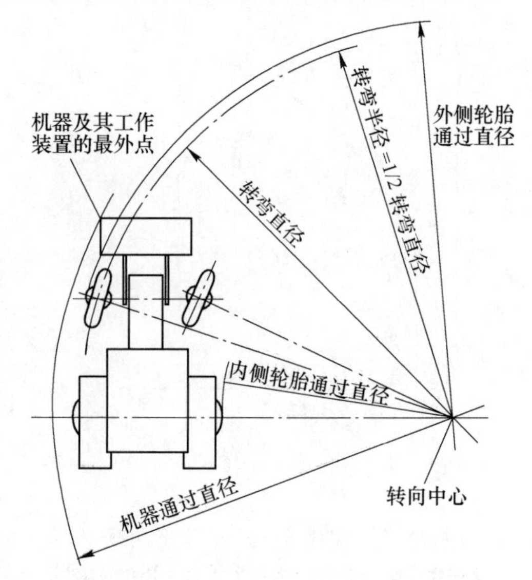

图 12-14　转向及相关的直径

（2）转弯直径（turning diameter）。转弯直径是指在 12.3.3.4 节所叙述的试验条件下，当机器进行最大偏转的转弯时，其轮胎中心划出最大圆的车轮与试验场地表面接触所形成的圆形轨迹的直径，由计算得其直径，如图 12-14 所示。

（3）机器通过直径（machine clearance diameter）。机器通过直径是指在 12.3.3.4 节所叙述的试验条件下，当机器进行最大偏转的转弯时，机器及其工作装置和附属装置的凸出的最外点所形成的最小圆的直径。

注：如机器通过直径受所配备的工作装置和附属装置影响时，应在试验报告中予以说明。

（4）外侧和内侧轮胎通过直径（outer and inner tyre clearance diameter）。外侧和内侧轮胎通过直径是指在 12.3.3.4 节所叙述的试验条件下，当机器进行最大偏转的转弯时，最外侧车轮的垂直直径处轮胎承载较低的部位的最外点及最内侧车轮同样的最内点所形成的轨迹圆的直径。

机器的承载为制造厂的额定最大总质量和桥荷分配，包括制造厂认可的工作装置和附属装置、一个 75kg 的司机及加满燃油箱的最重组合质量。

（5）不停车 180° 转弯宽度（non-stop 180° turn width）。不停车 180°转弯宽度是指机器不停车进行 180°转弯时，轮胎通过所需要的最小道路宽度（见图 12-15）。

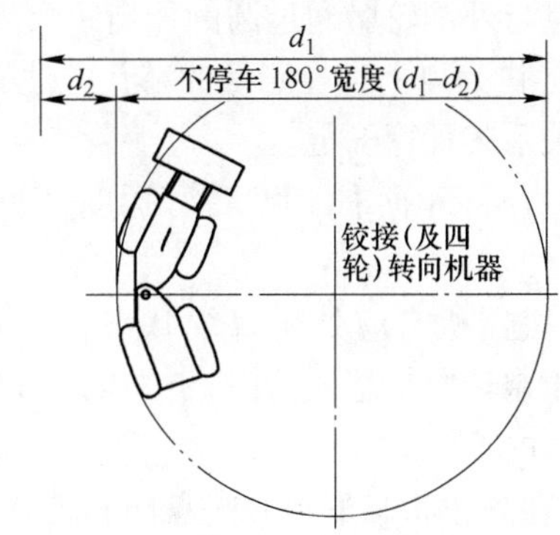

图 12-15 不停车 180°转弯宽度

（铰接点位于中间时铰接转向机器，前轮和后轮具有相同轨迹。铰接点前置时，铰接转向机器，前轮轨迹在后轮内侧）

12.3.3.3 试验场地

试验场地应为压实或铺砌的地面，该地面使轮胎具有良好的附着力，能清晰显示轮胎压痕，且不因机器转弯而受到破坏。试验场地表面应平坦，各向坡度不大于 3% 。试验场地的大小应能满足试验机器进行特定的试验。

12.3.3.4 试验程序

（1）机器以可能的低速向前行驶，把转向控制元件（如方向盘）向右转至极限位置并保持住，直至机器做出最小直径。

（2）不改变转向控制元件的右转向位置，机器以可能的低速继续前进，在整个转向过程中可有规律的短暂停车。

在适当的停车位用铅锤投影到试验场地上，做出适当的标记。按需要进行以下投影：

1）在最外侧车轮的垂直直径上，轮胎承载（较低的）部位的最外点应用该点确定外侧轮胎的通过直径。

注：当被测车轮明显外倾时，要注意外延部分的适当测量，而且在最外车轮的垂直直径上从轮胎的上部向下投影来确定外侧轮胎的通过直径或半径。

2）在最内侧车轮的垂直直径上，轮胎承载（较低的）部位的最内点应用该点确定外侧轮胎的通过直径。

注：此外，应考虑到任何向内倾的车轮情况。

3）最外点，即机器及其工作装置最大圆所描述的点应用该点测定机器的通过直径。

（3）外侧轮胎通过直径应在该圆周上取不少于近似于等距的三点来测量。应计算和记录三个或更多个测点的平均值，其减去最外侧轮胎宽度（测量的轮胎承载截面）的算出直径应记录为右转转弯直径；或选择另一种方法将算出的直径二等分记录为右转转弯半径。

（4）内侧轮胎通过直径应在其圆周上取不少于近似于等距的三点来测量，应计算和记录三个或更多个测点的平均值。

（5）机器通过圆的直径应在其圆周上取不少于近似于等距的三点来测量，应计算和记录三个或更多个测点的平均值。机器通过直径也能以轮胎通过直径加上两倍机器通过直径的投影点与外侧轮胎通过圆的径向距离来测定。

（6）作为以上直径测量的替代方法，可采用近于等距的三点之间的距离，用图 12-16 所示的关系式计算确定。

（7）不停车向右 180°转弯宽度（见图 12-15）的测试步骤如下：

1）机器机身应处于直线状态（铰接不偏转，或机器处于非转向状态），在机器左侧划出一条与机器中心线平行的直线。

2）在静止状态下将方向盘向右转到极限位置，然后机器保持该转向位置向前开动。在完成 270°转弯角度的过程中，有规律地间断停车按上述（2）标出轮胎通过圆。在转弯开始时，应由最接近 1）中所述直线的轮胎来标记轮胎通过圆。

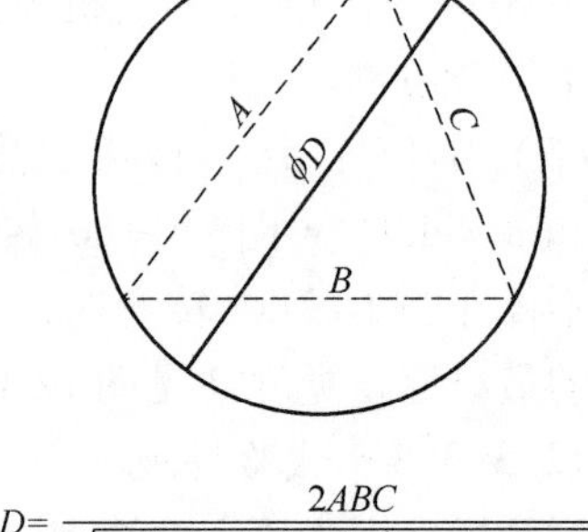

$$D=\frac{2ABC}{\sqrt{2(A^2B^2+A^2C^2+B^2C^2)-(A^4+B^4+C^4)}}$$

图 12-16　由三个近于等距圆周点的测量值计算直径的方法

3）测量从 1）所述的直线到轮胎通过圆近点和远点的垂直距离，其测量的两者之差应为不停车向右 180°转弯宽度。

（8）转弯直径也可采用具有同等精度的其他任何方法进行测定。

（9）每次试验应进行三次。

得到的转弯直径平均值应记录在试验结果中。

12.3.4　牵引力测试

牵引力测试参考 GB/T 6375—2008。

12.3.4.1　目的

用于测量地下矿用汽车在不同行驶速度时的牵引力、牵引功率和车轮滑转率。

12.3.4.2　试验条件

（1）测试路段最小长度推荐为 100m，两端要有足够长的辅助路段，以便被试车辆进入测试路段前速度和负荷都能稳定。路段的两端还应有足够供被试车辆（包括测功车）易于转弯的场地。

（2）试验场地。除有具体规定外，各项试验数据测量路段应为水平直线路段，路面应具有良好的附着条件、尽可能小的滚动阻力；试验路面可以是水泥路面、沥青路面，也可以是比较平直的矿区路面；路面纵向坡度应小于 0.5%、侧向坡度应小于 3%。

12.3.4.3 测试仪器与设备

测试仪器与设备如图12-17所示。

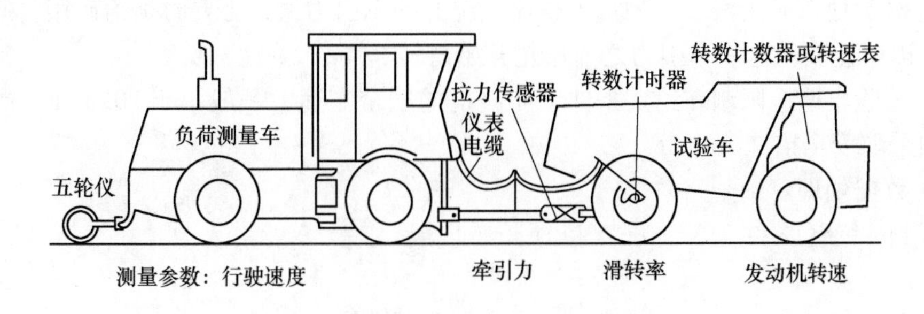

图12-17 测试仪器与设备

12.3.4.4 测量参数和测量精度

测量参数和测量精度见表12-4。

表12-4 测量参数和测量精度

测量参数	测量精度	测量参数	测量精度
时 间	0.2s	车辆的质量	1.5%
距 离	0.5%	轮胎气压	3.0%
牵引力	1.0%	轮胎花纹深	1.0mm
发动机转速	1.0%	温度（干、湿球）	1.0℃
液力机械变速箱输出转速	1.0%	大气压	0.35kPa
驱动轮转数	0.5%		

12.3.4.5 试验方法

（1）记录试验数据前，应使被试车辆行驶至发动机、变速箱和驱动桥的液体温度达到正常工作温度。

（2）被试车辆发动机的操纵装置应处于使发动机产生最大功率位置，用合适的挡位在试验路线上行驶。调整测功车的负荷，以使发动机的转速、驱动轮的转数为试验转速（数）不变，并记录：牵引力、时间、距离、发动机转速（r/min）、液力机械变速箱输出轴转速（r/min）、各驱动轮转数。

也可以控制牵引力尽量保持不变，记录上述数据。

试验记录过程中记录的时间和距离应准确。描述试验机器性能的速度和牵引力应是两次试验结果（两个方向各取一次）的平均值。

试验记录过程中，转向操纵的校正应减少到最低，地下矿用汽车的各驱动轮之间转速的相对变化率不应大于3%。

在任何行驶试验记录过程中，发动机或变矩器输出轴瞬时转速相对于规定转速的变化率不应超过±3%，任何一次行驶的平均速度与规定速度的变化率不应超过±3%，但被选取的两次试验过程的平均速度相对于规定速度的变化率不应超过0.5%。

（3）第一挡位都应在油门全开和不同发动机负荷下进行若干次测试，发动机负荷从最小增加到最大，直到动力系统的峰值力矩或驱动轮滑转率达15%为止。

（4）对于地下矿用汽车，测量零速比工况时的牵引力值，必要时须给矿用自卸汽车增加载荷，以防止获得这一牵引力之前车轮开始滑转。

（5）试验车速应限制在给定条件下能获得的安全车速，一般小于20km/h。高速试验时，必须采取安全措施。

（6）数据处理。

1）滑转率$S(\%)$：

$$S = \left(1 - \frac{Nf}{R}\right) \times 100\% \tag{12-1}$$

式中　N——五轮仪计数；

f——常数，驱动轮计数与五轮仪计数之比，$f = r/n$；

r——“纯滚动”测试时，驱动轮的计数；

n——“纯滚动”测试时，五轮仪计数；

R——驱动轮转数（左、右算术平均值）。

2）行驶速度$v(\mathrm{m/s})$：

$$v = \frac{NC}{t} = \frac{dN}{nt} \tag{12-2}$$

式中　v——行驶速度（在测试期间五轮仪的计数乘以定值，再与在测试期间五轮仪“纯滚动”的计数乘以在测试距离内行驶的时间的比值），km/h；

d——“纯滚动”测试的距离，m；

t——在测试距离内行驶的时间，s（精确到0.1s）；

C——定值，五轮仪每单位计数所表示的距离，$C = d/n$。

3）牵引功率$P(\mathrm{kW})$：

$$P = V \cdot T_{\mathrm{E}} \tag{12-3}$$

式中　T_{E}——牵引力，取对每次试验时间或距离的平均值，kN。

12.3.5　能见度测试

适用于ISO 5006:2006或GB/T 16937—2010标准表1中列出的和GB/T 8498—2008《土方机械　基本类型识别、术语和定义》中定义的有特定坐姿司机位置的用于在工地作业和公路上行驶的土方机械。对于该标准表1中未列出的机器，包括大型机器、派生的土方机械和其他类型的土方机械，可以采用该可视性试验程序，见GB/T 16937—1997中10.4。在10.4.2中又作了说明：“对于土方机器的其他类型（包括GB/T 8498—2008机器族的组合）或表1中未包括的派生土方机器，制造商宜采用本标准规定的试验方法和性能准则。对于这些机器，宜采用与表1中最相似机器类别（考虑其设计和用途）的性能准则。如果那些机器不可能满足性能准则，制造商应考虑相应的技术措施，并应在司机手册中提出强制性的指示，要求客户有适当的工地组织，以确保能遵守允许的可视性和机器操作。”

在 GB/T 16937—2010 中“表 1 可视性的性能准则”中没有包括地下矿用汽车。由于地下矿用汽车的特殊结构和外形，严格地讲，该标准不大适合地下矿用汽车视线的评价。鉴于目前还未见到关于地下矿用汽车可视性的性能准则的国际和国内标准，因此，各地下矿用汽车制造商都基本上根据 ISO 5006 在 10.4.2 中的说明，考虑各种地下矿用汽车不同结构和相应的技术措施，提出了各自地下矿用汽车可视性测试图，并应在司机手册中提出强制性的指示，要求客户有适当的工地组织，以确保能遵守允许的可视性和机器操作，保证车辆行驶安全。

Caterpillar 公司根据 ISO 5006 测试程序测得的结果绘制了某型地下汽车实测视线图（见图 12-18）。为了保证作业安全，未经允许，作业人员不得停留在遮影区。

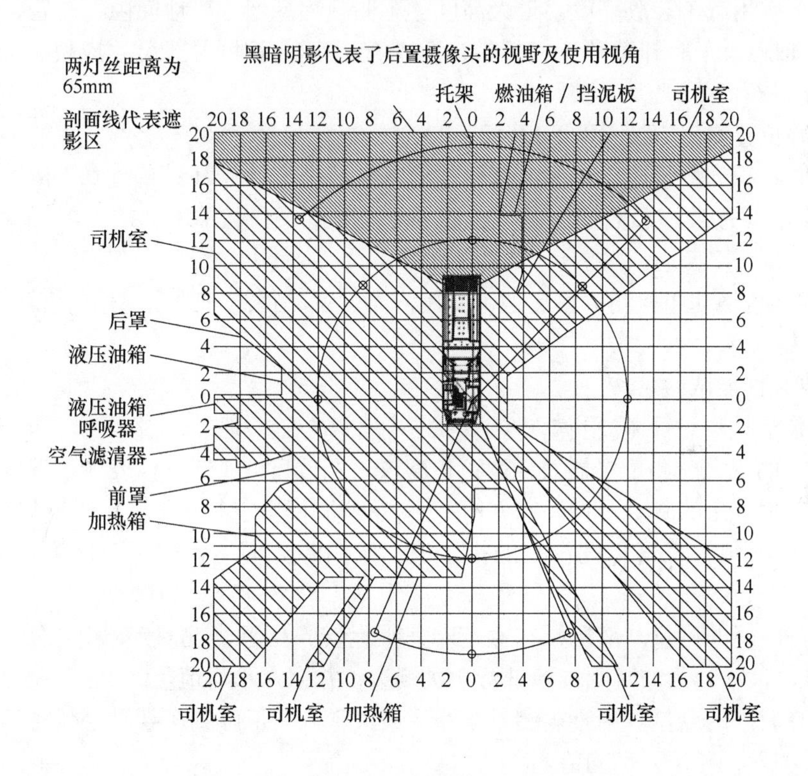

图 12-18 某型地下矿用汽车实测视线图

由于不同的地下矿用汽车制造商采用的视线测试方法基本是按 ISO 5006 标准进行的，但视线图因不同制造商制造的地下轮胎式采矿车辆结构与型号不同而不同，没有统一评定标准，但测试的视线图都在其产品使用说明书中给出，提醒用户，为了保证作业安全，未经允许，作业人员不得停留在遮影区。

12.3.6 制动性能试验

制动性能试验按 ISO/DIS 3450：2011(E) 附录 A 进行。

12.3.7 转向性能测试

转向性能测试按 ISO 5010 方法进行。

12.3.8 噪声测试

噪声测试按 ISO 6393 和 ISO 6396（或 GB/T 25612—2010 和 GB/T 25615—2010）方法进行。

12.3.9 其他测试

（1）尺寸参数的测量。

1）地下矿用汽车装载高度、最大高度、车厢倾翻高度、离地间隙、轮距、最大宽度、最大长度、轴距、车厢卸载角、铰接转向角、接近角、车厢内部尺寸应按 GB/T 12673—1990 的规定进行测量。

2）重心位置测定应按 GB/T 12538—2003 的规定测量。

3）车厢容积的测量应以车厢内部尺寸的测量值进行计算（精确到 0.1m）。

（2）质量（重量）参数的测量。质量（重量）参数应按 GB/T 12674—1990 的规定进行测量。

（3）摆动桥摆动角检测。吊起地下矿用汽车使摆动桥离开地面，用角度测量仪测量摆动桥左、右摆动角。

（4）自卸性能试验。

1）试验条件。地下矿用汽车空载状态下停放在场地上，路面质量应符合 GB/T 12534—1990 的规定。测量仪器及精度：角度仪（精确度 0.1°）；秒表（精确度 0.1s）。

2）最大举升角的测量。在倾卸方向一侧栏板的外侧安装角度仪并调整到 0°，然后将车厢举升到最大角，观察角度仪上的指示值，按倾卸方向，各进行 3 次测量，并记入平均值。

3）举升时间的测量。液压泵在额定转速下运转，用秒表测量满载车厢从与车架贴合位置举升到最大举升角的时间，各进行 3 次测量，并记入平均值。

4）下降时间的测量。用秒表测量车厢从最大举升角下降到车架贴合位置所需的时间，各进行 3 次测量，并记入平均值。

（5）车厢自降量试验。

1）试验条件。地下矿用汽车在额定载重量 110% 的状况下，停放在场地上，路面质量应符合 GB/T 12534—1990 的规定。测量仪器及精度：角度仪（精确度 0.1°）。

2）车厢自降量测量。在倾卸方向的一侧栏板上安装角度仪，将车厢分别举升到 10°和 20°的位置上停留 5min（装载物不移动），记录角度仪的起止角度，各进行 3 次测量，并计算其平均值。

（6）举升报警装置试验。在进行举升试验时，驾驶室内的操作人员应能听见或看见车厢举升。

（7）报警音响的测定。地下矿用汽车的前进、后退报警音响的测定应符合 GB/T

21155—2007 的规定。

（8）最大牵引力检测。

1）地下矿用汽车在额定载荷状态下，与固定桩基间用连接装置连上拉力计或按 JB/T 5501—2004 的测试方法测试。

2）启动地下矿用汽车，逐渐加油门至最大时读取测试仪表值，该值为地下矿用汽车的最大牵引力。

3）该试验在地下矿用汽车行驶的正反方向各作 3 次，取其平均值。

（9）爬坡能力试验。地下矿用汽车爬坡能力试验应按照 QC/T 76.3—1993 的检测方法检测。

（10）最高车速测量。按 GB/T 12544—2012 或相当标准测量地下矿用汽车行驶的最高速度。

（11）耐压性能试验。

1）试验条件。初始测定时，液压系统的油温为 50℃ ±3℃。

2）试验方法。

① 额定压力小于 16MPa。从液压缸有杆端或无杆端分别施加额定压力的 1.5 倍压力，保压 2min。从无杆端加压时，将活塞固定在靠近行程终点位置进行试验。从有杆端加压时，将活塞固定在靠近行程起始端位置进行试验。

② 额定压力大于或等于 16MPa。从液压缸有杆端或无杆端分别施加额定压力的 1.25 倍压力，保压 2min。从无杆端加压时，将活塞固定在靠近行程终点位置进行试验。从有杆端加压时，将活塞固定在靠近行程起始端位置进行试验。

（12）废气排放检测。废气排放采用尾气分析仪器和不透光烟度计进行检测，检测要求见表 12-5。

表 12-5　废气排放要求

<table>
<tr><th>项目名称</th><th colspan="2">技术要求</th><th>备　注</th></tr>
<tr><td rowspan="5">废气净化装置及废气排放</td><td colspan="2">每台机器配有尾气净化装置，尾气排放要求如下：</td><td rowspan="5">在以下 3 种工况条件下检测：
（1）挂一挡，踩住刹车时；
（2）最高怠速时；
（3）最低怠速时</td></tr>
<tr><td>CO</td><td>≤1500ppm</td></tr>
<tr><td>NO_x</td><td>≤1000ppm</td></tr>
<tr><td>HC HO</td><td>≤50ppm</td></tr>
<tr><td>CO_2</td><td>≤5000ppm</td></tr>
</table>

注：ppm 为一百万体积空气中所含污染物的体积数。

（13）冷却系冷却能力试验。地下矿用汽车冷却系冷却能力试验按 QC/T 76.10—1993（2009）方法进行。

12.4　最终检验报告

将上述的所有试验结果填入表 12-6 和表 12-7。

表 12-6 最终检验报告（一）

	规范	公差	测量值
发动机转速/r · min^{-1}			
低怠速			
高速空转			
变矩器失速			
变矩器失速（转向）			
变矩器失速（举升）			
右侧进气管真空度/Pa			
高速空转			
变矩器失速			
左侧进气管真空度/Pa			
高速空转			
变矩器失速			
右侧排气管背压/Pa			
高速空转			
变矩器失速			
左侧排气管背压/Pa			
高空转			
变矩器失速			

		规范	公差	测量值
举升压力/MPa				
主溢流压力				
举升缸溢流	基准压力			
	最高压力			
先导阀				
转向系统压力定值				
主溢流压力				
顺序阀				
变矩器/变速箱				
先导阀				
离合器压力				
制动器压力系统				
紧急制动器				
停车制动器				
料厢倾翻角				
转弯半径/m				
左转				
右转				
轮胎压力/MPa				
前	左			
	右			
后	左			
	右			

	规范	公差	测量值
全油门下举升操作时间/s			
举升时间（空载）			
举升时间（满载）			
下降时间			
最大举升角/(°)			
转向时间（从最左边到最右边，或反之）			
怠速			
高速空转			
转向控制类型：方向盘（ ）单杆（ ）			
制动器性能（要求在一固定的挡位）			
工作制动			
停车制动			
紧急制动			
空车速度/km · h^{-1}			
1 挡			
2 挡			
3 挡			
4 挡			
牵引力/kN			
1 挡			
2 挡			
3 挡			
4 挡			

表 12-7 最终检验报告（二）

噪声/dB		蓄能器（启动与制动）		规范	公差	测量值
操作者耳边测量值（当环境在高噪声时，中断测量）		制动器充液阀	上限压力			
高速空转时（左耳）			下限压力			
高速空转时（右耳）		制动蓄能器预充压力				
变矩器失速时全油门（左耳）						
变矩器失速时全油门（右耳）		压力超过量				
液压溢流时全油门（左耳）		供油压力（空挡）				
液压溢流时全油门（右耳）		供油压力（前进）				
是否进行了转向循环试验?		供油压力（后退）				
空车重量/kN 前桥 后桥						

注：（1）除规定的值以外，所有的值均为压力值（MPa）；

（2）试验条件如下：发动机处于全油门，不带冷却器的液压油的油温为65℃，带冷却器的油温为49℃，变速箱的油温为82～93℃。

备注：

检验员______________ 日期__________

地下矿用汽车发动机

型　号______________ 制造厂家____________ 喷射时间____________

序　号______________ 型　　号____________ 喷 射 率____________

合同号______________ 序　　号____________ 设定功率____________ kW

交流发电机型号________ 环境温度____________℃

13 生产能力

13.1 生产能力的估算

为了评估某种型号地下矿用汽车的应用效果，必须要对地下矿用汽车的生产能力进行估算。所谓地下矿用汽车的生产能力是指地下矿用汽车单位时间内装载和运输矿石的重量（kN/h）或容积（m^3/h）。

地下矿用汽车的生产能力取决于对地下矿用汽车具体的“作业条件”分析。所谓作业条件是指矿井的照明条件、装载点与卸料点的环境、运输巷道的路面状况。如果上述四个条件都良好的话，就指作业条件良好，否则就是恶劣。处在良好与恶劣之间的条件就是指一般条件。作业条件接近良好，生产率就越高，生产成本就越低。“作业条件”的详细分类见表 13-1。

表 13-1 地下矿用汽车作业条件的分类

名称	良 好 的	一 般 的	恶 劣 的
照明	车辆有充分的照明。照亮底板、顶板和壁，料堆很高、料堆的底部进入照明范围	假设作业条件良好的和困难的互相抵消	供驾驶员照明度达到最低限度，在照明度有限的巷道中以至引起碰撞巷道壁。高的料堆不能进入照明区内，且可能突然滑落
装载站	装载底板比较平坦，甚至有轻微的下坡，但不致使物料溢出，疏通适于行车，料堆爆破效果好，没有需要二次爆破的大块，料堆高，滑落情况可预报，工作区通风条件好，保证满功率运行，驾驶员经过严格培训，操作认真	假设作业条件良好的和困难的互相抵消	装载底板可能是上坡，打滑和（或）有溢出的物料铺在地面上，妨碍良好的装载行车，料堆爆破很差，有难以装载的大硬块，必须从料堆中排除到作业区外，风量不足，马力降低，驾驶员不易集中精力
运输道路	主要运输巷道足够宽和高，可保证车和司机安全地快速行驶。路面平坦，维护得很好，没有积水或流水，不会溢出物料，没有急弯或耽误行车的因素，如无控制的十字交叉	假设作业条件良好的和困难的互相抵消	主要巷道具有最小的宽和高，没有很好的维护，地面散布有碎块，可能底板软，有集水段，可能打滑，有硬角拐弯和其他妨碍保持正常速度的因素，在交叉点存在无控制的车辆
卸载场地	最多有两个 90°转弯和两个换向，进出宽阔的卸载点，有挡板保护。卸载容量大，可以容纳所有运行的汽车充分卸载，不用等待	假设作业条件良好的和困难的互相抵消	调车空间有限，没有安全挡板，卸载条件受限制，妨碍随时干净利落地卸载，如塞满格筛、矿车或卡车不能装满等

生产能力 Q_h 的计算见下式：

$$Q_h = \frac{Q_o T_A}{T_f + T_v} \tag{13-1}$$

式中 Q_h——汽车每小时运输量，t/h；

T_A——每小时纯操作时间，min/h；

Q_o——汽车有效装载量，t；

T_f——每循环装载与调车时间，min；

T_v——每循环在装卸站间行驶时间，min。

13.1.1 每小时纯运行时间

在式（13-1）中，每小时纯运行时间 T_A 表示由于生产中各种不可避免的耽误，每小时内纯运行的时间。这里所指的耽误包括上班期间从一个工作点到另一个点移动、定期车辆检修、给特别润滑点润滑、进行小的调整或修理、加燃油和水、操作者需要方便而停车等。T_A 值见表 13-2。

表 13-2 作业条件与操作时间

作业条件	操作时间 $T_A/\mathrm{min} \cdot \mathrm{h}^{-1}$	作业条件	操作时间 $T_A/\mathrm{min} \cdot \mathrm{h}^{-1}$
良 好	55	恶 劣	45
一 般	50		

13.1.2 有效装载量

地下矿用汽车有效装载量 $Q_o(\mathrm{t})$ 与被运输物料的松散密度变化较大，地下矿用汽车的额定载运能力都按有效装载量确定。应据物料松散密度的不同配用不同容积的车厢。目前，大多数地下矿用汽车的技术规格中关于装载能力标有平装和堆装两种能力，按 GB/T 25689—2010《土方机械　自卸车车厢　容量标定》，地下矿用汽车车厢或拖挂式车厢的额定容量为平装容量和堆尖容量之和。

为了使地下矿用汽车能充分装满额定有效装载量，又不至向两侧撒落，最好是用顶部溜槽闸门装矿，先装车厢后部，使地下矿用汽车逐步后退装满前端。另一种常用的方法是用地下装载机装矿，一般要求装矿场所高度较大，而且撒落较多，装载机前轮还可能与汽车相碰，影响卸载范围。为提高装载效率，在装矿地点可采取一些改善措施，如修筑装车台、垫高地下装载机、增大卸载范围。此外，也可采用推板式铲斗卸载增加装载量。采用地下装载机装载时，铲斗大小最好是 2 ~ 4 次装满一车。否则装载时间过长会影响运输能力。

装载时，由于物料性质的不同，如大块多、有黏性，以及装载设备配套不好，都不能达到额定堆装量，装满系数可低到 0.85。按照各种装载条件，建议采用表 13-3 中的装满系数。在运输能力计算中，地下矿用汽车每循环装的有效装载量 $Q_o(\mathrm{t})$ 可由下式计算：

$$Q_o = VPK \tag{13-2}$$

式中 V——车厢容积，m^3，按第 11 章的方法估算；

P——松散物的平均密度，$\mathrm{t/m}^3$，见表 13-4；

K——装满系数。

对于地下矿用汽车，过载应予重视，不但影响使用寿命，而且经营费，维修费都会提高，此外还会丧失制造厂对设备的保证。

表 13-3 车厢装满系数

作业条件	爆破破碎程度	K
良 好	良 好	1.0 ~ 0.95
一 般	一 般	0.94 ~ 0.90
恶 劣	困 难	0.89 ~ 0.84

表 13-4　矿岩性质

矿岩名称	原岩实体比重/ $kg \cdot m^{-3}$	间隙度/%	松散系数 ρ	松散物的平均密度 $P/t \cdot m^{-3}$
石　棉	2964	51	0.66	1.956
重晶石	4298	56	0.64	2.750
玄武岩	2964	51	0.66	1.956
干铝钒土	1719	33	0.75	1.289
湿铝钒土	2548	45	0.69	1.759
无烟煤	1363	35	0.74	1.009
烟　煤	1008	35	0.74	0.746
湿混凝土				2.164
铜　矿	2667	45	0.69	1.841
白云石	2490	61	0.63	1.344
花岗岩	2608	60	0.63	1.643
石　膏	2727	60	0.62	1.718
赤铁矿	3912	51	0.66	2.582
磁铁矿	4446	55	0.65	2.890
铅　矿	3557	50	0.67	2.383
铅锌矿	3082	50	0.67	2.065
石灰石	2549	70	0.59	1.304
钾　岩	2074	60	0.63	1.307
黄铁矿	3971	50	0.67	2.661
砂　岩	2454	50	0.67	1.644
页　岩	1660	33	0.75	1.245
板　岩	2801	30	0.77	2.136
铁燧岩	2786	54	0.65	1.811
铀　矿	2490	40	0.71	1.768

注：1. 松散矿石的间隙度是指松散矿石颗粒间的孔隙体积占松散体积的百分比，即间隙度 $\Phi = (V_{孔数}/V_{松体}) \times 100\%$。

2. 松散系数 ρ 是指原岩实体积与松散物岩石体积之比的百分数，设原岩实体积为 100，则松散物岩石体积为 $\Phi + 100$，则 $\rho = 100/\Phi + 100$。

每立方米松散矿岩的精确重量是难以估计的，因为爆破后得到的块度各有不同，用户经常从试验中获得每立方米体积的平均松散物的密度。表 13-4 列出某些矿岩的估计平均松散物的密度，注意表中为平均数值。因为矿岩中矿物含量、含水量是不同的。

如果用户能从比重导出原岩实体重量，这时只需要估一个爆破后间隙度（%），求出松散系数后，确定松散物的平均密度。

例：埋藏原岩实体比重为 $2343kg/m^3$，估计爆破后间隙度为 45%，则松散系数为：$100/(45+100)=0.69$，平均松散物密度 $P=2343 \times 0.69=1616kg/m^3=1.616t/m^3$。

13.1.3　装满系数

由于作业条件的不同、各种破碎程度不同，因而在合理的时间内，这些因素就会带来少装的可能，因此应考虑一个装满系数 K。K 值见表 13-3。

13.1.4　运行循环中装卸时间

运行循环中装卸时间包括用于装载、卸载及装卸调车的时间，一般为 3 ~ 8min。装卸站布置设计合理，可降低装卸时间，有利于提高运量、降低运输成本。

下面对装卸时间中各组成要素进行分析，以寻求缩短装卸时间的方法。

（1）装载定位。地下矿用汽车到达装载设备附近时，要换向倒退到装载位置。要使装载时间缩短，就要求调车道有充分的间隙，倒车距离尽可能短。此外，地下矿用汽车和装载设备的照明要好。

（2）装载时间，与使用的装载工具有关。用地下装载机装载时，最重要的是地下矿用汽车与料堆间的距离和作业条件。这要求采矿工艺设计时必须合理确定，并使其运距最短。图13-1所示为不同作业条件和运输距离时，装载机一次装卸的循环时间。地下矿用汽车的装载时间则等于装车所需的循环次数乘以图中查得的循环时间。

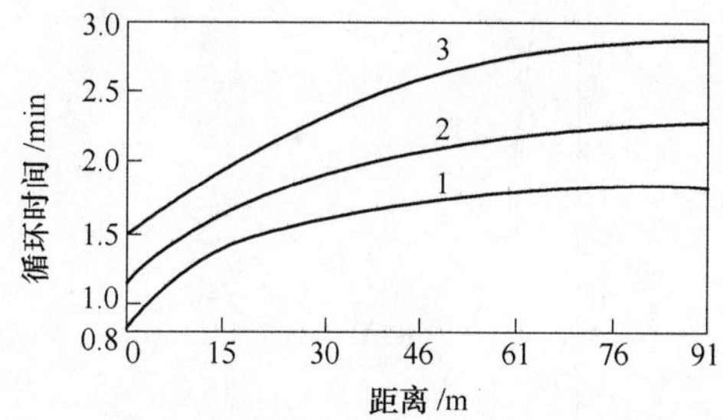

图13-1　各种作业条件下装载机一次装卸的循环时间
1—作业条件良好；2—作业条件一般；3—作业条件恶劣

（3）卸载定位时间。卸载定位时间包括地下矿用汽车换向倒退到卸载所需的时间。对采矿工艺设计布置与照明要与装载定位相同，通常计算时与实际卸载时间合并考虑。

（4）卸载时间。卸载时间主要取决于车辆技术性能中规定的车厢翻起和复位的时间，以及卸载站的条件，一般为0.30～0.65min。卸载处必须有足够的容积能使满载车辆很快卸空，并在下一辆车到达前把卸下的物料处理完。卸载处的接收能力对缩短卸载时间有显著作用。地下矿用汽车在地下硐室内卸车时，需待车厢复位才能开车，因此卸载时间就要长一些。通常，总的卸载时间包括卸载定位所需时间，为0.60～1.2min。

13.1.5　每循环往返行驶时间

每循环往返行驶时间包括从装载点运送物料到卸载站入口调车道和空车回到装载地点调车所需的全部时间。计算运输循环中行驶时间的主要参数是各段运距及行车速度。地下矿用汽车运输可达到的最大速度受一些因素的限制，这些影响因素如下：

（1）作业条件。运距短且有急弯，速度难以提高。多辆车使用同一运输道、装卸站，交通耽误多，使得运输循环中总的平均速度降低。所以配备适当的交通控制装置可减少车辆由于会车造成的长时间耽误。对行车速度及作业安全影响最大的因素还是车辆与巷道壁间的间隙和司机与顶板的间隙，以及道路的维修程度。因此有足够的间隙和道路平整可增加司机的提高车速把握性。当然，为提高车速而增加巷道的开拓费用，这就需要在设计中恰当权衡。

（2）地下矿用汽车的设计特点。大多数地下矿用汽车为降低车高都取消了轴和底盘之间的悬挂系统，其中包括弹簧、减振器等。路面稍有不平，车速一高就会产生有节奏的“跳动”。尤其空车下坡行驶更为严重。因此，地下矿用汽车的行驶速度比地面汽车要低。

（3）车辆传动系统。载重10t以上的地下矿用汽车，一般都装有常规的变矩器和变速箱。根据发动机有效功率和传动比，水平运输时可达到的速度一般为24～32km/h。10t以下的车辆用机械传动系，最大速度小于16～19km/h。装有静力液压传动的车辆则最大速度为10～15km/h。对于选定车辆可达到的速度应根据制造厂提供的性能曲线图查取。

（4）坡道上的车速。重车上坡的速度应直接从该型车辆的性能曲线上选取（见图13-2）。要注意该曲线是设定在海平面标高行驶和一定条件下计算作出来的。条件改变，曲线的性能会不同。在海拔以上标高行驶时，应按发动机功率降低的比例降低速度。过载或增加行驶阻力也会对重车上坡的速度有不利影响。

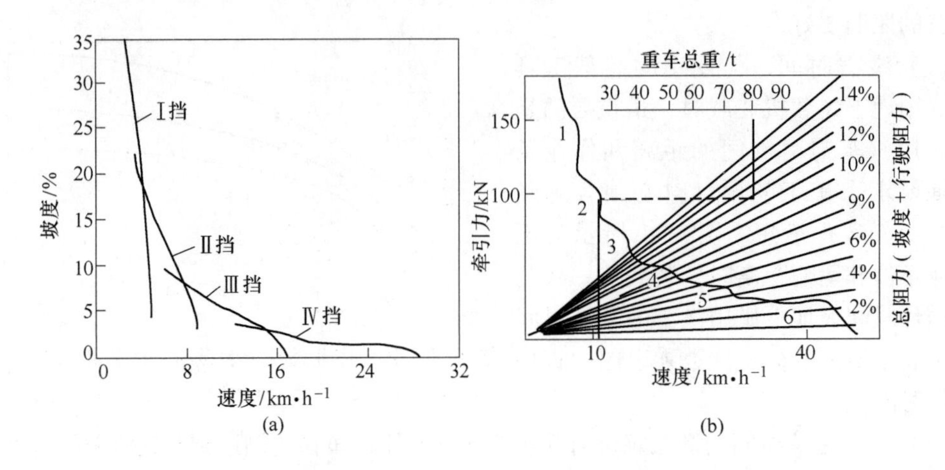

图 13-2　典型的自卸汽车性能曲线

（图中纵坐标坡度值已减去行驶阻力 3%，等于巷道坡度值）

（a）美国瓦格纳公司装载量 22.7t 汽车重车性能曲线；（b）瑞典基鲁纳公司载重量 50t 自卸汽车性能曲线

使用各种车型的性能曲线图时，要注意纵坐标的坡度值，其中包括车辆行驶阻力，即巷道坡度加上行驶阻力后得出的总坡度才是曲线图上的坡度值。车辆的行驶阻力一般为3%左右。厂商已从曲线数值中减去了车辆行驶阻力，标出的坡度值即巷道坡度，可直接查取相应速度。

关于下坡行车速度，为安全起见，要求使用低挡速度，以便控制车速，减少使用工作制动，否则工作制动器会因过度使用而发热甚至失效。坡度在 18% 以下，空车下坡可以用比重车上坡高一挡的速度。例如图 13-2（a）中，在坡度 10% 重车上坡时速度为 7.1km/h（第 2 挡速度）空车下坡可以换到第 3 挡速度约 11.3km/h。当坡度大于 18% 时，通常空车下坡与重车上坡必须使用同一挡速度。至于重车下坡和空车上坡也用同挡速度。

当长坡道达 150m 以上时，尤其有重车下坡运行的情况，须和制造厂研究选用合适车辆。

通过对以上各项限制地下矿用汽车行驶速度因素的了解，在计算运输循环中全部行驶时间时，就可合理地选定各运输区段的车速。计算往返行驶时间有两种方式：当整个循环中只有一水平区段时，按运距、作业条件和交通延误可能，选定平均速度。可由下式计算 T_v（min）：

$$T_v = 2S/(16.67v) \tag{13-3}$$

式中　S——单程总运距，m；

v——平均速度，km/h；

2——往复行程计算系数；

16.67——速度单位 km/h 换算成 m/min 的乘数。

然而大多数情况，很多运输循环有一个以上的运输区段，每段的长度和坡度都可能不同，因此计算 T_v 由各段所需时间相加，重车和空车分别计算，公式为：

$$T_v = \Sigma\left(\frac{S}{16.67v}\right) \tag{13-4}$$

在上述两种计算公式中，对于地下矿用汽车会产生的交通延误应加到 T_v 总时间中去，也可以加到装卸时间 T_f 中。

13.2 运输设备台数计算

通过上述各项运行参数的计算或选定，Q_o、T_h、T_f、T_v 已知，即可按式（13-1）进行地下矿用汽车小时运输能力计算，得出 Q_h(t)。

当运输线路要求每天的运量 Q_d(t) 及每天有效工作小时 t(h) 确定后，即可由下式求出完成所需运量的地下矿用汽车工作台数 N_w(台)(计算中未考虑运输不均系数)：

$$N_w = Q_d/Q_h t$$

式中 t——每天工作小时数，一般三班工作取 18 ~ 20h/d。

至于备用台数主要取决于维修能力可达到的设备完好率，国外设备完好率都在 80%以上。

包括备用台数后，设备总数 N_b(台) 由下式计算：

$$N_b = N_w/A$$

式中 A——设备完好率，国外一般取 $A = 0.80 \sim 0.85$，国内可按 $A = 0.70 \sim 0.80$ 考虑或更低。

附　　录

附录1　单位换算表

英（美）常用单位	系数 A	SI 单位
英热单位，Btu	1055	焦耳，J
Btu/s	1.055	千瓦，kW
Btu/h	0.293	瓦，W
Btu/min	17.584	瓦，W
立方英尺每分钟，cfm	28.317	升/分钟，L/min
卡，cal	4.19	焦耳，J
厘米汞柱，cmHg（0℃）	1.333	千帕，kPa
厘泊，cP	0.001	帕·秒，Pa·s
度（角度）	0.0174	弧度，rad
英尺，ft	0.3048	米，m
英尺^2，ft^2	0.0929	米^2，m^2
英尺^3，ft^3	0.0283	米^3，m^3
英尺/分（fpm），ft/min	0.0051	米/秒，m/s
英尺·磅，ft·lb	1.35	焦耳，J
英尺·磅/秒，ft·lb/s	1.35	瓦，W
英尺/秒，ft/s	0.305	米/秒，m/s
加仑（美），gal	3.785	升，L
加仑/分钟，gpm	3.785	升/分钟，L/min
马力，hp	0.746	千瓦，kW
英寸，in	0.0254	米，m
	25.4	毫米，mm
英寸^2，in^2	645	毫米^2，mm^2
英寸汞柱（0℃），inHg	3.386	千帕，kPa
千磅力，kip	4.45	千牛，kN
千磅力/英寸^2，1000psi	6.89	兆帕，MPa，N/mm^2
质量，$lb \cdot s^2/in$	1.75	千克，kg
英里，mile	1.610	千米，km
英里/时，mile/h	1.61	千米/时，km/h
英里/时，mile/h	0.447	米/秒，m/s
磅，lb	0.4536	千克，kg
磅力，lbf	4.45	牛顿，N

续附录1

英（美）常用单位	系数 A	SI单位
磅力·英尺，lbf·ft	1.36	牛顿·米，N·m
磅力/英尺^2，lbf/ft^2	47.4	千帕，kPa
磅力·英寸，lbf·in	0.112	焦耳，J
磅力-英寸，lbf·in	0.112	牛顿·米，N·m
磅力/英寸，lbf/in	175	牛顿/米，N/m
磅力/英寸^2，psi（lb/in^2）	6.89	千帕，kPa
磅/英尺^3，lb/ft^3	16.0185	千克/立方米，kg/m^3
磅（质量），lbm	0.454	千克，kg
磅（质量）/秒，lbm/s	0.454	千克/秒，kg/s
吨（短吨，2000lbm）	907	千克，kg
码，yd	0.917	米，m
华氏温度，℉	（℉－32）×5/9	摄氏度，℃

注：在美国常用单位中，磅(力)常缩写为lbf，以区别于磅(质量)，后者缩写为lbm。有时磅(力)通常简写为磅，符号为lb。

附录2　干空气的热物理性质

（$p=1.01325\times10^5$ Pa①）

t/℃	ρ /kg·m^{-3}	c /kJ·(kg·℃)$^{-1}$	$\lambda(\times10^2)$ /W·(m·℃)$^{-1}$	$\alpha(\times10^6)$ /m^2·s^{-1}	$\eta(\times10^6)$ /kg·(m·s)$^{-1}$	$v(\times10^6)$ /m^2·s^{-1}	Pr
-50	1.584	1.013	2.04	12.7	14.6	9.23	0.728
-40	1.515	1.013	2.12	13.8	15.2	10.04	0.728
-30	1.453	1.013	2.20	14.9	15.7	10.80	0.723
-20	1.395	1.009	2.28	16.2	16.2	11.61	0.716
-10	1.342	1.009	2.36	17.4	16.7	12.43	0.712
0	1.293	1.005	2.44	18.8	17.2	13.28	0.707
10	1.247	1.005	2.51	20.0	17.6	14.16	0.705
20	1.205	1.005	2.59	21.4	18.1	15.06	0.703
30	1.165	1.005	2.67	22.9	18.6	16.00	0.701
40	1.128	1.005	2.76	24.3	19.1	16.96	0.699
50	1.093	1.005	2.83	25.7	19.6	17.95	0.698
60	1.060	1.005	2.90	27.2	20.1	18.97	0.696
70	1.029	1.009	2.96	28.6	20.6	20.02	0.694
80	1.000	1.009	3.05	30.2	21.1	21.09	0.692
90	0.972	1.009	3.13	31.9	21.5	22.10	0.690
100	0.946	1.009	3.21	33.6	21.9	23.13	0.688
120	0.898	1.009	3.34	36.8	22.8	25.45	0.686

续附录 2

t/℃	ρ /kg · m^{-3}	c /kJ · (kg · ℃)$^{-1}$	λ(×10^2) /W · (m · ℃)$^{-1}$	α(×10^6) /m^2 · s^{-1}	η(×10^6) /kg · (m · s)$^{-1}$	υ(×10^6) /m^2 · s^{-1}	Pr
140	0. 854	1. 013	3. 49	40. 3	23. 7	27. 80	0. 684
160	0. 815	1. 017	3. 64	43. 9	24. 5	30. 09	0. 682
180	0. 779	1. 022	3. 78	47. 5	25. 3	32. 49	0. 681
200	0. 746	1. 026	3. 93	51. 4	26. 0	34. 85	0. 680
250	0. 674	1. 038	4. 27	61. 0	27. 4	40. 61	0. 677
300	0. 615	1. 047	4. 60	71. 6	29. 7	48. 33	0. 674
350	0. 566	1. 059	4. 91	81. 9	31. 4	55. 46	0. 676
400	0. 524	1. 068	5. 21	93. 1	33. 0	63. 09	0. 678
500	0. 456	1. 093	5. 74	115. 3	36. 2	79. 38	0. 687
600	0. 404	1. 114	6. 22	138. 3	39. 1	96. 89	0. 699
700	0. 362	1. 135	6. 71	163. 4	41. 8	115. 4	0. 706
800	0. 329	1. 156	7. 18	188. 8	44. 3	134. 8	0. 713
900	0. 301	1. 172	7. 63	216. 2	46. 7	155. 4	0. 717
1000	0. 277	1. 185	8. 07	245. 9	49. 0	177. 1	0. 719
1100	0. 257	1. 197	8. 50	276. 2	51. 2	199. 3	0. 722
1200	0. 239	1. 210	9. 15	316. 5	53. 5	233. 7	0. 724

① 1.01325×10^5 Pa = 760mmHg。

参 考 文 献

[1] 中钢集团衡阳重机有限公司．UK-20 地下运矿车使用维护说明书：2012，5.

[2] 张耀明，高梦熊，赵金元．世界矿业新技术、新产品——2012 年国际矿业展览会纵览[M]．北京：冶金工业出版社，2013.

[3] 王运敏．中国采矿设备手册(上册)[M]．北京：科学出版社，2007：878～898.

[4] 刘惟信．汽车设计[M]．北京：清华大学出版社，2001.

[5] 高梦熊，林峰．国外地下自卸汽车的发展[J]．矿山机械，2002(5)：11～15.

[6] 赵金元，甘育林，高梦熊．国内外地下采矿用自卸汽车的现状与发展[J]．矿业快报，2004(9)：11～15.

[7] 高梦熊，程浚．再谈国外地下采矿汽车的现状与发展[J]．矿山机械，2005(5)：30～34.

[8] 高梦熊，孙振华．三谈国外地下采矿汽车的现状与发展[J]．现代矿业，2009(Z5)：63～73.

[9] 赵金元．国外金属矿山用大型井下汽车现状和发展趋势[J]．有色设备，2013(4)：1～11.

[10] 高梦熊．地下装载机[M]．北京：冶金工业出版社，2011.

[11] 高梦熊．地下轮胎式采矿车辆人机安全工程[M]．北京：冶金工业出版社，2012.

[12] 高梦熊．地下装载机和地下汽车未来新技术[J]．现代矿山，2010(Z8)：43～63.

[13] 高梦熊．地下装载机与地下自卸汽车柴油机与变矩器匹配分析[J]．机械零部件世界，2002，1(8)：36～39.

[14] 高梦熊．国外地下汽车的现状与发展[J]．现代矿业，2014(1)：1～3.

[15] 高梦熊．国外地下汽车的现状与发展(续)[J]．现代矿业，2014(2)：1～8.

[16] 高梦熊．国外地下汽车的现状与发展(续)[J]．现代矿业，2014(3)：1～4.

[17] Sandvik . Underground trucks[DB/OL]. 2013，www. miningandconstruction. sandvik. com.

[18] Bell. Underground Truck[DB/OL]. 2013，www. bellequipment. com/en/product/b40d.

[19] Atlas Copco. Underground Truck [DB/OL]. 2013，www. atlascopco. us/usus/products/productgroup. aspx?id = 3506192.

[20] Steve Fiscor，Gina Tverdak-Slattery . Minexpo 2012 Preview[J]. E&MJ，AUGUST，2012：48～50.

[21] Steve Fiscor，Russ Carter，Gina Tverdak-Slatter. Highlighs from minexpo 2012[J]. Coal Age，2012：28～55.

[22] IM . Previous Posts-2012 International Mining. 2012，www. im-mining. com.

[23] JB/T 8436—2015. 地下矿用轮胎式运矿车[S].

[24] 姚仲鹏，王新国．车辆冷却传热 [M]．北京：北京理工大学出版社，2001.

[25] 陆家祥．柴油机涡轮增压技术[M]．北京：机械工业出版社，1999.

[26] 许维达．柴油机动力装置匹配[M]．北京：机械工业出版社，2000.

[27] 美国康明斯公司北京办事处．康明斯工业用发动机技术资料——冷却能力计算[DB/CD]，2004.

[28] 高梦熊．地下无轨采矿设备导风罩的设计[J]．矿山机械，2006(6)：57～59.

[29] Jin Mingfang．康明斯公司应用工程培训．冷却系统-散热[DB/CD]，2010.

[30] DEUTZ. Series BFM 1012/2012 BFM 1013/2013 instation manual of Liquid-Cooled High-speed Diesel Engines [DB/CD]. DEUTZ AG application Engineering 3rd Edition. October 2002(updated 2003).

[31] 赵若竹．冷却系统加注与除气(康明斯发动机应用工程介绍)．[DB/CD]，2010，http：//www. docin. com/p-488417985. html.

[32] Caterpillar Inc. Industrial application and Installation guide. LEBH0504 © 2000 on and Installation Manual Installation Guide.

[33] Caterpillar Inc. 3000 engine family Installation manual [DB/CD]. LEBH0149.

[34] Caterpillar. Industrial application and installation guide. Caterpillar Tractor Co，2000.

[35] John Chadwick. Underground load and haul[J]. International Mining，2012：62～72.

[36] Caterpillar . Underground truck [DB/OL]. 2013， www. cat. com/equipment/underground-mining/underground-mining-trucks .
[37] Robert Pell . Underground Transport[J]. International Mining. OCTOBER，2013：60 ~ 67.
[38] Paul Moore. Engine development[J]. International Mining，APR，2013 ：102 ~ 110.
[39] JB/T 9747—2005. 内燃机　空气滤清器性能试验方法[S].
[40] JB/T 9755. 1—2011. 内燃机　空气滤清器　第1部分：干式空气滤清器总成　技术条件[S].
[41] QC/T 770—2006. 汽车用干式空气滤清器总成技术条件[S].
[42] 上海弗列加 . 空滤器技术交流 . http：//www. docin. com/p-491147708. html.
[43] 深圳艾里逊实业有限公司培训中心 . 非公路变速箱培训　Alison 5000 ~ 6000 系列结构原理[DB/CD]，http：//www. doc88. com/p-080384115249. html.
[44] Allison Transmission. ALLISON 变速箱的新技术应用[DB/CD]. http：//www. doc88. com/p-359512912269. html.
[45] GB/T 25627—2010. 工程机械　动力换挡变速器[S].
[46] JB/T 7155—2007. 轮式工程机械车轮　技术条件[S].
[47] JB/T 8816—1998. 工程机械驱动桥　技术[S].
[48] JB/T 9711—2001. 单级向心涡轮液力变矩器　通用技术条件[S].
[49] JB/T 10135—2014. 工程机械　液力传动装置　技术条件[S] .
[50] JB/T 10223—2001. 工程机械液力变矩器清洁度检测方法及指标[S].
[51] JB/T 6040—2011. 工程机械　螺栓拧紧力矩的检验方法[S].
[52] Dana. Spicer® Driveshaft Application Guidelines[DB/CD]. 2007，http：//www. doc88. com/p-7344372594995. html.
[53] QC/T 523—××××. 汽车传动轴总成　台架试验方法及技术条件(征求意见稿)[S]，2008.
[54] JB/T2300—2011. 回转支承 [S]. 北京：机械工业出版社 .
[55] 徐灏，等 . 机械设计手册 [M]. 北京：机械工业出版社，1991.
[56] JB/T 10223—2001. 工程机械液力变矩器清洁度检测方法及指标[S].
[57] GB/T 12839—2012. 轮胎气门嘴术语及其定义[S].
[58] GB/T 1190—2009. 工程机械轮胎技术要求[S].
[59] GB/T 2980—2009. 工程机械轮胎规格、尺寸、气压与负荷[S].
[60] GB/T 2883—2002. 工程机械轮辋规格系列[S].
[61] GB/T 6326—2005. 轮胎术语及其定义[S].
[62] GB/T 9768—2008. 轮胎使用与保养规程[S].
[63] GB/T 2933—2009. 充气轮胎用车轮和轮辋的术语、规格代号和标志[S].
[64] GB 21500—2008. 地下矿用轮胎式运矿车　安全要求[S].
[65] ISO/DIS 3450：2011(E). Earth-moving machinery—Wheeled or high-speed rubber-tracked machines—Performance requirements and test procedures for brake systems[S].
[66] SABS 1589：1994. The braking performance of trackless underground mining machines—Load haul dumpers and dump trucks[S].
[67] SANS 1589-1：2012. The braking performance of trackless mobile mining machines　Part 1：General requirements[S].
[68] SANS 1589-2：2012. The braking performance of trackless mobile mining machines　Part 2：Self-propelled machines with friction brake systems[S].
[69] SANS 1589-5：2012. The braking performance of trackless mobile mining machines　Part 5：Self-propelled machines using hydrostatic drive systems[S].

[70] SANS 1589-6：2012. The braking performance of trackless mobile mining machines Part 6：Self-propelled road-going vehicles modified for mining use[S].
[71] SANS 1589-7：2012. The braking performance of trackless mobile mining machines Part 7：Tractor and tractor-towed trailers[S].
[72] ISO TR 25398. Mining and Earth-moving machinery—Mobile machines working underground—Machine safety (ISO_TC_127__SC_N_791 2013) [S].
[73] EN 474-1：2006. Earth-moving machinery—Safety—Part 1：General requirements[S].
[74] EN 1889-1：2010. Machines for underground mines—Mobile machines working underground—Safety—Part 1：Rubber tyred vehicles [S].
[75] 2006/42/EC. DIRECTIVE 2006/42/EC OF THE EUROPEAN PARLIAMENT AND OF THE COUNCIL of 17 May 2006 on machinery, and amending Directive 95/16/EC (recast)[S].
[76] 林慕义，宁晓斌．工程车辆全动力制动系统 [M]. 北京：冶金工业出版社，2007：1～93.
[77] GB/T 21152—2007. 土方机械 轮胎式机器制动系统的性能要求和试验方法[S].
[78] GB/T 26665—2011. 制动器术语[S].
[79] 陈伟，战凯．DKC-12 型地下自卸汽车制动系统的研制[J]. 矿用汽车，2000(3)：12～14.
[80] Mico. 电动液压制动系统[DB/CD]. http：//www. docin. com/p-425174651. html .
[81] Mico. 全液压动力制动系统．http：//www. doc88. com/p-145802752117. html.
[82] ISO 5010：2007. Earth-moving machinery—Rubber-tyred machines—Steering requirements[S].
[83] GB/T 14781—2014. 土方机械 轮胎式机器转向要求[S].
[84] 徐达，蒋崇贤．专用汽车结构与设计[M]. 北京：北京理工大学出版社，1998:155～157.
[85] 20 吨地下铰接式车辆中央摆动架的优化[D]. 北京：北京科技大学，2013.
[86] 郭鑫，石峰，战凯，等．DKC20 地下自卸卡车横向摆动结构设计[J]. 有色金属(矿山部分)，2011(1)：48～50.
[87] 郭鑫，顾洪枢，石峰，等．DKC25 地下卡车摆动桥架的改进设计[J]. 矿冶，2015(4)：69～70.
[88] 郭鑫，王旭．DKC20 地下自卸卡车工作机构设计[J]. 矿冶，2010(4)：95～97.
[89] 马洪锋，董栓牢，孟庆勇，等．某型矿用自卸车车厢结构设计与分析[J]. 工程机械，2012(8)：33～36 .
[90] JB/T 2300—2011. 回转支承[S].
[91] 王晓南，邸洪双，梁冰洁，等．轻量化设计的重型卡车车厢应力有限元数值模拟[J]. 东北大学学报(自然科学版),2010 (1)：60～63 .
[92] Sandvik TH320(EJC 522)20 Metric Underground Haulage Truck [S/OL]. http：//www. doc88. com/p-490187482325. html.
[93] Sandvik . TH430[S/OL]. http：//www. doc88. com/p-6771161853819. html .
[94] 冯孝华，石峰，江宇，等．DKC20 自卸卡车液压系统设计与计算[J]. 矿冶，2010(9)：91～95.
[95] 冯孝华，郭鑫，段辰玥，等．DKC20 地下矿用自卸汽车两种转向方式的比较与设计[J]. 机械制造，2014(9)：37～39.
[96] 陈伟，战凯．DKC-12 地下自卸汽车工作及转向液压系统的设计[J]. 矿冶，1999(2)：12～14.
[97] JB/T 10607—2006. 液压系统工作介质使用规范[S].
[98] ISO 4413：2010. Hydraulic fluid power—General rules and safety requirements for systems and their components[S].
[99] ISO 4414：2010. Pneumatic fluid power—General rules and safety requirements for systems and their components[S].
[100] Parker Series VA20/35 Series VG20/35 Oil Hydraulic Directional Control Valves，2002，10.
[101] GB/T 18947—2003. 矿用钢丝增强液压软管及软管组合件[S].

[102] GB/T 25607—2010. 土方机械　防护装置　定义和要求[S].

[103] GB/T 16898—1997 idt ISO 7745：1989. 难燃液压液使用导则[S].

[104] GB/T 22359—2008. 土方机械　电磁兼容性[S].

[105] 王小宝. DKC系列井下自卸卡车电气系统的设计[J]. 有色金属(矿山部分)，2002(4)：32 ~ 35.

[106] 高梦熊. 地下装载机——结构、设计与使用[M]. 北京：冶金工业出版社，2002：352 ~ 366.

[107] GB 5226.1—2002. 机械安全机械电气设备(第1部分)：通用技术条件 [S].

[108] ISO 13766. Earth-moving Machinery—Electromagnetic Compatibility[S].

[109] GB 5008.1—2005. 起动用铅酸蓄电池技术条件[S].

[110] ISO 15998—2008. 土方机械—采用电子元件的机械控制系统(MCS)—功能安全性能准则和试验[S].

[111] ISO 3411：2007. Earth-moving machinery—Physical dimensions of operators and minimum operator space envelope [S].

[112] 黄宗益，李兴华. 工程机械液力变速器(第二讲)　定轴动力换档变速器[J]. 工程机械，2007(1)：60 ~ 65.

[113] 黄宗益，李兴华. 工程机械液力变速器(第五讲)　动力换档变速器液压操纵系统[J]. 工程机械，2007(4)：68 ~ 73.

[114] 黄宗益，李兴华. 工程机械液力变速器(第六讲)　变速器电液操纵(1)，[J]. 工程机械，2007(5)：64 ~ 67.

[115] 黄宗益，李兴华. 工程机械液力变速器(第六讲)　变速器电液操纵(2)[J]. 工程机械，2007(5)：70 ~ 73.

[116] 黄宗益，李兴华. 工程机械液力变速器(第七讲)　自动换挡变速器 (1)[J]. 工程机械，2007(7)：70 ~ 72.

[117] 黄宗益，李兴华. 工程机械液力变速器(第八讲)　自动换挡变速器 (2)[J]. 工程机械，2007(8)：69 ~ 73.

[118] Dana. 培训　APC120&RD. 120　硬件介绍. 上海，2009-9-16.

[119] Dana. 培训　APC120　基本变速箱功能与保护. 徐重，2009-12-25.

[120] Dana. ECON. A User manual -production firmware 4.6[S/OL]. Brugge Belgium，2011，10.

[121] Atlas Copco. Minetruck MT2010 Service Manual[S/OL]. SE-70191 Örebro，Sweden，2012-09.

[122] Atlas Copco. Minetruck MT2010，Operator's manual [S/OL]. SE-70191 Örebro，Sweden，2012-09.

[123] Alan Miskin. Earth moving equipment safety round table improving safety through better equipment design：A global industry project [S/OL]. www. docin. com/p-619076061. html.

[124] T Horberry et al. Ergonomics Australia，Appendix 1 Automated mining equipment an emerging[S/OL]，2012，http：//www. doc88. com/p-7098946702085. html.

[125] GB 21500—2008. 地下矿用轮胎式运矿车　安全要求[S].

[126] 高梦熊. 地下装载机与地下自卸汽车柴油机与变矩器匹配分析[J]. 工程机械，2001(4)：15 ~ 16.

[127] Dana. 发动机与变矩器的匹配[DB/OL]，2004，7.

[128] 石峰，等. 20t地下自卸汽车传动系统匹配与牵引特性计算[C]//设备与自动化控制，2010：768 ~ 775.

[129] 战凯，魏义恒. 地下自卸汽车主要技术参数的选择及设计计算[J]. 矿冶，2007(12)：58 ~ 65.

[130] GB/T 25689—2010. 土方机械自卸车车厢容量标定[S].

[131] GB/T 25605—2010. 土方机械　自卸车　术语和商业规格[S].

[132] GB/T 18577.1—2008. 土方机械　尺寸与符号的定义　第1部分：主机[S].

[133] GB/T 13441.1—2007. 机械振动与冲击　人体暴露于全身振动的评价　第1部分：一般要求[S].

[134] Directive 2002/44/EC of the European Parliament and of the Council of 25 June 2002 on the minimum health and safety requirements regarding the exposure of workers to the risks arising from physical agents (libration) (sixteenth individual directive within the meaning of Article 16(1) of Directive 89/391/EEC).
[135] GB 17771—2010. 土方机械　落物保护结构　试验室试验和性能要求[S].
[136] GB 17922—2014. 土方机械　滚翻保护结构　实验室试验和性能要求[S].
[137] GB 17772—1999. 土方机械保护结构的实验室鉴定挠曲极限量的规定[S].
[138] GB/T 16937—2010. 土方机械　司机视野　试验方法和性能准则[S].
[139] GB/T 25612—2010. 土方机械　声功率级的测定　定置试验条件[S].
[140] GB/T 25615—2010. 土方机械　司机位置发射声压级的测定　动态试验条件[S].
[141] GB/T 8592—2001. 土方机械轮胎式机器转向尺寸的测定[S].
[142] GB/T 6375—2008. 土方机械牵引力测试方法[S].
[143] GB/T 16937—2010. 土方机械—操作者的视野—试验方法和性能标准[S].
[144] GB/T 12538 —2003. 两轴道路车辆　重心位置的测定[S].
[145] GB/T 12674—1990. 汽车质量(重量)参数测定方法[S].
[146] QC/T 223—2010. 自卸车试验方法[S].
[147] GB/T 21155—2007. 土方机械　前进和倒退音响报警　声响试验方法[S].
[148] JB/T 5501—2004. 地下铲运机　试验方法[S].
[149] QC/T 76. 10—1993(2009). 矿用自卸汽车试验方法冷却系冷却能力试验[S].
[150] 吉林工业大学，等. 地下矿山无轨采矿设备[M]. 长春：吉林省科学技术出版社，1994：366 ~ 369 .
[151] ISO 9244：2008. Earth-moving machinery—Product safety labels—General principles[S].
[152] GB 20178—2014 \ ISO 9244：2008. 土方机械—机械安全标签一般原则[S].
[153] ISO 9533：2010. Earth-moving machinery—Machine-mounted audible travel alarms and forward horns—Test methods and performance criteria[S].
[154] ISO 13732-1：2006. Ergonomics of the thermal environment—Methods for the assessment of human responses to contact with surfaces—Part 1：Hot surfaces[S].
[155] ISO 15818：2009. Earth-moving machinery—the lifting and tying-down attachment points—performance requirements[S].
[156] ISO 16001：2008. Earth-moving machinery—Hazard detection systems and visual aids—Performance[S].